U0926866

三峡输变电工程史料选编

国家电网有限公司　编

中国电力出版社
CHINA ELECTRIC POWER PRESS

内容提要

三峡输变电工程开创了我国大电网建设的先河，凝聚着几代电力人的智慧，对于新时代新征程我国电网的高质量发展具有重要启示。

本书记录了三峡输变电工程从论证、规划、设计、施工、调试、运行、总结验收到稽察、审计、后评价的全过程，以及贯穿这个过程的指导思想、一系列的政策制度、方法和科研成果。本书包括规划设计，建设体制与管理制度，科技创新，工程概算、资金需求测算与筹措，物资供应，三峡 500kV 交流输变电工程建设，三峡直流输电工程建设，调度二次系统与通信工程，环境保护和水土保持，调试与投运准备、生产运行，稽察、审计和验收，后评价、总结与档案管理，文献摘选共十三篇。

本书详细记录了三峡输变电工程建设的重要史料，可为电力工作者提供十分有益的参考资料。

图书在版编目（CIP）数据

三峡输变电工程史料选编/国家电网有限公司编. —北京：中国电力出版社，2022.10
ISBN 978-7-5198-7005-8

Ⅰ. ①三…　Ⅱ. ①国…　Ⅲ. ①三峡水利工程－史料－汇编　Ⅳ. ①TV632

中国版本图书馆 CIP 数据核字（2022）第 152945 号

出版发行：中国电力出版社
地　　址：北京市东城区北京站西街 19 号（邮政编码 100005）
网　　址：http://www.cepp.sgcc.com.cn
责任编辑：刘　薇（010-63412357）
责任校对：黄　蓓　常燕昆　王海南　朱丽芳　王小鹏
装帧设计：赵姗姗
责任印制：石　雷

印　　刷：三河市万龙印装有限公司
版　　次：2022 年 10 月第一版
印　　次：2022 年 10 月北京第一次印刷
开　　本：880 毫米×1230 毫米　16 开本
印　　张：42.5
字　　数：1277 千字
定　　价：238.00 元

本 书 编 委 会

主　任　辛保安

副主任　舒印彪　张智刚

委　员　庞骁刚　陈国平　潘敬东　郑宝森　刘泽洪　周小谦

本 书 编 写 组

主　编　周小谦

副主编　李文毅　王绍武　肖安全　刘广峰

编　委　卢元荣　孙家骏　梁旭明　辛耀中　张会平　赵宏伟

　　　　韩先才　郑福生　吴巾克　印永华　张建生　陶　瑜

　　　　杨本渤　孙　涛　李燕雷　王新辉　梁　杰　杨万开

　　　　晏　俊　丁　雁　姜丽敏　刘　薇

序　　言

长江三峡水利枢纽工程（简称三峡工程）是中华民族的百年梦想，是迄今为止唯一由全国人大审议通过的国家重点工程。三峡工程由枢纽工程、输变电工程和移民工程三部分组成，在防洪、发电、航运等各方面发挥了巨大的社会效益和经济效益。这项功在当代、利在千秋的伟大工程，成为我国加快现代化建设的重大标志性工程。

一、三峡输变电工程建设的重大意义

三峡输变电工程承担着三峡水电送出的重要任务。1997 年工程开工建设，2011 年所有单项工程全部竣工投产，2015 年 7 月通过国家验收，总投资 431.4 亿元。供电范围涵盖华中、华东、西南、华南地区 10 个省、市，共 182 万 km^2，惠及人口约 6.7 亿人。三峡输变电工程的建成投产意义重大：一是促进了全国电网互联，优化了国家能源布局，推动了西部水电开发；二是促进了资源优化配置，减轻了煤炭供应和运输压力，缓解了华中、华东、广东、重庆等地区能源紧张局面；三是减少了二氧化碳排放，推动了经济社会与生态环境协调发展；四是强化了自主创新，推动了我国电工设备国产化水平提升，为我国发展特高压奠定了基础。

二、三峡输变电工程建设的重要特点

三峡输变电工程从前期论证到竣工投产，走过了不平凡的历程，无论是论证规划、建设规模、管理创新还是技术引进、环境保护等方面，都具有鲜明的特点和良好的示范效果。

（一）重视前期论证，实行科学决策

输变电工程的前期论证是与枢纽工程、移民工程并行开展的。1992 年系统设计工作启动，1995 年获得国务院三峡工程建设委员会批复，确立了输变电工程“整体规划、系统设计，一次立项审批，适时优化调整，分期组织实施，政府实行监管”的管理模式。整个决策和前期论证过程按照尊重科学、慎重决策、集思广益、民主集中的原则，全面考虑了输变电工程的重要性和历史地位，共完成系统论证报告 50 余卷，重大科研论证 30 余项，充分体现了对历史高度负责的态度。从输变电工程建设实践看，整个工程严格按照国家审批的系统设计方案实施，保障了工程的顺利完成和效益发挥，证明了三峡电力系统论证及规划的全面性和科学性。

（二）工程建设规模巨大，涉及面广

三峡电站总装机容量 2250 万 kW，设计年均发电量为 882 亿 kWh。输变电工程共有单项工程 92 项，其中，交流输变电工程 88 项，包括线路工程 55 项，交流线路总长度 7280km，变电工程 33 项，变电总容量 2275 万 kVA；直流工程 4 项，直流线路总长度 4913km、换流站总容量 2400 万 kW。此外，为保证三峡电力安全、稳定、可靠地送出，相应建设了涵盖全国 9 省 2 市电力系统的通信、调度等二次系统，共 6 大类 26 个单项工程。参与工程建设的设计、施工、监理和设备制造单位遍布全国各地，施工高峰期有近 3 万人同时奋战在施工现场。

（三）切实推进体制改革，坚持科学管理

三峡工程是我国确立社会主义市场经济体制后兴建的第一个特大型水利水电工程。在三峡输变电工程建设初期，国家从项目建设管理体制入手，开始推进建设体制改革，明确了“三峡输变电系统和水电站分开建设，电网统一建设、统一管理”的要求，首次全面推行以项目法人制为核心，包括项目法人制、资本金制、招标投标制、工程监理制和合同管理制在内的“五制”管理，成立国家电网建设有限公司作为输变电工程的项目法人，负责三峡输变电工程的投资、建设、管理和运营，改变了国家在基建项目上的工程建设指挥部传统模式，确保了工程建设的顺利实施。

（四）依托工程建设，坚持自主创新

国家电网公司在三峡输变电工程组织实施全过程中，坚持以科技进步为先导，把推进输变电设备的国产化、提高我国电工设备制造能力和输变电工程建设总体水平作为三峡输变电工程建设的又一重要任务。在工程的前期论证及建设实施过程中，通过自主研发以及与国外咨询机构合作等方式，国家电网公司开展了诸如三峡电力系统的输电方案、直流输电、控制保护等多项科研项目的研究，取得了多项成果，其中获国家科技进步奖 3 项，省级科技进步奖 19 项，实现重大自主技术创新 20 多项，技术改进 150 多项。同时，一大批电力工程专家和技术人员得到了培养和锻炼，为我国输变电技术的发展奠定了坚实基础。

（五）坚持技术引进吸收，实现直流输电技术自主化与国产化

在三峡输变电工程相关科研课题中，约四分之一是围绕直流输电的，大部分科研成果直接应用于三峡直流输电工程。为实现直流输电技术的自主化与国产化，在输变电工程的直流技术研究及项目实施中，国家电网公司坚持“以业主为主体、以工程为依托，实现技术引进并推进全面国产化”的方针，实行“中外合作，中方多做工作，外方负责”的技术引进政策。同时，组建了相应的引进、消化、吸收、实现再创新的责任单位。在三峡直流输电技术引进的基础上，通过消化吸收和关键技术攻关，我国已掌握了直流工程咨询与系统成套设计、工程设计等技术，为持续推进特高压直流输电技术的发展奠定了坚实基础。

（六）树立环境友好理念，实现和谐发展

在三峡输变电工程的项目前期、建设施工和生产运行各环节上，在工程管理、技术等各方面，环境保护工作都得到了高度重视。一是严格落实建设环保和水保“三同时”（同时设计、同时施工、同时投产使用）要求；二是率先开展了输变电工程环境影响评价、水土保持方案编制和验收工作，注重环水保管理及科研；三是树立和谐发展理念，投入大量资金，利用多项先进技术，开展了绿色工程建设，成效显著，全部工程均高标准通过国家验收。

三、三峡输变电工程建设的重大成就

三峡输变电工程是三峡工程的重要组成部分，是一项跨世纪的庞大系统工程，承担着三峡水电送出的重要任务，是三峡枢纽电站电力送出及其效益实现的根本保证。三峡输变电工程不仅确保了三峡电力“送得出、落得下、用得上”，而且促进了全国电网互联格局的形成，对加速实现西电东送通道建设目标、为实现更大范围内能源资源的优化配置创造了条件，全面提高了中国输变电工程规划设计、设备制造和建设施工水平。

（一）坚持科学发展，综合效益高

三峡输变电工程建设认真借鉴和运用国际先进管理经验和输变电技术，不断创新和完善建设管理模式、资金管理形式、技术引进和人才培养方式，极大激发了人、财、物的效用。不断倡导工程建设科学意识、国家意识、法治精神和社会责任意识，确保工程建设合理、合法、安全、可靠。同时，通过合理规划，在水电清洁能源的开发利用中，既实现了金山银山，又留住了绿水青山，充分体现了绿色发展和可持续发展理念。工程按期、高质量、高水平建成，确保了三峡工程综合效益的发挥，引领了我国输变电工程建设和设备制造技术的整体升级，取得了巨大的经济、社会和环境等方面的综合效益，为我国开展后续特高压输电工程建设积累了大量专业人才和先进的管理经验。

（二）确保电力送出，彰显发电效益

三峡输变电工程的及时投产和安全稳定运行，确保了三峡电站的电力送出，实现了三峡电力“送得出、落得下、用得上”的目标。从 2003 年 6 月三峡电站第一台机组并网发电到 2021 年底，累计上网电量近 15000 亿 kWh，有效地缓解了我国电力供应紧张的局面，支撑了国民经济快速发展。同时，为实现三峡枢纽工程的发电、防洪、航运和生态环境等综合效益发挥与枢纽工程投资回收提供了保障。

（三）推进全国电网互联，促进资源优化配置

三峡输变电工程的建设形成了华中—川渝、华中—华东、华中—南方的互联电网，促进了华中—

西北与华中—华北之间的电网互联，充分发挥了在全国电网互联格局中横贯东西、沟通南北的中心作用，建立了全国范围内能源资源优化配置的平台，实现了三峡水电资源在中东部及广东地区的消纳，为充分利用清洁能源、改善我国终端能源消费结构创造了良好条件。同时，为实现我国跨区电网的资源优化配置，发挥错峰、水火互济、调剂余缺、互为备用、大规模安全联网等效益积累了经验。

（四）实现电力产业升级，提升电力企业国际竞争力

三峡输变电工程建设因其规模巨大、技术条件要求高、组织实施复杂等特点，对于参与建设的所有企业提出了更高的标准。国家电网公司通过在三峡输变电工程建设过程中的积极探索和体制机制创新，在保证三峡输变电工程建设任务顺利完成的同时，实现了交直流输电技术的创新，建立了完善的直流技术标准体系，形成了先进的试验研究能力，在输变电工程招标投标、工程监理和公司法人负责建设、运营等方面实现了同国际先进管理经验的接轨，全面提升了我国输变电工程的设计、施工、组织管理等能力，提升了国际竞争力。

（五）积累了大电网建设运营经验

实践证明，三峡输变电工程与电源工程“同期立项、系统整体设计、整体批复、滚动调整、分步实施”的管理思路是成功的。三峡输变电工程的决策管理、资金筹集和建设管理经验具有良好示范作用。我国在大型输变电项目建设进度、工程质量、安全生产、投资控制、财务管理、经营绩效等方面逐步实现了与国际先进管理模式接轨，并结合国内实际情况进行了优化调整。大量新技术、新材料、新工艺的应用，形成了一系列规程、规范和技术标准，同时培养了一大批科研人员和工程设计、施工、监理队伍，为之后我国建设特高压工程打下了坚实基础。

当今世界正经历百年未有之大变局，新一轮科技革命和能源变革蓬勃兴起。贯彻落实“四个革命、一个合作”能源安全新战略，实现“碳达峰、碳中和”目标为我国加快推进能源革命、建设社会主义现代化能源强国指明了方向。电网作为连接能源生产和消费、实现能源资源全国范围优化配置的枢纽平台，将在保障电力可靠供应和国家能源安全、支撑能源结构清洁低碳转型中发挥更大的作用。三峡输变电工程开创了我国大电网建设的先河，凝聚了几代电力人的智慧，对于新时代新征程我国电网的高质量发展具有重要启示。本书的出版，不仅是三峡输变电工程重要史料的历史记载，也为广大电力工作者提供了十分有益的参考资料。

章浴安

2022 年 6 月

目　　录

第三篇　科　技　创　新

第四篇　工程概算、资金需求测算与筹措

第五篇　物　资　供　应

第六篇　三峡 500kV 交流输变电工程建设

第七篇　三峡直流输电工程建设

第八篇　调度二次系统与通信工程

第九篇　环境保护和水土保持

第十篇　调试与投运准备、生产运行

第十一篇　稽察、审计和验收

第十二篇　后评价、总结与档案管理

第十三篇　文　献　摘　选

概　　述

长江三峡工程自1918年孙中山先生在《建国方略》之《实业计划》中提出，至今已过百年。从1992年全国人大七届五次会议审议通过建设至今也将近三十年，时间久远、物是人非，虽有丰富的档案资料可供使用，但还有大量的材料、报告、记录散失在不同的单位、个人手中，还有许多宝贵的史料留在人们的记忆中，有些已被逝者带走了，留下的亟待收集、整理、记录。目前，三峡工程建设已经完成，2020年国家也已经完成工程的最终验收，恰在此时，三峡输变电工程史料编纂工作率先完成，开启三峡工程文化建设的新工程，可谓恰逢其时的大好事，其意义重大、影响深远。

三峡输变电工程是三峡工程的重要组成部分，承担着三峡水电送出的重要任务，是三峡水利枢纽工程电力送出及其效益实现的根本保证。三峡输变电工程促进了全国电网互联格局的形成，对加速实现“西电东送”通道建设目标、实现更大范围内能源资源优化配置创造了条件，全面提高了中国输变电工程规划设计、建设施工技术和装备制造技术水平，由此中国电网建设水平迈向了世界前列。编纂三峡输变电工程史料是一项庞大的文化工程，以史为料，重现三峡输变电工程建设全过程和精神风貌，发掘并记录亲历者对工程建设及个人所从事工作的记忆，以及思想活动、理论建树与实践体验。这是一笔巨大的文化遗产，是丰富的知识宝库，其意义深远而重大，其经验和教训将利及千秋。

《三峡输变电工程史料选编》共分十三篇，约120万字，记录了三峡输变电工程从论证、规划、设计、施工、调试、运行、总结验收到稽察、审计、后评价的全过程，以及贯穿这个过程中的指导思想，一系列的政策制度、方法及无数的科研成果。这些智慧和成果保证了工程顺利进行，写下了我国电网工程建设史的辉煌篇章。其中当然有为三峡输变电工程实践所证明、可用于指导其他输变电工程和工作、具有客观规律性的内容，到底是什么，则是仁者见仁、智者见智，这也许就是史料与其他总结文章的不同之处和魅力所在。

一、三峡输变电工程综述

三峡工程是国家重点工程，也是目前世界上最大的水利枢纽工程。三峡工程由枢纽工程、输变电工程和移民工程三部分组成，在防洪、发电、航运等各方面具有巨大的社会效益和经济效益，对我国的经济建设、社会发展具有重大战略意义。

1997年，国务院三峡工程建设委员会（简称三峡建委）以国三峡委发办字〔1997〕07号文批准了三峡输变电工程系统设计静态概算，1993年5月价275.32亿元。2002年7月增加三峡—广东±500kV直流输电工程后，静态概算调整为322.74亿元，其中二次系统11.13亿元，后计入地下电站送出工程，最终工程竣工决算投资总计为431.40亿元（含增值税7.12亿元），比批准概算节省投资14%（每个单项输变电工程初步设计的批准现价概算之和为502.61亿元），工程投资得到了严格控制。

三峡枢纽工程水电厂分为左岸、右岸两个坝后式厂房，共安装26台机组，其中，左岸14台，右岸12台，每台机组容量70万kW，总装机容量1820万kW。2003年9月开工建设的左岸电源电站，安装2台5万kW机组。2005年3月开工建设的地下电站，安装6台70万kW机组。所以，三峡电站发电装机容量共计2250万kW，设计多年平均发电量为882亿kWh。至2021年底，三峡电站上网电量累计近15 000亿kWh。

三峡输变电工程如期建成，确保了电力的顺利送出，对实现三峡枢纽工程的发电、防洪、航运和环境等综合效益具有关键的作用。没有大的电网，三峡电站就无法安全稳定运行，枢纽工程的防洪等效益也难以得到充分的发挥。按照三峡工程国际系统组最终报告的评价结论，三峡工程具有发电、防洪、航运和环境等综合效益，其中发电效益在综合效益中所占比率最大，达到70%，三峡输变电工程是三峡工程投资回收与多种效益的主要保证，也是三峡电站安全稳定运行的基础和可靠保证之一。

三峡输变电工程的建设还促进了我国以三峡电网为中心的全国联网的形成，进一步扩大了三峡电站的市场；同时，三峡电力系统也促进和加大了我国“西电东送”通道的形成，提高了全国能源资源优化配置的能力。三峡输变电系统工程的建设，对三峡工程总体、全国电网建设和全国能源资源优化配置、全国统一电力市场的建设都具有十分重要的作用。

三峡输变电工程与三峡枢纽工程一样，经过了新中国成立以来半个世纪的反复论证、规划，最后确定了以三峡电站为中心、以交直流 500kV 输电方式将三峡电站的电力分送到华中、华东、南方三大电网的 10 个省市（包括湖北、湖南、河南、江西、安徽、江苏、上海、浙江、广东、重庆）的建设方案。受电面积 182 万 km^2，惠及人口约 6.7 亿人（三峡输变电工程示意图见本文后附图）。

三峡输变电工程系统设计于 1995 年 12 月经国务院三峡工程建设委员会以《关于三峡工程输变电系统设计的批复意见》（国三峡建委发办字〔1995〕35 号）批准，设计输电能力为送华中 1200 万 kW、送华东 720 万 kW、送川渝 200 万 kW。后调整为送广东 300 万 kW，又增批地下电站以直流送华东 300 万 kW，总的送华东直流输电能力达 1020 万 kW（含葛南直流 120 万 kW）。

三峡输电系统规划设计包括电站接入系统、直流跨区输送和交流电网三部分，电站采用 15 回 500kV 交流出线。直流输电工程包括送华东和广东共 4 回±500kV 直流输电线路，输电容量均为 300 万 kW，建设换流站 8 座，总换流容量 2400 万 kW，加上葛南线 120 万 kW，输电能力共 1320 万 kW。送端换流站设在水电站坝区外，实行厂网分开的原则。建设直流线路共 4913km。三峡 500kV 交流输变电工程共计 88 项工程，其中线路工程 55 项，含 64 条线路共 7280km；变电工程 33 项（含新建、扩建），共新建变电站 21 座，扩建增容变电站 3 座，变电容量 2275 万 kVA。

二次系统包括国调中心及华中、华东、四川、重庆与相关网省（市）电力调度通信中心的能量管理系统（EMS）、电能计费系统、交易管理系统、继电保护及故障信息管理系统、安全控制系统、系统通信 6 大类 26 个单项工程，同时建设“三纵一横”网状主干电力通信网络。

三峡输变电工程于 1997 年 3 月正式开工，以长万线开工为标志。整个工程建设安排分为四个阶段：第一阶段（1997–2003 年），以确保 2003 年三峡首批机组投产送出为目标；第二阶段（2004–2006 年），以确保左岸 14 台机组发电送出为目标；第三阶段（2007–2008 年），以确保右岸 12 台机组发电送出为目标，同步建成二次系统；第四阶段（2009–2011 年），2009 年开工建设三峡地下电站送出交流工程，到 2011 年全部工程按计划顺利建设完成。2015 年工程通过国家整体竣工验收。

在三峡输变电工程建设过程中，广大电网建设者在国务院三峡建委和电力部、国家电力公司、国家电网公司的直接组织领导下，在各级地方政府的支持下，积极推进改革，坚持以科技创新为动力，着力加强科学管理，充分调动各方面的积极性和主观能动性，经过持续 14 年（1997–2011 年）的不懈努力，科学组织、精心施工，终于提前全面高质量、高水平、低成本完成了三峡输变电工程建设任务。

三峡输变电工程建设任务的全面完成，实现了三峡电力“送得出、落得下、用得上”的目标，保证了三峡工程整体效益的发挥。另外，三峡电力系统的环境效益突出，对于替代标准煤，减排 CO_2、SO_2、NO_2 等发挥了良好的环境效应，有效地缓解了经济发达地区的环境压力。

同时，三峡输变电工程还极大地加强了各大区电网网架，促进了各大区之间互联电网网架的基本形成。首先是华中电网自身的结构得到大大加强，由原四省市联网扩展至四川与重庆的大华中电网，另外还以 4 回±500kV 直流与华东联网，以 1 回±500kV 直流与南方电网联网，向北通过 500kV 交流与华北联网，以及由三峡基金作为资本金的灵宝背靠背直流将华中与西北电网互联。此外，华北与东北先通过交流联网后改为背靠背直流联网。2011 年，全国除台湾地区外已全部实现了交直流联网，其中三峡电网的建设无疑起了重大作用。截至 2011 年底，三峡输变电工程全部建成，全国联网的最大负荷规模达到 7.7 亿 kW，装机规模达 12.8 亿 kW，成为世界上最大的联合电网。这个互联大电网有着潜在的巨大效益，如巨大的错峰效益、水电站群补偿调节效益、火电互补效益、互为备用效益等。此外，三峡电力系统的建设还在我国中部形成了一个强大的西电东送的中通道，在实现我国西部大开发战略和促进能源资源的优化配置方面，发挥了重要的作用。随着电力管理体制的深化改革与不断完善，以及电力调度管理技术与信息技术的高度融合，这些由三峡输变电工程建设所创造的效益，将会逐步得到发挥。

通过三峡输变电工程建设，不但建成了世界上规模最大的联合电网，同时也全面提高了我国输变电工程规划设计和建设施工技术管理水平，为我国电网建设走向世界领先地位奠定了基础，而且还全面锻炼培养了一批具有国际先进水平的科技、建设、管理人才，成为我国电网建设中的中坚力量，他们活跃在世界电网建设的舞台上，成为我国电网建设水平、技术水平及运行管理水平进入世界先进行列的重要标志。在我国电网设备制造方面，也由于在三峡输变电工程建设中，坚持技贸结合、引进技术、消化吸收、合作生产，与自主创新相结合，通过三常、三广、三沪直流及灵宝背靠背等直流工程的建设，换流变压器、平波电抗器、换流阀和直流控制保护等关键设备的设计、试验、制造和调试，逐步实现了国产化，从而使我国在高压直流的设备制造上跨入世界先进行列。与此同时，我国的交流输变电设备也通过三峡输变电工程的建设而跨入了世界先进行列。此外，在电网调度通信方面，我国也相应建成光缆电力通信系统和新一代世界一流电力调度系统，电网的安全控制及保护自动化、智能化水平也都得到极大提高，并确立了世界领先地位。

三峡输变电工程建设将一个较为落后的中国电网提升到世界先进的行列，带动输变电设备制造业走向世界的前列，如此辉煌成就是如何取得的，从本卷的史料中可以找到一些答案。

二、三峡输变电工程建设特色与主要经验

三峡输变电工程建设在中国电网建设史上具有划时代的意义，标志着我国电网建设进入一个新时期，其基本特征与经验就是高度重视科学规划和民主决策，高度重视体制改革和管理创新，高度重视科技创新和技术进步，高度重视工程自主和设备国产，高度重视环境保护和资源节约。

（一）科学规划、民主决策

三峡输变电工程成功建成的首要原因是三峡工程（包括输变电工程）的决策过程是科学的、正确的。

三峡输变电工程的前期论证工作是与枢纽工程、移民工程并行开展的。国务院有关三峡工程的决策也是同时针对这三项建设内容作出的，整个决策和前期论证工作集合了全国各方面专家的智慧，是一个逐步深入、有机协调、逐步统一的过程，决策过程充分体现了其长期性、民主性、广泛性、科学性的特点。

自1918年首次提出建设三峡工程，到1932年国民政府建设委员会派出一支长江上游水力发电勘测队，1945年国民政府资源委员会成立三峡水力发电计划技术研究委员会，1950年2月国家成立了长江水利委员会，1959年水利电力部规划局及长江流域办公室共同组织编写《三峡供电系统及其工程量研究报告》，三峡电力系统规划论证工作一直伴随三峡工程的论证和供电系统的研究。到1959年10月，考虑到三峡联合电力系统范围大、涉及面广、问题复杂的特点，国家专门成立三峡联合设计处，以便组织全国科技力量协作完成设计工作。1960年3月，水利电力部专门组织三峡联合电力系统设计第一次会议，长江流域规划办公室、电力建设总局、水利水电建设总局、技改局、中国科学院等36家单位参加。苏联专家和国内各参加单位分别做了关于三峡电力系统初步设计方案的报告，水利电力部于当年9月提交了初步的综合报告。1970年中央决定建设葛洲坝工程，为三峡工程上马做准备。1983年长江流域规划办公室组织编制了《三峡水利枢纽可行性研究报告》。此后，由于国内外对建设方案提出不同意见，1986年6月国务院决定进一步扩大对三峡工程的论证，重新提出了进行可行性研究的意见。1988年3月，电力系统专题论证报告完成并审议通过。此外，在1986-1990年对三峡重新论证期间，国家科学技术委员会对三峡工程电力系统规划又下达了10个关键技术专题，其中包括三峡电力系统网络结构的研究、大区电力系统互联及运行性能分析等。在深入研究的基础上，1989年《长江三峡水利枢纽可行性研究报告》重新编制完成。1990年5月29日-1991年8月3日国务院审议通过了《长江三峡工程可行性研究报告》，其中的三峡工程发电与电力专题于1991年7月通过审批。在国务院

审批前，1991 年 5 月 7-16 日，27 名专家由水利电力部部长带队去现场考察了 15 天。1992 年 4 月 3 日，报告经全国人大七届五次会议审议通过。

三峡输电系统的设计工作，同前期论证工作一样，也随情况变化进行了多次试验、滚动设计、分步实施，达到最终目标。三峡工程的可行性研究报告经全国人大审议通过后，1992 年 10 月能源部下达了《三峡输变电系统设计纲要》，布置了设计任务。电力规划设计总院经过三年的调查研究，与三峡水电站和相关省市进行协调，提出系统设计方案，并经能源部、水利电力部、国务院三峡建设委员会的层层审查，直到 1995 年 12 月得到国务院三峡建设委员会的批准。然后再进行单项工程设计，根据负荷、电力发展情况进行滚动调整，在中国电力科学研究院与俄罗斯对三峡电力系统进行动态模拟试验，对设计方案进行校核，提出调整方案。根据国家政策调整和厂网及其地区电力需求的变化，以及三峡地下电站发电送出等新情况及时对输变电项目进行多次调整。通过长期的、反复的协调、研究，并根据情况变化及时进行调整，正是有此科学态度，才使输变电工程建设得以顺利进行，按期建成，确保实现了三峡电力电量"送得出、落得下、用得上"的目标。

本史料详细记述了上述过程，从中可以看到项目的科学决策是怎么实现的：一要对项目进行长期反复的论证；二要广泛听取征求多方面的意见，特别是不同的观点和反对方的意见；三要对一些重要问题作专题研究，进行长期考察；四要适时根据情况变化作出相应调整。唯有如此，方能确保立项的正确性，这是项目成功实施并走向辉煌的基本前提和坚实基础。

（二）体制改革，管理创新

三峡输变电工程的改革，首先是在建设体制上改革，也就是要对原来政企不分、厂网不分，项目自建、自管、自用，一个基本建设项目由政府审批、政府建设、政府验收、实报实销等行政的、垄断的、封闭的状况进行改革，转为按市场起主导作用的方向进行改革。

1. 政企分开

把政府和项目法人（业主）分开，把项目法人与建设施工企业分开。政府对项目由直接管理转向间接管理，由微观监管转向宏观监督。

1992 年 3 月，三峡输变电系统工程可行性研究报告获得批准后，工程进入系统设计和建设准备阶段，建设体制问题如何适应新的改革要求提上日程。1994 年 10 月，国务院总理办公会议对此做了研究讨论，并形成第 44 次会议纪要，提出了三峡输变电工程建设体制改革的方案：一是明确输变电系统工程要与枢纽电站分开，即厂网分开，电网由原先的附属地位转变为电力市场的载体的重要地位，所以必须独立出来；二是成立国家电网建设有限公司负责电网的统一建设、统一管理。1995 年 11 月，进一步明确国家电网建设有限公司为三峡输变电工程的项目法人（业主），负责整个工程项目的投资、建设管理。从此，我国的电力市场化改革就开始了，一个政府主导、企业管理、市场化运作的电力建设体制的基本构架形成了。所谓"政府主导"即政府负责项目决策和立项审批，负责项目建设中的稽察、审计和建成后的验收，制定相关政策，协调国家、地方、企业之间的重大利益关系等；"企业管理"指经国家批准企业成为项目法人单位，由企业负责工程项目建设的一切管理工作，包括投资、进度、物资、质量、资金等管理；"市场化运作"即按市场经济规律办事，并建立招投标制度、合同制度、监理制度等。

2. 在电力建设管理上切实推行"五制"

新成立的国家电网建设有限公司按现代企业制度要求，在工程管理制度上实行"五制"，即项目法人制、资本金制、招投标制、合同制、监理制。这是在我国大型电力工程中第一次全面实行的新模式，与以前的指挥部、建设单位等模式完全不同。

项目法人制。按国务院批文，国家电网建设有限公司作为项目法人（业主），是工程建设的市场主体，全面负责工程建设与运营管理，包括资金筹措、工程建设、承担所有债务偿还、负责国有资产的保值增值。在国家批准的项目范围内，安排年度计划中的开工项目及投资等，在批准概算内由项目法人（业主）确定后报三峡建委核备即可；而且国家计划也直接下达给公司，公司真正成为项目法人

（业主）。

资本金制。资金要公司自己设法筹措，不再是财政拨款的老办法。为此国家电网建设有限公司预先测算资金需求，然后研究筹资的方式及相关政策。例如征收电网建设基金的政策，要报请国家批准后实施。征收三峡电网建设基金是一个生动的案例，基金从 1997 年开始征收，到 2015 年 3 月共征收 421.95 亿元，至 2006 年底时支出 336.91 亿元。关于向银行贷款部分，也是公司直接与银行签订借款协议，到期既要还本还要付息。这改变了过去项目资金由国家安排、只管用不管还的方式，工程花多少钱，对项目建设者来说没有区别，最后都由国家实报实销。

招投标制。招投标制改变了过去工程设计、施工队伍、设备采购都是事先谈定或由行政作为计划任务安排的方式，既没有竞争，也没有激励。而实行招投标制后就有了竞争，促进了积极性与创造性的发挥。特别是在三峡输变电工程中对设计实行招标，这是全国首创，随后推广取得了很好的效果。

合同制、监理制。以合同和法律来制约各方行为，保护各方合法权益，而且引入第三方监督，而不是原来好的坏的都是单位内部事，能凑合就凑合，往往使严格的制度标准流于形式，监理制则较好地避免了这种情况的出现。

总的来说，由于在三峡输变电工程建设中全面推行和严格执行“五制”，不但确保工程如期建成，而且与同期建设的全国其他输变电工程相比，工程质量更高、造价更低、工期更短、投运后效益更好。改革的效果是非常明显的。

3. 在三峡输变电工程建设中执行稽察审计评估、验收制度

改革后政府对于工程建设的管理由微观监管改为宏观监督，由对项目的直接管理改为间接管理，其中就包括了由国家派出稽察组对工程定期进行稽察、按规定进行内部审计和国家审计、安排第三方对工程进行阶段性评价和整体评价、国家验收等，这也是国家在行使出资人的权力，对工程进行监督和管理。这些制度的实行对于促进和保证三峡输变电工程依法合规建设起到了很重要的作用。这标志着通过三峡输变电工程的建设实践，一个在市场经济条件下的电网建设管理基本模式已经确立，我国输变电工程的管理制度和技术标准体系也建立起来了。这对于我国电网建设能力和水平的提高，并走向世界前列是有力的支撑和坚实的基础。

本史料中记录了有关三峡输变电工程建设中推行的一系列改革措施，制订并健全的一系列管理制度、标准和规章制度等。

（三）科技创新，技术进步

科技创新与体制改革、制度创新一样，都是促进电网成功建设的强大动力。创新贯穿于三峡输变电工程建设全过程，即从电力系统项目论证到规划设计、制造、施工、调试、投产运行，从交流到直流，从输电线路到变电站，从电力系统一次到二次以及调度自动化和系统通信工程，创新在三峡输变电工程建设过程中随处可见。

为把三峡输变电工程建设成为国际一流的工程，从国家政府部门到工程建设项目法人（业主），以及工程规划、设计、施工、调试、制造等各单位，都牢固树立科技创新是第一生产力的思想，立足创新、依靠科技，坚持科技创新以政府为指导、以企业为主体、以工程为依托的方针，实施科技创新与管理制度创新相结合，产、学、研、用相结合，自主创新与引进技术相结合的方式方法，并高度重视科技人才培养，提高企业核心竞争力，把推进输变电设备国产化、提高我国输变电设备制造能力和输变电工程建设水平，作为三峡输变电工程建设的又一重要任务。

1. 国家重视发挥引领作用

“七五”期间（1986-1990 年），三峡工程处于重新论证时期，国家科学技术委员会就对三峡输变电系统工程下达了“七五重点科技项目”，即三峡工程电力系统规划创新的关键技术研究课题，包括 10 个专题 81 个子专题，共有 25 个单位近 500 名科技人员参加，共取得 113 项科研成果，有力配合了三峡电力系统的规划论证，提高了论证工作的科学性。

“八五”期间（1991-1995 年），1992 年 3 月三峡工程经国家审批立项，工程进入系统设计阶段，

此时国家科技部又部署了三峡工程电力系统规划和运行关键技术研究，开展对三峡电力系统能源规划与电源规划研究、三峡电站输电网络研究、三峡电站远距离输变电关键技术研究等5项课题。

“九五”期间（1996-2000年），三峡输变电工程系统设计基本完成，进入设计优化和工程施工准备阶段，特别对于三峡拟采用世界先进的直流输电技术，国家科学技术委员会又下达了三峡工程输变电成套设备研制任务，包括三峡直流输电系统研究与模拟技术研究、直流控制与保护装置研究、换流变压器研究、换流阀组件研究与可控电抗器研究等24项课题，此外电力部为了校核三峡电力系统在各种运行方式下的适应性以及为研究直流系统之间和交直流系统之间的影响，向中国电力科学研究院、电力规划设计院下达了与俄罗斯动模试验室合作的研究任务，并于1998年签订合同。

“十五”期间（2001-2005年），三峡输变电工程进入建设高峰，提高交直流成套设备制造水平十分紧迫，因此国家科技部部署了三峡工程输变电成套设备研制，包括超高压开关成套设备研究、超高压绝缘系列产品研制、500kV交流系列保护装置研究、500kV输电工程光缆复合架空地线研制等17项课题。

上述由国家科技部下达的三峡输变电系统研究重大课题共有56项，时间长达20年，在工程创新研究中发挥了重要的引领作用。

2. 企业发挥自主创新的主体作用

三峡输变电工程的创新研究除了国家安排的大量重大课题研究外，电力领域相关研究、设计、制造、施工等单位也都投资于科研创新项目，共70多项。

其中，用于提高科研创新能力的研究中心、实验室的建设项目包括：

（1）电力系统仿真中心，这是由国家电网建设有限公司和中国电力科学研究院合作建设的，也是世界上规模最大的交直流混合系统仿真中心。

（2）高压直流实验室，其试验功能国际领先，包括复合绝缘子老化试验装置、环境因素模拟系统、泄漏电流测量装置、离子迁移试验装置等。

（3）直流输电控制保护实验室，具有世界上电压等级最高（±800kV）的直流输电动模系统。

（4）电磁兼容实验室，其试验能力国际领先，抗扰度试验能力达到2000年的全部IEC系列抗扰度标准。

（5）分裂导线力学性能实验室，可对截面积为 $800mm^2$ 的导线进行导线振动、蠕变、疲劳和金具试验，试验挡距156.5m，激振力12kN，最大能力为10分裂，居国际先进水平。

（6）扩建铁塔试验站，能满足单回、同塔双回500、750、1000kV等电压等级交直流各种铁塔的真型试验。

在工程设计方面的创新有：

（1）应用遥感遥测数字化技术优化设计输电线路路径，减少拆迁，缩短路径。

（2）自主研发80余种铁塔和铁塔基础。

（3）500kV变电站采用计算机综合自动化、保护下放。

（4）实现直流换流站噪声的综合治理。

（5）不等高铁塔基础，减少土方开挖，减少对环境的影响。

（6）500kV同塔双回紧凑设计技术。

在工程施工方面的创新有：

（1）移动式大吨位架线牵张机具（自主研发20余种施工机具）。

（2）大跨越不封航架线施工技术。

（3）大截面导线张力架线施工技术。

（4）铁塔全方位不等高基础、钻扩桩基础施工，高塔吊装，换流站安装调试。

3. 加大科技力量的投入，创新成果巨大

三峡输变电系统工程科研投入包括专项科研费用（在系统设计和概算中计列）和工程科研费用（在

单项工程概算中计列）两部分，总计 4.31 亿元，占工程动态投资的 1.35%。

依靠科技创新，在三峡输变电系统工程的规划、设计、施工、运行、制造方面全面实施以创新为主导，将三峡输变电工程建设技术的各个环节都向前推进，创下了丰硕成果。

（1）三峡输变电工程是世界上首个整体规划、连续实施、同步建成并成为世界上规模最大、技术极其复杂而先进的交直流混合输电系统，较好地解决了无功补偿电压调节、安全稳定控制等难题，攻克了巨型水电站在弱互联电网中系统安全稳定分析与控制等关键问题，使我国电网规划能力达到国际领先水平。

（2）三峡电力系统工程实现了复杂系统的实时监控，建成了世界规模最大、技术领先的电力调度监控系统和通信网络，以及广域微秒级实时监测系统，系统运行安全稳定水平和可靠性居世界前列。

（3）通过对三峡输变电设备的开发研制，攻克了电磁场分析、高压绝缘、结构分析、损耗和控制、控制保护和调度自动化等设备研制的关键技术问题，掌握了一、二次设备制造等核心技术，实现了产业升级和跨越式发展，跻身世界先进水平。

（4）首次系统地解决了电网建设影响环境的一系列问题，如创造了绿色环保输电线路的设计与施工和不封航跨越长江放线等 70 余项施工方法，促进了电网建设与资源节约型、环境友好型社会建设的协调发展。

三峡输变电工程建设中，一系列研究课题、调查研究所形成的各种报告和论文等史料都是重要的文化成果，特别是从三峡输变电工程建设实践经验中提升形成并正式发布的 119 项专利（其中发明专利 34 项），以及国家标准 6 项、行业标准 21 项，这些都直接用于指导其他输变电工程的建设，发挥了十分重要的作用。

三峡输变电工程建设成就得到了多方面的高度关注与赞誉，并受到奖励。三峡输变电工程获得 2010 年国家科学技术进步奖一等奖；此外，还获得了亚洲输变电工程年度奖 1 项、国家环境友好工程奖 1 项、国家优质工程和设计奖 15 项、行业及省部级科技进步奖 34 项。作为一个工程能得到如此多的奖，这在中国电网建设史上是绝无仅有的。同时，也通过三峡电网的建设把中国电网建设和输变电设备制造推进到世界先进水平。

综上所述，科技创新使三峡输变电工程建设取得了辉煌的成就，从而使三峡输变电工程建设成为中国电网建设史上最重要的里程碑。

（四）工程自主，设备国产

三峡直流工程自主化建设以及设备供应基本实现了国产化，这是中国电网建设进入世界前列的重要标志，也是我国大型电力工程和大型机电设备通过引进技术消化吸收、自主创新而全面实现工程建设自主化、成套设备制造国产化的典范。

我国直流技术的研究始于 20 世纪 60 年代，到 1989 年我国建成了第一条高电压大容量、长距离的直流线路——葛洲坝—上海±500kV 直流输电工程（简称葛沪直流）；2001 年建成天生桥—广东±500kV 直流工程（1993 年批准立项）。但这两项工程从前期咨询研究到设计、设备制造供应，全由外国公司负责，工程建完了，除了工程本身，其他方面收获不多，如果再建工程又得重新引进，而三峡直流工程建设从根本上改变了这种引进再引进的局面。

三峡直流输电方案是经过长期反复研究论证确定的，三峡电站规模巨大，送电范围广、距离长，不少是在 1000km 左右，而且送电容量大，根据电力电量平衡和能源资源优化配置要求，需要输送到沿海各省的电力规模在 1000 万 kW 以上，且受电地区与三峡电站不在同一电网内，这意味着送电方式关系到大电网的联网方式。根据上述情况，对交流和直流送电方案进行了反复比较论证、模拟计算，对采用交流 500、750kV 与直流±500、±600kV 等多方案进行比较，分析其经济安全性、电网运行的可靠性等，直到 1994 年 9 月三峡建委组织专家审查，原则通过跨区输电采用直流方案。1995 年 12 月三峡建委以国三峡委发办字〔1995〕35 号文批复三峡电站送华东地区为 2 回新建±500kV、300 万 kW 直流，包括原有葛南直流 120 万 kW，三峡向华东送电能力设计为 720 万 kW；后又增加一回到广东，一回地下电站送出，均为 300 万 kW 直流，总计 5 条直流，送电规模达 1320 万 kW，其中 1200 万 kW 是新建的。这样集中地大规模建设直流输电工程，在全世界也是空前的，其直流送电容量占三峡全部装机容量的 59%，所以三峡的直流建设既将对三峡电站的安全稳定、经济运行产生极大影响，也将对中国电网今后的发展方向产生巨大影响，甚至对世界直流输电发展、直流制造业发展产生很大影响。三峡直流的建设在相当大程度上扭转了 20 世纪 90 年代末直流输电工程建设停滞、直流事业萎靡的状态。另外，还有一个对于我国直流技术国产化具有标志性意义的灵宝 36 万 kW 的背靠背工程（该工程按国务院三峡建委规定，不纳入三峡输变电工程），是西北—华中联网工程，更是对直流引进技术的消化吸收情况进行检验的工程。工程从咨询、设计、制造和安装、调试全部由我国自主完成。

对于三峡直流输电工程，国务院三峡建委、电力部、国家电力公司都十分重视，国家电网建设有限公司认真负责，凝聚国内科研、建设、制造、运行各方面的技术力量开展自主化研究。全体电网建设者和设备制造者本着以对国家、对民族、对三峡工程高度负责的精神，以三峡直流工程为依托，以项目业主为主体，通过引进技术、中外合作、以我为主、消化吸收创新，将三峡直流工程建成技术先进、安全可靠、技术经济指标世界一流的工程。三峡直流输电工程同时实现了三大目标：一是确保了三峡电力外送；二是实现了直流建设的自主化和直流成套设备供应的国产化；三是培养了一支掌握直流工程建设、设备制造核心技术的直流技术人才队伍。

直流工程建设一般分为六大部分：一是直流系统的咨询研究与功能规范书的编制；二是直流系统研究及成套设计、设备招标文件的编制；三是发标评标及合同谈判；四是换流站及工程设计，设备制造、监造、运输；五是直流线路、接地极设计、施工和换流站施工；六是工程调试验收。要实现直流工程的国产化，其中的关键环节是直流系统的咨询研究、直流系统成套设计、控制保护设计技术，以及换流站的直流设备制造技术。对这些技术的引进消化吸收，要统一计划、分步实施、协调行动，要有一个相对稳定的组织和一批具有一定技术水平和工作经验的人才，去承接技术转让，去吸收消化，再创新。

据此，国家电网建设有限公司首先抓直流系统的咨询研究及功能规范书相关的研究编制工作，在三峡第一条直流工程尚未完全确定时，1995 年 7 月 28 日国家电网建设有限公司筹建组就开始直流系统咨询研究工作；在三峡直流方案确定后，1996 年 1 月 31 日就组织电力规划设计总院和相关设计院开展三常直流工程（三峡—常州±500kV 直流输电工程，从湖北龙泉到江苏常州）的预初步设计工作。1996 年 6 月在国家电网建设有限公司正式成立的同时，联合国内科研、设计、运行等单位，组建了北京网联直流咨询公司，开始与外国咨询公司合作，进行直流系统咨询研究。通过合作，边建设边学习，逐步掌握了直流系统咨询研究工作的内容、程序和方法，掌握了直流系统及其设备的性能和参数。

在技术转让方面，重点引进换流站的成套设计技术和直流控制保护系统的设计制造技术。对设备制造则将技术引进与合作生产和分包生产结合起来，制造厂作为制造技术转让的承接方，按照“依托大项目、市场换技术、实现国产化”的总体思路，将引进技术合作生产和分包生产作为采购设备的必要条件，由项目法人主导，将设备技术转让与合作生产合同统一纳入工程设备采购招标合同文件中，明确技术转让方与受让方及合作生产的份额，并且由项目法人单位统一组织制造厂家与外商进行谈判。同时，将技术转让费用计入设备采购合同，由项目法人统一安排投资，并监督检查技术转让合同的执行，使技术转让落到实处。对重大设备采购，同时引进国外两大制造商的设备和技术，国内由两家制造单位承接，使得在后续批量生产时能在国内形成竞争态势。三常直流工程于 1998 年完成招评标，1999 年 5 月合同生效，2000 年 7 月工程正式开工，2002 年 12 月单极投运，2003 年 6 月双极投运。三常直流工程对换流阀、换流变压器、平波电抗器等主要设备的制造技术进行承接转让并部分合作生产，国产化比重达 30%左右。通过工程的前期准备，全面地掌握直流工程的咨询研究，功能规范书招标文件的内容、形式、程序和方法，以及招投标的管理，同时也引进了主要设备制造技术，并采取合作、分包生产形式参与换流变压器等主要设备的生产，为直流建设自主化、设备制造国产化打下了重要的基础。

第二条三广直流工程（三峡—广东±500kV 直流输电工程，从湖北荆州到广东惠州），于 2001 年 10 月开工，2004 年 2 月单极投运，2004 年 6 月双极投运。这条直流线路的咨询研究等前期工作，以及招投标等工作都是以中方为主进行，在设备引进方面仅只增加引进控制保护设计制造技术。设备制造方面国内分包的比重，换流变压器增至 8 台占 30%，平波电抗器 2 台占 50%，换流阀组件全部国内生产。整个工程的国产化比重由三常直流的 30%左右增至 50%。

第三条三沪直流工程（三峡—上海±500kV 直流输电工程，从湖北宜都到上海华新），于 2004 年 12 月开工，2006 年 12 月双极投运。该直流工程由中国北京网联直流咨询设计公司与外国公司组成中外投标联合体参加国际招标，这意味着中国公司已具有了参与直流国际投标的资质。该工程的设备国产化比重达 70%，但在控制保护上仍由外方负责，中外联合设计，装备的硬件生产和软件程序以及出厂试验工作都在国内进行。

第四条三沪Ⅱ回直流（地下电站送出，从湖北荆门到上海枫泾），2011 建成投产，其国产化比重达到 100%。至此，国内已全面掌握设计、制造生产、安装、调试等高压直流输电技术，并形成了我国自主化研究设计和制造能力。

上述三峡直流工程的建设水平在当时是世界上最先进的。建成后的各项运行指标都保持国际先进水平。其能量可用率、强迫能量不可用率、双极单极强迫停运率等可靠性指标都为国际领先，且运行良好，确保了三峡电力外送。工程投产以来，没有因直流停运而影响电站的发电送出。另外，通过三峡直流工程建设，在我国形成了一支高水平的直流建设和设备制造的技术队伍，推动着我国直流向更高电压、更大容量、更高水平发展，并经常出现在国际直流输电领域舞台上。总之，可以响亮地说，三峡输变电工程建设者已经全面完成了三峡建委要求的三大目标，并且将中国的电网建设与设备制造水平推向世界前沿。

三峡直流工程如期高质量、高水平的建成具有重要意义。一是为三峡电力跨区送电提供了重要保障，为三峡工程电力系统输变电工程建设的第一项任务——保证三峡电力的送出打下了重要的基础；二是三峡 4 回直流工程和灵宝背靠背直流工程的建设投运，奠定了我国全国联网的基本格局；三是三峡直流工程的全面建成，也将成为我国电网发展史上一个重要的里程碑，标志着中国电网结构和格局已开始发生历史性的转变，从此直流在中国电网结构中的地位和作用有了极大提高，中国电网从此转化为由交流、直流两种输电技术共同构建的联合电网，使电网在全国能源资源优化配置中发挥了更为重要的作用；四是通过三峡直流工程的建设及其设备制造技术的引进、消化吸收再创新，完整掌握国际最先进的直流研究、设计、建设技术和设备制造等核心技术，全面实现了我国直流建设的自主化和输变电设备供应的国产化，使我国电网建设跃升于世界领先地位，并使我国输变电制造业也跻身了世界先进的行列。三峡输变电直流工程建设与设备的国产化共同铸就了中国电网建设的辉煌。

（五）环境保护，资源节约

在三峡输变电工程的建设和生产运行中，国家电网公司高度重视环境保护工作，最先实现各项工程全部达到国家环境保护标准要求，全部通过国家环境保护部门的验收，实现了三峡输变电工程建设与自然的和谐，并最先建立了完整的输变电工程环境保护实施体系。在中国电网建设中，三峡输变电工程建设起到了引领和示范的作用，也实现了我国输变电工程建设一次历史性的飞跃，成为我国输变电工程绿色建设的重要标志。

1. 严格遵守国家相关的法律法规，全过程加强环境保护工作

（1）高度重视工程前期阶段的环境影响评估工作。逐项分析工程建设将对环境造成的影响，及其相应的预防措施和对策，使环境保护处于可控状态。对国家批复的环境影响报告及其相应的要求、措施，逐一从设计、施工措施中得以落实。保障落实环境保护与主体工程同时设计、同时施工、同时投入使用的“三同时”制度。

（2）加强建设过程中的环保措施和控制管理。严格按照批准的“环境影响报告书”“水土保持方案报告书”提出的方案和措施组织实施，并在施工中大力推广绿色环保施工法，在组织工程施工的同

时实施生态恢复。

（3）积极推行新工艺、新方法，减少工程施工对生态环境的影响。例如，在三峡工程中首次采用同塔双回紧凑型输电技术、同塔多回输电技术、铁塔全方位高低腿技术、选线海拉瓦技术等，大大减少对土地的占用，并有效减少对原状土、植被、景观的破坏。

（4）工程验收按照国家有关规定进行环保竣工验收。三峡输变电工程做到了所有的项目都通过国家环境保护部门组织的验收及水利部组织的水土保持验收。直流换流站的噪声指标较高，在国际上也未得到很好解决。为解决噪声问题，专门组织力量专题科研攻关，最终得以解决。三峡输变电工程专门为治理环境的工程设施科研等投资达 10 亿元。工程的各项监测因子控制均达到国家相关标准，竣工环境保护验收时调查的公众满意度达 85%以上。

2. 建立了控制工程环境影响的组织体系和制度体系

（1）在三峡输变电工程建设中确定环境保护的总体目标，即建设资源节约型、环境友好型电网，实现三峡输变电工程建设与环境保护和谐统一。严格执行配套建设的环境保护设施的“三同时”制度。

（2）建立工程环境保护的组织体系，按照工程的项目法人职责，统一管理三峡输变电工程的环境保护工作，并由工程建设管理单位负责三峡输变电工程环境保护的组织实施。各工程项目经理负责其单项工程的环境保护工作，其工作由项目法人单位及时检查监督落实。同时按照“五制”的要求，通过合同的方式委托设计单位负责工程的设计和环保设施的设计工作，委托监理部门监督和控制，委托施工单位负责建设，纳入合同文本。

（3）明确工程环境保护责任，在合同文本中规定工程建设单位、设计单位、监理单位、施工单位各自的责任。

（4）建立和完善工程环境保护管理制度和措施，在认真贯彻《中华人民共和国环境影响评价法》《建设项目环境保护管理条例》《中华人民共和国水土保持法》《中华人民共和国文物保护法》《中华人民共和国自然保护区条例》《风景名胜区管理暂行条例》《基本农田保护条例》及其他相关的环境保护法律法规的基础上，制订《国家电网公司建设项目环境影响评价管理暂行办法》《国家电网公司电网建设项目竣工环境保护验收管理暂行办法》等管理制度，逐步建立完善的制度体系，进一步规范环保监督管理的职责分工、基本要求和主要流程，有力地推动了对工程环保监督管理的制度化、规范化。

3. 落实环境保护管理措施

通过三峡输变电工程建设，不但在输变电工程建设中首次建立了完整的环保管理组织体系和管理制度体系，而且制订了落实环境保护管理的措施。三峡输变电工程面临的环境保护问题，有电力建设项目对生态环境、水土保持等方面的影响，在输变电设备运行过程中产生的电场磁场，无线电干扰，噪声、废油、六氟化硫对环境的影响等，针对这些问题，在建设中一一提出管理措施：

（1）积极参与国家环境保护法规、政策和标准的制订工作，推动《环境影响的评价技术手册　输变电工程》《建设项目竣工环境保护验收技术规范》等标准的制定和发布。

（2）统一制定并组织实施国家电网公司环境保护规章、规划及年度计划。

（3）统一管理重大污染治理项目，做好环境保护纠纷处理。

（4）加强环境保护统计、分析和考核，建立环境保护专项治理信息报送制度。

（5）组织环境保护科技成果的推广应用。

（6）组织开展电力环境保护的宣传和培训等。

4. 提升环境保护技术水平并用于工程实践

建设了全国第一条绿色环保的交流 500kV 输电线路（湖北凤凰山—咸宁—江西南昌西），该线路全长 257km，所经地区以山地为主，大都为国家森林、生态环保区，路径地形复杂，有高山、丘陵、冲沟、煤矿回采空区，河道纵横、树林稠密，其中高山大岭占全线的 40%，海拔超过 800m。为了保护生态环境，全线建设从工程选线开始到塔基定位、基础施工、定塔、放线，全面实施了设计与施工创新。应用新技术，采用新方法，例如，在线路路径选择上采用了航飞及海拉瓦技术，选择环境影响最小、路径最短的线路；在铁塔基础设计上，山区全部采用掏挖式，配合全方位高低腿设计，减少森林植被砍伐，大大减少了土石方开挖，最大限度避免了原始地形地貌的破坏，还根据地质情况，做原状土基础、岩石嵌固基础、黏性土全掏挖基础，大大减少了基础的开挖量。同时，在基础施工时重视排水设施，做好排水工程，利用弃土筑墙挡水，保护土体稳定，减少冲刷；为了减少树木砍伐而提高铁塔高度。该工程做到全线生态平衡控制，基础零冲刷，实现了绿色环保工程的目标，该线路的设计与施工的指导思想、经验和做法已在三峡输变电工程乃至全国输变电工程建设中推广，将输变电工程推向绿色建设的新阶段。

三峡输变电工程建设，提升了对于环境保护重要性的认识，对具体工程环境治理高度重视，并逐步建立起较为系统完整的输变电工程建设运行的环境生态保护体系，极大地提高了三峡输变电工程建设环境保护水平，开启了中国输变电工程绿色建设的新时期。

三、三峡输变电工程的稽察、审计、评估与验收

三峡输变电工程是由国家出资建设的重大工程，是三峡工程三大组成部分之一，关系三峡工程效益的发挥，关系国家经济、社会的发展和环境生态保护。因此，工程从开始到建成，一直十分重视加强对工程宏观管理和监督控制，除了在工程实施前对项目进行立项审批、总体计划安排、相应政策制定、组织制度管理等外，在工程建设实施中主要通过稽察、审计、评估、验收等实现对工程建设的管理和监控，确保工程按国家批准的规划、计划和政策，合法、合规、合理进行建设，达到预期的目标，实现预期的经济、社会和环境效益。

1. 高度重视工程的稽察工作

经国务院批准，从 1999 年起国务院三峡建设委员会直接组织稽察组对三峡输变电工程进行稽察，并将每年的稽察报告直报国务院，对国务院负责。2002-2007 年，在三峡输变电工程建设高峰期，稽察组每年都要开展综合稽察，对三峡输变电工程从综合管理、工程进度、质量安全、投资控制、招投标、财务管理、生产运行以及经营效绩等进行综合评价，并指出问题，提出改进意见和建议。2012 年开展了一次专项稽察。通过监督机制，加强了对三峡输变电工程的监督，规范了项目法人行为，促进了项目法人责任制的落实，推进提高了建设单位的管理水平。国家电网公司及工程建设的相关单位对稽察发现的问题进行了及时和切实地整改。

2. 认真审计为工程合法、合规建设保驾护航

为确保三峡输变电工程财务收支、建设管理、工程投资、造价控制等方面的合规性，以及对稽察发现的问题进行整改，在工程建设过程中，适时进行了审计工作。2007 年，国家电网公司进行了内部审计，2009 年和 2011 年国家审计署进行了两次全面审计。多次审计都对工程建设管理进行了充分肯定，对指出的问题国家电网公司认真进行了整改，这为工程的国家竣工验收顺利进行打下了坚实的基础。

3. 第三方后评估

在对工程进行国家全面验收之前，中国工程院受国务院三峡建设委员会委托，组织工程、科研、管理等多方面的专家对三峡工程，包括枢纽工程、输变电工程和移民工程，进行第三方独立评估，对输变电工程的评估内容主要包括三峡输变电工程电力系统规划评估、三峡输变电工程建设评估、三峡输变电工程科技创新和设备国产化评估、三峡输变电工程电力系统运行评估四个部分。三峡输变电工程电力系统规划评估分别从规划论证及工程设计过程、电源规划方案、电能消纳方案、输电系统规划论证及工程设计过程四个方面进行评估。三峡输变电工程建设评估包括建设管理体制制度、资金和工期、质量和安全、生态环境保护、工程建设能力五方面内容。三峡输变电工程科技创新和设备国产化评估涵盖工程的科技创新、设备国产化水平、国产化所带动的经济效益及电工装备制造产业的升级等。三峡输变电工程电力系统运行评估从电力系统安全稳定性、电力统一调度经济性、二次系统及通信技术先进可靠性，以及输电系统运行的经济与社会效益等方面，进行了全面、全过程、全方面评估。最后得出的结论是：

（1）三峡输变电工程电力系统规划工作系统、全面、科学，规划过程坚持远近结合、反复论证、电源电网统一规划、总体审批、分步实施、适时调整的原则，确保了规划设计结果科学合理，系统运行安全稳定及全部电能及时送出，并对系统条件变化具有良好的适应性。

（2）三峡输变电工程已全面、按时、安全、高质量完成了建设的任务，工程建设有序，投资、质量、安全得到有效控制，并在工程建设中实行体制改革和建设管理机制创新，奠定了我国输变电工程现代建设管理制度的基本框架。

（3）三峡输变电工程全面提升了输变电设备国产化水平和制造能力，三峡输变电工程坚持技术引进与消化吸收、自主创新相结合的技术路线，采用政府引导、企业为主体、工程为依托的模式推动了我国输变电设备制造，特别是超高压直流输电设备快速发展，并跻身于世界先进行列。

（4）三峡输变电工程电力系统可靠性高，运行稳定，调度方式合理，经济和社会效益显著，实现了三峡电能的全部送出，充分利用了三峡水能，具有显著的经济和社会效益。

（5）三峡输变电工程建设推进了全国联网，加大了西电东送和北电南送能力，电网在大范围内进行能源资源的优化配置能力得到大幅度提升。

（6）推动了电力行业科技进步和专业人才培养，配合三峡输变电工程建设，我国建成一批具有世界先进水平的实验室和研究基地，使我国电力科技创新能力大幅度提高，同时也培养和造就了一批电力系统领军人才。

中国工程院组织专家对三峡输变电工程所做的上述评估是准确的、实事求是的。

4. 以严格的标准、严密的组织、严肃的态度实施国家验收

国务院对三峡工程验收工作十分重视，专门成立了国务院验收委员会，下设输变电工程验收组，验收组下设验收办公室和验收专家组（由资深专家组成）。验收工作严格按照国务院三峡建设委员会颁发的验收大纲进行，验收分为自验、初验、终验三个阶段。

三峡输变电工程验收共进行了五次国家验收，国家电网公司在国家验收前都进行了自查验收。2003年对三峡二期输变电工程，即 2003 年以前投产的工程进行第一次国家验收。2004 年对三个直流工程进行第二次国家验收。2007 年对三沪直流和 2004 年以后投产的工程进行第三次国家验收。2014 年对三峡地下电站送出等工程进行第四次国家验收。2015 年国务院验收委员会组织了三峡输变电工程的整体竣工验收，即第五次国家验收。所有验收工作验收组都赴现场进行验收。验收组由国家发展改革委、国务院各相关部门与单位组成，如国资委、国土资源部、水利部、环保总局、国务院三峡建设委员会办公室、国家电网公司等，最后形成验收报告。

四、本卷导读

第一篇规划设计。本篇记述三峡输变电工程的决策过程，三峡输变电工程规划设计是通过长期反复的调查研究、科学论证、民主决策得出的，本篇展现了工程规划的全过程。

第二篇建设体制与管理制度。本篇记述三峡输变电工程建设过程中实施的一系列改革，首先在建设体制上实行公司制改革，按现代企业制度组建国家电网建设有限公司，作为三峡输变电工程的项目法人，并实行建设体制和管理制度上的一系列改革，以促进和保证工程的顺利建设。

第三篇科技创新。三峡输变电工程建设以科技创新为动力，保证了工程高质量、高水平、高速度、低成本建成。本篇记述国家电网建设有限公司自觉承担在创新中的主体地位，勇于创新，大力投资于创新，鼓励支持创新，特别重视提高科技创新能力的基础设施建设，支持并组织设计、施工、制造领域的创新，取得了一系列丰硕成果。

第四篇工程概算、资金需求测算与筹措。本篇记述三峡输变电系统设计概算编制和审定过程，对资金需求进行测算，并研究提出了资金筹措的政策与标准、方法、措施的建议，以及得到国家批准实施的过程。

第五篇物资供应。本篇记述在物资供应管理上为确保物资及时、保质、保量、价格合理地供应，而全面实施招投标制，并重视设备制造技术的创新及物资管理体制的创新，加强设备监造，重视运输，

为工程顺利建设提供了物资保障。

第六篇三峡 500kV 交流输变电工程建设。本篇记述三峡 500kV 交流输变电工程项目、布局及其建设组织、管理和建设成果。

第七篇三峡直流输电工程建设。本篇记述三峡直流输电工程的规划设计、科研、建设、调试、运行以及技术引进与设备国产化等过程。三峡直流输电工程是三峡电网乃至全国电网具有里程碑意义的标志性工程。三峡直流输电工程的建设使中国直流输电技术得到推广与大规模应用，直流输电的工程建设技术以及设备制造技术也得到了全面掌握和推广应用。

第八篇调度二次系统与通信工程。本篇记述一个规模巨大、技术先进并位居世界领先水平的调度与通信系统是如何建成的。通过三峡输变电工程建设，我国电力系统的调度、通信和二次系统在技术上与管理上都取得了巨大进步。

第九篇环境保护和水土保持。本篇记述在三峡输变电工程建设中建设者是如何重视环保、关心生态，并逐步建立完备的环境保护系统的。中国电网建设对环境治理、生态保护高度重视，其设计建设与管理制度的形成、技术与装备的发展，主要始于三峡输变电工程。

第十篇调试与投运准备、生产运行。本篇记述在工程施工建设完成后如何通过对工程的系统和设备进行调试与试验，使系统和设备的运行性能指标达到设计要求，然后投入生产运行，实现工程的多方面价值。调试试验是工程由建设阶段转向生产运行阶段的最后一个环节，是对工程各项功能的全面检验。

第十一篇稽察、审计和验收。本篇记述国家政府和行政监管部门如何管理工程稽察的相关史料文件。

第十二篇后评价、总结与档案管理。本篇记述企业自主总结与档案资料的管理，以及第三方主要是中国工程院组织多方面专家对工程建设的评价报告。

第十三篇文献摘选。本篇包括多位工程亲历者对三峡输变电工程建设的论述、记事、回忆、评论等，力求从多方面、多角度、多形式来记述、呈现三峡输变电工程建设盛况，并增加其广泛度、群众性和亲和力。同时收录了一些重要会议上的主要领导讲话。

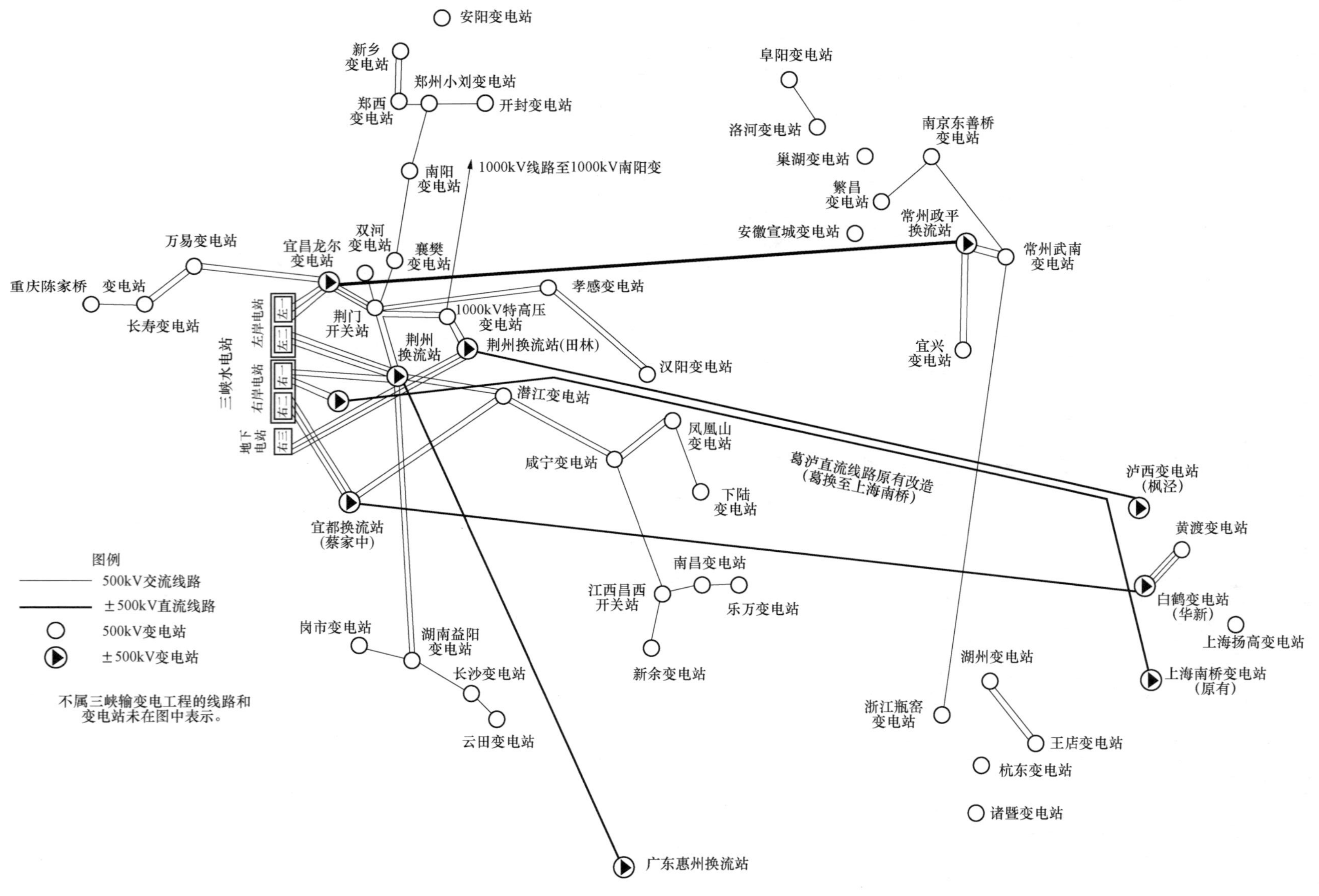

图 1　三峡输变电工程示意图

第一篇 规 划 设 计

三峡输电系统研究和规划设计是三峡输变电工程建设的龙头。

三峡电站装机总容量规模巨大，丰、枯出力相差悬殊，必须要有足够大的电网来支撑才能最大限度地发挥工程的经济效益。因此，三峡输变电工程是一项供电范围广、建设时间长、起点高、艰巨而复杂的工程，需要进行深入的、不断优化的系统研究和规划设计。

20世纪50年代末至60年代初，我国曾进行过三峡输电系统规划初步研究工作；20世纪80年代初之后，三峡输电系统规划主要设计工作反复开展过3次，即：

（1）20世纪80年代初，配合三峡工程可行性论证开展三峡输电系统规划工作。1986年，配合三峡工程可行性研究，重新论证三峡输电系统可行性研究工作，开展三峡输电系统规划工作，提供电力系统配合资料。

（2）20世纪90年代，在三峡工程获得批准后，全面开展三峡输电系统规划工作。1992-1994年，完成《三峡输电系统设计》共10卷报告，基本确定了三峡电站的输电方向、输电方式、大区间的送电能力及三峡电力外送网架方案等。这10卷报告成为之后三峡输电系统规划深化、修正、滚动和开展输变电项目的基础。

（3）2001年之后，开展三峡输电系统规划滚动、调整工作。2001年，根据全国及三峡近区电力市场、电网规模及网架结构变化情况，对三峡电站供电范围和电能消纳方案进行了调整，对三峡输电系统进行设计补充研究，进一步明确了三峡输电系统方案。

三峡输电系统规划工作采用了统一组织、统一规划、尊重科学、民主集中的原则。随着三峡输电工程的建设、投产和运行，证明三峡输电系统规划设计不仅能满足三峡电站电力“送得出、落得下、用得上”的目标，而且建设规模适宜，达到了技术、经济、环境的和谐统一。

第一章　三峡输电系统规划论证

作为三峡工程的重要组成部分，三峡输电系统最终与三峡工程同步建成，其规划论证工作具有以下几个方面的特点：

第一，长期性。三峡输电系统规划论证及设计时间跨度大，历经数次反复论证、适时调整。至2011年4月，葛南直流综合改造工程正式投运，三峡输变电工程（含地下电站送出工程）建设全部完工。若从1918年孙中山先生最早提出三峡工程建设构想算起，整个过程历时近百年。从1949年中华人民共和国成立后中央人民政府成立长江水利委员会开展长江的综合治理和科研工作算起，过程持续60年。

第二，科学性。在三峡输电系统规划论证的各个阶段，调动了国内多家科研院所、设计单位、施工部门、设备厂家及高校的研究攻关力量，并征询国外咨询机构意见，出版了上百份科研、规划论证、设计报告。根据三峡输变电工程前期工作需要，在国家“七五”（1986-1990年）“八五”（1991-1995年）科技攻关和部级重点项目中安排了数十项重大研究课题，并取得了一系列重大科研成果。三峡电力系统规划论证凝聚了几代电力人的心血，其科研投入力度之大、涉及面之广、数量之多、成果之丰硕，都是国内外其他同类工程所不可及的。大量的科学论证工作，保障了三峡输电系统规划论证结论的全面、科学、客观，确保了方案的合理性及远景适应性。

第三，民主性。三峡输电系统规划设计参与单位范围广，论证过程中充分听取各方面意见，重视不同声音及反对意见，并以科学的态度，或及时回复，或展开扩大论证、适时调整。1992年4月3日，第七届全国人民代表大会第五次会议审议并通过《关于兴建长江三峡工程决议》，是三峡工程在更大范围内采取民主决策的集中体现。

摘编自：

1.《中共中央关于三峡水利枢纽和长江流域规划的意见》，中共中央，1958 年 3 月。

2.《长江流域综合利用规划要点报告（1959 年版）》，长江流域规划办公室，1959 年。

3.《三峡工程初步设计报告（1959 年版）》，长江流域规划办公室，1959 年。

4.《关于长江三峡工程论证有关问题的通知》（中发〔1986〕15 号），国务院，1986 年 6 月。

5.《电力系统专题论证报告》，水利电力部，1988 年 3 月。

6.《长江流域综合利用规划要点报告（1988 年修订）》，长江流域规划办公室，1988 年。

7.《长江三峡水利枢纽可行性研究报告（1989 年版）》，长江流域规划办公室，1989 年。

第一节　三峡工程建设的早期构想（1949 年以前）

三峡工程的设想，最早出现在 1918 年孙中山先生的《建国方略》之《实业计划》中，随后，一直到 1949 年中华人民共和国成立前，国民政府进行了初步的勘探和规划工作，但没有进入实质论证阶段。该阶段的重要事件如下：

1918 年，孙中山先生在《建国方略》之《实业计划》中谈及对长江上游水路的改良："改良此上游一段，当以水闸堰其水，使舟得溯流以行，而又可资其水力。"这是最早提出的建设三峡工程的设想。

1932 年，国民政府建设委员会派出的一支长江上游水力发电勘测队在三峡进行了为期约两个月的勘察和测量，编写了《扬子江上游水力发电测勘报告》，拟定了葛洲坝、黄陵庙两处低坝方案。这是中国专为开发三峡水利资源进行的第一次勘测和设计工作。

1944 年，在国民政府生产局任专家的美国人潘绥写了一份《利用美贷款筹建中国水力发电厂与清偿贷款方法》的报告。同年，美国垦务局设计总工程师萨凡奇到三峡实地勘察后，提出了《扬子江三峡计划初步报告》，即著名的"萨凡奇计划"。

1945 年，国民政府资源委员会成立了三峡水力发电计划技术研究委员会、全国水力发电工程总处及三峡勘测处。

1946 年，国民政府资源委员会与美国垦务局正式签订合约，由该局代为进行三峡大坝的设计；中国派遣技术人员前往美国参加设计工作。有关部门初步进行了坝址及库区测量、地质调查与钻探、经济调查、规划及设计工作等。

1947 年 5 月，面临崩溃的国民政府，中止了三峡水力发电计划的实施，撤回在美的全部技术人员。

摘编自：

1．孙中山，《建国方略》之《实业计划》，国民政府，1918 年。

2．《扬子江上游水力发电测勘报告》，国民政府建设委员会，1932 年。

3．《利用美贷款筹建中国水力发电厂与清偿贷款方法》，国民政府生产局，1944 年。

4．《扬子江三峡计划初步报告》，国民政府资源委员会，1944 年。

第二节　三峡输电系统的初步设想（20 世纪 50-60 年代）

中华人民共和国成立后，党中央高度重视大江大河的治理工作。20 世纪 50-60 年代，主要从防洪治害角度提出了长江流域总体规划，并初步开展三峡工程论证工作。该阶段的重要事件如下：

1950 年 2 月，中央人民政府成立了长江水利委员会（1956 年更名为长江流域规划办公室，1988 年重新更名为长江水利委员会），开展长江的综合治理和科研工作。

1953 年 10 月，长江水利委员会上游党组向西南局财政委的报告中提出：将来三峡水库的蓄水高度可能在 190m 左右，请西南局财政委向沿江城市和有关单位打招呼，不要在 190m 高程下设厂或建较重要的工程。西南局财政委同意了这个意见。

1955 年起，在中共中央、国务院领导下，有关部门和各方面人士通力合作，全面开展长江流域规划和三峡工程勘测、科研、设计与论证工作。同年 3 月，在莫斯科签订了技术合同，6 月第一批苏联专家到达武汉。同年 12 月，周恩来总理在北京主持会议，正式提出，三峡水利枢纽有着“对上可以调蓄、对下可以补偿”的独特作用，三峡工程是长江流域规划的主体。

1958 年 3 月，周恩来总理在中共中央成都会议上做了关于长江流域和三峡工程的报告，会议通过了《中共中央关于三峡水利枢纽和长江流域规划的意见》，明确提出“从国家长远的经济发展和技术条件两个方面考虑，三峡水利枢纽是需要修建而且可能修建的，应当采取积极准备、充分可靠的方针进行工作。”

1958 年 6 月，由中国科学院、水利电力部、第一机械工业部、长江流域规划办公室等单位共同筹备，长江三峡水利枢纽第一次科学技术会议在武汉召开，82 个相关单位 268 人参加。十几位苏联专家也应邀参会。中国科学院张劲夫副院长、水利电力部冯仲云副部长、湖北省委第一书记王任重在大会开幕式上发言。长江流域规划办公室林一山主任和副总工程师李镇南介绍了三峡枢纽的研究情况。会上分为水利、动力、机械、综合经济、地质 5 个专业组全面讨论了关于三峡水利枢纽的科学技术研究题目，并签订协议或编制任务书，确定分工协作关系。会议期间代表还乘江峡轮到现场查勘。会后向中央报送了《关于三峡水利枢纽科学技术研究会议的报告》。

1959 年，长江流域规划办公室完成了《长江流域综合利用规划要点报告（1959 年版）》。水利电力部规划局及长江流域规划办公室共同组织编写了《三峡供电系统及其工程量》研究报告和《三峡工程初步设计报告（1959 年版）》，报告中针对三个设计水平年，即全国需电水平分别为 5000 亿、10 000 亿 kWh 和 20 000 亿 kWh，提出三峡总装机容量相应为 13 500、20 000、30 000MW 左右三种方案，为三峡工程初步设计工作提供参考。之后，长江流域规划办公室上报三峡工程初步设计报告，建议蓄水位 200m，除解决中下游防洪问题外，可装机 25 000MW。

1959 年 10 月，长江三峡水利枢纽第二次科学技术会议在武汉召开。考虑到三峡联合电力系统范围大、涉及面广、问题复杂的特点，建议成立三峡联合系统设计处，以组织全国科学技术力量，通力协作完成设计工作。

1960 年 3 月，水利电力部组织召开了三峡联合电力系统设计第一次会议，包括长江流域规划办公室、电力建设总局、水利水电建设总局、技改局、中国科学院等在内的 36 家单位参会。水利电力部副部长冯仲云在大会开幕式上发言，苏联专家和国内各参与单位分别做了关于三峡电力系统初步设计方案的报告。会议重点讨论了水利电力部规划局提出的四个动力平衡方案和补偿调节计算方案，讨论了三峡联合设计处的组织方案，拟定了各协作单位承担的具体任务，并要求各协作单位 6 月份提交初步报告，由水利电力部规划局汇总后，9 月份提交初步的综合报告。

1960 年 4 月，水利电力部组织水电系统的苏联专家 18 人及国内有关单位的专家 100 余人在三峡查勘，研究选择坝址。同月，中共中央中南局在广州召开经济协作会，讨论了在“二五”期间投资 4 亿元、准备三峡工程在 1961 年开工的问题。

后来由于工程规模太大、移民太多，与当时的国力不相适应，三峡工程建设计划放缓。此外，20 世纪 60 年代黄河三门峡水库发生严重淤积，同时又提出大水库的防空问题，也使三峡工程的建设方案长期不能决定。

摘编自：

1.《中共中央关于三峡水利枢纽和长江流域规划的意见》，中共中央，1958 年 3 月。

2.《关于三峡水利枢纽科学技术研究会议的报告》，长江流域规划办公室，1958 年 6 月。

3.《长江流域综合利用规划要点报告（1959 年版）》，长江流域规划办公室，1959 年。

4.《三峡供电系统及其工程量》研究报告，水利电力部规划局及长江流域规划办公室，1959 年。

5.《三峡工程初步设计报告（1959 年版）》，水利电力部规划局及长江流域规划办公室，1960 年 3 月。

第三节　三峡输电系统的初步论证（20 世纪 70-80 年代）

20 世纪 70-80 年代初期，该阶段主要工作是兴建作为三峡总体工程一部分的葛洲坝工程，为后续三峡工程做准备。

葛洲坝工程基本情况如下：大坝站址位于湖北省宜昌市三峡出口南津关下游 2.3km 处，距离后来修建的三峡大坝站址约 37km。电站共装有 21 台水轮发电机组，分设在二江和大江。其中二江电站装机 7 台（17 万 kW 2 台、12.5 万 kW 5 台），大江电站装机 14 台（单机容量 12.5 万 kW），总装机容量 271.5 万 kW。电站通过 500kV 和 220 kV 交流线路接入华中电网，并通过±500kV 葛南直流外送华东电网，起点宜昌宋家坝，落点上海南桥，额定输送容量 1200MW，线路长度 1045km。

20 世纪 70-80 年代初期的重要事件如下：

1970 年，中央决定建设葛洲坝工程，一方面解决华中用电问题；另一方面，为全面建设三峡工程奠定基础。1970 年 12 月 30 日，葛洲坝工程开工。

1979 年，水利部向国务院报告关于建设三峡水利枢纽工程的建议，建议中央尽早决策。

1980 年 7 月，邓小平副总理从重庆乘船考察了三峡坝址、葛洲坝工地和荆江大堤，听取了关于三峡工程的汇报。

1981 年 1 月 4 日，葛洲坝一期工程成功实现大江截流。1981 年 12 月，一期工程完工，实现了大江截流、蓄水、通航和二江电站第一台机组发电。1982 年，二期工程全面开始施工。1986 年 5 月，大江电站第一台机组并网发电。1988 年 12 月，大江电站最后一台机组并网发电，标志着整个葛洲坝工程建成投产。

20 世纪 80 年代中后期，是配合三峡工程可行性研究及工程立项开展的电力系统初步论证阶段，其结果纳入三峡工程可行性研究报告中。该阶段的重要事件及主要成果如下：

1983 年，长江流域规划办公室组织编制了《三峡水利枢纽可行性研究报告》（1983 年版）。1984 年 4 月，国务院原则批准该报告，初步确定三峡工程实施蓄水位为 150m 的低坝方案及电站装机容量 13 000MW（26 台 500MW 机组）方案，并决定进行施工前期准备工作。但在此期间，国内有关部门和人士对三峡工程建与不建、早建或晚建以及建设方案等提出了各种不同意见，受到党中央、国务院的高度重视。

1986 年 6 月，国务院下发《关于长江三峡工程论证有关问题的通知》（中发〔1986〕15 号），决定进一步扩大对三峡工程的论证，重新提出可行性研究报告。水利电力部在此前 30 多年对三峡工程大量的勘测、科研、设计工作的基础上，成立了以钱正英为组长的三峡工程论证领导小组，组成了包括地质与地震、枢纽建筑物、水文、防洪、泥沙、航运、电力系统、机电设备、移民、生态与环境、综合规划与水位、施工、投资估算、综合经济评价在内的 14 个专家组对三峡工程进行专题论证。

1988 年 3 月，电力系统专题论证报告完成并审议通过。报告深入分析了全国特别是三峡可能供电地区内的能源和电力需求、长远的供电形势、煤电运输的情况，对不上或者晚上三峡工程可能的替代方案进行了全面分析，并对三峡电力系统进行了初步论证。

1989 年，长江流域规划办公室在 14 个专题论证报告的基础上，重新编制了《长江三峡水利枢纽可行性研究报告》，认为三峡工程建比不建好，早建比晚建有利。报告推荐的建设方案是“一级开发，一次建成，分期蓄水，连续移民”，确定坝顶高程为 185m，正常蓄水位为 175m。主要结论如下：

（1）从发电效益看，三峡工程应该早上。通过替代方案的比较，三峡 2000 年发电方案总费用现值最低，是电源开发方案中的最优方案。开发三峡工程是我国国民经济发展和能源平衡的迫切需要。

（2）三峡电站的合理供电范围是华中、华东电网及川东（现重庆）地区。三峡向华东电网送电容量暂按 6000～8000MW 考虑，年输送电量暂按 280 亿 kWh 考虑，在系统初步设计中再进一步论证确定。

（3）三峡工程向华中电网及川东（现重庆）地区输电采用交流 500kV 方案，向华东输电暂按交、直流 500kV 混合输电方案考虑。

（4）三峡电站出线 15 回，其中左岸 8 回、右岸 7 回。是否预留备用出线，待下一步设计中研究确定。

（5）按照 1986 年末价格水平估算，三峡输变电工程投资约 62.8 亿元。

1986-1990 年，在水利电力部扩大对三峡工程的论证期间，国家科学技术委员会下达了国家“七五”重点科技项目《三峡工程电力系统规划的关键技术研究》课题（75-16-05）攻关研究任务。本课题包括 10 个专题，共有 25 家单位近 500 名科技人员参与攻关。研究工作采用系统工程方法和现代计算分析工具，分为能源规划、电源规划、输电网络规划三个层次，共取得 113 项科研成果，有力配合了三峡电力系统的规划论证工作。

10 个专题内容及主要结论如下：

（1）专题 1（75-16-05-01）《电源规划及能源平衡发展研究》，包括 12 个子专题，由社会科学院牵头承担。完成了三峡电力工程在全国煤、电、运系统中的经济性论证；开展了三峡工程供电区的经济发展及电力负荷预测；由电力部电力科学研究院（后更名为中国电力科学研究院）、清华大学、西安交通大学各自独立研究开发了电源规划软件，解决了当时国际上一些先进的规划模型尚未解决的问题。

（2）专题 2（75-16-05-02）《三峡电力系统网络结构的研究》，包括 4 个子专题，由电力部电力科学研究院牵头承担。形成了一套输电网络结构研究的新方法，并用于三峡输电网络结构研究，使我国电网优化规划技术提高到一个崭新水平。

（3）专题 3（75-16-05-03）《长江上中游及邻近地区水电优化开发及对三峡电站的影响》，包括 7 个子专题，由水利水电规划设计总院牵头承担。采用系统工程的方法，研究了三峡电站及其周围地区水电的优化开发问题；配合长江上中游及邻近地区水火电电源优化，开展了大区互联电网优化结构及联网方式的研究。

（4）专题 4（75-16-05-04）《多大区电力系统互联及运行性能分析》，包括 5 个子专题，由电力部电力科学研究院牵头承担。对三峡电力系统的暂态稳定、低频振荡、低频减载、负荷频率控制、电压稳定性等进行了大量计算分析，掌握了多大区电力系统互联及运行特性。

（5）专题 5（75-16-05-05）《水电站群优化补偿调节及三峡水库综合利用优化调度》，包括 14 个子专题，由水利水电科学研究院牵头承担。开发了水电站群优化补偿调节软件，解决了维数灾和约束灾的技术难题，能对多大区电力系统百座以上的水电站进行补偿调节计算；提出了三峡水库综合利用优化调度的多目标决策模型及求解方法。

（6）专题 6（75-16-05-06）《三峡梯级电站短期优化运行》，包括 7 个子专题，由水利水电科学研究院牵头承担。考虑中期、短期、超短期几个时间阶段的不同特点，结合发电及航运两个相互关联的因素，提出了三峡—葛洲坝梯级电站优化运行方案，并研究了多机组大容量梯级水电站在多系统联合电网中的优化调度问题。

（7）专题 7（75-16-05-07）《三峡交直流混合输电仿真系统》，包括 9 个子专题，由电力部电力科学研究院牵头承担。扩建后的交直流输电物理仿真系统为三峡电力系统暂态性能及控制保护装置的研究提供了先进的实验工具。

（8）专题 8（75-16-05-08）《提高三峡电力系统安全稳定运行综合技术措施》，包括 4 个子专题，由南京自动化研究所牵头承担。提出了三峡电力系统安全稳定运行综合技术措施，并构建了与能量管理系统相结合的综合稳定控制系统，对提高三峡电力系统安全稳定运行水平具有重要意义。

（9）专题 9（75-16-05-09）《电力系统对三峡电站大型电力设备运行参数的要求及网络可靠性》，包括 8 个子专题，由电力部电力科学研究院牵头承担。确定了三峡电站及换流站大型电力设备运行参数和电站主接线，为三峡电力系统的可靠性评估提供了重要依据。

（10）专题 10（75-16-05-10）《三峡工程的重大动能经济问题研究》，包括 11 个子专题，由社会科学院牵头承担。研究了三峡集资方式、还款能力及投资分摊方法，开展了三峡分时电力电量成本分析及远景目标电价研究，进行了电价改革的探讨，完成了对三峡工程的动能经济效益的综合评价。

摘编自：

1.《三峡水利枢纽可行性研究报告（1983 年版）》，长江流域规划办公室，1983 年。
2.《关于长江三峡工程论证有关问题的通知》（中发〔1986〕15 号），国务院，1986 年 6 月。
3.《长江流域综合利用规划要点报告（1988 年修订）》，长江流域规划办公室，1988 年 3 月。
4.《长江三峡水利枢纽可行性研究报告（1989 年版）》，长江流域规划办公室，1989 年。
5. 国家“七五”重点科技项目《三峡工程电力系统规划的关键技术研究》课题（75-16-05），国家科学技术委员会，1986。

第四节　三峡输电系统的设计研究（20 世纪 90 年代初期）

20 世纪 90 年代初期，该阶段主要工作是上报三峡工程扩大论证工作成果及重新编写可行性报告，并最终获全国人民代表大会审议通过。该阶段的重要事件如下：

1990 年 5 月 29 日–6 月 5 日，全国水土保持工作领导小组在北京召开《长江流域综合利用规划要点报告（1988 年修订）》的审查会。国务院副总理、工作领导小组组长田纪云委托国务委员陈俊生主持会议，全国政协副主席、工作领导小组顾问钱正英出席会议。能源部参会代表有潘家铮、周小谦、朱成章、张津生、陈东平、丁功扬等。会议还特别邀请王林（原电力部副部长、中国共产党中央顾问委员会委员）、李鹗鼎（原电力部副部长）、苏哲文（原电力部副部长）、沈根才（原水电部副总工）等作为老部长、老专家代表参加会议。会议代表共 283 名。会议听取长江水利委员会关于《长江流域综合利用规划要点报告（1988 年修订）》的汇报，并提出审查意见。审查意见中明确指出，三峡水利枢纽工程地理位置适中、开发条件优越，是关系国家经济总体布局的重大项目，其综合作用巨大，经济效益显著，应尽早兴建。

1990 年 7 月 6–14 日，国务院在中南海召开三峡工程论证汇报会，听取论证领导小组关于论证工作和新编可行性报告的汇报，会议由国务院副总理姚依林主持。出席会议的有国务院常务会议组成人员李鹏、姚依林、田纪云、吴学谦、李铁映、秦基伟、王丙乾、宋健、邹家华、李贵鲜、陈俊生、罗平，中央政治局常委宋平、中顾委程子华、全国人大常委会副委员长阿沛·阿旺晋美、孙孚凌，全国政协副主席王任重、周培源、钱学森、钱正英，民革中央彭靖源、民盟中央陶大镛、民建中央孙起孟、民进中央葛志成、农工民主党姚俊、致公党杨纪珂、九三学社周培源、台盟中央吴克泰。出席会议的还有三峡工程论证领导小组成员 12 人，三峡工程论证各专题专家组的顾问、组长和专家 59 人，三峡工程论证的特邀代表 34 人，水利、水电、电机学会理事长 3 人，湖北、湖南、四川地方代表 8 人。潘家铮受论证领导小组的委托，向国务院做了《关于三峡工程论证情况的汇报》。会议认为：新编可行性报告已无原则问题，可报请国务院三峡工程审查委员会审查。

1990 年 12 月 11 日，国务院三峡工程审查委员会举行第一次会议，研究审查程序、方式和工作方案，先分专题、分阶段进行工作，然后国务院三峡工程审查委员会集中审查，要求 1991 年 3 月开始专题预审，1991 年 8 月中旬集中审查后报国务院。预审专家组应尽量吸收没有参加论证的专家，以使得审查更加客观公正。

1991 年 3 月 15–20 日，按照国务院三峡工程审查委员会的部署，长江三峡工程可行性研究报告“发电与电力系统专题”预审会议在北京召开。会议由能源部部长黄毅诚主持，并聘请了以周小谦为组长、陈汉章为副组长的 13 位预审专家组成员。会议听取了长江水利委员会关于三峡工程可研报告的汇报，以及发电与电力系统专题论证专家组的汇报。会议一致认为：三峡可行性研究报告有关发电及电力系统专题部分，是在专题论证的基础上提出来的，基础工作扎实、结论可靠，达到了可行性研究报告应有的深度，预审会议基本同意可行性研究报告的结论，可以作为国家宏观决策建设三峡工程的依据之一。

1991 年 5 月 7-16 日，发电与电力系统专题组开展现场考察。考察组由史大桢副部长任组长，成员除预审专家外，还有张凤祥、沈根才等共 27 名。

1991 年 7 月 9-12 日，国务院三峡工程审查委员会召开第二次审查会，审查讨论《长江三峡工程可行性研究报告》，包括对发电与电力系统专题报告的审查。

1991 年 8 月 3 日，国务院三峡工程审查委员会召开第三次审查会，审议通过了《长江三峡工程可行性研究报告》，并建议党中央、国务院批准后上报全国人民代表大会审议。

1992 年 3 月 16 日，李鹏总理签署并向全国人民代表大会正式报告《国务院关于提请审议兴建长江三峡工程的议案》，建议将兴建三峡工程列入国民经济和社会发展十年规划。

1992 年 3 月 21 日，由国务院三峡工程审查委员会主任、国务院副总理邹家华向第七届全国人大代表大会第五次会议做《关于兴建长江三峡工程的议案》的说明，就三峡工程的审查过程、兴建三峡工程的必要性、三峡工程建设方案、技术可行性、筹集建设资金的可行性、关于移民生态环境和人防问题、对三峡工程决策的建议共 7 个受到代表重点关注的问题进行了说明。

1992 年 4 月 3 日，第七届全国人民代表大会第五次会议审议并通过《关于兴建长江三峡工程的决议》。经国家最高权力机关全国人民代表大会决定一项工程，这在我国是第一次。

1991-1995 年，国家科学技术委员会根据三峡工程的进展情况，下达了国家“八五”重点科技攻关项目（85-16），深化三峡工程关键技术的研究工作，三峡工程电力系统科研项目是其中的第五项（85-16-05），主要围绕三峡电力系统能源规划与电源规划、三峡电力分配方案对三峡及邻近地区能源系统的影响、三峡电网与全国联网的输电网络等课题开展研究。与此同时，电力部也配套设立了一批科研项目，主要围绕三峡电站提前或拖后投产对三峡及附近地区能源系统的影响、三峡电站向华东输电交直流混合与纯直流方式的技术经济比较、三峡电站主接线及接入系统方式、三峡输电系统稳定性研究的新方法新模型、全国联网和更高一级交流输电电压等级等课题开展研究。“八五”期间的科研课题取得了丰硕的科研成果，有力配合了三峡电力系统的规划论证工作，主要成果如下：

（1）进一步深化三峡电力工程在全国煤、电、运系统中的经济性论证及三峡工程供电区的经济发展及电力负荷预测。

（2）形成了一套输电网络结构研究的新方法，并用于三峡输电网络结构研究。

（3）对三峡电力系统的暂态稳定、低频振荡、负荷频率控制、电压稳定性等进行了大量补充计算分析，深入掌握了多大区电力系统互联及运行特性。

（4）优化三峡电站及换流站大型电力设备运行参数和电站主接线，为进一步提高三峡电力系统的可靠性评估提供了重要依据。

（5）提出从我国能源资源分布的特点和经济建设的实际需要出发，逐步实现以三峡为中心的全国电网互联是电力系统进一步发展的必然结果，能够实现更大区域范围内资源优化配置和逐步缩小东西部地区经济差距。

（6）对三峡电站送出网络规划方案进行了全面的分析研究，提出了三峡电力系统送端和受端的网络结构，以及以三峡为中心的全国联网基本格局，为三峡输电方案的确定提供了科学依据。

摘编自：

1.《长江流域综合利用规划要点报告（1988 年修订）》，长江水利委员会，1988 年。

2.《关于三峡工程论证情况的汇报》，能源部，1990 年 7 月。

3.《长江三峡工程可行性研究报告》（包括对发电与电力系统专题报告），能源部、长江水利委员会，1991 年。

4. 国家“八五”重点科技攻关项目（85-16），国家科学技术委员会，1991 年。

5. 三峡工程电力系统科研项目（85-16-05），国家科学技术委员会，1991 年。

6. 国家“八五”攻关项目：三峡电力系统能源规划与电源规划，电力部电力规划设计总院、电力部电力科学研究院，1991-1995 年。

7. 国家“八五”攻关项目：不同的电力、电力分配方案对三峡及邻近地区能源系统的影响，电力部电力规划设计总院、电力部电力科学研究院，1991-1995 年。
8. 国家“八五”科技攻关项目：三峡电网与全国联网的输电网络研究，电力部电力科学研究院，1991-1995 年。
9. 电力部“八五”科技项目：三峡电站提前或拖后投产对三峡及附近地区能源系统的影响，电力部电力规划设计总院、电力部电力科学研究院，1991-1995 年。
10. 电力部八五科技项目：三峡电站介入华中系统和葛洲坝换流站的方案研究，电力部电力规划设计总院、电力部电力科学研究院，1991-1995 年。
11. 电力部八五科技项目：三峡电站向华东输电交直流混合与纯直流方式的技术经济比较，电力部电力规划设计总院、电力部电力科学研究院，1991-1995 年。
12. 电力部八五科技项目：从电力系统的可靠性研究三峡电站主接线及其简化的合理性，电力部电力科学研究院，1991-1995 年。
13. 电力部八五科技项目：三峡输电系统稳定性（角度、电压）及其新方法新模型研究，电力部电力科学研究院，1991-1995 年。
14. 电力部科技项目：三峡送电容量论战中的主要因素研究，电力部电力规划设计总院、电力部电力科学研究院，1991-1995 年。
15. 电力部、三峡办科技项目：东京电网的电网规划及网络结构，电力部电力科学研究院，1991-1995 年。
16. 电力部、三峡办科技项目：三峡电站接入系统方式研究，电力部电力规划设计总院、电力科学研究院，1991-1995 年。
17. 电力部、三峡办科技项目：三峡电站送电华东直流输电工程输电电压等级选择的初步研究，电力部电力规划设计总院、电力部电力科学研究院，1991-1995 年。
18. 电力部、三峡办科技项目：直流输电工程电压选择软件的开发，电力部电力科学研究院，1991-1995 年。
19. 电力部、三峡办科技项目：长距离输电电压及输电方式决策分析软件的研究开发，电力部电力科学研究院，1991-1995 年。
20. 电力部、三峡办科技项目：全国联网和更高一级交流输电电压等级研究，电力部电力科学研究院，1991-1995 年。
21. 电力部科技项目：三峡电站远距离输变电关键技术研究，电力部电力科学研究院，1991-1995 年。

第二章　三峡输电系统设计

第一节　三峡输电系统设计全面展开

三峡工程经国家最高权力机关决策后，进入初步设计阶段。

为了做好三峡输电系统设计工作，1992 年 10 月能源部在北京召开了三峡输电系统设计工作会议，以能源计〔1993〕192 号《关于印发长江三峡工程输变电工程设计工作纲要的通知》，拉开了三峡输电系统设计工作的序幕。

1993 年 4 月，电力部召开长江三峡工程输变电工程设计工作协调会，陆延昌副部长做了会议总结。会议要求各单位要增加对三峡工程重要性和紧迫感的认识，发挥电力行业设计、科研、生产、建设的整体优势，要有全局观点和合作精神，并讨论了三峡工程输变电系统设计文件框架。根据设计工作协调会上提出的要求，1993 年 6 月电力部以办计〔1993〕38 号《关于三峡工程华中、华东、四川各供电区设计送电能力论证的发电量和装机规模水平的通知》下达了设计任务和设计前提条件，要求电力规划设计总院对三峡东送送电能力进行论证。

1993 年 6 月，电力部以办计〔1993〕41 号《关于贯彻三峡工程输变电工程设计工作协调会议有关工作的通知》要求电力规划设计总院在 1993 年 8 月底以前完成三峡东送容量优化的进一步论证工作；华中、华东电管局、四川省电力局会同中南、华东、西南电力设计院，明确各供电地区设计送电能力；电力规划设计总院于 1993 年 10 月底前完成《三峡输电系统设计》初稿。

根据下达的设计任务和设计前提条件，设计单位和科研单位分别进行了研究。电力规划设计总院、中南、华东和西南电力设计院在 1994 年共同编制完成《三峡输电系统设计》文件，该文件是配合三峡工程初步设计编制的。设计内容主要为：三峡水电站供电范围内的电力系统规划及其输变电工程有关输电方式、电压等级设计要点、规划方案、课题研究成果、投资的分类估算等。《三峡输电系统设计》文件共 10 卷。电力部电力科学研究院进行了 6 项科研课题研究，于 1994 年完成了 6 本报告。研究主要内容包括：①三峡送电容量论证中的主要因素研究；②不同的电力电量分配方案对三峡及邻近地区能源系统的影响；③三峡电力系统规划几个基本准则的研究；④三峡电力系统调度管理体制和调度原则研究；⑤三峡输变电工程造价及受物价影响的风险分析；⑥三峡电站出线走廊及过江点的选择。

1994 年完成的三峡输电系统设计主要结论如下：

（1）三峡电站建成后，正常蓄水位 175m，装设 26 台 700MW 机组，共 18 200MW，多年平均发电量 847 亿 kWh。

（2）三大区设计送电能力分别为：川东（现重庆）1500～2000MW，华中 10 000～12 000MW，华东 6000～8000MW。考虑到川东（现重庆）是三峡库区，又是贫困地区，为建设三峡承担了大量移民工作，为帮助川东（现重庆）地区尽早脱贫，促进社会和经济发展，本设计阶段将向川东（现重庆）送电能力调整为 1500～2000MW，并按高限设计。

（3）关于三峡送电华东的方案，研究认为直流输电和交、直流混合输电两者都是可行的。交、直流混合方案具有投资较省、可以沿途照顾落点等优点。对于直流输电方案，两大电网可按各自参数运行而不受被联电网影响，这样可以减少电网运行管理的复杂性。同时，从长远来看，我国的大水电集中在西部、西南部，西电东送远距离输电是长远方针，直流输电能较好地与各级交流电压匹配，因此同意采用直流输电方案向华东送电。

（4）三峡工程建成后（约 2010 年），三峡电力系统即四川、华中、华东互联后的电力系统总装机容量将由现有的 65 000MW 增加到 180 000MW。

（5）三峡电站近区出线规划为左岸 8 回、右岸 7 回，并留有扩建余地。地下厂房 6 台机组出线规划为 4 回。

（6）三峡配套输变电工程总规模。若采用交、直流混合方案，线路总长 10 270km，降压变压器容量 24 750MVA，送、受端换流站总容量 4800MW，总投资按 1993 年 5 月价格为 223 亿～229 亿元（用外汇换算，换流站两端按 135～170 美元/kW 计算，汇率按 1 美元合 5.7 元人民币计算），若汇率按 1 美元合 8.7 元人民币计算则为 236 亿～243 亿元；若采用纯直流方案，工程量分别为 9100km、24 750MVA、12 000MW，按相同的方法计算，相应的总投资分别为 231 亿～244 亿元、256 亿～275 亿元。

摘编自：

1.《关于印发长江三峡工程输变电工程设计工作纲要的通知》（能源计〔1993〕192 号），电力部，1993 年。
2.《关于三峡工程华中、华东、四川各供电区设计送电能力论证的发电量和装机规模水平的通知》（办计〔1993〕38 号），电力部，1993 年。
3.《关于贯彻三峡工程输变电工程设计工作协调会议有关工作的通知》（办计〔1993〕41 号），电力部，1993 年。
4.《三峡输电系统设计》（初稿），电力部电力规划设计总院，1993 年 10 月。
5.《关于送审三峡输电系统设计文件的请示》（电规〔1994〕301 号），电力部电力规划设计总院，1994 年。

第二节 《三峡输电系统设计》的审查与批复

1992-1994 年，电力规划设计总院、中南电力设计院、华东电力设计院和西南电力设计院完成《三峡输电系统设计》研究报告；1994 年 3 月电力工业部召开三峡输电系统设计研讨会，对设计报告进行了预审，原则同意后上报国务院三峡工程建设委员会。

1994 年 5 月，电力工业部以电规〔1994〕301 号《关于送审三峡输电系统设计文件的请示》将《三峡输电系统设计》文件 10 卷及配合本设计的部分科研课题（共 6 个）报送国务院三峡工程建设委员会审查。

1994 年 9 月 18 日，国务院三峡工程建设委员会办公室在北京组织专家对电力工业部提出的《三峡输电系统设计》进行初审。邹家华副总理参会并指出：三峡工程发电后，涉及的不是一个电网而是几个电网的关系问题，必将促进全国电网的形成。专家组提出了《三峡工程输电系统设计初审意见》，充分肯定了前一阶段工作，电力工业部明确要在此基础上继续深入研究的问题如下：

（1）在下阶段设计中，进一步论证送电华东的容量和电压等级，对采用±500kV 或±600kV 做技术经济比较进一步论证。

（2）对送端换流站的位置，补充技术经济论证。

（3）原则同意三峡水电站 15 回出线，但偏紧。建议电力部进行电力系统稳定计算，在 15 回的基础上留扩展余地。

1994 年 10 月 24 日，国务院总理办公会第 44 期会议纪要明确三峡输变电系统与电站建设分开，并批准成立国家电网建设总公司，作为工程项目法人负责建设。

1995 年，电力工业部根据国三峡办发装字〔1995〕016 号文的要求，针对直流工程的输电电压、送端换流站的站址、三峡水电站的出线回路数和输变电工程总量及投资总量四个问题编写了《三峡输变电系统设计若干问题补充论证的报告》，并以电办〔1995〕331 号文向国务院三峡工程建设委员会呈报。

1995 年 12 月 14 日，国务院三峡工程建设委员会以国三峡建委发办字〔1995〕35 号文下达了《关于三峡工程输变电系统设计的批复意见》，批准了三峡输变电工程的系统设计方案，具体如下：

（1）三峡水电站的供电范围为华中、华东和川东（现重庆）地区，设计送电能力为：华中 12 000MW，华东 7200MW，川东（现重庆）2000MW。

（2）三峡输电系统共建线路 9100km，其中直流输电线路 2200km；交流输变电容量 24 750MVA；直流换流站容量 12 000MW（两个送端、两个受端）。

（3）三峡工程送电华东采用纯直流方案，直流电压等级确定为±500kV；华中、四川交流输电线路及华东配套交流部分按 500kV 电压等级设计。

（4）三峡电站出线回路数按 15 回设计，留有发展余地。

（5）三峡输电系统的工程业主（项目法人）为国家电网建设总公司。

（6）三峡输电系统总投资按 248.22 亿元控制。

国务院三峡工程建设委员会的批复是对三峡输变电工程做出的重要决策。

1995 年 12 月 20 日，电力工业部以办综〔1995〕80 号《关于报送“三峡直流输电工程首端换流站站址评审纪要”》向国务院三峡工程建设委员会申报。

1996 年 11 月，电力工业部下达了《关于开展三峡电站供电范围内有关电力规划设计工作的通知》。（电计〔1996〕791 号）

1996 年 12 月，电力部电力规划设计总院向华中电管局、中南电力设计院下达了《关于发送三峡送电华中近区主网架方案讨论会会议纪要的通知》（电规〔1996〕136 号），作为编制三峡送电华东第一项直流输电工程的基础条件。

摘编自：

1.《关于送审三峡输电系统设计文件的请示》（电规〔1994〕301 号），电力部电力规划设计总院，1994 年。

2.《三峡输电系统设计》，电力部电力规划设计总院，1994 年。主要包括：

第一卷《三峡输电系统设计 总论》；

第二卷《三峡输电系统设计（华中部分）》；

第三卷《三峡输电系统设计（华东部分）》；

第四卷《三峡输电系统设计（川东供电区及四川电网）》；

第五卷《三峡电力电量向华东、华中、川东送电能力的合理选择》；

第六卷《三峡送电华东输电方式及输电电压论证》；

第七卷《输变电工程造价分析》；

第八卷《三峡出线走廊规划及大跨越选点》；

第九卷《三峡地区直流换流站规划选站报告》；

第十卷《三峡电力系统与华北电力系统联网效益和方案选择》。

3.《三峡工程输电系统设计初审意见》，国务院三峡工程建设委员会办公室，1994 年 9 月。

4.《关于三峡输变电系统设计若干问题的补充论证要求》（国三峡办发装字〔1995〕016 号），国务院三峡工程建设委员会办公室，1995 年。

5.《三峡输变电系统设计若干问题补充论证的报告》（电办〔1995〕331 号），电力部，1995 年。

6.《关于三峡工程输变电系统设计的批复意见》（国三峡委发办字〔1995〕35 号），国务院三峡工程建设委员会办公室，1995 年。

7.《关于报送“三峡直流输电工程首端换流站站址评审纪要”》（电力工业部办综〔1995〕80 号），电力部，1995 年。

8.《关于开展三峡电站供电范围内有关电力规划设计工作的通知》（电力工业部电计〔1996〕791 号），电力部，1996 年。

9.《关于发送三峡送电华中近区主网架方案讨论会会议纪要的通知》（电规〔1996〕136 号），电力部电力规划设计总院，1996 年。

第三节　系统设计方案

电力规划设计总院组织中南、华东、西南电力设计院共同完成《三峡输电系统设计》，报告中提出的三峡输电系统方案主要包括电站接入方案、近区交流电网方案及跨区输电方案三部分。

一、电站接入方案

依据国三峡建委发办字〔1995〕35号文《关于三峡工程输变电系统设计的批复意见》，三峡左右岸电站共出线15回，其中三峡左岸电站出线8回，右岸电站出线7回。

二、三峡近区交流电网方案

三峡电站近区网络是三峡外送网络的基础部分，起着接受和分配三峡电力的作用，三峡电力通过近区网络向三大区输电。根据国三峡建委发办字〔1995〕35号文的批复意见，配合各单项工程的逐步实施，中南电力设计院对三峡近区网络进行了逐步深入的研究。

（1）确定了荆门开关站在三峡左岸外送网中（及川渝电力外送）的地位和作用。

（2）确定了葛洲坝输电系统和三峡输电系统关系。

2000年为配合四川（二滩）电力东送，需通过葛洲坝外送工程向华中送电，这时实现了双河—南阳线路 π 进荆门方案，即葛洲坝输电系统和三峡输电系统在送端通过双河和荆门相连，形成双河—荆门—襄樊—双河的小环网。在三峡电站首批机组尚未投产、三峡外送通道并不健全的初期，电网稳定水平较低，葛洲坝外送通道通过这个小环网与三峡外送通道互济余缺，有利于提高电网的稳定水平。

（3）确定了三峡送电川东（现重庆）规模。根据三峡输电系统设计，至川东（现重庆）方向为三峡左一至万县2回，其设计送电能力为2000MW。

三、三峡电力送电华中输电方案

三峡电站地处华中的湖北，由于电站装机台数多、出线回路多、送电地区也多，需要有一个坚强的华中电网吸收、输送和分配三峡电力；另外，华中电网处于我国腹地，是大西南水电东送和北部火电南送的必经之路，所以华中电网的建设也需适应全国联网发展。

（1）中部框架。为配合三峡水电东送，在三峡输电系统设计中提出了连接鄂西和鄂东的中部大框架方案。

（2）三峡配套省际联网线（三峡电力经湖北网架分送河南、湖南、江西、重庆）。其中，鄂豫1回联网线（西面1回），即双河（经荆门）—南阳—郑州；鄂湘2回联网线，荆州—益阳双回；鄂赣1回联网线，咸宁—昌西；渝鄂2回联网线，万县—龙泉双回。

（3）华中电网三峡配套输变电项目。华中电网三峡配套输变电项目在华中各省分配见表1-1。

表1-1　　华中电网三峡配套输变电项目

项　目	线路长度（km）	输电容量（MVA）
一、华中500kV交流线路	4596	12 000
1．湖北	961	4500
2．湖南	2687	3000
3．江西	233	2250
4．河南	330	2250
二、省际联网线	395	

四、三峡电力送电华东输电方案

三峡电力送电华东采用纯直流输电方案，包括3条直流线路，即新建三峡至华东直流2回和利用葛南直流，总容量7200MW（未包括三峡地下电站送华东直流工程）。

（1）三峡—常州直流输电工程（简称三常直流），额定电压等级±500kV，额定输送容量3000MW，线路全长约890km。工程预计于2003年建成投运。

（2）三峡—上海直流输电工程（简称三沪直流），额定电压等级±500kV，额定输送容量3000MW，西起三峡右岸电站以东的宜昌市宜都换流站，东至上海青浦区的华新换流站，线路全长约1040km。工程预计于2006年建成投运。

（3）葛南直流输电工程，额定电压等级±500kV，额定容量 1200MW，是葛洲坝电力外送工程，起点宜昌宋家坝，落点上海南桥，全长1045km。工程于1989年9月单极投运，1990年8月双极投运。

之后，三峡输变电工程的规模进行了滚动调整，并增加了地下电站送出等工程。

摘编自：

1.《关于三峡工程输变电系统设计的批复意见》（国三峡建委发办字〔1995〕35号），国务院三峡工程建设委员会办公室，1995年。

2.《三峡输电系统设计报告》，中南电力设计院、华东电力设计院、西南电力设计院等，1995-1997年。主要研究报告包括：

《三峡受端系统华中系统设计（一次部分）》；

《三峡电站机电系统设计配合》；

《三峡电站出线回路数研究》；

《三峡左岸电厂外送预选线报告》；

《2006年、2010年华中系统负荷和电源装机》；

《三峡左一电站送电双河可行性研究》；

《三峡左一电站送电荆门可行性研究》；

《三峡左岸电站送电方案综合比选》

《三峡近区供电主网架优化研究》。

《三峡电站水轮发电机参数选择》。

《三峡直流左岸换流站设计系统分析研究》。

《三峡供电区电力规划设计（华中电网）综合报告》；

《华中电网电源优化》；

《华中电网调峰规划》；

《华中1998-2002电网规划》；

《2010年华中500kV主网架设计》；

《华中电网调相调压计算》；

《华中电网稳定计算》；

《华中电网短路电流计算》；

《三峡直流线路导线截面选择》；

《三峡左岸电站外送线路导线截面优化研究》；

《三峡左岸电站外送线路导线截面优化研究补充报告》。

第四节　滚　动　调　整

一、增加送电广东

2000年国务院做出三峡送电广东的决策。

2000年12月，国家电力公司向国家发展计划委员会上报了国电计〔2000〕817号《关于三峡（华中）至广东直流输电工程可行性研究报告的请示》。

2001年3月，国家发展计划委员会以计基础〔2001〕248号《国家计委关于三峡（华中）至广东直流输电工程可行性研究报告的批复》批复了三峡—广东直流（简称三广直流）输电工程可行性研究报告。

2001 年 7 月 5 日，国家电力公司以国电计〔2001〕399 号《关于将三峡（华中）至广东直流输电工程列入三峡输变电工程的请示》向国务院三峡工程建设委员会提交了申请。

2001 年 7 月 23 日，国务院三峡工程建设委员会以国三峡建委发办字〔2001〕29 号《关于三峡—广东直流输电工程纳入三峡输变电工程管理有关问题的批复》通过了审批。

同年，中国电力工程顾问集团公司、中南电力设计院、华东电力设计院、西南电力设计院、华北电力设计院、江西省电力设计院、安徽省电力设计院等单位开展了《三峡输电系统设计补充研究》工作，并于 2001 年 11 月提交了报告。其目的是：落实三峡向广东送电 3000MW 的决策，确保三峡电力全部送出和合理消纳；满足川电外送 1000～1500MW 的要求；进一步深化包括广东在内的三峡输电系统规划设计工作，在原规划方案的基础上，结合新的变化对三峡输电系统进行优化调整，提出新的调整方案。

2001 年 11 月，国务院三峡工程建设委员会办公室和国家电力公司联合主持召开了《三峡输电系统设计补充研究》审查会议，并以国三峡办发计字〔2001〕113 号文向电力规划设计总院下发了通知，批复内容如下：

（1）关于华东电网：500kV 交流线路 856km；500kV 交流变电容量 8500MVA。

（2）关于华中电网：同意鄂赣直接联网线由 3 回减为 2 回，减少江西变电容量 750MVA，同时对第二回线联网方式进行进一步优化研究；同意鄂湘之间联网线由 4 回减为 3 回，减少湖南变电容量 750MVA；鄂豫之间第三回联网线建设投资置换成建设河南其他输变电项目等。调整后，华中电网三峡输变电 500kV 交流线路为 4596km；500kV 交流变电容量 12 000MVA。

（3）关于川渝电网：尽快建成三峡至万县第一回线路，深入研究三峡至万县至长寿第二回线路建设的必要性、具体落点和建设时间等。同意调减重庆涪陵变电站。

（4）关于直流工程：同意调减三峡至华东第一回直流工程线路 210km。直流线路长度 2965km（含送广东线路 975km），换流站容量 18 000MW（含三广直流 6000MW）。

2002 年 1 月，国家电力公司以国电计〔2002〕24 号文《关于三峡输变电工程项目调整方案的请示》向国务院三峡工程建设委员会提交了三峡送电广东的申请，具体项目调整为：考虑三峡送电广东 3000MW。不计三峡至广东直流输电工程时，工程总量比原批复方案减少交流线路 381km，减少交流变电容量 2000MVA，减少直流线路 210km。考虑三峡至广东直流输电工程后，三峡输变电工程总规模为：500kV 交流线路 6519km，交流变电容量 22 750MVA；直流换流站容量 18 000MW（含三广直流 6000MW）。

2002 年 7 月，国务院三峡工程建设委员会以国三峡建委发办字〔2002〕13 号文《关于对三峡输变电工程及二次系统调整方案的批复》批复了三峡输变电工程调整方案，将三峡—广东直流输电工程纳入三峡输变电工程。

二、增加华中与西北的联络线

2001 年，国家计委以计基础〔2001〕55 号文批复灵宝背靠背直流联网工程立项。2002 年，应国家电网公司要求，国务院三峡工程建设委员会以国三建委发办字〔2002〕02 号文批复同意在三峡建设基金中为灵宝背靠背直流联网工程安排部分资本金，以国三建委发办字〔2002〕64 号文批准了该工程的技术方案与总体投资。2005 年 7 月，灵宝直流背靠背联网工程投运，额定电压 120kV，额定容量为 360MW。

三、增加华中电网内部连线

鉴于华中地区“九五”后期供用电形势的变化，为保证三峡电力电量在华中地区的消纳，需扩大三峡在华中地区的供电范围。2001 年 6 月，国家电力公司以国电计〔2001〕319 号《关于三峡输变电工程 2003 年底前建设及投产项目调整问题的请示》向国务院三峡工程建设委员会报送，申请并获准对三峡输变电工程建设及投产项目调整，具体如下：

（1）建设双河—荆门—南阳—郑州第Ⅱ回线和郑州—新乡双回路输变电工程。

（2）建设郑州—开封输变电工程。

（3）建设荆门开关站，替换原双河开关站。

（4）调整并提前建设三峡左二—荆州—益阳线路和荆门—荆州线路。

（5）同步建设岗市—益阳—长沙—云田输变电工程。

（6）替换并提前建设南昌—乐万线路工程。

（7）2004 年 1 月前建成荆州—潜江输变电工程。

摘编自：

1.《关于三峡（华中）至广东直流输电工程可行性研究报告的请示》（国电计〔2000〕817 号），国家电力公司，2000 年。

2.《国家计委关于三峡（华中）至广东直流输电工程可行性研究报告的批复》（计基础〔2001〕248 号），国家发展计划委员会，2001 年。

3.《关于将三峡（华中）至广东直流输电工程列入三峡输变电工程的请示》（国电计〔2001〕399 号），国家电力公司，2001 年。

4.《关于三峡—广东直流输电工程纳入三峡输变电工程管理有关问题的批复》（国三峡建委发办字〔2001〕29 号），国务院三峡工程建设委员会，2001 年。

5.《关于西北（陕西）与华中（河南）电网联网工程使用三峡基金作为项目资本金的请示》（国电计〔2001〕797 号），国家电力公司，2001 年。

6.《三峡输电系统设计补充研究》（国三峡办发计字〔2001〕113 号），国务院三峡工程建设委员会办公室，2001 年。

7.《关于三峡输变电工程项目调整方案的请示》（国电计〔2002〕24 号），国家电力公司，2002 年。

8.《关于对三峡输变电工程及二次系统调整方案的批复》（国三峡建委发办字〔2002〕13 号），国务院三峡工程建设委员会办公室，2002 年。

9.《关于灵宝背靠背工程立项批复》（计基础〔2001〕55 号），国家发展计划委员会，2001 年。

10.《关于在三峡建设基金中为灵宝背靠背工程安排部分资本金的批复》（国三建委发办字〔2002〕02 号），国务院三峡工程建设委员会办公室，2002 年。

11.《关于灵宝背靠背工程的技术方案与总体投资的批复》（国三建委发办字〔2002〕64 号），国务院三峡工程建设委员会办公室，2002 年。

12.《关于三峡输变电工程 2003 年底前建设及投产项目调整问题的请示》（国电计〔2001〕319 号），国家电力公司，2001 年。

13.《关于三峡输变电工程项目调整方案的请示》（国电计〔2002〕24 号），国家电力公司，2002 年。

14.《三峡输电系统设计补充研究》，中国电力工程顾问集团公司、中南电力设计院、华东电力设计院、西南电力设计院、华北电力设计院、江西省电力设计院、安徽省电力设计院，2001 年。主要研究报告包括：

《三峡输电系统设计补充研究总报告》；

《华中电网网络优化设计》；

《华中电网无功配置研究》；

《华中电网工频过电压研究》；

《华中电网短路电流水平计算研究》；

《华东电网网络优化设计》；

《华东电网无功配置研究》；

《华东电网工频过电压研究》；

《华东电网短路电流水平计算研究》;
《川电外送电网问题研究》;
《川电外送华中专题》;
《三峡向广东送电3000MW系统研究》;
《直流换流站交流送出线导线截面优化选择》;
《三峡通信整体系统设计》;
《三峡输电系统二次系统设计补充研究》;
《三峡三期工程输电线路接入系统专题研究》;
《三峡右岸换流站接入系统报告》;
《三峡(右岸)近区网络优化系统专题研究》;
《华中换流站接入系统报告》;
《三峡地下电站接入系统研究》。

第五节 地下电站送出工程

2006年，按照《国务院三峡工程建设委员会第十四次会议纪要》精神，根据三峡地下电站容量大、电量少及丰水期电能的特点，国家电网公司进行了深入的研究和论证，完成了地下电站—荆门输电线路和葛南直流综合改造等三峡地下电站送出相关工程的可行性研究报告及其评审等前期工作。同时提出了“以华中电网为主，部分电能经葛南直流综合改造工程在华东电网消纳，部分电能参与华中华北水火调剂”的电能消纳方案。

2006年12月，国家电网公司上报了《关于报送三峡地下电站送出方案和送出工程投资估算的报告》(国家电网发展〔2006〕1219号)，提出关于三峡地下电站送出方案的推荐意见。

2007年8月1日，国家电网公司向国家发展和改革委员会报送了三峡地下电站送出工程调整方案(国家电网发展〔2007〕636号)，送出工程调整方案新增华中—华东输电容量3000MW。三峡地下电站送出工程的整体方案为：①地下电站以三回500kV交流线路送至新建的荆门换流站，并延至荆门1000kV特高压变电站；②建设葛南直流综合改造工程，包括新建荆门—上海沪西的±500kV直流输电工程，输送能力3000MW，直流线路为±500kV同塔双回，其中另一回线以3000MW能力设计，利用葛南直流的线路走廊，原线路拆除，接入新线路，葛南直流原换流站暂不改建，送电能力仍为1200MW。该方案完全可以满足三峡地下电站电能合理消纳的需要。2008年12月8日，该方案获得国家发展和改革委员会核准。

摘编自:

1.《关于报送三峡地下电站送出方案和送出工程投资估算的报告》(国家电网发展〔2006〕1219号)，国家电网公司，2006年。
2.《三峡地下电站送出工程调整方案》(国家电网发展〔2007〕636号)，国家电网公司，2007年8月。
3.《三峡地下电站接入系统研究》，国家电网公司，2007年。

第六节 三峡通信调度二次系统

1999年，国务院三峡工程建设委员会以《关于三峡工程输变电工程二次系统项目投资计划安排有关问题的批复》(国三峡委发办〔1999〕22号)确认了三峡输变电工程二次系统项目和投资估算。三峡输变电工程二次系统项目包括国调和相关网、省(市)调的调度自动化系统、电能量计费系统和交易管理系统、继电保护、系统安全稳定控制装置、系统通信五大部分。总投资估算为7.83亿元(1993

年静态价），动态投资 9.89 亿元（1997 年价格）。

2002 年，国务院三峡工程建设委员会以国三峡委发办字〔2002〕13 号文下发了《关于三峡输变电工程及二次系统调整方案的批复》。新增包括北京至上海光纤通信系统、国家电力调度数据通信网、电网动态安全监测系统、国调雷电定位监测系统及与三峡配套输变电工程配套的华中、华东地区光通信工程等项目，并对国家电力综合数据网增加了建设规模。三峡输电系统二次系统原批准建设项目总投资估算为 9.89 亿元（1997 年价格水平）。本次补充设计调整后，增加投资 4.17 亿元，总投资为 14.06 亿元。

三峡输电系统二次系统的建设，尤其是电力调度自动化系统和电力通信系统建设，对全国电网二次系统的发展和技术进步具有相当大的促进和提升作用。三峡输电系统配套建设了新的国调自动化系统、广域动态稳定监测系统、国家电力调度数据网，大大地提高了电网调度控制水平和电网二次系统安全防护能力。三峡输电系统配套建设的光纤通信网络，极大地促进了全国电力通信网络的发展，为电网的安全、稳定运行以及电力企业信息化发展奠定了坚实的基础。

摘编自：

1.《关于印发三峡输电系统二次系统系统设计审查意见的通知》（国电计〔1998〕455 号），国家电力公司，1998 年。

2.《关于〈关于三峡输变电工程 2001 年新增光纤通信项目建设的报告〉的批复》（国三峡办发计字〔2001〕104 号），国务院三峡工程建设委员会办公室，2001 年。

3.《关于三峡输变电工程二次系统项目调整方案的请示》（国电计〔2002〕329 号），国家电力公司，2002 年。

4.《关于三峡输变电工程及二次系统调整方案的批复》（国三峡委发办字〔2002〕13 号），国务院三峡工程建设委员会办公室，2002 年。

5.《关于三峡工程输变电工程二次系统项目投资计划安排有关问题的批复》（国家电网发展〔2007〕636 号），国家电网公司，2007 年。

6.《三峡通信整体系统设计》《三峡输电系统二次系统设计补充研究》，中国电力工程顾问集团公司、中南电力设计院、华东电力设计院、西南电力设计院、华北电力设计院、江西省电力设计院、安徽省电力设计院，2001 年。

第三章　电力分配及电能消纳

第一节　电　力　分　配

三峡电站地处我国腹地，按供电半径 1000km 考虑，可能的供电范围包括华中、华东、西南、南方和华北。三峡输电系统可行性研究阶段论证三峡电站的供电范围为华中、华东和川东（现重庆），并要求在以后阶段设计中进一步论证。1992-1994 年三峡输电系统设计过程中对三峡电站供电范围做了进一步论证。

华中是三峡工程所在地，包括河南、湖北、湖南、江西四省。华中地区煤炭资源保有储量 239 亿 t，主要分布在河南省；水能蕴藏量 45 150MW，可开发装机 40 770MW，主要集中在长江干流三峡河段和汉江、沅水、澧水、清江等支流上。华中地区动力资源虽有一定储量，但远远满足不了国民经济发展的需要。根据电力发展规划，即使大力开发包括三峡工程在内的水电，到 2010 年需运入的煤炭仍将达 1.5 亿～2 亿 t，煤炭供应和运输面临十分严峻的局面。

华东电网覆盖我国经济最发达地区，包括上海、江苏、浙江、安徽和福建四省一市。华东电网所在省（市）动力资源不足，煤炭保有储量 85%集中在安徽省，条件较好的可开发的水能资源大部分已开发。今后国民经济对电力的需求主要依靠建设火电和核电解决。在考虑三峡电站和葛洲坝送电后，2010 年还需从外区调入 2 亿～2.5 亿 t 煤炭。

三峡水库的主要淹没区在川东（现重庆），为促进该地区的国民经济发展，川东应作为三峡电站的基本供电区。四川水能资源十分丰富，华北地区煤炭资源得天独厚，这两个地区都可以依靠开发本区的动力资源以满足国民经济发展的电力需求。华南地区电力资源也不丰富，根据地理位置考虑所需电力将依靠发展本地区核电、煤电和从西南地区输入水电解决。

综合分析认为：三峡电站的主要供电对象仍按可行性研究报告推荐的意见，即送电华中、华东和川东（现重庆），同时考虑到华北地区基本是纯火电系统，与华北电网联网的问题将来再进一步论证。

摘编自：

《国家计委关于三峡水电站电能分配方案的请示》（计基础〔2001〕980 号），国家发展计划委员会，2001 年。

第二节　电　能　消　纳

一、1992-1994 年的电能消纳方案

三峡电站电能的消纳，是关系到世界最大水电工程能否充分发挥效益以及各受电区经济发展的大事。

1994 年，电力部三峡办在《关于三峡输变电设计工作汇报提纲》中指出：“由于三峡供电的三个地区的电力发展长期规划尚在编制过程中，无论从电力、电量的市场需求预测，还是电源布局、结构的优化，特别是直接影响某个供电区电力、电量平衡的各类电源造价，火电的煤价取值及其运输条件等变化，都有许多不确定因素，因此认为本设计阶段没有充分的条件进一步明确可行性阶段所提的电量分配方案”。

二、1995-2004 年的电能消纳方案

根据《关于三峡工程输变电系统设计的批复意见》（国三峡委发办字〔1995〕35 号）的指示，三

峡电站供电范围为华中、华东和川渝；各区域比例约为华中 50%、华东 40%、川渝 10%。

1996 年之后，在三峡输变电工程建设实施过程中，因三峡供电区的电力供需情况发生了很大变化，因此从 1997 年开始，国家发展计划委员会会同国务院三峡办、财政部、税务总局、国家电力公司对三峡受电地区电力电量平衡、电能消纳等方面进行了专题研究和多次论证，形成了初步方案。

1998 年，由电力规划设计总院牵头对三峡电站电能在华中、华东和川渝八省二市的市场消纳进行了分析研究，提出了《三峡电站电能合理消纳研究》报告。

1999 年 2 月，国家发展计划委员会组织专家对该报告进行了审查，随后国家发展计划委员会基础产业司以报告所做的结论为基础，根据国家的产业政策和专家提出的意见，对三峡电站电能合理消纳方案进行了修改。2000 年 3 月，又根据一些边界条件的变化对三峡电站电能合理消纳方案做进一步研究。

2000 年 4 月，国家发展计划委员会基础产业司提出了三峡电站电力电量初步分配方案。2000 年 6 月，国家发展计划委员会向国务院上报了计基础〔2000〕741 号《国家计委关于三峡电力分配方案及有关情况的报告》。

2001 年，电力规划设计总院、中南电力设计院和华东电力设计院对三峡电力在广东、华中（当时为华中四省）和华东的合理消纳再次进行研究，提出了《三峡电力在华中、华东和广东的合理消纳研究》报告。

2001 年 11 月 8 日，国家发展计划委员会向国务院上报了计基础〔2001〕980 号《国家计委关于三峡水电站电力分配方案的请示》，文中明确三峡供电范围调整为华中地区（包括河南、湖北、湖南、江西四省）、华东地区（包括上海、江苏、浙江、安徽三省一市）和广东，即三峡不向重庆送电，改为向广东送电 3000MW，并决定三峡不向川渝送电。

2001 年 11 月 27 日，国务院向国家发展计划委员会下达了国函〔2001〕155 号《国务院关于三峡水电站电能消纳方案的批复》。

2001 年 12 月，国家发展计划委员会下达了计基础〔2001〕2668 号文《印发国家计委关于三峡水电站电能消纳方案的请示的通知》，该文确定的电能消纳方案为：

（1）三峡电能在华东、华中和广东之间的分配方案：三峡左右岸电站 26 台机组在 2003-2009 年陆续投产发电。此期间，在 2004 年三广直流工程建成送电以前，电力电量按 5:5 送往华东和华中。三广直流工程投产后，在分别达到送华东和广东直流工程的设计输电能力后，其余电力均送华中。三峡电站在汛期的调峰电力电量，原则按照各地设计输电能力的比例安排。在非汛期，电力以 16%、40%和 44%的比例，分别向广东、华东和华中输送；枯水期，考虑华中电网枯水期缺电量，需要适当多留，因此电量分配比例原则调整为 16%、32%和 52%。

（2）三峡电能在华中四省之间的分配方案：三峡电力在华中四省之间的分配比例为河南 25%、湖北 35%、湖南 22%和江西 18%。考虑“十五”期间江西电力富余容量较大，“十五”期间送电华中的电力在河南、湖北和湖南之间暂按 40%、40%和 20%的比例分配。2006 年及以后年度，逐步增加向江西送电，至电站正常运行时，达到上述的最终比例。非汛期在华中四省之间电量比例调整为：河南 10%、湖北 42%、湖南 30%、江西 18%。

（3）三峡电能在华东三省一市之间的分配方案：三峡在华东地区的电力电量最终分配比例为上海 40%、江苏 28%、浙江 23%、安徽 9%。

2004 年 2 月，国家电网公司向华东、华中电网有限公司下达了国电计〔2004〕74 号文《关于下达 2004 年三峡水电站电能分配计划的通知》。文中指出，根据《印发国家发展改革委关于 2004 年三峡水电站电能分配方案的请示的通知》（发改能源〔2004〕176 号），2004 年三峡电站发电量计划中，对应国家计委计基础〔2001〕2668 号文分配的发电量部分，按照原确定的分配方案进行分配；原分配方案以外的增发部分，按照尽可能满足华东、兼顾广东，在枯水期适当考虑重庆和华中，在丰水期多送华东、广东的原则分配。

三、2005-2010 年三峡电站新增电能消纳方案

自 2003 年 6 月三峡电站首台机组投产以来，受机组提前投产以及来水较好等因素的影响，电站发电量超出 2668 号文的计划电量。

2005 年，受国家发改委能源局委托，中国电力工程顾问集团公司组织中南电力设计院、华东电力设计院共同承担了《“十一五”期间三峡水电站新增电能合理消纳及相关问题研究》的研究课题，开展“十一五”期间三峡新增电能合理消纳的滚动研究工作。该报告以 2668 号文为基础，结合“十一五”期间三峡电站新增电力电量情况，着重研究了新增电能在华中、华东和广东的合理消纳方案，研究认为：汛期新增电能应尽量送华东和广东地区；枯水期新增电量应多留华中地区消纳；过渡期应提高新增电量送广东的比例。

国家电网公司以发展计二〔2007〕29 号文转发了国家发展和改革委员会发改能源〔2007〕546 号文《印发国家发改委关于三峡“十一五”期间三峡电能消纳方案的请示的通知》。文中指出，消纳方案的请示（发改能源〔2007〕313 号）业经国务院批准，请按照执行。

发改能源〔2007〕313 号文提出了“十一五”期间三峡电能在华中四省一市、华东三省一市和广东之间的分配，和 2668 号文相比，消纳范围增加了重庆市。文中指出，考虑到 2668 号文提出的分配方案经多方协调和国务院批准，且三峡电站送出配套的输变电工程已基本按分电方案建成投产，“十一五”期间三峡电能的消纳方案应以 2668 号文为基础，具体原则建议如下：

（1）对三峡“十一五”期间 2668 号文原计划电量（3145 亿 kWh）仍参照 2668 号文确定的分配方案执行。本次调整范围仅为三峡电站在 2668 号文基础上增发的电能。

（2）三峡增发电能优先安排库区。考虑到支持三峡库区经济发展的需要，“十一五”期间将重庆纳入三峡供电范围，考虑每年从三峡增发电量中拿出 20 亿 kWh 送重庆，5 年共计 100 亿 kWh；“十一五”期间送湖北库区的电量包含在三峡送湖北省的增发电量份额中。考虑到重庆枯水期供电相对紧张，且电网规模较小，三峡送重庆电能在枯水期多送的情况下，宜均衡受入。

（3）三峡电站增发电量的分配在首先满足向重庆送电以后，其余的新增电量参照 2668 号文在华中、华东和广东地区分配的原则执行，即汛期增发电量尽可能满足华东和广东地区，非汛期增发电量尽量多留华中消纳，具体方案如下：在长江来水的汛期（5-9 月）增发的电力按照各区域当年的设计输电能力比例分配，在达到华东、广东设计输电能力后，其余电量留华中消纳；汛期增发电量按照各受电区分得的电力比例进行分配。非汛期（10 月至次年 4 月）华中、华东和广东三个区域在该时段中增发电力的比例为 44:40:16；增发电量的比例为 52:32:16。

（4）至 2010 年，三峡电站进入正常运行期，其电能按 2668 号文的原则进行分配。

“十一五”期间三峡电能原则上分配到区域电网，区域内各受电省市的具体分配方案由国家电网公司和中国南方电网有限责任公司根据各省市电力供需的实际情况，按照 2668 号文的原则协调安排。

三峡电站实际发电量与分配电量的差异，结合各受电区的供需情况，参照本比例进行调整。

四、地下电站电能消纳

根据地下电站电能分配相关专题的研究结论：汛期地下电站电力向华东送电 3000MW，其余电力送华中；非汛期地下电站电力以 71%和 29%的比例分别向华东和华中输送。地下电站所增加电量全部在华中消纳（三峡地下电站电量汛期全部送华东，非汛期利用三峡送华东电量返还给华中）。

三峡地下电站电能在华中区内的消纳方案：三峡地下电站分配给华中的电力电量全部在湖北消纳。

三峡地下电站电能在华东区内的消纳方案：三峡地下电站分配给华东的电力电量在上海、江苏、浙江和安徽三省一市消纳。电力全年按 2668 号文比例分配；汛期电量按 2668 号文比例分配，非汛期亦按 2668 号文比例将汛期受入的地下电站电量返还给华中。

五、三峡电能实际消纳情况

依据《印发国家计委关于三峡电站电能消纳方案的请示通知》（计基础〔2001〕2668 号）及发改能源〔2007〕546 号文《印发国家发改委关于三峡“十一五”期间三峡电能消纳方案的请示的通知》，

确定的三峡电量分配方案比例如表 1-2 所示。2003-2013 年，三峡电量实际执行分配比例如表 1-3 所示，三峡电能实际消纳情况如表 1-4 所示。由表 1-3、表 1-4 可知，重庆消纳三峡电能占 2%～5%，相应减少了南方电网和华东电网的比例，华中四省 2011 年以后受电比例略有提高，主要是增加了地下电站电量。

总体来看，三峡电量消纳方案执行情况良好，达到了计基础〔2001〕2668 号文及发改能源〔2007〕546 号文中指定的电量比例。少量偏差主要由“十五”期间增发电量的分配、三峡试运行电量及三峡实际丰枯期来水状况与平水年的差异所形成。三峡工程论证阶段、系统设计阶段提出的三峡电站电能消纳方案是切实可行的，有利于三峡电能的充分利用。

表 1-2　　三峡电量分配方案比例　　%

地区	2003 年	2004 年	2005 年	2006 年	2007 年	2008 年	2009 年	2010 年
华中四省	52.7	24.8	22.8	23.2	30.3	36.7	39.7	43.2
重庆	0.0	0.0	0.0	3.8	3.1	2.4	2.3	2.3
华东	47.3	44.9	43.6	44.2	42.5	42.0	40.3	37.7
南方	0.0	30.3	33.5	28.7	24.1	18.9	17.7	16.7

表 1-3　　2003-2013 年三峡电量实际执行分配比例　　%

地区	2003 年	2004 年	2005 年	2006 年	2007 年	2008 年
华中四省	50.7	26.9	24.3	24.6	30.7	39.0
重庆	9.0	1.2	3.7	3.5	3.3	2.5
华东	40.1	50.7	41.3	42.2	42.3	41.0
南方	0.1	21.2	30.6	29.8	23.7	17.5
地区	2009 年	2010 年	2011 年	2012 年	2013 年	
华中四省	37.7	44.4	40.6	46.0	45.8	
重庆	2.5	2.4	2.7	4.1	4.9	
华东	40.8	36.7	39.0	34.9	33.7	
南方	19.0	16.4	17.8	15.0	15.6	

表 1-4　　2003-2013 年三峡电能实际消纳情况　　kWh

地区	2003 年	2004 年	2005 年	2006 年	2007 年	2008 年
上网电量	85.97	390.36	489.33	491.00	611.37	799.2
华中四省	51.36	109.81	137.17	137.75	207.45	332.04
重庆	7.76	4.78	18.32	17.00	20.00	20.0
华东	34.50	197.91	202.21	207.16	258.83	327.51
南方	0.11	82.64	149.95	146.09	145.14	139.65
地区	2009 年	2010 年	2011 年	2012 年	2013 年	
上网电量	790.68	834.26	773.23	971.63	819.83	
华中四省	317.9	390.79	334.15	487.36	415.70	
重庆	20.0	20.0	20.51	40.0	39.99	
华东	322.45	306.51	301.76	338.83	276.28	
南方	150.33	136.96	137.32	145.44	127.85	

注　上网电量数据含调试及试运行电量。

摘编自：

1．《关于三峡工程输变电系统设计的批复意见》（国三峡委发办字〔1995〕35 号），国务院三峡工程建设委员会办公室，1995 年。
2．《三峡电站电能合理消纳研究》报告，电力规划设计总院，1998 年。
3．《国家计委关于三峡电力分配方案及有关情况的报告》（计基础〔2000〕741 号），国家发展计划委员会，2000 年。
4．《国家计委关于三峡水电站电力分配方案的请示》（计基础〔2001〕980 号），国家发展计划委员会，2001 年。
5．《国务院关于三峡水电站电能消纳方案的批复》（国务院国函〔2001〕155 号），国务院，2001 年。
6．《印发国家计委关于三峡水电站电能消纳方案的请示的通知》（计基础〔2001〕2668 号），国家发展计划委员会，2001 年。
7．《关于下达 2004 年三峡水电站电能分配计划的通知》（国电计〔2004〕74 号），国家电网公司，2004 年。
8．《印发国家发改委关于三峡“十一五”期间三峡电能消纳方案的请示的通知》（发改能源〔2007〕546 号），国家发展和改革委员会，2007 年。
9．《印发国家发改委关于三峡“十一五”期间三峡电能消纳方案的请示的通知》（发展计二〔2007〕29 号），国家电网公司，2007 年。
10．《关于“十一五”期间三峡电能在华中四省一市、华东三省一市和广东之间的分配方案》（发改能源〔2007〕313 号），国家发展和改革委员会，2007 年。
11．《三峡电站电能合理消纳研究》，电力规划设计总院、中南电力设计院、华东电力设计院、西南电力设计院，1998-2000 年。
12．《三峡电力在华中、华东和广东的合理消纳研究》，电力规划设计总院、中南电力设计院、华东电力设计院，2001 年。
13．《“十一五”期间三峡水电站新增电能合理消纳及相关问题研究》，电力规划设计总院、中南电力设计院、华东电力设计院，2005 年。

第四章　以三峡电网为中心的电网互联

第一节　全国联网研究工作

国家“八五”科技攻关期间，围绕三峡输变电工程进行了大量重点科研项目研究，取得了丰硕成果，为三峡输变电工程的顺利建设奠定了坚实的基础。从我国能源资源分布的特点和经济建设的实际需要出发，逐步实现全国电网互联是电力系统进一步发展的必然结果。大区电网互联也是实现更大区域范围内资源优化配置和逐步缩小东西部地区经济差距的客观需要。以三峡输变电工程建设为契机，开展全国联网研究，对促进全国大区电网的互联具有重要意义。

在国家“八五”科技攻关（85-16-05）三峡工程电力系统科研项目中，课题《三峡电网与全国联网的输电网络研究》分为两个子课题，研究了以三峡电网为中心的全国联网格局。

子课题 1 着眼于三峡电网在全国联网进程中的作用以及全国联网格局的构建，基本研究内容包括三峡电力系统结构、联网范围和三峡电网与邻近地区电网的互联，主要研究结论如下：

（1）三峡电网处于全国互联电网西电东送、北电南送的枢纽位置，以三峡电站为龙头的长江经济带（包括华东、华中和四川部分地区）电网将成为全国电网的枢纽。

（2）建设长江经济带坚强的受端电网势在必行。

（3）三峡电站的输电网络方案要与全国电网互联的大格局相协调。

子课题 2 立足于三峡电网的构建，在三峡电站向华东电网送电方式和输送能力已经确定（采用直流输电方式，设计输送能力 6000～8000MW），以及采用 500kV 交流向川东（现重庆）送电（设计输送能力 1500～2000MW）的条件下，主要研究内容包括进一步研究三峡电站向华东电网内各省的送电方式和华中电网各省间联络网络方案，以及研究三峡向川东（现重庆）的送电方式。取得了以下主要结论：

（1）提出了河南内部网络及河南与湖北省间联络线的合理接线方式。

（2）推荐湖北主网采用大框架结构。

（3）推荐湖北与湖南省间联络线采用换流站 I（三峡右一）、II（三峡右二）各引 1 回线至岗市和潜江，出 2 回线到岳阳，共 4 回交流 500kV 联络线。

（4）不推荐三峡直送江西的送电方式，推荐湖北与江西采用咸宁—南昌 2 回和下陆—昌东 1 回共 3 回 500kV 交流联络输电方式。

（5）推荐采用龙泉换流站出线 2 回至川东（现重庆）的送电方式。

摘编自：

1. 国家“八五”攻关项目：三峡电力系统能源规划与电源规划，电力部电力规划设计总院、电力科学研究院，1991-1995 年。
2. 国家“八五”攻关项目：不同的电力、电量分配方案对三峡及邻近地区能源系统的影响，电力部电力规划设计总院、电力科学研究院，1991-1995 年。
3. 国家“八五”科技攻关项目：三峡电网与全国联网的输电网络研究，电力部电力科学研究院，1991-1995 年。
4. 电力部、三峡办科技项目：东京电网的电网规划及网络结构，电力部电力科学研究院，1991 年。
5. 电力部、三峡办科技项目：三峡电站接入系统方式研究，电力部电力科学研究院，1991 年。
6. 电力部、三峡办科技项目：全国联网和更高一级交流输电电压等级研究，电力部电力科学研究院，1991 年。

7．电力部科技项目：三峡电站远距离输变电关键技术研究，电力部电力科学研究院，1991 年。

第二节 电网互联结构

一、华中—华东联网

华中电网与华东电网通过三峡至华东的直流工程实现异步联网。1990 年 8 月，葛南直流双极投运，额定电压为±500kV，额定容量为 1200MW。2003 年 5 月，三常直流双极投运，额定电压为±500kV，额定容量为 3000MW。2006 年 12 月，三沪直流双极投运，额定电压为±500kV，额定容量为 3000MW。2011 年 4 月，三峡—上海Ⅱ回直流（简称三沪Ⅱ回直流）双极投运，额定电压为±500kV，额定容量为 3000MW。至此，华中向华东送电由葛南 1 回直流 1200MW 提高到 4 回直流 10 200MW，直流异步联网工程规模在世界上处于领先地位。

作为西电东送中通道的重要组成部分，华中—华东联网工程的建设支撑了华东地区经济发展，为更大范围内资源优化配置创造了条件。

二、华中—华北联网

华中电网与华北电网通过交流线路实现联网。2003 年 9 月，500kV 辛洹线成功投运，标志着华中与华北电网首次实现并网运行。2009 年初，1000kV 晋东南—南阳—荆门特高压交流试验示范工程（简称特高压交流试验示范工程）投运。该工程起于山西晋东南（长治）变电站，经河南南阳开关站，止于湖北荆门变电站，全长 640km。特高压交流试验示范工程投运后，500kV 辛洹线转为备用运行。

华中与华北电网成功实现联网，使大区域电网功率互补、电力交换、事故支援能力进一步得到加强，取得了显著的水火电互补效益和互为备用效益。

三、华中—川渝联网

华中主网与川渝电网通过 500kV 交流线路实现联网。2002 年 5 月，川电东送工程正式投运，该工程西起四川二滩水电站，经昭觉、万县到龙泉换流站再到荆门开关站，标志着华中主网与川渝电网实现并网运行。后期又建设了恩施—张家坝双回 500kV 交流输电线路，与之前川电东送工程的奉节（九盘）—龙泉双回 500kV 线路，共同构成华中—川渝交流联网通道。

华中—川渝电网联网工程是实现“西电东送、南北互供、全国联网”战略的重要组成部分，是加快建设西电东送中部通道的关键一步，能够实现三峡与四川水电的跨区域资源优化配置。

四、华中—西北联网

华中电网与西北电网通过灵宝直流背靠背联网工程实现异步联网。为全面检验和提高我国直流输电国产化能力，国家电网公司提出将灵宝直流背靠背联网工程作为三峡右岸直流工程的中间试验项目，完全依靠国内科研、设计和制造力量进行建设。2005 年 7 月，灵宝直流背靠背联网工程投运，额定电压 120kV，额定容量为 360MW，灵宝换流站站址位于三门峡市。

2008 年 9 月，为扩大联网规模和适应“西电东送”新要求，灵宝换流站扩建工程开工建设，并于 2009 年 12 月正式投入商业运行。作为世界上第一个额定电流为 4.5kA 的直流工程，灵宝换流站扩建工程新增换流容量 750MW，西北侧出线电压等级 330kV，华中侧出线电压等级 220kV。

在三峡电力系统的建设中，灵宝直流背靠背联网工程既作为直流工程建设全面实现自主化、国产化的示范工程，又是实现华中电网与西北电网的直流联网工程，工程的顺利投产具有重要意义。

五、华中—南方联网

华中电网与南方电网通过三峡—广东直流工程实现异步联网。2004 年 6 月，三广直流双极投运，额定电压为±500kV，额定容量为 3000MW，直流输电线路约 975km，在湖北荆州和广东惠州建换流站。荆州换流站与 500kV 荆州变电站合建，同时建设了相应的交流输变电工程。

三广直流工程极大地缓解了广东电力供需矛盾，促进了广东经济的快速发展，同时又为实现全国联网迈开了十分关键的一步。

六、其他联网工程

在三峡输变电工程建设的同时，我国还先后实现了东北—华北、华东—福建、华北—山东的交流联网。2009-2012 年，又陆续完成海南—广东交流联网、西北—华中（四川）直流联网、华北—东北直流联网、新疆—西北交流联网、西北（青海）—西藏直流联网，结束了海南、新疆、西藏长期孤网运行的历史，我国内地电网全面实现互联。

三峡输变电工程的建设在全国联网形成过程中发挥了极大的促进作用。可以这么说，如果没有三峡输变电工程，这一目标的实现要推迟若干年。

七、向家坝、溪洛渡水电站开发

在三峡电站及其输电方案规划中，电力部门对三峡电站及长江中上游水电优化协调开发也进行了专题研究。随着三峡电站及其输变电工程建设的全面展开，1998 年，国家电力公司正式启动向家坝、溪洛渡水电站及其输电方案的研究工作。在研究工作中对交流 1000、750、500kV 方案和直流±600kV 输电方案进行了技术经济对比分析，曾推荐采用 5 回±600kV 直流分别向华中地区和华东地区输电。

2005 年，根据新的电能消纳方案，国家电网公司对向家坝、溪洛渡电站的输电方案进行了调整研究，采用的输电方案为：1 回特高压±800kV（6400MW）直流从向家坝电站向上海地区输电；1 回±800kV（8000MW）直流从溪洛渡左岸电站向浙江地区输电；2 回±500kV 从溪洛渡右岸电站向广东地区输电。

向家坝、溪洛渡电站输电工程的建设，与三峡输变电工程一起构成了强大的西电东送通道，为西部地区的清洁能源向东部和南部负荷中心地区大规模输送提供了可靠保障。

八、与俄罗斯电网联网研究

随着以三峡电站为枢纽的全国联网格局逐步形成，自 20 世纪 90 年代后期至 21 世纪 00 年代中期，国家电力公司和国家电网公司先后开展了与俄罗斯电网联网的研究工作。其目标是利用俄罗斯西伯利亚地区丰富的水力和煤炭资源，建设大型电站向我国华北和东北地区输电。通过技术经济分析，推荐向华北地区采用超高压直流输电方案；向东北地区输电采用直流背靠背输电方案。根据当时国内的电能消纳形势，建议先建设黑龙江省黑河直流背靠背输电工程（额定电压为±125kV，额定电流为 3000A，额定容量为 750MW）；该工程已于 2012 年 1 月正式投入运行。

摘编自：

1.《三峡输电系统设计报告》，中南电力设计院、华东电力设计院、西南电力设计院等，1995-1997 年。
2.《晋东南—南阳—荆门特高压交流示范工程总结》，国家电网公司，2012 年。
3.《三峡至广东±500kV 直流工程总结》，国家电网公司，2005 年。
4.《灵宝直流背靠背联网工程总结》，国家电网公司，2006 年。
5.《向家坝—上海±800kV 特高压直流输电示范工程总结》，国家电网公司，2013 年。
6.《溪洛渡左岸—浙江金华±800kV 特高压直流输电工程总结》，国家电网公司，2015 年。
7.《黑河直流背靠背联网工程总结》，国家电网公司，2012 年。

第五章　三峡电力系统规划研究及其主要成果

第一节　三峡电力系统仿真中心的建设及应用

工程实践表明，在重大的电力系统工程规划、设计、建设和运行的各个阶段，除了要进行电力系统离线计算分析外，还需要进行实时仿真试验。实时仿真系统具有离线计算没有的显著特点，即可接入实际的控制、保护装置，并探索未知的规律。国际上加拿大、日本、巴西、韩国等国家，以及 ABB、SIEMENS 等公司均建设了大规模的电力系统实时仿真实验室。三峡电力系统规模巨大，且为交、直流联合电网，其重要性和复杂性都是空前的。由于当时我国还缺乏大电网的建设、运行管理经验，需要利用物理仿真的手段对其做详细研究，尤其是三峡输变电工程调试阶段，物理仿真的预演对三峡电力系统的调试和投运是很关键的。

为解决可能出现的三峡交、直流电力系统的关键技术问题，国家电网建设总公司与电力部电力科学研究院合作，在电力科学研究院内筹建数模混合式“三峡电力系统仿真中心”（简称仿真中心）。经估算，用仿真中心模拟整个三峡电力系统（华东—华中—川渝）需增加的设备较多，所需经费也多，短期内难以实现。因此，仿真中心将建设目标定在能较详细地模拟两个大区电网联网的规模上。

仿真中心分两期进行建设。总投资 5511 万元。第一期建设投资 4486 万元。其中，电力部电力科学研究院投资 2168 万元（含已有直流模拟实验室资产），国家电网建设总公司投资 2318 万元。建设工作从 1995 年 6 月开始，从加拿大 TEQSIM 公司引进数模混合式实时仿真设备。1997 年 11 月通过引进设备的现场调试，1998 年 7 月，由国家电力公司组织了鉴定验收。鉴定意见认为仿真中心的技术和功能达到了国际先进水平。第二期建设由国家电力公司投资人民币 1025 万元。仍从加拿大 TEQSIM 公司补充引进数模混合式实时仿真设备。建设工作从 1999 年 12 月开始，于 2002 年 5 月完成。

仿真中心建成后的实验室设备规模是 20 世纪 90 年代亚洲最大的，达到了能较详细地实时模拟两个大区电网联网系统（主要厂站和线路）的目标。仿真中心配置的主要实验设备包括：

（1）有源模型 40 组，包括发电机 24 台、动态负荷和电源模型（包括 1 台多质量块轴系电机模型）。

（2）2 个双极 4 个站的直流控制模拟装置。

（3）输电线路模型共 140 组（三相四线），用于模拟交直流线路。

（4）交流变压器模型 18 组（三相）。

（5）换流变压器模型 16 组（有载调压，三相）。

（6）高压并联电抗器模型 38 组（三相）。

（7）电源电抗、变压器漏抗及等值联络电抗 130 组（三相）。

（8）可变负荷（电阻、电容）56 组（三相）。

仿真中心边建设边出成果，自建设以来开展了一系列研究，并取得了良好成效。主要研究成果有：

（1）开展三峡电力系统规划方案的仿真试验研究。提出了网络结构改进方案和安全稳定措施，改善了电网中的薄弱环节和断面，增强了系统的阻尼特性，提高了三峡电力系统的安全稳定性。

（2）东北—华北—山东电网与华中—川渝电网互联系统实时仿真试验研究。由于准确地模拟了直流系统的换流阀、控制系统等部件，在系统的机电暂态过程中反映了直流系统真实的运行工况，为采用合理的联网方式提供了技术依据，也为离线计算提供了重要的参考。

（3）三常直流工程系统试验仿真试验研究。为三常直流工程系统试验技术开展准备工作，根据三常工程系统试验大纲，在仿真装置上进行了仿真试验研究。通过仿真试验研究，检验了该系统的主要设备参数、控制保护功能和交直流系统相互影响特性，为编写系统试验方案提供了技术数据。

（4）三广直流工程直流系统保护仿真试验。仿真中心使用引进的直流物理模型，按照一定的模比搭建三广直流模型，并将模型与南瑞继保公司基于 ABB 技术的控制保护装置相连接，按照试验计划进行了相应的试验。通过三广直流保护系统仿真校核试验研究，检验了该系统的控制保护功能和保护参数。

（5）三常、三广直流输电系统生产运行服务。电力部电力科学研究院利用仿真中心的实时仿真装置对三常、三广直流工程系统运行中出现的故障做了详细分析，在仿真装置上进行了数十次事故重现、分析，寻找反事故对策，搞清事故原因并提出反故障措施。

2006 年，国家电网公司决定在三峡电力系统仿真中心基础上进行扩建。扩建后的仿真中心成为世界上规模最大、技术最先进的电力系统仿真实验室，达到能够模拟 4 个±500kV 双极长距离直流输电系统、2 个±800kV 双极长距离直流输电系统和 1 个背靠背直流输电系统的规模，具备了对 7～8 项直流输电工程进行物理仿真的能力。在与全数字仿真装置实现连接之后，拥有较完善的交直流输电系统仿真模型，可以对大型交直流混合电力系统进行仿真，满足国家电网特高压骨干网架和相关的 500kV 电网实时仿真研究的要求，能够开展对特高压大电网中交直流输电规划方案的技术合理性进行验证等研究工作。

摘编自：

《中国三峡输变电工程　科技创新卷》，国家电网公司编著，中国电力出版社，2010 年。

第二节　动态模拟试验

为深入检验三峡输电系统的安全可靠性，1995 年 9 月，电力部部署了动态模拟试验研究任务，成立了以电力规划设计总院为组长单位、中国电力科学研究院为副组长单位的工作小组，对三峡输电系统结构及安全可靠性开展全面测试。

动态模拟试验研究共分两个阶段进行：第一阶段为 1995 年 9 月-1996 年 10 月国内仿真计算阶段，第二阶段为 1997 年 6 月-1998 年 10 月的俄罗斯动态模拟试验阶段。动态模拟试验研究的主要结论如下：

（1）三峡输电系统在一般和严重故障条件下都具有较高的稳定水平，能很好满足《电力系统安全稳定导则》的要求。在采用快速励磁的三峡、二滩、阳城等主要电站机组励磁系统配置电力系统稳定器（PSS）能有效抑制低频振荡。

（2）2010 年三峡输电系统输电网络作为三峡工程建成后的目标网络，能较好地满足多种运行方式下系统运行的要求，并有一定的安全裕度。

（3）三峡直流输电系统各种故障引起的单极或双极闭锁都不会导致送、受端交流系统失去稳定和系统频率的大变化；交流系统发生故障后可能导致直流发生换相失败，但故障消除后，直流输电系统能够恢复正常运行，证实了采用直流输电方案在技术上是可行的。

俄罗斯动态模拟试验结果与国内开展的数模混合仿真试验结果总体上一致。

1995-1998 年，电力规划设计总院、中国电力科学研究院、中南电力设计院、华东电力设计院、西南电力设计院完成《三峡电力系统动态模拟试验研究》报告。

摘编自：

《三峡电力系统动态模拟试验研究》，电力规划设计总院、中国电力科学研究院、中南电力设计院、华东电力设计院、西南电力设计院，1995-1998 年。各分卷如下：

第一阶段报告：

《第一卷　总论》；

《第二卷　三峡电力系统基础资料汇编》；

《第三卷　三峡电力系统潮流计算分析》;
《第四卷　三峡电力系统稳定计算分析》。
第二阶段报告:
《技术报告之一　三峡电力系统动模试验研究总报告》;
《技术报告之二　三峡电力系统动模试验用等值方案研究》;
《技术报告之三　三峡电力系统动模试验用建模方案》;
《技术报告之四　三峡电力系统2005年动模试验研究》;
《技术报告之五　三峡电力系统2010年动模试验研究》。

第三节　出线回路数研究

依据《关于三峡工程输变电系统设计的批复意见》(国三峡建委发办字〔1995〕35号),三峡左、右岸电站共出线15回(如图1-1所示),其中三峡左岸电站出线8回,右岸电站出线7回。考虑到左、右岸电站又各自分两厂运行,四段母线的出线回路分别为5、3、4、3回。

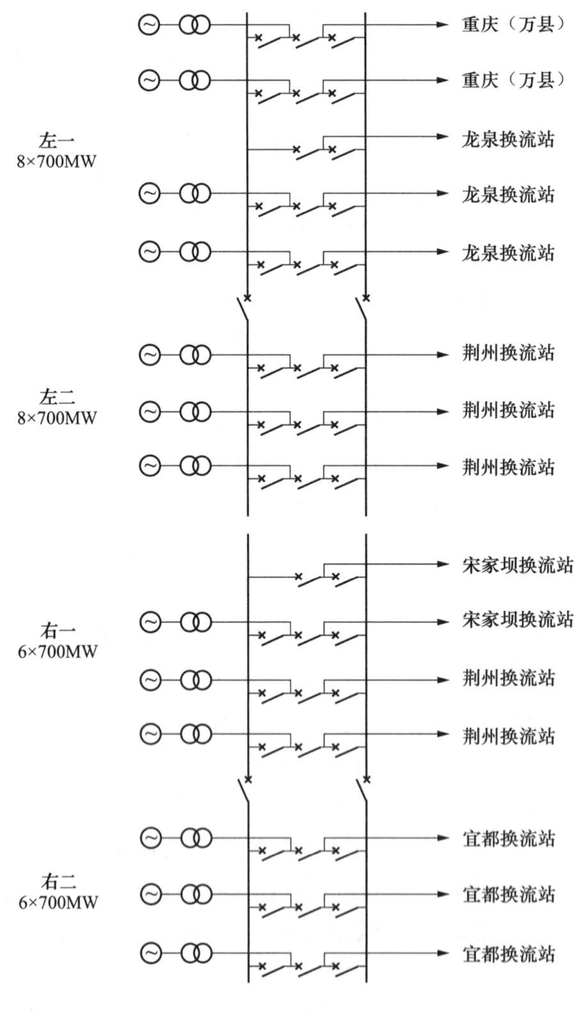

图1-1　三峡电站出线示意图

左岸电站共出线8回。其中,左一电厂出线5回,向东出线3回至龙泉换流站向华东电网送电,并通过龙泉—斗笠线接入湖北中部环网,向西出线2回至万县给重庆送电;左二电厂出线3回至荆州(江陵)换流站,向广东送电(落点惠州),兼顾荆州地区供电。

右岸电站出线共7回。其中，右一电厂出线4回，2回至宋家坝（葛洲坝）换流站、2回至荆州（江陵）换流站；右二电厂出线3回至宜都换流站向华东电网送电，并通过宜都—江陵（荆州）线接入湖北中部环网。

后考虑川电东送需要，多次调整了出线方案，最终于2006年将原规划三峡—万县双回线改为龙泉—万县双回线，即万县向东出线直接接入龙泉换流站，不进入左一母线。三峡左、右岸电站出线总数从15回减少为13回。

为配合三峡地下电站投产，新建地下电站出线3回至荆门团林换流站向华东电网送电，并通过团林—荆门线接入1000kV特高压荆门变电站、团林—江陵线接入湖北中部环网。计及地下电站出线，整个三峡电站500kV电源出线达到16回。

摘编自：

1.《三峡输电系统设计》，中南电力设计院、华东电力设计院等，1995-1997年。

2.《三峡电站出线回路数研究》，中南电力设计院等，1995年。

3.《关于三峡工程输变电系统设计的批复意见》（国三峡建委发办字〔1995〕35号），国务院三峡工程建设委员会办公室，1995年。

4. 电力部、三峡办科技项目：《三峡电站接入系统方式研究》，电力部电力科学研究院、中南电力设计院、华东电力设计院等，1995年。

第四节　交直流联网方式

一、设计送电能力

对三峡电力外送的输电方式和输电电压进行论证，既是配合三峡机电设计的需要，也是开展三峡输变电工程设计的先决条件。但是，三峡电站规模大、涉及面广、不确定因素多、技术问题复杂，要做好三峡电力外送输电方式和输电电压论证工作困难很大。在此情况下，电力部提出“设计送电能力”的概念，它仅用于论证三峡电力外送输电方式和输电电压，不作为三峡电力电量消纳的依据，这一做法为开展三峡输电系统设计创造了条件。

国务院三峡工程建设委员会以国三峡委发办字〔1995〕35号文批复三峡输电系统的设计送电能力为：四川（现重庆）2000MW、华中12 000MW、华东7200MW（包含已建成葛南直流1200MW）。2001年，广东纳入三峡供电范围，确定设计送电能力为3000MW（未计入地下电站新增的荆门—沪西3000MW直流）。

二、三峡电力外送输电方式设计

（一）三峡送川东（现重庆）输电方式

川东（现重庆）电网最高电压为500kV，三峡出线电压也为500kV，三峡送川东（现重庆）距离约为600km，设计输电容量1500～2000MW，按上限设计，2回交流500kV线路送电2000MW，每回1000MW，这正是交流500kV电压等级的技术经济输送容量，首先予以明确。

（二）送华中输电方式

三峡电站处于华中电网的枢纽位置，华中电网的最高电压也为500kV，且其骨干网架已有一定基础，同时湖北地处华中中心，所有向河南、湖南、江西送电的线路都要经过湖北，三峡向华中四省的送电距离为400～700km，因此可通过500kV交流电网实现三峡电能在华中电网内部消纳。

（三）送华东输电方式

三峡送华东设计输电容量6000～8000MW，送电距离约为1000km，如此大的输电容量和距离，采用交流还是直流、采用什么电压好，是三峡电力外送输电方式的研究重点。

三峡送华东的输电方案，在可研阶段论证中曾提出四类方案，即500kV交流输电方案、750kV交流输电方案、纯直流输电方案和交直流混联输电方案。主流推荐交直流混合方案，但是也有一些单位和专家认为纯直流输电方案在技术上有不少优点，希望进一步研究，根据三峡输电系统设计任务书要求，对交直流混联方案和纯直流输电方案做进一步论证。

《三峡输电系统设计》重点对以下三个方案进行论证比较：①方案 1：交直流混联输电方案（即原方案）；②方案 2：纯直流输电方案；③方案 3：交直流混联（直供华东）输电方案。

经过研究，专家认为交直流混联输电方案（方案 1）的优点是与三峡电站的建设工期能较好地配合，输变电工程可分期建设，比纯直流输电方案更为灵活，加上它的交流输电部分可以沿途落点，能照顾华东电网安徽与江苏两省的缺电地区。方案 3 也同样具备上述优点，但方案 3 的稳定水平比方案 1 低，由于单独拉出一个厂向华东送电，三峡出线至少 16 回，且使三峡电站运行灵活性受到影响。

纯直流输电方案（方案 2）的优点主要是华中、华东两个区域电网可以按各自的参数运行，减少电网运行管理的复杂性。纯直流输电方案的主要问题是设备要进口，造价较高，按 1992 年底静态价美元汇率 1:5.7 元计算，投资比交直流混联输电方案（方案 1）多 12.9 亿元，年费用多 2.23 亿元/年；其次是直流工程在投产的初期可靠性可能较低。

从技术上说，交直流混联输电方式和纯直流输电方式都是可行的。纯直流输电方案造价高的问题，可结合工程引进国外技术进行合作制造，通过逐步扩大国内制造的设备范围和提高国产化率加以解决；可靠性可以随着新技术发展和设备制造水平的提升不断得到提高，同时随着电网规模的扩大，直流故障对电网的影响也将呈减小趋势。因此，综合当时的技术条件和运行管理情况，三峡向华中送电的输电方案推荐采用纯直流输电方案。

关于直流输电电压等级，在论证中除±500kV 方案外，也提出过±600kV 方案，考虑到±600kV 方案在当时的技术难度和我国已有±500kV 直流输电工程的实际情况，推荐采用±500kV 直流输电方案。

最终决定，三峡工程向华东送电，在葛南直流输电工程的基础上再增加两回±500kV、3000MW 的双极直流输电工程，总输送容量为 7200MW（未包含后期建设的地下电站送出三沪Ⅱ回直流）。

（四）送广东输电方式

2000 年，为贯彻执行国务院、国家计委关于加大西电东送工作力度、“十五”期间向广东送电 10 000MW 的指示精神，电力规划设计总院组织有关设计院进行了“十五”期外区送电广东（含三峡送广东）的规划研究工作。为缩短建设工期以及考虑直流设备规范化、提高国产化率等多方面因素，确定三峡送广东输电方案采用纯直流输电方案，直流输电规模为 3000MW，直流输电电压为±500kV。

摘编自：

1.《关于三峡工程输变电系统设计的批复意见》（国三峡建委发办字〔1995〕35 号），国务院三峡工程建设委员会办公室，1995 年。
2.《三峡输电系统设计》，中南电力设计院、华东电力设计院、西南电力设计院等，1995-1997 年。
3.《三峡输电系统设计补充研究总报告》，中南电力设计院、华东电力设计院、西南电力设计院等，1997 年。

第五节　换流站站址选择

三峡电站近区网络是三峡外送网络的基础部分，起着接受和转送三峡电力的作用，三峡电站通过近区网络向三大区域电网输送电力。因此，从三峡电站送出线进入电网的第一个落点，其地位和作用十分重要。设计院对三峡近区网络进行了逐步深入的研究。

大型直流输电送端换流站是大功率电力汇集的重要场所，其建设地点的确定对换流站建设的经济合理性和运行安全可靠性有极重要的作用。同时，换流站站址的选择，应符合换流站在电力系统中地位和作用。

一、左一换流站（龙泉换流站）站址选择

龙泉换流站是三峡向华东送电第一回直流工程的起点，在论证中出现过两类不同意见。一类意见是在电站坝区内选择站址方案（当时提出的有坛子岭、柳家村等），简称厂内方案；另一类意见是在距三峡电站以东20～50km范围内选择站址方案（当时提出的有红岩子、宜昌东、姜家畈等），简称厂外方案。

厂内方案交流线路短，场地较为狭窄，进出线不够方便，还有换流站靠近大坝、水工建筑物，机电设备、船闸等对其是否有影响还缺乏可供借鉴的经验。厂外方案地理位置适中、地势开阔，进出线方便，对系统的变化适应性强，便于两端换流站的统一协调、调度管理。

经充分论证比较后，最后决定将换流站放在厂外。经技术经济比较，选定宜昌东的龙泉换流站站址方案。实践证明，这个决策是十分正确的，因为换流站不仅仅是水电站的升压变电站，而且往往兼作系统的枢纽变电站，要从系统上考虑它的适应性，三峡向华东送电是网对网送电，其性质更是如此。龙泉换流站站址确定后，在具体建设方案上又考虑与拟建的宜昌500kV变电站合并建设，对节省建设投资和向宜昌供电都十分有利。特别是后来考虑川电东送使系统接线产生了变化，需将2回三万线（三峡左一电站至重庆万县线路）从左一电站摘出直接接入龙泉换流站，并增加向东的交流线路，更显出换流站设在厂外这个方案的优越性。总之，通过送端换流站站址选择的论证，可以得出一个重要的经验，即送端换流站是电力系统一个重要的枢纽，要从系统环节上考虑其适应性。

二、荆州、宜都换流站站址选择

三峡向广东送电3000MW，送端换流站应当是华中电网的一个枢纽点，电源要可靠，网架结构要强。换流站站址选择有三万线出口、宜昌、荆州等7个方案，经审查确定采用荆州方案。为节省投资和方便运行维护，与荆州500kV变电站合并建设。荆州换流站距三峡大坝约110km。

三沪直流工程送端换流站经论证比较，确定站址选在宜昌市长江南岸宜都（蔡家冲），距三峡大坝48km。

综合来看，三常直流工程送端换流站确定后，为后续三广直流、三沪直流、三沪Ⅱ回直流送端换流站站址选择奠定了原则基础。各送端换流站选址在三峡电站厂区外，是充分考虑到厂外方案具有地理位置适中、地势开阔、进出线方便、对系统变化的适应性强等优点，使得三峡电站内接线简单，有利于电站安全运行；各送端换流站除直流送出线路外，还通过500kV交流母线、多回交流线路接入华中500kV电网，实现了来自各方的电能在换流站汇集，有利于电网灵活运行、电能合理消纳。

摘编自：

1.《关于三峡工程输变电系统设计的批复意见》(国三峡建委发办字〔1995〕35号)，国务院三峡工程建设委员会办公室，1995年。

2.《三峡输电系统设计》，中南电力设计院、华东电力设计院、西南电力设计院等，1995-1997年。

3.《三峡输电系统设计补充研究总报告》，中南电力设计院、华东电力设计院、西南电力设计院等，1997年。

第六节　发电机参数研究

水电站水轮机组的转动惯量GD^2、发电机直轴暂态电抗X'_d、功率因数$\cos\varphi$等参数选择与电力系统规划设计和运行有密切联系，具体研究结果如下。

一、转动惯量GD^2

转动惯量GD^2对电网稳定有较大影响。计算表明，GD^2增大可减小三峡电站至四川线路功率振荡幅值，系统最低电压也有些提高，因此增大GD^2对系统稳定有一定好处。从造价看，GD^2低于450 000t・m^2时铁材用量较小，大于450 000t・m^2后则急剧上升，而耗铜量则当GD^2为450 000～460 000t・m^2时最低。综合两种影响因素，GD^2宜在420 000～460 000t・m^2之间选取（相应的惯性时间常数T_J为8.32～

9.12s），并以 450 000t • m^2 左右为佳。

二、发电机直轴暂态电抗 X'_d

发电机直轴暂态电抗 X'_d 是一个对发电机型式、尺寸和质量有较重要影响的参数，通常由系统稳定计算确定。选取 X'_d=0.35 和偏差在此值±20%以内的不同 X'_d 值进行稳定计算。结果表明，当 $X'_d \leqslant 0.35$，三峡至四川的线路功率振荡以及江西电厂角度幅值均呈衰减趋势，且 X'_d 越小，对稳定越有利，而当 X'_d 为 0.385 和 0.42 时，三峡至四川线路功率振荡发散，江西电厂角度摆开，系统失去稳定。所以，从稳定要求出发，宜选取 $X'_d \leqslant 0.35$，考虑到 X'_d 取得太小，将增大发电机造价，故推荐 $0.3 \leqslant X'_d \leqslant 0.35$。

三、功率因数 $\cos\varphi$

三峡输电系统有其特殊性，一方面，它要通过较长距离的交流线往华中和川东（现重庆）送电，而 500kV 交流线充电功率较大，因此三峡机组额定功率因数不宜太低；另一方面，三峡左、右电厂四段母线均与直流换流站相连，而换流站需要大量无功功率，这样就要求三峡机组具有给换流站提供一定数量的无功的能力。因此，三峡发电机组额定功率因数的选取要兼顾直流和交流系统，以保证三峡电力安全经济送出。研究结果表明，三峡左一、右一、左二机组的功率因数选择 0.9 较为合适，左二可取 0.9 以上，但考虑到设备参数宜规范统一，故最后推荐均取 0.9。

摘编自：

1.《三峡输电系统设计》，中南电力设计院、华东电力设计院、西南电力设计院等，1995-1997 年。
2.《三峡电站机电系统设计配合》专题报告，中南电力设计院、华东电力设计院、电力部电力科学研究院等，1995 年。
3.《三峡电站水轮发电机参数选择》专题报告，电力部电力科学研究院、中南电力设计院、华东电力设计院等，1995 年。

第七节　对三峡电力系统规划设计的评价

从 2008 年起，受国务院三峡工程建设委员会委托，中国工程院牵头承担了三峡工程建设第三方独立评估工作。至 2015 年底，累计开展评估工作 3 次，历次评估均根据专业设立多个课题，形成课题评估报告及总报告。历次评估中关于电力系统规划设计的主要结论如下。

一、第一次评估工作

2008-2009 年，“三峡工程阶段性评估”电力系统课题由周小谦任组长，周孝信、郑健超任副组长牵头完成。本次评估的主要结论如下：

（1）三峡工程电力系统论证是系统、全面、科学的，按照论证结论进行的系统规划设计、建设与运行达到预期目标，充分证明论证结论的科学性和可行性。

（2）三峡工程电力系统前期论证中的热点问题，包括三峡水电开发时机、投资能力、电力电量消纳问题、技术难度与装备供应等，在三峡工程电力系统建设和运行实践中逐步统一了认识，得到了解决。

二、第二次评估工作

2008 年汛期末三峡工程开始试验性蓄水，2010-2012 年三年蓄水至设计正常蓄水位 175m。2008-2009 年，“三峡工程试验性蓄水阶段评估”枢纽运行课题（含电力系统）由郑守仁任组长，梁应辰、周孝信任副组长牵头完成。本次评估的主要结论如下：

（1）输电能力满足三峡电力输送要求，适应不同运行方式和电力潮流方向变化；直流输电在运行中发挥了远距离、大容量经济输电的技术特性和灵活、快速控制输送功率的优点；促进了华中、华北电网间同步联网，以及华中、华东、南方、西北电网间和华北、东北电网间的异步联网，形成了全国联网格局。

（2）输变电系统保持安全稳定，系统运行平稳，试验性蓄水五年间保障了三峡电力外送安全，实现了三峡电力“送得出、落得下、用得上”的建设目标，直流输电设施可靠性水平处于世界先进行列，交流输电设施可靠性水平高于全国平均水平。

三、第三次评估工作

2014 年 7 月，包含三峡地下电站送出工程的三峡输变电工程整体通过国家电网公司验收。2014-2015 年，中国工程院牵头承担了三峡工程建设第三方独立评估的第三次评估工作，三峡工程电力系统评估是其中一项子课题，由周孝信任组长，周小谦、郭剑波任副组长牵头开展，具体内容包括三峡电力系统规划评估、工程建设评估、输变电设备国产化评估以及电力系统运行评估四个部分。评估工作在规划设计方面得出了以下主要结论：三峡电力系统规划论证工作系统、全面、科学。三峡电力系统规划是三峡工程建设的重要组成部分，规划过程坚持远近结合、反复论证、统一规划、总体审批、分步实施、适时调整的原则。规划论证结果科学合理，满足了各阶段三峡电力系统安全稳定运行及三峡电力全部送出需求，对系统条件变化适应性良好，是大型水电站开发建设的成功范例。

摘编自：

1.《三峡工程阶段性评估》，中国工程院，2008-2009 年。

2.《三峡工程试验性蓄水阶段评估》，中国工程院，2010-2012 年。

3. 三峡工程建设第三方独立评估《电力系统子课题评估》，中国工程院，2014-2015 年。

第二篇　建设体制与管理制度

体制改革管理创新贯穿于三峡输变电工程建设的始终。在体制上工程实行了政企分开的项目法人制；在建设管理上实行“五制”（项目法人制、资本金制、招投标制、合同制、监理制）；在政府监督上实行稽查、审计、评估、验收制度。

本篇从电网建设公司成立、组织机构建立以及建设管理体制、工程管理制度、公司自身制度建设等方面记录了三峡输变电工程建设中推行的一系列改革措施，制定并健全的一系列管理制度、标准和各种规章制度等。

通过三峡输变电工程建设实践，确立了一个在市场经济体制下的电网建设管理基本模式，建立了我国输变电工程的管理制度和技术标准体系。这对于提高我国电网建设能力和水平起到了有力的支撑作用，为我国电网建设迈向世界前列奠定了坚实的基础。

第一章　电网建设公司的筹备与成立

第一节　电网建设公司的筹备过程

三峡输变电工程筹备建设时期，正处于我国实行经济体制改革和经济社会快速发展阶段。在我国计划经济向市场经济转变的过程中，我国电网建设和管理的体制机制也须根据改革的要求进行调整，组织建设跨大区联网和全国联网，以及跨国输电和联网成为中国电网发展的大趋势。

电网建设公司成立前的主要背景如下：1993 年 9 月 27 日，经国务院批准，承担三峡枢纽工程建设项目业主法人的中国长江三峡开发总公司（简称三峡开发总公司）正式成立。按照现代企业制度的改革要求，三峡开发总公司负责建设、管理和经营三峡枢纽工程。在国家组织论证三峡枢纽工程的同时，有关部门也对三峡输变电工程的规划、设计、运营和管理等问题进行了深入的研究，三峡输变电工程建设管理问题也渐渐提到国家的议事日程。关于三峡输变电工程建设的管理体制问题，曾出现过两种建设管理模式建议：

（1）三峡开发总公司提出：由三峡开发总公司作为项目法人，将三峡电站与三峡输变电工程作为一个整体组织实施并建设管理，以有利于工程总体进度的协调，保证电力及时、可靠送到受电端；

（2）电力部提出：成立电网建设的专业公司，负责三峡输变电工程的规划、设计、建设、运营和管理，并以三峡输变电工程建设为契机，建设全国联网的输变电系统，为深化电力工业的市场化改革创造条件。

一、国务院高层酝酿决策

1993 年 5 月 13 日，国务院副总理、国务院三峡工程建设委员会副主任邹家华在三峡工程初步设计专家审查会议开幕时讲话，明确“三峡工程初步设计分成枢纽工程、库区移民安置规划、输变电工程三部分，分别编制、分别审查”“输变电工程是中国电网中非常重要的部分”“将电网建设作为一个单项任务要提到议事日程上来”，明确“输变电工程部分由电力部组织编制”。

1994 年 8 月 27 日，电力部在向国务院副总理邹家华汇报关于三峡向北京和华南送电问题时，对电力调度及电网的管理体制问题，建议“设立专门的电网机构，负责输电系统的规划、设计、建设和生产运行的管理，实行厂网分管”。

1994 年 9 月 18 日，国务院三峡办主持召开三峡输变电工程系统设计初审会议，国务院副总理邹家华在会议闭幕时的讲话提到工程管理体制问题，“不但是电力调度，还有水调问题，一定要由国家来调度。电网和电源建设分开，电网由国家来建设管理，而电厂则由集资多方建设”。强调“华中是全国中心，三峡是华中中心。三峡是建设和搞好全国联网的第一步和关键一步，也是搞好全国电力体制改革，确保电网统一管理的非常重要、关键的一步。失去了三峡，就失去了全国联网可能。没有全国联网，也就不可能有全国电网统一管理，中国电力也就将各管一块，各行其是”。

1994 年 9 月 30 日，国务院总理办公会第 44 次会议（10 月 24 日印发会议纪要）决定：“三峡输变电系统和电站分开建设，电网应全国‘统一规划，统一建设’。会议原则同意由电力部成立全国电网建设总公司，以协调有关网局筹措资金进行建设。三峡工程输变电系统所需的 248 亿元资金，按照‘谁受益，谁负担’的原则，可在直接受电地区加征电网建设基金（华中、华东地区 1999-2008 年每千瓦时电征收在 1 分钱之内），并通过出口信贷和电网收入来筹集”。

二、筹建国家电网建设总公司

（一）组建方案上报

电力部根据国务院总理办公会 1994 年第 44 次会议精神，立即开展了组建全国电网建设总公司的研究和筹备工作。

1994 年 12 月 30 日，电力部向国务院上报《关于成立国家电网建设总公司的请示》（电人教〔1994〕836 号，简称《请示》）。对成立国家电网建设总公司的必要性进行阐述：“三峡工程的建设成为全国联网的契机，三峡水电厂的建设，必将形成华东、华中、四川联网并促进华北、华南电网的互联。三峡输变电工程，是三峡工程总体的重要组成部分，也是全国电网密不可分的一部分，事关重大，迫切需要组织专门机构，从事跨大区电网的建设，首先解决好三峡工程输变电工程的建设与管理，从而保证三峡工程的顺利建设及其建成后效益的发挥。这样的机构必须立足三峡输变电工程的建设，着眼于全国电网的形成和发展，所以，必须是全国性电网建设机构。因此，成立国家电网建设总公司的时机已经成熟。”对拟组建的国家电网建设总公司的性质、宗旨、主要业务和计划管理等关键事项一并请示汇报。

1994 年 12 月 31 日，国务院副总理邹家华在《请示》上批示同意。国务院总理李鹏于 1995 年 1 月 3 日圈阅。

（二）组织人事准备

1995 年 2 月 17 日，电力部向国务院上报《关于请批准国家电网建设总公司为国务院管理干部的公司的请示》（电人教〔1995〕88 号）。考虑“总公司的主要业务是同中国长江三峡工程开发总公司以及五大电力集团公司发生工作联系和往来，并负有协调有关电力集团公司筹集资金的重任”“为便于开展业务和赋予其履行协调职责的相应资格，我部恳请国务院在正式行文批准成立该总公司时，一并明确其为国务院管理干部的公司，公司的董事长、总经理在任现职期间享受副部级政治待遇”。

1995 年 3 月 24 日，电力部向电力系统各单位下发《关于成立国家电网建设总公司筹备小组的通知》（电人教〔1995〕171 号）。根据工作需要，经部党组研究，决定成立国家电网建设总公司筹备小组。筹备组组长：周小谦，成员：姜绍俊、霍继安、芦元荣，聘请国务院三峡办副主任李世忠担任公司筹备小组顾问。

1995 年 5 月 5 日，筹备组向史大桢部长汇报筹备工作时要求增加筹备组的工作力量和希望调入的人员名单，拟从电力部调计划司规划处处长程念高、基建司工程综合处处长吴瞻宇等 6 位同志和电力规划院规划处处长丁功扬、技术经济处副处长牛山 2 位同志到筹备组工作。史大桢部长批示同意。电力部人教司按史部长的要求立即办理人员调动通知。至 1995 年 5 月底，包括经调司资产处陈凌波处长、安生司技术处副处长李文毅（调研员）、科技司科研处梁旭明（助理调研员）、办公厅部长办公室张建生（副处级）等第一批 8 位同志全部到位，集中精力开展筹备工作。筹备组临时办公地点安排在府右街 137 号电力部机关的北院小二楼，并在六部口的建苑宾馆临时租用 3 个房间集中办公。此时，筹备组人数达到 13 人（含筹备组顾问李世忠）。1995 年 12 月 28 日，筹备组成员在电力部府右街机关会议室门前合影（如图 2-1 所示），前排左起：芦元荣、霍继安、周小谦、姜绍俊、丁功扬。后排左起：程念高、吴瞻宇、牛山、陈凌波、李文毅、梁旭明。李世忠、张建生因事缺席。

图 2-1　国家电网建设总公司筹备组成员合影

（三）向有关部门、单位汇报筹备情况

1995 年 4 月 17 日，筹备组周小谦、姜绍俊、芦元荣向国务院三峡办副主任李世忠汇报筹建工作，李世忠副主任提出几点要求：①国家电网建设总公司的工作与三峡枢纽工程密切相关，要更多依靠三峡建设委员会来开展工作；②要抓紧公司筹建工作，筹建人员尽快真正到位，其他事物要脱开；③尽快把摊子支起来，要有资金、计划、基建、行政等重要管理岗位的人员，要安排专门的办公地点；④积极与三峡开发总公司联系，国家电网建设总公司筹备期的工作，包括机构设置、章程制定、与各方的工作联系、文件传送、工作运转及组织设计、施工和招投标管理等方面；⑤需要国务院办理批复文件，可直接与国务院办公厅联系，要常去汇报。

1995 年 4 月 21 日，筹备组成员姜绍俊、芦元荣向国务院办公厅秘书二局吴儒文局长汇报筹备工作，吴儒文局长表示：成立电网建设总公司是李鹏总理和邹家华副总理亲自批示阅定的，不会有问题的。电力部要按国务院副秘书长席德华在送李鹏总理批阅的《请示》的修改意见，给国务院再写个报告，并主动向综合部门通报情况，以便支持和了解。国家电网建设总公司的隶属关系要在报告中明确。

1995 年 4 月 26 日，筹备组成员芦元荣在送请国务院三峡办李世忠副主任审阅《国家电网建设总公司章程（征求意见稿）》时，李世忠副主任提出几点明确意见：①公司章程内容要符合《公司法》的要求，董事会、监事会的内容要写入，如不在章程内体现也要有个交代；②国家电网建设总公司要体现出“两个依靠”，即国务院三峡建设委员会办公室（简称三峡办）和电力部；③筹备工作要抓紧，筹备组要集中力量，落实公司的办公条件，了解三峡开发总公司的注册资金解决方式，提出工作建议；④山西阳城送江苏的输变电工程，国家电网建设总公司是否接管过来、如何管，要具体研究再决定，要防止新成立的公司刚运营就背上一个大包袱；⑤公司的编制定员可以考虑多一些，初期不要用满额，留有裕度为好，将来要管理运营，人太少了再增加编制较难。

1995 年 4 月 27 日，筹备组成员姜绍俊、芦元荣到国家经贸委企业司汇报，企业司副司长陈全生表示：李鹏总理已经批示成立国家电网建设总公司，经贸委一定支持，这个公司与现有的几个电网集团公司是什么关系，应该进一步明确，使人们易于理解。

1995 年 5 月 3 日，筹备组周小谦、姜绍俊和芦元荣三人到国家开发银行通报公司筹备情况，并听取工作建议。国家开发银行资深顾问吴敬儒和电力信贷局汪存纲、苏诗慧等领导出面接待。吴敬儒等领导的意见和建议归纳为：①赞成成立国家电网建设总公司，可以实现对跨区电网、跨独立省电网的管理；②三峡输变电工程的运营效益如何计算、如何管理、管理界面如何界定，需要很好地深入研究；

③工程投资回收的方式，也可采用按送电能力来核定，还需要进一步研究；④建议公司的注册资本金按静态总投资的 10%考虑，来源可以从三峡建设基金收取的 4 厘钱中注入一部分、向受益地区征收的电网建设基金转入、向国家开发银行申请软贷款等渠道解决；⑤电网的经营管理问题，可以了解中国南方电力联营公司和英国 BDA 的经验和教训，最好是委托运营；⑥要处理好与电力集团公司和省公司的关系，立足于办他们想办而不好办的事，不是与他们争权，成为对立面，要共同努力把电网建设好、经营好；⑦对于电网的前期工作，与电力部计划司、电力规划院的关系要明确；⑧山西阳城送江苏输变电工程，目前电网建设总公司最好先不要介入，目前正在做可研评估，让江苏省出资；⑨电网建设总公司的资金来源多，很有必要成立财务公司管理和运作。

1995 年 5 月 5 日，国家电网建设总公司筹备组周小谦、姜绍俊、芦元荣 3 人向史大桢部长汇报筹备工作的有关问题，人教司刘忱司长参加。主要有公司组建方案的框架设想，国务院批文的催办，落实筹备组工作人员，开展成立公司的可行性研究和公司章程起草，公司开办费，三峡送出工程的资金筹措方案研究、选择办公场所等具体事项。史部长指示：①请筹备组准备一下，召开部长办公会专题研究决定；②因为已同意欧阳胜英去华能国际公司，可再物色其他财务人员，抽派的其他人员，人教司尽快安排到位。华中电力集团公司霍继安同志的调令可以先下，以后再任命，通知到京工作；③公司注册资本金问题，可了解三峡开发总公司的情况，不赞成太多；④公司经营问题，随着改革的深化以后会自然解决，现在可淡化处理；⑤山西阳城送电江苏的工程，公司先不要介入，将来建成了再赎买也不是不可以的，葛南直流工程可以研究；⑥对电网总公司的电网规划等行政职能，政府会授权的，要明确与部计划司、电规总院、网省局的工作关系；⑦筹备工作要抓紧，开办费解决后要搬到外面集中办公。

1995 年 5 月 9 日上午，筹备组周小谦、芦元荣到国家经贸委经济运行局向刘学良副局长、吴贵辉处长汇报公司筹备情况。他们一致认为，全国联网的大方向是正确的，支持公司的成立。目前电力发展快、管理问题较多，各省的电力供应主要是省内平衡，省间交换较少，电网公司近期要以建设三峡输变电工程为主，全国联网工程、跨区和跨省工程还要逐步来展开。国家电网建设总公司与国家综合部门的关系好办，复杂的是处理好与省和电力集团公司的关系。

1995 年 5 月 9 日下午，筹备组周小谦、姜绍俊、芦元荣在府右街机关与国家电力调度通信局局长刘振鹏交换筹备工作情况。刘振鹏局长提出几点意见：希望能讲清楚国家电网建设总公司的职责是什么；统一管网的具体内容是什么，如何界定要明确；国家电网建设总公司与调度权限的关系，建议在董事会（各网、省局有代表）内设委员会之类的机构，协调调度原则等重要事项；电力部要向各网、省公司讲清楚国家电网建设总公司成立的目的和意义。

1995 年 5 月 10 日，筹备组周小谦、姜绍俊、芦元荣到国务院办公厅秘书二局，再次向吴儒文局长、贾英华处长汇报筹备情况。秘书二局的意见：请电力部把席德华副秘书长的修改意见和此次的汇报提纲重点部分整合在一起，再打个请示报告送国务院批复。

1995 年 6 月 12 日，筹备组周小谦、姜绍俊、芦元荣到国家计委向能源司、投资计划司、重点工程协调司、长远规划司和综合司的领导一并汇报电力部组建国家电网建设总公司的筹备工作，听取工作意见和建议。各部门一致认为是考虑全国电网规划和建设的时候了，支持成立国家电网建设总公司，并就分管业务提出了建设性意见。国家开发银行和国务院三峡办派人参加了此次会议。

1995 年 7 月 5 日，筹备组周小谦与芦元荣到中国电力企业联合会向张绍贤理事长和叶荣泗、朱成章等报告国家电网建设总公司的筹备情况，介绍国家电网建设总公司的基本发展理念和管理思路，并征求意见。中国电力企业联合会的领导就电力管理体制改革、500kV 线路资产管理、国家电网建设总公司与各级电力调度的关系及电网投资回收等问题，建议在筹备工作中给予重视和考虑。

1995 年 7 月 11 日，筹备组周小谦、姜绍俊到三峡开发总公司驻京办，向三峡开发总公司总经理陆佑楣汇报国家电网建设总公司的筹备情况及电网建设资金的筹措设想。陆佑楣总经理对筹备组所做的工作充分认可，并提出建议，表示三峡开发总公司会配合三峡输变电工程的建设，支持国家电网建设总公司的工作。

1995年9月1日，筹备组周小谦、姜绍俊到国务院秘书局见吴儒文局长和贾英华处长，了解公司批文运转情况。秘书局认为还是应抓紧成立国家电网建设总公司。9月29日，筹备组周小谦、姜绍俊再次到国务院秘书局研究公司的名称及其性质和定位的表述等批文内容。

1995年9月11日，筹备组周小谦、姜绍俊到中央编制委员会汇报国家电网建设总公司筹备工作，听取中央编制委员会的意见。

1995年9月13日，国家计委办公厅以公函（计办交能〔1995〕518号）特急件，回复国务院办公厅对组建国家电网建设总公司有关问题的意见。认为成立国家电网建设总公司是必要的；原则同意电力部提出的国家电网建设总公司的性质任务、职责及经营范围，国家电网建设总公司应拥有中央企业集团公司的功能和权益，视同为中央企业集团；建议赋予国家电网建设总公司履行协调职责的相应资格，即与五大电力集团公司相同的待遇。

1995年12月25日，筹备组组长周小谦到国家计委投资司与宋密司长、王晓涛处长商谈三峡输变电工程计划的管理方式和下达渠道等事宜，建议在国家计划中单列，下达给国家电网建设总公司。12月27日，筹备组组长周小谦到国务院三峡办计划资金司与罗昌懋司长商谈三峡输变电工程的计划安排和列入、下达方式问题，以及电力部领导对此的意见。1996年1月3日，国家计委投资司电话询问电力部对三峡输变电工程项目计划下达的意见。筹备组组长周小谦经请示陆延昌副部长，并一同向史大桢部长汇报，同意将工程项目计划转到国家电网建设总公司。

（四）组建方案的细化

1995年5月12日，根据史大桢部长的指示，筹备组研究起草报送国务院的《关于组建国家电网建设总公司有关问题的补充请示》，送请分管副部长审阅。5月18日，电力部主管副部长提出了6条修改意见，要求进一步细化电力部职能部门与国家电网建设总公司的电网工程计划、规划的工作界面，明确国家电网建设总公司参与全国电网、联网和大型能源基地电力送出的规划等事项。

1995年5月22日，史大桢部长主持召开部长办公会议（会议纪要文件号为电阅〔1995〕12号），研究组建国家电网建设总公司有关问题，赵希正、陆延昌、汪恕诚及主管基建副部长出席了会议，周小谦、臧明昌总工和部有关司局负责同志、国家电网建设总公司筹备组成员参加了会议。

国家电网建设总公司筹备组组长、电力部总工程师周小谦就前一阶段筹备工作进展情况、国家电网建设总公司组建的框架方案以及需提请部领导研究解决的问题做了汇报，并对国家电网建设总公司的性质、基本任务、职责、经营范围、资本金、资金筹措、计划单列、机构编制以及与国务院各有关部门的关系提出了明确意见。

会议经过讨论，议定了以下事项：

“一、会议原则同意总公司筹备组的汇报提纲，并请筹备组根据会议提出的意见将汇报提纲修改后报部审定。需请示国务院的问题要立即拟文，并抓紧于27日前报出。

二、会议认为：根据国务院总理办公会议精神，组建国家电网建设总公司既是电力改革的深化，又是整个电力工业体制改革的重大步骤。目前，这个改革只能是初步的，因此既要在现有基础上有所发展，又要顾及与现有关系的衔接。应把能够明确的关系先确定下来，今后随着发展还会有许多新的关系要调整，可在实践中逐步加以明确。

三、电网建设总公司行使的经营范围和管理职能，要根据国务院总理办公会议确定的原则和目前实际情况概括，按《公司法》规范，坚持政企职能分开，要从发展的观点看待政府职能与企业职能的分开。现在是行业职能，以后可能发展变成企业职能，要充分考虑到发展趋势。

四、总公司的名称为国家电网建设总公司，目前是建设职能，将来再根据发展研究确定其经营职能。

五、确定总公司与各网、省公司关系的原则是：电力部已经下放给网、省公司的权力要切实加以保障，在职责上不要与网、省公司发生交叉。要充分发挥各网、省公司的积极性。

六、总公司与各网、省公司管辖的电网要实施统一调度、分级管理，其中关键的是统一调度，只有统一调度得到保障，才能形成分级管理的格局。必须在‘四统一’的情况下分清各级管理职责。

七、三峡电网建设基金按总理办公会议定的原则来明确，全国电网建设基金要按照国务院领导同志的指示作为课题来研究，电网总公司要考虑基金的形成。

八、与国务院综合部门的关系要在原则上说清楚。”

根据国务院领导的批示意见，电力部对国家电网建设总公司的筹建工作做出细致安排，在向有关部门汇报后进一步完善了组建方案。1995 年 5 月 26 日，电力部向国务院上报《关于组建国家电网建设总公司有关问题的补充请示》（电人教〔1995〕305 号），就总公司的性质和任务、总公司的职责和经营范围、总公司的资金来源和筹措办法、总公司计划管理及运作程序、总公司的组织机构等重要内容提出了具体建议。

1995 年 10 月 23 日，电力部将修改的《组建国家电网建设总公司可行性研究报告》送国务院秘书局。

（五）加强与国务院三峡办的汇报联系

1995 年 5 月 30 日，筹备组周小谦、姜绍俊、芦元荣和陈凌波到国务院三峡办相关司局汇报国家电网建设总公司筹建和三峡基金征收标准测算及使用分配方案。三峡办综合司司长何文彬、副司长程沐雨，计划资金司司长罗长懋、副司长陶景良，装备协调司司长张德楠、副司长孙如瑛，技术与国际合作司司长罗承管、副司长吴国平，以及计划资金司的工作人员参加会议。三峡办有关业务司局领导听取筹备组组长周小谦的汇报后提出意见和建议，归纳为：①建议公司名称中不要“建设”一词，因为与公司的性质和任务不符；②电网公司要按《公司法》和《企业法》组建，从开始就应规范；③国务院最近在重庆开的座谈会上要求所有项目的资本金为 30%，电网公司的注册资本金要使用三峡基金，需要国务院领导确定；④三峡电网所需的资金已有过初步测算，资金问题会后再专门讨论；⑤三峡输变电工程建设要达到一流水平，装备和设备要立足于国内，直流输电设备与国外合作，引进技术，最终实现国产化；⑥三峡工程进展顺利，要考虑提前发电的可能，电网建设要确保三峡电力送得出。

1995 年 6 月 27 日，公司筹备组周小谦、芦元荣、牛山再次到国务院三峡办向计划资金司罗长懋司长等人汇报三峡电网建设基金，以及公司资本金和开办费等问题。

1995 年 6 月 15 日，筹备组向国务院三峡办主任郭树言汇报国家电网建设总公司筹备工作和组建方案及框架设想。主要内容为四个部分：

（1）筹备工作的进展情况。一是电力部于 1994 年 12 月 30 日向国务院正式上报了请示文件。国务院副总理邹家华和李鹏总理很快做出了批示。二是史大桢部长 3 月 23 日通知，明确李世忠为筹备小组顾问，3 月 24 日发文通知成立筹备组。三是筹备组近期分别向筹备组顾问李世忠，国务院三峡办、三峡工程总公司、国家计委、国家经贸委、国家开发银行、国家开发投资公司和国务院秘书二局等业务司局的领导进行汇报，征求对《请示》文件的意见。

（2）各方面反馈的意见。李世忠说李鹏总理、邹家华副总理都很关心国家电网建设总公司的筹备工作，要求抓紧进行。政府各职能部门均认为：成立国家电网建设总公司，一是符合电力工业的发展规律，符合电力工业改革方向；二是目前电网建设薄弱，有利于改变这种局面；三是我国资源分布与工业负荷布局的矛盾，需要国家级的专业公司承担资源配置作用，三峡输变电工程的建设正好符合这种需要。加强电网建设，实行全国电网统一规划、统一建设、统一管理、统一调度，势在必行。对国家电网建设总公司组织形式、开行贷款、资本金的确定以及公司管理模式等，都提出了许多积极的建议。

（3）目前工作中还需落实、解决的问题：一是资金的来源渠道；二是输电电价的确定与电费回收；三是缺电严重，短时间内难以缓和，地区之间的电力电量交换有限。

（4）向国务院上报补充请示。按照国务院办公厅秘书局的要求，5 月 26 日上报一个补充请示，对公司的性质、任务、资金来源、经营范围、组织形式等提出具体意见，然后由国务院进行正式批复。

郭树言主任听取汇报后肯定了筹备组的工作，并介绍了当前三峡工程总体进展情况。

1995年10月10日，电力部史大桢部长、陆延昌副部长，电力部三峡办主任班自勋，电力规划设计总院院长陈汉章，电力部计划司副司长王信茂和公司筹备组组长周小谦等一行数人，就国家电网建设总公司筹备工作中的有关问题向国务院三峡办汇报。国务院三峡办郭树言主任、李世忠副主任以及综合司、装备司、计划资金司的有关领导听取了汇报。郭树言主任听完汇报后表示：①公司注册资本金可以逐步到位，公司成立时按可研的要求配备资本金，拨改贷转国有资本金也可以考虑，可以把葛南直流线路划过来；②换流站位置问题，随着工作的深入，对其功能认识也不断深化，要突出其技术功能，两个方案（电力部、长江委）都摆进去讲一下；③要研究提出资金筹措方案；④同杆并架双回线路问题要进一步论述；⑤三峡输变电系统的初步设计要考虑工程的特殊性。

摘编自：

1.《在三峡工程初步设计专家审查会议开幕时讲话》，邹家华，1993年5月13日。

2.《在三峡输变电工程系统设计初审会议闭幕时的讲话》，邹家华，1994年9月18日。

3.《国务院总理办公会第44次会议纪要》，1994年9月30日。

4.《关于成立国家电网建设总公司的请示》（电人教〔1994〕836号），电力部，1994年12月30日。

5.《关于请批准国家电网建设总公司为国务院管理干部的公司的请示》（电人教〔1995〕88号），电力部，1995年2月17日。

6.《关于成立国家电网建设总公司筹备小组的通知》（电人教〔1995〕171号），电力部，1995年3月24日。

7.《部长办公会纪要》（电阅〔1995〕12号），1995年5月22日。

8.《关于组建国家电网建设总公司有关问题的补充请示》（电人教〔1995〕305号），电力部，1995年5月26日。

第二节　国家电网建设有限公司成立

在国务院和有关部委的关心、支持下，在电力部的直接领导下，国家电网建设总公司的筹备工作稳步推进（在注册过程中，按企业注册的相关规定，最终注册名为国家电网建设有限公司），并按照“政企分开”“项目法人责任制”的改革要求正式成立，公司开始独立运作。该阶段的重要事件如下。

一、国务院批复

1995年11月5日，国务院发文《国务院关于同意成立国家电网建设总公司的批复》（国函〔1995〕107号），全文如下。

“电力工业部：

你部《关于成立国家电网建设总公司的请示》（电人教〔1994〕836号）及《关于组建国家电网建设总公司有关问题的补充请示》（电人教〔1995〕305号）收悉。现批复如下：

一、同意成立国家电网建设总公司（以下简称国家电网公司），公司正式名称，在注册登记时按国家有关法规的规定确定。国家电网公司的财务关系隶属于中央财政，财务计划在财政部单列。

二、国家电网公司为国有独资公司，由电力部行使股东权，同时由电力部管理。该公司可设立子公司和分支机构。国家电网公司是独立核算、自主经营、自负盈亏的企业法人和经济实体。国家电网公司注册资本为25亿元人民币，从国家征收的三峡电网建设基金中安排，分5年到位。国家电网公司初期注册资本金的来源，一是把葛洲坝—上海±500千伏直流输电工程的资产划转该公司，其中的一部分资产转为注册资本金，具体数额商有关部门确定；二是三峡输变电工程已安排的7800万元前期费用。

三、国家电网公司作为国家电网建设的业主，负责三峡输变电工程的投资、建设和管理，并保证三峡输变电工程与三峡工程同步建设；负责协调有关电网、省电力公司筹集资金，进行跨大区电网、跨独立省网的联网工程和关系到全国联网的大型电厂送出工程的规划、建设和管理，以及参与全国联网及跨省区送电工程直接相关的大型电厂和主要为保障联网运行所需要的调峰电厂的投资、建设和管理；同时从事有关电网建设的工程咨询、监理及设备物质等多种经营项目。

四、国家电网公司设立董事会，董事长、总经理由国务院任免。

五、国家电网公司开办等具体事宜，请与有关部门直接联系办理。”

二、工商登记注册

1995年11月30日，史大桢部长在国家电网建设总公司筹备组贯彻国函字〔1995〕107号文件要求的签报上批示：“请各位部长、有关司局长支持，加快注册开办进程。”尽快完成葛南直流工程的资产划转，这是直接影响公司注册的重要环节。

1995年12月1日，电力部以电人教函〔1995〕103号转发《国务院关于同意成立国家电网建设总公司的批复》（国函〔1995〕107号）。请国家电网建设总公司筹备组“据此到工商行政管理部门办理登记注册手续”，并明确“有关葛洲坝—上海±500千伏直流输电工程资产划转及拨改贷本息余额转为国有资本金等事宜，由部经调司组织有关单位成立工作小组立即开展工作”。

1995年12月29日，电力部人教司以（95）人干便字第27号函致国家工商行政管理局，确认“董事会成员现由李世忠、周小谦、姜绍俊三位同志组成；并委派姜绍俊、霍继安二位同志为国家电网建设总公司副经理。请协助办理登记注册手续”。

1996年1月17日，根据国务院批复的文件精神，国家电网公司筹备组按照《公司法》的要求，向电力部提交了总公司董事会设置意见。

1996年1月25日，史大桢部长在部长办公会上明确指出“葛南直流工程现在就可以由电网公司先经营起来。”

1996年3月19日，国务院发文《关于李世忠、周小谦任职的通知》（国人字〔1996〕30号）：国务院1996年3月18日决定，任命李世忠为国家电网建设总公司董事长，周小谦为国家电网建设总公司总经理。

1996年4月3日，电力部书面委托筹备组工作人员、部机关吴瞻宇、程念高和梁旭明作为代理人，前往国家工商行政管理局办理有关登记注册等事宜（国务院批复的名称为国家电网建设总公司，根据国家工商注册的有关规定，名称定为国家电网建设有限公司）。

1996年4月5日，电力部向国家电网建设有限公司（筹备组）发出任免通知（电任〔1996〕6号）：经研究决定，姜绍俊、霍继安任国家电网建设有限公司副总经理。

1996年4月5日，电力部批复《国家电网建设有限公司章程》（电人教〔1996〕235号）。

1996年4月10日，中恒信会计事务所提供验资报告：“国家电网建设有限公司申请的注册资本为25亿元人民币，分5年到位。根据我们实际审验，截至验资期，国家电网建设有限公司已收到电力工业部投入首期注册资本6.87亿元人民币，列入实收资本6.87亿元。”

1996年4月16日，电力部就向中国长江三峡工程开发总公司移交葛洲坝水力发电厂产权和管理权、向国家电网建设有限公司移交宋家坝换流站及葛南直流线路产权和管理权工作在北京召开专题会议。会议决定：自1996年6月1日起，葛洲坝水力发电厂代管的宋家坝换流站资产和人员编制正式移交国家电网建设有限公司。考虑到国家电网建设有限公司尚在筹建阶段，直接管理需要一段过渡时期，要求国家电网建设有限公司与葛洲坝水力发电厂在换流站管理权移交的同时，签订过渡期委托管理协议，过渡时间及其他具体事宜由双方协商确定［电力部《关于印发葛洲坝水力发电厂及宋家坝换流站管理权移交工作协调会议纪要的通知》（电办〔1996〕319号）］。1996年5月28日，公司与葛洲坝水力发电厂签订了《关于宋家坝换流站管理权移交给国家电网建设有限公司有关问题的协议》。

1996年4月19日，公司在国家工商行政管理局正式注册登记（注册号10001936-6）。

名称：国家电网建设有限公司。

办公地点：北京市西城区府右街137号（电力部院内）。

法定代表人：李世忠。

注册资本：陆亿捌仟柒百万元人民币

经营范围：电源电网工程规划、投资、建设及管理；电力工程咨询、监理；电力工程设备物资的经营；涉外电力工程经营。

1996 年 4 月 26 日，国家电网建设有限公司（筹）向国务院三峡办汇报国务院批准后的公司筹备和登记注册等工作情况，请示拟“在 5 月下旬或 6 月初开业并同时召开国家电网建设有限公司成立暨三峡输变电工作会议”。

1996 年 5 月 28 日，正式启用“国家电网建设有限公司”印章（电网办〔1996〕1 号）。5 月 30 日，公司由六部口的建苑宾馆迁入海淀区北蜂窝路乔建里办公。

三、公司成立大会

1996 年 6 月 18 日上午，在北京钓鱼台国宾馆召开国家电网建设有限公司成立大会。国务院副总理邹家华莅临会议并做重要讲话。出席会议的主要领导还有人大常委会财经委员会副主任黄毅诚，电力部部长史大桢，国家计委副主任佘健明，国家开发银行行长姚振炎，国家税务总局副局长项怀诚，国务院三峡办副主任魏廷铮，国家电网建设有限公司董事长李世忠，电力部副部长赵希正、陆延昌和主管基建的副部长，电力部顾问/中国工程院副院长潘家铮，机械部副部长孙昌基，煤炭部副部长张宝明，国家工商行政管理局副局长韩新民，国家资产管理局副局长倪迪，国务院办公厅局长石秀诗，国家开发投资公司总经理王文泽，中国建设银行副行长苏文川，中国工商银行副行长张庆寿，中国银行副行长赵安歌，武警水电指挥部主任贺毅，政委刘源，中国长江三峡开发总公司副总经理李永安，中国电力企业联合会理事长张绍贤，全总水电工会主席吕保柱，以及电力部老部长王林、赵庆夫、李鹗鼎等领导。成立大会由国家电网建设有限公司总经理周小谦主持。

国务院副总理邹家华、电力部部长史大桢、国家开发银行行长姚振炎、国务院三峡办副主任兼国家电网建设有限公司董事长李世忠等领导在成立大会上讲话。

国务院副总理邹家华会上发言：“代表国务院对国家电网建设有限公司的成立致以热烈祝贺”“组建国家电网建设有限公司是国务院的一项重大决策”。

邹家华副总理充分肯定了改革开放以来电力工业取得的伟大成绩，“在‘政企分开、省为实体、联合电网、统一调度、集资办电’和‘因地因网制宜’的重要方针指引下，走出了一条大家办电、集资办电这样一个在国家统一规划下，充分依靠各地方、发挥地方积极性的新路子”“多年的实践证明，电厂由国家独家办向大家办、地方办、集资办、利用外资办等多种形式办电这样一个模式的转变，有利于电力工业的发展。‘九五’期间以及今后相当长的一个时期内，还要坚持发扬这一方针”。

邹家华副总理在讲到关于电网的意见时，强调“电厂大家办，电网国家管”。回顾过去，“电厂的建设成功地走出了一条新路”“电网建设作为电厂建设的附属工程，在电厂比较少、电力需求比较小的时候还可以”“但考虑国内资源分布、建设不少坑口电厂，输电距离远，不但跨省，而且跨大区电网，像原来的这种办法、这种模式就很不适宜了”“电力建设到了今天这个时候，就要有适应新情况的新的做法”“三峡工程全部装机容量 1820 万 kW，不但要送到本省、本地区，而且要跨省、跨大区电网送到经济发展需要的地方”“如何搞好这个电网规划，要同时与全国联网这个大问题联系起来，必须把电网建设提到独立考虑的议事日程上来”“国务院决定由电力部组建国家电网建设公司，是电力发展的需要，也是我们从计划经济走向社会主义市场经济转变的需要。公司的成立是我国电力建设的一项重要措施，也是在改革过程当中的一项重要决策。电网建设公司是国有的独资公司，是独立核算、自主经营、自负盈亏的经济实体”。

邹家华副总理希望国家电网建设公司成立后，“全面准确理解和把握现代企业制度‘产权清晰、权责明确、政企分开、管理科学’的基本原则和要求，推进现代企业制度建立，努力实现两个根本转变。在此基础上，国家电网建设公司要不断提高投资效益和企业经济效益，并在实现国家和整个社会的最高效益中，做出自己的努力”。

邹家华副总理要求国家电网建设有限公司“按照三峡规划要求建设整个送出工程，在建设过程中，贯彻国家提出的业主负责制”“不但要把项目建成，而且还要经营这个项目”“要筹划、筹资、建设、经营、还贷，要保值增值，要滚动发展”“要加强对投资的管理，对概算要‘静态控制、动态管理’，国家审定的三峡电力系统总概算不能突破”“公司当前首要的任务就是把三峡电力的输出工程组织好、建设好、经营好”“还要发挥‘统筹’的作用。统筹三峡输变电工程建设和全国联网工程建设，统筹近期和远期发展，如下一步要研究三峡电网建设和金沙江下游的向家坝、溪洛渡水电站建设后的电网规划”“从现在起就要仔细研究有关问题”“要十分注意工程建设质量，创建一流的工程，向全国人民交一份合格的答卷”。

邹家华副总理最后说到，“电力工业部要加强对电网建设公司的领导，国务院授权电力部行使股东权”“电力部要认真履行股东权利，及时协调电网公司在工作中遇到的实际问题，同时落实企业的经营自主权”“国务院各部门要积极支持国家电网建设公司的工作，对公司运营中的问题要及时协助解决”。

电力部史大桢部长向来宾介绍了国家电网建设有限公司的筹备过程和公司的职责、作用和任务，对新成立的公司提出希望和要求：“要在国务院三峡建设委员会和电力部的领导下，组织好三峡输变电工程建设”“要以一流的设计、一流的施工、一流的管理，创建一流的工程，使工程投入率、投产后可用率的水平在国内领先，达到国际水平”“公司要不断深化改革，按照现代企业制度的要求，加强企业科学管理”“全面推行建设项目法人负责制、资本金制、招投标制、合同管理制和建设监理制”“提高投资效益，积极落实三峡建设委员会所确定的‘静态控制、动态管理’办法”“切实有效地控制工程造价”“公司要大力推进技术进步，通过三峡工程建设，攻克一批科研关键课题，使我国输变电建设技术水平有一个大的飞跃，并为下一个世纪输变电技术上新台阶打好基础”“公司要培育‘艰苦奋斗、勤俭敬业、廉洁奉公、恪尽职守’的企业精神，加强两个文明建设”“讲政治、讲大局、讲正气，不仅要把工程建设好，也要把企业建设好，把职工队伍带好”。

国家电网建设有限公司董事长李世忠在致辞中进一步阐明：“国家电网建设有限公司的主管部门是电力部”，“公司初期主要是从事三峡输变电工程的投资、建设与管理，在业务上将接受国务院三峡工程建设委员会的领导”。“国家电网建设有限公司的使命就是促进和发展全国电网联网，为实现国家资源优化，为实现缩小东西部差别这样一个伟大战略任务，为促进全国电力发展，促进全国电力工业效益的不断提高服务”。

国家开发银行行长姚振炎代表来宾祝贺公司的成立，“实现全国联网是多年来所有电力工作者的愿望，相信国家电网建设有限公司的成立将促进这个光荣任务的完成”。

国务院三峡办魏廷铮副主任宣读国家计委副主任、国务院三峡办主任郭树言同志的贺信：“国家电网建设有限公司是国务院根据我国电网的发展形势和三峡输变电工程建设的需要批准成立的，这标志着我国电网建设开始走向全国联网的新阶段”“在国务院三峡工程建设委员会的指导下，在电力部的直接领导下，相信贵公司一定会按照建立社会主义市场经济体制的要求，通过落实项目法人责任制，采取招投标制，合同管理制，建设监理制等管理手段，优质高效组织好工程建设”。

国家电网建设有限公司副总经理姜绍俊宣读国务院总理李鹏、副总理邹家华，国家经贸委主任王忠禹，国务院三峡办主任郭树言，国家开发银行行长姚振炎，电力部部长史大桢为公司成立的题词。

公司董事长李世忠在公司成立新闻发布会上就媒体所关心的公司职责和业务范围等问题进行了现场回答。

参加成立大会的国内有关部委和企业、电力系统各单位、海外驻京机构和新闻媒体共计 147 个，约 330 人。

1996 年 6 月 18 日下午，在国家电网建设有限公司成立大会之后，召开了电力部第四次三峡输变电工程工作会议。这是公司首次组织承办的全国性专业会议，电力部副部长陆延昌做了重要讲话，国家电网建设有限公司总经理周小谦做会议工作报告，宣布成立国家电网建设有限公司专家委员会，并为 68 位专家颁发了聘书。国务院三峡办副主任、国家电网建设有限公司董事长李世忠对大会做了总结讲话。电力部三峡办主任班自勋主持会议。

国家和部委领导为国家电网建设有限公司的成立题词如图 2-2 所示。

李鹏总理：“加强电网建设 促进电力发展” 一九九六年五月二十四日

邹家华副总理：“统筹”——为国家电网公司成立题 一九九六年五月

国家经贸委主任王忠禹：“加强电网建设管理 促进电力事业发展” 一九九六年七月

国务院三峡办主任郭树言：“建好三峡送出工程 促进全国电网形成” 一九九六年六月十八日

国家开发银行行长姚振炎：“为实现全国超高压统一联网而共同努力”——热烈祝贺国家电网建设有限公司成立 一九九六年六月十日

电力部部长史大桢：“以建好三峡输出工程为基础实现全国联网目标”——贺电网建设公司成立 一九九六年六月

1998 年 6 月，国家电网建设有限公司成立两周年，公司集体在办公地点海淀区学院南路 4 号合影，如图 2-3 所示。

图 2-2 领导题词复印件（一）

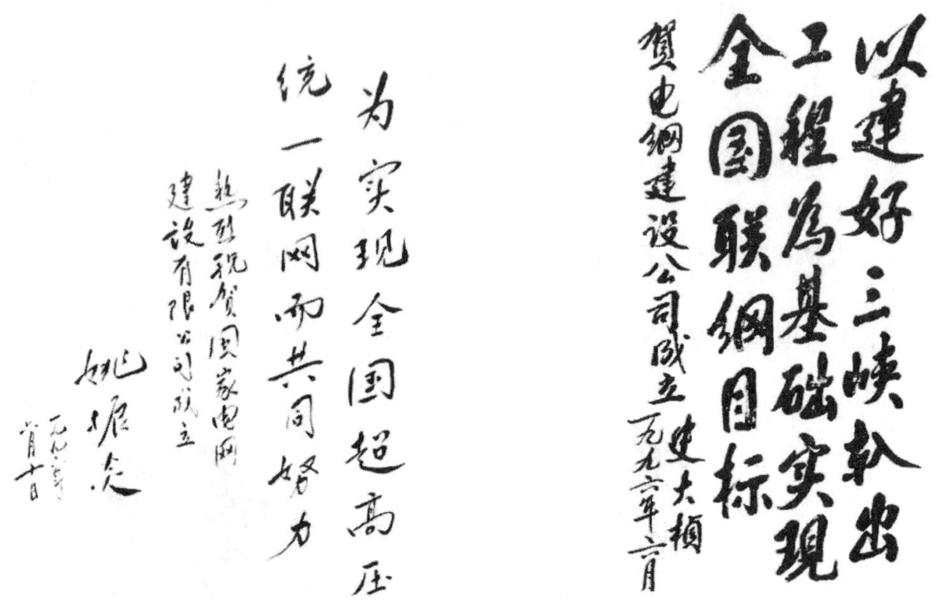

以建好三峡输出工程为基础实现全国联网目标
贺电网建设公司成立
史大桢
一九九六年六月

为实现全国超高压统一联网而共同努力
热烈祝贺国家电网建设有限公司成立
姚振炎
一九九六年六月十日

图 2-2 领导题词复印件（二）

图 2-3 国家电网建设有限公司成立两周年集体合影

摘编自：

1.《国务院关于同意成立国家电网建设总公司的批复》（国函〔1995〕107 号），国务院，1995 年 11 月 5 日。
2.《关于李世忠、周小谦任职的通知》（国人字〔1996〕30 号），国务院，1996 年 3 月 19 日。
3.《国家电网建设总公司有关领导的任免通知》（电任〔1996〕6 号），电力部，1996 年 4 月 5 日。
4.《国家电网建设有限公司章程》（电人教〔1996〕235 号），电力部，1996 年 4 月 5 日。
5.《关于印发葛洲坝水力发电厂及宋家坝换流站管理权移交工作协调会议纪要的通知》（电办〔1996〕319 号），电力部，1996 年 4 月 16 日。
6.《关于宋家坝换流站管理权移交给国家电网建设有限公司有关问题的协议》，1996 年 5 月 28 日。
7.《国家电网建设有限公司成立大会文件汇编》，国家电网建设有限公司，1996 年 6 月 18 日。

第二章　电网建设公司组织机构及其调整变化情况

1993 年 11 月，党的十四届三次会议做出《关于建立社会主义市场经济体制若干问题的决定》，对国企改革提出了明确的目标要求："转换国有企业经营机制，建立适应市场经济要求，产权清晰、权责明确、政企分开、管理科学的现代企业制度"。国家电网建设有限公司从筹备成立之始，按照国务院领导和电力部领导的指示精神，坚持市场化的改革方向，积极贯彻以"法人责任制"为核心和"四自"（自主经营、自负盈亏、自我发展、自我约束）要求，确定公司职责和使命，找准功能定位，不直接管理施工单位和设计队伍，依托社会力量，强化合同管理，注重企业效率和社会效益，努力建设管理一流的专业公司。在电力部和国务院三峡办的领导下，公司按照现代企业制度的改革要求，不断完善管理制度，规范管理流程，按需设置岗位，坚持务实、高效办企业的理念。随着电力体制改革的不断深化，三峡电网建设的管理体制和组织体系做出了相应的调整和更名。

第一节　法人治理结构、内部机构设置

一、公司董事会

1996 年 4 月 8 日，电力部批准《国家电网建设有限公司章程》。明确"公司设立董事会，由三人组成。董事会成员由电力部按照董事会任期委派或更换"。公司第一届董事会成员由李世忠、周小谦、姜绍俊三位同志组成，李世忠任董事长（国务院国人字〔1996〕30 号，电力部（95）人干便字第 27 号函）。

1996 年 7 月 29 日，公司董事长李世忠主持会议，研究组建国网电力物资有限公司等有关事宜。公司董事、总经理周小谦，副总经理姜绍俊参加，公司总经理助理程念高等列席会议。国家电网建设有限公司物资部负责人魏恭华汇报物资公司组建方案。会议同意组建国网电力物资有限公司，对外是国家电网建设有限公司的独资子公司，是独立核算、自主经营的法人实体，对内为国家电网建设有限公司物资部。该公司的主要任务是保证三峡输变电工程所需的设备、物资供应，降低工程造价，同时为生产经营提供备品备件，并从事多种经营活动。对三峡输变电工程的服务工作，只收取采管费和成套费。公司设立董事会，成员三人。国家电网建设有限公司总经理兼任该公司董事长，该公司的总经理、第一副总经理兼任董事。

1996 年 9 月 12 日，国家电网建设有限公司召开董事长与总经理联席会议，李世忠董事长主持会议。会议主要议题：一是研究落实长万线工程开工前的预期效益和租赁方案的回报问题；二是研究使用世界银行贷款的问题，要持慎重的态度，事前向国务院三建委报告；三是研究公司的直流咨询工作，按电力部陆延昌副部长的意见办理。公司董事、总经理周小谦，副总经理姜绍俊参加，副总经理霍继安，公司顾问芦元荣、丁功扬，总经理助理程念高等列席会议。

1996 年 12 月 2 日，公司董事长李世忠主持召开董事会扩大会议，听取三峡长万线施工的招标、评标工作汇报，研究决定该项工程的中标单位。公司董事、总经理周小谦，姜绍俊副总经理参加，公司顾问芦元荣，工程部处长孙竹森、牛山和电力部建设司处长苏力等列席会议。

1997 年 1 月 3 日，公司董事长李世忠主持会议，研究三峡输变电工程动态资金流与筹资方案，系统设计概算的"静态控制、动态管理"等问题，并听取国网电力物资有限公司向远东电缆厂投资的工作汇报。会议同意"三峡输变电工程动态资金流与筹资方案的编制原则意见""明确系统设计概算的'静态控制、动态管理'工作程序"，议定"电网公司所使用的资金是三峡基金和开发银行贷款，主要用于三峡输变电工程，不得随便用于该项目以外。如确有必要用于该项目有关的其他投资项目，需提

出报告研究后实施”。公司董事、总经理周小谦，姜绍俊副总经理参加，公司总经理助理程念高、物资部主任魏恭华等列席会议。

1997 年 2 月 17 日，公司董事长李世忠主持会议，研究成立实业公司、购置办公用房和住房、长万线开工典礼、宜昌基地建设、公司编制和人员配置原则、武汉分公司筹建等事宜。公司董事、总经理周小谦，姜绍俊副总经理参加，副总经理霍继安、总经理助理程念高等列席会议。

1997 年 3 月 10 日，公司董事长李世忠主持会议，传达李鹏总理对三峡电网建设基金征收问题的有关指示，部署筹资方案的测算工作。

1997 年 4 月 11 日，公司董事长李世忠主持会议，研究 1997 年开始征收三峡电网建设基金的使用计划和 1998 年的建设项目安排、科研项目的合作模式和形成的资产管理、公司章程的修改意见等事宜。公司董事、总经理周小谦和副总经理姜绍俊出席会议，副总经理霍继安列席会议。

1997 年 6 月 3 日，国家电力公司批准《中国电网建设有限公司章程》。董事会成员由三人改为五人组成。国家电力公司 1997 年 7 月 9 日通知国家电网建设有限公司委派李世忠、周小谦、姜绍俊、史玉波（国家电力公司计划投资部副主任兼，兼职不兼薪）、汪钺（公司职工董事）为中国电网建设有限公司董事会成员；李世忠任董事长（国电任〔1997〕8 号）。

1997 年 10 月 24 日，公司董事长李世忠主持召开中国电网建设有限公司第一届董事会第一次全体会议，公司总经理周小谦做工作报告。公司董事会成员全体参加会议，公司副总经理霍继安，总工程师章龙才，公司顾问芦元荣、丁功扬列席会议，各部门负责人旁听总经理工作报告。

1998 年 9 月 2 日，中国电网建设有限公司召开第一届董事会第二次全体会议，听取公司总经理周小谦做工作报告，研究公司改革和发展的有关问题。公司董事长李世忠主持会议，董事成员周小谦、姜绍俊、王信茂（代替史玉波）、汪钺参加会议。

1998 年 12 月 17 日，中国电网建设有限公司召开第一届董事会第三次全体会议。公司董事长李世忠主持会议，董事成员周小谦、姜绍俊、王宝乐（代替史玉波）、汪钺参加会议。公司总经理周小谦向董事会报告公司成立三年来的主要工作，以及贯彻国家电力公司关于撤销中国电网建设有限公司、成立国家电力公司电网建设分公司文件精神的工作安排和 1999 年工作建议。国家电力公司副总经理陆延昌出席会议并作重要讲话。陆延昌副总经理传达国家电力公司党组的决定：中国电网建设有限公司改制为国家电力公司电网建设分公司。陆延昌副总经理充分肯定了电网建设有限公司成立以来所做的各项工作，为三峡输变电工程建设管理打下了良好基础。此次电网建设公司的法人责任变化，是国家电力公司落实国务院〔1996〕48 号文件精神，国家电力公司实体化运作的需要。改制后的电网建设分公司作为国家电力公司的专业建设公司，继续承担三峡输变电工程和全国联网工程建设的管理任务。希望公司改组后在国家电力公司的直接领导下开展工作，再接再厉，把三峡输变电工程和其他全国联网工程建设管理工作做得更好。董事会完全同意周小谦总经理做的工作报告，坚决拥护国家电力公司党组的决定，并将在国家电力公司的安排布置下尽快完成电网公司体制改革和机制转换的工作，确保三峡输变电工程和全国联网工程建设工作不断、不乱。

二、组织机构和岗位设置

根据电力部 1995 年 5 月 26 日报送国务院的国家电网建设总公司组建方案请示（电人教〔1995〕305 号），公司定编 200 人（不含分支机构公司）。公司按照人员精炼、效能统一的原则设立职能机构和岗位。

1995 年 12 月 25 日，公司筹备组周小谦、姜绍俊、霍继安和芦元荣 4 人开会研究筹建中的公司编制、组织机构和人员安排等问题。1996 年 1 月 12 日，确定第一批调入人员名单。1 月 16 日，向董事长李世忠汇报后，与电力部人劳司司长刘忱商谈公司章程、人事安排和人员调动程序等事宜。

1996 年 4 月，总经理办公会研究公司内部机构设置议题，标志着由筹备期的临办状态向着公司正规化运作的管理模式过渡。本着减少管理层级、工作流程优化、队伍专业高效的原则，决定成立总经理工作部、计划经营部、工程部、财务部、物资部和人力资源处、审计处（均为直管处），初步搭起“五部两处”的组织管理框架。

1996 年 5 月 16 日，公司领导向电力部部长史大桢、副部长陆延昌汇报公司组织机构设置方案，人劳司司长刘忱参加。

1996 年 7 月，公司正式聘用芦元荣、丁功扬为公司顾问，任命程念高为总经理助理，吴瞻宇、陈凌波等为各部门主要负责人，重要岗位的处长和技术骨干人员也基本到位。

1996 年 8 月 5 日，总经理办公会审定公司“三定”方案。2000 年前公司编制控制在 53 人，其中公司领导 7～9 人，设总经理工作部、计划经营部、工程部、财务部和物资部 5 个部门，人力资源部和审计部 2 个直管处。部门按正职 1 人、副职按 1～2 人设置（国家电网建设有限公司电网办〔1996〕34 号）。

总经理工作部主任：吴瞻宇，内设办公室、管理处、外事处 3 个处。

计划经营部主任：程念高（总经理助理兼），副主任：李文毅，内设规划处、生技经营处、计划统计处 3 个处。

工程部主任：（暂缺、由公司顾问芦元荣归口负责），内设工程管理处、设计管理处、合同管理处 3 个处。

财务部主任：陈凌波，内设会计核算处、财务管理处、资金管理处 3 个处。

物资部主任：魏恭华，副主任：鲍瑞（与物资公司合署办公），物资公司内设工程材料处、经营处、综合处 3 个处。

人力资源处处长：张建生。

审计处负责人：（暂缺）。

会议明确：“直流工程开工以前的设计、咨询、科研等由咨询公司具体负责，工程部的直流工作人员与咨询公司合署办公，由章龙才总工归口负责；开工后的建设管理及开工前有关施工队伍招投标工作由工程部负责”。同时，还研究了成立物资公司的注册等事宜。

根据电力部 1996 年 5 月 15 日《关于印发葛洲坝水力发电厂及宋家坝换流站管理权移交工作协调会议纪要的通知》（电办〔1996〕319 号）精神，以及公司于 5 月 28 日与葛洲坝水力发电厂签订的《关于宋家坝换流站管理权移交给国家电网建设有限公司有关问题的协议》，从 1996 年 6 月 1 日开始，公司正式接管葛洲坝换流站的安全生产运行和技改等工作，由公司计划经营部负责管理。受年度工资总额划转的时间因素约束，站长娄殿强、支部书记代筠英等 62 位生产运行人员的劳动工资、福利和党务关系暂继续委托葛洲坝水电厂代为管理。1996 年 8 月 9 日，公司批复葛洲坝换流站的机构调整及岗位设置，在现有 62 名员工的基础上新增人员编制 15 人，主要补充在生产班组。1996 年 9 月 5 日，电力部人教司批准将葛洲坝换流站更名为国家电网建设有限公司葛洲坝换流站（电人教〔1996〕90 号）。1996 年 11 月 14 日，公司委托娄殿强为国家电网建设有限公司葛洲坝换流站法定代理人（电网生〔1996〕79 号），到所在地有关部门办理更名事宜。

截至 1996 年底，公司本部在册员工 36 人，其中 16 人是从政府机关转到企业，6 人长期从事规划、技经和工程设计工作，14 人来自一线工程建设和生产管理单位（包括当年接收 2 名具有工作经历的清华大学电力系统专业博士后、博士各 1 人）。上述人员中有 6 名业务骨干派到公司控股的国网物资公司和北京网联直流咨询公司工作，以加强二级公司的技术和管理力量。在三峡输变电工程开工建设前的准备过程中，公司已经初步形成一支懂专业、会管理、业务强、工作经验丰富的技术骨干队伍。

1997 年 8 月 29 日，为适应公司的工程建设及生产管理任务的需要，经总经理办公会研究决定，撤销计划经营部，成立计划发展部和生产技术部，并对工程部的内设处室进行调整（电网人〔1997〕147 号）。

计划发展部主任：龙文明。内设规划处、计划统计处 2 个处。

生产技术部主任：李文毅。内设运行管理处、安全及综合处 2 个处。

工程部主任：孙家俊。内设综合处、送电处、变电处 3 个处。

1997年10月8日，国家外经贸部对电力部《关于中国电网建设有限公司经营进出口业务的复函》，同意赋予中国电网建设有限公司进出口经营权，由电力部归口管理。

1997年12月15日，总经理办公会专题研究公司进出口经营体制问题，决定设立进出口办公室（在外事处），负责管理公司的进出口业务，具体执行单位由国网电力技术公司承担。充实公司涉外工作人员，先增加1人。

1998年4月1日，根据上级部门有关文件精神和公司实际业务工作的需要，成立公司进出口办公室，与外事处合署办公。为进一步提高工作效率，简化管理层次，将外事处从总经理工作部中划出，由公司直接管理，外事处的职责不变（电网人〔1998〕47号）。

1998年4月1日，经研究决定，公司成立直流工程项目部，由公司直接管理，负责直流工程建设的组织、协调等全过程管理工作。孙家骏任项目部经理（兼），陶瑜任副经理（副主任待遇），刘泽洪任副经理（副处级待遇）（电网人〔1998〕48号）。

三、公司薪酬、福利制度

国家电网建设有限公司是国务院批准成立的国有独资公司，公司董事长、总经理均由国务院任命。按照干部管理权限，公司领导的薪酬需报上级主管部门审批。考虑到公司所承担的任务、业务范围和责任等，在公司领导研究企业工资体系和标准时，曾希望参照华能集团（国家计划单列的电力企业）的薪酬体系，向电力部工资主管部门汇报国家电网建设有限公司的工资制度建议。主管部门研究并请示电力部主要领导后，原则要求公司套用1993年撤销能源部、成立电力部时设立的直属公司（龙源电力、中能科技、福霖风能和中电技等）工资制度。1996年8月6日，在与上级工资主管部门汇报沟通后，确认公司的机构设置（部门内设处、室）和部门级干部的薪酬标准有别于其他直属公司，可以提高一个等级。公司按此意见报送了《国家电网公司岗位（职务）工资实施办法》。9月18日，电力部人教司正式批复《国家电网公司岗位（职务）工资实施办法》（人劳〔1996〕325 号），明确公司套用电力部直属公司的工资体系（电人教〔1994〕718 号）。“由电力部对公司实行工资计划管理，按照部下达的工资总额计划控制总量”“公司董事长、总经理、副总经理的工资，按照干部管理权限报上级主管部门审批”。同意在电人教〔1994〕718号文件的工资等级中，为公司董事长、总经理增加一个档级，公司副总经理工资标准与直属公司的总经理工资同一档级、公司部门主任岗位（职务）工资按直属公司副总经理的工资岗级套入，部门内处级及以下员工与直属公司的员工岗位（职务）工资标准相同。

在上级单位的支持和指导下，公司从1996年7月1日起，全部实行新的企业工资薪酬体系。

1996年9月27日，根据电力部《关于印发“电力行业职工养老保险制度改革试点方案”和“实施办法”的通知》（电人教〔1996〕172号）精神，公司申请加入了电力行业基本养老保险统筹，完成了由政府机关的退休保障体系向企业化、社会化养老保险改革的过渡。

此外，公司还为员工建立了职工医疗、补充养老保险和在职教育等福利保障制度。

四、党的组织建设

国家电网建设有限公司筹备组收到电力部1995年12月1日转发国务院的批准文件之后，立即将公司党的组织建设列入重要议事日程。考虑到公司是由国务院批准的跨省跨区域大型国有独资公司，为利于强化党的领导，集体研究决定重大事项，及时将党的方针政策贯彻到公司的管理工作和将来在工程任务大的地区设立的分支机构之中，公司筹备组曾向电力部主要领导建议在国家电网建设有限公司设立党组。电力部领导考虑在公司设立党组不是电力部党组所能决定的事项，且党章对企业建立党组织有明确规定和要求，应按党章规定办。企业的基层组织可由电力部直属机关党委进行管理，建议公司筹备组先与电力部机关党委联系后研究确定。

1996年4月公司注册登记后，负责党务工作的副总经理姜绍俊向电力部机关党委书记、副部长汪恕诚汇报公司党的组织建设等事宜，希望成立公司党委。1996年7月30日，公司向电力部直属机关党委正式报送《关于国家电网公司设立直属机关党委的请示》（电网办〔1996〕26号），在“国家电网公司设立直属机关临时党委，在部机关党委单列户头，接受领导和管辖。公司机关党委统一管理在京直属单位及各地下属单位党组织”。

电力部直属机关党委认真研究后反馈意见：国家电网建设有限公司的人员编制 200 人，成立初期时党员人数较少，不符合党章规定的成立党委的党员人数要求（党员人数应在 100 人以上），建议先在公司设立临时党总支。1996 年 11 月 20 日，中共电力工业部直属机关临时委员会批准成立中共国家电网建设有限公司机关临时总支部委员会。委员会由姜绍俊、张建生、郑怀清、司义夏、陈凌波五位同志组成，姜绍俊为书记［《中共电力工业部直属机关临时委员会关于国家电网建设有限公司成立机关临时党总支部的批复》（电机党〔1996〕44 号）］。

1996 年 12 月 9 日，召开国家电网建设有限公司党员大会，中共电力部直属机关临时委员会组织部部长时葆华到会并宣布批复文件，中共国家电网建设有限公司临时党总支成立，总支书记姜绍俊做大会报告。公司在册党员 27 人，分别编入四个支部参加党的组织活动。

1999 年 5 月 17 日，改制后的国家电力公司电网建设部（电网建设分公司）召开公司全体党员大会，正式选举产生基层党总支委员会。新的党总支成员分工：霍继安为总支书记，李文毅为副书记，组织委员张建生、纪检委员郑怀清、群工委员陈凌波、宣传委员陶瑜和李琼。5 月 31 日，中共国家电力公司直属机关临时委员会批复电网建设部（分公司）党总支和人员组成［中共国家电力公司直属机关临时委员会《关于电网部党总支委员会及书记任职的批复》（机党〔1999〕18 号）］。

之后，葛洲坝换流站的隶属关系由委托管理关系转为直接管理，成立了三个分公司，京外单位的党组织建设和党员管理也纳入公司党建的重要议事日程。按照《中国共产党章程》规定，基层组织实施属地化管理。接管后的葛洲坝换流站党组织关系由葛洲坝水电厂转到中共湖北省工委管理。武汉、常州分公司成立后的党组织关系分别由所在地的党组织进行管理。宜昌分公司成立后将葛洲坝换流站并入纳为内设机构，考虑到宜昌分公司与湖北省工委（在武汉）的管理关系等原因，由电网建设分公司党总支给予工作上的指导、联系。

第二节　公　司　发　展

一、公司发展思路

公司十分重视激发员工的工作热情和聪明才智，正式成立不久便组织全体员工开展了公司“发展思路、战略目标和实现途径”的大讨论，凝聚力量，形成共识，确定了“转变观念、立足三峡、服务全国、走向世界”的发展思路。

“转变观念”，就是在国家改革“两个根本性转变”（即由计划经济向市场经济的转变，由粗放式经营向集约式经营的转变）的大背景下，来自机关和其他单位的员工，要求主动适应现代企业的管理要求，实现思想观念、工作方式和工作作风的转变。

“立足三峡”，就是以建设三峡输变电工程为公司的首要任务，打造一流工程，在确保三峡电力全部、及时、经济、合理地送出去的同时，推进以三峡电网建设为中心的全国联网。

“服务全国”，就是以服务三峡电网工程建设、地方经济发展为基础，协调关联各方的长远利益，最终实现全国联网的最大效益。在推进全国联网的同时，积极为联网地区的网局、省局和参与科研、设计、施工单位提供全方位的服务。

“走向世界”，就是积极研究与邻国的电网互联，同时联合我国电网设计、科研、施工、设备制造等各方面的力量，迈出国门，走向世界，参与国际市场竞争。

二、公司的战略目标

以三峡电网工程为依托，建成一流的工程、管理一流的电网、实现一流的效益、培养一流的人才（简称“四个一流”），为建立一个统一、开放、有序的国家电力市场提供坚实的物质基础和管理平台。

三、实行的主要途径

（1）依靠改革。坚持社会主义市场经济的改革方向，建立现代企业制度，在工程建设中全面实行项目法人制（业主责任制）、资本金制、招投标制、工程监理制和合同制。在科研上实行产学研相结合制度，在人事劳动上实行合同制、聘任制和社会保险制度。

（2）依靠科技。认清与国际一流水平的差距，加大科研投入，以科技进步引领电网发展。建立若干科研基地和设施，开展施工、设计、器材等方面的科技研究，以科研新成果提升电网建设和管理的水平。

（3）依靠人才。公司吸引、重视和使用好各方面人才，营造发挥积极性和创造性高的环境和条件。善于借助业内人才智慧和力量，共同为电网建设献智献策。

（4）依靠管理。强化科学管理的观念，突出和强调“时效”与“认真”两个基本要素。通过科学的管理创造出更高更好的经济效益和社会效益。

四、企业精神

公司成立伊始就确定了“团结、服务、求实、争先”的企业精神。

（1）团结。倡导人人都要顾全大局，以国家和公司的利益为重，提倡人与人之间的理解、宽容、谦和与协作精神，形成合力，齐心协力地为共同的事业而奋斗。

（2）服务。倡导和强化服务意识，公司内部提倡为其他部门、其他员工的工作创造条件提供服务；围绕电网建设管理这一中心任务，为业务相关的兄弟单位做好各项服务，共同完成所担负的任务。

（3）求实。倡导一切从实际出发、实事求是的工作作风，反对一切脱离实际、浮夸不实的作风和做法，形成脚踏实地、求真务实，争做老实人、说老实话、办老实事的好风气。

（4）争先。倡导和鼓励积极开拓进取、勇于争先、争为人先的精神，把“争取最好”作为每一个员工从事每一项工作的目标，形成一种人人富于进取、人人褒扬先进、人人争当先进的激励机制，创建一个充满活力、生机勃勃的工作环境。

第三节　专家委员会

1996 年 2 月 2 日，史大桢部长在国家开发银行吴敬儒副总经理 1 月 29 日《对全国联网规划的几点初步意见》上批示：“建议国家电网建设公司像三峡公司一样成立一个技委会，及早讨论类似吴敬儒同志提出的有关全国联网的问题。先请你们商量一下可否。当然技委会要有权威人士组成，还应有充分代表性，如科研人员、设计人员、电网建设人员和必要的著名专家，使讨论的问题有较高的水平和代表性”。陆延昌部长 2 月 5 日批示：“请周总组织研究”。

1996 年 6 月 6 日，根据史大桢部长的指示，经国家电力公司研究和电力部领导批准，成立国家电网建设有限公司专家委员会（电网办〔1996〕2 号）。聘请水电部老部长苏哲文为名誉主任，电力部总工潘家铮、水电部总工沈根才、国家开发银行副总经理吴敬儒、中国电力科学研究院荣誉院长郑健超四人为顾问，中国电力科学研究院总工程师周孝信为主任，电力部电力规划总院院长陈汉章为副主任，国家电网建设有限公司顾问芦元荣、丁功扬分别为秘书长、副秘书长，王平洋等专家为委员。这批来自我国科研、教育、设计、施工、运行等各方面的理论基础坚实、实践经验丰富并卓有成就的老专家、学者、工程技术领导人员组成的专家委员会，承担全国联网的规划、设计、建设方案的科研预审及其研究技术成果的评价等主要职责（1996 年 10 月 3 日增聘游吉寿、郭翔鹏 2 位委员）。

专家委员会的职能：一是对各种联网方案与科研项目的研究成果提供技术评价、咨询意见；二是对电网规划、设计和建设方案的可行性研究报告、咨询报告等进行预审查；三是提出筛选大电网以及全国跨大区、跨独立省网联网和能源基地外送的方案、技术经济等重要研究的问题和课题；四是就三峡电网建设和全国联网建设的重大技术问题及实施方案等，提供决策咨询意见或承担专题性的调查研究和科研任务；五是根据需要和可能，参加公司的日常工作。

1996 年 12 月 23-25 日，在北京中国科技会堂召开了国家电网建设有限公司专家委员会第一次全体会议，电力部史大桢部长、陆延昌副部长、公司董事长李世忠和总经理周小谦出席了本次会议，并在会上做了重要讲话。

史大桢部长在介绍《中共中央关于国民经济和社会发展“九五”计划和2010年远景目标的建议》时，谈及全国电力装机规模到2010年将达5亿～6亿kWh，“要求电网有巨大的发展，需要实现全国联网来适用和促进大规模的水电、火电和核电基地的开发，要大体确定我国全国电网的结构和格局，从技术上说要确定我国高一级电压的选择及新的电网建设和运行控制技术的采用，从体制上说，我国统一的开放的电力市场也将基本建立”“在成立国家电网公司之前，电网从投资体制上来讲就不合理，所有输变电工程是按照电源点建设、作为电源的一个附件工程考虑，整个概算是在电源工程里。电网投资偏小，长期投资不足。500kV交流、直流工程，还没有形成系统的设计、制造、安装、调试、运行的力量，还有理论上需要解决的问题”“国家电网公司就是在这样的大背景下，经国务院批准成立的。它是中国电网发展的产物，是为了适应新的电网大发展时期的需要而成立的。国家电网公司的首要任务就是建好三峡输变电工程以及其他跨大区、跨独立省网送电的输变电工程，逐步推进全国联网”“和国外相比，我国的电网公司成立是晚了一点，我们完全有能力在国外发展电网的基础上，吸取他们的经验和教训，把中国电网建设成为世界一流电网”“为了建设世界一流的中国电网，国家电网公司要更多、更广、更好地发挥专家委员会的作用。希望各位专家更多地关心我国电网的建设与发展，为创建世界一流的中国电网做出贡献”。

公司董事长李世忠强调：“国家电网公司专家委员会是根据史部长的指示组建起来的，部领导对专家委员会的工作十分重视。今天，史部长、陆部长都亲自来参加会议，是对电网公司、电网建设以及这次专家委员会会议的高度重视，同时也表明电力部领导为搞好中国电网，对专家寄予了极大的希望”“希望各位专家为我国一流的电网规划、一流的工程建设、一流的人才培养提出宝贵意见”“电网公司在今后的工作中，定期、不定期召开专家委员会会议，向专家们及时交流信息，听取意见；对重大工程建设项目，在决策前请专家委员会进行评估；组织专家进行专题调研；开展部分专题研究项目等”“请大家帮助我们把公司的工作做好，使我们公司全面地、高质量地完成国务院、电力部交给的各项任务，为把我国三峡电网和全国电网建设成一流的电网做出更多的贡献”。

陆延昌副部长在会议闭幕时充分肯定此次会议的成果，完全同意专家委员会主任周孝信院士所做的会议总结。陆延昌副部长向各位专家通报1996年电力建设和生产基本情况、电力体制改革情况、组建电网公司专家委员会的背景和目的，以及我国电网建设与发展的形势和任务，强调三峡输变电工程建设的重要意义：“建设三峡输变电工程，进而推进全国联网工程，这是电网建设公司成立的根本动因，重要的历史机遇，也是电网建设公司的最关键、最核心的任务，非要打好这一仗不可”。“国家电网建设公司组建以来，在推进三峡输变电工程进展方面做了大量的工作，取得了可喜的成果：三峡输变电工程系统设计方案得到了国务院三峡建设委员会的正式批准；会同电规院编制了输变电工程设计概算，经向国务院三峡办汇报和电力部组织的预审查后已正式报国务院，明天家华副总理将召开办公会议审定；直流工程完成了编制标书的技术条件，正在通过议标选择国际咨询公司；此外顺利地移交了葛上直流，并与两网局和国调中心合作在进一步发挥葛上直流联网效益方面做工作；作为三峡输变电工程的第一个单项工程长万500kV线路即将正式开工，就要开始第一个战役。在前期科研工作方面也取得了成绩，三峡电力系统动态模拟试验研究计算成果在各方面的共同努力下，已经完成了报告，并在这次会上向专家们做了汇报，现正准备采用俄罗斯的动模试验装置进行物理模型的试验；包括电网仿真中心在内的几个实验室正在建设。这些工作成果是国家电网建设公司、有关网省公司（华中、华东、四川）、有关设计和部有关司局共同努力的结果”。陆延昌副部长在谈到三峡输变电工程的建设管理时特别强调：“这个工程实施的阶段性和保证每个阶段都要满足系统的稳定和可靠，保证三峡全部电力及时地有效送出；三峡工程和配套的补偿容量和补偿调节手段的实施，三峡输变电工程和非三峡输变电工程的其他电网工程的实施必须协调配合”。在一个时间跨度达两个五年计划之久、系统跨三大电网的条件下，对三峡输变电工程“必须进一步做好三峡电力系统的研究工作，包括一次系统和二次系统”“对三峡电力系统的研究工作要形成一种滚动研究的机制”“注意总结和吸取国内外电网发展中的经验教训，尤其对美国近期发生的事故还要进行深入研究，为我所用”“团结一致把三峡电网建成一流的电网”“李鹏总理为我们提出了建设中国统一的联合电网的大目标，三峡工程是实现这一目标的最关键的工程。衷心地希望我们各有关单位、有关方面的各位专家，在三峡输变电工程和全国联网工程的建设中，互相理解、互相支持、积极推进。在国务院三建委的领导下，在国务院三峡办的支持下，把三峡电力系统这个我国中部从西到东的大互联电力系统建设好、管理好、调度好，成为国际一流的电网”。

公司总经理周小谦向专家委员会首先报告公司的组建情况和工作思路，介绍公司关于全国电网发展的研究和目前公司着手开展的工作以及工作重点。当前的首要任务是：抓好三峡电网建设，同时研究与推进向北与华北的联网、向南与华南的联网、向西是金沙江向家坝、溪洛渡的外送，在周边电网之间研究华中与西北和华中与华北的关系，山东电网与华北电网的关系，周边国家俄罗斯向中国送电与中国华北、东北联网的关系，云南景洪电站与泰国电网、东南亚电网的关系及新疆的南疆与吉尔吉斯斯坦送电的关系等。还有高一级电压等级的研究，拟定三峡输变电工程的资金筹措方案，加强葛南直流工程的运行管理，以及为实现上述奋斗目标的公司技术准备、人才准备和发挥专家委员会作用的打算和要求。

此次会议上，有关专家就三峡电力系统动态模拟试验的计算结果、美国西部大停电事故分析、华北电网与三峡电网互联方式、电力系统仿真中心建设以及国外电网发展新技术等课题向大会做介绍。专家们并就建设一流电网、全国电网互联、国家电网公司的工作以及如何发挥专家委员的作用等问题提出了很好的意见和建议。

1997 年 11 月 24–26 日，中国电网建设有限公司在北京苏源锦江大厦召开专家委员会第二次会议。电力部部长、国家电力公司总经理史大桢，中国电网建设有限公司董事长李世忠到会并做重要讲话，电力部副部长、国家电力公司副总经理陆延昌做大会讲话。公司总经理周小谦报告公司年度工作，副总经理霍继安介绍三峡左岸换流站至常州的直流工程咨询情况，公司顾问丁功扬介绍金沙江溪洛渡、向家坝水电站外送规划和俄罗斯向中国送电前期规划研究，公司生计部主任李文毅介绍葛南直流输电线路运行情况，电科院副总工程师陈其介绍三峡电力系统仿真中心建设运行情况。与会专家对上述议题进行了热烈讨论，提出许多有益的建议和意见。会议由专家委员会主任周孝信院士主持并做会议总结讲话。国家经贸委副秘书长蒋金楚，中国电力企业联合会理事长张绍贤、副理事长刘宏，国家电力公司工程建设局局长刘本粹，计划投资部副主任史玉波，电力物资局局长朱明昆，电力设备成套局局长林依水和国务院三峡办专业司局领导等 17 名特邀代表和专家委员参加了会议。

1998 年 11 月 26–28 日，中国电网建设有限公司在北京召开专家委员会第三次会议。国务院三峡办副主任、公司董事长李世忠出席会议并介绍三峡工程建设的进展情况。国家电力公司副总经理陆延昌到会代表国家电力公司讲话。中国电网建设有限公司总经理周小谦就公司的有关工作做了汇报，中国工程院副院长、国家电力公司顾问潘家铮在总结会上发表热情洋溢的讲话。

陆延昌副总经理对中国电网建设有限公司一年来的工作及专家委员会的组织形式和所发挥的作用给予充分肯定。就当前国家电力公司的改革、全国联网、电力市场、促进科技进步等重大问题的决策，以及发挥专家群体的作用等做了明确的阐述和指示。“关于国家电力公司改革，今年 3 月份以全国人大会议决定撤销电力部为标志，国家电力公司完成了第一阶段改革的任务；从现在开始到 2000 年是电力工业改革的第二步，实行政企分开，省为实体，通过规范的公司制改组，在国家电力公司系统内建立资本纽带关系，强化生产调度纽带关系，形成层层控股、参股和以母子公司制为主要特征的企业财产关系、法人治理结构及组织结构，理顺企业内部关系，加快转化经营机制，将国家电力公司建设成为集约高效、分层经营、面向市场、富有活力的企业集团体系；从 2000 年到 2010 年是第三步，主要任务是实现厂网分开，建立公平竞争的发电市场，输电与配电实行统一管理；2010 年左右开始进入第四步，要和国际上比较先进的电力管理体制接轨”“关于电网公司和三峡输变电工程建设问题，电网公司的改制将分两步走，第一步撤销中国电网建设有限公司，同时组建国家电力公司电网建设分公司，与国家电力公司电网建设部合署办公。改制后的电网建设分公司，仍然负责三峡输变电工程，跨区、跨省联网工程及大型电力送出工程的建设管理。国家电力公司总经理授权李世忠同志作为他的代表，继续领导电网建设分公司的工作，以保证三峡输变电工程的顺利进行。凡是经三建委批准、系统设计中明确的工程，都由电网公司来组织建设。有关网省电力公司要积极配合，确保三峡电站发出的电力送得出、用得上”“关于全国联网的总体思路已经有了一个基本共识，即以三峡电网建设为中心，逐步推进三峡电网与北方电网互联，与南方电网互联，与金沙江向家坝、溪洛渡输电系统互联，把‘送电型’联网与‘效益型’联网有机地结合起来，并加强网省电网网架建设，最后推进全国联网的形成和发展。加快全国联网迫在眉睫，电网公司承担着东北、华北联网建设的业主责任，同时还有按照国家电力公司的统一要求和部署开展有关的联网工程研究和前期工作”“关于建立电力市场，是电力工业发展到一定阶段的产物，是不以人的意志为转移的客观规律，实现厂网分开是必然趋势。从国际上看，电力体制改革无一例外是要建立发电侧的电力市场，无一例外都是政府主导的电力改革。实现这一改革的基本条件是具备电力供需基本平衡或供大于求；发电厂投资主体多元化；电力系统网络结构较强具有灵活，能够适应大幅度的潮流变化；电网、电厂自动化水平高。我国现基本上具备了三个基本条件，只是电网比较薄弱，缺乏必要的灵活性。因此，电网必须统一管理，在建立发电市场的同时，要实现输电和配电的统一管理”“关于电网技术进步，电网公司和各位专家要开展交直流输电技术的新发展和交直流输电方式选择的比较研究；在联网和城网改造工程建设中要充分考虑占地少、可靠性高、维护少的问题；在设计上采用紧凑型设计，电网公司要起个带头作用，在变电站和控制室的设计当中要高度集约；在二次系统上要重点加大通信系统的建设”。

有四位专家在会上就三峡电力系统的动态模拟试验、全国联网规划、电力市场的技术支持系统和21世纪的电网新技术等做专题发言。与会专家和代表围绕国家电力公司副总经理陆延昌、中国电网建设有限公司董事长李世忠的讲话精神和中国电网建设有限公司总经理周小谦的工作报告，提出了许多建设性意见。专家委员会主任周孝信院士主持并做会议总结。中国电机工程学会理事长张凤祥、中国电力企业联合会常务副理事长刘宏、国家电力公司总工程师冉莹、国家电力公司有关部局和在京单位的主要领导、国务院三峡办、国家开发银行和有关新闻单位的代表参加了会议。

此后连续5年，中国电网建设有限公司每年主持召开一次中国电网建设有限公司的专家委员会会议，一共举行过8次会议。

专家委员会成立以来，在电力部、国家电力公司以及国家电网公司等上级单位主要领导的关心和重视下，中国电网建设有限公司组织专家们重点开展了如下几方面的工作。

一、深化电网规划研究

1. 关于电网结构的研究

21世纪的前20年是我国电网发展的一个关键时期。建好以三峡为中心的全国联网，急迫需要研究的问题：①是建设北部、中部、南部三大电网，并且将三大电网南北互联形成全国联合电网，还是建设以当时现有六大电网为基础的互联电网，并辅之以产业结构调整和能源的运输来适应我国资源分布的不均衡，或者是全国大区都用1150kV交流互联，形成全国统一电网；②与全国电网格局密切相关的几个大型水电基地、煤电基地电力外送，是用直流还是交流，还是混合送电，是直接送电，还是通过电网的托送；③与上述问题相关的我国几大负荷中心，如长江三角洲、珠江三角洲及沿渤海湾地区，受端电网网架结构和电压等级问题。

此外，根据我国能源资源分布、负荷特点及21世纪经济技术发展特点，开展从全国高一级电网结构到区域电网，到配电网结构问题的研究。

2. 关于更高电压等级的电网研究

我国第一条500kV输变电工程（平顶山—武昌），1982年投产之后到公司成立已经有14个年头。到2020年时，全国发电设备装机约8亿～10亿kW，是否需要更高一级电压等级？高一级电压等级与现代新技术发展，如电力电子控制技术、计算机技术，用于改善和提高输电能力和运行性能，以及输电新材料（超导）和新结构等发展之间的关系如何？高一级电压等级采取什么电压等级？直流输电的上一级电压等级如何确定？这些问题直接关系到诸如金沙江溪洛渡、向家坝等大型水电站以什么方式外送，以什么电压等级外送。因此需要在 2000 年之前研究确定。

3. 关于计划经济向市场经济转变的研究

按照“电厂大家办、电网国家管”的改革要求，在社会主义电力市场形成过程中妥善处理电网、电力市场和统一调度三者的关系，提高电网的经济性、安全性、稳定性，以及相应的电力系统自动化水平。研究发电、输电、配电及用电各环节服从市场交易原则的控制系统，能够保证电价的稳定和经济合理，更能保证电力系统运行的安全与稳定，促进电力行业健康发展。

4. 关于更大范围电网互联的研究

在抓好三峡电网建设的同时，要研究与推进三峡电网向东北与华北的联网，向西南与华南的联网。向西是金沙江向家坝、溪洛渡的外送，在周边电网之间研究华中与西北和华中与华北关系，山东电网与华北电网的关系，以及周边国家俄罗斯向中国送电与中国华北、东北联网的关系，云南景洪电站与泰国电网、东南亚电网关系及新疆的南疆与吉尔吉斯斯坦送电的关系等。

二、推动电网技术进步

以科技为先导，整合科研资源和力量，加大资金投入力度，建设四大科研基地，为建设安全可靠、技术先进的一流电网提供技术支持和保障。

公司通过合同管理，与电力科研单位建立紧密合作关系，分别在中国电力科学研究院、电力部良乡电力建设工程研究所、电力部武汉高压试验研究所等单位，建立三峡电力系统仿真中心、杆塔实验室、导线力学实验室、电磁兼容实验室，服务于三峡输变电工程和全国联网工程的建设。

专家委员会参与上述四大科研基地的技术方案论证，组织进行科研试验验收检查，对科研成果做出技术评价。

三、葛南直流工程的改造完善化

葛南直流线路工程建成投运之后，由于供需关系的变化和利益结算等原因，华中送华东的电量一直在 10 亿 kWh 左右，负荷也一直在 20 万 kW 左右。葛洲坝电力送出能力、华中与华东两大网的联络线功能尚未充分发挥出其设计要求。公司接手经营运行葛南直流工程，亟须研究解决葛南直流工程投运后的问题，恢复送电出力，进一步发挥联网效益。公司分别请中国电机工程学会、国调中心的专家对投运 8 年的葛南直流工程进行首次设备状况全面调查，现场诊断，确定急需技改和整治的内容，在公司年度计划中做出工作安排。专家们对葛洲坝弃水电量的利用、华中华东两网错峰效益、互为备用效益等，以及调度体制和电价等方面对葛南直流工程运行的影响，提出了建议方案和工作意见。

四、三峡第一条直流工程功能规范书

北京网联直流输电咨询公司与各科研、试验和设计单位一起，在围绕三峡左岸第一条直流工程咨询研究和功能规范书的编制中，坚持“中外合作，中方为主多做工作，外方负责”的工作方针，和专家共同开展了电力系统、工程设计、工程技术等 40 项专题研究，在前后历经一年的时间，约有 60 多位专家参加咨询研究工作，100 多位专家参加调研和讨论。

公司十分重视专家们提出的意见和建议，积极研究处理。对重大问题归类，通过“动态报道”向国务院、部、三峡办等做了报告。对于诸如建设一流三峡电网确保三峡安全稳定送出问题、促进全国电网互联问题、葛南直流工程的运行管理等问题和建议，均纳入公司的年度工作计划。

专家委员会的专家们在三峡输变电工程建设的科技引领、全国联网规划研究和公司的管理进步等方面发挥了积极的作用和贡献。

第四节　控股公司组建

国务院批复“同意成立国家电网建设总公司”的文件（国函〔1995〕107 号）中，明确公司可以“同时从事有关电网建设的工程咨询、监理及设备物质等多种经营项目”。公司紧紧围绕三峡输变电工程的建设需要，组建业务相关的控股公司，为工程建设提供技术支持和物资保障，确保三峡资金使用的效益最大化。

一、北京网联直流输电工程咨询有限公司

1996年3月6日，三峡第一条直流输电工程（即左岸直流送出）华东地区的落点确定之后，根据工程进度安排，直流系统的预设计工作已迫在眉睫。3月28日，公司筹备组研究组建直流工程咨询公司及开展功能规范书编制工作等事宜，提出联合电科院、电规院等单位的技术力量开展三峡直流工程的设计和咨询，此建议得到各有关单位的大力支持和热烈响应。

1996年4月25日，国家电网建设有限公司总经理周小谦主持会议，研究三峡直流输电工程咨询工作。鉴于三峡直流工程的重要性和复杂性，首先要抓好直流输电工程咨询及功能规范书的编制工作，从长远看必须培养国内独立承担直流工程咨询的能力。经向电力部领导和国家电网建设有限公司董事长李世忠报告，决定成立直流工程咨询公司，由国家电网建设有限公司控股，中国电力规划院、中国电力科学研究院、中南电力设计院、华东电力设计院、武汉高压研究所共同出资设立。拟调中南电力设计院副院长章龙才到国家电网建设有限公司担任咨询公司董事长兼总经理，电科院派出陶瑜，电规院派出丁顺安，任该公司副总经理，电网公司、电科院、电规院分别派出业务骨干和技术人员，6月1日前搬到乔建里宾馆与公司其他部门一起办公。6月7日，召开股东会议，研究公司登记注册、通过总经理和副总经理人选等事宜。

1996年7月19日，完成公司登记注册，经营范围为：直流输电工程咨询、中介、论证；接受委托咨询、研究、编制直流输电工程项目的设备规范书、招标文件，并提供评价意见；接受委托提供施工、调试、生产等方面的咨询服务；接受委托组织技术和学术交流活动；电力建设的技术经济评价、劳务服务、人员培训、电力项目的信息咨询等。

1996年9月10日，召开北京网联直流输电工程咨询有限公司成立大会。该公司的首要任务是：以直流输电技术国产化为目的，瞄准业内一流咨询公司，紧盯世界先进水平，从三峡直流工程功能规范书的编制着手，实现国内直流工程的独立设计，参与国际工程咨询竞争。

二、国网电力物资有限公司

1995年末，在研究公司的内设机构时，已考虑公司的物资管理与物资供应的公司化运营问题。1996年3月12日，公司总经理周小谦与拟调人选、河北省送变电工程公司经理魏恭华面谈三峡工程的物资供应和物资公司组建等事宜，并请其提出工作方案。

1996年7月29日，经国家电网建设有限公司第二次董事会研究同意，成立国网电力物资有限公司。1996年11月12日，国网电力物资有限公司经国家工商行政管理局登记注册，并确定其职责为负责公司工程物资、设备的招标、监造和从采购到质保的全过程管理；参与工程新技术、新材料的开发、投资，推动在三峡工程中的应用。公司设立董事会，董事长由国家电网建设有限公司总经理周小谦兼任，公司物资部主任魏恭华、副主任鲍瑞为董事，魏恭华任公司总经理，鲍瑞任副总经理。公司由国家电网建设有限公司控股，中国超高压输变电工程建设公司出资参与。主要骨干力量来自电力部物资局、机械局和河北送变电工程公司等单位。

第五节　分支机构建立

中国电网建设有限公司按照社会主义市场化的改革要求，积极贯彻落实“四制”的法人负责管理要求，探索“小业主、大监理”的建设管理模式，强化建设项目的法人责任。随着三峡输变电工程第一个项目——重庆长寿至万县500kV线路的开工建设，如何把工程建设的管理延伸到施工一线，成为公司必须考虑的重要事情。根据三峡输变电工程的项目分布、建设时间和工程特点，经总经理办公会研究决定，在长江沿线的武汉、宜昌和常州设立三个分支机构。

厘清分公司与公司本部的工作界面和功能定位，确定各层级的工作原则和秩序，是降低公司经营

成本、提高管理效力的重要措施保障。而且分公司的建设管理任务具体、专业性强、工作繁重，对人员素质也提出了较高要求。公司领导研究确定：分公司的主要负责人需有输变电施工企业或供电单位的领导管理经验。分公司筹备工作的主要人选，以委托分公司所在地的省电力公司（局）推荐为主，公司进行组织考核，经总经理办公会研究决定任用。分公司其他人员的调入，需要具备多年电力系统工作经验、相应岗位的专业知识和业务管理能力。在分公司的筹建工程中，始终坚持上述原则把好“选人、用人”的入口关。

一、武汉分公司

1997 年 5 月，中国电网建设有限公司决定成立中国电网建设有限公司武汉分公司筹备组（电网人〔1997〕91 号），启动了武汉分公司的筹备工作。经湖北省电力公司（局）推荐和对三位人选的组织考察，并征求人选的个人意愿，决定调湖北省输变电工程公司总经理柳愉文到公司负责武汉分公司的筹备工作。1997 年 8 月 29 日，任命柳愉文为中国电网建设有限公司武汉分公司经理（公司部门主任级待遇）（电网人〔1997〕122 号）。分公司内设经理部、财务部、计划部和工程部四个部门，定编 15 人。

二、宜昌分公司

1997 年 8 月 27 日，总经理办公会专题研究宜昌基地建设问题，基地名称定为中国电网建设有限公司宜昌输电管理中心。该中心的规划不仅要考虑直流的运行管理功能，也要为交流部分的管理留有余地，如三峡送出的 15 回出线的管理问题。建筑设施分为办公区、服务区、住宅区三个区块。1997 年 11 月 14 日，公司成立中国电网建设有限公司宜昌基地建设办公室（电网人〔1997〕170 号）。经宜昌供电局推荐和组织考察，先后调入宜昌供电公司的宜昌县电力局副局长曹代富和宜昌电力宾馆经理赵德胜，并从葛洲坝换流站抽派一名工作人员，负责管理中心的基建立项审批、协调内外关系等工作。1998 年 6 月 2 日，公司任命赵德胜、曹代富为公司宜昌基地建设办公室主任、副主任。

1998 年 4 月 28 日，为适应三峡输变电工程电力外送的工程建设和生产运行管理需要，经总经理办公会研究决定，在宜昌地区设立中国电网建设有限公司宜昌分公司，负责葛洲坝换流站、宜昌换流站的生产准备和运行管理；并参与换流站及相应输电工程的建设管理、协调和公司明确的其他工作。分公司按公司部门级设置，主要以葛洲坝换流站和宜昌基地建设办公室现有人员为基础进行组建。定员按设计批准的人数严格控制，需要补充的生产技术骨干，要首先考虑从电力系统内部调配解决（电网人〔1998〕134 号）。经湖北省电力局推荐和组织考察，1998 年 9 月，调湖北省电力公司（局）汉川电厂党委书记肖安全到公司，负责宜昌分公司的筹备工作。

1998 年 9 月 9 日，公司以电网人〔1998〕170 号文件任命肖安全为宜昌分公司经理（部门主任级），9 月 23 日，任命娄殿强、代英筠为宜昌分公司副经理（电网人〔1998〕172 号）。

1998 年 10 月 13 日，总经理办公会研究确定宜昌分公司的机构、职能、人员编制，内设经理工作部、计划财务部、运行部和检修部 4 个部门，主要负责已运行的换流站和输电线路的生产管理，新建换流站的生产准备工作，以及投产后的生产管理；参与新建换流站和三峡水电厂宜昌地区出线 500kV 交流工程建设的前期准备工作，协助公司直流工程项目部与当地政府及有关部门联络；公司交办的其他工作。要求到 2003 年初，分公司正式员工总数控制在 100 人之内。1998 年 10 月 19 日，宜昌分公司印章正式启用，原葛洲坝换流站的公章封存。

1999 年 4 月 29 日，为适应国家电力公司成立后的资产及管理要求，国家电力公司下发《国家电力公司办公厅关于葛南直流、长万线生产工作交接的通知》（办发〔1999〕30 号），决定自 1999 年 5 月 1 日，由国家电力公司发输电运营部全面负责葛南直流、长万线工程的生产管理工作。1999 年 6 月 25 日，国家电力公司人力资源部下发《关于明确原宜昌分公司管理体制的通知》（人资组〔1999〕44 号），通知电网建设分公司，撤销中国电网建设有限公司宜昌分公司，分别设立国家电力公司宜昌超高压管理处（简称宜昌管理处）、国家电力公司电网建设分公司宜昌工程建设部。宜昌管理处是国家电力公司直接管理的生产单位，人力资源部负责宜昌管理处的人事劳动管理，财务与产权管理部负责宜昌管理处的财务管理，发输电运营部负责宜昌管理处的生产运营及日常管理等工作。宜昌工程建设部列入电网建设分公司内部机构，级别均为正处级。7 月 2-5 日，电网建设分公司与国家电力公司发输电运营部在宜昌对由电网建设分公司管理的葛洲坝换流站生产经营、资产和人员等进行划分，并进行全面移交。

三、常州分公司

1996 年 10 月 22 日，总经理办公会在研究讨论与华东电管局及有关省局工作关系时，曾提出在上海筹备组建华东分公司，负责编制华东地区工程建设年度计划、协调所在地工作关系、管理直流工程的建设工作等。由于华东地区的工程建设时机未到，暂将此事搁置。

1998 年 3 月 25 日，为适应三峡输变电工程三峡—常州±500kV 直流输电工程受电侧（华东地区）生产建设和管理的需要，公司研究决定，组建中国电网建设有限公司常州政平换流站（处级单位）。负责生产、生活基地建设，并及时参与工程的前期建设，做好生产准备及投产后的运行管理等项工作，保证政平换流站的安全可靠运行，三峡电力及时送出，支持华东地区的经济发展与建设（电网人〔1998〕41 号）。调葛洲坝换流站管理处总工程师袁青云、专责彭广才和佘振求负责常州政平换流站的组建工作，分别担任常州政平换流站站长、副站长和总工程师。

1998 年 5 月 4 日，为适应三峡输变电工程在华东地区的建设生产管理要求，特别是首回直流输电工程建设和生产准备的需要，经总经理办公会研究决定，设立中国电网建设有限公司常州分公司。分公司按公司的部门级设置，人数按批准的编制严格控制。除接收国家统一考试招生、专业对口的应届毕业生外，所需补充的生产技术骨干，主要从电力系统内部调配解决（电网人〔1998〕147 号）。经江苏省电力局推荐和组织考察，调常州供电局局长周道和到公司负责常州分公司的筹备工作。1998 年 8 月 14 日，公司以电网人〔1998〕157 号文件任命周道和为中国电网建设有限公司常州分公司经理（部门主任级）。1998 年 8 月 25 日，任命苏建国、袁青云为分公司副经理（电网人〔1998〕371 号）。

分公司设经理工作部、计划财务部、工程部和政平换流站（运行部）4 个部门。本部人员定编 16 人，换流站定编 34 人（2003 年初控制数）。

1998 年 11 月 16 日，常州分公司正式挂牌成立。

为配合国家电力公司改革的工作要求，国家电力公司电网建设分公司于 1999 年 9 月 10 日做出决定，撤销中国电网建设有限公司武汉分公司、常州分公司、宜昌分公司，设立国家电力公司电网建设分公司武汉工程建设部、常州工程建设部和宜昌工程建设部（电网人〔1999〕48 号）。

第六节　三峡输变电工程项目法人变更和建设单位更名

国家电网建设有限公司成立于我国宏观经济体制改革的年代，是时代改革的产物。在进行社会主义市场经济体制改革的进程中，电力行业先后经历了“政企分开、公司化运作”的管理体制变化和“厂网分开”的市场化改革，国家电网建设有限公司的名称和职能也随着电力体制的改革要求进行相应调整。为适应电力体制改革后的管理要求，三峡输变电工程项目的法人主体由最初的国家电网建设有限公司变更为国家电力公司，最终到国家电网公司。工程建设的项目法人责任制不仅得到了很好的坚持，而且项目法人责任制的工作得到进一步的加强，国家电力公司和国家电网公司系统内可利用的资源更多、更丰富，更好地保证了项目法人的“四制”管理要求落到实处。早期的国家电力公司内设机构调整，体现出对项目法人责任制工作的重视和加强。

1999 年 12 月 14 日，国家电力公司对原电力部三峡工程办公室的机构人员和职能进行了调整，公司党组成员、总经理助理周小谦兼任国家电力公司三峡办主任（国电任〔1999〕112 号），办公室设在综合计划与投融资部。2000 年 1 月 4 日，召开国家电力公司三峡工程办公室第一次会议。会议由国家电力公司党组成员、总经理助理、三峡办主任周小谦主持，公司三峡办全体成员出席了会议。会议明确了公司三峡办的工作职责及公司相关部门在三峡输变电工程管理方面的工作分工；听取公司综合计划与投融资部《关于落实国务院三峡办计划资金会纪要的情况汇报》及三峡输变电工程二次系统有关问题的处理意见；电网建设部（电网建设分公司）通报三峡输变电工程建设进展情况和2003年前的建设项目调整建议；重点讨论公司战略研究与规划部提出的三峡电力电量消纳情况工作汇报，并安排向国务院三建委进行汇报的有关工作，建立和完善工程投资统计报告制度等。国家电力公司战略研究与规划部、综合计划与投融资部、财务与产权管理部、电网建设部（电网建设分公司）、发输电运营部、国际合作部、国家电力调度通信中心 7 个部门参加会议。此次会议对电力管理体制变化后的三峡输变电工程建设和管理工作、进一步强化和落实项目法人责任、保证工程按计划顺利进行等方面起到重要促进作用。

一、第一次更名

国家电网建设有限公司更名为“中国电网建设有限公司”，建设管理体制不变，继续履行法人责任。

根据建立社会主义市场经济体制和《中华人民共和国国民经济和社会发展“九五”计划和2010年远景目标纲要》的要求，为有利于转变政府职能、实行政企职责分开、深化电力工业体制改革，国务院决定组建国家电力公司，为推进政府机构改革提前做出安排。

1996 年 12 月 7 日，国务院印发《国务院关于组建国家电力公司的通知》（国发〔1996〕48 号）。在国家电力公司的组建方案中，对国家电网建设有限公司的关系进行调整，明确“国家电网建设有限公司更名为‘中国电力建设有限公司’，是国家电力公司的全资子公司，通过国家电力公司计划单列，其主要经营者由国家电力公司任免。”

1997 年 6 月 3 日。国家电力公司批复了《中国电网建设有限公司章程》。依据批复到国家工商行政管理局办理变更登记手续。1997 年 8 月完成变更登记。

1997 年 7 月 9 日，电力部（国家电力公司）召开部长（总经理）专题会议（电阅〔1997〕8 号），听取中国电网建设有限公司的工作汇报，研究国家电力公司成立后的三峡输变电工程建设管理和协调问题。电力部副部长兼国家电力公司副总经理陆延昌主持会议，国家电力公司总工程师、总会计师，计划部、财经部、安运部、建设局、科教局、国调中心以及电力部三峡办的负责同志参加会议。会议对中国电网建设有限公司成立一年多来的工作给予充分肯定，重点讨论了中国电网建设有限公司提请国家电力公司协调解决的有关问题，形成会议纪要。主要是进一步明确三峡输变电工程的前期工作及计划、建设管理和科研项目安排等由中国电网建设有限公司编制、提出，由国家电力公司审查并与国务院三峡办等政府部门协商确定。三峡输变电工程必须满足国务院三建委关于“静态控制、动态管理”的要求，总概算不能突破。中国电网建设有限公司要对科研项目实行合同管理，国家电力公司科教局负责监督（科研）合同的执行与协调，并组织验收。会议还研究了葛南直流工程的运行管理、三常直流工程功能规范书和来年的开工项目安排等事宜。

1997 年 12 月 25 日，国务院副总理、国务院三峡工程建设委员会副主任邹家华主持会议，研究三峡输变电工程筹资方案及有关问题，其中对管理体制的会议意见为：“在体制上，国家电力公司直接领导中国电网建设有限公司。由国家电力公司明确中国电网建设有限公司在三峡输变电工程建设和经营管理方面的责任、权利。中国电网建设有限公司不仅要考虑建设好三峡输变电工程，还要考虑经营，以确保银行贷款的还本付息和国家投入资本金的回报。”

二、第二次更名

在国家电力公司本部增设电网建设部，中国电网建设有限公司更名为“国家电力公司电网建设工程公司”，作为子公司履行建设项目法人职责。

1998 年 7 月 6 日，国家电力公司分别印发《关于国家电力公司本部增设电网建设部的通知》（国电人劳〔1998〕267 号）、《关于更改中国电网建设有限公司名称的通知》（国电人劳〔1998〕270 号）。将中国电网建设有限公司的管理职能划入电网建设部，更改所属子公司中国电网建设有限公司名称为“国家电力公司电网建设工程公司”。公司名称更改后，其经营范围、组织结构、管理模式、运作方式、财务关系及其现有机构、人员等均暂不变动。按照“一套人马、两块牌子”的管理模式，同时承担国家电力公司系统的电网建设管理职能和三峡输变电工程项目的建设管理职责。国家电力公司行使出资人权利，电网建设工程公司继续使用中国电网建设有限公司的名称，作为三峡输变电工程的项目法人负责三峡输变电工程的投资、建设、运行和管理（由于中国电网建设有限公司不具备施工企业资质，根据国家对企业资质的管理要求，国家工商总局不能为公司更名注册为“工程公司”，故“国家电力公司电网建设工程公司”的名称一直未能正式启用）。

1998 年 8 月 27 日，中共中央组织部《周小谦同志任职》（组任字〔1998〕221 号）决定：周小谦同志任国家电力公司党组成员。9 月 3 日，国家电力公司党组转发《周小谦同志任职的通知》（国电党〔1998〕35 号）。

三、第三次更名

国家电力公司电网建设工程公司更名为“国家电力公司电网建设分公司”。国家电力公司为三峡输变电工程的项目法人，国家电力公司电网建设分公司作为工程建设单位代表业主行使三峡输变电主体工程的建设管理职责。

1998 年 12 月 2 日，国家电力公司通知，撤销中国电网建设有限公司（国电人劳〔1998〕653 号）。公司撤销后，中国电网建设有限公司债权、债务全部由国家电力公司承继，人员全部纳入国家电力公司电网建设部管理，电网建设职能由国家电力公司电网建设部承担。

同日，发文通知公司系统各单位，设立“国家电力公司电网建设分公司”（国电人劳〔1998〕654 号），与国家电力公司电网建设部合署办公。国家电力公司电网建设分公司的经营范围是：受国家电力公司委托，负责三峡输变电工程和跨大区、跨独立省网的联网工程以及关系到全国联网的大型送出工程的建设管理；从事与此相关的电力工程咨询、监理、物资设备采购等工作。

国家电力公司作为三峡输变电工程的项目法人，原由国家电力公司电网建设工程公司（中国电网建设有限公司）独家承担的三峡输变电工程的建设管理工作改为由国家电力公司电网建设分公司、国家电力调度通信中心和国电通信中心三家分工负责，具体分工为：国家电力公司电网建设分公司执行主要建设任务，负责三峡输变电工程的一次系统和随输变电工程一起建设的通信工程建设（包括各单项工程配套的保护、通信、控制系统，以及龙泉—政平、三峡—龙泉—荆门—新乡、三峡—万县—陈家桥—重庆等光通信主干道通道工程）；国家电力调度通信中心负责调度自动化等工程的建设管理；国电通信中心负责三峡二次系统工程中单独立项的通信工程的建设管理。上述三个单位分别按专业代表国家电力公司行使项目法人职责。工程建成投产后，移交国家电力公司运营。

1998 年 11 月 26 日，国家电力公司副总经理陆延昌在电网建设专家委员会第三次会议上介绍国家电力公司的改革情况时说道：“关于电网公司改制问题将分两步走，第一步是撤销中国电网建设有限公司，同时组建国家电力公司电网建设分公司，与国家电力公司电网建设部合署办公。改制后的电网建设分公司仍然负责三峡输变电工程，跨大区、跨省联网工程及大型送出工程的建设管理。国家电力公司总经理授权李世忠作为代表，继续领导电网建设分公司的工作，以保证三峡输变电工程的顺利进行。凡是经国务院三建委批准和系统设计中明确的工程，都由电网建设分公司来组织建设”。

1998 年 12 月 21 日，国家电力公司以国电任〔1998〕55 号文任命周小谦为国家电力公司电网建设分公司总经理，姜绍俊、霍继安为副总经理。

1998 年 12 月 29 日，国家电力公司电网建设分公司总经理办公会研究布置改制后的电网建设工作。国家电力公司电网建设分公司总经理周小谦在会上强调：“在过去的一年里，电网公司在进行体制改革的过程中，较好地完成了各项工作，把三峡输变电工程推进到大规模建设时期并为之做好了准备。正因为如此，在国家电力公司系统公司制改组的过程中，我们电网公司的工作及作用才能得到各方面的认可，也才能使电网公司以‘具有相当自主权’的分公司体制开展三峡输变电和全国联网工程建设。从这个意义上说，积极、卓有成效地做好我们的工作，无论过去还是将来，都是我们立足和发展的根本。1996 年的各项工作，都要围绕工程建设这一中心开展”“要在提高质量、确保工期、降低造价的基础上，全面提高输变电工程建设的整体水平”“电网建设分公司以专司电网工程建设为己任，我们必须强调和坚持精品意识，由我们组织建设的工程，从质量、工期、造价到科技水平，都必须是一流的”

“在工程建设上，体现为国家电力公司直接建设经营的特点；在工程管理上，必须做到我们的人员到现场，管理在现场。因此在用工制度上必须改革，要实行项目经理的聘任制，高质量地完成繁重的工程建设任务”“力争 1999 年中完成电网公司成立以来的资料整理、总结，对今后的工作起到指导与借鉴作用。”此次会议，对做好公司改革过程中的分公司登记注册、机制转换、制度修订相关工作一并进行了安排，并强调公司资产结算及移交、生产移交工作，要在国家电力公司的统一安排部署下进行。

1999 年 3 月 22 日，国家电力公司召开机关处级以上干部会议，宣布公司机构改革方案，全面实行干部聘用制（三年）。聘任霍继安为电网建设部主任，孙家骏、李文毅、苏力为部门副主任，章龙才为部门总工程师。

1999 年 6 月 16 日，国家电力公司聘任霍继安为国家电力公司电网建设分公司总经理，孙家骏、李文毅、苏力为副总经理，章龙才为总工程师［国家电力公司任免通知《霍继安等同志聘任职务》（国电任〔1999〕56 号）］。8 月 12 日，国家电力公司人事与董事管理部发文对电网建设分公司的 27 名中层干部进行重新聘任（人机〔1999〕39 号），并实施机关本部化的三年聘期管理，确认了电网建设分公司吴瞻宇等 4 位部门主任和京外工程建设部柳愉文等 3 位经理按副局级管理。2000 年 3 月 24 日，国家电力公司人事董事部批复电网建设分公司的工资薪酬体系与机关本部并轨及调整原则和方案。

1999 年 9 月 15 日，国家电力公司副总经理赵希正、谢松林主持专题会议，对注销中国电网建设有限公司等公司实体化建设等重大问题进行研究。公司党组成员、总经理助理周小谦，公司体改办、财务部、人力资源部、国际合作部、法律事务部及电网建设分公司等有关单位负责同志参加会议。按照“落实电网建设分公司本部化改革措施，加快国家电力公司实体化进程，保证三峡送出工程建设”的原则，会议明确：中国电网建设有限公司在国家电力公司取得外（经）贸权后立即注销，其所签订的所有合同和协议均由国家电力公司负责履行；由体改办会同法律事务部尽快起草公司授权电网建设分公司执行原中国电网建设有限公司签订的所有合同和协议的授权书以及授权电网建设分公司使用国家电力公司合同专用章的授权书，法律事务部负责对授权书内容审核把关；考虑到三峡送出工程建设的需要，中国电网建设有限公司注销后其出资成立的物资公司和咨询公司暂予保留，相应产权上移至国家电力公司，国家电力公司授权电网建设分公司对其进行管理，今后视国家电力公司经营发展的需要进行重组。9 月 21 日，对外贸易经济合作部批复国家电力公司，将中国电网建设有限公司进出口经营权划到国家电力公司，同时撤销中国电网建设有限公司进出口经营权［《中华人民共和国对外贸易经济合作部工业化转中国电网建设有限公司进出口经营权的批复》（1999 外经贸政审函字第 1914 号）］。

1999 年 10 月 19 日，正式启用国家电力公司电网建设分公司总经理工作部、计划部、工程部、财务部、物资部、直流部和人力资源部、审计处、外事办公室（六部三处室）以及武汉、宜昌、常州三个工程建设部的印章。

2001 年 1 月 17 日，国家电力公司经公司党组研究决定，以国电任〔2001〕32 号文通知：聘任王禹民同志为国家电力公司副总经济师兼电网建设部（电网建设分公司）主任（总经理）；免去霍继安同志的电网建设部（电网建设分公司）主任（总经理）职务；免去苏力同志的电网建设部（电网建设分公司）副主任（副总经理）职务。

2001 年 5 月 30 日，国家电力公司经公司党组研究决定，以国电任〔2001〕64 号文通知：聘任舒印彪同志为电网建设部（电网建设分公司）副主任（副总经理）兼总工程师；聘任孙竹森同志为电网建设部（电网建设分公司）副主任（副总经理）；聘任龙文明同志为电网建设部（电网建设分公司）总经济师；免去章龙才同志的总工程师职务。

2002 年 1 月 24 日，国家电力公司经公司党组研究决定，分别以国电任〔2002〕4 号、国电任〔2002〕5 号文件聘任郑宝森同志为电网建设部（电网建设分公司）主任（总经理）；免去王禹民同志的国家电力公司副总经济师兼电网建设部（电网建设分公司）主任（总经理）职务。1 月 30 日，国家电力公司总经理授权电网建设分公司总经理郑宝森同志在分公司的业务范围内签署与三峡输变电工程和跨大区联网工程建设的有关合同（国电授字〔2002〕010号）。

四、第四次更名

国家电力公司进行“厂网分开”的改革后，改名为“国家电网公司”。国家电力公司电网建设分公司（国家电力公司工程建设部）更名为“国家电网公司电网建设分公司（国网电网公司工程建设部）”，职能重新调整划分，各履其责。

2002年12月29日，国家电网公司成立，承接了原国家电力公司的大部分电网资产（包括三峡输变电工程所有资产及债务），成为三峡输变电工程的项目法人。根据国家经贸委印发的《国家电网公司组建方案》，需对原国家电力公司电网建设分公司更名，进行相应的职责划分和调整，国家电网公司系统的管理职能划入国家电网公司工程建设部。电网建设分公司领导兼任部门主任。

2003年1月10日，国家电网公司组建方案和公司章程经国务院批准后下发了《关于印发国家电网公司职能部门机构编制方案的通知》（国家电网人资〔2003〕82号）。设立工程建设部，其职能为：负责公司系统工程项目的建设与管理；负责三峡送出和跨区域输变电工程的建设；负责公司系统重点工程的质量、安全监督和技术及概算管理，参与重大工程质量和安全事故调查；组织制定公司系统工程建设相关管理规定和技术标准：协调解决公司系统工程建设方面的有关问题；参与制定全国电网发展规划；受国家有关部门委托，负责电力项目的质量监督工作。内设综合处、电网处、电源处、质量安全处，正副主任3人，正副处长7人，人员编制18人。2003年1月8日，任命舒印彪同志为部门主任，李文毅、陈东平、孙竹森、梁旭明为部门副主任（国家电网任〔2003〕1号）。2004年12月17日，免去孙竹森同志工程部副主任职务（国家电网任〔2004〕84号）。2004年12月27日，免去舒印彪同志工程部主任职务（国家电网任〔2004〕87号）。从2004年底开始，孙佩京同志接任工程部主任时，不再兼任电网建设分公司的职务，国家电网公司系统的管理职能与三峡输变电工程的建设职能完全分开。

2003年11月14日，国家电网公司印发《关于设立国家电网公司电网建设分公司的通知》（国家电网人资〔2003〕471号），明确电网建设分公司是在国家电力公司电网建设分公司的基础上设立，其人员由国家电力公司电网建设分公司的人员成建制划入组成；电网建设分公司是国家电网公司负责三峡输变电工程、跨区域联网工程和国家电网公司直接投资建设的电网工程项目的建设管理单位，是国家电网公司的分公司；受国家电网公司委托，负责三峡输变电工程、跨区域联网工程和国家电网公司直接投资的电网工程项目的建设；从事与此相关的电力工程咨询、监理、物资设备采购等业务。2003年4月28日，国家电网公司任命舒印彪同志为分公司总经理，李文毅、孙竹森、梁旭明、魏恭华为副总经理（国家电网任〔2003〕56号）。2004年12月17日，任命孙竹森、常浩同志为分公司副总经理（国家电网任〔2004〕84号）。2004年12月27日，任命喻新强同志为分公司副总经理，主持行政工作（国家电网任〔2004〕85号）。

五、第五次更名

国家电网公司总部增设建设运行部（事业部制），电网建设分公司更名为“国网建设有限公司”，同时成立国网运行有限公司，均为国家电网公司的国有独资子公司。

2004年12月22日，国家电网公司下发《关于印发〈国家电网公司总部机构设置方案〉的通知》（国家电网人资〔2004〕651号），增设建设运行部，其职责为：负责公司直接投资项目的建设管理及技术、概预算、质量安全等管理；负责制定公司直接投资项目的生产经营计划；负责公司直接投资项目的生产运行、安全管理等工种；负责跨区电网运行、维护、检修等合同的签订。

2005年1月14日，国家电网公司印发《关于设立国网运行有限公司的通知》（国家电网人资〔2005〕25号）。国网运行有限公司是国家电网公司的全资子公司，在国家电网公司有关跨区电网生产运行职能和从事跨区电网生产运行管理现有人员的基础上组建，国家电网公司宜昌、常州、惠州、三门峡四个超高压管理处为公司成员单位。公司主要经营范围是：从事国家电网公司直接投资电网的生产运行、维护、检修和技术改造等业务；从事与超高压、特高压电网生产运行有关的技术咨询、技术服务、劳务输出等业务。

2005年5月9日，国家电网公司印发《关于成立国网建设有限公司的通知》(国家电网人资〔2005〕297号)。国网建设有限公司注册资本为人民币1.4亿元，主要从事国家电网公司直接投资建设的电网工程项目和三峡输变电工程项目的建设管理；从事直流输电工程成套设计业务；从事与电网建设有关的境内外电力工程技术咨询、技术服务、工程监理、工程管理及电力工程总承包等业务；从事国家电网公司允许或委托的其他业务。公司在国家电网公司电网建设分公司和有关人员的基础上组建，成员单位为原国家电网公司电网建设分公司直属的宜昌工程建设部、武汉工程建设部和常州工程建设部，以及北京网联直流输电系统工程有限公司。本部暂设办公室、计划处、劳动人事处、财务处、工程管理技术处、安全质量处、物资处和特高压工程建设处（新增加），人员编制暂定40人。

六、第六次更名

原国网建设有限公司按专业进行拆分，更名为“国网直流工程建设有限公司”，组建国网交流工程建设有限公司，强化专业化管理。

为适应国家电网公司加快推进特高压电网工程建设的需要，进一步加强国家电网公司直接投资电网工程项目的建设管理，提高电网建设专业化管理水平，决定对国网建设有限公司的业务进行调整。

2007年1月8日，国家电网公司印发《关于国网建设有限公司更名的通知》(国家电网人资〔2007〕7号)，将公司名称变更为“国网直流工程建设有限公司”，同时撤销北京网联直流工程技术有限公司。公司是由国家电网公司出资设立的国有独资有限公司，是国家电网公司的全资子公司，是承担国家电网公司直接投资直流工程和特高压直流电网工程项目的建设管理单位。主要经营范围是：从事国家电网公司直接投资建设的直流电网工程项目、特高压直流电网工程和三峡输变电直流工程项目的建设管理；从事直流输电工程成套设计业务；从事与直流电网建设有关的境内外电力工程技术咨询、技术服务、工程监理、工程管理及电力工程总承包等业务；受托承担与直流电网建设有关的招投标业务和设备监造业务。原公司本部直流专业人员和相关管理人员，常州、北方、四川工程部全部人员、宜昌工程部直流专业人员和相关管理人员、北京网联直流工程技术有限公司全部人员进入国网直流工程建设有限公司。北京网联直流工程技术有限公司撤销后，相关业务纳入公司设计部。公司本部设综合管理部（与人力资源部、党群工作部合署办公)、计划与物资部、财务部、设计部、换流站管理部、线路管理部、安全质量部七个部门，下属常州、北方、四川和宜昌四个直流工程部。本部人员编制按44人控制。常州和宜昌直流工程部人员编制各按8人控制，北方和四川直流工程部因工程量较大，人员编制各按10人控制，总编制按85人控制。

2007年1月8日，国家电网公司印发《关于设立国网交流工程建设有限公司的通知》(国家电网人资〔2007〕8号)。公司是由国家电网公司出资设立的国有独资有限公司，是国家电网公司的全资子公司，是承担国家电网公司直接投资交流工程和特高压交流电网工程项目的建设管理单位。主要经营范围是：从事国家电网公司直接投资建设的交流电网工程项目、特高压交流电网工程和三峡输变电交流工程项目的建设管理；从事与交流电网建设有关的境内外电力工程技术咨询、技术服务、工程监理、工程管理及电力工程总承包等业务；受托承担与交流电网建设有关的招投标业务和设备监造业务。公司在现国网建设有限公司从事交流专业人员及相关管理人员的基础上组建。现国网建设有限公司郑州工程部、武汉工程部的全部人员，宜昌工程部的交流专业人员和相关管理人员进入该公司。根据工作需要，设立华东交流工程部。公司本部设综合管理部（与人力资源部、党群工作部合署办公)、计划与物资部、财务部、变电站管理部、线路管理部、安全质量部六个部门，下属郑州、武汉、宜昌、华东四个交流工程部。本部人员编制按33人控制。四个交流工程部人员编制均按8人控制，总编制暂按65人控制。

七、第七次更名

三个专业子公司分别更名为“国家电网公司直流建设分公司”“国家电网公司交流建设分公司”“国家电网公司运行分公司”。

为适应国家电网公司集团化运作的要求，进一步加强国家电网公司直接投资的电网项目建设管理，提高电网建设管理水平，对国家电网公司的建设公司和运行公司管理体制进行调整。

2009 年 3 月 19 日，国家电网公司印发《关于调整国网直流建设有限公司管理体制的通知》（国家电网人资〔2009〕290 号）。公司名称由“国网直流工程建设有限公司”变更为“国家电网公司直流建设分公司”，为非独立法人机构，是受委托承担国家电网公司直接投资直流电网项目及特高压直流电网项目的建设管理单位。公司的主要经营范围是：受托承担国家电网公司直接投资建设的直流电网工程项目以及特高压直流电网项目和三峡输变电直流项目的建设管理；受托承担直流输电项目成套设计业务；受托承担与直流电网建设有关的境内外电力工程技术咨询、技术服务、工程管理等业务；受托承担与直流电网建设有关的招投标业务和设备监造业务。

2009 年 3 月 19 日，国家电网公司印发《关于调整国网交流工程建设有限公司管理体制的通知》（国家电网人资〔2009〕291 号）。公司名称由“国网交流工程建设有限公司”变更为“国家电网公司交流建设分公司”，为非独立法人机构，是受委托承担国家电网公司直接投资交流电网项目及特高压交流电网项目的建设管理单位。公司的主要经营范围是：受托承担国家电网公司直接投资的交流电网项目以及特高压交流电网项目和三峡输变电交流项目的建设管理；受托承担与交流电网建设有关的境内外电力工程技术咨询、技术服务、工程管理等业务；受托承担与交流电网建设有关的招投标业务和设备监造业务。

2009 年 3 月 19 日，国家电网公司印发《关于调整国网运行有限公司管理体制的通知》（国家电网人资〔2009〕292 号）。公司名称由“国网运行有限公司”变更为“国家电网公司运行分公司”，为非独立法人机构，是受委托承担国家电网公司直接投资电网运营的生产运行单位。公司的主要经营范围是：受托承担国家电网公司直接投资电网的生产运行、维护、检修和技术改造等业务；受托承担与超高压、特高压电网生产运行有关的技术咨询和技术服务等业务。

经历了电力体制改革的多次企业内部机构调整和名称变更，以国家电网建设有限公司为主要力量的专业管理人员，在不同的工作岗位上继续从事着三峡输变电工程的建设管理工作，直至三峡输变电工程验收阶段结束。

摘编自：

1. 国家（中国）电网建设有限公司历年总经理办公会纪要。
2. 国家（中国）电网建设有限公司大事记。
3. 国家（中国）电网建设有限公司管理制度文件汇编。
4. 《批准将葛洲坝换流站更名为“国家电网建设有限公司葛洲坝换流站”》（电人教〔1996〕90 号）电力部人教司，1996 年 9 月 5 日。
5. 《关于国家电网建设有限公司成立机关临时党总支部的批复》（电机党〔1996〕44 号），中共电力工业部直属机关临时委员会，1996 年 11 月 20 日。
6. 《关于成立国家电网建设有限公司专家委员会的通知》（电网办〔1996〕2 号），国家电网建设有限公司，1996 年 6 月 6 日。
7. 《国务院关于组建国家电力公司的通知》（国发〔1996〕48 号），国务院办公厅，1996 年 12 月 7 日。
8. 《关于国家电力公司本部增设电网建设部的通知》（国电人劳〔1998〕267 号）、《关于更改中国电网建设有限公司名称的通知》（国电人劳〔1998〕270 号），国家电力公司，1998 年 7 月 6 日。
9. 《撤销中国电网建设有限公司》（国电人劳〔1998〕653 号），国家电力公司，1998 年 12 月 2 日。
10. 《设立“国家电力公司电网建设分公司”》（国电人劳〔1998〕654 号），国家电力公司，1998 年 12 月 2 日。
11. 《关于葛南直流、长万线生产工作交接的通知》（办发〔1999〕30 号），国家电力公司办公厅，1999 年 5 月 1 日。

12.《关于印发国家电网公司职能部门机构编制方案的通知》（国家电网人资〔2003〕82 号），国家电网公司，2003 年 4 月 8 日。
13.《关于设立国家电网公司电网建设分公司的通知》（国家电网人资〔2003〕471 号），国家电网公司，2003 年 11 月 14 日。
14.《国家电网公司总部机构设置方案的通知》（国家电网人资〔2004〕651 号），国家电网公司，2004 年 12 月 22 日。
15.《关于设立国网运行有限公司的通知》（国家电网人资〔2005〕25 号），国家电网公司，2005 年 1 月 14 日。
16.《关于成立国网建设有限公司的通知》（国家电网人资〔2005〕297 号），国家电网公司，2005 年 5 月 9 日。
17.《关于国网建设有限公司更名的通知》（国家电网人资〔2007〕7 号），国家电网公司，2007 年 1 月 8 日。
18.《关于设立国网交流工程建设有限公司的通知》（国家电网人资〔2007〕8 号），国家电网公司，2007 年 1 月 8 日。
19.《关于调整国网直流建设有限公司管理体制的通知》（国家电网人资〔2009〕290 号），国家电网公司，2009 年 3 月 19 日。
20.《关于调整国网交流工程建设有限公司管理体制的通知》（国家电网人资〔2009〕291 号），国家电网公司，2009 年 3 月 19 日。
21.《关于调整国网运行有限公司管理体制的通知》（国家电网人资〔2009〕292 号），国家电网公司，2009 年 3 月 19 日。

第三章 三峡输变电工程的建设体制

三峡工程在1994年开工建设伊始，便按照“转换国有企业经营机制，建立现代企业制度”的改革要求，推进“产权清晰、权责明确、政企分开、管理科学”的市场化运作模式，确立了以建立项目法人责任制为核心的工程建设管理体系，全面推行项目法人责任制、资本金制、招标投标制、合同管理制、工程监理制（简称“五制”），实行企业独立核算、自主经营、自负盈亏、自我发展、自我约束，积极推进市场化改革的体制机制创新。三峡工程的建设，始终围绕贯彻落实以法人责任制为核心的“五制”的管理要求，组织施工和开展工作。

国家计委曾于1992年下发《关于建设项目实行业主责任制的暂行规定》（计建设〔1992〕2006号）。1996年4月6日，国家计委再次发文《关于实行建设项目法人责任制的暂行规定》（计建设〔1996〕673号），要求“建立投资责任的约束机制，规范项目法人行为，明确其责、权、利，提高投资效益”“国有单位经营性基本建设大中型项目在建设阶段必须组建项目法人”“项目法人对项目的策划、资金筹措、建设实施、生产经营、债务偿还和资产的保值增值，实行全过程负责”。该规定分为五个部分共三十二条，对“制定的依据、适用范围和要求”“项目法人的设立”“组织形式和职责”“任职条件和任免程序”“考核和奖惩”等，提出了具体的、可操作的要求。

1997年2月，为适应电力建设发展的需要，进一步健全和落实项目法人责任制，培育和完善电力建设市场，建立电力建设项目投资约束机制，电力部印发了《关于实施电力建设项目法人责任制的规定（试行）》（电建〔1997〕79号），进一步细化了电力建设项目法人责任制的管理要求。

1998年2月8日，李鹏总理在亲自修改审定国务院三建委办公会会议纪要（国阅〔1998〕31号）时，对中国电网建设有限公司在三峡输变电工程建设和经营方面的职责，进一步明确“在体制上国家电力公司直接领导中国电网建设有限公司。由国家电力公司明确中国电网建设有限公司在三峡输变电工程建设和经营管理方面的责任、权利。中国电网建设有限公司不仅要考虑建设好三峡输变电工程，还要考虑经营，以确保银行贷款的还本付息和国家投入资本金的回报”“三峡输变电工程所需银行贷款，由中国电网建设有限公司作为借款人，同银行签订贷款合同，由国家电力公司提供担保”。

三峡输变电工程作为三峡工程的重要组成部分，在国务院主要领导的关心下，在国务院三峡建设委员会办公室指导下和电力部的直接领导下，国家电网建设有限公司成立伊始便按照现代企业制度的要求，突破计划经济时期的项目建设模式，坚持改革开放，紧跟世界先进技术和水平，科学管理，勇于创新，注重三峡基金使用的经济效益，在电力行业的输变电工程项目建设中建立和完善了以项目法人责任制为核心的工程建设管理体系，创新工程建设的管理体制和机制，开启了以三峡电网建设为中心的全国联网建设、超高压电网快速发展、电网建设独立核算的新时期和新阶段。

国家电网建设有限公司在工程项目建设过程中，全面推行项目法人责任制、资本金制、招标投标制、合同管理制、工程监理制五项制度；制定严格的规章制度和高效的工作流程，建立健全工程质量管理体系和竣工验收制度。国家电网建设有限公司合理安排工程建设进度，充分调动参加建设各单位及相关各方的积极性，确保了三峡输变电工程建设进展顺利、质量优良，实现了三峡电力“送得出、落得下、用得上”的总目标。

第一节 项目法人责任制

按照“政企分开”的改革要求，国家电网建设有限公司积极实践项目建设法人的责任和义务，做好与有关部门的工作对接，积极探索工程建设管理体制创新，尽早参与和介入三峡输变电工程项目，把项目法人责任制贯穿到工程建设的全过程。按照建立现代企业制度的要求，负责工程项目建设资金的筹措和管理使用，将公司“自主经营、自负盈亏、自我发展、自我约束”的经营理念贯穿到工作的各个方面。

一、组织召开三峡输变电工程建设工作会议

1996 年 6 月 18 日下午，在国家电网建设有限公司成立大会之后，召开了电力部第四次三峡输变电工程工作会议，这是公司首次组织承办的全国性专业会议。电力工业部陆延昌副部长做了重要讲话，国家电网建设有限公司总经理周小谦在会上做工作报告，宣布了国家电网建设有限公司专家委员会的成立，并为 68 位专家颁发了聘书。国务院三峡办副主任、国家电网建设有限公司董事长李世忠做总结讲话。电力部三峡办主任班自勋主持会议。

陆延昌副部长在讲话中强调：三峡输变电工程建设已由电力系统设计阶段转到单项工程设计和建设阶段，即进入到实质性的设计、施工实施阶段；同时对工程管理来讲也进入了一个新的阶段。三峡输变电系统设计工作，以前一直是在电力部的领导下，由电力部三峡办牵头，各司局配合，组织各设计、科研单位和网省局来完成的，电力部三峡办做了大量的组织协调工作，取得了巨大的进展和可喜的成绩；从现在开始，三峡输变电工程的建设责任将主要落到工程的业主单位，由电网建设公司来组织协调和负责三峡输变电工程建设的有关工作。今后将在国务院三峡建设委员会和电力部的领导下，在各有关部门、有关单位的支持下，分工合作，协同作战，搞好三峡输变电工程建设。

陆延昌副部长在讲到推进“以三峡电网为中心的全国联网”问题时，要求国家电网建设有限公司在电力部的统一领导下，根据电力部确定的总体规划目标，要与电力部已开展的特高压电压等级研究工作相衔接，尽快地提出开展金沙江下游水电站向家坝和溪洛渡送出的前期规划研究所需资金的筹集方案，并组织有关的设计、科研力量，会同相关网、省局开始规划设计研究工作，使之与这两个工程的前期工作进度相一致。对葛洲坝水电厂移交给国家电网公司管理的葛南直流工程，要求电网建设公司在国调中心、电力部安生司的协调下，与华东、华中两个网局一起，深入调查研究，进一步发挥葛南直流工程的效益和作用。

陆延昌副部长对三峡输变电工程建设提出了三点明确要求：一是要求三峡输变电工程如期建成，确保三峡电力全部可靠送出，保证初期发电的效益；二是要求依靠科技进步，采用先进成熟的技术，安全优质，节省投资，节约占地，控制造价，把三峡输变电工程建设成一个有一流的设计、一流的施工、一流的质量、一流的科学管理的一流工程；三是要求把三峡电力系统建成一个安全、稳定、灵活、高效益、高水平的电网。

公司总经理周小谦在工作报告中阐明了三峡输变电工程建设新阶段的公司总目标：遵循现代企业制度有关规定，严格实行项目业主责任制，继续做好前期规划工作，适时安排工程建设，科学组织施工，严格控制造价，确保质量；确保三峡电站的电力及时送出，实现三峡电力系统安全、稳定、高效运行，促进全国联网的形成和发展。对公司 1996 年的工作做出了全面、具体的部署和安排，其重点为：一是进一步做好三峡电力系统的优化工作，及时开展三峡与华北联网及金沙江水电外送的系统规划研究工作；二是继续加强工程科研工作，建好电力系统仿真中心、铁（杆）塔试验站、电磁兼容实验室等几个科研试验基地；三是开展同塔双回输电线路、施工技术与装备、器材方面的研究；四是全面开展三峡出线走廊规划以及输变电工程的选线、选站工作；五是抓好直流工程前期研究工作，抓紧直流工程功能规范书的编制准备；六是进一步研究三峡输变电工程筹资方案并尽早落实，等等。

周小谦总经理对公司发展模式简要地归结为四个方面：一是以万县至长寿输变电工程为试点，按现代企业制度要求建设管理三峡输变电工程；二是以质量安全为轴线的全过程参与管理和监督，创建一流电网工程；三是以“静态控制、动态管理”为核心的周密计划安排，确保投资效益最大化；四是以科技进步为依托，全面提高电网的规划、建设、管理水平。

国务院三峡办副主任、国家电网建设有限公司董事长李世忠在总结讲话中充分肯定了此次会议的成果：会议明确了任务，达成了共识，与会代表和专家对建设好三峡输变电工程提出了很好的建议和意见。会后要把邹家华副总理、史大桢部长在公司成立大会的讲话精神落实到三峡输变电工程的具体工作中，参与各方要积极做好配合，通过签订合作合同，明确各方责任和义务。李世忠特别强调：合同管理，是三峡建设委员会对三峡工程“四制”（即实行项目法人责任制、招标投标制、施工监理制和合同管理制）管理的核心要求，这是建立现代企业制度的重要管理内容，也是这次会上国务院领导对我们提出的要求。国家电网建设有限公司今后在工作中，无论是科研、设计，还是土建施工、设备安装等，都将严格按照“四制”的要求运作，以便使各项工作做到科学化、规范化。电网建设公司要精心组织实施，承接工作任务的单位指定一名主管领导专抓三峡输变电工程工作，把任务落实到人，并定出分阶段的执行目标，以便定期检查、督促，确保各项任务的完成。

二、建立资金“有偿使用”的管控机制

1995 年 5 月 23 日，仍在筹备初期的国家电网建设总公司便开始研究三峡输变电工程的资金需求、筹措方案及工程进度计划安排等问题，与电力部计划司沟通、商量并提出三峡输变电工程前期费用建议。

1995 年 5 月 30 日，国家电网建设总公司筹备组向国务院三峡办汇报三峡电网建设基金收取标准测算及使用分配方案等问题，国务院三峡办原则同意汇报内容，肯定了筹备组的工作。

1996 年 7 月 31 日，国家电网建设有限公司向电力部请示，明确国家电网建设有限公司财务体制等问题（电网财〔1996〕24 号），同时提出公司所得税“先征后退”的缴纳方式和所属分支机构的所得税在所在地集中统一缴纳的建议。

1996 年 8 月 8 日，电力部经调司（甲方）、国家电网建设有限公司（乙方）、中国建设银行总行营业部（丙方）三方共同签署《授权委托书》，甲、乙双方共同授权丙方，对财政部拨付的三峡基金到达甲方账户后，24 小时内划入乙方账户。

1996 年 9 月 9 日，国家电网建设有限公司与中国建设银行在北京建银大厦举行合作协议签字仪式。公司董事长李世忠、中国建设银行行长王岐山先后致辞，公司总经理周小谦和建设银行副行长苏文川分别代表双方在协议书上签字。公司副总经理姜绍俊，顾问芦元荣、丁功扬，财务部主任陈凌波，物资部主任魏恭华，中国建设银行副行长刘淑兰，办公室主任张睦伦以及信贷管理部总经理傅建华，投资调查部总经理朱裕峰，国际业务部总经理毛裕民，委托代理部总经理甘征求，营业部总经理田国立等人共同出席。人民日报、经济日报、金融时报、建设银行报及中央电视台、中央人民广播电台等新闻媒体受邀参加签字仪式。

在公司正式运营之始，便牢牢树立三峡电网建设基金的“有偿使用”“还本付息”管理理念，在工程项目计划安排、科研项目管理和公司经费开支等日常工作中均要求有分析和测算。1996 年 8 月 9 日的总经理办公会（1996 年第三次总经理办公会议纪要），研究 1997 年工程建设投资计划，对工程贷款利息的测算和长万线工程建成后的运营租赁方案提出了明确要求和意见。1997 年 4 月 10 日的第三次总经理办公会（1997 年第三次总经理办公会议纪要），研究公司科研基地投资管理体制，对电力系统仿真中心建设问题，确定其管理模式为：由公司与电科院共同出资，按出资比例分享该中心的资产，并分别列入各自的财务报表；双方共同组建一个物业（服务）管理性质的公司，具体经营管理仿真中心。并进一步明确公司的科研基地建设均采用此种管理模式，强调“先由双方共同出资组建公司，负责组织项目的实施及后期的经营管理。公司组建后再（才可）注入科研资金，开始科研项目的具体建设实施”。1997 年 8 月 11 日，电力部电力建设研究所所长王光华、书记薄树明等人来电网建设公司商量杆塔实验和导线力学实验的科研合作事宜。公司总经理周小谦、副总经理姜绍俊在介绍国家电网建设有限公司的职责任务后，谈到当前的改革形势和管理体制变化，强调公司化的运营和管理要求，科研项目也需按合同制来管理，按照公司总经理办公会确定的原则开展科研工作。

1998 年 2 月 28 日，国务院印发了邹家华副总理在 1997 年 12 月 25 日主持召开的国务院三峡工程建设委员会办公会议纪要（国阅〔1998〕31 号）。纪要中进一步明确了三峡输变电工程的总概算、筹资方案、工程进度安排、三峡基金使用方案、国家开发银行贷款方式、配套工程规划建设等问题。同时要求进一步明确中国电网建设有限公司与有关各方的关系，“在体制上，国家电力公司直接领导中国电网公司。由国家电力公司明确中国电网公司在三峡输变电工程建设和经营管理方面的责任、权利”“中国电网公司不仅要考虑建设好三峡输变电工程，还要考虑经营，以确保银行贷款的还本付息和国家投入资本金的回报”。纪要明确筹资方案的安排：“三峡建设基金 286.14 亿元，电网收益再投入 72.52 亿元。该方案是考核投资控制、指导投资工作的依据。国务院三峡工程建设委员会要求电网公司要确保不突破静态投资，通过努力挖掘潜力，尽可能控制价格、利率等外部条件变化导致的动态投资增加”。

1998 年 3 月 11 日，由国家财政部、国务院三峡办主持会议，就中国长江三峡开发总公司有偿使用三峡电网建设基金进行协调，国家电力公司、中国长江三峡开发总公司和中国电网建设有限公司有关人员参加会议。本着有偿使用、用于三峡工程内部调剂的原则，对中国长江三峡开发总公司提出借用三峡电网建设基金 5 亿元的需求达成一致意见。协议商定了资金使用年限、利率标准、贷款调剂方式、还款和利息结算、担保形式等，由财政部批复后正式实施。

三、深化三峡输变电系统规划和长远发展的研究

1995 年 8 月 2 日，公司筹备组请中国电科院、电力规划院等单位一起研究利用俄罗斯电力系统动态模拟装置对三峡输电系统规划方案进行校核试验等工作，对三峡输变电系统的潮流和稳定进行分析计算，优化三峡电站接入系统方案，研究三峡送出的技术方案和工程规模，为国家进行科学决策提供依据。按照国务院领导的要求和电力部的安排，开展三峡电力系统与华北联网研究，分析联网的效益。1996 年 10 月 22–24 日，公司与电力部三峡办共同主持召开三峡电力系统动态模拟试验国内结算汇报会，电力部副部长陆延昌出席会议并讲话。会议充分肯定前一阶段的动态模拟计算成果，并请动态模拟工作组根据会议讨论意见对报告进行修改、完善，由电力部报国务院三峡办和总理办公室。会议确定下一步三峡电力系统的滚动规划优化工作，涉及跨区送电的工作由电网公司负责安排。这种做法将公司的经营效益和可持续发展目标与工程建设的项目安排紧密关联起来。

1995 年 8 月 21–25 日，为落实国务院副总理邹家华在 7 月 24 日研究三峡电力送出等问题时提出的工作要求，公司筹备组以项目负责人的身份组织中国国际工程咨询公司、国务院三峡办、国家开发银行、长江水利委员会、长江三峡工程开发总公司、电力部、华中电管局、华东电管局等 14 个单位的专家共 17 人到宜昌，对三峡枢纽的首端换流站站址进行现场踏勘比选。8 月 28–30 日，公司筹备组在北京主持会议，对长江水利委员会设计院、中南电力设计院提出的站址方案进行评审，形成工作意见，会后分别向电力部和国务院三峡办主管领导进行汇报。1995 年 11 月 10 日，李鹏总理在国务院三峡工程建设委员会第五次全体会议现场办公会上的讲话中谈到三峡输变电换流站问题时，决定“将三峡换流站从坝区移出去，这主要是考虑到有利于全国电网的形成，有利于送电安全”“要明确葛洲坝换流站和三峡新建的两个换流站是国家电网建设总公司的组成部分”“会议同意葛洲坝到上海的直流输电线路（包括换流站）与整个三峡输变电工程（包括直流输电及换流站）一起，由国家电网建设总公司作为业主负责建设和管理。”

1995 年 11 月 24–25 日，公司筹备组在北京主持召开三峡电力系统直流输电工程前期工作研讨会，电力部三峡办、基建司、电力规划总院、中国电力科研院、中南电力设计院、华东电力设计院、中国超高压输变电建设公司、南方电力联营公司、华中电力试验所等单位的专家骨干共同研究三峡第一回直流工程各阶段的建设目标、进度安排、功能规范书的咨询等关键问题。

1995 年 11 月 30 日，公司筹备组组织有关单位对三峡工程输变电系统设计总概算进行重组、编制，经电力部审定同意上报。1995 年 12 月 14 日，国务院三峡建设委员会批复了三峡输变电系统设计。1996 年 5 月 22 日，公司按电力部领导的意见向国务院三峡工程建设委员会上报《关于送审三峡工程输变电系统设计概算的报告》（电网办〔1996〕3 号）。

四、强化以投资控制为重点的工程概算管理

根据 1995 年 12 月 14 日三峡建设委员会《关于三峡输变电系统设计的批复意见》（国三峡委发办字〔1995〕35 号），公司于 1996 年 1 月开始，组织中国超高压公司和中南院、华东院、西南院进行三峡输变电系统设计概算编制工作，提出工程项目的资金筹措方案和测算报告。5 月完成工作报告并报送国务院三建委办公室。7月初，国务院三峡办专业司局组织召开三峡工程输变电系统设计概算汇报会，对概算编制工作给予充分认可。9月中旬，电力部的预审会议原则同意概算方案。1996年12月26日，国务院三建委办公会议，原则同意国务院三峡办提出的三峡输变电工程系统设计静态投资为275.32亿元（1993年5月价）的工程概算。1997年2月，国务院三建委以国三峡委发办字〔1997〕07号批准了三峡输变电工程系统设计概算。公司积极落实三峡输变电系统工程的“静态控制、动态管理”工作要求，认真执行招投标制度，合理安排开工时间和工期进度，严格控制各项费用和成本，按照国务院三峡办主任郭树言的讲话精神，减少工程初期不必要的开支，严格控制投资。

五、突出项目法人的责任和工程建设的全过程管理

1996年1月3日，国家计委投资司在制订年度投资计划前，询问电力部对三峡输变电工程项目计划下达的意见。公司筹备组组长周小谦接电话后立即请示分管副部长陆延昌，并陪同陆延昌副部长向史大桢部长汇报，史部长同意将三峡输变电工程项目计划转到电网建设公司上。

公司首次以独立法人身份在国家计划管理中实行单独立项、审批。从此改变以往计划经济时期的电源送出工程与电源建设“捆绑”立项列入国家计划的基建管理模式，大型电网工程建设项目（三峡输变电工程）计划单列。电网建设公司根据工程实际需要向国务院三峡建设委员会、电力部提出工程项目建设安排和资金使用年度计划建议，列入国家计划。这是电源、电网建设项目首次在国家计划中分开立项，对推动项目法人责任制的实施，以及之后的“厂网分开”电力体制改革，起到了积极的导向和示范作用。

1997年7月9日，国家电力公司召开总经理专题会议（电阅〔1997〕8号），按照企业化运作的要求，研究国家电力公司内部的三峡输变电工程建设管理工作的协调问题，对三峡输变电工程的前期工作及计划、建设管理和科研立项等工作流程及职责划分和管理关系进行重新调整，强化出资人（股东）的责任和作用。确定中国电网建设有限公司重点对工程项目的计划安排、建设质量、物资供应、资金筹措和科研工作等进行全方位、全过程的管控。通过招投标和合同管理，明确工程参建各方的责任和义务，根据工程建设需要确定分支机构和管理力量。电网建设公司负责工程项目的关系协调和建设全过程管理，组织工程各阶段的评估、审查、验收，建设“达标投产”的优质工程。要让三峡工程“送得出、落得下、用得上”的总目标与企业的质量管控和责任保证紧密联系在一起。

第二节 资 本 金 制

1988年7月，国务院印发的《关于投资管理体制的近期改革方案》决定，将国家建设的经营性项目固定资产投资实行项目资本金制和有偿使用的改革。1996年8月，为深化投资体制改革，建立投资风险约束机制，有效控制投资规模，提高投资效益，促进国民经济持续、快速、健康发展，国务院决定对固定资产投资项目试行资本金制度，印发《国务院关于固定资产投资项目试行资本金制度的通知》（国发〔1996〕35号），明确从1996年开始对各种经营性投资项目试行资本金制度。项目资本金的比例要求为20%～35%甚至以上，按照产业划分有所不同。

1995年11月5日，国务院在《成立国家电网建设总公司的批复》（国函〔1995〕107号）文件中明确：国家电网建设总公司注册资本为25亿元人民币，从国家征收的三峡电网建设基金中安排，分5年到位。初期注册资本金的来源：一是把葛洲坝—上海±500kV直流输电工程的资产划转该公司，其中的一部分资产转为注册资本；二是三峡输变电工程已安排的7800万元前期费用。

1996年9月16日，电力部决定将葛南直流输电线路资产及债权、债务划给国家电网建设有限公司［《关于葛洲坝至上海直流输电线路有关问题划转的通知》（电经〔1996〕623号）］。1996年10月31日，电力部经调司在北京主持召开了葛南直流输电线路资产移交及运营等有关问题协调会，华东电力集团、华中电力集团、国家电网建设有限公司、中国超高压输变电工程建设公司、国家开发银行、中国建设银行、中国建设银行武汉分行及电力部有关司局参加会议。与会人员一致认为，将葛南直流输电线路由华东和华中电力集团划给国家电网建设有限公司是深化电力体制改革、推动全国联网进程的重要举措，表示要严格按电力部电经〔1996〕623号文件执行，确保资产移交工作于1996年11月底以前完成［《关于葛沪直流输电线路资产移交及运营等有关问题协调会会议纪要》（经资〔1996〕191号）］。

1997年1月，国家电网建设有限公司向电力工业部上报了《三峡输变电工程筹资方案报告》（送审稿）。1997年2月20日，电力部召开部长办公会，专题研究三峡输变电工程筹资方案。3月1日，国务院三峡办计划资金司朱华、罗长懋两位司长到公司了解三峡输变电工程筹资方案的测算情况。3月13日，电力部副部长陆延昌向国务院三峡办主任郭树言、副主任李世忠汇报三峡输变电工程筹资方案，电网建设公司副总经理姜绍俊、总经理助理程念高陪同参加会议。电力部在研究和完善了编制资金筹措方案的基本原则后，于1997年3月向国务院三峡工程建设委员会上报了《关于三峡输变电工程筹资方案的请示》。1997年3月26日，国家计委与电力部联合发文《关于提高八省、市三峡工程建设基金标准和葛洲坝上网电价的通知》（计价管〔1997〕463号），“江苏省、浙江省、湖北省和上海市的三峡工程建设基金征收标准由现行的每千瓦时7厘提高到1.5分，安徽省、湖南省、河南省、江西省的三峡工程建设基金由现行的每千瓦时7厘提高到1.3分。从当年3月25日起执行新的征收标准。新增加的基金将用于三峡输变电工程建设”。三峡输变电工程建设的资金渠道和筹资规模基本确定。

1997年12月25日，邹家华副总理主持召开国务院三峡工程建设委员会办公会议，专门就三峡输变电工程筹资方案和有关问题进行了研究，经总理李鹏批准，形成国阅〔1998〕31号会议纪要，研究同意三峡输变电工程资金需求测算和筹资方案。国务院三峡工程建设委员会向国家电力公司下达了《关于三峡输变电工程资金需求测算和筹措方案的批复》，批准三峡输变电工程动态资金需求为589.42亿元，静态投资为275.32亿元（1993年5月末价格水平）、建设期间的物价与汇率变化导致的价差237.34亿元、贷款利息76.76亿元。筹资方案安排为：征收三峡基金286.14亿元，电网收益再投入72.52亿元，国家开发银行贷款91.78亿元，利用外资138.98亿元（主要为出口信贷）。

此次批准的资金需求测算和筹资方案成为考核三峡输变电工程投资控制、指导筹资工作的重要依据，也为公司的资本金注入提供了保证，国务院关于固定资产投资项目资本金制度文件的规定（国发〔1996〕35号），在三峡输变电工程建设中得到了认真落实。

第三节　招标投标制

三峡输变电工程建设之始，国家电网建设有限公司便将招投标制作为工程建设管理的重要内容。从第一个建设项目长万500kV输变电工程开始，全面实施招投标制度，优选施工、监理单位和物资供应商，在全国输变电工程建设管理上开创了的先例和示范。

1995年12月25日，仍在筹备期间的国家电网建设总公司主持研究三峡工程首端换流站的招标工作，明确了直流工程招标原则、招标范围，并委托电力规划设计总院起草工程标书、合同范本、招投标管理办法及实施细则等一整套文件。

1996年10月22日，确定邀请招标施工单位，其中线路工程12家、变电工程3家。

1996年10月27日，公司在府右街电力部机关大会议室举行三峡输变电工程第一个工程项目施工招标发布会暨招标工作会议。国务院三峡办计划资金司罗长懋和装备协调司副司长孙茹英、电力部建设司司长刘本粹、国家开发银行副局长樊海滨、中国超高压输变电工程建设公司总经理王古如、四川省电力局等领导参加发布会。公司副总经理姜绍俊、霍继安出席会议，芦元荣顾问主持发布会。长万线输变电工程招标书分为线路部分4个标段，变电站1个包。

1996年11月25日，线路、变电站工程投标开标，当场公布投标结果。国家电网建设有限公司总经理周小谦、副总经理姜绍俊、总工程师章龙才出席此次招标开标仪式。

1996年11月30日，国家电网建设有限公司长万线施工招标领导小组听取评标领导小组组长、公司副总经理姜绍俊的工作汇报，评标领导小组副组长、电力部建设司刘本粹司长和公司顾问芦元荣，以及电力部建设司、国家开发银行、电力规划总院、中国超高压输变电工程建设公司的代表和评标小组全体人员参加会议。

1996 年 12 月 2 日，国家电网建设有限公司董事长李世忠主持董事长扩大会议，听取长万线施工招标、评标工作汇报，决定中标单位。同日，向青海、湖南、东电和湖北等 4 个送变电工程公司发出线路工程中标通知书。12 月 6 日，向安徽省送变电工程公司发出万县变电站工程中标通知书。

1996 年 12 月 10 日，在北京中国科技会堂举行长万线输变电工程施工合同签字仪式。

1996 年 12 月 15 日，经招标后公司分别与鞍山铁塔厂、武汉铁塔厂、长春铁塔厂和宝鸡铁塔厂签订铁塔供货合同。

1997 年 2 月 17 日，万县变电站一次设备通过招标后公司分别与供应商签订采购合同，交货期为 1997 年 10 月。

1997 年 3 月 26 日，国内第一个全面执行招投标制的输变电工程项目、也是三峡输变电工程第一个开工建设的工程 500kV 长万（重庆长寿—万县）输变电工程开工建设。国务院副总理邹家华发来贺信，代表国务院三峡建设委员会对三峡输变电工程的开工表示热烈祝贺。国务院三峡建设委员会副主任、三峡办主任郭树言在重庆万县施工现场宣布三峡输变电工程正式开工。国务院三峡办、国家计委的负责同志亲临开工仪式现场，电力工业部副部长到会讲话，重庆市等地方领导参加开工仪式并讲话。国家电网建设有限公司总经理周小谦在开工仪式上介绍了三峡输变电工程规模、国家电网建设有限公司的使命和任务，以及长寿至万县输变电工程项目的前期准备情况。国家开发银行、机械工业部重大装备司发来贺信，参建单位代表在开工仪式大会上表决心。

对于三峡输变电工程，公司都坚持“公平、公正、公开、科学、择优”的原则，对设计、监理、施工及材料、设备采购等全面执行招标投标制，严格实行开标、评标、定标三段式分离的招标制度，择优选取中标单位。不能进行公开招标的事项，需报上级主管单位批准。对于二次设备（继电保护、自动化等）需要对接及延续性的设备采购，经国务院三峡办批准采用邀请招标方式选择确定制造商。

公司不断完善招投标工作，按照国家的法律法规要求及时修订公司的招投标工作制度。国家计委 1997 年 8 月 18 日颁发了《国家基本建设大中型项目实行招投标的暂行规定》，电力工业部 1998 年 3 月 9 日颁发了《关于全面推动电力工程施工、监理招投标工作的通知》，全国人大 1999 年 8 月 30 日通过并于 2000 年 1 月 1 日施行《中华人民共和国招标投标法》，相关要求公司均在招投标工作中认真贯彻实施。在三峡输变电工程建设中，招投标制对保证工程质量、保证工程工期、有效控制投资、提高工程管理水平等各方面发挥了非常重要的作用。

第四节　合同管理制

国家电网建设有限公司在 1996 年 4 月注册登记之后，按照现代企业制度“权责明确”的要求，坚持市场化的改革方向，积极推动工程建设项目的合同制管理，不断完善和明确合同各方的责任、权利，建立工程参建者平等的合作关系，维护共同权益。

1996 年 3 月，仍在筹备期的国家电网建设总公司起草了《合同管理规定》，国家电网建设总公司用市场化的经济手段引导三峡输变电工程建设的设计单位和科研单位的工作签订合同或协议，开启了三峡输变电工程合同管理的先河。1996 年 10 月，国家电网建设有限公司印发《国家电网建设有限公司合同管理暂行规定》（电网办〔1996〕62 号）。1997 年 5 月，经董事长批准，执行新修订的《国家电网建设有限公司合同管理规定》（电网办〔1997〕56 号）。

工程建设中所签订、修订的合同，都得到严格的履行，从而促进和加强了工程的计划管理、资金管理、物资管理，积极推动以合同条款的管理代替以往的行政计划管理模式，以经济手段保证工程的工期和质量。三峡输变电工程在全国较早地采纳国际通行条款的合同文本，明确各方的责任、义务，并在实践中不断完善，增加违约责任条款和处罚力度。在工程建设过程中，坚持以合同为依据，利用先进管理软件，及时了解各项合同的实施进度和执行情况，按照合同规定的质量、安全、工期、价格等条件严格考核合同双方责任，确保合同履约。公司实施建设项目的合同制管理，也促进了各参建单位的管理水平普遍提升，对控制投资、提高质量、保证工期起重要作用。

第五节　工程监理制

电网建设公司按照资源市场化配置的改革要求，通过招（议）标的方式，优选专业监理机构。按照“小业主、大监理”的工程建设管理思路，不断加大监理单位的职责和权利。由项目法人授权，充分发挥监理单位在工程建设中的管理作用，依照合同对工程建设项目的设计、采购、施工、安装、调试、验收保修等各阶段进行全过程监督管理。

公司作为项目法人在三峡输变电工程赋予监理单位的任务和权力是：负责对工程建设全过程的投资、进度、质量、安全进行控制（“四控制”）；负责工程建设的信息管理和参与合同管理（“两管理”）；负责在工程建设中协调有关单位工作之间的相互关系（“一协调”），确保工程达到预期的目标。这“四控制、两管理、一协调”已成为三峡输变电工程顺利建设的成功监理经验。

1996 年 6 月 14 日，国家电网建设有限公司委托中国超高压输变电工程建设公司负责三峡输变电工程四川项目的全过程监理和具体建设管理工作［《关于委托工程监理和建设管理工作的通知》（电网工〔1996〕6 号）］。

1999 年 11 月，国家电力公司以国电网〔1999〕602 号文件发布《输变电工程建设监理大纲》，包括输变电工程建设监理大纲、输电线路工程建设监理规划、输电线路工程监理实施细则、变电站工程建设监理规划、变电站工程监理细则 5 个范本。《输变电工程建设监理大纲》范本中吸收了已完成三峡输变电工程监理的好做法和成功经验，被用来指导后续的三峡输变电工程建设。2000 年，发布 GB 50319—2000《建设工程监理规范》，规定了对监理机构、监理人员及监理设施的要求，并规定监理的实施细则和施工阶段监理的工作，规定了施工合同管理、设备采购监理、监造等国家标准。国家和行业的监理制度均在三峡输变电工程建设中得到了认真贯彻执行。

三峡输变电工程全过程执行工程建设监理制，通过不断丰富的实践经验，我国输变电工程监理体系逐步完善，监理队伍人员素质不断提高，监理队伍持续健康发展。

摘编自：

1.《关于实行建设项目法人责任制的暂行规定》（计建设〔1996〕673 号），国家计委，1996 年 4 月 6 日。

2.《关于送审三峡工程输变电系统设计概算的报告》（电网办〔1996〕3 号），国家电网建设有限公司，1996 年 5 月 22 日。

3.《关于委托工程监理和建设管理工作的通知》（电网工〔1996〕6 号），国家电网建设有限公司，1996 年 6 月 14 日。

4.《明确国家电网建设有限公司财务体制等问题》（电网财〔1996〕24 号），国家电网建设有限公司，1996 年 7 月 31 日。

5.《国务院关于固定资产投资项目试行资本金制度的通知》（国发〔1996〕35 号），国务院办公厅，1996 年 8 月。

6.《关于葛洲坝至上海直流输电线路有关问题划转的通知》（电经〔1996〕623 号），电力部，1996 年 9 月 16 日。

7.《国家电网建设有限公司合同管理暂行规定》（电网办〔1996〕62 号），国家电网建设有限公司，1996 年 10 月。

8.《关于实施电力建设项目法人责任制的规定（试行）》（电建〔1997〕79 号），电力部，1997 年

2月。
9.《关于提高八省、市三峡工程建设基金标准和葛洲坝上网电价的通知》(计价管〔1997〕463号),国家计委、电力部,1997年3月26日。
10.《国务院三建委办公会议纪要》(国阅〔1998〕31号),国务院办公厅,1998年2月8日。
11.《国务院三峡工程建设委员会办公会议纪要》(国阅〔1998〕31号),国务院办公厅,1998年2月28日。

第四章　三峡输变电工程管理

三峡输变电工程建设的项目管理，是紧紧围绕以“三峡电网建设基金”的监督使用为纽带、工程质量控制为核心的全方位、分层级的全过程项目管理，主要包括管理制度的制定、资金计划的管控、工程项目的现场管理、物资设备的供应和工程安全质量的控制等。

第一节　项目管理制度

在三峡输变电工程建设初期，电网建设公司按照国家批复的《三峡输变电系统设计方案》和工程建设的安排，提出年度资金使用计划，分别报送电力部和国务院三峡办审核后列入年度国家基建计划，由电网建设公司负责组织实施。财务计划在财政部单列，接受上级主管部门的监督。随着电力体制改革的深入，三峡输变电工程项目的法人主体由国家电网建设有限公司过渡到国家电力公司，最终由国家电网公司完全承担三峡输变电工程的建设项目法人责任，项目管理制度的“五制”基本要求都得到了认真执行。

确立以资金管理为纽带的建设项目管理制度。为落实1996年的国务院三峡工程建设委员会办公会议精神，加强三峡建设基金使用管理，保证其合理和有效使用，电力工业部会同财政部拟订了《三峡电网建设基金使用监督管理暂行办法》（财工字〔1997〕第491号，简称《办法》），并于1997年10月颁布执行。《办法》对三峡电网建设基金的来源、原则、使用方向等做了非常详尽的规定，并对资金使用的各个环节，如计划工程价格、物资采购、科学研究、前期工作以及相关的财务制度、报表等，都做了严格的规定，并明确基金应加强监督，接受财政审计和银行等部门的监督检查。

《办法》规定“国家电力公司根据工程进度和资金平衡情况提出三峡输变电工程年度投资计划建议，经与国务院三峡工程建设委员会办公室协商后，报国家计委纳入国家投资计划，并根据国家批准的年度投资计划，编报年度资金计划，合理调度资金。”国家电网公司（原国家电力公司）根据规定进行年度资金计划安排和调整、年度资金计划管理、季度用款计划管理等。

一、年度计划安排原则

电网建设公司根据规定按计划、合同及工程进度及时拨付三峡电网建设基金。

年度计划编制的依据：一是国务院三峡工程建设委员会《关于对三峡输变电工程及二次系统调整方案的批复》（国三峡委发办字〔2002〕13号）；二是单项工程初步设计及其概算批复文件；三是单项工程进度的初步安排。

工程建设项目年度计划的编制，要符合项目批复原则、效益优先原则和投资实行“静态控制、动态管理”原则。资金的安排：一是满足投产工程资金需求；二是续建项目资金计划以合同价为基础，考虑10%的质保金；三是根据三峡机组送出和负荷发展需要，安排三峡输变电工程新开工项目的资金需求，以批准系统设计概算和单项工程的初设批准概算为依据，根据进度适当安排，考虑征地、拆迁及主要设备采购的付款需要。

二、年度资金计划管理

年度资金计划是对建设项目年度资金需求的整体安排，要对应工程（合同）的实际资金需求，反映工程建设需要的全部资金。年度资金计划还要包括下一年度项目在本年度的资金使用需求，是安排年度预算、决定融资规模的重要依据，分别以单个输变电项目为基础单位，以单个输变电工程概算和形象进度为基础、以已签订合同和下一年度预计签订合同的支付需要为依据编制。

三、季度用款计划管理

季度用款计划是投资项目按工程实际进度的季度资金需求，是对年度资金计划的细化和分解，是工程项目拨付资金的依据。

各项目负责单位根据年度资金计划和工程资金需求情况，于每季度最后一个月中旬提出下一个季度用款计划申请，报国家电网公司，并说明计划执行情况（包括投资完成、资金到位及工程形象进度等情况）。公司策划部根据用款单位申请和工程实际进度以及工程资金需求情况，依据工程合同，安排公司总部投资项目下一个季度的用款计划，保证工程用款需要。

季度用款计划由项目建设管理单位（或建设单位）和建设运行部按照职责分工，分别以单个输变电项目为基础单位，以单项工程形象进度和已签订合同的支付需要为基础，考虑季度内预计新签订合同的支付需要据实编制。

第二节　投资控制实施静态控制、动态管理

1997 年，财政部和电力部联合印发《三峡电网建设基金使用监督管理暂行办法》（财工字〔1997〕第 491 号），按照“区别对待、分类管理、专款专用”的原则，对不同的资金使用单位和使用性质采取不同的管理办法。同时，按照国务院三峡工程建设委员会关于三峡输变电工程投资控制和管理“静态控制，动态管理”的要求，搞好各个环节的投资控制，保证三峡电网建设基金的保值增值，防止三峡电网建设基金被挤占、挪用和浪费。

2000 年 11 月 8 日，国务院三峡工程建设委员会颁发《三峡输变电工程投资静态控制、动态管理办法》（国三峡委发办字〔2000〕41 号）。该办法规定了管理原则、职责、控制目标、考核和调整价差依据、价差计算方法、结算、跟踪预测、编制统计报表、竣工决算、监督和奖励等方面内容共计二十八条，进一步明确将“静态控制、动态管理”要求覆盖三峡输变电工程的设计、科研、施工和建设管理的全过程。

按照“静态投资，动态管理”的投资控制方式，成功地解决了三峡输变电工程建设规模大、建设周期长、外部条件复杂多变与投资控制之间的矛盾，有效地实现了投资控制。

静态控制是指国务院三峡工程建设委员会审定的、以 1993 年 5 月末价格水平为基础编制的系统设计概算，不得突破；在保证单项工程项目使用功能的前提下，在工程具体实施中，三峡输变电工程静态投资实行“总量控制、合理调整”。动态管理是指对建设期物价、汇率变动以及融资成本按规范的办法进行核定，并实行“逐年审定、有效监管”。动态投资指由于建设期物价、汇率等变动产生的价差以及发生的融资成本。

2003 年，国务院三峡工程建设委员会在总结三峡输变电工程投资管理和建设经验的基础上，结合三峡输变电项目调整方案（国三峡委发办字〔2002〕23 号），再次颁发《三峡输变电工程投资管理办法》（国三峡委发办字〔2003〕14 号），对“静态控制、动态管理”进行了更为细致的规定。

2003 年 8 月，国家电网公司以国家电网计〔2003〕308 号文印发《国家电网公司三峡输变电工程投资管理实施细则》，就加强三峡输变电工程的投资与管理做出了明确的规定。

自三峡输变电工程开工建设以来，项目法人在投资控制方面还采取了一系列行之有效的管理措施，主要包括：

（1）坚持符合国情，采用安全可靠、中等适用技术的设计原则，并立足于从设计入手，采用适用新技术推动技术革命，采用设计招标促进竞争，在保证安全、可靠的前提下，通过设计方案的不断优化，力求工程量最优，为将投资控制在合理的水平上奠定基础，努力降低建设成本。

（2）对设计、监理、施工及主要物资设备采购实行了招投标制，引进了市场竞争机制，有效合理地降低了工程造价。

（3）在工程建设中，严格实行、逐步完善合同管理制。

（4）坚持贯彻国家三峡工程的装备政策，在材料设备的采购中，立足国产化，采用质量可靠的国产设备及材料。

（5）在国务院三峡工程建设委员会办公室的大力支持下，努力争取良好的外部投资环境及地方各级政府的优惠政策，为降低工程造价、保证工程建设的顺利实施创造条件。

（6）严格规范工程结算，使投资控制真正形成闭环。

2003 年，国家电网公司建设分公司通过进一步扩大公开招标、加强合同授权管理、规范合同流转监督、严格工程结算等措施，使得“动态管理”的措施收到了较好的效果。

第三节　工　程　管　理

三峡输变电工程单项项目主要是按照“小业主、大监理”的建设模式，通过招标确定监理单位，根据监理合同确定的条款，由监理单位组织有资质的监理人员进行工程现场的建设管理工作，配合项目法人单位参与工程的前期工作，并按“四控制、两管理、一协调”的工作要求制定工程项目监理工作大纲和工作计划，进一步细化工程建设、监理、施工和物资设备供应商等单位的职责。建设单位以合同条款考核监理的各项工作，并负责组织工程重要阶段的安全检查和工程质量复查、竣工验收，对工程总体质量负全责。

三峡输变电工程中长万输变电工程是国家电网建设有限公司组织实施建设的第一个项目，三峡办和电力部领导十分关心，工程的建设管理模式和质量、进度、投资控制等对后续工程项目的建设具有很强的示范作用。国家电网建设有限公司十分重视该项工程，于 1997 年 4 月 7 日印发《三峡输变电工程长寿至万县 500kV 输变电工程建设管理办法（暂行）》的文件汇编，包括《建设管理纲要》《建设监理和管理大纲》《线路建设质量管理细则》（附线路建设管理实施细则）《变电工程土建施工质量管理细则》《变电工程电气部分质量管理细则》《计划与统计管理细则》《财务管理办法》《物资管理实施细则》《工程进度控制实施细则》《信息管理实施细则》《工程资料管理实施细则》《安全管理实施细则》《双文明建设管理办法》13 个管理要求，覆盖工程建设项目现场管理的全过程。该文件汇编对之后的工程建设项目管理具有很好的指导作用。

1997 年 10 月 27 日，国家电力公司总经理办公会专题研究国家电力公司建设分公司成立后的工程建设管理模式，对 1998 年开工建设的双河至南阳输电工程、凤凰山至下陆输电工程和江西南昌变电站工程（“两线一变”）的管理方式决定如下：线路工程的建设管理由武汉分公司负责；变电工程实行项目经理负责制，项目经理可由分公司委派，也可从第三方聘任，现场管理机构要精干，让项目监理公司承担更多的工作，具体由武汉分公司负责实施；成立由项目法人牵头、当地省电力公司和地方政府参加的工程协调领导小组，参与对工程项目的建设管理；工程的施工、监理、设备等招投标工作和合同管理主要由国家电力公司建设分公司负责；分公司与国家电力公司建设公司各职能部门的工作界面进一步细化。

此后，由国家电力公司建设分公司副总经理姜绍俊主持召开了总经理专题办公会，研究国家电力公司本部和国家电力公司建设分公司两级管理的工作职责划分问题，明确分公司的职责和业务范围为：国家电力公司建设分公司作为项目法人代表的派出机构，承担工程建设现场管理职能，配合国家电力公司本部的年度计划安排，参与各单项工程前期准备工作、初步设计审查，负责组织协调项目现场的工程建设（设计、监理、施工等各工程参建单位）、调试、工程质量评定、工程竣工投产、竣工资料移交等工作，负责工程建设过程中的质量、安全、投资、进度等控制和监督，负责单项工程合同执行及决算等具体工作。

在工程前期管理方面，国家电力公司建设分公司参与施工、监理工作的评标、合同的编制和谈判工作；负责办理、签订工程征地协议及征地引起的构筑物拆迁协议，协调与地方政府有关的各项工作；负责组织审核电源、水源施工图设计，签订供电、供水及通信协议，负责电源、水源的施工招（议）

标工作及签订电源、水源及通信施工合同；负责提供工程监理和施工注册的必要文件，协调解决监理和施工单位办理注册事宜；负责协调地方各级政府部门及电力部门，成立建设项目的现场协调组织及其具体工作；负责对施工单位一般性外分包工程项目、队伍资质的审批工作；负责组织有关单位制定本工程建设施工管理的各项规定，向公司备案；根据监理单位对单项工程的开工审查报告，下达工程开工令。

在工程设计管理方面，分公司执行并管理设计合同，负责现场实施范围内工程建设的投资控制，协调处理现场中出现的设计问题以及与有关单位的配合工作；重大设计变更、优化设计及现场设计发生的重要问题，需及时上报公司处理。分公司审批单项工程投资在10万元以下的重大设计变更，报公司本部备案；分公司负责组织施工图会审，起草会审纪要，检查执行情况。

在工程质量管理方面，分公司负责施工阶段的质量管理工作，要及时向公司报告工程的阶段性验评、定期或不定期的质量抽检情况；组织审查大型技术措施方案，提出审查意见，重大事情及时上报公司。

在工程进度管理方面，分公司负责主持召开现场调度会议，检查综合进度执行情况，协调资金、地方关系等，及时解决工程中的实际问题；对不符合工期要求的计划安排有权责令改进。

在工程安全管理方面，分公司负责组织监理、施工单位采取有效措施，确保工程建设期内的施工安全，并对工程现场安全管理工作负有全面责任；对发现的问题及时通知有关方面采取措施进行整改，对施工单位的重大安全事故要准确了解情况，组织事故调查，及时向公司提出调查报告；组织工程项目重大施工安全方案的审查，提出审查意见，重大问题向公司报告。

在工程物资供应方面，分公司协助公司本部对现场的设备、材料订货管理及其质量问题的索赔工作；根据工程实际情况对设备、材料进行必要的调度，重大设备供应问题及时向公司报告。

在工程竣工验收、系统调试方面，分公司负责组织协调有关方面做好系统调试前的准备工作，组织线路参数测试，组织工程参建单位和设备供应商配合系统调试；负责落实竣工验收前的文件、资料准备，办理竣工验收手续；分公司参加审查系统调试大纲、调试方案和组织试运行工作。

在其他管理工作方面，负责定期编制工程简报；签订施工中出现的设计外而且证明必须签订的零星补充合同，并向公司备案；在公司的统一安排下负责具体组织和落实工程总结工作。

计划统计管理的分工，分公司负责向公司上报下个年度的投资建议计划；在公司下达投资计划指标后，编制年度实施计划报公司审批，批准后由分公司分别向监理和施工单位下达年度执行计划；负责监督年度计划的实施，根据工程实际情况，编制投资调整计划，报公司审批；负责编制工程统计月报、年报表，反映工程形象进度、投资完成情况以及完成的实物工程量，做好统计分析，按时上报公司；配合峡光公司进行各年度的价差测算工作。

财务管理的分工，分公司为公司统一核算的内部独立核算单位，其日常运营的核算实行“计划审核、总量控制、实报实销”的方式；其分管的工程项目经费，根据工程年度计划向公司提交年度工程款分季拨付计划，经公司有关部门审核同意后，按季拨付；根据合同和实际工程进度，向有关单位拨款，并按规定上报有关报表；负责单项工程的财产管理和会计核算，编制工程竣工决算。

1998年3月5日，经上级管理机构同意，国家电力公司发文成立工程技经管理定额站［《关于成立中国电网建设有限公司定额站的通知》（电网工〔1998〕30号）］，明确定额站为公司内部机构及其工作职责，挂靠公司工程部，由孙家骏兼任定额站站长，牛山任常务副站长。

第四节　物　资　管　理

物资管理是三峡输变电工程全过程管理的重要组成部分。作为项目法人，公司成立专门的物资管理部门，负责工程建设所需设备及物资的采购、供应管理工作。三峡输变电工程设备物资采购工作中，进口部分的直流设备有特定的管理规定和渠道，按国家规定的采购方式进行安排，由公司国际合作部负责直流设备的进口采购和技术引进工作。公司物资部门负责三峡输变电工程的交流部分、直流工程的线路部分、直流进口设备到国内后的接货转运工作。

一、工程物资采购

三峡输变电工程建设伊始，国家电网建设有限公司严格遵循国家的法律、法规，规范工程物资采购体系，确定招标采购模式，编制招投标文件，制定评标办法，宣布评标工作纪律，保证公平竞争，防止恶性竞价，开创了国内输变电工程物资“阳光采购”的先例。

三峡输变电工程的第一个建设项目——长寿—万县 500kV 输变电工程的物资采购，坚持公开、公平、公正的招投标，成为全国输变电工程建设物资采购的示范。在总结成功经验的基础上，电力工业部编写了《电力工程设备招标程序及招标示范文本》（简称《范本》）。

直流输电工程的关键设备均采用国际招标采购。招标工作均是在国务院三峡工程建设委员会和国家电力公司、国家电网公司的直接领导下进行。由于工程建设时世界上具有超高压直流输电工程资质和能力的国际公司数量较少，国家电网建设有限公司在招标前对国际上从事直流输电成套设备供应的公司进行了深入细致的调研与评估，最后确认 ABB、SIEMENS 和 ALSTOM 三家公司具有大型关键直流输电成套设备供应的能力，为了节省招标成本与提高效率，建议采用邀请招标的方法。

外经贸部、国家计委等有关单位批准了以上建议，同意三峡工程直流换流站设备采购均采用国际邀请招标，并根据《机电产品国际招标管理办法》（外经贸部 1999 年第 1 号令）规定，中标原则为“商务、技术均满足标书要求时，评估价格最低者为中标者”。

二、设备监造

输变电设备的质量监造曾经是电网建设管理工作中的“空白”和薄弱环节。国家电网建设有限公司从成立之初，即将输变电工程材料设备的监造看作物资设备管理的重要组成部分，以确保工程铁塔、导线、绝缘子、变压器、电抗器、断路器等重要设备、材料的供货质量和进度。公司制定工程物资监造管理办法，明确设备监造的范围、各方责任及义务，以及对监造工作的相关要求等。物资管理部门配合工程建设的进度要求，代表公司（项目法人）对监造工作进行招标，承办监造合同；监督、指导电网设备的监造工作，并负责对监造工作组织考核、实施合同管理和结算工作，对发生的监造质量给予处罚。

三、大型设备运输管理

三峡输变电工程覆盖区域广、作业线长，部分大型输变电设备的运输属于国内首次。设备运输的安全、可靠，对确保工程如期进行十分重要，特别是对 300 万 kW 的大质量、大尺寸直流换流变压器等，在工程设计阶段就给予了高度重视。从大型设备运输的实地勘察、运输方案的可行性研究开始，到承运单位的招标、监理单位的监督、桥梁道路加固、运输成本控制和沿途地方关系协调等各关键环节，物资管理部门都履行着重要的法人责任。

第五节　安全质量管理

一、安全控制

公司十分重视工程建设的安全管理工作，严格按照“六不发生”［不发生人身死亡事故和重伤事故、不发生重大施工机械损事故、不发生重大火灾事故、不发生负主要责任的重大交通事故、不发生环境污染事故和重大垮（坍）塌事故、不发生因工程建设而造成的大面积停电或电网解裂事故］的总目标要求安排年度工程建设计划，建立和完善公司安全管理体系和制度，确保安全管理始终可控、受控。

健全组织体系，强化项目业主的责任和作用。一是在公司层面成立了以主管副总经理为首，包括监理、设计、施工等单位一把手的安全委员会，负责建立、完善工程建设项目的安全管理体系和制度，研究确定年度安全工作重点和计划，组织安全大检查，严格安全责任制考核，督促各级参建单位的安全责任落到实处。二是根据工程规模和性质成立公司单项工程安全委员会，施工单位成立以公司一把手为第一安全责任人挂帅或以项目经理为首的安全管理领导小组、消防保卫领导小组、文明施工领导小组，监督各工程项目部的安全管理工作。三是在工程项目监理部成立以总监理工程师为第一安全责任人的安全组织机构，分级负责，明确监理人员在抓质量的同时，必须管安全，对施工组织设计的安全技术措施专项审查，强化安全措施的针对性，并配备一名专职安全监理员，加大安全检查的力度。四是施工参建单位在开工前要制订安全管理工作计划，确定从项目经理到施工人员的全员安全岗位责任制，夯实施工一线的安全生产基础，落实施工作业人员的安全责任。

完善管理制度，规范安全监督工作。坚持电力行业多年行之有效的安全管理制度，建立和修订适合三峡输变电工程建设的安全管理制度文件。结合公司化管理的特点，以合同管理为纽带细分参建各方的安全责任，并将工程参建方的安全记录列为工程招投标资格审核的重要内容。

建立常态工作机制，落实各参建单位安全管理责任：一是开会必讲安全，营造安全工作氛围。在工程建设项目的计划安排、进度协调和质量控制等会议上，都对建设项目或施工现场的安全工作进行专项讨论，提出安全重点要求；二是通过组织以建设单位为首、监理负责的春/秋季和专项等安全大检查活动，发现问题，通报安全情况，不断强化施工过程中的安全管理、安全监督和安全检查，确保各层级的安全责任落到实处和整个工程安全目标的实现；三是公司领导到施工现场检查工作，了解施工现场的安全“可控、在控”情况，促使各级负责人树立起“安全第一、预防为主”的管理意识。

电网建设公司同时强化工程项目的文明施工管理，要求施工现场“设施标准、行为规范、施工有序、环境整洁、安全健康”，努力创建全国电网工程建设安全文明施工一流水平，用文明施工的先进理念，带动现场建设管理水平整体提升，树立起国家电网公司输变电工程安全的形象和品牌。

二、质量控制

针对三峡输变电工程量大、面广、时间长等特点，为确保三峡输变电工程质量，公司确立起“满足设计和验收规范要求，达标投产，争创优质工程”的一流工程质量目标，对单元工程合格率、分项工程优良率、分部工程优良率等做出了明确具体的规定，并认真执行国家和行业的工程质量标准和规定，按照达标投产的管理要求建设好每一个工程项目。

建立覆盖全方位、全过程的三峡输变电工程建设质量保证体系：一是成立以分管副总经理为首的质量工作领导小组，负责质量目标的制定，重大工程建设的协调，重要环节的质量控制、检查、监督和系统调试、启动验收等工作；二是监理单位根据监理合同的委托，负责施工现场建设的全过程、全方位质量控制；三是建立各工程建设现场的质量监督检查体系，施工单位建立三级质量保证体系，在施工中进行质量控制；四是工程所在地的电力基本建设工程质量监督中心站代表政府对工程质量行使监督职能。

严格执行国家和行业的质量标准，完善企业质量管理制度。作为建设管理单位，公司把工程建设质量管理的重点，集中在施工阶段重要节点和环节的监督检查，依据设计文件和规程规范组织工程质量检验和评定工作，对工程质量实行前期预控、中间检查、验评阶段的管理。结合每个工程的特点，编制《工程施工现场管理文件汇编》，包括技术管理、质量管理、计划与统计管理、安全管理、现场财务管理、工程资料管理、信息管理、业主代表管理、物资管理、监理监督检查等，确保工程建设质量的管理工作始终在制度的保证体系下运转。

对监理单位既有充分授权，又有制度要求防止监理错位、缺位。明确要求监理单位在开工前严格审查开工条件，并坚持施工图会审制度；加强施工过程的监督检查，强化监理旁站制度，特别是对隐蔽工程和重要工序设立质量监控点，坚持对进场后的材料及其质量进行严格的检查制度，确保工程建设质量始终处于受控状态。

建设单位负责组织工程的启动投运验收。按照三峡输变电工程项目多、地域广、时间跨度大的特点，公司对单项工程的竣工投产验收进行分类管理。根据工程建设项目在三峡输变电工程中的作用和重要性，分别成立以建设单位（受托代表）为组长、生产运行单位为副组长的工程投产验收机构，和项目法人为组长的工程竣工投产验收委员会，落实项目法人责任制的全过程管理要求，并认真配合国务院三峡工程建设验收委员会工作，接受国家的最终验收。2001 年 8 月 27 日，国家电力公司正式成立三峡输变电工程二期验收工作领导小组（国电网函〔2001〕54 号），领导组织三峡输变电工程二期工程的验收工作。由公司副总经理陆延昌任组长，总经理助理周小谦和总工程师张贵行任副组长，公司相关职能部门和直属单位负责人为验收领导小组成员。

摘编自：

1.《关于送审三峡工程输变电系统设计概算的报告》（电网办〔1996〕3 号），国家电网建设有限公司，1996 年 5 月 22 日。

2.《关于委托工程监理和建设管理工作的通知》（电网工〔1996〕6 号），国家电网建设有限公司，1996 年 6 月 14 日。

3.《明确国家电网建设有限公司财务体制等问题》（电网财〔1996〕24 号），国家电网建设有限公司，1996 年 7 月 31 日。

4.《关于葛洲坝至上海直流输电线路有关问题划转的通知》（电经〔1996〕623 号），电力部，1996 年 9 月 16 日。

5.《国家电网建设有限公司合同管理暂行规定》（电网办〔1996〕62 号），国家电网建设有限公司，1996 年 10 月。

6.《关于实施电力建设项目法人责任制的规定（试行）》（电建〔1997〕79 号），电力部，1997 年 2 月。

7.《关于提高八省、市三峡工程建设基金标准和葛洲坝上网电价的通知》（计价管〔1997〕463 号），国家计委、电力工业部，1997 年 3 月 26 日。

8.《国家电网建设有限公司合同管理规定》（电网办〔1997〕56 号），国家电网建设有限公司，1997 年 5 月。

9.《三峡电网建设基金使用监督管理暂行办法》（财工字〔1997〕第 491 号），财政部、电力工业部，1997 年 10 月。

10.《关于成立中国电网建设有限公司定额站的通知》（电网工〔1998〕30 号），国家电网建设有限公司，1998 年 3 月 5 日。

11.《三峡输变电工程投资静态控制、动态管理办法》（国三峡委发办字〔2000〕41 号），国务院三峡工程建设委员会，2000 年 11 月 8 日。

12.《三峡输变电工程投资管理办法》（国三峡委发办字〔2003〕14 号），国务院三峡工程建设委员会，2003 年。

13.《国家电网公司三峡输变电工程投资管理实施细则》（国家电网计〔2003〕308 号），国家电网公司，2003 年 8 月。

第五章 公司管理制度

第一节 行政管理基本制度

1996年7月29日，国家电网建设有限公司总经理办公会讨论通过《国家电网建设有限公司干部职工廉洁自律的有关规定》（电网办〔1996〕28号），对干部职工在工程招标、物资采购、合同签订等经营管理工作中的行为做出了明确规定，包括不准利用工作中的便利条件为家属及其亲友经商办企业提供便利，不能接受科研项目申请承担单位提供的各种优惠和便利等共九条工作要求。

1996年8月5日，国家电网建设有限公司总经理办公会讨论通过《国家电网建设有限公司工作规则》《国家电网建设有限公司会议制度》《国家电网建设有限公司公文处理暂行规定》《国家电网建设有限公司印章使用规定》《国家电网建设有限公司员工考勤请假制度的规定》等七项内部管理规定（电网办〔1996〕27号）。

1996年8月21日，总经理办公会讨论通过《国家电网建设有限公司保密工作规则》（电网办〔1996〕40号）。

1996年10月3日，国家电网建设有限公司总经理办公会讨论通过并印发《国家电网建设有限公司合同管理暂行规定》（电网办〔1996〕62号）。1997年5月28日，总经理办公会讨论通过《国家电网建设有限公司合同管理规定》，并经董事长批准，颁布执行。《国家电网建设有限公司合同管理暂行规定》即行废止（电网办〔1997〕56号）。1998年5月20日，印发《中国电网建设有限公司合同管理补充规定》（电网办〔1998〕80号）。

1996年10月9日，印发《国家电网建设有限公司前期费、开办费、经常费管理暂行办法》（电网财〔1996〕67号）。

1996年12月2日，国家电网建设有限公司总经理办公会讨论通过《国家电网建设有限公司涉外活动保密工作暂行规定》（电网办〔1996〕85号）、《国家电网建设有限公司关于加强法制工作的意见》（电网办〔1996〕88号）。

1997年，国家电网建设有限公司印发《国家电网建设有限公司车辆使用及管理的有关规定》《国家电网建设有限公司工作人员差旅费、会议费等开支的规定》。

1997年4月1日，国家电网建设有限公司印发《国家电网建设有限公司医疗费管理办法》。

1997年4月21日，国家电网建设有限公司印发《国家电网建设有限公司聘用临时工作人员及其管理暂行规定》《国家电网建设有限公司奖金管理办法》《国家电网建设有限公司员工在职教育培训管理暂行规定》。

1997年6月26日，为切实加强公司的党风廉政建设，制定了《电网公司贯彻执行企业业务招待费向职工大会报告制度实施细则》《电网公司贯彻执行在国内交往中收受礼品实行登记制度实施细则》《电网公司关于执行〈领导干部个人收入申报制度〉实施办法》三个规定（电网办〔1997〕101号）。

1998年3月2日，中国电网建设有限公司印发《中国电网建设有限公司公务接待规定》（电网办〔1998〕34号）。

1998年3月17日，中国电网建设有限公司印发《中国电网建设有限公司接待外宾费用开支标准和管理办法》（电网外〔1998〕38号）。

1998年，中国电网建设有限公司印发《中国电网建设有限公司外事活动赠送和接受礼品的暂行规定》。

1998年8月26日，中国电网建设有限公司印发《中国电网建设有限公司财务管理办法（试行）》《中国电网建设有限公司会计核算办法（试行）》（电网财〔1998〕151号）。《财务管理办法》内容包括总则、财务体制、财务计划、资金管理、货币管理、工程财务管理、固定资产管理、对外投资管理、成本/费用/收入管理、利润及发票管理、财务报告、附则共十二章八十三条。《会计核算办法》内容包括总则、会计核算一般原则、会计核算方法、会计科目、会计凭证、会计账簿、会计报告、其他和附则共九章。

1998年8月28日，中国电网建设有限公司印发《中国电网建设有限公司企业补充养老保险暂行管理办法》（电网人〔1998〕156号）。该办法包括总则、资金来源、实行范围和标准、管理和监督、保险金的支付和转移、附则等共六章二十七条。同时成立由公司领导、业务骨干和员工代表参加的养老保险管理监督小组。公司副总经理姜绍俊任组长，副总经理霍继安、人力资源处处长张建生任副组长。

1999年6月25日，国家电力公司电网建设分公司印发《预算管理办法》（电网财〔1999〕30号），强化和完善分公司的财务管理工作。

1999年6月25日，国家电力公司电网建设分公司印发《公司档案管理分类规则及分类表》（电网办〔1999〕27号），进一步规范了行政文档和工程档案管理的内容、范围以及参建单位的归档责任。

2000年12月6日，国家电力公司电网建设分公司印发《档案管理办法》《档案管理实施细则》《文件材料归档范围》（电网办〔2000〕127号）。

第二节　工程建设管理制度

1996年7月22日，国家电网建设有限公司制定并印发《科研和咨询项目管理办法（试行）》（电网办〔1996〕21号）以及《科研和咨询项目可行性研究报告》《科研和咨询项目合同》文本格式。

1997年4月7日，国家电网建设有限公司印发《三峡输变电工程长寿至万县500kV输变电工程建设管理办法汇编（暂行）》（电网工〔1997〕52号）。

1997年10月14日，国家电网建设有限公司印发《三峡输变电500千伏变电站设计和建设若干问题的意见》（电网工〔1997〕157号），对三峡输变电工程变电站设计和建设的指导思想、建设规范和项目构成、站址选择、电气接线、设备选择、配电装置、二次接线、土建工程、允许定员等提出了明确要求和意见。

1998年3月12日，中国电网建设有限公司印发《关于印发葛洲坝换流站站用规程的通知》（电网生〔1998〕36号），包括《葛洲坝换流站现场检修规程》《葛洲坝换流站现场试验规程》《南桥换流站现场检修规程》《南桥换流站现场试验规程》，进一步完善公司生产运行管理制度。

1998年5月10日，中国电网建设有限公司印发《中国电网建设有限公司技术改造项目管理规定（试行）》（电网生〔1998〕69号），对公司技术改造项目的申报批准流程、项目的执行、项目的完成验收等做出了规定。

1998年5月18日，中国电网建设有限公司印发《中国电网建设有限公司关于电力安全监督规定的实施细则（试行稿）》《中国电网建设有限公司各级领导人员安全生产职责规定》（电网生〔1998〕74号）。

2000年7月21日，国家电力公司电网建设分公司印发《招投标管理办法》（电网办〔2000〕72号），全篇包括九章四十九条。

电网建设分公司实行本部化管理之后，在三峡输变电工程的建设管理工作中，认真执行国家电力公司、国家电网公司的《安全生产工作规定》《安全生产监督规定》《安全生产工作奖惩规定》《电业生产事故调查规程》《国家电网公司重特大生产安全事故预防与应急处理暂行规定》《国家电网公司电力建设安全健康与环境管理工作规定》《国家电网公司建设项目环境影响评价管理暂行办法》《国家电网公司建设项目竣工环境保护验收暂行办法》等规章制度。还在原有的安全管理制度基础上，补充并印发《交通安全管理规定》《办公室及宾馆消防、治安管理规定》《安全统计、事故报告工作规定》《重大安全生产事故预防与应急处理暂行规定》《安全生产责任制》《建设工程项目法人安全管理工作规定》等制度性文件。在质量管理方面，专门印发《三峡输变电工程“创一流”考核评定办法》《输变电工程质量验评标准》《三峡输变电工程竣工验收大纲》等制度文件。

第三篇　科　技　创　新

在三峡输变电工程建设中，国家电网公司坚持以科技创新为动力，从工程建设管理、系统研究、成套设计、工程设计到设备制造采购、工程施工和调试等各方面大力推行技术创新，投资建设、改造了电力系统仿真中心实验基地、分裂导线力学性能实验室、杆塔试验站等10个科研基地，配合三峡输变电工程建设完成多项重大课题研究，在工程设计、管理、施工、运行维护和技术改造等方面，实现重大自主技术创新20多项、技术改进150多项，主要有变电站实施微机监控、保护下放技术，示范变电站设计，直流换流站新技术，串联补偿技术，路径优化设计，大截面导线送电线路技术，大跨越优化设计，拥挤线路路径优化设计，绿色环保线路设计，紧凑型输电线路技术。在绝缘子选型、海拉瓦选线、长江大跨越、紧凑型线路、720mm^{2}导线设计和应用等项目上，取得了技术突破，达到世界先进水平，全面提高了三峡输变电工程建设的水平，确保了三峡输变电工程建设的全面完成，为国家节省了大量的建设资金，创造了巨大的经济效益。

本篇重点记录科研基地建设、规划设计创新、线路设计与施工技术创新、交流输变电技术创新、直流输电技术创新、设备国产化、调试运行及标准规范制定等三峡输变电工程建设中的科研创新成果，同时还汇集了工程获奖和专利情况。

第一章 科技创新思路与科研项目立项

第一节 科技创新思路

在三峡输变电工程建设中，国家电网公司坚持以自主开发、中外合作、以我为主，加强用户与供货商合作，并坚持以企业为主体，以工程为依托，加强科研投入，加强人才培养，实施产、学、研结合，以创造国际一流的工程设计、建设管理、施工技术水平和全面实现设备国产化为科技创新总目标。在确保三峡输变电工程建设全面完成的同时，产生了大量科研成果，为电网发展奠定了坚实的基础。

一、坚持科技创新思想，坚持创一流工程、一流质量、一流效益目标，指导工程建设

三峡输变电工程作为三峡工程的重要组成部分，受到党中央、国务院、国务院三峡工程建设委员会的深切关怀和高度重视。为了不辜负党中央、国务院和全国人民的重托，国家电网公司在接受三峡输变电建设任务之初就明确提出“一流的设计、一流的施工、一流的效益、一流的管理”的建设目标，制定了“创一流”工程的标准。

在工程建设组织中始终坚持“科学技术是第一生产力”，密切结合工程实际，积极进行科技创新，依靠科技进步，采用先进成熟的技术，确保安全优质，节省投资，节约占地，控制造价，把三峡输变电工程建设成为一个一流的设计、一流的施工、一流的质量、一流的效益和一流的科学管理的一流工程。

1996年6月18日，电力部副部长陆延昌在第四次三峡输变电工程工作会议上的讲话中提到，对三峡输变电工程的要求主要是三条：一是要求三峡输变电工程如期建成，确保三峡电力全部可靠送出，保证初期发电的效益；二是要求依靠科技进步，采用先进成熟的技术，安全优质，节省投资，节约占地，控制造价，把三峡输变电工程建设成一个有一流的设计、一流的施工、一流的质量和一流的科学管理的一流工程；三是要求把三峡电力系统建成一个安全、稳定、灵活、高效益、高水平的电网。周小谦在会议上的工作报告中提到，对三峡工程，李鹏总理发出号召，“我们要在世界上争口气”“要创一流工程”；三峡输变电工程是三峡工程的一个重要组成部分，决不能拖三峡工程的后腿，我们要以高度的责任感，从规划、设计、施工到运行管理，各个环节把好质量关，以一流的设计、一流的施工、一流的管理，来确保建成一流的三峡输变电工程。为此，我们必须要敢于与世界先进水平的工程比高低，要通过调查研究找出当前我国输变电工程建设中与国外工程的差距，要从设计、设备、器材的选型到施工质量、工艺水平的把关等方面进行全面调查研究，找出差距，并研究缩小或消灭差距的措施与办法，真正把三峡输变电工程建成一流的工程，进而推动全国输变电工程建设水平在21世纪赶上和达到国际先进水平。

二、以企业为主体，以工程为依托，实行产、学、研相结合，推进自主创新，提高企业的自主创新能力和市场竞争力

三峡输变电工程设备国产化研发是一个系统工程，涵盖研究、设计、试制、试验、生产、运输、安装、运行等环节，仅仅依靠企业本身的力量是无法完成的；而在关键技术领域的创新，也往往牵扯到多专业、多学科，涉及许多单位、部门和人员，必须按照突出重点、带动全面的思路，通过组织开展分工合作，使行业的优势资源得到有效协调和充分利用。因此在三峡输变电工程中国家电网公司依据这一思路，从企业创新能力的基础水平出发，大力推动中国机械工业联合会、中国电力工程顾问集团公司、电力设备制造厂家、知名大学、科研院所等的合作，充分发挥各方优势，聚集了国内大批优秀人才，组织阵容强大的设备和关键技术攻关队伍，形成以企业为主体、以三峡输变电工程为依托，产、学、研相结合的自主创新体系，推进设备国产化研发、创新以及关键技术研究，使创新成果直接服务于工程建设。

三、加强管理，重视科研基础设施建设，组织重大课题的创新研究

为满足三峡输变电工程建设以及电力快速发展对科研与技术开发的要求，国家电网公司从工程建设初始就意识到必须加强管理，重视科研基础设施建设。在三峡输变电工程全面开工建设之初，国家电网公司投资建立了拥有41台发电机/负荷模型、140个线路链、2个双极直流模型的电力系统仿真试验中心；可进行同塔多回、750kV、1100kV线路杆塔力学试验的杆塔试验室；可进行分裂导线振动、间隔棒疲劳、导线疲劳、蠕变等试验的导线力学试验室；研究电磁干扰者和被干扰者之间关系及对环境影响的电磁兼容实验室等具有国际一流水平的科研基地，在电力系统规划、设计以及输变电设备等方面进行了广泛的研究，重大科技课题研究取得了一系列国际、国内领先的科技成果，获国家级科技进步奖3项、省部级科技进步奖19项、发明专利35项。为三峡输变电工程建设系统研究、单项工程的科学研究提供了有力支持，为工程顺利建设和安全稳定运行做出了突出贡献。

三峡输变电工程建设是一个系统工程，涵盖建设管理、设计、设备制造、施工、调试、运行等方面内容，涉及要研究解决的重大课题非常多。国家电网公司充分意识到重大课题的创新研究对于保证工程顺利建设的重要意义，在立项、计划经费、技术力量等方面组织落实好重大课题研究工作，充分发挥国家电网公司所属科研、建设和运行等单位在超高压交、直流输变电工程所积累的丰富经验，加强与设备厂家等单位的合作，组织调动相关部门合作进行重大课题创新研究，有效保障了重大课题创新研究工作的进展。

四、重视技术引进、消化、吸收和再创新，重视科技成果的推广应用

为贯彻国家直流技术国产化的重大产业政策，国家电网公司在三峡输变电工程建设伊始，对于国内尚不具备设计制造能力的大容量超高压直流输电设备，采用了“引进技术、消化吸收、联合设计、分包制造”的政策方针，始终坚持自主研发再创新和积极消化吸收国外先进技术相结合的方针，主动加强与中国机械工业联合会和国内电工制造企业的交流和协作，全力支持我国电工制造业的技术升级和发展。在通过引进国外先进的设备，消化吸收其先进的设计、制造技术和工艺等基础上，从企业创新能力的基础水平出发，按照原始创新、集成创新和引进消化吸收再创新的不同类型，结合实际分类协调，以掌握核心技术和实现国产化为主要目标，协调组织各种力量进行联合攻关，进行自主研究、二次开发，促进了设备国产化的实现。

通过三峡输变电工程建设，我国对世界两大直流输电工程承包商——ABB公司和SIEMENS公司进行了直流输电系统研究、换流站设备成套、一次/二次设备制造等方面全面的技术引进，并且在国务院三峡工程建设委员会的正确领导和大力支持下，依托灵宝背靠背工程，以及三峡—上海±500kV直流输电工程（简称三沪直流工程）国产化政策的实施，巩固和发展了技术转让消化吸收成果，掌握了换流站成套设计、直流主设备、直流控制保护的核心技术，实现设备制造的国产化，并形成了部分具有自主知识产权的技术，逐步达到了可完全自主建设常规直流工程的高度。

国家电网公司在三峡输变电工程建设中还特别重视科技成果的推广应用，使科技创新成果工程化，并通过工程实践不断总结、完善和提高，充分发挥科技创新的作用。

在三峡输变电工程建设过程中，一大批工程科技创新成果有针对性地得到了推广和应用，不仅提高了工程质量、科技含量和技术水平，而且实现工程多、快、好、省的综合效益目标。例如通过“三峡电站 500kV 线路跨越船闸取消防护网对航运安全影响”的研究，成果采纳应用之后取消了防护网设计方案，极大地保护了三峡工程的景观环境，同时节约了上千万元的建设资金。政平—宜兴 500kV 线路在国内外首次应用了同塔双回路紧凑型设计成果，大大节约了占地走廊，提高了输电系统的能力，解决了城市和特殊地区输电线路走廊紧张的矛盾。在工程中国内首次应用自行研制的 ACSR-720/50 钢芯铝绞线、五大类共 61 种大截面导线（ACSR-720/50）金具，替代进口线路材料，节约外汇 2361 万美元，降低了工程投资。三峡输变电工程中，先后建设直流输电工程 4 项，通过科技成果推广应用，直流输电工程设备国产化率逐步提高：三常直流工程为 30%，三广直流工程为 50%，三沪直流工程为 70%，灵宝换流站达到了 100%。

五、增大科研投入，为科技创新提供资金保障

国家电网公司深刻意识到资金投入是科技创新的物质基础和重要前提。在三峡输变电工程建设中，国家电网公司一方面引导和激励企业增加自主创新投入；另一方面，考虑到企业受资金实力的限制，完全靠企业解决科技创新所需的经费压力很大，因此在重点实验室建设及重大课题研究等方面都设立了专项资金，增大科研的投入，将科研工作作为工程建设的重要环节，为开展设备研发和科技创新提供有力的资金保障，确保了各项科研工作的顺利进行。

六、加强人才培养，建设科技人才梯队

科技工作的持续开展，关键要形成一支高素质的科技人才队伍。因此在三峡输变电工程建设中，国家电网公司将加强人才培养、建设科技人才梯队当作是一项重要的、长期的工作来抓。工程建设中注重加强对具有科技攻关能力和科研潜力的业务骨干的培养，加大对人才的教育、培训、锻炼力度，鼓励学习深造，借助工程抓好人才梯队建设，制定中长期业务骨干培养发展规划。同时注重一线人员整体水平和素质的培养，注重发现“好苗子”，为其提供平台，营造环境，使他们逐步成为业务骨干和科技活动的生力军，并作为人才梯队的储备。通过三峡输变电工程建设，为交直流输变电工程建设培养和积累了大批人才，建设了一支在输变电相关业务上具有较高水平的高素质科技人才队伍，为我国今后输变电工程建设奠定了坚实的人才基础。

摘编自：

1.《在第四次三峡输变电工程工作会议上的讲话》，陆延昌，1996 年 6 月 18 日。

2.《在第四次三峡输变电工作会议上的工作报告》，周小谦，1996 年 6 月 18 日。

第二节 科研项目立项情况

从“七五”开始，水利电力部、电力工业部、中国电网建设有限公司、国家电力公司、国家电网公司先后安排实施了 138 个科研项目，保证了将三峡输变电工程建成精品工程，保证了工程的顺利实施和系统的稳定运行，满足了三峡电力送出的需要，并为全国电网的互联奠定了坚实的基础。下面摘录了部分档案关于三峡科技项目立项的简要情况。

（1）水利电力部于 1987 年 7 月下达了《关于下达“七五”国家科技攻关项目“三峡工程电力系统规划的关键技术研究”的经费通知》，共安排了 7 项课题，经费总额约 101 万元。课题分别为三峡电力系统网络结构、多大区电力系统互联及运行特性分析、三峡交直流混合输电仿真系统、电力系统对三峡电站大型电力设备运行参数的要求及可行性研究、长江中上游干支流及邻近地区水电站优化开发及对三峡电站影响、水库群优化补偿调节和三峡水库综合利用优化调度、三峡梯级电站短期优化运行，分别由水电部电力科学研究院、水利水电规划院、水利水电科学研究院（南院）承担。

（2）电力工业部于 1994 年 3 月下达了《关于下达“八五”国家科技攻关项目“三峡工程电力系统规划和运行关键技术研究”经费的通知》，共安排了 5 项课题，经费总额约 22 万元。课题分别是三峡电力系统能源规划与电源规划研究、三峡电站输电网络研究、三峡电站远距离输变电关键技术研究、三峡电站跨流域调度和集中控制技术研究、三峡电站调峰作用与最终的容量研究，分别由电力部电力科学研究院、武汉高压研究所、南京自动化研究所和水利水电科学研究院承担。

（3）“九五”国家重大技术装备研制和国产化项目“三峡水利枢纽工程成套设备”（编号 97-312-02）。

摘编自：

1.《关于下达“七五”国家科技攻关项目“三峡工程电力系统规划的关键技术研究”的经费通知》，水利电力部，1987 年。

2.《关于下达“八五”国家科技攻关项目“三峡工程电力系统规划和运行关键技术研究”经费的通知》，电力工业部，1994 年。

3.“九五”国家重大技术装备研制和国产化项目“三峡水利枢纽工程成套设备”（编号 97-312-02），电力工业部，1997 年。

4.《关于同意开展三峡工程论证及可行性研究阶段性评估工作的批复》，电力工业部，1997 年。

5.《关于促进全国联网和特高压输电工作有关事项的通知》，电力工业部，1994 年。

第二章　科研基地建设

为满足三峡输变电工程建设以及电力快速发展对科研与技术开发的要求，在三峡输变电工程建设期间，国家电网公司投资建设、改造了电力系统仿真中心实验基地、分裂导线力学性能实验室、杆塔试验站、电磁实验室等一批重点实验室/基地，成立北京网联直流输电工程咨询有限责任公司，培养了一大批直流技术人才，为三峡输变电工程顺利建设提供了有力的技术支撑，同时也为三峡输变电工程建成奠定了坚实的基础。

第一节　电力系统仿真中心实验基地

20 世纪 90 年代中期，举世瞩目的三峡工程进入实施阶段，我国跨大区电网互联也同时揭开了新的宏伟篇章。为解决三峡直流输电工程的关键技术问题，从 1995 年至 1997 年 11 月，在中国电力科学研究院直流模拟装置和暂态网络分析仪（TNA）的基础上，电力部组织建成了电力系统仿真中心，并依托三峡工程建设，从加拿大引进了数模混合式电力系统实时仿真装置，可以完成交、直流系统中由电磁暂态到机电暂态全过程的仿真研究。1998 年 7 月，由国家电力公司组织并通过了对仿真中心建设的鉴定验收。

三峡电力系统规模巨大，且为交、直流联合电网，其重要性和复杂性都是空前的。由于当时我国缺乏大电网的规划、建设和运行经验，需要利用物理仿真的手段对其做详细研究。为深入研究三峡电力系统的关键技术问题，国家电网建设有限公司与电力部电力科学研究院合作，在电力部电力科学研究院内建设数模混合式“三峡电力系统仿真中心”（简称仿真中心），建设目标定为能较详细地模拟两个大区电网联网的规模。

仿真中心建设分两期进行，总投资 5511 万元。第一期建设投资 4486 万元，其中，电力部电力科学研究院投资 2168 万元（含已有直流模拟实验室资产），国家电网建设有限公司投资 2318 万元。建设工作从 1995 年 6 月开始，从加拿大 TEQSIM 公司引进数模混合式实时仿真设备，1997 年 11 月通过引进设备的现场调试。1998 年 7 月由国家电力公司组织了鉴定验收，鉴定意见认为，仿真中心的技术和功能达到了国际先进水平。第二期建设由国家电力公司投资 1025 万元。建设工作从 1999 年 12 月开始，于 2002 年 5 月完成，仍从加拿大 TEQSIM 公司补充引进数模混合式实时仿真设备。

仿真中心建成后的实验室设备规模是 20 世纪 90 年代亚洲最大的，达到了能较详细地实时模拟两个大区电网联网系统的目标。利用仿真中心的试验设备，首先开展了与俄罗斯动态模拟的比对试验研究，进一步论证了三峡电力系统规划方案的安全可靠性。随后，紧密结合三峡电力系统规划和建设中的关键技术问题开展了一系列试验研究，取得的主要成果如下：

（1）开展了三峡电力系统网络结构及其与周边电网联网方式的试验研究工作，由于准确地模拟了直流系统的换流阀、控制系统等元件，在系统的机电暂态过程中反映了直流系统真实的运行工况，取得的试验研究成果为三峡电网与周边电网的联网方案提供了技术依据。

（2）开展了三峡输电系统第一项直流输电工程（三常直流工程）的系统试验研究工作。根据三常直流工程系统试验大纲，在仿真装置上进行了仿真试验研究，检验了该工程的主要设备参数、控制保护功能和交直流系统相互影响特性，为编写系统试验方案提供了技术依据。

（3）开展了三峡输电系统第二项直流输电工程（三峡—广东直流输电工程，简称三广直流工程）的试验研究工作，检验了该工程的控制保护功能和技术参数，找出了存在的不足之处，为三广直流工程的安全运行提供了技术依据。

（4）针对三常、三广直流工程投运以后发现的问题，在仿真装置上进行了数十次事故的重现和分析，搞清原因并提出了反事故措施，为三峡直流工程的正常运行提供了技术服务。

摘编自：

1．《“电力系统仿真中心”立项及验收报告》，国家电力公司，1998 年。

2．国家电网公司，《中国三峡输变电工程　科技创新卷》，中国电力出版社，2008 年。

第二节　分裂导线力学性能实验室

三峡送出工程应用了大截面分裂导线，由于其特殊的力学性能，我国原有试验设施已不能适应试验研究的需要。经过多次专题报告、专家评审，由国家电力部审查批准，决定在我国当时唯一的输电线路机械力学试验基地（北京电力建设研究所）建设新的分裂导线力学性能实验室，实验室先后承担了国家“九五”科技攻关项目子项目“大截面四分裂导线防振试验研究”和“大截面导线配套金具研制”，完成了三峡输变电工程大截面导线以及其他线路导线的疲劳性能和蠕变性能试验研究等多项科研课题，取得了良好的经济与社会效益，也为今后更大截面导线的应用提供了技术储备。

北京电力建设研究所（简称电建所）独立承担了“分裂导线力学性能实验室建设”项目，电建所领导对项目非常重视，组成了以尤传永副所长为组长的课题组，课题组成员包括电建所导线金具研究室的专业骨干及电建所的有关管理人员等十多人，同时也充分利用了社会资源，确保按时优质完成了项目计划。

该项目累计投资 1160 万元，开始于 1998 年 1 月，结束于 1999 年 12 月；完善项目开始于 2001 年 5 月，结束于 2002 年 12 月。该项目没有现成的成套设备可以选用，全部为新研制。

新建成的分裂导线力学性能实验室包括微风振动实验室、分裂导线间隔棒振动实验室、疲劳振动实验室及导线蠕变实验室四个实验室。其中微风振动实验室的试验档距长 156.5m（自由档距 140m），可进行多分裂导线微风振动试验研究工作。分裂导线间隔棒振动实验室建有两个试验档距可进行垂直、水平、扭转不同类别的振动试验，同时还研制了顺线振动装置可进行顺线振动试验。疲劳振动实验室在设计时考虑并且增加了相关设备，试验能力扩大了，不仅可开展单导线疲劳试验，还可进行四分裂导线间隔棒疲劳试验。导线蠕变实验室采用立式布置，具有良好的恒拉、恒温及较高的蠕变测量精度，可同时进行六根导线（地线）试件蠕变试验。

完善后的分裂导线力学性能实验室新增的主要有大电流、扭力矩和过滑轮性能实验室 3 个实验室。大电流实验室具备两套加载系统，即 500kN 液压加荷系统和 20kN 荷重块加荷系统，可满足不同试验要求；大电流发生系统可产生 8300A 的电流，满足大容量电气试验；测控和数据采集与处理系统可实现对电流的闭环自动控制，数据实时采集处理，功能齐全，操作简便；温度控制系统的控制精度±2℃，满足试验对环境要求，具备进行绞线交流电阻、绞线载流量温升、金具节能试验、绞线线膨胀和绞线高温综合拉断力、液压耐张线夹及接续管高温握力的试验要求。扭力矩试验装置的建设符合合同规定的各项技术条件，能够满足工程和科研对导线/地线、OPGW 扭力矩试验的各种要求，可以为国内导线/地线、OPGW 及钢丝绳等绞线的扭力矩试验提供服务。过滑轮试验装置的建设符合合同规定的各项技术条件，满足工程和科研对导线过滑轮试验的各种要求，可以为国内导线过滑轮试验提供服务。

实验室的建设不仅要完成专用设备设施的设计和研制，还要完成试验技术和试验方法的一系列研究。主要开展了以下 8 个方面关键设备和关键技术的研究。

1．液压振动设备研制

导线微风振动的频率范围通常在 3～100Hz。与电磁振动台激振相比，液压振动台具有良好的低频振动性能，低频可达 0.5Hz，同时具有缸体直径小的特点。由于导线振动要求低频性能好，激振力大，但惯性力要小（质量小），因此其研制难度较大。本项目共研制成四种振动型式（垂直、水平、扭转、顺线）的液压振动台共 8 套。经测试各项参数达到原设计要求。

2. 大载荷、多功能终端设备、设施研制

终端设施包括张拉端门型构架、牵引端门型构架、可动式分裂导线挂线装置、3×31 子导线牵引系统、液压加载装置、大型隔能装置及起重设备等一系列设备和设施。以微风振动实验室为例，其特点是载荷大、挂点多、功能强、精度高、性能好。导线疲劳实验室具有 3 条试验线段，最大载荷为 400kN。

3. 导线蠕变实验室研究

实验装置的设计借鉴了国外（意大利）的经验和国内蠕变试验中的经验与教训，选用了筒形立式布置方式。它有利于导线恒拉，并给导线提供足够的单向伸长空间（包括导线受拉后的弹性变形、结构变形和蠕变伸长），保证了蠕变量的测试精度。

实验室内径 3.5m（外径 4m），净高 8.8m，试件长度 6.5m。沿筒均布 6 根试件，配有 6 套蠕变测长装置。研制的温控仪精度达到 0.1℃，采用 PID 调节器进行的温控精度更高。研制的测长仪采用差动位移传感器，测量精度 0.5‰，满足测量精度 2με 的要求。

该实验室的技术条件满足蠕变试验对恒拉、恒温及高精度测量蠕变量的综合技术要求，可进行常温条件下的导线蠕变试验。

4. 振动系统自动闭环控制研究

通过研究，解决了导线固有频率识别（力与速度相位差最小判别法）、导线系统振动的稳定（信号反馈控制理论）及对振动参数的控制技术。开发了导线振动包括微风振动、间隔棒及导线疲劳三个实验室各种振动的闭环自动控制系统和手动操作系统。振动系统自动闭环控制的研究成功提高了我国导线金具振动试验技术水平，为提高振动试验质量做出了贡献。

5. 多通道大容量振动测试系统及数据采集系统研制

本项目分别研制成三个振动实验室不同振动形式下的六套测试系统，其特点是测试参数种类多（力、速度、功率、振幅、应变、蠕变、温度等）、测试容量大、通道多、测试距离长（120m）、抗干扰难度大，因此动态实时数据采集与处理技术难度大。此系统研究成功与否是实验室能否建成的关键技术之一。对于以后 10 分裂导线试验，其动态测试量为 140 个，静态张力为 11 个，总计达 151 个之多，现已留出余量，今后只需补充部分仪器即可实现 10 分裂导线的振动试验研究。由于实验室毗邻中央电台发射塔，加之信号测试距离很长（120m），因此干扰问题十分突出。本项目采用中央集中控制测试方案，从防电源干扰开始，研究了传输中减少电磁干扰与静电感应的方法，采取了合理布线、地下走线、测试系统单点接地、增设接地网降低接地电阻（0.3Ω 以下）等措施，最后通过滤波和软件处理进一步减弱信号接收干扰，从而满足测试要求。

6. 扭力矩试验装置研究

扭力矩是绞线（包括导、地线和架空光缆）的一个固有参数，反映绞线的绞合状况。导线试件的状态为上端固定，下端通过连接金具与刻度盘、荷重块相连。荷重块可自由转动。试件固定端夹头出口至对自由端夹头出口间的长度为（31±0.1）m。导线试件加载范围为 0%～50%的计算拉断力，采用分级加载模式，每次加载 10kN 荷载，分别测量每级荷载下试件的扭转角、扭转力和力臂值。分别对扭力矩值—荷载曲线和扭转角度—荷载曲线进行拟合，求得导线试件在荷载为 50%计算拉断力时的扭力矩和扭转角。

7. 过滑轮试验装置研究

导线过滑轮性能是指导线在张力放线过程中，能多次通过滑轮而不出现起灯笼，不过分磨损导线的性能。试验张力为 20%计算拉断力或由委托方指定。

（1）试件有效长度：试件两端的夹头之间的有效长度不小于 21m。

（2）滑轮直径：不同种类导线适用不同的滑轮直径。

（3）包角：30°±2°（或由委托方指定）。

（4）循环次数：10 次（或由委托方指定）。

（5）移动行程：正、反向各6m。

（6）验收判据：试样通过滑轮规定牵引的次数后，将试件移出测试装置，观察试件表面有无任何损伤，检查是否有明显松股、起灯笼，若无明显变化，试验通过。若发生明显的机械损伤，如成灯笼形或线股断裂，产品试验失败，判为不合格。或按用户要求进行验收。

8. 试验方法研究

本项目参考国外文献及总结国内振动试验的经验，系统地进行了导线微风振动试验方法、间隔棒振动试验方法、导线疲劳试验方法、导线蠕变试验方法、导线膨胀试验方法、导线过滑轮试验方法和导线扭力矩试验方法等研究。这些试验方法将完全适用于今后的导线金具振动试验，并与国际上的有关导则、标准相一致。

摘编自：

1.《"分裂导线力学性能实验室建设"立项及验收报告》，北京电力建设研究所，1998年。

2. 国家电网公司，《中国三峡输变电工程　科技创新卷》，中国电力出版社，2008年。

第三节　杆塔试验站技术改造

我国自20世纪50年代开始筹建的杆塔试验站具备500kV单回路30°转角塔和500kV双回直线塔的试验能力。三峡水电站电力输出工程的开工建设和超/特高压输电联网项目的启动，对杆塔结构的真型试验检验提出了更高要求，杆塔试验站应能满足500kV双回30°～60°转角塔的试验要求。因此需对杆塔试验站进行技术改造，全面提高试验能力、试验精度及技术水平。杆塔试验站技术改造项目的完成为三峡送出工程和超/特高压联网工程提供了强有力的技术支撑，可促使杆塔结构的设计、科研工作上一个新的台阶。此次改造完成后，为进一步提高杆塔试验站自动化水平和数据分析水平，为后续特高压交直流工程研究建设奠定了坚实基础。

该项目由北京电力建设研究所独立承担完成，累计投资920万元。项目开始于1998年1月，结束于1999年12月；完善项目开始于2001年5月，结束于2002年12月。该项目没有现成的成套设备可以选用，全部为新研制。此次改造的最终目标是在满足500kV双回30°～60°转角塔（4XLGJ—500/45导线）和1000kV单回直线塔的试验要求的前提下，全面提高杆塔试验站的试验精度和技术水平。为保证改造项目顺利执行，将整个项目分为三个部分。

1. 土建与结构改造

该部分是进行杆塔试验最基本的设施改造，在改造项目中投资和工程量较大。由于试验目标由满足500kV单回路30°转角塔和500kV双回直线塔的试验要求提高到需满足500kV双回60°转角塔和1000kV单回直线塔的试验要求，试验塔的基础反力和加荷塔所承受的荷载大幅增加，需对万能试验基础、横向加荷塔进行改造。万能试验基础改造的目的是提高万能基础的单腿上拔力。采用铁塔单腿通过双钢梁固定以分散基础作用力的方法来提高单腿上拔力，计算表明可由将单腿上拔力由3000kN提高至4000kN，并设计加工了两套基础钢梁水平支撑限制基础水平位移。横向加荷塔的改造主要内容是补强加荷塔。通过对试验塔的尺寸和荷载的分析，对原横向加荷塔16、40m横梁及40m以上主材、斜材进行了补强。横梁上每挂点承载力可达到200kN。在土建方面同时配套完成了配电室的改造和液压加荷室土建部分的改造。

2. 液压加荷和测控系统改造

由于试验塔荷载及荷载点的增加，横、纵向液压加载系统各增设了6套液压伺服加载装置，单缸加载能力为300kN。为提高杆塔试验站的试验精度和技术水平，在调研分析国外杆塔试验站试验控制指标和IEC 60652—2002《架空线建筑物的负荷试验》的基础上对液压加载测控系统进行了改造，计算机闭环液压加载测控通道数达到了36个通道。测控系统误差小于1%（F_s），满足IEC标准；液压加荷装置能自动协调加载；荷载数据和百分数可通过屏幕实时显示，可实现荷载值的打印输出和自动保护，可连续存储 99 个数据文件，可保存和输出杆塔破坏前 1min 的动态荷载。

3. 杆塔试验配套项目的改造

为提高技术服务水平，配置了录像监视系统，可方便地监视杆塔试验变化过程。对力标定机与材料试验机进行了更新，更新后的设备行程大、量程范围广，既可校准仪器也可做材料性能试验。对结构模型试验设施进行了配置和完善，使部件试验室具有更强的结构部件和模型试验能力，并配备了杆塔设计计算软件和硬件系统，以配合杆塔试验开展分析研究，使杆塔试验更加科学。此次改造是在强干扰现场实现毫伏级信号远程测控，实现多点、大吨位荷载的稳定、协调、自动加载，涉及液压、测控、电子、自动化、结构、土建和计算机等多方面专业知识，且时间紧，技术难度很大。由于试验系统国内只此一家，设想和技术方案只能靠自己消化、吸收、改进，摸索着进行。承担人员在项目执行过程中首先消化、了解原有系统的软硬件工作原理，并在改造中解决了扩充的新系统出现的新问题，保证整个系统安全平稳地过渡，同时兼顾了试验站正常的杆塔试验任务。

摘编自：

1.《“杆塔试验站技术改造”立项及验收报告》，北京电力建设研究所，1998 年。

2. 国家电网公司，《中国三峡输变电工程　科技创新卷》，中国电力出版社，2008 年。

第四节　电力系统电磁兼容实验室

为了支撑三峡输电工程建设，解决日益复杂的电磁兼容问题，国家电力公司于 1998 年组织建设了电力系统电磁兼容实验室，实验室开展了 500kV 变电站电磁骚扰和保护小室规范化设计研究（成果应用于三峡输变电工程的南昌 500kV 变电站，为国内首个保护下放的 500kV 变电站）、三峡电站 500kV 线路跨越永久船闸对过闸船舶的通信干扰和工频电场安全问题研究等多个科研课题，研究成果直接应用于三峡输变电工程建设中，进一步降低了工程造价。同时，由于电磁兼容实验室的建成及先进电磁兼容实验设备的配备，2000 年国家质量技术监督局批准成立了全国电磁兼容标准化技术委员会，秘书处挂靠在该实验室。借助实验室的条件，制定了几十项国家标准和电力行业标准。

1. 电波暗室

电波暗室是电磁兼容实验室的基础设施。电波暗室的有效可用空间为 10.8m×6.8m×7m。吸波材料的工作频率为 26M～18GHz。为保证电波暗室的技术水平和质量，通过招议标方式，从 5 家外国专业制造商或承包商中选择了 1 家进行电波暗室建设。从 1999 年 3 月开始，历时 5 个月，完成了电波暗室及控制室、放大器室和辅助设备室三个小室的屏蔽，吸波材料和滤波器安装，并通过了国外独立测试机构的屏蔽效能测试、电波暗室的场地衰减和场均匀性测试。由于采用了国际先进水平的全气动平移屏蔽门和复合吸波材料，并且屏蔽主体采用了焊接结构，以及围绕电波暗室的三个小屏蔽室的新颖设计布局，国外独立测试机构的测试结果表明，电波暗室的屏蔽效能、场地衰减和场均匀性等性能指标均达到或优于设计要求。具体指标如下：①屏蔽效能，在 1M～4GHz 范围屏蔽效能大于 100dB，在 10kHz 时也大于 60dB；②场地衰减和场均匀性测试，±3～±3.4dB 的频点不到 0.5%，其余均小于±3dB（CISPR 出版物和美国 ANSI 标准均规定场地衰减不大于±4dB，合同的要求是不大于 3.5dB）。屏蔽效能、场地衰减和场均匀性三个指标的测试结果已在美国 FCC 备案。建成的电波暗室是当时国内唯一的符合 3m/5m 法要求的 EMC 暗室，也是近年来国内全套引进的先进的电波暗室中屏蔽结构体创新地采用架空钢板焊接的电波暗室。

2. 配套实验室

配套实验室包括抗扰度实验室，低频电磁场实验室和研发用实验室等。抗扰度实验室装备了全套进口的先进抗扰度试验设备，能进行 IEC 61000-4《电磁兼容测试标准》系列标准的全部试验，而且设备参数高于相应标准最高试验等级的要求，可以对运行在 500kV 变电站电磁环境中的设备进行抗扰性能考核，也可以模拟更严酷的电磁环境。同时还可以进行各种低频和高频传导骚扰的测量，如谐波测量、无线电骚扰电压和吸收功率测量等，配备两套进口电磁骚扰接收机和相应配件；直径为 3m 的平板电极可产生标准的低频电场；研发用实验室为科研和开发提供了场地，三峡电站 500kV 线路跨越船闸的工程科研试验就在这里进行。

摘编自：

1.《"电力系统电磁兼容实验室"立项及验收报告》，武汉高压研究所，1998 年。

2. 国家电网公司，《中国三峡输变电工程 科技创新卷》，中国电力出版社，2008 年。

第五节 北京网联直流输电工程咨询有限公司实时数字仿真（RTDS）实验室

为全面提升我国直流工程科研设计水平，实现科研、设计、制造、调试全过程技术支持，确保直流工程性能、功能满足设计要求，北京网联直流输电工程咨询公司在国家电网公司电网建设分公司的大力支持下，依托三常直流工程，于 2002 年建立了我国首个用于直流输电工程试验的实时数字仿真（RTDS）实验室，最初仅拥有 1 套 RTDS 装置（三个组件）和 1 套 ABB 技术的单重化的直流控制保护系统。依托这个系统，不仅对直流控制保护系统的引进技术进行了深入细致和全面的消化吸收，并为我国首个自主创新的直流控制保护系统平台（南瑞继保的 9500 系统）进行了测试检验试验，更是首次对应用于灵宝背靠背直流工程的两套国内不同技术路线的控制保护系统进行了现场试验前的联合调试，这个工作取得了重要的成果和经验。此后，国家电网公司所有直流工程的控制保护系统在出厂试验后，均利用 RTDS 实验室进行联调，发现问题并修改完善后再运至现场。在向家坝—上海特高压直流输电工程中，RTDS 实验室历经 9 个月的直流控制保护系统调试及其与换流阀控制系统、测量装置、保护子站与故录系统接口等多达数千项联调试验项目，确保了我国首个容量最大的特高压直流工程的顺利建设。

之后，在国家电网公司的支持下，RTDS 实验室经过两次改造扩建，实验室的规模达到 17 个实时数字仿真组件，拥有覆盖我国直流工程、也是世界领先技术的 ABB/四方 MACH2 和 DCC800 系统、西门子 SymadynD 系统、南瑞继保 PCS9550 系统以及许继 DPS3000 系统。实验室仿真能力达 800 个电气节点、100 台发电机、6 回特高压直流工程、5 端柔性直流工程。结合试验，研究确定特高压直流工程的控制策略，开发出具有自主知识产权的、适用于特高压直流的离线和实时仿真直流控制保护模型。实验室占地约 1300m^2、设备资产逾 1 亿元。2010 年 RTDS 实验室成为国家电网公司重点实验室；2011 年 11 月通过国家能源局验收，成为国家能源局首批批准设立的 16 个研发（实验）中心之一，图 3-1 所示为网联公司实时仿真实验室落成投运仪式。

图 3-1 网联公司实时仿真实验室落成投运仪式

RTDS 实验室不仅对各项直流工程的控制策略和参数、保护原理和定值，以及重要接口设备的匹配进行测试和验证，及时对直流工程运维中发生的问题和现象进行跟踪并提出解决措施，同时在联调过程中还单独进行运行人员的培训，针对不同工程中的关键技术进行深入的研究，为直流工程的成套设计和运行奠定了重要的基础。在特高压直流工程中，RDTS 实验室特别针对优化换相失败控制保护策略、与系统安自装置的配合及直流系统阀区和直流线路故障重启策略、分层接入以及接地极线路故障清除策略等关键技术进行了深入研究及优化工作，为进一步提高特高压直流工程可靠性提供了重要的技术支持。表 3-1 为 RTDS 实验室在直流工程控制保护系统联调中的工作示例。

表 3-1　　RTDS 实验在直流工程控制保护系统联调中的工作示例

时间	工程	解决的重大问题
2003 年 11 月-2004 年 7 月	灵宝一期	首个基于实时数字仿真的联调试验，两套控制保护切换运行，LTT、ETT 阀同阀厅应用
2007 年 9 月-2008 年 1 月	高岭一期	采用 6 脉动中点接地接线，降低了阀侧绝缘水平，通过联调试验解决控制保护配合问题
2008 年 4 月-2008 年 6 月	黑河工程	中俄联网工程，解决了直流系统与 SVC(弱系统)的协调控制问题
2008 年 12 月-2009 年 4 月	灵宝二期	首次选用 4.5kA 换流阀，首次应用 ABB 新一代技术的控制保护（DCC800），是向上工程的试验项目
2008 年 12 月-2009 年 4 月	德宝工程	首个国产化远距离联网工程，送受端潮流反转，两端对称设计；首个换流站设备分散招标项目，通过联调试验解决各种不同设备间的接口问题；分析和解决直流分压器故障问题
2009 年 1 月-2009 年 10 月	向上工程	首个特高压直流工程，4000A，两站控制保护由不同厂家供货，采用多个厂家的换流阀、换流变压器，通过联调试验解决逾 300 项问题；套管故障识别及控制保护的优化；解决滤波器过载问题
2009 年 5 月-2009 年 9 月	呼辽工程	解决了直流系统接入后的孤岛运行、次同步振荡等问题
2010 年 1 月-2010 年 6 月	宁东工程	单极换流容量最大的直流工程。对许继（西门子）的控制保护平台上引入换相失败预测、正斜率控制等优化的控制策略进行测试和验证
2010 年 6 月-2010 年 9 月	三沪Ⅱ回	送端接地极与龙泉换流站接地极共用，受端与南桥换流站接地极共用，解决了共用接地极的控制问题
2011 年 4 月-2010 年 9 月	青藏工程	针对高海拔、弱系统的特点，采用低电压解锁等策略解决弱系统的接入问题；谐波保护动作分析及定值修订
2011 年 8 月-2012 年 2 月	锦苏工程	采用 4 种技术的换流阀；通过试验完善国内自主技术换流阀的触发逻辑与保护策略，解决直流控制保护与阀、纯光 TA 的接口配合问题；解决运行中触发系统误触发的问题
2012 年 8 月-2012 年 11 月	高岭二期	世界上换流容量最大的背靠背项目，解决了多换流器的协调控制、次同步振荡等问题
2013 年 3 月-2013 年 7 月	哈郑工程	第一个自主化的特高压直流控制保护系统（南瑞生产），与国内自主化阀控系统的联调试验
2013 年 8 月-2014 年 1 月	溪浙工程	许继自主研发的特高压直流控制保护系统，与国内自主化阀控系统的联调试验
2015 年 3 月-2015 年 7 月	厦门柔直工程	首次采用两种实时仿真平台（RTDS 及 RTLAB），对柔性直流工程二次系统进行了全面测试
2015 年 7 月-2015 年 11 月	灵绍工程	确定交流滤波器过电压控制、直流滤波器高压电容器接地保护的策略，验证了在运三大特高压直流四项控制保护优化策略

摘编自：

1．《“直流输电工程实时数字仿真（RTDS）实验室”立项及验收报告》，北京网联直流输电工程咨询有限公司，2002 年。

2．国家电网公司，《中国三峡输变电工程　科技创新卷》，中国电力出版社，2008 年。

第三章 规划设计创新

根据三峡电力系统规划工作需要，在国家“七五”（1986-1990）、“八五”（1991-1995）科技攻关和部级重点项目中安排了数十项重大研究课题，取得了一系列重大科研成果，为三峡电力系统规划方案的合理性及远景适应性提供了坚强的技术支撑。

第一节 国家“七五”和“八五”重点科技攻关项目

从20世纪80年代中期至90年代中期，国家科学技术委员会先后下达了国家“七五”重点科技攻关项目《三峡工程电力系统规划的关键技术研究》（75-16-05）和国家“八五”重点科技攻关项目《三峡工程电力系统科研项目》（85-16-05）。研究工作采用系统工程方法和现代计算分析工具，分为能源规划、电源规划、输电网络规划三个层次。我国多家科研院所、设计单位、施工部门、设备厂家及高校参加，经过十年协同攻关，取得了丰硕的科研成果，有力配合了三峡电力系统的规划论证工作。该项目取得的主要成果如下：

（1）完成了三峡电力工程在全国煤、电、运系统中的经济性论证；开展了三峡工程供电区的经济发展及电力负荷预测。由电力部电力科学研究院（后更名为中国电力科学研究院）、清华大学、西安交通大学各自独立研究开发了电源规划软件，解决了当时国际上一些先进的规划模型尚未解决的问题。

（2）形成了一套输电网络结构研究的新方法，并用于三峡输电网络结构研究，使我国电网优化规划技术提高到一个崭新水平。

（3）采用系统工程的方法，研究了三峡电站及其周围地区水电的优化开发问题；配合长江上中游及邻近地区水火电电源优化，开展了大区互联电网优化结构及联网方式的研究。

（4）对三峡电力系统的暂态稳定、低频振荡、低频减载、负荷频率控制、电压稳定性等进行了大量计算分析，掌握了多大区电力系统互联及运行特性。

（5）开发了水电站群优化补偿调节软件，解决了维数灾难和约束灾难的技术难题，能对多大区电力系统百座以上的水电站进行补偿调节计算；提出了三峡水库综合利用优化调度的多目标决策模型及求解方法。

（6）考虑了中期、短期至超短期几个时间阶段的不同特点，结合发电及航运两个相互关联的因素，提出了三峡—葛洲坝梯级电站优化运行方案，并研究了多机组大容量梯级水电站在多系统联合电网中的优化调度问题。

（7）建立了交直流输电物理仿真系统，为三峡电力系统暂态稳定性能及控制保护装置的研究提供了先进的实验工具。

（8）提出了三峡电力系统安全稳定运行综合技术措施，并构建了与能量管理系统相结合的综合稳定控制系统，对提高三峡电力系统安全稳定运行水平具有重要意义。

（9）确定了三峡电站及换流站大型电力设备运行参数和电站主接线，为三峡电力系统的可靠性评估提供了重要依据。

（10）研究了三峡集资方式、还款能力及投资分摊方法，开展了三峡分时电力电量成本分析及远景目标电价研究，完成了对三峡工程的动能经济效益的综合评价。

（11）提出从我国能源资源分布的特点和经济建设的实际需要出发，逐步实现以三峡为中心的全国电网互联是电力系统进一步发展的必然结果，能够实现更大区域范围内资源优化配置，逐步缩小东西部地区经济差距，这一发展战略的实施加快了全国电网互联的进程。

（12）对三峡电站送出网络规划方案进行了全面的分析研究，提出了三峡电力系统送端和受端的网络结构，以及以三峡为中心的全国联网基本格局，为三峡输电方案的确定提供了科学依据。

摘编自：

1.《三峡工程电力系统规划的关键技术研究》(75-16-05)，国家科学技术委员会，1985 年。

2.《三峡工程电力系统科研项目》(85-16-05)，国家科学技术委员会，1990 年。

3. 国家电网公司，《中国三峡输变电工程　科技创新卷》，中国电力出版社，2008 年。

第二节　三峡电力系统俄罗斯动态模拟试验研究

为了深入检验三峡输电系统的安全可靠性，1995 年 9 月电力部部署了俄罗斯动态模拟试验研究任务，成立了以电力规划设计总院为组长单位，中国电力科学研究院为副组长单位，中南电力设计院、华东电力设计院、西南电力设计院等单位为工作组成员的工作小组，对三峡输电系统结构及安全可靠性开展全面试验研究。试验研究分为三个阶段进行。

第一阶段为 1995 年 9 月-1996 年 10 月国内仿真计算阶段，完成的研究报告包括《第一卷　总论》《第二卷　三峡电力系统基础资料汇编》《第三卷　三峡电力系统潮流计算分析》《第四卷　三峡电力系统稳定计算分析》。

第二阶段为 1997 年 6 月-1998 年 10 月俄罗斯动态模拟试验阶段，完成的研究报告包括《技术报告之一　三峡电力系统动模试验研究总报告》《技术报告之二　三峡电力系统动模试验用等值方案研究》《技术报告之三　三峡电力系统动模试验用建模方案》《技术报告之四　三峡电力系统 2005 年动模试验研究》《技术报告之五　三峡电力系统 2010 年动模试验研究》。

第三阶段为国内数模混合仿真与俄罗斯动态模拟对比试验阶段。通过试验研究，提出了网络结构改进方案和安全稳定措施，改善了电网中的薄弱环节和断面，增强了系统的阻尼特性，提高了三峡电力系统的安全稳定性。所得到的结果与俄罗斯动态模拟试验结果总体一致。

总结上述三个阶段的试验研究工作，得到的主要结论如下：

（1）三峡输电系统在一般和严重故障条件下都具有较高的稳定水平，能很好地满足 DL 755—2001《电力系统安全稳定导则》的要求。在采用快速励磁的三峡、二滩、阳城等主要电站机组励磁系统配置电力系统稳定器（PSS）能有效抑制低频振荡。

（2）三峡系统 2010 年输电网络作为三峡建成后的目标网络，能较好地满足多种运行方式下系统运行的要求，并有一定的安全裕度。

（3）直流输电系统各种故障引起的单极或双极闭锁都不会导致送、受端交流系统失去稳定和系统频率大的变化；交流系统发生故障后存在直流发生换相失败的现象，但故障消除后，直流输电系统能够恢复正常运行，证实了采用直流输电方案在技术上是可行的。

摘编自：

1.《关于报送俄罗斯动模试验汇报的报告　第一卷　总论》，俄罗斯动模试验研究工作组，1995-1996 年。

2.《关于报送俄罗斯动模试验汇报的报告　第二卷　三峡电力系统基础资料汇编》，俄罗斯动模试验研究工作组，1995-1996 年。

3.《关于报送俄罗斯动模试验汇报的报告　第三卷　三峡电力系统潮流计算分析》，俄罗斯动模试验研究工作组，1995-1996 年。

4.《关于报送俄罗斯动模试验汇报的报告　第四卷　三峡电力系统稳定计算分析》，俄罗斯动模试验研究工作组，1995-1996 年。

5.《技术报告之一　三峡电力系统动模试验研究总报告》，俄罗斯动模试验研究工作组，1997-1998 年。

6.《技术报告之二　三峡电力系统动模试验用等值方案研究》，俄罗斯动模试验研究工作组，1997-1998 年。

7.《技术报告之三　三峡电力系统动模试验用建模方案》，俄罗斯动模试验研究工作组，1997-1998 年。

8.《技术报告之四　三峡电力系统 2005 年动模试验研究》，俄罗斯动模试验研究工作组，1997-1998 年。

9.《技术报告之五　三峡电力系统 2010 年动模试验研究》，俄罗斯动模试验研究工作组，1997-1998 年。

第三节　部级重点科研项目

（1）三峡电站出线走廊及过江点选择问题的调研报告。提出了三峡电站出线走廊及过江点初步方案，给出了三峡电站出线对交通、居民点、城市建设以及三峡自然保护区无影响的基本结论。

（2）三峡至华东直流输电线路电晕特性的分析与计算。对三峡至华东地区直流输电线路电晕特性进行了详细分析与计算，包括导线表面场强、起晕场强、电晕损失、无线电干扰、可听噪声、地面静电场强等，为三峡输变电工程设计提供了技术依据。

（3）三峡电站 500kV 线路跨越船闸取消防护网对航运安全影响的研究。通过模型试验、室外测量和分析计算，得到的结果表明：8 回 500kV 输电线路跨越永久船闸的电磁场数值，低于国家标准规定居民区的场强允许值；永久船闸地区正常生产运行是安全的，对无线通信设备不产生遮蔽影响；提出相导线采取逆相序布置方案，可以取消防护网的研究结论；同时建议抬高导线对水面的距离，解决了永久船闸中输电线路引起的电磁兼容问题。研究结果对取消船闸的防护网提供了可靠的技术依据，保护了三峡工程的景观环境，同时节约了上千万元工程资金。该结果已经为三峡工程建设委员会正式采纳。

（4）三峡—常州±500kV 直流输电线路电磁环境保护的研究。建议导线对地距离较葛南线和天广线减少 1m，并减小原设计分裂导线距离，工程按此方案设计后，大大简化了导线结构，减小了铁塔横担宽度，不仅大量节约了施工中的人力物力，同时为国家节省了大量建设资金。

（5）三峡工程换流站直流设备外绝缘配置原则的研究。根据我国大气污染状况确定直流开关场和直流线路的污秽水平，为三常直流工程的外绝缘设计提出了必需的数据。该研究成果的应用大大减少直流输电工程的外绝缘事故，提高了电网安全运行的可靠性。

（6）三峡电力系统调试及运行问题研究。对三峡交直流输电工程调试和投产进行了全面深入的仿真分析，包括系统潮流和安全稳定计算和试验、系统低频振荡及抑制措施、三峡首端电网无功电压控制、三峡交直流系统动态性能及相互影响等方面内容。在此基础上制订了周密细致的输变电工程调试方案和调度方案，以确保三峡电厂投产过程中三峡首端电网和华东、南方等受端电网的无功电压控制在合格范围内；利用交、直流系统动态性能中相互支持的长处，提高三峡电力系统的安全稳定性，使三峡输变电工程的输电效益得到充分发挥。

（7）三峡电力系统调度方式和调频运行方案的研究。通过研究分析三峡电力系统的特点，结合国内外互联电网调频运行的经验，提出了完整、实用的三峡电力系统运行方案、控制策略及相应的运行控制准则；建立了三峡电力系统优化调度数据库，开发研制了三峡电力系统优化调度系统软件，完成了三峡电力系统年典型日经济调度和调峰问题的研究报告；形成了三峡电力系统运行方式研究报告。项目研究成果已经应用于三峡输电系统和全国互联电网的调度运行中，为系统安全稳定运行提供了可靠保障。

（8）三峡电力市场建设研究项目。提出了三峡电力市场运行的模式，编制了《三峡电力市场跨大区、跨省际间交易运行规则》，以及三峡电力市场技术支持系统的规划方案、功能要求和系统配置方案；对于三峡电力市场的运行方式，建议可采用“批发”模式，并在初期为了三峡电站的还本付息，可采取一定的经济措施、指令性计划等。

（9）三峡电站送华东的输电方案研究。对 500kV 交流输电方案、750kV 交流输电方案、纯直流输电方案和交直流并联输电方案进行了深入的比较分析，得到的结论为：从技术上说，交、直流混合输电方式和纯直流输电方式都是可行的；纯直流输电方案造价高的问题，可结合工程引进国外技术，进行设备合作制造，逐步扩大国内制造的范围和提高国产化率加以解决；随着电网规模的扩大，直流输电系统故障对电网的影响也呈减小趋势。因此，综合考虑技术、经济和管理等因素，推荐三峡电站向华东送电采用纯直流输电方案。关于直流输电电压等级，在论证中除±500kV 方案外，也提出过±600kV 方案，考虑到±600kV 方案在当时的技术难度和我国已有±500kV 直流输电工程的实际情况，推荐采用±500kV 方案。

（10）三峡—常州直流输电工程送端换流站站址选择研究。大型直流输电送端换流站是大功率电力汇集的重要场所，其建设地点的选择对换流站建设的经济合理性和运行安全可靠性有极重要的关系。同时，换流站的选择应符合换流站在电力系统中的地位和作用。该课题对电站坝区内的厂内方案（当时提出的有坛子岭、柳家村等）和距三峡电站以东 20～50km 的厂外方案（当时提出的有红岩子、宜昌东、姜家畈等）进行了对比分析研究。研究结论为：厂内方案交流线路短，线路投资小，但场地较为狭窄，进出线不够方便，还有换流站靠近大坝、水工建筑物，机电设备、船闸等对其是否有影响还缺乏可供借鉴的经验；厂外方案地理位置适中、地势开阔，进出线方便，对系统的变化适应性强，便于两端换流站的统一协调、调度管理。在充分论证比较后，最后决定将换流站放在厂外。经技术经济比较，选定宜昌东的龙泉换流站站址方案；在具体建设方案上又考虑与拟建的宜昌 500kV 变电站合并建设，对节省建设投资和向昌都供电都十分有利。特别是后来考虑川电东送，使系统接线产生了变化，需将三回三万线（三峡左一电站至重庆万县线路）从左一电站摘出直接进换流站并增加向东的交流线路，更显出换流站设在厂外这个方案的优越性，并为后续三广直流、三沪直流、三沪Ⅱ回直流送端换流站站址选择奠定了原则基础。

（11）三峡（华中）送广东的输电方案研究。为贯彻执行国务院、原国家计划委员会关于“十五”期间向广东送电 10 000MW 的指示精神，进行了三峡（华中）向广东送电的输电方案研究，考虑到直流设备规范化和提高国产化率等多方面因素，确定送电工程采用纯直流输电方案，直流输电规模为 3000MW，直流输电电压为±500kV。

摘编自：

1.《三峡—华东直流输电线路电晕特性的分析与计算研究报告》，本课题研究组，1996 年。
2.《三峡电站 500kV 线路跨越船闸取消防护网对航运安全影响的研究报告》，本课题研究组，1996 年。
3.《三峡—常州±500kV 直流输电线路电磁环境保护的研究报告》，本课题研究组，1996 年。
4.《三峡工程换流站直流设备外绝缘配置原则的研究报告》，本课题研究组，1996 年。
5.《三峡电力系统调试及运行问题研究报告》，本课题研究组，1996 年。
6.《三峡电力系统调度方式和调频运行方案的研究报告》，本课题研究组，1996 年。
7.《三峡电力市场建设研究项目报告》，本课题研究组，1996 年。
8.《三峡电站送华东的输电方案研究报告》，本课题研究组，1996 年。
9.《三峡—常州直流输电工程送端换流站站址选择研究报告》，本课题研究组，1996 年。
10.《三峡（华中）送广东的输电方案研究报告》，本课题研究组，2005 年。

第四章　线路设计与施工技术创新

第一节　海拉瓦技术的研究与应用

为按期保质完成三峡输电工程勘察设计工作，国家电力公司与电力规划设计总院提出“海拉瓦系统在超高压输电线路中应用”研究课题，变革了传统线路勘察设计手段，大大提升了工作效率和质量。

海拉瓦技术是从国外引进的全数字化摄影测量系统，结合电网工程建设的要求，通过技术消化吸收，自主创新研发形成的具有自主知识产权的一系列技术集合。通过这些技术可以将卫星影像和航空影像处理生成数字地面模型、正射影像和三维景观图等各种数字化产品，形成一个可协同、数字化、可视化的工作平台。该平台为输电线路勘察设计人员的路径优化工作提供数据基础和技术手段，将原来大量的野外勘测作业搬到室内在计算机上完成，见图 3-2。

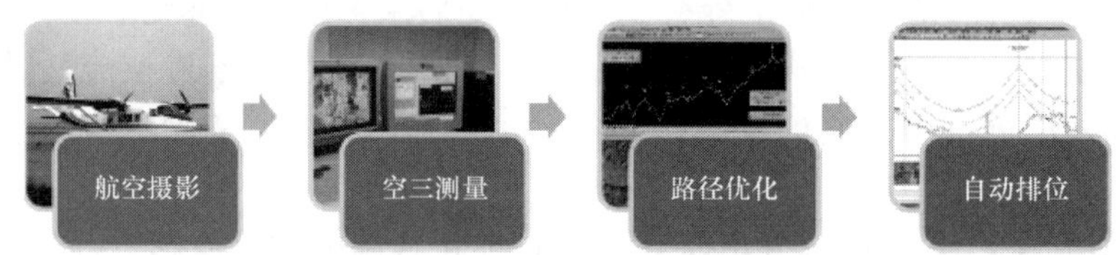

图 3-2　海拉瓦技术路径

1998 年 6 月，海拉瓦技术在双河－南阳 500 kV 送电线路工程中试点应用，获得了明显的经济、社会和环境效益，见图 3-3。随后在三常直流，三峡—万县，龙泉换流站一荆门Ⅰ、Ⅱ回，三广直流等送电线路工程中得到广泛的应用。2004 年，“杆塔规划（自动优化排位）软件系统”研发成功并在三沪直流等 2000km 线路中应用；2005 年，在三峡右岸出线规划的过程中，提出并形成通道整体规划与区域优化技术和辅助设计预选线技术；2006 年，实现激光测量系统与海拉瓦系统的接口；2007 年，完成海拉瓦技术在可研、初步设计、终勘定位以及电网建设后续的施工和运行维护阶段应用的整合，形成“全过程数字化电网技术”。

图 3-3　海拉瓦技术应用

海拉瓦技术的研究应用使得输电线路勘察设计效率提高了 3～4 倍，大幅降低了野外工作强度，缩短了工程设计周期，同时提高了勘察设计质量，为多家设计院协同作战提供了统一的数字化平台，有力保障了三峡输变电工程的建设，改变了国内输电线路勘察设计的工作模式，打造了输电三维数字化设计的雏形。通过海拉瓦技术的应用能够优化路径走向，合理避让障碍物，减少转角数量，缩短路径长度，减少拆迁量，可以大大节约工程投资。

海拉瓦技术作为国家电网公司“十一五”期间重点推广的实用新技术之一，后续在我国跨区联网、西电东送、特高压、藏区电力天路等重点电网工程中得到全面应用和持续创新，截至目前已应用于30万公里的输电线路工程。经大量工程检验，海拉瓦技术能缩短路径长度1%～2%，优化本体投资3%～5%，具有显著的社会、经济和环境效益。

摘编自：

1.《海拉瓦系统在超高压输电线路中应用研究报告》，电力规划设计总院，2000年。

2. 国家电网公司，《中国三峡输变电工程　规划设计卷》，中国电力出版社，2008年。

第二节　大截面（ACSR-720/50）导线及配套金具、施工装备的研究与应用

三峡工程举世瞩目，装机总容量为2250万kW，建设交流500kV和直流输电线路总长度为12 193km（折成单回路长度）。其中三常直流线路、三广直流线路等三峡送出工程采用的大容量大截面导线（ACSR-720/50）在国内为首次使用，缺少经验，如果全部采用进口材料，将花费大量外汇，增加三峡输变电工程投资。因此，大截面导线、配套金具、张力放线设备的研制，大截面导线防振技术，同杆双回铁塔的设计，防覆冰技术以及液压压接工艺的研究等许多新技术需要研究攻关。我国通过多年的科研和生产实践，在导线、金具、杆塔、防振技术、施工机具、施工工艺、防覆冰等方面取得了许多成果，积累了丰富的经验，具备了开展该项目研究的能力。为了提高主体工程国产化程度，降低造价，以及保证工程质量，建成一流水平工程，由国务院三峡工程建设委员会通过，电力部于1997年10月下达国家“九五”重点科技攻关项目《三峡工程用500kV大容量输电线路技术研究》，专题合同编号为97-312-02-10（作为《三峡水利枢纽工程成套设备》项目的研究课题《三峡工程输变电成套设备研究》的专题）。起止时间为1998年1月-2000年12月。该项目由国电电力建设研究所承担，并组织专题攻关单位上海电缆研究所、国家电力公司武汉高压研究所、甘肃送变电公司、河南省电力勘测设计院及有关生产厂家共同攻关研究。经过三年的努力工作，按计划完成合同规定的各项内容，达到了预期目标。该项目相关子专题于2001年通过了上级部门组织的专家委员会的验收。

在三峡工程中取得应用经验的大截面导线及配套金属技术，后来在国家电网公司取得了较好的效果，包括大直径高强度铝线、高强度铝合金线、高强度镀锌钢丝、铝包钢线挤压包覆法；绞线机预扭装置；大吨位铝合金防晕提包式悬垂线夹，挂点螺栓与铝线夹挂孔间采用防转动磨损的设计；大铝钢比导线接续金具的设计方法；大截面导线用的方形阻尼间隔棒；大截面导线防振锤；大吨位双自由度回转式挂点金具；大截面导线防振试验技术的研究；四分裂导线微风振动数学模型；国内自主研制生产的放线设备；结构设计综合考虑铁塔刚度和强度、根开（基础作用力）对基础造价的影响、单基塔重与全线本型塔总重的关系；防止过冷却水滴与导线碰撞，碰撞到导线的过冷却水滴不冻结的防覆冰基本途径；设计中应注意低居里线抗冰害问题；以系统对数衰减率最大为目标函数，建立了有限元分析模型，编制了程序，可用于输电线路的次挡距设计；大截面导线液压压接工艺；合成绝缘子的疲劳试验方法。

（1）大截面导线的研制。ACSR-720/50钢芯铝绞线（如图3-4所示），在三常、三广等直流线路中采用，用量约64 000余t。与进口导线相比，为工程节约了大量外汇，节省了工程投资。AS-510高强度铝包钢绞线在三常直流线路汉江大跨越工程中采用。AACSR/EST-450/200高强度钢芯铝合金绞线在三广

直流线路的长江、湘江和沅水三个大跨越工程中采用，同时还应用于三峡右岸送出工程直流线路等。

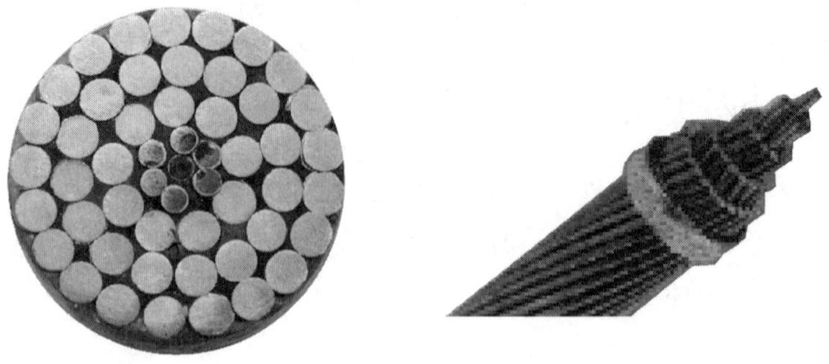

图 3-4　ACSR-720/50 大截面导线截面图及效果图

（2）大截面导线配套金具的研制。配套金具在三常直流线路、三广直流线路及贵广线使用，供货 11 200 多万元，替代了进口金具，节约了大量外汇，节省了工程投资。产品同时还应用于三峡右岸送出工程直流线路等，经济效益非常可观。

（3）大截面大跨越四分裂导线防振方案试验研究。成果应用于大跨越及普通档距大截面导线线路工程中，可以有效保护导线免受微风振动的危害，从而保护导线的安全运行，避免因振动断线造成的经济损失。一个大跨越换线工程换线费用约 350 万元，停电电费损失约 5400 万元。该成果已经在三常直流线路芜湖大跨越、三广直流线路的三个大跨越、巴东长江大跨越、荆孝线汉江大跨越、荆益线长江大跨越、上海黄浦江大跨越、广东龙溪东江大跨越、富湾西江大跨越等 11 个大跨越工程中应用，并将在国内更多的大跨越防振中发挥作用，应用前景和经济效益良好。

（4）大截面导线张力放线设备的研制。大吨位张力放线设备的制造成本比同类进口产品可节省约 370 万元/套，全国已经应用 9 套（占国内总量的 60%）。“一牵 4”张力放线比“一牵 2”张力放线能大大缩短工期，提高施工质量。

（5）同塔双回路铁塔结构的优化设计研究。双回路直线塔 SZT1（4）单基耗钢量进一步降低，每基可减轻塔重 3.5t 以上，以郑州—新乡 500kV 输电线路工程为例，共使用 104 基，节约钢材 250 多 t（约 177 万元），进而又在沁北—新乡 500kV 输电线路工程中得到应用（共计 236 基）。

（6）防覆冰措施及其设计方法的研究。对电力建设和生产运行具有指导意义和重要参考价值。

（7）大截面导线压接工艺的研究。大截面导线液压压接工艺在三峡输变电工程中得到了全面的应用，在南方电网中也得到了应用，在以后的其他线路中也将得到更广泛的应用。

（8）大截面导线在三峡右岸送出、西南水电送出及全国联网等输变电工程中大量采用。

研究成果填补了国内空白，具有自主知识产权，具有国际市场竞争优势，部分成果达到国际先进水平，有力地保证了三峡输变电工程的顺利实施，极大地提高了三峡输变电工程设备及技术的国产化率，推动了国内相关产业的技术进步，打破了国外技术壁垒，为西南水电送出及特高压骨干网架等更大容量输电线路的建设奠定了基础，为我国建设安全可靠的国家电网提供了有力的技术支撑。

摘编自：

1.《三峡工程用 500kV 大容量输电线路技术研究》(97-312-02-10)，北京电力建设研究所，1997 年。

2. 国家电网公司，《中国三峡输变电工程　科技创新卷》，中国电力出版社，2008 年。

第三节　输电线路铁塔设计创新

三常直流工程是我国第一个 300 万 kW 的大型直流输电工程，其使用的“G 系列”直线塔、“ZJ 系列”直线转角塔、“J 系列”耐张转角塔、“DJ 系列”终端转角塔、“JK 系列”跨越转角塔等塔型均为当时国内首次设计，通过真型塔试验验证其技术参数达到设计要求后，在三常直流工程上第一次使用。三常直流工程自 2003 年起一直安全稳定运行，证明了三常直流工程设计的塔型是成功的。三广、三沪直流工程在采用三常直流工程塔型的基础上，根据工程实际情况对其结构进行了部分改进和优化，同时根据需要设计了一些新塔型见图 3-5。三广直流工程根据线路通过重覆冰区的实际情况，设计了“GB”系列的重覆冰区直线塔、“JB”系列的重覆冰区耐张转角塔。三沪直流工程因经过华东经济发达地区走廊拥挤、民房密集区段，为解决线路走廊和通道内拆迁赔偿费用高昂的问题，设计了导线垂直排列的“GF 系列”直线塔、“ZJF 系列”直线转角塔、“JF 系列”耐张转角塔，极导线与接地极线路同塔并架的“GD 系列”直线塔、“ZJD 系列”直线转角塔、“JD 系列”耐张转角塔、“DJD 系列”终端转角塔、“GFD 系列”直线塔、“ZJFD 系列”直线转角塔、“JFD 系列”耐张转角塔，三沪直流工程自 2006 年 10 月试运行以来一直安全稳定运行，证明以上塔型是安全可靠的。

三沪直流线路起于宜昌蔡家冲换流站，止于上海华新换流站。建设该工程是缓解上海电网用电紧张局面、实现全国资源优化配置的重要举措。直流输电线路的电磁环境是直流输电线路设计、建设和运行中必须考虑的主要技术问题。因三沪直流线路沿线人口稠密、走廊拥挤，所以部分地区首次采用了极导线垂直排列方式。为此，在三沪直流线路调试和试运行期间，对线路地面合成场强和无线电干扰等电磁环境参数进行了测试，确保线路电磁环境符合环保标准的要求。

图 3-5　全方位高低腿铁塔设计

摘编自：

1．《三峡输变电工程总结性研究（资料）》，国务院三峡工程建设委员会办公室、国家电网公司，2010 年。

2．国家电网公司，《中国三峡输变电工程　科技创新卷》，中国电力出版社，2008 年。

第四节　基础施工工艺优化

三沪直流工程线路全长约 1070km。安徽送变电工程公司负责浙苏段施工。该标段线路长度为 65.507km，共 164 基铁塔。基础形式有平板基础、插入式基础及灌注桩基础，其中河网、泥沼地段平板基础、插入式基础全部采用分层阶梯形挡土板的施工方法，从根本上保证了基础埋深和基础混凝土浇制质量。基础施工质量优良，取得了较好的效果。挡土板、桩材料价格低廉，容易取得并可重复使用，大大减少机械台班和青苗补偿费用，提高了施工效率，节省了人力，并为现场安全文明施工提供技术保障。基坑开挖面积得到有效控制，减少对环境的影响范围，有利于复耕。图 3-6 为换流站防火墙清水混凝土施工外观。

图 3-6　换流站防火墙清水混凝土施工外观

摘编自：

1．《三峡输变电工程总结性研究（资料）》，国务院三峡工程建设委员会办公室、国家电网公司，2010 年。

2．国家电网公司，《中国三峡输变电工程　科技创新卷》，中国电力出版社，2008 年。

第五节　组塔施工工艺创新

内悬浮内拉线双承托旋转摇臂抱杆组立长江大跨越高塔施工。三常直流线路芜湖长江大跨越工程跨越塔组立采用 2×8t 双摇臂旋转式内拉线支座式抱杆组立跨越塔（抱杆坐落在位于塔中间的电梯井筒上），500kV 潜咸线石矶头长江大跨越施工时，在 2×8t 双摇臂旋转式内拉线支座式抱杆的基础上进行改造，将该抱杆改成内悬浮内拉线旋转摇臂抱杆（抱杆底部设一套提升系统和一套承托系统）。内悬浮内拉线旋转摇臂抱杆组立长江大跨越高塔新技术，为多项技术的创新与集成，涉及钢结构、起重、机械加工、电气驱动、电视监控、传感器及自动控制等技术领域，使我国大跨越施工技术水平、施工装备及施工安全保证措施有了质的飞跃，在国内处于领先水平。该技术已先后应用于三常直流线路芜湖长江大跨越工程、三广直流线路荆州长江大跨越工程、500kV 潜咸线石矶头长江大跨越工程、500kV 淮蚌线蚌埠淮河大跨越工程等多项大跨越工程。经工程实用证实，施工效率提高 90%以上，能从根本上保证高塔施工安全及质量。该技术于 2002 年获安徽省电力公司科技进步奖一等奖，2003 年获安徽省科学技术奖二等奖，2005 年《具有超载保护装置的卷扬机》获国家实用新型专利。图 3-7 为三沪直流输电线路工程汉江大跨越施工。

图 3-7　三沪直流输电线路工程汉江大跨越施工

摘编自：

1.《三峡输变电工程总结性研究（资料）》，国务院三峡工程建设委员会办公室、国家电网公司，2010 年。

2. 国家电网公司，《中国三峡输变电工程　科技创新卷》，中国电力出版社，2008 年。

第六节　架线施工工艺创新

动力伞展放导引绳施工技术在荆州—益阳 500kV 线路（简称荆益线）的使用。荆益线在湖南省的施工工作量大、工期紧、任务重，线路所经地区植被茂盛，地方关系复杂，交叉跨越多。湖南省送变电建设公司采用动力伞展放引绳施工技术。动力伞展放引绳改变了在送电线路施工中几十年以来都是用人工展放导引绳的历史，解决了导引绳展放前必须先砍伐一条放线通道，还要付出大量劳力和青苗、树木等的赔偿费用，特别在跨越河流、湖泊地段，必须和当地联系协商、办理封航、租用大批放线用的船只，上、下游还要派出警戒船只等困难和问题；解决了工作繁杂且不安全和耗费大量人力、物力、资金的矛盾；解决了沟通协商工作要耗费七八天或一二十天时间才能得到当地政府主管部门批准或森林公园的批准等问题；减少了地方阻工状况，最后将工程工期提前了一个多月。自 2002 年以来，动力伞展放引绳施工技术（如图 3-8 所示）共在 100 多个工程中使用，其中在三峡送出工程中使用了 20 多次。

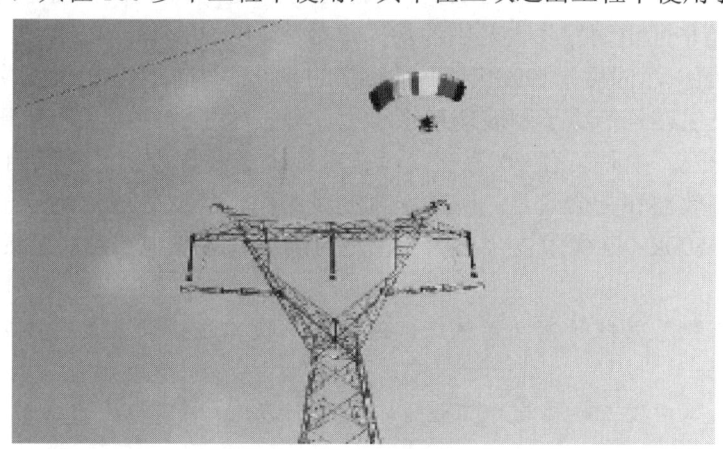

图 3-8　动力伞放线

在 500kV 线路采用飞艇放线（如图 3-9 所示），用遥控氦气飞艇进行牵放导引绳大跨越不封航架线施工，不仅可以节约较多的施工费用，还可以带来巨大的社会效益，而且还为今后采用遥控飞艇进行各种跨越施工积累了宝贵经验，为送电线路架线施工向不砍树、不停电、不封航方向迈进产生了深远影响。

图 3-9　荆孝Ⅰ回采用飞艇放线

摘编自：

1．《三峡输变电工程总结性研究（资料）》，国务院三峡工程建设委员会办公室、国家电网公司，2010年。

2．国家电网公司，《中国三峡输变电工程　科技创新卷》，中国电力出版社，2008年。

第七节　500kV 硅橡胶复合绝缘子

在三峡输变电工程建设初期，随着高电压技术的不断发展，输电线路电压等级的不断提高，对线路绝缘子的电气、机械性能和可靠性的要求也日益增高，加之气候环境的变化趋势，当时采用的传统盘形悬式瓷、玻璃绝缘子已难以适应超（特）高压、大容量、大电网发展的需要，特别是耐污秽绝缘子制造困难，且盘形悬式瓷绝缘子属可击穿型结构，表面呈亲水性，使得运行中的零值检测及防污清扫工作量大。目前国内外都在研究发展新型材料、新型结构的绝缘子。硅橡胶复合绝缘子以其强度高、质量轻、不存在检测零值问题、抗撞击、不破碎、污闪电压高等优点已越来越被接受。

20 世纪 70 年代初期，国外发达国家已完成交直流合成绝缘子的研制和挂网运行，且发展势头很猛。我国在 20 世纪 80 年代初也开始了合成绝缘子的研究，到 1989 年由襄樊电力设备厂率先批量推出了交流 110kV 合成绝缘子，由于当时国内缺少合成绝缘子的运行经验，使用合成绝缘子都非常谨慎。1990 年国内电网尤其是华北电网发生大范围的污闪事故后，合成绝缘子的推广应用工作才提到议事日程。继 1990 年电网大面积污闪后，1996 年 11 月我国的华北、华东、华中又发生了大面积污闪，事故调查证实，污闪主要发生在瓷绝缘子和玻璃绝缘子上，并发生了瓷绝缘子和玻璃绝缘子炸裂事故，而复合绝缘子没有发生污闪。当时已有 60 万支交流合成绝缘子（含进口）在我国 35～500kV 电网上运行，取得了良好的经济效益和社会效益。但是，直流线路由于集肤效应对绝缘子耐污性、耐电腐蚀性等提出了更高的要求，500kV 硅橡胶复合绝缘子正是为满足直流输电线路防污的需要开展研制的。

摘编自：

1．《三峡输变电工程总结性研究（资料）》，国务院三峡工程建设委员会办公室、国家电网公司，2010年。

2．国家电网公司，《中国三峡输变电工程　科技创新卷》，中国电力出版社，2008年。

第五章 交流输变电技术创新

第一节 静止无功补偿装置研究与应用

川渝电网作为西电东送工程的重要通道，担负着川电外送的重要任务。在四川中部已形成 500kV 三角形主干网架，并通过 3 回 500kV、5 回 220kV 输电线路与重庆电网相联，通过万龙 500kV 线路远距离向华中送电。面对大功率穿越川渝电网的情况，川电外送通道的动态电压支撑明显不足，受系统暂态稳定水平限制，难以满足进一步增加川电东送容量的要求。同时在川渝电网中还存在电源结构不合理、负荷峰谷差大、水电弃水调峰、运行经济性差、电网建设相对滞后、500kV 电网和川电东送通道稳定水平低、季节性缺电现象明显等诸多问题。静止无功补偿器（Static Var Compensator，SVC）由于响应速度快、控制灵活、连续可调等优点，在世界范围内被广泛应用，起到增加线路的输电能力、提高电压稳定性、增强系统阻尼特性等作用。国家电网公司在川渝电网洪沟、陈家桥和万县 500kV 变电站各加装了一套 SVC 装置。

在国家电网公司建运部的直接领导下，500kV 万县变电站增建 180Mvar SVC，由中国电力科学研究院设备总包，需要研究超高压大容量 SVC 技术在 500kV 变电站中的应用，研究 SVC 的布局方式、配置容量、控制策略及其对系统的影响等特性，并研制出超大容量 SVC 装置。研究的主要手段是在数学分析的基础上利用电力系统仿真分析软件建立稳态和暂态模型，分析其物理机理、对系统的作用等。研究的主要目标是解决 SVC 和负荷数学模型中的理论及关键技术问题，提出合理的分析计算和研制方法，通过示范工程的实践，从而推动 SVC 技术在超高压电网中的广泛应用。图 3-10 为宣城变电站 35kV 无功补偿系统。

图 3-10 宣城变电站 35kV 无功补偿系统

作为我国自主研发的核心技术，静止无功补偿装置为灵活交流输电技术在我国电力系统国产化的应用奠定了坚实的技术基础，并带动电力半导体器件、电容器和断路器等相关电力装备产业整体跨越式发展，提升核心竞争力和技术水平。

摘编自：

1.《三峡输变电工程总结性研究（资料)》，国务院三峡工程建设委员会办公室、国家电网公司，2010 年。

2. 国家电网公司，《中国三峡输变电工程　科技创新卷》，中国电力出版社，2008 年。

第二节　微机监控保护下放研究

南昌 500kV 变电站是三峡输变电工程第一个新建的 500kV 变电站。1997 年在南昌变电站开展初步设计时，国内 500kV 变电站的“计算机监控系统和保护下放的建设模式”还没有开展。当时只有正在建设并于 1998 年投产的浙江金华 500kV 变电站采用了全进口的计算机监控系统、保护半下放的模式。图 3-11 为微机监控保护下放到配电装置的保护小室。

图 3-11　微机监控保护下放到配电装置的保护小室

当时运行的 500kV 变电站大多为常规控制模式，其主要设计思想为面向功能设计，即按控制、继电保护、同期、测量、计量、自动化、操作闭锁等功能分别集中设屏，各系统功能独立而且界面清晰，但存在如下问题：常规控制屏监视面宽、信息量大，在故障期间运行人员无法记录瞬息变化的参数和事件动作顺序，影响对事故的及时判断和处理；二次接线繁杂，控制电缆用量大，增加了设计、施工和运行维护的工作量，降低了二次系统和设备的运行可靠性；人工抄表不仅耗工耗时，而且精度差，远远不能满足现代运行管理的需要；部分设备和功能重复设置，既造成硬件资源浪费，又使得运行管理人员配置重叠，分工繁杂。因此，500kV 变电站采用全计算机监控模式已成为趋势。在国家电网公司的主导下，三峡输变电工程 500kV 南昌变电站采用面向对象的设计思想，充分利用计算机技术、现代控制技术、网络通信技术和图形显示技术，实现集控制、保护、远动以及现代综合管理于一体的综合自动化系统。

500kV 南昌变电站国产化计算机监控系统应用取得了成功。随着实践应用的不断总结，带动全国 500kV 变电站技术进步，取得了较好的经济效益，推动了国内厂家监控保护设备制造技术水平的提升。南昌 500kV 变电站成功运行之后，逐步形成了 DL/Z 713—2000《500kV 变电站保护和控制设备抗扰度要求》和《500kV 变电站保护小室规范化设计研究》等成果，获得了相关的科技奖项。“国产化计算机监控系统和保护下放建设模式”的重要支持性科研项目“500kV 变电站电磁骚扰和保护小室规范化设计研究”获得国家电网公司科技进步一等奖和中国电力科学技术二等奖。

在南昌变电站之后，三峡输变电工程的 500kV 变电站全部采用这项技术，并在全国推广采用。

摘编自：

1.《三峡输变电工程总结性研究（资料)》，国务院三峡工程建设委员会办公室、国家电网公司，2010 年。

2．国家电网公司，《中国三峡输变电工程 科技创新卷》，中国电力出版社，2008 年。

第三节 500kV 变电站电磁骚扰和保护小室规范化设计研究

将保护/控制设备下放至 500kV 开关场中，实现就地保护是我国 500kV 变电站建设和运行中重要的技术进展。但是，能否保证继电保护/控制设备在变电站的复杂电磁环境下，尤其是隔离开关联切、合母线时产生的拉弧暂态过程、雷击或一次设备短路故障引起的脉冲现象等情况下不受干扰能正常工作，是应用这项技术的一个关键问题。为了解决这个急迫的问题，从 1998 年初开始，由武汉高压研究所负责，华北电力大学和中南电力设计院参加的联合工作组，以三峡输变电工程为依托，对 500kV 变电站电磁骚扰水平和特性、电磁耦合机理和路径、保护小室屏蔽、接地等进行了全面的理论和试验研究，提出了建设保护小室的规范化设计、接地方式、保护和控制设备抗扰度要求。

该项目是当时国内最全面、最系统的变电站电磁兼容技术研究，同时也是一个急需解决的问题。在国际上针对变电站电磁兼容技术的研究虽然很多，但是没有专门研究保护小室屏蔽的资料。依据本项目制定的 DL/Z 713《500kV 变电站保护和控制设备抗扰度要求》已成为 500kV 变电站保护和控制设备性能考核和招投标的重要依据，为实现 500kV 变电站保护设备下放到开关场提供了技术保证。本项目形成的《500kV 变电站保护小室设计技术要求》对工程设计具有很强的指导意义，220kV 和 330kV 变电站可以参考执行。图 3-12 为抗电磁发热塑钢围栏。

图 3-12 抗电磁发热塑钢围栏

摘编自：

1．《三峡输变电工程总结性研究（资料）》，国务院三峡工程建设委员会办公室、国家电网公司，2010 年。

2．国家电网公司，《中国三峡输变电工程 科技创新卷》，中国电力出版社，2008 年。

第四节 500kV 变电站综合自动化

在三峡输变电工程建设初期，全国电网迅速发展，以三峡为中心的全国跨大区联网开始起步，500kV 电网正在成为我国的主网架。为了提高电网的安全、稳定、经济运行水平，提高 500kV 变电站的自动化水平成为迫切的任务。计算机技术和网络通信技术发展迅猛，极大地推动了变电站的自动化水平和变电站自动化技术在中低压电网中的应用，但在高压特别是 500kV 超高压变电站中，自动化水平仍然不高，自动化的成熟设计和产品、运行经验等都比较欠缺。

开展课题研究应用最新的计算机和网络通信技术，结合自动控制理论、人工智能控制理论、计算机多媒体技术（涉及计算机操作系统和数据库开发等诸多领域与技术），最终制定适合国情的、达到当代国际水平的500kV变电站自动化系统的设计方案，以及结合工程实际研制完整的、先进的变电站自动化系统和设备，有重要的学术意义和应用价值。

国外在变电站监控方面比较先进，但在站内保护与自动装置的原理方面不如我国。根据已运行于220kV变电站的全分布式的变电站自动化系统——CSC2000系统，在此基础上进行500kV变电站自动化技术的应用研究，结合我国的实际情况，总体水平达到或超过当时国际先进水平。

摘编自：

1.《三峡输变电工程总结性研究（资料）》，国务院三峡工程建设委员会办公室、国家电网公司，2010年。

2. 国家电网公司，《中国三峡输变电工程　科技创新卷》，中国电力出版社，2008年。

第五节　同塔双回紧凑型铁塔研究与应用

政平—宜兴500kV同塔双回紧凑型输电线路，地处长江下游太湖流域，属经济发达的苏锡常地区，线路紧靠滆湖圩区，沿途河流纵横交错、村庄密布、房屋密集、人口稠密。地方政府对500kV政平换流站至宜兴500kV变电站的两回500kV交流线路只给出一条走廊，且这条走廊与已建的单回500kV常规线路平行且相距仅20余km。按常规双回同塔并架设计，本线路工程塔高必然比相邻的单回500kV常规线路高出近20m，而按同塔双回紧凑型线路（如图3-13所示）设计，可有效降低铁塔高度，提高本线路的防雷性能，且不用加大走廊宽度。

图3-13　同塔双回紧凑型铁塔

政平—宜兴500kV双回线路若建成同塔双回紧凑型的输电线路，既可满足政平换流站的电力外送需求，节约走廊，提高单位走廊的自然输送功率，降低工程造价，又可有效地降低塔高，提高线路的耐雷水平，提高线路长期运行的安全可靠度。为此，国家电力公司电网建设分公司在我国已有的500kV紧凑型输电线路技术成果的基础上，提出了《工业性试验项目　政平—宜兴500kV同塔双回紧凑型线路的技术报告》，并在2001年5月24日由科环部、电网建设部联合组织专家研讨会，得到与会专家的一致认同，专家认为该工业性试验项目及其工程实施的基本方案是可行的，立即开展该项目科研课题的研究是非常及时和必要的，它可为我国在输电线路的建设上探索出一种既有社会效益又有经济效益的全新方案，既能减少土地的占用，提高线路单位走廊宽度的传输容量，又能降低工程造价，具有广阔的应用前景，建议立即申请立项，以进行相关的研究工作。同时，为了满足该线路建成投产后能够进行安全的运行和维护，武汉高压研究所承担了“政平—宜兴 500kV 同塔双回紧凑型线路带电作业研究”课题。

国家电力公司组织有关设计、科研院所，认真分析了建设同塔双回紧凑型线路的优点、工程实施的可行性及待解决的技术问题，组织实施了 500kV 同塔双回紧凑型线路塔型研究、设计和带电作业、系统参数、电磁环境、防雷性能方面的研究，完成了系统参数分析、带电作业安全距离研究、塔型的研究、电磁环境分析、防雷性能校验和研究、带电作业保护间隙的研究、紧凑型铁塔塔型研究、SCZ51 直线塔结构试验分析和 SCJ51 转角塔结构试验分析 9 个研究报告。

自 2001 年 11 月政平—宜兴 500kV 同塔双回紧凑型线路初步设计完成，至 2002 年 6 月施工图设计交出，全线新规划设计塔型 9 种，虽然全线 110 基铁塔中转角塔占了 22 基，达 20%之多，但铁塔钢材和混凝土耗量仍低于常规同塔双回路限额设计控制指标。

2004 年 4 月 26 日，政平—宜兴 500kV 同塔双回紧凑型线路建成投运，之后推广应用同塔双回 500kV 紧凑型输电技术的工程有山东的郓城—泰安 500kV 紧凑型输电线路，北京的昌平变电站、顺义变电站—城北 500kV 输电线路，汗海—沽源—平安城 500kV 线路工程。

2006 年“政平至宜兴同塔双回 500kV 紧凑型输电线路关键技术研究”获国家电网公司科学技术进步一等奖和中国电力科学技术奖二等奖。2006 年，“政平至宜兴 500kV 同塔双回紧凑型线路工程”被评为 2004-2005 年度电力行业优秀工程设计一等奖。

摘编自：

1.《三峡输变电工程总结性研究（资料）》，国务院三峡工程建设委员会办公室、国家电网公司，2010 年。

2. 国家电网公司，《中国三峡输变电工程　科技创新卷》，中国电力出版社，2008 年。

第六章 直流输电技术创新

直流输电系统需要先进行系统研究，编制直流工程功能规范书，在此基础上才能开展成套设计和工程设计，三峡直流输电工程首次完整地引进了直流输电系统设计技术。通过三峡直流工程的实践锻炼和经验总结，我国全面实现了自主编制直流工程功能规范书，具备独立进行直流系统研究和换流站成套设计的能力。

三峡输变电工程的实施过程，也是我国直流输电自主创新稳步推进的过程。从三常直流工程开始，我国直流输电关键设备的设计和制造技术引进、设备国产化比例和制造水平不断稳步提高，到三沪直流工程由国内企业为主承担了整个工程的系统研究、成套设计和关键设备供货。三常直流工程、三广直流工程、三沪直流工程三个工程实现了三次重要跨越，我国完全掌握了直流工程成套设计和关键设备制造技术。灵宝背靠背直流工程的成功建设，标志着我国直流国产化达到了一个新阶段，对我国今后独立自主建设大型直流输电工程具有示范性、指导性意义。

一、前期咨询研究和工程功能规范书的制定

前期咨询研究和功能规范书是在工程可行性研究、立项，以及工程接入系统要求的基础上完成的工作。经过前期咨询研究，进一步细化和确定工程的系统和环境条件，确定直流换流站工程的范围、设备采购内容和采购方式，研究/设计工程的工作范围和接口、工程的主要技术特点和性能要求，以及工程后续的成套设计所需的系统数据和等值等条件；功能规范书为尽早开展工程设计提供必备的条件。经过三峡直流工程的锻炼，我国已具备完全独立自主完成咨询研究和编制功能规范书的能力，并已逐步趋于成熟、规范。

二、直流系统研究/换流站成套设计

直流系统研究/换流站成套设计是根据工程规范的基本要求，完成一系列系统稳态、动态和暂态性能研究，确定直流系统的主回路接线和参数；确定一次设备的配置、参数/功能/性能要求；确定换流站二次系统和辅助设备的配置、参数/功能/性能要求；完成换流站设备的采购规范。我国已完全具备独立自主完成超高压和特高压直流工程的直流系统研究/换流站成套设计的能力，这使我国不仅可以自主承担国内直流工程（包括特高压直流工程）的建设，而且可以参加国外同类工程的投标。

三、工程设计

换流站工程设计除了全站的土建部分、常规交流部分和全站辅助系统部分设计以外，其核心部分主要为阀厅的布置和建筑结构设计，以及换流变压器、交流场、直流场的布置和基础设计。通过对灵宝背靠背工程的总结，在发现问题和解决问题的过程中，不断地积累设计经验，同时通过在三沪直流工程中扩大国内工程设计范围，我国已具备独立进行直流输电工程（包括特高压直流工程）换流站工程设计的能力。

第一节 直流输电系统研究与创新

三峡直流输电工程首次完整地引进了直流输电系统研究和成套设计技术。直流系统设计的引进以电力部门为主，主要引进内容包括系统分析软件、直流系统设计规范及相关标准、直流控制保护软件及编程工具、直流控制保护仿真器等。

历经三常、三广两个直流工程，我国从 ABB 公司引进了完整的直流输电系统研究和换流站成套设计技术。

通过三峡直流输电工程的实践锻炼和经验总结，我国从完全依靠外国咨询公司编制直流工程功能规范书，经过三常直流工程以我为主多做工作、外方负责，到三广、三沪直流工程完全独立自主，已完全实现了独立自主编制直流工程功能规范书，并且摆脱了外国公司的约束，根据我国工程要求形成了日渐成熟的功能规范书模式。

三沪直流工程较三常和三广直流工程又前进了重要的一步，不仅由国内独立自主完成功能规范书的编制，而且中方多做工作、与外国承包商合作完成直流工程建设的关键技术，即直流系统研究和换流站成套设计，这在我国建设的大容量直流工程中尚属首次，而且也是我国实现直流工程建设全面国产化的基础。

对引进技术的深入消化吸收，特别是经过灵宝直流工程的实践，我国自主进行直流换流站系统研究和成套设计的能力得到了突破性的进步，并取得了实践的验证，积累了大量的经验。

（1）在我国首次采用了分项采购设备的成套模式。此前世界上普遍认为，直流工程应采取全站设备统一采购的成套模式，灵宝直流工程则根据我国的体制特点和直流技术的发展情况，制定并采用了分项采购设备的成套模式，并获得成功。

（2）已熟练、规范地完成了数个在建或拟建直流工程的系统研究和成套设计，如高岭背靠背直流工程、中俄联网背靠背直流工程、呼辽远距离送电直流工程、灵宝扩建直流工程、葛沪增容改造工程、陕西川渝远距离送电工程等。

（3）在 500kV 及以下直流输电工程系统研究及成套设计的基础上，我国也已自主完成了大量特高压直流输电技术的研究，完成了向家坝—上海±800kV 特高压直流工程的系统研究和预成套设计，并进行了多次国际交流，证明我国特高压直流工程的系统研究和成套设计技术已与国际先进水平接轨，这为我国特高压直流工程的自主建设奠定了坚实的基础。

（4）为了解决许多技术转让中未涉及的问题和技术难点，以及满足工程实际的需要，以符合我国实际情况的要求，我们不断建立和完善了系统研究的计算分析平台，提出了新的计算分析方法；扩建和发展了直流输电实时数字仿真系统。在引进技术的基础上，形成了日益完善的研究和设计的方法、装备。主要方面如下：

1）根据直流系统的基本原理和背靠背直流系统的技术特点，建立了主回路参数计算的新方法；对于主回路接线方案、系统的控制策略、设备的配置等方面，全部在考虑技术经济比较，以及不同引进技术的设备国产化要求的前提下重新设计。

2）开发了背靠背直流系统的高频干扰研究模型。

3）指导并协助国内制造厂开发了满足交流滤波器投切要求的新型断路器。

4）指导并监督完成了我国自行完成的第一次晶闸管换流阀型式试验。

5）协助制造厂首次完成了单相三绕组换流变压器的设计和直流控制保护系统的设计。

6）成套设计对控制保护装置共提出了 15 种必需的接口设计，包括数据采集要求、接口信号、接口形式，满足工程实现两种技术的换流变压器和控制保护系统、电触发/光触发两种换流器的运行要求。

7）在国内首次自主编制了分系统调试项目方案和实施细则，作为直流工程现场分系统试验的指导性文件，为工程的系统试验和全面验收打下了坚实的基础。

（5）在三峡直流输电工程的建设中，经过扎实和开创性的工作，直流系统的研究和成套设计等工作在我国已逐步形成国家或行业的规程、导则或标准，这在国际上也处于领先地位，包括《高压直流换流站无功补偿与配置技术导则》《换流站（含±800kV 换流站）系统研究及成套设计导则》《换流站主设备试验规程、换流站二次设备接入系统规程》《换流站（含±800kV 换流站）系统试验规程±800kV 直流工程换流站设备技术规范》《±800kV 直流工程主设备监造导则》《换流站噪声控制设计规程》等。

摘编自：

1.《三峡输变电工程总结性研究（资料）》，国务院三峡工程建设委员会办公室、国家电网公司，2010 年。

2. 国家电网公司，《中国三峡输变电工程　科技创新卷》，中国电力出版社，2008 年。

第二节　直流工程建设科研项目成果

国家电网公司组织电力系统相关的科研、设计、建设和运行单位，共下达了 138 项三峡输变电工程相关的科研课题，其中约 40 项是围绕三峡直流工程国产化相关的课题。

基于三峡直流工程容量大、距离远、直流电流大（3000A）的特点，课题涵盖了直流工程交直流系统研究，直流输电工程换流站成套设计，控制保护策略及系统性能/功能/接口要求，换流站主设备技术要求，系统外绝缘，系统损耗，换流站噪声/谐波/换流变压器偏磁治理，系统试验、调度和运行技术等换流站建设方面的基础研究。同时还开展了直流线路大截面 $720mm^2$ 导线的研制及施工技术、长江大跨越的优化设计、海拉瓦绿色环保选线优化设计等直流线路方面的研究。

在国家电网建设有限公司的大力支持下，依托三常直流工程，北京网联直流咨询有限公司于 2001 年建立了实时数字仿真系统（RTDS），并于 2005 年自投资进行了扩建。RTDS 紧密配合转让技术的消化吸收，承担技术培训工作，并在国内首次使用 RTDS 进行换流站二次系统的联合调试实验，完成了三常直流工程保护定值研究、灵宝换流站二次系统联调等多项研究任务，成果均直接应用于三峡直流工程实际。中国电力科学研究院也依托三常直流工程扩建了数模混合仿真系统，不仅进行技术培训，而且为三峡直流工程现场调试验收、解决运行问题进行了大量研究工作。直流工程的仿真研究大大推进了引进技术的消化吸收，促进了直流工程的国产化。

上述所有研究成果均在实施技术转让及消化吸收的同时，应用于三峡直流工程的功能规范书编制、成套设计、工程设计、设备技术规范、直流系统控制策略和保护定值的确定、控制保护装置制造、直流线路建设、直流工程施工和调试验收等工程建设的全过程，取得了具有世界水平的突破。

摘编自：

1. 《三峡输变电工程总结性研究（资料）》，国务院三峡工程建设委员会办公室、国家电网公司，2010 年。
2. 国家电网公司，《中国三峡输变电工程　科技创新卷》，中国电力出版社，2008 年。

第三节　换流站工程设计的主要进步及创新成果

随着换流站成套设计和主设备国产化程度的日益加深，基于国内自主的换流站工程设计也日益完善和优化，有诸多创新成果。三峡和灵宝换流站工程自主设计的主要进步及创新成果体现在以下方面。

一、换流站噪声治理

2003 年三常直流工程投运后，换流站内的换流变压器、平波电抗器、交流滤波器场的电抗器和电容器等设备运行时产生的噪声，造成厂界和周围噪声敏感点的噪声水平超标，对站内运行人员和周围居民或多或少产生了一定程度的影响。国家电网公司对换流站噪声问题非常重视，立即启动换流站噪声治理研究工作。通过前期科研、专题评审等环节确定方案后，分别于 2005 年在三常直流工程政平换流站、2006 年在三广直流工程荆州换流站、2007 年三常直流工程龙泉换流站和三广直流工程惠州换流站组织进行了噪声治理，经过相关环保部门检验，治理后达到了环评批复的噪声指标要求，取得了较好的降噪效果。

在汲取三常、三广直流工程经验的基础上，三沪直流工程建设伊始，国家电网公司就组织科研、厂家和设计等单位开展相应的噪声治理研究、设计工作，并将其成果纳入工程本体设计之中，第一次真正做到了降噪设施与工程主体同时设计、同时施工和同时投运，避免了工程投产后重新处理所带来的实施困难、周期长、费用高等诸多不利因素，实现了噪声治理与工程同步的目标，使噪声控制从被动转为主动，为换流站的正常运行创造了和谐的站内和周边环境。

主要治理方案：

（1）换流变压器设置可移动组装式大型通风消声器，在相关位置设置隔声屏障（如图 3-14 所示），防火墙上贴吸声体，既要方便运行人员在声屏障内巡视又要满足设备的通风散热要求。三沪直流工程首次在国内采用换流变压器的封闭箱式（Box-in）结构。在三沪直流工程换流站双极满负荷试运行期间，换流变压器和平波电抗器附近噪声较之前工程降低了 20～25dB（A）。

（2）在平波电抗器前设置声屏障，或采用带有通风散热消声器的隔音室对平波电抗器进行封闭处理。隔音室上部为排风消声结构，前方为进风消声结构。为减小隔音室内混响声，在隔音室四周贴吸声体。

（3）交流滤波器电抗器加共振腔式半封闭圆柱状隔声罩；交流滤波器场靠近围墙侧设置声屏障。

（4）在阀冷却塔周围设置声屏障。为了不影响阀冷却塔的通风散热，声屏障下部设有消声器。

在三常、三广直流工程噪声治理经验的基础上，并结合前期科研成果，三沪直流工程将噪声治理工作纳入工程建设同步实施。在制定降噪方案时，采用专业治理和联合攻关相结合的方法，充分利用国内专业降噪公司的降噪经验和科研院所的技术优势，通过专项课题研究，找出问题的源头和解决办法，并将其成果纳入工程本体设计之中。

换流站站址及设备布置优化，使布置和围墙形成天然屏障，阻挡换流变压器噪声的传播，有效地降低了站界噪声水平和对周围环境的影响。

图 3-14　滤波电抗器采用隔声罩加消音器

选用低噪声设备，如选用低噪声的电抗器；换流阀外冷却系统选用低噪声冷却风扇，并采取屏蔽罩方案；交流滤波器采用双塔结构布置，将原设计方案中 12m 高的电容器单塔降到 8m 以下，以降低声源的高度，有效地减小了噪声的传播范围。同时，在所有电容器与支撑角钢连接处都加了减振胶垫，进一步降低了电容器噪声水平，可将噪声降低 5～10dB（A）左右。

三峡直流工程在治理换流站噪声设计方面取得了显著成绩，经过相关环保部门检验，实现了厂界和周围敏感点噪声双达标，减小了换流站噪声对站内运行人员和周围环境的影响。通过对换流站噪声治理方案、噪声治理前后的效果对比分析，结合噪声分析研究的相关成果、噪声治理方案的经济性、治理后存在的问题或缺陷等研究及建议，对于今后换流站噪声治理具有十分重要的参考意义。

二、阀厅设计

灵宝背靠背换流站是国内第一次自主完成阀厅电气设计。该工程是国内外第一次将电触发晶闸管（electronic triggered thyristor，ETT）阀和光触发晶闸管（light triggered thyristor，LTT）阀同时布置在一个阀厅内，同时完成整流及逆变两侧的换流变压器星形和三角形连线及平波电抗器的连接等，接线复杂，涉及接口繁多。阀厅内采用四重阀悬吊安装方式，在综合考虑电气接线和安全净距要求，以及兼顾运行检修方便的前提下，将阀厅国产接地开关采用侧墙布置。为方便运行巡视，阀厅内首次采用环行巡视通道。

阀厅内阀塔底部是高电位，顶部是低电位，光缆和冷却水管等从阀塔顶部敷设并接入阀体。考虑到阀塔本体的检修，阀塔下部距阀厅地面的距离，除满足利用绝缘设计水平、操作冲击耐受水平（switching impulse withstand level，SIWL）或雷电冲击耐受水平（lightning impulse withstand level，LIWL）进行计算得出的净空间隙值以外，还要满足停电检修的距离，通常检修距离比净空间隙值要大。

对于换流变压器阀侧星形连接套管，在阀厅地面上采用支持式管型母线，作为中性点母线，换流变压器中性点套管与管母间采用软连接，需校核中性点母线与地、中性点母线与中性点套管之间净空间隙值。对于换流变压器阀侧三角形连接套管，在阀厅顶部采用悬吊式管母，换流变压器星形连接套管与管型母线间采用软连接。

在灵宝直流背靠背换流站工程设计中，结合国内常规变电站的习惯，同时考虑到背靠背换流站其阀厅长度方向的两侧均布置有换流变压器要设置防火墙的特点，中南电力设计院对阀厅的结构形式进行了技术经济比较，认为阀厅主体承重结构采用钢筋混凝土结构方案和换流变压器与平波电抗器防火墙采用以加气混凝土砌块为填充墙的框架结构方案，在技术上是可行的，与国外厂商设计方案相比，具有以下优点：

（1）主体承重结构全部采用钢筋混凝土结构，结构材料单一，刚度分布均匀。虽然现场施工工期相对较长，但由于国产化设备生产周期相对较长，因此建筑物的施工工期对整个工程的工期没有影响。

（2）用加气混凝土砌块墙代替钢筋混凝土防火墙，既能满足防火设计要求，又经济实用，施工方便，同时也可缩短工期。

（3）混凝土结构投资省，施工工艺简单，可就地取材，充分利用当地资源。阀厅、主控楼采用钢筋混凝土结构方案的费用仅占钢结构方案费用的 73%（上部主体结构）；防火墙采用框架填充墙结构的费用仅占钢筋混凝土墙方案费用的 79%（上部主体结构）。

为节省工程投资，同时考虑到阀厅和主控制楼的一致与协调，中南电力设计院将背靠背换流站阀厅的结构形式采用砖混结构内敷钢丝网，防火墙采用框架加砌体填充结构形式。

在阀厅施工图设计过程中，考虑到灵宝直流背靠背换流站是第一个国产化工程，换流阀和直流控制保护均由国内提供，经有关各方协商，并咨询国外公司的意见，决定在砖混结构的内墙面加衬一层钢板，以进一步提高阀厅的屏蔽效果。

灵宝换流站阀厅是我国第一个自主设计的阀厅，依据三峡直流工程中阀厅的结构形式，结合钢筋混凝土结构的特点，首次采用钢筋混凝土框架结构作为阀厅主体结构，并同屋面钢结构有机地结合一体，这是对高压直流换流站阀厅结构设计的一个新突破。阀厅内的电气设备安装要求较高，主体结构选择同设备安装有着密切的关系，阀厅选择用钢筋混凝土框架结构，从结构布置、结构受力分析、电气设备设置、阀体水冷却系统以及阀厅屏蔽措施等各方面进行综合分析和考虑，在设计中充分体现了钢筋混凝土结构的优点，与选用钢结构相比，节省工程投资，并且在阀厅选用钢筋混凝土结构设计方面积累了较多的设计经验。

经过三峡直流工程和灵宝换流站阀厅设计的实践，我国已具备独立自主设计阀厅的能力。

摘编自：

1.《三峡输变电工程总结性研究（资料）》，国务院三峡工程建设委员会办公室、国家电网公司，2010 年。

2. 国家电网公司，《中国三峡输变电工程　科技创新卷》，中国电力出版社，2008 年。

第四节　换流站建设管理与工艺创新

在成套设计、工程技术集成创新的基础上，推进工程建设组织管理，创新施工技术工艺，确保施工质量，是实现直流设计成果转换、技术集成创新的一个重要方面，也是直流工程建设管理的一项重要任务。

从 1998 年三常直流工程起步到 2011 年三沪Ⅱ回直流工程投运，国家电网公司在直流工程技术引进、消化、创新的同时，针对工程现场建设管理创新与工艺质量的提升，按照专业化、标准化、精益化提出了明确的要求。业主建设管理单位始终以科学的管理态度、明确的管理思路、创新的管理精神、务实的管理理念、确定的管理目标，面对新的直流工程加大管理创新、工艺创新的力度。在十余年的建设管理中形成了以一个大纲（现场建设管理大纲）、两个支撑（达标文件、工程管理信息平台）、三个策划（创优策划、项目管理策划、安全文明施工总体筹划）为主体的业主现场建设管理框架；制定了涵盖工程全过程九个方面共计 46 个标准化管理体系文件；全力推进“三个创新”（工程管理体系标准化建设、0.8 倍企标误差控制、工程信息管理软件开发应用）；力争保持“三个常态”（安全文明施工、工程投资控制、环境环保和谐）；确保“三个突破”（工程质量、工艺创新、新技术应用）。对工艺质量和安全文明施工管理实施“策划、细化、强化”递进式的管理手段和“滚动、修正、提升”的过程控制方法，组织完成了 40 多项科研课题。通过三峡输变电工程建设管理实践，逐步建立了一套全新且有效的直流工程建设管理体系。

在提升质量、创新工艺上，按照“两型三新”（资源节约型、环境友好型、新技术、新材料、新工艺）和“创一流”优质工程的建设管理要求，以创优策划、工艺创新为主轴，探索提升质量新工艺、新方法，开展施工方法和施工工艺的研究和成果推广，大力推进工程施工工艺创新。严格执行工艺设计方案和标准工艺，不断规范现场施工工艺。编制出版了《施工现场标准管理范本》《典型施工工艺手册》《工艺流程控制卡》《换流变安装作业指导书》《阀组安装作业指导书》等九个作业指导手册。同时，围绕工程质量 0.8 倍企标误差控制组织进行了“全面达到规范标准，力争实现控制标准”的质量提升、工艺创新活动与全员 QC 活动。这些措施的实施和活动的开展，涌现了大量的创新成果与质量工艺亮点。例如，防火墙清水混凝土垂直度误差 9 要素控制工艺、换流变压器广场大面积混凝土防裂纹施工工艺、超高拉筋挡土墙质量控制工艺、控制楼钢结构整体吊装法、换流阀安装工艺控制、吊装直流滤波器研发的专用吊具等。在电缆敷设中，采用 CAM（计算机辅助管理）使敷设路径最优，节约了电缆。电缆沟采用塑料防振条使盖板无振动，电缆沟支架采用防护套预防电缆刮伤。电缆集中入室处采用 Roxtec 新型密封材料，施工便捷，封堵严实，观感良好，提升了电缆封堵的工艺水平。全站构支架、盘柜无垫片安装，电控制保护屏柜电流、电压端子采用凤凰端子，便于维护。换流变压器、平波电抗器的气体继电器、压力继电器、齿轮盒上安装了不锈钢防雨罩；设备基础采用保护帽边角倒角工艺，有效提高了基础的边角保护，减少基础在拆模过程中对基础边角的碰损；基础螺栓施工研制成功固定螺栓套板系统，提高了地脚螺栓施工精度。建筑物墙体粉刷层采用聚合物抗裂砂浆压入耐碱玻纤网格布粉刷，有效治理了粉刷层的开裂，提升了质量通病防治的效果。站绿化用水充分利用雨水泵站收集的雨水进行浇灌。换流站的施工建设中仅宜都换流站全站共采用新材料 8 项、新技术 12 项、新工艺 27 项，优化项目 168 项。很多 QC 成果分别获得地方建工系统和直流公司科技进步奖、QC 成果奖。图 3-15 为华新换流站平波电抗器采用屏障吸声降噪。

图 3-15　华新换流站平波电抗器采用屏障吸声降噪

注重积极探索建设环境友好型工程，在有效处理好废水、废油、余土、建筑垃圾的同时，针对换流站噪声治理，从设备源头抓起，对换流变压器采用隔离措施，并从设计制造入手实现了 Box-in 结构，可降低噪声超过 20dB，对滤波器、平波电抗器提升设备制造质量把控，增加降噪吸声屏障措施，使每座换流站均实现了场界达标的好效果。

摘编自：

1.《三峡输变电工程总结性研究（资料）》，国务院三峡工程建设委员会办公室、国家电网公司，2010 年。
2. 国家电网公司，《中国三峡输变电工程　科技创新卷》，中国电力出版社，2008 年。

第五节　灵宝直流工程的集成创新成果

灵宝直流工程是我国建设的第一个背靠背直流联网工程，第一次自主进行工程直流系统研究和成套设计，第一次自主进行阀厅和交流滤波器布置设计，第一次自主进行设备制造，第一次采用光、电触发两种不同的换流阀技术，第一次采用两种不同的控制保护技术并交叉控制不同技术的换流阀，第一次自主进行工程调试。灵宝直流工程主要国产化成果包括：

一、直流系统研究、成套设计和工程设计

北京网联直流工程技术有限公司负责换流站直流系统研究和成套设计，是本工程技术总负责和总协调单位。北京网联直流工程技术有限公司独立完成了35项专项系统研究和7个专题的工程咨询研究，编制了直流系统成套设计文件、设备采购技术规范、直流工程调试大纲，负责换流站直流设备的监造、接口协调、控制保护系统的联合功能及性能测试、分系统调试。

二、工程设计

中南电力设计院负责工程设计，在总结和借鉴三峡直流工程外商承包、中外联合设计换流站经验的基础上，独立承担换流站的全部工程设计任务，包括阀厅设计。灵宝直流工程顺利建成并投入运行，满足设计的各项技术指标，证明了工程设计是成功的，也标志着我国已具备全面独立自主设计直流换流站的能力。

三、设备供货

1. 换流阀

由西整公司负责制造，330kV 侧为电触发晶闸管换流阀，220kV 侧为光触发晶闸管换流阀。西整公司在全面引进 ABB 电触发和西门子光触发晶闸管换流阀技术的基础上，通过消化吸收并与自有的直流技术相结合，为灵宝直流工程独立开发了采用电触发和光触发两种技术的换流阀，在阀中应用了西安电力电子技术研究所制造的晶闸管和西安电瓷研究所制造的阀避雷器，以及自行开发的配套设备，已具备独立供货的能力。

按照 IEC 国际标准进行了型式试验，达到了自主生产和试验的国产化目标。通过灵宝直流工程的调试和运行考验，充分证明国内设计和制造的换流阀质量可以得到保证，并已具备大功率晶闸管换流阀的设计制造能力。图 3-16 为灵宝背靠背工程光触发晶闸管换流阀阀组。

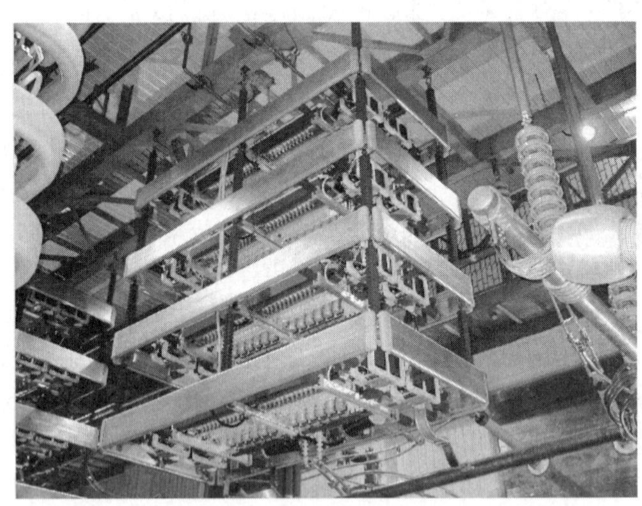

图 3-16　灵宝背靠背工程光触发晶闸管换流阀阀组

2. 换流变压器和平波电抗器

由西变公司负责制造 330kV 侧 4 台换流变压器（含 1 台备用）和 1 台直流 120kV 平波电抗器。由沈变公司负责制造 220kV 侧 4 台换流变压器（含 1 台备用）。

西变公司通过消化吸收引进 ABB 的技术，掌握了换流变压器和平波电抗器设计的核心技术，并将引进技术与公司原有的直流技术相结合、创新并转化为自有技术，独立设计、自主采购、自主制造、自主试验，提供的换流变压器和平波电抗器质量良好，性能、技术指标满足要求，并经过了运行的考验。

沈变公司在三常直流工程中引进了西门子高压直流换流变压器技术，在贵广一回直流工程中引进了平波电抗器技术，通过工程实践，掌握了换流变压器设计的核心技术，并将引进技术与公司原有的直流技术相结合、创新并转化为自有技术，独立设计、自主采购、自主制造、自主试验，提供的换流变压器质量良好，性能、技术指标满足要求，并经过了运行的考验。

灵宝直流工程的成功表明国内已掌握了换流变压器与平波电抗器的设计、试验技术，具备了自主制造换流变压器和平波电抗器的能力。

3. 换流站控制保护系统

灵宝换流站配置的 2 套控制保护系统装置功能相同，可以切换使用，分别由南瑞继保公司和许继公司制造。

南瑞继保公司在引进 ABB 直流控制保护技术的基础上，消化吸收并进行改进提高，建立了一套完整的直流仿真模拟系统，独立完成了灵宝背靠背工程直流控制保护系统的设计开发和厂内试验，按时为灵宝直流工程提供了具有自主知识产权的 PCS-9500 直流控制保护系统。南瑞继保公司在自主研发中，充分发挥企业在交流保护系统方面的技术优势，对控制保护系统结构和应用软件进行优化创新，显著提高软硬件的可靠性。许继公司在引进西门子直流控制保护技术并消化吸收的基础上，对引进技术进行升级，同时对制造和试验设备进行技术改造，提高了试验研究能力，独立开发了 DSP-2000 成套控制保护设备，形成自主知识产权的控制保护设计平台。两家企业都成功解决了与光触发、电触发换流阀的接口问题，可以同时用于光触发、电触发换流阀的控制。

灵宝直流工程使用的两种国产技术控制保护系统投运后运行稳定可靠，标志着国内已经掌握了引进的核心技术，并具有独立设计、开发和制造直流控制保护系统的能力。

4. 换流阀的晶闸管

西安电力电子技术研究所为灵宝直流工程提供了 302 只电触发晶闸管和 278 只光触发晶闸管，在两侧换流阀中运行正常，性能稳定。通过技术引进、消化吸收，西安电力电子技术研究所建立了生产线，完善了工艺路线。对电触发晶闸管从原材料到设计、试验、质量控制全过程实现了国产化，并批量生产，对光触发晶闸管除芯片测试和型式试验外，也基本上实现了国产化。

5. 换流阀的避雷器

由西安电瓷研究所负责制造，交流滤波器组等各部件由国内厂家提供。图 3-17 为灵宝换流站使用不同技术的换流阀。

图 3-17　灵宝换流站使用不同技术的换流阀

在建设过程中，出现了一些问题，如为适应国产设备性能和参数的特点需对成套设计进行优化和匹配、直流套管密封结构不合理、换流阀光缆槽和内冷水管国内配套不完善、辅助设备性能不良等问题，通过项目业主与国内各相关企业密切合作，克服困难，得以及时解决。

灵宝直流工程的技术组织模式是成功的，各单位技术分工明确、责任清晰，避免了重复性工作；

技术方案充分考虑了工程本身的技术特点和目前国内制造水平，可以为今后直流工程所借鉴。灵宝直流工程采用设计、监造、技术协调三位一体的模式，对于保证始终贯彻正确的技术路线，减少技术交接环节，节省人力资源和工程投资，提高工作效率起到重要作用。通过灵宝直流工程的实践，已完全建立起了一整套自主创新的咨询、设计、调试的建设体系。

灵宝直流工程投运后运行工况良好。该工程的建设过程既是积极探索的学习过程，也是集成创新的实践过程，对于我国今后独立自主建设大型直流输电工程，对于直流设备的完全国产化具有极其重要的示范性和指导性意义。它的建成标志着我国已经具备了自主设计和建设大容量、超高压直流工程的能力，对振兴民族工业具有重要的现实意义和深远的历史意义。

摘编自：

1．《三峡输变电工程总结性研究》，国务院三峡工程建设委员会办公室、国家电网公司，2010 年。

2．国家电网公司，《中国三峡输变电工程　科技创新卷》，中国电力出版社，2008 年。

第七章　设备国产化和技术创新

在三峡输变电工程建设中，科技创新实现了从量到质的飞跃，实现了从国产化到自主化的飞跃，并提高了工程建设和设备制造水平。从三常直流工程到三沪直流工程，国产化率完成了从 30%到 70%的跨越。在灵宝背靠背直流工程中，国产化率达到了 100%。与此同时，直流设备的国产化也走过了一条从合作、分包、联合体到自主生产的历程。三峡输变电工程建设全面提升了我国 500kV 交流输变电工程的设备制造能力，为特高压交流技术研究提供了技术储备。

第一节　依托工程推进国产化进程

三峡输变电工程建设中，国家电网公司通过在三常、三广、三沪直流工程的引进技术、合作生产，又通过灵宝背靠背依托工程的全面实践，直流输电工程设备国产化和自主创新取得了历史性成果。

（1）三常直流工程设备国产化率约为 30%，三广直流工程约为 50%，三沪直流工程约为 70%，灵宝换流站达到了 100%，创造了中国输变电装备制造的奇迹，使国内有关厂家具备了制造直流输电工程换流站和超高压、特高压关键设备的能力。

（2）南京南瑞集团公司在三峡输变电工程建设中发展壮大成为具有世界领先水平的控制保护产品制造商，其制造能力排名世界第二位。

（3）主设备供货实现国产化。晶闸管元件、晶闸管阀、换流变压器、平波电抗器、交流滤波器设备、交流场变电设备、电容器、电抗器、电阻器及站用电系统设备、阀内冷设备、阀外冷设备、阀厅空调和通风设备、电缆等实现国产化，扩展了我国输变电设备的供货来源，有力地推动了电网技术的升级。

从三峡直流换流站设备的国产化历程看，不仅国内生产的设备份额逐步增加，而且从三常直流工程的分包生产，发展到三广直流工程的合作生产，直至三沪直流工程的中外联合体投标生产，表明了我国直流设备的国产化进程是稳扎稳打的，国产化能力得到了质的飞跃发展。依托三峡输变电工程，国内直流输电技术与设备制造水平有了很大的提高。依托三常直流工程及相关技术引进，工程所用的 28 台换流变压器和 6 台平波电抗器中，国内采用来料加工的方式生产了 4 台换流变压器（西变 2 台、沈变 2 台）和 1 台平波电抗器（西变）；工程用晶闸管换流阀所用的 696 个晶闸管组件中，国内组装了 116 个；使用了大功率晶闸管元件 72 只；总体国产化率达 30%。国内合作生产的这些产品已成功地在三常直流工程中投入运行。

在三广直流工程和贵广一回直流工程中，在进行补充技术引进的基础上，工程所用的 28 台换流变压器和 6 台平波电抗器中，西变公司采用与 ABB 公司联合设计、材料独立采购、合作产品整机报价的方式分别生产了 8 台换流变压器和 2 台平波电抗器；西整公司组装了两个工程全部的晶闸管组件；在三广直流工程所用的 4200 只大功率电触发晶闸管元件中，西安电力电子技术研究所提供了 2100 只；总体国产化率达 50%，均成功投入运行。

三沪直流工程中，换流变压器、平波电抗器、换流阀、直流控制保护等设备的国内制造企业分别与 ABB 公司、SIEMENS 公司组成了联合体进行投标。通过联合体投标，大大加强了国内制造企业在应标、投标、设计、制造、试验乃至以后的安装、调试以及售后服务等方面参与工程的深度和广度，增强了直流输电设备国产化的能力。通过这一重要措施，实现了全面、完整、深入的直流设备国产化，国内共独立生产 14 台换流变压器、3 台平波电抗器、一个极的换流阀及超过 70%的晶闸管元件；总体国产化率达 70%，均成功投入运行。

三峡至荆门至沪西直流工程国产化率达到100%，三峡直流工程填补了我国直流输电工程换流站主设备国产化的空白。

摘编自：

1.《三峡输变电工程总结性研究（资料）》，国务院三峡工程建设委员会办公室、国家电网公司，2010年。

2. 国家电网公司，《中国三峡输变电工程 科技创新卷》，中国电力出版社，2008年。

第二节 引进消化吸收提升装备制造业

为了进一步巩固和消化引进技术，取得具有自主知识产权的新成果，国家计划委员会下达了超高压直流输电设备国产化项目（计高技〔2001〕1844 号）。项目针对换流站 8 种关键技术和设备进行攻关，2005 年底前完成了 8 个课题的全部研究任务，通过了验收。取得的成果促进了引进技术的消化吸收，促进了工程的国产化。主要内容包括：

（1）成套设备系统设计与模拟技术研究。以三广直流工程为依托，西安高压研究所建立了完整的数字仿真系统，具备了开展超高压直流工程成套设备系统研究与设计的条件和能力，成果支持了三沪直流工程的成套设计国产化工作。

（2）晶闸管换流阀。完成了换流阀整体设计、材料的选型及特种工艺的研究；完成了光直接触发晶闸管组件关键件的开发与国产化研究；完成了换流阀电抗器组件的设计和底部柜 VBE 的研究；研制了光直接触发晶闸管换流阀。成果应用于灵宝直流工程。

（3）换流变压器和平波电抗器。完成了交、直流复合电场下的绝缘特性，谐波磁场、涡流场的分析计算和程序的开发；局部放电预防措施的制订；工艺和质量控制保障措施的制订；以及热点分布、消除局部过热、提高产品机械强度和大型产品的运输技术等关键技术的研究。成果直接应用于三峡直流工程换流变压器和平波电抗器的供货生产。

（4）交直流滤波器成套装置与交流连续可调滤波器。以三广直流工程为依托，对高压直流输电工程交直流滤波器成套装置的关键技术进行研究，独立完成了三沪直流工程华新换流站滤波器的成套设计任务；使制造企业具备独立进行高压直流输电工程交直流滤波器成套设计的能力；研制了有源滤波器试验模型样机及磁阀式连续可调滤波器试验样机。

（5）直流氧化锌避雷器。制定了超高压直流工程用金属氧化物避雷器的技术规范；对电阻片的配方、工艺及侧面釉和渗铋技术的研究，完善了老化试验装置和直流动作负载试验装置等，制定了直流工程用避雷器的试验技术规范；共研制了 7 种避雷器，其中阀、直流母线、中性母线、滤波器等保护用的多种规格避雷器已在葛南直流工程、灵宝直流工程及三沪直流工程等工程中应用。

（6）直流输电控制保护设备。开发了 Unix 和 Windows 混合平台的运行人员控制系统，界面操作更加适应国内习惯，与国外技术相比，在性能和可靠性方面得到提升；开发出功能优于国外产品的运行人员培训系统，具备与实际运行系统相同的人机界面，为运行人员的操作培训提供了有效的工具；依托灵宝直流工程，为国内第一个背靠背直流工程自行设计制造了直流控制保护设备。

（7）大功率晶闸管主要原材料。研制出金属化膏新配方，攻克了超大型陶瓷管壳金属化工艺难点；采用超大尺寸无氧铜研磨新工艺，使其平面度、平行度达到设计要求；运用新型瓦特电镀液新配方，解决了超大型管壳表面镀层的均匀性、致密性问题；采用陶瓷—金属二次焊接新工艺，使管壳的气密性满足配套晶闸管的关键性能指标。采取特殊的工艺手段，解决了残余应力引起的钼圆片变形难题；采用超大直径钼圆表面研磨新工艺，使其平面度、平行度及粗糙度达到技术要求。

（8）直流套管和棒形支柱绝缘子。成功研制了±500kV/12kN、±500kV/8kN、±500kV/4kN 直流棒形瓷绝缘子；完成换流站耦合电容器用瓷套与±571kV 直流母线避雷器用瓷套的试制。提出了超高压直流复合套管和直流棒形支柱复合绝缘子技术条件；改善了高温硫化硅橡胶的老化性能、电气和机械性能，尤其是提高了材料直流电压下耐漏电起痕和耐电蚀损性；研制了直流工程用直流空心复合绝缘子和直流棒形支柱复合绝缘子。解决了超高强度瓷的配方问题、实心大直径毛坯的干法压制和空心大直径的毛坯的湿法挤制技术、大伞裙的干法和湿法修坯技术、高大型绝缘子的烘房干燥和烧成等关键技术难题、瓷套黏接方法的选取和相应工装的制作。

摘编自：

1. 国家计委，《超高压直流输电设备国产化项目》（计高技〔2001〕1844 号）。
2. 《三峡输变电工程总结性研究（资料）》，国务院三峡工程建设委员会办公室、国家电网公司，2010 年。
3. 国家电网公司《中国三峡输变电工程　科技创新卷》，中国电力出版社，2008 年。

第三节　换流变压器、油浸式平波电抗器国产化研制

1994 年 12 月 14 日，三峡水利枢纽工程正式启动建设。当时国内还没有厂家能独立完成±500kV 超高压直流输电用换流变压器和平波电抗器设计与制造。国内只有西变公司的产品具有运行业绩，产品的最高电压等级为 110kV，容量也只有 63MVA，无法满足需求。为了能使国内设备制造厂家能很快地赶上国际水平，加快重大设备国产化进程，国家启动了“十五”重大装备国产化研制的战略部署。西变公司承担了“超高压直流输电工程用换流变压器、平波电抗器国产化研制”项目的科研攻关任务，依托三峡以及后续±500kV 超高压直流输电工程开展换流变压器和平波电抗器的国产化研制。2001 年 12 月-2004 年 8 月，西变公司在科研攻关和产品研制过程中，由总工程师挂帅，抽调技术骨干组成设计、制造、试验科研攻关组，按计划开展科研攻关工作，按期完成科研攻关的全部内容，形成了自主知识产权。科研攻关投入费用 371.5 万元，产品开发投入费用 585 万元，技术改造投入费用 6000 万元，保证了科研攻关和样机研制的顺利实施。通过大量的试验研究工作，西变公司已经能够完全独立地进行直流输电换流变压器、平波电抗器组件及特殊材料的选用和采购。通过进行国内特殊材料采购和应用的研究，极大地推动了西变公司在直流产品设计技术方面的进步，也推动了国内供应厂商相关技术的发展。通过进行国内特殊材料采购的研究，降低了产品的制造成本，同时也大大降低了用户的采购成本，为国家节省了大量外汇和资金，奠定了直流设备国产化的基础。西变公司的超高压直流输电工程用换流变压器（如图 3-18 所示）、平波电抗器国产化研制的成果，满足了西北—华中联网灵宝背靠背换流站工程、三峡—广州直流工程和三峡—上海直流工程设备所需材料的国产化采购，也为开发云南—广州直流工程和向家坝—上海±800kV 特高压直流输电工程用换流变压器和平波电抗器材料的国内采购奠定了基础。

图 3-18　三峡直流工程提供的 ZZDFPZ-297.5MVA 500kV 换流变压器

摘编自：

1.《三峡输变电工程总结性研究（资料）》，国务院三峡工程建设委员会办公室、国家电网公司，2010 年。

2. 国家电网公司，《中国三峡输变电工程　科技创新卷》，中国电力出版社，2008 年。

第四节　换流阀国产化研制

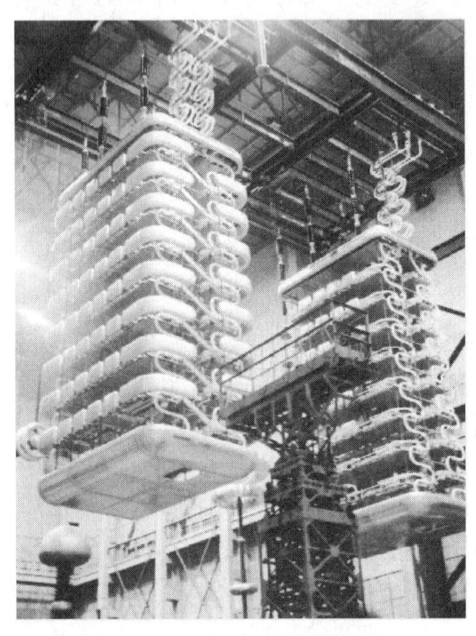

图 3-19　三沪直流工程换流阀

三沪直流工程是国内第一次独立承担±500kV 超高压直流输电工程晶闸管换流阀的设计、制造、试验和现场调试的工程。三沪±500kV 超高压换流阀于 2006 年底投入运行，一直运行良好；±500kV 超高压换流阀的标准化设计，为以后超高压直流工程打好了基础，也为±800kV 特高压换流阀的研制积累了许多有用的数据。三沪±500kV 超高压换流阀的研制成功，进一步提高了西整公司换流阀的设计、制造、试验水平，促进了直流输电工程设备的国产化进程，为国家节约了大量的外汇，产生了良好的经济效益和社会效益。图 3-19 为三沪直流工程换流阀。

摘编自：

1.《三峡输变电工程总结性研究（资料）》，国务院三峡工程建设委员会办公室、国家电网公司，2010 年。

2. 国家电网公司，《中国三峡输变电工程　科技创新卷》，中国电力出版社，2008 年。

第五节　直流控制保护设备国产化研制

直流控制保护系统是直流输电的核心技术，直流控制保护系统的国产化工作是实现整个直流输电工程国产化目标的关键。虽然国内已经完成直流控制保护系统技术的引进，实现了直流控制保护系统的国产化，但是引进技术在硬件平台可靠性、性能、容量、集成度等方面急需改进，软件功能也需加强和优化，才能保证系统更加安全可靠地运行。因此，吸收引进技术的优点，采用最新计算机和电子技术的成果，开发具有高可靠性、高性能的硬件平台和界面清晰、调试维护方便的软件平台的新一代直流控制保护系统的需求十分迫切。

国家电网公司非常关心和支持新一代具备国际先进水平的直流控制保护系统的开发研究工作，统一领导和部署并直接参与了“自主知识产权的直流控制保护系统的开发研究”项目。2004 年，国家电网公司对该项目进行立项，总投入为 5000 万元，计划 2008 年初完成。在国家电网公司的精心组织下，相关部门密切配合，对项目的关键技术问题进行严格把关，为项目的顺利实施提供了有力的支持。项目承担单位南瑞继保依托自身强大的技术研发实力，总结国内外直流控制保护系统的特点，充分运用数年来众多成功直流工程项目和直流科研项目积累的丰富经验与成果，本着继承、创新的路线，推出了新一代适用于各种类型高压直流输电工程的直流控制保护系统 PCS-9550。

在硬件平台应用方面，与 PCS-9550 系统基于同一硬件平台的控制保护设备已经成功运用于国内多个交流控制保护项目，运行可靠稳定。经过实际工程检验，已证明 PCS-9550 的硬件平台基本成熟可靠。图 3-20 为 2001 年 6 月 8 日，在北京召开三峡工程重大装备工作会议。

在软件平台应用方面，早于 PCS-9550 系统立项之前，南瑞继保将新一代直流控制保护核心功能软件的研究与开发作为攻关的重点，经过几年的努力，取得了丰硕的成果。包括多项国家技术发明专利在内的新成果以及改进的控制保护核心软件被应用在之前的直流工程项目中，取得了很好的实际运行效果。这些研发成果是 PCS-9550 的基石，从这一角度来讲，PCS-9550 所拥有的核心软件事实上是历经实际工程检验、成熟的模块。

图 3-20　2001 年 6 月 8 日，在北京召开三峡工程重大装备工作会议

摘编自：

1.《三峡输变电工程总结性研究（资料）》，国务院三峡工程建设委员会办公室、国家电网公司，2010 年。

2. 国家电网公司，《中国三峡输变电工程　科技创新卷》，中国电力出版社，2008 年。

第六节　可控高压电抗器研究

国家电网公司制定了可控电抗器的开发技术路线，即通过技术引进开发 500/330kV 可控电抗器，并建设 500/330kV 可控电抗器的试验工程，获取运行经验，同时通过与国外企业合作，共同研制 1000kV 级可控电抗器，应用于特高压交流电网，在可控电抗器制造技术成熟并拥有运行经验后，可根据需求向不同电压等级推广。

2007 年，三峡右岸有三台机组投产，通过三峡右一—江陵双回（2×135km）输出，该双回线安装两组高压电抗器，由于三峡右岸变电站受场地制约，将一组高压电抗器转移至江陵变电站，考虑到三峡丰枯季节出力变化较大，缺乏一定的无功调节手段，因此考虑用可控高压电抗器替代江陵站高压电抗器（120Mvar），全面校验可控高压电抗器。

摘编自：

《三峡输变电工程总结性研究（资料）》，国务院三峡工程建设委员会办公室、国家电网公司，2010 年。

第七节　合成绝缘子研究

在三峡工程之前，直流合成绝缘子在我国几乎没有运行经验，研究工作也刚起步不久。国际上虽有一些运行经验，但基本上是把交流合成绝缘子直接用到直流线路上，并没有对直流合成绝缘子本身提出什么特殊要求。在研制生产三峡直流工程用±500kV 合成绝缘子方面，我国注重立足国际科技前沿进行创新，成功地走出了一条自主创新之路，综合实力已达到国际领先水平。

1998 年，项目由国家电力公司组织，襄樊国网合成绝缘子股份有限公司作为该项目的第一承担单位，中国电力科学研究院、清华大学作为项目的第二、三承担单位共同完成。武汉高压研究所参与了技术条件的组织制定，承担了部分项目的试验工作。参与研制的各方以合同的形式明确了各自的任务，对三峡直流工程用±500kV 合成绝缘子的生产、试验、运行进行了系统研究。

由于直流合成绝缘子在国内是首次试制，国际上也无相应的标准，项目组通过广泛地查阅资料，在充分吸收一些发达国家在研制和生产过程中的经验和教训的同时，结合我国直流输电线路的特点，参照有关交流合成绝缘子标准和直流瓷绝缘子的技术条件，通过对直流合成绝缘子材料方面（芯棒材料、伞裙护套材料）、端部连接结构、端部密封结构、防电解腐蚀的研究，成功研制出±500kV 直流合成绝缘子，并制定出相关技术条件和试验大纲，填补了国内空白，在产品结构设计、应用等方面也取得了具有世界水平的技术突破，其主要性能指标达到国际领先水平。内外楔式端部金具连接、伞裙套装工艺±500kV 直流合成绝缘子 1999 年 7 月通过技术鉴定。压接式、整体注射成型工艺±500kV 直流合成绝缘子于 2000 年 11 月通过国家电力公司组织的技术成果鉴定，2004 年 5 月又通过了中国机械行业联合会科技部、国家电网公司科技部组织的产品鉴定。2000 年±500kV 直流合成绝缘子还分别获得“华中电力集团科学技术进步二等奖”和“湖北省电力工业局科技一等奖”。

摘编自：

1. 《三峡输变电工程总结性研究（资料）》，国务院三峡工程建设委员会办公室、国家电网公司，2010 年。

2. 国家电网公司，《中国三峡输变电工程　科技创新卷》，中国电力出版社，2008 年。

第八章　调试、调度及运行技术创新

第一节　调试技术创新

在国家电网公司的统一部署和协调下，中国电力科学研究院等单位先后完成了三峡电力外送直流输电工程三常、三广、三沪、灵宝背靠背直流工程的系统调试和工程试运行，保证了三峡电力可靠地外送。特别是灵宝背靠背直流工程系统调试，创造了国内直流工程系统调试的“多个第一”：第一次自主编写系统调试方案；第一次组织国内技术力量自主完成系统调试；第一次检验两种不同的控制保护技术交叉控制两种不同的换流阀等。

2004 年 12 月 20-23 日，灵宝背靠背直流工程完成了在南瑞直流控制保护设备和许继直流控制保护设备运行情况下换流站交流场带电和交流滤波器带电试验；2005 年 4 月 10 日完成换流站调试，2005 年 4 月 11 日正式开始系统调试，到 2005 年 4 月 27 日完成南瑞控制保护系统下的调试工作，以及部分许继控制保护系统下的调试工作；2005 年 6 月 1-16 日，完成许继控制保护系统下的调试工作，实现了 2005 年 6 月投入试运行的目标，于 2005 年 6 月 18 日投入试运行。灵宝背靠直流工程自投入运行以来，系统运行稳定，华中、西北电网的电力可以通过该工程相互输送，实现了华中和西北两大区域的联网，取得了良好的经济效益和社会效益。

三峡电力外送直流输电工程调试和试运行顺利完成并投入商业运行，标志着我国直流输电国产化能力的全面提升，也标志着我国大容量直流输电工程在工程调试方面的自主创新取得了重大成功。灵宝背靠背直流工程的顺利投运，对于我国之后独立自主开展大型直流输电工程的系统调试工作，具有典型示范作用，对直流输电技术国产化和实现电网技术升级具有重要意义。

摘编自：

1.《三峡输变电工程总结性研究（资料）》，国务院三峡工程建设委员会办公室、国家电网公司，2010 年。
2. 国家电网公司，《中国三峡输变电工程　科技创新卷》，中国电力出版社，2008 年。
3. 国家电网公司，《中国三峡输变电工程　工程调试卷》，中国电力出版社，2008 年。

第二节　调度自动化技术创新

我国调度自动化、继电保护管理、通信等方面以三峡输变电工程为契机，通过科技进步和创新，实现了技术水平和管理水平整体进步，同时还诞生了一批科研标准化成果，促进了电力二次系统技术装备升级换代，促进了三峡水电站及其输变电系统乃至全国互联电网的安全稳定运行；充分发挥了三峡水电站及其送出工程对国民经济和社会发展的巨大推进作用。

国调能量管理系统（energy management system，EMS）是国内迄今为止规模最大的能量管理系统，系统建设不仅硬件规模最大，而且系统的数据处理能力和处理容量规模也最大。作为我国最高一级调度中心的能量管理系统，国调 EMS 不仅实现了与网省调 EMS 相同的全部功能，同时还承担全国范围电网的实时信息分析、汇总和电网监视功能。系统不仅直接采集国调中心直接调度管辖的发电厂、变电站实时信息，还通过电力调度数据专网与各个网省调 EMS 互联，实时接收和处理全国所有 220kV 及以上电网的海量运行数据，使国调中心能够实时掌握全国主要电网的实时运行工况。国调中心通过 EMS 监视各个电网的频率、电压等主要指标，实现对各个下级调度中心生产运行的考核和监视功能，通过系统掌握的数据可直接实现对下级调度单位的生产运行指导，协调互联电网各方进行电网操作和电力调度。由于我国各个大区电网的互联还处于弱连接状态，国调中心直接调度的电厂又分布在不同的区域，根据这一实际情况，国调 EMS 的电网自动发电控制（automatic generation control，AGC）功能，通过采用多个电气岛计算和控制方式，根据不同区域的电量平衡情况进行分岛计算区域控制误差（area control error，ACE）值，能够实现多岛方式的 AGC 控制。

国调水调自动化系统（hydropower management system，HMS）。截至 2007 年 6 月底，国调 HMS 连接了东北、华东、华中、西北电网 HMS 和三峡梯调 HMS，接入了包括三峡梯级电站在内的近 70 个大中型水电厂信息，是当时全国规模最大的电网 HMS，初步实现了国家电网内重点水电厂水调信息的联网，实现了水调信息监测、水务综合管理以及水调高级应用等专业功能，为国调调度三峡和进行国家电网公司系统水库调度管理提供了重要的信息和技术保障。国调 HMS 在数据通信、平台结构、数据库管理以及高级应用方面采用了多项在国内水调自动化系统领域领先的新技术。

国调调度员培训仿真系统（dispatcher training system，DTS）。国调 DTS 是专门用于国调调度员培训和进行全系统联合反事故演习的计算机应用系统。国调 DTS 针对我国以三峡为中心，东、南、西、北四个方向互联的跨区电网而开发建设，是迄今为止世界上规模最大的互联电网在线仿真系统。新技术应用在电力系统仿真方面取得重大突破，在系统规模、部分功能和技术性能等方面处于国际领先水平。2007 年 3 月 24 日，中国电机工程学会在北京组织专家评审会议，与会专家一致认为：国调 DTS 采用面向 220kV 交流同步电网的自动补充建模技术，实现了大规模互联电网在线完整建模，解决了大规模电网模型及时维护和应用的难题；在 DTS 上首次实现了对高压直流及其保护和控制行为的详细仿真，实现了串联补偿装置的建模，填补了国内外的空白；系统首次采用潮流自动匹配和教案、事件自动同步技术，实现了国调和网调 DTS 互联的联合反事故演习，实现了基于 Web 安全交互操作的多级联合反事故演习，满足了大规模联合反事故演习的需求。该项目获得 2007 年度国家电网公司电力科学技术进步一等奖、中国电力科学技术奖二等奖。

摘编自：

1. 《三峡输变电工程总结性研究（资料）》，国务院三峡工程建设委员会办公室、国家电网公司，2010 年。
2. 国家电网公司，《中国三峡输变电工程　科技创新卷》，中国电力出版社，2008 年。
3. 国家电网公司，《中国三峡输变电工程　调度通信自动化与生产运行卷》，中国电力出版社，2008 年。

第三节　运行管理与技术创新

国家电网公司在三峡输变电工程生产准备管理、投运后生产运行维护管理方面，不断努力创新，研究应用了“三维运维管理系统”等多项先进技术，积极应用了直升机巡检技术、变压器油色谱在线监测技术、手持智能终端（PDA）巡视技术、输电线路行波故障测距技术，建设了雷电定位系统、变电站仿真系统、工业电视系统、输电线路在线监测系统，促进了各项生产任务顺利完成，为运维更高等级的交直流电网奠定了基础。

一、噪声治理与检修模式优化

在噪声治理、设备年度检修模式优化方面取得了良好的创新优化效果。龙泉、荆州降噪工程是三峡输变电工程的完善化项目，国家电网公司高度重视此项工作，制定了详细的实施计划，历时 10 个月，圆满完成了该项任务。2006 年 12 月进行了两站总承包单位和龙泉换流站低噪声电抗器采购招标，2007 年 1、2 月分别利用江城（三广直流工程）、龙政（三常直流工程）直流系统停电大修的机会，组织完成了两站换流变压器、平波电抗器等需停电进行降噪施工设备的降噪工作，随后陆续完成了龙泉换流站交流滤波器低噪声电抗器更换和两站其他设备的噪声治理工作。两站均顺利通过国家环保部门检测验收，龙泉换流站噪声水平达到环评一类地区标准，荆州换流站噪声水平达到环评二类地区标准。2007年2月19-22日，国家电网公司建运部组织国内专家对该项目进行竣工验收，专家一致认为该工程施工组织周密、工程质量优良、投资得到有效控制、降噪效果达到国家环保验收标准。

按照常规直流换流站设备年度检修模式，通常葛南直流工程设备年度检修直流系统需要停运一个月的时间。三峡输变电工程在以前的基础上，通过优化设备检修项目、周期，采用“2+7+2”及其他模式，逐步缩短直流系统停运时间，提高系统可用率。国家电网公司为了进一步提高系统能量可用率，提高检修质量，保证设备安全稳定运行，积极开展设备状态检修研究，做好相关准备工作，首先将三常直流工程作为试点实施状态检修工作。

二、输电线路的空中作业

数年前国外就已采用直升机为载体用高压去离子水对带电运行线路的绝缘子实施冲洗，取得了成功的经验。从2005年起，国家电网公司开始积极探索在国内开展直升机冲洗带电绝缘子的工作，积极鼓励北京超高压公司与北京首都通用航空公司合作引进技术并努力探索。在多方的共同努力下，2005年底在三峡工程龙泉—斗笠Ⅱ回500kV交流线路上，实施了国内首次直升机冲洗带电绝缘子验证性作业，填补了国内空白。2006年秋冬季在三广直流工程输电线路上首次进行了数百千米范围的商业化作业。避免了停电安排人工擦洗瓷质绝缘子，保证了线路耐污闪的性能，提高了线路运行的可靠性指标。但是，直升机冲洗绝缘子也存在一些问题：对于积污时间较长、污秽较重的绝缘子，冲洗后的部分部位不及人工擦洗得彻底、干净；另外，其费用较高，作业1个小时需花费2.5万元左右。因此，这种作业方式不宜作为一种常规维护手段，而更适于作为特殊条件下的应急、后备手段。

直升机作业还有其他一些用途。直升机用于输电线路的巡线，具有特殊优势。装载陀螺定位跟踪功能的红外线、可见光录像装备的直升机，其巡线效率高、视野宽，可以弥补人员徒步难以到达位置、人员肉眼难以分辨目标的不足。在实践中，借助直升机巡线，多次发现了线路缺陷并及时安排抢修，保证了线路的安全稳定运行，如高岭—姜家营线路导线遭开山炸石损伤、三峡—万县Ⅰ回线路金具严重缺陷等。直升机用于输电线路的零星抢修作业，如更换导线间隔棒、安装护线绞丝等，在国外已是成熟技术，其高效、快速灵活的特点对于抢修作业来说极为突出。目前我国也正在积极研究相关技术和装备。

直升机冲洗带电绝缘子、修复带电线路缺陷、巡视线路等新的空中作业方式，开拓了运维人员的视野，为快速、高效地维护线路提供了更多的选择，从而更有利于提高输电线路的安全可靠性。

2007年，国家电网公司多次与有关单位联系，探讨无人机用于线路巡视的可能性。无人机也可以像直升机一样，装备红外线、可见光录像设备，将巡航时录下的信息供地面人员分析。无人机的控制方式主要有实时远程遥控和预置航线程序定位两类，两类方式也可结合使用。如在起飞、降落时用遥控，进入某位置时切换到预置航线定位方式。无人机的主要特点是，相对有人机而言造价低，在航空管制方面手续简便。因此无人机用于线路巡视，其成本相对于有人机有较大优势。2007年直升机巡线作业成本约1.5万元/小时，而无人机的作业成本低于1万元/小时。这种新的作业方式可以大大降低巡线人员的劳动强度，提高巡线作业效率，弥补人工巡线的不足，甚至有可能改变维护作业的劳动组织方式。图3-21展示了直升机巡线工作。

三、有效解决控制保护主机异常问题

为了督促ABB公司全力解决直流工程控制保护系统的主机异常问题，在三沪直流工程的商务合同中，规定了专门针对主机异常问题的罚款条款：“在设备质保期内，如发生死机3～4次/年，每次罚扣控制保护系统合同价格的0.5%；发生死机5～9次/年，每次罚扣合同价格的1%；出现第10次，则更换控制保护系统主机直至问题解决。任何一次死机如导致单极跳闸，每跳一次罚扣3%；导致双极跳闸，每跳一次罚扣5%。”此商务条款使ABB公司不得不投入人力物力解决主机异常问题。

图 3-21 2007 年 5 月，采用 BELL206B3 型直升机航巡三龙 2 线 42 号塔右地线

经过长期追踪、测试，ABB 公司终于捕捉到一次主机异常来自 Windows NT 系统的问题。这次发现使 ABB 公司下决心摒弃在软件执行层的 Windows NT，而采用 Windows XT 引导的实时扩充（Real Time Extension, RTX）作为执行层软件平台，并开发出 1.5 版本的新软件。该软件安装在系统中后，对解决主机异常问题的效果明显。

几年来，国家电网公司在与 ABB、SIEMENS 等公司的交往中，坚持以公司利益为核心，以合同的正确、有效执行为目标，有利、有理、有节、有效地进行谈判，确保公司利益不受损害，在工作中积累了丰富的经验。公司严谨、求实的工作作风也赢得了对方的尊敬。

摘编自：

1.《三峡输变电工程总结性研究（资料)》，国务院三峡工程建设委员会办公室、国家电网公司，2010 年。

2. 国家电网公司，《中国三峡输变电工程 科技创新卷》，中国电力出版社，2008 年。

3. 国家电网公司，《中国三峡输变电工程 调度通信自动化与生产运行卷》，中国电力出版社，2008 年。

第九章　标准专利及获奖情况

第一节　标　　准

三峡输变电工程建设中采用了大量的新设计、新技术、新工艺，部分原有的标准规范在使用范围和相关规定上存在局限性，甚至是不适用。为了更好地指导工程建设的开展，通过总结设计、施工、生产运行技术的创新成果，积极开展相关规程规范和技术标准的研究编制工作，形成了一整套涉及设计、施工作业、质量检验、安全生产等方面的技术标准和规程规范，使得工程建设各项工作有章可循、有法可依，规范了工程建设，并能更好地适应工程建设的需要。

工程形成了一系列的国家标准、行业标准、企业标准，其中部分如表3-2所示。

表3-2　三峡输变电工程系列标准

标　准　号	标　准　名　称	发布单位	发布年度
GB/T 15145—2001	微机线路保护装置通用技术条件	国家质量监督检验检疫总局	2001年
GB/T 19262—2003	微机变压器保护装置通用技术条件	国家质量监督检验检疫总局	2003年
GB/T 19183.1—2003、GB/T 19183.5—2003、GB/T 19520.3—2004、GB/T 19520.4—2004	电子设备机械结构	国家质量监督检验检疫总局	2003年、2004年
GB/T 16720.1—2005、GB/T 16720.2—2005、GB/T 19662—2005	工业自动化系统	国家标准化管理委员会	2005年
GB/T 14598.17—2005、GB/T 14598.3—2006、GB/T 14598.10—2007、GB/T 14598.18—2007	电气继电器	国家标准化管理委员会	2005-2007年
GB 14285—2006	继电保护和安全自动装置技术规程	国家标准化管理委员会	2006年
DL/T 437—1991	高压直流接地极技术导则	能源部	1991年
DL/T 601—1996	架空绝缘配电线路设计技术规程	电力工业部	1996年
DL/T 602—1996	架空绝缘配电线路施工及验收规程	电力工业部	1996年
DL/T 605—1996	高压直流换流站绝缘配合导则	电力工业部	1996年
DL/T 754—2001	铝母线焊接技术规程	国家经济贸易委员会	2001年
DL/T 5154—2002	架空送电线路杆塔结构设计技术规定	国家经济贸易委员会	2002年
Q/GDW 110—2003	500kV紧凑型架空送电线路设计技术规定	国家电网公司	2003年
Q/GDW 111—2004	直流换流站高压直流电气设备交接试验规程	国家电网公司	2004年
Q/GDW 114—2004	国家电力调度数据网骨干网运行管理规定	国家电网公司	2004年
Q/GDW 118—2005	直流换流站二次电气设备交接试验规程	国家电网公司	2005年
Q/GDW 131—2006	电力系统实时动态监测系统技术规范	国家电网公司	2006年
Q/GDW 132—2006	电力市场运营系统功能规范和技术要求	国家电网公司	2006年
Q/GDW 137—2006	电力系统分析计算用的电网设备参数和运行数据的规范	国家电网公司	2006年
Q/GDW 139—2006	高压直流输电工程系统试验规程	国家电网公司	2006年

续表

标　准　号	标　准　名　称	发布单位	发布年度
Q/GDW 140—2006	交流采样测量装置运行检验管理规程	国家电网公司	2006 年
Q/GDW 141—2006	输电线路行波故障测距装置技术条件	国家电网公司	2006 年
Q/GDW 144—2006	±800kV 特高压直流换流站的过电压保护和绝缘配合导则	国家电网公司	2006 年
Q/GDW 145—2006	±800kV 直流架空输电线路电磁环境控制值	国家电网公司	2006 年
Q/GDW 146—2006	高压直流换流站无功补偿与配置技术导则	国家电网公司	2006 年
Q/GDW 147—2006	高压直流输电用±800kV 级换流变压器通用技术规范	国家电网公司	2006 年
Q/GDW 148—2006	高压直流输电用±800kV 级平波电抗器通用技术规范之一油浸式平波电抗器	国家电网公司	2006 年
Q/GDW 149—2006	高压直流输电用±800kV 平波电抗器通用技术规范之二干式平波电抗器	国家电网公司	2006 年

第二节　发　明　专　利

国家电网公司精心组织，在设计技术、施工工艺和新设备、新装置方面，取得了一大批卓有成效的创新发明。大量先进技术的应用，保障了三峡输变电工程设计和建设的顺利实施。表 3-3 所示为获得授权的发明专利清单。

表 3-3　　获得授权的发明专利清单

序号	专利类别	专利号	项　目　名　称
1	发明	ZL01103933.7	测控装置内部传输网络通信的方法
2	发明	ZL01103934.5	变电站自动化系统测控单元通信管理装置
3	发明	ZL01141429.4	在实时多任务操作系统中建立嵌入式图形化用户界面的方法
4	发明	ZL01103932.9	微处理器和 CAN 控制器的接口方法
5	发明	ZL01110622.0	方向式线路纵联保护信息交换的方法及其装置
6	发明	ZL01118554.6	广义异步串行通信协议数据链路层软件接口方法
7	发明	ZL01129328.4	微机保护开入、开出硬件检测装置
8	发明	ZL03146340.1	基于电阻变化规律的线路故障与振荡识别方法
9	发明	ZL03153450.3	按相补偿阻抗继电器保护装置及其方法
10	发明	ZL200301022443.X	容错判断自适应高压并联电抗器匝间保护方法
11	发明	ZL03109746.4	一种基于现场可编程门阵列实现的本地网通信的方法
12	发明	ZL200310101616.X	基于嵌入式系统的变电站信息接入实时数据库的应用管理方法
13	发明	ZL99114518.6	自适应加权式母线差动保护方法
14	发明	ZL01108068.X	基于励磁阻抗变化的变压器励磁涌流判别的继电保护方法
15	发明	ZL200310106437.5	电抗器谐波过负荷保护的方法
16	发明	ZL200610085613.5	判断背靠背直流工程中高压极线短路于低压极线的方法
17	发明	ZL200610085750.9	超高压直流线路故障的行波识别方法
18	发明	ZL200610085753.2	判断直流工程功率异常反转且不受感应电压影响的方法
19	发明	ZL200610085614.X	利用电流指令切换 50Hz 保护定值的方法
20	发明	ZL200310101617.4	一种无需使用单片机的 PC/104 总线和 CAN 总线之间的接口

续表

序号	专利类别	专利号	项　目　名　称
21	发明	ZL200310103518.X	全分布式的保护信息处理系统实时数据库的应用方法及其网络系统
22	发明	ZL03146339.8	一种电网动态安全监测系统中监测数据的方法
23	发明	ZL200410049630.4	用于继电保护的不需插拔的光纤通道多路分接装置
24	发明	ZL200410070071.5	电力自动化系统中关键应用模块的多备一的实现方法
25	发明	ZL200510063113.7	双网络通信系统的不间断切换方法
26	发明	ZL200510071822.X	一种实现 IEC 61850 信息间接接入实时数据库的方法
27	发明	ZL200510075273.3	具有零序电压补偿的零序方向测量方法
28	发明	ZL200510042829.9	550kV 电压等级单断口断路器
29	发明	ZL200410020904.7	变压器套管试验装置及其试验方法
30	发明	ZL99116601.9	接地电阻异频测量方法及装置
31	发明	ZL02115443.0	便携式带电作业用保护间隙
32	发明	ZL02115506.2	输电线路故障点定位方法和装置
33	发明	ZL200610018379.4	变电站高压电器设备在线监测方法及系统
34	发明	ZL200610018393.4	免解线杆塔接地电阻快速测量方法及装置

第三节　获　奖　情　况

三峡输变电工程供电范围广，建设持续时间长，不仅是一项系统性的工程，更是一项开创性的工程。由于技术极其复杂，质量要求高，且世界上没有现成的系统、经验、模式可以借鉴，具有特殊的艰巨性和复杂性。面对挑战，国家电网公司牢固树立一流理念，依靠科技创新，实现重大自主技术创新 20 多项，技术改进 150 多项，解决工程中出现的复杂问题，加速推进了工程建设的科技进步，提高了工程的质量和水平。获得的科技进步奖如下：

（1）三峡输变电工程获 2010 年度国家科学技术进步奖一等奖（见图 3-22）。

（2）中国电科院电力系统仿真中心的科研成果“电力系统仿真试验室的建立及在三峡电力系统仿真试验中的应用”获 2000 年度国家电力公司科技进步奖三等奖。

图 3-22　三峡输变电工程获 2010 年度国家科学技术进步奖一等奖

（3）武汉高压研究所电磁兼容实验室的建设项目“电力系统电磁兼容测试技术和实验室建设”获2001年度中国电力科学技术奖三等奖。

（4）国网北京电力建设研究院的“分裂导线力学性能实验室建设”获2001年中国电力科学技术奖二等奖。

（5）北京四方继保自动化有限公司“CSC2000分布式变电站自动化系统”获2001年度中国电力科学技术奖二等奖。

（6）武汉高压研究所电磁兼容实验室的研究项目“三峡电站500kV线路跨越永久船闸对过闸船舶的通信干扰和工频电场安全问题的研究”获2002年度中国电力科学技术奖三等奖。

（7）“超高压输电线路应用海拉瓦技术优化路径”获2002年度中国电力科学技术奖三等奖。

（8）“内悬浮内拉线旋转摇臂抱杆组立长江大跨越高塔新技术”获2002年度安徽省电力公司科技进步奖一等奖，2003年度安徽省科学技术奖二等奖。

（9）“利用航空动力伞技术实施全程不停电跨越运行线路”获2004年上海市工会劳动保护“绿十字”第二名暨二等奖。

（10）“复合光纤架空地线（OPGW）及全介质自承式光缆（ADSS）力学性能试验条件和试验方法的研究”项目获2004年度国家电网公司科技进步奖一等奖。

（11）“同塔双回紧凑型技术研究”项目获2004年度国家电网公司科技进步奖二等奖。

（12）“利用遥控飞艇牵放引绳进行大跨越不封航架线施工技术”获2004年度国家电网公司科技进步奖三等奖。

（13）“西北—华中联网背靠背直流工程系统研究咨询”获得2004年电力行业优秀工程咨询成果一等奖。

（14）“三峡输变电前期科研——三峡500kV双回同塔新技术研究”获2004年度国家电网公司科技进步奖二等奖。

（15）“三峡输变电工程用500kV大容量输电线路技术研究”获2004年国家电网公司科技进步奖一等奖、2004年中国电力科学技术奖一等奖、2005年国家科学技术进步奖二等奖。

（16）“政平至宜兴500kV同塔双回紧凑型线路工程”项目获2004-2005年度电力行业优秀工程设计一等奖。

（17）武汉高压研究院电磁兼容实验室的研究项目“500kV变电站电磁骚扰和保护小室规范化设计研究”获2005年度国家电网公司科学技术进步奖一等奖、2005年度中国电力科学技术奖二等奖。

（18）“三峡首端电网调试及运行问题研究”项目获2005年度国家电网公司科技进步奖二等奖。

（19）“分裂导线力学性能实验室技术完善和配套”项目获2005年中国电力科学技术奖三等奖。

（20）“政平至宜兴同塔双回500kV紧凑型输电线路关键技术研究”项目获2006年度国家电网公司科学技术进步奖一等奖、2006年度中国电力科学技术奖二等奖。

（21）“灵宝背靠背直流输电工程调试”获2006年度中国电力科学技术奖二等奖。

（22）“输电线路大跨越金具系列化设计研究”项目获2006年度国家电网公司科技进步奖三等奖。

（23）“光纤复合架空地线（OPGW）雷击断股机理研究及防治技术措施”项目获2006年度国家电网公司科技进步奖二等奖。

（24）“±500kV直流输电外绝缘特性研究及应用”项目获2006年度国家电网公司科技进步奖二等奖、2006年度中国电力科学技术奖二等奖。

（25）“政平换流站环境噪声综合治理”获2006年度国家电网公司科学技术进步奖二等奖。

（26）“PCS-9500高压直流控制和保护系统及其工程应用”获2006年中国电力科学技术奖一等奖、2006年国家电网公司科学技术进步奖特等奖、2007年国家科技进步奖二等奖。

（27）“葛沪直流工程二次系统的改造工程”获2007年度国家电网公司科技进步奖特等奖。

（28）“灵宝背靠背直流工程”获2007年度国家电网公司科技进步奖一等奖、中国电力科学技术奖二等奖。

（29）“直流输电系统成套设计研究”项目获 2007 年度国家电网公司科技进步奖一等奖、2007 年度中国电力科学技术奖二等奖。

（30）“三峡电力外送直流工程系统调试和研究（包括三常、三广、三沪和灵宝背靠背直流输电工程）”获 2007 年度国家电网公司科技进步奖二等奖。

（31）“万县 500kV 变电站大容量静止无功补偿技术研究及其应用”获 2007 年度国家电网公司科学技术进步奖三等奖。

（32）“高压直流输电系统集成技术研究及工程应用”获 2008 年度中国电力建设科学技术成果一等奖。

（33）“换流站设备辐射噪声治理方法研究”获 2008 年度中国电力建设科学技术成果二等奖。

（34）“直流输电工程的实时数字仿真应用研究”获 2008 年度国家电网公司科学技术进步奖三等奖。

摘编自：

1.《三峡输变电工程总结性研究（资料）》，国务院三峡工程建设委员会办公室、国家电网公司，2010 年。

2. 国家电网公司，《中国三峡输变电工程　科技创新卷》，中国电力出版社，2008 年。

第四篇　工程概算、资金需求测算与筹措

1995年12月14日，国务院三峡工程建设委员会（简称国务院三峡建委）要求尽快进行三峡输变电系统概算的编制和工程建设资金需求与资金筹措工作。

国家电网建设总公司筹备组首先组织三峡输变电系统设计概算的编制工作，采用模块编制的方法，经讨论修改形成送审稿，系统设计概算依据《关于三峡工程输变电系统设计的批复意见》（国三峡建委发办字〔1995〕35号），按248.22亿元控制进行编制。

1996年12月26日，国务院邹家华副总理主持会议审查电力部上报的《三峡工程输变电系统设计概算》的报告，经讨论、审查决定，三峡输变电系统设计概算调整为275.32亿元（1993年末价格水平、静态），原因是：美元汇率有调整，工程预备费用调高，增列电网调度大楼等。

之后，由于二次系统项目调整，以及国务院决定将三广直流工程纳入，2002年国务院三峡建委下发《关于对三峡输变电工程及二次系统调整方案的批复》（国三峡建委发办字〔2002〕13号），重新核定三峡输变电工程概算总投资（1993年5月末价格水平、静态）为322.7446亿元。

国家电网建设有限公司进行工程资金需求与资金筹措方案的编制工作。初步拟定每个单项工程的年度建设安排，以求出每年工程的资金流，并设定多个边界条件，包括年物价上涨指数、银行贷款利率和贷款还款年限等，从而计算出全部工程的建设资金，求出总需求为540亿元。按此编制资金筹措方案，包括征收三峡电网建设基金、银行贷款、利用外资（出口信贷）和电网收益再投入。

1997年12月25日，国务院副总理邹家华主持审查，决定三峡输变电工程建设资金的筹措方案为：三峡电网建设基金征收286.14亿元，开发银行贷款91.78亿元，利用外资138.98亿元（折合为人民币），电网收益再投入72.5亿元，以上资金筹措总额为589.40亿元。

三峡输变电工程全部建成（包括后来增加的地下电站送出工程等）总投资为431.40亿元（含增值税），竣工决算总计为424.28亿元（不含增值税）。

第一章 前 期 论 证

工程需要多少投资，首先要审定工程的设计。三峡输变电工程系统设计由电力部上报，国务院三峡建委组织专家进行初审，提出初审意见；电力部按初审意见进行补充论证，并将补充论证报国务院三峡建委，国务院三峡建委开会审查后发会议纪要并以国三峡建委发办字〔1995〕35号进行批复，明确工程总投资。批复中明确按248.22亿元控制，要求电力部尽快进行工程系统设计概算的编制和报批。

电力部上报的系统设计文件，专家初审意见，电力部补充的论证报告，国务院三峡建委的审查会议纪要和批复文件，记录了审定工程系统设计概算的前期论证全过程。

1992年10月，国家能源部在北京召开三峡输电系统工程设计工作会议，从此拉开了三峡输电系统工程设计的序幕。

关于三峡输电系统工程需要多少投资是系统设计很重要的内容，在最初可行性论证阶段曾提出过总投资为87亿元。随着工作不断深入，至1993年6月又测算出总投资需186亿元。1993年10月，电力部电力规划设计总院组织中南、华东、西南电力设计院，经过大量工作，编制出《三峡输电系统设计》（共10卷），其中第七卷是造价分析，提出三峡输电系统所需总投资为231.37亿～243.97亿元。1992年-994年3月能源部、电力部组织人员做了大量工作，1994年5月16日电力部将《三峡输电系统设计》以《关于送审三峡输电系统设计文件的请示》（电电规〔1994〕301号）向国务院三峡建委报送。1994年9月13-18日，国务院三峡建委组织由25位专家组成的专家组，在北京京西宾馆对电力部《三峡输电系统设计》进行初审。

电力部在初审会上就其所需的总投资与以前提出的相比有较大增加做了说明。一是因为设备、材料、土地、人工费等价格上涨；二是送华东的直流输电工程以前是估算，这次参照最近天生桥至广州

±500kV 直流输电工程的标价计入，符合实际情况；三是所需外汇及汇率都有增加。

专家在初审会上认真讨论了系统设计所需投资，对 500kV 交流输电线路及直流输电线路和换流站工程的综合单价做了调整，提出《三峡输电系统设计》匡算的工程总投资为 248.22 亿元（人民币）。专家初审意见建议电力部对直流输电电压采取±500kV 或±600kV，进一步论证始端换流站位置、三峡水电站 500kV 出线数、工程总投资等。

1995 年 6 月 5 日，电力部提出《关于报送三峡输变电系统若干问题补充论证报告》（电办〔1995〕331 号），国务院三峡建委进行了多次讨论决策。1995 年 7 月 24 日国务院三峡办，对报告做了讨论决策；1995 年 11 月 1 日，国务院三峡建委第五次全体会议对电力部的《三峡输电系统设计》及其补充论证报告做了决策。

电力部《关于报送三峡输电系统若干问题补充论证的报告》（电办〔1995〕331 号）主要内容如下。

一、关于直流工程的输电电压问题

电力部经过进一步论证，综合评价各种方案，建议采用±500kV。论证情况和成果主要有：

1. 选择了三个有代表性的方案开展论证

方案一：±600kV、导线按 4×630mm^2；

方案二：±500kV、导线也按 4×630mm^2；

方案三：±500kV、导线按 4×800mm^2，此方案通过增大导线截面积降低输电损耗，对方案二进行了补充、调整和优化。

2. 论证比较的经济评价

以华东电力设计院计算的送电至上海为例。

（1）工程总投资比较中，线路和换流站单价采用专家组初审认可的数据，没有数据的采用华东电力设计院的推算值。

（2）总费用比较中的补偿输电损失，采用在上海就地补偿火电平均造价每千瓦装机 6000 元，年损失电量减少的收益按售电成本 0.28 元/kWh 计算，损失电量的减少收益总费用按 10 年累计值计算。

（3）投资和各项费用的比较，均为 1993 年价格的静态比较。

（4）比较的结果（以方案一±600kV、 4×630mm^2 为基准）：

1）方案二虽然工程投资少 3 亿元，但多损失电力 12.8 万 kW，计及补偿装机费用 7.68 亿元后，建设资金减少 0.32 亿元，若再计及每年多损耗的电量 4.51 亿 kWh，累计 10 年少收益 12.6 亿元后，经济效益差，这是设计单位提出要采用±600kV 的理由。

2）方案三由于加大了导线截面积，工程投资比方案一多 0.8 亿元（比方案二多 8.9 亿元），但电力损失多 3.6 万 kW（比方案二少损失 9.2 万 kW），年电量损耗多 1.27 亿 kWh（比方案二少损耗 3.24 亿 kWh），相应地计及补偿装机费用为 2.16 亿元，占送电至上海的直流工程总投资 90 亿元的 3.2%，多损耗的电量累计 10 年少收益 3.5 亿元，占送电至上海总收益的 1.1%（同口径比较，均按售电成本计算）。经济效益虽然仍不及方案一，差值已极大缩小。不论与投入资金或产出收益的价值总量相比，所占的比重都已较小。

送电至苏南的经济评价，在数值上虽有差别，但结论一致。

（5）经济比较中，还应考虑购买国外直流设备的价格和汇率风险，还要考虑有利于国内制造部门参与合作生产，采用当代电力电子技术，增加直流输电设备的供应，为满足我国各大区域电网联网，提供长距离（1000km 左右）输电、跨海输电和背靠背联网等手段。同时，还要综合考虑引进技术合作形成对外合作的竞争机制、避免被一家垄断等因素，再做出选用电压决策。

因此考虑每回直流送电华东 300 万 kW，距离 1100km，同时参考国外长距离输电多数采用±500kV，如美国的太平洋联络线送电 300 万 kW，距离 1360km 采用±500kV，我国的葛南和天广两个工程也采用了±500kV：建议三峡送电华东工程采用±500kV 电压。至于导线截面积和组合方式是按 5×630mm^2 或按 4×800 mm^2，可按国产导线供应条件，在单项工程设计时再确定。

二、关于送端换流站的站址问题

经过大量的论证和现场站址补充踏勘，电力部建议按距三峡水电站一定距离、与电厂 500kV 开关站分开建设的方式，予以审定。

（1）1994 年 9 月，专家组初审会后，电力部即组织有关单位开展进一步的论证。中南电力设计院等单位还对三峡地区附近距三峡大坝 30km 左右的宜昌市境内，进行了现场补充踏勘，并按专家提出的问题及审定的主要经济指标进一步开展技术经济补充论证。1994 年 11 月 28 日，电力部副部长陆延昌向国务院三峡建设委员会主任郭树言，副主任李世忠、魏廷铮写信，专门报送了论证的阶段性成果资料。

1995 年 1 月三峡办组团对国外直流工程进行考察，更进一步加深了对这一问题的认识。

（2）送端换流站站址距三峡水电站一定距离，与水电厂 500kV 开关站分开建设的必要性。

1）从换流站与开关站本身运行的安全可靠性看，大坝泄洪挑流形成的水雾与尘埃对换流站直流设备外绝缘的影响，是关系换流站与开关站安全可靠运行的大问题。运行经验说明，换流站带电设备外绝缘表面的积盐密度，在同一环境条件下，直流场要比交流场高出 3 倍以上，集灰度要高出 4 倍以上，即电气设备在相同电压下直流比交流的污秽严重得多，尤其是在设备外绝缘表面出现不均匀潮湿的情况下，往往发生闪络（湿闪），造成输电中断。设备所承受直流电压愈高，闪络事故概率愈高。因此，直流换流站比交流高压开关站对环境条件的要求，更应重视。三峡水电站内的左岸坛子岭站址，南距长江边 850m 左右，北距五级船闸水道超过 100m，右岸的廖家山站址距长江边约 570m，这两个站址的环境条件难以满足直流设备要求。葛洲坝换流站和葛洲坝水电厂 500kV 开关站的运行实际情况也说明了这一点。

从意外事故发生所造成的后果看，500kV 开关站和换流站分开设置可有效缩小事故影响范围。三峡电站按电气上分为 4 个独立单元，500kV 开关站每个单元母线上接有 6～8 台机组，容量在 420 万～560 万 kW，已够庞大，如再把一个 300 万 kW 的换流站合在一起建设，万一发生故障，相互影响不可低估。

例如，国外许多重要的、大容量的电站，如巴西伊泰普、加拿大的纳尔逊、魁北克和苏联在哈萨克斯坦的埃基巴斯图兹等，设计都把电厂分成若干独立电气单元，并把电厂交流高压开关站和电网的变电站（开关站）、直流换流站分开，其基本思想就是避免相互干扰、相互影响，缩小故障影响范围。

2）从三峡水电站在全国电力系统中的地位作用和系统发展的灵活性看，从电网建设、管理、调度、维护等方面看，也是分开建设有利。

向华东送电的直流工程，不只是三峡水电站向外送电工程的一部分，更是全国联网电网不可分割的一部分，是实现西电东送的第一步。如果把送端换流站和三峡水电站的 500kV 开关站合在一起，在设计审定具体布置时，受远景发展诸多不确定因素难以明确的影响，几乎不可能做到远近结合。这也是葛南直流工程把送端换流站与葛洲坝 500kV 开关站分开建设的原因，运行实践证明分开建设是正确的。

直流工程的特点是送端换流站、输电线路、受端逆变站是一个不可分割的整体。从国内外实践经验看，规划、设计、编标书、招标、施工、调试，无论哪个环节，都必须统一协调同步进行，才能得到期望的好效果。如果换流站与电厂 500kV 开关站合并，又是两个不同的管理环节，无疑是十分困难，也是十分不利的。

从运行、调度、检修、维护、备品配件管理的运行维护看，由于直流设备、直流技术的专业性，送端、受端的管理经营是同一个单位更为有利。

3）从三峡电站与换流站在建设期同时施工的相互干扰上看，如将换流站与 500kV 开关站合并建设，以左岸为例，因为换流站、开关站、大坝及电厂本体、五级船闸、临时通航设施等，几乎都是同时施工，换流站的直流设备安装与调试就需三年时间，要保证换流站有清洁的环境，施工有足够场地，几乎是不可能的。换流站的正常运行、稳定送电、回收发电效益，并要提供建设期内所需的建设资金，很难做到不发生相互干扰。

（3）送端换流站与水电站 500kV 开关站合并布置与分开布置的论证情况和经济比较结果。

论证比较的原则：

1）论证比较的范围相同，均包括 500kV 开关站和换流站两个部分。

2）参加比较的站址。

方案一：合并布置方案。长委会提出的方案，即左岸坛子岭（距大坝 1.3km）、右岸廖家山（距大坝 1.2km）。

方案二：分开布置方案。通过对左岸新田坳、晒经坪、红岩子，右岸石板溪、韩家坝几个站址的筛选，左岸选在红岩子（西距大坝 31km，东距宜昌 13km）、右岸选在韩家坝（西距大坝 22km，东距宜昌 14km）。

3）开关站与换流站交流开关设备均按敞开式设备，并且接线方式也相同。

4）各方案参加综合经济比较的范围包括交直流线路、接地极线路、站址征地拆迁、对外交通、土石方挖填以及通信供水供电等投资。

5）经济比较的工程量和单价，采用专家组预审认可的数据，没有数据的按各设计单位提出的数据。

经济比较的结果：以长委会提出的方案（即方案一）为基准，方案二中左岸分散布置的红岩子站址比合并布置的坛子岭站址总投资少 3094 万元，右岸分散布置的韩家坝站址比合并布置的廖家山站址总投资少 3027 万元。

得出的上述结果，与长委会提出的资料出现了很大的差异。按长委会资料，以坝区内左岸坛子岭、右岸廖家山站址为基准，其他站址左岸要多花 4.962 亿元，右岸要多花 1.2 亿元，主要原因是 500kV 交流开关设备等选型技术规范不对等。合并布置采用价格相对便宜的 SF_6 户外敞开式布置；而分开布置采用价格昂贵的气体绝缘金属封闭开关设备（gas insulated substation，GIS）室内布置。按长委会意见，采用合并布置的 500kV 断路器接线方式，将送端换流站的进线断路器取消，即减少 2 串 6 个断路器（对此，电网运行单位有异议），中南电力设计院按均采用敞开式断路器计算，即多 2 串 6 个断路器，左右两岸分开建设的投资各增加 5000 万元，共增加 1 亿元，再扣除站址比较可减少投资部分后，分散布置比合并布置总投资只增加 4000 万元，占三峡枢纽工程总投资 500.9 亿元的 0.08%，占三峡输变电工程总投资的 0.16%。如合并布置不减少 2 串 6 个断路器，则分开建设并不增加投资。

（4）送端换流站与电站合并布置有一定的技术问题，如直流接地极故障对大坝等建筑接地网的影响，谐波对发电机、通信等的影响，通过技术论证和考察，都说明在现代技术水平下，虽然花代价是可以解决的，但分开可以减少风险。

例如，谐波电流对发电机的影响，据电科院计算，当换流站距离在 10km 以内时，减少不明显，距离在 20～50km 时，11 次谐波可减少 3%～19%，13 次谐波可减少 4%～28%。同时指出，交流滤波器可使 3、5、7 次等谐波控制在 IEC（6%）和国家标准（9%）的标准内，但考虑滤波器的故障（葛南直流工程多次发生），投入的滤波器容量降低，将使直流输送容量减少，甚至因滤波器容量过低，使直流送电被迫停运。国外大量工程都是分开建设，只有极少数合并建设，其原因还是着重考虑站址环境条件，电网是否灵活，施工和今后生产、维护方便等因素。

（5）输变电专家组初审建议与枢纽专家组初设审查结论的一致性。

1993 年 5 月，在三峡枢纽工程初设的专家审查会上，机电小组和核心小组虽同意在现阶段右岸合并布置的方案，但同时又都明确提出“鉴于三峡工程输变电初步设计报告正在编制中，今后结合输变电初步设计的审查，可对枢纽电气设计做必要的调整或局部调整”（核心组），“待系统规划设计完成后，结合系统提出的换流站站址方案，最后进行技术经济比较确定”（机电组）的重要补充（详见国务院三峡办《三峡水利枢纽工程初步设计专家审查会议文件汇编》第 22 页、第 66 页）。同年 6 月，电力部又以办计〔1993〕36 号文向三峡办报送了意见，在第四部分“主接线，交流升压站和直流换流站”也明确表示现阶段不应审定的建议。

因此，1994 年 9 月输变电专家组的初审会对送端换流站站址位置的初审意见，不仅没有推翻枢纽专家组审查意见，而且随着初设内容进一步展开，在充分发扬了技术民主的基础上，完善和补充了枢组专家组初设的审查结论。

鉴于送电华东的安全可靠、灵活经济要求，对三峡工程整体效益和全国联网至关重要，建议按与三峡水电站有一定距离、与电厂 500kV 开关站分开建设的方式予以审定。

三、关于三峡水电站的出线回路数和输变电工程总量问题

为了认真贯彻李鹏总理的批示，电力部在组织有关单位开展出线回路进一步论证工作的基础上，又立即向有关单位传达了李鹏总理批示和黄毅诚副主任的建议。部领导还对论证工作提出了进一步深化的要求。

（1）出线回路数多少，是从 20 世纪 80 年代三峡工程开展可行性论证以来一直有争论，又一再进行论证的大问题，经过这次的再论证，我们认为还是按专家组初审意见，即枢纽的 500kV 开关站向电网的输电回路数为 15 回并预留 2 回为宜。

1）三峡 26 台 70 万 kW 机组，采用多少回线送电。长委会推荐方案是 2 台机组 1 回线，即 26 台机组 13 回线。如要计及可能扩建的地下 6 台机组，另预留 3 回线。

三峡 26 台机组的电气接线按江南、江北各 1 组母线 1 个厂，还是各 2 组母线 2 个厂送电，应根据有利于三峡水电站首要服从防洪，其次满足夏季满发，冬季调峰，调峰时日低谷最小出力要保证航运等要求，以及保证电力系统安全稳定运行，如考虑一组母线故障失去该组电源，还要考虑限制短路容量，提高断路器等设备可靠程度等系统规划准则的要求，最后确定是江南、江北各 2 个厂（2 组母线），即按 6、6、6、8 台机组或 6、6、8、6 台机组（即最少 420 万 kW，最多 560 万 kW）各用一组母线的方式。与日本东京电力系统现在最大的一组即福岛核电 4 台 110 万 kW 机组（440 万 kW）相比，在同一水平。

2）在上述前提下，三峡水电厂的 500kV 交流开关站在采用$1\frac{1}{2}$接线方式下，按目前确定的，既将三峡机组的电力送出，又将送电华中、送华东的直流送端换流站和华东、华中、四川的联网都要求在开关站 4 组母线上安排解决，专家组初审提出在此情况下 15 回出线偏紧，专家们又做了分析，认为应在此基础上留有扩展的余地，以保证三峡全部电力安全可靠地送出。理由是从满足必要的电网规划安全稳定准则出发，3 个送端换流站必需 6 回，四川联网必需 2 回，就需 8 回出线，送电华中，只安排 7 回出线，（即出线总回路数为 8+7），按审定的送电华中设计能力为 1200 万 kW 考虑，平均每回送电 170 万 kW，即超过了每 2 台机 1 回线的容量，若再考虑 4 组母线上电源容量的差异和安全稳定准则规定的一回出线故障还需保证全部电源安全可靠送出，所以，专家组初审意见认为 15 回偏紧。设计院进一步论证送电华中推荐 9 回出线为好（即总回路数为 8+9），理由是既能与机组出线容量相匹配，又能较好地满足安全准则的规定。

1991 年 3 月，国务院组织各部委分专业对三峡工程的可行性论证进行审查，以黄部长为组长的电力系统专业组的审查意见也是 15 回出线，按当时送电华东采用交直流混送方案，2 个送端换流站需 4 回，送四川万县需 2 回，交流送电华东、华中 9 回。这 9 回如何分配，华东强调 3 回专送，华中不同意只有 6 回，建议 9 回，再转送华东 3 回。

（2）我们对黄毅诚副主任“将目前设计的 15 回线减少为 8 回”，并指出“即使如此，每回路外送电量也比日本少，如果能减少 7 回路，节约投资可达 100 亿元之巨”的建议，进行了认真的研究，在江南、江北电气母线各分 2 个厂的情况下，如果采用 8 回，则相当于每个厂（每条母线）连接 6～8 台机，2 回线送出，即平均每 3 台或 4 台机 1 回线。每回线送出容量过大，正常为 210 万～280 万 kW，线路一旦故障时，剩下的线路每回送电最大为 420 万～560 万 kW（超过了东京的最大送电容量）。

同时，考虑到三峡水电站不仅要送电华中、华东和四川，而且送电华中的落点又比较分散，为有利于送电湖南、湖北、江西和河南，所以送电回路数难以减少。

当然如果改变原来确定的直流线路，向四川的送电不从南、北两厂的母线引出，即将全部容量都送至华中电网，然后再转送。但是由于送电方向较多，总的工程量和造价也难以减少。根据目前的潮流稳定计算和经济比较，电力部认为，还是按 26 台机组，电气母线分 4 组，江南、江北各 2 个厂，并采用15回线同杆并架双回的出线方案为好，同时可根据专家预审的意见预留2回。由于工程实施的时间很长，因此建议先按这一方案开展工作，同时进行提高输电容量，减少出线回路数的研究工作，力求采用先进的技术，使工程造价有效减少。

总回路数减少到8回，则电网的安全稳定运行水平很低，问题很多，是难以实现的。

（3）输变电工程总量，按专家组初审的意见同意线路共9100km，变电容量共2475万kVA，换流站容量送受两端各为2×300万kW。这是在可行性论证专家预审同意的9200km基础上进行了调整，增加四川联网等工程1070km，华东改为纯直流方案后减少了1170km。现在的9100km能否再减少，经过这次专家初审会后的进一步论证，电力部认为：

1）送电川东和四川联网的双回路500kV线路1080km，变电容量275万kVA和送电华东的直流工程量，已经打得比较紧（四川这次还要求增加万县至涪陵的工程），不宜再缩减。否则，需要改变已经多次争论、反复论证后确定的各供电区送电设计能力，也难以体现对水库淹没地区的支持。

2）华中的500kV线路4970km，变电容量1350万kVA，华东的500kV线路850km，变电容量850万kVA，主要考虑：

首先各供电区送电设计能力已确定的前提下，按现在的了解，华中电管局还希望再增加些工程量。

……

从我国三峡供电区的实际出发，为了尽可能地扩大送电能力，电力部报送的方案：

华东的500kV线路850km，全部用于加强受端电网，即对经济发达、用电相对密集的上海，苏南、浙江杭嘉湖和安徽的马芜铜地区，在现有单回路供电的基础上，部分地建设第二回路。

华中的500kV线路4970km，受端用电最集中的鄂东武汉、黄石地区，也是按这个原则，在目前一个500kV受端点的基础上，建设受端环形供电网的一部分线路200km的同时，还需再建设多回路（同杆并架双回）的三峡送电线（距离平均为400km，按4回线方案送电）。其余3000多km线路，也是按增加第二回线和建设同杆并架双回方式向湖北中西部的宜昌、荆、沙、潜地区（三峡至荆门150km，三峡至潜江250km）、河南（湖北双河送电至郑州距离500km）、湖南（三峡送电至长潭株地区距离400km）、江西（湖北潜江送电至南昌地区距离450km）。

3）从分阶段的工作深度看，现阶段也没有充足的条件把专家组初审同意的工程量，进行较大幅度的削减。

为了实现三峡水电安全可靠地全部送出，输电网和经济发达、用电密集地区即整个电力系统安全稳定和经济运行，实现三峡工程整体效益的发挥，电力部准备在初步完善电科院的交直流系统现有的模拟装置，开展国内的三峡输电系统方案动态模拟和分析计算，同时，拟与俄罗斯彼得堡直流研究院合作，利用该院模拟装置进行动态模拟和分析计算，通过切实的工作，进一步优化三峡输电系统方案，并建议在这次审定工程总量的同时，还可以利用电力部与日本东京电力公司的定期交流渠道，对三峡输电华中、华东的方案，请日本东京电力的电力系统规划方面专家进行咨询或技术交流。

因此，电力部建议：根据今后施工过程中可能出现的变化，并根据模拟、咨询优化的成果，在严格控制总量的前提下，对目前提出的某些具体单项工程，在今后的年度建设时电力部再做必要的调整。

四、关于投资总量问题

电力部建议按专家组初审的包括通信、调度自动化及前期费在内总量248.22亿元（按与枢纽工程一致，采用1993年5月价格，美元汇率按1:5.7）给予审定，并汇报如下。

（1）1994年9月，专家组已对电力部提出的工程综合单价进行了审查，并提出了调整的具体意见：川东地区500kV交流线路的综合单价为140万元/km，华中为130万元/km，华东为150万元/km；500kV交流变电容量均为200元/kVA，直流工程按±600kV线路为160万元/km，换流站为160美元/kW。这些单价，从工程实际情况看，变电和个别地形特殊、气候条件恶劣地区线路等综合单价还是偏紧。

1994年3月，电力部在北京召开有国务院三峡工程建设委员会办公室、水利部长江水利委员会（长委会）、三峡总公司有关同志参加的三峡输变电工程讨论会，会后下发会议纪要，三峡输电系统规模大工期长，设计范围必须有个共同遵循的合理界限。并明确指出，合理不合理的重要界限只能是三峡电力全部可靠地送出，有效地送到各网的负荷中心，并适当考虑网内分配这个原则。

（2）要降低投资：一方面靠对工程量的控制和设计方案的优化，要精打细算；另一方面，更重要的是依靠技术进步，加强科研及其投入，解决一些关键技术问题。主要有：

1）吸收国内外已有经验，开展同杆并架送电方式新塔型和紧凑型塔型等技术研究，虽然我国已有220kV 双回同杆并架和紧凑型试验段的经验，但目前对 500kV 的研究还是处在起步阶段。

2）对用电负荷相对密集的经济发达地区，深入开展受端电网环行供电方式的研究（如上海、苏南、武汉等地，国外如东京都内和横滨地区），并结合“九五”和 21 世纪前十年的各地区电力发展做好受端电网的规划，以创造条件，在使用相同截面导线在以相同电压、长距离（300km 及以上）输电时保持电网稳定的条件下，力争输送更多的电力，这项工作也待逐步展开。

3）开展必要的预选线、预选站、过江大跨越和对走廊狭窄困难的研究和情况调查，以创造条件，减少各个单项的具体工程量，这项工作因涉及地方各级政府的支持与配合，只能待输电系统设计国家审定后才能开始。

鉴于三峡工程规模大、工期长，包括输变电工程在内的整个工程总量和投资的控制从建设期直到交付生产后的工程效益最佳发挥，是一个多变量和受复杂因素制约的巨大系统工程，必需分阶段、分层次、分专业把工作做好。根据现阶段的实际情况，以送电华东的直流工程为例，考虑引进技术、合作制造和施工调试的时间，需要 8～10 年（引进技术、合作制造、工程设计含招标设计、发标和议定标需 4～6 年，交货期含运输等需 2 年，安装调试需 2 年），时间十分紧迫，建议国务院三峡工程建设委员会审定三峡输电系统设计，对争论和不同意见的几个问题做出决策，以便抓紧时间不失时机地开展下一阶段工作。

1995 年 12 月 14 日，国务院三峡工程建设委员会向电力部下达《关于三峡工程输电系统设计的批复意见》（国三峡委发办字〔1995〕35 号），批复意见中明确了三峡输电系统总投资的控制数，批复主要内容如下：

（1）三峡水电站供电范围为华中、华东和四川。设计的送电能力为送华中 1200 万 kW、送华东 720 万 kW、送四川 200 万 kW。

（2）工程总量为三峡输电系统共建线路 9100km，其中直流输电线路总长 2200km。交流变电容量 2475 万 kVA；直流换流站容量 1200 万 kW（两个送端、两个受端）。

（3）三峡工程送电华东采用纯直流方案，直流电压等级定为±500kV。首端换流站的站址在坝区外选择。华中、四川交流线路及华东配套交流部分按 500kV 电压等级设计。

（4）三峡电站出线回路数按 15 回出线设计，设计中需留有发展余地。

（5）三峡输电系统总投资按 248.22 亿元（含外资 9.6 亿美元，均按 1993 年 5 月价格）控制。请电力部尽快做出三峡输电系统设计概算，报建设委员会审批，以便在单项工程初步设计中进一步优化，并按限额做好单项工程概算。有关直流输电工程的初步设计及概算，审查后报建设委员会审批，其他单项工程的初步设计及概算审定后报建设委员会核备。

（6）三峡工程输电系统（包括直流输电的首端、受端换流站）的工程业主（项目法人）为国家电网建设总公司。

1995 年 10 月 20 日，国务院下发国阅〔1995〕134 号研究三峡工程输变电系统设计有关问题的会议纪要内容如下：

“1995 年 7 月 24 日下午，邹家华副总理主持会议，研究三峡工程输变电系统设计的有关问题。电力部、机械部、中国长江三峡工程开发总公司、国务院三峡工程建设委员会办公室、水利部长江水利委员会的负责同志出席了会议。

会议针对三峡工程向华东纯直流送电的电压等级、直流换流站站址选择和三峡电站出线回路数等问题，听取了三峡办协调情况的汇报，并听取了电力部、机械部、三峡总公司、长江水利委员会等单位对上述三个问题的研究论证情况和建议。

会议经充分的讨论后，议定以下主要意见：

（1）关于直流电压等级问题。考虑到±500kV 电压直流输电等级能够满足三峡电站向华东送电能力的要求，并且葛（葛洲坝）沪（上海）线已有近十年运行经验，正在招标的天（天生桥）广（广州）线也采用±500kV 电压直流输电，同时国内制造部门已部分引进国外±500kV 直流输电设备制造技术，为便于国内企业消化吸收引进技术，形成集中生产能力，充分借鉴国外±500kV 直流工程的经验，确保三峡工程采用成熟的先进技术，有利于今后国内直流输电的发展和系统的运行管理，会议确定，三峡工程送电华东的直流输电电压等级定为±500kV。

设计部门按±500kV 电压直流输电的要求开展设计工作。机械部要围绕直流输电关键技术、设备的引进和科研，积极做好准备工作，要下大力气通过三峡工程把中国的直流输电设备制造技术带起来。电力部也要在运行管理方面积累经验，不断提高运行管理水平。

（2）关于换流站站址选择问题。会议就三峡工程首端换流站与水电厂 500kV 开关站的分开或合并建设两个方案进行了充分讨论，认为不管是分开还是合并建设，技术上和经济上都没有太大的差异。考虑到三峡直流送出工程的联网功能，以及下一步长江上游水电开发后“西电东送”的中继作用，同时考虑到三峡直流送出工程业主是国家电网建设总公司，为了便于工程建成后的经营管理和明确运行责任，所以站址选择要充分尊重业主的意见。据此，会议决定：三峡首端换流站与水电厂交流 500kV 开关站分开建设，关于首端换流站的站址，由国务院三峡工程建设委员会议定。

为了选择好首端换流站站址，由国家电网公司牵头，请长委会设计院和电力部中南电力设计院进一步做工作，提出站址选择方案。会议对长江水利委员会等单位前一个时期所做的大量深入细致的工作给予了充分肯定。今后这方面的工作也要多发挥长委会的力量。

（3）关于出线回路数问题。三峡水电站的供电范围广、输送方向多，落点比较分散，输电距离长，原定 15 条回路出线，在专家组初审时曾提出 15 回出线偏紧，应留有扩展的余地，以保证三峡电力安全可靠地送出。会议认为，按现在的方案，15 回路出线中，3 个送端换流站必需 6 回路，四川联网必需 2 回路，共需 8 回路出线；送电华中，只安排 7 回路出线，按审定的送电华中设计能力为 1200 万 kW 考虑，平均每回送电 170 万 kW，超过了每两台机组一回线的容量，若再考虑四组母线电源容量的差异和安全准则规定，需 7 回交流 500kV 线路的送电能力。”

电力部接到批复文件后，立即要求国家电网建设总公司筹备组（当时国家电网建设有限公司尚未成立，国家电网建设有限公司于 1995 年 11 月 5 日由国务院正式发文成立，1996 年 4 月完成工商注册登记，1996 年 7 月 18 日召开成立大会）进行三峡输电系统设计概算的编制工作。

摘编自：

1.《关于送审三峡输变电工程系统设计文件的请示》（电电规〔1994〕301 号），电力部，1994 年 5 月 16 日。
2.《三峡工程输变电系统设计初审意见》（国三峡委发办字〔1995〕35 号文附件），国务院三峡建委，1995 年 12 月 14 日。
3.《关于报送三峡输电系统若干问题补充论证的报告》（电办〔1995〕331 号），电力部，1995 年 6 月 5 日。
4.《研究三峡工程输变电系统设计有关问题的会议纪要》（国阅〔1995〕134 号），国务院，1995 年 10 月 20 日。
5.《关于三峡工程输变电系统设计的批复意见》（国三峡委发办字〔1995〕35 号），国务院三峡工程建设委员会，1995 年 12 月 14 日。

第二章　系统设计投资概算的编制和审定

1995 年 12 月 14 日，国务院三峡工程建设委员会向电力部下达《关于三峡工程输电系统设计的批复意见》（国三峡发办字〔1995〕35 号），批复意见中明确了三峡输电系统总投资的控制数，要求电力部尽快进行三峡输电系统设计概算的编制及报批工作。

电力部接到批复文件后，立即要求国家电网建设公司筹备组进行三峡输电系统设计概算的编制工作。

第一节　编　制　过　程

一、编制过程

1996 年 1 月开始，国家电网建设公司筹备组组织华中电管局、华东电管局、四川省电力局、中国超高压输变电建设公司、中南电力设计院、华东电力设计院、西南电力设计院的有关人员 20 多人，历时 4 个多月，于 1996 年 4 月底编制出三峡输电系统设计概算的初稿。国家电网建设公司周小谦总经理及公司领导对此工作极为重视，责成公司筹备组成员、工程部主任（后任公司顾问）芦元荣及牛山处长具体负责，中国超高压公司陈汉封、许本端做了很多工作，各有关电力设计院技经专业相关人员参与工作，华中电管局魏寿彭对华中的工程安排提了许多建议。工作讨论、汇总的地点在武汉中国超高压公司。

二、编制的指导思想

（1）按〔1995〕35 号文批复的控制数 248.22 亿元，不突破；

（2）系统设计的单项工程项目按批准的系统设计的项目进行编制，规模不能突破；

（3）除单项工程外，还要单列二次系统（调度自动化、系统通信工程）投资、公司掌握使用的费用（专项费用）、总预备费；

（4）每个单项工程的投资，参照各地区 1993 年 5 月类同工程的价格。材料、设备价格按 1993 年 5 月的价格。

（5）执行及可控性好。

三、模块化编制方法

国务院三峡工程建设委员会对三峡工程输电系统设计的批复意见中，工程规模只有线路总长度和变电容量，电力部提出报审的《三峡输电系统设计》有各单项工程附表，只列出线路规划长度和变电容量，实际变电工程有新建站、扩建站，还有没有变电容量的开关站，还有只在原变电站扩建变电出线间隔，没有变压器，这些工程都需要建设投资。输电线路的走向和导线规格尚未给出（单项工程初步设计才能决定），因此塔型也不能确定，是否采用同塔双回也未能决定，跨大江大河的大跨越地点、大跨越的塔型、导线未能决定，当前只能按同类工程估算。

500kV 变电站的 220kV 出线和无功补偿装置、高压电抗器等只能估算（在单项工程初步设计时才能决定），经讨论初定：变电容量为 75 万 kVA 变压器的变电站设 6 回 220kV 出线，500kV 出线线长 150km 及以上的，在变电站设高压电抗器及无功补偿装置；变电站变电容量为 2×75kVA 的，220kV 出线按 9 回计入。

根据以上的设定，参考以往同类工程的设计编出变电站土建规模 5 个模块，电气安装配电装置及控制保护 7 个模块。

500kV 交流输电线路编了单回线路架设和同塔双回架设两个模块，并且导线截面积按 300、400、

500mm^{2}设定不同模块。

线路大跨越选同期规模接近的工程的投资列入。大跨越共 12 处，共估列 6.3 亿元。

线路工程每千米投资按专家初审意见参考 1993 年 5 月份价格：500kV 交流，川东地区 140 万元/km，华中 130 万元/km，华东 150 万元/km，直流输电线路按 160 万元/km。

500kV 交流变电站投资按 200 元/kVA 控制，直流换流站投资按 160 美元/kW（两端）控制。

四、单价和费用的计取

（1）按 1993 年 5 月各种大宗材料、铁塔的单价和各种设备的价格。

（2）工程的预算价格，各种预算取费按 1993 年 5 月发布的价格和取费标准列入。

第二节　系统设计概算审定

《三峡工程输变电系统概算》由国家电网建设有限公司编制，内部初审之后报电力部进行预审，电力部预审后以电电规〔1996〕675 号文报国务院三峡建委，国务院组织审查后以国三峡委发办字〔1997〕07 号文进行批复。

《三峡工程输变电系统概算》初稿编出后，先在国家电网建设有限公司内部讨论、修改，之后向电力部报告。

（1）电力部对国家电网建设有限公司组织编制的《三峡输变电工程系统概算》进行预审。

电力部对此非常重视，史大桢部长，陆延昌副部长多位领导做出指示，要做好此项工作。电力部根据部领导的指示，1996 年 9 月 11-12 日在电力规划设计总院召开预审会议，会议由电力部计划司、电力部三峡办、电规总院共同组织，并成立了以电力部副部长为组长的领导小组，领导小组成员有电力部计划司冉莹司长、王信茂副司长，电力部三峡办班自勋主任，电力部建设司刘本粹司长，电力规划设计总院陈汉章院长、周仲仁副院长等，部有关专业人员参加了会议，国家电网建设公司姜绍俊、卢元荣、牛山、盛勤参加了会议，会上听取国家电网建设有限公司关于《三峡工程输变电系统概算》编制的汇报，并进行了讨论。历时两天的电力部预审查会议对《三峡工程输变电系统概算》做出的讨论意见为：

1）按批准的三峡输变电工程系统设计，要编制系统设计概算有难度，国家电网建设有限公司采用模块的方法是可行的。

2）编制《三峡工程输变电系统概算》所采用的定额、取费标准符合电力部 1993 年行业标准。

3）《三峡工程输变电系统概算》遵照国务院三峡建委对三峡工程输变电系统设计的批复意见所确定的工程总量和总投资控制数 248.22 亿元进行编制，是可行的、正确的。

4）请国家电网建设有限公司进一步研究：线路导线截面是否还可以细划分，线路铁塔耗钢量再核一下，直流线路造价偏高要进一步分析，变电设备价格偏低、变电站建筑模块费用略高请进一步研究，对调度自动化、系统通信专项工程所需投资要进一步做工作，并同意考虑增列工程建设监理费用，科学试验费有必要，但费用偏高。

会议要求国家电网建设有限公司对概算进行必要的调整。

（2）国家电网建设有限公司向国务院三峡办汇报《三峡工程输变电系统概算》编制情况。周小谦汇报，参加报告会议的有国家电网建设有限公司有关负责同志，国务院三峡办听取汇报的有李世忠、张德楠、罗长懋、孙如瑛等。

（3）国家电网建设有限公司按提出的意见进行讨论修改。之后报电力部经电力部审查后上报。

（4）经电力部领导签发后向国务院三峡工程建设委员会报出《关于报送三峡工程输变电系统设计概算的报告》（电电规〔1996〕675 号）。

（5）1996 年 12 月 26 日，国务院副总理、国务院三峡建委副主任邹家华主持会议，审查电力部上报的《三峡工程输变电系统设计概算》。电力部参加会议的有史大桢部长、陆延昌副部长，部计划司冉莹司长、王信茂副司长，部三峡办班自勋主任，国家电网建设有限公司总经理周小谦、副总经理姜绍俊等。国务院副秘书长周正庆、国务院三峡办郭树言主任等三峡办领导以及三峡总公司陆佑楣总经理和国家计委、财政部、机械部、国家开发银行、中国建设银行等部门的负责同志参加会议。

会议中，周小谦、陆延昌、三峡办张德楠副主任分别就《三峡工程输变电系统设计概算》的内容及编制情况等做了汇报。

会议肯定了《三峡工程输变电系统设计概算》，并议定了以下意见：

1）同意对原批准的系统设计概算投资控制数（国三峡委发办字〔1995〕35 号文）进行调整，美元汇率从 1:5.7 调整为 1:8.1，工程预备费调高为 10%，取消流动资金贷款利息，同意增列电网调度大楼投资，调整后概算为 275.32 亿元（1993 年 5 月末价格水平）。

2）国家电网建设有限公司抓紧测算工程动态投资。

3）国家电网建设有限公司抓紧研究三峡输变电工程的筹资方案。

4）同意工程按“静态控制、动态管理”的办法进行投资管理。

5）要确保静、动态投资不突破，要切实执行项目法人（业主）负责制，加强管理，实行招标投标制、合同管理制、建设监理制，合理采用国产设备，优化设计，节约投资，并要合理安排工程的建设工期，按计划进行施工。

6）按社会主义市场经济体制行管理，保证投资回报，保证国有资产保值增值。

（6）1997 年 2 月 27 日，按上述审查意见国务院三峡建委下发《关于三峡工程输变电系统设计概算的批复》（国三峡委发办字〔1997〕07 号）。文件明确：批复概算投资为 275.32 亿元（1993 年 5 月末价格水平），工程动态资金需求为 589.42 亿元，并明确今后不再批动态投资，按此进行资金需求及资金筹措方案的工作。

国三峡委发办字〔1997〕07 号文还明确：①利用外资美元兑换人民币汇率从 1:5.7 调为 1:8.1；②工程预备费提升为 10%；③取消滚动资金所需贷款利息；④同意列入新建国家电网调度大楼 2.5 亿元（动态不作调整）。

国务院三峡工程建设委员会《关于三峡输变电系统设计概算的批复》（国三峡委发办字〔1997〕07 号）的主要内容如下：

“（1）你部按照典型工程为基础确定的实物量和 1993 年 5 月末价格水平编制的《概算》，符合行业规定，比较科学、合理。

考虑三峡输变电工程投资控制实际，同意对国三峡委发办字〔1995〕35 号文批复的投资控制数进行以下调整：将美元兑换人民币汇率调整为 1:8.1；预备费率调整为 10%；取消流动资金贷款利息；增列电网调度大楼投资。调整后《概算》为 275.32 亿元（1993 年 5 月末价格水平），作为控制静态投资的依据。

（2）国家电网公司要按测算枢纽和移民工程动态投资时采用的通胀、利率、汇率等条件测算三峡输变电工程动态总投资，并抓紧研究三峡输变电工程筹资方案，报建设委员会审定。

（3）三峡输变电工程按“静态控制、动态管理”办法实行投资管理。建设委员会按 275.32 亿元静态投资总量，以及因价格、利率、汇率因素引起的动态投资总量进行控制。三峡工程建设委员会办公室商电力部做好总量控制的具体工作。

为确保三峡输变电工程做到静态、动态投资均不突破，要按照国家对项目法人责任制的有关要求，由项目法人对项目的资金筹措、建设和管理、债务偿还和资产的保值增值实行全过程负责。

要注意充分发挥业主在投资“静态控制、动态管理”上的作用，通过业主的努力，挖掘静态投资潜力，尽可能控制价格、利率等外部条件变化导致的动态投资增加。

（4）国家电网公司在组织工程建设时，要加强管理，实行招标承包制、合同管理制、建设监理制。除施工队伍选择、材料和设备选购进行招标外，设计也要根据实际情况逐步实行招标。通过与机械制造行业的密切合作，合理采用国产设备，采用成熟的先进技术，以不断优化设计、节约投资。

工程承发包中，项目不得转包，分包要经业主同意。

根据枢纽工程进度要求、电力负荷变化，滚动优化单项工程开工建设顺序，按合理工期组织施工，尽量缩短单项工程建设工期。

要按照建立社会主义市场经济体制的要求建设和管理三峡电网，保证投资回报，确保国有资产的保值增值。

（5）电力部要做好与三峡输变电工程配套的工程规划、建设工作。电网调度大楼不搞高标准豪华装修，有关设备要采用先进、适用技术。”

摘编自：

1.《关于报送三峡工程输变电系统系统设计概算的报告》（电电规〔1996〕675号），电力部，1996年。

2.《关于三峡工程输变电系统设计概算的批复》（国三峡委发办字〔1997〕07号），国务院三峡工程建设委员会，1997年2月27日。

第三节　工程规模和系统设计概算调整

1999年6月25日，国家电力公司提出三峡输变电工程二次系统项目投资的调整意见；2001年7月23日国务院三峡建委决定将三广直流工程纳入三峡输变电工程；2001年11月对工程规模进行调整；2002年国务院三峡建委以国三峡委发办字〔2002〕13号文重新核定三峡输变电工程1993年5月价静态总投资为322.7446亿元（未含地下电站送出工程）。本节最后列出包括地下电站送出工程的全部投资完成数。

一、三峡输变电工程二次系统项目投资

1999年6月25日，国家电力公司向国务院三峡办报出《关于三峡输变电工程二次系统项目投资计划安排意见的请示》（国电计〔1999〕325号），国务院三峡工程建设委员会以《关于三峡输变电工程二次系统项目投资计划安排有关问题的批复》（国三峡委发办字〔1997〕22号），同意将原审定的二次系统项目投资静态78 300万元一次性调整为动态投资98 900万元，明确以后不再计算价差，作为包干使用，所需外汇，同意由已批准的三峡输变电工程9.6亿美元中平衡解决。

国家电力公司《关于三峡输变电工程二次系统项目投资计划安排意见的请示》（国电计〔1999〕325号）的主要内容如下：

“根据国务院三峡建委《关于三峡工程输变电系统设计概算的批复》（国三峡委发办字〔1997〕07号），我公司于1998年6月组织有关单位对三峡输变电工程二次系统设计进行了审查，并以国电计〔1998〕455号印发了审查意见。目前三峡变电工程二次系统项目初步设计等前期工作正在有序进行，部分项目已具备开工条件。根据三峡水电站2003年首批机组发电总进度要求，为满足国调对三峡电站的实时调度需要，三峡输变电工程二次系统工程需尽快组织实施，经研究，现将三峡输变电工程二次系统项目投资计划安排意见报送你办，有关情况说明如下：

一、三峡输变电工程二次系统建设内容与投资

根据国务院三峡建委国三峡委发办字〔1997〕07号文，三峡输变电工程二次系统项目1993年5月末静态总投资为78 300万元。为便于实际控制又简化操作，我公司建议以1993年5月末静态投资78 300万元为基础，按国务院三峡建委审定的三峡输变电工程自1993年5月末至1997年综合价差指数1.263折算到1997年价格水平约98 900万元，以此作为工程动态总投资控制数，今后的价差风险由国家电力公司承担。工程所需投资从已批准的三峡输变电工程资金中安排，其中工程所需约4022万美元的外汇额度从已批准的三峡输变电工程9.6亿美元（1993年5月末价格）外汇额度中平衡解决。

为降低今后的价差风险，有效控制投资总量，将工程预备费率调增至6.2%，计列预备费5774万

元。目前，各单项工程投资，初步设计已审定的按照初步设计概算计列，可研审定的暂按可研的估算数计列。提留预备费后，三峡输变电工程二次系统项目投资93 126万元（见附件1）。

二、分年投资计划预安排

根据三峡电站调度的要求，我公司对三峡输变电二次系统各单项工程及资金按轻重缓急进行了排序，提出了分年度投资计划预安排（详见附件2)，其中1999年需补列的项目投资计划将在落实新开工条件后另行报批。

三、工程管理

为加强三峡输变电工程二次系统项目管理，我们制定了《三峡输变电工程二次系统项目投资计划管理规定》（见附件3)，以严格控制投资总量，保证该工程建设的顺利进行。

以上妥否，请审批。

附件：

1．三峡输变电工程二次系统项目投资估算表

2．三峡输变电工程二次系统项目分年度投资计划预安排表

3．三峡输变电工程二次系统项目投资计划管理规定”

二、三峡输变电系统增加三广直流工程

2001年7月23日，国务院三峡建委下发《关于三峡—广东直流输电工程纳入三峡输变电工程管理有关问题的批复》（国三峡委发办字〔2001〕29号），主要内容如下：

“（1）根据国务院三峡工程建设委员会第十次会议决定，同意将三峡（华中）—广东直流输电工程列入三峡输变电工程统一管理，其资本金从三峡输变电工程资本金（三峡基金）中解决。其内外资贷款，国家计委在该工程可行性研究报告批复中已经明确，可纳入三峡输变电工程整体筹资计划中统一考虑。

（2）按《三峡输变电工程投资静态控制、动态管理的暂行规定》，本工程初步设计应报三峡建委审定。为便于统一管理，该工程按三峡输变电工程静态投资年（1993年5月末）编制概算。在初步设计正式审定前必须开工建设的一些工程和开支的费用，以及初步设计编制的一些重要原则，需报经三峡建委同意。工程计划、统计、资金、费用等事项，按《三峡输变电工程投资静态控制、动态管理的暂行规定》执行。

（3）考虑本工程投资纳入三峡输变电投资引起的变化，结合三峡输变电工程项目调整、物价、利率水平实际，请你公司适时组织对《三峡输变电工程筹资方案》提出修改意见。

（4）关于直流设备采购，按龙泉—政平直流工程审批程序执行。国产化工作按国家计委关于超高压直流输电国产化工作协调会议纪要和国务院三峡工程建设委员会重大装备工作会议精神执行。请你公司近期就直流设备招标情况、技术转让和分包制造有关进展情况、对推进国产化工作的计划与措施等专题向国务院三峡工程建设委员会汇报。”

此外，2001年11月国务院三峡办和国家电力公司联合主持《三峡输变电系统设计补充研究审查会议》，决定对三峡输变电系统设计原工程规模做如下调整：

华中地区的500kV交流输电线从4970km调减为4596km（即鄂赣由3回线改为2回线，鄂湘由4回线改为3回线）。

华中地区的500kV交流变电容量从1350万kVA调减为1200万kVA（即调减江西变电容量75万kVA，调减湖南变电容量75kVA)。

川渝地区的500kV线路规模不变，变电容量从275万kVA调减为225万kVA（即调减取消涪陵变电容量50万kVA)。

按上述调整，2002年国务院三峡建设委员会以《关于对三峡输变电工程及二次系统调整方案的批复》（国三峡委发办字〔2002〕13号）重新明确了工程规模（增加三广直流工程及调整交流工程的规模），重新明确三峡输变电工程系统概算的静态投资为322.7446亿元（1993年5月价格）。

附：国务院三峡工程建设委员会国三峡委发办字〔2002〕13号文主要内容如下：

“一、关于工程规模

根据三峡电站供电范围发生的变化，你公司已按照我委办公室的要求，对原三峡输电系统设计进行了补充研究，并会同我委办公室于2001年11月8日至9日在北京对《三峡输电系统设计补充研究》进行了联合审查。按照审查会议纪要精神，对原批复方案规模进行了调整，减少交流线路381km、交流变电容量200万kVA、直流线路210km。

计入三峡至广东直流输电工程后，现明确三峡输电系统总规模为：500kV交流线路6519km、交流变电容量2275万kVA、直流输电线路2965km（含三广直流线路975km）、直流换流站容量1800万kW（含三广直流换流站600万kW）。

二、关于二次系统项目

考虑到三峡电力系统的发展变化、电力体制改革的深化、计算机和通信技术的迅速发展等因素，尤其是光纤通信的广泛应用，对部分输变电工程增设光纤通信方式，对原批复的二次系统设计进行优化调整十分必要。同意你公司提出的调整方案，对通信部分增加一批光纤通信工程，并对调度自动化、电能量计费及交易管理、继电保护、系统安全稳定控制等方面的项目进行适当调整。调整后二次系统项目总投资为14.0612亿元（现行价格水平，不含预备费），以此作为工程动态总投资控制数，今后的价差风险由你公司承担。按审定的综合价差指数1.263折算到静态投资为11.1332亿元。

三、关于设计概算

按照国家计委《关于调整贵州至广东、三峡至广东500kV直流输变电工程可行性研究报告投资估算的通知》（计基础〔2001〕2667号）精神，该项工程动态投资估算为63.5亿元，折算至1993年5月静态投资为47.4246亿元。为此，请你公司将初设审查确定的静态投资和动态投资同时报我委办公室。

输变电工程和二次系统项目调整后，与原批复三峡工程输变电系统设计概算静态投资275.32亿元（1993年5月价格，下同）进行同口径比较，减少10.9282亿元。

计入三广直流工程静太投资47.4246亿元，并将节余资金10.9282亿元归入总预备费中，核定三峡输变电系统静态总投资为322.7446亿元。

四、关于节余资金的使用

《三峡输电系统设计补充研究》审查会议纪要的投资核定原则为：已完工项目按实际投资；初步设计已批复项目按批准的概算；初步设计尚未审批的项目按系统设计概算；初步设计尚未审批、且为新调整项目的，参考三峡输变电系统设计概算指标。据此对调整方案进行投资核定后，节余资金为10.9282亿元，今后各项目节余资金均按上述原则核定，并归入总预备费集中使用。

其使用范围为：适应三峡电站供电范围电力市场可能出现的变化，改变及扩大供电范围所需要增建的输变电项目；解决其他不可预见的问题。

利用该项资金的单项工程由你公司组织审查，报我委办公室批复。

五、关于至川渝、江西第二条输电通道相关输变电项目建设问题

根据你公司意见，建设至川渝第二条输电通道和提前建设江西第二条输电通道主要是解决川电、赣电外送问题。原则上在接受三峡电力之前，提前建设输电通道进行川电和赣电外送，应承担相应过网费用。请你公司在认真研究川电、赣电外送的送电容量、持续时间、送电方向和受电方的消纳能力等问题基础上，进行充分的技术经济比较，对是否建设或提前建设慎重作出决策。

六、关于加强项目和前期费的管理

为进一步加强管理，原明确属国电公司审批的各单项工程（一次和二次系统）有关工程设计审查文件要报我委办公室备案，未报的请尽快补报。根据系统发展变化需要进行调整的项目由你公司审查，报我委办公室批复。同时请你公司定期编制三峡输变电工程简报，反映投资计算执行情况和工程进展情况，并抄报我委办公室。

此外，请你公司对前期及系统科研费进行一次清理，清理后的余额按前期费有关规定统一管理，以保证工程建设及生产运行工作的顺利进行。”

三、全部三峡输变电工程完成的投资

全部三峡输变电工程（含三峡地下电站送出等工程）完成投资为431.40亿元，已抵扣增值税7.12亿元，如包括增值税为438.52亿元。

三峡输变电工程的每个单项工程的初步设计及其概算均经国务院三峡建委批准。全部三峡输变电单项工程批准初步设计概算总计为502.61亿元（动态现价），按此与全部工程投资完成431.40亿元相比，投资结余71.21亿元，结余率14.17%。三峡输变电工程总计竣工财务结算金额为424.28亿元（其中，三峡输电系统原设计系统344.95亿元，地下电站交流送出工程10.98亿元，葛南直流综合改造工程60.08亿元，宜都换流站至荆州换流站交流线路改接潜江4.38亿元，线路完善化工程3.89亿元）。

摘编自：

1.《关于三峡输变电工程二次系统项目投资计划安排意见的请示》（国电计〔1997〕325号），国家电力公司，1999年6月25日。

2.《关于三峡—广东直流输电工程纳入三峡输变电工程管理的批复》（国三峡委发办字〔2001〕29号），国务院三峡工程建设委员会，2001年7月23日。

3.《关于对三峡输变电工程及二次系统调整方案的批复》（国三峡委发办字〔2002〕13号），国务院三峡工程建设委员会，2002年。

第三章　资金需求测算与筹措

按国务院三峡工程建设委员会决策，三峡输变电工程建设资金来源为：①征收三峡电网建设基金；②国内银行贷款；③出口信贷利用外资；④电网收益再投入。按国务院三峡建委关于三峡工程输变电系统设计概算的批复内容，国家电网建设有限公司进行资金需求自测工作，并进行资金筹措的研究，形成送审稿上报电力部。电力部审定后报国务院三峡建委审定，国家计委、电力部联合发文，从 1997 年 3 月 23 日起执行。

第一节　资金需求测算与筹措方案编制

三峡输变电工程建设已急需用款，因此工程所需资金的筹措迫在眉睫。

1996 年秋，国家电网建设有限公司组织人员进行资金需求测算工作，包括有关电管局、电力局、设计院、中国超高压建设公司，在国家电网建设有限公司的主持下工作。

工程的资金需求是工程建设全过程需要的资金总量，资金总量是由每年需要的资金量相加而成的，每年需要的资金量由每年要建设的工程所决定，因此首先要计出工程全过程的年资金流，为此要先安排工程的建设计划，工程量以已批复的文件为依据。

一、工程建设计划的安排原则

（1）输变电工程建设进度要与三峡枢纽工程机组的建成投产进度相匹配，以保证机组发电送出，并要有适当提前。按照 2003 年首台首批机组发电，以后每年投产 2 台，到 2009 年 26 台全部建成并网的总体计划安排，并考虑留有提前一年全部建成的余地。

（2）按取得最大经济效益安排。三峡首批机组建成投产考虑将电先送到华东地区，为此 2003 年左岸电厂首批机组投产时要建成第一项直流输电工程（三常直流工程）送电华东（常州），并同时建成三峡枢纽交流 500kV 线路送至三常直流工程的首端换流站（龙泉换流站），以及常州政平换流站配套送出的交流 500kV 输变电工程。

（3）按库区用电需要，先建成 500kV 长万输变电工程，从长寿向万县送电（此时三峡首台机组未发电），先降压 220kV 运行，并考虑四川富裕水电经该输电通道东送。为此要抓紧建设 500kV 长万输变电工程，尽早形成西电东送通道。争取 2003 年建成。

（4）考虑地区和系统的需要。江西原来只有 220kV 电网，江西正在建设大型火力发电厂，亟需建 500kV 电网与湖北联网。湖北与河南的 500kV 电网亟待加强，要加强湖北与河南的交换能力，为此要先安排建设湖北至江西、湖北至河南的输变电工程，并考虑 2002 年三常直流工程单极投产、2003 年双极投产，要及早建设常州政平换流站送出的相应工程。

（5）从系统需要出发，要抓紧建设加强湖北的三峡中心网架，并抓紧安排三峡出线段枢纽内外的 15 回出线输电线路段的设计和建设，因为其与三峡枢纽水电站的建设及其建构物关系密切、难度大（枢纽内外区的线路段，工程当时安排左岸电站出线 8 回、右岸电站出线 7 回）。

二、工程建设资金需求测算的边界条件

工程建设资金总需求的测算与诸多边界条件有关，如物价指数、银行的贷款利率、贷款的还款期限等，编制预算时要设定几个不同边界条件和组合方案，经多次讨论，测算设定的边界条件如下：

（1）工程总规模以国三峡委发办字〔1995〕35 号文批复为准。

（2）物价指数，指逐年的物价指数增长百分数。1993 年和 1994 年按 10%，1995 年和 1996 年按 8%，1997 年及以后按 6%。进口设备和物资的物价指数按年增长 3%计取。

（3）贷款利率，国家开发银行的年利率按当年物价上涨指数加 1.2 个百分点计取；出口信贷利用外资的年利率根据中国银行意见按 8%计取。还款年限按 12 年，宽限期 4 年，等额本金，利息照付。

（4）贷款的还款期限，内资按 12 年，外资按 14 年。

全部资金需求比照 1997 年 2 月 17 日国三峡委发办字〔1997〕07 号文批复的工程动态需求按 589.42 亿元控制。根据工程进度安排及边界条件，经多方案测算，三峡输变电工程全部建成需要筹措的资金总需求为 540 亿元，符合国三峡委发办字〔1997〕07 号文件的要求。

三、征收三峡电网建设基金的测算工作

按国务院三峡建委决策，三峡输变电工程的建设资金来源为征收三峡电网建设基金、国内银行贷款、出口信贷利用外资、电网效益再投入 4 个部分，其中最主要是靠征收三峡电网建设基金。国务院三峡建委已明确，三峡电网建设基金作为三峡建设基金的一部分，统一名称，在原已征收的三峡建设基金的基础上，本着“谁受益、谁负担”的精神，在受益省份在三峡建设基金的基础上加征三峡电网建设基金，加多少视地区的受益及承受数额有区别，按此原则，进行三峡电网建设基金加征量的测算工作。

三峡电网建设基金的征收是在三峡建设基金（当时已经出台）的基础上加收的，征收地区的用电量每年是增长的，每个地区的增长率也会有不同，开始测算时按不同地区的不同年用电量增长率进行测算，最后经讨论，简化为一律按年增长 5.5%来测算。征收范围按国务院三峡建委决定的“谁受益、谁负担”原则。

四、三峡电网建设基金的征收方案

根据国务院总理办公会议纪要精神，对多个征收方案进行了比较，之后归纳为两种方案。

方案一：只考虑在直接受益的华中、华东地区征收，测算结果是这两个地区每千瓦时电需征收 8 厘钱，符合国务院办公会议在 1 分/kWh 之内的要求。

方案二：在华中、华东及经济发达地区（广东、福建、山东、河北、北京、天津、山西）征收，需要在 1996 年三峡建设基金的基础上再加征 4 厘/kWh。

上述两方案中，四川省均不新加征三峡电网建设基金，只将已出台的在四川省征收的 3 厘/kWh 三峡建设基金全部改用于三峡电网建设。

五、关于基金征收方式和起征年限的意见

征收方式：对外与已征收的三峡建设基金统一称为三峡基金，统一由财政部征收，分别下达三峡总公司和国家电网建设有限公司。

起征年限：建议三峡电网建设基金从 1998 年 1 月 1 日开始征收，可征收三峡电网建设基金 268 亿元。如从 1999 年开始征收，1998 年三峡输变电工程急用资金需国家开发银行贷款 17 亿元。

六、资金筹措方案的结论

送审稿意见为：三峡输变电工程动态资金需求按 540 亿元统筹。

资金来源为：

（1）征收三峡电网建设基金 268 亿元，建议从 1998 年 1 月 1 日起开始征收，征收范围按华中、华东地区 8 厘/kWh，四川不新征，将已在四川征收的 3 厘/kWh 三峡建设基金全部用于电网建设。

（2）国家开发银行安排贷款 137 亿元，在 2001-2004 年使用。

（3）利用外资 9.6 亿美元，安排出口信贷解决。

（4）电网收益再投入约 28 亿元。

国家电网建设有限公司筹资方案编制完成后先在公司内部讨论后形成送审稿，1997 年 1 月 31 日上报电力部《三峡输变电工程筹资方案报告（送审稿）》（电网计〔1997〕16 号），主要内容如下：

“三峡枢纽工程进展顺利，将于 1997 年 11 月截流。按现在情况预计，三峡电站很有可能比原计划提前一年投产发电。为确保三峡电站投产之后电力能及时全部地外送，尽快落实三峡输变电工程建设资金的筹措方案已十分紧迫。1996 年，为支援三峡库区用电，三峡输变电工程的第一个单项工程——

四川长寿—万县输变电工程已经开工。为了满足第一批机组投产送出，需要在 1998 年开始陆续开工建设相关工程，输变电工程建设资金筹措方案已迫在眉睫。为此我们根据国务院三峡办的安排，对三峡输变电工程的筹资方案进行了调查研究和测算，现将研究情况报告如下：

一、关于资金测算依据和条件

1．筹资方案测算依据

（1）国务院第 44 次总理办公会议纪要中已明确：三峡工程输变电系统所需的 248 亿元资金，按照‘谁受益、谁负担’的原则，可在直接受电地区加征电网建设基金（华中、华东地区 1999-2008 年征收在 1 分/kWh 之内），并通过出口信贷和电网收入来筹集。

（2）国务院三峡建委《关于三峡工程输变电系统设计的批复意见》（国三峡委发办字〔1995〕35 号）批准的三峡输变电工程总量，即 500kV 交流线路 6900km，500kV 交流变电容量 2475 万 kVA；直流线路 2200km，直流换流站容量 1200 万 kW（两个送端、两个受端）。

（3）1996 年 12 月 26 日国务院三峡建委办公会议原则审定的三峡输变电工程静态投资 275.32 亿元（1993 年 5 月末价格）。

2．输变电工程项目建设进度

计算动态资金流时，对于三峡输变电工程进度按以下原则考虑：一是输变电工程建设必须与三峡电站投产同步，即按 2003 年投产 2 台机组，以后每年投产 4 台，到 2009 年 26 台全部建成投产来安排，并留有提前一年投产的余地；二是照顾川东库区用电，2003 年前四川部分全部建成投产；三是第一回送华东的直流输电工程在 2002 年单极投产，2003 年双极投产，以确保送电华东及时回收资金；四是与华东、华中的电力系统总体建设相衔接，加强受电网网架建设，以提高受电能力，充分发挥三峡的效益。

3．动态资金需求量的测算条件

（1）物价指数。按国务院三峡办的意见，采用三峡枢纽工程筹资方案的数据，内资部分，1993 年和 1994 年 10%，1995 年和 1996 年 8%，1997 年及以后 6%；外资部分均按 3%计。

（2）开发银行贷款。经与开发银行协商，开发银行贷款年利率采用 1996 年实际值的 13.03%；贷款期限考虑 12 年（即 2001-2012 年），宽限期 4 年（即 2001-2004 年）。2000 年前开工项目使用的开发银行贷款按个案处理。还款方式考虑三种：一是等额本金、利息照付；二是等额本息；三是本金按比例递增（2005 年还等额本金的 25%、2006 年还 50%、2007 年还 75%、2008 年及以后按剩余部分等额本金还款），利息照付。

（3）国外贷款。按国务院三峡办意见，国外贷款暂按出口信贷方式考虑。按中国银行信贷二部意见出口信贷年利率采用 8%，建设期由内资付息：贷款期限 10 年，宽限期 5 年；还款方式采用等额本金、利息照付，美元对人民币的汇率采用 8.3，左、右岸换流站按实际利用外资的进度分别计算。

（4）三峡电网建设基金与电网收益再投入。按国务院三峡办和国家开发银行的建议，三峡电网建设基金作为资本金注入，为降低过网费用水平，减轻银行贷款压力，要加大资本金在动态资金需求中的比例。因此，在测算时设定资本金占动态资金总需求的比例为 50%左右。

按当前国内财务评价方法，资本金财务内部收益率（FIRR）按 12%控制，500kV 的线损按 5%计，以此测算过网电价水平。

按国务院三峡办意见，为少占用国内贷款，将 2005 年作为资金平衡年，即从 2005 年起不用国内贷款，从该年起电网收益开始投入。

（5）电量增长率。征收三峡电网建设基金的电量基数以电力部和财政部下达的 1996 年三峡基金征收计划为准，1997 年及以后直接受益地区和经济发达地区年用电量增长率按 5.5%计算。

4．测算结果

根据上述条件和原则，经过多方案的测算，三峡输变电工程建成时的动态资金总需求约为 540 亿元。

资金筹措结构为：出口信贷 12.9 亿美元，折合人民币为 107 亿元，占动态资金总需求的 20%；国家开发银行贷款 137 亿元，占动态资金总需求的 25%；三峡电网建设基金征收 268 亿元，占动态资金总需求的 50%；电网收益再投入 28 亿元，占动态资金总需求的 5%。

资本金内部收益率为 11.7%，平均过网电价为 0.2 元/kWh。

二、三峡电网建设基金征收方案

1．关于征收范围和征收标准

在测算中根据国务院总理办公会议纪要精神，进行了多种方案比较后，归纳为两种方案：方案一是只考虑直接受益的华中（河南、湖北、湖南、江西）、华东地区（安徽、浙江、江苏、上海），这两个地区需征收 8 厘/kWh，此方案的优点是体现了“谁受益、谁负担”的原则，且征收的标准在 1 分/kWh 以内，可避免在非直接受益地区征收；方案二是在华中、华东地区以及经济发达地区（含广东、福建、山东、河北、北京、天津、山西）统一按 1996 年第二次出台的三峡建设基金范围，再加收 4 厘/kWh，此方案的优点是不需要新增基金名目，不搞新征收办法，且可体现沿海支援内地、全国支持三峡建设的精神，同时可大幅度降低华中、华东地区的征收水平，减少出台难度，缺点是范围扩大到长远受益但非直接受电地区，又使难度扩大。

上述两种方案中，四川省均不新征收三峡电网建设基金，只将已出台的 3 厘/kWh 三峡建设基金用于电网建设。

上述两个方案都是可行的，而且与国务院第 44 次总理办公会议精神基本上是一致的。

2．关于征收方式

为了减少基金征收的名目，将三峡电网建设基金对外统称为“三峡基金”，其征收方式也沿用三峡建设基金征收办法，统一由财政部征收，然后分别下达中国长江三峡工程开发总公司和国家电网建设有限公司，分别用于三峡枢纽工程建设和三峡输变电工程建设。

3．关于起征年限

国务院第 44 次总理办公会议建议起征年为 1999 年，但考虑到：第一，三峡电站第一批机组投产有可能比原计划提前一年，而输变电工程一般要求比机组投产更早一些；第二，根据测算，如果从 1999 年开始征收，则 1998 年需从国家开发银行贷款 17 亿元，对国家开发银行的贷款压力较大。若从 1998 年起开始征收，则 2000 年前除长万工程外，不再需要国家开发银行安排贷款。因此，建议三峡电网建设基金出台时间提前一年，即从 1998 年 1 月 1 日开始征收。

三、国家开发银行贷款额度

如前所述，三峡输变电工程共需国家开发银行贷款 137 亿元，集中用于 2001-2004 年的输变电工程建设。如同三峡枢纽工程，由国家电网建设有限公司与国家开发银行签订一个贷款总合同，然后根据项目建设进度分年执行。关于相应贷款额度，请国家安排，并建议列为国家特别贷款，不采用贷款担保的方式。

关于国家开发银行贷款的还款方式，经测算，建议采用第三种还款方式，因为只有这种方式能保证从 2005 年起达到资金平衡。

四、关于外汇

国务院三峡建委批准三峡输变电系统设计时明确利用外汇 9.6 亿美元（1993 年 5 月末价），并按利用出口信贷考虑。如有可能也可考虑利用国际金融组织贷款。

五、关于电网收益再投入

由于建设期收益主要用于银行还贷，且在这期间三峡发电量远未达到额定值，因此其收益能用于建设的只有 28 亿元，可满足工程建设的需要。但待三峡电网建设完成后，即从 2009 年开始每年有利润收入 30 多亿元，可用于滚动建设；待还贷完成后，即从 2013 年开始，每年除应交的各种税收外，还可为国家创利润 60 多亿元，国家投入的资金效益是好的。

六、结论

通过多方案测算，三峡输变电工程动态资金总需求为 540 亿元。需要征收三峡电网建设基金 268

亿元，建议从 1998 年 1 月 1 日开始征收，推荐征收范围为华中、华东地区 8 厘/kWh，四川不新征收，只使用已出台的 3 厘/kWh 三峡基金；需要开发银行安排贷款 137 亿元，在 2001-2004 年期间使用，偿还条件建议采用本金按比例递增、利息照付方式；对利用外资 9.6 亿美元（1993 年 5 月末价），需国家安排利用出口信贷或国际金融组织贷款；电网收益再投入 28 亿元。相应的三峡输变电工程建设资金中资本金比例为 55%，其财务内部收益率为 11.7%，平均过网电价为 0.2 元/kWh。”

摘编自：

1.《国务院第 44 次总理办公会议纪要》，国务院办公厅，1994 年 10 月 24 日。

2.《三峡输变电工程筹资方案报告（送审稿）》（电网计〔1997〕16 号），国家电网建设公司，1997 年 1 月 31 日。

3.《关于三峡工程输变电系统设计概算的批复》（国三峡委发办字〔1997〕07 号），国务院三峡建委，1997 年 2 月 27 日。

第二节 筹资方案审查

三峡输变电工程筹资方案由国家电网建设有限公司编制送审稿后，先上报电力部进行审查，进一步完善后形成电力部的请示报告上报国务院三峡建委，1997 年 12 月 25 日国务院副总理邹家华主持审查会议，形成会议纪要下发。

一、电力部审查国家电网建设有限公司上报的筹资方案报告送审稿

1997 年 1 月 31 日，国家电网建设有限公司上报电力部《三峡输变电工程筹资方案报告（送审稿）》（电网计〔1997〕16 号）。

1997 年 2 月 20 日，电力部赵希正副部长主持召开部长办公会议讨论，审查此方案，电力部三总师、顾问、有关司局、国家电网建设公司的领导和负责同志参加会议，国家电网建设有限公司做了汇报。部长办公会议原则同意国家电网建设有限公司上报的筹资方案，明确以下意见：

（1）筹资方案满足并保证工程建设能与三峡电站同步建设之需。

（2）筹资方案测算的依据符合 1994 年国务院第 44 次总理办公会议纪要的精神，符合 1995 年国务院三峡建委国三峡委发办字〔1995〕35 号文工程建设规模要求。

（3）由电力部计划司牵头各有关部门进一步完善形成电力部的《三峡输变电工程筹资方案》上报国务院。

二、电力部审查后进一步完善，形成电力部文件上报国务院三峡建委

电力部计划司牵头，部三峡办、有关司局、国家电网建设公司等对筹资方案进一步研究完善之后，电力部以《关于三峡输变电工程筹资方案的请示》（电计〔1997〕146 号）经陆廷昌副部长签发上报国务院三峡建委。

电力部《关于三峡输变电工程筹资方案的请示》（电计〔1997〕146 号）的主要内容如下：

（1）三峡输变电工程建设资金由征收三峡电网建设基金、利用出口信贷、银行贷款、电网收入再投入四部分组成。

（2）征收三峡电网建设基金。

征收范围：华中、华东在已征收三峡基金 7 厘/kWh 的基础上，上海、江苏、浙江、湖北四省加征 8 厘/kWh，安徽、河南、湖南、江西加征 6 厘/kWh，四川不加征，将已出台的 3 厘/kWh 三峡建设基金用作三峡电网建设基金。

起征年限：建议从 1997 年 4 月 1 日起开始征收，2008 年终止。

征收方式：名称统称为三峡工程建设基金，专用于三峡输变电工程建设，征收方式同三峡建设基金，基金由国家电力公司负责管理。

（3）三峡输变电工程动态投资及资金结构。

经测算，三峡输变电工程建成所需动态总投资为 615 亿元。其资金来源为：三峡基金 306 亿元，电网收入再投入 5.5 亿元，出口信贷资金 145 亿元，国家开发银行贷款 117 亿元。

测算边界条件为：

（1）静态资金流。

1）交直流线路、变电站工程连续 4 年每年的资金流比例为第一年 10%，第二年 35%，第三年 35%，第四年 20%（即每条线路或每个变电站按 4 年建设期考虑）。

2）换流站工程连续 6 年每年的资金流比例为第一年 10%，第二年 30%，第三年 50%，第四年 3%，第五年 3%，第六年 4%（第五年单极投产、第六年双极投产）。

（2）各地区电量年平均增长率取值。征收期内，各地区电量年平均增长率取 7%。

（3）物价指数。内资部分：1993-1994 年为 10%；1995-1996 年为 8%；1997-2000 年为 6% ；2001 年及以后为 5%。外资部分：按内资相同的物价上涨指数。

（4）融资条件。国内银行：2001 年及以后，年利率取物价指数加 1.2 个百分点，即 6.2%。贷款年限取 12 年（2001-2012 年），按等额本金、利息照付方式。国外贷款：按出口信贷方式，年利率取 6%，贷款年限为 10 年。

（5）资本金。用三峡电网建设基金和电网收入再投入的资金作为资本金。

（6）其他参数。折旧年限按 22.35 年；大修理费率按 2.2%；公积金、公益金提取率按 8%和 4%，所得税率按 33%。

附：电力部电计〔1997〕146 号文《关于三峡输变电工程筹资方案的请示》，全文如下：

“三峡枢纽工程进展顺利，将于 1997 年 11 月大江截流。1996 年，为了支援三峡库区用电，三峡输变电工程的第一个单项工程——四川长（寿）万（县）输变电工程已经开工。为了满足第一批机组投产送出，需要在 1998 年开始陆续开工建设输变电工程，尽快落实建设资金筹措方案已十分紧迫。为此，根据你委安排，我部对三峡输变电工程的筹资方案进行了大量的研究、测算工作，现提出以下筹资方案：

一、编制筹资方案的基本原则

1．保证三峡输变电工程与枢纽工程同步建设，满足三峡电站电力的可靠送出，并在相同发电量基础上力争收益最佳；

2．单项工程安排及其进度能够适应电力市场需求变化，具有一定的灵活性；

3．要充分考虑用户的承受能力，力争做到还贷期间以及还贷期后的输电价格安排合理，增强三峡电力的竞争性；

4．在可能的输电价格水平下，使项目法人获得合理的投资收益；

5．筹资与使用要认真贯彻“静态控制、动态管理”的原则。

二、三峡输变电工程筹资方案测算依据

1．1994 年国务院第 44 次总理办公会议纪要明确：三峡工程输变电系统所需的 248 亿元资金，按照‘谁受益、谁负担’的原则，可在直接受电地区加征电网建设基金（华中、华东地区 1999-2008 年征收在 1 分/kWh 之内），并通过出口信贷和电网收入来筹集。

2．1995 年国务院三峡工程建设委员会《关于三峡输变电系统设计的批复意见》（国三峡委发办字〔1995〕35 号）批准的三峡输变电工程总量，即 500kV 交流线路 6900km，500kV 交流变电容量 2475 万 kVA，直流线路 2200km，直流换流站容量 1200 万 kW。同时明确三峡输变电系统总投资按 248.22 亿元（含外资 9.6 亿美元，均按 1993 年 5 月末价格）控制。

3．1996 年 12 月 26 日国务院三峡工程建设委员会《研究三峡工程输变电系统设计概算有关问题的会议纪要》（国阅〔1997〕15 号）明确三峡输变电工程静态投资 275．32 亿元（1993 年 5 月末价格）。

4．按照总理办公会议纪要精神，三峡输变电工程建设资金由征收的三峡电网建设基金、利用出口信贷、电网收入再投入以及银行贷款四部分组成。

三、关于三峡电网建设基金

1．关于征收范围和标准

按照1994年国务院第44次总理办公会议纪要精神，对三峡电网建设基金的征收范围和额度，我部曾经研究了多个可能方案。最近，根据国务院领导对三峡电网建设基金征收的指示精神以及国家计委、国务院三峡建设委员会办公室要求，我部又重点研究了如下方案：即在直接受电的华中、华东地区在现有征收的三峡工程建设基金（以下简称三峡基金）额度（即7厘/kWh）的基础上，上海、江苏、浙江及湖北四省市再加征8厘/kWh，安徽、河南、湖南及江西四省再加征6厘/kWh：四川省不再加征，只使用已出台的3厘/kWh三峡基会。

本方案可避免在非直接受益地区征收，体现了“谁受益、谁负担”的原则，且征收的标准在1分/kWh以内，符合国务院第44次总理办公会议纪要要求。

2．关于起征年限

国务院第44次总理办公会议建议起征年为1999年，但考虑到：第一，三峡输变电工程一般都需要比机组投产更早一些，直流工程调试亦需要较长时间；第二，尽量降低征收标准；第三，根据测算，如果从1999年开始征收，则1998年就需国家开发银行贷款16亿元，若提前开始征收，则2000年前除长万线外不再需要国家开发银行安排贷款，因此，建议三峡电网建设基金出台时间是1997年，本方案考虑从4月1日开始征收，到2008年终止。

3．关于征收方式

为了减少基金征收的名目，三峡电网建设基金对外统称为‘三峡工程建设基金’，专项用于三峡输变电工程建设。其征收方式沿用‘三峡工程建设基金’征收办法。

根据国务院国发〔1996〕48号文件精神，专项用于三峡电网建设的三峡基金由国家电力公司负责管理，其拨付方式按现行办法办理。

四、三峡输变电工程动态投资及其资金结构

根据国务院三峡办的要求，为便于三峡输变电工程与三峡枢纽工程相比较，某些测算边界条件（见附件一），如三峡逐年发电量、各地区征收三峡基金电量平均增长率取值、物价指数（包括外资折算成人民币之后，物价指数与内资相同）、融资条件采用国务院三峡办提供的数据。

按照上述筹资方案，经过测算，三峡输变电工程建成时的动态总投资是615亿元（见附件三），其中价差预备费257亿元，建设期总的贷款利息79亿元（合计入财务费用的内外资建设期贷款利息57亿元）。按资金来源分析：其中三峡基金306亿元，占总投资的50%；电网收入再投入5.5亿元，出口信贷资金145亿元，占总投资的24%；开发银行贷款117亿元（其中本金108亿元），占总投资的19%。

根据三峡输变电工程动态投资及分年资金流情况，工程所需开发银行贷款117亿元，建议由国家电力公司担保，与国家开发银行签订一个贷款总合同，按各单项工程的实际需要分批安排贷款。

国务院三峡建委批准三峡输变电系统设计时明确利用外汇9.6亿美元（1993年5月末价格），并按出口信贷考虑。建议具体借贷方式参照上述国家开发银行贷款方式执行。如有可能应积极争取利用国际金融组织贷款。

五、关于输电价格及经济效益分析

按照新的企业财务会计制度以及国家计委颁布的《建设项目经济评价方法与参数》（第二版）、电力系统执行的《电力建设项目经济评价方法实施细则》，上述三峡输变电工程筹资方案中：全部投资财务内部收益率为12.2%，资本金财务内部收益率为11.4%，不含税平均输电价格为0.185元/kWh（见附件五）。

我部认为按照国务院三峡办的要求，上述三峡输变电工程筹资方案是可行的，请你委尽快审批。

附件：

1．测算的边界条件；

2．单项工程进度安排；

3．三峡输变电工程资金需求与筹措表；

4．三峡工程建设基金（专项用于三峡输变电工程建设）测算表；

5．三峡输变电工程损益表。

附件 1：测算的边界条件

一、关于单项工程静态资金流

1．交流线路、变电站分年资金流：10%、35%、35%、20%；直流线路分年资金流：10%、35%、35%、20%。

2．换流站分年资金流：10%、30%、50%、3%、3%、4%（第五年单极投产，第六年双极投产）。

二、关于三峡水电站发电量

采用国务院三峡办提供的三峡水电站逐年发电量数据。

在计算供电量时，厂用电率取值为 0.2%、线损率取值为 5%。

三、各地区征收三峡基金电量年均增长率取值

按国务院三峡办和国家计委意见，华中四省、华东三省一市及四川省以 1996 年各省市实征三峡基金电量为基数，征收期内三峡基金电量年均增长率取 7%。

四、筹资方案、资金结构以及输电价格测算边界条件设定

1．物价指数

按国务院三峡办意见，为使与三峡枢纽工程可比，采用三峡枢纽工程筹资方案的数据，即内资部分，1993-1994 年为 10%、1995-1996 年为 8%、1997-2000 年为 6%、2001 年及以后为 5%；外资部分按 1993 年 5 月末调节外汇汇率 1:8.1 折算成人民币之后，物价指数与内资等同。

2．融资条件

（1）国内银行贷款条件。按照国务院三峡办意见，为保持与枢纽测算条件相一致，2001 年及以后国内银行贷款年利率取物价指数加上 1.2 个百分点，即 6.2%，贷款期限考虑 12 年（2001-2012 年），宽限期 4 年（2001-2004 年）。长万线贷款按个案处理。还贷方式暂按现行等额本金、利息照付方式。

（2）国外贷款条件。按国务院三峡办意见，国外贷款暂按出口信贷方式考虑，为保持与枢纽工程测算条件一致，出口信贷年利率取 6%，建设期由内资付息，贷款期限 10 年，宽限期 5 年；还款方式采用等额本金、利息照付方式，左、右岸换流站按实际利用外资的进度分别计算。

3．资本金

专项用于三峡电网建设的三峡基金和电网收入再投入作为资本金。

按照还贷期资本金分利尽量少为原则测算还贷期输电价格。

4．其他参数的设定

（1）计算期：30 年；

（2）综合折旧年限：22.35 年；

（3）还贷折旧比：2003-2005 年 90%，2006-2012 年 80%；

（4）大修理费率：2.2%；

（5）公积金、公益金提取率：8%、4%；

（6）所得税率：33%。”

三、国务院审查三峡输电系统筹资方案

1997 年 12 月 25 日，国务院邹家华副总理召开国务院三峡建委办公会议专门对三峡输变电工程筹资方案进行讨论审查，邹家华副总理主持会议，国务院副秘书长周正庆，国家计委、财政部、电力部、中国人民银行、国家开发银行、国务院三峡办、中国电网建设有限公司等有关部门负责同志出席会议。

会上，国务院三峡办副主任就三峡输变电工程资金需求测算和筹资方案做了汇报。中国电网建设有限公司参加会议的有周小谦、卢元荣、牛山，国务院三峡办参加会议的有郭树言、李世忠、高金榜、朱华、孙如瑛、张定明、唐风云，电力部参加会议的有陆延昌、王信茂等。

审查会议议定了以下主要意见：

（1）原则同意资金需求测算结果，即根据审定的静态投资275.32亿元，考虑建设期间物价变化和贷款利率因素，动态投资为589.42亿元。

（2）原则确定筹资方案安排：三峡基金286.14亿元，电网收益再投入72.52亿元，国家开发银行贷款91.78亿元，利用外资（出口信贷）138.98亿元（人民币）。

（3）国家电力公司和财政部要继续做好基金的征收管理工作，继续执行对三峡基金免征（或先征后返）的税费政策。

（4）国家开发银行贷款，由中国电网建设有限公司借款并与国家开发银行签订合同，由国家电力公司提供担保。

会后形成会议纪要，经李鹏总理批准。国务院以国阅〔1998〕31号文件印发会议纪要，主要内容如下：

“1997年12月25日上午，国务院副总理、国务院三峡工程建设委员会副主任邹家华主持会议，研究三峡输变电工程筹资方案及有关问题。国务院副秘书长周正庆以及国家计委、财政部、电力部、中国人民银行、国家开发银行、国务院三峡工程建设委员会办公室、国家电网公司等有关部门的负责同志出席了会议。国务院三峡工程建设委员会办公室副主任李世忠就三峡输变电工程资金需求测算情况和筹资方案做了汇报。

据汇报，1994年国务院第44次总理办公会议对三峡输变电工程筹资渠道做了原则规定，1995年国务院三峡工程建设委员会批复了三峡输变电工程系统设计，确定三峡输变电工程总量为9100km 500V线路、2475万kVA变电容量。1996年12月26同，邹家华副总理主持会议，审定了三峡输变电工程静态投资。在此基础上，根据国务院三峡工程建设委员会的要求，电力部组织中国电网建设有限公司对三峡输变电工程的104个单项工程建设进度提出了安排意见，参照三峡枢纽工程测算动态投资时采用的边界条件，对动态资金需求进行了多方案测算、比较，提出了具体筹资方案。这个方案测算比较合理，符合国务院确定的筹资原则，比较现实可行，建议批准。

会议经过充分讨论，原则同意国务院三峡工程建设委员会办公室的汇报，并就有关问题议定以下意见：

一、原则同意三峡输变电工程资金需求测算结果，即根据1993年5月末价格水平审定的静态投资275.32亿元，考虑建设期间的物价变化和贷款利率因素，动态投资为589.42亿元。

二、原则确定筹资方案安排为：三峡基会286.14亿元；电网收益再投入72.52亿元；国家开发银行贷款91.78亿元；利用外资（主要为出口信贷）138.98亿元。实施过程中如电量增长速度等边界条件发生变化，筹资各渠道的结构会有变化，可在实际执行中经审批后再作相应调整。

三、在体制上，国家电力公司直接领导中国电网建设有限公司。由国家电力公司明确中国电网建设有限公司在三峡输变电工程建设和经营管理方面的责任、权利。中国电网建设有限公司不仅要考虑建设好三峡输变电工程，还要考虑经营，以确保银行贷款的还本付息和国家投入资本金的回报。

四、三峡工程1994年12月14日正式开工建设，三峡输变电工程作为三峡工程的重要组成部分，作为一个整体项目报国家计委备案后，列入国家固定资产投资计划。其单项工程建设进度要与枢纽工程紧密衔接，由业主统筹安排，随年度计划确定。

五、三峡基金对保证三峡工程建设起着最基本、最关键的作用，国家电力公司和财政部要继续做好这项基金的征收管理工作，同时继续实行现有的对三峡基金免征（或先征后返）的税费政策。

六、国家开发银行贷款主要集中在2001-2005年资金需求高峰期使用，可采取总体承诺、根据进度分年度安排的方式落实。三峡输变电工程所需银行贷款，由中国电网建设有限公司作为借款人，与银行签订贷款合同，由国家电力公司提供担保。

七、为确保三峡电力发得好、送得出、用得上，由国家计委牵头组织电力部等有关方面，尽快研究三峡电价和接受地区的电力电量平衡问题，同时继续抓紧协调、落实与三峡输变电工程配套的输变电工程项目规划和建设。

八、这次批准的三峡输变电工程资金需求测算和筹资方案是考核投资控制、指导筹资工作的依据，在实际执行中，要按照国务院三峡工程建设委员会关于投资“静态控制、动态管理”的要求，逐年核定价差和贷款利息。中国电网公司要确保不突破静态投资，通过努力，挖掘潜力，尽可能控制价格、利率等外部条件变化导致的动态投资增加。”

出席人员：国务院副秘书长周正庆，国务院三峡工程建设委员会副主任郭树言，国家计委张国宝、曹征彦、王晓涛，财政部金淑莲、虞列贵，电力部陆延昌、王信茂，中国人民银行尚福林、赖小明，国家开发银行李昌富、吴敬儒，中国电网建设有限公司周小谦、卢元荣、牛山，国务院三峡工程建设委员会办公室李世忠、高金榜、朱华、孙如瑛、唐风云、张定明。

摘编自：

1.《关于三峡输变电工程筹资方案的请示》（电计〔1997〕146 号），电力部，1997 年。

2.《三峡输变电工程筹资方案审查会议纪要》（国阅〔1998〕31 号），国务院，1998 年。

第三节　三峡工程建设基金的征收标准及调整与筹措结果

国务院审查并下发三峡输变电工程筹资方案文件之后，国家计委和电力部联合发文通知，从 1997 年 3 月 25 日起执行。之后，财政部 2002 年和 2005 年两次发文对三峡工程建设基金进行调整，本节最后列出 2006-2015 年国家电网公司总计投入三峡电网建设基金的数额和支出总数。

一、征收标准

在国务院三峡建委决定之后，1997 年国家计委和电力部联合发文《关于八省市三峡工程建设基金标准和葛州坝上网电价的通知》（计价管〔1997〕463 号），明确：

（1）从 1997 年 3 月 25 日起执行。江苏、浙江、湖北、上海三峡工程建设基金征收标准由原来的 7 厘/kWh 提高到 1.5 分/kWh，加收了三峡电网建设基金 8 厘/kWh。

安徽、湖南、河南、江西由原来的 7 厘/kWh 提高到 1.3 分/kWh，加收了 6 厘/kWh 的三峡电网建设基金。

（2）四川和重庆征收 3 厘/kWh 为三峡电网建设基金，用于三峡电站至四川、重庆的送变电工程建设和前期工作。

（3）国家扶贫的贫困地区和农业排灌用电，以及县以集资建设自行管理的孤立电网的电量除外。

二、调整

调整的过程如下：

（1）2002 年 12 月 27 日，财政部为解决葛洲坝电厂电价提价对有关省市销售电价的影响，发文调整部分地区的三峡工程建设基金的征收标准，决定自 2003 年 1 月 1 日起执行下列标准：①免征湖北省的三峡工程建设基金；②湖南、江西、河南三省的三峡工程建设基金征收分别调整为湖南 0.98 分/kWh、江西 1.12 分/kWh、河南 1.24 分/kWh；③华东维持不变。

（2）2005 年 12 月 29 日，财政部以财综〔2005〕61 号文对三峡工程建设基金做如下调整，自 2005 年 8 月 5 日起执行：①减征葛洲坝电厂受电地区的三峡工程建设基金，含江苏、浙江、湖北、上海、安徽、湖南、河南、江西七省一市；②减征后的三峡工程建设基金标准为：湖北免征，湖南 3.75 厘/kWh，河南 11.34 厘/kWh，江西 5.52 厘/kWh，江苏 14.91 厘/kWh，浙江 14.36 厘/kWh，安徽 12.92 厘/kWh，上海 13.92 厘/kWh。

明确对七省一市征收标准调整后，受影响的三峡电网建设基金由三峡工程建设基金调剂解决，因此三峡电网建设基金不受影响。

三、三峡输变电工程建设资金实际筹措结果（至 2006 年的统计数）

实现了按标准、准时、足额征收（财政部基本按时将金额拨付给国家电力公司、国家电网公司）。

到 2006 年底，三峡输变电工程资金筹措的结果是：共筹到资金总额为 374.94 亿元，其中三峡电网建设基金 216.81 亿元（占资金总额的 58%），利用外资 63.29 亿元，国内银行贷款 39.30 亿元，其他资金 55.54 亿元。

到 2006 年底共支出 366.91 亿元；截止到 2015 年 3 月底国家电网公司共收入三峡电网建设基金 421.95 亿元。

资金筹措方式严格，基金使用严格，政策性强，基金征收符合“谁受益、谁出钱”的精神，三峡电网建设基金是三峡输电系统工程建设最主要、最稳定的资金来源，说明三峡输变电工程的资金需求测算及资金筹措方案是符合政策的、符合实际需求的、成功的。

摘编自：

1.《关于八省市三峡工程建设基金标准和葛州坝上网电价的通知》（计价管〔1997〕463 号），国家计委、电力部，1997 年。
2.《调整部分地区的三峡工程建设基金征收标准的通知》，财政部，2002 年 12 月 27 日。
3.《调整三峡工程建设基金征收标准的通知》（财综〔2005〕61 号），财政部，2005 年 12 月 29 日。

第四章　三峡输变电工程投资情况

本章第一节列出国务院三峡建委历次发文批准的三峡输变电系统工程投资，及经批准的全部单项工程概算的总和。第二节列出三峡输变电工程（含地下电站送出）全部投资完成情况。第三节列出投资结余和三峡电网建设基金全部收支情况。

第一节　历次批准投资

一、历次投资批准情况

（1）1995年12月14日，国务院三峡建委以国三峡委发办字〔1995〕35号文批准三峡输电系统工程总投资按248.22亿元进行控制（1993年5月价）。

（2）1997年2月17日，国务院三峡建委以国务院三峡建委发办字〔1997〕07号文批准三峡输变电工程静态投资为275.32亿元（1993年5月价）。

（3）2002年7月，国务院三峡建委以国三峡委发办字〔2002〕13号文批准静态投资为322.74亿元（1993年5月价）。

（4）2008年12月，国务院三峡办以国三峡办函字〔2008〕126号文批复同意三峡输电系统工程现价动态概算总额为394.51亿元。

（5）2009年11月，国务院三峡建委以国三峡委发办〔2009〕18号文批准地下电站交流送出工程及±500kV荆门至沪西直流工程和原葛沪直流线路改造工程，批准概算为1993年5月静态投资为9.46亿元和66.71亿元，动态投资分别为14.13亿元和84.23亿元。

（6）2010年1月，国务院三峡建委以国三峡委发办字〔2012〕1号文批复同意宜都至江陵改接兴隆工程静态投资为3.91亿元，动态投资为5.08亿元（1993年5月价）。

（7）2010年1月，国务院三峡建委以国三峡委发办字〔2010〕2号文批复，三峡输电线路完善工程静态投资为4.79亿元，动态投资为5.97亿元；1993年3月，国务院三峡建委对此调整为静态投资3.74亿元，动态投资4.06亿元。

二、全部单项工程初步设计的批准概算

三峡输变电工程全部单项工程历次批准动态概算合计为502.61亿元（每个单项工程初步设计的批准概算之和）。

第二节　三峡输变电工程投资完成情况

三峡输变电工程全部工程竣工决算金额总计为424.28亿元，包括：

（1）原系统设计批复的范围内工程完成投资344.95亿元；

（2）三峡地下电站交流送出工程完成投资10.98亿元；

（3）三峡地下电站送出±500kV直流工程荆门至沪西及葛南直流线路改造工程共完成投资60.08亿元；

（4）宜都出线改接工程完成投资4.38亿元；

（5）线路优化完善工程完成投资3.89亿元。

根据《中华人民共和国增值税暂行条例》，以上（2）～（5）四项工程已抵扣增值税共7.12亿元，实际三峡输变电工程全部完成投资431.40亿元（424.28亿元＋7.12亿元）。

综上所述，三峡输变电工程全部单项工程批准概算动态投资累计为502.61亿元，工程建成实际完成投资431.40亿元（含增值税7.12亿元），结余71.21亿元，结余率14.17%。

第三节　三峡电网建设基金的使用情况

截至2015年3月，全部三峡电网建设基金共收入421.95亿元，支出336.92亿元，结余85.03亿元。三峡电网建设基金占全部投资（含增值税）的78.10%。

摘编自：

1.《关于三峡工程输变电系统设计的批复意见》（国三峡委发办字〔1995〕35号），国务院三峡建委，1995年12月14日。

2.《关于三峡工程输变电系统设计概算的批复》（国三峡委发办字〔1997〕07号），国务院三峡建委，1997年2月27日。

3.《关于对三峡输变电工程及二次系统调整方案的批复》（国三峡委发办字〔2002〕13号），国务院三峡建委，2002年。

4. 国三峡办函字〔2008〕126号文，国务院三峡办，2008年12月。

5. 国三峡委发办字〔2009〕18号文，国务院三峡建委，2009年11月。

6. 国三峡委发办字〔2012〕1号文，国务院三峡建委，2010年1月。

7. 国三峡委发办字〔2010〕2号文，国务院三峡建委，2010年1月。

8. 国务院三峡建委批复的全部三峡输变电单项工程初步设计文件。

9. 三峡输变电工程国家验收文件，国务院长江三峡工程整体竣工验收委员会输变电工程验收组，2015年7月15日。

第五篇　物　资　供　应

三峡输变电工程的物资供应，开创了业主开展设备物资全面招标采购的先河；率先推行了变电主设备和主要线路物资实行委托驻厂监造的工作方法，在制造环节就保证设备物资质量，掌握生产进度，严把出厂试验等关口。经测算，整个三峡输变电工程物资的采购价格保持合理偏低水平，对于控制工程造价做出了巨大贡献。

本篇分三峡输变电工程物资管理模式、工程物资采购、工程物资监造和大件运输四章，详细记录了三峡输变电工程物资采购与供应的全过程。

第一章　三峡输变电工程物资管理模式

第一节　管　理　机　构

1996 年 6 月 18 日，国家电网建设有限公司成立，公司内部设立了物资部，由于管理人员编制有限，为及时高效满足点多面广的三峡输变电工程的物资供应，同时成立了国网物资有限公司，施行一套人马、两块牌子的物资供应运作模式，负责三峡输变电工程物资供应的全过程管理。从物资招标工作开始，国网物资有限公司负责合同签订、履约、物资监造、现场交货验收、物资财务核算核销等。管理范围包括三峡输变电交流工程部分、直流工程的线路部分、直流进口设备的国内报关接货转运及大型设备的运输工作。国家电网建设有限公司物资部（国网物资有限公司）作为三峡输变电工程物资采购供应的归口和管理部门，负责物资供应的全过程管理职能；国家电网建设有限公司武汉、常州、宜昌工程建设部设立物资处，主要职能是负责所辖地区物资合同的履约，解决合同执行中出现的问题，审定承包商自采物资，组织完成各现场物资工作；线路、变电工程现场常驻物资代表，主要职能是负责物资合同履约执行中的现场验收、协调供货进度、催交、催运、联系厂家技术支持及现场服务等工作。

三峡输变电工程物资的供应管理模式是在国家电网建设有限公司的领导下形成的一套完整的管理体系，其作用是保证三峡输变电工程物资供应的完全受控、可控。对于所供应管理的物资既控制了造价，又确保了质量、交货进度及售后服务。这一管理模式经工程实践证明，发挥了重要作用，取得了明显的效果。

第二节　管　理　制　度

高质量、高水平与适时技术、装备供应是三峡建设的重要基础和物质保证。国家电网建设有限公司物资部（国网物资有限公司）为了确保三峡输变电工程物资的供应，规范招标采购、供应管理、设备物资监造等相关工作，详细制订了《三峡输变电工程物资供应管理办法》《物资招标采购管理办法》《三峡输变电工程物资管理实施细则》《三峡输变电工程物资财务结算管理办法》《国家电网公司电网建设分公司工程物资监造管理办法》《三峡输变电工程物资设备信息管理办法》《三峡输变电工程物资统计报表管理办法》《三峡—常州±500kV 直流输电工程进口设备、材料国内转运工作（项目）管理办法》等规章制度，为规范有效地开展三峡输变电工程物资供应管理奠定了坚实的基础。表 5-1 为部分规章制度的主要内容及其效果。

表 5-1　部分规章制度主要内容及效果

序号	名称	主 要 内 容	效 果
1	三峡输变电工程物资供应管理办法	（1）明确了国家电网建设有限公司物资部工程物资处、物资部派驻现场工程师、武汉分公司项目部、施工单位供应科（现场材料站）、工程监理单位、国家电网公司各部门的职责范围； （2）明确了工程物资供应管理联系流程	（1）参建单位由招标确定，作业流程具有不固定的特点，因此制定本办法，旨在确定内部职责，明确责任，统一管理模式，以利工作衔接； （2）新建物资供应管理流程，保证了各参建单位顺利开展工作
2	三峡输变电工程物资管理实施细则	（1）明确了工程物资的催交与监造、工程物资的接运与转运、开箱检验及索赔、施工单位物资部门的管理等作业程序； （2）形成了《物资催交管理办法》《主要设备、材料驻厂监造办法》《接货站接运办法》《现场开箱检验办法》《铁塔检查验收办法》	保证《三峡输变电工程物资供应管理办法》有效实施，使物资管理工作程序化、规范化，并形成作业细则
3	三峡输变电工程物资设备信息管理办法	（1）明确国家电网建设有限公司物资部，工程设计、施工单位的信息报送要求； （2）明确各单位物资信息管理具体内容； （3）明确各单位信息管理系统硬件要求	实现对三峡输变电工程物资供应的动态管理，规范物资供应中的信息管理工作，加快物资信息的传递和发布速度
4	三峡输变电工程物资财务结算管理办法	（1）明确结算程序，包括预付款，设备、材料验收及付款确认、付款，设备、材料领用，质保期及质保金，工程竣工决算等管理办法； （2）编制工程物资材料结算流程图及结算单据	理顺物资部财务处与各方面的关系，建立规范、高效的工作秩序和联系制度，确保物资核算工作的顺利进行
5	三峡输变电工程物资统计报表管理办法	（1）对计划统计报表编制的原则、计划编制程序及内容、统计报表的内容、报送方式和要求进行详细要求； （2）规范以下各类报表的要求：工程设备材料合同情况一览表、工程设备材料供货情况一览表（施工单位）、工程设备材料供货情况一览表（业主）、材料设备现场检验移交单、工程设备材料不合格处置登录表、工程设备材料付款情况一览表（业主）、年设备材料用款计划表	规范三峡输变电工程物资供应的计划与统计管理工作，及时了解物资设备的制造及安装情况和投资计划的落实情况，对工程实行动态管理
6	国家电网公司电网建设分公司工程物资监造管理办法	（1）明确国家电网公司电网建设分公司物资处职责； （2）明确监造单位职责； （3）明确驻厂监造工程师职责； （4）明确供货厂商职责； （5）明确监造工作规范； （6）明确监造资料要求； （7）明确违约处理办法	（1）确保国家电网公司电网建设分公司采购的交直流输变电工程用物资的质量和交货期，明确相关单位职责，规范监造工作程序； （2）明确监造范围包括：国家电网公司电网建设分公司负责的交直流输变电工程的变压器、电抗器、HGIS、GIS、断路器、铁塔、变电钢构支架、导线、直流合成绝缘子； （3）明确国家电网公司电网建设分公司送电、变电物资处负责相应输变电工程物资监造的全过程管理工作
7	三峡—常州±500kV直流输电工程龙泉、政平换流站进口设备、材料国内转运工作（项目）管理办法	（1）国内转运项目涉及的单位、组织及其工作范围； （2）国内转运项目承包合同及执行； （3）国内转运项目监理合同及执行； （4）国内转运项目的分包； （5）国内转运项目工作程序及相关规定	保障三峡—常州±500kV 直流输电工程换流站进口设备、材料国内转运工作安全、稳妥地实施

第二章　工程物资采购

第一节　招　标　采　购

一、2000 年以前，即《中华人民共和国招标投标法》颁布实施前

从国家电网建设有限公司成立伊始至 2000 年，招标方式主要采取邀请招标，每种物资均邀请 3 家投标单位，必须是国内质量信誉实力最好的产生厂家，并已拥有同类产品良好的供货业绩。

成立国家电网建设有限公司招标领导小组和招标工作小组（根据所采购物资品种类别的不同），首先由招标工作小组向招标领导小组提交招标方案，即根据工程进度节点需求，以签报、请示等形式将工程简介、邀请投标对象（含资质、业绩情况）、物资种类数量、招评标组织机构、标包划分、招标方式、评审原则、招标工作计划安排等内容形成招标方案上报。方案经招标领导小组集体讨论批准通过后，招标工作小组按照批准的项目招标方案进行投标邀请、资格预审、标书发售、标前澄清会、开评标、评标总结上报等一系列程序实施招标工作。

评标工作由评标委员会负责实施，一般下设技术组和商务组，分别独立地对投标文件进行专业评审，评审采取打分形式量化各投标单位的差异，技术分包括技术性能得分和综合得分，商务分包括报价得分和质量业绩得分，技术分和商务分按比例汇总后，计算出投标单位综合得分，推荐综合得分第一的投标单位为拟中标单位。然后，编写评标总结，形成评标报告向招标领导小组提交，经招标领导小组会议讨论确定最终中标单位后，开展技术协议谈判、合同签订等工作。

二、2000 年以后，即《中华人民共和国招标投标法》颁布实施后

《中华人民共和国招标投标法》自 2000 年 1 月 1 日起正式颁布实施。在组织学习、研讨，变更以往物资采购管理办法和流程后，全面总结梳理以往工程招标经验的基础上，招标方式也逐步过渡为公开招标方式，并在 2001 年的三广直流工程铁塔招标开始全面展开实施。

评标工作中的技术分权重和商务（价格）分权重按照物资种类的不同细化比例。对于技术标准要求比较高的变电设备类，技术分与商务（价格）分按 60:40 汇总；对于一般性线路设备材料类，技术分与商务（价格）分按 40:60 汇总。同时商务分直接按价格折算。至 2003 年以后，除有接口、匹配等技术要求的变电二次设备以外的全部物资评标分值，技术分与商务分均按 40:60 汇总。招标采购对于三峡输变电工程物资的造价进行了合理有效控制，节约了工程成本。

评标组织机构上更加完善严谨，招标领导小组由国家电力公司电网建设部（电网建设分公司）、国电信通中心、国家电网调度中心、生产运行部、法律事务部、监察局等单位和部门的负责人员组成。其工作内容是审查招标方案、评标办法、标底确定、评标报告，确定中标单位等贯穿招标采购全过程的监督、决策。

三、利用行业优势，集中规模供应原材料

利用行业优势，集中规模供应原材料，规避原材料市场波动，既满足了工程需要，又控制了物资造价。国家电网建设有限公司成立之初，国内经济尚属计划与市场转轨之际，中国水利电力物资总公司（原电力部物资局，简称水电物资公司）是电力工业部时期电力系统计划物资归口管理及供应单位，长期从事铝锭原材料供应工作，有着丰富的市场经验及资金实力。三峡输变电工程点多面广，为节约工程成本及人力物力，不宜在全国范围内建设多个原材料及成品仓库，物资供应采取厂家实物供应工地，虚拟出入库手续的方式以保证工程建设的顺利进行。三峡输变电工程初期，国内铁塔、导线加工企业正处于转型时期，普遍流动资金不足，对原材料市场价格掌控能力薄弱，且钢材、铝锭都是现货现钱交易，钢厂铝厂一般也不参与招投标行为。为规避铁塔、导线厂因流动资金不足而不能按时交货风险，国家电力公司电网建设分公司确定由水电物资公司供应钢材、铝锭。

1997-2002年，为规避市场价格波动对工程物资交货的影响风险，发挥批量优势，提高角钢质量（减少角钢麻面），并减少铁塔角钢以大代小数量，降低工程造价，国家电力公司电网建设分公司委托中国水利电力物资总公司批量采购钢材和铝锭供应中标铁塔厂和导线厂，以保证工程建设质量和进度。其中，钢材价格通过铁塔招标确定，综合考虑各铁塔厂家报的钢材价格，确定与水电物资公司的钢材供应价；铝锭价格按照供货期铝锭期货价确定。电网建设分公司通过招标与铁塔厂商签订委托加工合同，水电物资公司按电网建设分公司与铁塔生产厂家的合同和加工生产计划向生产厂家供应塔材，提供给铁塔生产厂家塔材的数量按加上8%的损耗确定；电网建设分公司通过招标与导线生产厂家签订合同，水电物资公司按电网建设分公司与导线生产厂家的合同和加工生产计划向生产厂家供应铝锭，提供给导线生产厂家铝锭的数量按照导线合同吨数乘以设计给出的钢铝比确定。

在三峡输变电工程初期阶段，此种集中供应钢材、铝锭等原材料的方式完全满足了工程进度的需求，从实际效果来看，物资供应顺利，均保证了按期投产。而同期国内的一些工程由于没有解决好原材料及时供应和价格波动等诸多问题，出现过生产厂家拒绝交货、工程不能按期投产的现象。

第二节　质　量　控　制

为严格控制三峡输变电工程物资的质量及按期交付，在物资管理体系的组织机构上采取了分层管理、关口靠前的管理方式，不但在国内率先推行了变电主设备和主要线路物资实施委托监造（驻厂）的管理方式，而且在电网建设分公司下辖机构武汉、常州、宜昌工程建设部内部设立物资处（派驻大量人员在工地现场）。物资处的主要职能是负责所辖地区工程物资合同的履约，及时发现和解决合同执行中出现的问题，审定供应商自采配套物资及零部件，组织物资和工程接口图纸会审，协调工程供货进度、催交、催运，联系厂商现场技术服务，组织物资现场验收等工作。

由于管理关口靠前，主动发现问题及时协调解决，在物资交接、验收环节严把质量关，采取设备、物资出厂前验收抽查制度，保证了设备质量，有效地管控了物资错发和漏发事件。派驻工程现场物资人员组织图纸会审，设计联络会帮助生产厂家把控技术准备关；制造完成后组织设计、施工、监理等单位人员赴工厂参加组装试验、出厂试验，把控住物资出厂前的质量关。在物资现场到货验收时，组织工程监理、施工单位、供货商代表共同开箱检验，依据合同的技术协议标准查验包装、外观，对于运输过程中是否发生碰撞进行确认；查验核对设备、材料型号数量，确认标段、项目合同是否相符，并书面记录留存。对于不合格的物资立即退货返厂，坚决杜绝不合格的物资进入施工现场。

由于物资组织机构明确，管控措施有力，合同履约管理靠前，在物资制造环节即保证了物资质量，掌握了生产进度，严把了出厂试验、现场检验验收等关口，为三峡输变电工程如期竣工奠定了坚实的基础。

第三节　科　技　创　新

换流变压器的运输是整个工程的重要组成部分，如何将变压器安全、及时运抵工程现场是亟需解决的问题。在三峡输变电工程设备的运输中，物资公司进行开拓创新，首次采用3纵列液压平板车进行公路运输，研制开发了专用车型D26B型落下孔车用于铁路运输，采用了400t门式起重机进行吊装作业等技术创新。

一、3纵列液压平板车使用

1. 使用背景

三峡输变电工程以前，换流变压器运输多采用2纵列液压平板车。三峡输变电工程变压器运输质量达到280t，如果采用2纵列液压平板车，需要2纵列15轴线液压平板车，运输车辆的长度约为36m，运输线路中有大约6处弯道需要整改，全部改造时间约为2个月，改造措施费约为300万元，而且涉及青苗赔偿及复耕等一系列问题。为此，项目部考虑采用 3 纵列 10 轴线液压平板车，这样车板的长度就减少到 27m。经过车辆的优化，不但使变压器运输的稳定性大大提高，而且不需要对弯道采取措施，大大降低了道路改造难度。

2. 车辆特点

3 纵列液压平板车为多轮轴、全液压、浮动式、独立悬挂，三点支撑荷载，每悬挂带 4 只轮胎，全轮转向，可遥控操作。挂车第一轴内侧车轮最大转角达 45°，利用悬挂转盘可使内侧轮胎旋转 180°到外侧，便于更换和充气。另外，三纵列液压平板车的宽度为 4.82m（2 纵列液压平板车车板宽度为 3.0m），大大增大了变压器横向稳定性。3 纵列 10 轴线液压平板车额定载重 400t，本工程变压器质量为 280t，满足变压器运输需要。3 纵列 10 轴线液压平板车示意图见图 5-1。

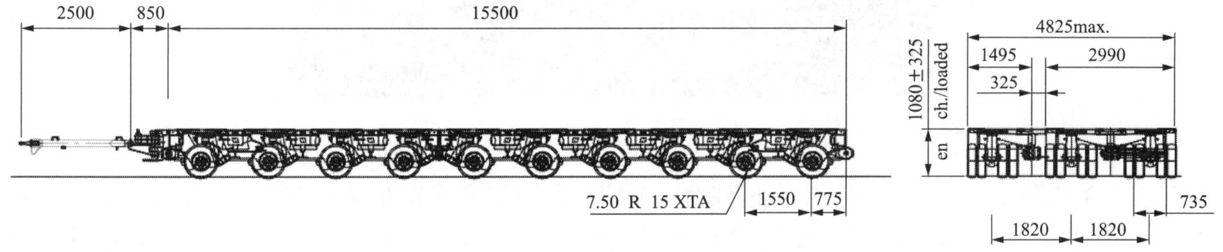

图 5-1　3 纵列 10 轴线液压平板车示意图

3. 使用效果及后续影响

三峡输变电工程 12 台变压器历经 6 个月顺利完成了运输任务。3 纵列 10 轴线液压平板车开创了变压器采用 3 纵列液压平板车运输的先河。2008 年，±800kV 特高压直流工程首次采用了 3 纵列 12 轴线液压平板车运输；2010 年 1000kV 特高压交流工程也采用了 3 纵列 12 轴线液压平板车运输。这些工程顺利实施，说明 3 纵列液压平板车具备安全和可靠稳定性。运输场景见图 5-2。

图 5-2　3 纵列 10 轴线液压平板车运输场景

二、400t 门式起重机首次投入使用

1. 使用背景

三峡输变电工程变压器运输质量约为 280t，如何在码头快速安全地从火车卸载装上汽车成为突出的问题。2001 年前，变压器卸车多采用人工顶推方式。此种运输方式的缺点是速度慢，对技术人员要求高，受季节影响大，容易发生误操作。

经过研究，本着安全经济的原则，项目部采用了 400t 门式起重机完成变压器火车卸载和装汽车作业。

2. 门式起重机卸车特点

门式起重机作业的特点是起重质量大、安全可靠、费用经济且易操作。根据三峡输变电工程设备需要，门式起重机设计质量为 400t。根据初步统计，400t 门式起重机作业与人工顶推方式相比，铁路换装时间缩短了 60%。采用门式起重机卸火车装汽车场景见图 5-3。

图 5-3 采用门式起重机卸火车装汽车场景

门式起重机作业过程中采取的安全措施有：①抬吊车辆侧梁前先办理安全施工作业票，确认起重机作业半径必须满足作业要求，司索工具必须合格；②抬吊侧梁时另一侧抱梁顶设专人监控，随时观察顶杆的受力情况，确认顶杆稳妥方可起吊；③空车位组装时，斜撑杆误差必须控制在 5mm 以内；④操作400t 简易门式起重机时，要注意起升油缸的行程和工作压力变化；⑤换流变压器在起吊过程中拉好溜绳，防止换流变压器大幅度晃动，起吊过程必须缓慢进行，换流变压器吊到木墩 10mm 后静止，检查门式起重机的性能和液压升降系统是否良好，确定状态良好后才继续吊装；⑥换流变压器与车板接触面之间必须垫入木板和橡胶片防滑、减震；⑦起重指挥人员在指挥起重机时要使用口哨，起重信号要准确、清楚。400t 门式起重机卸火车装汽车场景见图 5-4。

图 5-4 400t 门式起重机卸火车装汽车场景

3. 使用效果及后续影响

利用 400t 门式起重机顺利地完成了三峡输变电工程变压器卸火车和装汽车作业，不但降低了现场作业人员的劳动强度，而且提高了作业效率。在随后锦屏换流站、哈密换流站变压器铁路运输中，也采用了 400t 门式起重机换装，确保变压器安全和快速换装。

三、铁路专用车辆 D26B 的研制

1. 研制背景

2001 年初三峡—广东±500kV 直流输电工程开工，其中惠州换流站大件运输成为瓶颈，因为选择站址时设计院提供的大件运输方案是由黄埔港经东江水运至博罗上岸，然后短途公路运至现场，但是冬季缺水，变压器无法运输。2001 年 9 月 11 日，国家电网建设有限公司物资部（物资公司）组织华东电力设计院、中特物流有限公司（原湖南电力物流有限责任公司）、中国水利电力物资总公司、广铁集团铁道协会、中电大件等相关单位在广州召开方案研讨比选会，最终采用中特物流有限公司提出的研发新型铁路货车，从黄埔港经铁路运输至杨村站，卸车后再经短途公路运至现场的方案。

因为当时的铁道部还没有落下孔车型，中特物流有限公司提供的方案也仅是一个设计图纸，改造 D26 凹底车，用两片承载主梁替换承重凹底，变压器仅以 4 个承载肩座悬挂在铁路货车的承载主梁上。该车型为新车型，从设计到应用，需要经过漫长、繁琐的评审、试验阶段，能否成功有风险。为此国家电网建设有限公司物资部（物资公司）为支持工程创新，与之签订了一个含有否决条款的合同，如果在 2002 年 12 月 31 日前研制的新型铁路货车没有试运成功，则该合同无效。

中特物流有限公司联合中国南车集团株洲车辆厂主要技术力量根据设备特性提出设计思路，从第一稿的螺栓连接紧固方案，到参照意大利 Cometto 公路桥式车组的销轴方案，将主梁从合金钢改为高强钢，三易其稿，经过 4 个月的设计，终于通过铁道部的评审。期间正值非典肆掠，为保证研制的手续能够顺利批复，参与研制人员发扬拼搏精神，往来在非典的重灾区北京、广州，从铁道部拿到了车型研发批文。由于该车是在 D26 货车的基础上改造，铁道部将该车型命名为 D26B。

2. 研制情况

为满足三广直流工程（黄埔—杨村）铁路运输质量 290t 及以下变压器等重、大超限货物的需要。2001 年 8 月，中特物流有限公司联合中国南车集团株洲车辆厂，承担了运输换流变压器等设备载重 290t 落下孔车的研制工作。铁道部运输局以运装货车电〔2001〕1051 号电报批复同意株洲车辆厂在 D26 型凹底平车的基础上用承载框架置换凹底架组成落下孔车。承载底架设计是落下孔车研制的关键技术之一，国内外铁路落下孔车承载部分的结构形式均为整体焊接框架结构，装载尺寸不可调，装卸货物受条件限制较大，不能满足铁路运输大型换流变压器的要求。株洲车辆厂结合换流变压器运输特点及国外公路相关运输设备的技术与经验，首次在铁路长大货物车上应用了组合式可调承载框架技术并完成了该结构的方案设计，12 月 12 日，铁道部运输局会同中国南车集团在株洲对该车的设计方案进行了技术审查，以运装货车〔2001〕323 号文转发了技术审查意见。2002 年 1 月 10 日，根据运装货车〔2001〕323 号文的要求，株洲车辆厂完成了承载框架的设计与试制。2002 年 1 月 25 日，由四方车辆研究所主持在株洲完成新制承载框架的静强度试验后，株洲车辆厂以株厂技办〔2002〕023 号文向铁道部申请 D26 型凹底平车换用承载框架组成落下孔式长大货物车出厂投入运用，铁道部运输局以运装货车电〔2002〕166 号电报批复同意，车型定为 D26B。2003 年 3 月，D26B 型 290t 落下孔车在广东省内黄埔至杨村站间首次承担了两次实物运输，承运货物为 ABB 公司生产的换流变压器，该变压器长 9840mm，宽 3400mm，高 4800mm，质量分别为 260.6t 和 256t。在这两次实物运输中，四方车辆研究所对承载框架均载试验和动应力监测全程进行了监测。均载试验和动应力监测结果表明 D26B 落下孔车满足强度及运用要求。

3. 组合式承载框架结构特点

组合式承载框架主要由侧梁、十字心盘梁、可调撑杆及导框斜楔锁紧装置等组成，如图 5-5 所示。

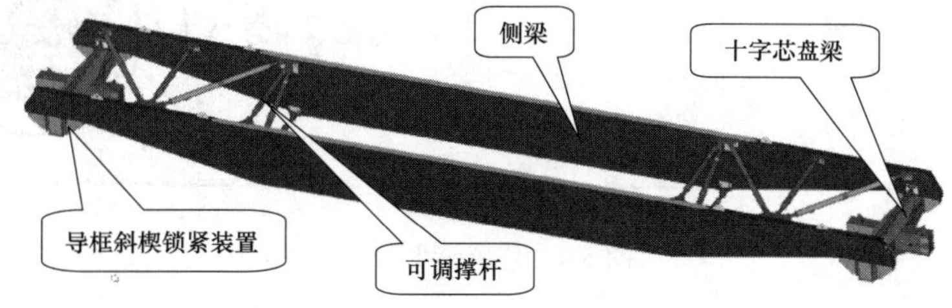

图 5-5　组合式承载框架示意图

组合式承载框架由多组可调撑杆与两片侧梁连接，组成可调框架结构，使承载框架在宽度方向可调，能适应不同货物的运输，扩大了车辆的使用范围，且解体方便，便于货物装卸。侧梁的设计宽度为 230mm，以充分利用铁路建筑限界空间进行换流变压器的运输。十字芯盘梁为长、短臂组成的十字形芯盘梁，其长、短臂互换的旋转角度为 90°，以实现承载框架的空、重载转换，符合机车车辆限界的要求。

4. 投入使用效果及后续研发应用

2002 年 10 月，D26B 投入使用，广铁集团开通专列，运输除 D26B 外还有牵引车、押运车、实验监护车，第一台变压器安全顺利到达杨村车站。图 5-6 为电网建设公司领导考察铁路专用车辆 D26B 的投入使用。

图 5-6 电网建设公司领导考察铁路专用车辆 D26B 的投入使用

2002 年 6 月，株洲车辆厂和中特物流有限公司联合申报了国家发明专利，公示 2 年后，2005 年 2 月，国家专利局授予发明专利证书，见图 5-7。

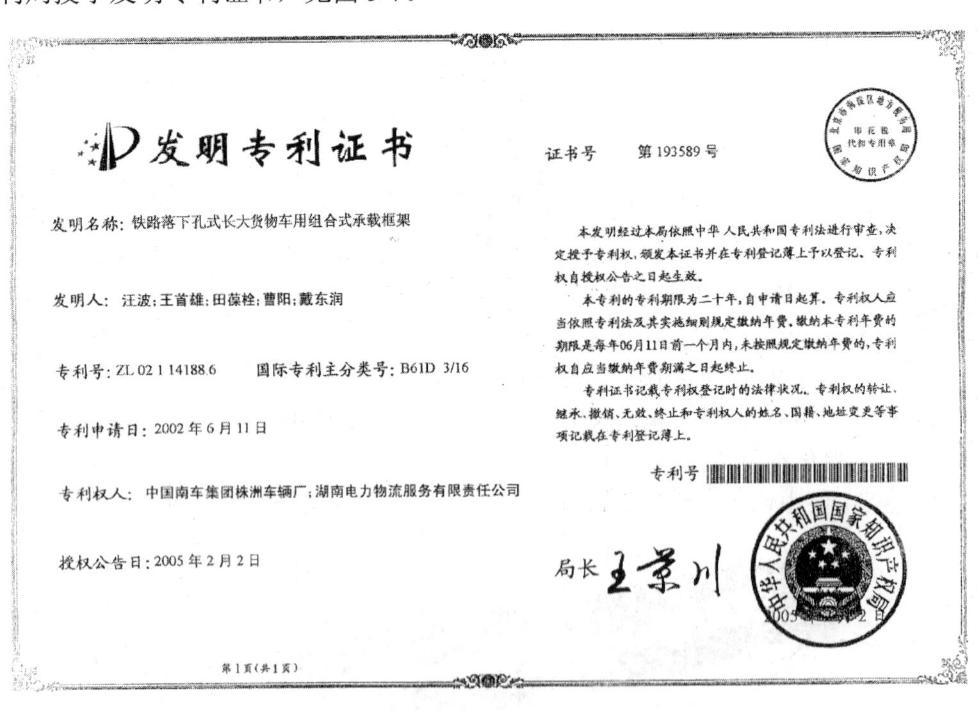

发明专利证书

证书号 第 193589 号

发明名称：铁路落下孔式长大货物车用组合式承载框架

发明人：汪波；王首雄；田葆栓；曹阳；戴东润

专利号：ZL 02 1 14188.6 国际专利主分类号：B61D 3/16

专利申请日：2002 年 6 月 11 日

专利权人：中国南车集团株洲车辆厂；湖南电力物流服务有限责任公司

授权公告日：2005 年 2 月 2 日

本发明经过本局依照中华人民共和国专利法进行审查，决定授予专利权，颁发本证书并在专利登记簿上予以登记。专利权自授权公告之日起生效。

本专利的专利期限为二十年，自申请日起算。专利权人应当依照专利法及其实施细则规定缴纳年费。缴纳本专利年费的期限是每年06月11日前一个月内，未按照规定缴纳年费的，专利权自应当缴纳年费期满之日起终止。

专利证书记载专利权登记时的法律状况。专利权的转让、继承、撤销、无效、终止和专利权人的姓名、国籍、地址变更等事项记载在专利登记簿上。

专利号

局长 王景川

中华人民共和国国家知识产权局

第 1 页（共 1 页）

图 5-7 D26 专利证书

随着超高压、特高压电网技术的发展，中特物流有限公司和株洲车辆厂不断创新，生产和研发结合，陆续投入资金新造、改造、升级车型，相继开发了 DK29、DK36 车型，承载能力从 290t 提升到 360t，承载长度从 10.8m 增加到 13m，一系列的专用装载车辆满足跨区电网和特高压电网建设需要，解决了关键设备往西部地区运输的难题。

2008 年，宁东—山东±660kV 超高压直流输电工程开始建设，设备尺寸增加，研发的 DK29 投入使用；2010 年，锦屏—苏南±800kV 特高压直流输电工程开始建设，设备质量增加到 350t，研发的 DK36 投入使用。

2014 年 9 月，《长大货物车组合式关键技术创新与国家重点工程设备运输应用研究》获得了中国铁道学会的铁道科技一等奖。

摘编自：

1．田葆拴，汪波，陈建农．D26 型凹底平车凹底架折角方案模拟试验研究［J］．铁道车辆，1998（10）：9-13．

2．关于铁路长大货物组合车的建议书，株洲车辆厂，2000 年 6 月。

3．关于铁路长大货物组合车项目可行性研究报告，湖南电力物流服务有限责任公司，2001 年 8 月。

4．《关于同意株洲车辆厂在 D26 型凹底平车基础上换用承载框架的批复》（运装货车电〔2001〕1051 号），铁道部运输局，2001 年。

5．国家电网公司．中国三峡输变电工程　工程建设与环境保护卷［M］．北京：中国电力出版社，2008．

第三章　工程物资监造

三峡输变电工程的设备监造范围包括变压器（500kV 主变压器、换流变压器）、电抗器（平波电抗器、高压并联电抗器）、断路器、换流阀、控制保护设备、铁塔、导线和绝缘子等重要设备和材料。

第一节　创建输变电工程设备监造体系

电网建设公司成立时，监造工作没有形成预规预算体系，为保障设备质量并控制制造工期，采取将监造费用列入设备、材料购置费的方式解决。由于监造工作效果显著，在电网建设公司成功经验的引导下，《电力工业基本建设预算管理制度及规定》（2002 年版）将各种设备、材料建造费用计列为正式取费标准。

（1）建立制度规范《监造工作管理办法》。

（2）编制并审定《设备监造大纲》。

（3）建立完善监造设备制造过程档案。

由于监造体系的完善运转，在一定程度上为制造厂提供了技术工艺指导，并且帮助生产厂家建立完整的质量管理体系，从而使设备生产过程处于良好的质量受控状态，被监造设备从材料入厂、生产工艺、型式试验到成品出厂均具备可追溯性。

第二节　监造工作开展情况

一、引入国外技术支持

在开展常规高压交流设备监造的同时，重点开展了对高压直流设备的监造工作。由于高压直流输电是引进国外的技术，当时国内无实际设计、制造经验，在引进成套设计、设备制造技术的同时，确保国内生产的换流变压器、平波电抗器、控制保护系统等高压直流工程主设备的质量是开展设备监造工作的重要任务。为此，引入了荷兰 KEMA、意大利 CESI 公司、加拿大 HQI 公司等具有直流设备监造经验的国外公司作为监造技术支持方，通过外方专家的培训并与之交流，国内监造人员在技术、经验、管理水平上都得到了进一步的提高，满足工程建设的质量要求。

二、工程实践

按照监造工作的程序，监造单位在产品设计、制造阶段，组织专家及监造人员主要检查生产厂家质量体系，对设备设计所采用的设计方案、边界条件等进行评审、确认，在工作中协调不同公司、接口之间的关系。在设备制造阶段，监造工作主要包括材料、部件的验收，重要部件或关键生产阶段的现场见证，质量保证情况，严格掌控制造工期等。在设备的例行试验、型式试验中，监造人员通过方案审核、现场见证等方式，确保设备制造质量。下面列举几个例子。

（一）案例 1　换流变压器温升试验发现问题

故障变压器是某生产厂家为三常直流工程龙泉换流站首次设计生产的单相双绕组 Yy、Yd 联结组别的两台换流变压器。在温升试验过程中分别发现由于设计和装配错误带来的问题，经多次追加试验，确定了故障部位，最后消除了隐患，使换流变压器顺利出厂。

1. 温升试验的特点及程序

（1）试验特点。

1）变压器采用 OFAF 冷却方式，为适应较窄的油道，温升试验前增加油洗（也称热冲）的步骤。

油洗的条件是：变压器施加 1.0 倍额定电流；开启 4 台冷却器的油泵，其中一台为备用冷却器，为了加速升温不开风扇；外加滤油机对油进行循环过滤（不脱气）。油洗过程约 6h。

油洗有以下两方面作用：

a．通过变压器绕组发热，使绕组内部油得到对流，有清洗油道内油和固体绝缘表面残留的纤维素及其他杂质的作用。油经过滤后使变压器油中颗粒度下降，内部更为纯净，有利于进一步的高电压试验。

b．绕组内油的流动是由温差驱动的，如立即进行大电流温升试验，由于油的温度低，黏度很大，达到温度平衡的时间会相当长，且热点温度可能过高。经 6h 的油洗，油面温升一般可以达到 40K 以上，再进行温升试验，虽然试验电流加大（1.14～1.16 倍额定电流），由于开启了冷却器风扇，顶层油温度反而下降约 10K，使温升试验的升温过程变为降温过程，可不受油时间常数的影响，在 12h 内即可达到各部位的温度平衡。

2）在油洗过程中，油中加入约 10 000μL/L 氧气，生产厂家以此探测变压器内部是否存在热故障。此时油中总含气量不到 2%。油中氮气约为氧气的 1/10，与空气中的氧氮比例不同。

3）对油中气体的分析。对气体检测结果的判断，首先取决于可靠的测试手段，采用水银脱气装置，色谱仪的最小检测量应满足 IEC 567 的要求；除在油洗前后分别取油样测试外，试验过程中每 2h 取油样做分析；从冷却器管道取油样，与通常用油箱下部的取样口取油样相比，取油循环通畅，气体扩散较快。

4）温升试验程序按 IEC 60076-2 要求进行，并按合同要求折算的运行总损耗加入等效试验电流。

（2）试验程序。

1）温升试验作为每台变压器的例行试验，在电流为 1.0（标幺值）和 1.2（标幺值）下进行，型式试验 Yy 和 Yd 接线变压器各 1 台，增加 1.05 倍额定电流的试验。

2）除了在额定条件下的试验，还进行了增加电流和冷却器台数等不同工况的试验（具体参数见表 5-2）。

3）当进行 HR2、HR3 工况试验时，所有冷却器（包括备用）投入运行。这一方面可考核投入备用冷却器后负载能力的变化，另外也是对备用冷却器的检验。在变压器试验时发现过一台备用冷却器因进出口管道装反，造成油流反向（设计图纸标记不明确，施工时误装）而不能正常工作的情况，红外测温发现后，经改进缺陷消除。

4）按正常程序进行温升试验时，如对气体检测结果有怀疑，采用改变工况、延长试验时间和根据变压器停止通电后的不同滞留时间等方法进行试验，温升试验工况见表 5-2，观察油中气体含量的变化，加以进一步判断。

表 5-2　　温升试验工况

工况代号		O.R（油洗）	HRI（1.0p.u.）	HR2*（1.05p.u.）	HR3（HR2）（1.2p.u.电流）	说明
投入冷却器/风扇台数		4/0	3/12	4/16	4/16	
输入电流	Yy	I_N（1047A）	$1.14I_N$	$1.18I_N$	$1.24I_N$	
	Yd	I_N（1047A）	$1.16I_N$	$1.20I_N$	$1.26I_N$	
温度测量			测顶层油温、冷却器进出口油温、环境温度。在试验稳定后，将电流降至 I_N 一小时后测量网侧及阀测绕组平均温度；试验结束前用红外测温仪测量箱壳外不同部位温度			

* 仅对 Yy、Yd 接线变压器型式试验时进行 1.05p.u.试验，其余 4 台变压器 HR2 1.2 倍额定电流下的温升试验。

注　I_N 为额定电流。

2. 油中气体检测结果

（1）7 台设备的 9 台次试验结果列于表 5-3。序号 1～5 为对首次生产的 2 台 Yy 和 Yd 接线变压器进行的 5 台次试验。Yy 变压器共 2 次［表 5-3 中分别用 Y1-（1）和 Y1-（2）表示］，Yd 变压器共 3 次［表 5-3 中分别用 D1-（1）、D1-（2）和 D1-（3）表示］。序号 6～9 为一次性通过试验的变压器试验结果。

表 5-3　温升试验油中气体浓度增长率检测结果　单位：μL/（L・d）

序号	变压器代号及试验序号	H_2	CH_4	C_2H_4	C_2H_6	C_2H_2	C_2H_y	CO	CO_2	C_2H_4/C_2H_6	C_xH_y	TCG*		
												油洗	1.0p.u.	1.2p.u.
1	Y1-（1）	5.4	12.0	4.6	4.6	0	9.2	49.0	100.0	1.0	26.6	124	81	31
2	Y1-（2）	0	0.2	0	0	0	0	9.0	20.6	0/0	0.4	10.2	9.2	7.1
3	D1-（1）	1.0	1.2	0.17	0.34	0	0.51	23.8	57.3	0.5	2.1	145	27	18
4	D1-（2）	0	0.2	0	0	0	0	21.8	84.8	0/0	0.2	10.8	22	17.8
5	D1-（3）	0	0	0	0	0	0	9.4	16.9	0/0	0	3.2	9.4	10.6
6	Y2	1.8	0	0	0	0	0	11.4	18.3	0/0	1.8	0	6.0	13.2
7	D2**	0.2（0.1）	0（0）	0（0）	0（0）	0（0）	0（0）	6.6（3.9）	16.7（6.9）	0/0（0/0）	0（0）	（2.4）	6.8（4.0）	9.4（5.3）
8	Y3	0	0	0	0	0	0	12.7	11.9	0/0	0	0	8.6	12.7
9	D3	−0	0.2	0	0	0	0	11.7	16.3	0/0	−0	0.2	9.9	10.2

*　TCG 代表可燃气体 $H_2+CO+C_xH_y$ 总量，其中 C_xH_y 为 CH_4、C_2H_6、C_2H_4、C_2H_2 总烃含量。

**　D2 为第二台 Yd 变压器的试验结果，其中有两组数据，为了观察油中注氧的影响，首先进行了不注氧的试验，获得括号内的一组数据，然后按常规注氧试验。表中其余所有数据均在注氧 10 000μL/L 情况下获得的。

（2）从表 5-3 可知，故障变压器在油洗阶段的气体增长很快，由于 Y1-（1）故障能量大于 D1-（1），TCG 增长率更为明显。因而，在试验考核中，观察包括油洗阶段的整个过程中的气体含量变化是有意义的。值得注意的是，不同变压器生产厂家在油洗过程中也有发现故障的实例。

（3）温升试验中正常变压器与故障变压器油中气体含量差别比较明显。按 6 台正常变压器的结果统计，不同工况下的 TCG 平均产气速率是：HR1 为 10.25μL/（L・d），HR2 为 10.28μL/（L・d），其中主要是 CO 含量。这些都是在油气中氧气含量为 10 000μL/L 时的检测结果。由表 5-3 D2 试验结果可知，在不注氧情况下气体含量至少会下降 40%。因试验一般在不注氧情况下进行，根据 D1-（2）的经验，对气体检测结果，除烃类气体外，必须注意 CO 和 CO_2 含量的变化及其增长率，应积累更多数据，制定出合适的判据。

（4）由于换流变压器的绝缘屏障很多，并采用非导向冷却，因而内油道中的气体有一个向外扩散的过程（故障气体组分浓度越大，扩散时间越长，一般需 1～2 天）。在对检测结果有怀疑时，观察不同滞留时间的气体变化，也可作判断的参考。

3. 故障原因分析

（1）对 Y1-（1）和 D1-（1）故障的分析。

1）Y1-（1）和 D1-（1）属绝缘导线局部过热故障。故障原因是：换流变压器阀侧绕组分别由位于两个心柱的绕组并联而成，并联引线位于绕组端部强磁场处，设计中错误地将多根导线在两头分组焊接，形成根数较少的并联引线且无屏蔽，因此在载流情况下，漏磁通在并联导线内形成环流，环流电流取决于负载电流大小，流过的电流使引线绝缘严重烧坏，解剖发现部分绝缘纸已碳化。

2）由于 Y1 变压器阀侧绕组为螺旋式，每匝有 45 根导线并联，D1 的阀侧绕组为盘式，每匝仅 5 根导线并联，因此被包络的漏磁通量差别较大，D1 引起的环流比 Y1 小得多，气体检测结果 Y1 要比 D1 严重。但两台变压器的故障性质和部位相同，各气体组分除存在量的差别外，并无特征气体的改变。

3）在环流电流和负载电流作用下，导线外包纸绝缘首先过热，因而产生大量 CO 和 CO_2 气体，在油洗阶段就达到一个很高的值［124～145μL/（L・d）］。随着纸的分解、碳化，导线过热对绝缘纸外油的作用使温度升高，用三比值法分析，过热故障约为 300℃，属油纸绝缘同时分解，因而有不低的烃类气体产生［HR1 时为 2.1～26.6μL/（L·d）］。在故障判断的追加试验中，虽氢与烃类气体仍在增长，但由于过热部位的纸逐渐碳化使 CO 的分解量减少。在加大试验电流时，漏磁增加，环流加大，使油的分解加速，因此烃类气体的产气率明显增加。

4）总结以上故障可知，漏磁引起的环流或涡流，还包括通流导线的接触不良等原因导致的过热，当发热体外包绝缘纸时，均为 CO、CO_2 先增长，随后烃类气体大量增加。产气速率因故障能量不同而存在差异。如果相同能量的过热发生在裸金属部位，则初期产生的烃类气体将会更高，CO 和 CO_2 不会有明显增长。

另外注意到，这一类局部过热仅使故障部位附近温度升高，只要绕组冷却油道通畅，对绕组的冷却效果不变，测得的绕组温度不会发生变化。所以 Y1-（1）和 D1-（1）的温升值都是正常的。

（2）对 D1-（2）故障的分析。

1）故障首先是由温升试验结果发现的，D1-（2）温升试验中测得阀侧绕组温升比 D1-（1）值高 9～10K，而网侧绕组和顶层油温升则相近。后在检查试验中，为区分故障部位所属绕组，分别测量两柱端部的油温，测得心柱 2 阀侧绕组上部油温比心柱 1 阀侧绕组的温度高。解体检查发现：心柱 2 阀侧绕组顶部静电环上部第一个角环上下的大小绝缘挡油圈装反了位置，见图 5-8，导致绕组外部向上流动的热油受到阻挡，使绕组温度异常。这是在 D1-（1）故障后的修理过程中造成的装配错误。

2）从表 5-3 检测结果看，D1-（2）的 CO 和 CO_2 的气体浓度增长率比正常变压器高，但烃类气体很小，说明过热温度未造成油分解。认为，D1-（2）的低温过热故障温度（100～200℃）要比 Y1-（1）、D1-（1）的低。在色谱导则中提到过，因变压器严重过负荷或绕组中油路有阻塞等情况引起 CO、CO_2 值增加的典型过热故障实例。在其他变压器中也发生过因“胀包”堵塞油道，绕组绝缘严重过热甚至发生击穿的事故。为此，针对低温过热故障，除应注意 CO 产气率外，还应注意 CO_2 的产气率与正常变压器相比是否异常增大。在油中注氧情况下 CO 产气率一般小于 20μL/（L·d），而 D1-（2）的产气率超过 4 倍。

图 5-8　D1 换流变压器挡油圈安装情况

3）需要引起注意的是，虽从测到的两次温升值中发现了 D1-（2）的问题，但温升测试结果各部位的温升值均未超过限值（见表 5-4）。从表 5-4 中可见 D1-（2）阀绕组平均温升比 D1-（1）高 9K。这是两个柱上绕组的平均值，故障柱的绕组温升至少高 18K。

表 5-4　　HRI 时 D1、D2 温升测量结果

变压器及试验代号	输入总损耗（kW）	阀侧电流（A）	顶层油温升（K）	平均油升（K）	阀绕组平均温升（K）	网绕组平均温升（K）
D1-（1）	917	1499	38	31	49	47
D1-（2）	917	1499	39	33	58	46
D2	924.4	1495	38	32	50	47

假设这台变压器是第一次进行试验，由于温升 58K 未超过限值，故障就可能不会被发现，从而说明对温升试验结果须认真分析，对各部位温升测试值应与设计值、阀侧与网侧绕组的温升关系和已积累的经验数据相比较，避免将故障隐患带入运行中。

（二）换流变压器极性反转试验发现问题

1. 极性反转试验出现的问题

葛南直流 14 台换流变压器在工厂试验中因发生 9 台次直流套管及出线装置损坏而被迫重新设计，主要通过增大套管尺寸和改进出线装置围屏系统。上述故障绝大部分发生在油端带瓷套的套管出线装置上。试验故障总是在极性反转后或施加直流电压后若干时间（几秒至几分钟）内发生；故障中沿瓷面有闪络痕迹，瓷套上或套管芯体表面纸层上出现击穿孔，如图 5-9 所示。阀套管损坏部位及三种放电路径见图 5-10。

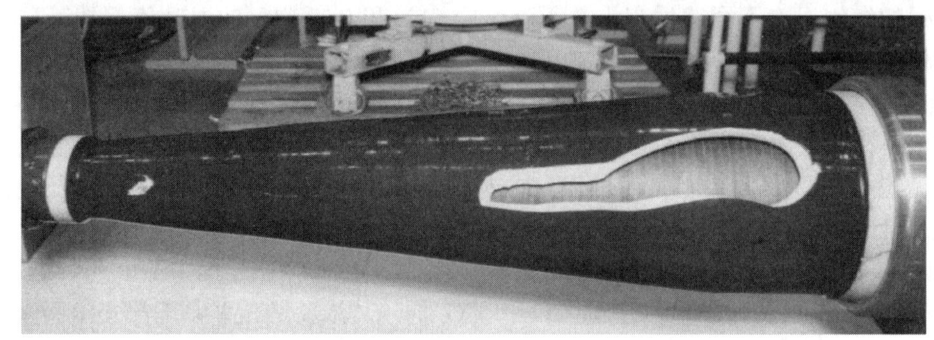

图 5-9 葛南直流换流变压器工厂试验阀套管损坏照片

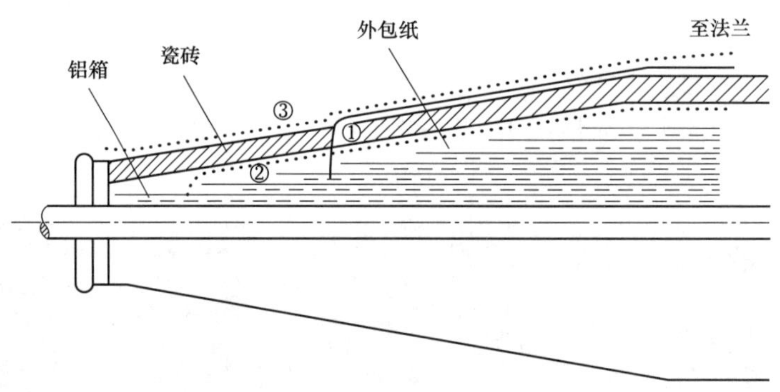

图 5-10 阀套管损坏部位及三种放电路径

2. 直流出线装置技术

出线装置是阀侧绕组引出线与套管连接处的绝缘结构，包括均压电极和多层纸板围屏，它与套管密切配合，组成一个复杂的油纸绝缘系统，承受着严酷的电场应力。Moser 领先对直流绝缘技术和换流变压器出线装置结构进行了大量理论和实验方面的研究，开发了适用于直流的 WEPRI 绝缘纸板，并在交流出线装置（魏德曼结构）的基础上开发了由多层异型纸板围屏组成的直流出线装置，与带瓷套的油纸电容型（OIP）套管相配合，获得了广泛的应用，成为 20 世纪换流变压器出线装置的主流绝缘结构。但是，由于直流绝缘的不确定性和当时在设计技术上不能对复杂结构的极性反转电场作全过程计算，随着设备电压等级的提高，上述类型的套管和出线装置结构在工厂试验中频繁失败，在运行中事故多发。据 CIGRE 统计，1972-1990 年全球有 14 台次换流变压器和油浸式平波电抗器发生了阀侧主绝缘故障，全部发生在套管及出线装置处。1991-2002 年又有 6 台次换流变压器发生同样故障。我国葛南直流 14 台换流变压器在工厂试验中有 9 台次发生直流套管及出线装置损坏而被迫重新设计，主要通过增大套管尺寸和改进出线装置围屏系统。尽管这样，2008 年南桥换流站变压器仍发生一次类似事故。

3. 极性反转电场对出线装置故障形成的分析

所有上述故障绝大部分发生在带有瓷套的套管出线装置上。研究人员用数值方法定量计算了直流套管出线装置在极性反转过程中各时刻的电场，并对该电场性质进行了深入的研究。研究结果揭示了带瓷套的套管出线装置在绝缘方面的弊病。瓷套的存在增加了瓷和套管油两种介质（套管油与变压器油的电阻率不同）。加上原有的套管纸、变压器油和纸板筒，场域中共有 5 种“串联的”介质，场域几何形状十分复杂，在极性反转过程中各介质交界面上不同分布密度的空间电荷，经不同途径，以不同顺序和速度放电和再充电，从而可能在某一时刻产生局部高场强。介质种类越多，结构形状越复杂，越容易出现局部高场强。研究指出，对于电阻率最低的介质（变压器油），最高场强在极性反转初瞬出现，其值 E_{prm} 近于同等交流电压下场强 E_{ac} 的 2 倍；对于其他介质，最高场强在极性反转后的过程中出现，其值既大于 $2E_{ac}$，也大于 E_{dc}。在本算例中，极性反转过程中套管油中最高场强（径向）达到同等交流电压下场强 E_{ac} 的 3 倍（更高套管油电阻率时为 6 倍）；套管纸中场强达到同等直流电压下场强的 1.5 倍。另一重要结论是：极性反转过程中某段时间，电场等位线集中到套管头部，垂直于套管表面，说明此时套管头部沿瓷面油中场强和梯度很高。计算表明（见图 5-11），油中沿瓷面场强和梯度分别达到同等交流电压下的 2 倍和 4 倍，直流电压下的 1.7 倍。即使按重新设计后的结构尺寸计算，沿面梯度也达 3.7kV/mm。这些结果很好地解释了为什么故障总是在极性反转后或施加直流电压后若干时间（数十秒至数分钟）发生，也解释了为什么故障中瓷套上或套管芯体表面纸层上出现击穿孔和沿瓷面有闪络痕迹。当然，这些计算是在一组假定的介质电阻率条件下进行的。如果改变电阻率数据，所得结果会有差异，但总的结论是一致的。由此也可见直流绝缘的不确定性。

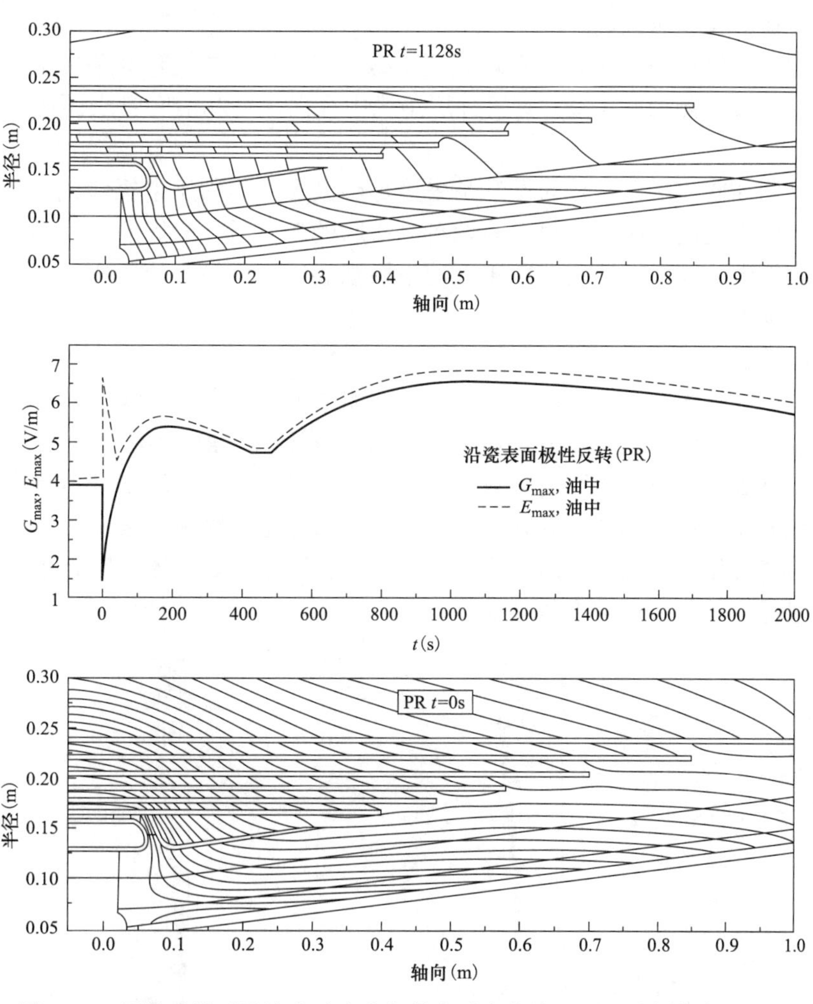

图 5-11　极性反转时沿瓷套油中电位梯度时变曲线和不同时刻的电位分布

4. 改进及分析

20 世纪 80 年代末期，采用了新的出线装置结构，去掉油纸电容套管油端的瓷套，并采用结构简单的多层直形纸板圆筒和无覆盖均压电极。瓷套的取消减少了介质种类，简化了场域结构，解决了套管油和瓷套中场强过高的问题。这种设计的出线装置在我国葛南直流以后的±500kV 直流工程，如三常、三广、三沪等直流工程中得到广泛应用，取得了较好的试验和运行成绩，并应用于后期的诸多±800kV 特高压换流变压器。这种技术是当今一种成功的主流换流变压器出线装置技术。

20 世纪 90 年代以来，一种适用于高压直流的 RIP（环氧树脂浸纸）套管问世。用它与由多层异型纸筒和绝缘覆盖均压电极组成的出线装置相配套，同样消除了油端瓷套管的弊端，形成了直流出线装置的另一种主流技术，也获得了广泛的应用。我国有多个±500kV 直流系统的换流变压器采用该种出线装置，在工厂试验和运行中没有出现问题，也应用于±800kV 换流变压器。

上述两种主流技术的出线装置虽然获得成功，但也应清醒地看到，由于直流绝缘的特殊性，无论哪种结构都存在由多种因素造成的绝缘不确定性。事实上，两种主流技术的直流出线装置或引线绝缘在特高压换流变压器的首次试验中都发生过放电故障。因此，直流出线装置绝缘技术需要进一步发展，优化绝缘结构和降低绝缘不确定性。

为此，对换流变压器出线装置等介质多、等位线集中的部位，设计时需要研究和比较各种结构的优缺点，扬长弃短，探求最佳结构方案；同时，要规范介质参数、相应的制造工艺、材质要求和试验标准。

（1）优化绝缘结构。

优秀的设计是从试验和运行考验中总结出来的。直流绝缘设计因其高度不确定性，只能从试验失败和运行事故中探索合适的安全系数。

优化绝缘结构的内容包括降低场强和合理配置绝缘。在套管油端无瓷套条件下，出线装置绝缘中需要关注的电场有均压电极外侧径向电场、套管外层绝缘中径向电场和沿套管表面或绝缘筒内壁轴向电场三部分。

对于均压电极外侧径向电场，一致的做法是采用足够大尺寸的均压电极和绝缘筒。薄纸板和小油隙的原则对交流和直流同样适用。因为这里只有两种“串联的”介质，电场的计算没有悬念。交流电压按电容系数之比在油和纸中分配。极性反转电压下油中场强接近于同等交流电压下场强的两倍。稳态直流下应考虑纸板承受全部电压。

（2）匹配的绝缘筒长度。

与交流出线装置不同，直流出线装置的绝缘筒长度和电极是否覆盖绝缘对套管外层绝缘中场强和轴向沿面场强有重大影响。英法海峡直流联络线 Sellindge 站直流 270kV 换流变压器阀侧采用 RIP 干式套管，运行一月即发生事故。后来相继发现每只套管表面有放电痕迹，外层绝缘中有贯通性针眼。图 5-12 为该套管电场等位线分布。由图 5-12 可见直流下套管头部外层绝缘中有很高的径向和轴向场强。原因是纸板围屏太短，与套管长度不匹配。这对交流可以，对直流不行。直流出线装置的绝缘筒长度应大约与套管长度相当，以便将等位线引离套管头部。

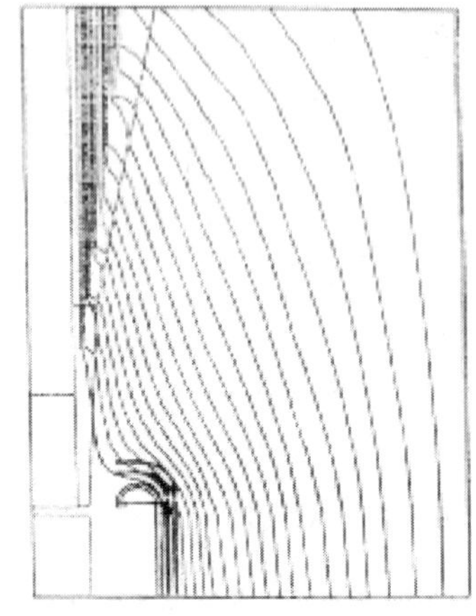 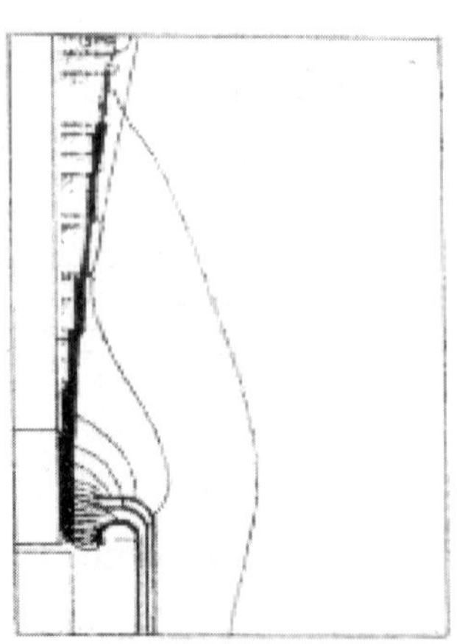 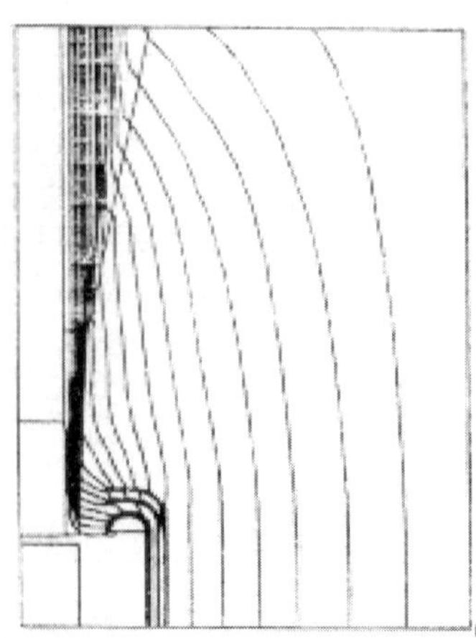

图 5-12 换流变压器套管出线装置在交流、直流（20℃）和直流（80℃）时的电场等位线分布

（3）均压电极绝缘。

沿套管或纸筒内壁轴向电场与均压电极覆盖绝缘的方式有密切关系。图 5-13 是一个假设的出线装置在直流电压下的等位线分布，包括均压电极的电极全覆盖、电极全裸露和电极部分遮盖 3 个绝缘方案。设油的电容系数和电阻率分别为 2.2×10^{-11}F/m 和 1012Ω·m，纸板和套管绝缘为 4.5×10^{-11}F/m 和 1014Ω·m。由图 5-13 可知，三方案各相应介质的交流场强 E_{ac} 基本一致。“电极全覆盖”方案电极上全覆盖的纸绝缘使电场集中到套管头部和电极附近，套管头部和电极绝缘中直流场强 E_{dc} 最高，沿套管头部表面电压梯度 G_{dc} 也最高。电极全裸露方案套管和油中直流场强最低，且为径向，在电极外侧，同样，交流和极性反转电场也在电极外侧，缺点是无绝缘覆盖电极的油隙耐受强度较差，为避免裸电极表面毛刺影响，可涂导电漆。

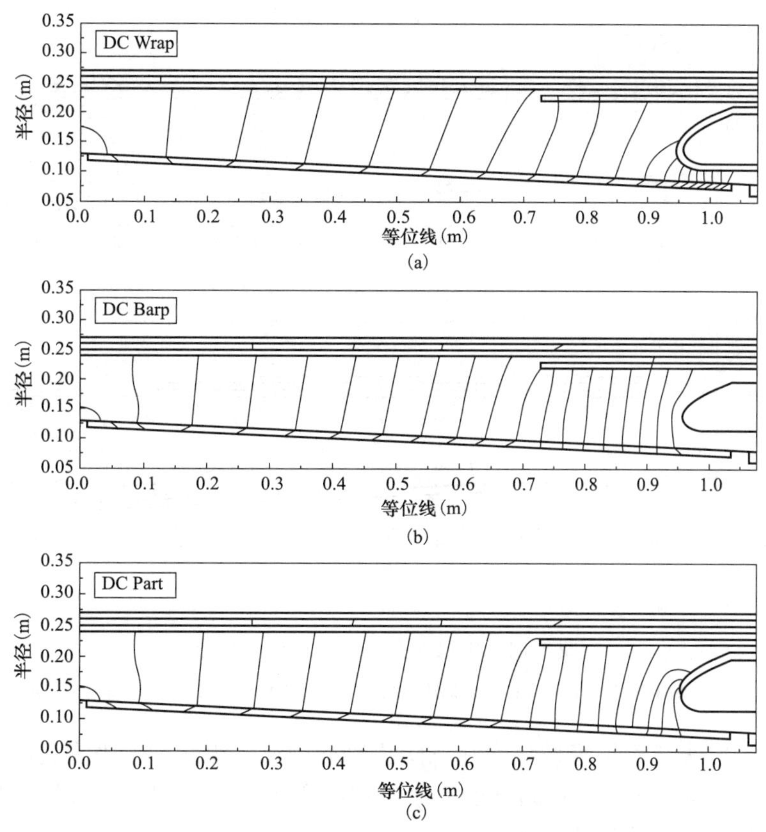

图 5-13　直流电压下电场等位线分布及均压电极绝缘方案

（a）电极全覆盖；（b）电极全裸露；（c）电极部分遮盖

以上两个方案的油和纸中最高场强均为径向，位于均压电极柱面外侧，该处为多层薄纸筒、小油隙，绝缘耐受强度高，设计的不确定性小。事实上该处从未发生过故障。电极部分遮盖方案在遮盖纸板端部、电极露出部分（缺口）油中直流和极性反转场强 E_{dc} 和 E_{pr} 很高。应特别指出的是，该处电场为轴向，紧挨电极，面向大油隙，旁有绝缘筒，极易放电，导致沿面闪络。

由以上比较可知，电极部分遮盖方案最为不利，电场集中在电极绝缘缺口处；电极全覆盖方案电场集中套管头部；电极全裸露方案对避免直流电场集中最为有利。

（4）防止轴向闪络。

类似于电极部分遮盖的方案曾用于 800kV 直流出线装置，在直流电压试验中发生闪络故障，高压端放电点就在均压电极露出部分（缺口），放电途径如图 5-14（a）箭头所示。该图为按上述参数计算的直流电压试验升压后 174s 时的电位分布图。电极裸露处油中场强最高（在空间上和时间上），指向绝缘筒内壁，最终向法兰闪络。图 5-14（b）为对该结构改进后的稳态直流电场等位线分布，电极裸露处高场强已转移至增设的防闪络绝缘屏末端。如进一步改进绝缘屏形状则电场分布更为合理，见图 5-14（c）。

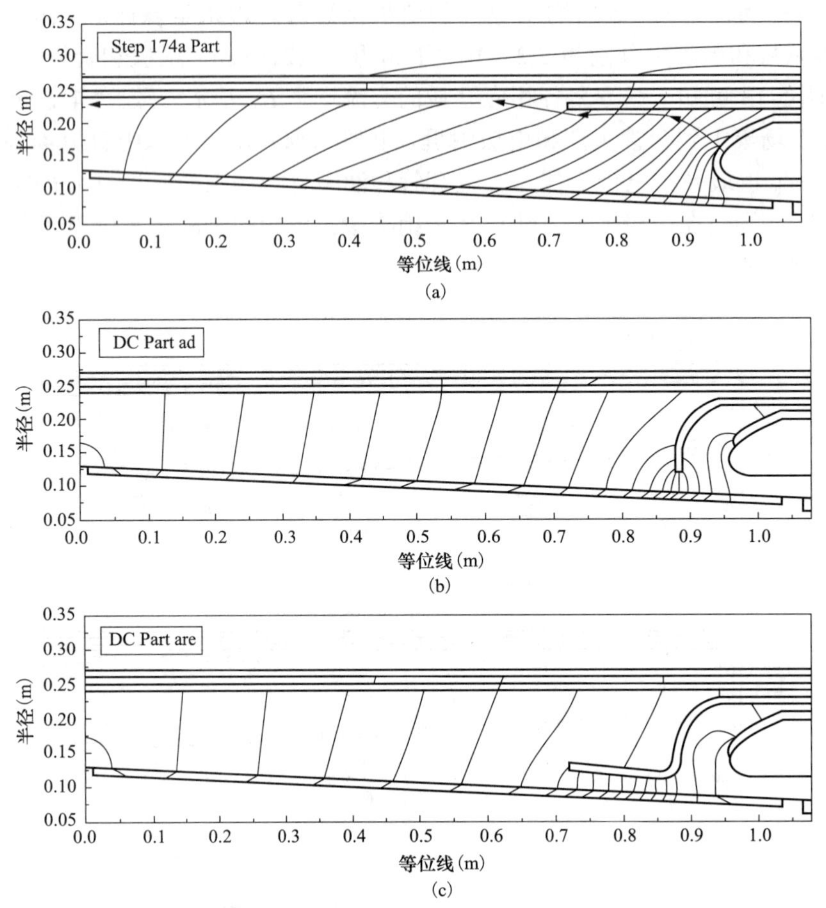

图 5-14　电极部分遮盖方案电位分布

（a）直流加压后 174s 轴向场强高；（b）加防闪络绝缘屏 DC 场；（c）绝缘屏端部改成弧形 DC 场

上述案例说明直流出线装置绝缘设计应注意防止轴向闪络，为此，电极附近要避免纸板不连续；至少要配置 1～2 个阻断轴向电场、防止闪络的异型纸绝缘围屏。此种围屏的数量、形状和位置要精心设计。圆弧形围屏尽可能与电场等位线一致。

融合两种出线装置优点，采用干式套管、有导电涂层的裸电极和多层直纸筒加少量防闪络异型纸屏，可能是出线装置最简单有效的结构方案。

摘编自：

郑劲. 换流变压器及监造［M］. 北京：中国电力出版社，2016 年.

第四章　大型设备运输

三峡输变电工程大型设备的运输工作，是三峡输变电工程建设管理工作的重要环节，大型设备运输主要包含国产交流 500kV 主变压器、高压并联电抗器运输，以及进口直流换流变压器、平波电抗器及其他全部进口设备到岸后的报关、免税、清关、商检、国内转运至工地现场等一系列工作。大型设备一般造价较高，对于工程如期投产影响巨大。为了避免风险，及时解决矛盾，减少管理链条，采取将大型设备运输工作单独招标、业主专业化直接管理的工作模式。对于大型设备运输过程中需要加固、改造的道路、桥涵等一般性措施，一般经过招标文件委托给中标运输单位组织实施。如遇到工程量或预算金额较大的改造工程，则作为单项工程由业主单独招标委托处理。

第一节　大型设备运输前期准备工作

一、工程现场的实地勘察及运输方案风险确定

根据每个变电站的实际位置及大型设备的订货情况，业主单位牵头会同变电站的工程设计单位及有资质的专业运输单位前往工程现场实地踏勘，摸清车站、码头、桥涵、道路、空中障碍等情况，并从技术经济角度筛选最优选运输路径。

结合现场踏勘，荆州换流站采取了水路和公路联运的方案。惠州换流站采取了铁路和公路联运的方案。不同运输方式的危险点和安全控制措施如表 5-5～表 5-7 所示。

表 5-5　　公路运输危险点/危险源以及相应的控制措施汇总表

施工阶段	作业活动	危险点/危险源	控　制　措　施
公路运输 及变压器 装卸和就位	装卸及就位	液压油管爆裂	（1）确保油路连接正确、畅顺，避免由于漏油造成泄压、设备倾翻； （2）定期检查，确保使用合格的油管； （3）作业时加强管路系统监控
		道木垛坍塌造成设备损坏、人身伤亡	（1）搭建场地平整、坚实； （2）选用合格的道木； （3）由经验丰富的技术工人负责搭建道木，确保道木垛牢固、平整，作业时加强监控
		液压千斤顶失稳	（1）千斤顶支座搭设牢靠、道木合格； （2）千斤顶与设备之间垫放防滑垫； （3）确保千斤顶不歪斜； （4）卸载缓慢进行，作业时加强监控； （5）每次顶升高度不大于 75mm； （6）在千斤顶和设备之间加放橡胶防滑
	车组运行	车轮打滑	（1）低速行驶，准备备用的防滑链、草垫、防滑沙等防滑物，配备辅助牵引车； （2）排障车做好引路工作
		制动失灵导致货物损失、人员伤亡	（1）运输前检查车辆制动性能，确认制动性能良好才下坡； （2）下长坡时低速行驶，间歇制动，平板车两旁配备三角木； （3）配备淋水系统，防止轮毂过热导致刹车失效； （4）加强对来往车辆、人员的疏导和监控
		车货整体移位、倾翻	（1）转弯时速度控制在 5km/h 以内； （2）随时关注轮胎气压状态，确保正常； （3）车组运行前详细检查每个轮胎情况，不能满足要求时须及时更换； （4）平板车前后派专人监护； （5）加强平板车转向和顶升油缸、油管的监控，一旦发生爆管、油缸泄压等情况时，立即在平板车两侧放道木和支墩支撑车辆，防止倾斜

续表

施工阶段	作业活动	危险点/危险源	控 制 措 施
公路运输及变压器装卸和就位	车组运行	桥梁垮塌、道路塌方等潜在或隐藏的线路障碍	（1）运输前确认道路整改已符合要求； （2）引路车做好线路勘察工作，遇有道路险情危及运输时及时通知大型设备运输车队处理，确保车组通行道路良好； （3）了解线路的历史情况，如容易发生塌方、泥石流、落石等危险的，应提前做好防护措施，或者制订万一发生上述自然灾害时的应急计划
		恶劣天气	（1）在运输前一天收听当地天气预报，尽量避免在恶劣天气运输； （2）如果在运输途中遭遇恶劣天气，严重影响运输安全的，应该立即停止运输，就近选择合适的临时停车地段，做好安全保护措施后，等待恶劣天气缓解至能运输的状况再重新开始运输
		交通事故	（1）请当地交警或者路政开道引路，必要时进行交通管制，避免发生刮擦等事故； （2）狭窄路段运输时，提前一天在当地电视台发布超宽车辆运行通知，减少大型车辆的出现，从而降低事故发生的概率； （3）对人员进行交通安全教育，防止运输时发生人身交通事故

表 5-6　铁路运输危险点/危险源以及相应的控制措施汇总表

施工阶段	作业活动	危险点/危险源	控 制 措 施
铁路装卸车及运输	铁路车空车位换装至重车位	承载侧梁抬吊时跌落	（1）检查钢丝绳是否符合要求，棱角处兜好包铁； （2）起重指挥人员手势明确、信号清晰； （3）抬吊作业前办理安全施工作业票并进行安全技术交底； （4）起吊时搭建顶杆位置处各安排 1 人负责监护
		支撑顶杆倾倒	（1）顶撑承载梁的顶杆处地基坚实平整； （2）顶杆搭建要求竖直
	吊装承载肩座	碰击货物造成冲撞物体或工作人员	（1）在吊装前检查钢丝绳、卡环是否良好，能否满足要求； （2）在安装过程中安排两人负责，一人负责安装螺栓，一人负责稳固承载肩座； （3）吊装起重机稳步启动，不得忽快忽慢； （4）车辆上设立人员指挥，加强安全监控
	铁路车液压系统顶升换流变压器	换流变压器损坏起重伤害	（1）顶升前确认液压管路系统连接良好，管路设备良好； （2）顶升过程中四个角位处各派一人负责监护管路系统是否存在漏油现象； （3）保证油缸行程小于 190mm，一侧油缸行程之和与另一侧之和的差值小于 20mm
		加固装置松动	（1）驻车时由专人负责检查； （2）在车辆中底架以下区域进行加固处理； （3）启运前铁路列检人员会同承运公司人员共同检查车辆安全状况，确认符合要求并开具证明后启运
	运行维护	交通事故	（1）注意观察临线信号灯以及过往车辆； （2）不得在轨道线上漫步行走； （3）加强安全监控； （4）严格按照铁路添乘人员的指导和铁路电报要求运行

表 5-7　水路运输危险点/危险源以及相应的控制措施汇总表

施工阶段	作业活动	危险点/危险源	控 制 措 施
水运	换驳	起重机负荷不足	（1）吊装前制订详细方案，查验起重机负荷参数，确保在负荷范围内吊装； （2）查验吊机相关检验手续，确认起重机性能参数合格
		钢丝绳强度不够	（1）采用 6 倍以上安全系数起重机吊装； （2）检查钢丝绳检验合格证； （3）钢丝绳无断股、断丝等现象
		运输船舶承载力不够	（1）查验换流变压器运输船舶的相关手续，确保船龄不大于 8 年，证照齐全，人员符合要求； （2）选择承载能力符合要求的运输船舶； （3）装载时严格按照计算确定的位置摆放

续表

施工阶段	作业活动	危险点/危险源	控制措施
水运	换驳	吊装指挥	（1）明确指挥人员，统一指挥； （2）指挥作业人员必须取得相关的资格证
	水路运输	船只触礁与碰撞	（1）严格按照航标灯和规定信号航行； （2）加强与航道指挥台的联系； （3）内河运输不熟悉航道禁止夜间航行，如需航行需领航护航； （4）加强值班人员对测深仪的监控，选派熟悉航道的人员驾船
		换流变压器移位	（1）启运前检查捆扎加固装置，符合要求后才起航； （2）运输途中加强对换流变压器捆扎加固的检查，一旦发现有松动现象立即进行整改
		遭遇恶劣天气	（1）通过船上广播收听运输沿途经过水域的天气预报，根据天气情况调整航行时间； （2）遇大风、大浪、浓雾等恶劣天气时按照海事部门和航管部门的要求停靠到指定的港口或避风港

二、大型设备运输的招标及评标程序

针对每个变电（换流）站大型设备运输项目的实际情况，采取邀请招标的方式进行，被邀请单位应具有国家电力公司颁发的大型设备运输资质等级证书及丰富优良的运输业绩。投标单位应提供商务文件和技术文件。商务、技术评标标准分别见表 5-8、表 5-9。

表 5-8　　商务评标标准

序号	考核内容	标准	评分细则
1	投标文件综合响应情况	10	对招标文件全响应或有差异但能提高招标文件标准的 10 分；投标文件内容或形式有差异但招标方能接受的，减 2 分/项
2	经营状况	20	近 3 年经过审计：资产负债表和损益表完整齐全，上年销售利润率不小于 10%，资产负债率不高于 70%，不亏损得 20 分；没有经过审计：最高 10 分；每缺少 1 年的减 2 分；每缺少或不满足，减 2 分/项；亏损 0 分
3	银行资信证明	3	AAA 级 3 分；AA 级 2 分；A 级或银行证明资金状况良好 1 分；无证明 0 分
4	报价格式	10	填写不清晰、不完整及其他格式问题减 2 分/项
5	报价合理性分析	7	人员费用、设施设备费用分配合理性
6	同类服务项目经历	20	近五年同类服务项目经历每个得 4 分，最高 20 分
7	对供应商评价	30	根据投标人以往投标、履约（参考用户评价）及有无投诉情况酌情打分

表 5-9　　技术评标标准

序号	项目	考核内容	标准	评分细则
1	运输方案（30 分）	方案的先进性、创新性，技术、质量指标，风险分析等	6	方案的先进性：好 4～3 分，一般 2～1 分，不好 0 分
			6	方案的创新性：好 4～3 分，一般 2～1 分，不好 0 分
			6	方案的技术指标：好 4～3 分，一般 2～1 分，不好 0 分
			6	方案的质量指标：好 4～3 分，一般 2～1 分，不好 0 分
			6	方案的风险：无 4～3 分，中等 2～1 分，高 0 分
2	运输人员素质和技术能力（20 分）	项目主要负责人的资历及业绩情况	10	优良 10～7 分，一般 6～4 分，差 3～1 分，没有 0 分
		项目队伍的情况及管理水平	10	优良 10～7 分，一般 6～4 分，差 3～1 分，没有 0 分

续表

序号	项目	考核内容	标准	评　分　细　则
3	设施设备（20分）	设施、设备的先进性、唯一性和使用水平	10	设施、设备的先进性、唯一性：优良10～7分，一般6～4分，差3～1分，没有0分
			10	使用水平：优良10～7分，一般6～4分，差3～1分，没有0分
4	工作进度（10分）	工作进度安排	10	可靠性高10～8分，一般7～分，粗略3～1分，没有0分
5	安全保证（20）	安全保证体系	4	有安全体系认证得4分，无0分
		安全保证措施	16	措施得力16～12，措施一般11～1分，没有0分

聘请公司内部各职能部门、国家电力公司物资部（行业主管部门）、工程施工单位、监理单位及交通部门专家组成评标小组，并根据不同人员的专业分在商务评标小组和技术评标小组。评审过程遵循公开、公平、公正、择优、诚信的原则，科学、严谨、准确、保密的指导方针。在投标开始后，组织评委及投标单位参加开标，公开全部投标报价，公开报价后不允许投标单位更改报价。本着安全、技术、经济的原则，对投标单位由评委打分的方式统一进行评审，打分比例为报价50%、技术40%、商务10%。评标分数统一计算完毕后，由商务评标小组和技术评标小组编写评标总结，经评标小组汇总后，向公司招标领导小组汇报拟推荐中标单位排序。价格得分的计算方法见表5-10。

表5-10　　价格得分的计算方法

价格得分＝100－100×n×（|投标人的评标价－基准价|/基准价）。四舍五入取小数点后2位。
当投标人的评标价不大于基准价时，n=1；
当投标人的评标价大于基准价时，n=2。
基准价为所有通过技术、商务评审的合格投标人的评标价去掉部分高价和部分低价后（但不影响其参与价格分计算）的算术平均值×（1＋浮动系数），浮动系数为－2%。
其中，计算投标报价的基准价时，需要去除的投标报价情况如下：
合格投标数量≤5时，直接计算；
合格投标数量＝6时，去掉一个最高价；
合格投标数量≥7时，去掉一个最高价、一个最低价

第二节　大型设备运输工程实施

一、工程实施准备

中标运输单位根据投标文件的承诺，继续细化运输装卸方案及安全技术保障措施方案，经工程监理单位审批后，报业主备案检查。协助运输单位协调地方主管部门关系，开取大型设备运输上路通行证，并召开有运输单位、监理单位、工程建设部、设备制造单位、保险公司及地方各相关部门参加的运前协调会。明确各方责任、交接程序，细化运输组织设计，强调安全保障措施，确保安全稳妥、万无一失。

二、工程实施操作

由业主现场全方位监督协调各方关系，监理单位全面监督检查运输单位的各环节操作程序，严格按照经审批的运输装卸方案及安全技术保障措施方案执行。运输单位按照程序实施装卸运输操作，最终至大型设备上基础就位位置后，交付安装单位签收。

三个直流工程大型设备运输情况概述：

（1）三常直流工程大型设备运输工作，完成了龙泉、政平换流站的进口换流变压器24台（套）、平波电抗器5台（套）的国内接货转运工作。

为安全稳妥地进行国内接货转运工作，自1998年起就开始路线调研、优化路径方案、地方协调谈判、确定加固改造工程等一系列准备工作。最终确定的国内转运路径为：龙泉换流站，上海港过驳—长

江航道（1800km）—宜昌虾子沟专用大型设备码头滚装上岸装车—宜昌境内公路运输（35km）—换流站工地；政平换流站，上海港过驳—京杭大运河、锡栗漕河（内河 200km）—政平乡大型设备专用码头抱杆吊装上岸装车—政平乡境内公路运输（8km）—换流站工地。首次实行了大型设备运输全过程模拟试运输工作，制作模拟物（按最大换流变压器本体体积 1:1，质量 110%）全过程演练，磨合了运输组织协调、地方保障及各加固改造工程的动态监测。

2001 年 6 月-2002 年 7 月，龙泉换流站成功完成国内转运 5 个批次，共计 12 台（套）换流变压器（ABB 公司生产，本体吨位 268t），2 台（套）平波电抗器（ABB 公司生产，本体吨位 228t）。2001 年 2 月-2002 年 6 月，政平换流站成功完成国内转运 6 个批次，共计 12 台（套）换流变压器（西门子公司生产，本体吨位 296 t），3 台（套）平波电抗器（西门子公司生产，本体吨位 196t）。上海港进口换流变压器过驳见图 5-15。

图 5-15　上海港进口换流变压器过驳

（2）三广直流工程顺利完成了荆州、惠州换流站进口材料、设备的国内接货、清关、商检和转运工作。其中，从上海港至荆州换流站安全、有序地接运了 12 台（套）进口大型设备（换流变压器、平波电抗器），3 台（套）国产交流变压器；从广州黄埔港至惠州换流站安全、有序地接运了 12 台（套）进口大型设备（换流变压器、平波电抗器）。圆满地完成了三广直流工程大型设备的国内转运工作，为三广直流工程的顺利实施创造了条件。荆州、惠州换流站外方共发货 34 批次，其中荆州换流站 15 批次、惠州换流站 19 批次；总体积 38 536m^3、总质量 14 085.630t。

荆州换流站采取的是水路＋公路联运方式，从上海港过驳后，经长江航运 1500km 至荆州 1 号港大型设备码头（经重新加固改造），人工滚装上岸装车（遇 2003 年长江最低水位，克服自然困难抛石改造，人工搭建卸货三级平台滚装卸货），公路运输近 30km，其间下穿越汉宜高速公路（为保证下穿净空高度，将省道主干线一侧下挖 1m 有余），直至换流站安装位置。

惠州换流站采取铁路＋公路联运方式，广州黄埔老港浮吊吊装上岸，装特制专用框架火车（D26 改），专列运行至惠州杨村车站，换装公路平板车近 50km 运输至换流站安装位置。为保证极Ⅱ的调试工期，在 2003 年广东铁路春运高峰时期，经积极协调铁道部、广铁集团调配计划，并在三峡办的大力支持下，采用专列封路运输了 2 台极Ⅱ待安装换流变压器。

三广直流工程的大型设备运输首次采取了铁路＋公路联运的方式，填补了国内铁路特货运输史的空白，也为今后此类大型设备的铁路运输开创了便利条件，既降低了运输风险也降低了运费。图 5-16 为惠州换流站铁路装车完毕，图 5-17 为荆州大型设备运输码头。

（3）三沪直流工程宜都、华新换流站进口设备、材料国内转运项目执行期为 2005 年 5 月至 2006 年 6 月，宜都换流站：大型设备换流变压器 14 台套（其中国产 7 台套，本体单重 268t）、平波电抗器 3 台套（其中国产 2 台套，本体单重 260t）；进口小件设备、材料共计 14 批，其中海运到货 11 批，空运到货 3 批，共计接货 4194.61t、9701.17m^3。华新换流站：大型设备换流变压器 14 台套（其中国产 7 台套，本体单重 268t）、平波电抗器 3 台套（其中国产 1 台套，本体单重 260t）；进口小件设备、材料共计 12 批次，2525 件、4467.717t、8920.225m^3。

图 5-16　惠州换流站铁路装车完毕

图 5-17　荆州大型设备运输码头

本次国内转运项目除大型设备的国内铁路、水路、公路多次联运外，还包括进口设备、材料的进口报关、清关、口岸报检、商检及港前接货转运等一系列的工作。各参与单位本着一切以工程建设为中心的原则，完善国内转运项目管理办法，周密计划安排，按时优质完成国内转运任务，并协调好海关、商检、铁路、公路、港航等各方关系，安全、稳妥、及时地做好设备材料国内转运工作。

期间为保证三沪直流工程投产工期，在国务院三峡办的大力协助下，充分协调铁道部运输局，在“春运”期间，在西安—上海区间增加运输专列一趟，并于年底前顺利运输进站，充分保障了工程安装调试工期。宜都换流站大型设备运输工作也克服了冬季长江水位超低(水位太低装载主变压器的400t级驳船无法停靠码头)的困难，先采用人工下水作业的方法，在刺骨的江水中将一块块大片石掏上岸，但下水作业难度太大，没能达到理想的效果。之后采取了用挖掘机开挖河床的方案，开挖过程相当困难，因为码头条件一般，挖掘机在岸上挖掘距离有限，很难达到驳船停靠的标准。为抢时间、保工期，又经多方认真商讨，在能够提供足够的预警安全措施的前提下，挖掘机直接开到水中进行作业，经过 2 天的奋战，荷载驳船终于顺利地停靠码头。华新换流站大型设备运输工作，在项目执行过程中遇到了地方公路部门改扩建大型设备运输路径，为不误工期，保证运输通道，充分协调地方主管部门及地方施工单位，采取拖延地方工程工期、变更地方工程施工次序的方法，顺利地完成了 17 台套大型设备的运输进站工作。图 5-18 为宜都换流站变压器运输码头。

图 5-18　宜都换流站变压器运输码头

摘编自：

国家电网公司．中国三峡输变电工程　工程建设与环境保护卷［M］．北京：中国电力出版社，2008 年．

第六篇　三峡 500kV 交流输变电工程建设

三峡500kV交流输变电工程共建成500kV交流输电线路7280km，变电容量共2275kVA，并建设了相应的调度自动化和电力系统通信工程。工程分布在重庆、湖北、河南、湖南、江西、上海、江苏、安徽、浙江等省市。三峡电站规划500kV出线15回，实际出线13回，地下电站500kV出线3回，总计全部实际出线16回，三峡电站出线的第一个落点全部是三峡首端换流站。

三峡500kV交流输变电工程全部实行法人责任制、招标投标制、合同管理制、监理制、资本金制。工程全部实施了技术创新和环保，如应用500kV变电站综合自动化，压缩优化变电站建筑物和站占地面积，建成全国首项500kV同塔双回紧凑型输电线路和绿化环保线路。

三峡500kV交流输变电工程于1997年开工建设，至2011年4月包括地下电站送出等工程全部建成，建成后全部安全稳定运行，实现了三峡电站电力送得出、用得上、落得下的目标，工程2015年通过国家验收。三峡500kV交流输变电工程的建成，加强了我国的电网结构及西电东送的能力，对建成全国联网奠定了基础。

第一章　三峡500kV交流输变电工程整体情况

第一节　工　程　概　况

一、三峡电站工程的装机数量及建设进度

三峡水利枢纽工程是为解决长江中下游严重洪水威胁的关键工程，也是世界最大的水力发电站，可为我国华中、华东、重庆、广东等地区的经济发展提供重要的电力能源。举世瞩目的长江三峡水利枢纽工程于1994年12月14日正式动工建设，三峡电站共装26台70万kW机组，装机容量共1820kW，全部建成后多年平均年发电量847亿kWh（未建地下电站时）。三峡水利枢纽工程的总工期共17年，工程准备和一期工程为1993-1997年共5年，主要实现大江截流；二期工程为1998-2003年共6年，实现首台和首批机组建成发电，三期工程为2004-2009年共6年，完成其余工程，到2009年26台机组全部建成发电（未包括地下电站）。

三峡电站分左岸电站和右岸电站，每个电站设两段母线，全站共4段母线运行，左岸电站的两段母线称为左一母线和左二母线，右岸电站的两段母线称为右一母线和右二母线，左一母线接入8台70万kW机组，其余3段母线各接6台70万kW机组。

三峡电站的装机进度计划为：2003年建成投产4台，争取5台，以后每年建成投产4台，计划至2009年26台70万kW机组全部建成发电，争取2008年第三季度26台机组全部建成。

三峡电站2005年3月开工建设地下电站。地下电站位于三峡大坝右岸，共装6台70万kW机组，2010年建成，2011年投入运行。

此外，三峡电站在左岸还建设有电源电站，安装2台5万kW机组，作为电站的保安电源，2009年建成投产。

综上，三峡电站总装机容量为2250万kW，设计多年平均年发电量为882亿kWh。

二、三峡输变电工程的重要作用

三峡输变电工程是整个三峡水利枢纽工程的三大组成部分（即枢纽工程、输变电工程、移民工程）之一，三峡输变电工程的主要作用包括：

（1）将三峡水电站的全部电量如期安全送出，确保三峡电站每台机组能按时顺利并网发电。

（2）用大电网可靠灵活的系统接线，确保电站每台机组并网发电，灵活运行发挥最大的发电效益，发电效益是三峡水利枢纽工程最重要和最稳定的投资回报来源，在发电、防洪、航运、环境改善等综

合效益中占重要地位。

（3）三峡输变电工程建设，确保三峡电站的电力送得出、落得下、用得上，巨大的电力能源给我国中部、东部及广东的经济发展带来巨大效益。

（4）三峡输变电工程的建成，加强了我国的电网结构，极大加强了华中（包括湖北、河南、湖南、江西）以及川东、重庆的电网，以及安徽、江苏、浙江、上海的受电能力（送电南方是靠一条直流线路，换流站送出由当地安排）；同时促进我国西电东送通道的形成，加强输送能力，促进我国以三峡为中心的全国联网的形成，提高范围更广的能源优化配置能力，以及跨流域调节、水电和火电优化配置调节的能力。通过三峡输变电工程的建设，三峡电站的电力送到华中、华东、南方三大电网的 10 个省市，包括湖北、湖南、河南、江西、安徽、江苏、上海、浙江、广东、重庆，受电面积约 182 万 km^2，惠及人口约 6.7 亿人。

（5）通过三峡输变电工程的建设，极大地提高了我国输变电工程规划、设计、建设、施工、调试的技术水平，培养了大批队伍，促进了我国输变电设备设计制造能力、技术水平和质量的提高，使我国在这方面达到世界先进水平。

三、三峡 500kV 交流输变电工程的规模

三峡 500kV 交流输变电工程的规模几经调整最终建成的规模为：

（1）不含地下电站送出等工程的工程建设规模为 500kV 交流变电容量 2275 万 kVA，500kV 交流输电线路 6519km（同塔双回线路折成单回计算）。

（2）三峡地下电站送出及宜都至荆州改接潜江工程的交流 500kV 输变电工程规模为 500kV 交流输电线路 761km（同塔双回线路折成单回计算）。所以 500kV 交流输电线路总长 7280km（同塔双回线路折成单回长度）。

（3）单独列项批复建设调度自动化项目 19 项，其中调度自动化系统 8 项、电能量计费系统及交易管理系统 6 项、继电保护及故障信息管理系统 1 项、系统安全稳定控制装置及功角监测 2 项、调度数据网 1 项、跨区电网动态稳定监测预警系统 1 项。

（4）单独列项批复建设系统通信类项目 18 项，共建成光缆线路 9294.5km，新建光通信站 149 个，改造微波通信电路 2600km，微波通信站 83 个（调度自动化和系统通信工程的详细情况见本书第八篇）。

第二节　工　程　分　布

一、三峡 500kV 交流输电线路工程分布

（1）重庆市建设 5 条 500kV 输电线路，分别是电站左一至万县变电站Ⅰ回（左一指三峡电站左岸电站的左一母线）、电站左一至万县变电站Ⅱ回（后改由龙泉换流站至万县变电站）、长寿至万县变电站Ⅰ回、长寿至万县变电站Ⅱ回、长寿至重庆陈家桥变电站单回。

（2）湖北省建设的 500kV 交流输电线路。

1）湖北省内。湖北省内共建设 29 条 500kV 交流输电线路（含地下电站送出工程），包括电站左一至龙泉换流站 3 回、电站左二至荆州换流站 3 回、电站右一至宋家坝换流站 2 回、电站右一至荆州换流站 2 回、电站右二至宜都换流站 3 回、电站左一至万县 2 回，三峡电站共出线 15 回；荆门开关站至 500kV 孝感变电站 2 回、荆门开关站至荆州换流站 2 回、荆州换流站至 500kV 潜江变电站 2 回、潜江变电站至咸宁变电站 2 回、凤凰山至咸宁 2 回、凤凰山至下陆单回、地下电站至荆门换流站至荆门特高压变电站共 3 回。宜都换流站至荆州换流站双回线路改接至潜江（兴隆）是改接线路，不重复计入。

2）湖北跨省。湖北跨省建设线路 6 回，分别是湖北至万县 2 回、湖北至湖南 2 回（荆州换流站至湖南益阳 2 回）、湖北至河南 1 回（湖北双河入荆门开关站至河南南阳至郑州）、湖北至江西 1 回（湖北咸宁至江西昌西）。

（3）湖南省。湖南省内建设 500kV 交流输电线路 3 回，分别是益阳至岗市单回、益阳至长沙单回、长沙至云田单回。

（4）河南省。河南省内建设 500kV 交流输电线路 4 回，分别是南阳至郑州小刘单回、郑州至新乡双回、郑州至开封单回。

（5）江西省。江西省内建设 500kV 交流输电线路 3 条，分别是南昌至昌西单回、昌西至新余单回、南昌至乐万单回。

（6）华东地区。江苏、安徽、浙江、上海共建 500kV 交流输电线路 14 回，即武南至繁昌单回、武南至瓶窑单回、政平至武南双回、政平至宜兴同塔双回、阜阳至洛河单回、车坊至吴江双回、黄渡至华新换流站 3 回、湖州至王店双回。

二、三峡 500kV 交流变电站工程分布及变电容量

（1）重庆。新建 500kV 交流变电站 2 座（万县变电站 2×75 万 kVA），扩建变电站 1 座（长寿变电站扩 1×75 万 kVA），变电容量共 225 万 kVA，扩建变电站间隔 1 座（重庆陈家桥变电站）。

（2）湖北省。湖北省内新建 500kV 交流变电站 5 座、500kV 开关站 1 座，扩建变电站间隔 4 座，变电容量共 450 万 kVA，分别是宜昌变电站 1×75 万 kVA（与龙泉换流站合建）、潜江（兴隆）变电站 1×75 万 kVA、荆州变电站 2×75 万 kVA（与荆州换流站合建）、咸宁变电站 1×75 万 kVA、孝感变电站 1×75 万 kVA、500kV 荆门（斗笠）开关站；扩建变电间隔的变电站有凤凰山变电站、汉阳变电站、荆门特高压变电站、双河变电站。

（3）湖南省。湖南省内新建 500kV 交流变电站 3 座，分别是益阳变电站 1×75 万 kVA、岳阳变电站 1×75 万 kVA、长沙变电站 2×75 万 kVA，变电容量共 300 万 kVA。扩建变电间隔的变电站 2 座，分别是岗市变电站、云田变电站。

（4）河南省。河南省内新建 500kV 交流变电站 3 座，分别是安阳变电站 1×75 万 kVA、新乡变电站 1×75 万 kVA、开封变电站 1×75 万 kVA，变电容量共 225 万 kVA。扩建变电站间隔的变电站 3 座，分别是双河变电站、郑州小刘变电站、郑西变电站。

（5）江西省。江西省内新建 500kV 交流变电站 3 座，分别是南昌变电站 1×75 万 kVA、新余变电站 1×75 万 kVA、乐万变电站 1×75 万 kVA，变电容量共 225 万 kVA。新建 500kV 开关站 1 座，即昌西开关站。

（6）华东地区。华东各省市新建 500kV 交流变电站 6 座，分别是宜兴变电站 2×75 万 kVA、吴江（苏州南）变电站 2×75 万 kVA、湖州变电站 2×75 万 kVA、宣城变电站 1×75 万 kVA、阜阳变电站 1×75 万 kVA、巢湖变电站 1×75 万 kVA，变电容量共 675 万 kVA。扩建变电站 2 座，分别是杭东变电站扩 1×100 万 kVA、上海杨高变电站扩 1×75 万 kVA，变电容量共 175 万 kVA。扩建变电间隔的变电站 3 座，分别是车坊变电站、王店变电站、黄渡变电站。

三、合计

综上所述，三峡 500kV 交流输电线路共建成 64 条 7280km（均折成单回计算长度），其中新建变电站 21 座，扩建变电站 3 座，变电容量共 2275 万 kVA。其中，线路包括华中地区最终建成三峡 500kV 交流线路共 50 条 6490km（含重庆市）；华东地区最终建成三峡 500kV 交流线路共 14 条 790km。变电站包括：

（1）华中地区（不含重庆市）最终新建三峡 500kV 变电站 14 座、开关站 2 座，变电容量 1200 万 kVA。其中，湖北变电站 5 座，开关站 1 座，450 万 kVA；河南变电站 3 座，225 万 kVA；湖南变电站 3 座，300 万 kVA；江西变电站 3 座、开关站 1 座，225 万 kVA。

（2）华东地区最终建成三峡 500kV 变电站新建 6 座、扩建变电站 2 座，变电容量 850 万 kVA。其中，安徽新建 3 座 225 万 kVA；江苏新建 2 座 300 万 kVA；浙江新建 500kV 变电站 1 座（湖州 2×75 万 kVA），扩建杭州东 1 座 100 万 kVA，共 250 万 kVA；上海扩建 1 座 75 万 kVA（杨高变电站）。

（3）重庆市最终新建 500kV 变电站 1 座（万县变电站 2×75 万 kVA）、扩建 500kV 变电站 1 座

（长寿变电站扩 1×75 万 kVA），变电容量共 225 万 kVA，扩建变电间隔变电站（重庆陈家桥变电站）1 座。

第三节 工 程 功 能

一、出线

三峡电站安排 15 回 500kV 出线，地下电站安排 3 回 500kV 出线，共计 18 回出线。实际建设出线 16 回，满足了三峡电站及地下电站全部电力送出。

三峡电站安排 15 回 500kV 出线（不含地下电站送出）。其中，左岸电站左一母线 5 回出线，3 回至龙泉换流站、2 回送电至重庆的万县（现万州）；左岸电站左二母线 3 回出线，均接至荆州换流站；右岸电站右一母线 4 回出线，2 回接至荆州换流站，2 回接至宋家坝（即葛洲坝）换流站；右岸电站右二母线 3 回出线，均接至宜都换流站。

实际建设时左一母线 5 回出线中的 2 回至万县变电站的出线改由万县直联至龙泉换流站不进左一母线，因此左岸电站左一母线最终是 3 回出线。三峡电站实际建设运行共 13 回 500kV 出线。

地下电站（6 台 70 万 kW 机组）的电力送出，安排 3 回 500kV 交流出线，送至后建的荆门换流站，再延至荆门的 1000kV 特高压变电站。

三峡电站 26 台 70 万 kW 机组，共 1820 万 kW，安排 15 回 500kV 出线，实际建设 13 回 500kV 交流出线。实践证明线路建成运行后能可靠安全灵活将三峡电站的电力送出，左一母线连接 8 台 70 万 kW 机组，共 560 万 kW 的电力，原安排 5 回出线，经验算系统能稳定运行，满足 $N-1$ 安全运行条件，热稳定采用合适的大截面导线也是满足的，后来左一母线至万县的两回出线从左一母线解开，直联至龙泉换流站，从系统和运行上西电东送的电力直接送到华中电网就更加合理。

三峡电站的 15 回出线（后改建为 13 回出线）送电第一个落点全部是换流站，分别是龙泉、荆州、葛洲坝（宋家坝）和宜都换流站，送电距离近的 20 多 km，远的如荆州换流站有 135km。这 15 回出线在坝区内外形成强大密集的近区网络，在设计、施工建设上采用特殊安排，保证了三峡电站出线段的安全可靠运行。每个首端的换流站均有交流 500kV 线路与电网相连。

二、建成坚强的近区网络和湖北 500kV 大环网

三峡电站位于湖北中西部，湖北又是华中电网的中心，三峡电站的全部出线第一个落点都在湖北距坝区不远的 5 个换流站的 500kV 母线上，华中的河南、湖南、江西的送电也要从湖北电网分出。因此必须建设一个坚强的湖北电网，通过三峡 500kV 输变电工程的建设，建成了双河—孝感—汉阳—凤凰山—咸宁—潜江—荆州—双河一个接近正方形边长约 650km 的 500kV 双回大环网。

然后再从湖北大环网的荆门开关站分送至河南的南阳再至郑州，从荆州换流站的 500kV 母线分送至湖南的益阳变电站，从咸宁变电站母线分送至江西的昌西开关站。重庆地区的电力也从龙泉换流站的 500kV 母线引出至万县变电站。

三、保障电力送出

每个换流站都由三峡通过 2 回及以上 500kV 交流线路供电，确保每条直流输电线路 300 万 kW 的电力送出。

龙泉换流站由三峡电站的左一母线以 3 回 500kV 交流输电线路供电。荆州换流站由左二母线 3 回和右一母线 2 回共 5 回 500kV 输电线路送电。宋家坝换流站（原葛洲坝换流站）从葛洲坝大江升压变电站解出，改由右一母线两回 500kV 输电线路送电。宜都换流站由右二母线 3 回 500kV 输电线路供电。荆门换流站由地下电站以 3 回 500kV 输电线路供电。

四、受电安排

华中、华东、重庆多省市安排了足够的送电能力和足够的 500kV 变电容量，满足各受电区的要求，变电容量满足供电能力的要求。

五、建成一个西电东送的大通道

四川的大水电可以通过已建成的重庆—长寿—万县（现万州）—龙泉换流站交流500kV双回线路输送，这个大通道既可以向重庆输送三峡的电力，又可将富余的四川水电东送。

第四节 工程建设历程

三峡输变电工程建设的进度安排，总的原则是必须与三峡电站的装机进度同步，并要适当提前以满足机组并网调试的需要。送电线路、变电站及各受电区的配套工程都要协调建设，使三峡电力送得出、落得下、用得上。

根据三峡电站的建设装机进度安排，2003年首台和首批机组建成发电，至2009年（或提前）全部26台机组建成发电，地下电站2011年全部建成发电。三峡输变电工程的建设分为以下四个阶段。

一、第一阶段（1997-2003年）

该阶段要确保三峡电站首台和首批机组发电送出。

三峡电站计划建成的首台机组是左岸电站的2号机组，安排在2003年6月建成并网发电，第二台是5号机组，安排在2003年7月建成并网发电。这两台机组为首批机组。

首台和首批机组发出的电力通过三常直流工程送电至江苏常州政平换流站。因此三峡输变电工程安排通过左一母线至龙泉换流站的3回500kV交流线路工程输送，为确保电力送出这3回线路必须按时建成并适当提前留有足够裕度。这3回500kV交流线路从大坝挂点，经过坝区内外一段线路密集且与枢纽建设相互交叉的路段，建设难度较大。

三常直流工程在三峡首台机组建成之前，通过电网接入进行调试，2003年5月5日完成调试进入试运行，2003年6月17日进入商业运行，为三峡首台首批机组建成并网发电创造了条件。三峡电站首台机组，即左岸2号机组，于2003年6月24日正式并网发电。5号机组于2003年7月10日正式并网发电。三峡电站首批机组电力通过三常直流工程送到江苏常州政平换流站，再从政平换流站通过500kV交流线路送至常州的500kV武南变电站送入华东电网，这期间建设了送电至江苏、安徽和浙江的500kV交流输变电工程。

在这个阶段，1997年3月在重庆地区还开工建设了长寿至万县500kV交流输电线路工程（简称长万工程）及500kV万县变电站，这个工程是为库区万县用电需要建设的。因为当时万县主要靠地方110kV电网送电，电网非常薄弱。长万工程建成后由重庆长寿220kV变电站通过长万线暂以220kV运行，将重庆的电力送至万县，这个工程是整个三峡输变电工程首个建设的工程。在万县的礼堂和万县变电站现场举行了三峡输变电工程和长万工程的开工典礼。国务院三峡办主任郭树言及多位领导、国家发展和改革委员会和电力部多个部门领导参加了这次开工仪式，拉开了三峡输变电工程建设的序幕。

2003年还建成了重庆—长寿—万县—龙泉换流站（万县至左一母线的线路改为直接接入龙泉换流站）的500kV交流输电通道，将四川二滩富余电力送至龙泉换流站，通过龙泉换流站的交流母线先期将二滩多余电力送至华中电网，也可通过三常直流工程将电送至华东电网。

此外，在第一阶段还从系统的需要和送电的需要出发建设了送电至河南、湖南、江西的500kV输变电工程。

二、第二阶段（2004-2006年）

第二阶段的任务一是确保三峡电站左岸电站14台机组全部建成并网发电；二是要确保建成三广直流工程、左二母线送电到荆州换流站的500kV交流输电线路，以及右一母线送电的线路工程。在此期间建成了荆州换流站和惠州换流站。荆州换流站与规划的荆州变电站合并建设，规模在换流站中最大，荆州换流站的交流500kV配电装置采用了500kV气体绝缘金属＋封闭开关设备（G1S）。三广直流工程是三峡输变电工程的第二项直流输电工程，工程于2001年开工，2004年建成投产。

此外，从2004年开始建设三沪直流工程，因此在这个阶段华东境内（含江苏、安徽、浙江、上海）

的 500kV 交流输变电工程相继开工建设并陆续建成。

这期间左岸电站外送的枢纽工程内外线路段（称为内外 8 工程）全部建成。

三、第三阶段（2007-2008 年）

第三阶段的建设任务是确保三峡电站右岸电站的 12 台机组发电送出，重中之重是确保三沪直流工程建成投产。三沪直流工程于 2004 年开工建设，2007 年建成。为此要配合建设三峡电站右二母线至宜都的 500kV 交流输电线路，以及宜都至荆州的 500kV 交流线路；在上海为华新（白鹤）换流站的送出建设 3 回 500kV 交流线路至黄渡变电站，同时建设上海、江苏的交流 500kV 输变电工程。

此阶段还完成了宋家坝换流站（葛洲坝换流站）的改接线，及由葛洲坝大江 500kV 升压站解出改接至左一母线（两回线）的改接工程。

这期间右岸电站外送的枢纽工程内外线路段（称为内外 7 工程）全部建成。

四、第四阶段（2009-2011 年）

第四阶段的建设任务是建设三峡地下电站送出的 3 回 500kV 交流输电线路（共 557.9km）（地下电站至荆门换流站再至荆门特高压变电站）及其相应出线间隔，以及通信和二次系统工程（2009 年开工，2011 年建成）。

此阶段最大的任务是葛南直流改造工程（也称三沪Ⅱ回直流工程）。该工程新建荆门至沪西直流输电工程，输电容量 300 万 kW。该工程是三峡送华东的第三条直流线路，利用葛南直流的线路走廊，新建同塔双回±500kV 直流线路，每回的输送容量按 300 万 kW 设计；葛洲坝换流站不改造，葛南直流的输送能力仍为 120 万 kW。

此阶段的另一任务是将宜都至荆州的两回 500kV 交流输电线路改接至 500kV 潜江（兴隆）变电站（工程量为 2×103km），目的是降低荆州换流站的 500kV 短路电流水平，并建设兴隆扩建变电间隔及宜都出口的高压并联电抗器工程。

所有三峡输变电工程（包括地下电站送出工程）从 1997 年 3 月 500kV 长万工程开工建设起至 2011 年 4 月地下电站送出的荆门至沪西 500kV 直流输电工程建成投产为止，三峡输变电工程共建设 14 年（未计入工程设计阶段和国家最终整体竣工验收的时间）。

第二章　三峡500kV交流输变电工程的组织管理及实施

第一节　工程项目法人单位与参建单位

一、项目法人与工程建设管理体系

由于国家电力体制改革，自1996年6月18日国家电网建设有限公司成立起，至1997年5月国家电力公司成立，2002年12月国家电网公司成立，三峡输变电工程的项目法人虽随机构的变化有改变，但总的管理体制没有改变，三峡输变电工程建设没有受到影响。

三峡输变电工程的建设改变了以往由各省电力公司分别建设的模式，由国家电网公司对项目统一进行建设管理，国家电网公司是项目法人。

工程建设管理体系形成了国家电网公司总部（建设部门、计划部门等）—国家电网建设公司—工程建设部（常州、武汉、宜昌三个建设部）的三级管理模式。在每个单项工程建设工地，由相应的工程建设部派出工程项目经理，实施项目法人工程建设的现场管理工作。工程所在地的网、省电力公司，充分发挥集团化运作理念，支持或承担工程前期的征地、线路工程通道拆迁及与地方相关的协调工作。在工程建设现场，委托授予工程监理负责工程建设的“四控制”（进度、质量、安全、投资控制）、“两管理”（合同管理、工程建设信息管理）、“一协调”（协调工程建设现场各参建单位及相关单位的关系）职责。监理单位被授予许多管理职能，充分调动监理的积极性，发挥了很重要的作用，取得了很好的效果。监理的职权类似国外业主工程师。

二、参与工程建设的设计、施工、监理单位

（一）工程设计单位（共14家）

包括中南电力设计院、湖南电力设计院、河南电力设计院、西南电力设计院、浙江电力设计院、江苏电力设计院、安徽电力设计院、江西电力设计院、华东电力设计院、东北电力设计院、西北电力设计院、湖北电力设计院、华北电力设计院、长江勘测规划设计研究院。

（二）工程施工单位（共41家）

包括安徽送变电公司、重庆电力建设总公司、江西水电公司、江西送变电公司、湖北超高压公司、湖北输变电公司、山东送变电公司、湖南送变电公司、河南省二建公司、河南送变电公司、北京送变电公司、福建送变电公司、浙江送变电公司、江苏送变电公司、黑龙江送变电公司、四川送变电公司、湖南超高压输变电公司、贵州送变电公司、宜兴建安公司、东北送变电公司、云南送变电公司、苏州二建公司、湖北五建公司、吉林送变电公司、上海送变电公司、绍兴一建公司、上海电力高压实业公司、福建送变电公司、青海送变电公司、陕西送变电公司、宁夏送变电公司、广西送变电公司、云南送变电公司、山西供电承装公司、内蒙古送变电公司、山西送变电公司、华东送变电公司、广东送变电公司、甘肃送变电公司、葛洲坝工程局、北京三维公司。

（三）工程监理单位（共24家）

包括中国超高压建设公司、四川监理、湖北鄂电监理、河南立新监理、燕东监理、湖南监理、安徽监理、山东诚信监理、浙江监理、江苏宏原监理、江西诚达监理、上海电力监理、北京中达联监理、黑龙江监理、贵州监理、西北监理、江西监理、青海智鑫监理、北京德胜监理、长春国电监理、湖北中南监理、四川监理、北京华联监理、广东天安监理。

第二节 推进实施“五制”及相关制度执行

一、项目法人责任制

根据国务院规定，国家电网公司是三峡输变电工程的项目法人，根据项目法人责任制的规定，项目法人对筹集资金、组织相关机构、工程建设筹划、工程建设、运行管理和经营施行全过程负责。

（1）按法人负责制开展工作。1995 年 12 月 14 日，国务院三峡工程建设委员会批复了三峡输变电系统设计之后，国家电网建设有限公司作为项目法人立即开始了下列工作：①开展三峡输变电系统动态模拟计算论证工作，对潮流和稳定进行分析计算；②编制上报三峡输变电系统概算；③编制三峡输变电工程资金筹措方案和测算报告；④建立相关的工程建设机构；⑤建设相关科研基地，开展科研工作；⑥建立计划、工程、物资管理、资金管理等方面的机构及制度。

（2）执行法人责任制的目标和要求。国家电网公司在三峡输变电工程规划、设计、建设、生产运营全过程认真执行了项目法人责任制，具体包括：①认真贯彻执行国家发布的法律、法规；②按照批准的年度投资计划和批准的设计文件执行；③工程概算控制良好，资金使用合理；④工程建设进度满足三峡电站机组投产发电送出的要求；⑤认真执行招标投标制、资本金制、合同制和监理制；⑥工程质量优良，安全生产状况良好，工程建成投入运行后运行安全稳定，效益显著；⑦通过国务院三峡建委的稽察、国家验收和工程审计、工程后评价。

二、资本金制（三峡输变电工程资本金的规定及来源）

按照 1995 年 11 月 5 日《国务院关于同意成立国家电网建设总公司的批复》（国务院文件国函〔1995〕107 号），国家电网建设总公司的注册资本为 25 亿元，从国家征收的三峡电网建设基金中安排，分 5 年到位。初期注册资本金的来源：①把葛洲坝至上海±500kV 直流输电工程的资产划转公司，其中的一部分资产转为注册资本；②三峡输变电工程已安排的 7800 万元前期费用；③三峡电网建设基金批准征收后，明确三峡电网建设基金和三峡电网收益再投入作为工程的资本金。

以上规定完全符合《国务院关于固定资产投资项目资本金制度文件的规定》（国发〔1996〕35 号）。

三、招标投标制及其实施

（一）招标投标制的确定

按照国务院要求执行现代企业制度，根据“产权清晰、权责明确、政企分开、管理科学”的原则和要求，三峡输变电工程一开始就全面贯彻执行招标投标制度。

1997 年 8 月 18 日，国家计委颁发了《国家基本建设大中型项目实行招投标的暂行规定》。1998 年 3 月 9 日，电力工业部颁发了《关于全面推动电力工程施工、监理招投标工作的通知》。1999 年 8 月 30 日，全国人大通过《中华人民共和国招标投标法》，成为执行招标投标制的法律依据，2000 年 1 月 1 日施行。

《中华人民共和国招标投标法》规定，工程项目勘察、设计、施工、监理单位的选取，重要设备和材料的采购必须实行招标。招标投标法对招标、投标、开标、评标、中标的运作和法律责任都有具体规定和要求。

（二）首项工程实施招标投标制及招投标范本的编制

1997 年 3 月 26 日，三峡输变电工程第一个开工建设的 500kV 长万（重庆长寿至万县）输变电工程开工建设。该工程是第一个执行招标投标制的工程，获得了成功，并取得了宝贵的经验。1997 年 10 月，电力工业部颁发了电力工程建设招标文件范本，包括火力发电及输变电工程的设计、施工、设备、材料、监理及大型设备运输共七个招投标文件范本。范本的内容涵盖招标程序、资格审查、招标文件、报价、开标、评标、签订合同，并规范了合同的范本。招标文件范本对工程规模、技术条件、工程量的表述都有具体要求，并规定了评标办法。

（三）三峡输变电工程全面执行招标投标制

三峡输变电工程全过程、全面严格执行招标投标制，本着“公平、公正、公开、科学、择优”的原则，开展了设计、监理、施工及材料、设备采购的招标投标工作，全面推行公开招标方式（不进行公开招标需经上级批准），采取了开标、评标、定标三段分离方法，择优选取中标单位。由于二次设备（继电保护、自动化等）的对接及延续性，对此类设备的采购，选择制造商以及零星物资采购采用了邀请招标方式。

三峡输变电工程严格执行招标投标制，对保证工程质量、工期，有效控制投资，提高工程管理水平等各方面起到了非常重要的作用，取得了丰富经验，对全国输变电工程的招标投标工作有很好的示范作用。

四、全面执行合同管理制及合同范本

执行合同管理制的法律依据是《中华人民共和国合同法》。

按《中华人民共和国合同法》规定，建设项目的整个实施过程中，凡涉及两个及以上法人的行为和目的，要以书面的形式确立双方（或多方）的责、权、利等相互关系，在双方（或多方）自愿的原则下签订合同，依法签订的合同对当事人具有法律约束力并受法律保护。

三峡输变电工程的建设包括设计，施工，设备、材料采购，工程监理等，与工程建设相关的、涉及两个及以上法人的行为和目的，都应严格执行合同管理制。

国际咨询工程师联合会（FIDIC）的《土木工程施工合同条件》是最为世界各国所熟悉的合同条件范本，它详细规范了业主、监理和承包商的责任、权利和义务，已成为国际惯例。电力工业部编制的各类招标文件范本中包含合同范本，合同范本大量吸纳了《土木工程施工合同条件》的内容，因此合同范本是很规范的范本。

三峡输变电工程严格执行合同管理制，对保证工程质量、保证建设工期、有效控制工程投资、提高工程管理水平起到了关键作用。

五、工程监理制实行“四控制、两管理、一协调”的大监理决策

（一）全面执行工程监理制

三峡输变电工程全程严格执行了工程监理制，在国内输变电工程建设中率先、全面、规范地执行了工程监理制，取得了丰富的经验和很好的效果，对全国输变电工程的建设监理起到了很好的示范作用。

工程建设监理是监理单位受工程项目法人委托，依据国家批准的工程项目建设文件，以及国家有关法律、法规、规程和批准的设计文件，依照合同对工程全过程进行监督管理。

工程监理制的法律依据是《中华人民共和国建筑法》（简称《建筑法》），1997 年 11 月全国人大第二十八次会议通过，1998 年 3 月 1 日开始施行。《建筑法》第四章“建设工程监理”规定国家推行建筑工程管理制度，并规定对工程质量、建设工期、资金使用等方面实施监督，对设计不符合工程质量标准的，有权要求改正，要求监理要客观、公正地执行监理任务。2000 年 1 月 30 日，国务院发布中华人民共和国国务院第 279 号令《建设工程质量管理条例》（简称《条例》），《条例》第五章规定了工程监理单位的质量责任和义务。

（二）实行大监理取得的成功

项目法人在三峡输变电工程赋予监理的任务和权力是“四控制、两管理、一协调”。监理是对工程进行全过程监理，即对工程设计、采购、施工、安装、调试、验收保修各阶段进行监理。

2000 年发布的《建设工程监理规范》（GB 50319—2000），规定了监理机构、监理人员及对监理设施的要求，并规定了监理的实施细则，以及施工阶段监理的工作，施工合同的管理，设备采购监理、监造等国家标准。

1999 年 11 月，国家电力公司以国电网〔1999〕602 号文发布了《输变电工程建设监理大纲》等 5 个范本，包括输变电工程建设监理大纲、输电线路工程建设监理规划、输电线路工程、监理实施细则、变电站工程建设监理规划、变电站工程监理实施细则 5 个范本。

三峡输变电工程建设全过程执行了监理制，赋予监理单位更多的权力和责任，在工程建设现场中发挥了重要作用。这种“大监理”的模式，不但加大了监理的任务和责任，还加大了对监理工作的考核力度。经过三峡输变电工程全过程执行工程建设监理制，通过实践丰富了监理经验，使我国的监理体系更加完善，全国电力建设监理队伍得到了发展，监理队伍人员的素质也得到了提高。

摘编自：

1.《国务院关于同意成立国家电网建设总公司的批复》（国函〔1995〕107 号），国务院，1995 年 11 月 5 日。

2.《国家基本建设大中型项目实行招投标的暂行规定》，国家计委，1997 年 8 月 18 日。

3.《中华人民共和国招投标法》，1999 年 8 月 30 日全国人大通过，2000 年 1 月 1 日执行。

4.《中华人民共和国建筑法》，1998 年 3 月 1 日实施。

第三节　工程质量管理实施

一、工程质量管理的要求

工程建设必须坚持“百年大计、质量第一”的方针，要确保工程质量，首先必须建立质量责任制和质量保证体系，必须明确参与工程建设各方的责任。

工程项目法人是工程质量的总负责。2000 年 1 月 30 日，中华人民共和国颁布国务院第 79 号令《建设工程质量管理条例》（简称《条例》）。《条例》明确规定了建设、勘察、设计、施工、工程监理单位的责任，并明确了工程质量监督管理的责任；工程必须进行招标，工程的设计必须经审查批准，工程必须实行监理，工程建设参与单位的资质必须符合规定，工程建设必须执行合同制；施工单位对施工质量负责，施工单位不得转包或违法分包，施工所用材料必须进行检验，不合格的不得使用，并要求由监理人员现场见证取样送检；施工单位要建立质量责任制，施工人员必须持证上岗。

《条例》还规定：

（1）国家实施建设工程质量监督管理制度。

（2）国务院建设行政主管部门对全国的建设工程质量实施统一监督管理，对国家出资的重大建设项目组织稽察监督。

（3）建设行政主管部门发现建设单位在竣工验收中存在违反国家质量管理有关规定时，要责令停止并重新组织竣工验收。

（4）发生质量事故，应当在 24h 内向当地建设主管部门报告，对重大质量事故要向当地人民政府和上级建设管理部门报告。

（5）不允许以低于成本价竞标，不允许任意压缩工期，设计未经审查批准不得施工，未组织竣工验收的工程不得交付使用，不合格的不得使用，并规定设计单位不允许指定建筑材料、构配件的生产厂家和供应商。

（6）工程实施质量保修制度，要在合同中明确保修年限。

《条例》发布同时，国务院法制办和建设部联合发布《建设工程质量管理条例释义》，明确凡在中华人民共和国境内从事建设工程，包括新建、扩建、改建工程，必须遵守《条例》；明确《条例》中的建设单位，也称业主或项目法人。

国家电网公司是三峡输变电工程的项目法人，在建设过程中也可称为建设单位。在建设过程中，由国家电网公司的电网工程建设部、交流或直流工程建设分公司负责工程建设的具体工作，这些分公司也称为工程建设单位。

二、三峡输变电工程的质量管理要求

三峡输变电工程的质量管理必须符合以下要求：

（1）参建单位必须有相应的资质。从第一个工程长万工程（长寿至万县 500kV 输变电工程）开始，参与工程设计、监理、施工的单位以及检验部门只允许由有相关资质的单位（设计院、施工公司、监

理公司等）承担，绝不允许不符合资质的单位从事相关工作，从投标资格中就把住这个关。

（2）勘察、设计、施工、监理和设备、材料、配构件的采购全部实行招投标。

（3）招标时不允许采用低于成本的价格进行竞标，工期采用合理工期。

（4）工程设计文件及图纸均经审查、批准，未经审查批准不准施工。

（5）从第一个工程长万工程开始，全部工程实施监理。

（6）工程使用的设备和材料均符合设计要求和国家标准。

（7）工程设计在工程建设中有修改的，均按规定履行设计变更手续。

（8）工程均按国家规程规定进行竣工验收，通过验收才能交付生产运行。

（9）三峡输变电工程按国家档案局的要求进行档案管理，由国家档案局按规定验收。

（10）施工单位对工程的施工质量负责，要建立质量责任制，施工单位必须设立检查部门，建立健全一系列质量检查制度。

（11）施工单位未经许可，不允许将部分工程转包或分包。

（12）施工单位对其采购的设备、配构件、材料的质量负责，不允许将不合格品用于工程，材料和混凝土试样均要经监理现场见证取样送具有资质的检验部门检验合格后方可使用。

（13）执行隐蔽工程的检查制度，实行旁站见证、签字监督。

（14）施工单位各有关工种施工人员一律持证上岗。

（15）监理单位要有相关资质，不允许转让监理业务。

（16）监理单位与被监理的施工承包单位及建筑材料、配构件和设备的供应商不应有隶属关系和利益关系。

（17）未经监理工程师签字，工程材料、配构件不得在工程中使用，不得进入下一道工序施工，建设单位不得拨付工程款，不得进行竣工验收。质量检查中发现存在问题的，监理提出整改通知，整改后监理必须复检，直至符合要求。

（18）工程实行质量保修制度，竣工验收时由施工单位提交质量保修书，明确保修范围、期限及其相关责任等。

（19）工程一律实行工程质量监督管理制度，每个工程要明确其工程质量监督单位，质量监督单位按规定对工程质量实施质量监督，分期分批提出质量监督报告，发现有质量问题的，有权责令改正，并进行复检，直至合格。

（20）建设工程发生质量事故，工程各有关方要按规定报告，并对质量事故进行调查、处理、明确责任。

三、《国务院办公厅关于加强基础设施工程质量管理的通知》的有关要求

1999 年 2 月 13 日，国务院办公厅发布《国务院办公厅关于加强基础设施工程质量管理的通知》，相关内容包括：

（1）建立和落实工程质量领导责任制。

（2）建立项目法人责任制，对工程质量负总责。

（3）严格执行建设程序，确保工程建设和前期工作质量。

（4）必须实行招标投标制，要实行公开招标，确需采用邀请招标的，要经过项目主管部门的批准，否则不准开工。

（5）严禁任何单位和个人以任何名义、任何形式干预招投标活动，不得将主体工程分包，严禁转包或擅自将工程分包。

（6）必须实行合同管理制，必须实行竣工验收制度。

（7）严禁无证或超越资质承揽工程的设计和施工。

（8）要坚持先设计后施工的原则，严禁边设计边施工。

（9）加强政府监督，对使用国家拨款的国家重大项目要进行稽察。

（10）加强审计监督，加强社会监督，所有单位、个人和新闻媒体都有权举报和揭发工程质量问题。

四、有关文件规定

（1）1999 年 2 月，国家电力公司颁布《国家电力公司关于贯彻国务院全国基础设施建设工程质量工作会议精神进一步加强电力建设工程质量管理的通知》（国电办〔1999〕59 号），明确实行质量事故责任制，项目法人负终身责任。

（2）质量管理执行的国家标准包括 GB/T 19000—2000《质量管理体系基础和术语》、GB/T 19001—2000《质量管理体系要求》、GB/T 19004—2000《质量管理体系业绩改进指南》、GB/T 19015—1996《质量管理　质量计划指南》、GB/T 19016—2000《质量管理　项目管理质量指南》、GB/T 19017—1997《质量管理　技术状态管理指南》。

（3）严格执行输变电工程施工及验收规范，包括土建、水工专业、电气专业等共 20 个验收规范。

（4）输变电工程施工质量验收及评定标准，包括 DL/T 5168—2002《110kV～500kV 架空电力线路工程施工质量及评定规程》，《变电站土建工程施工质量验收及评定规程》，DL/T 5161《电气装置安装工程质量检验及评定规程》系列标准。

（5）1993 年 7 月 26 日，电力部颁布《有关工程质量事故的分类、事故报告、事故报表的规定》（办基〔1993〕340 号）。

（6）关于工程建设质量监督工作的通知。

（7）GB 50319—2000《建设工程监理规范》。

（8）国家电力公司颁发的《输变电工程建设监理大纲（试行）》（国电网〔1997〕602 号）。

摘编自：

1.《建设工程质量管理条例》（国务院令第 279 号），国务院，2000 年 1 月 30 日。

2.《加强基础设施工程质量管理的通知》，国务院，1997 年 2 月 13 日。

3. 国家系列标准、质量管理体系。

第四节　工程安全生产管理实施

一、安全生产管理工作的总要求

三峡输变电工程的安全管理遵循“安全第一、预防为主”的方针。

（1）工作中必须做到“五同时”，即在做工程计划、部署工作、检查工作、总结工作、评比活动时必须同时考虑安全工作。

（2）在工程建设中要做到“三同时”，即对规定的劳动保护、工业卫生标准、安全设施，要做到与主体工程同时设计、同时设置和施工、同时投产和投入使用。

（3）建立健全各级安全生产责任制：①落实各级以行政正职为安全第一责任人的安全责任制；②建立健全各级安全生产责任制；③落实以总工程师为首的安全技术管理体系；④健全落实专职安全监察的安全监察体系。

（4）严格执行安全技术措施和安全施工措施，无安全措施不得施工，措施未向施工人员交底不得施工。现场的安全设施必须按规定齐全到位。施工投标商的投标文件安全设施费必须独立列出，在工程中安全设施必须到位。

（5）要认真执行安全教育制度，新到岗工人必须进行安全教育，特殊作业人员必须经安全培训考试合格，严格执行持证上岗制度。

（6）对民工、临时工必须进行安全教育，必须配备安全装备。

（7）工程建设中，当安全与进度有矛盾时要服从安全。

（8）要采取措施杜绝人身死亡、重大伤亡和重伤事故，消灭重大设备事故和火灾事故，大幅度减少一般事故。

（9）认真、严格执行事故调查和事故处理工作要求，对事故处理要做到“三不放过”，即事故原因不清楚的不放过，事故责任者没有得到教育不放过，防止事故发生的措施不落实不放过。

二、安全管理工作的责任制

按电力部颁发的电建〔1995〕671号文、国家电力公司国电网工〔2000〕24号文规定：

（1）各级行政正职是安全第一责任人。

（2）项目法人是工程安全管理和安全监督工作第一责任人，对工程的安全工作负组织、协调、监督责任。

（3）承包工程的施工企业，承担全部施工安全事故的直接责任。

（4）工程监理负责工程安全监理，负安全监督和控制的责任。

三、安全监督工作

（1）公司实行上级对下级进行安全监督，母公司对分公司、子公司层层进行安全监督，工作必须到位。

（2）各级施工企业必须设立安全监督机构，施工企业的工程现场工程项目部要设立安全监督机构或专职安全员，施工班组要设立兼职安全员，形成施工部门的三级安全网。

（3）一个施工现场或一个施工项目工地现场有两个及以上施工企业同时进行施工作业时，而且施工人数超过100人的（含临时工），工地现场要建立安全委员会，负责项目现场安全管理的领导、部署、协调工作。

（4）重大工程施工必须有经过审查批准的措施方可施工，措施中必须有保证安全的措施，危险的作业必须有安全监督，并实行旁站监督。

四、安全生产的法令和文件

（1）《中华人民共和国安全生产法》。

（2）《建设工程安全生产管理条例》（国务院令第393号）。

（3）《特别重大事故调查程序暂行规定》（国务院令第34号）及条文解释（劳安〔1999〕第9号）。

（4）《企业职工伤亡事故报告和处理规定》（国务院令第75号，1991年3月1日发布）及有关问题的解释（劳安字〔1991〕23号）。

（5）《劳动部关于重伤事故范围的意见》（〔1960〕中劳护久字第56号，1960年5月23日）。

（6）GB 6442—1986《企业职工伤亡调查分析规则》。

（7）《企业职工伤亡事故报告统计问题解答》（劳办发〔1993〕140号）。

（8）《安全生产工作规定》（国家电力公司国电办〔2000〕3号）。

（9）DL 588—1994《电业生产事故调查规程》。

（10）《电力建设安全工作规定》（电建〔1995〕671号）。

（11）DL 5009.2—1994《电力建设安全工作规程》（架设电力线路部分）。

（12）DL 5009.3—1997《电力建设安全工作规程》（变电所部分）。

（13）《加强送变电施工安全工作的若干意见》（国电网工〔2000〕24号）。

（14）《送变电工程施工标准化安全设施规定》（国电网工〔2000〕26号）。

（15）《安全生产监督规定》。

（16）《国家电网公司重特大生产安全事故预防与应急处理暂行规定》。

（17）《国家电网公司电力建设安全健康与环境管理工作规定》。

（18）《安全生产工作奖惩规定》，国家电网公司。

（19）《交通安全管理规定》，国家电网公司。

（20）《建设工程项目法人安全管理工作规定》，国家电网公司。

摘编自：

1．《中华人民共和国安全生产法》，2002年11月1日执行。

2.《建设工程安全生产管理条例》(国务院令第 393 号)，2003 年 11 月 24 日发布，2004 年 2 月 1 日实施。

3.《特别重大事故调查程序暂行规定》(国务院令第 34 号)，1989 年 1 月 3 日国务院第 31 次常务会议通过，1989 年 3 月 29 日发布。

4.《企业职工伤亡事故报告和处理规定》(国务院令第 75 号)，1991 年 2 月 22 日发布，自 1991 年 5 月 1 日起施行。

5. 国家劳动部、国家电网公司颁发的有关安全生产的文件、标准。

第五节 工程验收评价

2015 年 5 月，国务院三峡工程整体竣工验收委员会输变电工程验收组对长江三峡输变电工程进行整体验收，形成验收报告，验收报告的主要结论如下：

（1）工程建设管理评价。能严格执行“五制”，管理体制完善，制度健全，管理执行有力。

（2）工程质量评价。质量管理体系完善，措施切实可行，质量控制有效，检查验收制度完善，分项工程合格率 100%，单位工程优良率 100%，工程质量总体优良。

（3）工程建设安全评价。管理体系健全，工程建设中未发生较大及以上人身、设备、电网事故，安全局面始终处于受控状态。

（4）科技创新。在科研、设计、制造、施工、运行等方面取得丰硕成果，全面提升我国电网建设总体水平。

在整体验收中关于技术预验收的验收报告中，着重提出了工程在设计方面，采用海拉瓦选线技术、紧凑型同塔双回输电技术、大截面导线技术、F 型新塔型技术、全方位不等高塔腿技术，率先采用变电站综合自动化技术，在全部三峡输变电工程中使用并在全国推广；在施工方面，特殊地基基础施工、大跨越施工、带电跨越、大截面导线张力放线，以及不封航跨越大江大河放线、线路环保绿色施工等方面都得到肯定和很高的评价。

（5）设备国产化。三峡 500kV 交流输变电工程全部采用国产交流设备，推动我国输变电设备制造业跻身于世界先进行列。

（6）安全稳定运行。工程建成投入运行后，运行安全可靠，指标优良，设备质量稳定，没有出现重大设备事故，有效保障了三峡电力可靠外送。线路的跳闸率和线路故障停运率优于全国同期其他 500kV 输电线路的运行水平。

（7）环保与水土保持。实现环保“三同时”，各个单项工程均通过环保部门组织的环保专项验收；在线路中建设了护坡、拦土墙、排水等工程，进行了土地整治和植被恢复，均通过水土保持专项验收。

（8）验收。三峡 500kV 交流输变电工程全部通过了国家电网公司内部的竣工验收和各个阶段的国家验收、专项验收和稽察、审计，对全部提出的问题均已整改到位。

2015 年三峡输变电工程通过了国家整体竣工验收。

摘编自：

《三峡输变电工程整体验收报告》，国务院三峡工程整体竣工验收委员会输变电工程验收组，2015 年 5 月。

第三章　三峡 500kV 交流输变电工程标志性工程

第一节　三峡大坝出线段工程

三峡电站共安排出线 15 回（不包括地下电站送出 3 回），其中从左岸电站出线 8 回，从右岸电站出线 7 回，始端都从三峡电站的大坝厂房上的坝顶门型横梁挂点出线（中国长江三峡开发总公司已预设了横梁挂点），三峡电站的 500kV 升压变电站采用 GIS 设备，出线引至厂房顶与横梁的输电线路连接。

15 回 500kV 交流出线，每回出线在坝区内分枢纽内和枢纽外两部分，因此三峡电站的坝区出线段工程简称为左岸内外 8 工程和右岸内外 7 工程。这些线段因为路段特殊，枢纽内线路工程的设计均由长江委勘测规划设计研究院设计，枢纽外的路段均由中南电力设计院设计。枢纽内段在大坝前，与水电站（枢纽）的建筑物关系极大，由于地域狭小，导致建设工作交叉重叠、障碍多，所以线路工程的设计、施工必须与枢纽的设计和建设统筹考虑，加上施工难度大，因此三峡枢纽出线段的工程必须提前设计和施工建设，配合满足机组投产送电的要求。

一、左岸电站出线

左岸电站出线 8 回的枢纽段（左岸内外 8 工程）左一母线出线 5 回，即至龙泉换流站 3 回，至万县变电站 2 回（未改接线前）；左二母线出线至荆州换流站 3 回。

左岸 8 回出线在枢纽内的路段（内 8 段）全部采取同塔双回设计，其中至龙泉换流站 3 回中有 2 回为同塔双回，另 1 回与左二母线至荆州换流站的 1 回同塔架设，左一母线至万县 2 回采用同塔架设，左二去荆州换流站，其余 2 回同塔架设。所以，左岸电站的左一、左二母线共出线 8 回，设计了 4 条同塔双回线路。这 4 条枢纽内同塔双回线路每条路段长 2～3km，4 条线路共 10.6km，路径为从坝顶横梁出线后 4 回平行至五级船闸，并跨过船闸至船闸后的第一个耐张铁塔止，之后与枢纽外 8 回线段连接，内 8 回（4 条同塔双回）线路的走廊宽度最宽 270m。

左枢纽外 8 回线段也是同塔双回设计，即 4 个同塔双回线路，路径长 3.2km。

二、右岸电站出线

右岸电站出线 7 回的枢纽段（右岸内外 7 工程）的右一母线出线 4 回，即至荆州换流站 2 回，至葛洲坝换流站 2 回；右二母线出线至宜都换流站 3 回。

右岸 7 回出线在枢纽内的路段（内 7 段）设计安排 4 个同塔双回，其中 3 个同塔双回各架设 2 回出线，1 个同塔双回只挂 1 回出线，内 7 段共设钢管铁塔 11 基，都从大坝顶横梁出线。

至荆州换流站的 1 回出线与至葛洲坝换流站的 1 回出线同塔架线；至荆州换流站的另 1 回出线与去宜都换流站的 1 回出线同塔架线；至宜都换流站的其余 2 回出线同塔架线；至葛洲坝换流站的另 1 回出线单回架线。

枢纽内这 7 回出线（3 条同塔双回，1 个单回架线）的长度共 9.8km（每条出线长约 1km），共设钢管塔 11 基，到枢纽内最后一基耐张塔止，之后连接枢纽外部分。

右枢纽外均采用单回架线，每回线路长约 1.8km，共有角钢塔 39 基。

三、设计、施工、监理单位

枢纽内线路工程（即内 8 和内 7 工程）设计单位：长江勘测规划设计研究院。

枢纽外线路工程（即外 8 和外 7 工程）设计单位：中南电力设计院。

施工单位：左岸内外 8 工程是湖北省电力建设三公司（即湖北输变电公司）葛洲坝基础公司，右岸内外 7 工程是吉林省送变电公司（河南送变电公司负责光缆接续和测试）。

监理单位：左岸内外 8 工程是中国超高压输变电公司，右岸内外 7 工程是湖南电力监理公司。

左岸内外 8 工程 2000 年 6 月 6 日开工，2003 年 1 月建成；右岸内外 7 工程 2005 年 3 月 10 日开，2007 年 5 月 30 日建成。

四、工程特点难点

工程特点难点：①工程协调工作量大；②线路路经选择困难；③塔位确定难度大；④铁塔基础大部分用灌注桩，桩径 2m，桩深 39m，施工难度大；⑤铁塔单件起吊质量大，安装困难；⑥架线难，大坝横梁挂点施工受环境限制。大家最终共同克服困难，按时安全优质完成了任务。图 6-1 为三峡电站右岸内外 7 工程出线全貌。

图 6-1　三峡电站右岸内外 7 工程出线全貌

第二节　500kV 长寿—万县交流输变电工程

500kV 长寿—万县交流输变电工程（Ⅰ回）（简称长万工程）是为三峡输变电工程建设管理奠定基础的首项工程。

长万工程于 1997 年 3 月开工，1998 年 6 月建成。由于当时万县地区只有 110kV 供电，电网非常薄弱，因此决定提前建设长万工程，在三峡电站发电之前，先接至长寿 220kV 系统，以 220kV 向万县送电，500kV 万县变电站先建成开关站。长万工程是三峡输变电工程的第一项工程，1997 年 3 月在万县市礼堂和万县变电站现场举行了隆重的三峡输变电工程开工典礼。图 6-2 为 1997 年周小谦一行检查长万工程万县变电站工地。

图 6-2　1997 年周小谦一行检查长万工程万县变电站工地

通过长万工程的建设，国家电网建设有限公司建立了输变电工程管理办法和制度，为三峡输变电工程的建设管理奠定了基础，具有开创性和探索性。

一、开展招投标工作，奠定三峡输变电工程全面实行招投标的基础

长万工程设计没有开展招标，原因是西南电力设计院之前已开展了不少工作，因此工程设计继续由西南电力设计院承担。

工程施工招标采用邀请招标，参考国际咨询工程师联合会（FIDIC）的《土木工程施工合同条件》编制了招标文件和合同文件，邀请了曾经参与过500kV平武（河南平顶山至湖北武昌）输变电工程、500kV天广（天生桥至广州）输变电工程和±500kV葛南直流输电工程建设的多家省送变电工程公司，按照招标文件的要求投标，按事先编好的评标办法，依据技术、经济的评分办法，采取面对面的问答方式，最后由评标小组提出评标结果，再由国家电网建设有限公司领导的决标小组择优决标、定标。最终选出由安徽省送变电公司承包500kV万县变电站工程施工，500kV长万Ⅰ回输电线路工程施工由青海、湖南、湖北、东电4家省级送变电公司承担，各负责一个标段，分别签订工程施工承包合同，在北京举行了隆重的合同签字仪式，整个招标工作很严谨。长万工程的施工、设备、材料采购等的招标、评标、合同文件经过完善，成为电力部、国家电力公司颁发的招标文件范本（1997年10月28日施行）。后续参照此经验出台了许多文件，包括1998年3月9日电力部颁发的《全面推行电力工程施工、监理招标工作的通知》（电综〔1998〕115号），1997年8月18日国家计委颁发的《国家基本建设大中型项目实行招标投标的暂行规定》（计建设〔1997〕1466号），1999年8月30日颁布的《中华人民共和国招标投标法》（经全国人大会议通过，2000年1月1日起施行）。

二、实行“四控制、两管理、一协调”的大监理

由于当时送变电工程施工监理刚起步，而中国超高压输变电建设公司已从工程建设承包管理公司改制为工程监理公司，并申办了资质，所以长万Ⅰ回输电线路工程和万县变电站工程的监理由中国超高压输变电建设公司承担，并通过合同明确监理的责任为“四控制（工程进度、质量、安全、投资控制）、两管理（合同、信息管理）、一协调（协调参建各方和地方关系）”，这种模式一直在工程中沿用，对工程现场的管理起到了很重要的作用，是很成功的经验（这种模式被习惯称为“小业主，大监理”，即监理也承担了不少业主的工作，小业主不是降低业主的责任和功能，而是在工程现场，更多地发挥了监理的作用，国外工程都有类似的做法）。

通过长万工程的实践及其他工程的经验，1999年国家电力公司以国电网〔1999〕602号文发布了《输变电工程建设监理（试行）》等5个推荐范本，使输变电工程建设的监理从监理范围、内容、目标、措施、配置、流程都有了明确的规定，极大地推动了我国输变电工程监理的进程。

三、工程质量管理规范化、深入化

工程质量是三峡输变电工程的生命。三峡输变电工程建设伊始就将确保工程质量作为重中之重，建立了明确的各级质量责任制和质量检查、复查的各项制度和办法，制定了工程各阶段和各级质量检查和验收的办法，层层把关，使工程质量全程、全方位处于可控状态。

质量管理的重点是责任要明确，并要有一套执行办法和程序，有自查和复查，有标准的记录格式，有依据，不走过场，不流于形式，责任落实到位，自检之后要进行互检，还要由监理人员复检，复检要签字，直至合格，使工程质量处于可控状态。质量不能只靠自觉，还必须有一整套行之有效的制度、办法和措施，通过工程实践不断深入改进，推动整个三峡输变电工程质量管理的规范化、常态化。

2000年7月，国家电网公司以国电网〔2000〕445号文颁发了送变电优质工程标准和评定等文件，明确了优质工程的标准，使工程的优质标准有章可循。2000年12月，国家电网公司印发《输变电工程达标投产的考核评定标准》（2000年版），进一步严格规范、细化考核指标，使工程开工伊始就有高的质量目标，这对三峡输变电工程14年的建设一直保持高的质量起到了很关键的作用。图6-3为三峡—万县Ⅱ回线路。

图 6-3　三峡—万县Ⅱ回线路

四、坚定“安全第一、预防为主”的方针

2000 年 9 月，国家电网公司电网建设部印发《加强送变电施工安全工作的若干意见的通知》，进一步明确工程项目法人、施工企业、监理单位的安全职责，明确各单位、各层级的安全工作责任。

2000 年 9 月，国家电网公司电网建设部印发《送变电工程施工标准化安全设施规定》，进一步狠抓施工现场的安全设施，要求到现场检查有无安全设施，设施是否齐全、规范。安全设施包括安全标志牌、安全围栏、孔盖、电源、安全绳、安全带、作业平台等，安全设施必须按标准落实到位，无安全措施或安全措施未向施工人员交底不准施工。安全工作不光是口头喊，必须有措施、办法和规章。安全设施费用是施工单位施工投标费用单列的一项，各施工单位必须要把资金用到位。

第三节　500kV 南昌变电站工程

南昌变电站是三峡输变电工程建设的第一座 500kV 变电站，也是全国首个实施 500kV 变电站综合自动化的工程。500kV 南昌变电站工程于 1998 年 9 月开工，2000 年 10 月建成投产。1997 年开工建设的万县变电站由于设计工作开始得早，当时决定采用传统设计。

长期以来，500kV 变电站一直将控制、保护、远动等几个系统集中在主控制室内，主控制室内设有控制仪表屏柜、中央信号屏、远动装置屏，信号在屏上以光字牌和警铃显示。随着计算机技术的应用，已能够将站内各系统集成在一个综合系统内，实现变电站的微机型分层分布式综合自动化。我国从三峡输变电工程的 500kV 南昌变电站开始采用微机监控、保护下放的综合自动化系统，提高了运行管理水平，减少了电缆和运行人员，压缩了变电站建筑面积和整体占地面积。南昌变电站的建设，开创了我国变电站设计的先河。南昌变电站之后，不但三峡输变电工程的 500kV 变电站全部采用了这一模式，全国的 500kV 变电站都采用了这种模式。

在 500kV 南昌变电站采用微机型分层分布综合自动化是当时国家电网建设有限公司的决策，得到了电力部副部长陆延昌的支持。在南昌变电站初步设计审查会上，国家电网公司坚决主张中南电力设计院按此进行设计。中南电力设计院起初还是采用传统的设计，在国家电网公司的坚持下，采用了这个新的设计。图 6-4 为南昌变电站鸟瞰图。

实现保护下放，要在 500kV 和 220kV 配电装置场地建继电保护小室，内部装设相应继电保护装置，继电保护与高压配电装置距离较近，要考虑电磁干扰对保护装置的影响。因此要在继电保护小室采用屏蔽措施，为此进行了相应的试验研究和实测工作，经过努力取得了成功，并形成对保护小室设计的规范化。之后三峡和全国所有 500kV 变电站采用了这种技术，都取得了成功。图 6-5 为南昌变电站将保护小室下放到进出线间隔。

图 6-4 南昌变电站鸟瞰图

图 6-5 南昌变电站将保护小室下放到进出线间隔

南昌变电站还对变电站的建筑物实施设计改革，压缩主控制楼的面积，取消过大的接待室、大厅、会议室，取消不必要的高装修标准，采取美观实用的工业建筑风格。南昌变电站工程的实践对国家电网公司推行“两型一化”（资源节约型、环境友好型、工业化）起到了示范作用，尤其是采用分层分布微机监控系统、保护下放，引领全国变电站设计革命，与世界变电站的设计接轨。

第四节 500kV 长沙变电站工程

500kV 长沙变电站是三峡输变电工程建设的第二座变电站，于 2000 年 4 月开工，2001 年 11 月建成投产。取得多项设计突破的 500kV 长沙变电站工程，首次取消了 220kV 旁路母线。

500kV 变电站的接线，500kV 出线几乎全都采用$1\frac{1}{2}$接线（即一个半开关接线），220kV 出线大多采用双母带旁路的接线方式，旁路母线的作用是能代替任何一条 220kV 线路，当任一条 220kV 出线的设备发生问题或检修时用旁路代替就不会影响该线路的运行。长期以来采用旁路母线已为运行和系统调度部门所熟悉和习惯，但随着电力系统的发展和设备质量的提高，六氟化硫断路器的维修量比油断路器和空气断路器大为减少，可靠性大幅提高，取消旁路母线已成为可能，取消它能压缩配电装置的面积，减少设备，简化接线，降低变电站的投资并减少运行维护工作量。图 6-6 为 500kV 长沙变电站鸟瞰图。

经过专题研究深入分析，最终取得共识，决定在 500kV 长沙变电站设计中取消 200 kV 旁路母线，为全国率先采用。运行后证明，结论是正确的，500kV 长沙变电站总平面布置紧凑合理。同时深入开展多项专题研究，取消 500kV 出线的隔离开关和 500kV 母线避雷器，设备边线采用硬连接，压缩了距离，从而压缩了配电装置的面积，还采用分层分布式微机监控系统、保护下放，使该工程取得 500kV 变电站占地最小的佳绩。这个设计在全部三峡输变电工程中得到推广使用，并向全国推广。

图 6-6　500kV 长沙变电站鸟瞰图

第五节　500kV 宣城变电站工程

安徽宣城变电站首次采用了半六氟化硫金属封闭组合电器（HGIS），工程于 2004 年 2 月开工，2005 年 6 月建成投产。

HGIS 是敞开式设备和 GIS 的中间过渡产品，适用于环境较差的地区，而且投资较采用 GIS 更低。图 6-7 为宣城变电站 HGIS 设备。

图 6-7　宣城变电站 HGIS 设备

经比较分析，采用 HGIS 设备可少占地 0.7～1 公顷（10～15 亩），并提高运行可靠性。经论证并经国务院三峡办批准，宣城、安阳、咸宁、巢湖 4 个 500kV 变电站采用 HGIS 设备，宣城变电站是第一个。

宣城变电站采用了 HGIS，并对配电装置和变电站总平面进行了布置优化。例如，采用进站大门直对站内主变压器的运输道路，减少了变压器的运输车辆在站内因转弯而增加的道路占地面积，并方便了其他大型设备运输。宣城变电站采用 HGIS 及配电装置和变电站总平面布置的优化取得了如下优点：①降低变电站围墙内的占地面积 0.758 公顷（宣城变电站站内占地面积为 4.5 公顷，长沙变电站站内占地面积为 5.5 公顷，潜江变电站站内占地面积为 4.4 公顷）；②设备维护量少，可靠性提高，运行条件提高。

第六节　江苏政平—宜兴 500kV 输电线路工程

全国第一条 500kV 同塔双回紧凑型输电线路工程——江苏政平—宜兴 500kV 输电线路工程，于 2002 年开工，2004 年建成投产，见图 6-8。工程起点为江苏省常州市政平换流站，终点为 500kV 宜兴变电站，线路全长 43.06km，全线采用同塔双回紧凑型设计，全线铁塔共 107 基。

经过前期科研、方案优化、计算分析、塔型研究和试验，并经电磁环境计算分析、防雷性能校验、带电作业安全距离研究，最终结论是：

（1）塔高优化后可降低 10m，能降低雷击跳闸率，耐雷水平高于常规线路，有利于安全运行，是可行的。

（2）紧凑型同塔双回直线塔与非紧凑型同塔双回直线塔的质量相比降低 30%，转角塔降低 10%，混凝土量降低 10%，工程本体造价降低 10%。

（3）紧凑型线路的自然输送功率较常规同塔双回提高 30%。

（4）紧凑型同塔双回线路的两外边线距离为 24.65m，与常规单回线路相当。

（5）导线下电场强度、噪声和无线电干扰水平与常规线路相当。

（6）通过带电作业的研究，能够安全进行带电作业，但给带电检修带来一定不便，今后还要进一步改进。

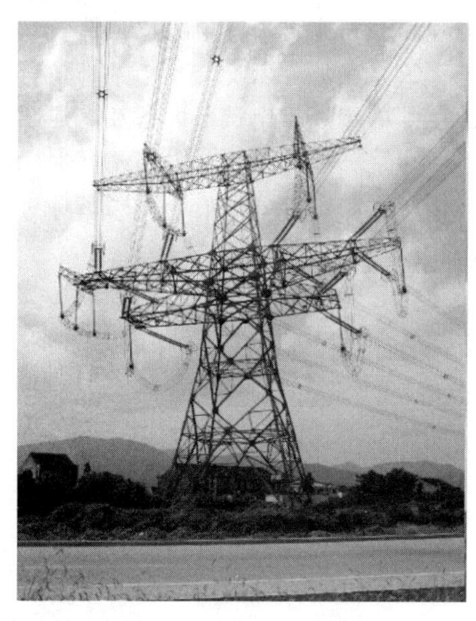

图 6-8　政平—宜兴 500kV 输电线路转角塔

第七节　凤凰山—咸宁—南昌西 500kV 输电线路工程

实现绿色环保的 500kV 交流输电线路工程——凤凰山—咸宁—南昌西 500kV 输电线路工程，线路全长 257km，工程 2003 年 3 月开工，2004 年 4 月建成投产。

本线路工程所经过地区以山地为主，湖北的通山县及江西省的武宁县、静安县、奉新县皆为山区，是国家森林生态保护县，附近的九宫山风景区、柘林湖、三爪仑国家森林公园都很出名，线路地形地貌情况复杂，有高山、丘陵，又有平原冲沟、煤矿采空区，河流纵横，树木稠密，其中高山大岭长 40 多千米，海拔超过 800m，山区植被良好，线路经过的林区占总长度的 40%。

线路设计方面，铁塔基础山区全部采用掏挖式，配合全方位高低腿设计，减少森林植被的砍伐，大大降低了土石方的开挖，最大程度避免对原始地形地貌的破坏，并按山区地质条件，许多基础做原状土基础，如岩石嵌固基础、黏性土全掏挖基础。在线路终勘定位、优化基础设计时，路径选择比较采用航飞及海拉瓦技术，在基础设计上采加高基础主柱以减少土石方开挖，并采用高低腿设计，塔腿分别降基以保护天然植被，并减少原状土破坏，减少雨水冲刷和水工流失，防止塌方和滑坡，并可以增加基础抗拔能力。同时做好排水设计，在铁塔基础外设排水沟，保护土体稳定，减少冲刷，排水沟的坡度能保证雨水从基础基面排出。线路经过山地林区，为减少树木砍伐，采用高塔跨越森林的设计。

利用基础开挖的弃土做保坎和护坡，有的做挡土墙，以保持山坡的稳定，工程实现了生态平衡控制、基础零冲刷的目标。

经过设计、施工全体参建单位和人员的共同努力，该工程实现了绿色环保工程的目标。设计和施工获得绿色环保线路工程的经验，在三峡输变电工程和全国得到广泛推广。

第八节　地下电站送出等工程

2009 年 4 月开工建设的三峡地下电站送出工程及其他工程，于 2011 年 4 月全部建成。

工程规模包括：

（1）新建三峡地下电站至荆门换流站再到荆门特高压变电站三回 500kV 交流输电线路，共 557.9km，以及相应出线间隔和线路大跨越工程，工程于 2009 年 4 月开工，2011 年 4 月建成。

（2）葛南直流综合改造工程，2009 年 7 月开工，2011 年建成（建成±500kV 荆门至沪西直流输电工程和原葛南直流输电线路改造）。

（3）宜都至江陵改接到潜江（兴隆）变电站 500kV 线路工程。建设 500kV 交流输电线路 2×103km，在宜都增加高压电抗器设备及扩建出线间隔。2009 年 7 月开工，2010 年 10 月建成。

（4）三峡输电线路优化完善工程，2008 年开工，2010 年建成。包括防污闪、鸟害、冰冻、雷击的优化完善，工程建成后，线路运行可靠性指标大幅提高。

第七篇　三峡直流输电工程建设

三峡直流输电工程最终规模为4个单项工程，即三峡至常州（三常直流工程，于2003年5月投运）、三峡至广东（三广直流工程，于2004年6月投运）、三峡至上海（三沪直流工程，于2006年12月投运）、三沪二回（葛南综合改造直流工程、新建荆门至沪西直流工程，于2011年4月投运）工程，直流输电线路总长度约4913km，8座换流站总容量2400万kW。上述4项直流工程，均为当时世界范围内输送容量最高的双极直流工程，不仅具备世界先进水平，总体建设规模也受到世界的瞩目。此外，经国务院三峡工程建设委员会（简称国务院三峡建委）批准，由三峡电网建设基金出资1.16亿元作为资本金，建设完全国产化的示范工程，即西北—华中背靠背直流联网工程（灵宝背靠背直流工程），容量36万kW（不计入三峡输电规模，于2005年7月投运）。

三峡直流输电工程建设的基本要求可以概括为：保证工程技术的先进和建设的高质量、保证工期要求、促进和完成国产化要求。

三峡直流输电工程任务重、工期紧、要求高。在国家电网公司的精心组织下，各参建单位共同努力，及时总结经验、吸取教训，不断提高工程设计、设备制造、施工质量，不断提高国产化水平，不断完善运行管理水平，提高直流系统运行可靠性。三峡直流工程按期、高水平、高质量的成功建设，良好的运行业绩，保证了三峡电力的按时、安全送出，确保了三峡电力送得出、落得下，这是其社会效益和经济效益的重要体现。

三峡直流输电工程建设中，直流工程技术的引进和国产化政策的贯彻得到了各级领导的高度重视，在政府以市场换技术方针的指导下，充分发挥业主为主导、企业为重点、工程为依托的特点，使我国电力行业、机械制造行业引进了当时国际上最先进的直流输电研究、设计、制造和试验技术。国务院三峡工程建设委员会办公室（简称国务院三峡办）和国家电网公司认真落实国家装备政策，在确保工程工期和质量的前提下，不遗余力地为国内引进技术的消化吸收创造了非常有利的条件和机会。三峡直流工程强有力地推动和提升了我国直流输电技术的国产化能力和水平，使我国具备了设计、施工、制造、试验、运行等全方位的自主能力，并进一步集成创新形成了多项具有我国自主知识产权的直流输电新技术、新产品、新平台，使我国直流输电技术、电压源换流技术，以及特高压直流输电技术得到飞速的发展。在直流输电技术的国产化方面，三峡直流输电工程具有里程碑式的重大作用和意义，它使我国电力装备制造业跨入世界前列、电网建设管理达到国际先进水平，同时取得了很好的经济效益，培养了直流工程建设人才，为后续工程建设积累了经验。三峡直流输电工程的成功建设开启了我国直流输电技术发展的新时代，使我国成为世界直流输电大国，跻身于国际先进水平之列。

在圆满完成三峡输变电工程的重中之重任务——直流输电工程建设的同时，三峡直流输电工程的发展促进了我国华中、华东以及南方电网的直流互联，进一步改变和优化了我国的电网结构，并为我国之后的远距离送电、联网规划、清洁能源利用、特高压电网等先进技术的进一步发展打下了坚实的基础。

第一章　三峡送电华东跨区输电方案选择

第一节　直流输电方案确立

为了做好三峡输电系统设计工作，能源部1992年10月在北京召开了三峡输电系统设计工作会议，以《关于印发长江三峡工程输变电工程设计工作纲要的通知》（能源计〔1993〕192号）拉开了三峡输电系统设计工作的序幕。1993年4月，电力工业部召开了三峡输变电工程设计工作协调会，1994年3月又召开了三峡输电系统设计研讨会，下达了设计任务和设计前期条件，确定了三峡输电系统设计文件的框架，提出要进一步深入研究和论证三峡送电华东是采用交流和直流混合方案还是纯直流方案。

经过深入的系统分析，对交流、交直流混合、纯直流等输电方案的接入系统、总工程量的深入研究，包括交流输电方式采用500kV或750kV的分析，以及对比交流和直流输电方案的运行等问题研究，1994年1月，由电力规划设计总院，中南、华东、西南电力设计院共同参与，针对三峡电力外送完成《三峡输电系统设计》报告（共 10 卷），论证结论为：三峡向华东送电拟采用纯直流输电方式。1994年3月，电力部对报告进行了预审，原则同意后，于同年 5 月上报国务院三峡建委。1994 年 5 月 16 日，电力部以《关于送审三峡输电系统设计文件的请示》（电电规〔1994〕301 号）报送国务院三峡建委，附件为《三峡输电系统设计》及三峡输电系统设计有关研究课题。该报告和结论于 1994 年 9 月通过国务院三峡办组织的25位专家的初审。

摘编自：

1.《关于印发长江三峡工程输变电工程设计工作纲要的通知》（能源计〔1993〕192 号），能源部，1993 年。
2.《三峡输电系统设计》，电力规划设计总院，中南、华东、西南电力设计院，1994 年 1 月。
3.《关于送审三峡输电系统设计文件的请示》（电电规〔1994〕301 号），电力部，1994 年 5 月 16 日。
4. 25 位专家的初审纪要，国务院三峡办，1994 年 9 月。

第二节　直流电压等级确定

直流输电方案确定后，机械工业部、华东电力设计院等单位进一步对直流输电方案的电压等级进行了深入的研究和论证。

1995 年 6 月，机械工业部发文阐明三峡直流采用±500kV 或±600kV 均可行，从制造和运行经验（葛南直流工程）看，宜选择±500kV，文件还附有损耗和选用导线截面的比较报告。同时，华东电力设计院提交《三峡送电华东直流输电工程电压等级的优化选择》研究报告，进行了技术和综合造价的比较，建议在招标时以±500kV 或±600kV 两种不同的电压等级进行比较，最后综合各种因素确定。因此，从技术可行性看，±500kV 和±600kV 均可行。鉴于当时世界上仅巴西伊泰普直流工程采用±600kV 电压等级，我国已投运的葛南、天广两回直流工程电压均为±500kV，从技术成熟度和运行经验、设备制造以及技术经济方面综合比较分析，认为±500kV 更优。1995 年，《关于三峡工程输变电系统设计的批复意见》（国三峡委发办字〔1995〕35 号）明确：三峡工程送电华东采用纯直流方案，直流电压等级为±500kV，每回直流输电规模为 3000MW，并确定三峡直流系统均接入交流 500kV 交流电网；批准的三峡输电系统总投资中含有足够用于三峡送电华东二回纯直流方案所需的外资额度；三峡输电系统（包括直流输电首端、受端换流站）的工程业主（项目法人）为国家电网建设总公司。

摘编自：

1.《关于三峡工程输变电系统有关问题的函》（机械重〔1995〕502 号），机械工业部，1995 年 6 月 19 日。
2.《三峡送电华东直流输电工程电压等级的优化选择》，华东电力设计院，1995年6月。
3.《关于三峡工程输变电系统设计的批复意见》（国三峡委发办字〔1995〕35号），国务院三峡工程建设委员会，1995年。

第三节　换流站站址分析和比选

大型直流输电工程送端换流站是大功率电力汇集的重要场所，其建设地点的确定对换流站建设的经济合理性和运行安全可靠性有极重要的关系，同时换流站的选择还应符合换流站在电力系统中的地位和作用。

在三峡直流工程换流站选址，特别是送端换流站选址在三峡电站坝区内还是坝区外的问题上，从1994年始，国内进行了大量的研究，包括对站址的基础条件、接入系统方式以及技术经济比较等。中南电力设计院于1994年11月提交了《规划选站补充报告》，1995年7月完成了《三峡首端换流站分合建的补充技术经济分析报告》，提交了《三峡首端换流站规划选站报告》，国家电网建设总公司召开了专家评审会，并组织18家相关单位和数十位专家实地踏勘和调查，进一步明确了换流站的功能，即换流站不仅仅是水电站的升压变电站，而且兼作电力系统的枢纽变电站，要从电力系统上考虑它的适应性，三峡向华东送电是网对网送电，其性质更是如此，因此，三峡换流站送端站址拟选定为三峡电站坝区外方案。

1995年7月，邹家华副总理主持召开会议研究并明确了直流电压等级、换流站站址、出线回路数、工程总量和投资总量等重大问题。确定三峡直流工程采用±500kV电压等级、额定直流电流为3000A、直流输送容量为每回3000MW；三峡左岸直流首端换流站站址在坝区外选择。

1996年7月，国家电网建设有限公司组织了审查会，对设计院提交的各备选站址进行比选，并根据《关于三峡左岸换流站站址的批复》（电网工〔1996〕9号文）、《关于印发三峡送华东第一回直流输电工程逆变站站址审查会议纪要的通知》（电网工〔1996〕32号文），最终确定三常直流工程送端换流站与宜昌变电站合并建设在宜昌龙泉镇，受端换流站建在常州政平。

至此，确定了三峡直流工程换流站具有电力系统枢纽变电站的功能，其选址要考虑电力系统适应性的基本原则。后续直流工程换流站站址的选择均参照此原则进行。2000年10月，三沪直流工程通过换流站站址审查，确定湖北宜都、上海华新换流站为华中、华东两大电网联网点和功率交换点，宜都同时也是华中电网的重要联网点。2002年12月，国家电网公司建设部和电力规划设计总院召开三广直流工程可行性研究审查会，确定荆州市、惠州博罗县为两端换流站站址。

图7-1和图7-2分别为龙泉和政平换流站鸟瞰图。

图7-1　龙泉换流站鸟瞰图

摘编自：

1.《三峡首端换流站分合建的补充技术经济分析》，中南电力设计院，1995年8月。

2.《三峡送华东第一回直流输电工程逆变站站址审查会纪要》（电网工〔1996〕9号），国家电网建设有限公司，1996年7月。

3.《关于三峡左岸换流站站址的批复》，国家电网建设有限公司，1996年。

4.《关于印发三峡送华东第一回直流输电工程逆变站站址审查会议纪要的通知》(电网工〔1996〕32 号)，国家电网建设有限公司，1996 年。

图 7-2 政平换流站鸟瞰图

第二章　三峡直流输电工程建设工期及接入系统要求

第一节　三峡直流输电工程工期安排

在 1994 年 10 月 24 日印发的国务院第 44 次总理办公会议纪要中，明确了“三峡输变电系统和电站分开建设，电网应统一建设、统一管理”的原则。

根据工程建设的实际需要，与交流工程不同，三峡直流工程由于涉及国际采购及设备的非典型化设计，其建设程序划分为以下几个建设阶段：计划任务书下达、选线及工程选站、换流站功能规范书编制、预初步设计及其审查、直流主要设备的国际招标/采购、确定最终初步设计、施工设计、施工、设备和分系统调试、站系统调试、端对端系统调试、三级验收、国家电网公司启动验收委员会验收、国务院验收组的国家验收。这是一个系列化、完整协调的建设程序。由于三峡直流工程增加了预初步设计及其审查环节，合理地解决了由于国际招标采购及设备非典型化不能率先确定初步设计的问题，保障了设计方案与设备选型的有效衔接，保证了直流工程的建设工期及顺利投产。

三峡输变电工程建设安排的基本原则是：与三峡电站装机进度同步，使三峡电力能“送得出，落得下，用得上”。1994 年 12 月 14 日，长江三峡水利枢纽工程正式动工建设，按计划三峡枢纽工程的总工期为 17 年，分三期进行。工程准备和一期工程为 1993-1997 年共 5 年，实现大江截流；二期工程为 1998-2003 年共 6 年，实现首批机组发电；三期工程为 2004-2009 年共 6 年，到 2009 年 26 台机组全部建成发电。三峡直流输电工程均根据三峡电站建设进度做出相应安排，并适当超前，确保了三峡电力的送出。2009-2011 年为输变电工程建设的第四阶段，主要是配合完成增建三峡地下电站送出工程的要求。

2003 年 7 月，三峡电站首台机组建成正式投运。三常直流工程是三峡输变电工程的第一个直流项目，工程于 2000 年 7 月正式开工，工程建设顺利，按计划于 2002 年 12 月极 I 投运，2003 年 6 月双极试运行，紧密配合了三峡电站左岸首台机组 7 月正式投产后电力及时向华东电网的输送，对实现西电东送的大战略，提高华中、华东联网输电能力发挥了重要作用，对满足华东地区电力需求、提高电网运行质量和经济效益具有十分重要的意义和作用。

1996-2002 年，在三峡输变电工程建设的实施过程中，由于三峡供电区的电力供需情况发生了很大变化，特别是 2000 年国务院做出了关于“西电东送”和“十五”期间外区向广东送电 1000 万 kW（其中三峡电力送广东 300 万 kW）的重大决策，因此需要对 1995 年批准的三峡电力系统设计进行补充论证、滚动调整。2000 年 12 月，国家电力公司向国家计划委员会（简称国家计委）报送了《关于三峡（华中）—广东直流输电工程可行性研究报告的请示》（国电计〔2000〕817 号），2001 年 3 月，国家计委以《关于三峡（华中）至广东直流输电工程可行性研究报告的批复》（计基础〔2001〕248 号）批准了三广直流工程的可研报告。2001 年，国家电力公司开展了《三峡输电系统设计的补充研究》，其目的是落实三峡向广东送电 300 万 kW 的决策，确保三峡电力全部送出和合理消纳，在原规划方案的基础上结合新的变化对三峡输电系统进行优化调整，提出新的调整方案。2001 年 11 月国务院三峡建委会同国家电力公司对补充研究报告进行了联合审查，国务院三峡办副主任张德楠、国家电力公司总经理助理周小谦做了重要讲话，会议审定了三广直流工程的方案和规模。2001 年 11 月 20 日，国务院三峡办、国家电力公司下发《关于印发〈三峡输电系统设计的补充研究审查会纪要〉的通知》（国三峡办发计字〔2001〕113 号），后附三峡输电系统设计补充研究审查会议纪要和专家组意见。国务院三峡建委于 2002 年 7 月以国三建委发办字〔2002〕29 号文批复了三广直流工程纳入三峡输变电工程管理的有关问题。2002 年 7 月，国务院三峡建委以国三建委发办字〔2002〕13 号文批复了三峡输变电工程调整方案，明确三峡输电系统总规模为：500kV 线路 6519km，交流变电容量 2275 万 kVA；直流线路 2965km（含三广直流线路 975km），直流换流站容量为 1800 万 kW（含三广直流换流站 600 万 kW，未含葛南直流工程 120 万 kW），并重新核定了三峡输电系统静态总投资。截至 2002 年，三峡直流工程的系统规划为新建三回，每回±500kV、3000MW。

三峡水利枢纽第二阶段工程建设的目标是确保三峡电站左岸电站 14 台机组全部发电送出。其中重中之重是建成三广直流工程以及相应的交流输变电工程。三广直流工程于 2001 年 10 月开工；2004 年 2 月单极投运，6 月双极投运，高速优质地完成了工程建设任务，并实现了直流工程国产化率 50%的目标，国内首次自主完成直流输电工程功能规范书的编制。

在三广直流工程建设的同时，为全面检验和提高我国直流输电国产化能力，国家电力公司提出将灵宝换流站作为三峡右岸直流工程的国产化中间试验项目，完全依靠国内科研、设计、主设备制造、施工建设力量进行建设。2001 年国家计委以《国家计委关于西北（陕西）与华中（河南）电网直流联网工程可行性研究报告的批复》（计基础〔2001〕55 号）批复灵宝背靠背工程立项。2002 年，应国家电力公司的要求，国务院三峡建委以《关于西北与华中电网联网工程使用三峡基金作为项目资本金请示的批复》（国三建委发办字〔2002〕02 号）批复同意在三峡基金中安排 1.16 亿元作为灵宝背靠背工程的资本金，以《关于西北—华中联网背靠背直流工程有关国家化专题会议纪要的通知》（国三峡办发技字〔2002〕64 号）批准了灵宝背靠背工程的技术方案与总体投资。灵宝背靠背工程 2003 年 4 月开工，2005 年 7 月开始投运，2005 年 11 月通过了国务院长江三峡二期工程输变电工程验收组的验收，它标志着我国超高压大型直流工程建设自主化与成套设备国产化的目标基本达到。

第三阶段的工程建设以确保三峡电站右岸电站 12 台机组的发电送出为主要目标。此阶段重点工程为三沪直流工程及与此相应的交流输变电工程。2006 年 12 月 9 日，三沪直流工程顺利投产，不仅保证了三峡电力的送出，同时，国内相关的设计和制造企业具备了直流输电工程换流站成套设计和关键设备制造的投标资质。

由于三峡工程增建了地下电站送出工程，国家电网公司于 2007 年 8 月 1 日向国家发展和改革委员会上报了《关于葛沪直流综合改造工程项目核准的请示》（国家电网发展〔2007〕636 号），附件为葛沪直流综合改造工程电网接线图、葛沪直流综合改造工程项目核准支持性文件汇编。依据《国家发展改革委关于三峡地下电站送出工程项目核准的批复》（发改能源〔2008〕3380 号）的指示，国家电网公司建设了葛沪直流综合改造直流工程（±500kV、3000MW），于 2008 年 12 月开工建设，于 2011 年 4 月双极投运。该工程为 100%国产化建设。三峡直流工程工期见表 7-1。

表 7-1　　三峡直流工程工期表

三峡工程建设阶段	工程名称	开工时间	单极投运时间	双极投运时间
第二阶段	三常	2000 年 7 月	2002 年 12 月	2003 年 5 月
	三广	2001 年 10 月	2004 年 2 月	2004 年 6 月
	灵宝	2003 年 4 月	2005 年 7 月	
第三阶段	三沪	2004 年 12 月	2006 年 12 月双极投运	
后续	葛沪直流综合改造（荆门—沪西）	2008 年 12 月	2011 年 4 月双极投运	

摘编自：

1.《关于三峡工程输变电系统设计的批复意见》（国三峡委发办字〔1995〕35 号），国务院三峡建委，1995 年。

2.《关于印发〈三峡输电系统设计补充研究审查会纪要〉的通知》（国三峡办发计字〔2001〕113 号），国务院三峡办，2001 年 11 月 20 日。

3.《关于对三峡输变电工程及二次系统调整方案的批复》(国三建委发办字〔2002〕13 号),国务院三峡建委,2002 年 7 月。

4.《国家计委关于西北(陕西)与华中(河南)电网直流联网工程可行性研究报告的批复》(计基础〔2001〕55 号),国家计委,2001 年。

5.《关于西北与华中电网联网工程使用三峡基金作为项目资本金请示的批复》(国三峡办发办字〔2002〕02 号),国务院三峡办,2002 年 1 月 15 日。

6.《关于西北—华中联网背靠背直流工程有关国产化专题会议纪要的通知》(国三峡办发技字〔2002〕64 号),国务院三峡办,2002 年。

7.《关于葛沪直流综合改造工程项目核准的请示》(国家电网发展〔2007〕636 号),国家电网公司,2007 年 8 月 1 日。

8.《国家发改委关于葛沪直流综合改造工程项目核准的批复》(发改能源〔2008〕3381 号),国家发展改革委,2008 年 12 月。

9. 国家电网公司. 中国三峡输电工程 直流工程与设备国产化卷. 中国电力出版社,2008 年。

第二节 三峡直流输电工程接入系统研究和边界条件的确定

三峡输电系统整体论证过程大体上分为三个阶段:第一阶段是配合三峡工程可行性研究及工程立项开展的电力系统初步论证工作,其结果纳入三峡工程可行性研究中;第二阶段是三峡工程经最高权力机关决策后对三峡输电系统的全面论证工作,包括三峡水电站供电范围内的电力系统规划及其有关输电方式、输电电压、输电网络、配套输变电工程等;第三阶段是系统论证工作的滚动研究,主要针对三峡水电站送电方向和电力市场的变化开展的补充论证、项目调整和电能消纳方案。

电力部组织国家电网建设总公司、相关电管局、电科院、电力设计院等单位对三峡输电系统的动态模拟研究十分重视,将其作为三峡输变电工程建设系统研究的基础论证研究之一。1995 年 8 月电科院提交《关于在俄罗斯进行三峡输电工程的动模试验准备工作的报告》,提出了初步研究计划。1996 年 9 月,国家电网建设有限公司以《为三峡电力系统动模试验所进行的分析计算情况汇报》的签报,向陆延昌副部长汇报,包括:①原始资料的分析和整理;②三峡电力系统计算分析的主要内容和结论性意见;③几点建议和设想,提出需进一步深入研究的问题,希望在开展三峡输电系统研究方面尽早与俄罗斯合作进行动态模拟实验合作。1996 年 10 月,华中电业管理局向电力工业部提交《对三峡电力系统动模试验研究报告的意见和建议》,含华中电业管理局的华中电计〔1996〕263 号签报,涉及基础资料、负荷水平、调峰问题、电网结构、调相调压和稳定计算分析六部分的内容。至 1997 年 10 月,电科院提交了《三峡电力系统动模试验等值研究情况汇报》,包括电科院赴俄罗斯直流研究院(NIIPT)工作组情况、三峡电力系统等值方案的审查和确认、动态模拟试验研究工作大纲以及下一步工作的安排和建议。在深入细致的准备工作的基础上,动态模拟研究工作组赴俄罗斯进行了详细深入的动态模拟实验研究。

在可行性研究、三峡输电系统设计及其滚动研究以及三峡输电系统动态模拟仿真研究的基础上,确定了三峡电站出线电压为交流 500kV、按 15 回设计(2006 年调整为 13 回,参见第一篇第六章),其中左岸 8 回共 14 台 700MW 发电机组(8 台机组分接在左一母线,出线 5 回;6 台机组分接在左二母线,出线 3 回)。右岸 7 回共 12 台 700MW 机组(6 台机组分接在右一母线,出线 4 回;6 台机组分接在右二母线,出线 3 回),三峡输变电工程示意图见本书概述图 1。

三峡直流工程最终接入系统的概况如下:

(1)三常直流工程。龙泉换流站 500kV,交流回路共 10 回+5 回,其中三峡左岸电站 3 回、荆门 2 回、自耦变压器 2 回、备用 3 回;换流变压器 2 回、交流滤波器 3 回。政平换流站 500kV 交流回路共 4 回+5 回,其中至武南变电站出线 2 回、备用 2 回;换流变压器 2 回、交流滤波器 3 回。

（2）三广直流工程。荆州换流站500kV交流回路共13回+5回，其中三峡右岸电站2回、三峡左岸电站3回、蔡家冲2回、荆门2回、潜江2回、主变压器2回；换流变压器2回、交流滤波器3回。惠州换流站500kV交流回路共2回+4回，其中交流回路2回；换流变压器2回、交流滤波器2回（第三大组与1回交流共用一个间隔）。

（3）三沪直流工程。宜都换流站500kV交流回路共9回+5回，其中三峡右岸电站3回、荆州2回、水布垭电站1回、备用2回；换流变压器2回、交流滤波器3回。华新换流站500kV交流回路共4回+5回，其中黄渡2回、备用2回；换流变压器2回、交流滤波器3回。

（3）葛沪综合改造直流工程。送端荆门换流站的交流接入方案为：本期交流出线6回，以3回500kV线路接入荆门特高压站，地下电站以3回线路接入荆门换流站；换流变压器进线2回，交流滤波器3回。受端沪西换流站的交流接入方案为：本期交流出线2回，就近接至规划中的练塘变电站，并预留2回出线间隔；换流变压器进线2回，交流滤波器3回。

摘编自：

1.《关于在俄罗斯进行三峡输电工程的动模试验准备工作的报告》，中国电力科学研究院，1995年8月29日。

2.《为三峡电力系统动模试验所进行的分析计算情况汇报》，电力部，1996年9月6日。

3.《对三峡电力系统动模试验研究报告的意见和建议》，华中电业管理局，1996年10月14日。

4. 华中电计〔1996〕263号签报，华中电业管理局，1996年。

5.《利用俄罗斯 NIIPT（俄罗斯直流研究院）动模试验装置进行三峡电力系统动模试验研究的技术任务书》，中国电力科学研究院，1997年2月。

6.《三峡电力系统动模试验等值研究情况汇报》，中国电力科学研究院，1997年10月。

7. 国家电网公司，中国三峡输变电工程　系统规划与工程设计卷，中国电力出版社，2008年。

第三章　三峡直流输电工程概况及特点

第一节　工　程　概　况

1995 年 7 月，三峡直流工程正式进入可行性研究阶段，包括电力系统一次、电力系统二次、直流换流站、直流输电线路以及接地极和接地极线路等。

1995 年 9 月，电力部在北京召开了三峡电力系统规划工作会议，对华中、华东、四川电网 2000-2010 年等水平年的负荷水平、电源安排及工程建设提出了方案，并经国务院三峡建委批准。其中，华中送电华东的设计能力为 720 万 kW（即两回 300 万 kW 的新建直流工程及已投运的 120 万 MW 的葛南直流工程），在此基础上，三常、三沪直流工程的可行性研究最终分别于 1997、2003 年完成。

2000 年国务院做出关于“西电东送”和“十五”期间外区向广东送电 1000 万 kW 的决策，其中三峡电力送广东 300 万 kW 采用直流输电方式。2001 年 3 月，国家计委以《国家计委关于三峡（华中）至广东直流输电工程可行性研究报告的批复》（计基础〔2001〕248 号）批准了三广直流工程的可研报告。

2005 年，国家电网公司开展了三峡地下电站输电方案研究，2008 年，在《国家发展改革委关于三峡地下电站送出工程项目核准的批复》（国家发展改革委〔2008〕3381 号）的指示下，完成了葛沪直流综合改造工程的可行性研究，并于 2007 年通过评审，参见《关于报送葛沪直流综合改造工程可行性研究报告评审意见的报告》（电顾规划〔2007〕696 号）。

因此，三峡直流输电工程最终规模为共 4 个单项工程，直流输电线路总长度约 4913km（参见长江三峡工程整体竣工验收输变电工程验收报告）、8 座换流站总容量 2400 万 kW。此外，灵宝直流背靠背工程联网容量 36 万 kW，参见《国家计委关于西北（陕西）与华中（河南）电网直流联网工程可行性研究报的批复》（计基础〔2001〕55 号）。见表 7-2。

表 7-2　　三峡直流工程概况表

工程名称	额定直流电压（kV）	额定直流电流（A）	额定直流功率（MW）	线路长度（km）
三常	±500	3000	3000	859.685
三广	±500	3000	3000	940.6
三沪	±500	3000	3000	1048.645
葛沪直流综合改造（新建）	±500	3000	3000	1948（同塔双回）
灵宝	120	3000	360	—

注　参见各项工程的终验报告。

摘编自：

1.《三峡输电系统设计》，电力规划设计总院，中南、华东、西南电力设计院，1994 年 1 月。

2.《关于印发〈三峡输电系统设计补充研究审查会纪要〉的通知》（国三峡办发计字〔2001〕113 号），国务院三峡办，2001 年 11 月 20 日。

3.《三峡至常州±500kV 直流输电工程可行性研究报告及审查会纪要》，电力规划设计总院，1997 年。

4.《三峡至上海±500kV 直流输电工程可行性研究报告及审查会纪要》，电力规划设计总院，2003 年。
5.《国家计委关于三峡（华中）至广东直流输电工程可行性研究报告的批复》（计基础〔2001〕248 号），国家计委，2001 年。
6.《关于报送葛沪直流综合改造工程可行性研究报告评审意见的报告》（电顾规划〔2007〕696 号），电力规划设计总院，2007 年。
7.《国家计委关于西北（陕西）与华中（河南）电网直流联网工程可行性研究报的批复》（计基础〔2001〕55 号），国家计委，2001 年。
8.《长江三峡二期工程输变电工程验收报告》，国务院长江三峡二期工程输变电工程验收组，2003 年 8 月 22 日。
9.《三峡至广东±500kV 直流输电工程终验报告》，三峡至广东±500kV 直流输电工程验收委员会，2004 年 12 月 19 日。
10.《长江三峡三期输变电工程三峡至上海±500kV 直流输电工程终验报告》，国务院长江三峡三期工程输变电工程验收组，2007 年 12 月 19 日。
11.《葛沪直流综合改造工程终验报告》，国务院长江三峡工程整体竣工验收委员会输变电工程验收组，2014 年 12 月 20 日。
12.《灵宝直流输电工程终验报告》，国务院三峡工程建设委员会灵宝直流输电工程验收委员会，2005 年 11 月 27 日。
13.《长江三峡工程整体竣工验收输变电工程验收报告》，国务院长江三峡工程整体竣工验收委员会输变电工程验收组，2015 年 7 月。

第二节 工 程 特 点

三常直流工程，三峡第一回（左岸电站）送电华东的直流工程，也是我国第一项±500kV、300 万 kW 的远距离大容量直流输电工程，直流电流高达 3000A，是当时世界范围直流电流最大的工程。当时国内尚无独立设计和设备制造的能力，也没有成熟的工程建设经验。因此，三常直流工程既承担着高质量按期完成工程建设的任务，还要作为直流输电技术实现全面国产化的起步工程，特别是实现直流主设备国产化的重要起步工程。

三广直流工程作为西电东送的一个环节，是三峡直流输电方案追加的一项工程，不仅质量要求高，而且工期紧。在舒印彪、李文毅、孙家骏等所著《三峡发电群采用相似 HVDC 双极方案的优势》论文对三峡电力外送的系统规划，交货期要求，减少运行维护成本，加快技术的进一步消化吸收和优化，进一步实现标准化等 10 个方面进行了深入分析和研究，确定了三广直流工程应充分借鉴三常直流工程建设的经验，进一步提高国产化的深度和比例，以实现华中与南方电网的直流联网。三广直流工程不仅要通过直流输电实现西电东送，还要引进、深入消化吸收国外直流输电技术。

三沪直流工程，三峡右岸电站送电华东的直流工程，虽然其直流主回路参数与三峡左岸直流工程相同，但国内自主设计、自主制造的能力得到进一步的提高，国产化率达到约 70%，工程的设计优化、施工工艺质量得到全面提升，投资控制以及环境保护取得显著成效。在同类工程中，该工程以最短的工期保证了工程的高质量。

西北—华北灵宝背靠背直流联网工程，是我国自主建设的第一项直流背靠背联网工程，也是我国完成直流输电技术引进后，集合了国际不同技术路线，通过国内独立自主的技术集成创新、全面实施国产化“练兵”的示范工程。

葛沪直流综合改造工程是三峡送电的第四项直流工程，也是三峡输变电工程的收官之作。它充分利用了原葛南直流工程的线路走廊，采用同塔双回直流输电线路技术（其中约 922.9km 与原葛南直流工程新建同塔双回直流线路，在南桥端新建约 41km 线路，按直流线路与接地极线路同塔架设）及共用接地极技术（荆门换流站与三常直流工程龙泉换流站共用青台换流站、沪西换流站与葛南直流工程南桥换流站共用南桥接地极），既完成了三峡地下电站电力的送出，也充分利用了现有资源，大大节省了线路走廊和占用的接地极址，并为葛沪直流工程的进一步增容进行了技术上的准备。时隔不到 10 年，该工程全面实现了±500kV 级直流工程的 100%的国产化，并建立了我国独立自主的研究、设计和产品制造的平台。

摘编自：

1.《关于三峡（华中）—广东直流输电工程可行性研究报告的请示》（国电计〔2000〕817 号），国家电力公司，2000 年 12 月。

2.《国家计委关于三峡（华中）至广东直流输电工程可行性研究报告的批复》（计基础〔2001〕248 号），国家计委，2001 年。

3.《国家计委关于西北（陕西）与华中（河南）电网直流联网工程可行性研究报的批复》（计基础〔2001〕55 号），国家计委，2001 年 1 月 21 日。

4.《关于报送葛沪直流综合改造工程可行性研究报告评审意见的报告》（电顾规划〔2007〕696 号），电力规划设计总院，2007 年。

5. 国家电网公司工程建设部，三峡—常州±500kV 直流输电工程，中国电力出版社，2004 年。

6. 国网直流工程建设有限公司，三峡—广东±500kV 直流输电工程，中国电力出版社，2009 年。

7. 国网直流工程建设有限公司，三峡—上海±500kV 直流输电工程，中国电力出版社，2009 年。

8.《西北—华中联网灵宝直流背靠背工程总结》，国家电网公司，2004 年。

9.《葛沪直流综合改造工程初验报告》，国家电网公司，2014 年。

第四章　三峡直流输电工程项目咨询研究及功能规范书编制

第一节　20世纪80年代直流输电技术调查研究

三常直流工程是我国继葛南（±500kV、1200A、1200MW，1990年投运）、天广（±500kV、1800A、1800MW，2000年投运）两回直流工程之后建设的第三项远距离大容量直流输电工程，其输送容量大幅增加，为3000MW。工程建设处于直流输电技术快速发展阶段，但也遇到不少困难。直流输电基于的换流器电力电子设备以及基于计算机技术的直流控制保护技术发展很快，但是当时国内尚无此类工程的设计和主设备制造能力。采用什么技术能确保三峡直流工程的工期、质量和技术先进性，是工程建设遇到的首个问题。

国家电网建设总公司从1995年初至1997年期间，先后多次组织国内设计、制造企业单位和专家进行调研。当时赴国外的技术考察团主要包括1995年2月中国三峡输变电系统及设备技术考察团，1997年5月国家电网建设有限公司周小谦一行访欧代表团，2001年2月国家电力公司赴德、赴美关于光触发晶闸管技术及其应用考察团等。根据调查，当时仍从事直流输电工程建设的国外公司主要包括ABB、GEC-ALSTOM、西门子三家公司。为了深入了解各家公司的技术特点和技术水平，中国电网建设有限公司曾组织三支年轻的技术骨干团队，包括刘泽洪、马为民、高斌、沈顺民等人，分赴这三家公司进行直流输电技术的联合工作，深入了解国外的技术状况，并于1997年8月提交了调查研究考察报告，包括中方与ABB、西门子、GEC-ALSTOM三家国外厂家联合研究的工作内容和各家的直流输电技术特点等。这为之后的三峡直流工程换流站主设备的国际采购、招投标工作以及直流系统研究和设计奠定了坚实的技术基础。为了确保设备质量，国家电力公司同时还对具有一次电力设备试验实力的KEMA公司进行了考察，并提出了合作意向，为之后开展换流站主设备监造工作进行准备。

三峡直流工程采用的技术处于当时国际先进和领先水平，因此，我国直流工程设计和设备制造高起点的国产化水平、三峡直流工程的稳定运行，以及后续直流工程建设的自主集成创新和特高压直流输电技术的快速发展才得以实现。

摘编自：

1.《中国三峡工程输变电系统及设备技术考察团考察报告》，中国三峡输变电系统及设备技术考察团，1995年2月18日。
2.《国家电网公司访欧代表团报告》，国家电网公司访欧代表团，1997年5月。
3.《访欧直流技术考察报告》，中国电网建设有限公司，1997年8月。
4.《赴荷兰考察报告并直流主设备监造合作意向协议》，中国电网建设有限公司，1997年9月。
5.《关于光触发技术及其应用的考察报告》，国家电力公司赴德、赴美关于光触发及其应用考察团，2001年2月28日。

第二节　我国第一个直流输电工程咨询公司

三峡直流工程建设之前，我国已建、在建的直流输电工程有舟山直流输电工业性试验工程（－100kV、50MW、1989投运），嵊泗直流输电工程（±50kV、60MW、2002年投运）以及葛南、天广两回远距离大容量直流工程。前两回为国内自主建成，后两回工程的电压等级和输送容量大幅提升，建设方式均为国外公司总承包。

既要保证高质量按期完成三峡直流工程建设任务，又要借此契机摆脱国外对直流输电技术的垄断，这是三峡直流工程建设的宗旨之一。按照国家国产化政策的要求，国家电网建设总公司自1996年初即开始与电力规划总院等单位进行多次研究，决定首先着手国内自主完成直流系统研究和编制工程功能规范书，并于1996年3月20日与电力规划设计总院研究关于功能规范书的编制问题，周仲仁、汤蕴琳、邹一之、周凤熙、李宝金等参加，明确我国应自主建立一支专业直流工程咨询队伍，即直流工程咨询公司。1996年5月，国家电网建设总公司先后对加拿大泰西蒙、HQI、SNC及美国的Lavalin、GE、BVI等国外电力咨询机构进行了考察和调研，并于1996年6月召开国家电网建设有限公司董事会，讨论关于筹建北京网联直流咨询有限责任公司的出资决议。同时，集合国内相关的电力规划、设计、科研和建设单位的骨干力量，由国家电网建设有限公司（占51%股份）、电力部电力科学研究院（占19%股份）、中国电力建设工程咨询有限公司（占9%股份）、中国电力建设工程咨询华东公司（占8%股份）、中国电力建设工程咨询中南公司（占8%股份）、电力工业部武汉高压研究所（占5%股份）六家单位出资，于1997年7月率先注册成立了我国第一个专业从事直流输电工程的咨询公司——北京网联直流工程技术有限公司（简称网联公司）。2001年，国家电力公司电网建设部总结了网联公司三年来的工作成绩和经验，进一步研究了网联公司的发展规划，包括公司成立背景、主要任务和工作情况、组织机构、公司发展等问题，并于2001年1月8日签发《关于加强国家电力公司直流工程咨询公司管理工作的建议》，向国家电力公司提出了关于加强国家电力公司直流工程咨询公司管理工作的建议和资本金提升请求，周小谦、陆延昌、赵希正等领导均给予批示。在国家电力公司的大力扶植下，网联公司相继取得甲级工程咨询资质、设备监理资质。2005年公司资本金得到进一步的提升，取得了相关资质，如图7-3～图7-5所示。

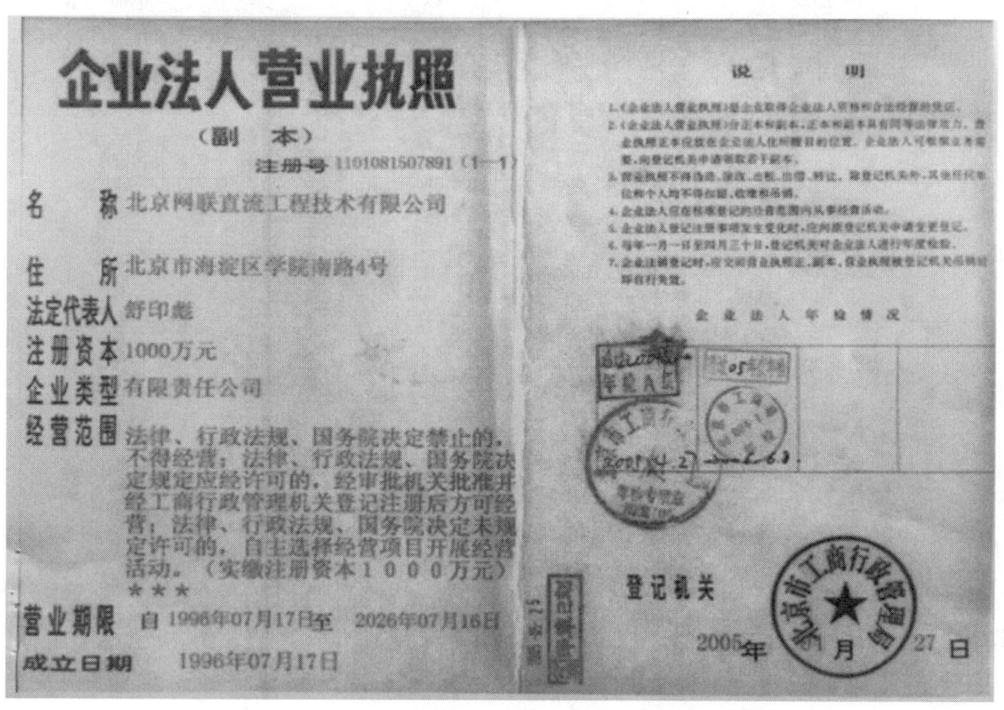
企业法人营业执照

（副　本）

注册号 1101081507891（1—1）

名　　称　北京网联直流工程技术有限公司

住　　所　北京市海淀区学院南路4号

法定代表人　舒印彪

注册资本　1000万元

企业类型　有限责任公司

经营范围　法律、行政法规、国务院决定禁止的，不得经营；法律、行政法规、国务院决定规定应经许可的，经审批机关批准并经工商行政管理机关登记注册后方可经营；法律、行政法规、国务院决定未规定许可的，自主选择经营项目开展经营活动。（实缴注册资本1000万元）

＊＊＊

营业期限　自1996年07月17日至　2026年07月16日

成立日期　1996年07月17日

说　　明

企业法人年检情况

登记机关

2005年　月27日

图7-3　网联公司2005年更新的企业法人营业执照

网联公司是我国第一家专门从事直流输电技术咨询的单位，是国内外技术交流的重要桥梁，是我国实现直流输电技术和工程建设国产化的排头兵。网联公司成为我国直流输电工程科研、设计、建设、设备制造各专业之间的纽带和结合点，将各个环节紧密结合，并将各环节的成果迅速应用于工程实际，服务于工程建设的全过程及工程投运后的技术支持。

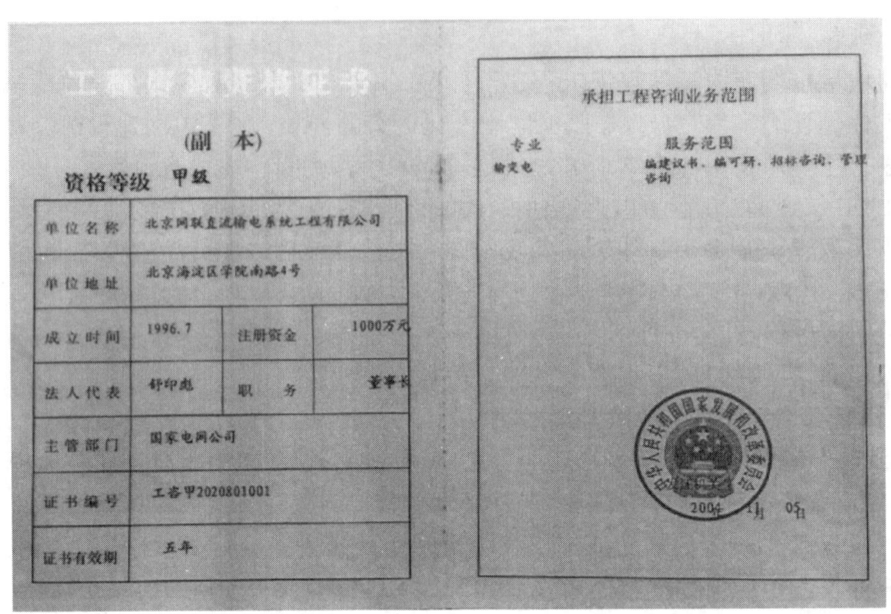

(副 本)

资格等级 甲级

单位名称	北京网联直流输电系统工程有限公司		
单位地址	北京海淀区学院南路4号		
成立时间	1996.7	注册资金	1000万元
法人代表	舒印彪	职 务	董事长
主管部门	国家电网公司		
证书编号	工咨甲2020801001		
证书有效期	五年		

承担工程咨询业务范围

专业	服务范围
输变电	编建议书、编可研、招标咨询、管理咨询

图 7-4 网联公司 2005 年更新的工程咨询资格证书

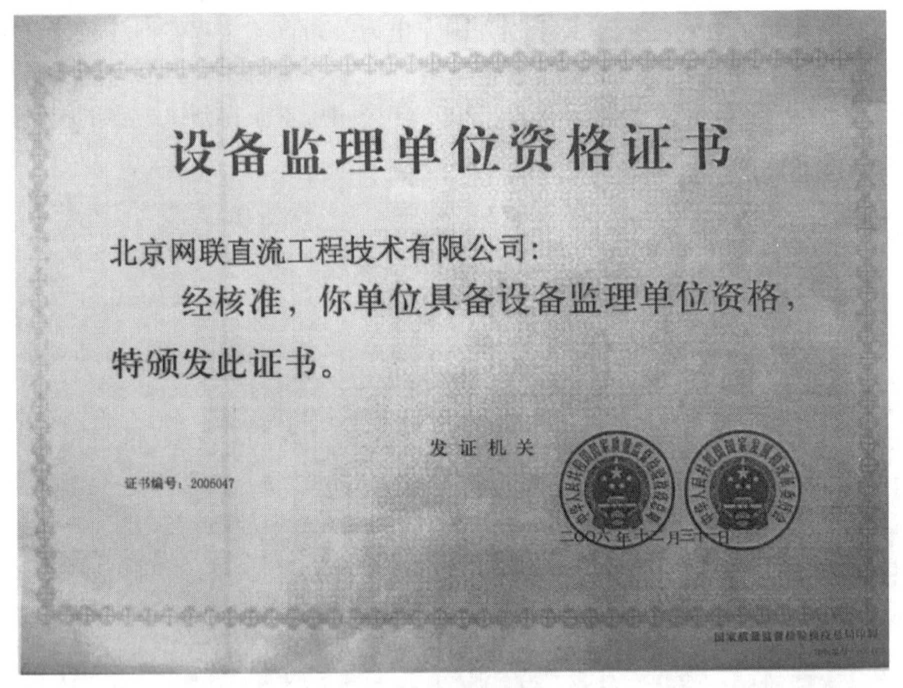

设备监理单位资格证书

北京网联直流工程技术有限公司：

经核准，你单位具备设备监理单位资格，特颁发此证书。

发证机关

证书编号：2006047

图 7-5 网联公司 2005 年更新的设备监理单位资格证书

网联公司在三峡直流工程，以及后续的超高压直流和特高压直流工程的建设过程中，都是直流系统研究和换流站成套设计技术以及推进设备国产化的一支基础力量，它培养和建设了至今仍战斗在我国直流输电工程建设第一线的技术骨干队伍。

摘编自：

1.《国外直流咨询公司状况的调查汇报》，国家电网建设有限公司，1996 年 5 月 15 日。

2.《关于筹建“北京网联直流输电工程咨询有限责任公司”的出资决议》，国家电网建设有限公司董事会，1996 年 6 月 21 日。

3.《关于加强国家电力公司直流工程咨询公司管理工作的建议》签报，国家电力公司电网建设部，2001 年 1 月 8 日。

第三节　三峡直流输电工程系统研究和功能规范书编制

直流输电工程功能规范书是在立项及可行性研究的基础上，对工程建设全过程提出的纲领性技术要求，它反映了工程目的、规模、基本功能和性能的要求；确定了系统的设计和运行条件、主设备及相关辅助系统的基本要求（包括国产化的要求），以及对工程建设和管理的基本要求。工程功能规范书是进行换流站系统研究和成套设计的基础，特别是在国内不能自主完成换流站成套设计时，它是设备国际采购招标的主要技术依据之一。直流咨询研究和功能规范书确定的过程，是直流工程建设的重要环节之一，它在工程设计、建设以及运行各个阶段中，对工程功能和性能要求进行规范和协调。

1996 年，国家电网建设有限公司发布了《关于发送三峡送华东第一项直流输电工程设备功能规范书编制原则讨论会纪要的通知》（电网工〔1996〕65 号），确定了三峡送华东第一项直流输电工程设备功能规范书的编制原则及开展研究的课题大纲。三常直流工程作为三峡首项直流工程，确定其功能规范书编制的基本原则是确保工程安全、先进、优质、高效。

当时，国际比较著名的电力工程咨询公司包括泰西蒙、HQI、SNC、Lavalin、GE、BVI 等公司。1996 年 7 月，国家电网建设公司收到 4 家咨询公司关于三峡直流工程咨询工作的报价，分别是加拿大泰西蒙咨询公司，美国 GE 公司，由加拿大、美国、巴西 6 家公司组成的联合体（由美国博莱克威奇公司负责），以及加拿大魁北克水电局 HQI 国际公司和兰万灵 SLI 国际公司组成的联合体。1996 年 10 月 9-16 日，国家电网建设有限公司分别与综合比选占优的加拿大泰西蒙咨询公司和美国 GE 公司两家公司进行合同谈判，最终经电力部的批准，确定加拿大泰西蒙咨询公司为三常直流工程的国外合作咨询公司，1997 年 1 月签订咨询合同。泰西蒙公司也是我国葛南、天广直流工程的咨询工作承包商，具有一定的中国工程咨询工作和与中方良好合作的经验。

从 1997 年初开始，在功能规范书的编制过程中，中加双方先后举行了 5 次咨询联合工作会议，对关键技术问题进行反复研讨。网联公司在国家电网建设有限公司的领导下，以“中外合作、中方多做工作、外方负责”的原则，在电力部各有关部门及其所属有关单位、长委设计院、机械部、中国长江三峡开发公司和有关运输部门，以及中国电力技术进出口公司、国家开发银行等经贸、金融单位的大力支持和配合下，在通过电力部审查的三峡电力系统研究论证的基础上，组织国内设计、科研、建设管理、运行、制造、试验等单位及高校专家及国外专家，对国内外直流技术的研究、咨询成果进行了大量的收集和分析工作，特别是切实汲取我国葛南和天广直流工程的建设经验，总结提出了 40 个咨询研究课题，对三峡电力系统及三常直流工程的基础数据、系统设计、一次设备、控制保护及通信、工程设计、直流线路、接地极等有关方面进行了深入的研究，对于某些重要的课题，由国内 2 家不同的研究单位分别开展工作，相互校核和优化。

三常直流工程功能规范书提出的 40 个课题（见表 7-3），形成了直流输电工程咨询的规范性研究内容，这也是三常直流工程的重要贡献之一。

表 7-3　　三常直流工程直流咨询研究课题表

序号	项目编号	项目名称	主　要　内　容
1	1.1	基础数据的整流和校核	对基础数据进行整流和校核，形成了 2003 年、2005 年、2010 年丰大、丰小、枯大、枯小基本运行方式的 BPA 格式潮流和稳定数据
2	1.2	确定设计原则	通过分析研究，提出三常直流工程设计中的基本原则和进行各项咨询研究时需要共同遵循的有关标准和准则
3	1.3.1	直流系统基本运行方式研究	为咨询研究和功能规范书确定直流系统的基本要求以及直流系统运行方式和运行范围要求
4	1.3.2	换流站主接线和建设步骤研究	按照系统运行方式的要求，结合当前世界上直流输电设备的制造水平以及本工程的具体情况，本着安全可靠、经济灵活的原则，通过技术经济研究分析，提出三常直流工程两端换流站的电气主接线方式

续表

序号	项目编号	项目名称	主　要　内　容
5	1.3.3	直流系统主回路设备电气参数初选报告	在咨询研究初期尽快提出一套直流系统主回路电气参数，作为其他课题研究的基础；随着工作进一步深入，逐步修改完善参数，最终由制造厂家和中方人员通过联合设计形成一套技术经济最优的参数
6	1.4.1	交直流系统潮流计算分析	计算结果将为工程技术规范书的编制提供各水平年中各种典型运行方式下的基础数据和潮流发布状况；对三峡网架适应潮流变化的能力及直流系统的运行方式做出分析评价；为交直流系统安全稳定计算以及其他相关课题提供合理的运行方式、前提条件和参考依据；并为工程招评标和设计提供技术参考
7	1.4.2	交直流系统稳定计算分析	通过事故预想和仿真，对三峡电力系统的安全稳定性能进行分析和评价，找出薄弱环节，提出交直流系统应采取的安全稳定措施以及对三峡直流输电系统的性能要求
8	2.1	换流站交流母线短路水平研究	计算内容包括远景年换流母线最大短路电流水平以及直流运行年份弱方式下换流站交流母线短路电流水平
9	2.2	交流系统等值研究	按照不同的等值方案，对典型运行方式下的三峡电力系统进行等值研究，其结果将为各相关课题和工程功能规范书的编制提供交流系统等值的方案、数据和资料
10	2.3	无功补偿和无功平衡研究	为功能规范书提供两端换流站无功补偿和无功平衡的原则和要求，并为其他相关课题提供研究条件和数据
11	2.4	背景谐波的测量和分析	测量、分析华中、华东两网的背景谐波水平，为换流站交流滤波器设计提供依据
12	2.5	交流侧谐波及交流滤波器研究	结合谐波水平及无功补偿要求，初步提出换流站交流滤波器设计方案
13	2.6	直流侧谐波及直流滤波器研究	提出直流滤波器初步设计方案，目的是将直流系统对临近通信线路的干扰水平降低到允许范围内
14	2.7	直流输电系统过电压保护和绝缘配合研究	根据初步设定的系统参数和各种类型避雷器参数，利用电磁暂态程序，计算、分析得出过电压保护和绝缘配合的主要数据指标
15	2.8	直流开关场和直流外绝缘研究	根据两端换流站站址、线路沿线污秽状况和可能的发展趋势、葛南工程运行经验，以及国内外已有的试验和研究成果，确定换流站户外设备爬电比距及线路绝缘子片数
16	2.9	直流系统控制保护性能研究	在总结国内外高压直流输电工程控制保护系统设计和运行经验的基础上，提出了三常直流控制保护系统的性能要求，为编制功能规范书提供参考
17	2.10	运行人员控制和站SCADA系统	通过研究，确定该系统的设计原则、主要控制和监视功能要求、性能要求等，并推荐一概念性结构框图
18	2.11	换流站交流保护研究	提供研究，提出对两端换流站主要交流元件保护的技术要求、设计原则、配置方案以及对相关专业的要求和配合关系
19	2.12	换流站通信系统研究报告	提出了换流站间信息传输要求、可能的通信方式及其特点，并给出六种备选通信方案
20	2.13	直流系统可靠性和可用率研究	收集世界上现有直流工程有关统计数据，并结合CIGRE资料的相关章节和术语定义，应用可靠性计算程序，对本工程可靠性和可用率指标进行计算分析
21	2.14	高压直流系统损耗及其费用的计算分析	应用IEC、IEEE等相关标准，给出三常直流工程损耗费用的计算值和推荐指标
22	2.15	直流输电线路和换流站环境影响研究	提供计算分析，给出直流输电线路和换流站对周边环境影响的评估
23	2.16	直流系统对通信系统干扰的研究	主要研究了三常直流线路在接地故障时对通信线路的危险影响，以及线路在正常运行情况下对音频电话回路的干扰影响
24	2.17	直流系统引起发动机组次同步谐振可能性研究	根据两端电网结构和特点，通过筛选分析和频域分析，得出本直流工程不会对华中、华东电网发动机组诱发次同步谐振的结论
25	2.18	谐波对继电保护的影响	结合交流系统继电保护长期运行经验和直流输电特点，针对微机保护，在三峡电力系统简化等值模型的基础上，使用EMTDC对本工程各种异常工况下的谐波情况进行分析计算，得出直流系统谐波对交流继电保护可能产生的影响
26	2.19	接地极电流引起的电场对地下金属构件和接地变压器的影响	针对几个预选极址土壤的各种特性参数进行研究，建立其电气结构模型，计算直流接地极电流引起的地电位升高，分析研究了对中性点接地变压器和地下金属构件的影响，为合理选择接地极址提供技术依据

续表

序号	项目编号	项目名称	主 要 内 容
27	2.20	同廊架设的交直流线路之间相互影响研究	通过解析计算和模拟计算分析，对同廊道交直流线路感应工频电压极电流分量、进而导致换流变压器直流偏磁和饱和的影响进行研究
28	2.21	三回直流输电工程连接两大电网所遇到的技术问题的研究	提出三回直流输电工程连接两大电网所遇到的技术问题及其对策，为功能规范书提供条件和协调控制性能要求，作为招评标和工程设计的参考依据
29	3.1	主接线	提供分析研究，提出两端换流站的电气主接线方案，包括交流场主接线及设备配置、阀桥主接线方案、直流场主接线推荐方案和站用电推荐方案
30	3.2.1	换流阀研究	提出了换流阀设计的基本要求、额定值、过负荷能力、元件参数选择、电压特性、电流特性、损耗及热性能、结构/安装/冷却方式及绝缘方式、触发方式、阀本体控制保护、监视和试验等相关要求
31	3.2.2	换流变压器	提出了换流变压器的型式选择、技术参数下载以及试验项目和验收标准等方面的要求
32	3.2.3	平波电抗器	提出了平波电抗器的参数选择及性能要求、试验要求，通过型式比选，推荐采用油浸式绝缘方案
33	3.2.4	交直流滤波器研究	提出了交直流滤波器设备的技术规范，包括型式选择、参数选择、安装方式、保护方案以及试验项目和验收标准
34	3.2.5	换流站交流侧设备研究	根据电气主接线、电气总平面布置、相关站址条件和直流对交流影响的要求，对换流站内 500、220kV 交流设备的选型、技术性能和试验等进行研究
35	3.2.6	换流站直流侧设备	根据前述第 14、15 项成果，对换流站直流侧设备提出选型及参数要求
36	3.3	总平面布置	根据主接线要求、站址环境、地理位置条件，研究交直流场、换流器、控制楼布置要求，并提出两端换流站总平面布置原则和初步方案
37	3.4	换流站防火系统研究	提出换流站防火设计原则，对设备的防火特性要求以及换流站火灾探测系统和消防系统的初步方案
38	3.5	维修工具和备品备件研究	提出两端换流站维修设备、专用工具和备品备件的配置原则
39	3.6	直流输电线路设计研究	经技术经济比较，提出推荐的直流线路路径方案、长江大跨越地点以及导线和地线参数
40	3.7	接地极设计研究	根据系统运行条件，对工程选址中推荐的各极址方案进行择优选址论证，确定设计原则，重点研究了接地极布置、形状、材料、结构、尺寸和接地极架空引线设计，以及地电流对环境的影响和接地极在线监测系统设计

1997 年 9 月底，网联公司完成了三常直流工程规范书的中文初稿，首先经过国内审查，目的是力求所提供的功能规范书（3 卷 4 册，共 820 页约 48 万字）具有科学性、实践性和广泛的技术性，以及最大程度上的准确性和完整性。1997 年 10 月底完成英文初稿。其后，中方工作人员赴加拿大与泰西蒙公司进行了两个多月的联合工作，请外方专家进行技术和文字的把关，最终形成三常直流工程功能规范书的中、英文送审稿。

三常直流工程最终提交了 40 份共计 76 万字的中、英文咨询报告；8 万字的导线、选线、接地极测试、大件运输等专题报告；约 48 万字的工程功能规范书。三常直流工程前期咨询研究历时约 15 个月，国内参加单位约 45 家，约 430 人，国外专家参加人数 45 人。

1998 年 1 月，中国电网建设有限公司组织召开会议（暨泰西蒙和网联公司第五次设计联络会）对泰西蒙和网联公司提交的直流工程功能规范书进行审查。

1998 年 3 月 16-19 日，国务院三峡建委会同电力部在北京联合组织召开《三峡—常州±500kV 直流输电工程换流站设备功能规范书》审查会，功能规范书顺利地通过了审查。1998 年 3 月 19 日，国务院三峡办发布《关于印发三峡—常州±500kV 直流输电工程换站设备功能规范书审查意见的通知》（国三峡办发装字〔1998〕016 号），并附审查会审查意见，确认三常直流工程建设规模、交流系统状况和数据、直流系统额定值和性能要求、换流站电气主接线、主要设备规范、二次部分技术规范、技术定义和标准等。此后，三常直流工程功能规范书作为三常直流工程换流站设备招标的技术标书文本。

三常直流工程是我国第一次主要依靠自身力量完成直流工程咨询和功能规范书编制工作的工程。工作中，中方技术人员发扬了自强、团结、严谨、科学的作风，圆满完成了任务，充分体现了“中外合作、中方多做工作、外方负责”的基本原则，其成果得到外方的校核和确认，并已得到工程实践的验证。至此，中方全面掌握了直流咨询工作全过程的研究内容、方法和步骤。这是我国直流工程国产化第一步的成功体现。

2000 年 8 月，网联公司提交了《关于三峡至华东第二回直流输电工程建设有关问题的汇报》，总结回顾了三常直流工程建设工作，对三广直流工程的工期、建设模式、建设准备工作等问题进行了总结和汇报。之后，三沪以及灵宝背靠背直流工程的咨询研究和功能规范书的编制，全部由国内独立自主完成，并且在国产化要求、环保要求、设计条件等方面更加切合我国实际，更为优化。2001 年 4 月三广直流工程换流站功能规范书通过审查。2001 年，西北—华中联网灵宝直流背靠背换流站工程功能规范书通过审查。

2003 年 11 月 27-28 日，国务院三峡办和国家电网公司在北京联合组织召开三沪直流工程功能规范书（技术部分）评审会（见图 7-6），功能规范书通过审查。

图 7-6　三沪直流工程功能规范书审查会

此后，我国的直流输电工程实现了全面国产化，功能规范书的编制均并入国内自主进行的直流系统研究和换流站成套设计。

三峡直流工程主要技术要求见表 7-4。

表 7-4　　**三峡直流工程主要技术要求**

工程名称	三常直流工程	三广直流工程	三沪直流工程	葛沪直流综合改造工程
额定直流电压（kV）	±500			
额定直流电流（A）	3000			
额定直流功率（MW）	双极 3000			
长期过负荷能力	1.05（标幺值）			

续表

工程名称			三常直流工程		三广直流工程		三沪直流工程		葛沪直流综合改造工程	
可靠性要求	强迫能量不可用率		≤0.5%							
可靠性要求	单极强迫停运率[次/（极·年）]		6		5					
可靠性要求	双极强迫停运率（次/年）		0.1		0.1					
换流阀	晶闸管型式		电触发、5英寸							
换流阀	每阀晶闸管数（正送）	整流侧	90							
换流阀	每阀晶闸管数（正送）	逆变侧	84							
换流阀	暂态电流能力（kA）		34							
换流变压器	单台额定容量（正送、MVA）	整流侧	297.5						297.6	
换流变压器	单台额定容量（正送、MVA）	逆变侧	283.7						280.8	
换流变压器	额定换相阻抗		16%							
换流变压器	分接开关（正送）	整流侧	+25/−5×1.25%		+25/−5×1.25%		+25/−5×1.25%		+27/−5×1.25%	
换流变压器	分接开关（正送）	逆变侧	+26/−2×1.25%		+28/−4×1.25%		+26/−6×1.25%		+28/−4×1.25%	
平波电抗器			油浸式，270mH		油浸式，290mH					
交流滤波器	换流站		龙泉	政平	江陵	鹅城	宜都	华新	荆门	沪西
交流滤波器	HP11/13	Mvar	140	—	140	140	145.5	—	190	—
交流滤波器	HP11/13	组数	3	—	3	3	3	—	3	—
交流滤波器	HP24-36	Mvar	140	—	140	140	145.5	—	190	—
交流滤波器	HP24-36	组数	3	—	3	3	3	—	3	—
交流滤波器	HP3	Mvar	118	—	140	—	166.2	—	190	—
交流滤波器	HP3	组数	2	—	1	—	2	—	2	—
交流滤波器	HP12-24	Mvar	—	220	—	—	—	210	—	202
交流滤波器	HP12-24	组数	—	5	—	—	—	5	—	5
交流滤波器	并联电容器	Mvar	—	190	160	160	166.2	210	190	202
交流滤波器	并联电容器	组数	—	4	4	6	1	4	2	4
直流滤波器	12/24	组数	2	2	—	—	—	—	2	2
直流滤波器	12/36	组数	2	2	—	—	—	—	2	2
直流滤波器	6/12	组数	—	—	2	2	2	2	—	—
直流滤波器	24/36	组数	—	—	2	2	2	2	—	—

摘编自：

1.《三峡直流工程功能规范书研究课题关于发送三峡送华东第一项直流输电工程设备功能规范书编制原则讨论会纪要的通知》（电网工〔1996〕65号），国家电网建设有限公司，1996年。
2.《泰西蒙和网联公司第五次联络会纪要》，中国电网建设有限公司，1998年1月。
3.《关于召开三峡—常州±500kV直流输电工程换流站设备功能规范书审查会的通知》（国三峡办发装字〔1998〕1013号），国务院三峡办，1998年3月5日。

4.《三峡—常州±500kV直流输电工程换流站设备功能规范书审查会纪要》，国务院三峡建委，1998年3月。
5.《关于印发三峡—常州±500kV直流输电工程换流站设备功能规范书审查意见的通知》（国三峡办发装字〔1998〕016号），国务院三峡办，1998年3月19日。
6.《三峡至华东第二回直流输电工程建设有关问题的汇报》，北京网联直流咨询公司，2000年8月。
7.《三广直流工程换流站功能规范书审查会纪要》，国务院三峡办，2001年4月。
8.《三沪直流工程功能规范书（技术部分）的评审纪要》，国务院三峡办，2003年11月。
9.《关于印发西北—华中联网直流背靠背换流站工程功能规范书审查会议纪要的通知》（网计〔2001〕44号），国家电力公司，2001年12月30日。
10.《关于西北—华中联网直流背靠背换流站工程功能规范书审查会议纪要的补充意见》（国网建〔2002〕9号），国家电力公司电网建设部，2002年4月22日。
11.《关于印发西北—华中联网直流背靠背换流站工程系统研究和成套设计及一次设备专题审查会议纪要的通知》（电规总送〔2002〕35号），电力规划设计总院，2002年4月25日。
12.《葛沪综合改造直流工程初验报告》，国家电网公司，2014年6月。

第五章　三峡直流输电工程的招投标

第一节　三峡直流输电工程换流站设备招标工作的原则

三峡直流工程的招标工作均是在国务院三峡工程建设委员会和国家电力公司、国家电网公司的直接领导下进行的。

1997 年 10 月，中华人民共和国对外贸易经济合作部至电力工业部文件《关于中国电网建设有限公司经营进出口业务的复函》（外经贸政审函字〔1997〕2695 号），作为电力工业部电外函〔1997〕95 号文的复函，同意赋予中国电网建设有限公司进出口经营权，明确其经营范围，并附出口商品目录、进口商品目录。

1997 年 12 月 17 日，中国电网建设有限公司会同国务院三峡办计划司张定明向国家经贸委国家机电产品进出口办公室做了《关于请示了解三峡直流工程进口设备执行有关政策记录汇报》的汇报。国家机电产品进出口办公室建议采取"邀请招标、议标上报决策"的模式，招标时由中国电网建设有限公司向 ABB、西门子、GEC-ALSTOM 三家公司发招标文件；定标后由中国电网建设有限公司向中标厂商发中标通知书；定标后按照国经贸机〔1997〕835 号文的规定完成进口设备的采购工作。

三峡直流工程是当时世界范围内建设规模最大的直流工程，特别是作为首回的三常直流工程，其建设在国内，甚至在世界范围内也无先例可以借鉴。即使是当时在国际上具有资质的三家国外直流工程设备制造商（ABB、西门子、GEC-ALSTOM 公司）也缺乏大电流直流送电工程的设计和建设经验，从功能规范书的编制到建设过程、设备制造都是一个探索过程。

1997 年 12 月 29 日，中国电网建设有限公司向电力工业国际招评标审查领导小组发送签报，建议采取"邀请招标，议标上报决策"的模式，由项目业主中国电网建设有限公司向 ABB、西门子、GEC-ALSTOM 公司发投标邀请函，招议标和合同谈判将由业主联合中电技国际招标有限责任公司（简称中电技公司）和中国技术进出口总公司（简称中技公司）完成。

经对外贸易经济合作部、国家计委等有关单位批准，三峡直流工程换流站设备采购均采用"国际邀请招标"方式进行。根据《机电产品国际招标管理办法》（外经贸部 1999 年第 1 号令）规定，中标按"商务、技术均满足标书要求时，评估价格最低者为中标者"的原则确定。

为了确保工程的建设质量、工程进度及国产化的要求，并营造公开、公平、公正的市场竞争环境，三峡直流工程的招标首先确定了几个主要原则：

（1）投标商的资质必须满足已设计和制造了两个及以上的类似直流工程的设备，每个工程等效的双极输送容量在 900MW 及以上，并已成功投入商业运行 2 年以上。

（2）以分标为单元的整体招标原则，以采用国际上不同先进技术的设备，避免造成一家垄断的局面。

（3）国产化要求。凡是能采用国内产品的，一定不采购国外产品。国际采购部分，投标商必须满足合同国产化及技术转让的要求；采购分包的划分，既要考虑采用国际上不同技术的方案，形成竞争的态势，还要考虑国内相关生产厂家能通过工程实践巩固和深入消化吸收引进技术。

摘编自：

1.《关于中国电网建设有限公司经营进出口业务的复函》（外经贸政审函字〔1997〕第 2695 号），中华人民共和国对外贸易经济合作部，1997 年 10 月 8 日。

2.《关于请示了解三峡直流工程进口设备执行有关政策记录汇报》，中国电网建设有限公司，1997

年12月17日。

3.《关于三峡直流工程招评标工作的请示》签报，中国电网建设有限公司，1997年12月29日。

4.《机电产品国际招标管理办法》，外经贸部1999年第1号令，1999年。

第二节　三峡直流输电工程换流站设备的招标方式及组织

三峡直流输电工程换流站设备招标采购工作的依据是立项文件，并基于大量的前期工作，包括资金的来源、项目法人以及招标代理的确定等。三峡直流输电工程的招标方式随着国内直流输电技术水平的不断提高而进步。

1997年，《关于转发中国电网建设有限公司经营进出口业务的函》（外经贸〔1997〕31号）下达后，1998年2月，中国电网建设有限公司取得中华人民共和国进出口企业资格证书。三常直流工程由中国电网建设有限公司为业主代表，采用“国际邀请招标，议标上报决策”的方式，投标商必须转让换流站主设备（换流器、换流变压器、平波电抗器、晶闸管等）的制造技术，国内生产厂家采用主设备制造技术的引进并分包生产的模式参与。1998年9月，国家电力公司国际合作司发出通知，成立三常直流工程换流站设备招标评标领导小组，由周小谦担任组长；成立评标工作组，由孙家骏担任组长。

三广直流工程由国家电力公司电网建设分公司为业主代表，采用的招标方式基本同于三常直流工程，国内制造厂家以合作生产的方式，进一步消化吸收主设备的引进技术；同时投标商必须转让换流站成套设计技术以及直流控制保护的设计制造技术。

三沪直流工程由国家电网公司委托中国电网建设有限公司为业主代表，采用“中外联合体投标”的招标方式，邀请ABB公司和西门子公司，并由ABB公司牵头，联合西安变压器厂（简称西变）、西安整流厂（简称西整）、西安电子所、南瑞继保，以及由西门子公司牵头，联合沈阳变压器厂（简称沈变）、保定变压器厂（简称保变）、西整、西安电子所、许继集团的中外联合体的招投标方式；同时国内采用分包的方式深入消化吸收换流站成套设计的引进技术，以国内为主，外方校核把关，完成工程的换流站成套设计工作。

1998年3月14日，中国电网建设有限公司与中国电力技术进出口公司签订了合作协议，合同包括合作范围、工作方式及费用等内容。三峡直流工程的国际招标均委托中电技国际招标有限责任公司作为招标代理机构，办理有关招标、评标及合同生效的登记、批准手续及定标后协助业主进行合同谈判及执行合同。

摘编自：

1.《关于成立三峡—常州直流输电工程换流站设备招评标领导小组的通知》(外经〔1998〕43号)，国家电力公司，1998年9月28日。

2.《关于转发中国电网建设有限公司经营进出口业务的函》(外经贸〔1997〕31号)，外经贸部，1997年。

3.《关于三峡直流工程招标分包问题的请示》，中国电网建设有限公司，1998年3月2日。

4.中国电网建设有限公司与中国电力技术进出口公司签订的合作协议，中国电网建设有限公司、中国电力技术进出口公司，1998年3月14日。

第三节　招标文件编制和审定

基于对国内外直流输电技术的深入调查，根据工程功能规范书的要求，为确保三峡直流工程建设按期高质量完成，具有国际先进水平，并促进和完成国产化任务，相关部门对换流站设备采购的招标、投标、评标工作进行了大量深入细致和严谨的工作。三常直流工程作为三峡直流工程的首个项目至关重要，其招标、投标、评标直至合同生效执行，历时约3年时间。

从 1997 年下半年至 1998 年三季度，在国务院三峡建委和国家电力公司的直接领导下，中国电网建设有限公司对三常直流工程换流站主设备的国际招标工作进行了大量调查和研究，具体包括招标文件的编制和审查等工作。

1998 年 3 月 12 日，电力工业部机电产品进口办公室发布《关于召开三峡—常州±500 千伏直流输电工程换流站设备招标文件商务部分审查会的通知》（外贷字〔1998〕第 006 号），参会单位包括电力部相关司局、电力规划设计总院、开行国际金融局、中电技公司、中技公司、中国电网建设有限公司等。1998 年 3 月 30 日，中国电网建设有限公司发文上报电力工业部《关于报送三峡—常州±500kV 直流输电工程换流站设备招标文件（送审稿）的报告》（电网办〔1998〕50 号），招标文件包括经 1998 年 3 月 16-19 日审查的换流站设备功能规范书、3 月 24-25 日审查后的标书商务部分修改送审文件，并附招标文件的编制说明。报告阐明标书编制的基本原则为：符合国家各项相关规定，工程应具有先进性、高可靠性和可用率、合理的性能价格比，以及满足国产化要求。1998 年 3 月 30 日，电力工业部至中国电网建设有限公司《关于印发〈三峡—常州±500 千伏直流输电工程换流站设备招标文件商务部分审查会纪要〉的通知》（电外〔1998〕310 号），主要内容为：原则上同意关于融资、招标方式及投标商业绩、国产化和技术引进、正标和分标处理、工期、交货条件和招标文件语言等方面的文件内容。同日，电力工业部以《关于报送三峡—常州±500kV 直流输电工程换流站设备招标文件的函》（电办〔1998〕240 号）上报国务院三峡建委，附件包括《三峡—常州±500kV 直流输电工程换流站设备功能规范书审查意见》《三峡—常州±500kV 直流输电工程换流站设备招标文件商务部分审查会纪要》《三峡—常州±500kV 直流输电工程换流站设备招标文件编制说明》。

1998 年 4 月 17 日，国务院三峡办发文《关于召开“三峡—常州±500 千伏直流输电工程换流站设备招标文件审核会”的通知》（国三峡办发装字〔1998〕036 号），1998 年 4 月 23-24 日，国务院三峡建委在北京主持召开三峡—常州±500kV 直流输电工程换流站设备招标文件审查会，对招标方式、国产化和技术引进、总标和分标的安排、融资模式、工期要求等关键问题进行了深入仔细的审查，形成了招标文件审查意见并予通过。会议由国务院三峡办副主任张德楠主持，国务院三峡建委副主任、国务院三峡办主任郭树言，国务院三峡办副主任李世忠，国家电力公司总工程师冉莹，中国电网建设有限公司总经理周小谦等领导出席会议，国家计委、国家发展改革委、国家经贸委、国家电力公司、国家开发银行、国家机械局、国家机电产品进出口办公室、中国长江三峡开发总公司、中国长江水利委员会、中国技术进出口总公司等单位以及特邀专家等参加会议。

1998 年 4 月 28 日，国务院三峡办向朱镕基总理报送《关于〈三峡—常州±500 千伏直流输电工程换流站设备招标文件〉审核会情况的报告》（国三峡办发装字〔1998〕049 号），附件为 1998 年 4 月 23-24 日审查会纪要。主要内容包括有关招标方式、带动和促进民族工业的发展、“首选中标商”条件、融资等问题。1998 年 4 月 30 日，朱镕基总理主持召开会议，听取国务院三峡建委关于三峡工作建设情况汇报。其中涉及输变电工程的主要内容有：①会议确定，三峡工程的电力、电量分配及电价问题，由国家计划委员会负责，落实到各有关省电力电量平衡规划和电力发展计划中，以保证三峡工程的电力送得出、用得上，避免各地重复建设；②会议确定，在保证质量的前提下，凡是国内能够制造的，要利用国内设备，国内不能制造的，可以国际招标，但也要采取技贸结合、合作生产的方式，引进国外先进技术，提高国内的制造水平；③同意三峡至华东第一条直流输电工程换流站设备采取国际招标，以外方供货为主，同时引进技术、掌握技术，三峡至华东第二条直流输电工程换流站设备要立足于国内制造。1998 年 5 月 15 日，国务院三峡办印发了《关于印送朱总理吴副总理对三峡—常州±500kV 直流输电工程换流站设备招标文件审核会情况报告批示的函》（国三峡办发装字〔1998〕067 号）。

1998 年 8 月 28 日，国务院三峡建委发布了《关于印送朱镕基总理、吴邦国副总理〈关于三峡输变电工程设备招标采购问题的请示〉的批示的通知》（国三峡委发办字〔1998〕26 号），附件为国务院三峡办《关于三峡输变电工程设备招标采购问题的请示》，主要内容包括三峡左岸电站高压电器设备招标采购问题、三峡至常州直流工程设备招标引进技术和合作生产问题以及下步工作安排。1998 年 9 月 14 日，三峡办发布《关于印送朱镕基总理、吴邦国副总理对〈关于三峡输变电工程设备招标采购问题的请示〉的批复的通知》（国三峡办发装字〔1998〕101 号），下达了中央领导的批示。朱镕基总理 1998 年 9 月 5 日的批示为“希进一步提高设备国内制造的份额，加强对国内设备制造厂的监督。”提交朱镕基总理批示之前，吴邦国副总理 1998 年 8 月 31 日的批示为“报榕基同志审定，拟同意请示内容，该请示符合第一条线以外方为主，加大国内分包，重在技术引进的原则。请马凯同志核批。”

在此期间，1998 年 8 月 28 日，国家机械工业部和国家电力公司联合至国务院三峡建委文件《关于三峡至常州直流输电工程招标中设备制造技术的引进和合作生产的建议的函》（机械管〔1998〕336 号），其附件为《关于三峡至常州直流输电工程招标中设备制造技术的引进和合作生产的建议》，主要内容为：目标是左岸直流工程设备技术引进并试用，原则不做第二次技术引进；转让方、受让方以及合作生产的原则；技术引进及国内分包的范围；技术转让的费用及资金来源等。1998 年 9 月，中国电网建设有限公司提交了《关于三峡—常州直流输电工程换流站设备招标中技术转让的内容和合作制造的范围》文件，并附换流变压器和平波电抗器、换流阀、大功率晶闸管，及换流变压器/平波电抗器的组件和材料的具体技术转让要求的中英文版文件。三常直流工程换流站设备招标文件是三峡直流工程相关文件的规范性模板。

三峡直流工程换流站设备的招标文件总体分为商务部分和技术部分两大部分。招标文件第一卷商务部分由中电技国际招标有限责任公司负责编制。技术部分基于工程功能规范书的要求，又划分为三个分卷，主要内容包括：①规定了业主和投标商的工作范围，特别规定了设备的分包采购方案，并明确规定了国内采购范围的要求，即站内的交流设备以及直流设备由国内生产的指标；②以审定的工程功能规范书作为换流站设备采购的招标文件技术性能、功能要求；③投标商必须明确的技术指标要求。

三常工程换流站直流主设备招标文件共分为四个分标，其主要供货内容包括：①龙泉换流站的换流器、两端换流站的直流控制保护系统和站内相关交流保护，以及交流场和辅助系统的相关设备；②龙泉换流站的换流变压器、平波电抗器及其备件；③政平换流站的换流器、站内相关交流保护，以及交流场和辅助系统的相关设备；④政平换流站的换流变压器、平波电抗器及其备件。对于换流变压器、换流器（含晶闸管）和平波电抗器均提出了技术转让的要求，并要求国内厂家实现主设备的分包生产。

图 7-7 为 1998 年 9 月 16 日，举行递交三常直流工程换流站设备投标书仪式。

图 7-7　递交三常直流工程换流站设备投标书仪式

2001 年 4 月，国家电力公司组织了三广直流工程换流站设备招标文件的审查会，参加会议的有国家计划委员会发展司、国务院三峡办装备司、中国机电进出口商会、国家电力公司各相关部门、电网建设分公司、华中公司、南方公司、中国电力工程顾问集团公司、湖北电力公司、广东省电力集团公司、中国电科院、中国电力进出口公司、网联公司、相关设计院、湖北电力试验研究所等单位以及特邀专家。2001 年 4 月 19 日，国家电力公司以《关于印发三峡（华中）—广东±500kV 直流输电工程换流站设备招标文件（技术部分）审查意见的通知》（国电网〔2001〕210 号），以及国家电力公司办公通报（16）[即三峡（华中）至广东直流输电工程换流站设备招标（技术、商务）审查会的纪要]，批准了三广直流工程的招标文件。三广直流工程基本依照三常直流工程的原则，换流站直流主设备同样采用国际邀请招标采购，以及相同的分包方式，邀请了 ABB、ALSTOM、西门子三家公司参加投标。除了按照招标文件进行商务和技术评标、谈判外，在技术转让和国产化方面进一步深化，提高了要求，增加了换流站成套设计和直流控制保护的技术转让要求，对主设备制造方面技术引进主要是对三常直流工程引进技术的填平补齐。一是由网联公司牵头，许继集团有限公司（简称许继集团）和南京南瑞继保电气有限公司（简称南瑞继保公司）参加，与 ABB、西门子公司进行了直流控制保护设备制造技术引进的谈判；二是要求西门子公司对油浸式平波电抗器制造技术进行转让；三是网联公司与 ABB、西门子公司谈判，要求进行高压直流系统研究和换流站成套设计技术转让。在主设备供应范围方面，三广直流工程在三常直流工程的基础上，扩大中方在国内生产产品的份额，要求主设备达到 50%。

2003 年 12 月，受曾培炎副总理的委托，国务院三峡办副主任蒲海清主持会议，批准了三沪直流工程的分标安排、招标模式、国产化等原则要求。2004 年，国务院三峡建委同意国家电网公司提出的三沪直流工程换流站设备招标分标方案；以《关于三峡右岸至上海直流工程换流站 GIS 招标方式的函》（国三峡办函中字〔2004〕）同意三沪直流工程 GIS 的招标方式。由于国产化能力的进一步提高，三沪直流工程换流站设备采购共分为 4 个分标，第一分标包括直流系统研究及换流站成套设计、直流控制保护系统、换流阀及晶闸管元件、交直流滤波器及直流场相关设备；第二分标为整流侧换流站换流变压器和平波电抗器；第三分标为逆变站换流变压器和平波电抗器；第四分标为常规交流设备站辅助设备等。招标文件明确要求第一、二、三分标采用中外联合体投标，外方为主、中外联合设计、合作制造，联合体内经各方协商讨论、明确职责后，报业主和国务院三峡建委审查。在主设备供应范围方面，扩大中方在国内生产产品的份额，要求主设备达到 60%～70%。

灵宝背靠背直流联网工程、葛沪直流综合改造工程已进一步实现了全面国内招标，达到 100%独立自主的国产化要求。

摘编自：

1. 国家电网公司工程建设部，三峡—常州±500kV 直流输电工程，中国电力出版社，2004 年。
2. 《三峡至常州直流输电工程设备招标书分包的意见》，中国电网建设有限公司，1997 年 11 月 4 日。
3. 《关于三峡直流工程的融资问题的汇报》，中国电网建设有限公司，1998 年 2 月 17 日。
4. 《关于召开三峡—常州±500 千伏直流输电工程换流站设备招标文件商务部分审查会的通知》（外贷字〔1998〕第 006 号），电力工业部机电产品进口办公室，1998 年 3 月 12 日。
5. 《关于印发三峡—常州±500kV 直流输电工程换流站设备功能规范书审查意见的通知》（三峡办发装字〔1998〕016 号），国务院三峡办，1998 年 3 月 19 日。
6. 《关于报送〈三峡—常州±500kV 直流输电工程换流站设备招标文件〉（送审稿）的报告》（电网办〔1998〕50 号），中国电网建设有限公司，1998 年 3 月 30 日。
7. 《关于报送三峡—常州±500kV 直流输电工程换流站设备招标文件的函》（电办〔1998〕240 号），电力工业部，1998 年 3 月 30 日。
8. 《关于印发〈三峡—常州±500 千伏直流输电工程换流站设备招标文件商务部分审查会纪要〉的通知》（电外〔1998〕310 号），电力工业部，1998 年 3 月 30 日。
9. 《关于召开“三峡—常州±500 千伏直流输电工程换流站设备招标文件审核会”的通知》（国三峡办发装字〔1998〕036 号），国务院三峡办，1998 年 4 月 17 日。
10. 《三峡至常州±500kV 直流输电工程换流站设备招标文件编制情况汇报》，中国电网建设有限公司，1998 年 4 月 23 日。
11. 《三峡—常州±500 千伏直流输电工程换流站设备招标文件审核会议纪要》，国务院三峡办，

1998 年 4 月 24 日。

12.《关于〈三峡—常州±500 千伏直流输电工程换流站设备招标文件〉审核会情况的报告》(国三峡办发装字〔1998〕049 号),国务院三峡办,1998 年 4 月 28 日。

13.《关于印送朱总理吴副总理对三峡—常州±500kV 直流输电工程换流站设备招标文件审核会情况报告批示的函》(国三峡办发装字〔1998〕067 号)附件,国务院三峡办,1998 年 5 月 15 日。

14.《关于印送朱镕基总理、吴邦国副总理〈关于三峡输变电工程设备招标采购问题的请示〉的批示的通知》(国三峡委发办字〔1998〕26 号),国务院三峡建委,1998 年 8 月 28 日。

15.《关于三峡至常州直流输电工程招标中设备制造技术的引进和合作生产的建议的函》(机械管〔1998〕336 号),国家机械工业部/国家电力公司,1998 年 8 月 28 日。

16.《关于印送朱镕基总理、吴邦国副总理对〈关于三峡输变电工程设备招标采购问题的请示〉的批复的通知》(国三峡办发装字〔1998〕101 号),国务院三峡办,1998 年 9 月 14 日。

17.《关于三峡—常州直流输电工程换流站设备招标中技术转让的内容和合作制造的范围》,中国电网建设有限公司,1998 年 9 月。

18.《关于印发三峡(华中)—广东±500kV 直流输电工程换流站设备招标文件(技术部分)审查意见的通知》(国电网〔2001〕210 号),国家电力公司,2001 年 4 月 19 日。

19.《关于三峡右岸至上海直流工程换流站 GIS 招标方式的函》(函中字〔2004〕号),国务院三峡办,2004 年。

第四节 评标工作及其审定

本节记述招标文件的商务、技术部分经过详细的讨论、编制、审查和批准,再进入评标及其审定的过程。

三常直流工程是三峡第一个直流工程项目,其评标工作直接影响工程的工期、质量、先进性、公正性以及后续工程建设,因此,其评标过程极其严谨,采取封闭式工作方式,具有高度的保密要求,从 1998 年 9 月 21 日-12 月 7 日,共历时两个半月。在评标之前,中国电网建设有限公司拟定了《关于议标谈判办法的初步建议》,包括时间安排、组织机构、谈判原则等,同时还附有技术引进评标组名单。经批准建立了完善的评标组织机构,制定了严格的保密制度,多次研究和审查了详细的评标细则和权重的分配,以保证评标结论的正确和公正;为了保证国产化政策的实施,1998 年 10 月,中国电网建设有限公司还特别拟定了技术转让和合作生产评议标的总体工作计划、技术转让评标办法、合作生产的评标办法等。

评标组织包括商务组、工程组、技术一组、技术二组、融资组、技术转让及国产化组。评标阶段分为:①初评,主要列出投标商的响应程度、找出偏差;②议标澄清,向各投标商发出澄清问题,并限定澄清时间;③终评,根据投标商的响应、偏差、澄清答复等,综合技术水平和报价差异,按照规定的权重对各投标商进行综合得分、排序。各专业的评标报告经各级评标领导机构审查,并上报对外经济贸易合作部、国务院三峡建委审查,最终报国务院批准。国外咨询合作商泰西蒙公司也于 1998 年 11 月 30 日-12 月 6 日单独进行了评标,提交了对 ABB、ALSTOM、西门子公司三家投标商的较全面的技术评标报告。

1998 年 12 月 7 日,三常直流工程输电设备国际采购评标工作组向评标领导小组提交了《关于三峡—常州±500kV 直流输电设备国际采购投标文件评标报告的汇报》,参阅附件名称包括技术一组评标总结、技术二组评标总结、系统设计和控制保护设计的技术引进和接口问题总结、商务报价评标总结、融资评标工作汇报、工程与服务评标总结、技术引进评标总结。

1998 年 12 月 8 日,中国电网建设有限公司报送国家电力公司文件《关于报送〈三峡—常州±500kV

直流输电工程换流站设备国际招标评标报告〉的报告》（电网外〔1998〕215 号），附件为三峡—常州±500kV 直流输电设备国际采购评标工作组提交的《三峡—常州±500kV 直流输电工程换流站设备国际招标评标报告》和三峡至常州±500kV 直流输电工程换流站设备评议标工作专家评审会纪要。

1998 年 12 月 31 日，国家电力公司上报吴邦国副总理并报朱镕基总理《关于〈三峡—常州±500kV 直流输电工程换流站设备国际招标评标报告〉的报告》（国电外〔1998〕732 号）。报告主要内容包括：①1998 年 9 月 21 日-12 月 7 日中国电网建设有限公司组织的议标、评标工作概况；②议标、评标的技术、商务价格、工程和服务、技术转让等方面的结论性意见；③专家评议意见；④推荐意见，推荐由 ABB 公司作为第一、二、三分标的首选中标商，西门子公司作为第四分标的首选中标商。当日，吴邦国副总理批示并转报朱镕基总理。吴邦国副总理批示原文为“榕基同志，我、树言、昌基同志专题听取了国家电力公司的汇报。总的印象是，由于招标工作做得深细，专家、业主、制造部门意见一致（难得的是制造部门比较满意），建议同意国家电力公司推荐的方案，即 ABB 公司承接 80%任务，西门子承接 20%任务，报请你审定”，朱镕基总理于第二日即批示“同意邦国同志批示”。

1999 年 1 月 6 日，国务院三峡建委至国家电力公司文件《关于对〈关于“三峡—常州±500 千伏直流输电工程换流站设备国际招标评标报告”的报告〉批复的通知》（国三峡委发办字〔1999〕1 号），同意国家电力公司的定标推荐意见。

1999 年 2 月 9 日，国务院三峡办至国家电力公司文件《关于三峡输变电直流设备引进费用的复函》（国三峡办发装字〔1999〕011 号），要求合同谈判时还要尽量压低技术转让费；国内分包商赴国外培训费由受让方支出。

1999 年 3 月 23 日，国家电力公司以《关于〈三峡—常州±500kV 直流输电工程换流站设备国际招标〉授标的请示》（国电外〔1999〕146 号）向国务院三峡建委汇报请示，并附同日陆延昌带队向郭树言汇报的《关于三峡直流工程合同谈判的汇报提纲》，包括与 ABB 公司进行Ⅰ、Ⅱ、Ⅲ标合同和技术转让的谈判，与西门子公司进行Ⅳ标的合同谈判、融资谈判及技术转让费用谈判，以及合同总价及其构成，下步工作安排等。1999 年 3 月 26 日，国务院三峡建委至国家电力公司文件《关于〈三峡—常州±500kV 直流输电工程换流站设备国际招标〉授标请示的复函》（国三峡委办字〔1999〕11 号），批准了三常直流工程换流站设备采购的授标。至此，三常直流工程换流站设备采购工作进入正式的合同谈判阶段。合同谈判是在国务院三峡建委和国家电力公司的直接领导下进行的。

1998 年 4 月 12 日，中国电网建设有限公司受国家电力公司的委托，分别与 ABB、西门子公司签订了三常直流工程换流站设备采购合同，第一、二、三分标由 ABB 公司承包，第四分标由西门子公司承包，其中交流 500kV 断路器及隔离开关由 ALSTOM 公司分包。同时，签订了上述直流主设备制造专有技术的转让协议（ABB 公司转让换流器、换流变压器和油浸式平波电抗器的制造技术，西门子公司转让换流变压器的制造技术）；同时合同中还规定了下述合作生产内容：4 个两重阀由国内进行组装并完成相关组件试验，每端换流站各有两台换流变压器在国内生产。

三广直流工程借鉴了三常直流工程的评标原则、程序和经验，与国家电力公司南方公司的贵广一回直流工程打捆招标。

2001 年 7-8 月，经过严谨的评标过程，三广直流工程换流站设备采购合同为 ABB 公司中标。2001 年 8 月 26 日，国家电力公司至对外经济贸易合作部文《三峡（华中）—广东±500kV 直流输电工程换流站设备评标报告》，对外经济贸易合作部于 2001 年 9 月 4 日批准该评标报告。合同谈判于 2001 年 9 月进行。在签订换流站设备采购合同的同时，ABB 公司与南瑞继保公司、西门子公司与许继集团签订了直流控制保护制造专有技术的转让协议；两家公司还分别与网联公司签订了高压直流系统研究和换流站成套设计技术转让协议。同时，在合同中规定了国内分包生产的内容：晶闸管元件由国内供货 50%、换流阀全部由国内完成组装；换流变压器每端换流站由国内各生产 4 台、平波电抗器每端换流站各生产 1 台。

三沪直流工程主设备同样采用国际邀请招标采购，但在直流工程建设和设备供应的自主化、国产化水平上又向前推进了一大步，即标书明确要求工程系统成套设计以中方为主开展工作，投标方负责技术把关和总协调，对于主设备的制造方面应与中方相关企业组成联合体投标。

2004 年 4 月，国务院三峡建委以《关于三峡—上海±500kV 直流输电工程换流站设备国际招标评标结果的批复》（国三峡委发办字〔2004〕19 号）同意国家电网公司的评标结果；2004 年 4 月 27 日，国务院三峡办下发《关于同意三峡至上海±500kV 直流输电工程换流站 GIS 设备评标结果的函》。三沪直流工程换流站设备采购中标单位外方公司为 ABB 公司联合中方相关企业形成联合体。在合同中规定联合体国内成员本土生产的内容为：晶闸管国内供货 70%、换流阀全部由国内完成组装；换流变压器每端换流站至少生产 4 台；平波电抗器每端换流站至少生产 1 台；控制保护中外联合完成设计和软件编制、中方完成硬件生产，试验在中方进行；网联公司和西安高压电气研究所共同与 ABB 公司签订了全过程参加直流系统研究和换流站成套设计的协议，作为合同的附件 14。

图 7-8 为 2004 年 6 月 14 日，国家电网公司郑宝森副总经理、国家电网建设分公司总经理舒印彪陪同曾培炎副总理，与 ABB 公司、中外联合体签订了三沪直流工程换流站设备的采购合同。

图 7-8　三沪直流工程换流站设备采购合同签订仪式

灵宝背靠背工程作为完全国产化的示范工程，工程成套设计由网联公司负责完成；换流站主设备采用向国内在三常直流工程、三广直流工程中引进技术中参与了设备制造的厂家定向采购的方式。各主设备供货情况为：西安电力电子技术研究所提供电控/光控晶闸管，西整提供换流器，西变和沈变分别提供 330kV 和 220kV 侧的换流变压器和平波电抗器，许继集团和南瑞继保公司提供换流站控制保护设备。灵宝背靠背工程实现了完全自主建设和供货。

葛沪直流综合改造工程为第四项三峡直流工程，电压和容量分别为±500kV、3000MW，完全由国内自主设计、供货、建设。

摘编自：

1.《关于成立三峡—常州直流输电工程换流站设备招评标领导小组的通知》（外经〔1998〕43 号），国家电力公司，1998 年 9 月 28 日。
2.《关于议标谈判办法的初步建议》，中国电网建设有限公司，1998 年。
3.《技术转让、合作生产评议标工作计划》，中国电网建设有限公司，1998 年 10 月 7 日。
4.《关于三峡至常州±500kV 直流输电工程评标工作的下一步工作安排的请示》，中国电网建设有限公司，1998 年 11 月 5 日。
5.《三峡至常州±500kV 直流输电工程换流站设备招标评标报告》，泰西蒙公司，1998 年。
6.《关于三峡—常州±500kV 直流输电设备国际采购投标文件评标报告的汇报》，三峡—常州±500kV 直流输电设备国际采购评标工作组，1998 年 12 月 7 日。

7.《关于报送〈三峡—常州±500kV 直流输电工程换流站设备国际招标评标报告〉的报告》（电网外〔1998〕215 号），中国电网建设有限公司，1998 年 12 月 8 日。
8.《关于〈三峡—常州±500kV 直流输电工程换流站设备国际招标评标报告〉的报告》（国电外〔1998〕732 号），国家电力公司，1998 年 12 月 31 日。
9.《关于对〈关于“三峡—常州±500 千伏直流输电工程换流站设备国际招标评标报告”的报告〉批复的通知》（国三峡委发办字〔1999〕1 号），国务院三峡建委，1999 年 1 月 6 日。
10.《三峡至常州±500kV 直流输电工程换流站设备采购中标通知书》，中国电网建设有限公司，1999 年 1 月 6 日。
11.《关于三峡输变电直流设备引进费用的复函》（国三峡办发装字〔1999〕011 号），国务院三峡办，1999 年 2 月 9 日。
12.《关于〈三峡—常州±500kV 直流输电工程换流站设备国际招标〉授标的请示》（国电外〔1999〕146 号），国家电力公司，1999 年 3 月 23 日。
13.《关于〈三峡—常州±500kV 直流输电工程换流站设备国际招标〉授标请示的复函》（国三峡委办字〔1999〕11 号），国务院三峡建委，1999 年 3 月 26 日。
14.《关于三峡—广东、贵州—广东直流输电工程设备采购有关问题的请示》，国家电力公司，2001 年 4 月 23 日。
15.《三峡（华中）—广东±500kV 直流输电工程换流站设备评标报告》，国家电力公司，2001 年 8 月 26 日。
16.《关于三峡—上海±500kV 直流输电工程换流站设备国际招标评标结果的批复》（国三峡委发办字〔2004〕19 号），国务院三峡建委，2004 年 6 月 4 日。
17.《关于同意三峡至上海±500kV 直流输电工程换流站 GIS 设备评标结果的函》（国三峡办函技字〔2004〕43 号），国务院三峡办，2004 年 4 月 27 日。

第六章 换流站工程设计

第一节 换流站工程设计阶段

三常直流工程是三峡直流工程的样板式工程。由于换流站设备采用国际采购的方式，为了与国外换流站成套设计及主设备设计相匹配，并且确保按期完工，其工程设计除了包括换流站接入系统设计、规划选站、工程选站、“四通一平”设计、初步设计、施工图设计等阶段外，在工程选站后增加了预初步设计阶段，以保证工程设计与施工建设全过程的协调和满足工期要求。因此，换流站的工程设计也是换流站设备采购合同执行过程中的一个重要部分，必须依据供货合同和换流站成套设计的要求，首先形成预初设成果，以保证征地、大件运输方案等工作的及时顺利进行。

换流站工程设计与换流站设备密切相关，三峡直流工程的换流站设计及相关科研单位从 1996 年起，在国家电网建设有限公司的领导下，开始了三峡直流工程设计的前期准备及相关科研工作，以及换流站站址的征地准备工作，并要求严格控制站址附近的管理。具体见 1996 年 6 月 13 日国家电网建设有限公司至中南、华东电力设计院，电科院，湖北电力试验研究所的文件《关于召开三峡左岸电站送华东直流换流站设计前期及科研工作中间汇报会的通知》（电网工〔1996〕5 号）；国家电网建设有限公司至宜昌县人民政府文件《关于召开三峡左岸首端换流站站址有关问题的函》（国家电网建设有限公司〔1996〕4 号）。

在设备采购合同执行过程中，工程设计单位与国外供货商多次进行联合设计，明确设计原则、要求以及国内、外设计范围及其接口，最终完成电气一次、电气二次、土建和建筑、水工和暖通以及换流站平面布置等。在设计中，遵循安全第一、技术先进可靠的原则，采用新技术、新工艺，不断提高其技术经济性能，同时不断优化设计，注重减少噪声，提高环保意识。中国电网建设有限公司在进行三常直流工程招投标工作的同时，于 1998 年 5 月启动了换流站设计协调工作，紧接着进行了大件运输工作的检查、换流站建设的监理和项目管理问题研究。1999 年 4 月，电力规划设计总院印发《三峡至常州直流输电龙泉、政平换流站四通一平设计审查意见》，明确两端换流站的站址、总平面布置、竖向设计、施工电源、施工水源等设计内容；龙泉换流站按全站最终征地规模共计 330 亩，一次完成征地，政平换流站按全站最终征地规模共计 164 亩，一次完成征地。1999 年 12 月 26 日，国家电力公司在北京召开三常直流工程换流站初步设计审查会，审查并通过了中南电力设计院、华东电力设计院完成的两端换流站初步设计。

由于换流站主设备换流变压器容量、尺寸与质量均大于常规交流变压器，因此大件运输的研究是直流工程设计中一项必不可少的重要内容。经过经济技术的不断优化比选，最终确定大件运输的路径、方式、需要改造道路的内容、运输的限制条件，并通过与换流变设计的不断迭代优化，最终确定换流变压器的设计。

大件运输的研究包括工程现场的踏勘、可行性研究、运输措施及与地方政府的协调，最终通过招标确定大件运输的承担单位。1997 年 8 月，中电大型设备运输公司向中国电网建设有限公司提交了《三峡直流输电工程换流变压器运输调查专题报告》，分别就常州、宜昌换流站的运输路线、运输船只及车辆、起重设备，以及费用进行调查和分析，提出大件运输相关的工期安排。1999 年 1 月和 3 月，中国电网建设有限公司主持召开专题会议，分别就三常直流工程逆变站（政平换流站）和整流站（龙泉换流站）的大件运输问题进行研究，并确定了运输方案。

三广、三沪直流工程均沿用了三常直流工程换流站工程的设计原则。

2001 年 3 月和 4 月，三广直流工程荆州换流站和惠州换流站分别通过选址审查；2001 年 5 月，三广直流工程预初步设计通过审查。

2000 年 5 月，三沪直流工程换流站工程选站通过审查，具体见 2000 年 5 月三峡至上海第二回直流输电工程受端换流站规划选站审查会纪要。2003 年 9 月，三沪直流工程预初步设计通过审查，具体见中国电力建设咨询公司《关于三峡至上海±500kV 直流输电工程蔡家冲和白鹤换流站工程预初步设计的评审意见》（电咨送〔2003〕93 号）；2003 年 10 月 31 日，国家电网公司以《关于三峡至上海±500kV 直流输电工程蔡家冲和白鹤换流站工程预初步设计批复的请示》（国家电网工〔2003〕436 号）报送国务院三峡建委，并附《关于三峡至上海±500kV 直流输电工程蔡家冲和白鹤换流站工程预初步设计的评审意见》（电咨送〔2003〕94 号），获批。

图 7-9 为换流变压器大件运输车辆。

图 7-9　换流变压器大件运输车辆

摘编自：

1.《关于召开三峡左岸电站送华东直流换流站设计前期及科研工作中间汇报会的通知》（电网工〔1996〕5 号），中国电网建设有限公司，1996 年 6 月 13 日。

2.《关于召开三峡左岸首端换流站站址有关问题的函》（中国电网建设有限公司〔1996〕4 号），1996 年 6 月 7 日。

3.《三峡直流输电工程换流变压器运输调查专题报告》，中电大型设备运输公司，1997 年 8 月 18 日。

4.《三常直流工程政平换流站大件运输方案审查会纪要》，中国电网建设有限公司，1999 年 1 月。

5.《三常直流工程龙泉换流站大件运输方案审查会纪要》，中国电网建设有限公司，1999 年 3 月。

6.《三峡至常州直流输电龙泉、政平换流站四通一平设计审查意见》，电力规划设计总院，1999 年 4 月 4 日。

7.《三广直流工程荆州换流站选址审查纪要》，电力规划设计总院，2001 年 3 月。

8.《三广直流工程惠州换流站选址审查纪要》，电力规划设计总院，2001 年 4 月。

9.《三广直流工程预初步设计审查纪要》，国家电力公司，2001 年 5 月。

10.《三峡至上海第二回直流输电工程受端换流站规划选站审查会纪要》，中国电网建设有限公司，2000 年 5 月。

11.《三峡至上海第二回直流输电工程送端换流站工程选站审查会纪要》，中国电网建设有限公司，2000 年 5 月。

12.《关于三峡至上海±500kV 直流输电工程蔡家冲和白鹤换流站工程预初步设计的评审意见》（电咨送〔2003〕93 号），中国电力建设咨询公司，2003 年 9 月。

13.《关于三峡至上海±500kV 直流输电工程蔡家冲和白鹤换流站工程预初步设计批复的请示》（国家电网工〔2003〕436 号），国家电网公司，2003 年 10 月 31 日。

第二节　换流站工程设计主要技术指标

经过几个三峡直流输电工程换流站工程设计的锻炼，国内换流站工程初步设计的能力显著提高，设计也不断优化，积累了丰富的经验。到葛沪综合改造直流工程及特高压直流换流站的工程设计，我国均做到了完全独立自主完成。

1999 年 12 月，由电力规划设计总院主持，三常直流工程换流站初步设计通过审查。

2002 年 3 月，三广直流工程换流站初步设计通过审查。

2002 年 12 月，国家电力公司电网建设部以《关于印发西北—华中背靠背联网工程初步设计审查会议纪要的通知》（网直〔2002〕31 号），通过灵宝背靠背直流联网工程初步设计的审查。2003 年 7 月 1 日，国家电力公司发布《关于西北—华中背靠背联网工程初步设计的批复》（国电电规〔2003〕91 号）。

2004 年 10 月，三沪直流工程初步设计通过审查。2004 年 12 月 9 日，国家电网公司发送《关于转发国务院三峡工程建设委员会关于三峡输变电工程三峡至上海±500kV 直流输电工程初步设计批复的通知》（工建网〔2004〕199 号）。

2009 年，国务院三峡建委发文《关于三峡地下电站送出工程地下电站至荆门特高压变电站输变电工程和荆门至沪西±500kV 直流输电及葛沪直流线路改造工程初步设计的批复》（国三峡委发办字〔2009〕18 号）。

表 7-5～表 7-9 为三峡直流工程各换流站工程设计概况，参见工程初步设计和工程终验报告。

表 7-5　　三常直流工程设计概况

名　　称		龙泉换流站	政平换流站
站区围墙内占地面积（m^2）		196 390	105 729
站区内总建筑面积（m^2）		8131	78 653
站区土石方量	挖方（m^3）	83 600	13 705
	填方（m^3）	536 100	49 878
工程批准概算静态总投资（万元）		516 281	
其中，两端换流站与接地极（万元）		341 702	
直流线路（万元）		143 653	

表 7-6　　三广直流工程设计概况

名　　称		江陵换流站	鹅城换流站
站区围墙内占地面积（m^2）		167 891	131 500
站区内总建筑面积（m^2）		9912	9669
站区土石方量	挖方（m^3）	83 280	380 756
	填方（m^3）	258 320	406 694
工程批准概算静态总投资（万元）		500 177	
其中，两端换流站与接地极（万元）		492 415	
直流线路（万元）		183 078	

表 7-7 三沪直流工程设计概况

名　　称		宜都换流站	华新换流站
站区围墙内占地面积（m^2）		105 100	92 525
站区内总建筑面积（m^2）		12 137.7	12 303
站区土石方量	挖方（m^3）	475 310	8750
	填方（m^3）	476 426	8135
工程批准概算静态总投资（万元）		686 147	
其中，两端换流站与接地极（万元）		484 744	
直流线路（万元）		194 193	

表 7-8 灵宝背靠背直流工程设计概况

名　　称		灵宝换流站
站区围墙内占地面积（m^2）		59 200
站区内总建筑面积（m^2）		5584
站区土石方量	挖方（m^3）	54 414.4
	填方（m^3）	51 184.5
工程批准概算静态总投资（万元）		56 833

表 7-9 葛沪综合改造直流工程设计概况

名　　称		团林（荆门）换流站	枫泾（沪西）换流站
站区围墙内占地面积（m^2）		104 600	90 400
站区内总建筑面积（m^2）		8453	8624.7
站区土石方量	挖方（m^3）	299 139	83 122
	填方（m^3）	524 174	78 204
工程批准概算静态总投资（万元）		824 500	
其中，两端换流站与接地极（万元）		442 462	
直流线路（万元）		380 619	

摘编自：

1．《三常直流工程换流站初步设计审查会纪要》，电力规划设计总院，1999 年 12 月。

2．《三广直流工程换流站初步设计审查会纪要》，电力规划设计总院，2002 年 3 月。

3．《关于印发西北—华中背靠背联网工程初步设计审查会议纪要的通知》（网直〔2002〕31 号），国家电力公司，2002 年 12 月 23 日。

4．《三峡至上海第二回直流输电工程初步设计审查纪要》，国家电网公司，2004 年 10 月。

5．《关于转发国务院三峡工程建设委员会关于三峡输变电工程三峡至上海±500kV 直流输电工程初步设计批复的通知》（工建网〔2004〕199 号），国家电网公司，2004 年 12 月 9 日。

6．《关于西北—华中背靠背联网工程初步设计的批复》（国电电规〔2003〕91 号），国家电力公司文件，2003 年 7 月 1 日。

7．《关于三峡地下电站送出工程地下电站至荆门特高压变电站输变电工程和荆门至沪西±500kV 直流输电及葛沪直流线路改造工程初步设计的批复》（国三峡委发办字〔2009〕18 号），国务院三峡办，2009 年。

第七章　直流线路及接地极

第一节　三峡直流输电工程线路及接地极设计

三常直流工程咨询研究阶段，国内科研单位与泰西蒙公司共同研究的40个课题中就包括了直流输电线路设计和接地极设计的研究课题。但与换流站建设不同，直流线路及接地极的设计、制造、建设完全由国内自主完成。

首先对直流线路备选方案沿途路径的地形及环境条件、污秽水平以及大跨越要求等进行了深入的调查研究，利用航摄及全数字地面信息处理系统进行路径的优化；并依据国内直流线路建设的相关标准和导则以及电磁环境干扰标准，完成了工程导线的选择，直流线路绝缘配合，绝缘子、金具的研究和研制，铁塔和基础的设计等。三峡直流工程采用4×ACSR-720/50大截面导线在国内尚属首次，实践证明其设计具有技术经济的合理性和优越性。

对于工程选址中推荐的接地极址，需进行择优选址的论证；确定设计条件，完成接地极形状、材料、结构和尺寸设计，最终完成接地极的布置、接地极线路的设计和监视，并对接地电流对环境的影响进行分析。

在进行换流站工程建设的同时，国内也紧张地开展了3000A直流输电线路的研究和设计工作，其指导思想是决不能由于线路的原因影响工程的工期。1998年，中国电网建设有限公司以《关于印送协调启动龙政直流线路设计会议纪要的函》（电网直流〔1998〕93号）至中南、华东电力设计院和中国超高压建设公司，后附会议纪要，主要内容为：要求两个设计院成立设计协调小组，线路计划选用720mm^2（4分裂）导线，OPGW光纤通信系统设计，以及海拉瓦技术的采用等问题。同年，中国电网建设有限公司以《关于印送龙政±500kV直流送电工程导线技术研讨会会议纪要的函》（电网工〔1998〕211号）至电力规划设计总院、电力建设研究所、中南和华东电力设计院、上海电缆研究所，后附1998年11月9日的会议纪要，涉及720mm^2（4分裂）导线，推荐采用ACSR-720/50型；中国电网建设有限公司以《关于印送龙政直流±500kV线路设计协调会会议纪要的函》（电网工〔1998〕212号）至电力规划设计总院、中南、华东电力设计院，后附1998年11月10日的会议纪要，涉及线路路径、运用海拉瓦技术、导线选型和分裂间距、气象条件及铁塔设计条件等。

1999年，中国电网建设有限公司以《关于印送龙政直流线路设计协调会会议纪要的函》（电网直〔1999〕12号）至中南、华东电力设计院和中国超高压建设公司，后附1999年5月6日的会议纪要，确定直流线路设计、海拉瓦优化、大跨越、铁塔优化比选、物资材料的准备以及各单位的协调等问题。国家电力公司电网建设分公司以《关于印送三峡至常州±500kV直流输电工程龙政直流线路铁塔规划设计专家评审会会议纪要的函》（电网直〔1999〕26号）至相关单位，后附1999年6月14-15日会议纪要，确定铁塔设计的相关气象条件、材料及技术要求等。国家电力公司电网建设分公司以《关于印送三峡至常州±500kV直流工程龙政直流线路OPGW标书专家评审会讨论纪要的函》（电网直〔1999〕31号）至中南、华东设计院，后附1999年6月24-25日会议纪要，确定中继站的位置、相关气象条件及技术要求。国家电力公司电网建设分公司以《关于印送龙泉至政平±500kV直流线路大跨越、接地极、接地极引线设计中间检查会纪要的函》（电网直〔1999〕41号）至中南、华东电力设计院，后附1999年7月27日会议纪要，确定大跨越塔选点、风速和冰厚设计条件，以及导线的选择。1999年9月7日，电网建设分公司组织召开直流合成绝缘子应用范围和国产化专家讨论会，专家的主要意见是：推荐在遵循设计原则及保证相关措施的基础上，适当增加国产合成绝缘子的使用。

1999 年 9 月 16-19 日，在北京召开了三常直流工程直流线路技术设计（初步设计）审查会并通过了审查。周小谦做了总结发言，对直流线路总体进度安排、设计和施工要求以及概算等主要问题做了指示。同时，华东电力设计院提交了《三峡输变电工程三峡至常州±500kV 高压直流输电工程±500kV 芜湖长江直流大跨越技术设计》简介报告，包括设计跨点、气象条件、导地线设计等；国家电力公司主持并通过了对龙泉、政平换流站接地极及线路技术设计的审查。2000 年 9 月，国务院三峡建委以国三峡委发办字〔2000〕31 号文对龙政直流输电线路工程设计审查意见给予批复。

2001 年 4 月，国家电网公司和中国电力工程顾问集团公司对三广直流线路技术设计进行了审查和优化。2001 年 8 月，国务院三峡办和国家电网公司召开了三广直流工程技术设计审查会，同意三广直流线路路径和大跨越方案。

2003 年 12 月，电力规划设计总院召开三沪直流工程预选线路径方案审查会，推荐北方案。

葛沪直流综合改造工程的直流线路沿用了原葛南直流工程约 923km 路径，首次采用同塔双回直流线路设计技术对其改造，大大节省了线路走廊的资源；其中一回用于新建的林枫（荆门至沪西）直流工程，另一回仍作为葛南直流线路，并为其增容进行了技术准备。同时，荆门换流站与龙泉换流站共用接地极，沪西换流站与南桥换流站共用接地极。

摘编自：

1. 国家电网公司，中国三峡输电工程　直流工程与设备国产化，中国电力出版社，2008 年。
2. 《关于印送协调启动龙政直流线路设计会议纪要的函》（电网直流〔1998〕93 号），中国电网建设有限公司，1998 年。
3. 《关于印送龙政±500kV 直流送电工程导线技术研讨会会议纪要的函》（电网工〔1998〕211 号），中国电网建设有限公司，1998 年。
4. 《关于印送龙政直流±500kV 线路设计协调会会议纪要的函》（电网工〔1998〕212 号），中国电网建设有限公司，1998 年。
5. 《关于印送龙政直流线路设计协调会会议纪要的函》，（电网直〔1999〕12 号），中国电网建设有限公司，1999 年。
6. 《关于印送三峡至常州±500kV 直流输电工程龙政直流线路铁塔规划设计专家评审会会议纪要的函》（电网直〔1999〕26 号），国家电力公司，1999 年。
7. 《关于印送三峡至常州±500kV 直流工程龙政直流线路 OPGW 标书专家评审会讨论纪要的函》（电网直〔1999〕31 号），国家电力公司，1999 年。
8. 《关于印送龙泉至政平±500kV 直流线路大跨越、接地极、接地极引线设计中间检查会纪要的函》（电网直〔1999〕41 号），国家电力公司，1999 年。

第二节　三峡直流输电工程线路及其接地极

三峡直流工程线路及接地极设计概况见表 7-10。8 个换流站接地极主要技术概况见表 7-11。

表 7-10　　4 项直流工程直流线路主要技术参数（含大跨越）

技术参数	三常直流工程	三广直流工程	三沪直流工程	葛沪直流综合改造工程
线路总长（km）	859.685	940.6	1048.645	1948
铁塔基数	2007	2304	2499	2455
途经	湖北、安徽、江苏 3 省	湖北、湖南、广东 3 省	湖北、安徽、江苏、浙江、上海 4 省 1 市	湖北、安徽、江苏、上海 3 省 1 市

续表

<table>
<tr><th colspan="2">技术参数</th><th>三常直流工程</th><th>三广直流工程</th><th>三沪直流工程</th><th>葛沪直流综合
改造工程</th></tr>
<tr><td rowspan="9">一般
线路</td><td rowspan="3">导线型号</td><td rowspan="3">4×ACSR-720/50
钢芯铝绞线</td><td>4×ACSR-720/50
钢芯铝绞线</td><td rowspan="3">4×ACSR-720/50
钢芯铝绞线</td><td rowspan="3">4×ACSR-720/50
钢芯铝绞线</td></tr>
<tr><td>20mm 重冰区：
4×ACSR-720/90</td></tr>
<tr><td>30mm 重冰区：
4×AACSR-720/50</td></tr>
<tr><td rowspan="6">地线型号</td><td rowspan="3">GJ-80 钢绞线</td><td>GJ-80
钢绞线
4×ACSR-720/90</td><td>GJ-80 钢绞线</td><td rowspan="3">2×GJ-100</td></tr>
<tr><td>20mm 重冰区：
GJ-100</td><td rowspan="2">污秽严重区：JLB1A-80</td></tr>
<tr><td>30mm 重冰区：
GJ-125</td></tr>
<tr><td rowspan="3">OPGW-80
复合光缆</td><td>OPGW-1/-2
（48 芯、24 芯）</td><td rowspan="3">OPGW
（24 芯）</td><td rowspan="3">—</td></tr>
<tr><td>20mm 重冰区：
OPGW-7</td></tr>
<tr><td>30mm 重冰区：
OPGW-8</td></tr>
<tr><td rowspan="5">大跨
越 1</td><td>名称</td><td>汉江大跨越</td><td>大埠头
长江大跨越</td><td>塔坪桥
长江大跨越</td><td>汉江大跨越</td></tr>
<tr><td>跨越耐张
长度（m）</td><td>2077</td><td>2453</td><td>2386</td><td>2409</td></tr>
<tr><td>导线型号</td><td>4×JLB_3-510 铝包钢线</td><td>4×AACSR/EST450
特强钢芯
铝合金绞线</td><td>4×AACSR/EST450
特强钢芯
铝合金绞线</td><td>AACSR/EST450/200</td></tr>
<tr><td rowspan="2">地线型号</td><td>JLB_{1A}-180
铝包钢线</td><td>AS-245
铝包钢线</td><td>JLB14-210
铝包钢线</td><td>JLB14-210</td></tr>
<tr><td>OPGW-211
复合光缆</td><td>OPGW-260
复合光缆</td><td>—</td><td>—</td></tr>
<tr><td rowspan="5">大跨
越 2</td><td>名称</td><td>芜湖
长江大跨越</td><td>澧水大跨越</td><td>赵家堤
汉江大跨越</td><td>吉阳大跨越</td></tr>
<tr><td>跨越耐张
长度（m）</td><td>3050</td><td>1624</td><td>2000</td><td>2329</td></tr>
<tr><td>导线型号</td><td>4×AACSR/EST450
特强钢芯
铝合金绞线</td><td>同
大埠头长江大跨越</td><td>同
塔坪桥长江大跨越</td><td>2×AACSR/EST-630/360</td></tr>
<tr><td rowspan="2">地线型号</td><td>JLB_1A-245
铝包钢线</td><td>同
大埠头长江大跨越</td><td>同
塔坪桥长江大跨越</td><td>JLB14-230</td></tr>
<tr><td>OPGW-273
复合光缆</td><td>同
大埠头长江大跨越</td><td>—</td><td>—</td></tr>
<tr><td rowspan="5">大跨
越 3</td><td>名称</td><td>—</td><td>沅水大跨越</td><td>荻港
长江大跨越</td><td>—</td></tr>
<tr><td>长度（m）</td><td>—</td><td>2055</td><td>2923</td><td>—</td></tr>
<tr><td>导线型号</td><td>—</td><td>同大埠头
长江大跨越</td><td>4×AACSR/EST450/200
特强钢芯
铝合金绞线</td><td>—</td></tr>
<tr><td rowspan="2">地线型号</td><td>—</td><td>同大埠头
长江大跨越</td><td>AS-245
铝包钢线</td><td>—</td></tr>
<tr><td>—</td><td>同大埠头
长江大跨越</td><td>OPGW-255
复合光缆</td><td>—</td></tr>
</table>

表 7-11　　　　8 个换流站接地极主要技术参数

<table>
<tr><td rowspan="2">换流站</td><td colspan="2">三常直流工程</td><td colspan="2">三广直流工程</td><td colspan="2">三沪直流工程</td><td colspan="2">葛沪直流综合改造工程</td></tr>
<tr><td>龙泉换流站</td><td>政平换流站</td><td>江陵换流站</td><td>鹅城换流站</td><td>宜都换流站</td><td>华新换流站</td><td>荆门换流站</td><td>沪西换流站</td></tr>
<tr><td>接地极极址</td><td>青台</td><td>迈步</td><td>刘台队村</td><td>下塘村</td><td>松滋市</td><td>青浦区</td><td>青台</td><td>南桥</td></tr>
<tr><td>接地极线路长度（km）</td><td>42.26</td><td>33.15</td><td>20</td><td>45</td><td>60.49</td><td>44.3</td><td>37</td><td>79</td></tr>
<tr><td>接地极结构</td><td>单圆环</td><td>双半圆环</td><td>单圆环</td><td>同心三圆环</td><td>双环</td><td>单长圆环</td><td rowspan="2">与龙泉换流站共用接地极</td><td rowspan="2">与南桥换流站共用接地极</td></tr>
<tr><td>埋深（m）</td><td>2～3</td><td>2～3</td><td>2.5</td><td>3.5</td><td>3</td><td>3</td></tr>
</table>

摘编自：

1.《关于印送协调启动龙政直流线路设计会议纪要的函》（电网直流〔1998〕93 号），中国电网建设有限公司，1998 年。

2.《关于印送龙政±500kV 直流送电工程导线技术研讨会会议纪要的函》（电网工〔1998〕211 号），中国电网建设有限公司，1998 年。

3.《关于印送龙政直流±500kV 线路设计协调会会议纪要的函》（电网工〔1998〕212 号），中国电网建设有限公司，1998 年。

4.《关于印送龙政直流线路设计协调会会议纪要的函》（电网直〔1999〕12 号），中国电网建设有限公司，1999 年。

5.《关于印送三峡至常州±500kV 直流输电工程龙政直流线路铁塔规划设计专家评审会会议纪要的函》（电网直〔1999〕26 号），国家电力公司，1999 年。

6.《关于印送三峡至常州±500kV 直流工程龙政直流线路 OPGW 标书专家评审会讨论纪要的函》（电网直〔1999〕31 号），国家电力公司，1999 年。

7.《关于印送龙泉至政平±500kV 直流线路大跨越、接地极、接地极引线设计中间检查会纪要的函》（电网直〔1999〕41 号），国家电力公司，1999 年。

8.《三峡—常州±500kV 直流输电工程直流线路技术设计（初步设计）审查会纪要》，国家电力公司，1999 年 9 月 19 日。

9.《三峡输变电工程三峡至常州±500kV 高压直流输电工程±500kV 芜湖长江直流大跨越技术设计报告》，华东电力设计院，1999 年 9 月。

10.《三广直流工程技术设计审查会会议纪要》，国务院三峡办，2001 年 8 月 21 日。

11.《三沪直流工程预选线路径方案审查会会议纪要》，电力规划设计总院，2003 年 12 月 25 日。

12. 国家电网公司，中国三峡输电工程　直流工程与设备国产化，中国电力出版社，2008 年。

第八章　三峡直流输电工程技术引进和国产化

第一节　国产化要求及概况

依托三峡直流输电工程实现直流输电技术国产化、振兴民族工业，是国家的既定方针，各级领导对此均有明确指示。

国务院领导对我国直流输电技术的发展和国产化给予了高度重视、关心和支持。早在1994年，机械工业部何光远部长在给李鹏总理的《关于发展我国直流输电技术的意见》的信中指出："为实现直流输电设备国产化，必须加强西安直流基地的建设"，李鹏总理明确批示"同意予以支持，请家华同志批示"。邹家华副总理做了"首先应该明确依托工程。或者结合三峡工程，或者结合电网规划专门安排，确定一条输电线路，此事请计委商电力部、机械部一起明确并提出建议报告。其次，再根据这条线路商议与国外合作及国内发展、国产化的工作以及资金的支持"的批示。

从三峡直流输电工程建设开始，电力部门就视国产化为己任，进行了大量深入细致的调查研究工作，在确保三峡输变电工程按期、高质量的前提下，积极扶持和推进直流输电技术的国产化。1997年7月，在中国电网建设有限公司的领导下，网联公司组织国内相关行业的专家，包括一次和控制保护技术的科研、设计、运行等领域的专家，对国内相关设备的制造企业进行国产化调研，了解其设备设计、材料、制造工艺、试验、质量保证体系、生产能力以及应用业绩等各个方面，提交了《关于三峡—常州直流工程设备国产研制情况调查的汇报》，并附《交直流一次设备国内研制调查报告》《换流器及控制保护设备国产化研制调查报告》。在此调研的基础上，1997年10月，中国电网建设有限公司提出关于三峡至常州直流输电工程设备国产化的分析建议。1998年2月4日，机械工业部报国务院《关于三峡工程输变电设备立足国内供应的请示》（机械重〔1998〕82号），附件为《关于三峡工程输变电设备立足国内制造的建议》，提出：①500kV交流设备主要利用内资立足国内选型和采购；②直流设备通过三峡工程技术引进，合作制造，第一回直流工程国内分包比例不低于设备总价的40%～50%；③直流设备招标时，技术转让合同需与供货合同同时签订。

1998年2月23日，中国电网建设有限公司向陆延昌副部长（兼国家电力公司副总经理）及计划司、科教局、外事局、电力部三峡办汇报《关于三峡输变电工程设备国产化的意见》。主要内容为设备采购原则、三常直流工程具体采购意见（含直流线路、换流站交流设备、接地极及线路、交直流滤波器、换流阀、换流变压器、直流平波电抗器、避雷器等）、关于国内外采购的份额比例以及直流设备技术引进的意见。1998年2月28日，中国电网建设有限公司提出对三常直流工程换流站设备采购的原则是：安全第一、技术要先进具有跨越性、支持国产化。

1998年4月22-24日，国务院三峡建委召开会议，组织有关部门审核了中国电网建设有限公司提出的《三峡—常州±500kV直流输电工程换流站设备招标文件》。会后，国务院三峡建委将审核会情况和重要协调意见呈报了吴邦国副总理并朱镕基总理。5月13日，朱镕基总理批示："请邦国同志批示，并请培炎、华仁、广生同志阅"。1998年5月15日，吴邦国副总理批示："同意。在保证质量与进度前提下，尽可能增加国内分包份额，并落实技术引进，为第二条线做好技术储备"。1998年7月，中国电网建设有限公司向陆延昌副总经理汇报了技术转让和国产化的相关事宜。按照中央领导的指示、电力部（国家电力公司）领导的批示，1998年8月25日中国电网建设有限公司提交了《关于三峡至常州直流输电工程中关键设备制造技术的引进和部分合作生产的建议》汇报稿。1998年8月26日，国家电力公司和国家机械局共同向国务院三峡建委呈报了《三峡至常州±500kV直流输电工程招标中设备制造技术的引进和合作生产的建议的函》（简称《建议》）。

《建议》指出："遵照国务院领导关于三峡第一条工程建设的同时配套引进技术，在第二条工程逐步实现国产化的指示精神，三峡至常州的直流输电设备在国际采购的同时，要引进直流设备的关键技术和部分设备通过技术引进，以合作制造方式在国内分包制造，以促进直流设备的国产化。因此，引进直流设备制造的关键技术是三峡直流设备招议标工作的重要组成部分""引进技术过程中必须要遵循市场经济的原则，要讲市场，讲效益，讲发展前景"。同时，《建议》还提出了三个方面的明确要求：明确技术引进受让方的责任单位、明确引进技术的内容、明确所需资金和来源。

《建议》确定技术引进的目标是：通过三峡左岸直流（三峡至常州）几项关键技术的引进，为国内企业利用转让技术制造的产品提供试用条件，目标是立足国内建设三峡第二条直流工程，原则上不做第二次技术引进。

《建议》提出：技术引进分为系统设计和设备制造两个部分，直流系统设计的引进以电力部门为主，直流设备的制造技术引进以制造部门为主。

《建议》还明确需要引进技术的关键设备和器件是换流变压器、油浸式平波电抗器、换流阀和晶闸管元件。《建议》提出了这些关键设备和器件的引进技术受让方为：①换流变压器技术受让方是沈变；②换流阀技术受让方是西整；③晶闸管元件技术受让方是西安电子所；④油浸式平波电抗器技术受让方是西变。

同日，《建议》获国务院三峡建委批准，并由国务院三峡建委呈报吴邦国副总理并朱镕基总理。

至此，三峡直流输电工程换流站设备的技贸结合、技术引进工作拉开了序幕。为确保这次技术引进取得较好的效果，各技术受让方从技术、组织、管理等方面做了大量细致的准备工作。为了贯彻国家直流工程国产化的政策，为了结束必须依赖外国技术建设我国直流工程的局面，国家电网建设总公司从三峡直流工程建设伊始，于 1997 年集合了我国科研、设计、建设的相关单位，组建了我国第一个专门从事直流输电技术和工程研究的网联公司，它为我国培养了一支直流输电工程自主建设的中坚力量。

直流输电技术国产化的任务贯穿了三峡直流工程建设的全过程。直流主设备制造技术的引进，还不能使我国完全摆脱国外的技术垄断，换流站的成套设计技术以及直流系统控制保护设备的设计制造技术是我国进一步实现完全独立自主的关键。1998 年 8 月 24 日，中国电网建设有限公司提交了《关于高压直流换流站系统设计和换流站控制保护技术引进的汇报》报告，分析了国内技术的现状；提出进行直流关键技术补充引进的需求，建议换流站系统设计和换流站控制保护技术引进主体采取以电力部门为主、机械部门参加的组织形式，并提出了关于引进的方法、内容和步骤、资金筹措和相关评标等问题的建议。1999 年 2 月，国务院三峡办以《关于三峡输变电直流设备引进费用的复函》（国三峡办发装字〔1999〕011 号）至国家电力公司，明确换流站系统设计和换流站控制保护技术引进费用在三峡直流工程建设费用中安排。

随着三广直流工程建设的启动，2000 年 11 月 20 日，中国电网建设有限公司基于网联公司对国产化状况的进一步调研结果，以及我国直流工程发展的现状和规划，提出了后续三峡直流工程国产化比例增至 50%～80%的建议，并提出安排"十五"技术攻关和技术改造项目的建议。2000 年 12 月 14 日，国家电力公司提交《关于直流输电工程"国产化"情况的汇报》的报告，总结了三常直流工程国产化情况，提出三广和贵广直流工程的国产化目标，提出以灵宝背靠背直流工程为国产化示范工程的建议。

2000 年 12 月 15 日，国家计委基础产业司召开超高压直流输电设备国产化工作协调会。曾培炎出席并做了重要讲话，张国宝发表了意见，会议形成《关于超高压直流输电设备国产化工作协调会议纪要》。2001 年 1 月 17 日，国家发展计划委员会办公厅发布《国家计委办公厅关于印发超高压直流输电设备国产化工作协调会议纪要的通知》（急计办基础〔2001〕54 号），附会议纪要，确定三广、贵广直流工程可采取由外方负责，中外联合设计，尽可能采取国产或合资企业设备，尽可能提高国产化比例；

三广直流工程和灵宝直流背靠背联网工程国产化比例要达到 70%以上，会议还成立了国产化协调领导小组。

2001 年 2 月 5 日，国务院三峡办至国家发展计划委员会《关于直流输电设备国产化工作建议的函》（国三峡办发装字〔2001〕05 号），提出外商和国内制造企业要引入竞争机制、电力部门和制造企业联合参加系统设计等问题。

为了加强国内对引进技术深入消化吸收的能力，国家经济贸易委员会分别以技术函〔2001〕003 号和 004 号文《关于做好直流输电设备国产化“十五”工作准备的函》，支持国家电力公司提出安排“十五”的技术攻关和技术改造项目的建议，并要求做好相关的准备工作。2001 年 4 月，国家电力公司提交了申报国家发展计划委员会科技攻关项目《直流输电系统全数字实时仿真装置的开发》《超高压直流输电控制保护设备研制可行性研究报告》《直流输电外绝缘特性研究》等可行性报告。

国家电力公司始终密切关注和紧密跟踪三峡直流工程的国产化执行情况，及时发现和解决出现的问题，促进后续工程的国产化进程。2001 年 5 月，国家电力公司提交《三峡输变电工程有关技术装备、技术转让、合作生产情况的汇报》的报告，汇报主要内容为：①三峡输变电工程建设情况；②三峡输变电试验研究装备情况；③三常直流工程技术转让及合作生产情况；④三广直流工程技术转让和合作生产计划，提出三广直流工程的国产化率达到 70%是可能的。

关于直流系统研究和直流控制保护技术的引进工作，2001 年 3 月 14 日，国家电力公司以《关于报送直流输电系统成套设计和二次系统的引进技术与科技攻关建议的函》（国电科〔2001〕150 号）上报国家发展计划委员会，附件为《直流输电系统成套设计和二次系统的技术引进与科研攻关的建议》，提出国家电力公司作为直流工程成套设计和二次系统技术转让的受让方，负责工程成套设计；由国家电力公司负责二次系统的技术引进，并负责组织相关制造部门参加开发直流控制保护产品；由国家电力公司负责组织对直流输电系统外绝缘特性和直流系统数字仿真进行科研攻关等建议，以及相关的经费预算。附件还详细列出了相关技术的国产化现状、需引进技术的内容，以及相关的科研课题。国家电力公司还以《关于三峡—广东、贵州—广东直流输电工程设备采购有关问题的请示》（国电计〔2001〕217 号）报送国家计委，就三广、贵广直流工程打捆招标、国产化要求等问题进行了请示。此后，国家电力公司委托网联公司作为三广直流工程技术转让受让方的代表，事先分别与 ABB 公司和西门子公司就系统研究及成套设计技术转让事项进行交流和谈判。网联公司根据我国直流工程的实际需要和直流技术发展趋势，以及国内已有水平等各方面的整体要求，与外方反复、多次谈判，最终确定了技术转让的详细内容，在换流站设备采购合同签订之前，分别与 ABB 和西门子公司事先签订了直流系统研究和成套设计的技术转让协议，一旦采购合同中标，技术转让协议即成为合同的一部分；同时，网联公司牵头，分别组织南瑞继保直流公司与 ABB 公司、许继集团与西门子公司进行直流控制保护技术转让的谈判，并签订了技术转让的意向性协议，作为合同谈判的一项成果。

三广直流工程换流站设备采购合同由 ABB 公司中标，《直流系统成套设计技术转让》协议作为合同的附件十四。网联公司于 2001 年 11 月和 2002 年 3 月分两批赴瑞典进行技术转让工作。在全面参与直流系统研究及换流站成套设计的培训和技术转让工作的同时，中方技术人员与外方技术人员一起工作，完成了三广直流系统方案的论证、技术参数的计算、设计报告的编写。西门子公司成套设计技术转让依托贵广直流工程实施。2002 年 10 月，网联公司会同国家电力公司南方公司，根据与西门子公司签订的直流系统成套设计技术转让合同要求，前往德国西门子公司完成了为期一个月的技术转让工作。

2003 年 12 月 16 日，受曾培炎副总理的委托，国务院三峡办副主任蒲海清主持专题会议，研究讨论三沪直流工程招标和国产化问题，确定了分标方案、网联公司联合西电公司参加工程的系统研究和成套设计、保变参加西门子公司的联合投标体等事宜。三沪直流工程的主要任务就是通过更深入的工程实践，深入消化吸收引进技术，达到国内独立自主进行直流工程建设全过程的能力和水平。事实证明，此后的同类直流工程实现了 100%的国产化。

综上所述，在三常直流工程中，目标是通过技贸结合、合作生产，以国内相关制造企业为受让方，完整引进直流主设备的设计和制造技术，并明确对此不再进行二次引进；对于系统研究和控制保护设备，通过联合设计，熟悉主要研究工具和设计方法，引进部分软件程序、技术文件和标准。三常直流工程中，国产化比例为30%。依托三常直流工程，我国主要引进了换流站直流主设备（即换流变压器、平波电抗器、换流阀、晶闸管）的设计、制造和试验技术以及部分研究工具和设计资料。

在三广直流工程中，通过联合设计、分包生产，巩固和深入消化吸收主设备制造的引进技术，同时以电力部门为主引进完整的换流站成套设计技术以及直流控制保护设备的设计制造技术。三广直流工程国产化比例占 50%。作为对直流输电关键技术的填平补齐，在三广直流工程中，网联公司和西安高压电器研究所（简称西高所）引进了直流输电工程换流站成套设备系统研究和成套设计技术；南瑞继保公司（简称南瑞继保）引进了直流控制与保护装置设计制造技术。

三沪直流工程以中外联合投标的方式，使中方从此具有了独立投标的资质，国产化比例占 70%。除了增加国内主设备以及直流控制保护系统的制造份额，网联公司联合西高所，基于三广直流工程的技术引进成果，首次在系统研究和换流站成套设计方面与主承包商 ABB 公司签订了《三峡—上海±500kV 直流输电工程的系统研究、设计和技术协调的技术服务合同》，与 ABB 公司联合，全过程参与并完成了换流站的成套设计和主设备技术规范的编制；全面引进了直流控制保护软硬件系统设计制造的核心技术，全过程参加了设计制造过程，并首次在国内完成了控制保护软硬件的系统试验。这为我国后续直流工程，包括特高压直流工程的系统研究、成套设计和设备的技术要求，以及建设运行全面实现国产化打下了坚实的基础。

2002 年 6 月 6 日，国务院三峡办以《关于印发〈西北—华中背靠背直流工程有关国产化专题会议纪要〉的通知》（国三峡办发技字〔2001〕64 号）批准了灵宝背靠背直流联网工程的国产化建设方案，使之成为三峡直流工程国产化进程中一个国产化集成创新的示范工程。三峡工程后续的葛沪直流综合改造工程更是实现了 100%的国产化。

2005 年郑宝森、舒印彪考察西变国产化产品车间，如图 7-10 所示。

图 7-10　2005 年郑宝森、舒印彪考察西变国产化产品车间

三峡直流工程分别引进了 ABB 和西门子两家公司的技术，这是当时世界上最先进的直流输电技术。

直流主设备分别引进了 ABB 和西门子两家公司的换流变压器、换流阀、平波电抗器以及直流控制保护系统的设计制造技术。其中，ABB 公司技术转让的国内受让单位为西变、西整、西安电子所、南瑞继保公司；西门子公司技术转让的国内受让单位为沈变、保变、西整、西安电子所、许继集团公司。通过三峡直流工程，ABB 公司向网联公司和西高所转让了直流系统研究和换流站成套设计技术。

依托三峡直流工程的技术转让和工程实践的锻炼，国内已形成了一支具备自主完成直流输电工程科研、咨询、设计、设备制造和工程建设、管理的坚强队伍，继三峡直流工程之后，国内的常规直流工程，乃至特高压直流工程，均具备自主建设能力。因此，可以说三峡直流工程技术引进和国产化的特点是目标明确、分步实施、稳扎稳打、成果显著，不仅从此结束了国外在直流输电工程建设的垄断局面，在国内也形成了市场竞争机制。

西电对自主生产的平波电抗器和换流变压器进行试验的场景分别如图 7-11 和图 7-12 所示。

图 7-11 西电对自主生产的平波电抗器进行试验

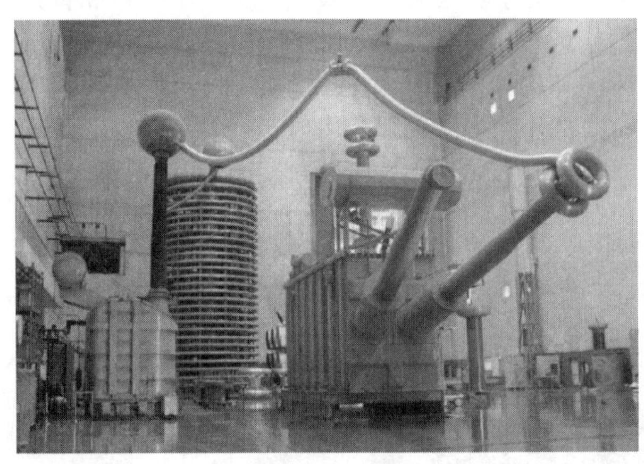

图 7-12 西电对自主生产的换流变压器进行试验

摘编自：

1.《关于三峡—常州直流工程设备国产研制情况调查的汇报》，网联公司，1997 年 7 月 26 日。
2.《关于三峡至常州直流输电工程设备国产化的意见（讨论稿)》，中国电网建设有限公司，1997 年 10 月 22 日。
3.《关于三峡工程输变电设备立足国内供应的请示》（机械重〔1998〕82 号），机械工业部报国务院，1998 年 2 月 4 日。
4.《关于三峡输变电工程设备国产化的意见》，中国电网建设有限公司，1998 年 2 月 23 日。
5.《关于三峡输变电工程设备国产化的意见》，中国电网建设有限公司，1998 年 2 月 28 日。
6.《机械工业部至吴邦国副总理函》，机械工业部，1998 年 5 月 8 日。
7.《关于高压直流换流站系统设计和换流站控制保护技术引进的汇报报告》，中国电网建设有限公司，1998 年 8 月 24 日。
8.《关于三峡至常州直流输电工程中关键设备制造技术的引进和部分合作生产的建议》，中国电网建设有限公司，1998 年 8 月 25 日。
9.《关于三峡至常州直流输电工程设备制造技术的引进和合作生产的建议》，国家机械工业局、国家电力公司，1998 年 8 月 26 日。
10.《关于三峡输变电直流设备引进费用的复函》（国三峡办发装字〔1999〕011 号），国务院三峡办，1999 年 2 月。
11.《关于召开超高压直流输电设备国产化工作协调会议的通知》（计司基础函〔2000〕218 号），国家计划委员会司（局），2000 年 12 月 11 日。
12.《关于直流输电工程“国产化”情况的汇报》，国家电力公司，2000 年 12 月 14 日。
13.《国家计委办公厅关于印发超高压直流输电设备国产化工作协调会议纪要的通知》（计办基础〔2001〕54 号），国家发展计划委员会办公厅，2001 年 1 月 17 日。
14.《关于直流输电设备国产化工作建议的函》（国三峡办发装字〔2001〕05 号），国务院三峡办，2001 年 2 月 5 日。
15.《关于做好直流输电设备国产化“十五”工作准备的函》（技术函〔2001〕003 号），国家经济贸易委员会，2001 年 2 月 26 日。
16.《关于做好直流输电设备国产化“十五”工作准备的函》（技术函〔2001〕004 号），国家经济贸易委员会，2001 年 2 月 26 日。
17.《关于报送直流输电系统成套设计和二次系统的引进技术与科技攻关建议的函》(国电科〔2001〕150 号)，国家电力公司，2001 年 3 月 14 日。
18.《直流输电系统全数字实时仿真装置的开发科技攻关项目可行性研究报告》，国家电力公司，2001 年 4 月。
19.《超高压直流输电控制保护设备研制科技攻关项目可行性研究报告》，国家电力公司，2001 年 4 月。
20.《直流输电外绝缘特性研究科技攻关项目可行性研究报告》，国家电力公司，2001 年 4 月。
21.《三峡输变电工程有关技术装备、技术转让、合作生产情况的汇报》，国家电力公司，2001 年 5 月。
22.《中国机械工业联合会至吴邦国副总理的函》，中国机械工业联合会，2001 年 7 月。
23.《关于三峡—广东、贵州—广东直流输电工程设备采购有关问题的请示》（国电计〔2001〕217 号），国家电力公司，2001 年。
24.《关于印发〈西北—华中背靠背直流工程有关国产化专题会议纪要〉的通知》（国三峡办发技字〔2001〕64 号），国务院三峡办，2002 年 6 月 6 日。
25. 受曾培炎副总理的委托，国务院三峡建委副主任蒲海清于 2003 年 12 月 16 日主持专题会议的会议纪要，国务院三峡办，2003 年 12 月 16 日。
26. 国家电网公司，中国三峡输电工程　直流工程与设备国产化，中国电力出版社，2008 年。

第二节　国产化完成情况

基于三峡直流工程国产化政策的实施，我国已建成数十条常规、背靠背和特高压直流输电工程，具有世界唯一成功投运的±800kV、800 万 kW 和±1100kV、1000 万 kW 的大容量直流输电工程。在直流技术的国产化方面，三峡直流工程具有里程碑式的重大作用和意义，使我国直流输电技术从无到有、从弱到强、从转让技术到自主创新、从国内工程建设走向世界直流工程的建设、从跟随世界技术水平到引领世界直流技术的发展和创新，功不可没。在国际直流输电技术领域，中国不仅是不可或缺的，更是处于引领其技术、工程和标准发展的地位。

三峡直流工程设备国产化完成情况见表 7-12。

表 7-12　　三峡直流工程设备国产化完成情况

<table>
<tr><td rowspan="2">序号</td><td colspan="2">工程</td><td>三常直流工程</td><td>三广直流工程</td><td>三沪直流工程</td></tr>
<tr><td colspan="2">投产日期</td><td>2003 年</td><td>2004 年</td><td>2006 年</td></tr>
<tr><td>1</td><td colspan="2">国产化工作形式</td><td>1．引进一次设备设计制造技术；
2．合作生产</td><td>1．引进控制保护设计制造技术和换流站成套设计技术；
2．分包生产</td><td>中外联合体投标</td></tr>
<tr><td rowspan="4">2</td><td rowspan="4">换流变压器</td><td>总数量（台）</td><td>28</td><td>28</td><td>28</td></tr>
<tr><td>国内分包制造数量</td><td>4</td><td>8</td><td>14</td></tr>
<tr><td>数量比例（%）</td><td>15</td><td>30</td><td>50</td></tr>
<tr><td>国内制造厂</td><td>西变、沈变</td><td>西变</td><td>西变</td></tr>
<tr><td rowspan="4">3</td><td rowspan="4">平波电抗器</td><td>总数量（台）</td><td>5</td><td>5</td><td>5</td></tr>
<tr><td>国内分包制造数量</td><td>1</td><td>2</td><td>3</td></tr>
<tr><td>数量比例（%）</td><td>20</td><td>40</td><td>60</td></tr>
<tr><td>国内制造厂</td><td>西变</td><td>西变</td><td>西变</td></tr>
<tr><td rowspan="4">4</td><td rowspan="4">换流阀</td><td>总数量
（组件数）</td><td>700</td><td>700</td><td>700</td></tr>
<tr><td>国内分包制造数量</td><td>组装：116</td><td>组装：696</td><td>组装：350
生产：350</td></tr>
<tr><td>数量比例
（%）</td><td>组装：17</td><td>组装：100</td><td>组装：50
生产：50</td></tr>
<tr><td>国内制造厂</td><td>西整</td><td>西整</td><td>西整</td></tr>
<tr><td rowspan="4">5</td><td rowspan="4">晶闸管</td><td>总数量（只）</td><td>4200</td><td>4200</td><td>4200</td></tr>
<tr><td>国内分包制造数量（只）</td><td>72</td><td>2100</td><td>3150</td></tr>
<tr><td>数量比例（%）</td><td>1.7</td><td>50</td><td>75</td></tr>
<tr><td>国内制造厂</td><td>西安电子所</td><td>西安电子所</td><td>西安电子所</td></tr>
<tr><td rowspan="5">6</td><td rowspan="5">控制保护系统</td><td>设计</td><td>—</td><td>—</td><td>外方负责、中外联合设计软、硬件结构</td></tr>
<tr><td>硬件生产</td><td>—</td><td>—</td><td>100%国内生产</td></tr>
<tr><td>软件编程</td><td>—</td><td>—</td><td>国内为主编程</td></tr>
<tr><td>出厂试验</td><td>—</td><td>—</td><td>国内进行</td></tr>
<tr><td>国内制造厂</td><td>—</td><td>—</td><td>南瑞继保公司</td></tr>
</table>

灵宝及葛沪直流综合改造工程的功能规范书编制、换流站成套设计、换流站设备制造全部实现了国产化。

三峡直流工程国产化的实施，不仅摆脱了国外的垄断，形成了国内外市场竞争的态势，而且培养了国内从设计、科研试验、制造、建设、运行全方位的坚强的技术队伍，同时，相对降低了工程造价，提高了工程可靠性、可用率。

依照批准的工程初步设计概算，三峡直流工程及其他工程换流站设备造价对比见表 7-13。

表 7-13　　　　三峡直流工程及其他工程换流站设备造价对比

工　程　名　称		设备购置费（万元）	容量（万 kW）	单位容量设备费（元/kW）
三常直流工程	龙泉换流站	203 682	300	678.94
	政平换流站	187 752	300	625.84
	小计	391 434	—	652.39
三广直流工程	江陵（荆州）换流站	198 484	300	661.61
	惠州（鹅城）换流站	139 651	300	465.50
	小计	338 135	—	563.56
三沪直流工程	宜都（蔡家冲）换流站	197 752	300	659.17
	华新（白鹤）换流站	182 894	300	609.65
	小计	380 646	—	634.41
葛沪直流综合改造工程	荆门换流站	157 593	300	525.31
	沪西换流站	148 207	300	494.02
	小计	152 900	—	509.66
德宝直流联网工程	宝鸡换流站	138 085	300	460.28
	德阳换流站	140 347	300	467.82
	小计	278 432	—	464.05
呼辽直流输电工程	伊敏换流站	155 101	300	517.00
	辽宁换流站	150 362	300	501.21
	小计	305 463	—	509.11
灵宝背靠背联网工程	灵宝换流站	38 994	36	1083.17
	高岭换流站	115 324	150	768.83
备　注	本表中设备购置费来源于该工程初步设计评审意见，为该工程所有设备购置费用的总和，不包括建筑和安装工程中的材料费用。三常设备购置费为现价（1993 年价×1.5）			

国产化的实施，还体现在国内设计、科研、建设、运行各相关部门在国家电网公司的统一领导下，随时跟踪和解决工程中出现的问题。如关于三常直流工程噪声的问题，国内及时采取了换流变压器 Box-in 设计、滤波器双塔设计，选用低噪声滤波电抗器，加高换流站围墙等措施，并形成换流站的典型设计。在三常、三广直流工程中，对于控制保护系统出现的主机异常问题，国内组织相关技术力量与外方共同深入分析，归纳为硬件板卡故障、应用软件错误以及第三方软件介入引起的通信故障三种原因。2007 年，ABB 公司对直流控制保护系统软件进行了调整改进，将控制保护软件从 1.32 版升级到 1.5002 版；将直流控制保护功能的实时执行的应用软件与 LAN 网相关的通信软件分离，将直流控制保护系统的操作系统由 Windows NT 更换为 Windows XP＋RTX 实时操作系统方式；对故障板卡及时更换处理。这些措施成功消除了三峡直流工程控制保护主机异常的隐患；在三峡直流技术引进的基础上，我国直流控制保护制造厂家已建立了完全自主创新软硬件系统平台。对于三广直流工程惠州换流站的直流偏磁问题，国内及时开展研究，提出各种可行的方案，并对岭澳核电站主变压器安装了直流偏磁隔直装置，同时提出了直流工程运行方式的合理安排的措施。

摘编自：

1.《三峡—上海±500kV 直流输电工程的系统研究、设计和技术协调的技术服务合同》，北京网联直流咨询公司联合西电公司与 ABB 公司签订，2004 年 6 月。

2.《三峡直流输电工程自主化的模式及影响》，国务院发展研究中心，2012 年 6 月。

3. 国家电网公司，中国三峡输电工程　直流工程与设备国产化，中国电力出版社，2008 年。

第九章　主设备监造与工程调试、验收及运行

第一节　主 设 备 监 造

为了确保三峡直流工程设备的质量，在采购国外设备、不断增大国产化份额的同时，通过招标聘请了国外有资质的咨询公司担任国内外直流主设备的设计、生产、试验监造任务。

三常直流工程主设备的国外监造商为荷兰 KEMA 公司（负责换流变压器和平波电抗器的监造）和加拿大 HQI 公司（负责换流阀和直流控制保护协调的监造以及部分工程安装的监理）。KEMA 公司提交了换流变压器和平波电抗器的设计审查报告、工厂生产过程和型式试验见证报告、国内外合作生产质量检查阶段报告（共 6 份）、国内外合作生产设备出厂试验见证报告（共 11 份）。HQI 公司提交了设备监造报告、工程监理报告（共 2 份）以及极调试监理报告、极Ⅱ和双极调试的监理报告。

三广直流工程的国外监造商为荷兰 KEMA 公司，三沪直流工程的国外监造商为意大利 CESI 公司，主要负责直流一次主设备的监造。随着国产化程度的提高，更多是依靠国内自主完成设备的监造。

电力部门对三峡直流工程的设备监造和验收十分重视，每个工程均组织专门的设备验收团赴厂家进行监督、见证和验收。参加与外方监造公司联合工作的包括国家电网公司、国家电力调度中心、生产运营部门、网联公司、中国电科院以及电力试验研究所等单位，人员包括文凯诚、马为民、丁一工、刘泽洪、韩先才、陶瑜、曾南超、王玉玲、余乐、王德林、石岩、徐玲铃、韩伟等数十名老中青专家和工程技术人员。在参与设备监造技术把关的同时，我国年轻的直流技术队伍也随之成长、壮大。

摘编自：

1.《三峡直流工程换流站主设备监造合同》（换流变压器和平波电抗器），中国电网建设有限公司与荷兰 KEMA 公司签订，1999 年。

2.《三峡直流工程换流站主设备监造合同》（换流阀和直流控制保护），中国电网建设有限公司与加拿大 HQI 公司签订，1999 年。

3. 国家电网公司，中国三峡输电工程　工程调试，中国电力出版社，2008 年。

第二节　工　程　调　试

直流工程设备调试项目除了在厂家进行的型式试验、例行试验、抽样试验、子系统试验、业主见证试验等项目外，在现场主要包括设备试验、分系统试验、站系统试验和单/双极的端对端系统试验。

现场试验的组织机构：由国家电网公司成立工程启动验收委员会，在工程启动验收委员会的统一领导下，两端换流站分设调试领导小组，并下设指挥组、技术组、调度组、运行操作组、测试组、线路组、通信组、抢修组、后勤组、安监组和安全保卫组等。

设备试验和分系统试验主要由安装单位在制造厂家的配合下完成，站系统试验由相关电力试验研究院、中国电科院在制造商配合下完成，端对端系统试验由中国电科院在制造商配合下完成；成套设计单位提供全过程技术支持。

三常直流工程作为三峡首个直流工程，其调试方案经中外双方反复讨论确定，于 2002 年 7 月经工程启动验收委员会批准，成为后续直流工程调试的规范性文件。三峡直流工程的现场试验中，国内进行了严密的试验组织，由国内主持进行、中外双方密切配合。

三峡直流工程的调试，不仅为国内培养了一支工程试验、运行、调度的技术队伍，建设了全面、

完善的直流工程试验流程，规范了调试步骤和内容，而且形成了直流工程设备试验、分系统试验、站系统试验和端对端系统试验的企业、行业、国家标准和规程，为我国后续制定的特高压直流工程现场试验标准奠定了基础。

陆延昌、郑宝森、张贵行等亲临三峡直流工程首次端对端系统试验现场，舒印彪作为工程系统试验总指挥全过程指挥现场试验，如图 7-13、图 7-14 所示。

图 7-13　陆延昌、郑宝森、张贵行等亲临三峡直流工程首次端对端系统试验现场

图 7-14　舒印彪作为工程系统试验总指挥全过程指挥现场试验

三常直流工程于 2002 年 11 月、2003 年 3 月分别完成两端换流站极Ⅰ和极Ⅱ站系统试验；2002 年 11 月 22 日–12 月 20 日完成极Ⅰ端对端系统试验、2003 年 3 月 10 日–5 月 3 日完成极Ⅱ和双极端对端系统试验，后投入试运行。

三广直流工程系统试验总指挥为李文毅，工程于 2003 年 11 月完成两端换流站的站系统试验；2003 年 12 月 2–15 日完成极Ⅰ端对端系统试验，2004 年 2 月 19 日–4 月 3 日完成极Ⅱ和双极端对端系统试验共计 268 项后，后投入试运行。

三沪直流工程系统试验总指挥为孙竹森，2006 年 9 月 21 日–11 月 7 日完成极Ⅰ、极Ⅱ和双极端对端系统试验的全部项目共计 223 项，在系统条件满足后于 2007 年 3 月 8 日–4 月 2 日，完成剩余 15 项试验后投入试运行。

葛沪直流综合改造工程（即荆门至沪西直流工程）于 2011 年 3 月 16 日完成双极的低功率试验项目共 187 项，系统条件满足后于 2011 年 6 月 24 日完成双极大功率补充试验项目 39 项。

摘编自：

1．三峡（各）直流工程的工程启动验收委员会会议纪要，国家电力公司、国家电网公司。

2．《三峡—常州±500kV直流输电工程调试方案》，国家电力公司，2002年7月。

3．《500kV交流场及站系统调试情况汇总报告（政平换流站）》，华东电力试验研究院，2002年11月。

4．《龙泉换流站调试情况汇报》，湖北电流试验研究院，2002年11月23日。

5．《生产准备工作汇报》，国家电力公司常州超高压管理处，2002年11月。

6．国家电网公司工程建设部，三峡—常州±500kV直流输电工程，中国电力出版社，2004年。

7．国网直流工程建设有限公司，三峡—广东±500kV直流输电工程，中国电力出版社，2009年。

8．国网直流工程建设有限公司，三峡—上海±500kV直流输电工程，中国电力出版社，2009年。

9．《西北—华中联网灵宝直流背靠背工程总结》，国家电网公司，2004年。

10．《葛沪直流综合改造工程初验报告》，国家电网公司，2014年。

第三节　工　程　验　收

为确保三峡工程验收工作的顺利进行，国务院验收委员会下设枢纽、输变电和移民三个验收组。输变电验收组负责对三峡输变电工程的国家验收，其成员由国家相关部委、单位的领导和专家组成，专家占总人数的三分之二左右。验收组组长由国家发展和改革委员会主任担任，副组长由国务院三峡办副主任和国家电网公司主管副总经理等领导担任。

三峡直流工程的验收工作分为三个阶段：第一阶段由国家电网公司组织自验收、初验，完成后向国务院验收组提交国家验收申请报告；第二阶段由国务院验收专家组审阅报告，经调查、核实生产运行情况后，提出验收专家组的验收意见；第三阶段验收报告由经验收组全体成员审阅一致同意后，正式形成工程的最终验收报告通过国家验收。

三峡直流工程建设符合设计要求，完全满足三峡电力外送的要求；三峡直流工程建设重视科技进步，推行科技创新，注重设计优化，大力推广新技术、新材料、新工艺的应用，积极落实国家装备国产化政策，有效推进首台、首套设备的研发和应用，科技创新成果显著。

2004年，国务院三峡输变电工程验收专家组周小谦、许可达一行考察三广直流工程，如图7-15所示。

2004年，刘振亚陪同马凯考察三广直流工程广东惠州鹅城换流站，如图7-16所示。

图7-15　国务院三峡输变电工程验收专家组周小谦、许可达一行考察三广直流工程

2006年6月，国务院三峡输变电工程稽察组至国网常州工程建设部对三沪直流工程进行验收稽察，

如图 7-17 所示。

图 7-16 刘振亚陪同马凯考察三广直流工程广东惠州鹅城换流站

图 7-17 国务院三峡输变电工程稽察组至国网常州工程建设部对三沪直流工程进行验收稽察

2006 年 11 月，三峡办副主任李世忠赴现场考察三沪直流工程，如图 7-18 所示。

图 7-18 三峡办副主任李世忠赴现场考察三沪直流工程

2007 年 2 月，三峡办副主任卢纯考察三沪直流工程上海华新换流站，如图 7-19 所示。

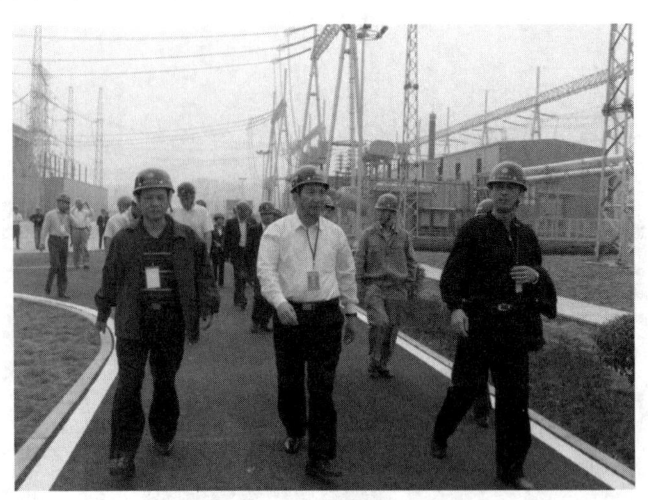

图 7-19　三峡办副主任卢纯考察三沪直流工程上海华新换流站

三常直流工程于 2003 年 7 月 2 日通过国务院长江三峡二期工程输变电工程验收组的终验。

三广直流工程于 2004 年 12 月 19 日通过三峡至广东±500kV 直流输电工程验收委员会的终验。

三沪直流工程于 2007 年 12 月 20 日通过国务院长江三峡三期工程输变电工程验收组的终验。

灵宝直流背靠背联网工程于 2005 年 11 月 27 日通过国务院三峡工程建设委员会专家验收组的终验。

葛沪直流综合改造工程（即荆门至沪西直流工程）于 2014 年 12 月 20 日通过国务院长江三峡三期工程输变电工程验收组的终验。

2015 年 7 月，国务院长江三峡工程整体竣工验收委员会输变电工程验收组进行了三峡输变电工程的整体验收。

各工程验收结论和验收组成员名单见后附影印件。

摘编自：

1.《长江三峡二期工程输变电工程验收报告》，国务院长江三峡二期工程输变电工程验收组，2003 年 8 月 22 日。
2.《三峡至广东±500kV 直流输电工程终验报告》，三峡至广东±500kV 直流输电工程验收委员会，2004 年 12 月 19 日。
3.《长江三峡三期输变电工程三峡至上海±500kV 直流输电工程终验报告》，国务院长江三峡三期工程输变电工程验收组，2007 年 12 月 19 日。
4.《灵宝直流输电工程终验报告》，国务院三峡工程建设委员会专家验收组，2005 年 11 月 27 日。
5.《葛沪直流综合改造工程终验报告》，国务院长江三峡三期工程输变电工程验收组，2014 年 12 月 20 日。
6.《长江三峡工程整体竣工验收输变电工程验收报告》，国务院长江三峡工程整体竣工验收委员会输变电工程验收组，2015 年 7 月。

第四节　工程运行情况

三峡直流工程可靠有效地保证了三峡水电外送，运行可靠性指标参见第十篇第五章。

从三峡直流输电工程单、双极闭锁（不包括线路）情况分析，2003-2008 年发生单、双极闭锁主要是直流控制保护系统运行不稳定引起的，2007-2008 年对直流控制保护系统整改后，单、双极闭锁次数明显减少。根据国际大电网会议（CIGRE）2005-2008 年直流工程运行工作会议提供的资料，从直流单、双极强迫闭锁率分析，三峡直流工程的运行可靠性指标仍优于国际平均水平见表 7-14。

表 7-14　　2005-2008 年 CIGRE 统计的国际直流工程单、双极故障平均停运次数

年份	平均停运次数	龙政	江城	灵宝	宜华
2005	13.57	8	7	1	—
2006	12.5	2	0	2	—
2007	11.67	1	1	1	7
2008	11.75	4	6	1	1

2009-2014 年，龙泉、政平、江陵、鹅城、宜都、华新、团林、枫泾 8 座换流站因换流站内设备原因导致的单极闭锁共计 18 次，双极闭锁 0 次，平均单极年闭锁率为 0.375 次/（极・年）[设计值为 5 次/（极・年）]，远优于国际同类直流输电系统的平均值 4.68 次/（极・年）；三峡直流工程在 2009-2014 年平均双极年停运率 0 次/（双极・年）[（设计值为 0.1 次/（双极・年）]，远优于国际上同类直流 2.34 次/（双极・年）的平均值。三峡直流工程的技术、建设和运行水平处于国际领先水平。

三峡直流工程良好的运行业绩，除了基于建设的高水平，还要归功于运行的高水平。工程运行人员从功能规范书编制开始，均直接介入工程的设计、试验、验收等各个阶段。基于三峡直流工程，国家电网公司运行部门制定了完整的运行人员培训教材、运行检修试验规程，发现并及时解决设备隐患，为工程安全可靠运行奠定了坚实的基础。

摘编自：

1.《直流工程运行工作会议报告（2005-2008 年）》，国际大电网会议（CIGRE），2009 年。

2.《直流工程运行工况分析报告》，国家电网公司，2015 年。

影印件 1：三常直流工程终验

附件 3

长江三峡二期工程输变电工程

三峡一常州 ± 500 千伏直流输电工程

终 验 报 告

国务院长江三峡二期工程输变电工程验收组
2003 年 7 月 12 日

五、终验结论

1、原则同意国家电网公司对三常直流工程的《初验工作报告》和《初验鉴定书》。

2、三常直流工程的建设系统完整，规模和技术性能符合批准文件要求，满足设计和合同规定，达到国际先进水平。

3、工程建设管理规范，投资控制有效。

4、工程质量符合国家和有关标准，工程验收符合《验收大纲》要求，工程质量优良，并符合消防、环保、地震部门的要求。

5、三常直流输电工程具备输送 300 万千瓦的能力，可以满足三峡二期工程首批机组发电的电力安全稳定送出的需要。

6、三常直流工程的成功建设，不仅确保三峡电力的送出，而且对加强以三峡电网为中心的全国联网，对于提高我国输变电工程总体水平，提高我国直流产输电工程的建设水平和设备制造能力，对进一步提高直流输电工程的国产化水平，都具有重要的作用和重大的意义。

附表 1

国务院长江三峡二期工程输变电工程验收组

三峡一常州 ±500kV 直流输电工程终验

验收组代表签字表

制表时间：2003 年 7 月 12 日

序号	验收组职务	姓名	职务/职称	签名
1	组　长	马　凯	国家发展和改革委员会主任	
2	副组长	张国宝	国家发展和改革委员会副主任	
3		张德楠	原国务院三峡建委办公室副主任	
4		郑宝森	国家电网公司副总经理	
5	成　员	王　骏	国家发展和改革委员会能源局副局长	
6		许可达	国务院三峡建委办公室技术与装备司司长	
7		雷鸣山	国务院三峡建委办公室稽察司副司长	
8		刘天增	国土资源部耕地保护司副司长	
9		席　晟	国家审计署固定资产投资审计司司长	
10		倪吉祥	国家电力监管委员会输电监管部副主任	
11		袁达夫	水利部长江水利委员会设计院原副院长	
12		郭翔鹏	中国长江三峡工程开发总公司咨询委员	
13		舒印彪	国家电网公司工程建设部主任	

55

序号	验收组职务	姓名	职务/职称	签名
14	成　员	孙家骏	原国家电力公司电网建设部副主任	
15		周小谦	国家电网公司顾问、教授级高工	
16		朱英浩	沈阳变压器研究所总工程师、中国工程院院士	
17		周孝信	中国电力科学研究院总工程师、中国科学院院士	
18		吴敬儒	国家开发银行顾问、教授级高工	
19		潘天达	水利部长江水利委员会技术委员会副主任、教授级高工	
20		江万宁	水利部长江水利委员会技术委员会委员、教授级高工	
21		李立垦	中国南方电网公司专家组组长、教授级高工	
22		丁功扬	原国家电力公司咨询、教授级高工	
23		卢元荣	原国家电力公司咨询、教授级高工	
24		胡静英	国家开发银行咨询、教授级高工	
25		曾德文	中国电力工程顾问集团公司咨询、教授级高工	
26		徐晓东	中国电力工程顾问集团公司副总工程师、教授级高工	

影印件 2：三广直流工程终验

三峡至广东±500 千伏直流输电工程

终 验 报 告

三峡至广东±500 千伏直流输电工程

验收委员会

二〇〇四年十二月十九日

三峡—广东±500 千伏直流输电工程终验

验收委员会签字表

2004 年 12 月 19 日

序号	验收委员会职务	姓 名	职务/职称	签 名
1	主任委员	马凯	国家发展和改革委员会主任	
2	副主任委员	张国宝	国家发展和改革委员会副主任	
3	副主任委员	张德楠	国务院三峡输变电工程稽查组组长	
4	副主任委员	郑宝森	国家电网公司副总经理	
5	委员	王骏	国家发展和改革委员会能源局副局长	
6	委员	许可达	国务院三峡建委办公室技术与装备司司长	
7	委员	雷鸣山	国务院三峡建委办公室资金计划司司长	
8	委员	刘天增	国土资源部耕地保护司副司长	
9	委员	席晟	国家审计署固定资产投资审计司司长	
10	委员	顾峻源	国家电力监管委员会输变电监管部主任	
11	委员	舒印彪	电网建设分公司总经理	
12	委员	尚涛	南方电网公司计划发展部工程处副处长	
13	委员	周小谦	输变电工程专家	
14	委员	朱英浩	变压器专家、中国工程院院士	
15	委员	周孝信	电力系统专家、中国科学院院士	

19

五、验收委员会终验结论

1、原则同意国家电网公司对三广直流输电工程的《初验工作报告》和《初验鉴定书》。

2、三广直流工程的建设系统完整，建设规模和技术性能符合批准文件要求，满足设计和合同规定，达到国际先进水平。

3、工程建设管理规范，投资控制有效，预计比批准概算投资有节余。

4、工程质量符合国家和有关标准，工程验收符合《验收工作大纲》要求，工程质量优良，工程档案管理规范。

5、工程投产后，能及时发挥作用，工程经济效益良好。

6、三广直流工程任务重，工期短，国家电网公司认真负责，精心组织，各参建单位共同努力，注意吸取三常直流工程的经验和教训，不断提高工程质量，加快工程建设进度，提高国产化水平，实现了国务院提出 2004 年 2 月单极投产，6 月双极投产向广东送电的目标，把我国直流输电工程的建设推进到新的水平。

序号	验收委员会职务	姓 名	职务/职称	签 名
16	委员	吴敬儒	计划资金专家	
17	委员	郭翔鹏	机电设备专家	
18	委员	潘天达	设计专家	
19	委员	江万宁	二次系统专家	
20	委员	李立呈	直流工程专家	
21	委员	丁功扬	规划专家	
22	委员	卢元荣	基建专家	
23	委员	胡静英	概算专家	
24	委员	曾德文	系统专家	
25	委员	徐晓东	设计规划专家	
26	委员	孙家骏	直流专家	

影印件 3：三沪直流工程终验

长江三峡三期输变电工程

三峡–上海 ± 500 千伏直流输电工程

终 验 报 告

国务院长江三峡三期工程验收委员会

输变电工程验收组

二〇〇七年十二月二十日

五、终验结论

三沪直流工程建设和初验工作符合《验收大纲》的要求，工程管理规范；工程建设规模和技术性能符合批准文件要求，工程质量达到优良级标准；科技进步和技术创新成果显著，积极落实国家装备国产化政策，直流国产化工作取得跨越式发展；投资控制有效；环保、消防、档案已通过相关部门专项验收；工程及时建成、投产，及时发挥作用并安全可靠运行，工程效益良好。

国务院验收组同意三峡–上海 ± 500 千伏直流输电工程通过终验。

附表 1：

国务院长江三峡三期输变电工程验收组

三峡–上海 ± 500 千伏直流输电工程终验

验收组签字表

2007 年 12 月 20 日

序号	验收组分工	姓名	单位、职务	签字
1	组长	马　凯	国家发展和改革委员会主任	马凯
2	副组长	张晓强	国家发展和改革委员会副主任	张晓强
3	副组长	宋原生	国务院三峡办副主任	宋原生
4	副组长	舒印彪	国家电网公司副总经理	舒印彪
5	副组长	张德楠	国务院三峡办稽察组组长	张德楠
6	成员	赵小平	国家发改委能源局局长	赵小平
7	成员	王　骏	国家发改委能源局副局长	王骏
8	成员	许可达	国务院三峡办技术装备司原司长	[illegible]
9	成员	雷鸣山	国务院三峡办资金计划司司长	雷鸣山
10	成员	赵耕田	国务院三峡办稽察司稽察专员	赵耕田
11	成员	黄学农	国家电监会输电监管部副主任	黄学农
12	成员	刘天增（李尚杰代）	国土资源部局耕保司副司长	李尚杰
13	成员	张忠林（谢兴旺代）	国资委规划发展局副局长	谢兴旺
14	成员	赵维钧	国家环保总局环评司副司长	赵维钧
15	成员	刘利人	三峡总公司副总工程师	刘利人
16	成员	刘晓田	水利部水电局总工程师	刘晓田
17	成员	喻新强	国家电网公司建设运行部主任	喻新强
18	成员/专家组组长	朱英浩	变压器专家，中国工程院院士	朱英浩
19	成员/专家组副组长	周孝信	电力系统专家，中国科学院院士	周孝信
20	成员/专家组副组长	吴敬儒	计划资金专家，国家开发银行顾问	吴敬儒
21	成员	潘天达	设计专家，水利部长江委技术委员会副主任	潘天达
22	成员	李立浧	直流工程专家，南方电网公司专家组组长	李立浧
23	成员	丁功扬	规划专家，原国家电力公司咨询	丁功扬
24	成员	芦元荣	基建专家，原国家电力公司咨询	芦元荣
25	成员	胡静英	概算专家，国家开发银行咨询	胡静英
26	成员	曾德文	系统专家，中国电力顾问集团公司顾问	曾德文
27	成员	徐小东	设计规划专家，中国电力顾问集团公司规划中心主任	徐小东
28	成员	孙家骏	直流工程专家，国家电网公司原顾问	孙家骏
29	成员	郭翔鹏	机电设备专家，三峡总公司咨询委员	郭翔鹏
30	成员	梁建行	二次系统专家，长江委设计院咨询	梁建行

9　　10

影印件 4：灵宝背靠背直流工程终验

国务院三峡工程建设委员会
灵宝直流输电工程验收委员会

专家组终验报告

专 家 组
2005 年 11 月 27 日

六、终验结论初步意见

(1) 原则同意国家电网公司提出的《西北一华中联网，灵宝背靠背工程的初验报告》。

(2) 本工程建设系统完整，建设规模和技术性能符合批准要求，满足设计和合同规定。

附录 C 西北—华中联网灵宝直流背靠背工程总结相关文件

(3) 工程建设管理规范，投资控制有效，预计比批准概算投资略有节余。

(4) 工程质量符合国家和有关标准，工程验收符合《验收工作大纲》的要求，工程质量总体优良。

(5) 国产化试点的决策是正确的、工程建设组织管理是有效的。工程从前期科研、工程咨询、系统研究、成套设计、工程设计、设备制造到工程施工安装、调试等立足国内，实现国产化，表明了我国已基本具备自主制造直流输电设备、自主建设直流工程的能力。

369

西北—华中联网灵宝直流背靠背工程总结

附件 1：

国务院三峡建委灵宝直流输电工程验收会议

委员签字表

制表时间：2005 年 11 月 28 日

序	职务	姓名	专家身份	签字
1	主任委员	宋密生	国务院三峡建委办公室副主任	
2	副主任委员	许可达	国务院三峡办技术与装备司司长	
3		喻新强	国家电网公司建设运行部主任	
4	委员	王胜万	国务院三峡办资金计划司副司长	
5		郝卫平	国家发展改革委能源局处长	
6		朱明	国家电力监管管理委员会输电监管部处长	
7		肖创英	华中电网有限公司副总经理	
8		李卫东	西北电网有限公司副总经理	

370

附录 C 西北—华中联网灵宝直流背靠背工程总结相关文件

续表

序	职务	姓名	专家身份	签字
9	委员	孙竹森	国网建设有限公司副总经理	
10		罗德彬	国网运行有限公司副总经理	
11		周小谦	输变电工程专家、国家电网公司顾问、教授级高工	
12		吴敬儒	计划资金专家、国家开发银行顾问、教授级高工	
13		郭翔鹏	机电设备专家、中国长江三峡工程开发总公司咨询委员、教授级高工	
14		潘天达	设计专家、水利部长江水利委员会技术委员会副主任、教授级高工	
15		李立浧	直流工程专家、南方电网公司专家组组长、教授级高工	
16		丁功扬	规划专家、原国家电力公司咨询、教授级高工	
17		严元荣	基建专家、原国家电力公司咨询、教授级高工	
18		胡静美	概算专家、国家开发银行咨询、教授级高工	
19		曾德文	系统专家、教授级高工	
20		孙家骏	直流工程专家、教授级高工	

371

影印件 5：葛沪直流综合改造工程终验

葛沪直流综合改造工程

终 验 报 告

国务院长江三峡工程整体竣工验收委员会

输变电工程验收组

二〇一四年十二月二十日

五、终验结论

葛沪直流综合改造工程建设管理规范，初验工作符合《验收大纲》的要求；工程建设规模和技术性能符合批准文件要求，工程质量优良；科技进步和技术创新成果显著，自主完成了直流系统研究、成套设计和工程设计，实现了直流设备的国产化；投资

6

控制有效；环保、水保、档案、消防已通过专项验收，满足相关法规和标准要求；工程及时建成投产并发挥作用，运行状态良好。

验收组同意葛沪直流综合改造工程通过终验。

附：

验收组专家组签字表

序号	姓 名	单 位	职务/分工	签 字
1	李立浧	中国工程院	院士/验收组成员、专家组组长	
2	许可达	国务院三峡办	原司长/专家组副组长	
3	李 泰	国务院三峡办技术与装备司	副司长/验收组成员、专家组成员.	
4	曾德文	中国电力工程顾问集团公司	原顾问/验收组成员、专家组成员	
5	芦元荣	原国家电力公司	咨询/验收组成员、专家组成员	
6	吴 云	中国能源建设集团公司	总工程师/验收组成员、专家组成员	
7	潘天达	水利部长江水利委员会	顾问/验收组成员、专家组成员	
8	徐小东	电力规划设计总院	副院长/验收组成员、专家组成员	
9	姜绍俊	中国电力发展促进会	专职顾问/专家组成员	
10	孙家骐	原国家电力公司	咨询/专家组成员	
11	胡静英	国家开发银行	咨询/专家组成员	
12	宓传龙	中国西电集团公司	副总工程师/专家组成员	
13	苟锐锋	中国西电集团公司	副总工程师/专家组成员	

第八篇　调度二次系统与通信工程

由于电网规模成倍扩大，电网安全稳定运行的要求越来越高，对电力系统的运行进行调度和控制变得越来越复杂。如何提高电能质量，提高发、输、配电等各个环节的经济效益，保障全国互联电网的安全稳定运行；以及一旦发生电网故障，如何快速正确应对，是三峡输变电二次系统首先需要考虑的问题。

国家电网公司前瞻性地考虑全国联网目标，结合三峡输变电一次系统的安排和部署，从三峡输变电工程论证和立项之初就高度重视二次系统的相关建设，对二次系统进行了全面规划，对研究项目和工程建设进行了总体安排。三峡输变电二次系统的系统设计于1998年通过国家电力公司的审查，国务院三峡工程建设委员会于1999年对工程进行了批复。

三峡输变电调度自动化工程涵盖能量管理系统、电能量计费和交易管理系统、水调自动化系统、调度生产管理系统、雷电定位监测系统、继电保护及故障信息管理系统等系统。调度自动化系统的建设与应用为三峡输变电工程电力调度运行和电量结算提供了重要技术支撑，保证了电网安全、可靠、优质、经济运行和三峡电力的顺利外送。

三峡输变电二次系统通信工程涵盖光纤通信电路、微波通信电路、综合网管系统、同步网和电力综合数据网等。三峡输变电通信系统促进了全国电力通信网的形成，从建设规模和先进技术的应用看，实现了我国电力通信的飞速发展。

三峡输变电二次系统工程建设管理在国家电网公司的统一领导下，严格按照国家政策和三峡整体工作部署开展工作，圆满完成了各项建设任务并投入运行。三峡输变电工程二次系统工程所涉及的技术面之广、涉及单位之多、技术之复杂、时间跨度之长和空间分布之广都绝无仅有，大部分单项工程都是当时国内规模最大、技术难度最高的二次系统工程。经过十几年的规划建设，二次系统成功实现了与一次系统同步规划、同步建设、同步投运的目标，对三峡电站及其送出系统的安全、稳定、经济运行发挥了重要作用。

第一章　调度二次系统工程概况

三峡输变电二次系统是三峡输变电工程的重要组成部分，水利电力部从三峡电站及其送出输变电工程开始论证和立项之初，就高度重视二次系统的建设，并前瞻性地考虑到实现全国联网目标等情况，结合三峡输变电一次系统的安排和部署，对二次系统进行了全面规划和总体安排。经过近十年的建设，二次系统成功实现了与一次系统同步规划、同步建设、同步投运的目标。

三峡输变电工程调度二次系统项目共19项，其中根据国务院三峡工程建设委员会《关于对三峡输变电工程及二次系统调整方案的批复》（国三峡委发办字〔2002〕13号），下达18项二次系统项目，包括调度自动化系统8项、电能量计费系统和交易管理系统6项、继电保护及故障信息管理系统1项、系统安全稳定控制装置及功角监测2项、调度数据网1项，18项工程投资规模概算25 533万元，实际完成投资20 530万元。

2006年10月16日，国务院三峡工程建设委员会下达《关于对建设跨区电网动态稳定监测预警系统工程的批复》（国三峡委发办字〔2006〕32号），同意利用调度二次系统项目节余资金建设跨区电网动态稳定监测预警系统工程，工程投资概算2573万元。至此，三峡输变电工程调度二次系统项目增加为19项，最终工程总投资规模概算28 106万元，实际决算总投资22 509万元。

19个单项工程之间的关系示意图及工程一览表如图8-1及表8-1所示。

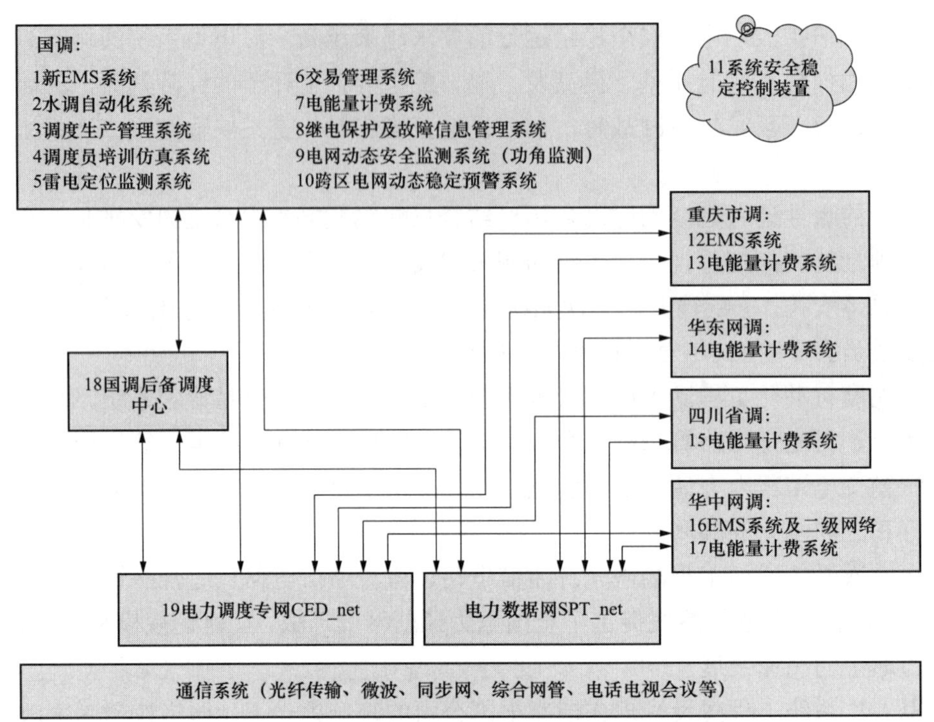

图 8-1　三峡输变电工程调度二次系统工程关系示意图

表 8-1　　三峡输变电工程调度二次系统工程投资一览表　　（万元）

序号	项　目　名　称	1998 年批复	2002 年批复	概算	决算	负责单位
一	调度自动化系统	19 656	17 142			
1	国调新 EMS 系统	5000	3500	3500	3139	国调中心
2	国调后备调度中心	2470	1800	1793	1540	国调中心
3	国调水调自动化系统	1186	1186	1186	940	国调中心
4	国调调度生产管理系统	2400	2256	2256	1497	国调中心
5	国调调度员培训仿真系统	2400	2400	821	708	国调中心
6	华中网调 EMS 系统及二级网络	2400	2400	2723	2386	华中网调
7	重庆市调 EMS 系统	3000	3000	3000	2975	重庆市调
8	国调雷电定位监测系统	800	600	589	461	国调中心
二	电能量计费系统和交易管理系统	3200	3900			
1	电能量计费系统国家电力公司主站系统	1200	900	900	664	国调中心
2	电能量计费系统重庆电网主站系统	400	400	400	400	重庆市调
3	电能量计费系统华中电网主站系统	200	200	227	200	华中网调
4	电能量计费系统华东电网主站系统	200	200	200	200	华东网调
5	电能量计费系统四川电网主站系统	200	200	198	198	四川省调
6	交易管理系统	1000	2000	1934	1753	国调中心
三	继电保护及故障信息管理系统	305	675	675	534	国调中心
四	系统安全稳定控制装置	1600	1840			
1	三峡左岸系统安全稳定控制装置	1600	1600	1532	798	国调中心
2	三峡右岸系统安全稳定控制装置			727	546	

续表

序号	项　目　名　称	1998 年批复	2002 年批复	概算	决算	负责单位
3	电网动态安全监测系统（功角监测）		240	290	235	国调中心
五	系统通信					
1	电力调度专网（CED_net 扩容完善）	3982	2582	2582	1356	国调中心
	小计	28 743	26 139	25 533	20 530	
六	2005 年新增单项工程					
1	跨区电网动态稳定监测预警系统（所需费用在结余资金中列支）			2573	1979	国调中心
	总计	28 743	26 139	28 106	22 509	

以三峡输变电二次系统工程建设为契机，我国电网调度自动化技术水平实现了质的飞跃。过去许多通过人工方式开展的电网计算和分析工作，全部通过计算机系统自动实现。通过高性能计算机群和先进的算法软件，获得过去无法实现的电网辅助分析决策功能，极大提高了我国电网调度运行的监控技术水平，促进了我国省级及以上电网调度从经验型调度向分析型调度的转变。整个调度系统的技术装备和应用达到国际先进水平。

通过包括二次系统在内的三峡输变电工程建设，初步实现了大规模、长距离、大容量电力输送，有效促进了跨区电网的快速发展。自 2003 年首台机组并网至 2021 年底，三峡电厂累计实现上网电量近 1500 亿 kWh。

摘编自：

1.《关于三峡输变电工程二次系统项目投资计划安排有关问题的批复》（国三建委发办字〔1999〕22 号），国务院三峡工程建设委员会，1999 年。

2.《关于对三峡输变电工程及二次系统调整方案的批复》（国三峡委发办字〔2002〕13 号），国务院三峡工程建设委员会，2002 年。

3.《关于对建设跨区电网动态稳定监测预警系统工程的批复》（三峡委发办字〔2006〕32 号），国务院三峡工程建设委员会，2006 年。

第二章 调度二次系统重点单项工程

三峡输变电调度自动化工程由调度自动化、电能量计费和交易管理、继电保护及故障信息管理、系统安全稳定控制装置及功角监测 4 大类 19 个重点单项系统组成。调度二次系统为三峡输变电工程电力调度运行和电量结算提供了重要技术支撑，保证了电网安全、可靠、优质、经济运行和三峡电力的顺利外送。

第一节 调度自动化系统

调度自动化系统是以计算机为核心的控制系统和远动技术，对于提高调度人员运行管理水平、保证系统处于安全经济状态具有重要意义。三峡输变电调度自动化系统由国调 EMS（能量管理系统）、重庆市调 EMS、华中网调 EMS 及调度数据网络、国调水调自动化系统、国调后备调度中心、电力调度专网 CED_net 扩容完善、国调调度员培训仿真系统、国调调度生产管理系统、国调雷电定位监测系统组成。介绍如下：

1. 国调 EMS（能量管理系统）

国调 EMS 于 1998 年批准立项建设，2001 年 4 月国家电力公司与中标的中国电力科学研究院科东公司签订国调 EMS（一期）CC-2000 系统合同，该工程 12 月投入使用，经竣工决算并通过审计，批准概算 3500 万元，完成投资 3139.2 万元。2006 年在扩建工程中，就提高系统运行稳定性、数据库维护方便性、人机界面的友好程度等方面加以改造，完善动态等值功能，增加静态安全分析等应用软件，完成与在线稳定计算系统的信息接口，做好旋转备用监视与管理、WEB 外移工作。

国调 EMS 接入信息总量达 10 289 个，接入厂站总数 297 个，规模超过了当时国内任何一个调度自动化系统。系统投运以来运行良好，经过科东公司对其不断完善和优化，系统运行更加稳定，很好地满足了国调中心实时运行工作要求，对国调直调系统乃至全国电网安全、可靠、优质、经济运行提供了科学、快速的监控及调节手段。

2. 重庆市调 EMS

重庆市调 EMS 于 1998 年批准立项建设，1999 年 12 月与中标的南瑞集团公司和北京东华公司签订合同，该工程经竣工决算并通过审计，批准概算 3000 万元，完成投资 2975.5 万元。2003 年 4 月通过国家电网公司验收。

重庆电网 EMS 应用软件功能（PAS）包括负荷预测、网络拓扑、状态估计、调度员潮流、静态安全分析、系统负荷预报、母线负荷预报、外网等值、在线短路电流计算等，同时增加了保护参数、定值查询和修改，设备参数查询和修改等调度管理功能。此外还建设了调度员仿真培训子系统（DTS），有力支撑了调度人员培训以及反事故演习等工作。重庆电网 EMS 投运以来运行稳定，功能丰富完善。EMS 信息覆盖整个重庆电网及三峡送出工程的川渝断面，接入 150 个厂站、88 套装置/系统的信息。重庆市调 EMS 结构示意图（OPEN-2000）如图 8-2 所示。

3. 华中网调 EMS 及调度数据网络

华中网调 EMS 及调度数据网络于 2003 年 2 月批准立项建设，2002–2004 年分别与中标的国电南瑞科技股份有限公司、北京东华诚信电脑科技发展公司和北京清大高科系统控制有限公司签订合同，工程批准概算 2723 万元，决算完成投资 2386 万元。2006 年 1 月系统通过竣工验收并投入使用。

华中电网调度自动化系统扩充完善项目建成投运后，为华中网调调度员培训、电网反事故演习提供了重要支撑，为华中电网实时数据的信息化应用提供了基础，为华中网调远动系统多种规约和多种方式的接入提供了手段，提高了华中网调负荷预测水平、调度自动化系统运行维护考核水平和调度自动化应用管理水平，保证了华中电网安全、稳定、优质运行和三峡电量的顺利外送。

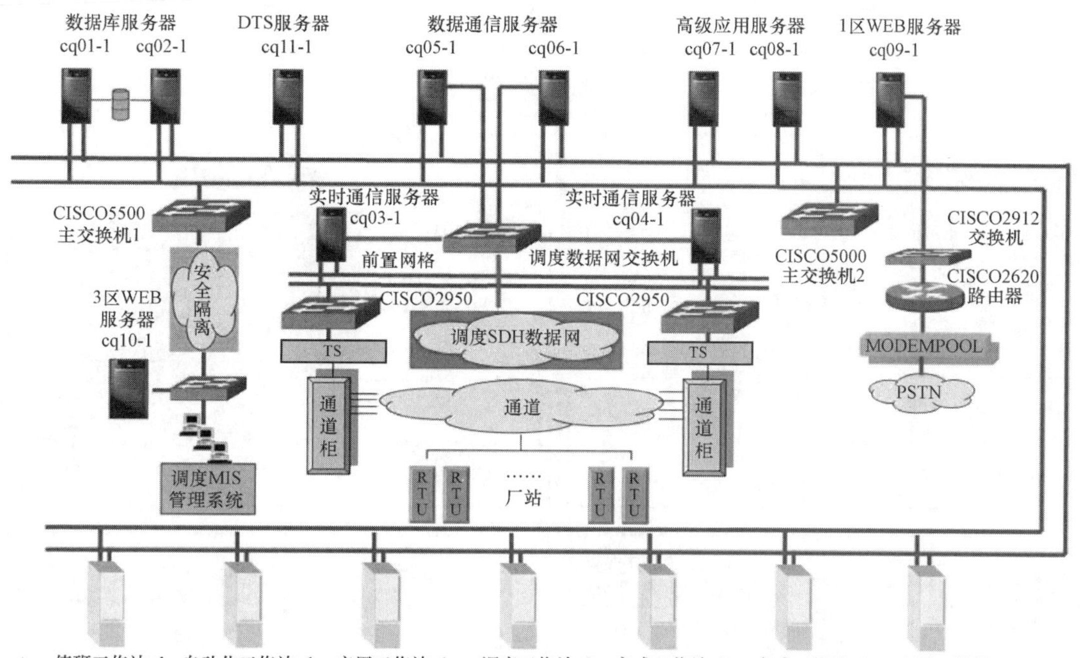

图 8-2　重庆市调 EMS 结构示意图（OPEN-2000）

华中电力调度数据网络项目投运，满足了 EMS、电力市场技术支持系统、继电保护管理系统等电力二次系统对数据通信实时性、高可靠性的需求，为上述系统提供了高速、安全、可靠的基础数据通信平台。

三峡输变电二次系统华中电力调度数据网、调度自动化系统和电能量系统扩充完善工程初步设计由国家电力公司有关部门组织审查。

4. 国调水调自动化系统

国调水调自动化系统工程采取一次设计、分步实施的原则建设。2001 年 4 月实现了与福建、西北水调自动化系统和国调 EMS、调度生产管理系统的连接，具有数据通信、数据处理、图形、报表、数据查询及 WEB 发布等基本功能。系统运行稳定、可靠，为开发和建设二期工程积累了丰富的经验。为配合三峡工程投产，2002 年进一步扩大系统规模，完善硬件和软件系统，接入包括三峡在内的所有重点水电厂信息。2002 年 7 月 31 日与中标的国电自动化研究院正式签订合同，2003 年 3 月通过了工厂验收，2003 年 8 月 22-29 日通过现场预验收，2004 年 3 月 31 日通过现场验收。2007 年 7 月 13 日完成了各项高级应用软件的建设和验收，主要包括三峡梯级电站中长期常规发电调度软件、基于 VR_GIS 的三峡大坝三维模拟及实时数据动态显示软件、三峡电力系统大型水电站群中长期优化发电调度软件、三峡梯级电站短期发电调度软件、三峡长期径流预报与发电调度软件。该工程批准概算 1186 万元，实际完成投资 940 万元。

国调水调自动化系统接入包括三峡梯级在内的近 70 个大中型水电厂水库运行和调度信息，是全国规模最大的电网水调自动化系统。国家电力调度通信中心水调自动化系统为适应三峡输电系统的实时调度以及全国互联电网运行而建设，是国调中心对包括三峡在内的直调水电厂以及国家电网公司系统重点水电厂实施水库调度及管理的关键技术支持系统，对于提高国调水库调度装备自动化和现代化水平具有重要意义。国调水调自动化系统的建成，基本实现了国家电网各主要水调自动化系统的联网运行以及绝大部分重点水电厂水库调度相关信息的联网，为国调中心调度三峡梯级电站和进行国家电网水库调度管理提供了重要的信息和技术保障。国调水调自动化系统自运行以来，经过扩充和完善，系统运行稳定，功能实用，操作方便，性能指标均达到要求。国调水调自动化系统结构示意图如图 8-3 所示。

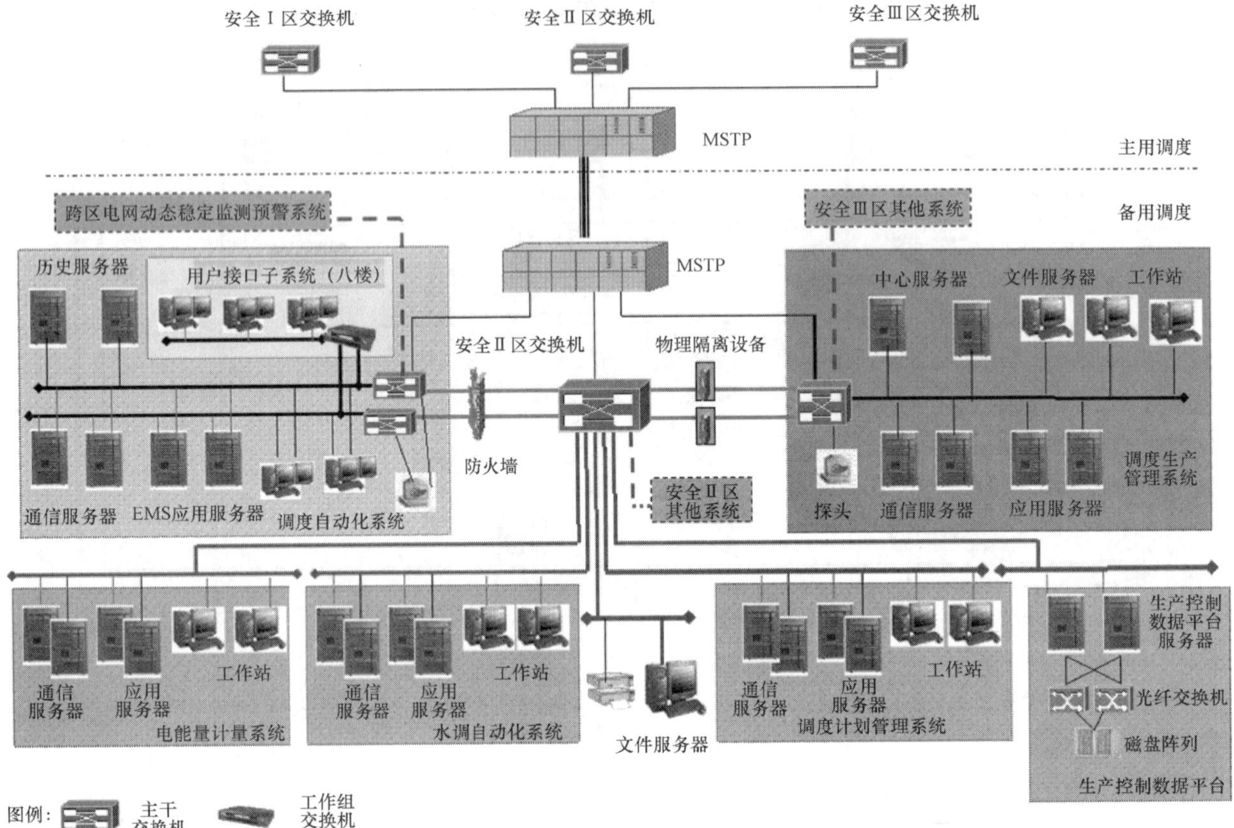

图 8-3　国调水调自动化系统结构示意图

5. 国调后备调度中心

国调后备调度中心于 1998 年批准立项，2007 年 1 月开工建设，与中标的中国电力科学研究院科东公司签订合同，2007 年 11 月建设完成，批准概算 1793 万元，实际完成投资 1540 万元。

国调后备调度中心是当主调度中心因各种原因失效后，作为应急使用的后备调度场所和系统，可确保整个电网调度的不间断性和可靠性。根据备用调度中心建设基本要求，国调后备调度中心建设在北京市白广路原国调中心所在地，由于建设地点是原国调中心，因此各种机房环境、通信、交通等条件均得天独厚。后备调度中心各项基本功能满足在重大事故、自然灾害和其他破坏性事故时启用的要求，自投运以来系统运行稳定，先后在奥运保电、机房改造临时过渡等工作中发挥了重要作用。

6. 调度数据网络 CED_net 扩容完善

调度数据网络 CED_net 扩容完善工程于 1998 年批准立项建设，2002 年 12 月与中标的华为公司签订合同，2003 年 10 月投入试运行，2004 年 11 月通过国家电网公司组织的竣工验收。工程批准概算 2582 万元，实际完成投资 1356.27 万元。

国家电力调度数据网络覆盖国家电网公司相关网省调、南方电网公司调度、广东省调，包括龙泉、政平、江陵、鹅城、南桥换流站和万县、斗笠、长寿变电站等数十个厂站节点，承载着能量管理系统、广域相量测量系统等实时监控业务和电力交易支持系统、电能量计量系统、调度员培训仿真系统、水调自动化系统、继电保护故障信息系统等调度运行管理的相关业务。

调度数据网络自投运以来运行稳定，满足三峡电站送华中、华东、南方电网以及全国联网的信息需求，为调度系统各类业务的信息互通奠定了基础，为调度系统指挥电网、保障大电网稳定运行提供了快速、准确、可靠的数据交换平台，在三峡送出工程和直调电网的调度运行中发挥了重要作用。该项目首次大规模采用国产数据网络设备，为后续相关设备的国产化奠定了基础。

7. 国调调度员培训仿真系统

国调调度员培训仿真系统（DTS）于 1998 年批准立项建设，2003 年 7 月与中标的中国电力科学研究院科东公司签订合同，2004 年 3 月投入使用，2004 年 11 月通过现场验收。该工程批准概算 821.39 万元，实际完成投资 708.84 万元。

2006 年工程增加联合反事故演习的交互操作和网省调 220kV 网架运行数据的接收处理功能，实现了国调与网调上下级不同 DTS 系统间教案和电网数据交换。

该系统实用性强、操作灵活方便，利用该系统进行事故预想和各种反事故演习，使调度员快速获得和积累电网事故处理经验，有效提高了调度员管理电网的水平，为电网的安全、稳定、经济运行提供了有力的技术支持。DTS 系统自正式投运以来运行稳定，各项功能运行正常，在国调中心组织的多次反事故演习中发挥了重要的作用。国调调度员培训仿真系统结构示意图如图 8-4 所示。

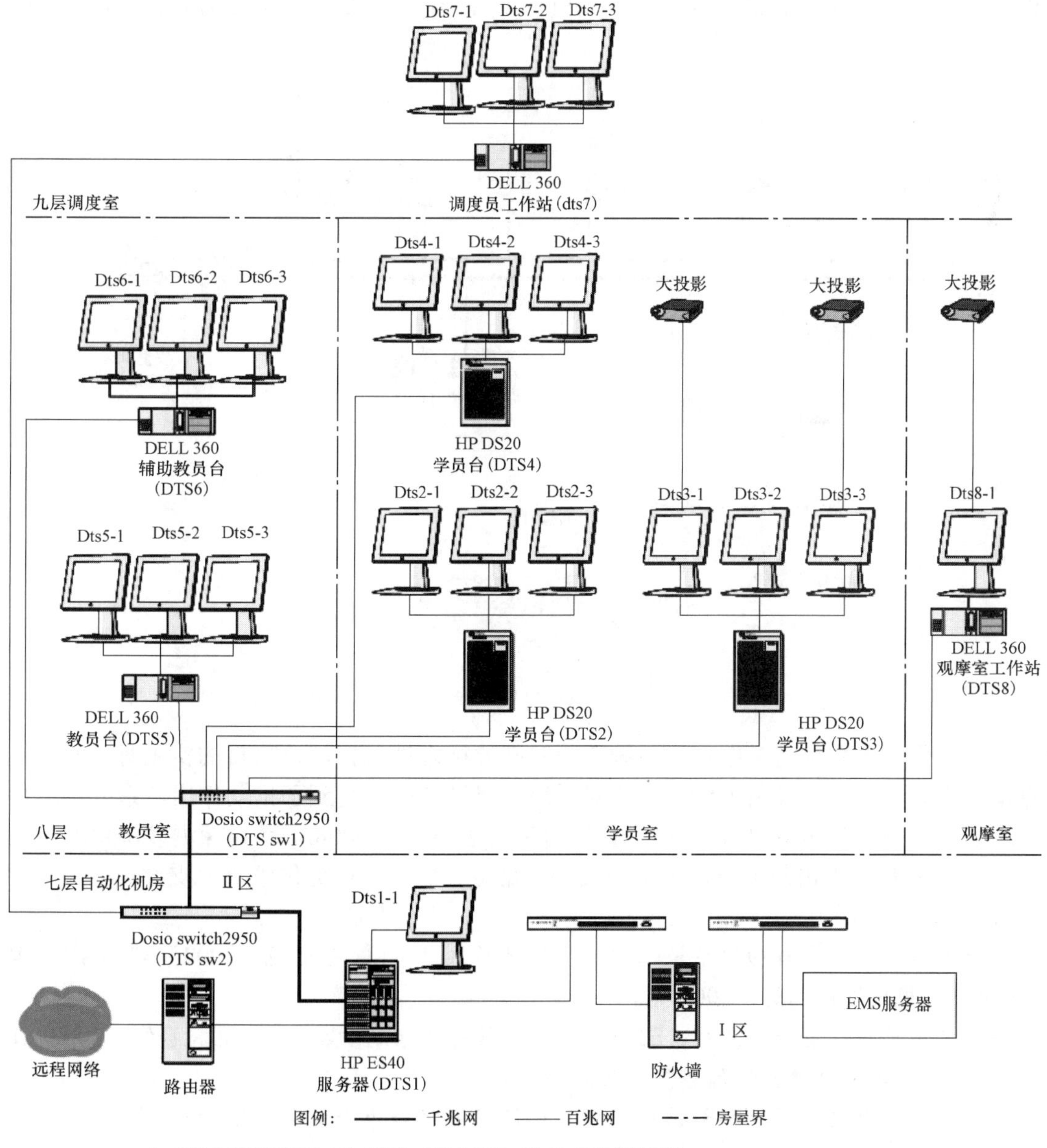

1．教员台微机为DELL 360工作站，配3个Philips 18寸LCD液晶显示器。
2．学员台HP DS20工作站，配3个Philips 18寸LCD液晶显示器(3套)。
3．HP ES40服务器，配1个显示器(1套)。
4．交换机为Cosio 2950(2个)，每个带2个光纤模块。
5．观摩室DTS8为微机。

图 8-4　国调调度员培训仿真系统结构示意图

8. 国调调度生产管理系统

国调调度生产管理系统（DMIS）于 2001 年通过审查，批准概算 2256 万元，实际完成 1496.74 万元。该项目于 2006 年 9 月与中标的南瑞集团公司信息系统分公司签订合同，2007 年 6 月通过了现场验收。

调度生产管理系统是全面实现调度生产流程化和规范化，提高调度中心信息化水平、管理水平和工作效率的综合业务支撑平台。国调调度生产管理系统投运以来，功能完备、性能可靠，每天 24h 服务于电力调度和生产运行各项工作。随着信息技术的深入应用，调度生产管理系统已推广至全国所有调度中心。

9. 国调雷电定位监测系统

国调雷电定位监测系统于 1998 年批准立项建设，批准概算 589 万元，实际完成投资 461 万元。系统于 2006 年开始建设，与中标的武汉高压研究所签订合同，当年建成并通过验收投入运行。国调雷电定位监测系统结构示意图如图 8-5 所示。

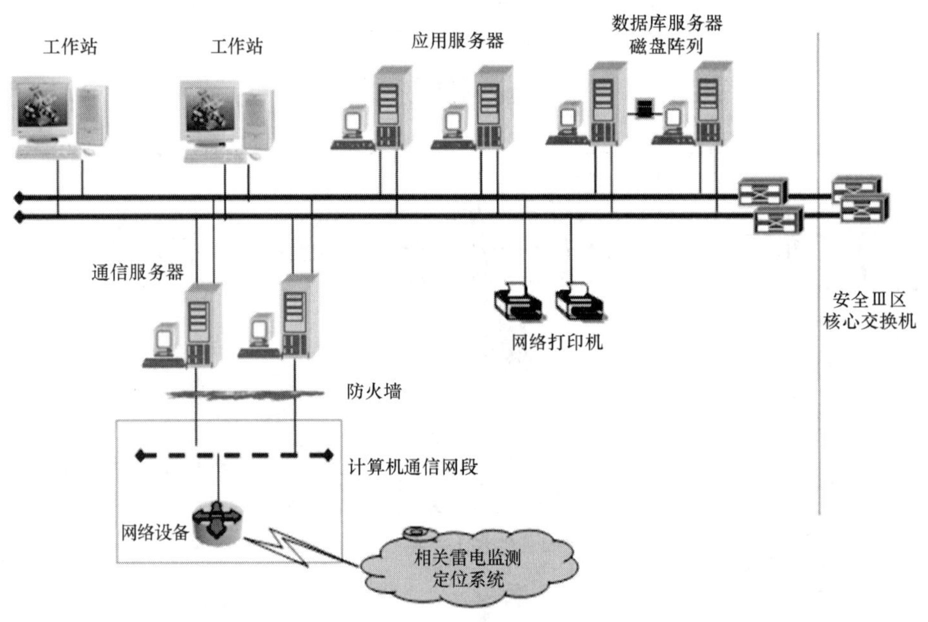

图 8-5 国调雷电定位监测系统结构示意图

国调雷电定位监测系统是雷电定位系统全国联网的标志性工程，该项目的实施有效利用了各网省公司已有雷电系统资源，对我国雷电定位监测系统的建设及应用起到了推动作用。系统投运后运行稳定，中心站系统月可用率达 100%，雷电定位界内精度达 500～1000m，系统探测效率超过 90%，成功验证了多次 500kV 线路雷击故障点，为电网安全、稳定、经济运行提供了有力支撑。

摘编自：

1.《关于国调中心调度自动化系统工程初步设计的批复》（国电电规〔2002〕321 号），国家电力公司电力规划设计总院，2002 年。

2.《关于重庆电网能量管理系统（EMS）工程概算有关问题的批复》（电规总经〔2002〕17 号），国家电力公司电力规划设计总院，2002 年。

3.《关于印发华中电网新 EMS 系统工程可行性研究报告审查意见的通知》（电规规〔1997〕132 号文），国家电力公司电力规划设计总院，1997 年。

4.《关于三峡输变电华中电力调度数据网等二次系统工程初步设计的批复》（国家电网计〔2003〕438 号），国家电网公司，2003 年。

5.《关于印发国调水调自动化系统初步设计审查意见的通知》（电规自〔1999〕26 号），国家电力公司电力规划设计总院，1999 年。

6.《关于印发三峡输电系统二次系统工程〈国调后备调度中心自动化系统〉初步设计评审意见的通知》，国家电网公司建设运行部，2007 年。

7.《关于三峡输电系统二次系统工程国调后备调度中心自动化系统初步设计的批复》，国家电网公司基建部，2007 年。

8.《关于申请对三峡右岸电站输变电系统安全自动装置、跨区电网动态稳定监测预警系统、交易管理系统（一、二期）及国调后备调度中心初步设计批复的函》，国调中心，2007 年。

9.《关于印发〈三峡输电系统二次系统 CEDnet 扩容完善工程初步设计审查意见〉的通知》（调自〔2001〕224 号），国调中心，2001 年。

10.《关于三峡输变电华中电力调度数据网等二次系统工程初步设计的批复》（国家电网计〔2003〕438 号），国家电网公司，2003 年。

11.《关于三峡输变电国调中心调度员仿真培训系统一期工程初步设计的批复》，国家电网公司计投部，2004 年。

12.《关于印发国家电力调度通信中心调度生产管理系统工程初步设计审查意见的通知》（电规总自〔2001〕31 号），国家电力公司电力规划设计总院，2001 年。

13.《关于国调中心雷电定位监测系统工程初步设计的评审意见》（电顾规划〔2006〕8 号），中国电力工程顾问集团公司，2006 年。

第二节　电能量计费系统和交易管理系统

三峡输变电工程电能量计费系统和交易管理系统大大提高了电费计量和交易管理效率，为组织各个大区和国调中心直接调管电厂之间、各大区电网之间的电力交换，实现电力资源在全国范围内的优化配置发挥了重要作用。该系统由电能量计费国家电力公司主站系统、电能量计费重庆电网主站系统、电能量计费华中电网主站系统、电能量计费华东电网主站系统、电能量计费四川电网主站系统、交易管理系统组成。

1. 电能量计费国调主站系统

电能量计费国调主站系统于 1998 年批准立项建设，1999 年 12 月与中标的国电南瑞科技股份有限公司签订合同，2000 年 10 月投入使用，2001 年 12 月通过现场验收，该工程批准概算 900 万元，实际完成投资 664.15 万元。

国调中心电能量计费系统自投运以来，经过不断完善，系统运行稳定、功能实用、操作方便，性能指标达到系统设计要求。在国调中心的生产运营中，为电力送出和联络线交换电量的及时结算提供了准确数据，满足三峡电站及其送出系统电力电量交易和运营的要求，已成为电力调度生产及电量结算的重要技术支撑手段。国家电力公司电能量计费系统配置图如图 8-6 所示。

2. 电能量计费重庆电网主站系统

该系统于 1998 年批准立项建设，2000 年 10 月与中标的广州科立通用电气公司和北京东华诚信电脑科技发展公司签订合同，2001 年 5 月通过现场验收并投入试运行，2002 年 5 月通过竣工验收。该工程批准概算 400 万元，实际完成投资 399.71 万元。

重庆电网电能量计费主站系统整套系统采用电能量计量系统，采用开放式体系结构，电量采集范围涵盖所有发购电和内部模拟市场的关口，以及 500、220kV 的所有回路的电量数据，功能丰富完善。

自投运以来通过对硬件及时维护，定时对系统进行备份和清理，同时加强对供电局的监督、考核和协调，保证了系统安全稳定运行，全部电量数据采集正常，系统的综合技术指标在全国电力系统居于领先地位。

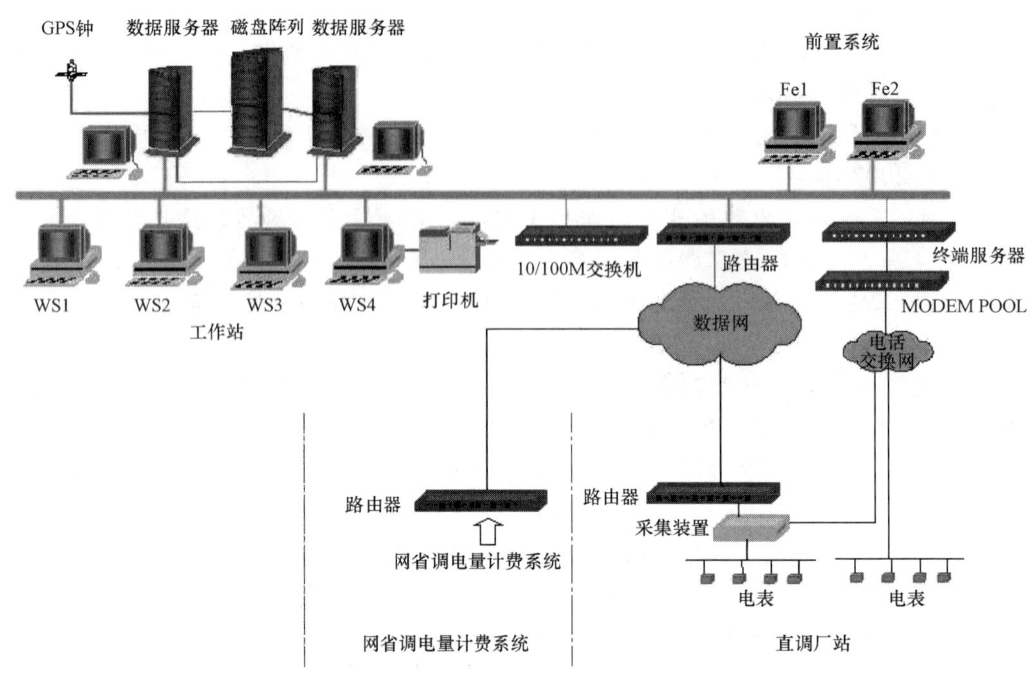

图 8-6 国家电力公司电能量计费系统配置图

3. 电能量计费华中电网主站系统

该系统于 2003 年 2 月批准立项建设，2003 年 11 月与中标的国电南瑞科技股份有限公司签订合同，2005 年 9 月通过竣工验收并投入运行。该工程批准概算 227 万元，决算完成投资 200 万元。华中电网电能量计费主站系统实现了华中电网电能计量信息的自动采集和统计。系统已用于华中电网内电量结算，以及电网运行考核和监视。为华中电网的安全、经济和优质运行提供了保障。系统自动实现数据采集和统计，大大加快了电量结算进度，加快了资金回笼。

4. 电能量计费华东电网主站系统

该系统于 2003 年 7 月批准立项建设，2005 年 5 月与中标的上海东云信息技术发展有限公司签订合同，2006 年 5 月通过竣工验收并投入运行。该工程批准概算 200 万元，决算完成投资 200 万元。

系统投运以来运行良好，华东公司也对其进行了不断的完善和优化，使得系统运行更加稳定，其数据采集和应用考核等功能得到了较大提高，在生产过程中发挥了应有的作用。

5. 电能量计费四川电网主站系统

该系统于 2005 年 12 月批准立项建设，2005 年 12 月与中标的四川蜀杰通用电器有限公司签订合同，2006 年 12 月通过竣工验收并投入使用。该工程批准概算 198 万元，决算完成投资 198 万元。

系统投运以来运行良好，为保障四川电网安全、优质、经济运行，促进四川电网调度由经验型向分析型转变发挥了重要作用。

6. 交易管理系统

交易管理系统于 1998 年批准立项建设，2004 年 12 月与中标的中国电力科学研究院科东公司签订合同，2007 年 8 月底通过现场验收投入试运行。2005 年 12 月模拟运行。该工程批准概算 1934 万元，决算完成投资 1753.33 万元。

三峡电力系统是我国跨大区电力电量交易的重要载体，是实现西电东送、区域电网间调峰、错峰的主要输电通道，交易管理系统正是为适应这一特定的电力交易而建设的。系统投运以来运行稳定、满足要求，为组织各个大区和国调中心直接调管电厂之间、各大区电网之间的电力交换，为实现电力资源在全国范围内的优化配置发挥了重要作用。交易管理系统结构示意图如图 8-7 所示。

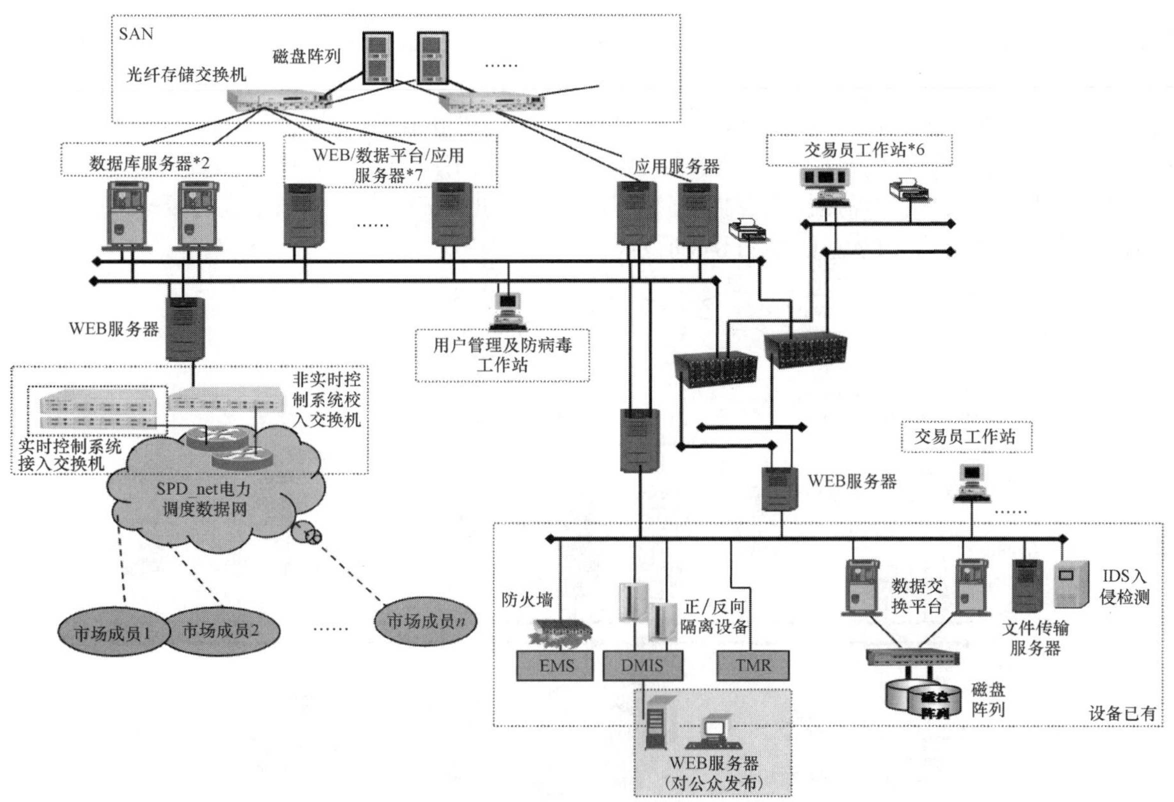

图 8-7　交易管理系统结构示意图

摘编自：

1.《关于印发国家电力公司电能量计量（计费）系统工程初步设计审查意见的通知》（电规总自〔2000〕5 号），国家电力公司电力规划设计总院，2000 年。

2.《关于国家电力公司电能量计量系统工程初步设计的批复》（国电电规〔2002〕323 号），国家电力公司电力规划设计总院，2002 年。

3.《关于三峡输变电重庆电能量计量系统工程初步设计的批复》（国家电网计〔2003〕440 号），国家电网公司，2003 年。

4.《关于印发〈三峡配套华中电网调度自动化系统和电能量计量系统扩充完善工程项目初步设计审查意见〉的通知》，国家电网公司国调中心，2003 年。

5.《关于印发〈三峡配套华东电网电能量计量系统扩充完善项目初步设计审查意见〉的通知》（调自〔2003〕154 号），国家电网公司，2003 年。

6.《关于报送四川省电能量计量主站系统升级改造工程初步设计评审意见的报告》（电顾规划〔2005〕440 号），中国电力工程顾问集团公司，2005 年。

7.《关于报送三峡输变电二次系统工程跨区电力交易管理系统初步设计评审意见的报告》（电顾规划〔2005〕210 号），中国电力工程顾问集团公司，2005 年。

第三节　继电保护及故障信息管理系统

继电保护及故障信息管理系统工程的主要目的是满足国调中心直接管理三峡水电站及其输电系统以及全国互联电网的需要，能够优质高效地完成继电保护设备的生产运行、信息管理任务，确保电网安全稳定运行。

国调继电保护及故障信息管理系统工程由西北电力设计院设计，与中标的华中科技大学和北京四方继保自动化有限公司等单位签订合同，工程系统设计投资 675 万元，批准概算为 675 万元，最后实际投资为 534.1 万元。

国调继电保护及故障信息管理系统建成后，结合厂站投运和联网工程，进行了大量整定计算工作，实现了与 500kV 葛洲坝换流站等子站的联通，实现了直接在主站自动接收或主动召唤各子站的继电保护和故障器信息，为运行管理提供了有力支撑，工程质量和经济技术指标满足设计要求。国调继电保护及故障信息管理系统结构示意图如图 8-8 所示。

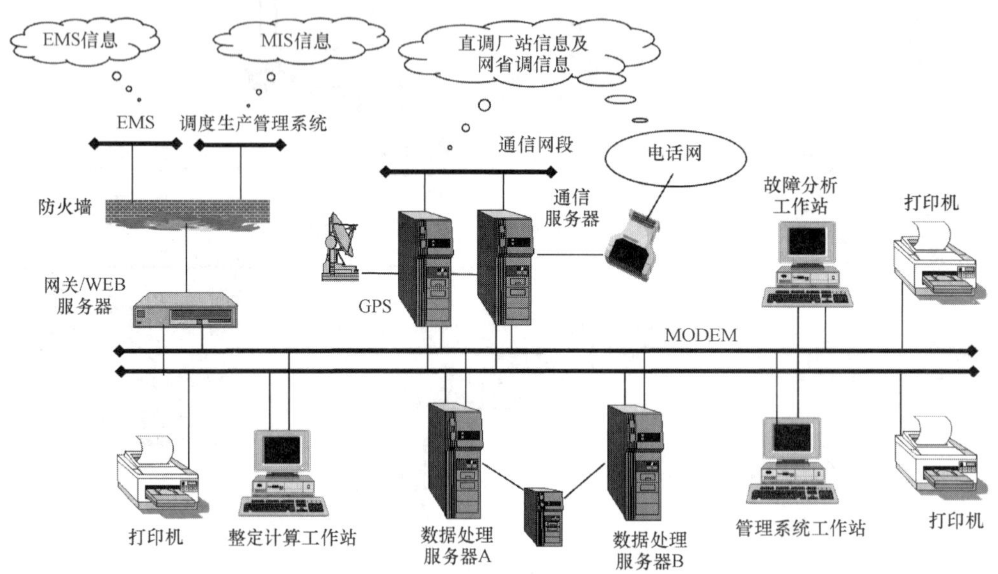

图 8-8 国调继电保护及故障信息管理系统结构示意图

摘编自：

《关于印发国家电力调度通信中心继电保护管理系统初步设计审查会议纪要的通知》（电规总自〔2001〕57 号），国家电力公司电力规划设计总院，2001 年。

第四节 系统安全稳定控制装置及功角监测

系统安全稳定控制装置及功角监测对于维护电力系统稳定性、增强电力系统抵抗扰动及事故的能力具有重要意义。三峡输变电工程系统安全稳定控制系统由安全稳定控制装置、电网动态安全监测系统（WAMS）、跨区电网动态稳定监测预警系统组成。

1. 系统安全稳定控制装置

2002 年国调中心委托电力规划设计总院完成了三峡安全稳定控制系统的总体设计。根据三峡机组投产的进度，三峡安全稳定控制系统分两期建设，先建设三峡左岸安全稳定控制系统，再建设右岸安全稳定控制系统。左岸部分包括三峡左一电站、左二电站、葛洲坝电站、葛洲坝换流站、江陵换流站、斗笠变电站 6 个厂站以及国调中心的安全稳定控制装置集中管理系统；右岸部分包括三峡右一电站、右二电站、宜都换流站 3 个厂站新增的安全稳定控制装置，以及对江陵换流站、葛洲坝换流站、龙泉换流站、斗笠变电站已有的安全自动装置进行改造。左岸和右岸安全稳定控制装置概算合计 2259.52 万元，实际完成投资 1344 万元。

为配合三峡左岸首批机组投运，2003 年完成了三峡左岸安控系统的初步设计、设备招标采购，与中标的国电南瑞签订合同，2003 年 7 月完成了系统联调，三峡左岸安全稳定控制系统投入试运行。投运以来经过多次技术改造，安全稳定控制系统功能不断完善，在保证电网安全稳定运行方面发挥了重要作用。2006 年 6 月三峡右岸安全稳定控制系统通过技术评审，2006 年 10 月完成现场安装调试并投入运行。

三峡安全稳定控制系统包括三峡左一、左二、右一、右二共四个分站及龙泉、江陵、宜都、葛洲坝换流站和斗笠开关站的安全稳定控制装置。三峡安全稳定控制系统配合三峡工程分期同步建设，为确保三峡电站各期机组电力可靠送出和电网安全稳定运行起到了关键作用。自现场投运以来，经过不断完善和扩充，系统运行稳定、功能完备，性能指标均已达到预期要求，为三峡工程电力送出保驾护航、为全国互联电网的安全稳定运行发挥了巨大的作用。安全稳定控制系统结构示意图如图 8-9 所示。

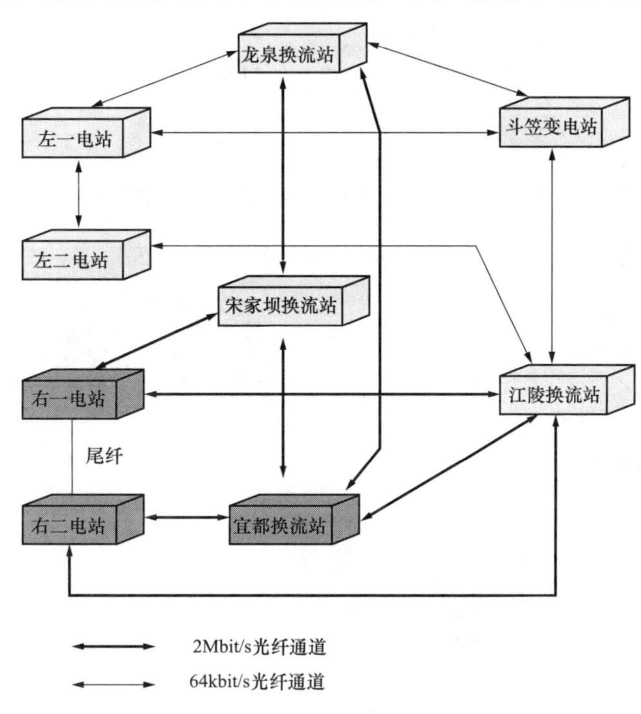

图 8-9 安全稳定控制系统结构示意图

2. 电网动态安全监测系统（WAMS）

三峡电力系统电网动态安全监测一期系统（WAMS）2003 年初与中标的北京四方继保自动化有限公司签订合同，2003 年 12 月在国家电力调度通信中心正式投入运行，直接连接斗笠变电站、获嘉变电站、辛安开关站、三峡左一/左二电站、江陵换流站等，高岭变电站、姜家营变电站于 2004 年 5 月和 6 月正式投入运行，葛洲坝子站于 2004 年 12 月正式投入运行，2005 年投入了万县变电站和三堡变电站。至此，实现了国调、华北、东北三地 WAMS 主站互联。该工程批准概算 290 万元，决算完成投资 235.16 万元。

WAMS 系统投运以来，经过几年的完善和扩充，系统运行稳定、功能实用、操作方便，性能指标均已达到合同要求。2005 年 10 月 29 日，华中电网发生较大范围低频功率振荡，在调查分析工作中，国调中心功角监测记录的电网动态数据是此次功率振荡唯一的、全局性的电网动态运行数据，为调查分析工作提供了极为宝贵的一手资料。随着国调功角监测系统及高级应用功能的完善和应用，更多网省调度中心与国调中心实现互联，国调中心的实时运行工作获得进一步支撑。

3. 跨区电网动态稳定监测预警系统

2007 年 1 月，受国家电网公司委托，中国电力工程顾问集团公司组织有关专家召开了跨区电网动态稳定监测预警系统初步设计评审会议，同意初步设计提出的系统建设目标，形成了评审意见，核定工程概算静态总投资 2573 万元，实际完成投资 1979 万元。系统于 2007 年 2 月开始建设，与中标的中国电科院、国电南瑞、天津大学等单位签订合同，同年 12 月建设完成。

电网动态稳定监测预警系统是充分利用已有能量管理系统（EMS）、广域相量测量、离线方式计算系统、继电保护及故障信息管理系统、安全自动控制装置等，对电力系统稳态数据和动态数据进行整合，利用先进的计算机集群并行处理技术和电力系统在线分析技术，实现在线动态稳定监测预警、辅助决策和裕度评估，以及日前调度计划的安全校核，以保障电网安全稳定运行。国调中心主站系统结构示意图如图 8-10 所示。国调中心跨区电网动态稳定监测预警系统硬件连接示意图如图 8-11 所示。

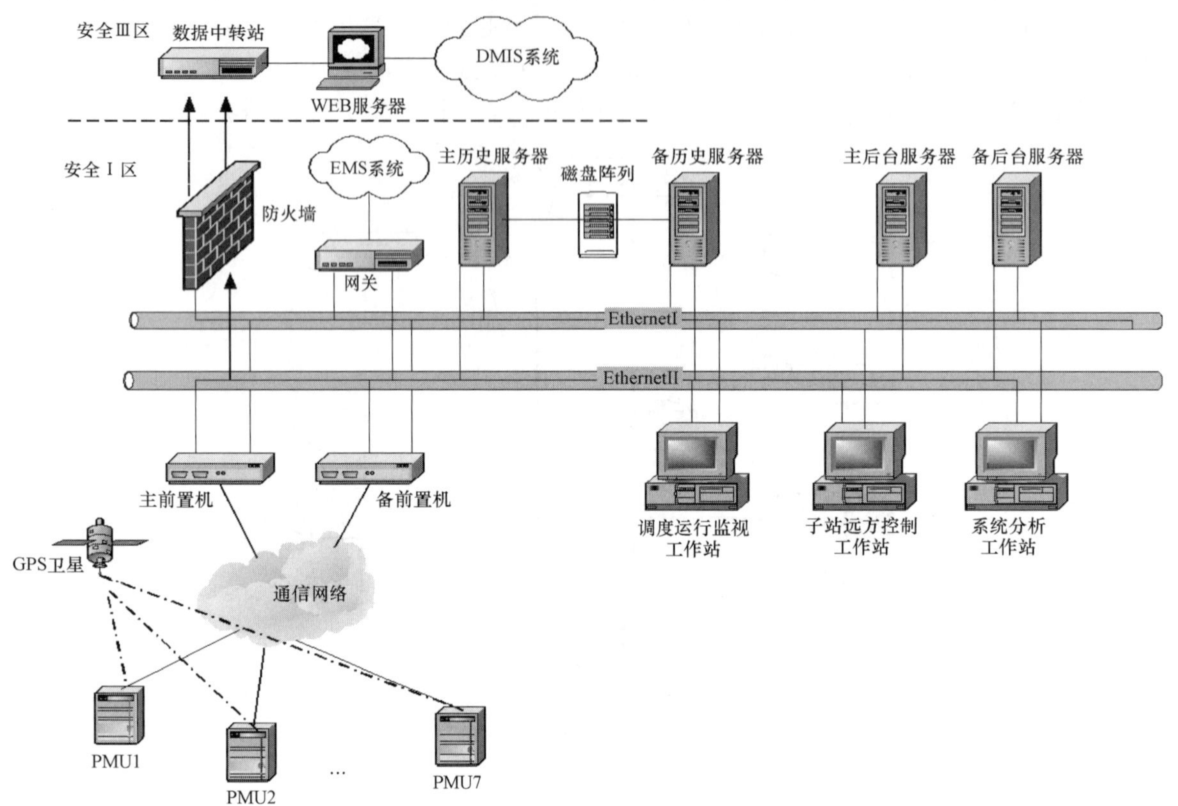

图 8-10 国调中心主站系统结构示意图

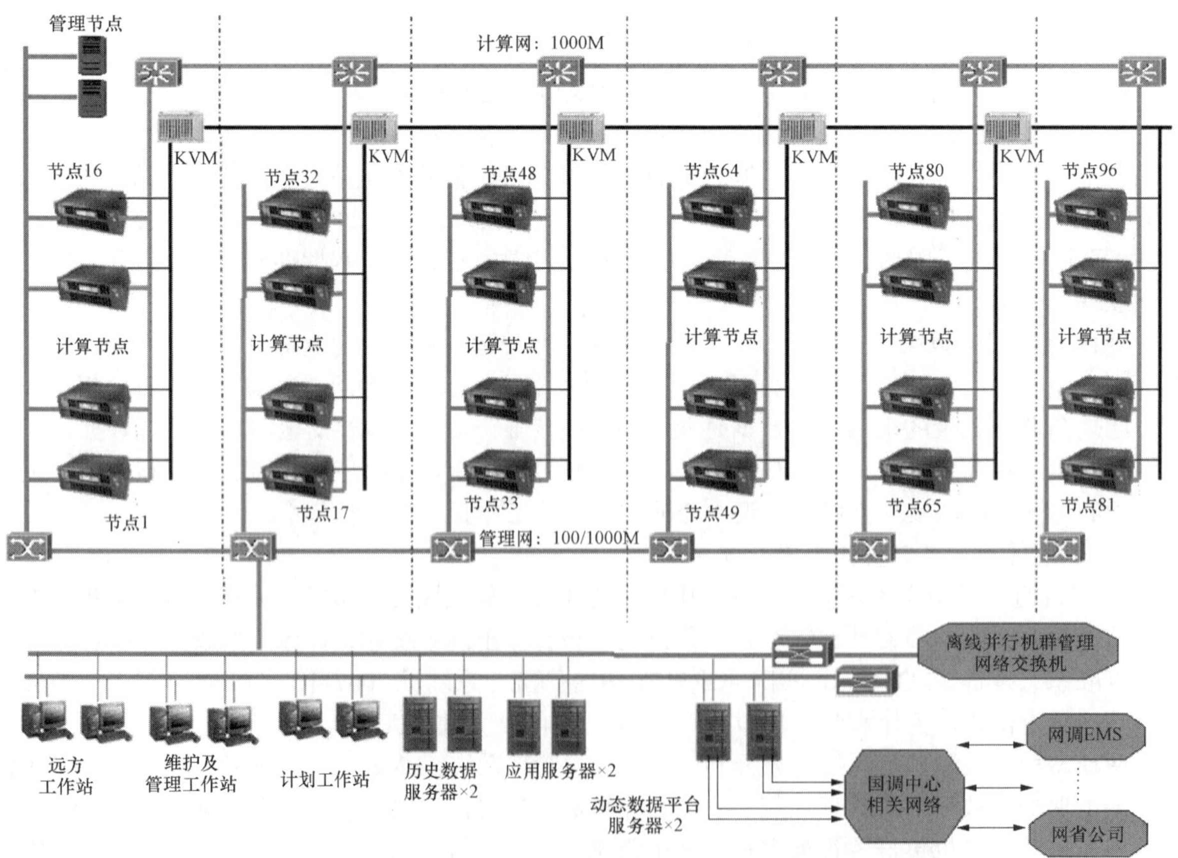

图 8-11 国调中心跨区电网态稳定监测预警系统硬件连接示意图

系统建成后，在实时运行中，电网的计算分析由离线方式转变为在线安全稳定分析，针对可能出现的失稳或越限故障，为调度员提供辅助决策支持，若系统保持稳定则提供安全稳定裕度评估，可协助调度员处置电网分钟级多重相继故障，有效提高了电网的安全稳定水平。

摘编自：

1.《关于印发〈三峡电力系统安全稳定控制系统总体设计审查意见〉的通知》（调运〔2002〕93号），国家电网公司，2002年。

2.《关于三峡电力系统安全稳定控制装置工程初步设计的批复》（国家电网计〔2003〕439号），国家电网公司，2003年。

3.《国调中心关于成立三峡输变电工程二次系统电网动态安全监测系统等三个项目验收委员会的通知》，国家电力调度控制中心，2006年。

4.《关于对建设跨区电网动态稳定监测预警系统工程的批复》（国三峡委发办字〔2006〕32号），国务院三峡工程建设委员会，2006年。

第三章　调度二次系统工程建设管理与成效

三峡输变电工程在国家电网公司的统一领导下，严格按照当时的国家政策和三峡整体工作部署开展工作，圆满完成了调度二次系统工程各单项工程的建设任务并投入运行，其对三峡电站及其送出系统的安全、稳定、经济运行发挥了重要作用。

第一节　建　设　管　理

三峡输变电调度二次系统工程在国家电网公司的统一领导下，由国调中心统一负责技术监督和指导。国家电网公司是三峡输变电工程的项目法人，国调中心作为国家电网公司总部的专业管理职能部门，承担整个调度自动化工程的建设和管理任务。

根据建设项目所在地不同分为两种管理方式：一是系统主站在国家电网公司总部的项目，由国调中心直接负责建设管理工作；二是系统主站在网省公司的项目，由国调中心委托当地相关网省公司负责建设管理工作。国调中心直接承担其中 13 个单项工程的具体建设管理任务，其他 6 个单项工程分别委托所属的华东、华中、四川、重庆电力公司进行工程建设管理。工程严格按照国家基本建设管理程序“五制”要求进行管理和投资控制。在整个工程实施过程中，采取优化设计、引入竞争机制、规范招投标管理等措施，使工程总投资得到合理控制并限定在初步设计概算之内，有效地控制了工程造价。所有工程均按照国家和国家电网公司有关工程质量验评的规范，分阶段组织验收，确保工程建设质量优良。

截至 2007 年底，三峡输变电调度二次系统工程 19 个项目全部投入运行，并完成验收、决算、审计和工程资料归档，并分别于 2003 年 8 月、2007 年 12 月通过了三峡二期、三期输变电工程的验收。

第二节　建　设　成　效

三峡输变电二次系统工程的建成投运，在实现调度数据整合、提高调度自动化水平等方面取得了显著成效，有力促进了我国电网调度自动化技术水平的飞跃。以此为契机，我国省级及以上电网调度完成了从经验型调度向分析型调度的转变，提高了电网整体安全运行水平。

一、三峡电站电力可靠送出

三峡电站自 2003 年投产以来，水库运行严格执行国务院三峡办印发的《三峡—葛洲坝水利枢纽梯级调度规程》和国家防总、长江防总下达的有关调令，发电运行按照“以水定电”的原则开展。国家电网公司精心安排电网运行方式，发挥互联电网优势，消纳三峡清洁电力，充分利用大水电机组充足、灵活的调节性能，支撑大电网优化运行，为三峡电站及其送出系统、跨区互联电网的安全稳定经济运行发挥了重要贡献。截至 2021 年底，三峡电站上网电量累计完成近 15 000 亿 kWh。

二、化解三峡电站近区电网故障

三峡安全控制系统是保证故障情况下电网稳定运行的重要措施，其主要功能是通过直流闭锁切机及交流系统故障切机保证系统安全稳定运行。自 2003 年三峡安全稳定控制系统投运以来，因送出直流闭锁安全控制动作 33 次，共切除三峡机组 47 台次；因近区交流线路故障安全控制动作 3 次，共切除三峡机组 6 台次，全部正确动作。三峡安全控制装置的正确动作，有效避免了大扰动对电网特别是相关枢纽变电站造成的影响，保证了三峡近区电网安全稳定运行。

三、构建领先的调度专用数据网络

国家电力调度数据网工程突破了多年来调度系统信息传输及处理方面相关技术难题，满足了调度数据网划分和电力二次系统安全防护等技术要求，主要设备（路由器、交换机）的国产化率达到100%，网络系统运行指标实际优于设计指标，领先于国外水平，有力支撑了调度自动化系统的实用化运行。以三峡输变电系统为契机建成全国范围内的电力调度数据网络，为智能电网的调度运行打下了基础。

四、为自主创新提供难得的发展机遇

三峡输变电二次系统工程实施过程中坚持"国产化自主创新"原则，立足国内自主研发新技术、新产品，除部分计算机硬件采用进口设备外，其他全部软硬件100%采用国内公司开发的具有自主知识产权的系统和设备，全力支持我国电力工业装备制造技术的升级和更新换代，为国内电力二次系统厂家、科研单位迎头赶超国际先进水平提供了绝好的发展机会。

五、开启了调度实时运行分析和决策

通过建设跨区电网动态稳定预警系统，采用并行计算机机群，利用电力调度数据网实时传输，成功地将过去需要数月的计算任务压缩到10s以内完成，实现了覆盖220kV及以上国家电网运行的实时在线仿真分析计算，提供电网预警分析和调度实时决策的技术手段，为开展特高压大电网在线安全分析打下了基础。

六、推进应急国调后备调度中心的建设

国调后备调度中心的建设不仅在国调中心层面实现了我国互联电网应急后备调度功能，为应对重大事件发生提供应急保证发挥了重要作用；同时，通过本工程开展的调度中心风险评估和典型技术方案研究，结合各级调度中心的具体情况对省级及以上调度中心的后备调度建设发布了相关标准文件，对指导和规范我国省级及以上电力调度中心后备调度建设发挥了重要作用。

第四章　二次系统通信方案论证

三峡输变电二次系统通信工程是三峡输变电工程的重要组成部分，是保证三峡电力“送得出、落得下、用得上”，确保电网安全稳定运行需要而建设的。系统通信承载着三峡送出电力系统的各种生产和管理信息业务，为三峡输变电系统启动调试和系统安全、稳定、经济运行提供了可靠的通信保障。

第一节　方案论证过程

三峡输变电二次系统通信工程建设方案几经论证，充分考虑电力系统通信的特点和信息通信技术的发展趋势，最终确定的工程规模和技术方案满足了三峡输变电工程送出和电力通信网络“十五”发展的需要。

1996 年 12 月，电力部委托电力规划设计总院组织西南、华东、中南等设计院进行了三峡输变电系统二次系统设计，历经设计方案论证、技术方案论证，最终确定总投资估算为人民币 7.83 亿元（折算到 1993 年 5 月价格水平）。技术方案以 OPGW 光缆为主、微波通信为辅，形成了北京、上海、武汉（三峡）三角形的网络方案。干线光纤芯数为 24 芯，干线的传输速率为 2.5Gbit/s。同时还规划建设数据网络等业务网和相关支撑网络。

1. 二次系统设计

1996 年 12 月，电力规划总院根据电力部 12 月 19 日召开的有关三峡电力系统调度工作会议的精神和部署，会同国调中心、电通中心组织中南电力设计院、华东电力设计院和西南电力设计院进行三峡输变电系统二次系统设计。

1997 年 2 月 27 日，国务院三峡工程建设委员会下达了《关于三峡工程输变电系统设计概算的批复》（国三峡委发办字〔1997〕07 号），明确三峡输变电二次系统投资规模。原文如下：

“国务院三峡工程建设委员会办公室组织专家对三峡工程输变电系统设计概算进行了初审，并报经 1996 年 12 月 26 日国务院副总理、国务院三峡工程建设委员会副主任邹家华主持的专题会议研究、审定，现对你部上报的三峡工程输变电系统设计概算（简称概算）文件批复如下：……调度自动化，通信工程，建筑费 10 000 万元、设备费 50 000 万元、安装费 15 000 万元、其他 3300 万元，合计 78 300 万元。”

2. 技术方案大纲

1997 年 3 月 5 日，电力部副部长陆延昌主持会议，讨论并研究国调中心提出的《三峡电力系统调度管辖范围划分及相应职责的意见》和电力规划设计总院提出的《三峡输电系统设计（二次部分）技术方案大纲》。

1997 年 3 月，国家电力公司副总经理陆延昌在三峡输变电系统二次系统设计审查会议上充分肯定二次系统取得的进展。这次会议原则确定了三峡输变电二次系统技术方案。

1997 年 11 月，电力规划设计总院组织召开三峡输变电系统二次系统设计第三次工作会，明确下一步工作计划。

1998 年 5 月，电力规划设计总院向国家电力公司汇报《三峡输变电系统设计（二次部分）》。

1998 年 6 月 3-5 日，国家电力公司在北京召开三峡输变电二次系统设计审查会，并以国电计〔1998〕455 号文将本工程正式立项。

国务院三峡办等 29 个单位的代表和 12 位特邀专家共百人参加了会议。国家电力公司副总经理陆延昌到会并做了重要讲话，冉莹总工程师做了总结，孙如瑛司长到会指导并做了重要讲话。形成意见摘录如下：

“三、系统通信

（一）原则同意设计推荐的网络拓扑结构方案，即三峡左一电站经龙泉、郑州至北京 OPGW 及 ADSS 光缆通信电路、北京至武汉数字微波通信电路、北京至上海数字微波通信电路及三峡左一电站经龙泉、武汉至上海 OPGW 光缆通信电路，构成国家电力公司至三峡输电系统、华中、华东通信网络拓扑结构方案。

（二）通信干线电路

（1）同意建设三峡左一电站经龙泉、荆门、南阳、郑州至北京的 OPGW 和 ADSS 光缆通信电路，电路制式为 SDH 155Mbit/s，光缆芯数为 24 芯。

（2）同意改造、扩建北京至武汉（京汉）数字微波通信电路，电路设备采用 N+1 方式配置，电路制式为 SDH 155Mbit/s。

（3）同意建设三峡左一电站经龙泉、武汉至政平 OPGW 光缆通信电路，电路制式为 SDH 155Mbit/s，光缆芯数为 16 芯。同意建设政平至武南的 OPGW 光缆通信电路，电路制式为 SDH 155Mbit/s。

（4）同意在原有站址资源的基础上，改造扩建北京至上海（京沪）数字微波电路，电路设备采用 N+1 方式配置，电路制式为 SDH 155Mbit/s。

（5）同意在方案三的基础上建设三峡左一电站经万县变、长寿变至陈家桥变 OPGW 光缆通信电路，电路制式为 SDH 155Mbit/s，光缆芯数为 24 芯。

（三）调度程控交换网络：同意以国调中心（包括备调）调度范围内以及华中、华东网调、四川省调及重庆市调组成一个调度程控交换网，并应考虑近期与华北网调、东北网调的组网。网络不采用 2Mbit/s 中继电路接口。请设计单位按以上原则提出调度程控交换网的总体设计方案。

（四）根据审定的网络拓扑结构方案，在网络优化技术设计中，进一步研究确定同网络拓扑结构相适应的通信网络的网管系统范围、功能及配置原则和补充网同步系统方式的设计。进一步完成全系统的网络优化技术设计方案，包括网络的安全性、可靠性、灵活性等。

（五）由于三峡输电系统设计范围扩大，其通信系统中涉及的网络系统问题比较复杂，有关设计单位在单项工程设计中，应按照本次审查意见确定的通道组织原则（主用通道和迂回通道），合理安排各专业所需通道。

（六）为保证继电保护及安全稳定控制装置所用通道的安全可靠，同意龙泉—荆门 500kV 双回线路增加载波通信设备。

四、总投资估算

本工程总投资估算为人民币 7.83 亿元（折算到 1993 年 5 月价格水平）。”

3. 通信工程规模审查

1999 年 3 月，电力规划设计总院在北京召开国家电力调度中心通信规模审查会，明确下一步工作计划，参会单位有国家电力公司计划投资部、安运部、财经部、西单大楼项目部、国调中心、电通中心和中国电力信息中心、西北电力设计院。

1999 年 4 月 1 日，国家电力公司在北京召开三峡光缆通信工程协调会，陆延昌副总经理主持会议，综合计划与投融资部、财务与产权管理部、国调中心、电网建设部（分公司）、电规总院和电通中心参加会议。会议纪要主要内容如下：

“一、三峡二次系统通信非常重要，应当先于一次系统实现全国联网。实际上，目前通信系统已经实现了全国联网，但通信能力有限，通信速率和功能满足不了电力生产管理与实时调度发展的要求。会议强调，各单位应该团结一致，发挥各自优势，确保三峡光缆通信工程具有良好的系统性、可靠性和经济性。

二、会议认为，三峡光缆通信工程是一个系统网络工程，应该将其纳入电力通信网的整体规划建设，以切实保障三峡电站投产后对电站和三峡电力系统的调度管理并充分发挥其功能和效益。考虑到实现全国通信主干网的其他几个工程项目均能在近几年中实施，这些项目和三峡光缆通信工程，应进行统一规划、统筹设计、统一制式（包括信令、网管技术要求）符合招标采购设备需要，以保证三峡光缆通信工程与电力通信主干网技术的整体性能相一致，有利于将来的运行管理。

三、会议强调，三峡光缆通信工程要确保质量和性能，做到权责一致，分工明确，各负其责。要切实加强工程阶段性和全过程的检验和验收管理力度，阶段性工作不合格的，不能验收。

四、三峡光缆通信工程工程量大，涉及众多部门，为保证整个工程的顺利实施，会议明确了工程具体分工，责任划分如下：

1．三峡通信系统的总体设计责任由电规总院负责，总体设计费用在审定的三峡工程二次系统费用中列支。电规总院参加通信设备招标标书的审查。

2．与三峡输电线路相结合的光缆工程建设由电网分公司负责；电通中心参加光电系统设备的联合招标和选型。负责技术把关，并负责通信系统验收。

3．未与三峡输电线路结合的 ADSS 光缆工程建设由电通中心负责；与网、省电力公司联合建设的光缆线路工程由相关工程业主负责；设备部分参加联合招标，责任同第 2 项。

4．各工程建设单位对建设的光缆工程满足通信的要求负责，电通中心对能否实现全程联网负责。

5．北京光环网工程的建设由电通中心负责。

6．工程项目的投资计划下达由综合计划与投融资部负责。

7．工程建设资金中资本金部分的筹措与落实由综合计划与投融资部、财务与产权管理部负责。

8．各单项工程之间的协调工作由国调中心负责，其中包括技术原则的制定，工期配合，对工程中各项工作的检查和监督，组织协调通信设备联合招标等。”

1999 年 5 月 30 日，电网建设分公司向周小谦总并陆延昌总请示“对三峡直流 OPGW 与京汉微波相连以作备用的路径”，周小谦总和陆延昌总做出批示。

2000 年 7 月 28-29 日，国家电力公司在北京主持召开三峡光缆通信工程总体设计审查会，原则同意总体设计提出的三峡光缆通信方案。采用以 OPGW 为主并辅以 ADSS 的光缆通信和路由方案，干线电力光纤芯数为 24 芯（加芯除外），干线光缆的传输速率为 2.5Gbit/s。相关内容如下：

“1．路由方案和站址

1.1 同意设计中推荐的总体路由方案。为节约投资，提高电路传输质量，避免构成光纤自愈环时所产生的问题，应适当减少下话路站数量，请设计单位给予确认。同意襄樊中继站方案中推荐的方案一，南阳变—郑州变中继站方案请设计单位在初步设计阶段进一步论证确定。”

4．方案调整

2002 年 7 月 2 日，国务院三峡工程建设委员会下发《关于对三峡输变电工程及二次系统调整方案的批复》（国三峡委发办字〔2002〕13 号），对通信部分增加一批光纤通信工程。相关内容如下：

“考虑到三峡电力系统的发展变化、电力体制改革的深化、计算机和通信技术的迅速发展等因素，尤其是光纤通信的广泛应用，对部分输变电工程增设光纤通信方式，对原批复的二次系统设计进行优化调整十分必要。同意你公司提出的调整方案，对通信部分增加一批光纤通信工程，并对调度自动化、电能量计费及交易管理、继电保护、系统安全稳定控制等方面的项目进行适当调整。调整后二次系统项目（详见附表二）总投资为 14.0612 亿元（现行价格水平，不含预备费），以此作为工程动态总投资控制数，今后的价差风险由你公司承担。按审定的综合价差指数 1.263 折算到静态投资为 11.1332 亿元。”

摘编自：

1．《关于三峡工程输变电系统设计概算的批复（1997 年版）》，国务院三峡工程建设委员会，1997 年。

2．《关于印发三峡输电系统二次系统系统设计审查意见的通知（1998 年版）》，国家电力公司，1998 年。

3．《三峡光缆通信工程协调会会议纪要（1999 年版）》，国家电力公司，1999 年。

4．《关于印发三峡光缆通信系统工程总体设计审查意见的通知（2000 年版）》，国家电力公司，2000 年。

5．《关于对三峡输变电工程及二次系统调整方案的批复（2002 年版）》，国务院三峡工程建设委员会，2002 年。

第二节　电力通信网规模及成效

通过滚动优化，三峡输变电二次系统通信工程建成北京（国调中心）—武汉（三峡电站）—上海SDH光纤和微波电路双重环网，为三峡电力外送提供了可靠的通信保障，形成规模如下：据统计，截至2008年底，三峡输变电二次系统通信工程主要采用OPGW（架空复合地线光缆）和SDH（同步数字序列）等技术，建成光缆线路9294.5km，新建光通信站149个，改造微波通信电路2600km，微波通信站83个，建成国家电力调度数据网和覆盖国家电网公司、区域电网公司和19个省级电力公司的国家电力骨干数据通信网，建成三峡同步时钟系统和综合网管系统。

承载业务情况。三峡二次通信系统共承载了重要电网生产业务504条。其中，电网保护及安控业务共196条、自动化业务74条、调度电话业务76条、调度数据网业务74条、电网管理业务84条。

三峡二次通信系统通过合理网架优化、风险评估、运行方式安排及运行维护技术手段支撑，提升了业务通道运行可靠性，保障了生产业务的安全运行，对电网调度、电网监控、安全生产及电网管理等各项工作及电网业务提供了有力支撑。业务保障率连续多年一直保持100%，没有出现过因为通信系统原因导致的电网业务中断的情况。保护业务、安控、调度电话、自动化、调度数据网等电网生产业务通道可用率多年一直保持100%，没有出现过因为通信系统原因导致通道中断的情况。

针对光传输设备、光缆每周进行设备告警、性能、业务等深度巡检，发现隐患及时消缺处理，同时分析设备、光缆运行状态，结合现网状况申报设备软硬件升级、网管升级或老旧设备更换等技改项目，并组织开展项目实施工作。通过主动消缺、技术改造等手段提高设备运行可靠性。二次通信系统投运以来，设备和光缆保持了较高的运行水平，运行率不断提升，截至2015年12月30日，设备运行率达到99.9998%，光缆运行率达到99.9999%。

第三节　二次系统项目的优化与发展

三峡输变电工程建设的十年，是信息通信技术发展突飞猛进的十年。三峡输变电二次系统通信工程在建设过程中根据需要不断优化和扩展，为三峡电站电力外送提供全面保障。

（1）根据1997年国务院三峡工程建设委员会意见，二次系统项目（调度自动化，通信工程）总投资为7.83亿元（1993年5月静态价）。国家电力公司以国电计〔1998〕455号文审定了三峡二次系统项目的设计方案。

（2）1999年6月25日，国家电力公司向国务院三峡办上报，按国务院三峡委审定的三峡输变电工程自1993年5月末至1997年综合价差指数1.263折算到1997年价格水平约9.89亿元，以此作为工程动态总投资控制数。其中，系统通信投资估算为6.23亿元，项目包括京沪微波、京汉微波、时钟系统、北京地区光环网、龙泉—政平换流站直流、三峡—龙泉—荆门—新乡光缆、新乡—邯峰—石家庄—房山光缆、重庆通信系统、综合网管系统。

（3）由于三峡输变电工程系统设计时间较早，大多数单项输变电工程设计中仅考虑电力载波通信方式，通信手段单一。为提高通信水平和质量，保证三峡输变电系统安全可靠运行，三峡建委对二次系统通信项目进行了调整，调增了一批随500kV线路工程建设的OPGW通信工程以及京沪光缆工程等。

（4）2004年，国务院三峡工程建设委员会批复了利用三峡二次系统节余资金建设两个通信项目："根据目前二次系统投资结余的情况，同意你公司将国家电力数据网二期工程项目列入三峡输变电工程二次系统。""同意建设三峡至上海直流输变电工程配套光通信工程，作为三峡至上海直流输电线路的主用通信通道。"

（5）2007年，国务院三峡工程建设委员会批复建设北京—华中及三峡10Gbit/s光通信工程和三峡地区光通信网加强与优化工程：

“一、同意建设三峡地区光通信网加强与优化工程（电网部分）

根据三峡输变电工程二次系统投资结余情况，同意将该工程作为单项通信工程列入三峡输变电工程二次系统建设，以提高三峡地区电力通信网络的监测水平和运行稳定性，为三峡电站电力外送提供可靠保障。”

（6）2009 年 11 月，国务院三峡工程建设委员会正式明确随三峡地下电站送出工程配套建设通信工程，批复光通信工程概算投资 1011 万元。

（7）2010 年 1 月，国务院三峡工程建设委员会正式明确宜都至江陵改接至兴隆 500kV 线路工程：随线路工程配套建设通信工程，批复光通信工程概算投资 986 万元，包括光通信设备部分概算投资 385 万元，光缆部分概算投资 601 万元。

摘编自：

1.《关于三峡工程输变电系统设计概算的批复（1997 年版）》，国务院三峡工程建设委员会，1997 年。
2.《关于三峡输变电工程二次系统项目投资计划安排意见的请示（1999 年版）》,国家电力公司，1999 年。
3.《关于对三峡输变电工程及二次系统调整方案的批复（2002 年版）》，国务院三峡工程建设委员会，2002 年。
4.《关于对建设国家电力数据网二期等工程的批复（2004 年版）》，国务院三峡工程建设委员会，2004 年。
5.《关于三峡至上海直流输变电工程配套光通信工程的批复（2004 年版）》，国务院三峡工程建设委员会，2004 年。
6.《关于建设三峡地区光通信网加强与优化工程（电网部分）、北京至华中及三峡光通信工程的批复（2007 年版）》，国务院三峡工程建设委员会，2007 年。
7.《关于三峡地下电站送出工程地下电站至荆门换流站至荆门特高压输变电工程和荆门至沪西 ±500kV 直流输电及葛沪直流线路改造工程初步设计的批复（2009 年版）》，国务院三峡工程建设委员会，2009 年。
8.《关于宜都至江陵改接至兴隆 500kV 线路工程初步设计的批复（2010 年版）》，国务院三峡工程建设委员会，2010 年。

第五章 电力通信工程建设成就与创新

第一节 主 要 成 就

三峡输变电二次系统通信工程的建设，促进了我国电力系统通信网络规模和技术进步的跨越式发展。

一、促进了全国电力通信网的形成

网络规划目标基本实现。三峡输变电工程等大型电网项目的开工建设，尤其是三峡二次系统通信工程的规划和建设，从根本上改变了我国电力通信发展落后的局面，推动了国家电网公司“十五”通信规划的落实和“三纵四横”规划目标的实现。

网络技术管理水平大大提高。三峡二次系统通信系统建成投产了传输网络综合管理系统，综合管理系统采用立足资源、面向业务的管理思路，将公司骨干传输通信网络的各类资源和各种通信业务信息集中起来，实行动态管理，大大提高了技术管理水平和工作效率。综合管理系统的建立，使得电力通信运行管理逐步实现了从“以纠正性维护为主”向“以预防性维护为主”的转变，实现了从面向设备管理到面向网络和业务管理的转变。

二、实现了电力通信发展飞跃

（1）电力通信规模发生巨大变化。截至 1999 年底，电力通信网光纤通信电路仅 1950km，微波通信电路长约 34 370km。三峡输变电二次系统通信工程建成光缆线路 9294.5km，新建光通信站 149 个；改造微波通信电路 2600km，微波通信站 83 个。仅三峡二次系统光纤通信建设规模就超过了“九五”期间的总和。电力通信是电网安全稳定运行的基础，随着电网的发展，特别是在三峡输变电工程、城农网改造工程的带动下，电力通信规模有了飞速发展。截至 2006 年底，公司系统光缆线路已达 30 万 km，其中 OPGW 光缆 117 654km、ADSS 光缆 113 547km、其他类型光缆 69 621km，光通信站已建成 18 320 个。

（2）电力通信能力迅速提高。“九五”期间，国网公司系统骨干通信电路容量为 34Mbit/s（480 路），公司总部与网、省公司直达或互联电路容量受到很大限制，局间交换中继电路一般只有四条电路。三峡输变电二次系统通信工程广泛采用了大容量 SDH 微波电路和 SDH 光纤通信电路体制，使得干线通信电路通信容量达到 2.5Gbit/s，通信容量较“九五”期间增加了 64 倍，通信能力得到了迅速提高，为电网调度自动化、会议电视等各类业务开通提供了有力支撑，满足了电网安全生产和公司管理现代化的需要。2005 年，国家电网公司提出加快信息化建设步伐，推进 SG186 工程建设。以三峡二次系统通信为主要组成部分的国家电网公司一级骨干通信网络成为 SG186 工程建设的重要基础和支撑。

（3）运行保障水平逐年提升。三峡系统通信骨干通信网承载了国调中心直调的三峡地区及跨网输电线路继电保护、安控装置等重要业务近 150 条，39 个方向国调中心自动化数据通信业务 126 条。三峡二次系统通信骨干电路投运以后，特别是三峡地区继电保护、安控装置信息业务大都采取双路由、双设备、双电源运行，大大提高了电力通信的传输质量和可靠性。通过加强人员培训，落实运行维护责任，加大通信安全生产管理力度，公司骨干通信网络运行水平逐年提高。国调中心直调范围的自动化数据业务通道已连续多年保持零中断，可用率 100%。三峡地区国调中心直调系统的保护、安控业务通道运行率一直保持在 99.999%以上。

第二节 管 理 创 新

以三峡输变电二次系统通信工程建设为契机，工程建设管理单位从管理入手，开拓创新，电力通信工程建设管理水平得到了较大提升。

一、通信基建制度创新

1. 通信基建制度建设不断完善

为加强三峡二次系统建设管理，公司建立了系统通信工程管理体系，各建设单位制定了一系列通信基建规章制度。在《国家电网公司总部电网二次系统项目建设管理暂行办法》总体框架指导下，建设单位相继制定了《国家电网公司重点通信工程建设管理暂行办法》《国家电网公司重点通信工程竣工验收管理办法》《国家电网公司重点通信工程资金管理办法》和《国家电网公司重点通信工程档案管理办法》等制度。制度的建立对规范三峡二次系统通信工程建设管理发挥了重要作用，二次系统通信工程建设质量优良，工程投资控制良好，工程决算和工程档案归档及时。

2.《电力光纤通信工程验收规范》的颁布

由于当时通信工程的竣工验收缺乏相应的依据，在总结三峡二次系统通信工程建设管理经验的基础上，电通中心组织编写了《电力光纤通信工程验收规范》（DL/T 5344—2006），由国家发展和改革委员会于 2006 年 9 月 14 日正式发布。DL/T 5344—2006 的制定实现了电力通信基建标准零的突破。该规范适应电力通信发展的客观需要，解决了建设和生产运行依照的标准不统一，建设和运行环节工作脱节、责任不清等问题，规范了光通信工程验收行为，对提高电力通信建设管理水平、强化工程验收环节精细化管理、促进电力通信网安全稳定运行起到了重要的推动作用。

二、通信基建管理模式创新

1. 总分建设单位管理模式

为发挥各网、省公司通信部门的作用和积极性，针对通信工程大都依附一次线路建设，投资规模小、点多面广、建设管理协调工作量大和实施难度大等特点，电通中心根据工程建设领导小组部署，在实施京沪光通信工程以及随网省公司新建输电线路同步架设的 OPGW 光缆建设中实行两级建设单位管理模式。电通中心作为总建设单位全面承担质量、安全、工期、投资控制等责任，各相关网省公司通信部门负责分建设单位，承担所辖区段工程范围的质量、安全、工期和投资控制管理责任。在年度重点工程会议上，电通中心作为总建设单位与分建设单位签订责任书，明确工作分工和责任。总分建设单位管理模式实行电力通信基建属地化管理原则，符合电力通信工程特点，行之有效。

2. 创新招标模式

三峡二次通信工程对设备、材料实施集中、打捆招标，有效控制了采购价格。一是对主要设备实施打捆招标，针对通信业务“全程全网、联合作业”的特点，对 SDH 设备实施打捆招标，有利于通信组网的完整性和管理的统一性，有利于网络建成后的运行维护，有利于有效控制设备采购成本。2000 年和 2002 年，二次系统通信工程中对北京—三峡、三峡—上海、北京地区光环网和三广直流光纤通信工程等不同单项工程实施打捆招标，形成一定的采购规模，促进竞争，大幅降低了设备造价。二是扩大招标范围，对部分标的金额低于必须招标限额但市场竞争激烈的辅助设备材料，如开关电源、蓄电池和配线架等，也实行招标采购。三是逐步规范招标方式，更大范围引入竞争，促进设备材料价格的合理下降。

3. 光缆监造

为促进光缆生产质量提升，确保三峡光通信系统稳定运行，2004 年 5 月电通中心编制了《OPGW 光缆监造实施细则（试行）》，并于下半年开始对电力系统重点通信工程及三峡输变电工程 OPGW 光缆生产制造实行全过程监造。

《OPGW 光缆监造实施细则（试行）》是国内首次制定的 OPGW 光缆监造实施细则，明确了建设单位、光缆制造企业、监造单位之间的关系、权利、义务，规范了 OPGW 光缆监造工作的程序和标准。在三峡二次输变电通信工程中，建设单位委托 OPGW 光缆专业实验室，对各光缆中标厂家分别进行监造，通过对光纤等原材料质量进行抽测，对光单元焊接工艺、OPGW 光缆成缆工艺、纤膏和缆膏的填充压力工艺等进行生产过程监造，有力保证了光缆生产质量。

光缆监造将 OPGW 光缆质量控制延伸至原材料及半成品检验，促进了 OPGW 光缆制造企业质量控制水平、生产工艺和技术装备水平的大幅提高，使 OPGW 光缆的生产质量大幅提高。自 2005 年以来，在三峡输变电工程等国家电网公司重点通信工程中，未发生 OPGW 光缆重大质量缺陷。

第三节 技 术 创 新

三峡输变电二次系统通信工程在管理创新的基础上不断进行技术创新，新技术的应用不仅实现了电力通信网络技术水平的升级，也在一定程度上促进了电力通信设备材料行业国产化水平的提升。

一、同步数字系列（SDH）和 IP 等网络、通信技术广泛应用

电力特种光缆技术、SDH 技术的广泛应用，促进了电力骨干传输网络技术政策的重大改变；传输网方面，电力通信传输网实现了以光纤通信为主、微波等其他通信方式为辅技术发展路线的转变，骨干通信网络实现了从中小容量的 PDH 体制到较大容量的 SDH 体制的转变；业务网方面，IP 技术应用于骨干数据网建设中，建成了带宽为 155Mbit/s、覆盖国网公司系统和三峡重要厂站的骨干数据通信业务网络，数据网络采用 IP Over SDH 技术体制，实现了数据通信的技术飞跃；支撑网方面，三峡同步时钟系统采用铯钟＋铷钟技术，提高了骨干通信网络的传输质量，同时也为公司各级通信网络运行提供了有效支撑。

二、电力特种光缆在三峡二次系统通信工程中得以广泛应用，设备材料国产化水平逐年提高

OPGW 和 ADSS 电力特种光缆是应用于电力系统的特殊光缆技术。受光缆制造技术和市场规模的限制，“十五”初期，OPGW 和 ADSS 光缆大都依靠进口采购，投资造价高。随着三峡输变电工程的建设和城、农网改造等工程的实施以及光缆制造技术日趋成熟，OPGW 光缆在电力系统中得到广泛应用，带动了 OPGW 光缆在国内研制、开发、设计和生产能力的不断提高，产品质量不断完善。2005 年以后，三峡系统通信 OPGW、ADSS 光缆国产化应用水平超过 80%。三峡输变电二次系统通信工程历时十年的建设过程中，在规划、研究、制造等方面共发表通信专业论文 20 余篇，形成专利 29 项。中国电力科学研究院、中国电力建设研究院分别建立了电力特种光缆实验室，对电力特种光缆的电气特性、机械特性、光学特性进行研究、试验和检测，为电力特种光缆特别是 OPGW 光缆在电力通信中的大规模应用，发挥了良好的技术支撑和研发保障作用。

同时，国内电力特种光缆生产厂家的竞争引入和国内光缆制造水平的提高，大大降低了光缆采购成本。以 2004 年价格水平为例，与 2000 年相比，光缆同等容量单位造价降低了近 5 倍。长距离电力特种光缆在三峡二次系统通信工程中率先使用，更加快了电力特种光缆国产化的进程。2001 年，三常直流工程 OPGW 光缆采购国外厂商 OPGW 光缆中标价格约 1 万美元/km（折合人民币约 10 万元/km）。截至 2008 年底，国家电网公司集中规模招标 500kV OPGW 光缆约为人民币 1.6 万元/km。按 2006 年底国家电网公司系统 OPGW 光缆 11 万 km 计算，节约建设投资 60 亿～80 亿元。

电力通信设备国产化应用水平逐步提高。三峡输变电二次系统通信工程中，通信电源、蓄电池、配线架等辅助设备国产化应用已经达到 90%以上。在 2007 年建设的三峡输变电二次系统北京—武汉（三峡）10Gbit/s SDH 光通信工程中，首次采用了深圳华为技术有限公司生产的 SDH 光通信设备，实现了光通信设备的国产化应用。

三、超长跨距光传输系统首次在国内直流线路成功应用

2002 年，在三常直流工程系统通信工程中采用 OPGW 光缆，建设长距离、大容量的 SDH 光通信电路，并开通了宋埠—霍山区段 196km 超长距离光通信电路。这在国内直流配套通信系统是首例。

三常直流工程系统通信工程克服中继站选址困难、光纤/光缆生产制造和熔接施工技术水平较低、超长距离光传输技术未广泛应用等困难，在宋埠—霍山区段采用较低传输损耗、彩色光口、高灵敏度前置放大器等方式，解决色散受限问题，提高信噪比和系统传输增益，成功建成196km超长跨距光传输系统，为后续特高压电网超长距离光通信技术的进一步研究和在电力通信的推广应用，积累了宝贵的设计、技术和运行经验。

第六章　项目过程管理

第一节　通信工程概况

通信工程概况如表 8-2 所示。

表 8-2　　通信工程概况

序号	项目名称	建设单位	设计单位	竣工决算（万元）	建设年限	工程规模（km）
一	三峡—北京	建设公司、电通中心	中南电力设计院、华北电力设计院、河北电力勘测研究院	15 033		1396
1	新乡—房山	电通中心		5956		
2	新乡—龙泉	建设公司		9077		
二	三峡—上海以及 T 接武汉	建设公司、电通中心	中南电力设计院	10 915	2001–2002	1276
1	龙政直流	建设公司		9880	2001–2002	
2	龙政 T 接华中网调	电通中心		1035	2001–2002	
三	三峡—重庆	建设公司		7567	2001–2002	615
四	北京光环网	电通中心	华北电力设计院	5930	2000–2002	265
五	北京—上海	电通中心	国电通信中心通信工程设计院、北京国电华北电力工程有限公司、河北电力勘测设计研究院、山东电力工程咨询院、江苏省电力设计院、华东电力设计院	11 359	2002–2005	1704
六	华中光纤通信电路	建设公司、电通中心	北京国电通信工程设计院有限公司、东北电力设计院、中南电力设计院、北京国电华北电力工程有限公司	9891		1429
1	荆门—双河	建设公司		638	2001–2002	45
2	岗市—长沙	建设公司		1886	2000–2001	183
3	荆门—荆州	建设公司		383	2001–2002	62
4	左二—荆州	建设公司		494	2003–2004	131
5	荆州—益阳	建设公司		1390	2002–2004	215
6	荆州—潜江	电通中心		709	2003–2006	55
7	南昌—乐万	电通中心		446	2003–2006	120
8	南昌—昌西	建设公司		275	2003–2004	40
9	昌西—新余	建设公司		364	2003–2004	120
10	咸宁—凤凰山	电通中心		448	2003–2006	55
11	潜江—咸宁	电通中心		892	2005–2006	165
12	右一—宋家坝	电通中心		254	2006–2006	2×25
13	右二—蔡家冲	电通中心		839	2007–2007	2×25

续表

序号	项目名称	建设单位	设计单位	竣工决算（万元）	建设年限	工程规模（km）
14	蔡家冲—荆州	电通中心		507	2007	115
15	东山—三峡总公司—宋家坝	电通中心		366	2002	23
七	华东光纤通信电路			7649		699
1	瓶窑—武南—东善桥—繁昌	建设公司		5284	2001-2002	422
2	阜东—洛河电厂	建设公司		869	2001-2002	137
3	政平—宜兴	建设公司		370	2002-2002	45
4	双林—王店	建设公司		717	2005	60
5	车坊—吴江	建设公司		409	2005	35
八	微波通信电路		华北电力设计院、中南电力设计院、河北省电力设计院、山东电力设计院、华东电力设计院	16 424		
1	京汉微波改造	电通中心	华北电力设计院、中南电力设计院、河北省电力设计院	10 553	2000-2002	1200
2	京沪微波改造	电通中心	华北电力设计院、山东电力设计院、华东电力设计院	5871	1999-2002	1400
九	综合网管系统	电通中心	北京国电通信工程设计院有限公司、江苏省邮电规划设计院有限公司	1899	2003-2006	
十	同步网（时钟系统）	电通中心	国电通信中心通信工程设计院	914	2001-2003	
十一	国家电力数据网		中国电力建设工程咨询公司（电力规划设计总院）	6120		
1	国家电力数据网（一期）	电通中心	中国电力建设工程咨询公司（电力规划设计总院）、中国电力工程顾问有限公司	3273	2002	
2	国家电力数据通信网二期工程	电通中心	中国电力工程顾问有限公司	2762	2004-2005	
3	北京地区数据网	电通中心	中国电力建设工程咨询公司（电力规划设计总院）	2847	2002-2003	
十二	三峡电话电视会议系统	电通中心		532	2002-2003	
十三	三峡至上海直流输电配套光通信工程（三沪二回光通信工程）	电通中心		2526	2004-2006	1695
	白鹤—黄渡光通信工程	电通中心	中国国电通信工程设计院有限公司	574	2004-2006	
十四	北京至华中及三峡光纤通信工程	信通公司	北京国电通信工程设计院有限公司	2399	2007-2008	
十五	三峡地区光通信网络优化改造工程	信通公司	北京国电通信工程设计院有限公司	380	2007-2008	
十六	宜都至江陵改接至兴隆 500kV 光通信工程	信通公司	中南电力设计院	209	2009-2010	
十七	葛沪直流综合改造工程光纤通信工程	信通公司	中南电力设计院负责、华东电力设计院、长江水利委员会	571	2010-2011	
合计				95 589		

第二节　重点工程重要节点

一、三峡—北京、新乡—房山光纤通信电路

1999 年，下发《关于三峡输变电工程二次系统项目投资计划安排有关问题的批复》（国三峡委发办字〔1999〕22 号）。

1999 年，下发《关于印发河北中调—邯峰电厂光缆通信工程初步设计审查意见的通知》（电规自〔1999〕39 号）。

2000 年，下发《关于印发三峡光缆通信系统工程总体设计审查意见的通知》（调通〔1999〕171 号）。

2001 年 8 月，国家电网公司下发《关于徐水（保北）至房山 500kV 送变电工程及 OPGW 通信工程初步设计的批复》（国电电规〔2001〕451 号）。

2002 年，下发《关于河北南网保南等 500kV 送变电工程初步设计的批复》（国电电规〔2002〕965 号）。

2002 年，下发《关于河北中调—邯峰电厂光缆通信工程初步设计的批复》（国电电规〔2002〕326 号）。

2002 年，下发《关于印发三峡光缆通信整体系统设计审查会纪要的通知》（总计〔2002〕8 号），国家电力公司下发《关于房山—廉州—邯东光通信工程初步设计的批复》（国电电规〔2002〕348 号），国家电力公司下发《关于新乡—邯东光通信工程初步设计的批复》（国电电规〔2002〕573 号）。

2000 年 4 月，与河北省电力公司签订《石南变电所至邯西变电所 OPGW 光缆通信工程建设管理委托协议》，约定由河北电力公司负责建设，河北省电力公司加芯，其中三峡工程 24 芯、河北 12 芯。

2001 年 12 月，与中国华北电力集团公司签订《徐水（保北）至房山 500kV 送变电工程 OPGW 光缆通信工程建设管理委托协议》，约定由华北电力集团公司负责建设，国电公司（三峡工程）加芯共同建设 48 芯光缆，各 24 芯。

2002 年 9 月，与河北省电力公司签订《保北—廉州光缆通信工程建设管理委托协议》，约定由国电通信中心负责建设，河北省电力公司加芯，其中三峡工程 24 芯、河北 12 芯。

2003 年 1 月，与河南省电力公司签订《新乡至安阳 OPGW 光缆通信工程建设管理委托协议》，约定由国电通信中心负责建设，河南省电力公司在新乡至安阳段加 12 芯。

2003 年 7 月，工程通过竣工验收。

二、北京地区光纤环网

1998 年，下发《关于印发京汉微波通信改造工程及北京地区光纤环网设计工作会议纪要的通知》（电规规〔1998〕46 号）。

1998 年 12 月，国家电力公司电力规划设计总院组织召开白广路至模式口光缆通信工程初步设计审查会。

2000 年，下发《关于印发北京地区光纤环网通信工程初步设计审查意见的通知》（电规总自〔2002〕40 号）。

2002 年 10 月，开始施工。

2003 年 3 月，工程通过预验收，并投入试运行。

三、北京—上海光纤通信电路

2002 年 9 月，委托电力规划设计总院完成了初步设计审查。

2003 年 3 月，国家电网公司以《关于北京—上海光通信工程初步设计的批复》（国电电规〔2003〕27 号）确定了项目总体规模和建设方案。

2003 年 9-10 月，通过公开招标，完成了光缆招评标工作。

2003 年 10 月，签订光缆采购合同。

2004 年 2 月，组织 SDH 光设备公开招标工作。

2004 年 5 月，进行华北、天津、河北、山东段光缆施工，完成了华北、天津、河北、江苏各段光

缆线路架设。

2004 年 6 月，签订 SDH 光通信设备采购合同。

2004 年 8-10 月、12 月，分别组织河北、华北、天津、山东段光缆阶段性验收，各段光缆通过阶段性验收。

2004 年 9 月，SDH 设备及辅助设备陆续到货，开始设备安装施工。

2004 年 12 月，进行江苏段光缆线路的施工，完成江苏段光缆线路架设。

2005 年 1 月，组织江苏段光缆线路阶段性验收。

2005 年 1 月，完成 SDH 光通信设备安装及系统调试工作。

四、京汉、京沪微波通信电路

（一）京汉 SDH 微波通信电路

1998 年，下发《关于印发三峡输变电系统二次系统设计审查意见的通知》（国电计〔1998〕455 号）。

1999 年 1 月，电通中心委托电力规划设计总院完成了可行性研究并通过审查。

1999 年 10 月，电通中心组织各设计单位完成了初步设计并通过审查。

2000 年 8 月，完成了通信主设备招标选型和订货工作。

2000 年 3、4 季度，电通中心陆续与各分建设单位签订了相应的工程建设责任书，并开始进行通信站机房的土建、修缮和改造施工等工作。

2000 年 11 月，电通中心（总建设单位）组织设计院给进行施工设计交底，开始微波塔招标和施工工作。

2001 年 2 季度，完成通信电源系统的招标采购工作。

2001 年 11 月，主设备到货，12 月开始设备的安装调试施工。

2002 年，下发《关于京汉、京沪、宜宁三条微波通信工程概算变更设计的批复》（国电计〔2002〕807 号）。

2002 年，下发《关于京沪、宜宁、京汉微波通信工程项目设计变更的批复》（国电计〔2002〕525 号）。

2002 年 3 月，完成全线铁塔的新建和改造工作，完成辅助配套设备安装调试工作，完成全线主设备系统的安装及单机测试工作。

2002 年 5 月，利用川电东送间隙，经多方密切配合，完成了全线设备的系统调测工作。

2002 年 9 月，工程通过了预验收并进入试运行。

2003 年 3 月，基本完成了工程遗留问题的消缺工作；试运行期间，总建设单位及分建设单位就工程的设备、备品备件、设备资料、工程资料及相关工器具完成了移交工作。

（二）京沪 SDH 微波通信电路

1995 年，下发《关于印发“京沪、宜宁 SDH 微波技改工程可行性研究报告审查会”纪要的通知》（联通传字〔1995〕488 号）。

1997 年 11 月，与中国联通公司签订合作意向书及京沪、宜宁 SDH 微波电路合作合同。

1998 年 8 月，签署《京沪、宜宁 SDH 微波干线系统合同》（合同号 CUIEC-98CI026）。

1999 年，下发《关于印发北京—上海 SDH 微波通信工程初步设计审查意见的通知》（国电电规〔1999〕199 号）。

1999 年 4 月，完成初步设计审查。

1999 年 11 月，召开安装调试启动会。

2001 年 6 月，完成全部系统安装调试，经测试，设备性能指标均满足相关要求，系统指标在外部无干扰时基本符合相关指标。

2002 年，下发《关于京汉、京沪、宜宁三条微波通信工程概算变更设计的批复》（国电计〔2002〕807 号）。

2002 年，下发《关于京沪、宜宁、京汉微波通信工程项目设计变更的批复》（国电计〔2002〕525 号）。

2002 年 10 月，完成京沪微波主设备系统消缺工作。

2002 年 12 月，通过预验收并进入试运行。

五、国家电力数据网、北京地区数据网

（一）国家电力数据网

1998 年，下发《关于印发三峡输电系统二次系统设计审查意见的通知》（国电计〔1998〕455 号）。

2002 年，国家电力公司下发《关于国家电力数据通信网工程初步设计的批复》（国电调〔2002〕969 号）。

2003 年，工程建设工作陆续展开。

2003 年 8 月，工程的主体施工及调试工作基本结束，并投入试运行。

（二）国家电力数据通信网二期工程

2003 年，国家电网公司以《国家电力数据通信网二期工程可行性研究报告批复意见》（国家电网计〔2003〕214 号）完成立项工作。

2004 年，经《转发国务院三建委关于国家电力数据通信网二期等工程的批复的通知》（计项二〔2004〕49 号文）批准立项。

2004 年，完成工程初步设计，下发《关于国家电力数据通信网二期工程初设批复》（国家电网计〔2004〕481 号文），确定了项目建设规模及总体方案。

2004 年，工程建设工作陆续展开。

2005 年 1 月，工程各节点的主体施工及调试工作基本结束，并投入试运行。

（三）北京地区数据网

1998 年，下发《关于印发三峡输电系统二次系统设计审查意见的通知》（国电计〔1998〕455 号文）。

2001 年，下发《关于印发三峡输电系统二次系统"北京地区数据网工程初步设计"审查意见的通知》（调自〔2001〕229 号）。

2002 年，下发《关于印发三峡输电系统二次系统"北京地区数据网工程初步设计修改版"审查意见的通知》（调自〔2002〕83 号）。

2002 年，下发《关于三峡输变电系统二次系统北京地区数据网工程初步设计的批复》（国电计〔2002〕327 号）。

2002 年 3 月，中电飞华公司对工程施工的所有现场进行了勘查。

2003 年 3 月 7 日，经工程验收委员会检验，认定工程质量及网络性能达到设计要求，通过预验收，进入试运行。

六、通信网络管理系统

2005 年，下发《关于三峡输变电传输综合网管系统初步设计的评审意见》（电顾规划〔2005〕491 号）。

2005 年，下发《关于三峡输变电传输综合网管系统初步设计的批复》（国家电网基建〔2005〕832 号）。

2005 年 1 月，启动综合网管工程建设实施工作。

2005 年 7 月，完成综合网管系统、通信机房动力环境监视系统、2M 电路端到端监测系统招投标及评标工作。

2005 年 10 月，完成初步设计工作。

2006 年 3 月，完成综合网管系统、通信机房动力环境监视系统、2M 电路端到端监测系统合同签订工作。

2006 年 3 月，召开综合网管系统、通信机房动力环境监视系统、2M 电路端到端监测系统设计联络会，安排工程实施计划。

2006 年 4 月，完成光缆在线监测系统招投标及评标工作，6 月完成合同签订工作。

2007 年 1 月，完成综合网管工程各个系统的安装、调试、测试工作。

2007 年 3 月，完成综合网管工程阶段性验收工作。

七、同步网

1998 年，下发《关于印发三峡输电系统二次系统设计审查意见的通知》（国电计〔1998〕455 号）。

2001 年 8 月，完成初步设计审查。

2002 年，下发《关于三峡输变电通信系统数字同步网工程初步设计的批复》（国电电规〔2002〕529 号）。

2003 年 1 月，工程建设工作陆续展开。

2003 年 9 月，工程主体施工及调试工作基本结束，系统进入试运行状态。

八、三峡（蔡家冲）至上海（白鹤）光纤通信工程

2003 年 6 月-2006 年 6 月，国务院三峡工程建设委员会和国家电网公司陆续对组成三峡（右岸）至上海光通信系统工程的 8 个单项工程的初步设计进行了批复，确定了工程建设规模及投资总额。

2005 年，下发《关于三峡至上海直流输电工程配套光通信工程初步设计的批复》（国家电网基建〔2005〕607 号）。

2005 年 8 月，完成了三沪Ⅱ回光通信工程 T0 点至繁昌段 OPGW 光缆招标采购工作。

2005 年 11 月，完成了白鹤—黄渡光通信工程 SDH 光通信设备采购工作。

2005 年 10-11 月，完成了蔡家冲—繁昌段 SDH 设备、PCM 设备技术规范书的编制和会审工作。

2005 年 12 月，完成了荆州—潜江临时光通信设备安装调试工作，并开通了相关业务，确保了 500kV 潜江变电站投产。

2005 年 12 月，完成了黄渡 SDH 光通信设备串入京沪光通信电路的割接工作。

2006 年下发《关于三峡至上海（白鹤）光纤通信工程设备技术规范书及右岸电站相关系统通信工程方案优化设计的评审意见》（电顾规划〔2006〕43 号）。

2006 年 1 月，组织完成 SDH 设备、PCM 设备技术谈判及商务合同签订工作。

2006 年 2 月，SDH、PCM 设备采购召开设计联络会。

2006 年 2 月，完成了通信辅助设备选型采购工作。

2006 年 3 月，完成了业务通路组织编制和会审工作。

2006 年 5 月，完成了业务通路组织和开设方式的协调落实工作。

2006 年 5 月，完成了潜江—咸宁 OPGW 光缆的接续工作，6 月完成了设备调试、指标测试工作，并开通了相关业务；确保了 500kV 咸宁变电站投产。

2006 年 5 月，完成了主干电路 SDH 光通信设备、PCM 设备、通信辅助设备的安装和单机调试工作，完成了主干电路各站导引光缆敷设工作。

2006 年 7-8 月，进行了蔡家冲（宜都）—白鹤（华新）光通信工程系统调试，并开通了相关业务通道，确保了蔡家冲（宜都）—白鹤（华新）±500kV 直流工程系统调试工作。

2006 年 8 月，在湖北咸宁召开了三峡（右岸）—上海光通信系统工程验收会，蔡家冲—白鹤光通信系统通过工程预验收，移交运行单位转入试运行。

2006 年 9 月 20 日，在蔡家冲—白鹤±500kV 直流系统调试前，打通了蔡家冲（宜都）—龙泉光通道，解决了右岸电站投产前宜都换流站对系统的临时备用通道问题。

2006 年 9 月，完成了 500kV 凤孟线 OPGW 光缆Π进咸宁变电站的工作。

2006 年 9 月，完成了全部技术培训工作。

2006 年 11 月，完成了电路试运行后系统质量指标复检抽查工作，全电路系统误码率指标完全达到设计要求。

2007 年 9 月，工程通过三峡三期第三批验收。

九、北京至华中及三峡光纤通信工程

2007 年，下发《关于建设三峡地区光通信网络加强与优化工程（电网部分）、北京—华中及三峡光通信工程的批复》（国三峡委发办字〔2007〕21 号）。

2007 年 12 月，北京至华中及三峡光纤通信工程开工。

2008 年，下发《关于北京—华中及三峡光通信工程设计变更的请示的回复》（国网公司调通〔2008〕11 号）。

2008 年 4 月，完成阶段性验收，4 月 28 日进入试运行。

2008 年 7 月 24 日，通过为期 3 个月的试运行完成了工程竣工验收。

第九篇　环境保护和水土保持

三峡输变电工程是我国输变电工程中最早开始环境影响评价及后验收工作的项目，因此，其实施过程也是我国输变电工程环境保护管理工作得以逐步加强和完善的过程。在没有任何输变电工程环境保护管理案例可借鉴的历史背景下，国家电网公司本着对社会负责、对人民负责、对工程负责的态度，开展“资源节约型、环境友好型”三峡输变电工程建设。通过三峡输变电工程的建设实施，环境保护工作作为一项重要内容纳入了输变电工程项目建设的日常管理程序之中。开展环境影响评价是处理好电网建设与环境保护关系的前提，做好项目环境保护验收是项目通过竣工验收的必要条件。在三峡输变电工程建设实践中，国家电网公司作为项目法人树立了牢固的环境保护理念，规范了输变电建设项目的环境保护“三同时”程序，合理解决了环境保护投入和降低工程造价的矛盾，妥善协调了建设项目与自然环境及周边居民的关系。通过三峡输变电工程的具体实践和经验积累，规范和固化环境保护设计，逐渐形成了一套适合我国国情的输变电工程建设环境保护管理体系，提出了一系列行之有效的环境保护管理办法和标准制度，为后续电网工程建设的环境保护工作提供了宝贵的经验和实践基础。

20世纪90年代，随着我国社会经济发展水平的不断提高，社会各界的环境保护意识进一步加强，国家对环境保护的要求也逐步深化并更加严格。因此，在三峡输变电工程实施过程中，如何实现输变电工程建设和运行与周边社会和自然环境的协调发展，成为一个全新的课题摆在了每个建设者的面前。

围绕社会及国家主管部门对环境保护工作的要求，国家电网公司高度重视环境保护工作，提出了“建设资源节约型、环境友好型电网，实现三峡输变电工程建设与环境保护的和谐统一”的环境保护总体目标，建立健全环境保护管理机制，编制环境保护管理办法，制定环境保护管理标准，突出环境保护设计，强化环境保护过程管控，采取各种管理措施和技术手段，将保护环境、节约资源的理念切实落实到工程项目规划设计、施工建设、生产运行等各环节，逐步建立起了输变电工程项目的全过程环境保护管理工作体系。

第一章 三峡输变电工程环境影响评价工作

三峡输变电工程实施过程中，坚持按照国家的法律法规开展环境影响评价工作。三峡输变电工程是我国输变电工程中最早开展环境影响评价工作的工程。

输变电工程对环境可能造成的影响包括生态影响、电磁影响、噪声环境影响以及水环境影响。三峡输变电工程的环境影响评价以工程污染源分析和工程所在地区的自然环境、社会环境及生态环境现状调查及现场监测为基础，评价分析的重点是包括：施工期的环境影响和生态恢复以及拆迁安置，相关影响分析和环境保护措施；运行期的电磁环境影响预测及评价，声环境影响及评价等。

通过环境影响评价工作，对建设项目实施后可能造成的环境影响进行分析、预测和评估，提出预防或者减轻不良环境影响的对策和措施，使建设项目对环境的影响处于环境可接受的水平，并通过提出各项环境保护治理和预防措施，使工程建设对环境的影响减至最小，防止产生“先污染后治理”的情况，开展环境评价是处理好电网建设与保护环境的前提。

第一节 工程环境影响评价程序

三峡输变电工程环境影响评价主要按照《环境影响评价技术导则 总纲》（HJ/T 2.1—1993）、《环境影响评价技术导则 大气环境》（HJ/T 2.2—1993）、《500kV超高压送变电工程电磁辐射环境影响评价技术规范》（HJ/T 24—1998）、《环境影响评价技术导则 非污染生态影响》（HJ/T 19—1997）、《环境影响评价技术导则 声环境》（HJ/T 2.4—1995）《环境影响评价技术导则 地表水环境》（HJ/T 2.3—1993）等文件编写。

工程环境影响评价工作委托有资质的设计单位编制评价报告，按照准备阶段、实施阶段、环境影响报告书编制阶段实施，如图 9-1 所示。

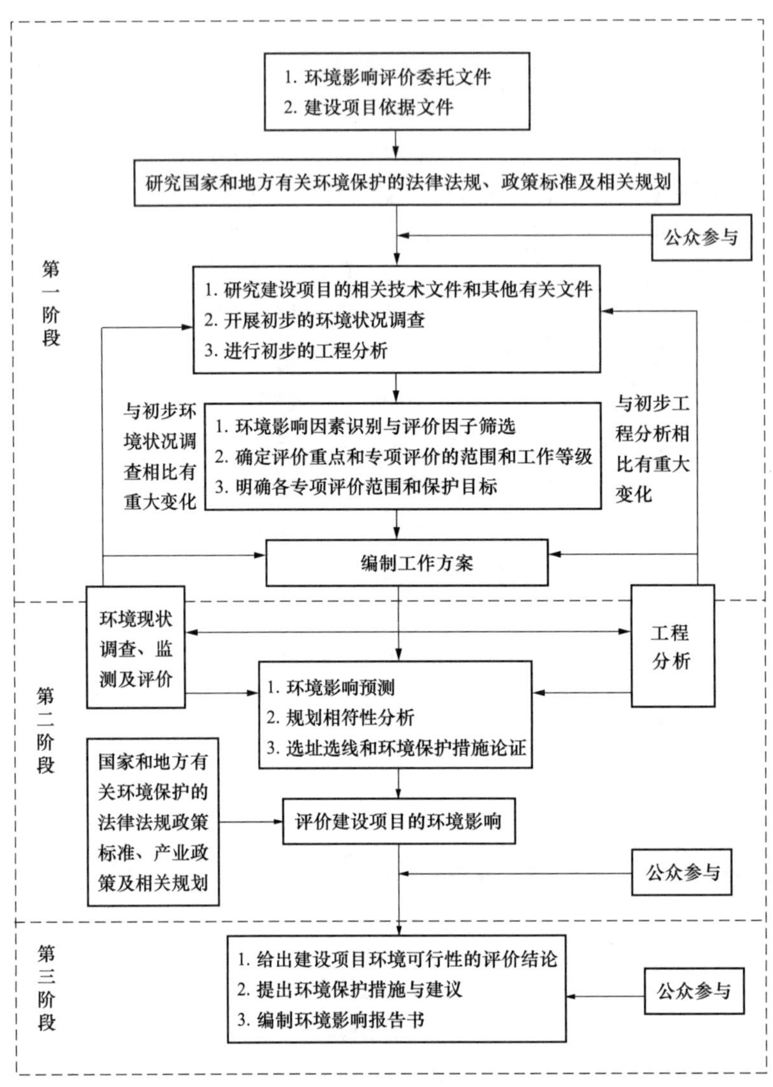

图 9-1 输变电工程环境影响评价的工作程序框图

第一阶段为准备阶段，主要工作为研究有关文件，进行初步的工程分析和环境现状调查，公众参与，识别环境影响因素，筛选评价因子，明确评价重点，确定各专项评价的范围和工作等级，编制工作方案。

第二阶段为实施阶段，主要工作为进一步做工程分析和环境现状调查与评价，进行环境影响预测与评价，分析环境保护措施的经济、技术可行性，公众参与，论证工程选线或选址的环境可行性。

第三阶段为环境影响报告书编制阶段，主要工作为汇总、分析第二阶段工作所得的各种资料、数据，给出评价结论，完成环境影响报告书的编制，公众参与。

环境影响评价总负责单位在环境影响评价工作各个阶段中，对总体及各专题的工作内容、方案和进度有明确的指导思想，统一安排所要求达到的目标，对本单位和协作单位的工作成果进行认真地审查、反馈和汇总。环境影响评价总负责单位对环境影响评价结果全面负责，协作单位应对所承担的专题内容及结果负责。

各专题的评价单位按总负责单位的统一安排和要求进行工作，提供相应的资料，分析、评价成果，并接受总负责单位的审核，对有关问题进行分析反馈。

摘编自：

1.《国家电网公司环境保护管理办法（试行）》（国家电网科〔2004〕85 号），国家电网公司，2004 年。

2.《国家电网公司电网建设项目环境影响评价管理暂行办法》（国家电网科〔2006〕583 号），国家电网公司，2006 年。

3.《国家电网公司电网建设项目竣工环境保护验收暂行办法》（国家电网科〔2006〕275 号），国家电网公司，2006 年。

4. 国家电网公司，《中国三峡输变电工程 工程建设与环境保护卷》，北京：中国电力出版社，2008 年。

第二节 环境影响评价重点

工程环境影响评价以工程污染源分析和工程所在地区的自然环境、社会环境及生态环境现状调查和现场监测为基础，评价重点为运行期的电磁环境影响预测及评价，声环境影响及评价，施工期的环境影响、生态恢复及拆迁安置，环境保护措施分析和新增环境保护措施。主要内容包括：

（1）对工程周边环境保护目标进行调研，调查项目影响范围内是否有风景名胜区、自然保护区、生态脆弱和敏感区等［2004 年 7-9 月环境影响评价单位西北院、中南院、华东院、南环所等对三峡输变电工程新建项目（第三类项目）中的 9 个单项工程进行了环境保护目标调研，确定工程远离环境敏感区］。

（2）通过调研，确定本工程的典型环境敏感点（环境影响评价单位对 9 个单项工程共确定了 37 处典型环境敏感点）。

（3）对项目所涉区域的环境质量现状进行监测，明确是否存在环境保护问题（2004 年 9 环境监测单位湖北省辐射环境管理站、河南省辐射环境监测管理站、安徽省辐射环境监测站、浙江省辐射环境监测站和国电环境保护研究所对各省境内单项工程进行了电磁和声环境现状监测）。

（4）对施工期土地占用和拆迁安置等方面的情况进行调研，对施工期在水土保持等方面所做的工作、采取的环境保护措施及对生态环境的影响情况进行分析，找出施工期可能存在的环境保护问题并提出对策措施（2004 年 7-9 月环境影响评价单位对工程所在地进行了土地占用和拆迁安置的调研，报告编制阶段对施工期的生态环境影响等进行了分析，针对可能存在的环境问题提出了环境保护措施）。

（5）对输变电工程电磁环境污染因子和噪声影响水平及其影响范围进行类比、模式预测。电磁预测评价单位对孝感变电站、贵阳变电站、茂名变电站、双龙变电站等变电站的监测资料进行了分析，预测了本工程变电站工程的电磁环境影响；声环境影响评价单位类比了孝感变电站、贵阳变电站、茂名变电站、双龙变电站等变电站的噪声类比监测结果，对本工程变电站运行期噪声进行了预测。

（6）进行环境影响评价信息公告，在形成报告书初稿的基础上编写并公开环境影响报告书简本，收集工程影响范围内公众对工程的意愿和环境保护方面的意见、建议，在分析公众的意愿、意见和建议的基础上，采纳合理建议，对不采纳的建议说明理由。

（7）分析论证工程设计中拟采取的环境保护措施，补充新的环境保护措施。环境影响评价单位在论证输电线路和变电站工程已设计采用的、施工期和运行期各类环境保护措施后，建议新增了施工招标文件中应有环境保护方面的内容等 8 条措施。

（8）根据分析评价的各项成果，综合分析本项目的环境可行性，明确给出评价结论。

摘编自：

1.《关于委托编制三峡输变电工程新建项目（第三类项目）环境影响报告书的函》（电网设函〔2003〕42 号），国家电力公司电网建设分公司，2003 年。

2.《关于三峡输变电工程和全国联网工程已建成项目环境影响调查报告书审查意见的复函》（环审〔2003〕17 号），国家环境保护总局，2003 年。

3.《关于三峡输变电工程新建项目（第三类项目）环境影响调查报告书审查意见的复函》（环审〔2005〕168号），国家环境保护总局，2005年。

4. 国家电网公司，中国三峡输变电工程 工程建设与环境保护卷，北京：中国电力出版社，2008年。

第三节 环境影响评价实施工作

1. 工程收集资料与分析

环境影响评价工作坚持在开展环境影响评价之前对工程资料进行仔细的研读，认真分析工程建设是否符合国家产业政策、法律法规及电网规划等。在评价前明确了工程是否涉及自然保护区、风景名胜区、水源保护地、历史文物古迹、森林公园、医院、学校、居民聚集区等环境敏感区，是否符合城市规划；弄清了工程建设规模、建设内容、占地、工程设计中拟采取的环境保护措施等与环境影响评价相关的工程内容。

三峡输变电工程新建项目（第三类项目）的各环境影响评价单位在项目环境影响评价之前弄清楚了工程建设内容，分析工程与国家产业政策等的相符性，收集了项目周边环境敏感区的资料，确定了项目需避开的自然保护区等。

2. 全面开展现场调查

环境影响评价工作依照法律法规，对工程所处地区的自然环境（包括地形地貌、水文、气象、植被资源、土壤、动物资源）、社会环境［包括社会经济发展情况、经济结构、土地利用情况、耕地和基本农田的数量和分布情况、人口数量、人口密度、居民区（村庄）名称以及与输变电工程的位置关系］、输变电工程周围的自然保护区、风景名胜区等特殊环境敏感区分布情况及与工程的位置关系，对于输变电工程涉及的自然保护区、风景名胜区等特殊环境敏感区进行了详细的调查（包括成立保护区的批复文件、范围、功能区划、界线、保护区规划、资源科考报告、保护动植物分布情况等）。

在现场调查工作中还全面收集了工程涉及区域的城镇规划、土地利用规划、环境功能区划、项目建设地的主要污染源分布情况、环境质量现状资料、线路跨越主要河流的水文资料、通航等级、项目建设地水土流失情况、水土流失现状图、当地的常见树种草种及水土水流治理经验等。

根据三峡输变电工程的站址位置或线路路径图，结合实地踏勘情况，确定在评价范围内的环境保护目标，对工程涉及的环境保护目标，调查其规模、人口数量、房屋结构，明确了与线路的位置关系，确定了因工程建设可能造成的环境保护拆迁量。

对三峡输变电工程新建项目（第三类项目）沿线各省的自然环境、社会环境进行了收资和调查，并确定了37处环境保护目标，对其性质、相对距离、可能的环境影响因素进行了调查。

在现场调查过程中，向评价范围内直接受影响的公众介绍工程的建设情况、可能存在的环境保护问题，以及工程设计中已采取的环境保护措施。对三峡输变电工程新建项目（第三类项目）沿线各省项目周边受影响公众进行公众参与专项调查，了解工程建设地居民对建设项目的态度，收集输变电工程附近居民的意见、建议，共收回有效调查表260份，并分析了公众对工程环境保护方面的意见。

3. 严格按照评价方案开展评价工作

现场调查工作完成之后，根据工程建设资料及现场调查情况，拟定环境影响评价工作方案，包括明确环境影响评价范围、评价执行标准、评价工作等级、工程分析、工程建设造成的不良环境影响、环境质量现状监测、环境影响的预测方法。根据可比性原则选择拟建输变电工程的类比对象，按照拟定的环境影响评价工作方案开展环境影响评价工作。

由于环境质量现状监测工作较为费时，因此首先编写环境质量现状监测及类比监测工作计划，委托有资质的监测单位对工程附近的环境保护目标进行环境质量现状调查，对类比对象进行类比监测；然后根据拟定的环境影响评价工作方案，顺序介绍工程内容、工程分析、规划相符性、环境质量现状评价、环境影响预测及评价、污染治理措施、公众参与、环境保护投资估算及经济效益分析、环境管理及监测计划等内容，对工程建设的环境可行性进行分析评价，最终编制完成环境影响报告书。

以三峡输变电工程新建项目（第三类项目）项目环境影响评价为例，具体实施过程如下：

2003 年 8 月，国家电力公司建设分公司以《关于委托编制三峡输变电工程新建项目（第三类项目）环境影响报告书的函》（电网设函〔2003〕42 号）正式委托中南电力设计院等 9 个单位编制三峡输变电工程项目环境影响评价报告书，中南电力设计院汇总编制总报告书。

各环境影响评价单位接受委托后结合三峡输变电和全国联网已建和在建工程的环境影响评价经验，在利用其成果的基础上，对各自承担的单项工程周围的自然环境、社会环境进行了收资和调查，并确定了工程的 37 处环境保护目标。2003 年 9 月环境影响评价单位华东院对三峡输变电工程新建项目（第三类项目）中的湖州变电站进行自然环境现状调查，典型现场照片如图 9-2 所示。

现场调查确定各单项工程主要环境敏感点和环境保护目标后，各地方环境监测单位对变电站进行了电磁和声环境现状和类比变电站的监测。2003 年 9 月河南省辐射环境监测管理站对三峡输变电工程新建项目（第三类项目）中的安阳变电站进行电磁环境监测，典型现状照片如图 9-3 所示。

（a）

（b）

图 9-2 环境调查典型现场照片

（a）调查图一；（b）调查图二

（a）

（b）

图 9-3 环境监测典型现场照片

（a）监测照片一；（b）监测照片二

之后环境影响评价单位进行了公众参与调查工作，环境影响评价单位对三峡输变电工程新建项目（第三类项目）共发放了 326 份调查表，收回有效调查表 260 份，并根据《浙江省建设项目环境管理办法》对浙江省境内的工程在《湖州日报》进行了报纸公示，公众参与针对受调查者对项目新建产生土地占用、电磁辐射等方面的影响，提出了环境保护意见和建议。

在现场调查、监测、公众参与工作完成后，各环境影响评价单位完成了各单项工程的环境影响报告书，中南电力设计院进行了汇总，完成了本工程环境影响评价总报告。2004 年 4 月国家环境保护总局环境工程评估中心在北京召开了环境影响评价报告书的技术评估会，形成会议意见。会后各环境影响评价单位根据意见进行了修改完善，2004 年 5 月中南电力设计院汇总后形成了本报告书报批版。

2005 年 2 月，国家环境保护总局以环审〔2005〕168 号对本工程环境影响评价报告书进行了批复。

摘编自：

1.《关于委托编制三峡输变电工程新建项目（第三类项目）环境影响报告书的函》（电网设函〔2003〕42 号），国家电力公司电网建设分公司，2003 年。
2.《关于三峡输变电工程和全国联网工程已建成项目环境影响调查报告书审查意见的复函》（环审〔2003〕17 号），国家环境保护总局，2003 年。
3.《三峡输变电工程新建项目（第三类项目）环境影响总报告书》，中南电力设计院，2004 年。
4.《关于三峡输变电工程新建项目（第三类项目）环境影响调查报告书审查意见的复函》（环审〔2005〕168 号），国家环境保护总局，2005 年。
5. 国家电网公司，《中国三峡输变电工程　工程建设与环境保护卷》，北京：中国电力出版社，2008 年。

第四节　环境影响评价结论

环境影响评价结论是在概括全部评价工作的基础上，简洁、准确、客观地总结建设项目实施过程中各阶段对环境的影响，规定采取的环境保护措施，从环境保护角度分析得出建设项目是否可行的结论。

环境影响评价结论包括全部评价工作的结论，包括建设项目必要性、建设概况、环境现状概况、环境影响预测与评价结论、水土保持、环境保护措施、公众参与、环境管理与检测计划、建议及总结论等内容。

三峡输变电工程是三峡工程的配套工程，它的建设符合国家及有关省市、地区的宏观政策和发展规划、环境保护规划。输变电工程运行期无气、水、渣等污染物排放，运行期的影响主要在电磁和声环境方面，在施工期则主要是生态、水土保持和拆迁安置等。三峡输变电工程在采取环境保护防治措施后各类环境影响均符合国家有关保护法规和标准的要求，工程生态环境保护、水土保持措施有效可行，预计可将工程施工带来的负面影响减轻到满足国家有关规定的要求。公众调查结果表明，三峡输变电工程建设得到了绝大多数社会公众的支持。

根据国家环境保护总局《关于三峡输变电工程和全国联网工程已建成项目环境影响报告书审查意见的复函》（环审〔2003〕17 号），在已建成的输变电工程中未发生重大的环境保护问题。通过对 8 个变电站和 3 条典型线路的调查监测，各变电站的厂界噪声水平基本符合 GB 12348—1990《工业企业厂界噪声标准》Ⅱ类的规定。输电线路边导线外工频电场和磁感应强度均在有关规定的范围内。已建成项目在施工中采取了有效措施，减少水土流失和生态环境的不利影响。

根据国家环境保护总局《关于三峡输变电工程新建项目（第三类项目）环境影响总报告书审查意见的复函》（环审〔2005〕168 号），三峡输变电工程新建项目（第三类项目）是三峡枢纽工程的重要组成部分，包括 7 座 500kV 变电站和 2 条 500kV 送电线路，变电站选址、输变电线路路径选择均符合当地城镇发展规划。在落实报告书提出的环境保护措施后，环境影响将得到有效控制。

摘编自：

1.《关于委托编制三峡输变电工程新建项目（第三类项目）环境影响报告书的函》（电网设函〔2003〕42 号），国家电力公司电网建设分公司，2003 年。
2.《关于三峡输变电工程和全国联网工程已建成项目环境影响调查报告书审查意见的复函》（环审〔2003〕17 号），国家环境保护总局，2003 年。
3.《三峡输变电工程新建项目（第三类项目）环境影响总报告书》，中南电力设计院，2004 年。
4.《关于三峡输变电工程新建项目（第三类项目）环境影响调查报告书审查意见的复函》（环审〔2005〕168 号），国家环境保护总局，2005 年。

第二章　工程设计与环境控制措施

在工程项目的设计阶段，针对输变电工程项目可能造成的生态影响、电磁影响、噪声环境影响以及水环境影响等问题，按照国家环境保护总局批复的环境影响评价报告书及批复文件中提出的相关保护措施要求，在工程项目的设计方案中都一一得到落实，做到了环境保护设施与主体工程同时设计。

第一节　生态环境控制措施

一、线路工程

1. 线路工程生态环境控制措施

三峡输变电线路工程具有跨距长、点分散的特点。各个建设项目跨度从数千米至上千千米不等。但各个建设项目在每个施工部位的工程量相对较小，表现的施工规模相对较小。由于输电线路两边导线间的距离一般在 30m 之内，其建设期产生的环境影响主要集中在塔基及其附近地表扰动造成的土地占用、植被破坏和水土流失。为既保证线路工程设计质量，又使其对环境的影响程度最小，线路工程在选线过程中尽量避开省级和国家级自然保护区，尽量避开居民住房。同时在线路路径选择中，采用航飞及洛斯达海拉瓦技术，勘测设计人员在现场精心选择、调整、优化线路路径及塔位，成功地完成了路径设计，线路所经地区地貌形态各异，工程设计阶段因地制宜做好塔基设计等，保护好塔位区域的生态环境。具体措施如下。

（1）优化杆塔定位。合理布置杆塔位置，不仅是降低线路工程造价的需要，而且不论是山区还是平地，立塔位置的确定对环境保护都是至关重要的。在定位时，尽量避开陡坡和易发生塌方、滑坡、冲沟或其他危险地形段，尽量避开低洼处沟、塘、渠等地质条件较差、有软弱下卧层的不良地质段，利用优化定位程序选择合理的塔位，以减少土石方开挖量，减少水土流失，降低铁塔施工对环境的破坏影响。施工图设计阶段，逐塔施测塔基断面，做到原始地形资料正确无误。

（2）改进杆塔形式。在杆塔设计中，考虑到三峡输电线路大部分位于山地和丘陵的特点，在塔型规划上设计了几种四条塔腿可根据实际地形进行调节组合的塔形——全方位高低腿铁塔（简称全方位塔），同时结合使用高低腿基础，以适应山地、丘陵地区的地形和地质条件，以达到减少开方量，同时使输电线路铁塔施工对环境的不利影响降至最低程度。

为了减少工程建设对林木的砍伐和房屋的拆迁，工程采用了新型杆塔“F”形塔。导线垂直排列于单侧的“F”形塔比常规水平排列杆塔走廊宽度要小很多，以同等设计条件的塔为例，水平排列塔型的走廊宽度为 24m，而“F”形塔仅需 11.8m，可以减小线路走廊 12.2m，从而极大地减少了房屋的拆迁量。

三峡输变电工程中还采用了“V”形串悬挂杆塔，该杆塔经过优化比常规的“I”形串杆塔略轻，因绝缘子串增加一倍，本体投资略高。“V”形串悬挂杆塔的通道宽度约减小 5m，可以减少房屋拆迁和林木砍伐量，有利于生态环境保护。

（3）优化基础设计。一般线路部分基础设计根据地质情况采用掏挖基础、岩石嵌固式基础、岩石锚杆基础、斜柱插入式基础、直柱板式基础、混凝土台阶型基础、桩基础及预应力钢筋混凝土装配式基础、联合板式基础。

直流线路设计根据工程地质特点，在丘陵和山地大量使用掏挖式、岩石嵌固式和岩石锚杆等原状土基础。当地质条件适宜，即塔位表层为硬塑及坚硬状态的黏性覆盖层，下部为强风化或中等风化岩石，首先考虑掏挖式或岩石嵌固式基础；在地质条件为微风化岩石时，首先考虑岩石锚杆基础。

这类基础避免了基坑大开挖，充分利用原状土或岩石的力学性能，提高了基础抗拔能力，减少了土石方开挖量。更为重要的是塔位原状土未遭破坏，有利于塔基稳定，并减少对环境的不良影响，有显著的社会、经济、环境效益。在地质条件不适宜采用原状土基础时，可根据实际情况尽可能采用斜柱主材插入式基础，该基础基坑开挖量、基础混凝土和基础钢材均较一般大开挖式基础小，有较好的社会、经济、环境效益。在不可避免的情况下，必须使用桩基础。桩基础采用套管护壁工艺，该施工工艺避免因泥浆排放而污染环境，同时避免由泥浆护壁不当，产生塌孔、断桩等事故，提高了桩基工程质量。

（4）加强线路走廊保护措施。在工程设计时，对线路通过林区时是跨越还是砍伐做了详细的技术经济比较，并尽可能采用跨树方案，以减少砍树，对森林保护、生态环境保护都有积极的意义。

（5）采用海拉瓦全流程数字化电网技术。电网建设工程中，在设计阶段进行的优化工作是后续任何工序都无法替代的。因此，在电网建设过程中，积极应用新技术、新方法、新理论来辅助优化设计，合理改变部分传统的工作方式和设计观念，积极贯彻科学发展策略，节省投资费用，合理降低工程造价，变得越来越重要。

海拉瓦辅助设计优化技术立足于辅助优化设计的基本出发点，通过引进消化吸收海拉瓦数字摄影测量系统技术，并进行相应的自主创新，而发展起来的辅助设计优化技术。

1997 年，中国电网建设有限公司联合中国电力建设工程咨询公司利用海拉瓦数字摄影测量系统进行输电线路路径优化相关软件的研发工作，形成了完整的路径优化，获得了相关软件成果。

1998 年，上述成果成功应用于三峡输变电工程的双河—南阳 500kV 输电线路工程的路径优化工作。该工程全长 321.2km，采用海拉瓦技术后，路径走向更加合理，路径长度缩短了 6.18km，节省投资 800 万元，缩短工期两个月，少拆房屋 200 余间，减少了林木砍伐及耕地占用，在社会、经济及环境保护方面取得了可观的效益。

1998 年 6 月 23 日，中国电网建设有限公司在北京组织召开了双河—南阳 500kV 输电线路工程应用海拉瓦全数字化摄影测量系统优化路径专家评审会，评审会根据双河—南阳 500kV 输电线路工程的应用成果数据以及三个对比试验工程（沙昌一回、阳淮线山西段、二自线二回昭觉开关站—瓦黑段）的相关数据，认为海拉瓦技术在路径优化阶段的应用达到国内先进水平，并建议在超高压输电线路工程建设中推广应用。

随着在三峡输变电工程及其他工程的实践应用，海拉瓦辅助优化技术不断深化和发展，最终形成了一个跨越电网工程建设的、综合性的功能和数据平台——全流程数字化电网工作平台（简称数字化电网技术），服务于电网工程的规划、设计、评审、施工和运行维护等工作。该平台以海拉瓦辅助优化技术为基础，结合电网工程建设的特点，将原来分散应用在电网工程建设各阶段中的数字化应用统一起来，加以规范化，形成了一系列软件管理系统和作业规范。

该技术在国内输变电工程建设中得到了广泛应用，在取得良好的经济和社会效益的同时，也体现了良好的环境保护效益；既合理节约了工程投资，又坚持科学发展策略，从环境保护的角度出发，以可持续发展的观念，为建设资源节约型、环境友好型电网做出了贡献。作为一项效益明显的创新技术，中央电视台、《中国电力报》《光明日报》等媒体多次对海拉瓦技术应用于输电线路的建设进行了专题报道，国家电网公司将海拉瓦技术列为“十一五”重点推广应用的 15 项新技术之一。

2. 具体案例

2004 年 8 月，三沪直流工程初步设计报告提出的工程主要生态环境保护措施如下：

（1）优化线路选线。对沿线与环境有关的地方政府、军事、林业、矿业、航空、铁路、通信、文物等部门进行了收资调研和路径协调工作，并根据有关部门的意见对线路进行了优化，避开城镇规划区、开发区、居民区、军事设施、厂矿等重要区域，例如避开王母湖规划风景区、马宗岭自然保护区、天堂寨自然保护区、南岳山风景区、马人山风景区及下牧冲古铜冶遗址等环境敏感点。

（2）优化杆塔定位。尽量避开陡坡和易发生塌方、滑坡、冲沟或其他危险的地形和地段，尽量避开低洼处沟、塘、渠等地质条件较差、有软弱下卧层的不良地质段，利用优化定位程序，选择一个合理的塔位，从而减少土石方开挖量，减少水土流失，降低铁塔施工对环境的破坏影响，施工图设计阶段，逐塔施测塔基断面，做到原始地形资料正确无误。

（3）改进杆塔型式。在杆塔设计中，考虑到输电线路大部分位于山地和丘陵的特点，在塔型规划上设计了多种四条塔腿可根据实际地形进行调节组合的塔型——全方位高低腿铁塔（简称全方位塔），同时结合使用不等高基础，以适应山地丘陵地区的地形和地质条件，以达到减少开方量、保护环境的目的。在局部林木茂盛的地段或交叉跨越处采用了 G50 直线塔跨越（呼称高 48～75m，见图 9-4），以减少树木砍伐量。

图 9-4　G50 直线塔跨越

在经济发达、走廊拥挤、民房密集的华东地区，为了减少工程建设对林木的砍伐和房屋的拆迁，工程采用了世界首创的极导线垂直排列“F”形耐张塔（见图 9-5）技术。以同等设计条件的塔为例，常规±500kV 极导线水平排列方式送电走廊宽度为 22.5m，而垂直排列“F”形塔技术仅需 11.8m，走廊宽度减少达 10.7m，极大地减少了送电走廊的占用的土地面积，减少了房屋拆迁量。

工程走廊大量采用了“V”形绝缘子串的铁塔设计，使送电通道宽度减少 5m 左右（见图 9-6），减少了房屋拆迁和林木砍伐量，有利于生态环境保护。

图 9-5 “F”形耐张塔

图 9-6 “V”形绝缘子串

（4）优化基础设计。针对工程的地理位置和自然条件，设计中注重了杆塔及基础的规划和选配，注重了丘陵、岗地地段线路的环境保护及水土保持措施，注重了平原、山丘地段基础选型及分洪区基础加高的问题。

对于丘陵、岗地等处的杆塔采用了全掏挖基础。这种基础型式有较高的经济效益，开挖基坑时不扰动原状土，避免大开挖后再填土。根据以往工程的统计，采用全掏挖基础比用阶梯式基础节约钢材和混凝土分别为3%～7%和8%～20%。全掏挖基础施工时不需支模板，不需大开挖，减少了基坑土方量，节省了施工费用。

基面综合治理。工程还在基面排水、护坡、保坎、护面及人工植被等工艺细节做了详尽的技术规定，将山区线路的基面治理做到尽善尽美，以实现环境保护设计、绿色施工的新理念。比如挡土墙、护坡坡脚要求必须置于原状土层上，用水泥砂浆砌筑、勾缝，并按规定设置排水孔。

采用航飞及海拉瓦技术优化导线布置方式。三沪直流工程输电线路全长1050km，位于平丘地带，多为农田和林地，且房屋密集，交叉跨越纵横交错；而山区植被茂密，高山峻岭，林木覆盖率较高。整条线路沿线情况都比较复杂。利用海拉瓦技术优化时，综合考虑各方面的因素，进行多种方案对比，使最终路径缩短了25.8km，房屋拆迁量减少了约109 572m^2，并且减少跨树长度约15.8km。在湖北红安县境内，线路经过地区大部分为山地地貌。本段初选设计路径从半山腰中通过，但是山上植被茂密、地形复杂，利用山形调整路径，将线路上移使之从山凹处跨过，考虑树木生长高度，直接从林木上空跨过，避免了大量树木砍伐。

二、变电站工程

1. 变电站工程生态环境控制措施

在三峡输变电工程变电站设计中采取的环境控制措施主要有：在选址阶段考虑环境保护要求，尽量做到站址落点的环境合理性；初步设计阶段和施工图设计阶段应逐一落实批复的环境影响报告书以及环境保护主管部门对环境影响报告书批复文件中的环境保护具体要求，确保工程达到国家相关环境保护标准要求等。具体为：

（1）通过优化站区总平面布置，最大限度地减小工程永久占地，在施工建设时，将施工临时占地设在变电站站址范围内，避免或尽量减少站外的临时占地。

（2）根据站区的地形条件，合理选择站区标高或采用阶梯性布置使站区土石方平衡，避免取弃土。

（3）对变电站内的可绿化地表种植低矮灌木和草皮，使变电站可绿化面积全部绿化。

（4）对于变电站，根据地形、气象条件等的不同，考虑了工程措施（挡土墙、护坡、截水沟、排水沟等）、植物措施（种树植草绿化）等水土保持措施。修筑具有水土保持功能的设施，如站址四周及进道路的挡土墙、护坡，设置站区简易排水设施和站外截水沟和排水沟；在站区四周及道路边坡以及护坡的土方格内植草以减小水土流失。

2. 具体案例

在500kV新余变电站工程初设报告中，工程采取的环境保护措施包括：

（1）优化站区布置，减小占地。经过初步设计与施工图设计，进一步优化站区平面、进站道路进入的角度、边坡、挡土墙的设置，降低了工程量与占地面积，节约了土地资源，减少了边坡的开挖与填筑。经优化站区布置后，站区围墙内占地面积为5.901hm^2。

结合地形，优化站址定位，将站区布置于水塘与水库之间。进站道路从站区南面引接，调整了高压电抗器的布置，进站道路紧贴高压并联电抗器场地侧围墙，从站区东南角进入站前区，避免了进站道路与站区间留下的带征地，减少了征地面积和该段道路路堤的土方、边坡及挡土墙的工程量。

（2）优化站区竖向布置，使土石方平衡。根据站址为微丘地势的自然地形条件，站区竖向布置中采用平坡式竖向布置，根据不同场地与不同地形，确定不同但合理的排水坡度，使土石方平衡，并使站区排水顺畅。500kV配电装置区以场地中间东西向构架为中轴线分别向南北两个方向形成0.5%的放坡，220kV配电装置区以中间的相间道路为中轴线分别向东形成0.5%的放坡，向西形成1.1%的放坡，35kV配电装置区以中间的电缆沟为中轴线分别向东形成0.5%的放坡，向西形成0.72%的放坡。还在场地内每间隔 30～40m 和在被电缆沟、道路等分割的小区域内设置雨水井收集场地雨水；站内路面高于场地面，避免雨水将场地泥土带入路面而污染站区环境。

（3）场地边坡设计优化。在优化场地边坡设计中，由于站址地势呈中间高、四周低，因此站区场地边坡基本为填方边坡。为了保证边坡的稳定，同时还要节约占地，需对边坡采取必要的防护措施：东面、南面边坡以 1:1.75 放坡，坡高 2m，下接挡土墙；西面围墙直接做在挡土墙上，北面边坡以 1:1.75 放坡至坡底，用小矮墙护坡脚。坡面采取浆砌片石护坡，挡土墙采用浆砌片石重力式挡土墙，边坡、挡土墙边设排水沟，避免了水库、水塘丰水期对站区边坡的冲刷，同时也方便站区雨水的排除，也没有改变原山坡的水土平衡体系，如图 9-7、图 9-8 所示。

图 9-7　500kV 新余变电站站址周边及进站道路外侧的护坡

图 9-8　500kV 新余变电站站址周边及进站道路外侧的护坡及挡土墙

（4）站区绿化美化。根据变电站电气设备的布置情况及配电装置场地面积大、构支架及电气设备多的特点，为减少太阳辐射热对电气设备及运行和检修人员的影响，减少因水流冲刷作用而带走场地内的泥土量，配电装置场地内采取了种植草皮的绿化方案，以达到上述功能和美化环境的目的。在草种的选择上，选用绿草期较长的草种类型。

建筑物四周空地除种植草皮外，选种了一些低矮或球形的有一定观赏价值的灌木，主控通信综合楼前的小型广场铺设彩色广场地砖，地砖色彩的选择与主控通信综合楼外墙色彩和周围环境相协调，以满足人们的视觉需要和美化环境的目的。扩建部分全部绿化，站区绿化面积 47 198.4m^2，绿化系数 80%，绿化效果如图 9-9、图 9-10 所示。

图 9-9　500kV 新余变电站进站道路两侧绿化情况

图 9-10　500kV 新余变电站站内绿化情况

摘编自：

1.《三沪直流线路工程初步设计报告》，中南、西南、湖北、西北、华北、东北、浙江、华东电力设计院，2004 年。
2. 500kV 新余变电站初步设计文件，中南电力设计院，2002 年。
3. 国家电网公司，中国三峡输变电工程　综合卷，北京：中国电力出版社，2008 年。
4. 国家电网公司，中国三峡输变电工程　工程建设与环境保护卷，北京：中国电力出版社，2008 年。

第二节　电磁环境控制措施

一、线路工程

1. 线路工程电磁环境控制措施

500kV 输电线路产生的电磁环境影响范围主要集中在线路边导线外 15m 以内区域，加上线路本身宽度，线路的电磁环境影响范围主要集中在一条宽约 60m 的带状区域内。为了尽可能减少三峡 500kV 送出工程的环境影响，在设计中考虑以下几点电磁环境控制措施：

（1）将输电线路边导线外 5m 内的长期住人房屋一律拆迁，在此区域外的居民住宅，对于交流线路，如果工频电场强度大于 4kV/m，或者对于直流线路，如果合成场强大于 25kV/m，则房屋全部拆迁，充分考虑了保护居住人口的环境安全。

（2）合理选择输电线路导线截面和导线结构、提高导线光洁度等措施来降低线路产生电晕，进而减少线路产生的噪声和无线电干扰。

（3）在设备订货时要求导线以及其他金具等提高加工工艺，防止尖端放电和起电晕，降低无线电干扰水平。

2. 具体案例

在三沪直流输电工程初设报告中，明确工程采取的电磁环境控制措施：

（1）通过优化选线，使线路尽量避让民居及工农业建筑，对无法避让的路段，通过合法的征地拆迁措施，保证极导线与民居、工农业建筑距离满足设计标准，使人民生活、工作的电场、磁场环境及无线电干扰敏感区域满足环境保护要求。

（2）为了保证直流线路沿线地区居民的人身安全，在线路塔身等危险位置建立各种警告、防护标识，避免意外事故的发生。

（3）采取合理选择输电线路导线截面和导线结构、提高导线光洁度等措施来降低线路产生电晕，进而减少线路产生的噪声和无线电干扰。

二、变电站工程

1. 变电站工程电磁环境控制措施

变电站为点式工程，产生的电磁环境影响主要由站内的高压输变电设备引起。因此，变电站工程在设计阶段采取的电磁环境控制措施，主要包括以下几方面：

（1）在设计中选用电磁影响水平低的设备；设备及配件的加工应精良，外形和尺寸合理，避免出现高电位梯度点；对产生大功率的电磁振荡设备采取必要的屏蔽及设备的孔、口、门缝的连接缝密封措施。

（2）变电进出线方向选择避开居民密集区，主变压器及高压配电装置尽量布置在站址中央或远离居民侧；在变电站高压危险区域设置相应警示标志。

（3）保证变电站内导体和电气设备的安全距离及防雷接地保护，选用带良好接地屏蔽层的电缆。

（4）选择大直径导线、母线，并提高导线、母线、均压环、管母线终端球和其他金具等的加工工艺。

（5）采取电磁污染防治综合措施后，若站外还有民房的电磁环境指标超标，则需将超标的民房拆迁，并做好相应的拆迁安置、拆迁补偿等工作。

2. 具体案例

500kV 长沙变电站初设报告中明确的电磁环境控制措施：

（1）设置防雷接地保护装置，选用带屏蔽层的电缆，屏蔽层接地等，有效地降低无线电干扰和静电感应的影响。选择大直径导线、母线，并在设备订货时要求对导线、母线、均压环、管型母线终端球和其他金具等提高加工工艺水平，防止尖端放电和起电晕，降低无线电干扰水平。对变电站内产生大功率电磁振荡的设备采取必要的屏蔽措施，将机箱的孔、口、门缝的连接缝密封。

（2）在设计配电装置时做如下考虑：尽量不在电气设备上方设置软导线，对平行跨导线的相序排列避免或减少同相布置，减少同相母线交叉与同相转角布置；适当提高电气设备及引线的安装高度；对人员经常活动且场强较高的地方，设屏蔽线或设备屏蔽环，围栏高 1.8m。

（3）通过升高塔位，采用优良导线和改变导线布置方式降低工频电场（经测试，站内工频电场不大于 2.93kV/m）、工频磁场（经测试，站内工频磁场不大于 1.861μT）。

（4）对配电装置无线电干扰的控制做如下考虑：在设备的高压导电部件上，设置不同形状和数量的均压环或罩。

摘编自：

1．《三沪直流线路工程初步设计报告》，中南、西南、湖北、西北、华北、东北、浙江、华东电力设计院，2004 年。

2．500kV 长沙变电站初步设计文件，湖南电力设计院，1999 年。

3．国家电网公司，中国三峡输变电工程 综合卷，北京：中国电力出版社，2008 年。

4．国家电网公司，中国三峡输变电工程 工程建设与环境保护卷，北京：中国电力出版社，2008 年。

第三节 噪声环境控制措施

输变电工程的噪声影响主要由变电站引起。线路产生的噪声很小，其影响基本可忽略。三峡输变电工程中采用的变电站噪声控制措施主要包括：

（1）从声源上进行控制，要求设备制造部门提供符合国家规定噪声标准的设备，并在设备招投标过程中将设备噪声作为一重要参数。

（2）对电晕放电的噪声，通过选择高压电气设备、导体等以及按晴天不出现电晕校验选择导线等措施，消除电晕放电噪声。

（3）采用合理的总平面布置，尽量将主要的噪声源布置在站区中间或布置在远离居民区侧，并将站内各功能区分开布置以降低噪声的影响。

（4）在站区的可绿化区域种植低矮灌木及草皮进行绿化，以增大噪声传播途径中的衰减系数。对于建成后的噪声超标情况，对主要噪声源采取有效的噪声治理措施。

摘编自：

1．国家电网公司，中国三峡输变电工程 工程建设与环境保护卷，北京：中国电力出版社，2008 年。

2．国家电网公司，中国三峡输变电工程 综合卷，北京：中国电力出版社，2008 年。

第四节 水环境控制措施

变电站运行期间的生活污水和变压器发生故障可能产生的废油是水环境主要影响因素。线路产生的水环境影响基本可忽略。

站内生产设施没有经常性生产排水，废水主要来源于值班人员产生的生活污水，污水经过地埋式一体化污水处理系统接触氧化、沉淀、加氯消毒处理达到相应的污水排放标准后，与雨水汇合，排放到站址外，对周围环境不会产生明显影响。

根据主变压器、高压电抗器设备储油量不同，分别设置不同储存量的事故集油器（池）。变压器、高压电抗器事故时将事故油全部装入事故集油器（池）内。事故集油器（池）的作用就是将事故油全部储存，并利用水比油重的特点将油水分离，水排入变电站的排水系统。存入事故集油器（池）内的事故油，由专业部门回收，变压器、高压电抗器的事故排油不会排出站外，因此不会对变电站周围生态环境造成污染。

摘编自：

1．国家电网公司，中国三峡输变电工程 工程建设与环境保护卷，北京：中国电力出版社，2008 年。

2．国家电网公司，中国三峡输变电工程 综合卷，北京：中国电力出版社，2008 年。

第三章　工程建设过程控制与环境保护

三峡输变电工程建设期间，随着电力体制改革的不断深化，三峡输变电工程的建设管理体制发生了多次变化，其组织机构也数次调整。三峡输变电工程的项目法人单位和建设管理单位，虽然经历了数次企业更名、机构改制的变化，但其内部工程管理体制一直保持两级管理模式。在工程建设实践中，项目法人单位和建设管理单位高度重视环境保护工作，按照建设项目环境保护“三同时”的要求开展相关工作。

第一节　工程环境保护工作管理组织体系

三峡工程环境保护工作由国家电网公司履行项目法人职责，统一管理三峡输变电工程的环境保护工作，国家电网公司建设运行部是三峡输变电工程环境保护的责任部门，科技部是监督管理部门。国网建设有限公司作为工程建设管理单位，负责三峡输变电工程环境保护管理的组织实施。

工程按照“五制”的要求，通过合同的方式委托设计单位负责工程设计和环境保护设施的设计工作；委托监理单位负责其监理项目（标段）的环境保护的监督和控制工作；委托各施工单位直接负责建设过程中环境保护工作。三峡输变电工程的环境保护现场工作组织机构如图 9-11 所示。

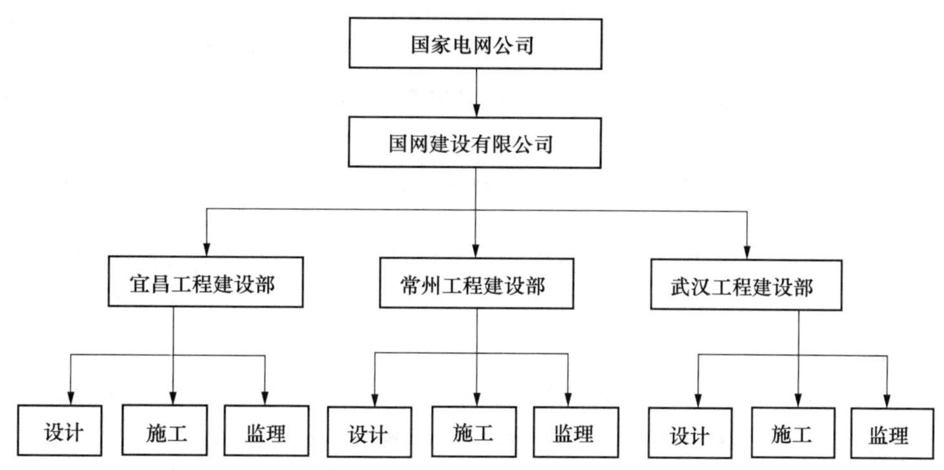

图 9-11　三峡输变电工程的环境保护现场工作组织机构

摘编自：

1.《国家电网公司环境保护管理办法（试行）》（国家电网科〔2004〕85 号），国家电网公司，2004 年。
2.《国家电网公司环境保护监督规定（试行）》（国家电网安监〔2005〕450 号），国家电网公司，2005 年。
3. 国家电网公司，中国三峡输变电工程　工程建设与环境保护卷，北京：中国电力出版社，2008 年。
4. 国家电网公司，中国三峡输变电工程　综合卷，北京：中国电力出版社，2008 年。

第二节　工程环境保护规章制度建设

为了切实做好在三峡输变电施工中的环境保护工作，国家电网公司先后制定并颁布了《国家电网公司环境保护管理办法（试行）》《国家电网公司环境保护监督规定（试行）》《国家电网公司电网建设项目环境影响评价管理暂行办法》《国家电网公司电网建设项目竣工环境保护验收暂行办法》等一系列环境保护方面的规范性文件。同时，积极参与国家环境保护法规、政策和标准的制定和修订工作，推动 HJ 24—1998《500kV 超高压送变电工程电磁辐射环境影响评价技术规范》等标准的制定和发布。

2005 年 6 月，国家电网公司组织编制并印发了《国家电网公司输变电工程安全文明施工标准化工作规定（试行）》，提出了工程项目建设基建安全文明施工要做到“安全管理制度化、安全设施标准化、现场布置条理化、机料摆放定置化、作业行为规范化、环境影响最小化”（“六化”）的管理目标，要求相关施工单位以文明施工“六化”为基本控制手段，进一步加强对工程建设过程中的生态环境控制。

2004 年在三峡输变电宣城 500kV 变电站工程开展了安全文明施工策划的试点工作，并将其在环境保护管理工作中取得的经验积极运用于其后期开工的三沪直流工程、乐万变电站、安阳变电站等 30 多个三峡输变电工程建设中。并且，通过开展“六化”标准样板工地创建，推广采用“绿色环保施工法”，做到工程建设对外部自然环境影响最小，取得了良好的社会效益，得到了国务院三峡工程建设委员会办公室和国务院三峡输变电工程验收组、稽察专家组等各方面管理部门的好评。

2006 年，国家电网公司组织了两期安全文明施工交底培训，对 20 个在建工程项目的项目经理、总监理工程师、安全监理工程师、施工项目经理、安全专责共计 170 人进行了管理交底培训，以强化对工程建设过程中有关生态环境保护控制要求的认识。同时，公司还不定期组织对各个项目的文明施工和环境保护情况进行检查和考核，以保证各项措施能够实施到位。

摘编自：

1.《国家电网公司环境保护管理办法（试行）》（国家电网科〔2004〕85 号），国家电网公司，2004 年。

2.《国家电网公司环境保护监督规定（试行）》（国家电网安监〔2005〕450 号），国家电网公司，2005 年。

3. 国家电网公司，中国三峡输变电工程　综合卷，北京：中国电力出版社，2008 年。

第三节　工程建设和运行阶段的主要环境保护措施

1. 生态环境控制措施

随着工程的开工，施工机械噪声、施工人员进场、土石方和设备材料的堆放以及其他施工场地、生活区的布置等干扰了现有野生动物的生存环境，导致动物栖息环境的改变，引起野生动物的迁移。但一般只会引起野生动物暂时的、局部的迁移，施工结束后随着生态环境的逐步恢复，这种影响亦随之消失。

为了减少对野生动物生存的影响，工程在建设过程中严格落实工程在可研、环境影响评价及设计阶段提出的各项生态保护措施，按照“环境影响最小化”的管理目标，组织建设、维护。

（1）施工作业带严禁对周围林、灌木乱砍滥伐，尽可能使野生动物生存环境少受影响；加强管理，对工作人员进行环境保护教育，严禁猎捕野生动物；施工结束后及时对临时占地进行了恢复。通过对以上动物保护和减缓措施，有效减轻了工程建设对野生动物的不利影响。

（2）施工中尽量减少基础开挖及弃土对周围环境的影响和污染。由于施工中塔基开挖、回填造成的土体扰动、施工便道的建设、施工机械、车辆及人员践踏会对地表植被和土壤结构破坏，产生水土流失隐患。因此，施工中要尽量减少基础开挖及弃土对周围环境的影响和污染，及时做好挡土墙及护坡，对破坏的植被尽早恢复。工程线路塔基基坑开挖，土方全部用于回填，在农田、耕地段施工时，施工人员生土和熟土按原分层顺序回填，利于植被恢复，经夯实平整后基本上不存在弃土问题。

（3）为解决城市周边清赔困难及跨越大片林区等特殊跨越处所存在的问题，在施工中，摸索出中线过引绳的施工方法，采用动力伞展放引绳架线施工方法提高了施工效率，减少了很多清赔花费及树木砍伐，减少了很多不必要的停工。

（4）为了避免运输中道路、桥梁损坏，各施工队进点后组织对所属施工段运输道路、桥梁进行了详细检查，并向项目部和机械运输队提供了推荐路径、限定载重量，个别地方对桥梁进行了加固。运输尽可能利用原有道路，并采用必要的措施。为避免大规模损坏植被，个别运输困难之处采用了索道施工方案。

（5）加强施工现场的管理。在施工现场推行“清洁素养型”施工，责任区落实责任制，各类围护、设施等均按总平面布置要求施工和设置，杜绝随意拆除和更换以及乱搭建筑物；施工后及时清理现场，尽可能恢复原状地貌，将余土和施工废弃物运出现场，做到工完、料尽、场地清、现场整洁，保持了原有生态；各种施工垃圾、废料堆放在指定场所，现场执行“随做随清、随做随净”制度，达到“一日一清、一日一净”；杜绝了在施工现场、生活区周围焚烧垃圾，施工后的废料、废油及其他废品统一进行回收，按环境保护体系要求进行了妥善处理；现场办公区、生活区采取了绿化措施，改善了生态环境，并采取措施保持现场施工环境和生活环境的卫生。

2. 电磁环境控制措施

三峡输变电工程在建设和运行阶段采取的电磁控制措施主要包括：导线布置设计时，采用合适的分裂间距，降低导线的表面场强，相应地降低无线电干扰水平，减少可听噪声和电晕损耗，降低电磁污染；在金具的使用中，采用防晕金具，降低无线电干扰水平，减少可听噪声和电晕损耗，使线路工程的电磁污染水平在国际电工委员会规定的限值以内，符合环境保护要求等。具体措施包括：

（1）安装高压设备时保证所有的导电元件具有良好的接地或连接导线电位，所有的固定螺栓都可靠拧紧，以此来减少因接触不良而导致的火花放电。

（2）尽量选用低电磁辐射的电气设备并保证电气设备的良好接地。

（3）将高压设备等布置于室内，并使这些建筑物结构具有良好的接地，以屏蔽电磁场。

（4）设置滤波器和平波电抗器，以达到减少无线电干扰的目的。

（5）配置直流 PLC 滤波器，将其串接在直流极线上，从而减少直流线路的无线电干扰。

（6）设置交流滤波器和并联电容器，抑制交流场的无线电干扰。

（7）在设备的高压导电部件上设置不同形状和数量的均压环或罩以改善电场分布，并将导体和资体表面的场强限制在一定数值内，使它们在运行电压下基本不发生电晕放电。

（8）使用设计合理、制造优良的绝缘子来减少绝缘子的表面放电，尽量使用能改善绝缘子表面或沿绝缘子串电压分布的保护装置。

（9）在高压危险区域设置相应的警示标志。

3. 噪声环境控制措施

输变电工程在建设和运行阶段对噪声的控制措施主要包括以下几方面：

（1）按照国家和当地夜间施工作业时间的规定合理安排施工时间，防噪声扰民。

（2）对噪声较大推土机、挖土机、电钻等机械设备配备消音装置，对没有配备消音装置的施工机械采取控制使用时间和远离居民区等方式降低对附近居民的噪声影响。

（3）加强对施工人员的素质教育，要求施工人员在施工活动中遵循环境保护法规，不得在施工现场敲打钢管、钢模板，不得用高音喇叭进行生产指挥。

（4）施工单位设有环境保护负责人，对工程建设中所采取的噪声污染防治措施实施情况加以监督管理，有效控制噪声对附近居民生活的影响。

4. 水环境控制措施

施工期间，道路、排水沟按“永临结合”的原则进行设置和维护，并在各个工程的施工现场设专人进行监督管理。根据设计单位提供的上、下水施工图，在道路两侧修筑临时排水沟道通人永久雨水井，保持全站排水系统畅通。站区道路及排水沟道日常清洁、维护工作由土建施工单位负责。制定道路清扫制度，保证路面无泥土，排水沟道无泥土淤积，保持排水畅通、道路整洁。

其他措施还包括：

（1）施工场地设有沉淀池，处理施工废水，搅拌机、洗车处等排放污水，澄清后的废水用于施工场地和道路洒水降尘，路基两侧设置排水设施。

（2）对站内带油设备按规程要求设置油坑，通过排油道集中排至事故油池，油池考虑有油水分离功能，水进入污水处理设施，废油留在油池内并及时清除。变压器油属于国家规定的危险废物，因此，变电站的含油污水均由当地具有相应危废处理资质的单位收集统一处理，不外排，对环境无影响。

（3）每日产生的生活污水经污水处理装置处理后排入储存池用于绿化，部分变电站处理后的污水接入城市污水管网；污水储存池与雨水收集池并列，当水量过大时通过管道外排。由于变电站每日产生的生活污水量相对较少，因此变电站生活污水对水环境影响较小。

（4）变电站运营期间产生的生活垃圾，经垃圾箱收集后，定期外运，统一处理，不对周围环境产生影响。

部分环境保护措施如图 9-12 所示。

（a）

（b）

图 9-12　环境保护措施（一）

（a）工器具集中摆放、实施衬垫；（b）材料场彩布条铺衬

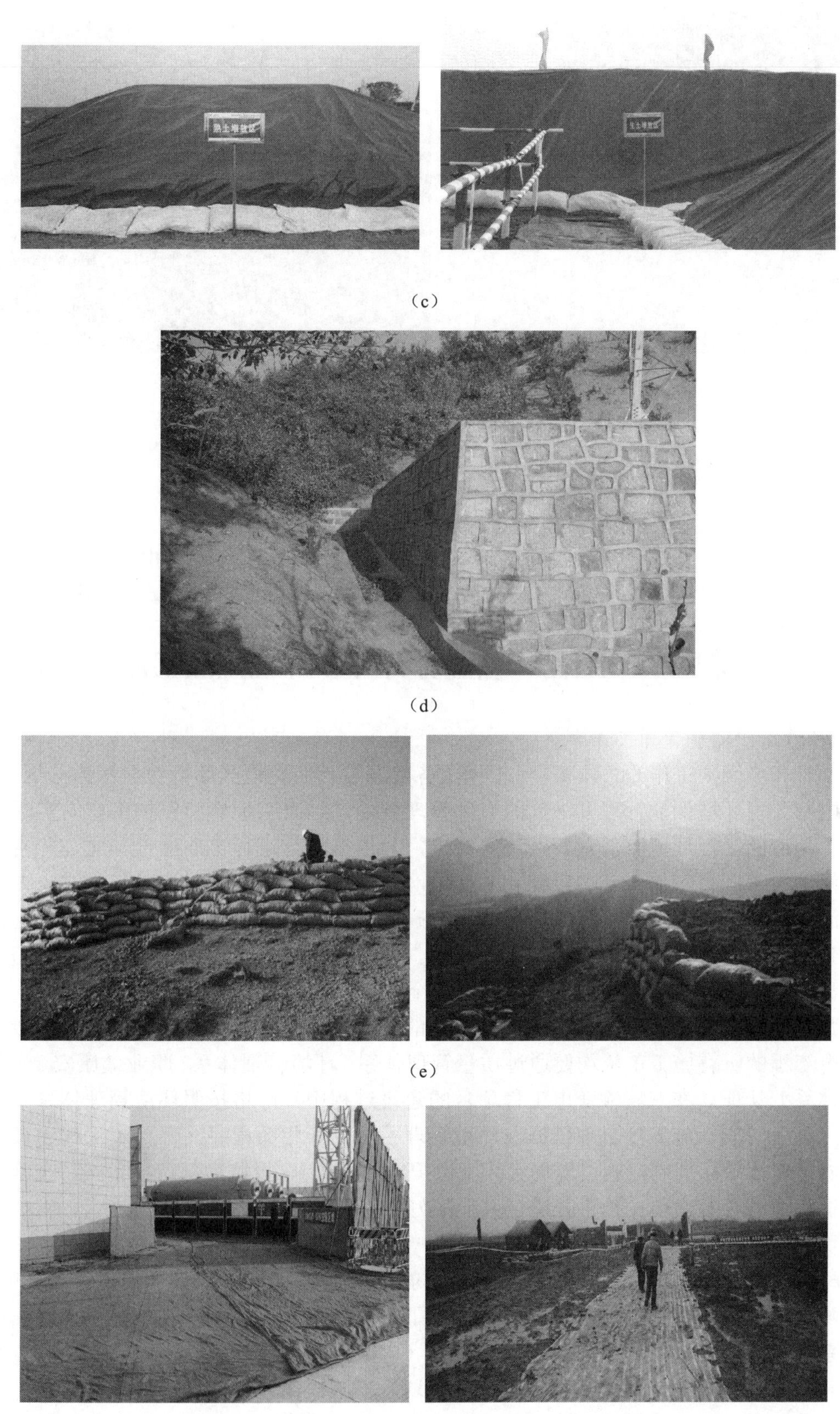

（c）

（d）

（e）

（f）

图 9-12　环境保护措施（二）

（c）回填土临时遮盖，表土剥离措施；（d）采取挡墙、排水措施；（e）堆土临时拦挡等保护措施；（f）施工道路临时铺垫

（g）

（h）

图 9-12　环境保护措施（三）

（g）土地整治的塔基；（h）45°挂网恢复植被

摘编自：

1．国家电网公司，中国三峡输变电工程　工程建设与环境保护卷，北京：中国电力出版社，2008 年。

2．国家电网公司，中国三峡输变电工程　综合卷，北京：中国电力出版社，2008 年。

第四节　工程环境监督管理和环境监测工作

1．工程环境保护监督管理工作

按照国家对环境保护工作的总体要求，根据国务院及项目所在地区环境保护法律法规的相关要求，以及《国家电网公司环境保护管理办法》的有关管理规定，结合工程环境保护工作的实际情况与发展目标，制定了相应的工程环境监督管理办法等规定，并依据规定进行定期检查。通过严格执行并有效地开展环境保护技术监督工作，密切跟踪和掌握电网环境保护工作的开展情况，及时反馈工作中存在的问题，从而有效保证电网新建项目环境保护（电磁影响、噪声、废水、水土保持）和输变电运行污染物排放达到国家和地方各项环境保护标准的要求。尤其是对污染的达标治理项目中，切实开展了全过程质量监督工作，对环境保护治理工程全部进行全过程质量监督，确保了项目的质量。

为了加强对工程建设重要环节的环境保护工作的有效控制，与国际先进的管理经验接轨，要求参与三峡输变电工程的所有施工单位均要通过质量管理体系、环境管理体系、职业健康安全管理体系（简称“三标”体系）认证。在三峡输变电工程项目的建设过程中，严格按照环境管理体系有关规定开展工作。在施工准备阶段，施工项目部依据《环境管理手册》和相关程序文件及本工程建设的环境保护要求，按环境管理体系标准制定施工现场《环境保护实施细则》，报监理部审核备案，在施工中监督施工人员严格执行，与各参建单位携手共进，共同搞好本工程环境保护工作。

2．环境监测工作及环境保护应急预备案

结合工程运行的特点、已经产生的和可能产生的环境影响，加强了对输变电运行设备的工频电场、工频磁场、噪声等环境保护指标的监测力度，建立了工程环境监测系统，并且与工程所在地环境保护部门建立联系，主动接受地方环境保护部门对工程（电磁影响、噪声、废水、水土保持）进行环境保护监测，并且加强对监测的内容、技术的研究和规划，不断提高监测的针对性和有效性。通过全面、系统、科学的监测，确保环境保护设施正常、有效地运行，创建国家电网绿色输电工程。

摘编自：

1．《国家电网公司环境保护管理办法（试行）》（国家电网科〔2004〕85 号），国家电网公司，2004 年。

2.《国家电网公司环境保护监督规定（试行）》（国家电网安监〔2005〕450号），国家电网公司，2005年。

3. 国家电网公司，中国三峡输变电工程 综合卷，北京：中国电力出版社，2008年。

第五节 沟通协调机制

三峡输变电工程在建设过程中坚持环境保护理念，采取有效控制措施，减小了工程对环境的影响，竣工环境保护验收全部合格，公众满意度调查平均达到85%。但由于对输变电工程项目缺乏足够的了解，建设输变电工程建成投产后，个别线路沿线群众认为输变电项目产生的工频电场、工频磁场、噪声等对其生产、生活产生了影响，并采取了上访、投诉等方式反映问题。国家电网公司对相关问题始终予以高度重视，积极主动开展工作，争取及时、妥善处理相关问题。

1. 建立良好的沟通协调机制，做好沟通协调工作

本着实事求是、积极主动、有效解决的原则，在三峡输变电工程建设过程中，逐步建立了由政府主导、电力部门和技术监督部门参与的日常协调机制。在接到有关上访和投诉的反映后，国家电网公司及下属机构及时向基层政府反映问题，坚持积极依靠地方政府、严格执行法律法规、切实尊重客观事实等处理原则；同时，主动向国务院三峡工程建设委员会办公室、国家电力监督委员会进行汇报，并将调研报告及时报送国务院办公厅、国家发展和改革委员会、国务院三峡工程建设委员会办公室、国家电力监督委员会。通过政府部门积极的协调工作，对群众反映的有关问题进行及时澄清，避免了有关矛盾的激化。在具体工作中，针对群众具体反映的问题，由当地政府委托权威技术监督部门进行现场监测，电力部门参加；对于测量结果不满足国家有关规程、规范的，由电力部门组织处理，并承担相应费用。上述日常工作机制的建立，及时协调、解决了有关问题，确保了社会稳定。

在此基础上，国家电网公司也十分重视与民众的沟通，耐心接待群众来访，做好宣传、解释工作。对于群众来函、来访中反映的问题，及时会同地方政府有关部门到现场进行调查，按照国家有关法律法规，对来信（函）进行了认真回复，并在正常工作秩序受到严重影响的同时，本着坦诚、热情的工作态度，对来访群众进行了大量耐心、细致的解释和宣传工作。对投诉居民的敏感点，积极配合省、市及基层政府委托国内权威机构做好现场实测和调查工作，并及时对有关结果进行公告和书面回复，减少地方群众对生存环境的顾虑。同时，按照国家要求，本着实事求是、科学合理的原则，对受影响群众进行补偿。通过对有关法律、法规和技术标准的解释，一定程度上增加了地方政府和群众对国家法律、法规的了解，为妥善解决争议奠定了基础。

2. 开展宣传和科普工作，澄清技术概念

世界卫生组织曾指出：在电场、磁场和电磁场环境问题上，容易引起不正确的公众恐惧。针对目前公众认识中存在着将高频电磁辐射与工频电磁场混为一谈的认识误区，国家电网公司采用多种形式，广泛开展科普教育和宣传，向公众提供科学的电力环境保护知识和信息，正确引导社会舆论，取得理解与支持。通过客观公正、实事求是的舆论导向，加强正面宣传，进一步提高社会对国家法律、法规的理解，增强公众对生活环境安全度的认识。针对社会上提到的“电磁辐射”“影响农民身体健康和生命财产安全”等问题，国家电网公司根据权威技术标准，从专业技术角度予以了澄清。一是输电线路产生的是电磁感应，不是“电磁辐射”。二是我国采取的电磁场控制标准较国际标准更为严格。世界最权威的电磁辐射研究机构——国际非电离辐射协会（ICNIRP）1999年颁布的工频电磁场公众暴露限值（标准）为：电场强度5000V/m，磁感应强度100μT。我国规定的工频电场强度为4000V/m，工频磁感应强度为 100μT，与国际标准相比更为严格。三是国际权威机构和科研组织对电磁场及健康风险进行了长期、深入研究，认定了输电线和配电线周围的极低频场在科学意义上的无害性，上述结论已被世界上绝大多数国家认同。

为向公众宣传科学的输变电电磁环境知识，国家电网公司组织有关专家，按照科学、权威、规范、

易懂的原则，策划、编写了《输变电设施的电场、磁场及其环境影响》（见图 9-13）专业读物，与国家环境保护总局环境工程评估中心共同组织编写了《建绿色电网创和谐家园——输变电设施电磁环境知识问答》宣传手册（见图 9-14），并制作完成了输变电设施电磁环境知识介绍电视宣传片等环境保护知识手册和宣传材料，重点对公众关心的电磁环境、噪声等热点问题进行了介绍和阐述。

2007 年 6 月 5 日“世界环境日”前后，国家电网公司组织各网省公司和建设、运行公司开展了以“绿色电网和谐家园我们共同的追求”为主题的电网环境保护宣传活动。活动期间，共发放《建绿色电网创和谐家园——输变电设施电磁环境知识问答》宣传手册 66 万册，赠送《输变电设施的电场、磁场及其环境影响》专业读物 3 万余册，在报刊、媒体上发表文章 241 篇，在电视台播放“输变电设施电磁环境知识介绍电视片”，普及输变电环境保护和电磁环境科学知识，促进公众对电网发展的理解和支持，受到专家、业内人士及社会公众的好评。

图 9-13　输变电设施的电厂及其环境影响

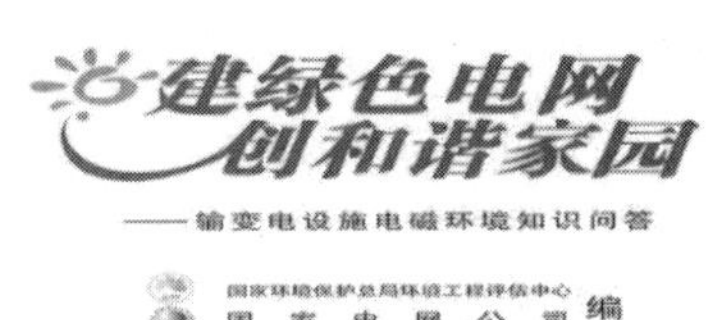

图 9-14　建绿色电网创和谐家园——输变电设施电磁环境知识问答

摘编自：

1．“世界环境日”活动总结，国家电网公司，2007 年。

2．国家电网公司，中国三峡输变电工程　综合卷，北京：中国电力出版社，2008 年。

第四章　换流站噪声专项治理

随着经济发展、人们生活水平的提高，社会各界环境保护意识的日益增强，我国于1997年正式颁布实行了《中华人民共和国环境噪声污染防治法》，对工程建设、设计等方面提出了更高的要求。

三峡输变电工程外送系统包括了四个直流输电工程。直流输电设备噪声污染主要来自换流站的换流变压器、平波电抗器和交流滤波器。我国早期直流工程设计中对这方面考虑较少，导致三常、三广直流工程投运后，设备运行产生的噪声使得换流站周边噪声水平超标。

国家电网公司高度重视工程环境保护问题，2003年三常直流工程投运后即开始启动换流站噪声治理工作。2004年11月18日，国家电网公司电网建设分公司组织召开政平换流站噪声综合治理设计方案论证会议，会议要求“绿创公司和上海申华公司在征求设计、运行部门意见的基础上开展进一步工作”，同时提出滤波器场地噪声治理的初步设计方案，详见《关于政平换流站噪声综合治理设计方案论证会议的纪要》（电网直函〔2004〕68号）。通过前期科研、专题评审等环节确定方案后，国网建设有限公司分别于2005年在三常直流工程政平换流站、2006年在三广直流工程荆州换流站组织进行了噪声治理，主要内容包括增加换流变压器和平波电抗器隔声屏障、更换低噪声滤波电抗器等。2006年1月13日，国网建设有限公司组织召开政平换流站噪声治理项目验收会议（会议纪要见国网建设工技〔2006〕26号），会议认为政平换流站噪声治理成果达到国家标准和预期效果，即《城市区域环境噪声标准》一类居民区要求：白天不大于55dB，夜间不大于45dB。龙泉换流站采取噪声治理措施并对部分村户搬迁，湖北省环境监测中心站监测报告（鄂环监一字〔2007〕42号）显示龙泉换流站厂界噪声监测值均达到《工业企业厂界噪声标准》（GB 12348—1990）Ⅰ类标准，敏感点噪声监测值均达到《城市区域环境噪声标准》（GB 3096—1993）Ⅰ类标准（昼间55dB，夜间45dB）。2006年4月20日，国家电网公司电网建设分公司组织召开政平换流站噪声综合治理工作汇报会，如图9-15所示。

图9-15　政平换流站噪声综合治理工作汇报会

为达到环境保护噪声指标要求，又于2007年在荆州换流站补充增加了阀冷却塔和空调机组隔声屏障。2007年6月，湖北省环境监测中心站对荆州换流站站区及周边的环境敏感点进行了现场监测，监测结论为：在法定红线外1m、高1.2m处12个监测点的昼间噪声值在39.5～47.8dB（A）之间，夜间噪声值在42.2～49.2dB（A）之间，低于《工业企业厂界噪声标准》（GB 12348—1990）Ⅱ类标准昼间60dB（A）、夜间50dB（A）的要求。2007年8月，广东省环境辐射研究监测中心对鹅城（惠州）换流站噪声进行检测，检测报告结论为：鹅城换流站厂界噪声达到《工业企业厂界噪声标准》（GB 12348—1990）Ⅱ类标准；周围居民点噪声达到《城市区域环境噪声标准》（GB 3096—1993）2类标准。在三广直流工程环境保护验收调查报告和国家环境保护总局的验收意见中，均给出了输电线路和换流站声环境影响均小于各自验收标准，可以满足验收要求的结论。

在总结三常、三广直流工程经验的基础上，三沪直流工程以及葛沪直流综合改造工程（荆门至沪西）建设伊始，即对换流站噪声治理开展专项研究，并将相关成果纳入工程本体设计之中，真正做到了降噪设施与工程主体同时设计、同时施工和同时投运，避免了工程投产后重新处理所带来的诸多不利因素；大负荷试验时实地噪声测试结果表明，场界噪声水平满足相关规定要求。

在工程环境影响评价报告中要求，三沪直流工程宜都、华新两换流站噪声控制标准分别应按《工业企业厂界噪声标准》（GB 12348—1990）Ⅱ类和Ⅱ类限值标准考虑，即其噪声控制标准按站界噪声（围墙外 1m，高于围墙 0.5m）控制：宜都白天 60dB（A）、晚上 50dB（A）以下，华新白天 55dB（A）、晚上 45dB（A）以下，同时确保周围居民区符合《城市区域环境噪声标准》（GB 3096—1993）相应功能要求。由于换流站设备昼间和夜间发出的噪声声级相同，要使站界噪声达标，两站厂界噪声应分别按 50dB（A）和 45dB（A）以下控制。为此，采取了以下工程噪声治理措施。

一、换流站站址及设备布置优化

在进行换流站站址选择、站内电气总平面布置及线路进出线走向时，结合站址周围地形地貌及构筑物、河道、村庄的分布实况，合理考虑交流滤波器场地及换流变压器、平波电抗器和直流场等主要噪声设备位置，尽量减小工程对周围环境的影响。

如工程两换流站 GIS 厂房均有屏蔽换流变压器噪声功能，设计总平面布置时就有所考虑；宜都换流站交流滤波器场地周围预留加装隔声屏障空间；华新换流站交流滤波器场侧围墙按 5m 高度，并在基础设计时考虑将来再加装 3m 高隔声屏障来设计。

二、选用低噪声设备结构形式

（1）对于交流滤波器组中的电容器组，三沪直流工程采用双塔结构布置，将原设计方案中 12m 高的电容器单塔降到 8m 以下，以降低声源的高度，有效地减小了其噪声的传播范围。同时将所有电容器与支撑角钢连接处都加了减振胶垫，进一步减少电容器噪声水平。

（2）对于交流滤波器组中的电抗器，由于冷却时要求空气能够自由流通，很难完全封闭，并且电抗器辐射的噪声主要是以中低频为主的噪声，频率范围为 600～1200Hz，所以该工程在设备选择时，选用低噪声的电抗器，在电抗器周围加共振腔式半封闭圆柱状隔声罩，隔声罩上部和下部局部敞开，以便空气能够自由流通，可将噪声降低 5～10dB（A）。交流滤波器场双塔电容器组和低噪声电抗器如图 9-16 所示。

图 9-16　交流滤波器场双塔电容器组和低噪声电抗器

（3）换流阀外冷却系统选用低噪声冷却风扇，并采取屏蔽罩方案，降低阀冷却塔噪声水平 5～10dB。

三、设置隔声屏障

受设备设计、制造、造价等客观原因限制，单纯依靠在制造和设计方面采取措施对换流站整体噪声水平降低程度有限，所以在换流变压器、平波电抗器、交流滤波器场等主要噪声源周围或站区围墙上设置隔声屏障，也是降低换流站噪声对周边环境影响的主要措施之一。

1. 换流变压器

宜都换流站在换流变压器前距两侧防火墙外侧 4.5m 处设置 7.85m 高隔声屏障（只带隔声装置），声屏障顶部设置可拆卸和滑动的水平隔声吸声板；同时为了减小换流变压器噪声的反射，阻止其直达声和反射声相互叠加，在换流变压器背面阀厅防火墙贴渐变腔式吸声体，两侧防火墙贴平板式吸声体，具体如图 9-17 所示。

华新换流站因噪声水平要求更高，其换流变压器的降噪采用 ABB 公司设计的封闭箱式（Box-in）结构，换流变压器的冷却风扇拉离变压器本体，在换流变压器器身四周使用 Box-in 的钢板和吸声板形成一个全封闭的箱体，内部设置相应的照明设备和接地设施，顶部有套管、储油柜等设备穿出，具体如图 9-18 所示。

图 9-17　宜都换流站换流变压器隔声屏障

图 9-18　华新换流站换流变压器封闭箱式降噪设施

实践证明，封闭箱式结构的降噪方案可大幅度降低换流变压器噪声水平，满足经济较发达和人口密集地区（Ⅰ类地区）更高环境保护降噪水平要求，是行之有效的方案。但 ABB 公司原设计方案中，对封闭箱式本身结构的模块化、易拆卸性等方面的要求考虑不够，建设过程中发现施工难度较大，并将导致换流变压器后期检修工作周期延长。国网建设有限公司组织中方设计、监理、施工、运行等单位，与 ABB 公司共同研究，提出了封闭箱式改进方案，准备将来一旦需要把换流变压器拖出检修时，可在现场实施的、更易拆卸的方案。

2. 平波电抗器

三沪直流工程两个换流站站平波电抗器的隔声屏障类型与宜都换流站换流变压器类似，如图 9-19、图 9-20 所示。

图 9-19　宜都换流站平波电抗器隔声屏障

图 9-20　华新换流站平波电抗器隔声屏障

3. 交流滤波器场

宜都换流站在三组交流滤波器东侧靠近围墙的围栏附近处设置高 8m 的隔声屏障，从地面往上 1～2m 高度范围采用透明材料，方便运行人员巡视；遇到道路时安装可拆卸式隔声屏障，以便检修车通过，在宽 9m、高 8m 的范围内开设隔声门，方便运行人员通过；隔声屏障从地面算起至 6.5m 高采用隔声装置，6.5～7.5m 以上为吸声加隔声装置，顶端加直径为 0.5m 的圆柱体吸声结构。

四、换流站围墙

华新换流站在交流滤波器场侧围墙（高 5m）上再加装 3m 高的轻型隔声屏障，以满足全站噪声指标要求，见图 9-21。此外，华新换流站还采取了在围墙外种树等措施，进一步降低站内噪声对周边环境影响。

受工程环境保护验收调查单位（即国家环境保护总局环境工程评估中心）的委托，国网武汉高压研究院于 2007 年 5-6 月对三沪送电线路声环境敏感点以及华新、宜都换流站厂界噪声进行监测。监测结果为：工程沿线直流线路敏感点声环境质量满足《城市区域环境噪声标准》（GB 3096—1993）1 类标准要求；宜都换流站厂界噪声符合《工业企业厂界噪声标准》（GB 12348—1990）Ⅱ类标准限值要求；

周边敏感点声环境质量可满足《城市区域环境噪声标准》(GB 3096—1993) 1类标准要求。华新换流站厂界噪声符合《工业企业厂界噪声标准》(GB 12348—1990) Ⅰ类标准限值要求；华新换流站周边敏感点声环境质量可满足《城市区域环境噪声标准》(GB 3096—1993) 1类标准要求。

图 9-21 华新换流站 5m 围墙上的轻型隔声屏障

国家环境保护总局在三沪直流工程的环境保护验收意见中，对工程噪声治理措施及噪声监测结论给予认可。

摘编自：

1.《关于政平换流站噪声综合治理设计方案论证会议的纪要》(电网直函〔2004〕68号)，国家电网公司电网建设分公司，2004年。

2.《政平换流站噪声治理项目验收会议》(国网建设工技〔2006〕26号)，国网建设有限公司，2006年。

3.《荆州换流站噪声监测报告》，湖北省环境监测中心站，2007年。

4.《鹅城(惠州)换流站噪声检测报告》，广东省环境辐射研究监测中心，2007年。

5.《三沪直流工程换流站设备夜间满负荷辐射噪声测试报告》，哈尔滨船大工程技术设计研究院，2007年。

6. 国家电网公司，中国三峡输变电工程 工程建设与环境保护卷，北京：中国电力出版社，2008年。

7. 国家电网公司，中国三峡输变电工程 综合卷，北京：中国电力出版社，2008年。

第五章　环境保护验收

第一节　验　收　程　序

环境保护验收程序如下：

（1）申请试运行。建设工程项目的主体工程完工后，其配套建设的环境保护设施必须与主体工程同时投入生产或者运行，环境影响评价报告书及其批复要求的环境保护措施也应落实，按照国家环境保护总局环境保护验收程序，国网建设有限公司应在电网建设项目带电投运前 1 个月向工程所在地的省级环境保护部门申请试生产（运行），同意后方可试运行，1 个月内没有回复意见的，即视为同意该建设项目试生产（运行）。

（2）编制调查实施方案。电网建设项目投运后，国网建设有限公司负责委托有资质的单位，按照环境评价报告书及批复的有关要求和工程建设的实际，编制环境保护验收调查实施方案，经国家环境保护总局环境工程评估中心组织专家审完后，现场进行公众意见调查。

（3）环境保护验收调查和监测。环境保护验收调查组织专家审查后，按照环境影响评价批复的要求和审查意见，并结合工程建设的实际情况，开展环境保护验收调查工作，同时委托有相应资质或监测能力的机构［如省级环境保护厅（局）的辐射环境监测管理站］对工程工频电磁场和噪声对环境的影响进行现场监测，并形成监测报告。监测报告属于电网建设项目竣工环境保护验收调查报告的必不可少部分。对于监测发现的不符合环境保护要求的电网建设项目，由国网建设有限公司组织进行整改，直到合格为止。

（4）环境保护验收申请的预审。在环境保护验收申请报告上报前，国网建设有限公司组织有关单位对环境保护验收所需的各项报告（如电网建设项目竣工环境保护验收调查报告）进行内部审查，必要时可邀请环境保护部门参加。

（5）环境保护验收资料的完善及申请。国网建设有限公司负责按照预审会议的有关要求，对环境保护验收申请资料（报告）进行修订、完善。

环境保护验收申请资料完善后，国网建设有限公司配合国家电网公司向国家环境保护总局申请电网建设项目竣工环境保护验收。验收申请的形式按照环境保护评价分类管理的规定进行。

（6）成立环境保护验收组。国家环境保护总局会同工程项目所在地环境保护行政主管部门、国家电网公司成立验收组（或验收委员会），建设项目的建设管理单位、设计单位、施工单位、环境保护验收技术咨询单位、环境影响报告书编制单位、环境保护验收调查报告编制单位参与现场检查验收。

（7）专家评估及验收。国家环境保护总局委托国家环境保护总局环境工程评估中心组织专家及有关单位对验收申请及相关报告进行评估，形成评估意见，并根据评估意见向国家环境保护总局提交审查意见，由国家环境保护总局决定是否实施建设项目现场检查和验收。

建设项目环境保护验收组（或验收委员会）负责对建设项目的环境保护设施、环境保护措施和取得的环境保护成果进行现场检查、评议，提出验收意见，并结合评估意见，形成环境保护验收报告。

（8）环境保护验收批复。国家环境保护总局按照有关规定及程序，对申请环境保护验收的电网建设项目进行批复。

（9）环境保护验收资料归档。电网建设项目环境保护验收完成后，国网建设有限公司及时对环境保护验收资料、文件进行整理，并做好归档工作。环境保护验收调查工作流程如图 9-22 所示。

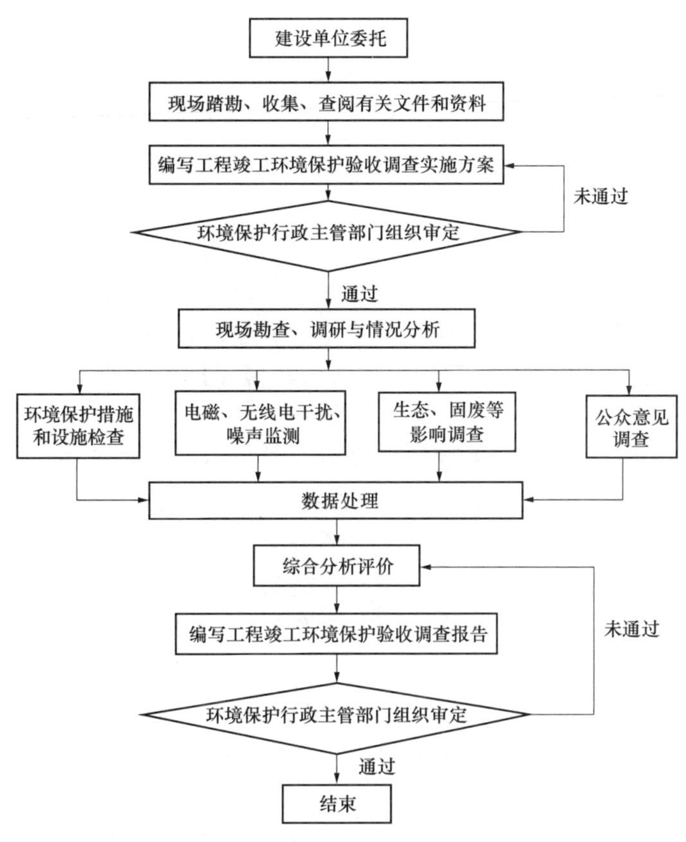

图 9-22　环境保护验收调查工作流程

摘编自：

1.《国家电网公司环境保护管理办法（试行）》（国家电网科〔2004〕85 号），国家电网公司，2004 年。

2.《国家电网公司环境保护监督规定（试行）》（国家电网安监〔2005〕450 号），国家电网公司，2005 年。

3. 国家电网公司，中国三峡输变电工程　工程建设与环境保护卷，北京：中国电力出版社，2008 年。

第二节　验收调查重点

三峡输变电工程环境保护验收工作，包括工程竣工环境保护验收调查，收集工程有关技术资料，如施工图设计、施工单位拆迁补偿明细、工程环境保护主管部门审批意见；了解当地环境保护部门在项目建设过程中的管理、监督检查情况；检查了项目建设单位或运行单位的环境管理和环境监测计划的实施情况；现场调查工程建成后环境保护措施的落实情况，工程站址、路径、环境敏感点等与环境评价时有无变化，了解公众对项目的意见；落实有关工程量及环境保护设施数量、环境保护投资等。在上述工作的基础上，筛选出有代表性的环境敏感点和监测断面，编制竣工验收调查实施方案报国家环境保护总局评审，在专家评审通过的基础上，对项目进行有关电磁环境、噪声、外排废水的监测，确定是否满足有关标准，编制竣工验收调查报告。调查报告审完后，由国家环境保护总局组织现场检查验收。

竣工环境保护验收初步调查阶段，了解当地环境保护部门在工程施工期间的监督管理情况，工程有无环境保护投诉，施工单位有关工程量资料，现场详细调查环境敏感点的分布情况，现场调查需记录杆塔号、线高、线间距，与最近环境敏感点的距离，工程所采取的防治污染措施，工程塔基等永久占地和施工场地、牵张场地、弃土弃渣处置点等临时占地的生态防护措施，所在位置的地形、地貌、植被，居民房屋结构，平房或楼房，人口数量，主要收入来源情况等。反映房屋正面、侧面，与线路、站址相对关系的照片。公众意见调查表的发放以受影响的公众为主。对于站（所）工程，进站了解站内绿化、污水处理设施、雨水及站内处理后废水的排放情况，站内、外护坡、挡土墙等水土保持措施，变压器、高压电抗器等噪声源设备的技术参数，污水处理装置的型号、工艺流程等，运行单位有关环境监测计划实施情况。

2005 年 4 月，三沪直流工程环境影响报告书得到国家环境保护总局批复。2004 年 6 月，宜都换流站环境影响报告表得到湖北省环境保护局批复。2004 年 2 月，华新换流站环境影响报告表得到上海市环境保护局批复。2006 年 12 月，工程建设管理单位国网建设有限公司与国家环境保护总局环境工程评估中心签订《三峡—上海±500kV 直流输电工程竣工环境保护验收调查报告编制合同书》，委托开展项目竣工环境保护验收调查工作。

环境评价中心接受委托后，开展了工程资料收集和现场初步踏勘等工作，对三沪直流工程沿线、换流站及接地极的环境状况进行实地踏勘，对距离线路较近的部分环境敏感点（村镇、学校等）、受工程建设影响的生态恢复情况、水土保持情况、工程环境保护措施的落实情况等方面进行了重点检查，并拟定了电磁环境、无线电干扰、声环境的监测方案及生态调查方案，在此基础上编制了《三峡—上海±500kV 直流输电线路竣工环境保护验收调查实施方案》。2007 年 4 月，方案通过了国家环境保护总局的审查。

根据实施方案及技术审查意见，环境影响评价中心组织对主要环境敏感目标做了进一步的调查和监测，并委托武汉高压研究院对工程所产生的噪声、合成场强、工频电场和磁场、无线电干扰进行了现状监测，同时认真听取了地方环境保护部门和当地群众的意见，进行了公众意见调查。

2007 年 6 月，编制完成了《三峡—上海±500kV 直流输电线路竣工环境保护验收调查报告》。报告从环境保护措施落实情况、设计、施工期环境影响、生态影响、电磁环境影响、声环境影响、水环境影响、其他环境影响、环境风险事故防范及应急措施、环境管理状况及监测计划落实情况、公众意见 11 个方面的调查分析情况进行评述。《环境保护验收调查报告》认为三沪直流工程在设计、施工和运营初期采取了有效的污染防治和生态保护措施，建议该工程通过竣工环境保护验收。

国网直流工程建设有限公司组织完成《三峡—上海±500kV 直流输电线路竣工环境保护验收调查报告》内部审查后，由国家电网公司向国家环境保护总局提出工程竣工环境保护验收申请。

2007 年 8 月 14-15 日，国家环境保护总局环境影响评价管理司会同湖北省环境保护局、安徽省环境保护局、江苏省环境保护厅、浙江省环境保护局和上海市环境保护局等单位，对三沪直流工程环境保护执行情况进行了现场检查及验收。此前还要求各省级环境保护局就直流输电工程经过本地区的线路预先进行了初查。现场听取了工程建设单位国网建设有限公司的环境保护执行情况报告和国家环境保护总局环境工程评估中心的环境保护验收调查报告的汇报，审阅并核实了有关资料。经认真讨论，形成的验收意见及验收结论为：三沪直流工程环境保护手续齐全，落实了环境影响报告书及其批复的要求，在设计和施工阶段采取了有效措施控制对环境的影响，该工程符合环境保护验收条件，同意通过环境保护验收。

摘编自：

1.《三峡—上海±500kV 直流输电线路竣工环境保护验收调查报告》，国家环境保护总局环境工程评估中心，2007 年。

2. 国家电网公司，中国三峡输变电工程　工程建设与环境保护卷，北京：中国电力出版社，2008 年。

第三节　验　收　过　程

电网建设项目竣工环境保护验收工作是一项新的工作，国家电网公司从 2005 年开始全面启动这项工作。国家电网公司与国家环境保护总局进行了多次沟通，确定电网项目环境保护验收采取“分批、打捆”的验收模式。

按照国家电网公司关于工程竣工环境保护验收工作的统一部署，国网建设有限公司在2006年4月积极组织开展了自2003年9月起投产的三峡输变电工程项目环境保护验收工作。

2006年4月11日，国家环境保护总局环境影响评价管理司在苏州组织江苏省环境保护厅、江苏省电力公司、苏州市环境保护局、常州市环境保护局、江苏省辐射环境监测管理站等单位，对国家电网公司第一批跨区电网项目进行了项目竣工环境保护验收。本次进行打捆竣工环境保护验收的工程包括500kV宣城、宜兴和苏州南变电站及500kV政平—宜兴、苏州南—车坊同塔双回送电线路工程。验收组对有关项目进行了现场环境保护检查，听取了国网建设有限公司环境保护法规执行情况和中国电力工程顾问集团西南电力设计院关于工程项目环境保护验收情况的汇报。经认真讨论，认为：上述项目执行了建设项目环境影响评价和环境保护“三同时”管理制度，落实了有关环境保护措施，同意通过环境保护验收。2006年6月7日正式批复。

第一批项目的验收形式和组织模式为后续项目积累了成功经验，对环境保护验收工作的顺利开展起到了积极的作用。按照相关要求，自2003年9月起投产的三广直流工程、三沪直流工程、葛沪直流综合改造工程以及三峡输变电工程项目都已通过了国家环境保护总局组织的工程竣工环境保护验收。

摘编自：

1.《政宜线等输变电工程竣工环保验收意见》（环验〔2006〕073号），国家环境保护部，2006年。
2.《500kV新余变、昌西变、昌新线、昌昌线、昌乐线工程竣工环保验收意见》（环验〔2006〕205号），国家环境保护部，2006年。
3.《湖州—王店500kV等输变电工程竣工环保验收意见》（环验〔2007〕082号），国家环境保护部，2007年。
4.《500kV乐万、安阳、岳阳变电站和汉阳—孝感2回送电线路工程竣工环保验收意见》（环验〔2007〕085号），国家环境保护部，2007年。
5.《500kV潜江变电站和荆州—潜江1、2回送电线路工程竣工环保验收意见》（环验〔2007〕084号），国家环境保护部，2007年。
6.《三沪直流工程竣工环保验收》（环验〔2007〕213号），国家环境保护总局，2007年。
7.《500kV左二—荆州1、2、3回；荆门—孝感1回；荆门—荆州1、2回送电线路工程竣工环保验收意见》（环验〔2007〕297号），国家环境保护部，2007年。
8.《三广直流工程竣工环保验收意见》（环验〔2008〕38号），国家环境保护总局，2008年。
9.《三峡—万县1回500kV送电线路等工程环保验收意见》（环验〔2008〕45号），环境保护部，2008年。
10.《500kV荆州—益阳1、2回送电线路工程竣工环保验收意见》（环验〔2008〕27号），环境保护部，2008年。
11.《500kV三万2回等输电线路工程竣工环保验收意见》（环验〔2008〕299号），环境保护部，2008年。
12.《500kV潜江至咸宁1、2回送电线路等11项输变电工程竣工环保验收意见》（环验〔2009〕90号），环境保护部，2009年。
13.《500kV咸宁变电站和白鹤—黄渡双回送电线路等工程竣工环保验收意见》（环验〔2009〕91号），环境保护部，2009年。
14.《葛沪直流综合改造工程通过工程竣工环保验收意见》（环验〔2013〕5号），环境保护部，2012年。
15.《三峡地下电站至荆门500kV线路工程竣工环保验收意见》（环验〔2013〕4号），环境保护部，

2013 年。

16.《宜都至江陵改接至兴隆 500kV 线路工程竣工环保验收意见》(环验〔2014〕8 号),环境保护部,2014 年。

17. 国家电网公司,中国三峡输变电工程　工程建设与环境保护卷,北京:中国电力出版社,2008 年。

第四节　三峡输变电工程环境保护工作重大奖项

2007 年 9 月 5 日,2007 年度亚洲电力优秀工程颁奖仪式在泰国曼谷举行。国家电网公司与 ABB 公司联合申请的三峡—上海±500kV 直流输电工程(三沪直流工程),在印度、菲律宾、韩国、美国等国家共计 40 多个参评工程项目中脱颖而出,一举获得 2007 年度亚洲输变电工程年度奖(见图 9-23)。亚洲电力工程奖由《亚洲电力》杂志组织评选,每年举办一次,评选的侧重点是清洁、高效、环保三个方面。三沪直流工程在建设过程中,始终坚持以“清洁、高效、环保”为宗旨,以“优化设计、强化管理、从严控制、同比先进”为基本原则,创下了大容量、远距离直流输电工程建设工期短、安全零事故、质量水平高、技术先进、国产化率高的新纪录。工程建成后,推动了更大范围的能源资源优化配置,加强了国际直流输电技术交流。

2008 年 7 月 8 日,第二届国家环境友好工程颁奖大会暨第十三届绿色中国论坛在北京人民大会堂举行。三峡—上海±500kV 直流输电工程(三沪直流工程)从全国各行各业近百个项目中脱颖而出,荣获“国家环境友好工程”奖(见图 9-24)。这是三沪直流工程继荣获 2007 年度亚洲输变电工程奖之后荣获的国家级最高绿色工程大奖,也是国家电网公司第一次获得该奖项。

图 9-23　2007 年度亚洲输变电工程年度奖

图 9-24　国家环境友好工程颁奖大会

摘编自:

1. 国家电网公司,中国三峡输变电工程　工程建设与环境保护卷,北京:中国电力出版社,2008 年。
2. 国家电网公司,中国三峡输变电工程　综合卷,北京:中国电力出版社,2008 年。

第十篇　调试与投运准备、生产运行

截至 2011 年上半年，三峡输变电工程全面建成。投入运行的高压直流输电工程包括三常、三广、三沪直流工程，灵宝背靠背直流输电工程和葛沪直流综合改造工程；累计投产 55 个单项交流线路工程，33 个单项交流输变电工程。

三峡输变电工程设备种类繁多、涉及范围广、技术复杂，工程调试工作量大，工期和质量要求高，因此工程调试是一个非常复杂的系统工程。通过三峡输变电工程，我国形成了完整的、具有自主知识产权的调试技术，严格规定了直流输电工程的调试阶段划分以及各阶段的任务要求，并形成了规范性的现场调试方案；在工程调试过程中，实现了现场调试机构和组织管理的科学化、规范化和制度化。

三峡输变电系统调试验证了静止无功补偿装置（SVC）、荆州可控高抗系统等新技术和装置的性能，保证了交流输变电工程的按期投入运行。对直流工程调试中发现的直流偏磁、控制主机异常、可听噪声等问题进行了现场测试、深入研究，提出了相应的技术措施并实施了成功的治理，圆满、按时完成了系统调试任务和生产交接。

国家电网公司始终坚持“安全第一、预防为主、综合治理”原则，高度重视三峡输变电工程的运维管理工作，工程之初，便建立了国网总部、省市公司和具体运维单位（超高压、地市公司）的生产运维三级管理体系，确立了生产运维的管理模式，明确了各级单位的管理职责，建立健全了多项生产准备、运行维护等生产规程、制度，并随着工程建设的推进和机构的变革不断完善。国家电网公司不断加强三峡输变电工程的运维管理，通过新技术应用，强化技术监督，开展输变电设备风险评估和隐患排查治理，实施冰区、污区、舞动区等“五区图”管理，落实线路防冰、防雷差异化改造和防舞动治理等措施，及早处理发现的缺陷和异常，持续提高输变电设备的安全运行水平。

三峡输变电工程各直流输电系统可靠性指标均纳入我国电力可靠性指标体系，直流输电系统可靠性处于国际领先水平。2009-2015 年，三峡送出交流输电线路的跳闸率和故障停运率较同期 500kV 线路的运行指标总体领先。

第一章　调试特点和内容

第一节　三峡输变电工程规模和特点

三峡输变电工程是三峡工程的三大组成部分之一，是当今我国输电容量最大的输变电工程，也是世界上规模最大的输变电工程之一，是我国输电工程建设史上的一个重要里程碑。截至 2011 年上半年，初步设计所规定的三峡输变电工程已经全面建成，投入运行的高压直流输电工程有三常、三广、三沪直流输电工程，灵宝背靠背直流联网工程和葛沪综合改造直流输电工程；累计投产的交流线路工程 55 个，线路总长度 7280km，交流输变电工程 33 个，变电总容量 2275 万 kVA。

三峡输变电工程调试具有以下特点：

（1）形成具有自主知识产权的调试技术。三峡直流输电工程是我国直流输电技术国产化的依托工程。在三峡直流输电工程调试进程中，三常和三广直流工程调试由成套设备提供方 ABB 公司和中方合作完成，中方参加单位有中国电力科学研究院、属地电力科研单位，以及调度、运行、设计、制造、施工等单位。通过吸收、深化研究和创新完善，一步一个脚印稳步前进，中方逐步熟悉和掌握了直流输电工程的调试技术，到三沪直流工程调试，由中方牵头、外方配合，确保了工程按期、优质和安全地投入运行。

为了推进直流输电技术国产化的进程，在国务院三峡建委的大力支持下，国家电网公司建设了西北—华中联网灵宝直流背靠背工程（即灵宝直流背靠背联网工程）。工程作为国产化试点工程，全面实现了国产化的要求，工程建设和调试100%由国内自主完成，形成了具有自主知识产权的调试技术。

（2）工程调试的复杂性。具体体现在工程设备种类众多，参加工程调试的单位众多。三峡输变电工程调试是一项非常复杂的系统工程，涉及设备多、范围广、调试工作量大。由于参加工程建设的单位多，人员来自不同的单位和部门，组织如此众多的参建人员，调动大量的试验设备进行工程调试，增加了工程调试的复杂性。在工程业主和现场指挥部的领导下，调试单位和调度运行部门、设计建设单位和设备制造厂家密切配合，圆满完成了各调试阶段的试验任务。三峡输变电工程包括55条交流输电线路工程、24座变电站及开关站（其中开关站2座）；4项直流输电工程、9座直流换流站。每一个工程的设备种类繁多，并且来源于国内外众多的设备制造厂商，设备之间的接口多，技术复杂且多样，使得工程调试变得十分复杂。工程调试负责单位，认真收集各种设备的资料，以及相应的设备技术规范，针对每一个工程设备的特点，精心制定调试方案、测试方案及安全措施，实现了对各类设备的严格检验。

（3）调试试验得到充分推广和应用。三峡输变电工程调试从2002年三常直流工程开始，到2011年葛沪综合改造工程调试直至投入运行，历时将近10年。在这10年中，中国电力建设者们不仅掌握了高压直流输电技术，完成了三峡输变电工程的建设，积累了丰富的输变电工程调试经验，还努力技术创新，成功建设了国内第一个750kV输变电工程——西北官亭—兰州东交流输变电工程，世界上第一个特高压交流输电工程——1000kV晋东南—南阳—荆门特高压交流输电试验示范工程，第一个±660kV的直流输电工程——宁东—山东直流输电工程，第一个特高压直流输电工程——电压等级为±800kV、输送容量为6400MW的向家坝—上海特高压直流输电工程。交直流输变电工程调试技术也上了新台阶，先后完成了特高压交流、直流输电工程调试。输变电工程调试取得的技术创新，得益于三峡输变电工程调试的经验和技术基础。

摘录自：

国家电网公司，三峡输变电工程　工程调试卷，北京：中国电力出版社，2008年。

第二节　调试阶段划分和任务

工程调试是输变电工程必不可少的一个重要环节。输变电工程调试是为了验证工程设备的功能和性能是否满足合同和技术规范的要求，验证工程所涉及的指标允许值是否符合国家的规定。输变电工程调试是工程投入运行前的最后一道技术把关，是对输变电工程前期研究、工程设计、设备制造、设备安装的检验，在完成全部调试项目后工程才能投入运行。

直流输电工程调试工作分为设备调试、分系统调试、站调试和系统调试四个阶段，其中，设备调试是分系统调试的基础，分系统调试是站系统调试的基础，站系统调试是系统试验的基础，工程的系统调试是基于前面三个调试阶段的检验，是工程投入运行之前最后一道技术把关，是对输变电工程系统整体性能的检验。因此，工程调试的各个环节相互衔接、丝丝相扣、层层把关，力求在系统投运前通过调试对设备和整个工程进行全面检验，消除所有不安全因素，保证工程安全可靠地投入运行。设备和分系统调试由施工单位和设备承包商完成；站系统调试由属地电科院负责；系统调试由中国电力科学研究院负责。

交流输变电工程调试工作共分为设备交接试验、分系统调试和系统调试三个阶段，其中，设备交接试验和分系统调试是系统调试的基础，工程的系统调试是对前面两个调试阶段的检验，也是系统投运前的最后一次把关试验。设备交接试验由施工单位、设备生产厂家和属地电力试验研究院共同完成。先后负责三峡500kV交流输变电工程系统调试的单位有中国电力科学研究院、湖北省电力试验研究院、江西省电力试验研究院、湖南省电力试验研究院、华东电力试验研究院和华中电力集团技术中心、四川省电力试验调试所等单位。

摘录自：
国家电网公司，三峡输变电工程　工程调试卷，北京：中国电力出版社，2008 年。

第三节　交流输变电工程调试

一、电气主设备现场交接试验

现场交接试验的目的是对新安装电气设备进行投运前的特性试验以及绝缘试验，检查产品质量是否达到设计要求或在运输途中有无损坏，以及现场的安装质量。现场交接试验是判断设备能否安全投入运行的最终检查，是输变电工程投运前的关键环节。

工程现场交接（特殊）试验工作按照国家、行业相关标准，编制了电气主设备特殊交接试验方案，并经专家审定，还制定了详细的试验作业指导书。经过精心组织，全部特殊交接试验满足相关规程要求。

交流输变电工程设备交接试验涉及一、二次设备，其中一次设备主要包括变压器、载波装置及滤波器、站用电源变压器、交流高压并联电抗器、交流互感器、交流 SF_6 断路器、组合开关 GIS、电力电缆等。二次设备包括交流控制保护和计量设备等。

交流输变电工程电气主设备现场交接试验的试验地点为交流线路两端变电站，试验项目包括变电站主变压器、断路器、隔离开关、电压互感器和交流线路工频参数测试，以及两个变电站接地网测试、隔离开关支柱绝缘子超声波探伤、绝缘子油试验、SF_6 气体试验以及主变压器油样分析等。

对于 500kV 交流输变电工程高压设备的交接试验，由地方网省电力公司所属电力试验研究所（院）编写交接试验方案，并由中国电力科学研究院和施工建设单位共同实施；对于特殊交接试验，由中国电力科学研究院或网省电力试验研究所（院）负责完成。工程业主组织参建单位召开联络会，与设备生产厂商讨论试验项目，将会议讨论内容和结论形成会议纪要。根据联络会议精神，参照设备生产厂家提供的与设备有关的文件和资料及《电气装置安装工程电气设备交接试验标准》（GB 50150—1991）的要求，编制设备现场特殊交接试验方案。在交接试验项目实施前，在现场有多方参加的会议上进行技术交底，并对试验技术方案进行确认，保证了设备试验的安全。

电气主设备现场交接试验工作的顺利完成，对保证交流输变电工程按期投运起到了重要的作用。

巢湖变电站技术人员对变电站进行送电前的最后调试、验收如图 10-1 所示。

图 10-1　巢湖变电站技术人员在对变电站进行送电前的最后调试、验收

二、二次系统调试

二次系统的调试是一个非常复杂的系统工程，涉及设备多、范围广，调试内容庞杂、工作量极大。输变电工程二次系统的调试范围包括通信系统、继电保护及安全自动装置、变电站监控系统、继电保

护信息子站、电能量计量计费系统、变电站工业电视系统、变电站火灾报警系统、变电站仿真系统等系统的调试。在业主单位的组织领导下，各施工单位与网省调度部门、设计单位、试验单位、设备厂家共同配合，圆满完成了二次系统的调试工作，有力地配合了工程建设的顺利进展，满足了工程系统调试的要求。

三、交流输变电工程系统调试

系统调试是输变电工程投运前的一项重要工作，在设备交接试验合格和输电线路参数测定、线路检查完成的基础上，通过系统调试试验对输变电设备和工程进行全面、系统的检验和考核，以验证设备相关参数与设计值是否满足要求，工程是否具备投运条件。

在系统调试工作中，充分应用现代电力系统数字计算分析技术，对各试验项目进行深入细致的计算分析，以明确调试项目应具备的系统条件、系统调试的执行步骤和相应的安全稳定措施配置，主要内容包括：

（1）通过结合系统调试具体情况所做的计算分析工作，掌握调试系统的运行特性，为制定系统调试方案提供技术基础。

（2）确定系统调试用的典型接线方式和运行方式，包括调试电源的安排、典型运行方式及其潮流分布等，其原则是既保证系统运行安全又尽可能满足系统调试项目和测试精度的要求。

（3）对拟进行的系统调试项目做计算分析，以能够了解调试项目执行时的电磁暂态过程和机电暂态过程，以及调试项目对系统运行和设备安全的影响，为系统调试项目的确定和实施提供技术依据。

（4）依据系统调试各项目目的，确定测录内容和测点布局，并通过计算分析对各调试项目的测录数据预先进行估算。

（5）针对系统调试过程中可能发生的故障，对事故后果、预防措施及防止事故扩大措施的效果进行计算分析，制订反事故对策。 在系统调试过程中，系统计算分析结果对于保证调试项目及测试工作的安全顺利执行起到了重要的指导作用。

（6）系统调试方案要经调试部门批准。明确调试命令和现场操作的衔接。

所有 500kV 交流输变电工程系统试验结果表明，其设备和系统性能满足规程、标准及相应技术规范书要求，满足运行条件。

三峡 500kV 输变电工程的陆续建成投产，为三峡电站电力外送提供了保障，同时实现了华中电网川渝—湖北、湖北—湖南、湖北—河南、湖北—江西电网互联，为西电东送提供了坚强的网络结构。

摘编自：

1．三峡交流输变电工程调试联络会会议纪要，国家电网公司，2003、2006 年。

2．三峡交流输变电工程调试总结报告，国家电网公司，2011 年。

第四节　直流工程调试

一、设备调试

设备调试是检验设备是否达到了设计要求、在运输途中有无损坏，以及现场的安装质量，是直流输电工程投运前的关键环节之一，主要调试内容为检验设备是否能够安全地充电、带负荷或者启动，以及设备性能和操作是否符合合同和技术规范书的要求。通过设备调试，为换流站的分系统调试打下了良好的基础。

直流输电工程换流站设备运抵现场后，设备生产厂家和施工安装单位首先对设备进行开箱检查，然后进行设备安装。在换流站设备安装完成后，设备生产厂家和施工安装单位进行直流换流站设备调试；换流站调试单位对设备调试工作进行技术监督。

按照国家、行业相关标准，编制了设备调试试验方案并经专家审定，还制定了详细的试验作业指导书。经过精心组织和安排，全部设备试验满足相关规程要求。

根据调试方案要求和工程业主对直流工程调试的安排，设备调试由设备承包商和施工单位负责进行。业主派工程代表到施工安装现场进行指导和协调工作，工程监理配合业主协调组织现场的安装调试。直流输电工程站调试单位负责对设备调试进行监督检查，包括试验项目和试验报告及资料是否齐全，试验结果是否满足合同和技术规范书的要求，并给出监督检查报告。

二、分系统调试

分系统调试是换流站所有独立分系统的充电或启动试验，是保证单个设备接入系统后，能够与其他几个部件组合在一起作为一个分系统安全地运行，是整个换流站系统正常运行的基础，同时检查其性能是否满足合同和工程技术规范书的要求。

换流站的设备分为直流场一次设备及相应的控制保护设备、交流场一次设备及相应的控制保护设备、辅助（站用）电源设备及相应控制保护、全站监控系统（SCADA）、计量及其他设备系统五个部分。换流站分系统调试就是逐一对上述五个部分的功能进行调试验证。

在分系统调试试验过程中，严格执行有关规程规范，做好设备试验结果的监督和检查，及时处理各类设备缺陷，按计划要求完成了全部换流站交流场、直流极Ⅰ、极Ⅱ和双极以及换流站辅助系统相关的一、二次设备的分系统试验项目，试验结果满足相关标准及技术规范要求。

根据调试方案要求和直流工程调试的安排，换流站分系统调试由设备承包商和施工单位负责。业主派工程代表到施工安装现场进行指导和协调工作，工程监理配合业主协调组织现场的安装调试。直流输电工程站系统调试单位负责对分系统调试进行监督检查，内容包括检查试验项目和试验报告及资料是否齐全，各分系统试验的试验结果是否满足合同和技术规范书的要求，并给出监督检查报告。

三、站系统调试

站系统调试是对换流站设备及其性能的检验，是对换流站顺序控制、设备以及直流线路绝缘性能、设备保护的检验，同时也为端对端系统调试做好准备。

站系统调试项目有交流母线及交流滤波器充电试验、顺序操作试验、最后跳闸试验、换流变压器和阀组充电试验、抗干扰试验、直流线路开路（空载加压试验）。

站系统调试工作内容包括站调试方案编写单位和承包商合作编写站调试方案，调度单位根据站调试方案编写站调试的调度方案，站调试方案和调度方案需报启动验收委员会批准。站调试由站试验负责单位和承包商共同负责进行，运行单位进行操作，施工和监理单位配合；直流输电工程系统调试单位负责对站调试进行监督检查，内容包括检查试验项目和试验报告及资料是否齐全，各站试验的试验结果是否满足合同和技术规范书的要求，并给出监督检查报告。同时，根据工作需要，也可以承担部分或全部站调试项目。

根据站系统调试方案和站系统调试计划，完成送端和受端换流站调试工作，编写站调试总结报告和站调试技术监督报告，为系统调试创造良好的条件。

站系统调试负责单位和设备承包商共同负责进行调试，运行单位进行操作，施工和监理单位配合，系统调试单位负责对站调试进行监督检查，内容包括检查试验项目和试验报告及资料是否齐全，各站试验的试验结果是否满足合同和技术规范书的要求，并给出监督检查报告。

四、端对端系统调试

系统调试是直流输电工程投入运行前的最后一道工序，是对工程设计、设备制造、施工安装、设备调试、分系统调试和站系统调试等方面工作的全面考核。通过工程的系统调试，全面考核直流输电工程的所有设备及其功能， 验证直流输电系统各项性能指标是否达到合同和技术规范书规定的指标，确保工程投入运行后设备和系统的安全可靠性，了解和掌握互联电网的运行性能，对工程的性能做出全面、正确的评价。

系统调试工作分为极Ⅰ、极Ⅱ和双极系统调试，其中极Ⅱ和双极系统调试可以结合在一起进行。各阶段的系统调试包括以下内容：①系统计算分析；②系统模拟试验；③系统调试方案、调度方案和测试方案的制定；④系统的现场调试；⑤系统调试总结。

根据直流工程施工进展情况以及调试方案，制订系统调试的实施计划。三峡直流工程的系统调试实施计划和试验内容根据工程进展情况，由启委会决定，进行优化组合安排。

（一）系统计算分析

（1）建立直流输电系统的数字计算模型，对可能发生的交直流故障相互影响及直流工程系统调试项目进行细致的计算分析研究，包括对直流输电工程系统调试用运行方式的计算分析、系统调试项目的计算分析、系统调试方式下的安全稳定计算分析及防范事故措施研究、直流输电系统动态特性和控制保护特性的计算分析、系统电磁暂态性能的计算分析。

（2）根据系统计算结果编写系统调试计算分析报告，作为编制系统调试方案的技术基础。

（二）系统仿真试验

（1）包括稳态运行方式试验，启停控制及接入电网试验，控制回路参数优化试验，直流系统故障及保护试验，交、直流系统相互影响试验，直流附加控制（含直流调制）功能试验。

（2）根据系统模拟试验结果，编写系统模拟试验分析报告，作为编写系统调试方案和指导现场调试的技术基础。

（三）编制系统调试方案

在系统调试过程中，要对工程所有主回路设备，如变压器、换流阀、直流线路、滤波器、断路器和开关等的耐压水平、通流能力进行检验；并对整个系统的运行性能，包括换流站控制、极控制、保护设备的功能进行评价，以校核整个系统工程是否满足设计规范要求，是否达到工程验收标准。

由于直流工程系统调试不单与直流系统本身相关，而且还涉及送端和受端交流电网，因此，直流输电工程系统调试是一个庞大而又复杂的系统工程。要编制出一套水平较高的、切实适用于系统调试的方案，使其既能够充分地检验直流系统的性能，又能保障交流系统的安全运行，是一项艰巨的任务。三峡直流输电工程由工程业主牵头组织工程参建单位联络会，制定设备调试、分系统调试、站系统调试和系统调试具体时间表；根据联络会议精神，参照设备生产厂家提供的与设备有关的文件和资料及相关的国家标准和行业标准，编制设备调试、分系统调试、站系统调试和端对端系统调试的试验方案。

（四）系统调试方案审查

站系统调试和端对端系统调试的试验方案需报直流输电工程启动验收委员会批准。工程启动验收委员会召开会议对调试方案报批稿进行审查，提出修改和完善意见，由中国电力科学研究院对调试方案进行修改，最后报工程启动验收委员会批准后执行。

（五）现场系统调试

系统调试单位与设备承包商共同负责进行系统调试，工程业主进行监督，参加系统调试的建设、运行、调度、科研、工程监理和设计等单位全力配合。通过全体调试人员的团结协作，使系统调试过程中发现的缺陷和问题都能够得到及时解决，同时提高了运行人员对直流一次和二次系统的认识，为工程的安全可靠运行奠定了坚实的基础。

1. 系统调试主要项目及要求

直流输电系统能够进行正常启/停和紧急停运，建立起初始运行方式；当系统发生故障时，相关的保护跳闸功能启动正常，能够为设备和系统的安全性提供保障；直流输电系统的电流控制、功率控制、无功与电压控制等功能基本正常；完成直流线路人工接地故障试验，直流再启动成功，故障测距功能准确；完成交流系统单相瞬时接地故障试验，直流输电系统能够承受故障的冲击，保持正常运行；直流调制等功能正常；本地/远端控制转换功能正常，可以在国调中心实行远方控制。

直流一次和二次设备经受了极Ⅰ和极Ⅱ额定负荷、过负荷和双极额定负荷的考核，在额定负荷和过负荷运行期间各项控制功能正常，表明直流输电系统具备带额定负荷长期运行的能力。

系统调试试验结果表明：直流系统极Ⅰ、极Ⅱ以及双极直流系统的控制保护功能均得到了验证，所有调试项目均满足工程技术规范书的要求，可以投入试运行。

2. 单项测试主要项目及测试结果

（1）直流系统运行参数测试。直流电压、直流电流、直流输送功率、触发角、关断角、无功功率控制、滤波器投切特性、换流变分接头挡位等直流运行参数测试结果均满足技术规范书的要求。

（2）接地极测试。整流测和逆变侧换流站接地极测量结果均满足技术规范书的要求。

（3）过电压测试。对换流站交流设备和直流设备进行了过电压测试，测试结果表明，在系统调试期间的所有操作下，交、直流设备的过电压均未超过设备的绝缘水平。

（4）直流谐波等效干扰电流 I_{eq} 测试。在直流功率稳定运行 3000MW 期间，分别对整流站和逆变站直流谐波进行了测量，均满足工程技术规范书小于 500mA 的要求。

（5）交流谐波测试。在直流额定功率运行期间，分别对整流站和逆变站交流系统谐波进行了测量，两站的交流谐波失真系数 *THD* 和电话谐波波形系数 *THFF* 均满足技术规范小于 1.75%和小于1%的要求。

（6）无线电干扰测量。换流站无线电干扰的测量结果：在距站内带电构架 450m 处，频率为 0.5～20MHz 时的无线电干扰值均能满足技术规范书低于 40dB 的要求；在距站带电构架 450m 处，频率为 20MHz 时电视频段的干扰值低于 20dB，也满足技术规范书的要求。

（7）换流站噪声测试和治理结果。在直流工程双极满负荷试运行试验时，对换流站厂界个别敏感点噪声进行了测试，并对噪声进行了治理，主要措施包括换流变压器和平波电抗器前装设隔声屏障；交流滤波器电抗器更换为低噪声类型产品；阀冷却塔前装设隔声屏障；空调机组前装设隔声屏障。在治理完成后，进行了满负荷时的噪声测量，结果表明降噪效果明显，满足环保要求。

摘编自：

1. 三峡—常州±500kV 直流输电工程调试方案，中国电力科学研究院，2002 年。
2. 500kV 交流场及站系统调试情况汇总，华东电力试验研究院，2002 年。
3. 龙泉换流站调试情况汇报，湖北电流试验研究院，2002 年。
4. 三峡直流工程功能规范书，中国电网建设有限公司，1998 年。
5. 三峡直流工程系统调试总结报告，国家电网公司，2007 年。

第二章　调试组织机构及其职能

第一节　组　织　机　构

为了做好三峡输变电工程调试工作，国家电网公司（项目法人、业主）成立了工程启动验收委员会，其职责是全面负责工程启动验收的各项准备工作；审批各阶段的调试方案；组织实施工程调试和试运行等初验工作；负责验收资料的整理和归档，审批调试总结报告；形成初验报告报工程业主验收领导小组，审批后上报国务院输变电工程验收组。

在工程启动验收委员会的统一领导下，成立现场调试指挥部，其组织机构包括综合协调组、调试指挥组、调试技术组、调试测试组、运行操作组、一次和二次抢修组、线路组、人工接地试验组、通信保障组、后勤组、安监组和安全保卫组 12 个工作组。

按照工程调试组织机构划分的职能，由调试总指挥统一协调和指挥各工作组的工作。负责工程调试的单位负责编排三日滚动调试计划，报调试指挥部和国调中心批准后实施；同时负责统编每日调试日报，报调试总指挥批准后发给各参加调试单位。

摘编自：

1．三峡各直流工程的工程启动验收委员会会议纪要，国务院三峡工程建设委员会，2007 年。

2．三峡—上海±500kV 直流输电工程总结，国家电网公司，2006 年。

第二节　组　织　管　理

一、工程调试准备工作

在工程启动验收委员会的领导下，工程调试负责单位、施工安装单位、监理、设备制造商及各参加调试单位从各方面进行了充分的准备。

（一）编写调试大纲及调试方案

工程调试的准备工作从技术资料的收集与研究开始，总结以往直流工程调试的经验，组织技术人员对文献资料进行分析，编写调试工作大纲，初步确定调试的项目，并结合调试系统的具体条件进行仿真计算和试验研究。在此基础上，参照仿真计算和试验研究的结果，编写调试方案初稿和实施计划，并经多次专家会议讨论、修改后形成方案报批稿，提交给工程启动验收委员会审批。根据调试方案，由调度部门编写调度方案和反事故预案。以上方案和计划都要通过工程启动验收委员会的审查和批准，然后下发至各调试单位，进入实施阶段。

（二）明确分工，统一指挥

工程调试涉及工程的设计、设备制造、安装、调度、运行、试验和监理等几十个单位，相关配合人员众多，加上整个调试工作任务重、时间紧，必须设立坚强有力的组织机构，统一调度指挥和安排各项试验工作。工程调试指挥部负责调试启动过程的事故处理和抢修工作；按 3 天滚动方式向国家电力调度通信中心提交每日调试计划；批准和签发调试日报。调试指挥部明确各组职责，落实责任，强调各工作组要坚决服从调试指挥部的统一指挥，在做好本组工作的同时，要加强互相之间的协同配合工作。调试指挥部建立了例会制度，由两站的调试指挥组和技术组负责召开每天的试验小结和技术分析会，及时总结分析当天试验中发现的问题，尽快落实消缺的责任单位，全面部署下一工作日的试验工作。

二、调试工作协调配合

在工程调试过程中，各单位从确保直流工程按期投入运行的大局出发，在调试指挥部的领导下，明确任务，落实责任，加强协调配合，高效完成自己在调试工作中的任务。调试单位在每次试验完成后，及时处理测试数据，汇报调试指挥部，确保调试指挥部始终掌握设备的状况，确保设备的安全。运行和施工单位组成的现场巡视组负责变电站设备和输电线路的巡视，做到随时发现试验中一次和二次设备出现的问题，及时上报调试指挥部。对于一次设备出现的问题，调试指挥部及时组织部署人力和专业工器具进行抢修；对于二次设备出现的问题，及时组织设备生产厂家和施工安装单位进行检查、处理，保证工程调试的顺利进行。

三、试验操作和测试工作流程

在工程调试过程中，为了确保调试系统和调试设备的安全，工程调试负责单位和运行单位做了充分的试验准备工作。调试负责单位提前将调试方案发给运行值班人员，使运行值班人员进一步了解调试项目的要求；运行人员根据调试方案的要求，按照运行规程填写操作票，使调试项目能够安全、顺利地进行。工程调试所有操作均按照两站的操作规程，填写操作票，所有在现场的人员严格遵守有关规定，严格执行“两票三制”和“双签发”制度，所有调试、测试工作均由试验单位填写工作票，由调试负责单位或工程施工单位人员担当工作负责人和工作票签发人，由运行人员许可签发。工程调试经验证明，正是有了严格的规章制度，使得调试指挥准确发令，运行人员精心操作，才确保了调试过程中无设备、人员事故发生，保证了工程调试按期保质保量地完成。

四、现场调试组织工作

在严格按照规程完成各项准备工作后，正式开始现场调试工作。在试验项目实施过程中，严格按照工程启动验收委员会批准的调试方案组织各项试验工作，并要求参加调试的人员认真学习和执行现场安全规程的要求；对试验结果及时进行分析研究，并结合现场设备的实际情况，对调试实施计划进行优化组合，进一步提高调试工作的效率和质量。

下面以三常直流工程调试现场试验管理为例阐述工程现场调试组织管理实施方法。

（1）成立工程启动验收委员会。在直流工程设备和分系统调试完成后，工程业主成立工程启动验收委员会，对换流站（变电站）建设和调试工作进行分工管理。2002 年 7 月，国家电网公司发文成立三常直流工程启动验收委员会，批准三常直流工程第一阶段系统调试方案，具体协调组织管理工程站系统调试和端对端系统调试。在工程启动验收委员会的统一领导下，完成了极 1 站调试和系统调试。

（2）2003 年 2 月，国家电网公司下发《三常直流输电工程启动验收委员会第三次会议纪要》（办网〔2003〕4 号），总结了三常工程极 I 系统调试的成果，成立极 II 和双极系统调试组织机构，具体负责三常直流工程极 II 和双极系统调试，批准了极 II 和双极系统调试方案。

（3）完成极 II 和双极系统调试后，2003 年 4 月 28 日国家电网公司下发第四次启委会会议纪要（工建〔2003〕19 号），确定 2003 年 5 月 5 日三常直流工程双极系统投入试运行。

（4）2003 年 6 月 23 日，国家电网公司下发第五次启委会会议纪要（工建〔2003〕29 号），决定三常直流工程移交运行。

摘编自：

1．三峡—常州±500kV 直流输电工程总结，国家电网公司，2003 年。

2．三常直流输电工程启动验收委员会第三次会议纪要（办网〔2003〕4 号），国家电网公司，2003 年。

3．三常直流输电工程启动验收委员会第四次会议纪要（工建〔2003〕19 号），国家电网公司，2003 年。

4．三常直流输电工程启动验收委员会第五次会议纪要（工建〔2003〕29 号），国家电网公司，2003 年。

第三章　主要调试项目分析

第一节　交流输变电工程

三峡电站直流输电工程以及配套的500kV交流输变电工程调试全部按期完成，保证了三峡电力的可靠送出。三峡500kV交流输变电工程采用了500kV静止无功补偿装置（SVC）、串补装置和可控高压电抗器等创新技术和装置，保证了三峡以及周边电网的安全稳定运行。

系统调试验证了这些新技术和装置的性能，保证了交流输变电工程按期投入运行。

一、静止无功补偿装置（SVC）调试

万龙（万县—龙泉）线是川渝电力外送通道之一，为了保证川渝电力可靠外送以及系统稳定运行，在500kV万县变电站装设180Mvar静止无功补偿装置（SVC），它与洪沟、陈家桥500kV变电站加装的SVC装置，是我国第一次在500kV输电通道大规模加装静止无功补偿装置。在2006年完成了该装置的系统调试。

二、荆州可控高压电抗器系统调试

500kV峡江Ⅰ、Ⅱ回线路全长132km，峡江Ⅰ回线路三峡侧配有150MVA高压并联电抗器；峡江Ⅱ回线路江陵侧配置的是100MVA高压并联可控电抗器，是我国第一次在500kV电压等级配置高压并联可控电抗器。2007年9月25-29日进行了该可控高压电抗器的系统调试，对一次、二次设备进行了全面检验，及时解决调试过程中发现的控制软件缺陷，确保了系统正常投入运行。

摘编自：

1．三峡500kV交流输变电工程调试总结，国家电网公司，2007年。

2．国家电网公司，三峡输变电工程　交流工程与设备国产化卷，北京：中国电力出版社，2008年。

第二节　直流输电工程

三峡电力外送直流输电工程调试全部按期完成，保证了三峡电站发出的电力按期输送至华东和华南，保证了三峡电力发得出、用得上。三峡直流输电工程采用了当时世界上先进的技术和设备，保证了三峡周边以及受端电网的安全稳定运行。在直流工程调试过程中，发现了一些设备性能以及直流控制保护功能存在的缺陷，及时组织技术人员进行了处理和修改，提升了直流系统运行的可靠性，保证了直流输电工程按期投入运行。

一、设备调试

（一）GIS耐压试验

在三峡直流工程换流站设备交接试验过程中多次发生交流500kV GIS的隔离开关绝缘拉杆击穿和一次隔离开关盆式绝缘子闪络现象。技术人员对问题原因进行了分析，对有问题的隔离开关绝缘传动杆进行了更换，并重新进行了高电压、长时间的GIS整体老化的现场特殊试验项目（包括耐压试验），试验结果满足工程技术规范的要求。

（二）换流变压器局部放电试验

鉴于三常、三广和三沪直流工程所使用的换流变压器均为单相双绕组换流变压器，在结构设计上未设置试验套管和较低电压绕组，在现场无法用低电压励磁来进行感应耐压及局部放电测量。因此，在试验中需采用一套高电压无电晕的中间升压变压器，从阀侧三角形绕组或星形绕组施加电压，使绕

组匝间和高压绕组端头对地达到试验电压要求。

按照国家标准规定，以三常和三广直流工程用换流变压器技术参数为依据，经过计算和分析，湖北电力试验研究院成功研制一套适合换流变压器现场局部放电试验的中间变压器、补偿电抗器设备。

该套试验装置在宜都换流站 3 台换流变压器上进行试验，效果良好。通过现场试验后认为：

（1）采用 SF_6 气体无晕变压器和线性电抗器及中频发电机作为试验电源装置，在无试验套管的换流变压器上进行感应耐压和局部放电试验是可行的。

（2）在现场采用高电压从阀侧绕组励磁进行换流变压器局部放电测量，在国内尚属首次。实测表明，只要加压引线及补偿设备的均压措施、电位连接可靠，背景干扰可抑制到最小。

（3）采用双边加压方式时应考虑各边电容负载不对称引起两台变压器输出电压不相等的现象。试验中应在低电压下对两边补偿电抗器分别调整，使各台中间变压器的电压在容许范围内即可进行升压试验。

（4）本套试验装置为换流变压器现场验收和绝缘考核提供了手段，填补了高压换流变压器现场无法进行感应试验的空白。

二、分系统调试

换流站分系统调试就是逐一对换流站五个分系统部分的功能进行调试验证。直流输电工程换流站分系统调试项目内容较多，涉及换流站的设备范围广，在此仅对其中重点试验项目的试验结果进行分析。

（一）HVDC 换流阀的低压加压试验

1. 主要试验内容

试验内容主要包括检查施加到换流阀上的交流电压相序的正确性，以及该交流电压与换流阀触发同步控制电压的关系是否正确；确定换流阀各阀臂触发的对应关系和顺序、换流阀的导通角与触发信号的关系、控制系统移相触发关系、对于误触发以及不触发的信号指示，以及保护动作的正确性。

2. 试验结果及分析

试验结果：换流阀电压与触发脉冲的顺序时间关系正确，换流阀运行正常，各种控制保护的动作指示正确。

试验分析：换流阀的低压加压试验简单、安全，对换流阀晶闸管触发功能的检验尤其适用，由于试验电压很低，出现问题通常不会造成设备的损坏，在电力行业标准中已经将低压加压试验作为分系统调试必做的试验项目。

（二）交直流滤波器调谐试验

根据功能规范书，滤波电容器的制造容差为±1%以内。对固定抽头的电抗器，其制造容差为±2%以内。因此，滤波器的实际元件参数并不一定与设计值完全相同，可能会失谐，进而影响滤波功能。在滤波器充电试验之前，必须先对滤波器进行调谐，确保滤波器的调谐频率在设计范围之内。

双调波滤波器调谐的最终目的是使滤波器的两个调谐频率（f_1，f_2）与设计调谐频率的相对误差不超过±1%。为此，必须首先根据设计参数分别将高压串联支路（L_1C_1）和低压并联支路（L_2C_2）的谐振频率调整到±1%以内，然后再检验整个滤波器的调谐频率 f_1 和 f_2 是否满足要求。

试验中对所有的滤波器支路的阻抗—频率特性、相位频率特性进行扫描，滤波器的相位—频率特性为 0 时的频率即为谐振频率，以此确定各支路的谐振点。

通过对交直流滤波器支路各元件的参数进行调整，以及对交直流滤波器调谐频率进行调谐，根据要求调谐期间对交直流滤波器的幅频特性和相频特性进行了扫描。测试结果表明，交直流滤波器调谐特性满足工程技术规范要求。

（三）高压电容器组不平衡电流调整试验

在三峡直流输电工程换流站调试中，发现交流滤波器在高压充电后不平衡电流保护报警。为解决不平衡电流保护报警的问题，设备供应商要求交流滤波器组停电后对高压臂电容逐只进行测量，根据测量结果重新配平。这种停电测量的方法受系统运行方式影响较大，且重新搭配平衡相当繁琐、准确度差，给工程的工期造成一定的影响。

调试人员对此问题进行了试验研究，提出在对各臂电容值进行测量的基础上，根据测量结果计算不平衡电流，并对高压电容组进行低压加压试验。根据计算和试验结果，对各臂电容值进行调整。经带电运行证明，各交流滤波器、并联电容器高压侧电容器不平衡电流指标全部达到优良，调整方法正确，调整效果良好，该方法在后续多项换流站工程中得到了运用。

三、站系统调试

（一）顺序操作试验

试验结果表明，直流场和交流场操作顺序及电气联锁执行正确，在手动控制/自动控制模式下每步操作执行正确。

（二）最后跳闸试验

检查保护跳闸情况。包括的主要设备有直流保护系统柜、交流滤波器/并联电容器的就地交流保护柜、手动紧急停运按钮等。

试验结果表明，不带电的站系统跳闸试验检验了每个保护柜与极控和站控制的停运顺序之间的接口及设备开关动作正确；带电的站系统跳闸试验验证了每个极控和站控的停运顺序以及直流场开关操作顺序正确。

（三）交流母线和交流滤波器带电试验

交流母线带电试验通过手动操作拉、合母线进线断路器以及相关的隔离开关给交流场母线充电。母线第一次带电运行时间大约 2h，然后手动操作拉、合进线断路器 3 次对母线充电，断路器分、合时间间隔大约 5min，试验过程未见异常。此项试验考核了交流滤波器组、电容器组的断路器投切容性负荷能力及并联电抗器断路器投切感性负荷的能力。在交流母线和交流滤波器充电试验时，同时检查了一次设备的绝缘水平和二次设备的控制逻辑。

在试验过程中检验了与站试验相关的保护整定值；确认了相关保护动作的正确性；检验了滤波器和无功设备的电压耐受能力和电晕，滤波器/无功设备的相电流、中性线电压和不平衡电流，以及滤波器/电容器组的电压和滤波器投切前后避雷器动作情况。

（四）换流变压器投切及带电试验

闭锁阀组的充电试验是高压直流系统带电的一项试验，它检验的设备主要包括极控制、晶闸管元件监测系统和阀触发系统、换流变压器及运行人员控制系统。

此项试验通过手动操作拉、合换流变压器网侧断路器，向直流侧开路的闭锁状态换流阀组充电。每台换流变压器第一次带电运行时间大约 2h。在试验期间，换流变压器充电 5 次。

试验结果表明，换流变压器充电时的励磁涌流处于正常范围内，阀触发系统的预检功能正确动作；换流变压器分接头位置、风扇起动顺序符合设计要求。

（五）开路试验

此项试验在两极分别进行，如果一极带电，另外一极也可以同时进行此项试验。此项试验是直流系统空载加压试验，从试验内容上分为不带线路和带线路两类；从试验方式上分为手动和自动两种零起升压方式。

通过试验，以下性能得到了检验：

（1）直流开路试验控制能正确工作。

（2）换流器阀的触发能力及解锁阀的电压耐受能力、交流场和直流场设备的耐压能力以及直流线路的绝缘能力得到了检验，且正常工作。

（3）线路开路试验顺序控制正确及开路保护未发生误跳闸。

（六）抗干扰试验

验证交流/直流保护和控制设备在交流场各种倒闸操作和使用步话机、手机通话时会不会误动作。试验包括的主要设备有站内所有交流/直流控制和保护设备、事件顺序记录设备。

试验结果表明，在交流场各种倒闸操作方式下，保护、控制设备不发生误报警和误动作；使用步话机和手机通话时，保护、控制设备不发生误报警和误动作。

四、系统调试

（一）三常直流工程调试

三常直流工程是三峡电站送电华东的第一回直流输电工程，是三峡电力外送的标志性工程，是三峡首批发电机组发出电力“送得出、落得下、用得上”的关键性工程。

三常直流工程龙泉换流站于 2000 年 7 月 27 日开工建设，政平换流站于 2000 年 8 月 15 日开工建设；龙泉换流站于 2002 年 7 月 30 日站用电带电试运行，9 月 30 日开始站系统调试；政平换流站于 2002 年 9 月 15 日站用电带电试运行，并开始站系统调试。系统调试于 2002 年 11 月 22 日正式开始，按计划完成了所有系统调试试验项目共计 266 项，工程于 2003 年 5 月双极投入试运行。

三常直流工程系统调试历时三个阶段：第一阶段进行极Ⅰ系统调试试验项目；第二阶段完成极Ⅰ系统调试余留项目、极Ⅱ的所有试验项目以及双极低功率试验项目；第三阶段完成双极大功率系统调试项目。在试验过程中，一次和二次设备在小功率、额定功率及过负荷工况下运行良好；二次控制保护设备的功能得到了验证。三常直流工程政平换流站调试指挥中心如图 10-2 所示。

图 10-2　三常直流工程政平换流站调试指挥中心

（二）三广直流工程调试

三广直流工程广东侧鹅城换流站于 2001 年 10 月 1 日开工建设，2003 年 11 月 15 日开始进行站系统调试；华中侧江陵换流站于 2001 年 10 月 8 日开工建设，2003 年 11 月 4 日开始进行站系统调试。三广直流工程于 2003 年 12 月 2 日开始进行端对端系统调试，到 2004 年 4 月 3 日调试结束，2004 年 5 月双极投入试运行。

三广直流工程系统调试历时两个阶段，共计完成试验项目 268 项，系统调试情况及结论如下：

（1）直流系统一、二次设备运行良好，控制保护功能得到了验证。

（2）在单极大地回线、大功率试验中，通过协调三广和天生桥—广州（简称天广）两回直流线路的接地方式和功率水平，尽可能地减小了三广直流单极大地回线方式下对岭澳核电站主变压器的影响，成功地进行了直流输送功率 750MW 和 1500MW 水平下的大地/金属回线转换试验。本项试验所取得的成果，在直流输电工程接地极对交流系统影响这一复杂技术问题的试验研究方面具有独创性；掌握了天广和三广直流不平衡运行方式下接地极入地电流对岭澳核电站等变压器运行的不同影响情况和影响程度，得到的结果和测试数据可作为编制电网调度运行方式的重要依据。

（3）直流一次和二次设备经受了极Ⅰ和极Ⅱ额定负荷（1500MW）、1.1 倍过负荷（1650MW）和双极额定负荷（3000MW）的考核，在额定负荷和 1.1 倍过负荷运行期间各项控制功能正常，表明直流输电系统具备带额定负荷长期运行的能力。

（4）江陵、鹅城换流站换流变压器油中乙炔故障和分析。在三广直流工程调试过程中，发现 24 台变压器在带电调试后，油中都出现不同程度的乙炔。从换流变压器放电部位看，认定是有载开关动作时触头的同步性及正确性均存在问题。检查结果表明，江陵换流站 8 台换流变压器、鹅城换流站 9 台换流变压器的有载调压开关存在不同程度的问题，包括位置指示不到位、两分接头开关不同步、在线滤油机相序接反等。随后，对存在的问题进行了调整。在对有载调压开关缺陷处理后，江陵、鹅城换流站双极投入正式试运行，所有换流变压器油中总烃、乙炔均无异常增长。图 10-3 所示为参与三广直流工程调试的 ABB 公司专家和国家电网建设分公司领导在调试现场。广东（惠州）换流站调试现场如图 10-4 所示。

图 10-3　参与三广直流工程调试的 ABB 公司专家和国家电网建设分公司领导在调试现场

图 10-4　广东（惠州）换流站调试现场

（三）三沪直流工程调试

三沪直流工程华中侧宜都换流站于 2004 年 12 月 28 日开工建设，华东侧华新换流站于 2005 年 1

月 12 日开工建设。2006 年 4 月，宜都换流站和华新换流站分别开始进行分系统调试，2006 年 8 月完成；两站于 2006 年 9 月 4 日开始进行站系统调试，9 月 20 日结束。端对端系统调试于 2006 年 9 月 21 日正式开始，按计划完成了所有系统调试试验项目，2006 年 11 月 11 日双极投入试运行。

系统调试分为三个阶段：

第一阶段完成调试项目 49 项，完成部分极Ⅰ、极Ⅱ和双极系统调试的初始化运行试验项目，直流系统极Ⅰ、极Ⅱ和双极的基本控制保护功能得到了验证。

第二阶段调试完成低功率试验项目 127 项，包括保护跳闸、系统监控、电流控制、功率控制、无功控制、电压控制、降压运行、辅助电源切换、控制脉冲故障、大地/金属回线转换、金属回线下采用站内接地网接地运行、直流和交流线路故障、接地极线路故障、直流滤波器带电投切、本地/远端控制转换、极功率补偿、功率提升/功率回降、紧急功率控制和直流调制等低功率试验项目。

第三阶段完成试验项目 62 项，进行了电流控制、功率控制、控制模式转换、降压运行、单极额定负荷（1500MW）和 1.1 倍额定负荷（1650MW）、双极额定负荷（3000MW）等试验，在额定功率下进行了电流控制、功率控制、控制模式转换、通信故障、降压运行等试验；还进行了谐波、可听噪声、接地极、站辅助系统功率损耗等测试。试验期间，11 月 4 日进行双极 3000MW 试验，极Ⅰ保护启动降压 70%运行，启动极Ⅱ短时过负荷，与三常、三广系统调试试验相比，三沪直流系统调试首次完成了短时过负荷试验，验证了直流系统的短时过负荷功能。

以上所有调试试验结果表明，极Ⅰ、极Ⅱ以及双极直流系统的一次设备和二次控制保护系统的性能和功能均满足工程技术规范书的要求，系统运行性能良好，具备进入试运行的条件。

（四）灵宝背靠背直流联网工程调试

灵宝换流站于 2003 年 2 月 18 日开工建设，历经土建、设备安装调试、分系统调试、站系统调试和系统调试各个阶段。2005 年 4 月 11 日直流系统成功解锁，实现了华中电网和西北电网的联网；2005 年 6 月 25 日，灵宝换流站南瑞集团直流控制保护系统 168h 试运行成功结束；2005 年 7 月 3 日，灵宝换流站许继集团直流控制保护系统 168h 试运行顺利完成。2005 年 8 月，灵宝背靠背直流联网工程正式投入商业运行。

系统调试完成了全部 132 项调试项目，包括初始运行方式建立、保护跳闸、系统监控、电流控制、功率控制、无功控制、电压控制、辅助电源切换、控制脉冲故障、交流线路故障、本地/远端控制转换、功率提升/功率回降等。在灵宝背靠背直流联网工程中，首次由国内技术力量独立进行直流工程系统调试，对国产化设备及其集成系统性能进行了全面的考核和检验；发现并解决了一次设备和二次控制保护系统中存在的问题，圆满完成了系统调试工作，使工程能够安全可靠地投入运行。

（五）葛沪直流综合改造工程调试

葛沪直流综合改造工程（荆门团林—沪西枫泾直流输电工程，简称林枫直流工程）系统调试从 2011 年 3 月 11 日正式开始，2011 年 4 月 24 日结束，共计试验项目 191 项，2011 年 5 月投入试运行。

系统调试完成的试验项目包括初始运行方式建立、直流系统保护跳闸、系统监控、电流控制、功率控制、无功/电压控制、辅助电源切换、后备面盘起/停、扰动试验、最后一台断路器跳闸、大地/金属转换、共用接地极控制、融冰接线方式、团林侧交流线路单相人工接地故障、直流线路人工接地故障、接地极线路故障、远方控制等项试验。在试验中，还重点对共用接地极控制功能在不同工况下是否满足设计技术要求进行了检验。

试验结果表明：①单极运行且两站金属回线转换功能投入的情况下，共用接地极电流越限时自动执行大地回线向金属回线转换，转换不成功时，再执行降低接地极电流；②在双极不平衡运行方式时，共用接地极电流越限时，自动执行极平衡，极平衡后共用接地极电流如果仍然越限，能够自动降低接地极电流直至共用接地极电流降至设计范围内。

在系统调试过程中，换流变压器、换流阀、平波电抗器、交流滤波器、电容器、断路器等一次设备和直流控制保护系统经受住了各项操作和交、直流短路试验的考验，也经受住了额定负荷和过负荷的考验。对于发现的问题，调试指挥部每天进行技术分析，及时与设备制造厂商和设备安装单位进行沟通，提出解决措施，使问题能够及时得到处理，完善和优化系统功能。

摘编自：

1．三峡—常州±500kV 直流输电工程总结，国家电网公司，2003 年。

2．三峡—广东±500kV 直流输电工程总结，国家电网公司，2004 年。

3．三峡—上海±500kV 直流输电工程总结，国家电网公司，2006 年。

4．西北—华中联网灵宝直流背靠背工程总结，国家电网公司，2005 年。

5．葛沪综合改造工程直流输电工程系统调试总结报告，国家电网公司，2011 年。

第三节　工程调试总结

一、组织体系

三峡输变电工程调试工作得到了国务院三峡建委、国家电网公司领导的高度重视及各有关部门的大力支持。国家电网公司建立了行之有效的工程调试组织机构，公司领导每天听取工程调试工作情况的汇报，并对工程调试工作提出指导性意见；在工程调试期间更是深入调试工作现场进行指导，检查试验项目的进展情况，要求参加工程调试的各单位和全体工作人员，保证安全、高效、优质完成工程调试任务。参与调试的网、省公司领导对调试工作给予了大力支持和协作，使得调试过程中的有关缺陷得到了及时处理，使工程调试工作能够顺利完成。

根据输变电工程的特点，不断完善工程调试管理是确保工程调试顺利进行的有效途径。通过三峡输变电工程系统调试管理模式的总结分析研究，可以看到输变电工程调试管理模式是随着调试经验的积累和技术知识的不断更新而逐渐发展成熟的，并向着科学化、制度化和规范化的管理模式发展。

在随后的超高压/特高压交、直流工程系统调试过程中，借鉴三峡输变电工程调试的经验，进一步完善了输变电工程调试的管理模式，保证了输变电工程调试水平的不断提升，确保了输变电工程安全可靠地投入运行。

二、编写调试方案和试验计划

工程调试大纲是确定工程调试项目、技术路线和里程碑计划的纲领性文件；工程调试方案是指导调试和运行人员准确操作，保证调试项目顺利实施的基础性文件。

为了确保系统调试的安全实施，调试负责单位首先对调试系统进行计算分析和仿真模拟研究，在此基础上，开始调试方案的编写工作；在方案初稿编写完成后，通过多次专家会议讨论，充分听取专家的意见，对方案初稿进行修改和完善，形成方案报批稿，上报工程启动验收委员会审查和批准后执行。

工程调试计划是确保工程调试进度的指南，是工程调试期间调度部门安排运行方式的依据。根据三峡输变电工程的实际情况，为解决工期紧迫的问题，在确保工程各个环节均能得到有效验证的前提下，调试负责单位对调试项目进行了科学组合，制订了系统调试的优化实施计划，从而保证了工程的按期投运。

三、密切合作，严格执行规程

工程调试各参试单位密切合作是工程调试成功的基础。在工程调试过程中，各单位从确保工程按期投入运行的大局出发，在调试指挥部的领导下，明确任务，落实责任。试验测试单位在每次试验完成后及时处理测试数据并汇报给调试指挥组，确保工程调试指挥部始终掌握设备的状况，确保设备的安全；运行和施工单位组成的现场巡视组负责变电站设备和输电线路的巡视，做到了随时发现试验中一次和二次设备出现的问题，及时上报调试指挥部；对于发现的缺陷，施工单位连夜处理，绝不耽误第二天的工作。

操作规程和流程是工程技术人员在调试过程中必须遵守的法规，严格执行规程和操作流程是工程调试安全、稳步进行的关键。工程调试过程严格执行“两票三制”和“双签发”制度，所有调试、测试工作均由试验单位填写工作票，由试验单位人员担任工作负责人和工作票签发人。通过工作票流程，一方面使调试单位进一步熟悉和落实调试项目的安全措施；另一方面，也使运行值班人员进一步了解调试项目的要求。所有现场的调试人员都严格遵守有关规定，精心操作，确保调试过程中无设备、人员事故发生，使调试项目能够安全、顺利地进行。

四、形成具有自主知识产权的系统调试技术

三峡直流输电工程均采用了当时世界上最先进的控制保护系统，工程系统调试的目标是对国内外设备及其集成系统的性能进行全面的考核和检验。

在国务院三峡工程建设委员会和国家电网公司的正确领导和大力扶持下，以西北—华中联网灵宝直流背靠背工程（简称灵宝背靠背工程）为依托，加快了直流工程国产化进程，工程建设100%由国内自主完成。通过灵宝背靠背工程的国产化实践，形成了具有自主知识产权的系统调试技术，并在随后的超高压/特高压交、直流输电工程系统调试中得到推广应用。

五、编制了直流工程调试技术标准

经过三峡输变电工程调试工作的大量实践，我国从输变电工程调试的组织体系、技术准备、调试方案的编制、现场调试试验、调试工作总结到系统试运行，形成了一整套完整的工程调试体系，使输变电工程调试规范化、制度化和科学化。根据三峡输变电工程的调试经验，编制了Q/GDW 111—2004《直流换流站高压直流电气设备交接试验规程》、DL/T 1129—2009《直流换流站二次电气设备交接试验规程》、DL/T 1130—2009《高压直流输电工程系统试验规程》等企业和行业标准。

摘编自：

国家电网公司，三峡输变电工程　工程调试卷，北京：中国电力出版社，2008年。

第四章　调　试　成　果

第一节　组织管理成果

一、组织机构及职能

在三常、三广、三沪、灵宝背靠背、葛沪综合改造直流工程和交流输变电工程调试过程中，对输变电工程调试管理模式的认识不断提高，逐渐向着科学化、制度化和规范化管理发展，形成了高效有力的组织体系。在工程启动验收委员会框架下成立工程调试指挥部，在工程调试指挥部下成立12个调试工作组。调试指挥部强调各调试工作组要服从调试指挥部的统一指挥，在做好本组工作的同时，要加强各组之间的协同配合工作。通过工程调试实践证明，正是因为调试指挥部的精心组织、统筹安排、高效运转，调试过程中的各种问题才得以迎刃而解，工程调试才取得了圆满的成功。

在工程启动验收委员会框架下成立了工程调试指挥部，并在两端换流站分别成立系统调试现场综合协调组。调试指挥部管辖两端换流站调试现场综合协调组和各个试验工作组，并明确各个试验工作组的职能和分工。在工程调试过程中，实现了现场调试机构的科学化、规范化和制度化。

下面以三沪直流工程调试为例来阐述工程调试组织机构的重要性。

2006年6月，成立了三沪直流工程启动验收委员会，全面负责协调、解决三沪直流工程在竣工验收、系统调试、启动、试运行、移交生产及投入运行中的重大事宜。

2006年7月，国家电网公司发布《三峡—上海±500kV直流输电工程启动验收委员会第一次会议纪要》（建运〔2006〕183号），批准了中国电力科学研究院等单位提出的第一阶段站系统、系统调试方案和实施计划。

按照工程启动验收委员会的安排，完成了第一阶段极Ⅰ站系统和系统调试任务。在总结第一阶段系统调试经验基础上，准备工程第二阶段系统调试。

2006年9月，国家电网公司发布《三峡—上海±500kV直流输电工程启动验收委员会第二次会议纪要》（建运〔2006〕26号），宣布成立三沪直流工程第二阶段调试指挥部，并批准了中国电力科学研究院等单位提出的第二阶段站系统、系统调试方案和实施计划。

完成第二阶段系统调试后，工程即将进入试运行。按照国家电网公司安排，召开工程调试总结会，部署工程试运行事宜。按照国家电网公司《三峡—上海±500kV直流输电工程启动验收委员会第三次会议纪要》（建运〔2006〕290号），对工程试运行进行了安排。

从上述内容看，在三峡输变电工程调试过程中，调试组织机构在工程调试的每个关键节点均起到了工程建设指导和组织作用。

二、培养了工程调试队伍

通过三峡输变电工程调试，我国积累了丰富的工程调试经验并培养了一支德才兼备、敢打硬仗的输变电工程调试队伍。中国电力科学研究院和属地电科院以及工程施工安装单位基本承揽并圆满完成了国内所有大型输变电工程调试任务，这些工程包括三常、三广、三沪、葛沪综合改造、宝德（宝鸡—德阳±500kV）等超高压直流输电工程，灵宝背靠背及其扩建工程、高岭背靠背等直流联网工程，向家坝—上海、锦屏—苏南、哈密南—郑州和溪落渡左岸—浙江金华±800kV特高压直流输电工程，以及三峡交流输变电工程、750kV交流输变电工程、1000kV特高压交流试验示范工程。

三、工程调试技术管理体系

通过三峡输电工程调试，完善了输变电工程调试的技术内容，形成了一整套输变电工程调试的技术体系，包括编制工程调试大纲；进行工程调试的技术准备（系统安全稳定计算和仿真模拟试验）；编制工程调试方案和实施计划；进行工程现场调试试验；工程试运行和工程调试总结；对输变电工程进行全面检验和验收。这一技术体系已成功地应用到我国的输变电工程调试中。最典型的例子包括国家电网公司 750kV 兰州东变电站输变电示范工程、1000kV 晋东南—南阳—荆门特高压交流试验示范工程、向家坝—上海±800kV 特高压直流输电示范工程，以及东北—华北（高岭）直流背靠背输电工程和灵宝背靠背扩建工程。中国电力科学研究院应用这一技术体系，在国家电网公司的统一组织下，总结三峡输变电工程调试经验，顺利完成了一系列国家重点工程的系统调试工作，保证了工程的按期、顺利投入运行。

摘编自：

1．三峡—上海±500kV 直流输电工程启动验收委员会第一次会议纪要，国家电网公司（建运〔2006〕183 号），2006 年。

2．三峡—上海±500kV 直流输电工程启动验收委员会第二次会议纪要，国家电网公司（建运〔2006〕26 号），2006 年。

3．三峡—上海±500kV 直流输电工程启动验收委员会第三次会议纪要，国家电网公司（建运〔2006〕290 号），2006 年。

4．国家电网公司，三峡输变电工程　工程调试卷，北京：中国电力出版社，2008 年。

第二节　技　术　成　果

一、设备调试、分系统调试和站系统调试主要成果

（1）换流变压器局部放电试验。湖北电力试验研究院成功研制了一套适合换流变压器现场局部放电试验的中间变压器和补偿电抗器设备。该套试验装置在宜都换流站 3 台换流变压器上进行局部放电试验，效果良好，为换流变压器现场验收和绝缘考核提供了手段，填补了高压换流变压器现场无法进行感应试验的空白。

（2）高压电容器组不平衡电流调整试验。在三常、三广、三沪直流工程调试过程中，针对交流滤波器在高压充电后不平衡电流保护报警，提出在对各臂电容值进行测量的基础上，根据测量结果计算不平衡电流，并对高压电容组进行低压加压试验。经带电运行证明，各交流滤波器、并联电容器高压侧电容器不平衡电流指标全部达到优良，调整方法正确，调整效果良好。

（3）GIS 耐压试验。宜都换流站 500kV 交流场 6 串开关为 GIS 设备，交接试验过程中多次发生击穿现象。因此，进行了交接标准未要求的高电压、长时间 GIS 整体老练的现场特殊试验项目，所有开关绝缘传动杆都进行了更换，更换后 GIS 通过了耐压试验。

（4）鹅城换流站站用电调试技术。采用站用变压器低压侧短路试验进行站用变压器保护极性校验以及相关电流二次回路检查。完成了鹅城换流站站用变压器保护极性校验，站用变压器调试得以顺利完成。

（5）灵宝背靠背工程二次设备联合功能测试。参加测试的换流站相关二次设备均为工程实际装置。在测试过程中，根据需要增加了有关主、后备保护时序定值配合，外特性曲线以及调度信息远传等一系列附加试验，实际测试达 280 项次。试验中收集了全面的试验资料和数据，不仅作为测试结论的依据，还为现场调试的顺利进行起到了重要保证，同时对确定控制参数和保护定值也起到了十分重要的作用。联合测试应用于以后的各项直流工程，为工程的系统调试及运行的可靠性打下了基础。

二、系统调试主要成果

（一）确定了输变电工程系统调试的步骤及实施方案

（1）编写系统调试大纲。结合输变电工程的设计结构和性能，确定输变电工程的系统调试内容和方案的框架；根据系统调试的框架内容编写了系统调试大纲，确定系统调试的组织机构；确定系统调

试需要收集的设备性能资料、技术参数，以及系统调试时电网系统的数据资料、运行方式、网络参数、发电机及控制系统模型和参数、系统继电保护和安全稳定装置配置及投运情况，为系统调试研究工作做好准备。

（2）进行系统计算分析。根据工程系统调试运行方式对系统进行计算分析，制定系统调试的安全稳定措施；对系统调试运行方式下的直流输电系统动态特性和控制保护特性进行计算分析，对直流系统控制保护特性和参数进行校核；对系统调试运行方式下的系统电磁暂态性能进行分析计算，提出系统调试运行方式下的系统过电压水平。

（3）仿真试验。利用数模混合仿真装置，对工程控制保护系统性能进行仿真试验研究；对控制保护参数进行校核；对工程控制保护性能和参数设定提出建议；对现场无法进行的试验项目进行仿真试验研究。

（4）系统调试方案和系统调试试验计划的制定。根据工程现场设备性能的具体情况，结合计算分析和模拟试验，充分了解和掌握现场的具体条件，制定工程系统调试方案。

根据系统调试方案和输变电工程的实际进展情况，在确保工程各个环节均能得到有效验证的前提下，对系统调试项目进行科学优化组合，制定现场调试实施计划，实现了高效、安全的目标。

（5）现场组织实施系统调试试验。组织工程现场系统调试试验，包括现场调试试验项目的跟踪计算分析；严格按照调试方案执行各调试项目，并进行测试；对调试试验结果进行分析，解决试验中出现的各种技术问题，对输变电工程设备技术性能给出评价。

（6）工程试运行。在工程系统调试完成以后，协助业主编写系统试运行方案，为业主提供直流系统试运行技术服务；协助业主对试运行阶段出现的问题进行分析，解决试运行期间出现的问题。

（7）系统调试总结。对现场调试资料进行整理、归档；对系统调试结果进行归纳和分析研究；编写系统调试技术报告，给出系统调试结论。

（二）开展了直流偏磁的测试研究工作

对直流输电工程接地极电流对交流系统影响进行了测试和分析研究，提出了一种消除直流接地极电流对交流系统影响的方法。该方法利用另外一直流工程双极不平衡运行方式来产生反向接地极入地电流，补偿本直流单极大地运行方式接地极入地电流对交流系统运行的影响。此方法在直流输电工程接地极对交流系统影响这一复杂技术问题的试验研究方面具有独创性，解决了系统调试时直流接地极电流对交流系统影响这一复杂技术问题，保证了直流大功率下单极大地回线和金属/大地回线转换等试验项目的圆满完成，得到的试验结果和测试数据可作为编制电网调度运行方式的重要依据。

（三）提出新的过负荷试验方法

提出了一种新的远距离、大容量高压直流输电暂态过负荷试验方法，该方法是通过直流系统的双极以额定负荷运行，然后其中一个极的直流电压降为单极直流电压额定功率的 70%，直流功率转移到另外一个极来实现另外一个极暂态过负荷。此试验方法减少了对直流换流阀的冲击，也不会由此产生较大的接地极电流而影响交流系统变电站变压器的正常运行。

（四）研制新型接地试验装置

结合工程现场调试的实际情况，自主开发了新型储能式短路试验装置，实现了在雷电大雨的气候条件下不中断短路试验的目标，提高了短路试验的效率和安全性。新型储能式短路试验装置已经获得国家专利。

（五）提升和完善直流控制保护功能

在系统调试过程中，进一步对保护参数进行优化和调整，以更符合实际系统的要求。

（六）可听噪声治理

国家电网公司于 2004、2006 年和 2007 年对三常、三广和三沪直流工程两端换流站进行了噪声治理工作，主要措施包括在换流变压器和平波电抗器前装设隔声屏障，将交流滤波器电抗器更换为低噪声类型产品。

在治理完成后的满负荷运行时，对噪声进行了测量，结果表明降噪效果明显，通过了环保验收。

三、建立工程调试技术规范体系

通过三常、三广、三沪和灵宝背靠背直流工程以及三峡交流输变电工程调试，并借鉴以往直流工程调试的经验，编制了《直流换流站高压直流电气设备交接试验规程》（Q/GDW 111—2004）、《直流换流站二次电气设备交接试验规程》（DL/T 1129—2009）、《高压直流输电工程系统试验规程》（DL/T 1130—2009）等企业和行业标准。

（一）《直流换流站高压直流电气设备交接试验规程》（Q/GDW 111—2004）

《直流换流站高压直流电气设备交接试验规程》（Q/GDW 111—2004）是在参照《电气安装工程电气设备交接试验标准》（GB 50150—1991）的基础上，结合直流工程的安装调试和运行维护经验制定的。该规程对直流换流站高压直流电气设备交接试验的项目、要求及验收标准做了规定。

该规程适用于±500kV 换流站新安装的高压直流电气设备，它包括从换流变压器到直流场的所有高压电气设备以及接地极装置、电容器组和交流滤波器。

对于绝缘试验，该规程指出：除制造厂装配的成套设备外，可将连接在一起的各种设备分离开来单独试验；同一试验标准的设备可以连在一起试验；为便于现场试验工作，已有出厂试验记录的同一电压等级不同试验标准的电气设备，在单独试验有困难时，也可以连在一起进行试验。这些规定均已在设备交接试验中得到应用，为直流换流站高压直流电气设备交接试验的顺利开展提供了技术保障。

（二）《直流换流站二次电气设备交接试验规程》（DL/T 1129—2009）

《直流换流站二次电气设备交接试验规程》（DL/T 1129—2009）是在总结三峡电力外送等多项直流输电工程安装调试经验的基础上编制的。该规程对直流换流站二次设备交接试验的项目、要求及验收标准做了规定。

该规程适用于±500kV 及以下直流换流站新安装的二次电气设备，概括了直流换流站二次电气设备试验和分系统试验内容。直流换流站交、直流场二次电气设备交接试验按本规程的规定实行。在进行交接试验前，应详细检查设备出厂试验记录所填写的项目和内容是否齐全，结果是否正确。在进行本规程所规定的交接试验项目时，应使用合格的试验设备和仪器，并满足《继电器及装置基本试验方法》（GB/T 7261—2000）的规定。

（三）《高压直流输电工程系统试验规程》（DL/T 1130—2009）

《高压直流输电工程系统试验规程》（DL/T 1130—2009）是在总结三峡电力外送等多项直流输电工程系统调试经验的基础上编制的。该规程规定了高压直流输电工程系统调试的项目、要求及验收标准，适用于功率可双向传输的每极一个 12 脉动阀组的双极高压直流输电工程，背靠背直流输电工程可参照使用。在该规程中明确规定了以下内容：

（1）高压直流输电工程系统试验是全面验证工程设计、设备、施工等正确性的重要手段，是保证工程安全、可靠、经济运行的关键程序。因此，直流输电工程在投入商业运行之前必须进行工程系统试验。

（2）高压直流输电工程系统试验必须以工程批准文件、工程技术规范、工程设计图纸、工程采购合同、工程施工合同、工程试验方案及其所要求的国家及行业主管部门已颁布的相关标准、规范、规程和法规为依据。

（3）站系统试验项目主要包括顺序操作试验、出口跳闸试验、交流场充电试验、换流变压器充电试验以及直流线路开路试验等试验项目。

（4）端对端系统试验在直流输电系统设计和现场条件允许的运行范围内进行，通常包括单极低功率试验、单极大功率试验、双极低功率试验、双极大功率试验四个部分。

（5）在端对端系统试验过程中，应按照试验方案对两端的稳态数据，以及暂态和动态过程中交、直流系统（含设备）的动态响应特性、过电压、谐波性能、换流站噪声、无线电干扰、电磁干扰、接地极状态等进行跟踪监测。系统和设备的功能和性能指标均应满足技术规范的要求。

（6）在系统试验完成后，直流输电工程需通过试运行的考核，然后投入商业运行。

（7）该规程应在换流站相应部分的设备试验及分系统试验完成后执行；工程的最终系统试验范围以工程启动委员会批准的试验方案为准。

四、获得的奖项和专利成果

“三峡电力外送直流输电工程系统调试和研究”项目获2007年度国家电网公司科技进步奖二等奖和中国电力科学技术进步奖三等奖。三峡直流工程调试取得的丰硕成果还体现在获得多项专利：

（1）高压直流输电工程的系统调试方法，专利号：ZL 200810115648.8；

（2）一种远距离高压直流输电暂态过负荷试验方法，专利号：ZL 200810115637.X；

（3）一种消除直流工程接地极电流对交流系统影响的试验方法，专利号：ZL 200810116222.4。

摘编自：

1．国家电网公司，三峡输变电工程　工程调试卷，北京：中国电力出版社，2008年。

2．三峡各直流工程调试总结报告，国家电力公司，2007年。

第三节　工程调试典型技术问题分析

一、直流偏磁问题

（一）直流输电引起变压器直流偏磁的原因

高压直流输电单极大地回线运行或双极不平衡运行方式下，会有一小部分入地直流电流经接地变压器中性点流入变压器。大型电力变压器的励磁电流比较小，流过变压器的少量直流电流就会导致直流偏磁，引起铁心饱和，导致电流波形畸变，产生高次谐波，危害变压器和电力系统的安全运行，距离接地极越近的交流变电站变压器产生直流偏磁的可能性越大。大量的入地电流将导致更加严重的直流偏磁危害，危及交流电网安全运行，还会对周边的其他设施产生一定影响。因此需要开展直流电流分布预测和监测、直流偏磁预防和治理方面的分析研究；在接地极的设计时除了要考虑对电力变压器的影响之外，对极址周边非电力设施的影响也应该进行充分的搜资论证。

直流输电系统换流站的接地极附近有直流电位，该电位也作用于交流变电站的接地点上，其大小由注入电流的大小和该处的土壤电阻率决定。当高压直流输电系统采用单极大地回路方式或双极不对称方式运行时，大地中回流的部分直流电流会通过接地中性点流入变电站的变压器绕组，从而引起变压器发生直流偏磁。注入电流越大，土壤电阻率越高，影响范围也就越广。

尤其是当直流输电系统处于单极大地回线运行方式时，大地相当于直流输电线路的一根导线，流经它的电流为直流输电工程的运行电流。随着直流输送功率的增加，会造成某些流过较大直流电流分量的变压器发生磁饱和，使得这些变压器出现振动加剧、噪声增大、过热等问题，既影响变压器本身的安全，也会影响电网的正常运行。直流电流在交直流混合系统中的流向示意图如图10-5所示。

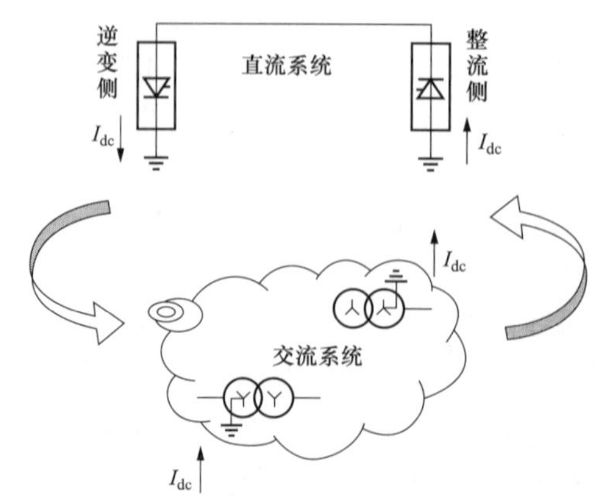

图10-5　直流电流在交直流混合系统中的流向示意图

（二）变压器直流偏磁的危害

变压器流过直流电流时，在铁心中就有了直流磁通，它与交流磁通叠加，使磁通发生偏移，如图10-6所示。平均磁通向偏移方向（图10-6中为正向）增加，加重了正方向的饱和，使正方向励磁电流明显增大，负方向励磁电流减小，励磁电流正负半周明显不对称。

交流系统中因流入直流而产生的所有危害主要是由于变压器的偏磁饱和引起的，包括谐波、无功损耗增加、变压器本体的过热、振动、噪声甚至损坏，以及继电保护系统故障等。以下分项说明。

（1）谐波。正负半波对称的周期性励磁电流中只含奇次谐波。由于直流偏磁的作用，使单方向极度饱和的变压器励磁电流中出现了偶次谐波。此时，变压器成了交流系统中的谐波源。

（2）无功损耗增加。由于直流偏磁引起变压器饱和，励磁电流大大增加，使变压器消耗无功增加，使系统电压下降。

（3）振动和噪声。直流偏磁变压器铁心饱和程度加深，漏磁通大幅增加，会导致绕组电动力增大，在一定程度上使变压器振动、噪声加剧。在偏磁电流的长期作用下，会使变压器的机械性能下降，从而在变压器遭受外部突发短路故障时，其抗短路能力下降，引发更大的电网事故。

（4）变压器本身损坏。漏磁通的加大，也会使其绕组、铁心、油箱和夹件的涡流损耗增加，进而引起变压器顶层油温和绕组温度增加，导致局部过热甚至损坏。

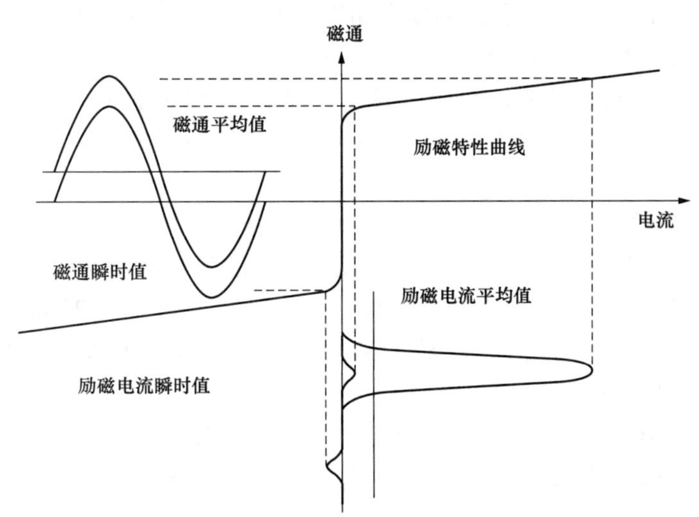

图10-6　直流磁通引起变压器饱和励磁电流

（5）继电保护系统故障。直流偏磁会引起继电保护故障，故障模式有以下三种：

1）保护系统误动作。由于谐波电流增大，会被保护误认为故障或过载而误跳开。

2）动作失败。即需要动作时没有动作。主要发生在变压器差动保护中，电流互感器输出电流畸变时也会发生这种情况。

3）比要求的动作慢。流入电流互感器的直流电流使其很容易建立起高水平的偏磁或残磁。当直流电流较大时，它感应的偏磁使电流互感器在故障电流时到达饱和的时间明显减少。

（三）国外直流偏磁相关问题及研究概况

国外在20世纪70年代就已经开始研究地磁暴对电力系统的影响。1989年北美洲强地磁暴造成电网大事故后，更提升了此项研究的重要性。至于HVDC输电引起的交流系统流过直流的问题，也是建立在地磁暴研究的基础上。

国内外的研究工作大致集中在三个领域：①地磁暴规律、频率及强度的观察、统计；②直流运行对交流系统影响的调查和实测；③变压器承受直流电流时的性能和承受能力，防止或减少变压器流过直流电流的措施。

关于 HVDC 的影响，国外主要见于加拿大魁北克电网。该网含 1500km 双极 450kV 直流输电线路，向美国新英格兰地区送电。线路送端的 Radisson 换流站距接地极 40km，这个地区土壤电阻率高，测量表明，接地极电位可高达 500V（地磁暴发生时，接地极电位可达 1000V），注入接地极的电流最多时有 15%通过交流变压器中性点，时间长达数小时。

从国内外的研究结果来看，地磁暴和直流输电大地返回方式在变压器中引起的直流电流性质是相同的。地磁暴引起的直流电流远大于直流输电引起的直流电流，但后者持续时间较长。

（四）三峡直流工程引起的变压器直流偏磁及治理情况

1. 三常直流工程

政平（常州）换流站附近的常州武南变电站配置 2 组 500kV 自耦变压器，当三常直流输电系统采用单极大地返回方式运行时噪声增大。实测结果表明，当直流输送大负荷 1540MW（地中电流 3320A）时，武南变电站中性点直流电流最大为 10.4A。在网中其他变电站的全面测量结果显示，政平换流站约有 2%的直流电流经交流系统返回。武南变电站于 2004 年采取了中性点注入反向直流电流的方法来限制变压器的直流偏磁。

2. 三广直流工程

2004 年 2 月初，三广直流工程采用单极大地返回方式运行时，岭澳主变压器噪声和振动相应增大；2004 年 3 月出现一次天广直流与三广直流工程叠加影响的情况，岭澳主变压器中性点监测到最大 43A 的直流，影响到岭澳主变压器的安全运行。

此后，中国电力科学研究院经测试和分析研究，研制了“隔直电容器（0.1Ω）＋双向晶闸管旁路＋机械开关旁路”方式的电容隔直装置，并在电网中得到了推广应用，为解决上述直流偏磁问题提供了有效手段。

3. 三沪、林枫直流工程

2006 年 11 月，三沪直流工程系统调试期间，测试结果表明：500kV 和 220kV 的变压器中性点直流电流都有超过 10A 的情况。总体来看，对 500kV 变压器的影响大于 220kV 变压器的影响。500kV 泗泾变电站虽然离接地极 32km，但中性点电流 13A、噪声 93dB，220kV 干练变电站离接地极 9.4km，中性点电流约 12A，噪声 86dB。

2011 年 6 月 23 日，林枫直流工程（即葛沪直流综合改造工程、三沪二回工程）大负荷试验期间，极Ⅰ输送功率 1500MW，极Ⅱ输送功率 150MW，入地电流为 2700Ah，受端远东主变压器中性点流过的直流电流最大为 9.9A。

处于受端的上海电网为典型的多直流落点地区，已采取主变压器中性点加装电阻限流装置来限制直流偏磁影响，已安装的变电站有 1000kV 练塘变电站，500kV 亭卫变电站、练塘变电站、新余变电站和 220kV 合兴变电站。

处于送端的湖北省内直流输电工程比较集中，境内 500kV 朝阳变电站，220kV 郭家岗、杨家湾、长阳变电站等遭受直流偏磁的影响。对遭受直流偏磁严重的朝阳变电站安装抑制装置，选用“电容器 0.1Ω＋双向晶闸管旁路＋机械开关旁路＋自动控制与监控系统”的电容隔直方案。

二、控制主机异常问题

在换流站发生的计算机控制保护系统故障基本可以划分为两类：①由硬件引起的控制保护系统故障（包括主机硬件故障、其他板卡故障、光纤通道故障等）；②因为软件进程的中断（简称死机）引起的控制保护系统故障。以上两大类故障均易引起冗余的控制保护系统失去备用。以下对这两类故障情况进行分别统计和分析。

（一）MACH2 主机死机

三广直流工程于 2004 年 6 月投入运行，其控制保护系统共有 52 台 MACH2 主机。2004 年至 2007 年一季度控制保护系统主机死机次数统计如表 10-1 所示。

表 10-1　　三广直流工程 2004 年至 2007 年一季度死机次数统计表

换流站	2004 年	2005 年	2006 年	2007 年一季度
江陵换流站	5	9	4	1
鹅城换流站	4	4	4	1
合计	9	13	8	2

从上述统计数据可以看出，三广直流工程死机现象的高发期在 2005 年，为其投运后的第二年，这与第一年仅投运半年、第二年设备处于浴盆曲线首端有一定关系。经过采取一系列的消缺措施，三广直流工程的死机现象逐年下降，控制保护系统运行趋于稳定。

（二）硬件故障

三广直流工程控制保护系统共有 7653 块板卡。2004 年至 2007 年一季度控制保护系统板卡故障次数统计如表 10-2、图 10-7 所示。

表 10-2　　三广直流工程 2004 年至 2007 年一季度板卡故障次数统计表

换流站	2004 年		2005 年		2006 年		2007 年一季度	
	故障次数	故障率（%）	故障次数	故障率（%）	故障次数	故障率（%）	故障次数	故障率（%）
江陵换流站	15	0.20	30	0.39	19	0.25	2	0.03
鹅城换流站	17	0.22	23	0.30	5	0.07	2	0.03
合计	32	0.42	57	0.69	24	0.32	4	0.06

硬件引起的故障一般发生在投运初期，在三广直流工程运行初期，发生了一些因为主 CPU 板卡故障以及其他 DSP 板卡故障引起的控制保护系统故障问题，经过对故障板卡的更换处理，目前硬件已经进入运行稳定期。

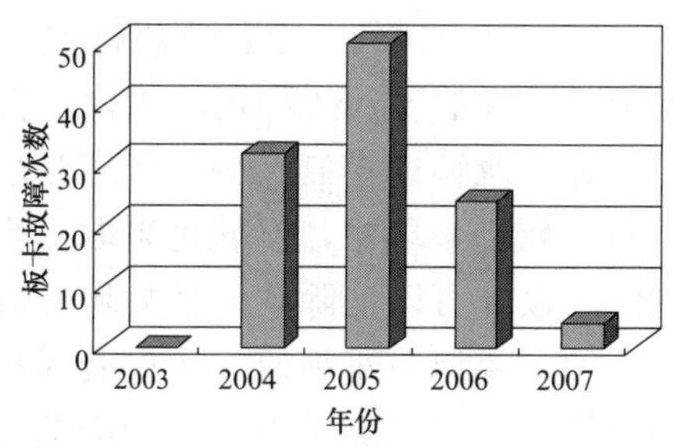

图 10-7　三广直流工程 2004 年至 2007 年一季度板卡故障次数分布图

（三）对控制保护系统故障采取的措施

国家电网公司非常重视控制保护系统异常故障情况，在工程投运初期，一方面做好相关异常故障信息的收集统计和分析工作；另一方面，与制造商积极联系，督促做好现场消缺并深入分析故障原因，在控制系统硬件改进和软件死机研究方面进一步优化细化，提高控制保护系统运行的可靠性。

1. 对硬件的改进

硬件引起的故障一般发生在投运初期。在三广直流工程运行初期，发生了一些因为主 CPU 板卡故障以及其他 DSP 板卡故障引起的控制保护系统故障问题，经过对故障板卡的更换处理，硬件逐步进入运行稳定期，由于硬件造成的故障率已经大大降低。

在三广直流工程中采用的 ROBO667 主处理器具备两个直接对外的网口和 VGA 控制器，有利于提高处理器的处理能力，减少死机。三沪直流工程中采用了 ICP 工控机，主机性能得到了进一步的提高。2007 年 2 月大修期间，对三常直流工程的主处理器板也进行了全面的升级，增大主机容量，提高主机 CPU 性能，全面解决主机硬件兼容性问题，三个直流工程的主处理器板已经可以满足稳定运行的要求。

2. 三沪直流工程采取的措施

为了实现直流控制保护系统国产化，三沪直流工程首次采用 ABB 公司与南瑞集团作为联合体供货的方式。在 2006 年工程调试、试运行期间和 2007 年运行期间，控制保护系统主机死机和板卡故障现象比较明显，对此制造商利用 2007 年三沪直流工程三次设备集中消缺机会，对宜都换流站和华新换流站的控制保护软件进行了全面修改升级，增加了相应的判定主机死机的试验程序，以便进一步分析揭露导致控制保护系统主机死机的深层原因。

为了进一步发现死机问题的根本原因所在，2007 年初制造商对直流控制保护系统软件进行了较大幅度的调整，把属于直流控制保护功能实时执行的应用软件与 LAN 网相关的通信软件分离开来，该软件于 2007 年 3 月在三沪直流工程中进行了安装。从运行情况来看，与直流控制保护功能相关的实时执行应用软件基本没有发生死机，故障基本集中在与 LAN 网通信相关的 Suitlink 软件中（该软件由第三方 Wonderware 公司提供）。针对这一发现，制造商及时与 Wonderware 公司联系，对这部分软件进行了改进，并于 2007 年 4 月在三沪直流工程中进行了现场实施。新的软件安装后，三沪直流控制保护系统运行平稳。

经过 2007 年一季度对软件的这些调整和改进措施，使得发生死机问题的原因进一步明确，为死机问题的最终解决奠定了基础。

此后，针对因 Windows NT 操作系统产生的软件故障，经过制造商与微软公司的协商，将直流控制保护系统的操作系统由 Windows NT 更换为 Windows XP＋RTX 实时操作系统，由此可以解决因为 NT 引起的软件故障；该修改方案完成了论证和厂内初步试验，并在中国电力科学研究院和南瑞继保公司通过动模校核；随后又解决了软件中内存设置和进程监视问题，并在中国电力科学研究院通过了测试。新版本软件在三沪直流工程中安装实施后运行平稳，主机死机问题基本得到了解决。

（四）小结

通过对三峡直流输电工程中三常、三广、三沪直流控制保护系统运行情况的详细分析，可以得出以下结论：

（1）通过与国外直流系统比较，看出三常、三广、三沪直流工程控制保护系统可靠性指标逐年上升，在投运初期即达到国际先进水平，说明整个三峡直流输电工程设备运行状况良好。

（2）对于任何一个计算机控制保护系统，无论是基于 Windows、Unix 系统，还是 Linux 操作系统，无论是国外的直流工程还是国内的直流工程，无论是国际大公司生产的系统还是国内自主创新的系统，无论是直流输电控制保护系统还是普通交流变电站综合自动化系统，都无法承诺绝对不发生软件进程中断（死机）现象，但通过采取适当措施，已使主机死机问题基本得到了解决。控制保护系统完全双重化的设计可以消除软硬件故障所带来的风险，保证直流输电系统平稳运行。

（3）类似政平换流站因控制保护多重故障导致直流强迫停运的事件，已经将事故原因分析清楚，并已经在所有换流站采取了相应的防范措施，该问题已经得到了彻底解决；鹅城换流站因网络堵塞造成直流强迫停运，属于设计问题，已经得到了整改。

三、换流站噪声治理

国家电网公司对换流站噪声治理工作非常重视，组织科研、设计、设备供应商等单位联合攻关，进行了大量的测试分析和研究等前期工作，采取科研—方案试点—评估—推广应用的方法，2005 年在政平换流站完成了站内降噪试点验收后，相继开始了三峡输变电工程其他换流站的噪声治理改造工作。治理改造工作完成后各项工程均通过了含噪声治理的环保专项验收，保证了换流站的正常运行，创建了和谐环境。

2003 年三常直流工程投运后，国家电网公司立即开始启动换流站噪声治理研究工作。通过前期科研、专题评审等环节确定方案后，分别于 2005 年在三常直流工程政平换流站、2006 年在三广直流工程江陵（荆州）换流站组织进行了噪声治理施工改造，主要内容包括增加换流变压器和平波电抗器隔声屏障、更换低噪声滤波电抗器等，以达到环评批复的噪声指标要求。

在汲取三常、三广直流工程经验的基础上，三沪直流工程建设伊始，即对换流站噪声治理开展专项研究，并将其成果纳入工程本体设计之中，第一次真正做到了降噪设施与工程主体同时设计、同时施工和同时投运，避免了工程投产后重新处理所带来的诸多不利因素，实现了噪声治理与工程投运同步的目标，使噪声控制从被动转为主动。

实践证明，三峡直流工程中所采用的各种噪声治理措施，如换流变压器、平波电抗器加装隔声屏障，低噪声电抗器的选型，电容器组采用双塔布置等，对降低换流站噪声水平具有良好控制效果。

为总结经验，推进和规范噪声治理工作，将噪声治理纳入换流站工程常规设计范围，国家电网公司组织国网直流工程建设有限公司、国网运行有限公司、中南电力设计院、华东电力设计院、西北电力设计院、哈尔滨工程大学、北京绿创环保集团有限公司、上海申华声学装备有限公司等单位，对已实施完成的±500kV 换流站噪声治理工程，逐个分析并全面总结噪声治理的思路和针对性方案，包括噪声治理前后的效果对比分析、噪声治理方案的经济性等，这必将对后续换流站的降噪设计和实施具有实际指导作用。

（一）换流站噪声源分析

对噪声进行有效的控制，需要对噪声源设备产生噪声的原理和噪声的声学性能有所了解。通过组织供货商和设计、科研等有关单位对直流换流站噪声声源的系统分析和研究，确认换流站设备噪声源主要为换流变压器，其次为平波电抗器和交流滤波器场里的电抗器和电容器。

1. 换流变压器噪声

换流变压器是换流站中噪声最大的单体设备，产生噪声的主要因素有如下三个方面：①铁心硅钢片的磁致伸缩振动噪声；②绕组导线或绕组间电磁力产生的噪声；③冷却风扇等产生的噪声。

铁心硅钢片的磁致伸缩振动被认为是变压器噪声的主要来源，随着铁心硅钢片设计技术的提高，铁心硅钢片产生的磁致伸缩振动噪声大为减少，使得绕组导线或绕组间电磁力产生的电磁噪声成为主要噪声，绕组噪声的声功率级随着变压器负载增加而增加。因其特殊的结构，其产生的电磁噪声基频一般为 100Hz（变压器工频 50Hz 的两倍），其次为谐频，但峰值在基频 100Hz，属于有调噪声。低频噪声因波长较长，有很强的绕射和透射能力，同时在空气中的衰减也很小，随距离衰减较慢，对周围环境影响较大，因此属于难治理噪声。

2. 电抗器噪声

平波电抗器和交流滤波电抗器是换流站中产生噪声较大的设备。交流滤波器场中的电抗器一般采用干式空芯电抗器；平波电抗器在以往工程中采用油浸式电抗器较多，其中线圈振动产生的噪声是电抗器的主要噪声。平波电抗器的噪声频谱特征为宽频噪声，其中中低频噪声成分稍强，而高频成分稍弱。这一特征受平波电抗器两侧的防火墙影响，两侧的防火墙阻挡了设备后部的高频噪声辐射，因此设备向外部的噪声辐射表现为以中低频为主的噪声频谱。

3. 电容器噪声

从理论上分析，电容器内部的噪声是由于电场的作用使内部产生振动而产生的噪声。当电容器加上交流电压时，在电容器内部的电极间将有静电力的作用产生，从而使电容器内部的元件产生振动，这种元件的振动传给外壳使箱壁振动并形成噪声，再从外壳辐射出去。电容器的声音频谱与通过电容器的电压频谱有关，一般来讲噪声频率为电源频率的两倍。表 10-3 给出了直流换流站主要设备噪声强度。

表 10-3　　直流换流站主要设备噪声强度

声　源		设备的 A 计权声功率级［dB（A）］
换流变压器	正常负载	100～125
	空载	90～110
平波电抗器		85～100
自调谐滤波电抗器		90～100
交流滤波电抗器		70～90
交流滤波电容器组（罐式电容器）		60～105

在考虑换流站噪声治理时，主要针对以上几个主要噪声源采取相应治理措施。

（二）噪声治理

对于换流站噪声治理工作的主要做法：①引入国内专业降噪公司（如北京绿创、上海申华公司等）在其他工业领域降噪的经验；②利用高等院校、科研院所（哈尔滨工程大学、中科院声学所等）的技术优势，通过专项课题研究，找出问题的源头和解决办法，即首先采用现场调研、实测、理论分析及模拟试验相结合的方式进行研究，提出初步的换流站噪声治理方案，再通过与换流站设计单位、施工单位、运行单位及材料供货商的进一步协商，通过优化设计方案，在实际工程中予以实施。

1. 噪声分析识别技术

开发了大型输变电站环境噪声影响范围的工程性分析识别评价技术，为降噪工程的设计范围定位、最终解决方案、治理经费投入和社会环境关系影响奠定了科学判断的基础。其中，首次完成的分析识别技术如下：

（1）在大型换流站不停运的情况下，对整个站内、厂界、敏感点噪声摸索出一整套应用测试分析识别技术。

（2）通过摸索，初步完成了换流站噪声受当地风向、风力、气压、雨雪变化的影响，及噪声对周围居民的特殊影响定量分析。

2. 技术、设备自主研发

（1）开发并成功实施了大型输变电设备环境噪声综合控制技术，其中自主创新技术开发的应用环保设备如下：①平波电抗器噪声控制设备；②换流变压器噪声控制设备；③低噪声电抗器；④变空腔复合吸声设备。

（2）安装降噪设施将会对原有设备产生一定的影响，因此降噪设施设计为独立框架结构，更换设备的时候只需要拆除相对应的框架，并且降噪设施拆装可以在设备本体拆装同时进行，不影响设备本身更换的整体时间进度。

3. 降噪措施

换流站环境噪声综合治理技术中运用了消声、隔声、吸声、阻尼等声学噪声治理技术措施，采用了通风消声器、隔声屏障、隔声吸声板、复合吸声体等专用非标设备。利用站内自然条件，采用自主技术开发的可移动组装式通风降噪设备，设置在换流变压器和平波电抗器前部；在滤波电抗器上加装一体式隔、消声结构，在保证其他技术指标的条件下降低噪声。在新型低噪声电抗器的研究制作上，通过对工艺过程的改进，将一体式筒形声罩设计为阻性，内侧附有能量吸收材料，从而使它的消声效果显著提高；由于降噪效果要求比较高，声罩的设计采取了国际上最复杂、最全面的结构形式，其降噪水平比国外普通滤波电抗器降低了 20dB 以上。

（三）降噪成果

1. 龙政直流工程噪声治理

（1）政平换流站。完成对换流站内噪声治理后对换流站满负荷运行的噪声水平进行自评测试；根据测试结果进行整改完善，直至达到环评要求；随后再申请环保部门的验收。测量结果表明，降噪效果明显，其中，站内噪声源前的声级降低 10～15dB，站外敏感点声级降低 5～7dB，2005 年 12 月通过环保监测验收，2006 年 1 月通过江苏省环保局组织的噪声专项验收。验收证明该项目声环境指标达到《城市区域环境噪声标准》（GB 3096—1993）中的Ⅰ类限制要求。

（2）龙泉换流站。龙泉换流站采取降噪措施后，2007 年 9 月湖北省环境检测中心站对龙泉换流站噪声进行了监测，结果如下："龙泉换流站监测值均达到《工业企业厂界噪声标准》（GB 12348—1990）中Ⅰ类标准（昼间 55dB，夜间 45dB）""敏感点噪声监测值均达到《城市区域环境噪声标准》（GB 3096—1993）中Ⅰ类标准（昼间 55dB，夜间 45dB）"。

2. 三广直流工程噪声治理

（1）江陵（荆州）换流站。江陵换流站经过噪声治理后，2007 年 9 月，湖北省环境保护局组织对荆州换流站噪声治理进行了竣工验收，结论是"同意荆州（江陵）换流站项目噪声治理环保设施竣工通过验收”。

（2）鹅城（惠州）换流站。鹅城换流站经过噪声治理后，2007 年 8 月，广东省环境辐射研究监测中心的检测结论是“鹅城换流站厂界噪声达到《工业企业厂界噪声标准》（GB 12348—1990）Ⅱ类标准”［即昼间小于 60dB（A），夜间小于 50dB（A）］。

3. 三沪直流工程噪声治理

宜都、华新两换流站降噪实施全部完成，并通过国家环保总局组织的环保验收，验收意见认为：“换流站对各噪声源采取了隔声、减震和降噪措施”；对于三沪直流工程噪声治理验收的总体结论为：“三沪直流输电工程环境保护手续齐全，落实了环境影响报告书及其批复的要求，在设计和施工阶段采取了有效措施控制对环境的影响，该工程符合环境保护验收条件，同意通过环境保护验收”。

摘编自：

1．国家电网公司，三峡输变电工程　工程调试卷，北京：中国电力出版社，2008 年。

2．三峡—常州±500kV 直流输电工程总结，国家电网公司，2003 年。

3．三峡—广东±500kV 直流输电工程总结，国家电网公司，2004 年。

4．三峡—上海±500kV 直流输电工程总结，国家电网公司，2006 年。

5．杨万开，印永华，曾南超，等，三峡至广东直流输电工程系统调试关键技术，2008 年，Vol.41，No.1，40～43。

6．杨万开，印永华，曾南超，等，三广直流工程系统调试概述，中国电力，2005 年，Vol.38，No.11，14～15。

7．杨万开，印永华，曾南超，等，三沪直流输电工程系统调试关键技术，2007 年，Vol.28，No.12，34～37。

8．杨万开，印永华，曾南超，等，三峡—上海直流输电工程系统调试总结，电网技术，2007 年，Vol.31，No.19，9～12。

9．杨万开，印永华，曾南超，等，三沪直流输电工程调试概述，2007 年，Vol.28，No.11，5～9。

10．杨万开，印永华，曾南超，等，三峡输变电工程调试成果总结，电网技术，2008 年，Vol.32，No.15，6～10。

11．YANG Wankai，Review on commissioning test of Three Gorges power transmision and substation project，ELECTRICITY，2009 年，Vol.20，No.10，33～38。

12．杨万开，印永华，曾南超，等，三峡—上海直流输电工程控制保护功能的完善，电网技术，2008 年，Vol.32，No.19，26～30。

13．杨万开，印永华，曾南超，等，灵宝背靠背直流工程换流站和系统调试总结，电网技术，2006 年，Vol.30，No.19，36～41。

14．杨万开，王明新，曾南超，等，灵宝背靠背直流工程系统调试中的关键技术分析，电网技术，2007 年，Vol.31，No.7，32～36。

第五章 生 产 运 行

三峡输变电工程是国家电网的重要组成部分，以湖北三峡水电站为源头，分布在湖北、湖南、河南、重庆、江西、广东、安徽、江苏、上海、浙江等地，自 1998 年第一个单项工程 500kV 长寿—万县输变电工程投运以来，设备运行稳定，有效保障了三峡电站电力的外送和消纳。

三峡输变电工程共有 95 个单项交、直流工程。包括 500kV 交流变电总容量 2275 万 kVA，500kV 交流输电线路 7283km，±500kV 直流输电线路 4942km，直流换流输送容量 1200 万 kW，以及相关调度自动化和系统通信等二次系统。

三峡直流输电工程包括±500kV 三峡—常州（龙政）、三峡—广东（江城）、三峡—上海（宜华）、葛沪直流综合改造（林枫）4 个工程，由国网湖北、上海、江苏、湖南电力负责运行维护。

三峡交流输变电工程包括 500kV 变电站 22 座，变电容量 2275 万 kVA；输电线路 106 条，回长 7283km，分别由国网湖北、湖南、河南、江西、重庆、安徽、江苏、浙江和上海电力等单位运维。

国家电网公司始终坚持“安全第一、预防为主、综合治理”的原则，高度重视三峡输变电工程的建设和运维管理工作。工程之初，便建立了国网、省市公司和具体运维单位（超高压、地市公司）的生产运维三级管理体系，确立了生产运维的管理模式，明确了各级单位的管理职责，建立健全了运行维护等生产规程、制度，并随着工程建设的推进和机构的变革不断完善。各级单位落实运维责任，精心开展设备运维工作，以提高巡视到位率和巡视质量为抓手，以规范作业现场为落脚点，落实重大技术指标异常事项报告制度以及应急体系建设，狠抓技术监督和设备状态管理，超前预警预控，消除设备隐患，化解安全风险，确保了三峡输变电工程的安全、经济、优质运行。

摘编自：

1．国家电网公司，中国三峡输变电工程，北京：中国电力出版社，2008 年。

2．跨区电网规章制度汇编，国家电网公司建设运行部，2006 年。

第一节 组 织 管 理

随着三峡输变电工程的开工建设，其生产运维管理体系不断完善，直流换流站管理经历了从电网建设分公司超高压管理处、运行公司到属地省（市）公司管理的变迁。

1995 年 11 月，国务院下达《关于同意成立国家电网建设总公司的批复》文件（国函〔1995〕107 号），明确将葛洲坝—上海±500kV 直流输电工程资产划转国家电网建设总公司。1995 年 12 月，国务院三峡工程建设委员会下达了《关于三峡工程输变电系统设计的批复意见》（国三峡委发办〔1995〕35 号），明确三峡水电站供电范围为华中、华东和四川（当时重庆尚未划为直辖市），将葛南直流作为三峡电力系统的一个组成部分，承担三峡向华东电网输送 7200MW 电力的部分任务。1996 年 6 月，葛南直流的运行管理随着葛南直流资产划归国家电网建设有限公司负责。葛洲坝换流站及运行管理人员整体由葛洲坝电厂划转国家电网建设有限公司直管；华中侧线路由国家电网建设有限公司委托湖北超高压局运维；南桥换流站和华东段线路由国家电网建设有限公司委托华东电管局运维。

1996 年 12 月，国务院下发《国务院关于组建国家电力公司的通知》（国发〔1996〕48 号），深化电力工业体制改革，国有资产经营和企业经营管理职责由电力部移交国家电力公司，并明确“国家电网建设有限公司”更名为“中国电网建设有限公司”。1997 年 6 月，国家电力公司批复了《中国电网建设有限公司章程》，据此 1997 年 8 月完成变更登记。1998 年 3 月，全国人大决定撤销电力工业部。

1998 年 7 月，国家电力公司印发《关于国家电力公司本部增设电网建设部的通知》（国电人劳

〔1998〕267 号)、《关于更改中国电网建设有限公司名称的通知》(国电人劳〔1998〕270 号)。将中国电网建设有限公司的管理职能划入电网建设部，更改所属子公司“中国电网建设有限公司”名称为“国家电力公司电网建设工程公司”。

为适应三峡输变电工程电力外送工程建设和生产运行管理需要，1998 年 4 月，经中国电网建设有限公司总经理办公会研究决定，在宜昌地区设立中国电网建设有限公司宜昌分公司，负责葛洲坝换流站、宜昌换流站的生产准备和运行管理，并参与换流站及相应输电工程的建设管理、协调和公司明确的其他工作（电网人〔1998〕134 号)。

随着三常直流工程开工建设，为适应三常直流工程受电侧（华东地区）生产建设和管理的需要，1998 年 3 月经中国电网建设有限公司研究决定组建中国电网建设有限公司常州政平换流站（电网人〔1998〕41 号)。1998 年 5 月，经中国电网建设有限公司总经理办公会研究决定，设立中国电网建设有限公司常州分公司（电网人〔1998〕147 号)，负责生产、生活基地建设，并及时参与工程的前期建设，做好生产准备及投产后的运行管理等工作，保证政平换流站的安全可靠运行、三峡电力及时送出，以及支持华东地区的经济发展与建设。

国家电力公司于 1999 年 6 月、2000 年 9 月分别下发《关于明确原宜昌分公司管理体制的通知》(人资组〔1999〕44 号)、《关于设立国家电力公司常州超高压管理处的通知》(人资组〔2000〕90 号)，成立国家电力公司宜昌超高压管理处、国家电力公司常州超高压管理处，明确了由超高压管理处负责三常直流工程直流换流站的生产准备和运行管理工作。

国家电力公司建立完善管理机制，2001 年 10 月制定并下发《国家电力公司直接投资建设输变电工程生产准备工作暂行规定》(国电总〔2001〕613 号)，规定了国家电力公司直接投资建设、管理的三峡输变电工程和跨区联网输变电工程的生产准备工作，明确了生产准备工作的管理体系和分工。具体内容为：①新建跨区电网交流变电站和交、直流线路的生产工作原则上委托变电站和线路所在地的省（市）电力公司负责；②新建直流输电工程换流站的生产工作由国家电力公司直接管理的生产单位（超高压管理处）负责；③在新建跨区电网输变电工程立项后，国家电力公司适时商各有关省（市）电力公司，研究和确定工程的具体生产单位，并适时签订生产准备工作委托协议和生产管理委托协议。

2002 年 1 月，为规范国家电力公司直接经营管理的跨区电网的生产管理工作，国家电力公司制定并下发《国家电力公司跨区电网生产管理工作暂行规定》(国电发〔2002〕78 号)，就跨区电网生产管理的组织管理体系做出了具体规定：①明确国家电力公司、各省级电力公司和运行维护单位按照相应的职责对跨区电网实行分级管理；②国家电力公司直接经营管理跨区电网，通过签订运行管理委托协议的方式委托输变电设备所在地的各省级电力公司负责跨区电网交、直流线路和变电站的生产管理和运行维护工作，跨区电网直流输电工程换流站的生产管理工作由国家电力公司直接负责，并由直属的超高压管理处运行维护；③国家电力公司发输电运营部负责跨区电网生产管理的组织和协调工作，各级电力公司按照委托协议和有关规定履行受托线路和变电站的生产管理，运行维护单位按照委托协议和有关规定具体负责受托线路和变电站（换流站）的运行维护和检修工作；④各级电力公司和直属的超高压管理处对委托管理的线路、变电站（换流站）的运行维护单位实行统一的生产管理。

2002 年 12 月，根据国务院电力体制改革方案，撤销国家电力公司，成立国家电网公司。2003 年 3 月，国家电网公司下发《关于设立国家电网公司广东惠州超高压管理处的通知》(国家电网人资〔2003〕163 号)，成立惠州超高压管理处，明确由宜昌、惠州超高压管理处负责三广直流工程换流站的生产准备和运行管理。2003-2004 年，由国家电网公司生产运营部负责三峡输变电工程的生产准备和运行管理工作。

2004 年 12 月，国家电网公司成立国网运行有限公司（国家电网人资〔2005〕25 号)，负责三峡输变电工程的三常、三广、三沪直流工程六个换流站的生产准备和运行管理。国网运行公司下设宜昌、上海、惠州和三门峡超高压管理处。

2005 年 3 月，国家电网公司修订并下发了《跨区电网新建输变电工程生产准备管理工作规定》(国家电网建运〔2005〕107号)、《国家电网公司跨区电网运行管理工作规定》(国家电网建运〔2005〕447号)，分别对跨区电网新建输变电工程生产准备和跨区电网输变电设备运行管理体系做了具体规定。根据组织机构的变化，一方面完善了三峡输变电工程生产运行的三级管理体系，即国家电网公司建设运行部、国网运行有限公司及相关省市电力公司等运行维护管理单位，超高压管理处、超高压输变电(运检)公司或地市公司等运行维护单位实行分级管理；另一方面，调整了三峡直流输电工程换流站的运维管理模式，即换流站由国网运行有限公司直接管理，其他输电工程委托管理。

2008年12月，国家电网公司下发《换流站运维单位调整实施方案》(国家电网建运〔2008〕1268号)，确定2009年3-4月龙泉、江陵、政平换流站运维管理由国网运行公司分别移交湖北、江苏省电力公司属地化管理。

2009年6月，国家电网公司组织机构调整，国家电网公司建设运行部撤销，三峡输变电工程的生产运行工作交由国家电网公司生产技术部负责管理。

2012年3月，国家电网公司下发《关于做好特高压交流变电站、直流换流站运维调整工作的通知》(国家电网生〔2012〕313号)，2012年3月底华新、鹅城换流站运维管理由国网运行公司分别移交上海市电力公司和湖南省电力公司，全面完成了三峡输变电直流工程换流站属地化管理工作。

2012年9月，国家电网公司组织机构调整，根据“三集五大”建设方案，国家电网公司生产技术部撤销，成立国家电网公司运维检修部，三峡输变电工程的生产运行工作交由国家电网公司运维检修部负责管理。

2014年6月，根据国家电网公司制度标准一体化建设工作的部署，国家电网公司制定并下发了《国家电网公司生产准备及验收管理规定》[国家电网企管〔2014〕752号/国网(运检/3)296—2014]、《国家电网公司直流换流站运维管理规定》[国家电网企管〔2014〕752号/国网(运检/4)304—2014]、《国家电网公司架空输电线路运维管理规定》[国家电网企管〔2014〕752号/国网(运检/4)305—2014]等规定，对加强生产准备及验收规范管理，提高精益化管理水平，以及加强直流换流站及架空输电线路运维管理，提高运维工作的质量和效率，保障电网安全运行进行了规定。这些规定进一步完善了由国家电网公司生产管理部门，国网运行公司及相关省(市)电力公司等运行维护管理单位，国网运行公司所属超高压管理处、省级电力公司超高压输变电(运检、检修)公司或地市公司等运行维护单位构成的三级运行管理体系(见图10-8)。

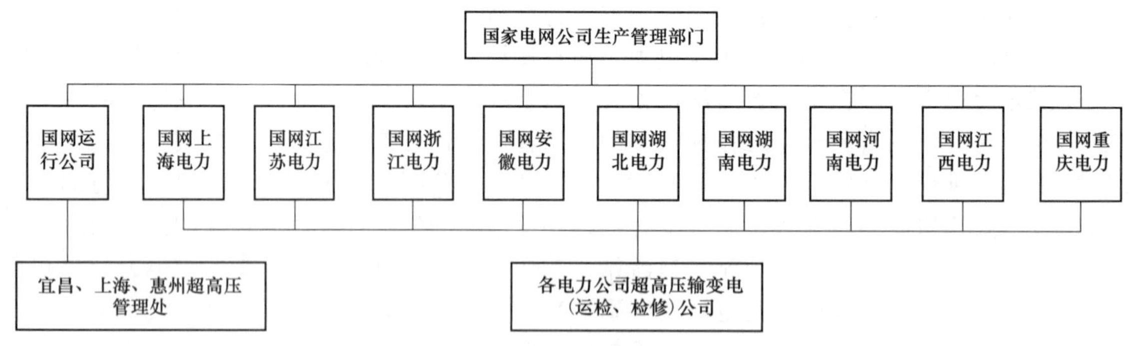

图10-8 三级运行管理体系

摘编自：

1.《关于同意成立国家电网建设总公司的批复》(国函〔1995〕107号)，国务院，1995年11月。
2.《国务院关于组建国家电力公司的通知》(国发〔1996〕48号)，国务院，1996年12月。
3.《国家电力公司直接投资建设输变电工程生产准备工作暂行规定》(国电总〔2001〕613号)，国家电力公司，2001年10月。
4.《国家电力公司跨区电网生产管理工作暂行规定》(国电发〔2002〕78号)，国家电力公司，2002年1月。

5.《跨区电网新建输变电工程生产准备管理工作规定》(电网建运〔2005〕107 号), 国家电网公司, 2005 年 3 月。

6.《国家电网公司跨区电网运行管理工作规定》(建运〔2005〕447 号), 国家电网公司, 2005 年。

7.《换流站运维单位调整实施方案》, 国家电网公司, 2008 年 12 月。

第二节　生产运行管理

生产运行管理分为生产准备和生产运行两个阶段。生产准备阶段涵盖工程投产的建设配合和运行维护准备，各级运维单位积极参与工程可研和初步设计评审工作，认真参加设备监造、现场验收、调试和移交等工作，积极组织人员培训，配置运维检修工器具、仪器仪表，保证了工程安全投产；生产运行阶段涵盖工程投产后的全部过程，工程投产后，加强设备日常运行管理，应用先进运维技术，强化技术监督，加大技改和大修力度，保证了设备安全稳定运行，确保了三峡电力“送得出、落得下、用得上”。

一、生产准备管理

三峡输变电工程建设时间跨度长、单项工程项目多，生产准备工作对于工程竣工后顺利投产和安全运行起着十分重要的作用。国家电力公司（国家电网公司）分别从建立完善的生产准备组织、确定高效明确的管理模式、明确生产准备工作内容、培养合格的生产管理人员、配备齐全合格的仪器仪表和工器具等方面扎实有效地开展工作，保证了三峡输变电工程的顺利接管和稳定运行。

1997 年，500kV 长寿—万县输变电工程线路工程（简称长万线）和万县变电站开工建设，标志着整个三峡输变电工程的正式开工建设。1999 年，国家电力公司下发《关于葛南直流、长万线生产准备工作交接的通知》(办发〔1999〕30 号)，明确长万线生产管理由电网建设分公司移交国家电力公司发输电运营部，启动第一项三峡输变电工程单项工程的生产准备工作。

2001 年 4 月，国家电力公司分别下发《关于委托运行维护三峡送出工程部分输电线路的函》(发输电运营〔2001〕49、50、51 号)，与国网湖北、安徽、江苏电力签订委托协议，明确了三峡输变电工程第一项直流输电工程——三常（龙政）直流线路的运行维护单位。启动第一项三峡直流输电工程——三常直流工程的生产准备工作。

2001 年 10 月，国家电力公司制定并下发《国家电力公司直接投资建设输变电工程生产准备工作暂行规定》(国电总〔2001〕613 号)，首次对三峡输变电工程生产准备工作的主要任务、工作内容和具体要求，以及生产准备费用的使用和管理做出了具体规定。

2005 年 3 月，国家电网公司制定并下发《跨区电网新建输变电工程生产准备管理工作规定》(国家电网建运〔2005〕107 号)，主要就运行维护单位的确定、生产准备工作主要任务、工作内容及责任、生产准备费用的使用和管理做出具体规定。

2014 年 6 月，国家电网公司制定并下发《国家电网公司生产准备及验收管理规定》[国家电网企管〔2014〕752 号/国网（运检/3）296—2014]，对输变电工程生产准备工作管理进行了完善，进一步明确了生产准备工作的定义、主要内容、原则、实施模式等。

二、生产运行管理

三峡输变电工程投运后，国家电网公司通过建立健全生产管理制度、实现运行分析常态化管理、加强运行信息沟通联系、推动运行先进技术应用、实现缺陷闭环管理、优化变电站运行管理模式、推进检修方法研究、积极实施重大技术措施等工作，保证设备运行安全稳定，为充分发挥三峡电力效益做出了巨大贡献。

1998 年 6 月，三峡输变电工程第一项单项工程——500kV 长寿—万县线路及万县变电站投运降压 220kV 运行，标志着三峡输变电工程正式进入生产运行阶段。

2002 年 1 月，国家电力公司下发《国家电力公司跨区电网生产管理工作暂行规定》(国电发〔2002〕

78 号)，对跨区电网生产管理的组织管理体系，管理职责，规程、制度和报表，以及考核与奖励做出具体的规定。

2002 年 2 月，国家电力公司下发《国家电力公司跨区电网大修和技术改造工程项目管理暂行办法》(国电发〔2002〕67 号)。对三峡输变电工程的大修和技术改造工程的项目管理进行了规范，以确保跨区电网的安全、经济、优质运行，控制生产成本，提高生产资金的使用效率和电网运营效益。

2003 年，三常（龙政）直流工程双极运行，标志着三峡直流输电工程正式进入生产运行阶段。

2004 年，国家电网公司开始进行输变电设备状态检修研究和应用，专门组织进行了跨区直流输变电设备评估与检修方式研究。三峡输变电工程在以前的基础上，通过优化设备检修项目、周期，逐步缩短直流系统停运时间，提高系统可用率，直流输电工程年度检修时间由双极停运 30 天缩短为 7 天。

2005 年 4 月，国家电网公司下发《跨区电网输变电设备运行情况报告制度》(建运运行〔2005〕56 号)，对从事跨区电网运行管理及运行维护的各级单位，就跨区电网输变电设备运行情况的报告负责和填报单位、报告分类及内容、报告有关要求等做出了具体规定。

2005 年 4 月，国家电网公司下发《国家电网公司跨区电网委托运行管理服务绩效考核暂行办法》(建运运行〔2005〕61 号)，就跨区电网运行管理绩效考核指标、基本指标考核内容和考核标准、评价指标考核内容和考核标准、考核管理等提出了具体要求。

2005 年 4 月，国家电网公司下发《国家电网公司跨区输变电设备事故预防与应急抢修处理规定》(国家电网建运〔2005〕257 号)。对三峡送出输变电系统电力生产事故的预防和应急抢修处理工作，建立快速、有效的事故预防、应急抢修与救援处理机制等做了规定。三广（江城）直流工程输电线路检修现场交底如图 10-9 所示。

图 10-9　三广（江城）直流工程输电线路检修现场交底

2005 年 4 月，国家电网公司下发《国家电网公司跨区电网输变电设备检修管理规定》(国家电网建运〔2005〕258 号)，对跨区电网输变电设备检修管理的组织机构及职责、检修计划安排的原则、检修计划管理、检修项目实施等做出了具体规定，从制度和标准上规范跨区电网输变电设备检修管理工作。

2005 年 7 月，国家电网公司下发《国家电网公司跨区电网运行管理工作规定》(国家电网建运〔2005〕447 号)，主要就跨区电网输变电设备运行管理体系、管理职责、规程、制度、报表、考核和奖惩等做出具体规定。

2005 年 7 月，国家电网公司下发《国家电网公司跨区电网大修和技术改造工程项目管理办法》(国家电网建运〔2005〕496 号)，对跨区电网检修和技术改造项目申请和审批、工程管理、项目检查和验收等做出具体规定。

2005 年 12 月，国家电网公司下发《国家电网公司跨区电网建设落实十八项反事故措施实施办法

（试行）》（国家电网建运〔2005〕887 号）。

2005 年，国家电网公司组织开展了在三峡出线、直流输电线路上的直升机巡视及水冲洗作业（见图 10-10）的研究和试验。2005 年 12 月 16 日，在龙斗二回 187、188 号塔上进行首次带电水冲洗作业并取得了成功。2006 年 10 月，在三广（江城）直流工程实现了对直流线路的绝缘子带电水冲洗作业。2006 年 12 月-2007 年 4 月，在三峡电站出线、500kV 斗笠开关站出线、三常（龙政）直流工程线路、三广（江城）直流工程线路等大范围开展了直升机巡视作业。

图 10-10　直流线路直升机带电水冲洗作业

直升机巡线和带电水冲洗作业，对降低线路绝缘子污闪、防止发生线路覆冰等起到了积极作用，通过红外、紫外照相技术能更全面和及时发现输电线路存在的缺陷。

2008 年 3 月，国家电网公司下发《国家电网公司设备状态检修管理规定（试行）》（国家电网生〔2008〕269 号）。

2014 年 1 月，国家电网公司下发《国家电网公司生产设备大修工作管理规定》[国家电网企管〔2014〕69 号/国网（运检/3）158—2014]、《国家电网公司生产技术改造工作管理规定》[国家电网企管〔2014〕69 号/国网（运检/3）157—2014]。

2014 年 6 月，国家电网公司下发《国家电网公司电网设备状态检修管理规定》（国家电网企管〔2014〕752 号/国网（运检/3）298—2014）、《国家电网公司运检绩效管理规定》[国家电网企管〔2014〕752 号/国网（运检/3）301—2014]、《国家电网公司直流换流站运维管理规定》[国家电网企管〔2014〕752 号/国网（运检/4）304—2014]、《国家电网公司架空输电线路运维管理规定》[国家电网企管〔2014〕752 号/国网（运检/4）305—2014]、《国家电网公司变电（直流）设备检修管理规定》[国家电网企管〔2014〕752 号/国网（运检/4）309—2014]、《国家电网公司架空输电线路检修管理规定》[国家电网企管〔2014〕752 号/国网（运检/4）310—2014]。

三、生产运行管理示例

针对龙政、江城直流输电线路投运后直流输电线路绝缘子吸附特性引起多起的污闪故障，国家电网公司组织进行了研究分析，并针对故障区段进行了整治。

2004 年 2 月，国家电网公司建设运行部、生产运营部在合肥召开了龙政直流线路外绝缘调爬❶方案研讨会议，综合考虑龙政直流的运行情况、葛南直流的运行经验以及随后投产的江城直流线路的绝缘配置水平，提出了龙政直流调爬的总体目标框架。2004 年 3 月，结合线路停电检修开始进行分步实施。

2005 年 1 月，国家电网公司建设运行部再次在合肥组织召开了龙政、江城直流输电线路第二次调

❶ 设计线路的绝缘子上边的沟回数决定了雾水从下到上爬升的速度，某地区出现大雾雨雪天气，绝缘子上的水向下流，积存在沟回里没有滴下去就会向上积存，积存满了就发生"雾闪"，供电部门根据情况，更换沟回数多的绝缘子，减慢雾水凝结向上爬的速度，叫作"调爬"。

爬方案研讨会议并确定：①龙政、江城直流输电线路因局部环境条件恶化，导致原绝缘配置不能满足污区要求的，根据第一次调爬制定的原则，分别采用加片、更换合成绝缘子、涂覆憎水性涂料的方式彻底解决；②对江城直流输电线路湖南段 2005 年 12 月覆冰严重、频繁冰闪跳闸区段，采用更换优化伞型结构合成绝缘子的方案进行紧急处理，共计 28 基杆塔；③由于龙政、江城直流输电线路耐张塔的绝缘配置水平偏低，在两次调爬中大量采取了涂覆 RTV 的措施。

直流输电线路绝缘子涂覆 RTV 施工如图 10-11 所示，涂覆 RTV 后效果如图 10-12 所示。考虑 RTV 涂料的现场施工质量控制困难，长期抗老化性能令人担忧，安排龙政直流输电线路安徽、湖北段各两基耐张塔横串试用合成绝缘子，作为技术储备。2006、2007 年，先后全面完成了龙政、江城直流输电调爬工作，杜绝了直流输电线路污闪故障的发生。

图 10-11　直流输电线路绝缘子涂覆 RTV 施工

图 10-12　直流输电线路绝缘子涂覆 RTV 后效果

2004 年 12 月 20-28 日、2005 年 2 月 7-19 日，华中地区出现大范围雨雪冰冻天气，湖南、湖北两省的输电线路覆冰严重，造成了杆塔倾倒、导地线断裂、线路大面积跳闸等一系列事故，严重危及电网的安全稳定运行。事故发生后，国家电网公司高度重视，先后组织专家组赴事故现场进行了深入的技术调研，组织召开了“华中电网覆冰、倒塔事故分析会”，对华中电网冰害事故原因和拟采取的治理措施作了进一步的分析论证，4 月 12 日下发了《关于印发华中电网冰害事故防治措施的通知》（国家电网公司安监〔2005〕221 号）。按照国家电网公司的要求，湖南、湖北两省有关运行维护单位对发生和可能发生冰害事故的 500kV 输电线路进行了防冰害技术改造，华中地区的 500kV 三峡输变电设备在抵御恶劣气候方面的能力得到了较大的提高，线路抗冰能力明显加强。大小盘径绝缘子插花布置如图 10-13 所示。

图 10-13　大小盘径绝缘子插花布置

国家电网公司各级运检单位加强三峡输变电设备运维管理，总结并出版了《直流换流站运维技能培训教材　换流站运行》和《直流换流站运维技能培训教材　直流换流站设备状态检修管理标准及工作标准》，规范了直流换流站的运行及检修管理；深入开展隐患排查治理工作，印发《国家电网公司防止直流换流站单、双极强迫停运二十一项反事故措施》（国家电网生〔2011〕961 号），并出版了《防止直流换流站单、双极强迫停运二十一项反事故措施》和《变压器类设备典型故障案例汇编（2006-2010年）》。国家电网公司组织开展交直流设备的隐患排查，及时发现并治理了一批缺陷和隐患。

广泛开展输电线路防外力破坏、防风害、防冰害、防雷害、防污闪、防鸟害（见图 10-14）等工作，提升输电线路抵御自然灾害、防外力损坏能力，出版《输电线路“六防”工作手册》。

国家电网公司加强输变电设备技改大修项目管理，发布了特殊大修和技术改造文件（国家电网生〔2010〕466 号），组织制定技改大修原则，在对设备开展状态评价的基础上，从安全、效益和成本多维度开展技改大修项目评估、可研设计和项目排序、科学立项，优化技术方案，精心组织项目实施，确保输变电设备安全可靠运行。

图 10-14　检修人员摘除杆塔鸟巢

2007 年 10 月 22 日，第八届国际高压直流输电用户会议在湖北宜昌举行。会议由国家电网公司主办，是我国第一次主办的国际高压直流输电用户会议，国家电网公司副总经理舒印彪出席会议并发表讲话（见图 10-15）。国际高压直流输电用户会议每两年一届，旨在为国际同行建立一个相互交流的平台，促进提高直流输电运行水平。此届会议围绕“加强国际合作与交流，推进直流输电运行管理水平”的主题开展了为期三天的技术讨论，包括美国、加拿大、新西兰、中国等在内的 15 个国家 160 名代表

图 10-15　国家电网公司副总经理舒印彪在第八届国际高压直流输电用户会议上讲话

参加了会议。会议共收录技术论文 90 余篇，并精选 40 余篇论文在会上进行交流，会议交流场景如图 10-16、图 10-17 所示。国家电网公司还先后参加了第 77 届 IEC 会议（见图 10-18）等国际会议，广泛与国际直流制造、研究和运营企业交流经验。

图 10-16　第八届国际高压直流输电用户会议上会议代表发言

图 10-17　第八届国际高压直流输电用户会议上各国代表交流经验

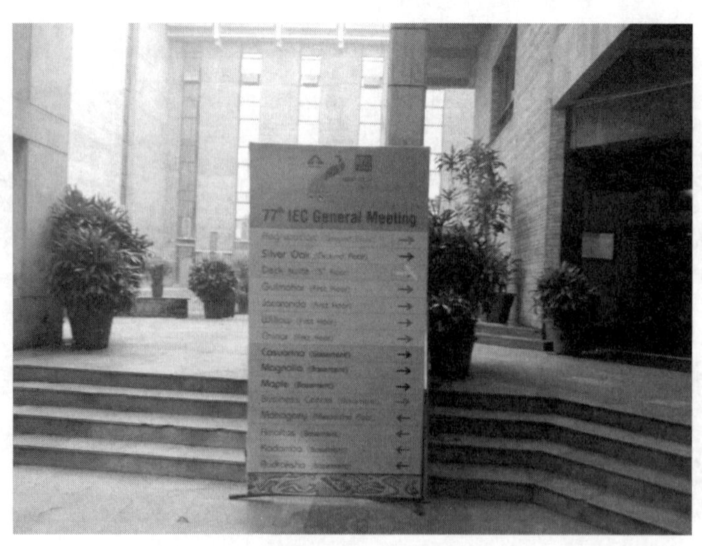

图 10-18　国家电网公司参加第 77 届 IEC 会议

摘编自：

1.《关于葛南直流、长万线生产准备工作交接的通知》，国家电力公司，1999 年。

2. 国家电网公司，中国三峡输变电工程，北京：中国电力出版社，2008 年。

3.《国务院关于组建国家电力公司的通知》（国发〔1996〕48 号），国务院，1996 年 12 月。

4.《国家电力公司直接投资建设输变电工程生产准备工作暂行规定》（国电总〔2001〕613 号），国家电力公司，2001 年 10 月。

5.《国家电力公司跨区电网生产管理工作暂行规定》（国电发〔2002〕78 号），国家电力公司，2002 年 1 月。

6.《国家电力公司跨区电网大修和技术改造工程项目管理暂行办法》（国电发〔2002〕67 号），国家电力公司，2002 年 2 月。

7.《跨区电网规章制度汇编》，国家电网公司建设运行部，2006 年。

第三节　三峡输变电工程运行指标

三峡输变电工程各单项工程、调度自动化及系统通信等二次系统工程质量和性能指标均达到设计和技术规范书要求，均通过了单项工程验收和三峡输变电工程阶段性验收，各单项工程均满足安全稳定运行的需要。工程投产后，国家电网公司组织各级运维单位精心维护，各单项工程运行安全可靠、各项指标优良、设备质量稳定，有效保障了三峡电站电力的可靠外送，经受了运行的考验，实现了三峡电能“送得出，落得下，用得上”的目标，并在设备选型、工程设计、施工调试和运行维护等方面积累了经验，取得了良好成绩。

一、直流输电工程

三峡输变电工程各直流输电系统可靠性指标均纳入我国电力可靠性指标体系，直流输电系统可靠性处于国际领先水平。国家能源局和中国电力企业联合会联合进行可靠性指标发布，如图 10-19 所示。

龙政、江城、宜华直流输电工程投运至 2008 年，平均能量可用率分别为 95.91%、91.57%、88.69%，平均强迫能量不可用率分别为 0.493%、1.458%、1.155%。2009-2015 年，龙政、江城、宜华、林枫直流工程平均能量可用率分别为 92.07%、95.86%、95.55%、93.67%，平均强迫能量不可用率分别为 0.070%、0.216%、0.010%、0.257%。各直流工程未因直流换流站和直流线路故障原因影响三峡水电外送，也未发生过三峡弃水的情况，有力保证了三峡电力外送。2003-2015 年三峡电力外送各直流工程可靠性指标统计如表 10-4 所示。

图 10-19　国家能源局和中国电力企业联合会联合进行可靠性指标发布

表 10-4　　2003-2015 年三峡电力外送各直流工程可靠性指标统计

年份	直流输电工程	能量可用率（%）	强迫能量不可用率（%）	计划能量不可用率（%）	单、双极闭锁次数		
					单极	双极	总计
2003 年	龙政	98.58	0.53	0.89	8	0	8
2004 年	龙政	92.86	0.92	6.22	7	0	7
	江城	96.6	2.00	1.4	6	1	7
2005 年	龙政	95.59	1.26	3.15	7	1	8
	江城	93.89	1.86	4.25	6	1	7
2006 年	龙政	96.63	0.15	3.22	1	1	2
	江城	95.53	0.7	3.77	0	0	0
2007 年	龙政	97.06	0.01	2.93	1	0	1
	江城	94.31	1.19	4.5	1	0	1
	宜华	91.59	1.49	6.92	7	0	7
2008 年	龙政	94.76	0.09	5.15	4	0	4
	江城	77.51	1.54	20.95	5	1	6
	宜华	85.79	0.82	13.39	1	0	1
2009 年	龙政	94.47	0.13	5.4	2	0	2
	江城	89.38	0.21	10.41	7	0	7
	宜华	92.95	0.01	7.04	1	0	1
2010 年	龙政	97.21	0.08	2.72	3	0	3
	江城	97.49	0.04	2.47	1	0	1
	宜华	95.88	0.01	4.12	1	0	1
2011 年	龙政	91.86	0.09	8.05	3	0	3
	江城	96.25	0.58	3.18	4	0	4
	宜华	97.91	0.03	2.06	2	0	2
	林枫	85.26	0.031	14.71	1	0	1
2012 年	龙政	97.08	0.069	2.45	2	0	2
	江城	96.54	0.005	3.453	1	0	1
	宜华	96.03	0	3.975	0	0	0
	林枫	94.22	0.37	5.41	1	0	1
2013 年	龙政	96.10	0.104	3.795	3	0	3
	江城	97.21	0.608	2.183	2	0	2
	宜华	96.71	0.022	3.267	1	0	1
	林枫	95.098	0.835	4.067	3	0*	4
2014 年	龙政	89.32	0.00	10.68	0	0	0
	江城	96.58	0.07	3.35	4	0	4
	宜华	95.11	0.00	4.89	0	0	0
	林枫	96.09	0.05	3.86	1	0	1
2015 年	龙政	78.48	0.02	21.50	1	0	1
	江城	97.56	0.00	2.44	0	0	0
	宜华	94.23	0.00	5.77	0	0	0
	林枫	97.66	0.00	2.34	0	0	0

注　可靠性指标包含直流线路。

*　特高压练塘变电站调试，首次充主变压器引起林枫直流连续换相失败双极闭锁（外部原因导致，不计入站内设备原因）。

2009-2015 年 12 月底，龙泉、政平、江陵、鹅城、宜都、华新、团林、枫泾八座换流站因换流站内设备原因导致的单极闭锁共计 20 次，双极闭锁 0 次，平均单极年闭锁率为 0.385 次/（极・年），为系统设计值的 7.7%［设计值 5 次/（极・年）］、国际平均值的 8.2%，远优于国际同类直流输电系统 4.68 次/（极・年）的平均值。平均双极年停运率 0 次/（双极・年），设计值为 0.1 次/（双极・年），低于国际同类直流 2.34 次/（双极・年）的平均值，处于国际领先水平。

二、交流输电线路设备

2009-2015 年，三峡电力送出 106 条 500kV 交流线路与国家电网公司系统 500kV 线路可靠性指标对比如表 10-5 所示。

表 10-5　三峡输电线路 106 条 500kV 交流线路与国家电网公司系统 500kV 线路可靠性指标对比

次/（100km・年）

线路名称	2009 年		2010 年		2011 年		2012 年		2013 年		2014 年		2015 年	
	跳闸	停运	跳闸	停运	跳闸	停运	跳闸	停运	跳闸	停运	跳闸	停运	跳闸	停运
三峡 500kV 交流输电线路	0.377	0.086	0.506	0.161	0.161	0.054	0.204	0.054	0.280	0.107	0.397	0.161	0.269	0.108
公司系统 500kV 线路	0.307	0.106	0.460	0.163	0.232	0.073	0.257	0.109	0.377	0.130	0.345	0.131	0.293	0.111
全国 500kV 线路	—	0.123	—	0.226	—	0.085	—	0.081	—	0.115	—	—	—	—

2009-2015 年，三峡电力送出输电线路的跳闸率和故障停运率较同期 500kV 线路的运行指标总体领先。根据统计，三峡电力送出 106 条交流输电线路在 2009-2015 年 7 年间共发生线路跳闸 204 次，故障停运 68 次。

国家电网公司不断加强三峡输变电工程的运维管理，通过新技术应用，强化技术监督，开展输变电设备风险评估和隐患排查治理，实施冰区、污区、舞动区等“五区图”管理，落实线路防冰、防雷差异化改造和防舞治理等措施，及早处理发现的缺陷和异常，持续提高输变电设备的安全运行水平。

摘编自：

1. 喻新强，国家电网公司直流输电系统可靠性统计与分析，电网技术，2009 年，Vol.12。
2. 国家电网公司，中国三峡输变电工程，北京：中国电力出版社，2008 年。

第十一篇　稽察、审计和验收

对由国家出资的国家重大建设项目，政府派出稽察组对工程进行稽察，是政府行使出资人权利的必然要求和发挥监督职能的重要形式。对三峡工程进行稽察，由政府进行有效监督，具有里程碑的意义。

1996年6月，国务院三峡工程建设委员会（简称三峡建委）派出稽察组对三峡枢纽工程进行稽察，2001年起对三峡移民工程进行稽察，2002年起对三峡输变电工程进行稽察。

2002-2007年，三峡输变电工程稽察组每年对三峡输变电工程开展年度综合稽察，2012年开展了一次专项稽察。稽察组对三峡输变电工程的综合管理、工程进度、质量、安全、投资控制、招投标、财务管理、环境保护、法人责任制、招标投标制、合同管理制、工程监理制、生产运行以及经营绩效等方面进行监督检查和评价，并提出整改建议。通过稽察，国务院三峡建委能够及时地掌握与了解工程建设实施情况，以及工程建设与运行中存在的主要问题。

实践表明，通过稽察加强了对三峡输变电工程的全面监督，促进了项目法人责任制的落实，提升了管理水平，并为国务院对三峡输变电工程建设决策提供了重要参考。

此外，为确保三峡输变电工程财务收支、建设管理、工程投资、造价控制等各方面的合规性和稽察发现的问题得到切实整改，及时发现问题和总结经验，根据国务院的部署、国务院三峡建委的安排以及国家电网公司工作的需要，在三峡输变电工程建设过程中，国家电网公司2007年对三峡输变电工程进行了内部审计，国家审计署于2009、2011年对三峡输变电工程进行了两次全面审计。历次审计对三峡输变电工程的建设管理进行了充分的肯定，并指出了工程建设管理方面存在的问题，提出了整改意见。

国务院高度重视三峡工程的验收工作。三峡输变电工程的验收对三峡工程建设管理起到了巨大的指导和促进作用。国务院组织对三峡输变电工程分期组织了阶段性验收、专项验收和整体竣工验收，根据三峡枢纽工程建设进度分期，三峡输变电工程验收包括二期工程（含三常直流工程）验收、三广直流工程验收、三期工程（含三沪直流工程）验收、地下电站送出等工程验收和整体竣工验收等阶段。每次国家验收之前，国家电网公司逐一对所有单项工程进行了初步验收。

第一章　稽　　察

第一节　稽察准备与实施

对三峡工程稽察是指对三峡工程实施全过程的跟踪监督。稽察坚持事前预防、事中控制、事后监督，重视整改落实。稽察与审计、财务检查、质量监督检查、工程监理、纪律检查监督等相互配合。对重大工程进行稽察，具有全面、专业、系统、综合、前瞻、动态的特点。稽察组由国务院三峡建委派出，稽察报告直接报送国务院。

一、依据及主要内容

每次稽察前，三峡输变电工程稽察组都印发了《三峡输变电工程稽察工作方案》，明确稽察工作的相关规定和要求，包括工程建设的项目管理、法人责任制、招标投标制、合同管理制、建设监理制的实施，国家有关法律法规、政策规定和基本建设程序的执行等，并从工程进度、工程质量、安全生产、投资控制、财务管理五个方面具体开展稽察工作。从2003年起，稽察内容增加了对上年稽察整改情况的检查。2004年以后，随着部分输变电工程投入运营，在三峡输变电工程稽察的内容中又增加了对工程投入运行情况和经营绩效的分析和评价。2012年，对地下电站送出等工程进行了专项稽察。

二、组织方式

为了推动三峡工程稽察工作开展，建立稽察管理体制和长效工作机制，国务院决定建立国务院三峡建委稽察办公室和国务院三峡建委办公室“一套机构，两块牌子”，直接组织稽察工作，保证稽察工作的权威性、时效性和连贯性。

国务院三峡建委稽察办公室内设稽察司，具体组织三峡枢纽工程、输变电工程和移民工程稽察日常工作，提出稽察报告，督促检查稽察整改意见落实情况。

三峡输变电工程稽察组由国务院三峡建委直接组织、派出，年度和专项稽察报告直报国务院，对国务院负责。稽察组的领导和成员由精通项目管理和基本建设业务、经验丰富、德高望重、公道正派的专家担任，来自国务院三峡办（稽察办）、国家开发银行、电监会、电力系统以及审计部门等单位，是业内资深专家，且与项目法人单位无直接利益关系。

三峡输变电工程稽察的对象主要是项目法人，即国家电网公司，同时根据工作需要，延伸至与工程建设相关的研究、设计、监理、施工、设备和物资供应等部门单位。

三、工作实施

为了保证第一手资料的真实性和完整性，稽察组深入实地，采取定性、定量检查相结合的方式，通过座谈、查证、征询、验账、核实以及现场视察等方式，对三峡输变电工程项目的综合管理、工程进度、质量、安全、投资控制、招投标、财务管理、生产运行以及经营绩效等情况进行评价，并提出整改建议。

每次的稽察工作大致分为四个阶段：

第一阶段，准备工作。稽察组认真阅读项目法人填报的《企业基础材料》和《稽察工作基础材料》。

第二阶段，实地稽察。在国家电网公司总部听取项目法人情况介绍，提出问题进行询问。到工程现场管理部门向建设管理人员了解情况。向工程设计、施工、监理有关单位和人员了解情况，听取意见，对重要问题进行深入调查核实。在质量、安全方面，重点了解质量和安全工作的规章制度和管理体系、实际工作情况、质量和安全事故处理情况、工程投产后的运行情况。投资管理方面，主要是稽核招投标管理、合同管理和投资控制情况。

以 2002 年三峡输变电工程稽察为例，稽察组对 7 个专题进行了 40 天的实地稽察，先后组织了 28 次情况介绍及专题座谈、60 多次个别访谈，察看了 18 个现场项目、1534 份合同，查阅了 870 份工程质量检验报告。

第三阶段，形成并印发稽察报告。稽察组根据各专业组（稽察组下设工程组、投资控制组和财务组）在稽察过程中搜集的情况、评价、问题和建议形成的稽察初稿，与国家电网公司初步交换意见后，开始编制稽察报告。稽察报告一般包括工程基本情况与评价、以前稽察问题整改情况、发现的主要问题和整改建议等内容。稽察报告先征求国家有关部委意见后，国务院三峡建委稽察办公室将稽察报告直报国务院。根据国务院领导批示精神，将稽察结论印送项目法人进行整改。

第四阶段，稽察整改阶段。在配合进行三峡输变电工程实地稽察的同时，国家电网公司同步进行自查，边查边改。收到稽察报告以后，国家电网公司根据稽察结论和建议，逐一对相关问题进行整改，并建立健全有关规章制度和体制机制。完成整改后，国家电网公司及时将整改情况报送稽察组。稽察组在第二年稽察时对整改情况进行复查。

摘编自：

1. 国家电网公司. 中国三峡输变电工程　综合卷. 北京：中国电力出版社，2009 年。
2. 三峡输变电工程总结性研究报告（资料），国务院三峡工程建设委员会办公室、国家电网公司，2010 年。

第二节　稽察结论及整改情况

每年报国务院的年度稽察报告内容主要包括工程管理的总体情况，项目法人责任制、招投标制、合同管理制、监理制的执行情况，工程进度及其存在的问题，工程质量及其存在的问题，安全生产情况及其存在的问题，投资控制情况及其存在的问题，财务管理情况及其存在的问题，单项工程建成后的运行情况及其问题，工程经营绩效及其问题，以及环保、消防、水土保持的情况及其问题。最后评价主要问题，提出整改建议。

向国务院报告之前，稽察组还要书面征求国家发展改革委、财政部、电监会、国家开发银行等部门的意见，并汲取他们的意见。

国务院领导对稽察报告进行审核、做出批示之后，稽察报告的结论及领导批示由国务院三峡办行文送国家电网公司进行整改。

一、历次稽察结论的总体情况

历次稽察对工程基本情况的评价，认为工程进度、质量、安全、投资控制都能完成既定目标，能够确保三峡电力“送得出、落得下、用得上”。

在工程综合管理方面，认真执行“五制”，效果良好，工程管理制度、规章建立健全，执行有效。

在质量控制方面，工程质量保证体系健全完好，能认真贯彻执行国务院颁发的《建设工程质量管理条例》和现行的工程建设质量标准，能按国家和行业颁发的设计规程进行设计，执行施工图会审和设计变更审批等规定，全面实行了工程建设监理，实施质量、安全、进度、投资控制。

各参建施工单位质量管理情况良好，执行技术交底和持证上岗情况良好，都配备了专职质量检查员，质量创优意识较强。认真执行国务院颁布的《工程建设质量管理条例》，工程质量总体良好，工程质量逐年提高，输电线路和变电站工程的施工质量、工艺水平逐年提高。历年投入运行的工程运行正常，已发挥重要作用。积极采用新技术，不断涌现有创新的工程。

在安全生产方面，三峡输变电工程建设和运行中没有发生重大人身伤亡事故，没有发生重大设备事故，没有发生火灾事故，安全生产总体良好。

在投资控制方面，按照“静态控制、动态管理”的办法进行管理，投资控制有效，情况总体较好，没有超过批准的设计概算，已建成投产的三峡输变电工程的造价水平合理，没有发现工程资金被挤占、挪用的行为和概算外工程。

设计、监理、建筑、安装施工和设备、材料采购采用了招投标方式（特殊情况经上报批准）。制定了合同管理有关规定，合同管理不断完善和规范。国家电网公司认真执行《中华人民共和国合同法》及有关规定，合同管理和执行情况良好，各类合同的审批流程规范，合同条款（专用条款）细致严密，具有较强的可操作性，能有效地履行合同约定。

在财务管理方面，对三峡资金的使用有严格的程序和规定，能认真执行国家财经法规和会计制度，认真地执行《三峡电网建设基金使用监督管理暂行办法》有关规定，对三峡基金的使用做到了专款专用。对资金的管理基本做到了合理调配、合理使用、及时拨款。

工程绩效方面，肯定了三峡输变电工程的巨大效益，认为三峡输变电工程绩效明显，经济效益显著。三峡输变电工程保证了三峡电力的送出，增强了华中、华东、广东地区的电力供应，经济效益显著。

稽察中也发现了一些问题，例如，个别输电线路工程曾出现过设计深度不够、换流站计算机控制保护系统“死机”和换流站噪声超标等质量问题，出现过少数合同变更管理不够规范、工程建设初期公开招投标比例不够高等问题，在初期出现过不合理的关联交易问题等。国家电网公司高度重视整改工作，行动迅速，制订了一系列整改措施，及时完成了整改工作。

二、2002 年度稽察结论及整改情况

（一）稽察基本情况

2002 年，国务院三峡建委派出稽察组到国家电力公司，对三峡输变电工程进行稽察，稽察报告送国家计委等 7 部委征求意见，进一步修改完善后报国务院，国务院领导对报告做了批示，要求国家电力公司认真整改。国家电网公司于 2003 年 4 月报送了整改报告，对稽察报告指出的问题一一进行了整改。

（二）稽察报告结论

工程进度方面，三峡输变电工程开工以来至 2002 年稽察期间较好地完成了计划。从各方面情况看，经过努力，采取措施，保证2003年三峡首台首批机组建成并网投产的电力送得出、落得下、用得上的阶段性目标是能够实现的。

工程质量保证体系比较完善，工程质量处于受控状态。全面实行了工程建设监理，实施质量、安全、进度、投资控制。各参建施工单位质量管理情况良好。总体上，已建成和在建工程质量是好的，质量水平上了一个台阶。国家电力公司组织的各个单项工程启动验收委员会和各质量监督站对已建成工程的质量进行了检查，总评价均达到优良级。没有因设计和施工原因造成的重大质量事故，无重大设计变更。已建成投入运行的工程运行情况良好，安全运行累计天数长，运行部门普遍满意。

安全生产总体上状况良好。没有发生人身死亡事故、重伤事故、重大设备事故、火灾事故以及与工程建设有关的交通事故。已投产的工程安全运行情况也是良好的。

业主对工程投资控制很重视，采取了一系列措施以控制工程投资，按照“静态控制，动态管理”的办法管理，工程主体投资控制工作做得比较好。

业主单位各级领导重视三峡资金的管理和财务核算工作，先后制订了《财务管理办法》等针对性很强的七项规定，对三峡资金的调配使用有严格的程序和规定，基本做到了合理调配、合理使用和及时拨付。

稽察报告提出的建议包括：一是进一步加强三峡输变电工程的归口综合管理和统计管理工作；二是加强工程投产后的经营管理；三是研究改进投资管理办法和概算编制方法；四是进一步加强工程质量、安全生产管理工作；五是进一步加强协调工作；六是完善招投标管理，加强合同管理；七是加强基层财务会计工作；八是清理、纠正物资双重管理现象；九是严格清理和纠正不合理的关联交易。

（三）整改情况

国家电力公司党组对稽察报告高度重视，赵希正总经理做出明确批示，责成郑宝森副总经理组织有关部门整改，利用本次整改切实提高管理水平。郑宝森副总经理多次主持召开专题会议，组织工程建设部、计划投融资部、生产运营部、财务部及电网建设分公司，研究、安排、部署整改工作，认真对照检查稽察报告所指出的问题做了切实、认真的整改，提交了整改报告以及相关的调查说明，提出补充措施以及管理办法等21份附件。

国务院三峡建委稽察组在2003年稽察报告中对国家电力公司2002年度稽察整改情况进行了检查并做出评价，认为国家电力公司对整改工作高度重视，行动迅速，责成分管领导组织有关部门认真进行整改，制定了一系列整改措施，已见阶段性成效。经核查，国家电力公司成立了三峡输变电工程建设综合管理办公室以加强归口综合管理工作；对已建成投产的工程，决定从三峡首批机组发电后投产运行开始，各单项工程的运行维护费用从过网费中列支；对概算编制工作，已决定自2003年度开工的单项工程编制两本概算，一本用1993年5月价，另一本用当年价。

三、2003年度稽察结论及整改情况

（一）稽察基本情况

2003年，国务院三峡建委派出稽察组到国家电网公司，对三峡输变电工程进行了第二次稽察，稽察报告先送国家发展改革委等7部委征求意见，做了进一步修改完善后报国务院，温家宝总理、曾培炎副总理对报告做了批示，要求对稽察报告所提意见要逐条分析，认真整改。国家电网公司于2004年4月报送了整改报告，对稽察报告指出的问题一一进行了整改。

（二）稽察报告结论

工程进度方面，2002年年度计划进度总体上完成较好，仅个别工程形象进度稍有滞后。2003年上半年工程计划进度完成较好。三广直流工程进度完成较好。

2002年和2003年上半年，三峡输变电工程质量处于可控状态，质量管理情况和工程质量总体良好。工程质量管理认真执行条例和标准。工程建设监理对质量控制起到了重要作用。工程设备监造工作效果较好。在建工程的设计质量总体较好，其技术经济指标在国内同类工程中比较先进，技术含量较高。2002年内建成的13条交流500kV输电线路工程和4座500kV变电站，经国家电网公司竣工验收后，于2003年6月由国务院验收组进行了总体考核，认为工程技术性能和工程质量符合设计要求，达到了国家规定的标准，工程质量总体优良，没有发现不合格项。三常直流工程自2003年6月以来运行正常，未曾中断，输送功率220万kW左右，为三峡电力外送、川电东送和缓解华东2003年电力紧张做出了很大贡献。

三峡输变电工程点多面广、地形复杂，交叉跨越和高空作业多，总体上安全生产状况较好，但从2002年下半年开始，人身死亡事故呈上升趋势，仅半年内连续发生3起，死亡人数共5人，频率较高。

投资控制方面，投资控制情况总体较好。已建成投产的三峡输变电工程的造价水平较合理，工程实际投资基本可控制在批准的设计概算及输变电限额设计的范围内。经本次稽察，没有发现三峡基金有明显被挤占、挪用的行为和概算外工程。招投标工作基本符合《中华人民共和国招投标法》的要求，工作开展总体较好，做了大量具体工作，较上年有所改进。绝大部分合同依据《中华人民共和国合同法》《中华人民共和国招投标法》等法律依法订立，合同合法有效。管理制度进一步健全与完善。三峡建委规定三峡输变电单项工程初步设计概算分别按1993年5月价格水平和现价编制，由三峡建委审批，不再每年核批价差。据此，国家电网公司相应补充制定了有关规章制度，如《国家电网公司三峡输变电工程投资管理实施细则》《三峡输变电工程初步设计概算编制办法》《工程结算管理办法》等。初步改变了竣工决算滞后的被动局面。为加强工程招投标管理和合同管理，国家电网公司于2002年重新修订了施工、设计、设备及物资采购招标管理办法，在招标、评标组织机构的确定、招投标过程管理、评标定标组织程序等方面都有较为明确的工作流程和相应的实施办法。同时，对招投标过程中的投标文件等档案资料管理较好，做到了有据可查。

三峡输变电工程财务基础资料及报表中所反映的收入支出财务数据真实，被稽察单位较好地执行了国家财会制度、财经法规，内部制约监督机制基本落实。收入支出管理较好，会计工作质量较好，固定资产账物相符。应收款、应付工程款、应付质保金、其他应付款记录比较清楚，未发现重大坏账现象。现金管理账款相符，无丢失被盗事故。银行账户管理比较认真，基本做到了按月对账平衡，没有发现公款私存和重大的呆坏账问题。三峡基金存款利息收入、支出清楚合规。

稽察报告提出的建议包括：一是加强三峡输变电工程的经营管理，其经营收入和支出应分开独立核算；二是抓紧三沪直流工程的前期工作，工程建设要做到与三峡右岸电厂建设进度相协调，保证右岸电厂的电力外送；三是进一步提高工程设计质量，加强工程设计审查的力度和深度，严格执行设计变更程序；四是进一步加强安全管理工作；五是应合理调配和及时拨付工程资金，合理筹措，有效使用，减少贷款利息；六是加强投资控制的全过程管理，进一步规范设计变更的管理；七是完善单项输变电工程竣工财务决算的管理制度，制定决算编制和审核管理办法；八是严格控制公司管理费用；九是加强工程建设部生产基地的资产和财务管理；十是加大公开招标比例。

（三）整改情况

国家电网公司党组对稽察报告高度重视，立即研究、安排、部署整改工作，对照检查稽察报告所指出的问题做了切实、认真地整改，提交了两份整改报告以及相关的调查说明、补充措施以及管理办法等附件。

稽察组在2004年的稽察报告中指出，国家电网公司领导对2003年稽察报告提出的整改建议和国家发展和改革委员会提出的意见十分重视，认真进行整改。2004年4月1日向三峡建委提出了整改情况报告，在《稽察基础材料》中又逐项做出了说明。关于抓紧三沪直流工程建设，已见成效，如换流站设备合同在2004年6月签订生效，换流站场地已开始平整施工，北京网联直流咨询公司已重新改组，并联合西电集团承担三沪直流工程成套设计工作，已按计划开展。关于安全生产工作，2003年下半年后形势好转，一年来工程施工未发生人身死亡和重大伤亡事故。关于投资控制，2003年总体情况良好，已建成的单项工程实际投资与批准概算基本持平；国家电网公司补充修订了《工程投资管理实施细则》。关于招投标管理，从2004年开始设计、施工、监理基本都公开招标。关于提高设计质量，国家电网公司吸取三广线因设计不周造成93基铁塔基础进行返工加高的教训，组织设计院认真总结经验教训，制订措施，防止类似问题发生。关于经营绩效管理工作，整改力度还要加强。

四、2004年度稽察结论及整改情况

（一）稽察基本情况

根据国务院三峡工程建设工作会议关于对三峡三期工程要“全面稽察，强化监督”的精神，国务院三峡工程建设委员会2004年继续向国家电网公司派出稽察组，对三峡输变电工程进行了稽察。稽察组提交的稽察报告先送国家发展和改革委员会等部委征求意见，修改完善后报国务院。汪洋副秘书长批示：“关于‘允许国家电网公司将经营收益再投入的部分资金用于金沙江下游溪洛渡和向家坝输变电工程’的建议，应征求有关部门意见后专题上报。”温家宝总理圈阅，曾培炎副总理批示：“同意汪洋同志意见”。国家电网公司于2005年3月报送了整改报告，对稽察报告指出的问题一一进行了整改。

（二）稽察报告结论

工程进度方面，2003年工程进度计划完成总体良好，2004年上半年工程进度计划执行正常，三沪直流工程有所进展，工期很紧。

三峡输变电工程质量保证体系完整，按国务院《工程建设质量管理条例》的要求，2003年和2004年上半年的执行、贯彻和管理情况总体良好。工程勘察设计、监理、施工单位的资质符合规定。工程设计按规定经过审查批准。工程质量符合国家和行业标准。原材料和技术检验符合规定。工程质量检查和监督体制完整。工程全部实行建设监理。2003年初至2004年上半年建成的工程质量总体良好。历年建成已投入运行的输变电工程质量良好，运行正常。

国家电网公司设立安全生产委员会，全面负责安全生产和运行安全工作。各网、省公司对受委托负责运行管理的线路和变电站进行安全生产监督管理。国家电网公司直属的各超高压管理处负责换流站的安全生产监督管理工作。电网建设分公司的安全生产委员会对常州、武汉、宜昌三个工程建设部的安全生产委员会进行监督管理。工程现场安全工作由总监理师、施工项目经理和专职安全员负责。国调中心和电通中心各自对承建的单列二次系统工程生产安全负责。国家电网公司印发安全生产文件，组织安全生产检查，监督检查执行落实情况，以消除存在的安全隐患。

投资控制总体情况良好。国家电网公司对控制总投资的责任感强，已建成的39个单项工程的实际投资与批准概算相比基本持平。2003年，补充修订了工程投资管理实施细则、施工招投标管理办法、合同管理办法等一系列规章制度，进一步明确了公司内部各部门工作职责。使单项工程投资概算得到有效控制。积极抓紧工程结、决算工作，现已完成39个单项工程完竣工决算的编制。在任务较重的情况下能够始终注意做好投资控制与管理，未发现有挤占、挪用行为和概算外项目。进一步规范了招投标管理，2003年主要设备物资采购基本采用公开招标，工程项目的设计、施工、监理大部采用邀请招标。合同执行情况良好，未发现重大合同违约、合同诉讼和私自分包、转包等问题。办理合同结算时，注意严格审查。

国家电网公司对三峡输变电工程建设资金的管理使用，能认真执行国家统一的财经法规和会计制度，做到了专款专用、合理有效、安全及时。国家电网公司提供的有关三峡输变电工程建设方面的财务资料基本真实。对三峡资金的财务管理是有效的。财务凭证、账、表齐全规范，稽察中未发现三峡建设资金有流失、挪用和严重损失浪费现象；工程结算、物资采购、资金拨付手续完备，未发现拖欠工程款情况；未发现新的不正常关联交易；固定资产管理核算合规；往来账户清理基本及时；货币资金管理符合规定；工程竣工财务决算基本真实。

三峡输变电建设成果巨大，工程绩效明显，经济效益显著。2003年，在国家电网公司的精心组织调度下，三峡输变电已建成工程除送出三峡电力外，还将华中、四川电力输送华东电网，全年共输送电力201.63亿kWh，有力地支援了华东、华中电网覆盖地区的电力供应，缓解了这些地区的用电紧张局面。至2003年底，三峡输变电工程已交付生产运营入账和估价入账输变电固定资产已近120亿元，对国家电网公司总部直接经营输电收入盈利做出了贡献。稽察组经过调研、分析和初步计算，三峡输变电已建成工程2003年输电收入达10亿元，是盈利的，经济效益是好的。

稽察报告提出的建议，除认真整改所提意见外，还包括：一是加强三峡输变电工程的经营管理和绩效考核工作；二是加强规划前期工作；三是研究建立三峡输变电工程资金滚动发展机制和规则，以适应三峡输变电工程和金沙江溪洛渡、向家坝输变电工程建设资金的需要；四是继续抓好安全生产工作；五是对线路走廊征地困难地区，积极采用同塔双回或多回线路设计方案，总结紧凑型线路经验，因地制宜，积极推广。

（三）整改情况

国家电网公司党组对稽察报告高度重视，针对稽察结论中指出的问题专门召集有关单位进行了认真地研究和分析，及时检查了解制度建设和管理工作中的不足，并采取切实有效的措施进行了严肃、认真的整改，从各方面进一步加强对三峡输变电工程建设和运营的管理工作，提交了整改报告以及经费整改方案专题报告。

稽察组在 2005 年稽察报告中指出，国家电网公司领导对 2004 年稽察报告提出的建议和意见十分重视，认真进行整改。2005 年 3 月 30 日，向三峡建委提出了整改情况报告，在填报 2005 年《稽察基础材料》中又逐项做出了说明。对加强三峡输变电工程的经营管理和绩效考核工作，国家电网公司新组建了建设运行部加强三峡输变电的综合管理、经营管理和绩效考核工作，比 2004 年有所加强。三沪直流工程抓得很紧，目前进展顺利，如无意外，可以配合右岸电站发电需要。为加强线路的勘测设计工作，召开了全国性设计会议，总结经验找差距，制订整改措施，已在三沪直流工程中初见成效。关于抓紧处理工程遗留问题，已取得阶段性成果，应争取在 2005 年基本处理完毕。对进一步加强施工质量检查工作，提出了一些措施和办法，收效还不够明显，尚需继续整改。

五、2005 年度稽察结论及整改情况

（一）稽察基本情况

国务院三峡工程建设委员会 2005 年继续向国家电网公司派出稽察组，对三峡输变电工程进行稽察，稽察报告报国务院。温家宝总理圈阅，曾培炎副总理、汪洋副秘书长做了批示，要求认真整改。国家电网公司于 2006 年 3 月报送了整改报告，对稽察报告指出的问题一一进行了整改。

（二）稽察报告结论

工程进度方面，2004 年工程进度计划完成总体良好，2005 年上半年工程进度计划执行正常，三沪直流工程进展顺利。

三峡输变电工程质量保证体系完整，认真执行国务院颁布的《工程建设质量管理条例》，工程质量总体良好，历年投入运行的工程运行正常，已经发挥重要作用。工程勘察设计、监理、施工单位的资质符合规定。工程设计按规定经过审查批准。工程质量达到国家和行业标准。原材料技术检验符合规定。工程质量检查和监督体制完整。工程全部实行建设监理。采用新技术，涌现有创意的工程。

安全生产管理机构进一步健全，安全生产总体良好。三峡输变电工程中没有发生人身死亡事故和重大伤亡事故，没有发生重大设备损坏事故和火灾事故。制定并进一步完善安全生产管理规章制度。组织了安全文明施工示范工程。

投资控制有效，造价水平合理。竣工财务决算进度明显加快。扩大了公开招标，占比项数 94%，采用批量招标方式，主要设备和物资的合同价略低于市场价格，为投资控制打下了较好基础，效果显著。合同管理比较规范，执行情况良好。

国家电网公司对三峡输变电工程建设资金的管理使用，能认真执行国家统一的财经法规和会计制度，较好地执行了财政部《三峡电网建设基金使用监督管理暂行办法》，做到了专款专用、合理有效。财务核算和会计基础工作比较规范，内部控制监督制约机制基本健全。提供的有关三峡输变电工程财务资料基本真实。未发现三峡建设资金有流失、挪用和严重损失浪费现象。工程结算及时，资金拨付手续完备，未发现拖欠工程款情况。固定资产管理核算合规。未发现不正常关联交易。

三峡输变电工程经营绩效良好。工程保证了三峡电力的送出，增强了华中、华东、广东地区的电力供应，2004 年在国家电网公司精心组织调度下，三峡输变电工程当年完成输电量 454.80 亿 kWh，全年实现输电收入 33.63 亿元（含税，下同），经计算，2004 年三峡输变电工程实现税前收益 5.46 亿元，开始取得经济效益。

国家电网公司除认真整改稽察报告提出的建议和意见外，还进行了以下改进：一是加强三峡输变电工程的经营收益管理工作；二是加强单项工程财务竣工决算审批工作；三是抓紧三常、三广直流工程遗留问题处理；四是进一步提高设计质量和施工质量；五是继续加强安全管理工作；六是加强与枢纽工程业主联系，解决右岸电站电力送出有关问题。

（三）整改情况

国家电网公司党组对稽察报告高度重视，针对稽察结论中指出的问题专门召集有关单位进行了认真地研究和分析，逐条进行了整改，提交了整改报告。

稽察组在 2006 年稽察报告中指出，国家电网公司对 2004 年稽察报告提出的 17 条建议和意见十分重视，经检查已解决 11 个，其余 6 个尚需继续完善。

六、2006 年度稽察结论及整改情况

（一）稽察基本情况

国务院三峡工程建设委员会 2006 年继续向国家电网公司派出稽察组，对三峡输变电工程进行稽察，稽察报告报国务院。温家宝总理、曾培炎副总理做了批示，要求认真整改。国家电网公司于 2007 年 2 月报送了整改报告，对稽察报告指出的问题一一进行了整改。

（二）稽察报告结论

工程进度方面，超额完成了 2005 年工程进度计划，提前完成 2006 年上半年工程进度计划，三沪直流工程有望提前至年内投产。

三峡输变电工程质量总体良好，工程设计和施工水平逐年有提高。工程质量保证体系健全完好。工程勘察设计、监理、施工单位的资质符合规定。工程设计按规定经过审查批准。工程质量符合国家和行业标准，符合合同技术条件。原材料和技术检验符合规定。工程质量检查和监督体制完整。工程全部实行了建设监理，主要设备和器材实施监造。已投入运行的输变电工程运行情况良好。

安全生产管理机构进一步健全。安全生产情况总体良好。三峡输变电工程中没有发生人身死亡事故和重大伤亡事故，没有发生重大设备损坏事故和火灾事故。制定和完善了安全生产管理规章制度。安全生产工作关口前移、重心下移。开展安全监督检查，强化安全过程控制。

认真执行项目法人制、招投标制、合同管理制和工程监理制，认真优化工程设计，切实执行国产化政策，争取良好建设投资环境，加强工程管理工作，投资控制在批准概算范围之内，投资控制基本到位，管理工作成效显著。

财务管理方面，严格管理工程资金，认真抓好工程核算、结算和决算工作。资金结构良好、到位及时。

经营绩效方面，严格落实三峡电能消纳方案，精心组织调度，三峡输变电工程当年完成输电量 560 亿 kWh，实现输电收入 35.38 亿元（含税，下同），利润 5.06 亿元，经济效益继续显现。

国家电网公司对除认真整改稽察报告提出的建议和意见外，还进行了以下改进：一是抓紧开展三峡输变电工程经营绩效评价工作；二是尽快提出三峡地下电站送电方案；三是继续推进设备国产化工作；四是抓紧单项工程环保验收工作；五是着手对三峡输变电工程进行全面总结评价；六是提出输电线路建设环境改善的建议；七是继续加强安全生产管理力度；八是进一步加强项目财务预算管理。

（三）整改情况

国家电网公司党组对稽察报告高度重视，针对稽察结论中指出的问题专门召集有关单位进行了认真学习，统一组织制定了全面整改措施，落实责任，限期整改，2007 年 2 月提交了整改报告。

稽察组在 2007 年稽察报告中指出，2006 年度稽察提出的问题和建议共 16 个，国家电网公司对稽察提出的问题和建议十分重视，逐条进行研究，认真进行整改。经核查，国家电网公司对 2006 年提出的问题已整改 10 个，已开始整改但仍需继续整改的有 6 个。

七、2007 年度稽察结论及整改情况

（一）稽察基本情况

2007 年，国务院三峡工程建设委员会向国家电网公司派出稽察组，对三峡输变电工程进行了稽察，稽察报告报国务院，国务院领导做了批示。国家电网公司于 2008 年 2 月报送了整改报告，对稽察报告指出的问题一一进行了整改。

（二）稽察报告结论

工程进度方面，2006 年工程进度按计划完成，2007 年三峡输变电工程将全部建成（不包括地下电站送出等工程）。

2006 年和 2007 年上半年的工程质量总体优良。一是工程质量保证体系基本健全有效；二是 2006 年国家电网公司全面推行工艺二次设计，强化全过程的质量控制，要求设计单位加大设计深度，加强对施工设计图纸的审查力度，工程质量有所提高。已投入运行的输变电工程运行状况良好。

安全生产方面，安全生产管理机构完善，电网建设、运行生产状况良好，安全生产责任制特别是安全过程控制进一步落实，运行安全管理工作进一步加强。

投资控制方面情况良好。国家电网公司按照三峡建委对工程投资实行“静态控制、动态管理”的要求，始终重视对三峡输变电工程投资的管理与控制，严格执行工程招投标、合同管理和工程监理制，陆续制订和完善各种规章制度及措施，保证了 2006 年计划的顺利完成，使工程总投资得到有效控制，造价水平合理。一是工程招投标与合同管理规范，执行情况良好；二是三沪直流工程投资得到较好控制；三是施工合同结算办理及时认真；四是竣工决算编制和管理明显加强。

国家电网公司财务制度比较健全，会计核算有序，工程决算规范，资金管理严格，固定资产制度比较完整，保证了三峡输变电工程建设顺利进行。一是资金管理制度严格、规范，行之有效；二是积极筹措资金确保工程建设；三是认真贯彻会计法、会计准则和会计制度，会计基础工作较好；四是制定一系列固定资产管理制度，确保资产完整。

经营绩效方面，精心组织工程运营，三峡输变电工程当年完成输电量 559 亿 kWh，实现输电收入 39.65 亿元（含税，下同），利润 7.89 亿元。

稽察报告提出的建议包括：一是加大问题的整改和检查力度；二是把管理重点转移到提高安全运行水平和经营管理上；三是进一步促进输变电设备国产化工作；四是研究发挥三峡电站的调峰作用；五是针对线路走廊征地困难问题，对相关标准和管理办法提出政策建议。

（三）整改情况

国家电网公司党组对稽察报告高度重视，进行了严肃整改，2008 年 2 月提交了整改报告。

八、2012 年度稽察结论及整改情况

（一）稽察基本情况

2012 年 11 月 26 日-12 月 16 日，国务院三峡工程建设委员会三峡输变电工程稽察组对三峡地下电站送出工程等三峡输变电增建工程进行了专项稽察。稽察时段视情况追溯至开工日。稽察报告经国务院批准同意。国家电网公司于 2013 年 5 月报送了整改报告，对稽察报告指出的问题一一进行了整改。

（二）稽察报告结论

截至 2011 年 4 月，三峡输变电工程增建的地下电站送出工程如期建成并投入运行，输电线路优化完善工程（除防高空坠落项目外）全部实施，运行以来情况良好。工程建设管理体系完善，贯彻执行“五制”到位，建设管理总体规范有效。工程建设如期完成，满足三峡地下电站投产外送的需要。工程建设坚持“安全第一、质量第一”的原则，质量管理体系健全、措施有效，确保工程质量处于受控状态，工程质量总体优良。工程建设和投入运行以来未发生重大人身伤亡事故和重大设备事故，安全状况良好。工程实际投资全部控制在批准概算范围以内。工程建设积极推进科技创新。工程运行情况良好。

针对稽察发现的主要问题，稽察报告要求国家电网公司举一反三，采取有力措施及时整改：一是加强三峡基金使用管理和三峡输变电工程决算管理；二是规范优化完善工程的管理；三是高度重视输电线路雷害的防范和换流站设备的管理；四是贯彻落实基本建设制度，严格执行“四制”，加强监督检查。

（三）整改情况

国家电网公司党组对稽察报告高度重视，针对稽察结论中指出的问题，采取切实有效的措施进行了认真整改，2013 年 5 月提交了整改报告，并提请国务院三峡建委对有关项目建设方案进行了调整。

摘编自：

1. 国家电网公司，中国三峡输变电工程　综合卷，北京：中国电力出版社，2009 年。
2. 三峡输变电工程总结性研究报告，国务院三峡工程建设委员会办公室、国家电网公司，2010 年。
3. 《关于印送三峡输变电工程稽察（2002 年度）结论的函》（国三峡稽函稽字〔2002〕10 号），国务院三峡工程建设委员会稽察办公室，2002 年。
4. 《关于三峡输变电工程稽察（2002 年度）整改情况的报告》（国家电网办〔2003〕125 号），国家电网公司，2003 年。
5. 《关于印送三峡输变电工程稽察（2003 年度）结论的函》（国三峡稽函稽字〔2003〕10 号），国务院三峡工程建设委员会稽察办公室，2003 年。
6. 《关于三峡输变电工程稽察（2003 年度）整改情况的报告》（国家电网办〔2003〕378 号），国家电网公司，2003 年。
7. 《关于报送三峡输变电工程稽察（2003 年度）整改情况报告的函》（国家电网工〔2004〕171 号），国家电网公司，2004 年。
8. 《关于印送三峡输变电工程稽察（2004 年度）结论的函》（国三峡稽函稽字〔2004〕13 号），国务院三峡工程建设委员会稽察办公室，2004 年。
9. 《关于报送三峡输变电工程稽察（2004 年度）结论整改情况的函》（国家电网建运〔2005〕181 号），国家电网公司，2005 年。
10. 《关于印送三峡输变电工程稽察（2005 年度）结论的函》（国三峡稽函稽字〔2005〕8 号），国务院三峡工程建设委员会稽察办公室，2005 年。
11. 《关于报送落实三峡输变电工程稽察（2005 年度）结论的整改措施及整改情况的报告》（国家电网建运〔2006〕114 号），国家电网公司，2006 年。
12. 《关于印送 2006 年度三峡输变电工程稽察结论和建议的函》（国三峡稽函稽字〔2006〕6 号），国务院三峡工程建设委员会稽察办公室，2006 年。
13. 《关于报送 2006 年度三峡输变电工程稽察结论和建议的整改及落实情况的报告》（国家电网建运〔2007〕139 号），国家电网公司，2007 年。
14. 《关于印送 2007 年度三峡输变电工程稽察结论和建议的函》（国三峡稽函稽字〔2007〕4 号），国务院三峡工程建设委员会稽察办公室，2007 年。
15. 《关于报送 2007 年度三峡输变电工程稽察结论和建议的整改及落实情况的报告》（国家电网建运〔2008〕119 号），国家电网公司，2008 年。
16. 《国务院三峡办关于印送 2012 年三峡输变电工程专项稽察情况报告的函》（国三峡办函稽字〔2013〕17 号），国务院三峡工程建设委员会办公室，2013 年。
17. 《国家电网公司关于报送 2012 年三峡输变电工程专项稽察整改情况报告的函》（国家电网直流函〔2013〕21 号），国家电网公司，2013 年。

第二章　审　计

为确保三峡输变电工程财务收支、建设管理、工程投资、造价控制等各方面的合规性，确保稽察发现的问题得到切实整改，及时发现问题和总结经验，根据国务院的部署、国务院三峡建委的安排以及国家电网公司工作的需要，在三峡输变电工程建设过程中，尤其是在三峡输变电工程进行竣工决算的过程中，国家电网公司2007年对三峡输变电工程进行了内部审计，国家审计署于2009年和2011年对三峡工程进行了两次全面审计，其中对三峡输变电工程进行了两次全面审计。历次审计对三峡输变电工程的建设管理经验进行了充分的肯定，指出了工程建设管理方面存在的问题，使问题得到了有效整改，为国家竣工验收打下了良好的基础。

第一节　内部全面审计

2007年9月，鉴于三峡输变电工程经批准的系统设计建设内容即将全部完成，国家电网公司成立了由刘振亚任组长的审计领导小组，组织系统内120位审计人员，部署对三峡输变电工程进行一次全面的内部审计。

审计范围包括国务院三峡建委批复的系统设计范围内全部工程，包括交流输电线路和变电站、直流输电工程、二次系统和通信工程，审计时段从1996年至2007年9月。

审计内容包括三峡输变电工程财务收支管理、工程建设管理、投资管理和造价控制、有关关联交易清理、稽察整改以及其他相关内容共6大方面。

至2008年1月，国家电网公司审计部牵头完成了审计工作，编制了审计报告。2008年5月，向审计领导小组做了汇报，国家电网公司建设运行部牵头对审计发现的问题进行了整改。

摘编自：

1.《关于成立三峡输变电工程审计领导小组的通知》（国家电网人事〔2007〕719号），国家电网公司，2007年。

2.《关于对三峡输变电工程进行审计的通知》（国家电网审〔2007〕768号），国家电网公司，2007年。

3.《关于对三峡输变电系统工程的审计报告》（资料），国家电网公司，2008年。

第二节　2009年国家审计

2009年5-7月，作为国务院三峡建委的成员单位，按照国务院三峡建委部署，国家审计署成立由审计署固定资产投资审计司和审计署驻武汉、沈阳特派办组成的审计组，对三峡输变电工程进行了一次全面审计，审计结果向国务院三峡建委做了汇报。国家电网公司根据审计报告进行了全面整改。

审计范围和内容包括三峡输变电工程截至2008年底的建设管理、财务收支、征地拆迁等各方面情况。

审计结果表明，三峡输变电工程自1997年开工建设以来，建设单位和各参建单位能够认真贯彻落实党中央、国务院的决策部署，克服工程建设周期长、任务重、技术复杂等困难，逐步建立健全内控制度，加强工程建设管理，不断探索创新，保证了工程建设顺利进行，工程建成后安全稳定运行，及时发挥效益，为国民经济发展发挥了积极作用。主要表现在：

一是工程投资控制较为有效。采取“静态控制，动态管理”的有效投资管理模式，竣工决算投资较国务院三峡建委批复概算节省约 12%。

二是工程建设管理总体良好。率先在我国电网建设中开展招投标和工程监理，实行严格的合同管理，逐步建立健全内控制度，积极控制风险并加强监督检查。建设进度与三峡电站机组投产保持同步并适度超前。高度重视环境保护工作。

三是工程投产运行后较为稳定，保障了三峡电力安全、稳定、可靠送出。合理采用先进技术，配套建设相应稳控装置，线损率等关键技术指标先进。

四是综合效益初步显现。充分发挥了三峡工程的发电效益，累计送电 2863 亿 kWh；促进了以三峡电网为核心、西电东送、南北互济全国电网联网格局初步形成；为经济相对发达而能源不足的华东、华中和华南等地区输送了可靠、廉价、清洁的能源，环境效益突出；分批引进、吸收、消化直流输电工程关键技术，国产化率逐步提高，关键技术实现国产化。

同时，审计还发现几个方面的问题：一是少量资金被建设单位挤占、挪用；二是建设管理依然有不到位的地方；三是部分线路通信系统工程质量存在隐患；四是部分地方政府和有关单位挪用、截留征地拆迁资金；五是进口交流滤波器电抗器不达标。

审计建议提出：一是要认真整改发现的问题；二是要对工程投资绩效进行及时评价；三是要会同地方政府做好电力设施保护工作。

接到审计报告后，国家电网公司高度重视，立即召开了整改协调会议，制订下发整改方案，迅速完成了整改，并向审计署上报整改情况及相关的专题整改报告。

摘编自：

1.《审计署关于审计三峡输变电工程的通知》（审投通〔2009〕163 号），国家审计署，2009 年。
2.《关于三峡输变电工程审计报告》（审投报〔2009〕139 号），国家审计署，2009 年。
3.《关于三峡输变电工程审计整改情况的报告》（国家电网审〔2010〕348 号），国家电网公司，2010 年。

第三节　竣工决算国家审计

2011 年下半年至 2012 年上半年，为做好三峡工程竣工验收准备工作，根据全国人大财经委员会关于三峡工程竣工验收的相关要求，在国务院部署下，国家审计署对三峡工程开展了竣工决算审计工作。

审计的范围和内容包括三峡输变电工程所有建设时段、建设内容。根据工作需要，审计组延伸审计了与项目建设相关的勘察、设计、施工、监理、设备材料供应情况。审计结束后，审计署向国务院提交了审计成果，国家电网公司根据审计报告进行了整改。审计和整改情况向社会做了公告。

审计公告主要结论：

（1）建设内容。直流换流容量为 1800 万 kW，交流变电容量为 2275 万 kVA，供电范围包括江苏、广东、上海等 10 省市，输电线路总长 9194km，并配套建设调度自动化系统、继电保护等项目。

（2）竣工财务决算。截至决算基准日 2008 年 12 月 31 日，三峡输变电工程全部完工，决算草案金额 348.59 亿元。其中，一次系统项目 322.95 亿元（直流工程 192.24 亿元、交流工程 130.71 亿元），二次系统项目 12.32 亿元，专项费用 8.59 亿元，总预备费 2.23 亿元，电网调度大楼 2.5 亿元。

（3）取得的主要成效。工程建设取得了显著成效，在规划论证、建设管理、投资控制、科技创新、管理创新等方面形成了许多有益的经验和做法，为我国重大工程建设和管理提供了可借鉴的经验。

三峡输变电工程 2007 年全面建成投产，提前 1 年完成初步设计任务。通过优化线路设计，建成 ±500kV 直流输电线路 3 条、总长度 2856km，换流站 6 座、总容量 1800 万 kW；建成 500kV 交流线路工程 55 项、线路总长度 6338km，变电工程 33 项、总容量 2275 万 kVA；同步建成配套的调度、通信等二次系统工程，保证了三峡电力“送得出、落得下、用得上”。

输变电单项工程优良率达到100%，获国家优质工程奖和设计奖15项，系统运行安全稳定，未发生电网安全事故，其中交流输电线路2009年和2010年故障停运率均为0.094次/（100km•年），明显优于国内同类工程［平均分别为0.106次/（100km•年）和0.199次/（100km•年）］；直流输电线路2009年和2010年故障停运率分别为2.3次/（100km•年）和1.7次/（100km•年），约为国际平均水平的1/6左右。

交流输变电工程设备基本实现立足国内制造，直流输电工程设备国产化率达到70%左右。三峡输变电工程获国家科技进步奖一等奖1项、专利135项，实现重大自主创新170项，建成了杆塔试验室、电力系统电磁兼容实验室等具有国际先进水平的重点试验室，解决了超大规模交直流互联电网调度运行以及安全稳定控制技术难题，全面提升了我国输变电工程设计、制造、施工及运行管理水平。

（4）审计评价。审计结果表明，三峡工程投资控制有效，静态投资控制在批复概算内，实际投资完成额控制在测算的动态投资范围内，工程建设和资金管理总体规范，竣工财务决算草案基本真实合规。

1）投资控制有效。三峡工程实行“静态控制、动态管理”的投资管理方式。在国内良好的宏观经济环境和国家相关政策支持下，通过优化设计、科技创新、引入竞争机制、强化施工管理、优化融资方案，有效控制了工程投资。

2）建设管理比较规范。三峡工程建立了政府主导、企业管理、市场化运作相结合的工程建设管理体制，以及跟踪审计、年度稽察等监督检查机制。项目法人责任制、招标投标制、合同管理制、监理制执行总体较好，2000年招标投标法实施后，枢纽和输变电工程实际招标金额占应招标金额的92%。项目法人和相关地方政府认真执行国家政策法规，严格强化工程建设管理，管理水平不断提高。

3）建设资金管理总体规范。国家电网公司、国务院三峡工程建设委员会办公室认真遵守国家财经法纪，建设过程中及时整改审计和稽察发现的问题，建立并逐步完善了一系列适合大型水利工程建设特点的资金使用管理制度和财务管理办法，内控制度也比较健全；三峡工程建设基金到位及时，做到了专款专用。

4）竣工财务决算草案基本真实。国家电网公司、国务院三峡工程建设委员会办公室依据财政部批复的竣工财务决算编制办法及相关规定，及时编制了竣工财务决算草案，基本真实和完整地反映了资金来源、使用、工程建设和资产交付等情况。

摘编自：

1.《审计署关于审计长江三峡输变电工程竣工决算的通知》（审投通〔2011〕177号），国家审计署，2011年。
2.《关于转发〈审计署关于印发开展长江三峡工程竣工决算审计工作方案的通知〉的通知》（国三峡办发监字〔2011〕72号），国务院三峡工程建设委员会办公室，2011年。
3.《长江三峡工程竣工财务决算草案审计结果》（中华人民共和国审计署审计结果公告2013年第23号〔总第165号〕），国家审计署，2013年。

第三章　验　　收

国务院对三峡工程的验收工作十分重视，专门成立国务院验收委员会，下设输变电工程验收组，以国家发展和改革委员会为组长单位，各有关部委部门负责人和有关专家为验收组成员。输变电工程验收组下设验收办公室，并成立由中国科学院、中国工程院院士和资深专家为组长、各方面专家参与的验收专家组。项目法人国家电网公司也成立了相应的验收委员会及办公室。

国家电网公司对工程进行了初验并形成自查报告。交流输变电工程、二次系统工程由国家电网公司组织每个单项工程验收，国家分期进行抽检并做出总体验收评价。直流输电工程由国家电网公司组织初验，国家组织终验。

根据三峡枢纽工程建设进度分期，国家对三峡输变电工程的验收一共进行了三期共五次验收。2003年，对2003年之前投产的输变电工程作为三峡二期输变电工程进行了验收。2007年，对2004年以后投产的输变电工程作为三峡三期输变电工程进行了验收。2014年，对三峡地下电站送出等工程进行了专项验收。2015年，国务院验收委员会组织了三峡输变电工程的整体竣工验收，至2015年7月完成。此外，2004年对三广直流工程单独组织了国家验收。

第一节　验收依据及方式

三峡输变电工程验收的依据及方式均由国务院验收委员会确定。

验收的依据主要包括三大类：第一类是国家有关法律法规，国家及电力行业有关工程验收和质量评定的规程、规范和标准；第二类是三峡输变电工程系统设计和初步设计文件及批复文件，国务院及国务院三峡建委有关三峡工程建设、验收的文件；第三类是国家电网公司关于三峡输变电工程建设管理的规章制度，所有单项工程设计、物资和设备采购、施工、监理、调试运行有关的合同、技术规范书和设计文件等。

验收考核工作的内容主要包括：检查由国家电网公司进行的各单项工程的验收工作是否按规程规定进行，检查是否按照国家批准的设计文件进行建设，检查工程质量、安全、进度、环境保护和投资控制情况，检查各单项工程性能是否达到规范要求，检查有关工程投资和财务状况的综合报告，检查验收遗留问题及缺陷的处理情况。开展验收的依据是国务院验收委员会输变电工程验收组颁发的长江三峡二期工程、三期工程、单项直流工程、地下电站送出等输变电工程验收工作大纲（以下简称验收大纲）。验收大纲包括验收依据、验收范围、验收内容、验收组织、验收方式、工作程序和有关标准、要求等内容，以及对最终形成的验收结论的有关要求。

按照国家及电力行业有关工程验收和质量评定的规程、规范和标准，国家电网公司对单项工程逐一进行了验收。在此基础上，国家验收组的专家验收组先对单项工程进行验收。专家验收组通过听取项目法人、设计、施工、监理、运行单位的工作汇报，检查工程档案，以及到现场抽查单项工程等方式，对抽查的项目提出报告。国务院验收委员会正式验收前，专家验收组按照验收大纲的要求，审阅国家电网公司的验收报告，查阅整体验收鉴定书和各单项工程的竣工验收鉴定书，抽查工程档案，与工程有关人员座谈了解工程建设和运行情况，工程存在问题及遗留问题。经充分讨论，形成专家检查报告。

在专家验收组工作的基础上，验收组赴现场验收检查，召开验收会议，全体委员、国家发改委、国土资源部、水利部、国资委、国家环保总局、国务院三峡办、电监会、国家电网公司以及三峡总公司等验收组成员单位的有关代表、专家组成员参加会议。验收会议听取国家电网公司关于工程建设和验收工作情况的汇报，听取专家验收组检查工作情况的汇报，讨论并通过验收报告。

摘编自：

1. 国家电网公司，中国三峡输变电工程　综合卷，北京：中国电力出版社，2009 年。
2. 三峡输变电工程总结性研究报告（资料），国务院三峡工程建设委员会办公室、国家电网公司，2010 年。

第二节　二期工程验收

二期工程验收是依据国务院长江三峡二期工程验收委员会批复的《长江三峡二期工程输变电工程验收工作大纲》进行的。

验收范围是在三峡二期工程建成的输变电工程，包括 500kV 交流输变电工程 31 项，含 20 项单项线路工程和 11 项单项变电工程；三常直流工程；输变电二次系统工程，含与上述交、直流单项工程配套建设的二次系统以及单独建设的 9 项单项工程。验收的重点是与三峡首批机组发电相配合的 500kV 交流输变电工程和三常直流工程能否按期保质投产，保证三峡电力安全送出、稳定运行。

2002 年 9 月，国务院三峡二期工程验收委员会输变电工程验收组开始了验收准备工作，确定了验收项目和工作计划。按《长江三峡二期工程输变电工程验收工作大纲》规定对交流工程国家验收组按十分之一的比例进行抽检。确定抽检的项目有三峡左一到龙泉 3 回 500kV 线路、孝感变电工程、鄂豫联网送电工程（双南线和新乡变电站）、武南到浙江瓶窑的 500kV 线路共 4 项交流工程，以及国调中心新建的能量管理系统 EMS（一期）。

按《长江三峡二期工程输变电工程验收工作大纲》要求，国家电网公司成立了三峡二期输变电工程验收工作领导小组，各单项工程都成立了工程启动竣工验收委员会。国家电网公司对 31 个单项交流输变电工程和 9 项二次系统工程进行了验收，于 2003 年 6 月 20 日向国家验收组提交了《三峡二期工程输变电工程 500kV 交流输变电工程总体考核申请报告》《三峡二期工程输变电工程二次系统工程总体考核申请报告》，并各附验收总体报告及相关的验收鉴定书。2003 年 6 月 23-26 日，国家验收组专家组审阅了验收总体报告，查阅了总体验收鉴定书和各单项工程的竣工验收鉴定书，全面查阅了工程档案，并详细查阅了随机抽查的 2 个单项交流输变电工程和 1 项二次工程的工程资料，结合 2002 年 11 月-2003 年 5 月按 10%比例抽查的 4 个单项交流输变电工程和 1 个单项二次系统工程的验收情况，对二期工程 500kV 交流输变电工程和二次系统工程提出了总体考核意见。2003 年 6 月 27 日，验收组全体成员审阅讨论并一致同意专家组意见，并提出《长江三峡二期工程 500kV 交流输变电工程总体考核报告》和《长江三峡二期工程输变电二次系统总体考核报告》。

之前，国家电网公司在 2002 年 7 月 25 日成立了三常直流工程启动验收委员会，领导工程验收和启动投产工作。初验完成后于 2003 年 6 月 30 日向国家验收组报出《三常直流工程终验申请报告》和《初验鉴定书》。按照《长江三峡二期工程输变电工程验收工作大纲》的要求，国家验收组派代表在三常直流工程的站系统调试和系统调试阶段了解调试过程；派代表参加国家电网公司的三常直流工程启动验收委员会，参与相关初验工作；国家验收组于 2002 年 11 月 26 日及 12 月 2 日分别对三常直流工程的龙泉换流站和政平换流站进行了中间检查；验收组专家组于 2003 年 7 月 7-11 日详细考察了龙泉换流站、政平换流站及接地极、芜湖长江大跨越直流输电线路现场，详细了解主要设备状况及运行情况，审阅了工程初验报告、初验鉴定书以及工程建设档案资料，并听取各建设方的汇报，对调试和试运行中出现的有关问题逐个进行质询澄清，综合各阶段验收成果提出了三常直流工程专家组终验报告。2003 年 7 月 12 日，验收组全体成员审阅讨论并一致同意专家组的终验意见，并提出《长江三峡二期工程三峡—常州±500kV 直流输电工程终验报告》，如图 11-1 所示。

图 11-1　2003 年 7 月，国务院长江三峡二期工程三峡—常州±500kV 直流输电工程终验，验收组组长马凯，副组长张国宝、张德楠、郑宝森，验收专家组组长周小谦在终验大会上

长江三峡二期工程输变电工程的验收结论如下：

（1）各单项工程的建设规模和技术性能符合批准的设计要求，工程建设符合基建程序和国家有关规定。工程验收符合《长江三峡二期工程输变电工程验收工作大纲》的要求。三峡输变电工程的建设对提高我国输变电工程整体建设水平起到重要作用。

（2）工程管理规范，投资控制有效，重视科技进步，工程质量优良，并已通过消防、环保、水利部门审查。

（3）经过验收的三峡二期 500kV 交、直流输变电工程及二次系统工程，可以满足三峡二期工程首批机组电力安全稳定送出的需要。

（4）三常直流工程的建设达到国际先进水平，该工程加强了以三峡电网为中心的全国联网和西电东送能力，对提高我国直流输电工程的建设水平具有重要作用。

（5）三常直流工程按照技贸结合方式引进国外制造技术，并采用了 4 台国产直流换流变压器、72 只大型晶闸管等国产设备，运行正常，为 500kV 直流输变电设备国产化奠定了基础。

（6）建议：一是要认真做好生产运行的规范化管理，加强运行中巡视、维护工作，要及时处理工程运行中的问题；二是抓紧竣工决算和审计、审批工作，进一步完善档案管理，做好工程总结。

摘编自：

1. 长江三峡二期工程输变电工程验收工作大纲（资料），国务院长江三峡二期工程验收委员会，2002 年。
2. 长江三峡二期工程 500kV 交流输变电工程总体考核报告和长江三峡二期工程输变电二次系统总体考核报告（资料），国务院长江三峡二期工程验收委员会三峡输变电工程验收组，2003 年。
3. 长江三峡二期工程三峡—常州±500kV 直流输电工程终验报告（资料），国务院长江三峡二期工程验收委员会三峡输变电工程验收组，2003 年。

第三节　三广直流工程验收

三广直流工程验收是国务院三峡工程建设委员会为确保三峡电站能及时、安全向广东送出电力而组织的一次专项验收。

三广直流工程验收的范围包括三广直流输电工程的直流输电线路、两端换流站、接地极及接地极线路、通信工程四大部分。

2003 年 9 月 18 日，国家电网公司成立三广直流工程启动验收委员会（简称启委会），领导工程的验收和启动投产工作。启委会下设启动试运行指挥组、工程验收检查组和现场调试领导小组。启委会及下设各组分别由项目法人单位领导和建设、设计、监理、施工、运行、科研调试等单位的领导和专业人员组成。

2003 年 12 月，根据国务院三峡工程建设委员会第十三次全会的决定，由国家发展和改革委员会牵头组成三广直流工程验收委员会，在国家电网公司初验的基础上进行终验，验收委员会下设专家组。2004 年 1 月，终验专家组在北京讨论通过了验收委员会的《三峡—广东±500kV 直流输电工程验收工作大纲》，终验专家组派代表参加了国家电网公司三广直流工程启动验收委员会，见证了部分初验工作。终验专家组于 2004 年 2 月对三广直流工程的两换流站及部分线路段进行了中间检查，编制了《三峡—广东±500kV 直流输电工程中间检查工作报告》。

2004 年 7 月，国家电网公司对三广直流工程进行了初验，认为该工程具备进行最终验收的条件，7 月 22 日，向国家发展和改革委员会提出了《关于申请对三峡至广东直流输电工程进行最终验收的报告》。

2004 年 9 月 20–27 日，终验专家组对三广直流工程进行了终验检查。在此期间，听取了国家电网公司初验工作的汇报，审阅了工程初验报告、《工程初验鉴定书》和工程有关资料和档案，考察了荆州和惠州换流站、惠州换流站的接地极及接地极线路，以及枝江大埠街长江大跨越现场，与国家电网公司电网建设分公司、生产运营部、国调中心等主要工程参建单位和运行单位进行座谈了解，对工程存在的问题和工程投入运行以来的情况进行质询澄清。

根据《三峡至广东±500kV 直流输电工程验收工作大纲》的要求，终验专家组于 2004 年 9 月 27 日经讨论一致通过了《三峡至广东±500kV 直流输电工程终验检查报告》。2004 年 12 月 19 日，验收委员会召开三峡至广东 500kV 直流输电工程终验大会，全体委员检查了惠州换流站，听取了国家电网公司、终验专家组和三峡输变电工程稽查组的汇报，经讨论一致通过了《三峡至广东±500kV 直流输电工程终验报告》，如图 11-2 所示。

图 11-2　2004 年 12 月 19 日，三广直流工程通过国家验收

三广直流工程的终验结论如下：

（1）原则同意国家电网公司对三广直流工程的《初验工作报告》和《初验鉴定书》。

（2）三广直流工程的建设系统完整，建设规模和技术性能符合批准文件要求，满足设计和合同规定，达到国际先进水平。

（3）工程建设管理规范，投资控制有效，预计比批准概算投资有节余。

（4）工程质量符合国家和有关标准，工程验收符合《三峡至广东±500kV 直流输电工程验收工作大纲》要求，工程质量优良，工程档案管理规范。

（5）工程投产后，能及时发挥作用，工程经济效益良好。

（6）三广直流工程任务重、工期短，国家电网公司认真负责、精心组织，各参检单位共同努力，注意吸取三常直流工程的经验和教训，不断提高工程质量，加快工程建设进度，提高国产化水平，实现了国务院提出的2004年2月单极投产、6月双极投产向广东送电的目标，将我国直流输电工程的建设推进到新的水平。

摘编自：

1．三峡至广东±500kV直流输电工程验收工作大纲，国务院三峡工程建设委员会三峡至广东500kV直流输电工程验收委员会，2004年。

2．三峡至广东±500kV直流输电工程终验报告，国务院三峡工程建设委员会三峡至广东500kV直流输电工程验收委员会，2004年。

第四节　三期工程验收

三期工程验收是三峡输变电工程中验收规模较大、持续时间较长的一次阶段性验收，由国务院长江三峡三期输变电工程验收组负责。

本次验收的范围包括三峡三期输变电工程和三峡二期工程中尚未验收的二次系统项目。验收的重点是确保三峡电站（除地下电站外）全部机组的电力外送通道（包括相关的交流500kV线路和三沪直流工程）能按期保质投产。

2005年5月，国家电网公司成立了三峡三期输变电工程验收领导小组，全面负责国家电网公司负责范围内的三期输变电工程的验收，验收领导小组在建设运行部设置验收工作办公室，代表验收领导小组具体负责日常工作。在工程建设和验收过程中，又成立了三峡三期输变电工程验收专家组，负责重要技术问题咨询，并代表验收领导小组对国家电网公司负责范围内的重点单项工程的验收工作进行抽查和指导。随后，国家电网公司分批次对交流和二次系统单项工程验收情况进行了审查，审议通过了有关报告，并按照《长江三峡三期工程输变电工程验收工作大纲》的要求，形成了各单项工程的验收报告，完成了建设单位总结、投资完成情况说明、运行工作报告等资料汇编，整理完成了相关工程档案资料。

2005年11月，经国务院批准，国家发展和改革委员会组织成立了长江三峡三期输变电工程验收组，验收组下设验收办公室，并成立了由中国科学院、中国工程院院士和资深专家组成的验收专家组。

在国家电网公司单项工程验收的基础上，验收专家组分别于2006年6月8-17日，2007年4月10-19日，对三期500kV交流输变电工程和二次系统工程进行了两次抽查活动，并对三沪直流工程进行了两次中间检查，验收专家组听取了项目法人、设计、监理、施工、运行单位工作汇报，检查了工程档案，赴现场抽查了11项交流单项工程，分别是潜江变电站、荆州—潜江一回线路、王店—湖州双回线路、湖州变电站、咸宁变电站、万县扩建主变压器及加装静止无功补偿工程、潜江—咸宁一回线路、三峡右岸电厂7回出线、京沪光纤通信工程、电能量计费华中电网主站系统、华中网调EMS系统更新及二级数据网络建设工程，并提出了单项抽查报告，实地检查了宜都换流站、华新换流站、直流线路工程及接地极工程。

2007年11月20日，国家电网公司向国务院验收组提交了《关于申请开展长江三峡三期输变电工程500kV交流、二次系统工程总体考核及三峡至上海500kV直流输电工程终验工作的报告》。2007年12月14-19日，验收专家组开展了第三次验收活动，按照《长江三峡三期工程输变电工程验收工作大纲》的要求，审阅了国家电网公司的验收总体报告，查阅了总验收鉴定书和各单项工程的竣工验收鉴定书，抽查了工程档案，与工程有关人员座谈了解了工程建设和运行情况，并根据验收专家组三次验收结果，形成了《长江三峡三期工程500kV交流输变电及二次系统工程验收总体考核检查报告》和《长江三峡三期输变电工程三峡至上海±500kV 直流工程终验检查报告》。

2007 年 12 月 20 日，国务院验收组召开验收会议，验收组、专家组全体成员和代表参加了会议，如图 11-3 所示，会议听取了国家电网公司工程建设、交流工程验收工作情况和直流工程初验工作情况的汇报，听取了验收专家组验收总体考核检查工作和终验检查工作的情况汇报，讨论并通过了交流工程验收总体考核结论意见和直流工程终验报告。

图 11-3　2007 年 12 月 20 日，长江三峡三期输变电工程验收会议在上海举行

交流工程总体考核结论如下：

（1）三峡三期工程 500kV 交流输变电和二次系统工程建设和验收工作符合《长江三峡三期工程输变电工程验收工作大纲》的要求。

（2）工程建设符合基建程序和国家有关规定，管理规范。

（3）工程建设规模符合批准要求，技术性能符合设计要求。

（4）工程质量总体优良，设备性能满足合同和技术规范及有关标准。

（5）重视科技创新，积极落实装备国产化政策，全面实现国产化。

（6）工程建设重视环境保护、水土保持和节约用地，取得了明显成效。

（7）投资控制有效，造价水平合理。

（8）工程及时建成投产，运行正常，满足三峡电力电量送出的需要。

直流工程终验结论如下：三沪直流工程建设和初验工作符合《长江三峡三期工程输变电工程验收工作大纲》的要求，工程管理规范；工程建设规模和技术性能符合批准文件要求，工程质量达到优良级标准；科技进步和技术创新成果显著，积极落实装备国产化政策，直流国产化工作取得跨越式发展；投资控制有效；环保、水土保持、消防、档案已通过相关部门专项验收；工程及时建成、投产，及时发挥作用并安全可靠运行，工程效益良好。

摘编自：

1．长江三峡三期工程输变电工程验收工作大纲，国务院长江三峡三期输变电工程验收组，2005 年。

2．长江三峡三期工程 500kV 交流输变电及二次系统工程验收总体考核检查报告，国务院长江三峡三期输变电工程验收组，2007 年。

3．长江三峡三期输变电工程三峡至上海±500kV 直流工程终验检查报告，国务院长江三峡三期输变电工程验收组，2007 年。

第五节　地下电站送出等工程验收

在国家对三峡工程进行整体验收之前，国务院长江三峡工程整体竣工验收委员会输变电工程验收组对三峡地下电站送出工程等增建工程进行了专项验收。

本次验收的范围包括三峡地下电站送出等交流工程、葛沪直流综合改造工程、宜都至江陵改接至兴隆 500kV 输变电工程和三峡输电线路优化完善工程。验收的重点是确保三峡地下电站的电力外送通道能按期保质投产。

2014 年 4 月 3 日，国家电网公司成立国家电网公司三峡输变电工程收尾项目及整体竣工验收领导小组，负责三峡地下电站送出三回 500kV 交流送出工程、葛沪直流综合改造工程、宜都至江陵改接至兴隆 500kV 输变电工程及三峡输电线路优化完善工程等收尾项目阶段验收组织工作，领导小组下设验收工作办公室，负责日常组织工作。同时，为便于工作的开展，成立公司专家组，指导公司验收全过程工作。

2014 年 6 月 21 日，国家电网公司组织公司专家组及相关部门到现场对团林、枫泾换流站及附近线路工程，葛沪直流综合改造线路工程，输电线路优化完善工程等部分重点单项工程进行了抽查，详细了解工程投产后的运行情况，抽阅了相关的运行记录，听取了运行单位和属地省公司的汇报，并与三峡公司、国调中心、国家电网信通分公司（简称信通公司）座谈，了解电力送出情况和二次系统运行情况，还在公司档案室抽查了相关的档案资料，为工程进行全面、客观、真实评价奠定了基础，并形成了《三峡地下电站送出等交流工程验收报告》和《葛沪直流综合改造工程初验报告》。

2014 年 9 月 18 日，国家电网公司向国务院输变电验收组提交了《关于申请开展三峡地下电站送出等交流工程总体考核的请示》。

2014 年 11 月，根据《三峡地下电站送出等工程验收工作大纲》要求，国家发展和改革委员会组织正式成立了国务院长江三峡工程整体竣工验收委员会输变电工程验收组，下设验收组办公室，并成立了验收组专家组。验收组专家组于 2014 年 12 月 12-13 日听取了工程建设、运行情况的汇报，与国调中心、国家电网信通分公司进行了座谈，审阅了国家电网公司的验收报告，查阅了单项工程的竣工验收鉴定书，抽查了工程档案。2014 年 12 月 14-19 日，验收组专家组分别在荆州、荆门、宜昌、上海对三峡地下电站至荆门变电站至荆门特高压变电站三回输电线路、宜都至江陵改接至兴隆 500kV 线路工程、三峡输电线路优化完善工程进行了现场检查，并与建设管理、运行维护人员座谈，了解了工程建设和运行情况（如图 11-4、图 11-5 所示），形成了《三峡地下电站送出等工程总体考核检查报告》和《葛沪直流综合改造工程终验检查报告》。

2014 年 12 月 20 日，国家验收组召开了验收会议，听取了国家电网公司工程建设、交流工程验收和直流工程初验工作情况的汇报，以及专家组交流工程总体考核检查工作和直流工程终验检查工作情况的汇报，讨论并通过了总体考核意见和终验报告，如图 11-6 所示。

图 11-4　现场检查

图 11-5　现场座谈

图 11-6　2014 年 12 月 20 日，国家验收组召开验收会议

交流工程的总体考核意见如下：

（1）三峡地下电站送出等工程验收工作符合《三峡地下电站送出等工程验收工作大纲》的要求，内容全面，成果有效。

（2）工程建设符合基建程序和国家有关规定，管理规范。

（3）工程建设规模符合批复要求，技术性能符合设计要求。

（4）重视科技创新，工程质量总体优良，设备性能满足合同和技术规范及有关标准。

（5）工程建设重视环境保护、水土保持和档案管理，并取得明显成效，通过了国家主管部门的专项验收，满足国家相关标准要求。

（6）投资控制有效，造价水平合理。

（7）工程及时建成投产，运行正常，可靠性指标达到国内先进水平，有效满足三峡地下电站电力送出、加强电网结构和安全可靠运行的需要。

（8）工程效益显著，促进了经济社会发展。

直流工程终验结论如下：葛沪直流综合改造工程建设管理规范，初验工作符合《三峡地下电站送出等工程验收工作大纲》的要求；工程建设规模和技术性能符合批准文件要求，工程质量优良；科技进步和技术创新成果显著，自主完成了直流系统研究、成套设计和工程设计，实现了直流设备的国产化；投资控制有效；环保、水保、档案、消防已通过专项验收，满足相关法规和标准要求；工程及时建成投产并发挥作用，运行状态良好。

摘编自：

1. 三峡地下电站送出等工程验收工作大纲，国务院长江三峡工程整体竣工验收委员会输变电工程验收组，2014 年。
2. 三峡地下电站送出等工程总体考核检查报告，国务院长江三峡工程整体竣工验收委员会输变电工程验收组，2014 年。
3. 葛沪直流综合改造工程终验检查报告，国务院长江三峡工程整体竣工验收委员会输变电工程验收组，2014 年。

第六节　三峡输变电工程整体竣工验收

2013 年 8 月 28 日，国务院三峡工程建设委员会召开第十八次全体会议，对开展三峡输变电工程整体竣工验收工作进行了安排部署。2015 年 7 月，三峡输变电工程整体竣工验收工作圆满完成。

2014 年 4 月 17 日，国务院三峡工程建设委员会下发了《国务院三峡工程建设委员会关于印发三峡工程整体竣工验收工作意见及组织机构方案的通知》，明确了整体工程竣工验收的时间安排，成立了长江三峡工程整体竣工验收组织机构。2014 年 5 月，国务院三峡办主持召开国务院长江三峡工程竣工验收大纲审查会议，审核明确了三峡工程验收的工作安排。

2014 年 4 月 3 日，国家电网公司成立国家电网公司三峡输变电工程收尾项目及整体竣工验收领导小组，负责三峡输变电工程整体竣工验收的自验收组织工作，领导小组下设验收工作办公室，负责日常组织工作；同时成立公司专家组，指导公司验收全过程工作。

2014 年 6 月 12-21 日，国家电网公司组织公司专家组及相关部门到现场对部分重点单项工程进行了抽查（如图 11-7 所示），具体包括江陵、团林、龙泉、宜都、枫泾、华新换流站，以及龙政线路 1 号塔、江城线路 18 号塔、宜华线路 217 号和 2489 号塔、林枫线路 22 号和 2466 号塔、峡林一线 2 号和 3 号塔、峡葛三回线路 11 号塔、三峡地下电站送出工程厂区内线路、三峡左右岸枢纽内线路等线路工程，详细了解工程投产后的运行情况，抽阅了相关的运行记录，听取了运行单位和属地省公司的汇报，并与三峡公司和公司国调中心、国网信通公司座谈，了解电力送出情况和二次系统运行情况，还在公司档案室抽查了相关的档案资料，讨论并最终形成了《长江三峡工程整体竣工验收输变电工程竣

图 11-7　现场检查

工验收自查报告》。

2014 年 11 月，国家发展和改革委员会组织正式成立了国务院长江三峡工程整体竣工验收委员会输变电工程验收组，下设验收组办公室，并成立了验收组专家组。同时还正式印发了《长江三峡工程整体竣工验收输变电工程验收大纲》。

摘编自：

1. 国务院三峡工程建设委员会关于印发三峡工程整体竣工验收工作意见及组织机构方案的通知，国务院三峡工程建设委员会，2014 年。
2. 长江三峡工程整体竣工验收输变电工程验收大纲，国务院长江三峡工程整体竣工验收委员会输变电工程验收组，2014 年。
3. 关于申请开展三峡输变电工程整体竣工验收的请示，国家电网公司，2015 年。
4. 长江三峡工程整体竣工验收输变电工程验收报告，国务院长江三峡工程整体竣工验收委员会输变电工程验收组，2015 年。

第十二篇　后评价、总结与档案管理

在三峡输变电工程十多年的建设中，进行了一系列探索与创新，积累了经验。国务院和国家电网公司都高度重视三峡输变电工程的评估、总结和档案管理等工作。工程建设中共进行了三次第三方评价工作：2005 年对三常、三广直流工程进行了单项工程后评价工作；2008 年对工程论证和可行性研究进行了阶段性评价工作；2014-2015 年对系统规划、建设、国产化、运行进行了整体评价。

工程建设中，国家电网公司自发组织了对三峡输变电工程的总结工作。工程建成后，受国务院三峡办委托，国家电网公司组织对三峡输变电工程进行了总结性研究。

工程建设中和建成后，国家电网公司在国家档案局等部门的指导、监督下，坚持不懈地建立健全了工程档案管理的制度体系，并对工程档案进行了妥善整理、保管和利用。

三峡输变电工程的评估、总结和档案管理等工作对工程建设管理起到了重要的指导和促进作用。

第一章　后　评　价

为了保证三峡工程的质量效益，国务院非常重视三峡工程的后评价工作，输变电工程的后评价工作是随着工程进展进行的。中国社会科学院、中国工程院的专家参加了不同阶段的后评价工作，国家电网公司为评价组提供了详实的资料。

第一节　单项工程后评价

为总结三常、三广直流工程建设的经验，为直流输电工程国产化政策决策提供依据，进一步提高直流输电工程管理水平，完善三峡输变电工程项目决策程序，国务院三峡办组织了对三常、三广直流工程的后评价工作。后评价工作由国务院三峡办组织，国家电网公司协同配合，中国国际工程咨询公司和中国电力工程顾问集团公司分别承担三广和三常直流工程的后评价。

2005 年 5-12 月，编制后评价大纲，经过中间评审，完成后评价报告和专家组评审。国务院三峡办在三广和三常直流工程后评价报告的基础上，形成了《关于三峡至常州、三峡至广东 500kV 直流输电工程后评价的情况报告》，于 2006 年报送国务院。

后评价结论认为：三常、三广直流工程的建设运行有效地保证了三峡电站电力“送得出、落得下、用得上”，促进了全国电网的形成，为长三角、珠三角地区的经济发展做出了积极的贡献；同时，改变了直流输电设备和技术完全依靠进口的局面，大大提升了我国在该领域的自主化能力，是“引进、消化、再创新”的成功案例；工程建设运行中发现的主要缺陷已基本得到解决；根据国际大电网会议对世界 22 项直流输电工程 2002 年运行指标的统计表明，三常和三广直流工程的能量利用率可分别排名到世界第一和第五，能量可用率指标也比较先进。后评价认为，两个工程规划立项正确、建设实施顺利、技术水平先进、经济效益良好、社会影响显著，实现了工程预期的全部目标，并具有可持续发展能力，工程是成功的。三常直流工程被评为“国家优质工程银奖”。

后评价报告总结了两项直流工程建设的主要经验和启示：一是工程前期论证充分，规划合理，决策科学；二是采用引进吸收后再创新的模式，推动了我国直流输电设备国产化和技术创新；三是政府与项目法人职责明确、责任落实、互不越位，管理制度健全、执行有力。

后评价报告提出了三条建议：一要坚持国产化和技术创新，应建立有效的技术创新体系；二要增强我国在技术标准、规范方面的发言权，实现从“直流大国”向“直流强国”的转变；三要统筹规划，高度重视占地补偿、环境影响和工期紧张对电网建设提出的新要求，建设绿色、和谐、优质的电网工程。

摘编自：

1．关于开展三峡至常州、三峡至广东直流输电工程后评价工作的通知（国三峡办发计字〔2005〕71号），国务院三峡工程建设委员会办公室，2005年。

2．关于三峡至常州、三峡至广东500kV直流输电工程后评价的情况报告（呈国务院报告），国务院三峡工程建设委员会办公室，2006年。

第二节　阶段性评价

三峡工程建设末期，根据国务院总理李克强的批示精神，在充分酝酿和多次协商的基础上，国务院三峡工程建设委员会委托中国工程院组织实施对三峡工程论证及可行性研究结论进行阶段性评价（以下简称阶段性评价）工作。

中国工程院于2008年3月启动了阶段性评价的相关工作。评价分10个课题组进行，电力系统为其中之一。

三峡工程电力系统评价课题组由专家组及其工作组组成。周小谦任专家组组长，周孝信和郑健超两位院士任专家组副组长，包括两位顾问在内，专家组成员共15名；工作组成员16名。

2008年4月16日，周小谦组长主持召开了三峡工程电力系统论证结论阶段性评价第一次会议，专家组、工作组成员参加了会议。会议在听取了周小谦组长关于课题的介绍和要求、国家电网公司关于三峡电力系统的汇报后，明确了评价工作的工作方法、各相关单位的工作内容、时间进度要求，落实了需为评价组提供相关资料的单位。本次会议的召开标志着阶段性评估工作全面展开。

国家电网公司党组高度重视三峡输变电工程建设和后续工作，舒印彪副总经理在2008年4月10日的跨区电网会议上明确要求把三峡输变电工程阶段性后评价作为2008年的一项重点工作，要求各单位全力配合课题组、专家组做好相关工作，确保圆满完成评价任务。公司建设运行部负责统筹协调整体评价工作，委托国网北京经济技术研究院主要承担具体工作。为保证评价工作的顺利进行，公司派出骨干人员参加了由国务院三峡办举办的三峡工程项目后评价培训班。

课题组经过长达一年的工作，形成了《三峡工程电力系统论证结论的阶段性评价》报告。报告就三峡电力系统论证的科学性与可行性、电力系统论证中的热点问题得出了两个主要评价结论。

第一，三峡工程电力系统论证是系统、全面、科学的，按照论证结论进行的系统规划设计、建设与运行达到预期目标，充分证明论证结论的科学性和可行性。

三峡电力系统按规划论证方案提前一年建成，建成后确保了电力送出，完成了电力消纳，实现了水电效益的发挥，并且电力系统运行安全、稳定，电力潮流合理。

（1）三峡电站装机1820万kW，单机容量70万kW，规模合理，确保了水能资源的充分利用。电站靠近负荷中心，便于机网协调，对于改善电网动态特性、抑制振荡、调压调频与事故支援，都发挥了积极作用。

（2）三峡工程电力系统经济、社会和环境效益良好。自2003年三峡第一批机组投产到2007年底，三峡电力全部及时送向华东、华中、广东电网，适时地增加了电力有效供给，对于缓解这一时期煤电油运紧张局面、满足社会经济和人民生活电力需求发挥了积极作用，为国民经济持续发展提供了强有力的保障；同时，减少了温室气体与污染物的排放，取得了良好的环保效果。

（3）三峡电能分配与消纳合理，水能资源得到了充分利用。三峡电力系统将三峡电力分别送往华中、华东、广东、重庆等地，实现了高效替代火电；同时，还实现了华中与华东电网水火电互补运行，有效改善了我国能源结构，促进了资源合理配置。

（4）三峡输变电工程促成了以三峡电力系统为核心的全国联网格局。三峡电力系统工程建成后，加强了华中东四省与川渝联网，以及华中电网与华东、广东、西北跨区域联网，同时推动了与东北、华北电网联网，从而初步形成了全国联网格局。

（5）三峡输变电工程全面提高了我国电网建设水平和技术装备水平。三峡输变电工程建设中，以企业为主体，以工程为依托，坚持技术引进、消化吸收、集成创新，全面提高了我国输变电技术装备的设计、制造水平。特别是在超高压直流输电技术方面，我国已全面掌握了从研究、设计、制造、施工到运行等整套技术，进入了世界先进行列，为我国电网发展和大型水电开发及其远距离、大容量外送打下了坚实的基础。

第二，三峡电力系统论证中的热点问题，在三峡电力系统建设和运行实践中逐步统一了认识，得到了解决。

三峡电力系统论证中一些争论热点问题和不同意见，在建设期间都得到了重视，从现阶段建设、运行实践和理论计算分析，论证期间争论的热点问题都已得到较好的解决。

（1）三峡水电开发时机问题。论证期间，不少人担心开发三峡干流水电会影响全国水电开发，但我国水电建设发展实践证明：三峡工程建设不仅没有影响，而是极大地促进了长江上游水电开发，其他水电项目都已开工建设或投产运行。在三峡建设的 15 年间（1992-2007 年），全国水电装机规模增加 1.1 亿 kW；而从 1967 年到 1992 年的 25 年间，全国水电装机规模仅增加了 3800 万 kW。三峡电站的开发适应我国水电建设需求，极大地促进和加快了长江上游干支流水电开发。

（2）投资能力问题。三峡电力系统论证过程中，有人提出我国是否有财力建设这样规模巨大工程的问题。在三峡输变电工程建设中，国家对此给予了高度重视，制定了一系列完善的筹资政策，并且严格控制工程造价，使三峡输变电工程造价水平总体低于全国同期平均水平。另外，从三峡工程论证到建成的 20 余年间，我国综合国力和财力取得了巨大发展，基本建设投资能力也得到有效增强，全国固定资产投资从 1985 年的 2475 亿元提高到 1994 年的 1.59 万亿元再提高到 2007 年的 13.72 万亿元，三峡工程投资所占比重也越来越小。因此，在三峡输变电工程建设的全过程中，资金供应状况良好，没有发生因资金不到位影响工程建设的情况。

（3）三峡电力电量消纳问题。有人担心三峡电站装机 1820 万 kW，年发电量达到 847 亿 kWh，能否在三峡电力系统范围内全部消纳，是否会出现三峡发电之日就是窝电之时的问题。实际上随着我国社会经济的发展，电力需求增长强劲，电力市场不断扩大，这一问题迎刃而解，三峡电力能够全部及时消纳，并产生了巨大的经济、社会、环境效益。

（4）重大技术问题。关于技术难度与装备供应问题，在三峡工程建设中都得到了圆满的解决。三峡电力系统论证中对于向华东的送电方案进行了深入的系统研究，最后确定纯直流方案。当时有专家担心我国未掌握直流输电技术，工程难以建成。但在建设中，我国坚持技术引进、消化吸收、集成创新，通过三峡输变电工程建设，不仅全面解决了超高压直流输电技术，满足了工程建设需要，而且我国直流输电技术从研究开发、装备制造、设计施工到调试运行，全面进入世界先进行列。目前，我国在直流输电工程领域，无论是规模还是技术都已处于世界领先地位。

（5）送端换流站址选择问题。直流换流站的地位和作用在三峡电力系统中至关重要。三峡送端换流站是作为电厂的一部分在厂区内建设，还是作为电力系统的一部分在电网中合理布局，在论证阶段存在不同意见。经反复论证，最终决定将换流站放在电网中统一规划选址。实践证明，这一决定是合理的，有利于电力系统合理调度、灵活运行。

报告还指出，在三峡输变电工程建设期间，随着国民经济快速发展，电力需求高速增长，系统运行条件较当初论证阶段所预计的情况有较大变化，需要进一步研究三峡近区电网的适应性、宜昌地区电力供应紧张以及电网运行环境等问题。

2009 年，国务院总理李克强、副总理回良玉，相关部委负责人出席会议，听取了阶段性评价成果汇报，对评价报告和评价工作给予了充分肯定。

摘编自：

1. 关于委托中国工程院组织实施三峡工程论证及可行性研究结论的阶段性评估工作的通知（国三峡委发办字〔2008〕3 号），国务院三峡工程建设委员会，2008 年。

2. 中国工程院，三峡工程论证及可行性研究结论的阶段性评估报告　综合卷，北京：中国水利水电出版社，2009 年。

第三节　三峡工程电力系统评价

根据国务院三峡工程建设委员会第十七次全体会议精神，国务院三峡办组织三峡集团公司、国家电网公司和湖北省、重庆市人民政府，共同研究了三峡工程竣工验收工作方案，报经国务院批准。其中，按照全国人大财经委的提议，考虑三峡工程在我国经济社会发展中的重要性和政治敏感性，鉴于中国工程院已有对三峡工程可行性研究报告结论进行过阶段性评估的工作基础，在开展三峡工程竣工验收之前，2014-2015 年，仍由中国工程院牵头组织，对三峡工程进行了第三方评估，三峡工程电力系统评价是其中一项子课题。

三峡工程电力系统评价的具体内容包括三峡电力系统规划评价、工程建设评价、输变电设备国产化评价及电力系统运行评价四个部分。2015 年 12 月形成了《三峡工程电力系统评价》报告。报告由综合报告、规划设计专题报告、工程建设专题报告、输变电科技创新和设备国产化专题报告、三峡电力系统运行专题报告五部分组成。现将报告主要结论摘编如下。

一、综合报告

综合报告给出了三峡工程电力系统的整体评价结论：

（1）三峡电力系统规划论证工作系统、全面、科学。三峡电力系统规划是三峡工程建设的重要组成部分，规划过程坚持远近结合、反复论证、（电源电网）统一规划、总体审批、分步实施、适时调整的原则。规划论证结果科学合理，满足了各阶段三峡电力系统安全稳定运行及三峡电能全部送出需求，对系统条件变化适应性良好，是大型水电开发建设的成功范例。

（2）三峡输变电工程全面、按时、安全、高质量完成建设任务。三峡输电系统全面建成，工程建设有序，投资、质量、安全得到有效管控。在建设过程中，顺应经济体制改革创新建设管理机制，引入项目法人管理制度、资本金制度、招投标制度、合同管理制度和项目监理制度等现代工程管理制度，奠定了我国输变电工程现代建设管理制度的基本框架。通过三峡输变电工程建设，我国输变电工程建设能力跻身国际先进水平行列。

（3）三峡工程全面提升了输变电装备国产化水平和制造能力。三峡输变电工程坚持技术引进与消化吸收、自主创新相结合的技术路线，采用“政府引导，企业为主体，大工程为依托”的模式，推动了我国输变电装备制造业的快速发展，全面实现了超高压直流输电工程建设的自主化与装备的国产化，改变了我国直流输电技术薄弱的历史状况，使我国直流输电技术应用及部分研发达到国际先进水平，有效控制了直流工程的投资；多个交流设备技术性能和参数跻身世界先进行列。

（4）三峡电力系统可靠性高，运行稳定，调度方式合理，经济和社会效益显著。自 2003 年首台机组投运以来，三峡电力系统运行可靠性高，通过制定科学合理的调度、运行、控制方案，在各个运行阶段、各种运行方式下均符合 DL 755—2001《电力系统安全稳定导则》规定的安全稳定标准，稳定水平高、承受扰动的能力强，输电能力满足向华中、华东、南方电网送电的需求。截至 2013 年底，三峡电力系统已安全运行 10 年，实现了三峡电能的全部送出，充分利用了三峡水能，具有显著的经济和社会效益。

（5）三峡电力系统建设推动了全国联网。三峡电站地处华中腹地，在全国互联电网格局中处于中心位置，对电网互联起到枢纽作用，再加上其巨大的容量效益，对于区域电网互联起到了重要的推动作用。通过构建三峡电力系统，联接了川渝、华东和南方电网，推动了全国联网，实现了跨大区西电东送和北电南送，电网大范围资源优化配置能力得到大幅提升。

（6）推动了电力行业科技进步和专业人才的培养。配合三峡电力系统建设，我国建成了一批具有世界先进水平的实验室和研究基地，全面掌握了大电网规划设计、仿真分析、运行控制、调试和调度通信技术，并通过积极支持国产“首台首套”设备挂网运行，使我国电力科技创新能力大幅提升。通过三峡电力系统建设，我国培养了一批在电力系统领域具有国际知名度的专业人才。

二、规划设计专题报告

规划设计专题报告对三峡工程电力系统的规划设计的总体评价结论是：

（1）关于三峡电力系统规划论证及工程设计过程。三峡电力系统规划设计是三峡工程建设的重要组成部分。规划设计过程坚持远近结合、反复论证、（电源电网）统一规划、总体审批、分步实施、适时调整的原则，并根据系统内外部条件的变化及时进行调整完善。研究过程中应用了先进的生产模拟、仿真计算、动模试验等技术手段和方法。在工程设计阶段，具体工程设计工作严格遵循系统规划方案，支持采用各种国产化先进技术，充分完整地实现了系统规划的各项目标。

三峡电力规划论证及工程设计工作系统、全面、科学，方案总体合理，满足了各阶段三峡电力系统安全稳定运行及三峡电能全部送出需求，对系统条件变化适应性良好，是大型水电开发建设的成功范例。

（2）关于三峡电源规划方案评估。实践证明三峡电站机组在水位 145~175m 范围内，可安全、稳定、高效的运行。三峡电站单机容量 700MW，规模合理，水能资源得到充分利用。

地下电站所发的电量主要在夏季，其运行的特点适应电力市场负荷需要，可提升三峡电站水量利用系数。

三峡电站作为“西电东送”和“南北互供”的骨干电源点，在促进全国各区电网形成联合电力系统和长江上游水电开发中将发挥重要作用。

（3）关于三峡电能消纳方案评价。可行性研究论证阶段充分考虑在负荷需求旺盛的情况下，华中地区煤炭资源缺乏、华东地区整体能源资源匮乏的状况，提出三峡电能在华中电网和华东电网消纳；输电系统设计阶段受亚洲金融危机影响，三峡部分受电地区电力需求增长减缓，为满足广东省负荷发展需要，适时将供电范围扩大到南方电网。运行实践证明，三峡电能消纳方案执行情况良好，缓解了各受电区供电紧张的局面，支撑了当地经济发展，规划制定的消纳方案是合适的。

从未来电力市场空间分析，三峡电力所占受电区需要装机容量的比例较小，在各受电区的消纳有保障，未来市场更为广阔。未来三峡水电继续按目前分配方案外送、华中地区由西南水电接续供电；或是三峡水电全部在华中地区消纳，利用三峡输电系统转送西南水电至华东、广东均是可行的。

（4）关于三峡输电系统规划及设计方案评价。三峡交直流系统输电能力达到并超过可行性研究阶段提出的设计输电能力，能够满足三峡电站全部机组满发的外送需求。三峡近区 500kV 交流方案及跨区±500kV 直流方案与已有电网衔接性好、对电网发展的适应性强、安全可靠性高，规划设计方案整体合理。三峡输电系统实际运行情况与前期仿真计算和动模试验的论证结论相符合，在各个运行阶段、各种运行方式下均有较高的安全稳定裕度。

通过三峡输变电工程的设计，国内单位在输变电领域的设计能力和科技创新能力均得到大幅提升，三峡输变电工程促成了以三峡电力系统为核心的全国联网格局。未来三峡直流输电工程功能定位将由主输电通道向输电兼调节通道转化，枯水期三峡直流尚有空余容量，具备接续输送西南水电或外来盈余电力的潜力；利用三峡直流的可调节容量，参与华东、南方电网调峰，还可提高受电区接纳可再生能源的能力。

三、工程建设专题报告

三峡输变电工程全面、按时、安全、高质量完成建设任务，满足了三峡电力及时、全部送出，实现了三峡电力“送得出、落得下、用得上”的建设目标。三峡输电工程建设过程中，组织建设有序，投资、质量、安全得到有效管控；顺应经济体制改革创新建设管理机制，引入项目法人管理制度、资本金制度、招投标制度、合同管理制度和项目监理制度等现代工程管理制度，奠定了我国输变电工程现代建设管理制度的基本框架。通过三峡输变电工程建设，全面提升了我国输变电装备国产化水平和制造能力，我国输变电工程建设能力跻身国际先进水平行列。

（1）三峡输变电工程建设管控有力。三峡输变电工程实现了安全文明生产，建设过程文明有序，未发生重大人身伤亡事故、重大设备质量事故、责任交通事故和电网事故；工程建设质量优良，设施运行安全可靠，工程建设高度重视质量工艺控制，质量控制组织体系和制度体系运转有效；工程资金与财务管理规范，未发生违纪违规情况，未发生合同纠纷；现投资控制目标，投资控制在国家批复范围内，初步设计批复的现价动态概算总投资合计为 502.61 亿元，工程竣工决算金额总计 431.39 亿元；三峡输变电工程单位造价水平先进。

（2）三峡输变电工程建设实现了管理体系创新。通过三峡输变电工程建设实践，探索了市场经济条件下的电网建设管理体制，建立了决策、执行、监督、验收等模式与运行机制，制定了一系列规程、规范、标准等技术管理制度，引入现代工程管理制度，培育了输变电工程建设市场，全面实现了电网工程建设管理体制的创新。

（3）三峡输变电工程环境影响达到国家标准要求。三峡输变电工程环境影响达到国家有关标准的要求，取得了一系列成果。伴随工程建设，逐步建立健全了输变电工程环保管控体系，摸索了有效的环保措施，受到国内外高度赞誉。

（4）三峡输变电工程建设实现了电网技术创新，提升我国输变电工程建设水平。通过三峡输变电工程建设，锻炼了我国输变电工程设计、施工队伍，培养了电网建设技术与管理人才，实现了电网技术创新，全面提升了我国输变电装备国产化水平和制造能力；创新了工程设计和施工手段，提升了工程设计能力和施工技术、工艺水平，基本奠定了我国在世界输变电工程建设领域的领先地位。

四、输变电科技创新和设备国产化专题报告

主要评价结论为：

（1）全面实现直流输电国产化，促进电工装备制造业发展。三峡输变电工程确定了“依托大项目，市场换技术，实现国产化”的总体目标和基本原则，具体包括：第一，要通过积极开展国际合作，采购当前世界上最先进的技术和产品。第二，要通过引进先进技术，实现国产化，推动我国装备制造业发展。第三，在中方受让企业中引入竞争，保证技术引进达到良好效果。经过三峡输变电工程建设，我国全面实现了超高压直流输电工程建设的自主化与装备的国产化。三峡输变电工程的直流工程建设中，坚持技术引进、消化吸收与自主创新相结合，攻克直流输电关键技术，逐步提高国产化率，由三峡第一条直流装备国产化率的 30%直到后来的 100%，全面实现了直流输电建设技术与装备制造国产化。我国后续特高压直流工程延续了三峡工程自主化模式，进一步推动了直流输电设备的国产化，促使我国装备制造业跻身世界领先之列。

三峡交流输变电工程中除了 35kV 分合无功的断路器较多采用合资产品外，其他基本上都采用国产设备。国内变压器制造企业在 220～1000kV 各类电力变压器和高压电抗器的设计、制造、试验等各方面均已掌握核心技术并已具有较高的技术水平，并跻身于世界先进行列。三峡输变电工程建设推动了设备制造业的飞速发展，提高了国际竞争力。

（2）直流输电技术自主化降低了后续工程造价，提高了我国直流输电技术的竞争力。已建成和在建直流输电工程不断下降的单位投资额清楚地表明，直流输电技术自主化带来了巨大的经济效益，随着更多直流输电工程开工建设，直流输电技术自主化的经济效益还将不断增加。首先，三峡直流输电工程的造价不断下降，国产化促使晶闸管价格迅速下降，单位造价从三常工程的 3.32 万元下降到三广工程的 2.40 万元，下降了 28%。其次，直流输电技术自主化降低了后续工程造价，从三峡工程的平均 616.79 元/kW 下降至呼辽工程的 509.11 元/kW 和德宝工程的 464.05 元/kW，分别下降 17.5%和 24.8%，单位造价下降约 150 元/kW。最后，直流输电技术自主化将在后续直流输电工程的建设中取得更大效益。

另外，大批量的国产交流输变电设备物资的使用，也大大降低了工程造价。同时促进了国内企业的研发制造水平，对发展民族工业起到积极作用。

（3）提升我国输变电科研实力，进一步充盈了输变电领域技术储备。三峡输变电工程建设过程中，我国高度重视科研能力建设，加大了投资力度，实验室建设为三峡输变电工程的科技开发，新设计、新产品的应用提供了有力支持。建设了亚洲规模最大、最先进的电力系统仿真中心、世界上最先进的分裂导线力学性能实验室、杆塔实验站和电力系统电磁兼容实验室等一批重点基地，形成了有力的技术研究平台。与此同时，依托三峡输变电工程，大量科研项目陆续展开，一大批优秀的电力科技人才成长起来，并涌现了一些在国际输变电领域具有高知名度的专业人才，成为了电力科技创新的中坚力量。

在三峡输变电设备研发设计、制造以及实施过程中，形成了多项国家、行业及企业三个层面的技术标准及规程规范。国家标准如 GB/T 18663、GB/T 19183、GB/T 19520《电子设备机械结构》系列标准，行业标准如 DL/T 437—1991《高压直流接地极技术导则》、DL/T 605—1996《高压直流换流站绝缘配合导则》、DL/T 5154—2002《架空输电线路杆塔结构设计技术规定》、DL/T 5217—2013《220kV～500kV 紧凑型架空输电线路设计技术规程》、DL/T 1130—2009《高压直流输电工程系统试验规程》等。

五、三峡电力系统运行专题报告

主要评价意见为：

（1）三峡电力系统运行性能稳定，技术指标及运行参数良好。三峡电力系统经过长期、持续、深入、透彻的研究，系统的论证，并根据实际情况不断调整，总体运行情况良好，技术性能满足设计要求，设备状态良好，未发生重大设备质量和电网事故，可靠性指标达到国内先进水平，可以确保三峡电力的全部外送，实现预期的三峡电站发电效益，实现了三峡电力“送得出、落得下、用得上”。同时增加了我国跨区输电能力，发挥了三峡输变电工程的联网效益，进而获得促进地区发展的经济效益和社会环境效益。

（2）三峡电站通过联合调度达到了预期任务，实现了水能高效利用，确保了三峡枢纽综合效益的发挥。三峡工程作为治理和开发长江的关键性骨干工程，具有防洪发电、供水、航运、生态保护等多方面效益，是一项保障民生的重大水利基础工程。三峡发电调度以服从和实现枢纽综合效益最大化为目标，统筹处理好发电和防洪、抗旱、供水、航运及生态保护之间的关系，通过准确预报、优化调度和全局统筹协调，实现了预定的任务，能够在保证工程施工、防洪运用和航运安全前提下，利用兴利调节库容，合理地调配水量多发电，实现了水能高效利用，并按要求承担了电力系统调峰任务，初步实现了三峡枢纽的综合利用，保证了三峡枢纽安全、高效运行。

（3）三峡电力系统实现安全稳定运行，推动区域互联电网。随着三峡电厂及送出系统建设，三峡电网结构不断加强，通过厂网配合、网网配合，科学合理调度。目前三峡电力系统满足 DL 755—2001《电力系统安全稳定导则》要求，潮流分布合理，近区短路电流能够得到有效抑制，输电能力满足三峡水电最大送出要求，系统抵御大扰动能力逐步增强，实现了电力系统的安全稳定运行。同时，通过三峡电力系统实现华中、华北、华东、南方电网互联，能源资源得到优化配置。

（4）三峡输变电工程运营经济效益良好。截至 2013 年底，三峡输变电工程累计实现收入总额 494.42 亿元（含税），扣除增值税、城建税以及教育费附加后，实现收入净额 415.25 亿元；累计交纳税金 103.05 亿元，实现税前输电收益 90.83 亿元。进一步扣除缴纳所得税后，税后收益 66.95 亿元，运营经济效益良好。

（5）实现了工程建设与“资源节约型，环境友好型”社会建设的和谐统一。输变电工程建设与社会环境和谐发展理念的树立使得三峡输变电工程在建设过程中能主动自觉的协调好工程与生态、环境、人文的关系，高度重视和关心环境治理与生态保护，凡涉及生态环境的有关问题均能达到有效及时的解决，工程满足国家各项环境标准。实现了工程建设与“资源节约型，环境友好型”社会建设的和谐统一，在三峡电力外送、全国联网、能源资源优化配置、推进我国电网建设水平等方面，发挥了巨大的经济效益、社会效益和环境效益。

摘编自：

1. 国务院三峡工程建设委员会，《国务院三峡工程建设委员会关于印发三峡工程整体竣工验收工作意见及组织机构方案的通知》，2014 年。
2. 中国工程院，三峡工程电力系统评价，2015 年。

第二章 总　　结

第一节 工 程 总 结

早在 2005 年 9 月，根据三峡输变电工程稽察建议，以及三峡二期工程输变电工程验收情况，结合工程建设管理体制变迁和工程大规模展开的实际需要，国家电网公司发出通知，组织对三峡输变电工程进行阶段性总结，以利于总结工程建设经验教训，更好地指导下一步工作的开展。

国家电网公司成立了由刘振亚担任主任的三峡输变电工程总结编写委员会，下设工程总结编写组。到 2006 年底，编写完成了《三峡输变电工程总结大纲》和《三峡输变电工程总结》的综合篇，综合篇包括工程概况、技术创新、管理创新、系统和设备国产化和投资控制等方面内容，约 40 万字，对国家电网公司承担三峡输变电工程建设运行这一历史重任的完成情况进行了全面的总结回顾，就三峡输变电工程的规划研究、工程计划、项目实施、技术创新、投资控制、质量安全、运营绩效等方面的业绩成果、经验教训等方面进行全面的分析评估，为国家对三峡输变工程的全面评估打下了较好的基础，为提高国家电网公司的建设运营水平提供了有益的借鉴。

2007 年，国家电网公司考虑三峡输变电工程建设接近尾声，在阶段性总结的基础上启动了三峡输变电工程的全面总结工作。公司成立了以刘振亚同志为组长的领导小组，下设工作组和专家组，工作组设在建设运行部，工作组以周小谦为组长。

为了全面准确地反映长达十年的三峡输变电工程建设，总结工作组多次召开专家、作者研讨会，反复研究总结大纲和各分册提纲。最终决定总结由综合卷、专业分册、专题总结和重点单项工程总结四大部分构成。

2008 年 11 月各部分完成了初稿。专家组对初稿进行了多次审核后，形成了全面、系统反映和总结三峡输变电工程全貌的《中国三峡输变电工程》，由中国电力出版社出版，2009 年获得中国版协科技出版工作委员会颁发的“向中华人民共和国成立 60 周年献礼优秀科技图书”，如图 12-1 所示。

荣誉证书

HONORARY CREDENTIAL

中国电力出版社：

贵社《中国三峡输变电工程》（共八卷）被评为向中华人民共和国成立60周年献礼优秀科技图书，特发此证，以资鼓励。

中国版协科技出版工作委员会

二〇〇九年十月

图 12-1　《中国三峡输变电工程》荣誉证书

《中国三峡输变电工程》的整体结构为综合卷、专业分册、专题总结和重点单项工程总结，如图

12-2 所示。

图 12-2 《中国三峡输变电工程》丛书

综合卷包括工程概况、系统论证、三峡资金、工程设计、工程管理、工程监理与施工、设备物资管理、工程科研、直流输电工程技术引进及国产化、工程试验启动验收与生产运行、稽察和国家验收、后评估 12 个方面的内容。

专业分册包括系统规划与工程设计、工程建设与环境保护、科技创新、交流工程与设备国产化、直流工程与设备国产化、工程调试、调度通信自动化与生产运行 7 个分册。

专题总结包括造价控制、总决算、稽察、国家验收、制度汇编 5 个分册。

重点单项工程总结包括三常直流工程、三广直流工程、三沪直流工程、灵宝直流工程、重点交流输变电工程、重点二次系统工程 6 个分册。

摘编自：

1. 国家电网公司，启动三峡输变电工程总结的通知（国家电网公司办公厅决定事项通知 102 号），2005 年。
2. 关于印发三峡输变电工程总结全面启动专家讨论会纪要的通知（建运工程〔2007〕91 号），国家电网公司，2007 年。
3. 国家电网公司．中国三峡输变电工程．北京：中国电力出版社，2008 年．

第二节 总 结 性 研 究

为了全面系统深入地把握和总结三峡工程建设的实践历程，突出反映三峡工程建设取得的重大创新性成果，客观研究分析三峡工程需要进一步解决的问题并对后续工作提出意见和建议，2008 年，国务院三峡办组织开展了三峡工程总结性研究工作，《三峡输变电工程总结性研究》是课题之一，委托国家电网公司组织开展研究工作。

2009 年 3 月 27 日，国务院三峡办组织召开三峡工程建设总结性研究工作启动会议，根据会议精神，明确国家电网公司建设部承担三峡输变电工程总结性研究工作，并将形成四方面成果（“四个一”），即一套三峡输变电工程总结性研究报告；一本三峡输变电工程总结性研究论文集；一部三峡输变电工程新闻纪实片；一套三峡输变电工程摄影集（含光盘）。

根据国务院三峡办的统一安排，国务院三峡办与国家电网公司组成联合课题组，组建了由领导小组、课题组、顾问组、专家组、项目工作组构成的组织机构。经过近两年的工作，总结性研究课题结题。

一、三峡输变电工程总结性研究报告

《三峡输变电工程总结性研究报告》由国家电网公司建设部组织、国网北京经济技术研究院负责具体实施，报告由总报告和分报告组成，分报告包括系统规划、工程建设、环境保护、直流工程与国产化、交流工程与设备国产化、工程调试、科技创新和二次系统工程 8 个专题研究报告。2010 年，国务院三峡办组织专家组对报告进行了评审。总结性研究报告的主要结论：

（1）三峡输变电工程是实践科学发展观的伟大历史性工程。三峡输变电工程建设过程中，实现了体制和决策机制创新、管理创新、科技创新，是一个创新性工程；实现了环境保护，发挥了巨大效益，是一个科学环保工程。

（2）三峡输变电工程建设成就举世瞩目，建成了坚强、可靠、灵活的三峡输电系统，有利于实现在更大范围内的资源优化配置，实现了三峡水电资源在中东部地区的合理消纳，降低受电地区电价水平，促进了地区经济增长，支撑了社会经济发展；实现了体制、机制和建设管理创新，对我国大型基础工程的建设有很好的借鉴意义；全面实现直流输电建设的自主化与装备的国产化，标志着我国电网技术跨入世界前列；极大促进输变电装备制造业发展，并跻身于世界先进行列；全面提升电网建设技术水平，确立了我国电网建设在世界输变电工程建设中的领先地位。

（3）三峡输变电工程取得诸多的经验，一是科学论证、民主决策是工程成功建设的基本保证；二是统一规划、整体批复、分步实施、滚动优化的决策为工程建设的成功创造了重要条件；三是实现政企分开、勇于创新管理体制是工程成功的组织保障；四是实践现代工程管理制度，实现工程建设全过程管理；五是“产学研结合”自主创新推动电网技术升级；六是“技贸结合”引进关键技术，实现直流输电工程建设与装备全面国产化；七是在工程建设中，高度重视环境保护是科学发展观的重要实践；八是以人为本、依靠各级政府和广大人民群众实现和谐建设。

二、三峡输变电工程总结性研究论文集

受国家电网公司建设部委托，中国电力科学研究院负责牵头组织《三峡输变电工程总结性研究论文集》的收集、整理、编撰工作。中国电力科学研究院主要领导高度重视，制定了具体实施方案。在国家电网公司建设部下发《关于做好三峡输变电工程总结性研究论文集编著工作的通知》后，积极组织《三峡输变电工程论文集》的论文收集工作。论文集依托《中国电机工程学报》《电网技术》《电力建设》《电力系统自动化》《高电压技术》《中国电力》《电力工程技术》等杂志，全面收集已发表的与三峡输变电工程建设相关的论文，共收集已发表论文 190 篇并加以整理、分类和归纳。与此同时，中国电力科学研究院还为论文集新征集论文 31 篇。中国电力科学研究院组织中国电力工程顾问集团公司、华北电力大学、中国电力科学研究院等单位的专家召开了论文集稿件专家审查会，对论文集的稿件进行了终审。经过几轮筛选和审查，最终确定已发表论文 190 篇中共有 124 篇入选；新征稿件 31 篇中有 23 篇入选。

三、三峡输变电工程新闻纪实片

受国家电网公司建设部委托，英大传媒集团影视中心负责牵头组织《三峡输变电工程新闻纪实片》的摄制工作。英大传媒集团为此成立了以集团领导为组长的工作组。工作组在认真阅读、分析、理解三峡输变电各种资料的基础上，全面开展了纪实片实质性工作，其中包括多方搜集、查阅了 6000 多分钟三峡输变电工程历时视频资料，整理出备选视频资料 400min；组织地面和空中两个摄制组开展外拍，飞行跨越三峡输变电工程 9 省 2 市，拍摄视频素材约 2000min，采访相关 20 多人次，走访三峡输变电工程沿线近 30 家单位。经过后期的编辑制作、三维动画、音乐和主题歌的创作等系列工作，制作完成了《三峡输变电工程新闻纪实片》，纪实片时长共 50min，分上、下两集。

四、三峡输变电工程摄影集（含光盘）

《三峡输变电工程摄影集（含光盘）》的编辑工作由英大传媒集团影视中心负责牵头组织，与《三峡输变电工程新闻纪实片》同步进行。摄影集工作组从基层单位共收集 5139 张电子格式图片和 200 余张纸质照片，新拍摄照片 1800 余张。最终选择 500 余张收入摄影集。

摄影集名为《龙脉贯中华——三峡输变电工程摄影集（含光盘）》，摄影集由四部分组成：星光璀璨——构筑三峡煊赫经典（包括三常直流工程、三广直流工程、三沪直流工程、9 个交流输电工程、12 个变电工程的成果展示）；克难攻坚——勇攀世界电力高峰（包括直流创新、设计创新、设备创新、施工创新、管理创新和设备国产化的成果）；多元效益——共建和谐友好电网（包括环境保护、工程监理制、项目法人制、全国电网互联和建设者风貌等内容）；众志成城——谱写工程华彩乐章（包括安全生产、设备运输、工程调试、工程验收和运行维护等内容）。

摘编自：

1．关于报送三峡输变电工程建设总结性研究子课题实施方案的请示（国家电网建设〔2008〕27 号），国家电网公司，2008 年。

2．关于报送三峡输变电工程总结性研究纪实片、摄影集、论文集设计方案及预算费用的请示（国家电网建设〔2010〕927 号），国家电网公司，2010 年。

3．关于印发三峡输变电工程总结性研究报告专家评审会议纪要的通知（国三峡办函计字〔2010〕015 号），国务院三峡工程建设委员会办公室，2010 年。

4．三峡输变电工程总结性研究报告，国务院三峡工程建设委员会办公室、国家电网公司，2010 年。

5．关于同意《三峡输变电工程总结性研究纪实片、摄影集、论文集设计方案》的函（国三峡办综函〔2011〕41 号），国务院三峡工程建设委员会办公室，2011 年。

6．三峡输变电工程总结性研究纪实片、摄影集和论文集，国家电网公司，2011 年。

第三章 档 案 管 理

三峡输变电直流工程档案资料是工程建设过程的重要历史记录，是国家重点工程的重要历史资料。为了保证工程档案资料的完整、准确，从工程建设开始，国家电网公司各级领导就高度重视档案管理工作，在国家档案局、国务院三峡工程建设委员会办公室的指导下，三峡输变电直流工程档案总体做到了归档及时、真实完整、齐全规范、调阅便捷，同时建立了一系列的制度办法，尤其是摸索建立了直流工程档案的分类标准，积累了直流工程档案管理经验，为后续的档案信息化建设和馆库建设等方面奠定了良好基础。

第一节 工程档案管理体系

三峡输变电工程档案无论从数量上还是从门类上都是其他输变电工程无法比拟的，现场各方面的协调工作难度大。由于三峡输变电工程的重要性和复杂性，国家电网公司基于三峡工程建设时期现有档案管理资源，在满足建设管理、生产运维日常工作需要的前提下，采取了“专业负责、属地管理，分级保存”的档案管理体系。

（1）专业负责：按照建设管理（输变电、二次调度、二次通信）、生产运维管理的专业特点，国家电网公司负责总体组织协调，国网直流公司负责直流工程建设实施期间相关档案的管理和保存，国调中心负责调度自动化等二次系统工程相关档案的管理和保存，电通中心负责二次通信工程相关档案的管理和保存，运行公司等生产运维单位负责生产运维相关档案的管理和保存。

（2）属地管理：结合建设管理、生产运维属地化、分区域的特点，交、直流公司在武汉、宜昌、常州建立工程建设部，负责川渝、华中、华东地区三峡输变电工程的现场管理和相关档案归档、保存工作；国调中心委托各网省公司的调度中心负责本地区调度自动化等二次系统工程的实施管理和相关档案归档、保存工作；电通中心委托各省的信通中心负责本地区二次通信工程的实施管理和相关档案归档、保存工作；运行公司在宜昌、惠州、上海等地设超高压管理处，其他省公司的运行维护单位按照属地原则负责生产运维相关档案的管理和保存。

（3）分级管理：各专业单位按照工程建设实施的阶段或工程档案的重要性，在满足日常工作需要的基础上，采取了分级管理。以国家电网交、直流公司为例，由其公司本部（北京）档案室负责工程规划、可行性研究、初步设计、招投标、竣工验收、启动调试阶段档案的管理和保存，宜昌、武汉、常州三个工程建设部档案室负责工程现场施工建设阶段档案的管理和保存。

第二节 工程档案管理主要规章制度

档案管理是一项系统工程，它贯穿整个项目建设的始终，有众多的管理部门和参建单位参与。为了实现档案资料完整、准确、系统的管理目标，国家电网公司在工程建设之初，邀请有关专家根据国家档案局、国家发改委《基本建设项目档案资料管理暂行规定》和国家电网公司《供电企业档案分类表》，制定了《工程档案管理实施细则》，规定了档案管理体系，档案管理的各方职责，档案的收集范围及技术要求，成为指导工程各方参建者档案管理的纲领性文件。随着工程建设的档案管理工作经验的积累和管理的深入，在《工程档案管理实施细则》基础上，又组织编制了《±500kV 直流输电线路工程施工现场资料整理手册》和《直流换流站工程施工现场资料整理手册》（包括土建分册、电气分册、接地极分册），如图 12-3 所示，填补了直流工程档案分类的空白，为直流项目档案的收集整理提供了可操作的依据，对工程档案资料的形成、积累、整理等方面起到了重要的、专业性的指导作用。

三峡输变电工程建设期间，国家电网公司还先后出台了《公司内部档案管理办法》《施工阶段档案管理工作程序》《工程竣工验收和启动阶段验收程序文件规定》《工程声像资料管理规定》等多项管理制度，为工程档案管理建立了行为规范。

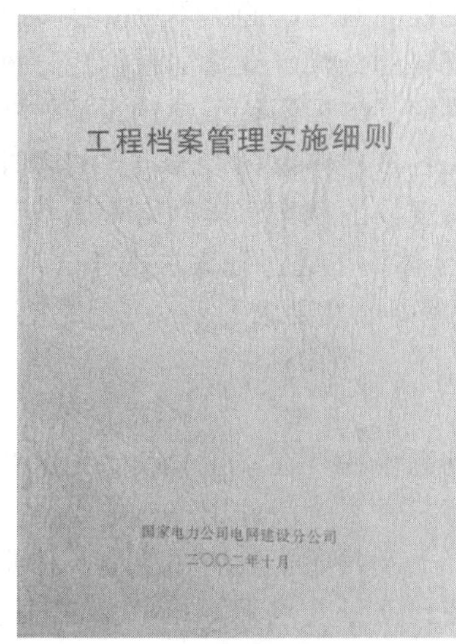

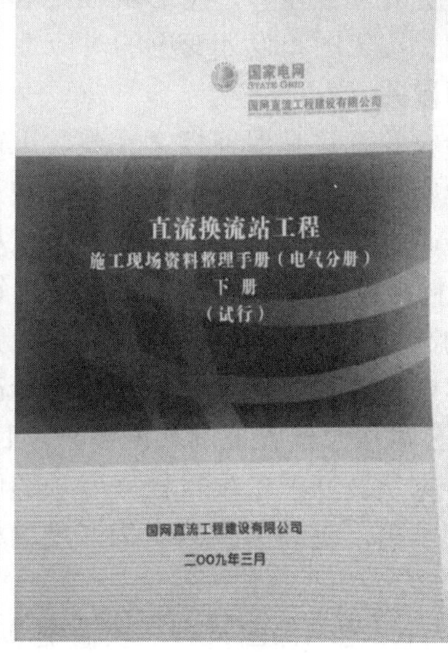

图 12-3　工程档案管理示例

第三节　工程档案日常检查验收

三峡输变电档案管理的实践证明，档案工作并不是简单的收集保管资料，它是一项重要的管理行为。只有加强项目资料形成的过程管控，档案管理才有根基。为了打好根基，保证工程档案的齐全、准确、系统，国家电网公司坚持开工培训、中间检查、竣工把关、考核评估等强化档案管理质量的重要手段，档案专项验收阶段，认真组织做好档案验收的自查、预验收及整改。坚持档案管理与工程同步的原则，加强档案收集整理质量的全程控制。

一、坚持档案培训

开工技术交底、进行档案培训是进行现场档案管理的前提条件和基础。输变电工程的特点：一是参建单位多，仅三沪直流线路工程就有 23 个标段；二是各单位档案管理基础不一，资料人员流动性大，参差不齐。尤其是换流站工程，专业性强，施工单位没有项目建设经验，开工交底培训尤为重要。在工程开工时，对各参建单位项目技术人员、档案管理人员进行档案交底，宣讲《工程档案管理细则》《资料整理手册》等规定和要求，明确归档的范围、整理组卷的规定、要求。例如三广直流工程，国家电网公司分别组织三广直流工程线路和换流站档案培训班。整个工程的监理、施工单位的项目总工、资料人员以及制造厂商一百余人参加了培训。培训就换流站工程资料的分类、线路房屋拆迁、树木砍伐、征地手续、设计变更文件、施工记录填写等问题进行了逐一讲解。培训强化了参建人员的档案意识，统一了归档标准，为日后的档案规范管理奠定了坚实的基础。各参建单位在参加培训的同时，也对自己的施工人员进行了系统的档案知识培训。云南送变电公司向现场的档案管理网络人员、工程管理人员及技术人员发放《建设项目档案工作指南》，并组织项目部全体职工进行档案法规考试。

后来的竣工验收证明，这种在建设之初集中培训、宣贯档案管理办法及要求的做法是行之有效的，保证了整体工程档案的系统规范、整齐划一。

二、严格中间检查

档案早检查、早介入项目过程管理，能及早发现问题，避免问题堆积，在竣工验收时无法补救及整改。在工程建设期间，国家电网公司组织专家对三峡输变电工程各重要阶段施工资料的收集、整理情况进行专项检查，及时发现问题进行整改。对问题较多的项目部，及时通报其所在单位，并要求整合单位档案专业人员力量，帮助项目部进行整改，提高项目档案资料质量及水平。针对以往工程中出现的竣工图与设计变更对应性差、严重影响档案利用价值这一薄弱环节，通过档案过程管控、中间检查、逐一核查，做到了竣工图和设计变更的对应性。

三、严把验收质量关

把好竣工质量验收关，这是保证档案完整、准确、系统的关键环节。国家电网公司在三峡输变电单项工程预验收、验收时均成立资料组，其中在竣工预验收阶段，资料组对资料进行全面检查并提出整改意见；在竣工验收及资料归档移交阶段，重点检查各参建单位的整改闭环情况。三广直流线路工程共 18 个标段，资料组行程几百千米，按标段逐个检查，并出具详细的整改意见。2006 年是三峡输变电工程集中投产的高峰年，竣工验收检查档案上万件。同时，为了保证重点工程档案质量，还采取了集中整理资料、集中验收的方式。葛沪直流综合改造工程是最后竣工投产的三峡直流工程，国网直流公司、5 家区域省公司按照建管范围共同参与项目的建设管理。为确保工程档案质量，项目竣工后，国家电网公司组织专家认真开展了项目档案专项验收自查、预验收及整改工作，确保了工程项目档案资料的齐全、完整和准确，更为国家档案局开展的档案专项验收工作打下好的基础，保证了三峡输变电工程档案的质量。

2007 年 4 月 29 日，为确保国家对三峡输变电工程档案专项验收工作的顺利进行，国家电网公司组织召开了三峡输变电工程档案专项验收准备工作座谈会。国家档案局经济科技档案司李晓明司长、王燕民副司长，国务院三峡办综合司徐珊助理巡视员、有关专家及公司办公厅、国调中心、运行公司、交流公司、直流公司、电通中心等单位的领导和相关同志参加了座谈。

建设运行部对三峡输变电工程建设及档案管理情况进行了汇报。国家档案局、国务院三峡办有关领导和专家对三峡输变电工程档案管理工作给予了高度评估，并结合三峡枢纽工程档案管理和验收的有关经验，对进一步做好输变电工程档案验收工作提出了明确要求。

与会代表对三峡输变电工程档案专项验收组织模式、进度安排进行了深入讨论，初步明确将在三期输变电工程验收后，统一组织档案验收工作，具体将采取抽查方式进行。

2007 年 4 月 29 日，国家电网公司组织召开了三峡输变电工程档案专项验收准备工作座谈会，如图 12-4 所示。

四、实施档案验收考核机制

档案管理仅仅靠规章制度是不够的，要依靠合同约束参建单位的管理行为。在与施工、监理及供货参建方签订的合同中，明确规定其提供技术资料的内容、要求、数量及资料移交归档职责。同时，为了进一步加大档案管理力度，在监理合同中明确规定了合同总额的 5%为档案资料保证金、施工合同的 1%为工程资料移交保证金，以合同形式、经济手段规范参建单位的档案管理行为。

图 12-4　三峡输变电工程档案专项验收准备座谈会

第四节　建设合格的档案管理设施

2010 年初，为满足三峡输变电工程档案保管利用和公司档案工作需要，国家电网公司经过慎重研究，提出了合并建设三峡输变电工程档案馆与国家电网公司档案馆的方案，并经国务院三峡办批准。同年 3 月，档案馆正式启动了建设工作，并于 2011 年 6 月 30 日正式建成营运。该馆建筑面积约 6000m^2，馆藏容量 75 万卷，能够满足三峡输变电工程档案进馆的需要。档案馆分为上下两层，实行观展、借阅、办公区域三分开。二层为展区、业务区、功能区及办公区，三层为档案库区，三峡档案库单独设立。档案馆采用先进的防火防盗、控温控湿、防光防磁等设备，以及电子文件保密、保真技术和异地备份策略，确保实体档案安全和电子档案信息内容真实、长久可读和有效利用。

为加强档案管理信息化手段，在三峡工程项目建设初期，根据国家和国家电网公司有关档案管理的标准办法，开发了输变电工程档案目录管理系统，配置了专门的服务器和数据网络，初步实现档案管理的电子化。2009 年，国家电网公司研发并大力推进档案综合管理系统，该系统是国网“SG186 工程”八大业务应用的重要组成部分，通过系统的应用实现了三峡输变电工程档案的收集整编、组卷归档、信息查询和综合利用的信息化和规范化管理，使三峡输变电工程档案管理工作提高到一个新水平。

第五节　项目档案验收情况

三峡工程的重要性决定了三峡档案的重要性，更决定了参建各方必须以高度负责的精神，认真、细致、高水平地做好三峡档案工作。根据国家档案局的授权，国家电网公司牵头组成由国家档案局、省档案局及有关专家组成的验收组，分别于 2005 年 7 月 14–18 日，2006 年 5 月 9–13 日，对三常直流工程以及三广直流工程档案进行了专项验收。2007 年 11 月 13–14 日，国家档案局在北京召集有关专家对三沪直流工程档案进行了专项验收。

2013 年 4 月 11–12 日，国家档案局组织对葛沪直流综合改造工程进行了项目档案专项验收。国家档案局经科司李晓明司长出席了工程的验收会议并讲话。国家电网公司副总工李文毅代表公司致辞。

国网办公厅、直流建设部、直流建设分公司负责同志、两个工程相关参建单位的档案工作人员参加了验收活动。

验收组根据国家档案局、国家发展和改革委员会颁发的《重大建设项目档案验收办法》（档发〔2006〕2号）和国家档案局颁发的DA/T 28—2002《国家重大建设项目文件归档要求与档案整理规范》、GB/T 11822—2000《科学技术档案构成的一般要求》，能源部颁发的《电力工业企业档案分类规则》（能源办〔1991〕231号），国家经济贸易委员会颁发的DL/T 782—2001《110kV及以上送变电工程启动及竣工验收规程》，以及国家发展和改革委员会颁发的DL/T 968—2005《高压直流输电工程启动及竣工验收规程》等文件的相关要求和规定进行工程档案验收。

验收组认为：国家电网公司重视工程档案工作，认真贯彻国家档案工作法律法规，履行项目法人职责，明确领导责任，建立了三峡工程档案工作管理体制，明确了建设、施工、监理、设计、制造等单位的档案职责，实现施工和制造承包商自查、监理单位审核、项目部审查、档案机构验收的监控流程管理，以合同管理为重点的工程档案管理取得了一定的成效。三峡直流输电工程档案齐全、完整、准确、系统，在建设和运行管理中发挥了重要作用。

第六节　档案统一保管

三峡输变电工程档案是三峡输变电工程自科研立项至竣工投运全过程的真实记录，是电网发展的珍贵记忆和生产运维的重要凭证。三峡输变电工程档案实现集中保管，可更好地提供查询便利条件，为领导决策及后续工程建设提供可靠依据。

为尽快解决三峡输变电工程档案异地存放历史遗留问题，国家电网公司档案馆于2014年7月1日，与国网直流公司、交流公司、信通公司等单位通力合作签订了《三峡输变电工程档案移交备忘录》，通过签订备忘录，建立了沟通机制，明确了三峡输变电工程档案移交时间、移交质量及各单位职责分工。同年7月15日，正式启动三峡输变电工程档案接收工作，历时一周完成了北京、武汉、宜昌、常州异地存放档案的接收工作，实现了三峡输变电工程档案统一保管。

三峡输变电工程共形成档案41 957卷，包含文档、工程图纸约442 804页。其中，国网运检部移交三峡输电线路优化完善工程1个，形成档案577卷；国网调度中心移交三峡输变电工程调度二次系统项目22个，形成档案257卷；国网交流公司参建128个单项工程，形成档案24 789卷；国网直流公司参建13个单项工程，形成档案14 956卷；国网信通公司参建25个工程，形成档案1378卷。

三峡输变电工程档案由于客观历史原因，都没有进行数字化，根据《国家电网公司档案收集管理办法》要求，按照国网办公厅工作意见，三峡输变电工程档案数字化工作由国家电网公司档案馆实施。档案馆于2014年7月正式启动三峡输变电工程档案数字化工作，2016年6月完成。

第七节　三峡输变电工程档案重要价值

档案信息资源的开发利用是档案价值的体现，是档案保存的根本目的。三峡输变电工程档案在整个三峡输变电工程建设期间乃至对其他同类工程的建设都发挥了巨大的作用。据不完全统计，三峡工程稽查、审计、创优、后评估等各类重要活动，查阅档案千余人次，调阅档案万余卷。三峡输变电工程从建设到投入商业运行，工程档案在项目建设、管理、试运行中发挥了重要的作用。完整、系统的档案资料为各级领导和管理工作提供了优质服务，为领导决策、工程建设管理提供了可靠依据。特别是在2008年抗冰抢险过程中，三峡工程档案更体现了工程档案的价值。共查阅铁塔供货合同、设计变更和施工组织设计、施工图会审纪要、施工记录和隐蔽工程记录及检验报告、竣工验收资料、铁塔杆塔明细表等案卷800余卷，传真、复印资料1000余页，及时把准确的资料信息输送给抗冰抢险第一线，为抗冰抢险提供了保障。

摘编自：

1．重大建设项目档案验收办法（档发〔2006〕2号），国家档案馆，2006年。
2．电力工业企业档案分类规则（能源办〔1991〕231号），能源部，1991年。
3．工程档案管理实施细则，国家电网公司，2002年。
4．竣工图编制规定，国家电网公司，2002年。
5．内部档案管理办法，国家电网公司，2002年。
6．施工阶段档案管理工作程序，国家电网公司，2002年。
7．工程竣工验收和启动阶段验收程序文件规定，国家电网公司，2002年。
8．工程声像资料管理规定，国家电网公司，2002年。
9．±500kV直流输电线路工程施工现场资料整理手册，国家电网公司，2002年。
10．直流换流站工程施工现场资料整理手册（土建分册），国网直流建设有限公司，2008年。
11．直流换流站工程施工现场资料整理手册（电气分册），国网直流建设有限公司，2009年。
12．直流换流站工程施工现场资料整理手册（接地极分册），国网直流建设有限公司，2008年。

第十三篇　文　献　摘　选

三峡输变电工程历时二十余年，参与者千千万万，在电网建设管理运行方面积累了丰富经验，同时也历练培养了大批电力管理、科研、建设、施工等各方面人才。三峡输变电工程的历史不仅是我国电力发展的管理库、科技库，而且还是电力发展宝贵的人才库。

本篇收集了三峡输变电工程的亲历者所著文章51篇。在这里不仅能看到工程每个环节从规划到施工的决策、实施全过程，更能体会到参与者的电力心、三峡情。同时本篇还收集了三峡输变电工程重要工作会议的讲话4篇，以飨读者。

第一章　回 忆 录 摘 选

第一节　科 学 规 划

从发电效益看三峡工程

（黄毅诚，1991年9月）

“更立西江石壁，截断巫山云雨，高峡出平湖。神女应无恙，当惊世界殊”。

长江三峡工程，是当今举世瞩目、全国人民关心的一项雄伟工程。中华人民共和国成立以来，在党中央、国务院的重视下，以长江流域规划办公室（现为长江水利委员会）为主，对这一工程的规划、勘测、设计、科研，做了大量工作。1986-1988年，水利电力部遵照国务院指示，组织各方面专家对三峡工程的必要性、可行性和经济性，又做了重新论证。在此基础上，长江水利委员会于1989年重编了三峡工程可行性研究报告。1991年，国务院三峡工程审查委员会对该可行性研究报告进行了审查，进一步明确了三峡工程在长江开发中的地位和作用，及其建设规模和综合效益。根据专家的论证，三峡工程对解决长江中下游洪水灾害具有不可替代的作用，在航运、调水等方面有显著效益，从发电来看，它也是一个效益很好的水电站。这里我仅从三峡水电站的发电效益和作用，谈谈个人的认识。

一、三峡水电站发电能力巨大，技术经济指标优良

按照重新论证后的可行性研究报告推荐的三峡水库正常蓄水位175m方案，三峡水电站的装机容量为1820万kW，年平均发电量为860亿kWh。它的这个规模，可以做如下比较：第一，现在世界上建成的最大水电站为巴西与巴拉圭合建的伊泰普水电站，装机容量为1260万kW，年平均发电量700亿kWh，已被誉为“世纪工程”。从现在掌握的资料来看，三峡水电站建成后，将会长期列为世界上最大的水电站。第二，中华人民共和国成立以来，建成了80余座大中型水电站，总的装机容量为2252万kW，1990年发电量为868亿kWh，只相当于三峡水电站的年发电量。

三峡水电站还有如下优越之处：①装机年利用小时数高，平均为4750h，大大超过了目前全国水电平均年利用3600h的水平；②各年发电量与其多年平均发电量相比，年变化幅度小，一般只在10%左右；③保证出力（设计枯水期的平均出力）现为499万kW，并将随上游干支流水库的兴建而增加，三峡水库本身，可使下游已建成葛洲坝水电站的保证出力从现在的76.8万kW提高到105万kW；④葛洲坝水电站的水库能为三峡水电站下泄的不均匀流量起反调节作用，使之能担负电网的调峰任务。

三峡水电站的技术经济指标，在我国水电站中也是佼佼者。为了有较强的可比性，我们拿目前在建的龙羊峡、东江、沙溪口、万安、安康（以上5座已部分投产发电）、五强溪、隔河岩、水口、岩滩、漫湾、东风、铜街子、宝珠寺、李家峡、天生桥一级、天生桥二级以及二滩17座大型水电站与三峡水电站来比较。这 17 座水电站总装机容量为 1877 万 kW，年平均发电量为 818 亿 kWh，发电能力与三峡水电站相近，而且均是各省区比选出来的技术经济指标较优的项目。

首先比较枢纽土建工程量。三峡工程总计土石方开挖为 8789 万 m^3，土石方填筑为 3124 万 m^3，混凝土浇筑为 2689 万 m^3，平均每千瓦工程量分别为 4.97、1.77、1.52m^3，每万千瓦时工程量分别为 10.5、3.3、3.2m^3。在建的 17 座水电站总计土石方开挖为 13 125 万 m^3，土石方填筑为 4388 万 m^3，混凝土浇筑为 4411 万 m^3，平均每千瓦工程量分别为 6.79、2.34、2.35 m^3，每万千瓦时工程量分别为 16.0、5.4、5.4m^3，均高于三峡工程。

其次，比较水库的淹没损失，三峡工程淹没的耕地较少，移民数量则较大。三峡水库淹没耕地 35.7 万亩，柑橘地 7.4 万亩，移民约 72 万人（1985 年调查数），平均每万千瓦为 243 亩、410 人，每亿千瓦时电量为 5612 亩、637 人。在建的 17 个水电站，淹没耕地 58 万亩，移民 59 万人（均没有计算工程建设期间的自然增长），平均每万千瓦为 309 亩、314 人，每亿千瓦时电量为 709 亩、721 人。但三峡移民多的部分，主要是城镇人口，他们的生产出路，基本可照旧安排，这部分移民的难度相对小一些。

关于建设工期，三峡工程从正式开工到建成需 15 年，水库移民搬迁从准备期开始计划约用 20 年，历时是比较长的。在建的几座百万千瓦以上的水电站建设工期多为 8-9 年，但三峡工程有一个突出优点，从正式开工到第九年，投资不到总投资的一半，就可利用围堰挡水使第一批机组投产发电，到第 17 年时可累计发电 4000 余亿 kWh。它的后期建设投资，可以依靠自身的发电收入解决。葛洲坝水电站就有过这样的经验和效果。该水电站于 1974 年恢复建设，1981 年第一台机组投产，1988 年建成，至建成时就已累计发电近 600 亿 kWh，相当于全电站 4 年的发电量。这是其他水电站难以做到的。

三峡工程的工期，还有进一步缩短的可能。例如，施工期间的通航措施，现在设计采用的是临时船闸、升船机结合导流明渠通航方案。也有专家提出这样的方案，如果只采用临时船闸和升船机，而不用导流明渠通航，则导流明渠的土石方开挖、填筑和混凝土工程量可以大量减少，整个施工布置可以简化，施工难度可以减轻，有利于缩短工期，还能增加施工期间的发电效益。即使在水库开始蓄水时会出现短期碍航问题，尚可临时采用汽车或电车在坝址上下游之间转运客货的办法解决（费用可从工程中出）。

三峡工程的投资即使全部由发电部门承担，经济指标亦属优良。按 1990 年物价水平计算，平均单位千瓦投资为 2732 元，单位千瓦时投资为 0.575 元（含 500kV 输变电工程则分别为 3224 元、0.678 元），这与上述在建的 17 个大型水电站的单位投资很接近，而同火电站相比（不含煤矿及运输投资）只高出 20%～30%。同时三峡工程的财务分析表明，它的发电成本比较低，还清贷款年限比较短，财务内部收益率、投资利税率均优于国家的规定值。总之，三峡工程虽然投入大、工期长，但因发电量多、成本低、效益高，对国家的贡献将是很大的。

二、三峡水电站是华中、华东地区现实可行、经济合理的电源

众所周知，华中、华东是我国经济最发达地区，也是我国电力工业发展最快的地区，在国民经济中占有十分重要的地位。

1990 年全国发电装机容量已达 13 789 万 kW，其中，华中电网（含河南、湖南、湖北、江西四省）为 2029 万 kW，华东电网（含上海、江苏，浙江、安徽三省一市）为 2217 万 kW，年发电量分别为 983 亿 kWh 和 1091 亿 kWh，而且两个电网均已初步形成以 500kV 输电线路为骨干的网络。为实现国民经济和社会发展的第二步战略目标，预计这两个电网到 2000 年年发电量约需 4000 亿 kWh，装机容量需超过 8000 万 kW；到 2015 年，年发电量和装机容量均需再翻一番。显然，为适应这样的发展规模，势必需要在华中、华东兴建一大批水、火电站及核电站。究竟搞多少水电站、火电站及核电站，理应决定于能源供应的可行性和技术经济的合理性。

华中、华东都是能源短缺地区。这两个地区可开发的水能资源，分别为 2285 亿 kWh 和 174 亿 kWh，仅占全国的 12%和 1%左右。实际上，由于社会经济等方面原因，所谓“可开发”并不能够全部获得开发，还要打一个不小的折扣，华中、华东地区真正能开发的水能资源不过其资源的 60%～70%。如华东电网内的 174 亿 kWh 资源（主要在浙江省），其中已开发约 70 亿 kWh，剩下部分能形成规模开发的没有几处了。华中电网内的 2285 亿 kWh，主要分布在湖北、湖南两省，已开发（含在建项目）约 500 亿 kWh，待开发的主要是三峡水电站。

煤炭资源的保有储量，华中电网四省只占全国的 2.9%，主要在河南省；华东电网三省一市只占全国的 3.5%，主要在安徽省。现在年产煤量，已远不敷用，要靠外区调入。仅以发电用煤而论，两个电网 1985 年共发电 1399 亿 kWh，火电占 1181 亿 kWh，耗用原煤 5860 万 t，其中从外区调入 2296 万 t，占五分之二；1990 年共发电 2074 亿 kWh，火电占 1613 亿 kWh，耗用原煤 8328 万 t，其中从外区调入 5597 万 t，占三分之二。为满足上述两网电力需求，即使兴建三峡水电站和当地其他水电站，并尽可能修建核电站，2000 年从外区调入煤炭也要超过 1 亿 t，到 2015 年需调入煤炭 2 亿 t。加上其他部门增加的用煤量，相应需从外区调入煤炭 1.7 亿 t 和 3 亿 t。

华中、华东地区的外来煤炭，主要依靠山西、内蒙古等华北煤炭基地，运输是个大问题。煤炭运至华中主要靠铁路，运至华东则可通过铁路海路联运，即先由铁路运至秦皇岛、青岛、石臼所等港口再转海运。现在不论铁路运输还是海上运输，供需之间的矛盾已经十分尖锐，“北煤南运”数量的日益增加，势必需要修建新的铁路、港口及相应的配套设施。

我们都知道，水电站的最大优点在于不用燃料。1990 年全国大中小型水电站共发电 1263.5 亿 kWh，按当年火电煤耗推算，共节约原煤 6520 万 t，三峡水电站建成后，年发电量 860 亿 kWh，可节约原煤 4200 万 t，加上远距离运煤及其他消耗，年节约原煤可至 5000 万 t。从节约煤炭和运力的角度来看，三峡水电站的作用也是巨大的。

如果不建三峡水电站，研究过如下三种替代方案，结论是均不如三峡水电站经济合理和现实可行。

第一，以煤电替代。即在华中、华东地区修建装机容量等于 1820 万 kW 的若干座大型火电厂，并在华北煤炭基地配套建设年产 5000 万 t 的煤矿，以及两条平均长度为 1000km 的铁路。这个方案与三峡工程相比，不仅开矿、修路规模巨大，基建投资也并不少，而且发电成本高，经济上不合理。再说，建设与三峡水电站同等规模的燃煤火电厂，每年要排放超过 1 亿 t 二氧化碳、200 万 t 二氧化硫、1 万 t 一氧化碳、37 万 t 氮氧化合物以及大量废渣废水。显然，这对人口稠密和经济发达的华中、华东地区的环境保护是不利的。

第二，以核电替代。我国核电尚处在起步阶段，经验还不多。核电同煤电比，没有沉重的燃料运输问题，发电成本也不高，但因为我国还没完全掌握制造技术，突出的问题是造价高。例如，我国以自己力量为主设计、建造的浙江秦山核电站，一期装机 30 万 kW，投资需 14 亿元，单位千瓦投资 4700 元。广东大亚湾核电站，装机 180 万 kW，由于全套设备从英法引进，建成时的总投资约 40 亿美元。它们的单位千瓦造价要比我国在建的水、火电站高出很多倍。如果不建三峡水电站而用核电替代，至少要建设 8 座大亚湾核电站，仅从投资来讲，是国家当前财力难以承受的，甚至是不可能的，在经济上也是不合理的。

第三，以其他水电站替代。根据上述华中、华东待开发的水能资源情况，除去三峡水电站，在本地区内已形不成替代方案。曾经研究过开发金沙江下游条件最好的溪洛渡和向家坝两座巨型水电站，作为三峡的替代方案。这两座水电站的前期工程已进入可行性研究阶段，装机总容量为 1508 万 kW，年平均发电量 813 亿 kW。两个枢纽工程混凝土工程量和投资与三峡接近，优点是水库淹没耕地及移民数量不到三峡的十分之一。但它们的地理位置远在四川的西部，距武汉、上海的距离分别达 1300km 和 2000km，输电工程投资和输电损失比三峡水电站大得多。同时，这两座电站的工程地质复杂，水工建筑施工难度高，工期并不短，加上现在前期工作深度不够，尚不具备近几年内开工的条件，从而缺乏应有的现实性。

三、三峡水电站地理位置适中，将是形成全国性联合电网的支柱

现代化电力工业的一个重要标志是电网化、系统化，将发电、输变电、供电、用电组织成一个区域性大网络，形成联合电网或统一电力系统。现在许多工业发达国家都在这方面做出了最大的努力。如苏联这个横跨欧亚大陆的国家，现在已经形成全国统一电力系统。欧洲也出现了不少跨国的联合电网。我国电力工业也在朝这个方向发展，现在全国已形成东北、华北、华东、华中、西北五大地区性联合电网。这五大电网 1990 年底的装机容量为 9661 万 kW，占全国总装机容量的 71%。包括广东、广西和贵州、云南四省区的华南电网，可望很快形成。随着葛洲坝水电站的建成，已用一条 500kV 直流输电线路，将华中、华东两大电网联络起来了。今后这些地区性电网能否相互连接起来，在很大程度上取决于能否出现合适的巨型电源点。

正如前述，三峡水电站的发电能力是巨大的，而且它的地理位置很适中，正处在我们国家的腹地，东距上海，西接成渝，北达京都，南至广州，距离都在 1000km 上下，这些大城市皆在三峡水电站经济供电范围之内。可以认为，三峡水电站将是实现我国统一电力系统理想的一个支柱。不仅如此，从长远来看，三峡电站还可以作为支撑点，实现“西电东送”，即开发西南丰富的水能资源向华中、华东输送电力。

此外，由于三峡水电站本身的特点，为能保证更经济的运行，也需要同几个以火电为主的大电网连接。三峡水电站最高能发 1820 万 kW，枯水期最低保证出力为 499 万 kW，二者相差 1321 万 kW。在丰水期，为最大发挥三峡电站的效益，让其满发 1820 万 kW，几个电网就应有 1300 多万千瓦的机组停下来；而当三峡水电站处在最低保证出力只能发 499 万 kW 容量时，为保证用户不间断用电，又需要有超过 1300 万 kW 机组及时开启补上出力。没有足够大的调节库容的水电站都存在这个问题。三峡水电站 70%的发电量是在每年的 5-10 月，为了保证有足够的防洪库容，每年有 4 个月要降低水位运行，这期间实际上变成了一个径流电站，即来多少水就发多少电，这时就需要其他电厂为其调峰。所以，三峡水电站的发电量除供应华中、华东外，为了全国联网，为了调节自身发电量的变化，还应和华北、华南等联网。

为什么世界各国都注重建设大电网？这是因为根据实践经验，大电网有如下好处：

第一，有利于优化电源结构，充分利用水能。现在我国许多电网的主要电源是燃煤电厂或水电站。如华北、华东电网，火电厂是最主要的，占到 90%以上；华中、西北电网水电比重占到 40%～60%。实际运行情况表明，以火电为主的电网，调峰问题突出，因为一般燃煤发电机组启停困难，出力变动范围小，并且带负荷的速率慢，难以满足电网负荷随时增减的要求，不如有开停机灵活的水电站参与运行，专门承担尖峰负荷有利。水电比重大的电网，常出现汛期季节性电能得不到充分合理利用和枯水期供电不足的问题。显然，如果这两类电网能够相互连接起来，则可取得水火互济、相得益彰的效果。

第二，可以利用各地区之间的时差和负荷特性，取得错峰效益。由于各地区所处的地理位置不同，时区和气候的差异，人民生活习惯有差别，特别是各地工农业的构成和发达程度不一样，都直接影响着电力负荷的特性。不同的电网，最大的负荷出现的季度、月份、日期和时间往往是不同时的。如果把这些电网连接起来，则可取得错峰效益。例如，华北电网的年最大负荷常出现在冬季，而华东电网的年最大负荷常出现在夏季，电网联合运行就可以得到季度错峰效益。

第三，可以取得各流域水电站之间的相互补偿效益。我国各河流径流的丰枯变化往往不是同期的。例如，长江流域上游干支流及黄河上游的丰水期为 6-10 月，而长江下游主要支流为 4-7 月；红水河流域汛期为 5-10 月，而华东地区一些河流的汛期为 3-7 月。各个水电站水库的调节性能也不同，有的可进行年调节或多年调节，有的则属径流式电站。显然，将这些不同水文特性和调节性能的水电站连接在一个电网内，则可取得水文和库容的相互补偿，增加总的保证出力和年发电量，提高这些水电站的供电稳定性和可靠性，效益是很可观的。有的设计单位研究过以红水河梯级水电站同包括三峡在内的华中及两广的其他水电站进行相互补偿问题。研究结果表明，通过相互补偿，可使总的保证出力从 1160 万 kW 提高到 1400 万 kW，即补偿效益可达到 200 多万 kW。

第四，可以减少备用装机容量。一个电网的装机容量，除满足最大负荷的需要外，还应具备事故、检修等备用装机容量。这些备用容量要占到最大负荷的 20%～25%。显然，联网的规模越大，备用容量的通用性越强，从而可以减少备用装机容量。综上所述，我认为，不论从我国能源工业的发展需要，还是从提高经济效益来考虑，三峡工程都是一个难得的好的水电站项目，为实现我国国民经济发展的宏伟战略目标，应该尽早列为国家近期兴建项目。至于国家的财力和物力能否承受，应该深信：我们既然在 20 世纪 70 年代至 80 年代能够依靠自己的力量建成长江上的第一坝——葛洲坝工程，在 20 世纪 90 年代至 21 世纪初叶建成总工程量不到葛洲坝 2.5 倍的三峡工程，应当是完全可能的。

黄毅诚：原能源部部长。

有关三峡工程发电与电力系统专题可研报告审查情况纪事

（1990 年 5 月-1992 年 4 月）

（周小谦）

1990 年 5 月-1992 年 4 月，是三峡工程规划论证、项目可行性研究报告审查直到人大批准的重要阶段。我亲历了期间的长江流域综合利用规划和三峡工程可行性研究报告中有关发电和电力系统专题的审查、现场调查考察与人大会审议等，现将其过程和相关情况回忆如下。

一、长江流域综合利用规划报告审查

1990 年 5 月 29 日，我参加了在北京举行的《长江流域综合利用规划要点报告（1988 年修订）》的审查会。会议由全国水资源与水土保持工作领导小组主持召开，国务院副总理、工作领导小组组长田纪云委托国务委员陈俊生主持会议，全国政协副主席、工作领导小组顾问钱正英出席了会议。

能源部陆佑楣副部长是工作领导小组成员，因事没能出席此次会议，并责成我（当时为能源部综合计划司司长）代表他参加。能源部系统参会的还有潘家铮（能源部总工、中国科学院学部委员），作为会议的特约代表参加。此外还有能源部综合利用司处长朱成章、水电开发司副司长张津生、副处长陈东平和丁功扬，以及相关电力网省局、水电设计院、电力设计院、科研院校领导等。会议还特别邀请王林（电力部副部长、中国共产党中央顾问委员会委员）、李鹗鼎（电力部副部长）、苏哲文（电力部副部长）、沈根才（水电部总工）等作为老部长、老专家代表参加会议。会议代表共 283 名。

会议从 5 月 29 日开始到 6 月 5 日结束共开了 8 天。会议分三个阶段：听取长江水利委员会关于规划的报告；分组讨论并进行审议；领导小组提出审议意见。

5 月 29 日会议开幕，陈俊生做重要讲话，主要讲三个问题：一是我国近三十年对长江治理做了大量的工作；二是为适应我国经济、社会发展需要，必须尽快制订新的规划；三是提出能源和交通是当前我国经济、社会发展的重要制约因素，长江水能、水资源丰富，条件优越，长江流域规划是个巨大的系统工程，必须从提高社会综合效益和综合生产能力出发，必须予以充分重视，做出必要安排。

陈俊生讲话后，长江水利委员会对综合利用规划做了汇报。

5 月 30 日继续汇报。

5 月 31 日、6 月 1 日上午讨论，下午分组向领导小组汇报。

6 月 2 日大会发言。我代表能源部发言，就长江水利委员会的综合利用规划讲了几点意见：

一是充分肯定规划工作的科学性、全面性与充分性，突出了治理与综合开发，我们希望经过这次审查会议，能尽快上报国务院审批。

二是我国能源规划与长江流域综合利用规划关系密切，长江流域综合利用规划的实施对于我国能源供需平衡、调整能源结构、减轻环境污染，都将起到重要作用。

三是从我国水能开发利用的经验教训来看，本规划需要进一步考虑下列问题：第一，水电开发在水资源综合利用中起到主导作用，需要强调；第二，要根据经济原则，投资、费用要按受益大小进行分担；第三，水电要作为重要的一次能源对待，要增加前期费用的投入；第四，长江水电开发要与区域经济社会规划紧密配合，与产业结构及布局规划相结合；第五，要特别重视水库淹没和移民安置工作；第六，要兼顾当地经济、社会发展的电力需要；第七，需研究提出水电开发的体制改革和支持政策。

四是希望尽早开工建设长江三峡电站，并抓紧做好开工的准备。

6 月 4 日上午回部里，向陆佑楣副部长汇报会议情况，下午参加领导小组会议。

6 月 5 日下午随陆佑楣副部长参加审查会议总结。会议原则通过审查意见并听取陈俊生的总结报告。审查意见中明确指出，在整个流域治理报告中，三峡水利枢纽工程地理位置适中，开发条件优越，具有重要地位和作用，是关系国家经济总体布局的重大项目；三峡工程综合作用巨大，经济效益显著，应尽早兴建。

二、三峡工程可行性研究报告发电与电力系统专题审查

三峡工程的可行性研究报告审查，由国务院三峡工程审查委员会主持审查。审查委员会于 1990 年 8 月由国务院批准成立，主任为邹家华副总理，审查委员会委员 25 人，由相关部委领导组成，能源部黄毅诚部长为委员，并任发电与电力系统专题组组长。

根据中央和国务院 1986 年 6 月通知要求重新提出三峡工程可行性报告，水电部成立了三峡工程论证领导小组，并聘请 21 位特邀顾问。具体论证工作包括 10 个专题，14 个专家组的 412 位专家参与。经过两年半工作，于 1988 年 3 月提出电力系统专题论证报告，并在此基础上，于 1989 年 2 月汇编成长江三峡水利枢纽可行性研究报告。

三峡工程项目可行性研究报告审查步骤如下：①审查委员会听取论证报告；②专题组组织专家预审；③专题组专家现场考察；④审查委员会听取各专题组汇报预审意见，并审议形成审查意见报国务院；⑤报人大会审批。

（1）1990 年 7 月 9-12 日，国务院三峡工程审查委员会组织审查三峡工程论证汇报会。发电与电力系统专题组由黄毅诚部长汇报。论证会上对于发电与电力系统专题提出了不同意见，主要有：一是认为三峡工程工期长、投资大、产出慢、效益差，不如其他水电工程；二是认为流域开发应该“先上游，后下游，先支流后干流”。

（2）1991 年 3 月 15-19 日，在北京友谊饭店召开了三峡工程可行性研究报告发电与电力系统专题预审会。会议由能源部黄毅诚部长主持，专家组专家共 13 人，我和电力规划设计总院院长陈汉章为正、副组长，专家有毛文杰（中国电力企业联合会科技部主任）、王平洋（中国电力科学研究院咨询顾问）、朱尔明（水利水电规划设计总院院长）、刘振鹏（能源部电力通信调度司司长）、陈寿荪（清华大学电机系教授）、陈维恒（华东电管局副总工程师）、吴敬儒（国家能源投资公司副总经理）、林开煌（国家计委投资司能源处处长）、罗西北（中国国际工程咨询公司副董事长）、彭高鉴（能源部电力司副司长）、霍继安（华中电管局副局长）。

审查会议共 5 天。

3 月 15 日，主要听取了长江水利委员会关于三峡工程可研报告的综合性汇报，及发电与电力系统专题论证组组长沈根才介绍，预审专家组审议。

3 月 16 日、17 日，继续审议。

3 月 18 日，讨论专题组审查预审纪要。

3 月 19 日上午，黄毅诚部长主持会议，通过发电与电力系统专题可行性报告的预审纪要，由参会专家签字，预审会结束。

三、发电与电力系统专题组的现场考察

由国务院三峡办组织的现场考察，发电与电力系统现场考察组的组长为史大桢副部长，考察组成员除预审组专家外，还有张凤祥、沈根才等共 27 人，考察从 5 月 8 日开始到 5 月 15 日结束共 8 天，考察日程如下：

1991 年 5 月 7 日（星期二）：考察组由北京出发到重庆，住渝州宾馆。

1991 年 5 月 8 日，重庆—涪陵：上午在重庆朝天门码头，看三峡水库回水区变动水位，当水库为正常水位 175m 时，重庆百年一遇水位到 192.8m，较天然水位提高 0.8～1.2m，重庆的主要建筑物高程都在 200m 以上，因此对重庆影响不大。1981 年 7 月 16 日重庆水位曾达 193.4m，在菜园坝火车站看到房屋上当年达到的洪水记录。三峡水位高 175m，这可使货轮直达重庆九龙坡码头，加大长江航运能力。下午乘船过洛碛滩，是一险滩，还有石梁礁石，船行风险大。船过长寿县，县城有部分淹没。下午 4 点到达涪陵，夜宿船上。

1991 年 5 月 9 日，涪陵—万县：上午考察涪陵市区，了解淹没拆迁规划。下午 2 点左右到达丰都县。晚上 9 点到万县码头，此处为四川东部门户，看岸上县城灯火通明，一片繁华景象，万县也是我国最早对国外开放的城市之一。

1991 年 5 月 10 日，万县—巫山：上午考察万县市。市区受淹人口 7.95 万人，是库区城镇移民最多的地区，整个地区受淹人口 47 万人，受淹地 23 万顷，是移民任务最重的地区，他们对三峡工程长期“不上不下”意见最大，受影响最大。中午经云阳县。江边有张飞庙文物，在 151m 以下，要搬迁他处。下午 5 时到达奉节县，该城为四川东边缘，淹没人口 6.5 万人。奉节亦名夔州，为三峡第一峡瞿塘峡入口之夔门，此城建筑破败，人民生活困难，历史上杜甫在此居住很长时间，其诗有七分之二写于此处，因此奉节城也有诗城之称。离奉节不远处即为白帝城，刘备托孤处，城内有多处珍贵的石刻。夜宿巫山县。

1991 年 5 月 11 日，巫山—秭归：早上登岸乘车去大宁河口，考察小三峡。大宁河为长江在巫山县一支流，水流湍急风景优美，沿江有三国时栈道，有巴人悬棺，是旅游胜地。下午四时回到船上。六时到巴东县，为鄂西土家族自治州，进巴东县后即为巫峡，此为三峡第二峡。

1991 年 5 月 12 日，秭归—宜昌：早饭后参观秭归县水田坝乡，山坡地改造为梯田，种植柑橘，效益较好。该县淹没人口 6.67 万，修三峡的上涨水位已到山门口。到达三峡坝址，上三斗坪察看三峡电站坝中心。下午 6 时船过葛洲坝水电站船闸，约经半个多小时。

1991 年 5 月 13 日，宜昌—沙市：今日将由水路改为陆路车行。先参观葛洲坝电厂，再看 500kV 换流站。经沙市，过荆州，下江陵，顺流向东，当长江洪水达到 10 万 m^3/s 时，沙市防洪形势严峻。

1991 年 5 月 14 日，沙市—湖南安乡：上午考察荆江分洪工程和荆江大堤。荆江分洪工程位于长江以南公安县境内虎渡河以北，面积约 $921km^2$，其中耕地 54 万顷，蓄洪容量 54 亿 m^3，约 50 万人口，1954 年时用过一次，但现在不敢也不能再用了，因为蓄洪损失太大。查看了北闸分洪区进水闸，全长 1054m，54 孔，设计流量 $8000m^3/s$，但由于湖南承受能力有限，过洪量不大。另外看了南闸（节制闸）和躲水楼。进入公安县分洪区，淹没人口占全县一半，全县过境河流 18 条堤防，总长度是全国之首。修三峡的防洪作用在这些地方太重要、太必要了。下午 4 点到安乡县，即进入湖南省，夜住安乡县。安乡县原为八百里洞庭湖水面的一部分，现在已成耕地，是主要的产粮区。

1991 年 5 月 15 日，安乡—长沙：上午考察洞庭湖安全区、蓄洪区，有耦池河、虎渡河，经茅草河渡头到阮江县，经益阳到长沙。考察行程基本结束。

1991 年 5 月 16 日：由长沙返北京。

1991 年 5 月 17 日：将考察报告送史大桢副部长审定。

报告的主要内容有：

（1）关于水库移民：①库区人民迫切期待三峡工程早上快上；②三峡水库移民有相当大的难度，但只要政府重视，并有切实可行的移民计划，且有环境审查，移民问题是可以解决的；③建议把市、乡、镇移民进程重点放在城镇搬迁的基础设施上。

（2）关于防洪问题，通过考察发现三峡工程对防洪有十分重大的作用。

（3）关于发电和电力系统，三峡坝区建坝条件优越，15 回出线走廊是可以解决的。从能源平衡、沿江多地对电力的要求、坝区优越的建设条件来看，建三峡电站是必要的、经济的、合理的，要建就要早建。从防洪来看，其防洪社会效益更为巨大。建议党中央、国务院早做决策，早日建设是有利的，长期“议而不决”“不上不下”的局面应尽快结束。

四、三峡工程可行性研究报告发电与电力系统专题审查会

1991 年 7 月 9 日，在北京首都宾馆召开三峡工程项目可行性审查会第二次全体会议。黄毅诚部长和相关部领导作为三峡工程审查委员会委员，能源部陆佑楣副部长和潘家铮总工作为发电与电力系统专题专家组成员列席参加审查会。审查委员会主任邹家华，副主任王丙乾、宋健、陈俊生参会。

上午长江水利委员会介绍，下午专题组汇报，发电与电力系统专题由黄毅诚部长报告了 3 月 15-19 日北京专家预审会和 5 月 7-16 日现场考察情况。认为三峡工程可行性研究报告有关发电与电力系统专题报告，达到了可行性研究报告应有的深度，可以作为国家建设三峡工程、进行宏观决策的依据。三峡电站 15 回出线走廊场地是可满足的。三峡工程早做决策、早日开工建设是有利的，并原则同意正常蓄水位 175m 高程、总装机 17 680MW、500kV 出线，15 回线送华中、华东及川东，连接华北与华中电网，并从发电与电力系统角度对三峡工程提出两条建议：

（1）三峡工程与华中、华东电网休戚相关、密不可分。首先，华中、华东电网地区经济发展用电需要三峡工程；其二，三峡工程电站发电送出也离不开华中、华东、华北互联电网的支持；其三，三峡工程的建设将起到电网中间支撑点的作用。

（2）三峡工程发电效益是经济合理性的重要体现。

综上，能源部赞成三峡工程尽早开工，争取在 2010 年前建成投产。

7 月 10 日，专题组继续汇报。下午邹家华副总理讲话，特别强调从防洪来看建设三峡的必要性。

7 月 11 日，继续开会讨论。

7 月 12 日，审查会结束。下午讨论报告，一致意见要求建三峡工程。特别近几日淮河、太湖洪水严重，几十万人无家可归，损失严重，因此参会专家要求快建三峡，发言慷慨，言语激烈。直到下午六点会议结束，最后邹家华副总理做总结讲话。

五、七届全国人大五次会议期间回答人大代表提问

1992 年 3 月 19-26 日，第七届全国人民代表大会第五次会议期间，三峡工程可行性研究报告提交人大代表审议。为能使广大代表更好地了解报告，及时解答人大代表的问题以配合审议工作，三峡工程审查委员会办公室把专家组织起来分为 17 个组，还有 1 个机动组，共有专家和工作人员 99 人，其中能源部和中电联专家有陆佑楣、潘家铮、张津生、朱成章、班自勋、游吉寿、沈根才、丁功扬等。我被安排在京西宾馆一组，组长为杨振怀部长，我和邓秉礼（水利部农电司司长）为副组长，还有专家洪庆金（水利部长委技术委员会副主任）、霍永青（水利水电科学院副院长）等 9 人。

3 月 19 日，专家组入住宾馆。

3 月 20 日，专家看材料，熟悉三峡工程全面情况。

3 月 21 日，上午到首都军事展览馆观看有关三峡展览。下午与杨振怀、邓秉礼一起回宾馆，向四川省省长张浩若了解四川对三峡工程的看法。

3 月 22 日星期日，仍在宾馆待命。

3 月 23 日，按杨振怀部长安排，去四川代表团听取代表们对三峡工程的意见。

3 月 24 日，上午与陆佑楣副部长一起去人民大会堂参加四川组讨论。

3 月 25、26 日，我因部里有事请假回部里。

1992 年 4 月 3 日，第七届全国人大第五次会议审议通过了《关于兴建长江三峡工程的意见》，标志着三峡工程包括发电及电力系统工程国家正式立项。

以上就是我所参与三峡工程部分审查会的有关人和事，时隔 23 年，叙述可能有不准之处，权当三峡输变电工程史料的补充与参考。

周小谦：原国家电网建设有限公司总经理，后曾任国家电力公司党组成员、总经理助理。

关于三峡工程输变电系统初步设计方案审定过程纪事

（1992 年 4 月 2 日-1995 年 12 月 14 日）

（周小谦）

1992 年 4 月 2 日，第七届全国人大第五次会议发布审议并通过《关于兴建长江三峡工程的决议》，标志着三峡工程项目可行性研究报告，已正式被国家批准立项。

三峡工程可行性研究报告包括枢纽、输电、移民三大部分，其中三峡输变电系统部分由能源部（电力部）负责组织工程的建设实施，因此，在项目可行性研究报告批准后，能源部、电力部就开始组织设计力量开展工程的初步设计工作，直到 1995 年 12 月 14 日国务院三峡建委批准三峡工程输电系统初步设计，这是三峡工程输变电系统工程初步设计阶段。现将其中的重要事件回忆如下。

1992 年 10 月，能源部在北京召开三峡工程输电系统设计工作会议，会后以《关于长江三峡工程输变电工程设计工作纲要》（能源计〔1993〕192 号），通知各设计建设单位，拉开了三峡输电系统设计工作序幕，使工程进入建设阶段。

1993 年 4 月，电力部组织相关电力局和设计院召开了三峡输变电设计工作协调会，并于 6 月电力部以办计〔1993〕38 号文，要求华中、华东、四川各供电区论证提出各自的发电量和装机规模水平，同时也确定了设计的前提条件，要求设计院进行三峡送电能力的论证，设计院于 10 月完成三峡输电系统设计初稿。

1994 年 1 月，电规总院组织中南、华东、西南电力设计院，完成了 10 卷本的《三峡输变电系统工程初步设计报告》报电力部，3 月电力部组织初步设计审查，5 月将审查结果报三峡建委。

1994 年 9 月 13-18 日，三峡建委在京西宾馆组织 25 位专家审查初设。审查会提出尚有四个方面问题需进一步做工作，包括出线回路数、直流电压等级、送端换流站站址和投资总量。

审查会同时明确了三峡输变电工程及电力系统的调度管理由电力部门负责，同时三峡输电系统的建设还要促进以三峡电站为核心全国联网的发展。

1994 年 10 月-1995 年 6 月，电力部组织电力设计院、科研单位、施工单位，会同三峡开发公司，长江水利委员会设计院等用半年左右时间进行调查研究和反复勘测测算，回答了初步设计审查会上提出的所有问题，并于 1995 年 6 月电力部以《关于三峡输电系统设计若干问题的补充论证报告》（电办〔1995〕331 号）报三峡建委。

1995 年 7 月 24 日，邹家华副总理主持三峡建委会议，讨论审议电力部提出的三峡输电系统初步设计报告及补充报告。会议明确：①三峡电站送出的 15 回出线预留 2 回出线方案，向华中送电 2200 万 kW，向华东送电 720 万 kW，向川渝送电 200 万 kW；②向华东送电用±500kV 的直流输电方案；③输电线路长 9100km（含直流线 2200km），500kV 交流变电容量 2475 万 kVA，直流换流容量 1200 万 kW；④关于直流输电首端换流站站址问题，由国家电网建设公司筹备组负责进一步组织论证确定。

1995 年 8 月 21-26 日，国家电网建设公司筹备组组织 17 位专家到三峡地区及宜昌附近十多个三峡向华东送电的直流首端换流站站址进行现场踏勘考察，经多方面比较推荐首端换流站位于宜昌附近的龙泉镇，离葛洲坝换流站站址较近，与枢纽分开具有电力系统运行安全性、灵活性高、可扩建性好等优点，且与今后三峡还要建的两个换流站也相距较近，有利于统一管理，专家考察后形成了一致意见，并向三峡建委提交了报告。

1995 年 8 月 28-30 日，国家电网建设公司（筹）和数十位专家在调查的基础上进一步组织了 18 位专家和相关单位论证第一条直流首端换流站址问题，会议一致同意报告的推荐意见。

1995 年 11 月 1-10 日，李鹏总理主持国务院三峡建设委员会第五次全体会议，电力部就直流换流站等问题做了汇报。

1995 年 12 月 14 日，国务院三峡建设委员会办公室以〔1995〕35 号文批复了三峡输变电系统的初步设计。

周小谦：原国家电网建设有限公司总经理，后曾任国家电力公司党组成员、总经理助理。

关于三峡工程输电方案论证的回忆

（周孝信）

早在 20 世纪 50 年代，国内有关单位就开始了三峡工程的科研工作。记得 50 年代末、60 年代初在清华电机系上学时，老师就对我们说过，电机系的教师和高年级同学曾参与过三峡工程输电的研究。当时我还是低年级学生，具体怎样做的就不清楚了。一直到 80 年代初，三峡工程又提到日程上，大约是在 1983 年，当时我已经在水电部电力科学研究院工作了 18 年，开始担任电力系统研究所的副所长，自然也非常关心三峡工程的论证工作。当年提出的工程方案是正常蓄水位 150m，装机 1300 万 kW。由于大坝抬高水位有限，水库回水变动区对重庆港口的航运不利，重庆市提出不同意见。于是 1986 年 6 月，国务院发出《关于长江三峡工程论证有关问题的通知》，责成水利电力部负责重新论证，于是水利电力部组织了 14 个专家组对三峡工程进行专题论证。与此同时，国家科委也组织全国的科研力量参与三峡工程研究，并列入国家“七五”科技计划。这期间我担任水电部电力科学研究院系统所所长，多次到国家科委汇报工作，并根据科委的要求，委派系统所的石根到科委协助管理三峡的科研工作。在重新论证期间的 90 年代初，中国电机工程学会电力系统专委会也组织对三峡输电系统方案的学术讨论，就不同意见展开争鸣。我在系统专委会下设的电力系统规划分专委会召开的学术会议，以及由电力系统专委会等发起组织的综合年会上都有多篇相关学术论文发表，作为电力系统专委会主任，几乎全程参加了这些学术讨论活动。

关于三峡电站输电华东的方案，在 1986 年 6 月开始的新一轮专题论证前，电科院的主流意见是主张采用 500kV 交流输电方案。系统所的郑美特、叶运良、石根、李晓明、胡兆意等曾于 1986 年发表文章，论证了三峡电站向华东电网送电的电压等级和输电方式。文章的研究结论是：在三峡水电站正常高水位为 150～180m、装机容量为 1300 万～2080 万 kW、向华东电网输送电力 600 万～700 万 kW 的条件下，三峡电站向华东送电，采用交流 500kV 有落点的联网送电方案的可靠性和稳定储备较高、经济效果较好；强交流弱直流的混合输电方案次之；750kV 方案和 1100kV 方案的技术经济性都较差，不宜采用；纯直流输电线路的方案更不适应华中电网向华东电网输电的要求。

论证期间我国直流输电技术有了飞速发展。我国是从 20 世纪 70 年代末到 80 年代初开始研究舟山直流工程，依靠国内自己的科研、制造力量研发建设。工程规模为 100kV 直流单极送电 5 万 kW，1989 年 9 月 1 日建成投产。与此同时，葛洲坝水电站到上海的±500kV、输送容量 120 万 kW 的直流输电工程通过引进技术和设备也从 80 年代中期开始建设，该工程 1989 年单机投运，1990 年全部建成。当时电科院以极大的热情积极参与，动员了电力系统、高电压、保护通信等大部分科研力量参与了前期论证、科研攻关和工程调试，早年留苏归来的老一代直流输电专家单进、赵畹君发挥带头作用，新一代的直流专家陶瑜、曾南超等在科研和工程实践中很快成长。我作为电科院的总工程师组织参与了有关科研和调试工作。葛上直流工程的实践为接下来的三峡直流输电工程培养了人才，积累了经验。

葛上直流工程的建设，使人们加深了对高压直流输电的认识，对三峡工程输电方案的确定产生了重要影响。1988 年 3 月完成的专题论证结论即推荐三峡向华东电网输电 600 万～800 万 kW，采用交直流 500kV 的混合输电方案。1992 年 4 月 3 日，第七届全国人大代表大会第五次会议审议并通过关于兴建长江三峡工程的议案之后，工程进入全面论证和初步设计阶段。随着对直流输电技术的深入了解和葛上直流的成功投运，1994 年 3 月，电力工业部召开了三峡输电系统设计研讨会，提出了三峡送电华东采用交直流混合方案还是纯直流方案，还需做进一步论证等要求。三峡送华东采用交直流混合方案和纯直流方案的研究更为深入。1993 年 2 月，电科院系统所的姚国灿、胡学浩、印永华、杨海涛等人的研究报告在多年论证研究的基础上，进一步深入研究和比较了三峡向华东输电的两种主要方案，即交直流混合输电方案和纯直流输电方案。分别对这两个方案进行潮流研究、暂态稳定研究及短路电流研究，着重从技术性能上对两个方案进行比较分析和全面比较论证。在此基础上，建议在三峡输变电工程初步设计中仍考虑交直流混合输电方案，为了减少短路电流并保证一定的稳定裕度，建议三峡左岸电厂和三峡右岸电厂各自再分为两厂，或分两段母线运行。系统所叶运良、杨海涛在 1994 年发表论文《三峡水电站输电网结构研究》，阐述了三峡输电系统的性能要求、特点和需要研究的主要问题。根据华中、华东电网的具体情况，论证了用 500kV 为三峡输电电压的合理性。在纯交流和交直流混合输电两个基本方案的基础上，研究了改进网络结构的各种方案，具体评价了交流与交直流输电、线路串联补偿、三峡分厂运行等网络结构的技术性能，推荐了在三峡右岸电厂用 1 回直流、三峡左岸电厂用 3 回交流线路直接向华东电网送电的交直流混合输电方案。华中电网的张育英、白来庆、韩启业、赵遵廉等则发表多篇论文，论证纯直流联网送电的合理性和重要性。其中，韩启业、赵遵廉于 1993 年发表的论文《三峡工程中与华东联网方案研究》指出三峡电站建成后将供电华中、华东和川东三个地区，届时华中、华东两网的电气联系势必进一步加强。华中—华东联网方案对三峡电力外送和两网的安全稳定运行有着重要影响，文章在比较不同联网方案优缺点的基础上，结合华中电网发展规划和对 500kV 交、直流输电系统的运行经验研究分析，论证了采用纯直流联网的合理性和重要性。

与三峡输电方案论证同时，能源部以周小谦总工为首组织专家开展了《中国能源战略研究（2020-2050 年）》。电科院胡兆意、印永华、郭剑波、李若梅、蔡邠、姚国灿等负责中国电力发展预测和中国电网发展规划研究。该战略研究虽然不直接研究三峡输电方案，但其中长期电网发展的结论性意见，对当时学术界和工程界关于三峡输电方案的倾向性意见还是有一定的影响。该研究报告在 2010 年中国电网规划展望一章中指出：华中—华东电网联网工程，随着三峡电站的建成，以输送三峡电站电力为主的华中—华东联网工程将发挥效益，输送 600 万～800 万 kW 到华东电网，使华中—华东两大电网成为我国大区电网中联系较为紧密的电网，并将对全国电网的互联产生重要影响。在 2020 年中国电网规划展望一章中，着重阐述了 2020 年的电网，将以六大跨省区电网为基础，发展联合电网。根据能源结构电力供求与地域联系，考虑电网之间的互联紧密关系，全国电网可分为三块：北部电网、中部电网和南部电网。其中中部电网主要由华中、华东电网组成。三峡工程投产后，四川东部地区电网加入中部电网。这些地区是缺能地区，从全国看是一个大的受端网络。随着三峡电站建成发电以及西南金沙江水电开发，在中部电网内将形成一条较强的西电东送通道将华中、华东连接起来。文中虽然没有进一步说明华中—华东联网送电采用交流还是直流输电方式，但在我国中部沿长江流域形成较为坚强的中部电网的意见是明确的。我个人当时的看法，还是比较赞成交直流混合输电的方案，我理解这也是当时电科院专家的主流意见。

输电推荐方案的最后确定，还是电力部在北京昌平召开的一次会议上。记得会议上在不同方案汇报讨论后，可能是考虑到各种技术和管理的因素，特别是华东、华中两大电网的意见，由电力部决定推荐采用纯高压直流输电的方案。1995 年 12 月 14 日，三峡建委下达了《关于三峡工程输变电系统设计的批复意见》，批准了三峡输变电工程的系统规划设计方案：①三峡电站的供电范围为华中、华东和川东地区，设计送电能力为：华中 12 000MW，华东 7200MW，川东 2000MW；②三峡输电系统共建线路 9100km，其中直流输电线路 2200km；交流输变电容量 24 750MVA；直流换流站容量 12 000MW（两个送端、两个受端）；③三峡工程送电华东采用纯直流方案，直流电压等级定为±500kV，华中、四川交流输电线路及华东配套交流部分按 500kV 电压等级设计。三峡建委的批复，结束了三峡送电华东输电方案的争论，形成了今天华中与华东直流联网的格局，是对三峡输变电工程做出的重要决策。

周孝信：中国科学院院士、中国电力科学研究院名誉院长。

参考文献：

1．三峡电站往华东输电和电站出线方案研究，电力部电力科学研究院，1993 年 2 月。

2．中国能源战略研究（2020-2050 年）分报告，中国电力出版社，1997 年 5 月。

3．三峡工程建设第三方独立评估：课题九　三峡工程电力系统评估，2014 年。

三峡电力系统的形成和发展

（周小谦　丁功扬　郭日彩）

【论文提要】本文分析了三峡电站的特点及三峡电力系统的形成过程，给出了三峡电力系统输电电压、输电方式、网络结构的优化分析方法和优化方案，展望了三峡电力系统的进一步发展及其在全国互联电网中的地位和作用。

【关键词】三峡电站，三峡电力系统，电力系统规划，互联电网

1　三峡工程

举世瞩目的三峡工程位于长江西陵峡中段，坝址在湖北省宜昌市三斗坪，流域面积 180 万 km^2，多年平均径流量约 4512 亿 m^3。三峡工程具有防洪、发电、航运、灌溉等综合效益，是治理长江的关键工程，也是跨世纪的、世界上规模最宏大的工程之一。三峡工程采用“一级开发，一次建成，分期蓄水，连续移民”的实施方案。

三峡坝顶高程 185m，坝顶全长 1983m，正常蓄水位 175m，总库容 393 亿 m^3，其中防洪库容 221.5 亿 m^3。三峡工程的建设，将有效拦截宜昌上游的洪水，使荆江地区的防洪标准由目前的十年一遇提高到百年一遇水平。三峡工程装机容量为 18.2GW，送电华中、华东和四川、重庆地区，具有巨大的发电效益。三峡工程移民 100 万人，实行开发式移民，将极大地改善并促进库区经济发展。

2　三峡电站

2.1　三峡电站概况

三峡电站系坝后式厂房，分置隘洪坝段两侧坝后，共装机 26 台机组，左岸厂房安装 14 台，右岸厂房安装 12 台，单机容量均为 700MW，总装机容量 18.2GW，年发电量 847 亿 kWh。在三峡大坝的右岸预留扩建 6 台 700MW 机组的地下厂房。全部机组以发电机、变压器组扩大单元形式接入 500kV 电网。为了有效地限制短路容量（不超过 63kA）和确保电网的安全稳定运行，电站左、右岸厂房在电气上不联结，左、右岸 500kV 母线各设分段断路器，正常情况下分段运行，形成电气上四个独立的发电厂，三峡电站 2003 年第一批机组发电，到 2008 年全部机组建成投产。

2.2　三峡电站的特点

（1）三峡电站调节库容小（165 亿 m^3），为了满足防洪需要，汛期不能调蓄，年发电量主要集中在 6-9 月 4 个月，其发电量占全年发电量的 51.4%，尤其是 7、8 两个月更为突出，占全年发电量的 30%。

（2）枯水期 1-4 月份月平均出力只有 4.99GW，丰、枯水期出力相差约 13GW，枯水期 4 个月发电量仅占年发电量的 17%，需要大量火电机组配合运行。

（3）为了满足航运要求，葛洲坝下泄流量需要达到 $5000m^3/s$，而葛洲坝作为三峡电站的反调节水库，库容只有 8600 万 m^3，三峡电站枯水期的平均调节流量只有 $5860m^3/s$，要求三峡电站强制下泄流量为 $1256m^3/s$，相当于三峡电站强制出力为 1.3GW，这就使得三峡电站的调峰能力受到影响，并需要电力系统密切配合三峡电站的运行。

2.3　三峡电站的供电范围

三峡电站地处我国腹地，在其约 1000km 范围内可能的供电区域很多，包括华中、华东、西南（四

川、重庆）、华南和华北等五个跨省电网所在地区。但从一次能源平衡出发，经过优化计算和论证，三峡电站供电范围确定为华中、华东和川渝，其最大设计送电容量分别为12GW、7.2GW和2GW。

3　三峡电力系统

3.1　三峡电力系统概况

三峡电力系统是以三峡电站开发为契机，以合理利用水能资源和联网送电为目标，采用15回500kV电压等级出线，以9100km交、直流线路，2475万kVA变电容量以及2回送电容量均为3GW的±500kV直流输电工程建设为骨干，加上各网、省局配套建设的输变电工程，是连接华中、华东、川渝三大区域电网而形成的大型电力系统。三峡电力系统沿长江流域横跨中国中部十个省市，东西长约2900km，南北距离约1500km。1996年电网覆盖地域内的装机容量约84GW，占全国装机容量的37.3%，年发电量4030万kWh，占全国发电量的38.6%，500kV输电线路总长7766km，占全国的57%。到2010年三峡电站全部建成时，三峡电网装机容量将达到200GW左右，是中国的最大电网，也是世界上大型电网之一。

3.2　三峡电站外送电压及输电方式的优化选择

三峡电站建成之前，华中电网和川渝电网将形成较强的500kV电网，而三峡电站又处于华中电网的负荷中心，供电半径不超过500km，因此，采用500kV交流输电方式送电华中电网以及川渝电网。至于向华东送电的输电电压和输电方式，考虑到送电距离1000km、送电容量7GW，我们曾提出过以下四个待选方案：

方案1：750kV交流输电方案；

方案2：500kV交流输电方案；

方案3：±500kV纯直流输电方案；

方案4：500kV交、直流混合输电方案。

通过对上述方案的优化分析计算，认为：

（1）750kV交流输电方案具有较强的送电能力，有发展余地，联络线简单，落点灵活。缺点是使已经形成的送、受端500kV电网复杂化，增加了制造部门的压力，造价高，投资大。

（2）500kV交流输电方案经济效益好，投资最小，可以发挥送、受端500kV电网的优越性，灵活性大，可以照顾到沿途各地用电的需求。缺点是出线回路数多，华中、华东电网之间的联络线达5条以上，电网结构复杂，短路容量大，发展余地较小，加重了华中500kV电网的负担。

（3）±500kV纯直流输电方案的主要优点是，本身没有稳定问题，易于控制潮流，可以避免交流同期联网的许多复杂性，包括技术上和调度管理上的复杂性。华中、华东两个交流电网可以按各自的参数运行，不受交流同期联网的影响。但投资较大，与750kV交流输电方案相当，不能照顾沿途各地用电需求，灵活性、适应性较差。

（4）500kV交、直流混合输电方案，具有直流输电方案和交流输电方案的优点，灵活性、适应性较强，可以发挥两网原有500kV电网的优越性。但仍具有交流同期联网的缺点，存在稳定性、潮流控制以及调度管理等方面的不足，在一定程度上增加了华中500kV电网的复杂性和负担。

综上所述，考虑到减少华中、华东两大互联电网在技术上、调度管理上的复杂性，增加两大电网运行管理的独立性，以及±500kV直流输电技术的成熟发展，三峡电站向华东送电方案确定为±500kV纯直流输电方案（方案3）。即从左一、右二各出一回±500kV、3GW直流线路送电到华东电网，其中，第一回落点在江苏省的常州，第二回落点在上海的练塘。因此，加上原有的葛洲坝至上海南桥的±500kV、1.2GW的直流输电线路，三峡至华东总的送电容量为7.2GW。

4　三峡电网结构的研究

4.1　三峡电网结构优化技术准则

发展大电网可以带来巨大的经济效益，但大电网的安全稳定问题更加突出，发生事故时可能波及的范围更大。为了预防大面积停电事故的发生，根据我国实践经验，我们认为，合理的电网结构是电网安全稳定的基础，并且只有在合理的电网结构基础上，才能更好地发挥各种安全自动装置的作用。鉴于三峡电力系统是通过三回±500kV 直流线路把华东和华中两个独立的交流系统连接起来，其电网结构优化规划遵循了以下三条标准：

（1）系统中的任何一回±500kV、3GW 的直流线路发生单极或双极故障停运时，能保持两大交流系统安全稳定运行；

（2）交流系统发生单一故障时，能保证电网安全稳定运行；

（3）对于实际可能发生的多重故障，在采取简单、可靠的措施之后，应能防止全网性安全稳定事故和大面积停电事故的发生。

4.2　合理电网结构的形成

为了达到上述三条标准，在三峡电网规划中，努力做到了以下几点：

（1）强调受端电网的建设，逐步将受端几个独立的供电区通过联络线连接，形成以受端电网为核心的区域性电网，使受端电网与周边地区（或省）电网之间形成相对无穷大电网，以维持一定的电压水平，从而把电网的安全稳定性事故限制在较小的范围内。为了防止独立供电区出现大功率缺额，在建设条件可行的前提下，优先在负荷中心建设一定容量的地区电厂，并根据电厂在系统中的地位和作用，直接接入相应的高压主网。因为受端电网的发电厂，在正常方式和事故情况下，除了为地区负荷供电之外，还可以提供强大的无功电源，构成坚强的电压支持点，使远方电厂的送电能力大大提高，在发生事故时易于采取措施，从而减少全网性稳定破坏事故的发生。为此，在三峡电力系统中，将长江三角洲电网（包括上海、杭州、常州、无锡、苏州等）建设成华东电网的受端电网，将湖北电网建设成华中电网的受端电网，而且其结构都是比较强的 500kV 双环网。

（2）对于远离受端电网的电站群，各自独立或并联后向受端电网送电，但应注意电站群的规模占受端电网的比重不要过大，以避免出现相对头重（送端容量过大）脚轻（受端容量较小）的结构，因为这是一种不稳定的电网结构。因此，在正常运行条件下，将 26 台 700MW 机组、总规模为 18.2GW 的三峡电站分成四个独立电厂，以降低每个独立电厂在系统中的比重。

（3）随着电力系统的发展，有可能出现两级以上电压等级线路的电磁环网。在三峡电网规划中，我们努力做到 500kV 和 220kV 电磁环网的分网运行，以避免 500kV 线路故障切除后，大功率转移到 220kV 线路上，破坏电网的稳定性。

5　三峡电力系统动态模拟试验

三峡电力系统涉及地域广、建设规模大、时间跨度长、技术起点高。为了进一步摸清和掌握三峡电力系统的特点和特征，确保三峡电站效益的发挥和电力系统安全、稳定、经济运行，我们进行了三峡电力系统动态模拟试验研究。该研究工作分为计算分析和模拟试验两个阶段进行。通过第一阶段分析计算得出的结论是，三峡电力系统的设计方案是合理的，2010 年的网络结构是比较强的，具有较高的稳定水平，并能够较好地满足各种运行方式下电力系统安全、稳定运行的要求。同时还发现，三峡电力系统的薄弱环节主要出现在 2005 年三峡左岸电站建成后的过渡时期，华中电网某些线路潮流过重，稳定水平较低。另外，二滩电站送出和阳城送电华东时存在若干稳定问题。为此，我们适当调整了原三峡输电系统方案，优化了过渡年份的输变电项目建设顺序，并采取必要的措施，以便进一步加强网络结构，提高稳定水平。

6　三峡电力系统的发展

6.1　全国联网格局以及三峡电力系统在全国联网中的地位和作用

全国联网发展格局是，以三峡电网为中心，以现有的中国六大跨省市电网为基础，依次形成中部、南部、北部三大强互联电网，然后这三大强互联电网之间逐步实现弱联及送电联网，并最后实现全国联网。因此，在建好三峡电力系统、确保三峡电力系统安全稳定运行的同时，探讨三峡电力系统与周边电网的互联，研究促进三峡电力系统的进一步发展，对最大限度地发挥三峡电站的经济效益，加快长江流域的经济发展，促进我国电网的发展和全国联网具有重要意义。

6.2　三峡电力系统的进一步发展

近期主要研究三峡电力系统向北扩展，实现与华北电力系统的互联。华北电力系统基本上是一个纯火电系统，与三峡系统互联后，一方面可以取得水、火调节效益；另一方面，由于华北系统年最大负荷出现在 11-12 月，而三峡系统年最大负荷出现在 7-8 月，因此可以取得很大的错峰效益。经初步研究，电网互联后，可降低互联电网的高峰负荷约 2.9%。目前，联网方案正在研究之中，第一步，拟采用周边 500kV 交流联网方案；第二步，结合三峡电站右岸地下厂房 6 台 700MW 机组的建设，拟采用直流输电方式实现三峡电力系统与华北电力系统的联网调峰送电方案。

三峡电力系统向南扩展与南方联营电网互联亦在探讨之中，两网互联可以取得三峡电网长江流域与南方电网澜沧江、红水河流域之间的跨流域补偿调节效益。

三峡电力系统向西扩展，随着金沙江溪洛渡、向家坝巨型水电站的开发（装机容量分别为 12GW 和 6GW），将以 500kV 及以上电压等级的交、直流输电线路送电华中和华东地区，以及送电四川和云南地区，将大大加强三峡电力系统以及中国的中部电网。

7　结束语

三峡电力系统输电电压、输电方式和网络结构能够满足三峡电力外送的需要，保证三峡电力系统安全稳定运行和发挥三峡电站的经济效益。目前，我们仍在进行三峡电力系统仿真计算和动模试验，以便进一步优化三峡电力系统，并为三峡电力系统的安全稳定运行提供科学依据。

三峡电力系统与周边电网的互联，将进一步加强三峡电力系统以及中国的中部电网，再配合四川、云南大型水电站和内蒙古、山西、陕西大型煤电基地的开发建设，将逐步加大“西电东送”和“北电南送”的力度，推动和促进全国联网的形成和发展。

周小谦：原国家电网建设有限公司总经理，后曾任国家电力公司党组成员、总经理助理；

丁功扬：原国家电网建设有限公司顾问；

郭日彩：原国家电力公司电网建设分公司计划部副主任，后曾任中国电力技术装备有限公司党委书记。

三峡输变电工程电力系统专题论证过程

（丁功扬）

三峡工程的作用是防洪、发电和航运，发电是其重要功能，因此，三峡工程电力系统专题论证是三峡工程论证的重要组成部分。

我参加了三峡工程电力系统论证的全过程。1984 年，我作为专家参加了三峡输变电工程论证，此论证是由国家发改委和科学技术委员会组织的。1986 年，国务院成立了三峡工程领导论证小组，要求重新对三峡工程进行论证，共分 14 个论证专题，其中，我担任三峡工程电力系统专题论证工作组组长（时任电力规划总院规划处处长），工作组成员共 23 位，均来自设计院、网公司。到 1995 年，我正式调到国家电网建设有限公司任顾问，协助总经理管理三峡输变电工程建设的规划和计划。论证过程中，我先后组织了三峡工程电力系统专题论证的五次扩大会议，每次会议均邀请了对三峡工程持不同意见的专家，很好地体现了民主性和科学性。最终工作组圆满完成了论证工作。

三峡工程电力系统专题论证的专家审查组于 1986 年 8 月 23 日成立，包括由水利电力部三峡工程论证领导小组聘请的 31 位国内知名专家，沈根才任专家组组长，陈汉章任专家组副组长，兼聘请毛鹤年、高景德两位专家为专家组顾问。专家组其他成员如下：

水电部专家：胡道济、陈德裕、陈空坤、杜星唐、郑源春。

电科院：徐博文、王平萍、何大愚。

规划设计系统：俞祖寿、雷衍鸿、赵晋元、陈哲民、赵可铮。

高等院校：相年德、王锡凡等。

1986 年 12 月 10 日，召开了三峡工程电力系统专题论证第一次会议，专家组通过了工作组提交的工作大纲，主要有以下六个方面：

（1）从全国能源平衡角度出发，论证三峡输变电工程建设的必要性。

（2）论证三峡输变电工程建设的经济性，并将其与替代方案进行比选。

（3）从三峡电站的装机规模较其他水电站大这一角度，论证三峡电站在全国电力系统中的地位和作用。

（4）论证三峡电站的供电范围和送电容量。

（5）论证三峡电站的输电方案，包括输电电压等级的选择，交流方案还是直流方案等。

（6）论证三峡输变电工程的配套投资。

其中，在当时亟需论证的问题，同时也是在全国争议较大的问题主要有两个：一是能源平衡方面的论证，即是否有可替代的水电站和煤电方案；二是关于经济性的论证，因为当时我国不是很富裕，三峡电站的投资又较大，其经济性在当时受到了一定程度的质疑。基于此，有专家学者提出了多种替代方案，由于这些替代方案不能轻易否定，因此，工作组需要进行有说服力的论证。只有有效解决了关于上述两个问题的论证，才能继续进行其余四个问题的论证。

从能源平衡角度来论证：1986 年前后全国严重缺电，31 个省市中有 20 余个处于缺电状态，缺电容量一年可达上千万千瓦。再加之煤炭供应紧张，铁路少导致运输能力很低（当时一年只能运出 1.9 亿 t 煤炭，现在一年能运出 8 亿～9 亿 t 煤炭），交通运输困难。因此，开发三峡电站能够解决能源不足问题。三峡电站年发电量 847 亿 kWh，相当于每年减少 4500 万 t 左右的原煤，这个量在当时是相当大的，其所占的比重在当时也是相当大的。因此，从能源平衡角度来看，三峡工程电力系统论证是切实可行的。

从经济性角度来论证，主要根据以下两个方面进行论证：

（1）替代煤电经济性好。上述提到的可以节约 4500 万 t 左右的原煤，按照现在煤炭 400 元/t 计算，相当于节约了 160 亿元。因三峡电站主要是替代煤电，由于煤电比不过水电，因此，三峡电站的优势很大，其未来的经济效益会比较好。

（2）送电距离短，节省投资。三峡电站规划位置建设在我国的腹地——华中地区（当时的华中地区包括河南、湖北、湖南和江西），因此，其不仅送电容量大，送电距离也都很短，方便且节省投资。其中，送电距离到华东仅 1000km 多，到四川 800km，到华中在 500km 范围内。而溪洛渡、向家坝水电站替代方案，送电距离到华中 1000km，到华东 2000km。在当时的条件下，在华中地区开发三峡输变电工程，输变电投资只需 62 亿元，而溪洛渡、向家坝水电站替代方案，则要 140 亿元，差异非常大。

通过与以下两个替代方案进行对比论证：

（1）有专家学者提出了多个小水电站的替代方案，虽然该替代方案中的水电站可以分散投入，且能较快投入运行，似乎能有效解决当时全国的缺电问题。可是，通过分别使用德国和西安交通大学的模型计算，发现该替代方案的发电量很小，而没有电量就意味着没有效益。因此，最终否定了该替代方案。

（2）有专家学者提出了溪洛渡、向家坝水电站替代方案，该替代方案的发电量比较富裕，但是由于其前期规划工作并未开展，若要建设并投入使用，需比三峡水电站晚 8-10 年。由于水电效益好，因此，水电早发就能体现出其效益，如果按照该替代方案推迟 8-10 年，推迟期间以消耗煤炭替代，这从经济上来讲是不合算的。

总的来说，在当时的历史条件下，三峡工程电力系统专题论证的突出贡献是否定了替代方案。

三峡输变电工程在当时的历史条件下为什么这么优越？因为在当时的历史条件下，中国经济不发达，一年之中冬天用电量最大，随着经济发展到一定水平，人民生活水平提高，降温负荷占主导，华中、华东、南方电网的高峰负荷都出现在夏天，在当时夏天停煤电机组、发水电，现在水电可以替代部分火电容量，很好地起到了夏天送电、冬天调峰的作用。

从目前来看，三峡输变电工程的运行情况比较理想，没有出现大的事故，且发电量逐年增加，一年的发电量可达 900 亿 kWh 甚至 1000 亿 kWh，有效保障了电力的安全稳定供应。

三峡输变电工程开发后在国内的影响很大，以三峡电站为契机，华中电网为依托，形成了南方、华中、华东和四川电网组成的三峡系统。三峡电站占全国发电量的一半，促进了电力系统的发展，对全国电力系统的形成起到了重要作用。

总之，三峡输变电工程的开发是国民经济发展的需要，是能源平衡的需要，三峡输变电工程在全国电力系统的地位是不可替代的。

下面附几次扩大会议的论证结果：

（1）1988 年 3 月 4-5 日，专家组在北京召开了第五次会议，会议审议通过了工作组提交的论证报告，主要有以下六个方面：

1）国民经济的发展要求解决缺电问题，从全国一次能源平衡出发，能源供应越来越紧张，煤炭运输越来越困难，三峡工程年发电量 847 亿 kWh，每年可减少原煤 4000 万～5000 万 t，有效改善我国能源结构、布局及生态环境，因此，三峡电站应尽早开发。

2）经过与 20 座水电站替代方案，溪洛渡、向家坝替代方案，纯火电替代方案以及不同水、火电组合方案等多方案的比选，验证了三峡电站的建设方案是最优越的，应该开发，并应尽早开发。

3）三峡电站的供电范围为华中、华东和川东，并建议三峡向华东送电容量按 600 万～800 万 kW 考虑，向华中送电容量按 1000 万～1200 万 kW 考虑，向川东送电容量按 50 万～150 万 kW 考虑。

4）三峡电站向华东送电建议采用交直流混合方案，向华中、川东送电采用 500kV 交流输电方案。

5）三峡输变电工程配套设施的规模：500kV 交流变电站规模 2650 万 kVA。500kV 交直流输电线路 9200km，其中，500kV 直流输电线路 1000km。换流站的规模 240 万 kW。

6）三峡输变电工程配套设施的总投资（按照 1986 年价格）：500kV 变电站 21.2 亿元，输电线路 36.8 亿元，换流站 4.8 亿元，合计 62.8 亿元。

（2）1991 年 3 月 15-19 日，由能源部部长黄毅诚主持在北京召开了长江三峡工程可行性研究报告《发电与电力系统专题》审查会，具体意见有以下四个方面：

1）开发三峡输变电工程是我国 21 世纪初国民经济发展和能源平衡的迫切需要。

2）建设三峡输变电工程是经济合理的电源建设方案。

3）三峡电站的装机规模，在正常蓄水位 175m 高程的情况下，总装机规模为 1768 万 kW，单机容量为 68 万 kW。从电力系统角度来看，总装机规模充分，留有余地。

4）关于接入系统方案，基本同意可行性研究报告中提出的供电范围，即三峡水电站主送华中、华东，并兼顾川东地区，同意电站出线采用 500kV 电压等级，并暂按 16 回出线设计；采用 500kV 交流电压接入华中电网和四川电网，暂用 500kV 交直流混合输电方案向华东送电。

同时，审查会还提出了在下阶段设计中需要进一步开展的工作，主要有以下四个方面：

1）进一步论证三峡电站向华东送电的容量、电量及其输电方式和方案。

2）进一步研究与华北联网的可行性和合理性。

3）开展以三峡电站为中心的电力系统设计。

4）对三峡电站主接线方案的要求。

（3）1994 年 9 月 13-18 日，国务院三峡工程建设委员会组织 25 位专家，就电力工业部提出的《三峡工程输电系统设计方案》进行了审查，审查意见有以下九个方面：

1）同意三峡水电站供电范围是华中、华东和川东地区，设计容量为：华中 1200 万 kW，华东 720 万 kW，川东 200 万 kW（总容量含葛洲坝 271.5 万 kW）。

2）同意电力部核定的华中地区建设交流 500kV 线路 4970km，变电站 1350 万 kVA。

3）同意电力部推荐的向华东送电的纯直流方案，华东地区需新建两回直流工程，送电能力 2×300 万 kW，直流线路 2200km，相应的 500kV 交流配套工程 500kV 线路 850km，变电站 850 万 kVA。

4）同意电力部核实的川东地区建设交流 500kV 线路 1080km，变电站 275 万 kVA。

5）上述华中、华东和川东合计建设输电线路 9100km，其中，直流线路 2200km；变电站容量 2475 万 kVA；直流换流站 1200 万 kW；以上总投资为 248.22 亿元。

6）原则同意电力部提出的三峡水电站出线 15 回的方案。

7）关于直流首端换流站的位置，多数专家（16 人）赞成电力部推荐的在电站附近选择合适的地址建设，部分专家（5 人）赞成在站内建设。根据多数专家意见，建设按照电力部推荐方案开展设计工作，并在设计中补充技术论证和经济论证。

8）同意电力部的意见，由国家级调度机构负责三峡及三峡系统的调度工作。

9）关于与华北联网的问题，应在晚一些时候再进行设计审定。

随后，电力工业部针对《关于三峡工程输变电系统设计的批复意见》（电规字〔1994〕301 号），向三峡工程建设委员会报送了《关于报道三峡输电系统若干问题补充论证报告》。

1995 年 11 月 1 日，三峡工程建设委员会第五次全体会议研究对三峡输电系统设计中的重要问题均做了决策。

根据国阅〔1995〕134 号文及三峡工程建设委员会第五次会议精神，对三峡输电系统设计文件进行了批复，有以下六个方面：

（1）三峡水电站供电范围为：华中、华东和四川，设计的送电能力为：华中 1200 万 kW，华东 720 万 kW，四川 200 万 kW。

（2）工程总量为：三峡输电系统共建线路 9100km，其中，直流输电线路总长 2200km；交流变电容量 2475 万 kVA；直流换流站容量 1200 万 kW。

（3）三峡工程送华东采用纯直流方案，直流电压为 2500kV，首端换流站的站址在坝区外选择。华中、四川交流线路及华东配套的交流部分按 500kV 电压等级设计。

（4）三峡出线回路按 15 回出线设计，设计中需留有发展余地。

（5）三峡输电系统总投资按 248.22 亿元（含外资 9.6 亿美元，按 1993 年 5 月价格）控制，并要电力工业部尽快做出三峡系统设计概算，报三峡工程建设委员会审批。

（6）三峡工程输变电系统（包括直流输电的首端、受端换流站）的工程业主（项目法人）为国家电网建设有限公司。

丁功扬：原国家电网建设有限公司顾问。

谈谈三峡电站的特点、特性及其在系统中的地位和作用

（丁功扬）

【内容提要】 主要分析了三峡电站的出力特点及三峡电站的电力市场，同时预测了三峡电站的上网电价不可能太高。

【关键词】 三峡电站，电力市场，输变电工程，电价

1．前言

三峡工程是一个具有防洪、发电和航运等综合效益的跨世纪工程，也是当今世界上最大的水利枢纽工程。三峡工程的建设对加快我国现代化进程，缓解 21 世纪初我国能源供需矛盾，改善发电能源结构和生态环境具有重要意义。同时，三峡工程的建设将形成以三峡电站为中心的我国中部电力系统，即三峡电力系统。并以三峡电站为契机，推动和加快我国互联电网发展，最大限度地发挥电力系统的技术经济效益。

众所周知，三峡工程的效益是巨大的，但它的投入也是巨大的。电站枢纽、移民和输变电工程总

的动态投资约2500亿元人民币。虽然防洪效益巨大，但仅是社会效益，只能通过发电获得收益进行资金的偿还。因此，人们十分关注三峡电站的特点、特性（即电能质量）、电力市场的消纳和上网电价等问题，但这些问题涉及面广，情况也很复杂，一下也难说清楚。现只能根据所掌握的资料、情况进行一些分析和说明，供有关部门参考，有不确切的地方请多指教。

下面分三个问题来谈：①三峡电站的特点、特性：②三峡电站的电力市场；③三峡电站的上网电价问题。

2．三峡电站的特点、特性

三峡电站位于长江上游湖北省宜昌以西40km处，与葛洲坝水电站相衔接。坝顶高程185m，正常蓄水位175m。电站装机容量为26台70万kW机组，总计1820万kW，7年平均发电量为847亿kWh，保证出力（保证率98%）为499万kW。右岸地下厂房留有扩建6台70万kW机组位置。三峡电站最终规模为32台70万kW机组，总装机容量为2240万kW，是世界上最大的水力发电站。电站分左右两岸布置，两岸电站均设两段母线，正常为分段运行。每段母线接机台数自左至右分别为8、6、6、6台，即左岸14台机组980万kW，右岸12台机组840万kW。发电机以扩大单元方式接入500kV母线，每段母线500kV出线网路数分别为5、3、4、3回，共计15回出线，另留有两回备用出线。三峡工程装机进度按计划安排：2003年第一批机组发电，2009年26台机组全部建成发电。由于受库区移民进度的影响，发电水位逐步提高，2003年为135m水位，2007年为156m水位，到2009年达到正常水位175m水位发电。

三峡电站作为水力发电工程有其共性，也有它自身的特性。

众所周知，水电站的出力过程决定于天然来水过程和上游水位与下游水位之差（即水头）。随着天然流量和水头的变化，水电站的出力随之变化。通常的计算公式如下

$$P=9.8\eta QH$$

式中　P——水电站出力，kW；

9.8——重力加速度；

η——水轮机的效率，%；

Q——流量（天然流量或调节流量），m^3/s；

H——水头，m。

三峡电站水轮机的设计水头为80.6m，设计额定通过流量为966.4m^3/s，额定水头时的效率为92.5%。按以上设计条件，三峡电站水轮机的额定出力为$P=9.8\times0.925\times966.4\times80.6=706$（MW）。

考虑发电机的效率，单机额定容量为700MW，共计26台，总容量为1820万kW。最大设计过水能力为$26\times966.4=25\,126$（m^3/s）。天然来水超过25 126m^3/s，电站弃水；反之平均出力降低。根据三峡电站水能计算，丰、平、枯三个代表年的出力过程见表1。

表1　　三峡水电站出力过程表　　单位：万kW

月份	丰水年		平水年		枯水年	
	平均出力	预想出力	平均出力	预想出力	平均出力	预想出力
6	1380	1772	1178	1767	1207	1785
7	1634	1703	1680	1680	1342	1746
8	1653	1726	1666	1666	1550	1713
9	1649	1649	1494	1743	906	1787
10	1428	1820	753	1820	499	1820
11	1134	1820	1170	1820	535	1820
12	583	1820	566	1820	528	1820
1	499	1820	499	1820	499	1820

续表

月份	丰水年		平水年		枯水年	
	平均出力	预想出力	平均出力	预想出力	平均出力	预想出力
2	499	1820	499	1820	499	1820
3	499	1820	499	1820	499	1820
4	499	1820	499	1820	460	1820
5	1370	1820	1158	1820	524	1820
年发电量（亿 kWh）	936.1	—	851.3	—	662.1	—

三个代表年的出力过程，虽然是规划设计阶段成果，但可以看出三峡电站具有以下自身特点：

（1）三峡电站年径流量分布极不均衡。以 1955-1956 年平水年为例，汛期 6-9 月来水量为 2848 亿 m^3，占全年来水量的 61.5%，其中 7-8 月来水量为 1794 亿 m^3，占全年来水量的 38.1%，而枯水期 1-4 月天然来水量为 496 亿 m^3，仅占全年来水量的 10.7%。就发电量而言，6-9 月发电量为 441.2 亿 kWh，占年发电量的 51.7%，其中 7-8 月发电量为 249 亿 kWh，占 29.2%。而枯水期 1-4 月发电量为 143.6 亿 kWh，占年发电量的 16.6%。

（2）由于三峡电站是一个综合效益工程，为了满足防洪的需要，6 月上旬至 9 月下旬，水位必须控制在 145m；为了满足航运的要求，5 月水库必须保持 155m。仅 155～175m 之间的库容为 165 亿 m^3，才可以作为有效的发电调节库容，仅占年径流的 3.56%。枯水期（1-4 月）平均每月补水 41.25 亿 m^3，加上天然来水 4183m^3/s，共约下泄流量为 5750m^3/s。

由于航运的需要，要求葛洲坝电站的下泄流量必须保持 5000m^3/s，而葛洲坝水库作为三峡电站的反调节水库，库容只有 8600 万 m^3，为 0-7 时放空，平均下泄流量为 3360m^3/s，要求三峡电站强制下泄流量为 1640m^3/s，相当于 140 万 kW 的强制出力，可调平均力权为 360 万 kW，调峰能力受到严重制约。

（3）表 1 引出了月平均出力和预想出力概念。月平均出力指在一定水头条件下的水流出力（取决于月平均流量），预想出力指一定水头条件下水轮机的最大出力，或称月水头流量出力。电站调节库容时，电站出力可以进行再分配，机组出力可以从 0 到最大。

在三峡电站整个出力过程中，以平水年为例，除 7-8 月三峡电站的月平均出力等于三峡电站机组的水头预想出力，即 1680 万 kW 和 1666 万 kW，其余 10 个月由于天然来水小于机组的过水能力，所以机组的水头预想出力均大于三峡电站的月平均出力，说明三峡电站具有较强的调节能力。需要说明的是 6 月和 9 月，防洪限制水位仍为 145m，天然来水小于机组过水能力 25 000m^3/s 时，拿出防洪库容作为三峡电站日调节库容是可行的。水头变化仅为±0.25m～±0.50m。

三峡电站的（1）、（2）特点，在社会上造成了较大的影响。常听人说，三峡电站汛期要求满负荷出力运行，增加了系统调峰的困难，为了不弃水需要配套建设抽水蓄能电站；枯水期平均出力只有 499 万 kW，使得系统电量不足，需要配套建设火电站。这种看法，只看到了问题，但并没有看到机遇。实际上问题和机遇是并存的，主导方面取决于电力市场。

3．三峡电站的电力市场

3.1　三峡电力系统概括

三峡电站的电力市场主要包括华中电网的河南、湖北、湖南、江西四省和华东电网的上海、江苏、浙江、安徽四省（直辖市）以及川渝电网的重庆、四川两省（直辖市），共计 10 个省（直辖市）。1997 年，三峡电力系统总装机容量为 9043 万 kW，占全国电网总装机容量的 37.4%，年发电量 4192.6 亿 kWh，占全国电网发电量的 38.1%。三个电网的情况如表 2 所示。

3.2　三峡电力系统的特点

（1）三峡电力系统 1997 年总装机容量为 9043 万 kW，其中水电装机为 2067 万 kW，占 22.9%。

其中，川渝、华中水电比重比较大，分别为41.7%和33.8%，华东电网水电比重只占全网装机的6.6%。

表2 华中、华东、川渝电网概况（1997年） 单位：万kW，亿kWh

电网	装机容量	其中		发电量	其中		统调负荷
		水电	火电		水电	火电	
华中电网	3623.3	1226.0	2397.0	1586.4	456.9	1129.4	1927
华东电网	4154.3	275.5	3866.8	2024.6	52.0	1952.6	2918
川渝电网	1265.0	565.0	700.0	581.6	229.0	352.6	739
合计	9042.6	2066.5	6963.8	4192.6	737.9	3454.7	5584

（2）三峡电力系统的负荷特性。三峡电力系统包括华中、华东和川渝三个电网。1997年系统统调负荷分别为1927万、2918万kW和739万kW。1990-1998年华中、华东和川渝电网逐月最大负荷特性如表3所示。

表3 华中、华东和川渝电网月最大负荷特性

月份	华中（%）	华东（%）	华中、华东合计（%）	川渝（%）
1	89	88	88.4	87.5
2	91	85	87.4	87.4
3	91	87	88.6	89.0
4	91	86	88.0	91.7
5	94	87	89.8	97.0
6	97	90	92.8	97.7
7	100	99	99.4	96.1
8	100	100	100	95.6
9	98	94	95.6	97.2
10	96	90	92.4	97.8
11	97	92	94.0	100
12	96	94	94.8	97.5

从华中、华东电网的负荷特性可以看出，华中、华东电网处在我国电网的中部，夏季气候炎热，由于生活、生产环境的改善，温差效益显著，所以月最大负荷出现在7-8月，1-4月负荷较低，仅为年最大负荷的88%左右，而且日负荷率夏季高、冬季低。华东电网特别明显，夏季日负荷率在85%～88%，冬季约为80%～83%。川渝电网月最大负荷出现在11月。

3.3 电力市场预测

由于三峡电站的电力市场主要是华中和华东电网，所以在下述分析中重点放在上述两个电网。根据有关方面预测，2010年华中电网统调负荷为3800万kW，华东电网为5624万kW，年平均增长率分别为5.36%和5.2%。考虑小火电机组停运的影响，电网统调负荷要稍有增加。作为2010年左右三峡电力市场的探讨，华中电网统调负荷按4000万kW考虑，华东电网统调负荷按6000万kW考虑。

3.4 三峡电站在电力系统中的地位和作用

根据国务院三峡工程建设委员会批准的可行性研究报告，三峡电站的供电范围主要是华中、华东和川东（川渝），向三个电网的供电能力分别为：华中电网1100万～1200万kW（含葛洲坝电站）；华东电网720万kW；川东（川渝）电网200万kW。

考虑川渝电网水电比重大，汛期不向川渝送电，即汛期三峡的电力电量由华中、华东电网消纳，川渝电网只在枯水期受电。

（1）华中、华东电网给三峡电站提供了电力市场空间。根据电力市场预测，华中电网统调负荷由1997年的1927万kW到2010年增长为4000万kW，净增2073万kW，要求新增2488万kW（加20%备用）。汛期7-8月华中电网受三峡电力为960万kW（三峡平均出力为1680万kW，汛期不送川渝，所以扣除送华东720万kW，剩余960万kW留华中）占华中电力市场空间的38.6%。华东电网统调负荷由1997年的2918万kW到2010年增长为6000万kW，净增3082万kW，要求新增装机3698万kW（加20%备用）。三峡送电为720万kW，仅占华东电力市场空间的19.5%。由此看出，华中电网和华东电网为三峡提供电力市场空间是可能的，特别是华东电网。

（2）根据华中、华东电网的负荷特性和电力电量平衡，控制电网装机由两个时段决定。第一个时段为汛期7-8月，即负荷高峰期主要是电力平衡；第二个时段为枯水期11-12月，年负荷的第二个高峰期（为最大负荷的94%），但水电出力下降较多（由1680万kW下降到531.5万kW），主要是电量平衡。

由于华中、华东电网年最大负荷出现在7-8月，这就为三峡电站季节性电能的消纳带来了机遇，可使三峡电站7-8月季节性电能转化为华中、华东电网的工作出力，有效替代火电装机容量。经分析，2010年汛期7-8月，可削华中、华东电网高峰负荷560万kW，其中华中112万kW，华东448万kW（11月为基准）。7-8月由于三峡电站均为24h满负荷出力，三峡电站处于日负荷曲线上的基荷位置。由于华中电网水电比重大，7-8月水电有一定的调蓄能力，消纳季节性电能力较强，华东电网在节假日可能存在低谷（0-7时）弃水情况（720×40%×7h×9天×2＝3.6亿kWh）。6月、9月三峡电站本身有一定的调蓄能力，三峡电站在日负荷曲线上处于基荷与腰荷位置，运行情况较好，不会出现弃水现象。

（3）11-12月，是华中、华东电网的年第二高峰，三峡水电平均出力为531.5万kW。在满足航运葛洲坝下泄流量5000 m^3/s的前提条件下，三峡电站的工作容量包括基荷、腰荷和峰荷三个部分。

1）基荷部分：主要指强制出力140万kW，建议送川渝；

2）腰荷部分：三峡月平均出力为531.5万kW，扣除基荷140万kW，余下391.5万kW，带电网的腰荷部分约17h；

3）在391.5万kW腰荷中，其中0-7时不发电，剩余电量约2740.5万kWh，这部分电量一般在日负荷曲线的峰荷位置，一般为446h，则三峡电站峰荷容量约457.5万kW，枯水期总计工作出力为988.5万～1217万kW。

（4）根据以上分析，三峡电站汛期削峰560万kW，枯水期工作容量为988.5万～1217万kW，在电力系统中总的替代容量为1548.5万～1777万kW，说明三峡电站在电力系统中得到了充分的利用。汛期（7-8月）三峡电站在系统日负荷曲线上主要工作在基荷位置。

火电站主要工作在基荷、腰荷和峰荷位置。枯水期三峡电站工作在基荷、腰荷和峰荷位置，主要部分在腰荷和峰荷；火电站安排在基荷和腰荷位置，电量可以得到平衡。由于三峡系统枯水期不缺调峰容量，因此从技术、经济上看，都不宜采用抽水蓄能电站来解决汛期弃水调峰问题。

4．关于三峡电站的上网电价问题

三峡电站的上网电价大家都很关注。这个问题涉及面广，政策性强。三峡工程是一项综合效益工程，防洪、航运等社会效益很大，资金的投入是巨大的，动态投入不包括输变电工程大约要2000亿元（人民币，以下同），部分需要通过发电效益来偿还。大家都想上网电价会很高，但三峡工程的资金构成具有三峡的特点：

（1）三峡工程建设基金1000亿元，约占总投资的50%；

（2）葛洲坝和三峡电站2003～2009年的发电收益约700亿～800亿元，约占总投资的35%；

（3）开行贷款仅300亿元，约占总投资的15%。

最近国务院对国家计委《关于改革还本付息电价政策的有关问题的请示》批示："电力建设基金（包括三峡基金）一律转为国家资本金……，对转为资本金的基金的预期回报率，按低于银行长期贷款率确定，同时将水电项目的还贷年限延长为25-30年（火电项目为20年）”。这项新政策的出台，对三峡工程是十分有利的。按此政策测算出的上网电价应该是不会高的。其主要原因为资本金比重大，回报率低且不还贷：开行的贷款只有300亿元，30年还完，每年还贷额只有10亿元，但具体多少还需要具体测算。

丁功扬：原国家电网建设有限公司顾问。

三峡工程的规划设计及其动态验证

——从实际出发为国家做工程

（霍继安）

三峡工程规划设计之初，我分管规划建设工作，规划设计工作的最大变化是将当初提议从三峡建3条交流（500kV）和1条直流线路到安徽改为3条直流线路（包括原计划的葛—上直流和新建2条直流线路，将当时的交、直流混合变成了纯直流电网），避免了华中、华东两个非同步电网中一个电网故障连带另一个电网也出现故障。由于当时华东和华中电管局都不赞成交流同步电网，且华东与华中已经是非同步电网，为了将来大区电网的发展和电网的稳定运行，在北京召开了讨论会。经过动力经济研究所、清华大学的大量分析和研究，以及动态模拟、校验，得出了一致的结论，在经济上也得到了验证。最后，经过审查确定了三峡输变电工程的最终方案。

国家赋予我们的权利是做这个工程，那么，我们的责任就是把工程做好。三峡工程是新中国成立以来第一个经过人大会议讨论、投票通过的工程，国务院总理担任建设小组的组长，参与建设这个工程的人都抱有一种光荣和责任。所以，开始就拟定了建设一流工程的目标，并提出了一流工程的考核办法，为了实行考核办法，组织了人员制定考核条例，征求华东、华中和四川省的意见，电力部的生产、建设、运行、调度等部门以及电科院、规划院也参与了工作，最后形成《一流工程考核条例》的送审稿经国务院三峡工程建设委员会办公室批准，同时，《一流工程考核条例》也是三峡工程几个部门以及三峡公司唯一的一个一流工程考核文件。

从实际出发做工程。荆门斗笠变电站当初的规划设计是从三峡左岸出线经双河500kV变电站到武汉。1996年，我去双河实地考察发现了几个问题：一是，如果三峡输电线路进入双河变电站，需要更换构架，但是双河变电站是葛洲坝电力外送非常重要的一个站，是与湖南、湖北联网的枢纽变电站，不可能进行停电改造。二是，扩建方位有一个地沟，距离大约40km，越过地沟延伸至武汉比较麻烦。于是在华中电管局招待所召开会议，由于三峡、双河、武汉三地呈三角形，且经过双河有2座山，多为上坡、下坡路线，同样要挪40km，考虑经荆门到武汉后几乎为直线，最后请设计院研究了两个方案造价上的差别，改过的规划线路在长度上节省了200km，节省导线费用近1亿元。

在工程实际中，坚持科技创新。三峡工程方案讨论时，交通部提出来说8条线路跨越江面会有电磁干扰，电科院某位专家在杂志上发表文章说电线跨越江面时会对船闸、甲板产生很严重的电磁感应。而我们对此怀疑，但是国务院领导同意交通部的要求在江面上建一张防护网，初步估计建设防护网的费用大概是3000万元。但是，如果在江面上建一张网，就会影响周围的景观，将来到三峡参观的人，对此肯定会有疑惑。我与南京的电磁兼容实验室利用东方红24号船建了一个模型，鉴定没有电磁感应问题，认为这张网可以取消，最后派总工程师与交通部总工程师交流，交通部同意取消建防护网。如果在这件事上，开了建防护网的头，中国将来大兴水电站，出现跨船闸都得建防护网；再进一步讲，高速公路也会提出来，汽车在下面走，导线密集，万一汽车着火怎么办，由此将会产生无穷无尽的纠纷。由于前期花了60万元支持南京建立电磁兼容试验室，才得以节省3000万元甚至更多的费用，这就是科技的力量。

一步一步往前推进工作，每走一步都有所考虑、不盲目，同时整个工程得到了全国专家的支持。所以，在三峡工程规划建设工作中最大的成功就是上级放权、大家支持，大家只是分工不同，不以“老板”的姿态，没有“拿大”的想法，就能所向披靡地解决工作中遇到的各种问题。

霍继安：原国家电力公司电网建设部主任、电网建设分公司总经理。

关于三峡输变电工作点滴回忆
——1998 年对三峡电能合理消纳的研究

（王信茂）

三峡电站是当今世界上最大的水电工程，做好三峡电能的分配和消纳工作，对于充分发挥三峡电站效益、促进我国水电开发和长江中下游地区经济发展都有着重要的意义。电力部（国家电力公司）领导对三峡电站电能合理消纳研究工作非常重视，要求 1998 年底提出初步研究成果。为此，国家电力公司成立了由冉莹总工程师为组长的研究小组，具体工作由三峡办、计划投资部牵头，与电规总院共同组织中南、华东、西南电力设计院和清华大学完成。当时我具体组织了这项工作。

一、关于研究思路

我们的研究思路是根据三峡电站水库调节性能、出力特性，以及华中、华东和川渝电网需电水平、负荷特性和电源结构特点，按照资源优化配置的原则，以三峡输电设计能力为基础，各方案总体成本最小为目标，在三峡电价暂未确定难以考虑电价因素的情况下对三峡电站电能合理消纳方案进行研究，提出三峡电站电能逐年逐月合理消纳方案，并在首先考虑消纳三峡电站电能的基础上，对三峡电站供电区电源建设容量进行优化，提出电源建设建议。

二、关于计算边界条件

（一）三峡电站出力

三峡水库为季调节水库，全年出力很不均匀，概括起来三峡电站出力有以下特点：一是三峡主要发电量集中在 5-9 月，平水年这五个月的发电量超过全年的 60%，尤其是 6-9 月最为集中，不论丰平枯水文年，占全年发电量都在 50%以上；二是不论何种水文年，全年都有 5-6 个月的枯水期，保证出力只有 500 万 kW 左右；三是三峡在 6-9 月丰水期中由于水库必须留足防洪库容（库水位限制在 145m），因此基本无调节库容，此时段三峡处于径流式水电站状态。

（二）电力负荷水平及负荷特性

根据当时预测，“九五”期间后三年全国电力发展速度为 4.1%左右，2000-2010 年为 4.2%左右。需要说明的是，这是以统调电厂和统调负荷为基础进行电力电量平衡的，在平衡中用小火电和小水电抵消了非统调负荷。由于统调负荷统计和预测更准确，因此，我们的做法更能准确地代表华中、华东和川渝地区的实际情况，其结论可以代表全口径的结论。

（三）电力电量平衡原则

电力平衡选取枯水年，电量平衡选取平水年计算；各协议分电电厂的电力电量直接参与各省的平衡，如二滩电站的装机和电力电量的 72.8%计入四川电网参加平衡，27.2%计入重庆电网平衡；负荷备用按最大负荷的 2%取值，事故备用按最大负荷 9%取值；火电机组检修安排平均 45 天/（台·年）；火电机组最小技术出力：12.5 万 kW 及以下机组启停调峰，20 万 kW 机组最小出力为 75%，国产 30 万 kW 机组最小技术出力为 60%，进口 35 万 kW 机组和国产 60 万 kW 机组最小技术出力为 50%，进口 60 万 kW 级机组最小技术出力为 40%。

三、研究简要过程

1998 年 3 月中旬，计划投资部提出了研究工作大纲。三峡电站电能合理消纳研究工作分为两个层次：第一个层次是三峡电能在华中、华东、川渝三大区电网中的合理消纳；第二个层次则是三峡电站电能在各省市电网中的合理消纳。

研究小组首先对三峡供电地区 8 省 2 市电力市场进行了调查，确定较符合实际的负荷水平和负荷特性，同时对各电源点的造价、煤价、煤耗资料参数进行了调研。在此基础上，研究小组经过 5 月、6 月、8 月、10 月四次集中工作，对华中、华东和川渝电网的电源建设方案进行优化计算，对各方案各电网接受三峡电站电力电量的能力、特点和存在的问题，今后规划电源如何适应三峡电站要求进行了分析计算。

在分析研究中，我们采用了清华大学的电源优化程序，并针对三大网电源结构特点，在各设计院专家的指导下对该程序的优化模型和生产模拟模型进行了较大的修改和完善。程序的优化目标函数是总成本最小（包括电厂投资和运行费用）。

各设计院分别完成了各网省的三峡电站电能合理消纳研究分报告，包括中南电力设计院的《三峡电站电能合理消纳研究（华中部分）》、华东电力设计院的《三峡电站电能合理消纳研究（华东部分）》、西南电力设计院的《三峡电站电能合理消纳研究（川渝部分）》，清华大学完成了《电力规划决策支持系统 GOPT 技术报告》。

1998 年 4 月底，国务院会议明确了三峡工程电力电量分配及电价问题由国家计委负责研究落实，之后研究小组多次向国家计委基础产业司汇报。

四、三峡电站电能分大区合理消纳研究

（一）方案拟定

1. 方案拟定原则

我们拟定方案的原则是：三峡向三大网的设计输送能力已经国务院三建委审定为华中 1200 万 kW、华东 720 万 kW、川渝 200 万 kW，输电设计能力应作为方案拟定的重要基础；在各网中优先考虑消纳三峡的电力电量，力争三峡电站不弃水和网内其他大型水电站不弃水或少弃水，以最大限度地发挥三峡和各网的经济效益；结合各地区经济发展、电力需求和能源资源分布及结构特点，合理拟定三峡电力消纳方案；在过渡年份各网逐年所分三峡电量应相对均匀，避免大起大落，容量和电量相对配套，并注意充分利用三峡直流输电工程的送电能力，兼顾各网装机的连续性。

2. 预选方案

根据以上原则，我们拟定的方案为：

方案一：三峡电力在丰水期 6-9 月不考虑送川渝，其间电力电量由华中和华东按其输送能力比例消纳三峡的电力电量。其他月份电力按三大网输电能力比例分配。

方案二：在 6-9 月，送华东电力电量均按直流输送能力 720 万 kW 输送，剩余的电力电量送华中，其他月份同方案一。

方案三：丰水期 6-9 月送电方式同方案二，枯水期分别考虑少送（相对于方案二）华东电量 150 万、300 万、450 万、600 万 kW 等情况，少送华东的电量留给枯水期缺电量的华中电网和川渝电网。在研究分析各种情况的基础上，又组合了 9 个方案。

（二）计算分析及结果

按照三个方案的电力分配原则，我们将三峡电站的出力过程分解到三大网，然后将各大网所接受的三峡电力电量纳入各大网中，进行华中、华东和川渝电网电源优化计算，对各网消纳三峡电力电量的能力、特点和存在的问题，三峡电站如何不弃水和网内其他大型水电站不弃水或少弃水，需增加的调峰电源等，进行了计算研究。计算研究结果是，方案三中的少送华东电量 300 万 kW，多送华中、川渝各 150 万 kW 方案和少送华东电量 450 万 kW、多送华中 150 万 kW、多送川渝 300 万 kW 方案总装机容量最少，相对于方案一和方案二少 30 万 kW 装机容量，各方案弃水相差不大，但方案一弃水相对

较多。

对各分电方案进行生产模拟，得出规划期内各电网每年的投资和运行费用，将每年的投资拆成（火电按25年，水电按50年）年金，然后将2000-2010年各年的年金和运行费用折现到1998年。其结果是：投资最高的是方案三中“少送华东电量450万kW、多送华中150万kW、多送川渝300万kW方案”，最低的是方案三中“少送华东电量300万kW，多送华中、川渝各150万kW方案”；运行费用最高的是方案一，最低的是方案三中“少送华东电量600万kW、多送华中150万kW、多送川渝450万kW方案”。综合最低的是方案三中“少送华东电量300万kW，多送华中、川渝各150万kW方案”，这是我们推荐的方案。

五、三峡电站电能分省市合理消纳研究探讨

（一）分省市合理消纳研究原则

各网在分省市研究中考虑的原则主要有：一是三峡电能在各省市的分配中应充分注意各大区能源流向的合理性；二是根据各省市经济发展、需电水平和资源特点，合理配置各省市的电源容量和结构；三是注意各省市在建项目和国家电力公司计划开工项目的情况；四是注意各省市火电厂能保持有相对合理的运行经济指标，即火电平均利用小时数是否相对合理。

在分省市研究中，因为华中、华东和川渝地区内部的能源资源和电源结构情况以及一些运行机制不尽相同，因此我们根据各网不同的实际情况，采用不同的方法来研究三峡电能的分省市合理消纳问题。

需要说明的是，在分大区研究中我们进行了电源优化计算，确定了各省市的电源装机建议方案。这个电源装机方案是各网满足我们确定的负荷水平，根据推荐方案优先消纳三峡电能相对最优的方案。因此在分省市分电研究中，以分大区的电源方案为基础进行工作，再根据各网的具体情况进行微调，但各网总装机容量基本不变。

（二）研究内容

（1）华中各省的能源资源和电源结构情况相差较大，在研究各省接受三峡电站电量时，先根据各省相对合理的火电利用小时数确定分电量的方案，然后根据电量确定电力。

我们对软件优化分电方案、按各省三峡电站配套变电容量比例分配方案、按各省需电量比例分配方案都进行了详细分析研究，综合分析之后，根据各省火电利用小时数相对合理的原则，提出了三峡电站电能在华中电网分省消纳方案。

（2）华东各省市的电源结构基本类似，根据各省市相同备用率的原则，确定各省市接收三峡电站电力容量的方案，然后以此为基础，考虑各省市相对合理的火电利用小时数，确定各省市接受三峡电站电量的方案，根据电量的方案再对电力容量方案进行微调。

我们对软件优化分电方案、按各省三峡电站配套变电容量比例分配方案、按各省需电量比例分配方案也都进行了详细分析研究。综合分析之后，根据各省市备用率相同和各省市火电利用小时数相对合理的原则，提出华东电网分省市利用三峡电能的推荐方案。

（3）三峡电站电力丰水期不送川渝，只在枯水期送电川渝电网。分大区方案优化计算结果表明，由于四川省电网水电比重大，在枯水期消纳了二滩的电量后，仍然缺电量，因此三峡电站枯水期的电能考虑部分送四川省是经济合理的方案。根据四川省和重庆市能源资源情况和电网需要等因素，我们在分配三峡电能时首先考虑了电量分配，根据电量分配的情况再确定电力分配。通过对各方案进行分析研究，按照各省市火电利用小时数相对合理的原则，提出推荐方案。

六、研究的主要结论

（1）推荐了2003-2010年（含平水年、枯水年）三峡电站电能在华中、华东和川渝电网合理消纳方案。以2010年为例，在丰水期6-9月三峡电力电量不考虑送川渝，由华中和华东消纳，送华东电力电量均按输送能力720万kW输送，剩余电力电量送华中；在枯水期10月至次年5月，三峡电力在按三大区设计输送能力比例分配的基础上少送华东30亿kWh电量，多送华中15亿kWh电量，多送川渝 15 亿 kWh 电量。平水年，三峡送华中 478.8 亿 kWh 电量，送华东 320.4 亿 kWh 电量，送川渝 54 亿 kWh 电量。

（2）推荐了各电网逐年新增电源规模。经电源优化计算和电力电量平衡，三峡电站供电区内为满足负荷发展需要，在首先消纳三峡电站电能以后，2010 年前华中电网新增电源 1687.5 万 kW（不包括三峡电站），华东电网新增电源 2848 万 kW，川渝电网新增电源 1057 万 kW。

（3）三峡电站加大了华中和华东电网的调峰困难。由于防洪需要，三峡电站在丰水期 6-9 月运行水位不能超过 145m，因此在丰水期三峡电站基本无调节能力，这样给华中和华东电网增加了调峰困难。

七、有关建议

（1）三峡电站电价应适应电力市场要求，具有市场竞争力。电价是电力市场的基础，在完成三峡电站电能合理消纳研究，提出推荐方案后，三峡电价问题将是其推荐方案能否实现的关键。在市场经济环境下，三峡电站电价应有其竞争力，这样才能调动各地区充分消纳三峡电站电能的主动性和积极性，才能使三峡电站电能经济合理地在市场中消纳。我们判断三峡电站电价是应该有市场竞争力的，因为三峡电站效益是多方面的，其中防洪、航运和灌溉等效益应研究分摊问题，不宜全加在电价上；三峡项目的资本金是国家政策性基金，回报率应控制在适当水平，不宜太高。建议政府考虑以上因素，在三峡电站贷款还本付息年限、利息和税收、资本金回收、综合效益分摊等方面给予一定政策。

（2）通过对三峡电站电能在各省市的具体消纳方案研究，并结合电力结构优化及电力规划调整，需要在三峡电站输变电配套投资总量和工程总量不变的前提下，对三峡电站在各省市输变电配套项目纳入有关省市的电网规划一并进行必要的滚动优化调整。

（3）积极加快华中与华北联网，扩大三峡电站的电力市场，降低电网风险。

（4）对消纳三峡电站电能带来的一些问题需进一步做专题研究，如华中、华东和川渝在内的中部电网调峰规划的研究，研究各网的负荷特性、电源结构、调峰手段、调峰电源的配置和优化；利用三峡送华东直流输电工程，研究枯水期华东电网低谷向华中倒送电的问题，研究华中和川渝接受华东电网低谷送电方式、容量，最大限度发挥水火电网互补效益；三峡电力系统消纳季节性电能和加强负荷侧管理的研究，以解决三峡电站丰水期季节性电能消纳问题，减缓电网压力。

（5）三峡电站电能合理消纳研究应根据情况变化滚动修订。我们研究的结论是在许多特定的边界条件约束下得出的。这些边界条件一旦发生变化，其结论都可能是不同的。另外，各省市电价承受能力也不尽相同，三峡电价应尽早给出方案，届时校核三峡电能消纳方案的可行性。总之，三峡电站电能合理消纳的研究应根据边界条件的变化要进行滚动修正。

1998 年 12 月底由国家电力公司计划投资部和电规总院完成了《三峡电站电能合理消纳研究（汇报稿）》。公司领导充分肯定了研究成果，并以此为依据，向国家计委基础产业司、国家经贸委电力司做了汇报，他们均肯定了《三峡电站电能合理消纳研究》报告，认为该报告研究内容丰富，边界条件选取是基本合适的，对三峡供电区“十五”规划编制具有重要指导意义。同时建议对报告中提出的三峡电力电量在八省两市的消纳值，以适当方式与有关省市政府、电力公司见面，让地方政府对此引起高度重视，控制新开工项目，限制地方小火电发展。

王信茂：原国家电力公司计划投资部主任兼三峡工程办公室主任。

从三峡工程论证看西南清洁能源开发与消纳

（丁燕生）

1986 年，根据中共中央国务院下发的《关于长江三峡工程论证有关问题的通知》（中发〔1986〕15 号），基于对三峡工程三十多年来大量的勘测、设计和科研工作，水利电力部正式展开了对三峡工程的进一步扩大论证工作。三峡输变电工程系统论证作为十四项专题之一，同期正式启动。

专题论证全面深入，有力支撑了三峡输变电工程的科学建设和顺利投运，实现了三峡 2250 万 kW 清洁能源的送出，供电范围包括八省两市，惠及人口超过 6.7 亿人，对优化我国能源结构和跨区资源配置、促进地区经济发展发挥了重要作用。

三峡输变电工程系统论证过程和成功的经验，对当前电网发展建设中的规划和前期工作以及西南水电开发具有重要、积极的指导意义。本文通过梳理三峡输变电工程的系统论证过程，对比当前电网规划和前期工作的管理流程，提炼出能够借鉴吸收的宝贵经验，并引出相应启示，以供参考。

一、三峡输变电工程系统论证过程

三峡输变电工程系统论证工作开展于国家编制“九五”“十五”规划的重要时期，也正时逢全国电网快速发展的关键阶段，系统方案须适应国民经济发展，并与各相关地区的电源、电网发展规划相协调；同时，三峡输电系统位于全国电网的中心位置，对电网互联起到至关重要的作用，是国家能源规划和电力发展规划的重要组成部分。因此，三峡输变电工程系统论证应具有高度的宏观性和前瞻性。加之整个三峡输变电工程是一项庞大复杂的系统工程，建设规模大、时间跨度长、技术要求高、涉及面广，因此系统论证还应具有高度的全面性、严格性以及适应性。

基于以上基本认识，三峡输变电工程的系统论证过程审慎严谨，尊重客观事实，论证和决策程序非常严格，从规划到实施历时近十年，并通过后续论证不断补充完善。

总体来看，整个论证过程分为了三个阶段：①配合三峡工程本体可研开展的电力系统初步论证工作；②三峡工程经最高权力机关决策后开展的全面论证工作，包括三峡电力供区系统规划及其有关输电方式、输电网络等；③后续滚动研究工作，包括针对送电方向变更、电力市场变化等新情况开展的补充论证。

（一）初步论证阶段

对三峡工程的论证及决策包括水利枢纽、库区移民和电力系统三个部分，电力系统论证作为重要部分之一，与三峡工程可行性研究工作同步开展。

该阶段电力系统论证的主要任务是：在满足经济社会发展对电力需求的基本前提下，从发电效益的角度，比较分析三峡工程及其各种替代方案的优劣，论证三峡工程建设的必要性和经济性。

1988 年，完成并审议通过了论证报告。报告深入分析了全国特别是三峡可能供电地区的长期的能源和电力需求、供电形势、煤电运的情况，对不上或者晚上三峡工程可能的替代方案进行全面分析，并对三峡输电系统进行了初步论证，主要结论如下：①从发电效益看，三峡工程应该上，应该早上，通过与替代方案的比较，三峡 2000 年发电方案总费用现值最低，是电源开发方案中的最优方案；②三峡工程应向华东电网送电，输电容量暂按 600 万～800 万 kW 考虑，电量按 280 亿 kWh 考虑，在设计中再进一步论证确定；③三峡工程向华中电网输电宜采用 500kV 交流，向华东电网输电采用交、直流 500kV 混合输电方案。

1990 年，国务院召开了三峡工程论证汇报会，听取论证领导小组关于论证工作和新编可行性报告的汇报。会议认为：新编可行性报告已无原则性问题，可报请国务院三峡工程审查委员会审查。

1991 年，召开了三峡工程可研报告发电与电力系统专题预审会议，会议认为：专题论证基础工作扎实，结论可靠，报告有深度，基本同意报告结论，可作为国家宏观决策建设三峡工程的依据。

1992 年，第七届全国人大代表大会第五次会议审议并通过关于兴建长江三峡工程的议案。

（二）全面论证阶段

三峡工程经国家最高权力机关决策后，三峡输变电工程进入全面论证阶段。

1992 年，为了做好三峡输电系统设计工作，能源部召开了三峡输电系统设计工作会议，随后下发《关于印发长江三峡工程输变电工程设计工作纲要的通知》，正式拉开了三峡输电系统设计工作的序幕。

1993 年，电力工业部召开了三峡工程输变电工程设计工作协调会和三峡输电系统设计研讨会，下达了设计任务和设计前期条件，确定了三峡输电系统设计文件框架，提出了三峡送电华东的输电方式（交直混联或纯直流方案）论证等要求。

1994 年，电力规划设计总院组织中南、华东、西南电力设计院共同完成了《三峡输电系统设计》，电力工业部对报告进行了预审，原则上同意后，报三峡建设委员会审查。

1995 年，电力工业部组织编写了《三峡输变电系统设计若干问题补充论证的报告》。

同年，三峡建设委员会以《关于三峡工程输变电系统设计的批复意见》批准了三峡输变电工程的系统设计方案，主要结论如下：①三峡水电站的供电范围为华中、华东和川东地区，设计送电能力为：华中 1200 万 kW，华东 720 万 kW，川东 200 万 kW；②三峡输电系统共建线路 9100km，其中直流输电线路 2200km；交流输变电容量 2475 万 kVA；直流换流站容量 1200 万 kW；③三峡工程送电华东采用纯直流方案，直流电压等级定为 500kV；华中、四川交流输电线路及华东配套交流部分按 500kV 电压等级设计；④三峡电站出线回路数按 15 回出线设计，留有发展余地；⑤三峡输电系统总投资按 248 亿元，含外资 9.6 亿美元，按 1993 年 5 月价格控制；⑥三峡输电系统的工程业主为国家电网建设总公司。

（三）滚动调整阶段

国家三峡建设委员会的批复，标志着三峡输变电工程建设进入实施阶段，系统论证工作同时转入滚动调整阶段。

1996-2005 年间，针对三峡供电区域的电力供需变化，对 1995 年批复的三峡电力系统设计方案进行了多项补充论证。

其中较大的调整是国务院在 2000 年决策向广东送电 1000 万 kW，三峡负责其中 300 万 kW 电力。2001 年，为确保三峡电力全部送出和合理消纳，并且向广东送电 300 万 kW，开展《三峡输电系统设计的补充研究》，2002 年三峡建设委员会批复了三峡输变电工程的调整方案。2002 年，国家电力公司向国家计委报送了《关于三峡（华中）—广东直流输变电工程可行性研究报告的请示》，国家计委和三峡建设委员分别下发有关批复，该工程方被纳入三峡输变电工程。

针对三峡电能的消纳，也进行了一系列滚动论证。1998-1999 年提出了三峡电能在华中、华东和川渝电网合理消纳研究报告，2001 年提出了三峡电能在华中东四省、华东、广东合理消纳的研究报告。

此外，为解决三峡地下电站送出，国家电网公司组织开展了《三峡地下电站输电方案研究》和多项论证工作。论证中综合考虑各方面因素，按照远近结合的思路，将地下电站接入工程与特高压交流试验示范工程相结合，采用 3 回 500kV 交流输电线路将地下电站接入荆门特高压变电站，以适应三峡地下电站向华中、华东和华北电网送电的需求。

随着不断完善的系统论证和紧锣密鼓的施工建设以及循序渐进的并网投运，最终于 2012 年 7 月世界最大的水电站最后一台机组正式交付并发电。科学、全面、深入的电力系统论证工作在整个过程中功不可没。

二、当前电网规划和项目前期工作流程

长期以来，通过参与和组织大量的大型电力项目（如三峡输变电工程等）的规划建设，国家电网公司已经积累了诸多宝贵经验，并具备了开展大型输变电工程建设的能力。公司在此基础上不断总结提炼，形成了一套成熟的管理规定和办法，包括《电网规划工作管理规定》《前期工作管理办法》和《大型电厂输电系统规划设计内容深度规定》等，有效指导了电网规划和项目前期等相关工作。

（一）电网规划工作流程

根据《电网规划工作管理规定》和《关于进一步适应核准制改革加强电网管理的意见》，电网规划工作包括编制、评审、批复三个管理环节。

规划的编制由公司“系统规划设计支撑体系”统一负责，各电压等级的电网规划由对应级别电网

公司具体负责。规划内容包括主网架规划、配网规划、通信网规划和电网智能化规划。规划评审工作分为两个层级，110kV 及以上电网规划由国家电网公司评审，35kV 及以下电网规划由各省电力公司评审。规划获得批复后，国网发展部将国家电网总体规划报国家能源局；省电力公司将本省电网规划报地方政府，纳入地方经济社会发展规划。

在规划的调整方面，除了每年的滚动规划以外，对于急需建设的规划外项目，750kV 及以上交流、跨省交直流项目由国网发展部提出调整报告，报公司审定后纳入规划；在公司审定的规划规模和投资范围内，220～500kV 项目由省公司提出调整报告并报国网发展部组织审定后纳入规划，110kV 及以下项目由省公司组织调整并报国网发展部备案。规划调整情况纳入考核管理。

另外，对于跨区、跨省送电的新建水电厂项目和流域梯级水电厂群项目等，需要在项目初步可行性研究阶段进行大型电厂输电系统规划设计，用以指导开展电厂的接入系统设计工作。

（二）项目前期工作流程

根据《前期工作管理办法》和《关于进一步适应核准制改革加强电网管理的意见》，电网项目前期工作主要包括前期工作计划、可研设计、评审、批复、支持性文件落实和项目核准六个步骤。

可研的编制按照电压等级从高到低划分给国网经研院、省经研院和地市经研所；编制完成后分别报给上一级单位评审；获得国网发展部或省公司的可研批复后，与项目用地、水保、环评等支持性文件一并提交政府投资主管部门，申请核准。

在电网发展建设工作中，一项重要内容是针对大型电厂输电系统的论证，这对于支撑能源开发和优化能源结构至关重要。因此，在该阶段，电源接入系统的评审工作也非常重要。工作环节主要包括接入系统设计、接网工程可研、方案评审及印发和接网协议签署。

首先发电企业委托有资质的设计单位开展接入系统设计；公司组织会议对接入方案进行初审，会议纪要作为接网工程可研设计的工作基础；在此基础上，公司组织、发电企业配合开展接网工程可研设计；完成可研报告后，公司组织开展正式评审，包括接入系统方案和送出工程可研评审，并委托有关的咨询机构出具接入系统方案及送出工程可研评审意见；最后，在电源项目本体和接网工程均取得核准后，公司与发电企业协商签订接网协议并抄送国家能源局派出机构，完成电源项目的前期工作。

（三）对比分析

对比 2002 年“厂网分开”以来无序的电力发展建设模式，三峡输变电工程的规划建设更具系统性。整个工程的规划、建设和运行都在国家最高层面的领导下有序开展，2250 万 kW 水电送得出、落得下、用得上，是总揽全局、科学筹划、协调发展的典范，对后来的大型输变电项目建设具有非常重要的指导意义。作为“模范标杆”，三峡输变电工程很多成功的技术管理创新都被纳入了公司的电网规划设计管理规范，例如：

（1）统一规划，分步实施，在电站规划建设之初，对电站输电规模、输电计划、负荷落点等进行统一规划。

（2）统一管理，分级负责，工程相关单位受托承担所在区域的电网建设和运行维护工作，通过与国家电网公司签订受托管理服务合同的方式，规范服务模式。

（3）推广标准设计，所有交流变电站、直流换流站、输电线路采用统一标准设计，有效节约资源，提高工程质量。

（4）全面推行以项目法人责任制为核心，包括资本金制、招投标制、工程监理制和合同管理制在内的“五制”管理规定，在输变电建设市场上建立规范的运作模式。

（5）加强一体化管理，有效控制投资。按照“静态控制、动态管理”的要求，对建设资金的预测、筹措、控制、使用、监督等，以预算控制的形式进行管理，同时按照工程进度向相关单位拨付建设资金，有效运用有限的资源，提高资金使用效益。

当然，三峡工程具有其特殊性，由于整个工程论证在时间上横跨近一个世纪（1919 年孙中山提出建设三峡工程设想），在空间上覆盖半个中国，因此三峡输变电工程与大部分电力建设工程的论证背景和管理模式存在一定差异，主要体现在以下几个方面：

（1）决策层级高。无论是国务院还是1993年后成立的三峡建设委员会，三峡工程的最高决策层都是国家级权力机关，能够更大范围地配置人力、财力和物力资源，突破一些不必要的框条限制，采用更加灵活的管理模式，提高论证和决策效率，这对于开展相关工作非常有利。相对当前项目核准和电网规划的最高决策机构（国家发改委）三峡输变电工程的决策层级更高。

（2）政府行为强。在整个论证三峡输变电工程的过程中，政府分别在规划、可研、接入方案、核准、设计和后来的滚动阶段都设置了“关卡”来把控工作的质量和进度，程序非常严格。较当前的仅设置规划编制和项目核准两个“关卡”的政府行为，三峡输变电工程的政府干预度更强。

（3）论证时间长。从三峡输变电工程开展论证到开工建设，历经十年，加上后来的补充论证，共计二十余载，而所有的这些工作又是在之前六十多年的反复论证基础上开展的，可谓旷日持久，也正是因为有了如此充裕的论证积淀，才有了后来成功的建设和运行。可见，相比于当前的规划和前期论证工作，三峡输变电工程的论证工作更为超前。

三、对电网发展建设的启示

（一）国家最高层面统筹电力发展规划

“十一五”和“十二五”期间，政府未公开国家电力发展规划，各电网和发电企业均自主开展规划并实施，电源和电网发展迅速但缺乏全局协调。2015年，国家发改委下发《关于做好电力项目核准权下放后规划建设有关工作的通知》（发改能源〔2015〕2236号），指出要强化电力规划指导作用，重启了全国电力规划。如今，国家电力发展规划由国家能源局负责统筹，企业自主编制的规划仅作为建议纳入整体规划。整体规划是全局优化的成果，最终方案具有积极广泛的指导意义。

然而，在规划协调过程中难免遇到问题。就目前规划工作开展情况来看，对大部分电网规划方案的意见，国家能源局和各电网、发电公司保持一致，工作开展顺利，但在对部分输变电工程的论证过程中，对于采用交流输电还是直流输电、采用特高压还是超高压等问题，出现一些技术分歧。

借鉴三峡输变电工程决策层级高、灵活性强、有效力的典型经验，对于大型的、亟需建设却悬而未决的规划方案或工程项目，可以考虑提高决策层级，提高电网发展建设的论证和决策效率，例如把特高压规划的决策层级上升至国务院，或专门成立相关委员会负责组织论证和评审。

（二）持续加强简政放权

与三峡等大型输变电工程的论证和决策过程不同，大量常规的输变电建设项目在规划阶段往往不存在大的分歧，因此有必要加快关于纳入规划项目的前期工作流程，省去繁复冗余的监管环节，加快电网发展建设进度，快速适应电力供需变化。

近年来，各级政府贯彻落实国务院关于转变职能、简政放权的工作部署，简化了项目审批流程，并按照电压等级下放核准权限，大幅提高了项目前期工作的效率。

为进一步提高规划决策效率，缩短前期工作时长，国家主管部门应加强电网发展战略制定，为电力行业各主体指明正确的发展方向，保证国家相关政策法规的落实；而对于电网具体建设方案（特别是500kV及以下电网建设方案），应交由各级电网企业自行负责，进一步贯彻简政放权，提高电网发展建设效率。

（三）超前谋划构建以清洁能源为主的西南电网

川、渝、藏地区清洁能源储量丰富，其中水电储量超过2.6亿kW，规划2030年开发逾2.2亿kW，未来电源建设和外送需求规模大。因此，为了支撑国民经济社会发展和全国能源结构转型，有必要汲取三峡输变电工程成功经验，超前谋划构建以清洁能源为主的西南电网。

由于西南水电开发缺乏统筹规划和具体的政策支持，长期以来西南地区水电弃水严重，并且有日趋严重的趋势。因此，为了推动国民经济可持续发展和国家生态文明建设，须充分开发并消纳西南地区的水电资源。一方面，针对如何构建以清洁能源为主的西南电网超前开展系统的规划论证和深入的专题研究，注重近期规划与中长期规划的延续性，以及项目在中长期方案中的适应性论证；另一方面，积极探索西南水电开发的支撑政策，例如电价补贴、市场激励等，有力支撑西南清洁能源发展和消纳。

（四）审慎论证，积极沟通，提高电网规划建设效率

三峡输变电工程的规划和前期工作经历了反复的斟酌论证和充分的上下沟通，同样在电网规划和项目前期工作中，也需要秉承高度的责任心，积极与政府和相关企业沟通协调，开展审慎、全面、深入、高效的科学论证：

（1）积极主动向各级政府沟通汇报，为电网规划和前期工作顺利推动创造良好环境，并在关键阶段促使举行专题协调工作会议，破解制约工程进展的瓶颈；

（2）针对重点工程成立领导小组和工作组，统筹运用各种资源，共同推动工作高效开展；

（3）发挥属地化优势，工程相关地区电力公司负责区域内协议和支持性文件的签订，集全公司之力加快项目前期工作；

（4）充分利用规划和前期职能机构优势，从可研阶段起对设计方案、技术标准、设备参数、经济指标等方面严格把关；

（5）工程设计中，按照国家相关法律法规要求，做好集约土地、环境保护和水土保持工作，并超前开展用地预审、环评、水保等专题工作，最大程度缩短核准支持性文件的办理时间，提高工作效率。

四、结语

三峡输变电工程作为全国乃至全球范围的世纪大工程，为清洁能源开发、电力行业发展和国民经济建设做出了举足轻重的巨大贡献，其成功的工程论证过程对电网发展和建设具有积极指导意义。

本文简述了三峡输变电工程的论证过程，梳理了当前电网规划和项目前期的工作流程，通过对比分析总结提炼了三峡输变电工程论证中可供借鉴的经验，提出了适当提升电力规划决策层级，持续加强简政放权，超前谋划构建以清洁能源为主的西南电网，以及审慎论证、积极沟通、提高电网规划建设效率四点启示和建议，为更好地开展电网规划和项目前期相关工作提供参考。

丁燕生：原国家电力公司电网建设分公司变电物资处副处长，后曾任国家电网有限公司基建部副主任。

关于三峡输变电工作点滴回忆

——搞好三峡输变电工程的优化和建设，推进全国联网

（王信茂）

三峡输变电工程涉及的供电范围广，建设持续时间跨度长，不同于一般大型水电送出工程的设计，具有特殊的艰巨性和复杂性，是一项起点高、反映我国当代先进输变电技术水平的巨大系统工程。20 世纪 90 年代我先后在电力部规划计划司任副司长、司长，在国家电力公司计划投资部任主任，同时兼任电力部（国家电力公司）三峡工程办公室主任，有幸直接参加了三峡输变电工程的一些工作。到了今天，由于年代久远、资料散失，只能靠残缺不全的工作笔记，点滴回忆这段有意义的工作。

为了统一对全国联网的认识，研究全国联网规划思路与格局，落实全国联网工程前期工作责任制，把全国联网规划和实施工作推向一个新的阶段，国家电力公司于 1998 年 11 月 30 日-12 月 1 日召开了全国联网工作座谈会，公司有关部门、各网省电力公司和电力规划总院等单位的领导及代表参加了会

议，公司领导到会并做了讲话和工作报告。根据会议安排，我代表公司计划投资部做了“统一思想，落实责任，全力以赴抓好联网项目前期工作”的发言，主要汇报了关于全国联网规划及近期工作重点，做好大区电网和省级电网规划，建设好主干网架和受端网架，为实现全国联网创造条件等问题。搞好三峡输变电单项工程的优化和建设是我发言的重点之一，其主要内容如下。

一、要进一步提高对三峡输变电工程重要性的认识

三峡水电站及其输变电工程的建设，将形成覆盖长江流域经济带华东、华中和川渝电网10省（市）的三峡电力系统，到2010年，系统总装机将达到2亿kW以上，成为世界上少有的几个特大型电力系统之一。

三峡工程地处祖国腹地，三峡电力系统在全国电网互联格局中处于中心位置，三峡系统的建成就为全国联网打下了重要的基础；不失时机地抓住三峡工程建设机遇，逐步与华北、南方、西北等电网联网，这是实现全国电网互联的关键举措。

二、三峡输变电工程的进展情况

三峡输变电工程总量为9100km线路、500kV交流变电容量2475万kVA和两条直流换流站送受端总容量1200万kW，建设时间是从1997年至2008年，国家电力公司电网建设分公司正在组织实施。第一个单项工程长寿至万县线路工程已于1998年6月投入运行。1998年安排开工“两线一变”工程，1999年计划安排包括直流工程在内的五个单项工程。今后几年，三峡输变电工程单项工程将进入大规模实施阶段。

三、围绕建成三峡电网的大目标，近期要着重做好下面几项工作

（1）计划投资部会同电网建设分公司要继续组织有关网省电力公司做好三峡输变电单项工程的滚动优化工作，提前做好安排，保证与网内其他500kV电网工程相衔接，使建成的三峡输变电单项工程及时形成生产能力，发挥效益。

（2）各有关省市电力公司要做好与三峡输变电工程相配合的220kV送变电工程的规划和建设。

（3）落实国家电力公司领导批示精神，即坚持所有三峡输变电工程经国务院三建委批复过的项目没有特殊需要均不再改变项目法人的原则，请有关网省电力公司认真贯彻执行。

（4）有关网省公司要严格控制今后的电源新开工项目。要按国家要求，优先消纳三峡的电力电量，不足的部分再建设新电源。

周小谦总经理助理在总结讲话中突出强调了要建好三峡电网，确保三峡送出，使三峡的电力送得出、用得上。

通过这次会议，与会同志进一步加深了对全国联网工作的认识，明确了全国联网的基本思路和实施步骤，大大增强了紧迫感和责任感，同时对当前要开展的几项工作做了具体安排。

王信茂：原国家电力公司计划投资部主任兼三峡工程办公室主任。

第二节　管　理　创　新

三峡工程应由电力系统负责建设和管理

（黄毅诚，1992年4月）

长江三峡工程已经由全国人大七届五次会议批准。如何建设好和管理好三峡工程，使它能够顺利建成并发挥最大效益，是全国人民和各界人士极为关心的问题。我就建立合理的工程建设和运行管理体制等问题提出以下意见和建议，供领导决策时参考。

（1）三峡工程的运行和经营管理，必须依托于电力系统。作为工程主体的三峡水电站，总装机容量 1768 万 kW，而枯水期出力仅 499 万 kW，相差超过 1200 万 kW，这个巨大差额只能靠上亿千瓦的大电网来调节、补偿。在汛期，电站运行必须服从水调要求，将变成径流电站，失去调节能力，昼夜电力负荷变化也要靠大电网来调节。另外，水库来水有丰水年、枯水年之别，每年雨季有来早来晚之差，因而电站出力或大或小，是不稳定的，没有办法预先制订出电力电量计划，也必须由大电网及时进行调节、补偿。因此，三峡电站必须服从电网的统一指令，在电网统一核算下，才有可能取得最大的经济效益和确保安全。

（2）三峡工程必将成为全国电力电网的中心。按规划设计，三峡水电站将要架设 15 条 500kV 超高压输电线路，东到上海，西至重庆，北达河南，南抵长沙，分别将电力电量输往华中、华东各省市。由于我国南北方季节时差和黄河、长江及珠江流域丰枯期的时差，三峡水电站与华北、华南联网交换电力电量，相互补偿，可以取得巨大的经济效益。今后，金沙江上巨大水电的东送，也将通过三峡枢纽。因此三峡工程的建设只能由电力系统来规划和完成。

（3）三峡工程的建设，解决资金来源是个关键问题。三峡工程防洪效益巨大，但属于减灾性质，很难以货币值表示和计算，也无法拿这个效益来还款。最终能算得清和拿到手的效益还是发电。因此，巨额建设资金的筹集，只能主要依靠电力系统。除了利用一部分外资，还可以考虑采取以下办法来筹集：一是全国电网每千瓦时电加收一分钱；二是适当提高葛洲坝水电站的上网电价；三是发行三峡工程建设债券或股票；四是三峡水电站第一台机组投产直到全部建成时的发电收入，作为大部分建设资金以及全部还贷付息资金的来源。实行这些办法，都必须以现在已拥有 1500 多亿元固有资产和强大经济实力的电力系统为依托。可见，三峡工程的建设是离不开电力系统的。

（4）三峡工程前后要建设 20 年，为确保在此期间不发生大的水灾，水利系统的任务很艰巨，应集中精力做好大江大河大湖的防洪治理工程，扩大农田灌溉面积，建设防涝工程、引水工程。再说，电力系统建设水电站，包括特大型水电站，人们都会认为是分内的事。

（5）中国有两条水灾最大的河流，一条是黄河，一条是长江。黄河上游有个以防洪为主的大型水电站——小浪底电站，建成后可保黄河几十年内不发生水灾，它的投资也很大，近百亿元，建设周期约 10 年。因发电量不多，很难靠发电收回投资，投资主要依靠国家财政。国务院已决定由水利部门组织建设。长江上的特大工程——三峡，为保长江中、下游安全，防洪效益巨大，但发电效益也巨大，有可能从电费中回收投资。这个工程由电力部门来建设，可以做到两条大河上的两个重大工程，水利、电力一个部门一个，两个部门可以互相学习，互相比赛，政治上可以做到平衡。

（6）目前我国在建的大中型水电站近 2000 万 kW，都由电力企业为业主负责建设。近年来，我们在水电建设中全面推行了招标投标制，引入竞争机制，逐步形成和完善了一套现代化的工程管理办法，并在保证质量、缩短工程、降低造价等方面取得了明显成效，完全有能力承担三峡工程的建设任务。

我认为，三峡工程能否顺利建成并发挥最大效益，事前缜密研究，建立起强有力的、合理的建设和运行管理体制，至关重要。这个管理体制，必须层次简单，责任明确。否则，关系复杂，体制不顺，矛盾不断，争议不休，事事都要上级协调解决，势必严重影响工程的工期和不断增加工程的造价。我建议三峡工程的建设和管理采取如下体制较为合理和可行：

1）国务院成立三峡工程建设委员会，负责制定有关方针、政策，审定重大技术方案和有关问题，检查、监督工程和移民的实施。其办事机构可设在国家计委。

2）组建一个三峡公司，全权负责工程的建设和经营、筹资和还贷。这个经济实体由电力部门领导。

3）移民及库区淹没补偿工作（包括生态环境方面的补偿），由三峡建设委员会成立专门的移民机构领导；具体移民工作交由川、鄂两省全面负责。

黄毅诚：原能源部部长。

建设三峡工程应狠抓节约与效益

（黄毅诚，1995 年 2 月）

2 月 19 日，三峡工程已经启动，成为新中国成立以来一项最大的重点建设工程。

三峡工程规模宏伟，各方面的效益巨大。当然，也要花费相当数量的投资。然而，随着各个方面对三峡工程不断提出要求，再加上物价上涨，工程总造价一再上扬，到工程全部建成时究竟要多少投资，恐怕现在谁也很难说准。

三峡工程项目多，建设时间长，所用资金大。如何从各个方面厉行节约，把这项工程建设为一个“节约型工程”，将有重大意义。因此，三峡工程建设，必须把“节约”和“效益”放到重要议事日程上，并贯彻到设计、管理、施工各个方面和各个项目的建设过程中去。工程所需投资大，如能节约一点，哪怕是一个很小的百分数，也就是一笔很可观的资金。希望在建设三峡的过程中，能克服“重点项目重点浪费”的毛病。将三峡工程建设成为一个既好又省的工程。

在三峡工程建设中，我认为可节约的地方不少。今就其中的几个方面简单地谈谈自己的意见。不当之处，请大家指正。

一、从优化设计方案求节约

设计方案的优化，往往可以得到最大的节约效果。我认为，三峡工程的不少设计还可进一步完善、优化。现举二例：

【例 1】 三峡向外输电线路的设计。

按 1994 年 5 月的设计方案，三峡水电站装机为 1820 万 kW，扣除就地就近用电外，需要建 15 回 500kV 线路，外送 1560 万 kW 的电力。一个回路平均只送 100 万 kW 多一点。按这个设计方案，建成 15 回路，需投资 240 亿元。

能不能少建几回输电线路？我看完全能够做到。

1988 年，我曾访问日本。参观了日本的福岛核电基地。该基地共装机 960 万 kW，所发电量全部送至 260km 外的东京。他们采用的输电方式为两个杆塔 4 回 500kV 线路。其输电导线的截面积每股为 4×200mm^2。他们的设计思想是，只用这 4 回线路中的 3 回，就可输送全部电量，其中 1 回可视为备用。介绍说，每回线路在夏季可送 320 万 kW，冬季可送 360 万 kW。这 4 回线路已运行多年，情况良好。

回国后，我请教了国内许多输变电方面的专家：“为什么相同截面的输电导线，日本 1 回 500kV 线路可送 320 万 kW，而我国只能送 100 万 kW？”他们的回答是：在我国，如果一条输电线路输送电量过大了，万一出了事故，现在的电网规模承受不了。也就是说，根据我国目前的电网规模，每回 500kV

线路只能送 100 万 kW。

在选择发电设备单机容量时，为确保电网安全，世界上有一个通用规定，即单机容量不超过电网规模的 8%。我想这一标准也应适用于检验我国回路输电的承受能力。到 2010 年，三峡工程全部建成时，不论是华东或是华中电网，其装机总规模都将大大超过 6000 万 kW。这样大的电网，承受 300 万 kW 事故的能力应该不成问题。

所以，我建议将目前设计的 15 回路减为 8 回路。即便如此，每回路外送的电量还比日本少，如果能减少 7 回线路，按 1994 年的设计预算，节约投资可达 100 亿元!

另外，在线路的设计上，若采用混凝土杆塔代替钢塔和紧凑型输电线路布置，既占地少，又很安全，还可以节约大量投资。我们在湖南已建成了一段混凝土杆塔的 500kV 线路，在京津唐电网已建成了紧凑型输电线路，经过试验证明，效果是好的。

【例 2】 三峡施工期间的通航设计。

现在的设计是采用临时船闸、升船机结合导流明渠方案。如果只采用临时船闸和升船机，而不用导流明渠通航，则可大大减少导流明渠的土石方挖掘、填筑和混凝土的工程量，还使三道围堰减为二道围堰。由此，整个施工可简化，可节约十多亿元的投资，而更重要的是能缩短建设工期。三峡建成后，一年的发电量为 860 亿 kWh，按现已建成投产的清江隔沙岩水电站的上网电价计算，一年就可收入 300 多亿元。有人估算，若不采用导流明渠临时通航方案，可以使工期提前一年，这样，仅提前发电就有 300 多亿元的收入，经济效益巨大。当然，采取这个方案，会发生枯水期妨碍航运的问题。可以考虑由三峡工程出资，采取一些措施，如用倒运和经济补偿的办法来解决仅几个月的通航问题，也是很合算的。

还有，优化各建筑结构的设计，采用先进的计算理论、先进的结构型式，克服一味追求无原则的“可靠加可靠”，避免“傻大黑粗”的陈旧结构，也可大量节约投资。

总之，在建设过程中，要充分调动广大工程技术人员、广大建设者的积极性，发挥大家的智慧，把三峡工程建设得既先进可靠又节省。各部门、各地区不能只从本部门和本地区的利益来考虑问题，一定要以国家的总体利益为重，来选择最佳方案。有所取，则必有所舍。

二、从缩短建设工期求节约

三峡工程从前期准备到正式开工建设，再到第一台机组投产发电，原预计要 11 年。工程全部建成约需 7 年。应采取措施，缩短建设工期。节省时间，就意味着产生巨大的经济效益。

只要加强施工管理，做好施工中的组织工作，落实按劳分配的政策，充分调动广大工人、干部的积极性，则三峡工程的建设工期是能够缩短的。如前所述，工期提前一年，收入就是 300 多亿元，而且提前一年还可少付几十亿元的利息。

时间就是金钱，确实如此。

日本公司承包的鲁布革工程，施工人员全是我们中国工人，连工长也是中国人。在施工技术上，他们也是和我们一样，采用多头钻机打眼放炮工艺。在工资分配上，他们是真正执行了“干多少活，拿多少钱”的政策，并使建设成本与收入成比例，同时具有高透明度，使每个工长、工人都知道每成型 1m 涵洞要花多少原材料、要花多少工时，工人们每天工作完，即知当天能有多少收入。这样做的结果，最大限度地调动了工人们的积极性，月成洞平均达 385m，在我国水电建设的涵洞工程中，至今还没有突破这个纪录。由于政策对头、组织得当，鲁布革近 10km 的引水洞，不到 3 年就高质量地建成，大大提前了工期，效益显著。我觉得，这是鲁布革工程最宝贵的一条经验。

还有，1994 年 9 月，我参加人大到广东检查“三法一决定”的工作。在深圳期间，我抽空察看了沙角 C 电厂的建设。

该厂装 3 台 66.6 万 kW 机组，第一台从开工到投产只用了不到 24 个月的时间，预计不超过 30 个月整个大型电厂就能全部建成。与我们自己建设相同规模的电厂相比，建设工期缩短一半，我们少则也要 60 个月。其施工队伍都是国内的，为什么在这里能做到既能保证质量，又建设得快？最根本的一条，就在于人的积极性。他们在施工中的组织管理和分配的办法类似于鲁布革工程：每一个具体工程完工后，都要进行检查，合格后由监管人员在工票上签字，工人们凭这个签了字的工票就能领到相应的工资。充分体现了“干多少活，拿多少钱”的政策。

以上两例，实际上都是推行以工段或小组为单位计件工资。在三峡工程建设中，除发挥我们优良的政治传统，动员广大职工为社会主义建设做出贡献外，能否推广上述经验？比如，把工程计划的总工作量和相应的工资量层层分解，再以工票的形式分派给各个工作班或小组，使工人们都知道完成 $1m^3$ 土石、完成 $1\ m^3$ 混凝土浇筑能有多少收入。分配高度透明，人人心中有数。只要在保证质量的前提下，完成其定额工作量，就兑现其应得的收入。推广这些经验，也一定会大大提高施工管理水平。群众中蕴藏着巨大的潜力，只要组织得当、政策对头，这些潜力是完全可以挖掘出来的。都是中国人，鲁布革工程、沙角 C 电厂工程能办到的，我相信在三峡工程也能办到。

三、在工程施工中节约原材料

三峡工程量巨大，所消耗原材料的数量惊人。比如，光混凝土浇筑就约为 2700 万 m^3。若每立方米节约 10kg 水泥，即近 30 万 t。我曾比较过几个水电站建设的水泥消耗定额，外国负责建的工程 $1m^3$ 混凝土要比我们少用 20%的水泥，主要是我们在保管和运输等管理方面存在着浪费。

因此，三峡工程的各种原材料消耗定额一定要先进、合理，要发动群众，大力克服各个环节的浪费行为。

四、从批量购买设备中求节约

三峡工程购置设备有一个很大的特点，就是批量大，如同容量的发电机组就有 26 台套。这也是个很大的优势。因此，不管是国内招标还是国际招标，都要很好地利用这个优势，切不可为了照顾各方面的关系，而分散采购同类设备。

一次采购 6 台同样的设备，至少可以将价格压下 10%。

1986 年，华能在采购 35 万 kW 发电设备时，一个标书购 8 套，结果却比 1980 年从国外购买相同机组的价格降低了 30%。总之，不管是什么设备，只要有一定批量采购就能压低价格，如果是进口设备，不多花钱还可以把需要的技术带进来。

三峡工程的建设，应坚决贯彻国务院规定的“业主责任制”。大政方针由国务院三峡工程建设委员会决定，工程建设由三峡总公司负责，即由三峡总公司负责筹资、招标、建设、经营、还债。政府部门要对公司进行监督，但不干预其经营，充分发挥三峡总公司的自主权。使三峡工程成为名副其实的速度快、质量好、投资省的特大型重点工程。

总之，三峡工程的建设，要突出“节约”和“效益”。全国各部门、各地区都应从各方面支持三峡工程，为三峡工程建设特别是节约投资创造条件，而不是直接或间接地想方设法“吃”三峡工程。

黄毅诚：原能源部部长。

关于参加三峡输变电工程建设有关情况的回忆

（郑宝森）

《三峡输变电工程史料选编》编写组邀请我撰写关于三峡输变电工程建设的回忆录，我欣然接受了这一任务。经过回忆和整理，将我感受和印象比较深的地方记叙下来，形成了这篇文章。

一、三峡输变电工程建设凝聚了几代电力人的心血与汗水

（一）把三峡输变电工程建设当作重中之重

2002 年初，我从黑龙江省电力公司董事长、党组书记、总经理的岗位上调到国家电力公司，任国家电力公司电网建设部主任、电网建设分公司总经理。电网建设部负责公司系统的电网建设管理工作，电网建设分公司是国家电力公司授权的三峡输变电工程项目建设管理单位。2002 年底，成立国家电网公司，我任国家电网公司副总经理，分管公司基本建设工作，包括三峡输变电工程建设。这样，可以说我从 2002 年开始，一直到 2014 年任职年龄到期退出公司领导班子，整整 13 年的时间，三峡输变电工程建设一直是我工作的重要内容。在这 13 年里，我经历了三峡输变电主要工程建设的全过程，也经历了工程总结、验收及国家稽查和审计等工作过程。我知道，干三峡工程责任重大，使命光荣，在我的工作经历中能参与三峡工程建设与管理十分荣幸。所以在工作中，我高度重视三峡工程，始终把三峡工程当作 1 号工程，摆在第一位的工作，作为工作的重中之重。在我担任国家电力公司电网建设部主任、电网建设分公司总经理期间，绝大部分时间都在抓三峡工程。在我担任国家电网公司副总经理期间，也总是把三峡工程放在首位。我坚持每月定期召开工程协调会议，经常深入现场检查建设情况，及时解决工程建设过程中出现的各种问题。记得建设三峡—常州 500kV 直流工程时，我多次去现场了解情况，召开现场办公会议。2002 年“十一”假期，我知道现场都在大干，施工人员加班加点，就赶到宜昌，和宜昌分公司及龙泉换流站的同志们一起在现场过节。

三峡—常州 500kV 直流工程是三峡送出工程第一个建设的直流工程，输送容量 300 万 kW，在当时是国内输电工程输送容量最大的工程，也是三峡工程第一个引进国外技术建设的直流工程，对整体三峡工程的建设至关重要。我接手时，三峡龙泉站和常州政平站工程量还很大，我就开会动员两个变电站组织力量，加快进度，确保实现投运目标。为加强领导力量，我安排建设部两位副主任分别到两个换流站蹲点，直接抓工程建设和现场调试。记得在工程调试进行单极额定功率 150 万 kW 大负荷试验时，政平侧换相失败，线路跳闸。这在当时来说，150 万 kW 甩负荷很容易造成华东或华中电网事故，但我们很高兴的是，保护正确动作，按照预案切掉了湖南五强溪水电站 50 万 kW 水电机组，没有对华中、华东电网系统造成影响。跳闸后，我一边安排国内认真检查故障，校核方案；一边连夜给 ABB 公司瑞典总部的顾呐（时任 ABB 公司直流技术负责人）打电话，请 ABB 公司抓紧进行测算校核，查明原因，采取措施。ABB 公司很重视，他们组织技术人员连夜校核，第二天就拿出了处理方案。很快就按照新修订的方案进行了第二次大负荷试验，并成功通过试验。经过大家的共同努力，三常工程如期投运。2003 年举行投运庆祝仪式时，时任国务院副总理曾培炎到会讲话。

（二）凝聚了几代人的努力

在长达二十余年的前期论证、总体规划、科研设计、建设管理、设备制造、生产运行等工程组织实施过程中，国家电网建设有限公司、中国电网建设公司、国家电力公司以及国家电网公司等历任项目业主，主持了工程建设的全部过程。国内电力行业的各主要电力规划设计单位、科研院所、大专院校参加了系统论证和规划设计工作，全国几乎所有具备资质的输变电建设公司、监理单位和调试单位均参与了三峡输变电工程的建设，国内近百家输变电设备制造厂家为三峡输变电工程提供了相应的设备和器材。其建设时间之长，参加建设的单位和部门之多、人数之众，是中国电力建设史上所绝无仅有的。对于这一点，我的感触是很深的。

前期规划阶段，陆延昌（时任电力部副部长）、周小谦（时任国家电网建设有限公司总经理）、班自勋（时任电力部规划司司长）等领导同志组织电力行业相关专业人员做了大量的论证工作。我任东北电管局副局长期间，就曾到北京参加陆延昌副部长主持的三峡电网规划方案评审会。规划方案对三峡工程的供电范围、输电方案、消纳方案、二次方案、工程规模及投资估算都进行了深入研究和系统论证，后续工程建设过程中，在此基础上还进行了必要的滚动修正和优化调整。进入建设阶段，国家电网建设有限公司、中国电网建设公司负责了初期工程建设管理，李世忠、周小谦等相关领导和同志，组织对工程设计方案、引进国外技术、工程建设计划等都做出了安排，从长万线开始就做了很多工作，为工程建设打造了良好的开局。我是在他们奠定的基础上开始负责三峡输变电工程建设。

三峡输变电工程建设过程中，随着国家电力体制改革的不断推进，工程项目业主和责任主体发生了多次变更。1996 年 6 月，国务院批准成立国家电网建设有限公司，负责三峡输变电工程的投资、建设和管理。1997 年电力部撤销成立国家电力公司，国家电网建设有限公司更名为中国电网建设有限公司，作为国家电力公司的全资子公司，继续担任三峡输变电工程的项目业主。1998 年，国家电力公司进行内部机构重组，国家电力公司成为三峡输变电工程项目业主，中国电网建设有限公司改为国家电力公司电网建设分公司，与国家电力公司电网建设部合署办公，承担三峡输变电工程的建设管理职能。2002 年，随着国家电力公司拆分、重组，国家电网公司成为三峡输变电工程项目业主。2004 年，国家电网公司在此基础上组建建设运行部和国网建设有限公司、国网运行有限公司，分别负责三峡输变电工程的建设管理和生产运行管理。此后，建设运行部历经了建设部、直流建设部的机构变迁，国网建设有限公司又分为国网交流工程建设有限公司和国网直流工程建设有限公司。虽然在项目法人层面、管理主体及工作模式等方面，根据客观条件变化进行过数次调整，但在总体上，三峡输变电工程的建设管理体制在工程建设期间没有发生根本性变化，我也一直是国家电网公司分管三峡工程的负责人。我注意每次调整都始终明确三峡工程的管理和建设单位，保证了三峡输变电工程的顺利建设。记得每次涉及机构变化时，我都主动向国务院三峡办汇报情况。时任三峡办副主任的卢纯、宋原生同志曾和我开玩笑说，你们的机构怎么老变啊，不过不管怎么变，我们总是知道要找谁就行了。就这样，大家都把三峡工程当作首要任务，保证了工程从 1997 年开工建设，到 2011 年历时 15 年全部建成。

（三）申报国家科技进步奖

三峡输变电工程在系统规划、调度运行、设备成套、设计施工、试验能力、建设管理等方面取得了突出的创新成果，先后颁布国家技术标准 6 项、行业技术标准 21 项；获授权专利 119 项，其中发明专利 45 项；实现重大自主技术创新 20 多项，实施技术改进 150 多项；先后获省部级科技进步奖 45 项，获亚洲输电变工程年度奖 1 项，国家环境友好工程奖 1 项。其中，我印象最深刻的是申报国家科技进步奖。

2007 年，三期工程（不包括地下电站送出）通过验收后，国家电网公司即开始着手准备三峡输变电工程申报科技进步奖的工作。2009 年，“中国三峡输变电工程关键技术研究及工程实施”获得中国电力科学技术奖一等奖。2009 年启动国家科技进步奖申报工作的时候，我多次组织有关部门研究，审查申报材料。当时遇到一个问题，因为三峡工程参加的人太多，时间跨度太长，主要完成人及顺序怎么定，很难保证客观和全面，甚至谁作为第一完成人也很难确定。我征求了陆延昌、周小谦等老领导以及建设运行部喻新强、科技部郭剑波等有关同志的意见，也经历了很多思考，最后决定按重大工程类奖项申报，这样只要确定主要完成单位就行了，不用为确定 15 个主要完成人苦恼了。我安排公司建设运行部牵头，科技部协助，认真组织材料编写，多次讨论研究，提炼了六大创新点。最终，三峡输电系统工程获得 2010 年度国家科技进步奖一等奖。

二、三峡输变电工程建设管理取得丰硕成果

三峡输变电工程建设过程中，我们始终坚持以项目法人责任制为核心，全面贯彻实行基本建设管理体制改革“五制”，勇于实践，坚持科学管理并持续改进，在工程建设管理方面取得了丰富的经验和丰硕的成果。我总结主要有以下五个方面：

（一）认真执行“五制”

我们在三峡输变电工程建设中率先推行了项目法人责任制、资本金制、招标投标制、工程监理制及合同管理制和其他一系列相关制度，并在工程建设全过程得以贯彻落实，为工程建设的顺利实施起到了重要的保障作用。其中尤其是招投标制和工程监理制做得较好。三峡输变电工程之前，虽然水电、火电建设已经开始采用招投标制，但是输变电工程建设基本仍采用省内行政手段直接承包的方式，一般不面向省外进行全国范围的招标。三峡输变电工程建设伊始，就在全国输变电工程建设中率先实行招投标方式，本着“公平、公正、公开，科学、择优”的原则，选定设计、监理、施工、材料和设备制造等参建单位。《中华人民共和国招标法》颁布后，进一步依法加强招标管理，并全面推行公开招标，带动了全国输变电建设领域招投标工作的进步。三峡输变电工程全面实行了工程监理制，并结合自身特点在电力行业首创了“小业主、大监理”的管理模式，在常规工程监理职责的基础上，赋予监理单位“四控制、两管理、一协调”的管理职责，同时加大对监理单位的考核。工程监理制对加强项目管理、控制工程造价、保证工程质量发挥了重要作用。

（二）安全管理

我们始终把安全放在第一位，通过建立健全各级安全管理和监督体系，完善安全管理制度，严格落实各项安全管理措施，在组织、经费等方面提供保障，确保了施工现场的安全工作处于受控状态。重点就是在每一个层级成立安全管理委员会，尤其是施工单位，要求各单位主要负责同志担任安委会主任，对重大环节、关键环节施工方案进行逐级审查。在招标阶段就明确安全管理费用，在合同外单列，专款专用。经常性组织开展安全大检查，通过日常巡查和春季、秋季安全大检查等活动，加大安全检查工作力度，对工程建设中存在的问题，要求责任单位限期整改并举一反三，形成闭环管理机制，促进工程建设安全有序。三峡输变电工程建设过程和投产后，未发生人身死亡事故、重大设备质量事故、责任交通事故、电网事故和其他重大安全事故，安全局面始终处于“可控、能控、受控”状态，这对于时间长、分布广、工程量大的三峡输变电工程来说也是很不容易的。

（三）质量管理

我们始终坚持质量第一，高标准、严要求，提出每个单项工程都要建成优质工程的目标。建立健全质量保证体系，完善各种质量管理制度，结合工程实际，建立了相关质量考核办法、标准及管理制度，确保了质量保证体系的有效运转。重视优质工程创建工作，从设计源头做好优质工程策划活动。三峡输变电工程建设和运行中，未发生重大质量事故，各单项工程合格率100%、优良率100%；累计获得优秀工程设计奖、国家电网公司优质工程奖、中国电力行业优质工程奖及国家优质工程奖73项次，其中，三峡—常州±500 kV直流输电工程、三峡—广东±500 kV直流输电工程、三峡—上海±500 kV直流输电工程及凤凰山—咸宁—昌西线路工程、安阳500 kV变电站等11项工程获得国家优质工程奖。

（四）建设进度

三峡输变电工程建设安排的基本原则是：与三峡电站装机进度同步并适度超前，确保三峡电力“送得出，落得下，用得上”。总体分为四个阶段：第一阶段为1997-2003年，配合三峡电站首批机组投运后的电力外送；第二阶段为2004-2006年，配合三峡左岸电站14台机组全部投运及其电力外送；第三阶段为2007-2008年，配合三峡右岸12台机组投运及电力外送；第四阶段为2009-2011年，配合三峡地下电站送出。我们特别重视每个单项工程开工和投产时间，保证合理工期，实现先进工期。我印象比较深的是几个直流工程，三峡—常州工程从开工到投运，用了3年的时间。三峡—广东工程是国家特批的项目，从设计到建设都在全力的抢，抓得很紧，实际上是边设计、边建设，一环扣一环，加强现场建设力量，组织多家会战，最后24个月完成工程建设，满足了广东的用电需求。到三峡—上海工程时，建设工期已经缩短到22个月，比三峡—常州工程提前一年多。葛沪直流综合改造工程涉及拆旧立新，且是世界上第一个±500kV同塔双回直流工程，也仅用22个月就完成工程建设。回顾起来，在当时每完成一项直流工程建设都是在创造世界同类工程的先进纪录，可以说是引为自豪的。

（五）投资管理

我们特别重视造价管理，因为三峡的建设资金每一分都来自全国人民的支持，一定要管好、用好。我们始终将投资控制理念贯穿于系统设计、单项工程初步设计、工程建设实施以及监督、评价的全过程。自三峡输变电工程开工建设以来，在投资控制方面采取了一系列行之有效的措施，严格招投标，严格资金管理，严格结算，工程造价的控制和管理是做得很好的。记得三峡办召开三峡工程总结启动会议时，时任国务院三峡办主任汪啸峰同志在会上说，国家电网公司在三峡输变电工程的造价管理上是最突出的，给国家节省了很多钱，体现了国家电网公司的管理水平。根据工程决算情况，三峡输变电工程完成总投资431.46亿元（含后续工程），较概算总投资502.61亿元（含后续工程）节余71.15亿元，节余比例14.16%。

三、三峡输变电工程影响深远

可以说，三峡输变电工程在我国电网发展史上具有里程碑的地位，有了三峡输变电工程的基础才有后来的全国联网，有了三峡直流工程的建设经验积累才有后来我国成为直流输电大国。三峡输变电工程提升了我国电网的技术水平，培养了人才。这些都为我国自主建设±660kV 直流工程和以后的特高压工程打下了基础。

（一）全面掌握直流输电技术

三峡工程建设之前，世界上两大跨国公司 ABB 公司和西门子公司在高压直流输电工程系统研究及换流站成套设计技术方面处于世界领先地位。当时，我国没有完整、先进的研究工具和技术储备，不具备进行长距离、大容量直流输电工程系统研究的基础和能力。虽然我国从 20 世纪 60 年代末就开始进行直流输电技术的研究，但是没有工程依托，仅停留在理论和实验室研究阶段。20 世纪 80 年代后期建设了第一个大容量、长距离的葛洲坝至上海直流输电工程（±500kV、1200A），20 世纪 90 年代中期建设了第二个大容量、长距离的天生桥—广州直流输电工程（±500kV、1800A）。这两个工程的系统研究、设备成套设计、换流站主设备供货均由国外供货商总承包，中方以配合方式参加。这个阶段，中方曾主要依靠自己的力量和技术水平建设了舟山工程和嵊泗工程两个局部系统的小容量直流试验工程。三峡工程建设之初就明确了引进直流输电技术的目标和模式，三个直流工程统筹考虑，以北京网联直流咨询公司为主引进系统研究及换流站成套设计技术，以南瑞集团为主引进直流控制保护技术，以西整公司为主引进换流阀技术，以西变、沈变公司为主引进换流变压器技术，一步一个脚印，逐步深化完善，既确保了工程建设工期和质量的要求，又圆满完成了国产化的要求。三常、三广、三沪直流工程国产化率依次达到了 30%、50%、70%。之后，我们完全由国内自主系统研究和成套设计、自主制造，完成了西北—华中灵宝背靠背联网工程（环流容量达到万千瓦级）。在此工程中，分别做了 ABB、西门子技术路线的换流阀和控制保护系统各一套，全部试验成功。从那时候起，国内再建设±500kV 直流工程，就都完全是我们自己干了。我们陆续建设了三沪二回、宝鸡—德阳、呼伦贝尔—辽宁三个±500kV 直流输电工程，又建设了黑河背靠背、高岭背靠背两个背靠背直流工程。

实践证明，经过三峡输变电工程的技术引进消化吸收，我国不仅掌握了直流输电核心设计、制造工艺、试验技术，并且已逐步完善了一系列的相关标准体系，形成了电力装备制造业的核心竞争力。可以说，三峡输变电工程为提升我国直流输电技术水平、推进直流工程建设的快速发展奠定了坚实的基础，使我国成为了世界直流输电的大国、强国。

（二）成功建设宁东—山东±660kV 直流工程

宁东—山东±660kV 直流工程（简称宁东工程）不是三峡工程项目，但是它的建成是在我们通过三峡工程建设全面掌握直流输电技术基础上取得的。当时需要从宁夏向山东送电，国家电网公司决定采取±660kV 电压等级，输送容量为 400 万 kW。这在当时也是世界上电压等级最高、输送容量最大的直流工程，完全靠我们国内的技术力量行不行，确实是一个考验。我当时多次组织喻新强、李文毅、刘泽洪、梁旭明、常浩等同志进行研究，大家讨论有三种模式：一是由外方技术总负责、中方多做工作的模式；二是中方总负责、外方提供技术咨询的模式；三是中方独立自主完成。有很多同志基于更稳妥的考虑，建议采用第二种模式，即委托外方开展技术咨询，为工程建设提供技术支撑。在认真分析研究和风险评估的基础上，对国内各承担单位技术水平、研发和制造能力进行了深入调研，经过深思熟虑后，我和大家下定决心，坚决采用第三种模式，由国内独立自主完成。

宁东工程完全由国内自主建设并于 2010 年建成投运，至今已安全稳定运行 5 年多，且全年基本保持额定功率满送，累计已输送电量超过 1500 亿 kWh，工程建设投资已全部收回。该工程无论从输送电量、经济效益，还是从可靠性、安全性、先进性等方面来看，都是达到国际一流水平的。

郑宝森：原国家电力公司电网建设部主任、电网建设分公司总经理，后曾任国家电网公司副总经理。

关于国家电网建设总公司筹备纪事

（1994 年 10 月 24 日-1996 年 6 月 18 日）

（周小谦）

1994 年 10 月 24 日国务院总理办公会议研究三峡工程及其输变电工程管理体制等问题，形成决定发出纪要：决定三峡工程中枢纽建设和电网建设分开，成立国家电网建设总公司，协调有关方面工作，负责电网筹集资金和工程建设。这是一项重要的决策，既符合电力发展的本身规律，又符合于我国经济体制改革的方向，将对我国的电力发展、电网建设产生巨大的影响和积极的促进作用。

当时，三峡枢纽工程已完成准备，1994 年 12 月围堰工程正式开工。三峡电力输出工程量大、技术要求高，关系复杂却连初步设计也未审定，还有许多问题需做工作，前期准备工作量还很大。要确保三峡工程投产后能及时送出电力，任务十分艰巨。而明确电网建设体制，尽快成立电网建设公司就成了当务之急。

但公司从筹备组成立（1995 年 3 月 24 日）到正式成立（1996 年 6 月 18 日），经过了一年三个月左右的时间。原因是多方面的，主要在于电网建设公司的组建成立，与整个电力部的改革交织一起，关系到方方面面。

在这种情况下，筹备组同志面临困难的局面：一方面工程前期准备工作量大，时间紧，难度高，关系复杂；另一方面，公司没有正式成立，名不正则工作不顺。

因此，这一年多对筹建组的同志来说是难忘的，深切感到筹建之难，工程的前期准备之艰。但毕竟三峡工程是关系到中华民族复兴大业，在激励着大家，因此，人人干劲足、热情高，团结合作，在国务院三峡办、电力部领导重视下，在相关部门的大力支持与共同努力下，一件事接一件事地完成，一步一步地向前推进，用了一年多时间不但完成了国家电网建设公司的筹备组建工作，而且基本上完成了项目开工前期准备工作，公司于 1996 年 6 月 18 日正式成立。同时，组织落实了初步设计中遗留下的四大问题（直流输电电压、换流站站址、出线回路数及投资总量），完成了初步设计的审批；组织测算了工程量、资金需求；提出了资金筹措方案；安排启动了一批的科研项目；集结了直流建设技术力量，组织起专家咨询队伍，制订了工程管理制度；建立了与相关部门的合作与联合；初步组织起一支高水平的公司管理队伍，并且明确了公司的指导思想、工作目标、行动理念，为工程的及时开工建设与全面完成建设任务打下了基础。

现将这段时间内我所了解与亲历的一些情况回忆记录如下，若有不确，望识者予以指正。

记事时间从 1994 年 10 月 24 日到 1996 年 6 月 18 日。

1994 年 12 月，国务院总理办公会议第 44 次会议纪要，明确了三峡输电系统和电站建设要分开。电网应全国统一建设，要成立全国电网建设总公司，以协调有关网省局筹集资金进行建设。

1994 年 12 月 3 日，根据总理办公会议纪要精神，电力部以《关于成立电网建设总公司的请示报告》（电人教〔1994〕836 号）向国务院呈报了关于成立国家电网建设总公司的请示。

1995 年 2 月 17 日，电力部以《关于批准国家电网建设总公司为国务院管理干部的公司的请示》（电人教〔1995〕88 号）上报国务院。

1995 年 3 月 24 日，电力部以电人教〔1995〕171 号文通知成立国家电网建设总公司筹备小组，组长为周小谦，成员有姜绍俊、霍继安、芦元荣。

1995 年 4 月 7 日上午，我与姜绍俊一起研究电网建设公司筹备工作大纲，并准备向李世忠汇报，听取他的意见，随后又找部三峡办主任班自勋谈三峡工程前期费用安排等问题。下午，向黄毅诚部长汇报听取他对电网建设公司筹备工作的意见。

1995年5月4日（星期四）上午，我与姜绍俊、芦元荣、班自勋等研究关于三峡电网建设资金问题，以及电网的设计方案问题。大家认为筹备组当前的重要工作应该是组织设计力量，针对设计审查中提出的出线回路数、资金需求量、工程量，以及换流站等问题提出报告，做出回答，并争取早日报请三峡建委的审批。

1995年5月5日早上7点半上班前，我与姜绍俊、芦元荣和刘忱一起向史部长汇报关于电网建设公司筹备情况及当前工作安排，首先是人员问题，提出了第一批人员名单，史部长均表示支持。

1995年5月10日下午，到国务院秘书二局向吴儒文局长汇报对成立国家电网建设公司批文中需要明确的一些问题。

1995年5月12日上午，到三峡办向李世忠汇报关于电网建设公司筹备工作开展情况。下午，与姜绍俊、霍继安一起研究修改国务院要求提供的有关成立电网建设公司的补充报告（这是国务院秘书局吴儒文局长电话中告知的）。

1995年5月22日下午，史部长主持会议讨论关于国家电网建设总公司筹备问题，由筹备组汇报筹备进展情况及存在的问题。一是关于国务院批文，需我部补充报告，我们已基本起草完毕，请部审核后尽快报出；二是筹备组对三峡输变电的前期设计中的问题已着手处理；三是关于筹备组的人员问题，需请各部门支持尽快到位。

1995年5月23日上午，筹备组碰头研究三峡输变电工程资金需求、筹措方案及工程进度计划安排问题。

1995年5月25日，根据国务院三峡办要求，针对1994年10月初设审查提出的直流输电电压、换流站站址、出线回路数及投资总量四个方面的问题进行了研究重新论证，并将结果编写成《三峡输变电系统设计若干问题补充论证的报告》，送陆部长审阅后报出。

1995年5月30日下午，到三峡办汇报三峡基金收费标准测算及使用分配方案等问题，三峡办原则上都同意。

1995年6月5日，请武汉超高压公司来介绍输变电工程的规范化管理问题，这是筹备组安排的研究课题之一。下午，与姜绍俊、霍继安、芦元荣研究电网建设公司组织机构，以及为加快国务院批文我们应主动配合做好的工作。

1995年6月12日上午，到国家计委向能源司、投资司、重点司、长远司和综合司汇报关于组建全国电网建设公司有关事宜，并听取他们意见，国家开发银行、三峡办也来人参加。

1995年6月22日下午，到电力规划设计总院商谈在电网规划设计方面的分工与合作的问题。

1995年6月27日上午，与芦元荣、牛山一起到三峡办向罗昌懋等汇报三峡电网建设基金问题，以及电网公司成立后的开办费和公司资本金等问题。

1995年6月30日下午，李世忠到电力部与赵希正副部长及我和姜绍俊、芦元荣一起研究公司筹建上的问题，包括资本金、加快国务院批文等问题。

1995年7月3日上午，筹备组讨论向部领导的汇报材料，内容是有关电网建设基金测算方案及收费标准问题等。

1995年7月5日上午，与芦元荣一起到中电联汇报电网建设公司组建情况，张绍贤、叶荣泗、朱成章等参加。下午，到电力规划设计总院听取中南电力设计院关于三峡直流换流站站址问题的汇报，并研究明确下一步工作内容及目标。

1995年7月11日上午，与姜绍俊一起到三峡驻京办事处向陆佑楣部长汇报关于组建情况及资金安排，他听过后原则同意我们意见。下午，陆延昌副部长主持研究三峡出线方案问题。

1995年7月12日下午，到对外经济贸易部向政府贷款司殷司长汇报关于三峡输变电工程项目利用外资的税务方面问题，并通报了三峡电网工程情况。部经调司、计划司一同前往，其中也谈天广直流资金问题。

1995年7月20日下午，到北京供电局培训中心听取武汉超高压公司关于500kV线路施工组织规程规范编制及程序的介绍，并对三峡工程施工组织提出建议，同时请他们着手开展编制三峡输电工程的建设管理制度。

1995年7月21日下午，与武汉超高压公司王古如经理谈关于工程监理及监理师考核与发布等问题。

1995年7月22日，准备电力部在国务院三峡建委组织会上的汇报材料。

1995年7月24日下午，电力部向邹家华副总理汇报关于三峡电网送出方案问题，参加单位有三峡工程建设委员会办公室、三峡建设公司、电力部、长江流域规划办公室等，史大桢、陆延昌、李世忠、班自勋、冉莹、陈汉章及我参加，由陆延昌汇报。对于直流电压等级、换流站站址、出线回路数三个初设审查遗留问题做了重点汇报。

1995年7月25日上午，请电力规划设计总院、三峡工程建设委员会办公室一起来研究三峡输变电工程设计问题。

1995年7月28日上午，与电力规划设计总院研究关于三峡首端直流换流站设计、咨询的招标文件。下午，与经调司谢松林、叶继善等谈电网建设公司工商注册所需1亿元注册资金和1000万元开办费的落实问题。

1995年7月31日下午，电网公司筹备组召开会议研究下一步工作计划，同时也明确了大家的分工。

1995年8月1日，向华中、华东电力局，湖北省局和华东、中南、西南电力设计院传达7月24日邹家华副总理主持会议情况并商议下一步工作计划。

1995年8月2日下午，请电科院、电规院等研究利用俄罗斯电力系统动态模拟装置对三峡电力系统规划方案进行校核试验问题。

1995年8月3日上午，与科技司毛文杰司长谈关于三峡输变电工程科研项目实施情况以及尚需安排的项目，梁旭明参加。

1995年8月8日下午，到三峡办谈关于直流首端换流站选址问题，我们拟组织专家再到现场踏勘比选，同时计划尽快开展换流站的具体设计、咨询工作。同时请三峡办帮助做好长办设计院工作。

1995年8月9日下午，到国家计委向刘振峨司长汇报三峡电网建设基金测算方案及结果，请他在国家计委北戴河会上能帮助落实。

1995年8月11日上午，与姜绍俊一起到部机械局商谈合作事宜，王佩文、江哲生、乔总等参加。

1995年8月16日上午，与姜绍俊、丁功扬、梁旭明到李世忠处汇报近期工作情况。下午，与丁功扬研究出线方案问题。

1995年8月21日，组织17位专家去三峡、宜昌现场踏勘考察三峡首端换流站站址。因22日上午要听史部长传达北戴河会议精神，我21日不能随专家组一同前去，由霍继安、丁功扬、班自勋、肖俊、张建生等与专家按计划先行。我随后赶去。

1995年8月22日上午，史部长传达北戴河会议精神，会议要求电力部要实行公司化改革，另外也明确三峡送出及换流站都由电网建设总公司投资、建设、管理。我听过传达，下午即赶到宜昌，与先行的选站专家组会合。

1995年8月23日，考察三峡坝区内的廖家山、坛子岭等几个站址，再到瞿家湾、晒经坪等几个站址现场考察。

1995年8月24日上午，继续到柳家村、红岩子、姜家畈，以及右岸韩家山、李家村等现场考察。下午，去三峡开发公司见李永安经理，晚上见宜昌市朱市长等并做了汇报。

1995年8月26日，专家现场踏勘考察结束回京。

1995年8月28日上午，在电规院召开三峡换流站专家评审会，会议先由中南院以及长委设计院介绍选址情况，中午回电力部向陆部长做了汇报。

1995年8月29日，专家继续讨论，中南电力设计院与长办设计院争论激烈，参加会议的所有专家都充分发表了意见。

1995 年 8 月 30 日，又紧张讨论了一天，主要还是长办和三峡建设公司有人坚持要将换流站放在坝区内，会议纪要如实把个别的不同意见也反映出来。

1995 年 8 月 31 日上午，向陆部长汇报换流站专家讨论的情况，另外与姜绍俊、霍继安、芦元荣、班自勋等商量下一步工作及关于召开三峡输变电工作会议的安排等。下午，与刘忱交换了关于电力部整体改革方案与电网建设公司先行成立之间关系的意见。认为三峡电网建设的硬任务摆在面前，成立电网建设公司不能等，还是要按国务院已有指示精神抓紧成立公司。

1995 年 9 月 1 日上午，与姜绍俊一起到国务院秘书局找吴儒文和贾英华，了解电网建设公司批文运转情况，他们也认为电网建设公司还是要抓紧赶快成立。下午，又去李世忠处汇报换流站址讨论情况，并谈了电网建设公司成立事宜，以及国务院批文运转等情况。

1995 年 9 月 6 日下午，研究与俄罗斯合作开展三峡电力系统动态模拟试验问题。

1995 年 9 月 11 日下午，与姜绍俊一起到国务院中编委去找顾家琪副主任（出差不遇），见到了王明珠处长，了解中编委对成立电网建设公司的态度，并汇报了相关情况。

1995 年 9 月 12 日下午，与姜绍俊、芦元荣到电力成套公司找林依水经理等，商洽相互合作事宜。

1995 年 9 月 13 日，听取电科院关于三峡及全国联网等有关科研题目进展情况的介绍，并研究今后合作开展的研究课题。

1995 年 9 月 14 日，听取武高所和南自院关于三峡输变电课题研究进展情况介绍。

1995 年 9 月 15 日，听取关于三峡科研、全国联网及高一级电压等级等课题的研究工作进展情况。

1995 年 9 月 21 日，筹建组研究 10 月份工作及召开电网建设工作会议的准备工作。

1995 年 9 月 22 日上午，到白广路参加电机工程学会系统规划委员会组织的关于全国联网的研究，讨论全国联网研究主要内容和计划达到的目标。下午，与姜绍俊、霍继安、芦元荣等到物资局和通调中心分别与丁道济和朱明昆、孙淑芳与刘忠恕等领导商谈，听取意见，研究合作。

1995 年 9 月 25 日，在电规院与四川省电力局研究四川省的电力规划及其三峡电网的建设管理方式问题。

1995 年 9 月 26 日，与华中网局研究华中地区的电网规划及三峡输变电工程项目建设管理问题。

1995 年 9 月 27 日，继续研究华中电网的规划、负荷和潮流等情况，并对华中地区三峡项目分期建设计划进行了研究。

1995 年 9 月 28 日，研究华东电网和三省一市电网规划及三峡项目分期安排的衔接问题。

1995 年 9 月 29 日，和姜绍俊到国务院秘书局找贾英华和吴儒文，研究电网公司名称及其公司的性质定位任务等表达方式等问题。

1995 年 10 月 8 日，准备 10 月 10 日向郭树言汇报有关电网公司组建、三峡电网规划及资金筹措等方面的材料。

1995 年 10 月 10 日上午，史部长带队，姜绍俊、班自勋、陈汉章、王信茂和我去三峡办向郭树言汇报，由我具体汇报。三峡办除郭树言外，李世忠及各部门负责人也都参加了会议。郭树言对汇报的各项工作总体上予以肯定，对提出的换流站方案与资金筹措方案表示赞同。

1995 年 10 月 16-28 日，出访 ABB、西门子公司。

1995 年 10 月 30 日，准备就换流站站址与资金筹措等重点问题向国务院三峡建委汇报的材料。

1995 年 11 月 2 日，召开电网建设公司全体会议，传达昨天会议精神，商量换流站站址需要进一步做的工作，并做了分工。

1995 年 11 月 5 日，国务院以《国务院关于同意成立国家电网建设总公司的批复》（国函〔1995〕107 号）批复电力部《关于成立国家电网建设总公司的请示》（电人教〔1994〕836 号）。批文明确成立的国家电网建设总公司作为国家电网建设的业主，负责三峡输变电工程的投资、建设和管理，协调有关网省公司筹集资金，进行跨大区电网、跨独立省网的联网工作和关系到全国联网的大型电厂送电工程的规划、建设和管理；参与相关的大型电厂和调峰电厂的投资建设和管理。同时从事有关电网建设的工程咨询、监理及设备物资等多种经费项目。同时批文明确国家电网建设总公司为国有独资公司，由电力部行使股东权，由电力部管理；国家电网建设总公司设立董事会，董事长、总经理由国务院任命。

1995 年 11 月 6 日，中南电力设计院送来有关首端换流站选址的材料，包括文件、录音带、图片，并重新编写了汇报材料与图片解说词。

1995 年 11 月 7 日上午，将汇报材料送姚振炎征求他的意见，然后报送三峡办，供 10 日即将召开的三峡建委第五次全体会议使用。

1995 年 11 月 9 日下午，请电科院来商谈关于建立电网仿真中心问题，科技司参加，目标是争取 1996 年上半年能使用。

1995 年 11 月 10 日，李鹏总理到三峡现场，同意电力部推荐的方案，至此三峡左岸直流送出方案问题已全部解决。

1995 年 11 月 18 日-12 月 10 日，出访巴西，执行中巴政府间水电合作协议。

1995 年 12 月 11 日，到办公室听取霍继安、芦元荣关于公司筹备工作情况汇报。《国务院关于同意成立国家电网建设总公司的批复》（国函〔1995〕107 号）批文到后，正在落实公司的工商登记注册手续，包括办理落实公司章程的批文，落实注册资金及董事长、总经理的任命文件。

1995 年 12 月 14 日，国务院三峡工程建设委员会办公室以三建委办字〔1995〕35 号文批复了三峡输变电系统的初步设计。但工程概算还要由国家电网公司重新编制再报三峡建委审定。批复明确三峡供电范围为华中、华东和四川，设计送出能力为 2120 万 kW，分别送华中 1200 万 kW、华东 720 万 kW、四川 200 万 kW，三峡输变电系统共建 500kV 线路 9100km，其中直流线路 2200km，交流变电容量 2475 万 kVA。直流换流容量 1200 万 kW，首端换流站在坝区外选址；三峡电站出线 15 回 500kV 交流线路，并留有余地。

1995 年 12 月 15 日上午，与姜绍俊一起到李世忠处汇报，一是关于工商注册事宜，二是落实国务院国函〔1995〕107 号批文问题，主要涉及项目的计划单列问题、基金运转流程问题及公司经费问题。

1995 年 12 月 18 日，与赵希正、谢松林谈电力体制改革与电网建设公司关系，提出了三个方案：一是电网建设公司作为办事机构；二是电网建设公司作为国家电力公司的子公司；三是电网建设公司作为国家电力公司委托经营的子公司。赵希正部长建议第三种。我们认为现在还是要按国务院批的文件为准办理。

1995 年 12 月 21 日中午，找刘忱谈章程与人事问题，然后向史大桢部长汇报。下午，到中编委找顾家琪、姜贤荣等汇报关于公司筹建情况及对电网建设公司经营权等问题听取意见。

1995 年 12 月 22 日，将电网建设公司办公用房定下来；章程正式报电力部审批。

1995 年 12 月 25 日上午，与姜绍俊、霍继安、芦元荣一起研究公司编制、组织机构与人员安排问题，以及对于三峡输变电系统设计管理问题。经与三峡建委研究决定，三峡建委对输变电系统初步设计及项目已批复，电网建设公司下一阶段的任务一是总概算的编制并报三峡办审批；二是单项输变电工程的初步设计及建设计划，对交流项目，原则上由电网建设公司自行安排确定，并自行组织设计的审批，报三峡建委核备。对于直流工程的设计在电网建设公司初审后，要报三峡建委审批。下午，到国家计委与宋密、王晓涛等谈三峡送变电计划如何列入国家计划大本，国家如何下达等问题。建议三峡输变电工程计划单列，并下达电网建设公司，以便考核。

1995 年 12 月 27 日上午，到三峡办找罗昌懋谈关于三峡电网计划安排及如何列入计划问题，然后再向李世忠汇报。

1995 年 12 月 28 日上午，电网建设公司筹备组同志一起座谈，并合影留念。

1995 年 12 月 29 日，电力部以〔1995〕人干便字第 27 号明确电网建设公司董事会由李世忠、周小谦、姜绍俊三人组成。

1996年1月2日上午，与丁功杨、牛山谈有关四川工程的设计、调度、项目安排等问题，与姜绍俊谈公司人事安排事宜。

1996年1月3日上午，与电科院胡兆意谈建立三峡电网数据库问题，与科技司谈更高一级电压输电研究问题，与班自勋谈三峡电站机组招标中有关发电机电气参数等问题。中午，国家计委电话询问电力部对三峡电网计划下达的意见，当即与陆延昌部长一起向史大桢部长汇报，史部长同意三峡输变电项目计划转到电网建设公司。下午即将电力部意见电话告诉国家计委。

1996年1月5日上午，请科技司、安生司、电科院、电规院等部门一起研究三峡电站发电机电气参数问题，以及电厂接入系统的设计配合问题。

1996年1月8日下午，长委会潘天达主任来交换主机参数与接入系统设计问题，以及关于直流工程设计分工问题。

1996年1月10日下午，开始研究三峡送四川的长万线和工程设计计划及施工安排问题，拟将长万线作为三峡输变电工程第一个开工项目，需要做好管理、设计、供应、施工各方面的准备工作。

1996年1月11日下午，请电科院的直流专家赵婉君来电力部，拟请她当公司直流技术顾问。

1996年1月12日上午，与姜绍俊、芦元荣等研究公司第一批人员名单。下午，与芦元荣、李文毅、梁旭明等研究第一条直流工程进度安排问题。

1996年1月16日下午，和姜绍俊向李世忠汇报第一批人员的情况，李世忠同意并提出要严格把关进人。

1996年1月17日上午，与人劳司刘忱谈公司的章程、人事安排等问题，随后一起向史大桢部长做了汇报。

1996年1月18日，将电网建设公司的组织结构与电力部各部门之间的关系提出了一个初步的意见，同时对董事会结构与组织，以及公司的干部管理程序提出了初步方案。

1996年1月19日上午，研究关于建立三峡电网数据库的方案问题。下午，请电科院系统所直流室副主任刘泽洪来谈关于三峡直流的问题。

1996年1月25日下午，电力部部长办公会议讨论国家电网建设公司的章程，章程关键在于要不要明确公司经营电网的问题。因为国务院批文件可做不同理解，因此，在章程中只做公司自主经营的笼统提法。

1996年1月30日，与芦元荣研究三常直流工程预初步设计工作安排，并决定尽快启动直流系统的预设计工作。

1996年1月31日上午，到电规院与中南电力设计院、华东电力设计院等一起研究三常直流工程的预初步设计工作安排，并拟定上半年完成选站、选线工作。

1996年2月2日上午，与姜绍俊、霍继安、芦元荣等研究修改公司章程，以尽快办理注册登记手续，同时向李世忠做了汇报。

1996年2月6日下午，和霍继安、丁功扬一起到电规院与周仲仁、孙寿广等谈全国联网规划问题。

1996年2月7日上午，与姜绍俊、霍继安、芦元荣等一起研究有关工程概算控制、程序设计、重新编制概算，以及1996、1997年计划安排等问题，同时也研究成立专家委员会及专家的人选问题。下午，研究葛沪直流工程管理与改造问题。

1996年2月8日下午，到良乡看望请来的施工方面的专家，他们正在研究有关输变电施工技术研究课题。

1996年2月9日下午，与霍继安一起到苏哲文部长家看望苏部长，并请他出任电网建设公司专家委员会主任，苏部长表示年纪大了，可以当个名誉主任，我们尊重苏部长意见。

1996年2月26日上午，电网建设公司开会讨论下月工作安排。下午，我们将葛洲坝换流站的管理工作安排等报陆延昌部长。

1996年3月6日，在电规院召开关于三峡第一条直流即左岸直流在华东落点的审查会。

1996年3月7日，在电规院召开三峡电力系统动模计算有关问题讨论会，华东、华中、四川网省局参加。

1996年3月19日上午，与科技司毛文杰司长谈开展更高一级电压输电研究问题，准备开会研究一次。

1996年3月20日上午，与电规院周仲仁、汤蕴琳、邹一之三位院长一起商谈关于三峡直流工程功能规范书咨询工作的组织机构等有关事宜。我们认为应将国内直流技术力量主要是设计与科研方面的力量组织起来共同进行咨询工作，同时要与国外咨询公司合作，借鉴外国的经验，具体组织方式也想听取他们意见。他们支持这一思路，并基本形成了中外合作中方多做工作、外方负责的咨询工作思路。

1996年3月21日上午，史大桢部长主持研究三峡电站发电机的电气参数问题。下午，与李世忠谈电网建设公司的人事问题。人教司刘忱通知已收到国务院19日发文，任命李世忠为董事长，周小谦为总经理。

1996年3月22日下午，去经调司谈关于葛沪直流划转国家电网建设公司的几个原则问题，要求经调司要按国务院明确的意见办理相应的手续。

1996年3月25日，见到计划司和经调司给赵希正、史大桢部长的报告，对电网建设公司的计划与资金管理提出异议，要求电网建设公司的计划和资金都要通过电力部下达。

1996年3月27日上午，请电科院、通调局、武高所、科技司、华东网局等研究高一级电压和全国联网的研讨会，明确了1996年研究课题、研究任务与分工，目标为争取年内拿出一个电压等级的建议。

1996年3月28日下午，研究直流咨询公司组织及开展功能规范书编制问题。目标为1996年上半年完成直流前期初设计报告。

1996年4月2日上午，将电网建设公司专家委员会主要专家定了下来。

1996年4月3日上午，电科院何万龄、郑健超院长，陈期副总工，陶瑜所长来谈与电网公司合作组建交直流电力系统研究中心及关于直流工程咨询问题，他们也同意联合。现在电科院与电规院对于直流技术咨询等工作方式，在认识上基本趋于一致。下午，陆延昌部长主持研究葛洲坝电厂交三峡公司、葛沪直流划归电网建设公司相关问题。

1996年4月8日，国务院批复国家电网建设有限公司章程。上午，与姜绍俊、芦元荣讨论公司下一阶段工作和启动直流咨询公司具体组织问题。

1996年4月12日，研究和梳理了三峡电力系统与三峡电站之间的相互关系。对在电厂电力系统设计中长办设计院提出的9个问题，我们与电规院周仲仁，通调局刘振鹏，科技司毛文杰，电网建设公司丁功扬，中南院朱天游、郑英芬等一起一一予以回答，并在设计上做出安排。

1996年4月18日上午，最后一次研究三峡输变电工程设计概算问题，经过三个多月的工作，核定总投资为248亿元（不包括电网建设公司的管理费和电力部的调度大楼费用）。下午，到电规院与陈汉章就直流咨询公司的组织达成一致意见，同意实行股份制，电网公司、电规院、中南院、华东局以及电科院、武高所均为股东而且都将从事过直流的主要专家集中到咨询公司工作。

1996年4月19日上午，姜绍俊告知关于三峡基金运作方式是财政部将收缴的三峡电网建设基金直接下达电网建设公司，由公司按计划使用，这与国家电网计划下达一致。

1996年4月24日，与人教司刘忱、吴志远，纪检组李雪莹等谈公司人事问题和纪检办设置问题，下午与赵希正部长谈计划、规划等管理问题。

1996年4月25日上午，李鹏总理主持三峡建委会议，主要谈发电机的最大容量与技术参数，我们列席。

1996年5月15日下午，听取电科院陈期、公司梁旭明等考察美国直流咨询公司与仿真装置的情况汇报。

1996年5月16日上午，向陆延昌、史大桢部长汇报电网建设公司的组织机构设置方案，刘忱参加。下午，中国国际银行副总裁张凤雷来谈与公司合作问题。

1996年5月17日上午，与电规院、电科院研究成立直流工程咨询公司机构设计与人员安排，电科院何万龄、电规院陈汉章等参加，同时商量咨询公司组织机构和拟调中南院副院长章龙才担任总经理，此事预先已与人劳司吴志远司长联系同意。下午，召开公司筹备组全体会议，对下一步工作做了安排，并且在会上明确了公司各部门、处室的设置与负责人，要求6月1日前全部搬到新办公室。

1996年5月23日，检查落实电网建设公司成立大会的各项安排，审议修改电网建设公司工作会议上陆延昌部长讲话和我的工作报告稿。

1996年5月24日下午，与丁功扬、程念高等谈向家坝、溪洛渡电站外送规划问题，与李文毅谈宋家坝直流人员安排问题。

1996年6月6日下午，电科院陈期、陶瑜前来谈仿真中心问题。

1996年6月7日上午，在乔建里召开关于直流咨询公司股东方会议，电科院、电规院、武高所、华东院、中南院都派人参会，研究公司登记注册及总经理、副总经理人选等问题。

1996年6月10日上午，去体改委找顾家琪副主任，下午找黄毅诚部长汇报公司筹备情况。

1996年6月11日上午，姜绍俊介绍电网建设公司成立大会准备情况。下午，去国家计委郭树言副主任处，请他为电网建设公司成立大会题词，并向他简要汇报了电网建设公司工作会议情况。

1996年6月18日上午9点，在钓鱼台国宾馆芳菲园召开国家电网建设有限公司成立大会。在主席台前排就坐的有邹家华副总理、电力部史大桢部长、能源部黄毅诚部长、国家投资银行姚振炎行长、国家计委佘健民副主任、税务总局项怀诚局长、三峡办魏廷铮副主任以及国家电网建设有限公司董事长李世忠，在主席台上就坐的还有赵希正、陆延昌、潘家铮、王林、李鹗昂以及国务院办公厅、税务总局、机械部、财政部、中国银行、工商局、三峡办、武警水电部等领导。

会议由我主持。史大桢部长先讲话，然后姜绍俊宣读李鹏、邹家华、史大桢、姚振炎、郭树言题词，随后请姚振炎讲话，李世忠代表公司致辞，魏廷铮宣读郭树言贺词，最后邹家华讲话，他除了祝贺电网建设公司成立以外，讲话特别强调公司要经营管理，要统筹电网电源、统筹资金筹措、统筹全国联网、统筹三峡电网与全国其他电网的关系等，讲话也详析了他为电网建设公司成立大会送的题词——“统筹”两字的深刻内含。他的讲话博得了与会全体的热烈掌声。11点大会结束。

会后召开了记者招待会，姜绍俊主持，我做了致辞，然后采访李世忠。

下午2点，在京西宾馆召开三峡输变电工程工作会议，会议由班自勋主持，陆延昌讲话，李世忠宣读专家委员会文件和专家名单，我做工作报告到下午4点结束。

成立大会的工作会议开得比较顺利，国务院各部门都很支持，表明了他们对三峡工程、对电网建设的重视，对我们工作的支持，这是一个好的开始，相信我们不会辜负各级领导和同志们的期望，争取取得丰硕的结果。

周小谦：原国家电网建设有限公司总经理，后曾任国家电力公司党组成员、总经理助理。

国家电网建设总公司的三年纪事

（1995年3月24日-1998年7月6日）

（周小谦）

1995年3月24日，电力部以电人教〔1995〕171号文通知成立国家电网建设总公司筹备组。经过一年多的筹备，到1996年6月18日国家电网建设总公司正式宣布成立，公司性质为国有独资企业，公司由电力部作为股东代表管理。

1997 年 6 月 3 日，因电力体制改革，电力部要改为国家电力公司，因此国家电网建设总公司的名称按公司法改为中国电网建设有限公司，仍然是国有独资企业，行使的职能一概没有改变。

1998 年 7 月 6 日，国家电力公司正式成立后即以《关于更改中国电网建设有限公司名称的通知》（国电人劳〔1998〕270 号）将中国电网建设有限公司改为国家电力公司电网建设工程公司，同时在国家电力公司本部设置电网建设部。这次不仅更名，而且改变了电网建设公司的性质，按文件的本意，要将原来具有自主经营、独立核算、自负盈亏的国有独资企业的经济实体，改为只是进行电网工程建设管理的公司，取消电网的投资权与经费管理权，相应公司已不具备法人资格。但实际运作并非如文件要求。

1995 年 3 月到 1998 年 7 月三年多的时间内都处于三峡输变电工程全面开工前的准备阶段，边筹备组建公司边开展三峡电网规划设计、进行开工准备等前期工作。在这三年零三个月的时间里，国家电网建设总公司都做了些什么，现将我所亲历的一些事做个简要的回忆记录，由于时间已过去二十多年，纪事中不确之处敬请指正。

（一）组建了一个符合于现代企业制度的国家电网建设总公司

根据国务院文件指示，贯彻经济体制改革精神，电网建设公司经过了一年三个月的筹备、协调沟通，以及两年多的实践与完善，直至 1998 年改制为中国电网建设有限公司，这个公司在中国电力建设历史上是新事物。输变电从来都是电源的附属、电厂电力送出的通道，而今却成了与电源一样可以独立投资、自主经营、自负盈亏的经济实体。这是电力工业发展的必然。三峡工程输电系统的建设则加速了这种电力建设体制改革的步伐，加速了国家电网建设公司的成立。

我国的电力发展到 20 世纪 90 年代已开始进入大规模、大容量、大电网、高参数的时代，电网在促进电力发展、实现资源优化配置直至促进社会经济结构的调整，都有着重要的作用。三峡电站的建设要求有一个大的电网与之相适应，因为没有足够大的电网三峡电站建起来了也发挥不了作用；经济体制市场化的改革，呼唤着电力体制改革与电力市场的形成，而电网是电力市场的载体。这一切都成为成立国家电网建设公司内在的原因。因此在 1994 年 9 月 30 日国务院总理办公会上形成了成立全国电网建设总公司的决定。

电力部根据国务院的指示精神于 1995 年 2 月 24 日正式发文成立国家电网建设总公司筹备组。1995 年 11 月 5 日，国务院发文《国务院关于同意成立国家电网建设总公司的批复》（国函〔1995〕107 号）。1996 年 6 月 18 日，经过筹备组一年三个多月的准备工作，国家电网建设总公司正式成立。公司是根据国务院要求组建，符合国务院批准的公司章程，经国家工商管理登记，完全符合现代企业制度与相关的程序，这在我国电网建设历史上是从来没有的。

对于国家电网建设总公司，国务院文件明确是国家电网建设的业主，作为电网的投资主体，负责三峡输变电工程投资、建设和管理，协调关系，筹集资金，进行跨大区与跨独立省网的联网工程和关系到全国联网的大型电厂送出工程的规划、建设和管理，公司为国有独资企业，实行政企分开，公司是实行自主经营、独立核算、自负盈亏的企业法人和经济实体。国务院文件对电网建设总公司的性质、任务、目标与其他电力公司的关系等都说得很清楚。这是一个很好的文件，在我国电网发展史上具有里程碑的意义。到 1997 年 5 月改名为中国电网建设有限公司，其他不变，仅将经营方式改为工程竣工后按有偿原则移交国家电力公司。

电力部注入公司资本 68 700 万元，设立董事会，电力部（国家电力公司）作为股东代表。

公司的组织力求精干、高效。到 1997 年末全公司共有 61 人，其中本部 42 人、物资公司 9 人、咨询公司 9 人、服务人员 1 人；公司没有自己的施工队伍和设计力量，而是通过市场来解决；公司的人员素质较高，平均年龄 39 岁，专业结构合理，老中青结合，党员 36 人，占全员的 59%；从学历来看，博士 4 人、硕士 11 人、本科 33 人、大专 10 人、职高 1 人。另外，从学校和科研、设计、施工、制造等单位聘请了 87 名专家（其中院士 7 名）组成庞大的专家委员会，成为公司重要技术参谋部。

公司的发展宗旨与战略目标。在公司筹建期间，通过对国务院与中央文件指示精神的学习，结合公司的任务，明确了国家电网建设公司的发展宗旨，就是在国家宏观调控下，按照国家电网总体发展规划，以提高经济效益为中心，实现国有资产保值增值，确保三峡电力送出的输变电工程建设和促进全国联网的形成，逐步建立健康有序的电力市场，为实现能源资源的优质配量创造条件。明确了公司的发展思路为“转变观念，立足三峡、服务全国，走向世界”。公司奋斗的目标是“创一流工程，建一流电网，争一流效益，育一流人才”。

公司提倡阐扬“团结、服务、求是争先”的精神，确保各项任务按时、高质量、高水平完成。

这就是在国务院、三峡建委、电力部的领导下，在各单位及部门的大力支持下，公司全体员工的共同建立起来的国家电网建设总公司，又名中国电网建设有限公司。在组织公司的同时，就以较大的精力，按现代企业制度的要求，调研组织制定公司各项管理制度，包括业主责任制、招投标制、资本金筹措制度，以及合同制、监理制度，编制合同范本、监理资格等的实施办法，以及工程现场计划管理、质量、安全、物资、文明施工等各项管理制度，确保公司能按照现代企业制度的要求向前发展。

（二）建立了一套符合现代企业制度的管理办法

在建设管理体制上的改革，重点是推进实行五制，即项目的业主责任制、资本金制、招投标制、合同制与监理制，改变以往项目业主与施工、设计、监理混为一体、责任不分的局面。

因此，在公司组建同时重点调研了如何从管理制度上把“五制”的精神落实到工程管理的各个方面。

一是贯彻项目的业主责任制。对于交流项目的计划管理，业主有权在国家批准初设范围内自行安排项目，制订年度开工与投资计划。交流项目总投资要控制在批准的概算范围内，公司自行安排年度投资，只需报三峡建委备案；如投资超过批准的概算，就该报三峡建委审批。直流项目初设、年度计划安排等，均要报三峡建委审批。项目计划管理办法要得到三峡建委批准才能执行。

二是资本金制。业主要自行测算资本金需求量，并提出资本金来源或相应的政策，待国家批准落实，如征收电网建设基金，同时还需明确基金收缴及使用的运行方案。三峡输变电工程是由财政部门统收国家征收的三峡电网建设基金，财政入库后再直接拨给国家电网建设公司作为建设项目的资本金。这样不但保证了工程建设资金的及时供应，也全面落实了项目的资本金制。这样资本运转速度很快，且资本金比例高，有利于降低工程造价，节约投资。

三是招投标制。招投标制是在工程项目建设中，对设计施工队伍、监理以及设备材料全面、全过程实行招投标。电网建设公司组织力量制订了一系列的招标、投标标书，制定了评标等的办法和步骤，保证了招投标过程的公正、公平、透明，通过长万线工程实践证明行之有效，以及在随后其他工程中都得到了很好的执行，在招标、评标中没有发生违法、违纪事件。三峡输变电工程是电力系统第一个对设计实行招标的，这对优化设计方案、降低造价、提高设计水平起到了重要作用。

四是合同制。三峡输变电工程建设中全面实行合同制，并根据电网建设特点制订了一些相应的补充规定，签订的合同具有法律效力，甲乙双方在法律上是平等的，不是雇佣关系，而是共同按合同执行的合作关系。

五是监理制。三峡输变电工程在全国输变电工程建设中最早实行监理制，并对监理的资质要求等做出了规定，也通过招标确定监理单位。

六是按现代企业制度要求，加强公司内部管理制度的建设。到 1997 年公司制定了 14 种规章制度，并制定了工程现场的计划、质量、安全、项目验收等一系列规程规定，而且在通过长万线工程的实施之后，进行了总结、修改、补充，逐步臻于完善。

（三）处理了三峡输电系统初步设计初审的遗留问题

（1）公司筹备组成立后首要的任务是回答、处理三峡输电系统初步设计初审提出的几个问题，为国家审批准备好条件。三峡输电系统的初步设计，国务院三峡建设委员会已于 1994 年 9 月组织了初审，并提出了四大问题，电网公司筹备组成立后，会同电力部三峡办和电力规划设计总院，组织设计、科研等单位进行调研、考察、计算分析，经过了约一年三个月的工作，于 1995 年 6 月向国务院三建委办公室上报了三峡输电系统若干问题的补充报告，除了概算及资金筹措方案问题外，均做出科学的回答，国务院三峡建委于 1995 年 12 月 14 日以三建委办字〔1995〕35 号文正式批准了三峡输电系统初步设计方案。

（2）初步设计的概算问题。1996 年 1-4 月，公司筹备组积极组织力量，会同有关单位，对三峡输变电工程工作量和资金需求量进行深入地测算，完成了工程概算的编制，并于 1996 年 7 月 4 日在北京昌平由三峡建委办公室组织专家对工程概算进行了审查，张德楠、李世忠、罗昌懋、孙如瑛等领导，及邀请的一批专家听取了汇报，来自国家开发银行、华北电力设计院、三峡公司峡光咨询公司的 6 位专家对工程概算进行审查，国家电网建设公司的周小谦、姜绍俊、芦元荣、程念高和电力部计划司史玉波等，详细汇报了工作量测算、单位造价分析、取费标准确定等，测算结果按 1993 年 5 月底价格计算工程概算为 250.32 亿元，包括电网调度大楼 2.5 亿元。会议于 7 月 5 日结束，大家对测算方法、取费标准以及测算结果均无异议。

1996 年 9 月 11-12 日，电力部又召开了概算预审会，同意概算以 250.32 亿元上报三峡建委。1996 年 12 月 26 日，邹家华副总理主持三峡建委第 23 次会议，审议通过了三峡输变电工程概算。调整为 275.32 亿元（包括 9.6 亿美元），其中，通信调度 7.83 亿元、预备费 12.02 亿元、调度大楼 2.5 亿元（1993 年 5 月价格，美元汇率按 1：8.1 计），三峡建委于 1997 年 2 月 27 日以〔1997〕07 号文正式批复。至此，三峡输电系统初步设计国家审批全部结束。

（四）完成了三峡输变电工程建设资金需求的测算并提出了筹措方案

1996 年三峡输变电工程概算审批后，国家电网建设公司即组织力量进行三峡输变电工程的资金需求测算、资金筹措方案编制，以及报批工作。

（1）资金需求测算。根据建设工期、工程进度安排和建设年限，以及对建设期内物价变动、汇率与贷款利率变动的预测，提出到 2008 年初设批准的三峡输变电工程全部建设完成，累计需动态资金 589.42 亿元（测算的条件是物价上涨水平 1993、1994 年按 8%，1995 年按 7%，1996-2008 年按 6%，2008 年后按 5%计，利率内资按 6.2%、外资按 6%计）其中价差预备费 237.24 亿元，利息 76.36 亿元，此数报电力部、三峡建委办公室后，获得审批同意。

580 亿～590 亿元资金中约需外资 108 亿元、银行贷款 130 亿元、电网自身收益 94 亿元，剩余约 253 亿元需要通过征收三峡工程建设基金来解决，基金约占总投资的 43%。

（2）资金筹措方案，主要方式是收取电网建设基金，按三峡受电地区用电量多少收取，通过对受电地区电量的预测（按每年的平均增长率为 7%，回报率为 12%，过网电价按 0.185 元/kWh，进度按 2003 年第一批工程投入、2008 年全部投入测算），确定受电地区 8 省市在征收三峡基金基础上，再征收三峡电网建设基金征收的标准为江苏、上海、浙江、湖北每千瓦时电征收 8 厘钱，湖南、江西、河南、安徽每千瓦时电征收 6 厘钱，用于三峡输变电建设，从 1997 年 3 月 25 日开始执行，国家计委、电力部于 1997 年 3 月 26 日将这一方案以计价管〔1997〕463 号文下发并于 3 月 25 日执行。

至此三峡输变电工程建设的资金要求及资金筹措方案均已落实，因此，国三峡建委于 1998 年 3 月 20 日以发工字〔1998〕08 号文予以批复。

（3）三峡基金征收顺利，资金运行合理。三峡基金从 1998 年征收运用情况看，资金运行合理，效率高。1997 年顺利完成征收，并完善了退库、使用管理多个环节，保证了全年计划用款需要，1997 年计划征收 13.34 亿元，其中入库计划为 11.4 亿元。

基金由电力部统一收取，并纳入财政国库，再由财政部按三峡基金和三峡电网基金返回到三峡公司和国家电网公司，再按年度计划投用于工程，用作工程的资本金。

（4）电网公司的资产。1997 年为 138 亿元，到 1998 年底公司资产总计 374 亿元，其中流动资金 174 亿元、长期投资 12 亿元、固定资产净值 84 亿元、在建工程 87 亿元、其他资金 17 亿元，负债总额 49 亿元。

（五）开展全国联网的研究

1995 年三峡输电系统初步设计审批后，除了进一步优化和滚动研究外，同时开展了全国联网的研究，并于 1996 年形成了全国联网的基本思路，即全国电网将形成以三峡为中心、各大区电网互联的全国统一联合电网。目的是要实现全国能源资源的优化配置，电源的合理布局并取得水火调剂，跨流域调节，以及峰谷差、时差、互为备用等经济效益。

全国联网首先从加快三峡电力系统建设开始，确保三峡电力系统如期建成，并要进一步加强各大区 500kV（330kV）电网结构，扩大三峡电力供应范围和消纳市场。

对于各大地区的电网互联，经 1996-1998 年的研究，明确了当下的联网建设目标。

第一，东北—华北联网的可行性研究报告于 1997 年 12 月完成并上报国家计委，电网建设公司于 1998 年开始联网建设的前期准备工作。

第二，完成三峡电网与华北电网的互联研究。即将华中电网 500kV 延伸到安阳，然后与华北电网的河北邯郸 500kV 联网。

第三，开展三峡电网与南方电网互联研究（即后来的三广直流工程）。

这三年中还开展了金沙江下游溪洛渡和向家坝两个大型水电站外送华东、华中的研究。电网建设公司在 1996 年和 1997 年连续组织了 5 次协调研究会，到 1998 年完成了第一阶段的研究，为两个水电站的开发顺序提供了依据。

在跨国联网送电方面，电网建设公司牵头组织研究了由俄罗斯伊尔库茨克水电向中国东北或华中送电的研究，并于 1998 年完成预可研报告，为中俄政府合作谈判提供了相关资料。

另外，1998 年开始准备研究全国电网互联的经济性问题，包括联网的各种效益及获取的调度方式、电价损耗辅助服务的费用计算等。

（六）开展三峡输电系统优化与滚动研究工作

三峡输电系统初步设计批准后，由于系统结构及负荷的变化，要对电力系统规划方案进行优化与滚动调整，于是电网建设公司就着手组织电科院、电规总院及设计院深入进行电力系统的潮流、稳定计算，利用电科院动模仿真系统进行测试。为了进一步提高模拟仿真计算水平，1996 年电网建设公司与电科院签订了共同建设电力系统仿真研究中心，向加拿大魁北克水电研究所引进仿真装置，并与电科院原有的实时数字仿真装置、直流模拟装置及暂态网络分析仪等，形成我国新的电力系统仿真中心，该中心于 1987 年 7 月建成投用，其研究能力为当时亚洲地区最大的，可对整个三峡系统进行仿真试验，极大提高了我国电力系统研究能力，并在三峡电力系统研究及此后的直流工程调试等方面都发挥了重要作用。

同时还与俄罗斯 NIIPT 动模试验中心合作进行动模对比试验，并对三峡电力系统进行等值简化研究，对多个水平的 40 多个潮流和暂态稳定、动态稳定进行分析研究，揭示了系统中可能出现的主要问题，并提出了系统结构调整的意见。该研究于 1996 年提出，1997 年准备，1998 年执行，研究结果指出了原系统设计中存在的问题，并对部分输变电项目做了调整。

（七）高度重视科技创新，加强科技创新能力建设

（1）电网建设公司组建成立之初就把依靠科技进步作为公司四大战略措施之一，而如何真正做到依靠科技，公司三年的实践中体现在如下几方面。

1）自觉坚持和实施科技创新的方针，担当主体地位的责任。

2）以项目为依托进行创新。

3）敢于创新，敢于应用新技术、新产品，敢于担当风险。

4）实施产学研用结合，引进技术消化吸收与再创新相结合。

5）支持大众创新，无论是科技、设计、制造、施工、调试单位的创新都予支持，创新成果优先使用到工程上。

（2）努力增大科技创新基础设施的投入，提高科技创新能力的建设。

在电网建设公司筹备组成立后两年中重点抓了以下几个创新基础设施的建设。

1）电力系统仿真中心，1996 年 3 月与电科院签订合作建设协议，到 1998 年 7 月建成投入使用。电网建设公司投入约 2318 万元，电科院原有的设备装置约 2187 万元，建成了技术先进的数模混合实时仿真装置，其规模为当时亚洲最大。

2）电磁兼容实验室（EMC），与武汉高压研究所合作，1996 年研究，1997 年立项，预计 1999 年建成使用。该实验室为国网电力系统中第一个用于研究二次设备互扰问题、无源干扰与脉冲辐射干扰、无线电干扰等问题的实验室。该项目电网建设公司投资 600 万元，武高所投资 150 万元。

3）导线力学试验室，与良乡电力建设研究所合作。该实验室包括分裂导线微风振动、间隔棒、导线疲劳和导线蠕变试验四个实验室，1997 年开始土建施工，预计 2000 年可建成使用。总投资 1300 万元，电网建设公司约投入 800 万元。

4）杆塔试验基地，与良乡电力建设研究所合作改造项目。1998 年进行改造方案评价，分两期改造，一期建成后具有 24 个通道，二期改造后达 36 个通道，1997 年立项，预计 1999 年建成使用。电网建设公司约投入 800 万元。

（3）针对工程建设中的问题，与设计、施工制造单位合作开展以下开发研究项目。

1）应用海拉瓦全数字化摄影测量系统优化输电线路路径。与电规总院合作，电网建设公司投资 83 万元。

2）研究国产化 500kV 变电站设备综合自动化装置，与四方公司合作，电网建设公司投资 460 万元。

3）直流合成绝缘子的研究，解决了绝缘子制造及标准问题，电网建设公司投资 680 万元。

4）大截面导线金具及导线施工机具研制。

5）大截面导线张力放线与施工工艺研究。

6）涂层锚杆基础研究。

7）F 型铁塔的研制应用。

8）开展同塔双回路的塔型、防雷、汗供电流、电压不平衡及带电作业等试验研究，电网建设公司投资 225 万元。

9）大跨越不封航架线工艺研究。

三年的电网建设科技开发能力建设以及一些创新技术的应用，为将三峡输变电工程建设成技术先进的电力系统准备了基本条件，打下了重要的基础。

（八）关于三峡直流工程前期准备与建设

三峡直流输电工程，从其规划到初步设计的审批，直至整个三峡输变工程建设，受到了多方面的高度关心。三峡直流输电工程是整个三峡输电系统的核心工程，在三峡输变电工程初步设计批准前的四个关键问题中，两个是有关直流问题，最后随着直流换流站问题得到解决而使整个工程初步设计得到批准。三峡直流输电工程无论在确保三峡电力外送，还是从建设技术的难度及其对提高我国输电技术水平的作用来看，都是其他工程所不能比的。所以在电网建设公司筹备工作开始，就把直流工程建设摆在十分重要的地位。三峡直流输电工程集中和团结了我国从事直流工程的主要专家，工作以我国为主，与外国合作，大家积极性很高，决心将三峡第一条直流的咨询研究工作搞好，要通过三峡直流建设为我国直流输电事业的发展走出一条中国特色的新路子。

三常直流工程的前期咨询研究及招投标过程如下：

（1）在电网建设公司筹备期间就组织力量进行国内外直流工程与直流制造技术、设计咨询及研究情况的调查研究，并形成了一系列的调查研究报告。

（2）1995 年 12 月 14 日三峡建委批准了三峡输变电系统初步设计，明确了三峡直流电压为±500kV，三峡直流首端换流站在三峡枢纽以外。

第一条直流由宜昌龙泉到江苏常州政平，线路长约 1000km。

1996 年 1 月 31 日，电网建设公司会同电规总院与设计院开始三常直流工程的预初步设计工作。

1996 年 6 月 7 日，组建北京网联直流咨询公司，开始三常直流工程的咨询工作。

1997 年 2 月 17 日，通过招标确定外国直流咨询公司为加拿大泰西蒙公司并签订了合同。

1998 年 2 月 17 日，经过一年的中外双方合作，完成了三常直流工程咨询研究课题及功能规范书的编制工作。

1998 年 4 月 24 日，招标书经三峡建委审查后上报国务院，国务院于 1998 年 5 月 15 日批准。

1998 年 5 月 18 日，由国家电力公司发出标书。

1998 年 6 月 18 日，ABB、ALSTOM，SIEMENS 三家公司递交投标文件，并进行了澄清。

1998 年 7 月 6 日，根据国家电力公司文件，中国电网建设有限公司撤销，改为工程公司，并且不再是项目的法人单位，由于该工程为国际招标，不宜单方随便改法人单位，因此特别明确三常直流工程招标及合同执行，仍由中国电网建设有限公司继续保留法人资格执行合同相关事宜，直到 1999 年 1 月 1 日国务院发文批准评标报告。

1999 年 5 月 12 日，三峡第一条直流工程合同正式生效。合同的进度要求是 2000 年 7 月 27 日换流站主体工程开工，2001 年 8 月阀厅安装开工，2002 年 12 月 21 日直流单极投产，2003 年 6 月 12 日双极投产。

三峡电站第一台机组（2 号机）于 2003 年 6 月 24 日正式并网发电，随后 7 月 15 日、8 月 16 日、8 月 15 日第一批产机组投产，与三峡第一条直流工程紧密配合，确保电站投产机组适时投产，将全部电力安全可靠地送出，达到了三峡输变电项目投产与电站机组之间最佳的配合。

（3）全面实现了直流国产化的目标。

1）全面掌握了直流系统前期研究的内容，掌握了 ABB 公司、西门子公司和美国、加拿大以及国内电科院等各种系统设计计算的程序。

2）可以独立完成直流咨询研究，编制功能规范书与招标文件。

3）合作生产换流变压器等主要设备，引进了相关技术。

4）初步掌握晶闸管等制造工艺及换流阀设计制造、试验技术。

5）基本上掌握了直流调试技术。

（4）完成了直流生产运行准备与生产培训基地的建设。1996 年开始调查，1997 年宜昌直流培训管理基地的规划已基本完成，常州换流站的管理框架也已明确，生产人员的培训准备已经开始。

（九）完成了葛沪直流的改造和大负荷试验

葛沪直流工程电压为±500kV，输电功率 120 万 kW，输电线长 1052km，极Ⅰ于 1989 年 9 月投运，1991-1995 年系统能量利用率平均只 13.8%，可用率仅 60%，一直处于低负荷运行，且设备受损严重，等值盐密度和绝缘子爬距偏低，雾天要降压到±350kV 运行，二次设备集成电路模块等均为非通用件，微波通信一直未正式使用，在世界上属低水平。在电网建设公司成立时，葛沪直流工程资产作为国家注入电网建设公司的资本金，并由电网建设公司运行管理，为此电网建设公司着手进行如下工作。

（1）资产划转电网建设公司，作为电网公司的资本金，1997 年 1 月 6-9 日完成了划转手续，华中、华东两局共移交电网建设公司资产 12.2467 亿元。其中，用作资本金为 6.058 亿元，债务 5.68 亿元。

（2）组织专家进行调查研究。1996 年 8 月电网建设公司组织力量对葛沪直流的一次、二次设备与通信系统进行调查，提出了对直流技术改造与国产化，以提高运行效益和发挥微波的通信设备作用的建议。

（3）1997 年电网建设公司理顺直流运行管理，及时处理事故，逐步加强安全运行管理。1997 年一年内连续发生南桥站极Ⅰ换流变压器 B 相故障，葛洲坝极Ⅰ、极Ⅱ换流变压器 C 相故障，南桥站极Ⅱ阀控系统故障，葛洲坝极Ⅱ换流变压器 C 相避雷器爆炸。事故后组织分析、制订反事故措施，并抓紧了直流设备完善化的准备和计划进行大负荷试验，以全面暴露直流系统中存在的问题。

（4）1998 年开始葛南直流的改造工作，共筹集 1.05 亿元，完成技术改造 50 项，直到 1998 年 9 月 26 日才顺利通过额定容量试验，为今后直流大负荷稳定运行创造了条件。

通过葛沪直流调查、改造、大负荷试验，不仅使葛沪直流更好地发挥输电与联网的效益，提高了能量利用率。另外通过两年多的工作，锻炼了直流队伍，更好地了解直流设备制造的国内外情况，对三峡直流工程的建设运行及国产化都有大的帮助。另外，也提高了三峡电站投产后电力外送的可靠性和保证度。

（十）长万线输电项目的建设实施

长万线为四川长寿到万县 500kV 线路工程，单回 500kV、176km，为三峡输变电工程第一个开工建设的项目，标志着三峡输变电工程建设已由准备阶段进入开工建设阶段，长万线工程静态投资 2.27 亿元，动态投资 3.07 亿元。

工程于 1997 年 3 月 8 日正式开工，开工典礼大会在万县召开，国务院三峡建委很重视，邹家华副总理发了贺电，郭树言主任到会讲话，电力部和重庆、万县地方政府领导与会并讲话。工程于 1998 年 6 月 15 日建成，达一流工程标准投产。工程顺利建成投运，及时解决了三峡库区经济发展用电问题，同时该工程建设也是对电网建设公司及其前期准备工作的检验。

长万线工程建设按现代企业管理要求，对输变电建设管理体系实行全面的改革，即全面推行了项目的法人责任制、资本金制、招投标制、合同制、监理制，为此在开工前制订了一系列的办法制度，落实项目法人的责任和权力，落实资本金来源，制定了施工设备等招投标方法，以及评标的原则与标准、合同的内容样式、执行办法，还有监理队伍的招标评定办法等。另外，在工程管理中实施小业主、大监理的方式，赋予监理对工程实行“四控制、二管理、一协调”责任，充分发挥了监理公司的作用，同时为了充分发挥了地方政府部门的作用，争取地方的支持，项目还成立了地方领导小组。

在施工管理方面，结合三峡工程的特点，制定了有关线路、电气安装、计划、安全质量资金管理等 13 个规章制度。为确保长万线建成达标一流工程，在建设前特组织专家对当前输变电工程设计建设中存在的设计、设备、施工工艺、质量等问题做了全面调查，并编制了三峡输变电 500kV 变电站设计和建设若干问题的意见，并拟订了一流工程的标准及考核评标的办法。这些制度和办法，对指导和提高工程建设水平起了重要作用。

长万线工程投产后组织专家进行检查评估，认为工程的质量和工艺水平都达到了国内先进水平，按一流工程评价办法测算长万线得 1395.5 分，接近于满分 1400 分，所制定的一系列管理办法和制度是行之有效的，为整个三峡输变电工程管理制度的建设奠定了重要的基础。

周小谦：原国家电网建设有限公司总经理，后曾任国家电力公司党组成员、总经理助理。

我眼中的电网建设有限公司二、三事

（张建生）

我是在 1993 年 3 月撤销能源部、恢复电力工业部后，从部机关的业务司局调到办公厅部长办公室，主要服务电力部总工程师周小谦做些事务性的管理工作。国家电网建设有限公司成立之后，在公司负责人力资源方面的工作。

1993 年 9 月 27 日，中国长江三峡开发总公司正式成立。与三峡枢纽配套的三峡输变电工程建设问题，也逐步提到国务院领导的重要议事日程。三峡输变电工程的建设不仅关系到三峡水电的送出和三峡工程总体经济效益的发挥，更涉及之后的全国电网联网的建设和管理，直接影响着中国电力工业改革方向和市场化运行模式。当时的电力工业部和长江三峡开发总公司均向国务院领导提出了“由项目法人负责”的三峡输变电工程建设管理的建议方案。1994 年 9 月 30 日，国务院总理办公会第 44 次会议（会议纪要 10 月 24 日印发）决定：“三峡输变电系统和电站分开建设，电网应全国‘统一规划，统一建设’。会议原则同意由电力部成立全国电网建设总公司，以协调有关网局筹措资金进行建设。三峡工程输变电系统所需的 248 亿元资金，按照‘谁受益，谁负担’的原则，可在直接受电地区加征电网建设基金（华中、华东地区 1999-2008 年每千瓦时电征收在 1 分钱之内），并通过出口信贷和电网收入来筹集”。电力部根据国务院办公会纪要的精神，决定由电力部总工程师周小谦具体负责电网建设总公司的筹备工作。我也因此有幸开始接触和了解三峡输变电工程，并参与筹备期间的辅助工作。

1996 年 6 月 18 日，国家电网建设有限公司成立之后，安排我任公司人力资源处处长，之后任总经理工作部副主任，经历了国家电网建设有限公司、中国电网建设有限公司、国家电力公司电网建设分公司和国家电网公司电网建设分公司的四次更名，公司的职责也由项目法人转变为建设单位（项目法人代表），无论名称如何变化，公司的核心任务仍是三峡输变电工程的建设及大区联网工程。在 2003 年初，国家电网公司将电网建设分公司的建设职能与公司系统的管理职能分离，我到国家电网公司工程建设部任质量安全处处长，从事公司系统电网工程（包括三峡输变电工程）的基本建设质量和安全的管理工作。

此次在整理《三峡输变电工程史料选编》的工作中，作为三峡输变电工程建设管理的参与者，虽然时间已过二十年，对国家电网建设有限公司和中国电网建设有限公司时期的一些人和事，仍然历历在目，印象深刻。

一、勇于创新、改革实践的领导集体

1993 年 11 月，党的十四届三次会议做出《关于建立社会主义市场经济体制若干问题的决定》，要求推进“政企分开”，加快“计划经济向市场经济的转变和粗放经营向集约化经营的转变”（两个转变）。对国有企业的改革提出了清晰的目标要求：坚持市场化改革方向，建立现代企业制度，让企业成为自主经营、自负盈亏、自我约束、自我发展（“四自”）的市场主体。

三峡工程建设之始，便是按照建立现代企业制度“政企分开、法人负责”的改革要求运作。1994 年底，电力部向国务院提出成立国家电网建设总公司的请示，由该公司负责三峡输变电工程的整体投资、建设和运行管理。1995 年初，国务院批复同意成立国家电网建设总公司后，3 月电力部决定成立公司筹备组，由总工程师周小谦任国家电网建设有限公司筹备组组长，姜绍俊、霍继安、芦元荣三位同志为成员，着手三峡输变电工程建设的筹备工作，同时聘请了三峡办副主任李世忠担任筹备组顾问。

电力部党组确定的公司筹备组人选，班子成员的搭配，用实践证明了电力部党组知人善用的干部管理理念，充分发挥出各自成员的管理经验优势和专业知识的互补。身为电力部总工程师的周小谦，在国家计委和能源部长期从事能源和电力规划工作，工作务实、作风严谨，具有大局意识和宏观视野，熟悉全国的能源布局、三峡工程电力送出规划的要求。时任电力部办公厅主任的姜绍俊，有多年基层供电单位的领导经历和电力生产经验，在办公厅时期的工作表现出很强的公共关系协调能力和组织能力。时任华中电力集团（电管局）副总经理（副局长）的霍继安，长期在华中地区工作，分管过电力生产和基建，对该地区电力情况比较熟悉，由于三峡输变电工程 60%～70%的工作量都在华中地区，他在协调网省公司和地方政府关系等工作中有良好的人脉优势。芦元荣曾任电力部基建司副司长、电力技术经济定额管理中心主任，是国内 20 世纪 50 年代就从事输变电工程建设的元老级专家，对工程基建程序和技术标准相当熟悉，实践经验非常丰富。李世忠曾担任过国务院副秘书长、时任国务院三峡办副主任，对三峡工程重大事项决策前后情况和国家领导层对工程建设的工作要求非常清楚，并有利于在较高层次上协调三峡输变电工程的建设管理工作，把握公司的发展方向。这些有很强的责任感和事业心的高素质领导组合在一起，也体现了上级组织对电网建设有限公司的高度重视和充分信任。国家电网建设有限公司成立之后，在领导班子的领导下，认真贯彻中央的改革精神，积极推行项目法人责任制，实施工程项目的资本金制、招投标制、工程监理制和合同管理制，探索改革形势下的工程建设管理模式，配合三峡枢纽工程的进度要求，有序推进各项工作，很快成为国内电网工程建设管理的改革示范，起到了很好的引领作用。

二、务实、高效的公司管理体系

由于三峡工程的资金来源主要是电费中的专项建设基金和银行贷款，国家电网建设有限公司作为“自主经营、自负盈亏、自我发展、自我约束”现代企业，承担三峡输变电工程“还本付息”和企业健康发展的管理责任。国务院三峡办主任郭树言曾多次在不同的场合强调：“三峡工程前期投入的一元钱资金，到建成时需要十元偿还”“这是全国人民支持建设的专项基金，要有效使用和用好三峡资金”。因此，公司从筹备期开始，就非常重视资金的筹措和管理，以资金使用的效益最大化合理设置职能部门及其岗位编制，压缩管理层级，编制了科学的管理流程等，以实现务实、高效的公司管理目标。

1996 年 6 月 18 日国家电网建设有限公司成立。公司前两年的主要任务是做好三峡输变电工程建设的前期准备工作，为 2000 年前后的工程大规模开工建设打好管理基础。此阶段需要的是精干、专业的管理人才。当年 8 月的总经理办公会，审定了公司“三定”方案：到 2000 年前人员编制控制在 53 人，其中公司领导 7～9 人。公司内设总经理工作部、计划经营部、工程部、财务部和物资部 5 个部门，人力资源处和审计处 2 个直管处，为突出项目法人单位的专业化管理，公司不设立自己的设计单位、科研机构和施工队伍，按照法人负责制的管理要求，最大程度地利用社会已有的力量和资源，通过工程招投标选择合作伙伴，并以合同条款约束双方的责任和义务。在工程建设高峰期，人员编制不突破电力部确定的 200 人。

截至 1996 年年末，公司本部在册员工 36 人，其中，16 人是从政府机关转到企业，6 人长期从事规划、技经和工程设计工作，14 人来自工程建设一线和生产管理单位（包括当年接收具有工作经历的清华大学电力系统专业博士后 2 人、博士 1 人）。上述人员中有 6 名业务骨干派到公司控股的国网物资公司和北京网联直流咨询公司工作，以加强二级公司的技术和管理力量。至此，公司已经初步形成一支懂专业、会管理、业务强、工作经验丰富的技术骨干队伍。公司的行政管理制度、工程建设的管理流程和标准规范，以及施工和设备招投标、工程监理、合同管理等制度性文件也相继建立起来。部门内部的工作配合流畅，公司整体运转有序、高效。

三、坚持标准，严把人员调入关口

作为国务院批准的专业建设公司，所承担的任务和业务范围，急需一批管理经验丰富、业务水平高、综合素质好的骨干力量尽快充实到公司的各个工作岗位上来。公司在筹备期就得到了各级领导机关和业内同行的关注，不少懂专业和有技能的人才到公司自荐或由他人推荐，希望进入公司为三峡工程做些贡献。除了筹备期是经电力部人事教育司从机关本部的规划计划、基建、生产运行、科技等业务司局和办公厅、电力规划院抽调的 8 名骨干工作人员外，公司的人事管理工作转为自选自用，逐步走向规范。公司领导专门研究了人员调入的标准和程序，确定“岗位需要、以编控员、专业对口、宁缺毋滥、组织考核、集体研究”的工作原则，专业骨干力量优先从电力系统的单位挑选，同时接纳具有多年部委机关工作经验的优秀人才。

公司成立的前三年，“招才纳贤”工作主要是领导集体研究，明确方向或目标，领导亲自沟通联系，请相关单位推荐和支持，公司人资处按工作程序组织考察；对符合岗位需要的自荐人员，由公司主要领导和分管领导商量后由人资处对其进行考察，重点考察其工作经历、胜任能力和团队合作意识等综合素质方面情况。体会最深刻的是公司主要领导的用人理念，对我工作的启发，加快了公司选人进人节奏和质量。总经理指出：各单位都希望把优秀的员工留在自己身边，我们公司在物色骨干人员时也要设身处地为对方想想，不应以“掐尖换柱”方式紧盯着别人的骨干人才。本着不影响所在单位的工作大局和有利于个人发展的相互合作和支持的原则，通过双方协商把公司所需要的骨干调进来。重点是进入后在我们公司的培养，给予其成长的机会和平台。按照公司领导的选人思路和工作要求，公司得以在较短的时间内聚集起符合公司发展需要的骨干力量和人才。此外，公司考虑到长远发展的需要，也从重点高校挑选专业对口、有工作经历或科研经历的具有研究生以上学历的应届毕业生，形成梯级的人才队伍。这三年里，公司分别招聘了两位博士后、两位博士和两位硕士，为公司补充了新生力量。1998 年末，电网建设公司改制为分公司后，人事管理权上移至国家电力公司，我本人也离开了人事管理岗位，负责分公司的外事和档案管理工作。

现在，许多曾为电网建设有限公司的骨干员工，经过三峡输变电工程的磨炼，都已成为国家电网公司特高压工程建设的重要力量，许多同志走到了局级领导的管理岗位。

四、团结干事、求实争先的工作氛围

在“计划经济向市场经济转变”的改革年代，参与建设“以 500kV 为骨干网架”“以三峡工程为中心的全国联网工程”，是当时许多电网人引以为荣的事情。公司成立之后，不仅实现了三峡电力“送得出、落得下”的目标，还努力为这些有着共同愿望而走到一起的同志营造了良好的工作氛围和成长环境。我在电网建设有限公司工作，可以亲身感受到从领导到普通员工都普遍认同的“干实事、重奉献”的价值追求，尤其是公司领导的率先垂范。一是在工作上“少说多干重实效”。公司倡导各个岗位员工深入研究问题，鼓励独立思考，结合本职工作提出建议和工作方案。除了每年一次的公司大会，公司更多的是针对性很强的小型会议。领导组织职能部门和相关人员共同研究问题，认真听取职能部门的建议和意见后由领导决策拍板，注重会议实效，尽量避免管理层级等官僚主义、形式主义的工作方式。坚持就事论事地研究问题，反对人为的流程繁琐和人际关系复杂化。二是在企业收入分配上重奉献。当时国家劳动部门对企业的工资收入分配，允许“企业领导的工资水平是企业平均工资的三倍，是最低工资的五倍”。在研究制定工资的分配方案时，公司领导认为公司刚成立，与来自四面八方的同志们一起干事业，不宜在收入分配上有较大差距，主动提出在执行上级批准的公司岗位工资标准后，将公司的奖励工资级差系数控制在 1～3.5 之间。按此标准执行的领导年度收入均低于国家允许的分配标准线。三是在人事管理上“知人善用”。公司坚持公平公正的选人原则，不仅考核其专业能力和工作经验，还重点了解人品、团队意识和价值取向。对干部的使用，本着对公司发展和个人成长有利、群众认可的人性化管理，尽可能发挥其专业知识和经验优势，鼓励大胆工作，坚决反对不干事或少干事、乱议论的不良风气。提倡人与人之间的理解、宽容、谦和与协作精神，形成合力，齐心协力地为共同的事业而奋斗。

电网建设有限公司的事情还有很多。回顾在电网建设有限公司这几年的工作，我十分怀念那个“风清气正干事业”的改革年代——工作认真、务实，责任感克制了浮躁习气，事业心抑制了虚荣的功利，工资收入不高，工作热情不减。工作上的不同意见和观点可以直抒、讲真话，同事间的人际关系朴实、简单。组织上看干部的成长主要依据个人的工作业绩和能力，以及同事们的认可和同志关系，均不知“跑官卖官”为何物。但愿我描述的内容能够客观、真实地反映电网建设有限公司的一部分历史面貌。

今天，中国的电网建设和管理水平已站到国际一流的前列。社会在进步，时代会变化，后浪推前浪是历史规律，期望中国的电网健康发展，继续创造新的辉煌。

张建生：原国家电力公司电网建设分公司总经理工作部副主任，后曾任英大泰和财产保险股份有限公司纪检组长、工会主席。

国家电网建设有限公司及其历史沿革

（陶琨）

我于 1996 年 6 月调入国家电网建设有限公司工作，一直在综合部门从事文书工作，经历了 20 多年来电网建设公司变革的全过程。

1995 年 11 月 5 日，国务院批准成立国家电网建设总公司（国函〔1995〕107 号），是由电力部行使股东权并管理的国有独资公司，财务关系隶属于中央财政，财务计划在财政部单列。作为国家电网建设的业主，负责三峡输变电工程的投资、建设和管理，并保证三峡输变电工程与三峡工程同步建设，负责协调有关电网、省电力公司筹集资金，进行跨大区电网、跨独立省网的联网工程和关系到全国联网的大型电厂送出工程的规划、建设和管理，以及参与全国联网及跨省区送电工程直接相关的大型电厂和主要为保障联网运行所需要的调峰电厂的投资、建设和管理；同时从事有关电网建设的工程咨询、监理及设备物资等多种经营项目。1996 年 6 月在北京举行成立大会，法定名称为国家电网建设有限公司，下设总经理工作部、计划发展部、工程部、生产技术部、财务部、物资部。

1996 年 12 月，国务院印发《关于组建国家电力公司的通知》（国发〔1996〕48 号），设立国家电力公司与电力工业部一体双轨运行。1997 年 5 月 23 日，按照国发〔1996〕48 号文件要求，国家电网建设有限公司变更为中国电网建设有限公司（电人教〔1997〕299 号），作为国家电力公司的全资子公司。

1998 年 3 月，电力工业部撤销。1998 年 12 月，国家电力公司决定撤销中国电网建设有限公司（国电人劳〔1998〕653 号），其债权、债务全部由国家电力公司承继，人员全部纳入国家电力公司电网建设部管理，电网建设职能由国家电力公司电网建设部承担。同时设立国家电力公司电网建设分公司（国电人劳〔1998〕654 号），与国家电力公司电网建设部合署办公。分公司经营范围：受国家电力公司委托，负责三峡输变电工程和跨大区、跨独立省网的联网工程及关系全国联网的大型送出工程的建设管理；从事与此相关的电力工程咨询、监理、物资设备采购等工作。分公司下设总经理工作部、计划部、工程部、直流部、财务部、物资部、常州工程建设部、武汉工程建设部、宜昌工程建设部。

2002 年 12 月，国家电力公司拆分重组为国家电网公司、中国南方电网有限公司等 11 家公司。2003 年 11 月，根据国家经贸委印发的《国家电网公司组建方案》（国家电网人资〔2003〕471 号）设立国家电网公司电网建设分公司，原国家电力公司电网建设分公司的人员成建制划入。其经营范围是：受国家电网公司委托，负责三峡输变电工程、跨区域联网工程和国家电网公司直接投资的电网工程项目的建设管理；从事与此相关的电力工程咨询、监理、物资设备采购等工作。分公司与国家电网公司工程建设部合署办公，下设总经理工作部、计划部、工程部、直流部、财务部、物资部、常州工程建设部、武汉工程建设部、宜昌工程建设部。其后分公司内部机构变革，下设办公室、计划处、设计处、送电工程处、变电工程处、直流一处、直流二处、工程财务处、会计核算处、送电物资处、变电物资处、网联直流咨询公司、物资公司、宜昌工程建设部、武汉工程建设部、常州工程建设部。

2004 年 12 月，国家电网公司总部设立建设运行部，负责公司直接投资项目的建设管理和生产运行；撤销电网建设分公司，筹建国电电网建设有限公司；2005 年 5 月，正式成立国网建设有限公司（国家电网人资〔2005〕297 号），是由国家电网公司出资设立的国有独资有限责任公司，是国家电网公司的全资子公司。公司经营范围：从事国家电网公司直接投资的电网工程项目和三峡输变电工程项目的建设管理；从事直流输电工程成套设计业务；从事与电网建设有关的境内外电力工程技术咨询、技术服务、工程监理、工程管理及电力工程总承包等业务；从事国家电网公司允许或委托的其他业务。下设办公室、计划处、劳动人事处、财务处、工程管理技术处、安全质量处、物资处和特高压工程建设处，以及宜昌工程建设部、武汉工程建设部、常州工程建设部、北京网联直流输电系统工程有限公司。

2007 年 1 月 8 日，国家电网公司对国网建设有限公司有关业务进行调整，并将公司更名为国网直流工程建设有限公司，同时撤销北京网联直流工程技术有限公司（国家电网人资〔2007〕7 号）。主要经营范围：从事国家电网公司直接投资的直流电网工程项目、特高压直流电网工程项目和三峡输变电直流工程项目的建设管理；从事直流输电工程成套设计业务；从事与直流电网建设有关的境内外电力工程技术咨询、技术服务、工程监理、工程管理及电力工程总承包等业务；受托承担与直流电网建设有关的招投标业务和设备监造业务。下设综合管理部（与人力资源部、党群工作部合署办公）、计划与物资部、财务部、设计部、换流站管理部、线路管理部、安全质量部，常州、北方、四川、宜昌等四个直流工程部。与此同时，设立国网交流工程建设有限公司（国家电网人资〔2007〕8 号）。主要经营范围：从事国家电网公司直接投资的交流电网工程项目、特高压交流电网工程项目和三峡输变电交流工程项目的建设管理；从事与交流电网建设有关的境内外电力工程技术咨询、技术服务、工程监理、工程管理及电力工程总承包等业务；受托承担与交流电网建设有关的招投标业务和设备监造业务。下设综合管理部（与人力资源部、党群工作部合署办公）、计划与物资部、财务部、变电管理部、线路管理部、安全质量部，郑州、武汉、宜昌、华东四个交流工程部。

2009 年 3 月 19 日，国网直流工程建设有限公司调整为国家电网公司直流建设分公司（国家电网人资〔2009〕290 号），公司主要经营范围不变。下设综合管理部、计划部、财务部、安全质量部、党群工作部（监察审计部）、换流站管理部、线路管理部、物资与监造部、宜昌工程建设部、常州工程建设部、四川工程建设部、北方工程建设部。与此同时，国网交流工程建设有限公司调整为国家电网公司交流建设分公司（国家电网人资〔2009〕291 号），公司主要经营范围不变。下设总经理工作部、计划与物资部、财务部、安全质量部、工程管理部、信息科技部、党群工作部、宜昌工程建设部、武汉工程建设部、郑州工程建设部、华北工程建设部、华东工程建设部。2018 年 5 月，根据国务院国资委《关于国家电网公司改制有关事项的批复》（国资改革〔2017〕1179 号），国家电网公司更名为国家电网有限公司（国家电网办〔2018〕408 号）。2018 年 8 月，国家电网公司直流建设分公司、交流建设分公司相应更名为国家电网有限公司直流建设分公司、国家电网有限公司交流建设分公司。

2021 年 7 月 5 日，国网交流公司和直流公司再次整合，组建国家电网有限公司特高压建设分公司（国家电网人资〔2021〕336 号）。负责国家电网有限公司直接投资或担任项目法人单位的特高压输变电工程、跨区电网重点工程的建设管理、技术统筹和管理支撑工作，特高压直流核心设备监造管理工作等。设置 6 个职能部门：综合管理部（党委办公室）、人力资源部、计划部、财务部、党委党建部（纪委办）、安全质量部；5 个业务部门：变电部、输电部、技术部、物资监造部、信息环保部；4 个派出机构：华北工程建设部、华中工程建设部、华东工程建设部、西南工程建设部。

陶琨：现任国家电网有限公司特高压建设分公司三级职员。

关于三峡输变电工作点滴回忆
——审批三峡工程输变电系统设计概算

（王信茂）

一、电力部预审

对三峡工程输变电系统设计概算工作，电力部领导十分重视。对于这项工作，史大桢部长和陆延昌副部长等几位领导都有口头或书面指示。国家电网建设有限公司（简称电网建设公司）组织中国超高压建设公司、中南电力设计院、华东电力设计院和西南电力设计院等单位共同编制了《三峡工程输变电系统设计概算》（简称《概算》）。

根据部领导的指示以及《关于召开三峡工程输变电系统设计概算预审查会议的通知》（办计函〔1996〕15 号）要求，1996 年 9 月 11-12 日，在电力规划设计总院（简称电规总院）召开了《概算》预审查会议。会议由部计划司、部三峡工程办公室（简称部三峡办）会同电规总院组织，为开好这次会议，成立了领导小组，副部长担任组长，成员有计划司冉莹司长，部三峡办班自勋主任，建设司刘本粹司长，电规总院陈汉章院长、周仲仁副院长和我（时任计划司副司长），我具体负责组织了这次会议。除上述同志外，计划司肖俊、张运洲，部三峡办杨建莲，科技司毛文杰副司长，建设司苏力，经调司王剑波，安生司孙佩京、方晓，电规总院季常、谢景命、曾德文，电网建设公司姜绍俊副总经理及芦元荣、牛山、盛琴，国调中心徐守珍、王积荣等同志参加了会议。副部长到会做了讲话。会议听取了电网建设公司关于《概算》编制情况的汇报，并进行了讨论。会议认为：

（1）三峡输变电工程在目前的设计阶段，还不完全具备编报设计概算的条件。电网建设公司提出的《概算》采用模块方式，即送电工程按照华东、华中、川东三个地区及交、直流两个模块，变电工程分解为各种模块，再根据每个不同的变电站规模进行拼装编制。从目前设计进度的实际情况出发，这种编制思路和方法是可行的。

（2）从《概算》所采用的定额、取费标准及表现形式来看，基本符合电力工业部 1993 年执行的有关行业标准。

（3）《概算》是遵照国务院三峡工程建设委员会（简称国务院三建委）《关于三峡工程输变电系统设计的批复意见》确定的工程总量和总投资 248.22 亿元（含外资 9.6 亿美元，均按 1993 年 5 月价格）进行编制的，即 500kV 输电线路 9100km，其中直流输电线路 2200km，交流变电容量 2475 万 kVA，直流换流站容量 1200 万 kW，以及与上述项目相配套的通信调度自动化工程，总投资的汇率按 1:5.7。在上述总规模下，按照 1995 年 9 月电力部召开的三峡输变电系统规划设计工作会议上为动模试验所初步确定的各单项送变电项目进行各类模块的分解和组合，提出了各单项送变电工程投资控制数，这种方法是可行的。但随着三峡输变电系统设计的优化和设计阶段的不断深入，具体项目和各单项送变电工程规模可能要发生相应的变化。

（4）有关《概算》编制的几个具体问题，请电网建设公司进一步研究核实：对送电工程，原三峡工程输变电系统设计概算提出的交流送电线路全部是按 4×LGJ-400 的导线截面考虑的，随着设计工作的深入，已经可以确定部分线路要采用更大截面的导线，也有一部分要采用 4×LGJ-300 导线。鉴于这种情况，在送电线路导线截面的划分上需做相应的调整；与同期类似工程相比，交流送电工程塔材及基础钢材耗量偏大，应做进一步分析；直流输电工程造价偏高，应做适当的分析调整，使之与交流送电工程造价具有合理的比例关系。

对变电工程，主变压器等部分设备价格偏低，可进行适当调整；500kV 断路器最大遮断容量全部按 50kA 考虑，在大型枢纽变电站中不一定能满足要求，可进行适当调整；原系统设计概算中对主变压器第三绕组电压及相应的开关设备选型宜做出适当处理；与 1993 年同类工程相比，建筑模块费用略偏高，可做分析调整。

对调度自动化及通信专项工程，国务院三峡办于 1994 年 9 月组织 25 位专家对该项目评审意见的总投资为 283 亿元，从调度通信及二次部分设计工作开展实际情况出发，投资数额难以进一步核定，同意这次不做调整。为使该项投资今后使用得到控制，应主要用于国调中心对三峡输变电系统的调度通信方面；为了适应今后建立全国三级调度的需要，同意《概算》增列电网调度大楼费用 2.5 亿元。

关于专项费用，电力部提出的前期及系统科研费 2.17 亿元已部分发生，而且在 25 位专家评审时已认可，按目前使用情况同意不做调整；1993 年电力部的取费标准中，没有工程建设监理费的项目，但近期推行建设监理制过程中出台了一些新规定，可按照电力部电建〔1994〕768 号文的规定适当调整；为使工程建设顺利实施，计列科学试验研究费是必要的，但费用偏大，应予核减。

（5）请电网建设公司对原系统设计概算进行必要调整，总投资额控制在 250.22 亿元（含电网调度大楼 2.5 亿元；其中外资 9.6 亿美元，汇率按 1:5.7 折算）之内。

预审查会议后，部三峡办向国务院三峡工程建设委员会办公室（简称国务院三峡办）做了全面汇报，同时电网建设公司按照预审意见对《概算》进行了修改补充，经部领导签发上报国务院三建委审批。据了解，国务院三峡办邀请了电力部和国家开发银行、电规总院、长江水利委员会等单位的代表和专家在北京听取了电网建设公司的汇报，对《概算》进行了初审。在这之后，《概算》主要有四个方面的修改：一是三峡输变电系统进口设备所需外汇 9.6 亿美元，为便于管理并与枢纽工程一致，建议汇率由国家牌价 1:5.7 调到调剂牌价 1:8.1（1993 年 5 月末价格），需增加投资 23.04 亿元；二是考虑到三峡输变电工程量大、时间长，今后可能变化的因素较多，建议预备费也与枢纽工程保持同一水平，费率由 8.58%提到 10%，需增加投资 3.42 亿元；三是三峡输变电工程投资同枢纽工程一样，实行“静态控制、动态管理”，《概算》中的流动资金贷款利息属重复计算，应予以取消，相应减少投资 1.34 亿元；四是拟在北京建设电网调度大楼，在三峡输变电工程中出资 2.5 亿元，建议增列 2 亿元，另外 0.5

亿元在原控制数中调剂解决。以上四项共增加投资 27.1 亿元，加上原批准总量 248.22 亿元，合计为 275.32 亿元，并建议国务院三建委按此批复《概算》。

二、国务院三建委审批《概算》

1996 年 12 月 26 日上午，冉莹司长、班自勋主任和我随史大桢部长、陆延昌副部长参加了国务院副总理、国务院三建委副主任邹家华同志主持的会议，研究三峡输变电系统设计概算有关问题。参加会议的有国务院副秘书长周正庆，国务院三建委郭树言副主任、陆佑楣总经理，国家计委、财政部、机械部、国家开发银行、中国建设银行、中国长江三峡工程开发总公司和国务院三峡工程建设委员会办公室（简称国务院三峡办）等有关部门、单位的负责同志，电网建设公司总经理周小谦、副总经理姜绍俊等同志出席了会议。周小谦总经理、陆延昌副部长和张德楠副主任分别就《概算》有关问题做了汇报。

与会同志一致认为，这次上报审批的《概算》已充分吸收了各方面的意见，具有相当的深度，符合行业规定，比较科学、合理，可以作为控制静态投资的依据。会议经过研究，议定了以下意见：

（1）同意对原批准的三峡输变电系统设计概算投资控制数进行调整，将美元兑换人民币的汇率调整为 1:8.1；预备费率调整为 10%；取消流动资金贷款利息；增列电网调度大楼投资。调整后《概算》为 275.32 亿元（1993 年 5 月末价格水平）。

（2）电网建设公司要按测算枢纽和移民工程动态投资时采用的通胀、利率、汇率等条件测算三峡输变电工程动态总投资，并抓紧研究三峡输变电工程筹资方案，报国务院三建委审定。为保证一定的投资回报率和控制过网电价水平，研究筹资方案时要注意应有较高的资本金比例。

（3）同意三峡输变电工程按“静态控制、动态管理”办法实行投资管理。国务院三建委按 275.32 亿元静态投资总量，以及因价格、利率、汇率因素引起的动态投资总量进行控制。国务院三峡办商电力部做好总量控制的具体工作。

（4）为确保三峡输变电工程做到静态、动态投资均不突破，在组织工程建设时，要做好以下工作：一是工程建设要切实实行业主负责制，特别要注意充分发挥业主在投资“静态控制、动态管理”上的作用，通过业主的努力，挖掘静态投资潜力，控制动态投资增加。电网建设公司要加强管理，实行招标承包制、合同管理制、建设监理制，除施工队伍选择、材料和设备选购进行招标外，设计也要招标。通过与机械制造行业的密切合作，合理采用国产设备，采用成熟的先进技术，以不断优化设计、节约投资。工程承发包中不得转包，分包要经业主同意。二是根据枢纽工程进度要求、电力负荷变化，滚动优化单项工程开工建设顺序，按合理工期组织施工，尽量缩短单项工程建设工期。三是要按照建立社会主义市场经济体制的要求建设和管理电网，保证投资回报，确保国有资产的保值增值。

（5）电力部要做好与三峡输变电工程配套的工程规划、建设工作。电网调度大楼不搞高标准豪华装修，有关设备要采用先进、适用技术。

1997 年 2 月 27 日，国务院三建委下发《关于三峡工程输变电系统设计概算的批复》（国三峡委发办字〔1997〕07 号）。

王信茂：原国家电力公司计划投资部主任兼三峡工程办公室主任。

关于三峡输变电工作点滴回忆
——三峡输变电工程筹资方案

（王信茂）

1996 年，为了支援三峡库区用电，三峡输变电工程的第一个单项工程——四川长（寿）万（县）

输变电工程开工建设。三峡枢纽工程进展顺利，于 1997 年 11 月实现大江截流。为了满足第一批机组投产送出，需要在 1998 年起陆续开工建设输变电工程，尽快落实建设资金筹措方案已十分紧迫。为此，国家电网建设有限公司（简称电网建设公司）根据国务院三峡办的意见和电力部的安排，在广泛征求有关单位意见的基础上，经研究和测算，提出了《三峡输变电工程筹资方案》（送审稿）（简称《筹资方案》），于 1997 年 1 月 31 日上报电力部。部三峡办随即会同计划司、经调司对《筹资方案》进行了初步研究，并将研究意见向陆延昌部长做了汇报。

一、电力部审议《筹资方案》

（一）部长办公会议研究《筹资方案》

1997 年 2 月 20 日，赵希正副部长主持召开部长办公会议，讨论、研究《筹资方案》。部领导、三总师、顾问和部有关司局、电网建设公司负责同志参加了会议。经审议，部长办公会议原则同意电网建设公司的《筹资方案》，并明确以下意见：

（1）编制《筹资方案》的基本原则是保证三峡输变电工程与枢纽工程同步建设，满足三峡电站电力的可靠送出，并在相同发电量的基础上力争收益最佳；单项工程安排及其进度能够适应电力市场需求变化，具有一定的灵活性；要充分考虑用户的承受能力，力争做到还贷期间以及还贷期后的输电价格安排合理，增强三峡电力的竞争性；在可能的输电价格水平下，使项目法人获得合理的投资收益；筹资与使用要认真贯彻“静态控制、动态管理”的原则。

（2）关于《筹资方案》测算的依据，一是 1994 年国务院第 44 次总理办公会议纪要明确：“三峡工程输变电系统所需的 248 亿元资金，按照‘谁受益、谁负担’的原则，可在直接受电地区加征电网建设基金（华中、华东地区 1999-2008 年每度电征收在一分钱之内），并通过立出口信贷来筹集”。二是 1995 年国务院三建委《关于三峡输变电系统设计的批复意见》（国三峡委发办字〔1995〕35 号）批准的三峡输变电工程总量，即 500kV 交流线路 6900km，500kV 交流变电容量 2475 万 kVA，直流线路 2200km，直流换流站容量 1200 万 kW。同时明确三峡输变电系统总投资按 248.22 亿元（含国外资金 9.6 亿美元，均按 1993 年 5 月末价格）控制。三是 1996 年 12 月 26 日国务院三建委会议明确三峡输变电工程静态投资 275.32 亿元（1993 年 5 月末价格）。四是按照总理办公会议纪要精神，三峡输变电工程建设资金由征收的三峡电网建设基金、利用出口信贷、电网收入再投入以及银行贷款四部分组成。

同时，部长办公会议对三峡电网建设基金的征收范围和标准、起征年限、征收方式和三峡输变电工程动态投资及其资金结构、输电价格及经济效益分析等方面提出了意见和建议，要求计划司牵头、有关司局参加，根据部长办公会精神，尽快形成电力部《筹资方案》。

（二）电力部上报《筹资方案》

部长办公会后，根据部长办公会的精神和要求，由部计划司牵头、部三峡办、有关司局和电网建设公司参加，共同完善、补充形成了电力部的《筹资方案》，其中明确了以下意见：

1. 关于三峡电网建设基金

（1）关于征收范围和标准。按照 1994 年国务院第 44 次总理办公会议纪要精神，对三峡电网建设基金的征收范围和额度，电力部曾经研究了多个可能方案。最近，根据国务院领导对三峡电网建设基金征收的指示精神以及国家计委、国务院三峡办要求，电力部又重点研究了如下方案：即在直接受电的华中、华东地区在现有征收的三峡工程建设基金（以下简称三峡基金）额度（即 7 厘/kWh）的基础上，上海、江苏、浙江及湖北四省市再加征 8 厘/kWh，安徽、河南、湖南及江西四省再加征 6 厘/kWh；四川省不再加征，只使用已出台的 3 厘/kWh 三峡基金。本方案可避免在非直接受益地区征收，体现了“谁受益、谁负担”的原则，且征收的标准在 1 分/kWh 以内，符合国务院第 44 次总理办公会议纪要要求。

（2）关于起征年限。国务院第 44 次总理办公会议建议起征年限为 1999 年，但考虑到：第一，三峡输变电工程一般都需要比机组投产更早一些，直流工程调试也需要较长时间；第二，尽量降低征收标准；第三，根据测算，如果从 1999 年开始征收，则 1998 年就需要国家开发银行贷款 16 亿元，若提前开始征收，则 2000 年前除长万线外不再需要国家开发银行安排贷款，三峡电网建设基金出台时间是

1997 年，因此建议本方案考虑从 4 月 1 日开始征收，到 2008 年终止。

（3）关于征收方式。为了减少基金征收的名目，三峡电网建设基金对外统称为三峡工程建设基金，专项用于三峡输变电工程建设。其征收方式沿用三峡工程建设基金征收办法。根据国务院国发〔1996〕48 号文件精神，专项用于三峡电网建设的三峡基金由国家电力公司负责管理，其拨付方式按现行办法办理。

2. 三峡输变电工程动态投资及其资金结构

根据国务院三峡办的要求，为便于三峡输变电工程与三峡枢纽相比较，某些测算边界条件，如三峡逐年发电量、各地区征收三峡基金电量平均增长率取值、物价指数（包括外资折算成人民币之后，物价指数与内资相同）、融资条件采用国务院三峡办提供的数据。

按照上述《筹资方案》，经过测算，三峡输变电工程建成时的动态总投资是 615 亿元，其中价差预备费 257 亿元，建设期总的贷款利息 79 亿元（合计计入财务费用的内外资建设期贷款利息 57 亿元）。按资金来源分析，其中三峡基金 306 亿元，占总投资的 50%；电网收入再投入 5.5 亿元，占总投资的 1%；出口信贷资金 145 亿元，占总投资的 24%；国家开发银行贷款 117 亿元（其中本金 108 亿元），占总投资的 19%。

根据三峡输变电工程动态投资及分年资金流情况，工程所需国家开发银行贷款 117 亿元，建议由国家电力公司担保，电网建设公司与国家开发银行签订一个贷款总合同，按各单项工程的实际需要分批安排贷款。国务院三建委批准三峡输变电系统设计时明确利用外汇 9.6 亿美元（1993 年 5 月末价格），并按出口信贷考虑。建议具体借贷方式参照上述国家开发银行贷款方式执行。如有可能，应积极争取利用国际金融组织贷款。

3. 关于输电价格及经济效益分析

按照新的企业财务会计制度以及采用国家计委颁布的《建设项目经济评价方法与参数》（第二版）、电力系统目前执行的《电力建设项目经济评价方法实施细则》，上述《筹资方案》中，全部投资财务内部收益率为 12.2%，资本金财务内部收益率为 11.4%，不含税平均输电价格为 0.185 元/kWh。

电力部认为按照国务院三峡办的要求，《筹资方案》是可行的，请国务院三建委尽快审批。经陆延昌部长签发后，电力部以《关于三峡输变电工程筹资方案的请示》（电计〔1997〕146 号）上报国务院三建委。

二、国务院三建委审定《筹资方案》

1997 年 12 月 25 日上午，我随陆延昌部长参加了邹家华副总理主持的国务院三建委会议，审定三峡输变电工程《筹资方案》及有关问题。出席会议的有国务院副秘书长周正庆、国务院三建委副主任郭树言、国务院三峡办副主任李世忠、中国电网建设有限公司总经理周小谦以及国家计委、财政部、中国人民银行、国家开发银行等有关部门的负责同志。李世忠副主任就三峡输变电工程资金需求测算情况和《筹资方案》做了汇报。会议经过充分讨论，认为《筹资方案》测算比较合理，符合国务院确定的筹资原则，比较现实可行，原则同意国务院三峡办的汇报，建议批准。会议议定以下意见：

（1）原则同意三峡输变电工程资金需求测算结果，即根据 1993 年 5 月末价格水平审定的静态投资 275.32 亿元，考虑建设周期物价变化和贷款利率因素，动态投资为 589.42 亿元。

（2）原则确定筹资方案安排为：三峡基金 286.14 亿元；电网收益再投入 72.52 亿元；国家开发银行贷款 91.78 亿元；利用外资（主要为出口信贷）138.98 亿元。实施过程中如电量增长速度等边界条件发生变化，筹资各渠道的结构会有变化，可在实际执行中经审批后再做相应调整。

（3）在体制上，国家电力公司直接领导电网建设公司。由国家电力公司明确电网建设公司在三峡输变电工程建设和经营管理方面的责任、权利。电网建设公司不仅要考虑建设好三峡输变电工程，还要考虑经营，以确保银行贷款的还本付息和国家投入资本金的回报。

（4）将三峡工程重要组成部分的三峡输变电工程，作为一个整体项目报国家计委备案后，列入国家固定资产投资计划。其单项工程建设进度要与枢纽工程紧密衔接，由业主统筹安排，随年度计划确定。

（5）三峡基金对保证三峡工程建设起着最基本、最关键的作用，国家电力公司和财政部要继续做好这项基金的征收管理工作，同时继续实行现有的对三峡基金免征（或先征后返）的税费政策。

（6）国家开发银行贷款主要集中在 2001-2005 年资金需求高峰期使用，可采取总体承诺、根据进度分年度安排的方式落实。三峡输变电工程所需银行贷款，由电网建设公司作为借款人，与银行签订贷款合同，由国家电力公司提供担保。

（7）为确保三峡电力发得好、送得出、用得上，由国家计委牵头组织电力部等有关方面，尽快研究三峡电价和接受地区的电力电量平衡问题，同时继续抓紧协调、落实与三峡输变电工程配套的输变电工程项目规划和建设。

（8）这次批准的三峡输变电工程资金需求测算和《筹资方案》是考核投资控制、指导筹资工作的依据，在实际执行中，要按照国务院三建委关于投资“静态控制、动态管理”的要求，逐年核定价差和贷款利息。电网建设公司要确保不突破静态投资，通过努力挖掘潜力，尽可能控制价格、利率等外部条件变化导致的动态投资增加。

国务院三建委审定了《筹资方案》，标志着三峡输变电工程的建设资金已基本落实。

王信茂：原国家电力公司计划投资部主任兼三峡工程办公室主任。

三峡输变电工程建设运行工作简记

（喻新强）

2004 年 11 月，国家电网公司领导班子进行调整，由刘振亚同志担任总经理、党组书记，公司确立了建设“一强三优”现代公司的战略目标，对公司机构进行了相应改革。对于三峡输变电工程业务，相关机构和管理体系也进行了较大调整。我于 2004 年底从湖南电力公司（副总经理）调任国网建设有限公司副总经理主持工作，与孙竹森、常浩等同志共事。2005 年 4 月底，调公司总部任建设运行部主任直至 2009 年 6 月，先后与王剑波、梁旭明等同志负责建设运行部的工作；期间，建设运行部与特高压办公室合署办公，先后与张贺、刘泽洪等同志共事。此后，建设运行部职能中有关财务审计、运行管理、交易职责划归总部职能部门，建设运行部也相应更名为建设部，主要承担三峡输变电工程建设管理职能。

我于 2004 年底从湖南电力公司（副总经理）调任国网建设有限公司副总经理主持工作，开始直接参与三峡输变电工程的建设，有幸成为一名工程建设者。2005 年 4 月底，调国家电网公司总部任建设部主任直至 2009 年 6 月，更是承担了三峡输变电工程的建设管理工作。我为能直接参与和组织这一时期三峡输变电工程的建设、运行和经营管理以及重大事项的决策而深感自豪。回顾自己从事三峡输变电工程建设五年来的工作，我认为三峡输变电工程为我国电网建设和管理提供了如下经验。

一、三峡输变电工程的建设管理为电网建设管理提供了经验

随着“一强三优”现代公司战略目标的深入推进，三峡输变电工程建设运行管理形成了“一部二公司”为主体的体系。在总部层面，将原国家电网公司工程建设部重组为基建部（招投标中心），不再负责三峡输变电工程业务，只履行行业基建管理职能；组建建设运行部，全面承担三峡输变电工程等跨区电网的建设、运行、工程财务和经营管理职责；将原国家电网公司电网建设公司（与原工程建设部“两块牌子、一套班子”）重组为全资子公司国网建设有限公司，承担三峡输变电等工程现场建设管理职责；组建国网运行有限公司，主要承担三峡直流等工程运行管理工作。“一部二公司”建设管理架构的形成，继承和强化了三峡输变电工程建设运行管理体系，工作机制在最短时间度过磨合期，实现了管理机构、职能人员、相关业务的平稳过渡、无缝衔接，为在2007年底提前一年建成三峡输变电工程提供了一个良好的体制机制。

建设公司重组后，首先面临的问题就是建设运行部与国网建设有限公司的职责界定、划分。根据公司职责划分框架，按照基建工作的程序和规律，以及三峡输变电工程建设的现状，明确建设运行部统筹三峡输变电工程建设全过程管理职责，如工程前期、初步设计重大原则、设备国产化、技术创新，负责技术标准、规范、财务技经管理，以及对口国务院三峡办、国家发改委等政府部委的汇报，联络衔接工作；明确国网建设有限公司参加三峡输变电工程全过程建设工作，重点在工程建设现场作为建设运行部职责的延伸，实施设计施工图、施工、监理、设备现场的安全、文明、工期的管理，发挥集团化优势，落实（省）市公司属地化职责，负责国土、水保、环保、压矿、文物等前期评估的属地责任，健全完善以三峡输变电工程为核心，涉及工程建设、电网运行、实物资产管理、电力电量跨区交易等一系列规章制度和办法。

二、三峡输变电工程为我国装备制造国产化做出了重大贡献

三峡输变电工程中的直流输电工程，从设备全部进口到逐步增加国产化比例直至实现100%国产化目标，经历了艰难的开拓创新过程。

三峡输变电工程建设过程中始终坚持国产化路线，三峡—常州、三峡—广东直流输电工程国产化率分别达到了30%和50%。我调任建设运行部主任时，三峡—上海直流输电工程国产化工作正处于实施阶段，在“中方为主、联合设计、合作生产、外方负责”的基本原则下，我们组织国内科研、制造企业继续推进国产化工作，尤其是创新国内技术受让主体工作模式，取得了显著成效，国产化率达到70%。

在配套三峡地下电站送出而建设的葛南直流综合改造工程中，我们继续坚持以科技为先导推动技术进步，突出自主创新，提升集成创新能力，实现了100%国产化的目标。在线路方面，我们在世界上首次采用同塔双回路架设大截面、大容量、远距离输电的±500kV直流线路，充分利用原葛南线线路走廊，利用率在65%以上，有效减少了线路走廊通道清理和新开辟通道费用（约占工程总造价的20%），减少了林木砍伐和房屋拆迁量，线路走廊的电力输送能力由1200MW提高到6000MW，增加了5倍，体现了“资源节约型、环境友好型”的建设目标要求。在成套设计方面，完全独立自主完成了直流系统研究，编制了工程功能规范书，完成了换流站的成套设计，确定了直流系统的主回路接线、主设备参数、所有换流站设备的功能/性能要求，以及各设备之间、设备与交直流系统性能之间的配合要求。在主设备制造方面，国内企业掌握了换流站设计，换流变压器、平波电抗器、换流阀、晶闸管、直流控制与保护系统等关键设备的设计、制造技术以及系统调试、运行技术，并在宁东—山东、德宝、呼辽以及高岭、黑河、灵宝（扩）工程中得到了全面应用。在国内市场主体培育方面，形成了三家以上有序竞争的格局。

三、三峡直流输电系统运行指标国际领先

三峡直流输电系统运行指标达到国际先进水平。目前，世界上在运的直流输电系统共百余个。经与国外直流输电系统进行可靠性比较，三峡直流输电系统强迫停运次数指标远远优于国际上其他大容量直流输电系统的指标，葛南、江城、龙政和宜华分别为2005-2008年的第一名，其中，江城2006年实现零强迫停运，这在世界大容量直流输电系统运行史上也是极为罕见的。有关可靠性数据可参见CIGRE公布的相关数据和《电网技术》2009年6月第12期《国家电网公司直流输电系统可靠性统计与分析》等文献。三峡直流输电系统运行指标的先进性，充分说明三峡输变电工程建设的质量是好的，设备国产化的结果是成功的，我国直流输电工程运行维护水平是高的。

四、三峡输变电系统为跨区输电交易提供了重要平台

在三峡输变电系统全面建成前，网对网之间的交易电量比例过低，不利于充分发挥大电网的效益，不利于公司的集约化发展，也不利于国家级电力市场的形成和发展。对如何提高跨区电网经营收入和利润，建设运行部作为公司工程建设管理的统一牵头部门，进行了积极探索和认真研究，在政府原则意见指导下，依托三峡输变电系统的网络平台，创新了跨区输电经营管理方式，坚持公司集约化管理，以确保跨区输电量的稳定增长为目标，以从上至下的原则为主导安排跨区交易电量，探索形成了长期合同交易模式，先后签署了川电送华东、西北送华中等多条跨区通道的长期购售电与输电合同和阳城、三峡等电厂的长期购售电合同。我们还对三峡电站采取统购统销模式，由公司总部与三峡电站签署购售电合同，然后再与消纳的网省公司签署购售电与输电合同，这些举措有力地保证了三峡电站电量的顺利消纳。

五、制度建设提高了工程建设的风险管控能力

在三峡输变电工程建设制度上的延续保障，尤其是工程建设后期，在原有的管理基础上，以全面竣工决算清理问题复核和整改为中心，继续提高三峡输变电工程建设管理规范化水平，使三峡输变电工程建设风险管控得到了进一步强化。一方面开展风险控制专题研究，有效防范基建和技改工程建设管理风险，立足于事前管理、主动控制，揭示了工程管理等方面 33 个环节中的关键风险点，编制《三峡（跨区）输变电建设管理关键风险点控制手册》，明确责任部门（单位）控制依据和措施；另一方面，加强结算决算管理，形成了竣工决算和过程结算相结合、竣工结算审核与过程结算审核相结合、中介审核意见和设计院施工图预算相结合的工作方式。同时，按照国家重大工程审计标准，周密制定竣工结算内审和整改方案，并在单项工程竣工决算的基础上，编制和完善三峡输变电工程系统决算。与公司审计部、财务部、国调中心、建设公司以及省（市）公司落实责任，清理项目合同，核对资金账务、设计修改变更、现场实物工程量，实现了工程管理以及竣工决算规范科学、客观准确，通过了国家财政部评审、国务院三峡建委历年稽察和国家审计署的竣工决算审计。从国务院三峡建委组织的国家验收情况看，三峡输变电工程建设管理科学规范，推进了以三峡为枢纽的全国联网格局的形成，实现了送得出、落得下、用得上的工程目标，实现了阳光工程、廉政工程的工作目标。

三峡输变电工程从 1997 年正式开工，2007 年按原批复规模提前一年竣工投产，后期增建的三峡地下电站项目也于 2011 年全面建成。工程最终建成 500kV 交流变电总容量 2275 万 kVA，500kV 交流输电线路 7280km（折合成单回路长度），±500kV 直流换流容量 2400 万 kW，直流输电线路 4913km（折合成单回路长度），以及相应的调度自动化系统和通信系统。三峡输变电工程的建成后，保持安全可靠运行，充分发挥了显著的联网效益、经济效益和社会效益，公司电网盈利能力也得到大幅度提升。以 2004-2008 年为例，以三峡输变电工程为主的跨区电网固定资产经营收入由 40.03 亿元提高到 338.5 亿元，有效支撑了公司发展和电网发展。

三峡输变电工程是一项伟大的跨世纪的系统工程，建设历时十余年。从建设管理体制而言，经过了国家电网建设总公司、国家电力公司建设分公司、国家电网公司建设分公司以及国家电网公司建设运行部、国网建设有限公司几次大的管理体制变化。我自己认为，相比前几任领导而言，我只能算是工程建设管理过程中的一个参与者，相比工程前期系统研究、可研论证、设计方案、国产化方案等工程大政方针政策，我只能算是我履职这个阶段的忠实执行者。

国家电网公司领导十分重视三峡输变电工程的经验总结工作，时任分管领导舒印彪、郑宝森同志在不同的场合对我说，三峡输变电工程无论是从工程建设的规模，还是输变电工程科技创新、技术进步、设备国产化以及工程管理的体制机制、建设者的精神风貌来看都是一个值得倡导复制的典范。为真实记录三峡输变电工程在决策、管理、建设、科研设计以及设备制造方面的情况，建设运行部牵头，中国电力出版社、建设公司、电科院、经研院及设计、设备、施工、监理等单位，邀请参加过工程的决策者、建设者以及老前辈等专家，历时三年编纂完成了约 400 万字的《中国三峡输变电工程》。印象最深的是老领导周小谦顾问，不顾年迈，亲自编写、校核、审阅。从周小谦顾问等一批老同志、老专家身上我真正体会到了三峡输变电工程建设者科学严谨、一丝不苟、孜孜不倦的精神力量。

三峡输变电工程建设为后续工程建设提供了示范借鉴。随着电网建设管理组织体系、制度体系以及科研攻关等一系列体制机制的不断完善和有效运转，1000kV 晋东南—荆门—南阳特高压交流试验示范工程、向家坝—上海±800kV 特高压直流输电示范工程以及一大批特高压电网项目的相继建成投运，三峡输变电工程建设的成功经验得到了进一步传承和发扬。

喻新强：原国家电网建设有限公司副总经理（主持工作），后曾任国家电网公司总经理助理。

情系三峡，那些镌刻在心底的往事

（郭日彩）

生活中最惬意的事情，莫过于在宁静的子夜回忆往事。长江、三峡大坝、南阳变电站、宣城变电站、华新换流站……一个个地名在脑海里闪现，橱窗里矗立的工程纪念模型一下子把我的思绪拉回到20年前参与建设三峡输变电工程的时候。

前几天，我最尊敬的老领导、最敬佩的工作导师周小谦老先生来电，让我写一篇当年参加三峡输变电工程建设的回忆文章。写哪些方面？什么事最值得与朋友们一起分享？在提笔前，着实让我思绪良久。盯着工程纪念模型，脑海里不断浮现出当年一起工作的同事、参与的每一个项目、经历的每一件事情。

回忆像酒，芬芳香醇，浓烈而令人沉醉。想到得意处，不禁莞尔而笑；想起艰难事，也不忘自我调侃。几经酝酿，终于提起了笔。

一、加入“电力铁军”，圆梦三峡

1996年6月，国家电网建设有限公司成立。7月，我加入这个集体，参加三峡输变电工程建设。在此后的10年里，我主要参与了工程系统前期规划设计、大型输电工程项目的预可研和可研组织协调、单项工程年度计划优化排序、直流换流站和交流变电站的工程选址、交直流线路规划选线和路径优化、三峡电站出口多回线路路径规划和控制保护、换流站主要设备国际招标、工程先进技术推广应用等工作。

与三峡的缘分，源于我的中学时代。北方出生的我，从小就对大江大海非常向往，对长江、三峡更是满怀憧憬。印象中，我的中学老师在一堂课中描述他游览长江三峡的情景，三峡是那么的美丽、惊奇、雄伟和浩大，他建议我们将来有机会时一定要去游览三峡，感受祖国大好河山的壮美。当时还没有实行高考制度，游览三峡对于我这样出生农村的中学生来讲，仅是一个梦想。

1978年恢复高考，我选择了电力系统专业，攻读硕士学位的论文题目是输电网络规划方法研究，攻读博士学位的论文题目是三峡输电网络优化规划。巧合的是，在读博期间，我有幸参与了国家“七五”重大科技攻关项目，其中就有关于三峡输电网络规划、工程应用方面的研究。博士后出站选择工作单位时，我毫不犹豫地选择了国家电网建设有限公司，从此便真正与三峡输变电工程建设结上了不解情缘，也圆了我少年时的“三峡梦”。

三峡电站是世界上最大的水电站，三峡输变电工程是世界上最宏伟的输变电工程，担负着三峡枢纽电站电力送出的重任，关系到三峡枢纽电站经济效益、社会效益的发挥。说三峡输变电工程宏伟，一组数据足可说明：电站500kV交流送出线路共15回，±500kV直流线路3回，总体规模达到直流线路2965km、换流站容量1800万kW，交流输电线路6519km，交流变电容量2275万kVA。工程规模之大、建设密度之强、工程投资之大、技术装备要求之高、覆盖范围之广、受惠人口之多，在世界上前所未有。

三峡输变电工程建成后，还实现了华中、华东、南方、川渝电网之间的互联，对推进全国电网互联的步伐，在国际上确立我国电网规划设计、建设施工、装备技术、运行维护等方面的大国和强国地位具有重要的现实意义和深远的历史意义。

作为一名电力工作者，能够全程参与这样的世界级输变电工程建设，是我一生中的莫大荣幸，受领任务时，我由衷地感到了使命感、责任感和自豪感，倍加珍惜这个千载难逢的机遇，从而全身心、愉快、主动地投入到了三峡输变电工程建设之中。

二、责任驱动，推进电网建设创新发展

有人说，三峡输变电工程成就了国家电网公司自主创新的梦想。的确，随着三峡输变电工程优质高效的建设，国家电网公司在设备国产化、主设备招标、与地方规划协调、站址和走廊的控制保护等方面的自主创新也就此扬帆启航。

注重引进国外先进技术，促进设备国产化率。作为三峡输变电工程的业主，国家电网公司积极响应建设创新型国家的号召，努力推进设备国产化进程。三峡输变电工程在采购国外先进技术和设备的同时，扶持国内企业进行技术引进、科技攻关和技术改造，在较短时间内实现了输变电技术、重大装备和关键零部件的国产化。三广直流工程换流站主设备采用国际邀请招标采购方式，在工程招标文件中明确提出技术转让和国产化要求，为防止投标商在这种“苛刻”条件下对设备参数和性能上“打折扣”，定标采取“罚补”的“最低评标价法”，即对投标商投出的参数和保证值进行量化评分并折算为设备报价“罚补”，同时要求投标商提供保证系统性能和技术转让的专门措施。某国际知名电工设备制造商报价最高但“罚补”最低、评标价也最低，最终通过评审而中标。我们按招标要求受让了需要的技术，投资控制在合理范围内，保证了工程的安全和质量。

注重变电站初设招标规范化操作和创新。在南阳变电站初设招标过程中，主要由省级设计院和大区设计院进行竞争，按照以往的业绩和经验，大区设计院占有较大的优势。但在实际投标过程中，省级设计院做了非常充分的准备，志在必得，投标文件中的主要方案、设计说明、专业图纸、设备材料清册、施工组织大纲、投资概算等方面近乎完美，特别是对节省占地和节能环保，以及工代服务和政府支撑性文件的落实等方面具有更大的优势，最终省级设计院中标。此后的变电站设计招标中均采用类似的方法，对促进设计投标文件质量和水平、提升变电站设计建设标准、规范招标过程管控起到了重要推进作用。

注重与地方政府总体规划、与三峡电站枢纽工程的有效衔接。三沪直流工程在换流站工程选址阶段，在给定的规划选站区域内采取“网格式”扫描，综合站址本身地理条件、线路出线方便性、接地极极址及接地极线路等因素，对技术经济进行综合比选做出最终决定。在上海侧换流站选址时，我们积极与当地政府相关部门沟通协调，充分了解当地城市发展规划，最终选定今天的华新换流站所在站址，为换流站顺利建设打好了基础。在三峡电站左岸送出（内外 8 出线）咽喉工程、右岸送出（内外 7 出线）咽喉工程等建设过程中，注重与电站内枢纽建筑物、永久船闸、施工障碍、塔基埋深等各种因素的避让、协调和配合，同时对电站枢纽之外的出线走廊和塔基部分尽早沟通确定，用视频方式进行控制和保护，并充分融入宜昌市地方政府城市规划，为后续工程的顺利推进和实施下好了“先手棋”。

通过三峡输变电工程建设大量的创新探索，既增强了工程建设参建各方在投标、设计、设备制造、施工、安装、调试以及售后服务等方面的参与，又提升了业主和工程管理方在工程各个环节介入的深度和广度，使得工程建设更加顺畅、风险降低，设计、设备制造、项目组织等创新能力在实践中大大提高。

三、绿色能源工程，惠及亿万人民

三峡输变电工程是一项绿色工程，在为国民经济发展提供绿色能源的同时，还产生了巨大的节能减排效益。据测算，从 2003 年到 2013 年，三峡电站累计发电量相当于替代燃烧标煤 2.2 亿 t，相当于减少二氧化碳排放量 5.8 亿 t，三峡输变电工程在建设过程中还将环境保护、水土保持纳入日常管理内容，全面推行安全文明施工，工程沿线的自然环境得到了有效保护。

注重资源节约和环境保护。资源节约型、环境友好型电网的建设，与一个责任央企的努力密不可分。在广东惠州换流站、江西新余变电站、湖北咸宁变电站、湖南益阳变电站、安徽宣城变电站等站址选址时，优先选择山地、岗地、坡地以及品质较差的地，尽量避开耕地或相对质量好的土地，在同等条件下尽可能地采用同塔双回路或多回路架线方式；输电线路尽可能多地采用中相 V 串或三相 V 串，减少走廊宽度；所有塔型采用全方位长短腿设计，减少土石方开挖，线路经过林区则优先采用高跨方案，节省或少占大量的农田和良好耕地，减少树木砍伐，有效避免对自然景观的破坏，对后续的电网

工程建设具有积极借鉴作用。

注重先进设计施工技术应用。政平至宜兴线路采用紧凑型两侧平衡布置“T 字形”同塔双回路架线方式，与常规三横担布置“鼓型”同塔双回路架线方式相比，降低塔高约 17m、节约塔材约 30%、节省基础混凝土约 10%、降低本体投资约 10%、降低单位自然输送功率造价约 40%。同时，线路的耐雷水平提高约 20%，年跳闸率降低 71%，并成功研究和实施带电作业检修，这在中国乃至世界均是首创。此外，海拉瓦技术首次批量应用于三峡输电线路路径优化、换流站（变电站）站址深度优化、杆塔塔位优化排位、数字化信息及档案移交等工程实践，降低了人工劳动强度，缩短了工程设计周期，提高了勘测设计质量，在减少房屋拆迁、降低工程造价、方便运行维护等方面起到了重要推动和引领作用。

三峡输变电工程的成功实践，为实现电网发展、环境友好、社会和谐共赢目标做出了积极贡献。据媒体报道，自 2003 年 7 月三峡工程第一台发电机组并网运行以来，累计发电和输送 7500 多亿千瓦时电，输电线路长达 1 万多千米，连通华东、华中、川渝及南方电网，向上海、江苏、浙江、广东、重庆、湖南、湖北、江西、河南、安徽十省市提供清洁能源，点亮了近半个中国。

四、优质工程建设经验，弥足珍贵的财富

三峡工程及其输变电工程，除本身作用外，对促进我国电力工业，乃至世界电力工业的发展具有重大而深远的意义。三峡输变电工程建设期间，严格执行项目法人制、资本金制、招投标制、工程监理制、合同制，工程建设水平得到检验和提高，工程建设安全局面始终处于可控在控状态，单位工程合格率和优良率都达到了 100%。同时，在规划研究、建设运营、国家监管、国际合作等方面也积累了丰富经验。

专家咨询和会商制度提供更多借鉴。1996 年 6 月 18 日，国家电网建设有限公司专家委员会成立，涵盖输变电工程建设管理、基建施工、规划计划、设计施工、设备材料、生产检修、调试验收、调度运行、科研教学以及投资融资等多个专业的国内知名专家或权威人士。专家委员会的会议、会商、专题调研等制度得到有效执行，为深化中国更高一级电压研究、加快推进全国联网步伐、构建三峡电网主框架和优化分年度单项工程排序、新技术新材料新工艺应用、电力工业改革和体制机制创新等方面，提出了许多具有历史性意义的理念、观点、方法、措施和结论，被政府、行业、企业等广泛采纳借鉴，这对我们做好和深化专家咨询工作具有指导意义。

金沙江输电系统规划和前期工作的组织和研究方式获益良多。向家坝、溪洛渡水电站是“西电东送”的战略工程，但由于两个电站的装机容量和发电量不同，其供电范围和供电效益必然成为规划比选的控制因素之一。为此，专门成立由电网公司、三峡公司、水规院、电规院、电科院、电力设计院、水利勘测院、华东华中公司、四川云南电力公司相关人员组成的金沙江输电系统规划协调小组。经过调研和分析研究，协调小组做出建设向家坝、溪洛渡电站向华东和华中送电的可行性结论，为进一步研究及最终建设向家坝、溪洛渡水电站发挥了重要作用。可见，这样的组织形式和研究方式对做好电力规划和系统研究是非常必要且十分重要的。

直流工程技术进步和国产化组织路线图的成果显著。通过大型直流工程开发和建设，形成了前期论证、系统规划、系统分析、直流咨询、成套设计、设备招标、联合设计、技术转让、专题研究、设备研制、仿真计算、动模试验、建设施工、调试验收等基本流程，为推动我国电网技术升级具有重要意义。

国际视野和开放理念是干大事、成大事的有效保障。从首个三峡直流工程前期研究开始，国家电网公司（国家电网建设有限公司）就积极接触国际上有关咨询、设计、设备、运行、投资等机构，通过研讨会、咨询会、交流会、参观访问、国际会议等形式，广泛吸取国际上有关直流工程实践、最新技术装备、重要技术路线、潜在投标商、咨询和投资机构、国内合作方的经验和成果，特别是进一步明确直流工程的合作方式、技术路线、工作流程、性能指标等内容，从而实现国产化率从 30%、50%、70%直至接近 100%，更为重要的是为我国实现“中国创造”“中国引领”的特高压直流工程成功开发和建成投运积累了宝贵的经验，打下了坚实的基础，做出了突出贡献。

五、开启我国大区电网交流同步联网先河

通过三峡输变电工程建设，实现了华中与华东、华中与南方电网之间直流送电联网，实现了华中电网与川渝电网的交流联网，也为实现大区电网之间交流联网创造了极好的时机。为此，国家电网公司（国家电网建设有限公司）积极组织推进东北与华北交流联网，以及华中与华北交流联网工程。

东北与华北电网交流联网。2001 年 5 月，东北绥中至华北迁西 500kV 输电线路实现联网，成为我国第一个以交流方式跨大区联网的工程。东北、华北电网地理位置邻近，2000 年时两大电网装机均超过 3000 万 kW，随着装机规模的增大和网架延伸，为两个大区电网互联创造了条件。联网效益主要体现在互为备用，联网后两个大区电网取得相互支援，均可显著节省标煤成本。在两个大区联网电网内部适应性方面，东北、华北电网以交流联网对华北电网西电东送各断面稳定水平影响较小，而东北电网通过加强主干电网、制订解列措施提高省间联络线稳定极限，以及通过运行方式限制省间潮流等策略，可以适应两个大大电网联网。可见，由于东北电网特殊的地理位置和自然资源状况，决定了东北电网只能与邻近的华北电网互联，且两个大区电网不属于送电性质的联网，联网线路短，采用 500kV 交流联网代价小，易实施，可以充分发挥互为备用效益，且不会影响到全国电网的互联格局。

华中与华北电网交流同步联网。2003 年 9 月，华中新乡至华北邯郸 500kV 交流线路正式联网，使东北电网、华北电网、华中电网和川渝电网相连，形成一个跨越 14 个省（市、自治区）、总容量超过 1.4 亿 kW 的超大规模交流同步电网。华中、华北电网由于能源资源的差异、电源构成和负荷特性的不同，其联网具有许多优点。华中电网枯水期有一定的调峰能力，夏季调峰剩余电能需加以利用，而华北地区煤炭资源丰富，电量供应充足，但冬季负荷变化大，调峰容量不足，两个大区电网联网运行可填谷调峰，吸收季节性电能，实现水火互补，减少华中地区弃水，降低火电装机和互为备用，提高电网运行的经济性和可靠性。可见，华中、华北电网联网有一定的季错峰容量，且具有较好的水火互补效益，使联网之后的电网功率互补、电力交换、事故支援能力得到加强。

东北与华北、华中与华北交流联网工程的建设，是国家电网公司推进全国联网迈出的实质性步伐。两个联网项目的可行性研究报告编制、可研报告项目建议书上报及其批复，以及后续的建设和运行，开启了真正意义上的大区之间的全国联网先河，对全面推进和加快全国联网步伐起到了非常重要的作用，具有里程碑式的意义。

六、“走出去”取经，研究探索跨国送电及跨国联网

国家电网公司（国家电网建设有限公司）除了直接负责三峡输变电工程建设，以及积极推进全国联网工程之外，还组织开展了跨国送电及周边国家之间联网研究，先后组织专家对俄罗斯西伯利亚向中国送电、中东海湾 6 国联网，以及环地中海跨国联网等研究和考察，为实施跨国联网工程以及与周边国家互联互通提供了有益借鉴。作为考察研究成员之一，我对几次国外考察和研究活动印象十分深刻。

开展俄罗斯向中国送电可行性研究。1996 年，中俄能源工作组中方成立由国家电网建设有限公司、华北和东北电力集团公司及电力规划设计总院等组成的“俄罗斯向中国送电研究专家工作组”。当年 9 月，该专家工作组对俄罗斯伊尔库茨克电力系统进行实地考察，就俄罗斯向中国送电的可能性和经济合理性、输电投资、输送容量、输电路径、起点落点、建设运营、税收影响以及技术经济分析计算等进行综合分析研究。当时中国东北地区年发电量仅占全国 2%，华北地区京津唐、唐承秦地区既缺电又缺能，导致东北、华北地区急需从外部引进电能。俄罗斯西伯利亚及伊尔库茨克地区能源资源丰富，开发潜力巨大，电网发电能力具有一定的规模，但由于政治和经济原因，发电、用电量总体呈下降趋势，窝电现象严重，所以具备向中国送电的可能。专家工作组对俄罗斯西伯利亚伊尔库茨克向中国送电的考察，结合供需两端能源状况和两国政治经济形势，3 次召开专家联络会对送电方案、输电费、上网电价等进行深入探讨，并达成重要共识，形成了比较可行的送电方案。这一跨国送电项目的研究，积累了大型送电项目行之有效的思路、办法、流程和经验，开启了跨国远距离、高电压、大容量送电研究的先河，这对后来推进中俄、中蒙等联网起到了重要的借鉴和促进作用。

开展中东海湾地区六国联网考察。2001 年 11 月，国家电力公司组织对中东海湾地区六国联网考察。中东海湾地区六国由埃及、伊拉克、约旦、叙利亚、土耳其和黎巴嫩六国组成，六国联网工程电压等级 400kV、送电容量 40 万 kW，六国联网工程有助于相关国家减少电源装机容量，提供紧急事故支援，减少互联电网运行费用，保证长期输送合同电量效益。中东海湾地区六国联网工程系统规划、技术经济、输电路径和走廊选择、费用估算、运行策略和输电费用测算等方面的研究，以及实行合同调度取得送电效益的运行经验为周边国家联网提供了有益借鉴。

开展环地中海跨国联网考察。2003 年 11 月，国家电网公司组织对环地中海跨国联网进行考察研究，主要就法国电网发展及其与周边国家电量交易、西班牙至摩洛哥跨海联网、海底电缆和架空线联结点，以及埃及电力工业等环地中海阿拉伯地区跨国联网、欧洲大陆同步系统进行了考察了解。根据规划，以北非摩洛哥、阿尔及利亚、突尼斯三国通过西班牙至摩洛哥交流海底电缆、突尼斯至意大利联网与欧洲大陆构成同步系统，以及阿拉伯地区利比亚、埃及、约旦、叙利亚构成同步系统、土耳其单独同步系统的欧洲大陆电力系统和环地中海地区电力系统同步电网，实现北非五国交流联网并与西欧电网、中东电网互联，形成环地中海地区大环网联网格局。

由此可以看出，跨国送电及周边国家之间联网早已成为世界电力工业发展的趋势，经济一体化进程和电力市场化的改革有力推动了跨国电力合作和电网互联，这为我国后来加速推进全国联网、与周边国家互联互通起到了有益的借鉴作用。

七、工程实践，奠定电网建设标准体系

三峡输变电工程既是工程现场又是试验场。通过三峡输变电工程建设，国家电网公司的工程建设水平跨入了世界先进水平，其显著标志之一就是国家电网公司的基建标准化成果。

“三通一标”（通用设计、通用设备、通用造价、标准工艺）得到广泛运用。将过去输变电工程建设中“量身制定”方式改变为“成衣定制”方式，简化了设计方案，减少了设备品种，规范了投资概算，统一了施工工艺，有利于提高效率和效益，方便运行和维护，提高全寿命周期内安全和质量水平，国务院研究室现场考察时对此给予充分肯定，并推动这一标准化理念和措施经验做法在部分中央企业推广运用。这得益于三峡输变电工程建设实施过程中注重标准设计、智能设备、合理造价、先进工艺等理念的应用和实践。

“两型一化”（资源节约型、环境友好型、工业化变电站）理念深入人心。在“三通一标”的基础上，注重深化资源节约和环境友好，明确变电站工业性设施的定位，突出变电站主要或基本功能，剥离或去除变电站多余或冗余的功能，回归变电站的“本来面目”，提高变电站的安全可靠性，提升变电站的性能价格比和全寿命周期内管理水平，这也是得益于三峡输变电工程换流站和变电站建设实践中积累的宝贵经验。

“两型三新”（资源节约型、环境友好型，采用新技术、新材料、新工艺的输电线路）奠定坚强电网之基。三峡输变电工程建设卓有成效的实践，改变的不仅是人们对电网的认知，更将电网先进科技理论提升到了新高度。在“三通一标”“两型一化”创新实践的基础上，加大紧凑化、数字化、模块化等新技术的开发应用，强化大容量、节能型碳纤维导线的研发应用，广泛使用高强钢、钢管塔、复合化铁塔等新型塔材，推进机械化施工、索道运输、非人工导引绳展放等施工创新，进一步提高了输电线路的质量、安全可靠性和全寿命周期管理水平。

三峡输变电工程建设实践锻炼了一批高素质的专家和专业人才队伍，极大提升了我国输变电工程规划设计、装备制造、施工调试、基建、运行维护的技术、标准和管理水平，对国家电网公司后续实施的 750kV 工程、交直流特高压输电工程等大规模电网建设，以及推进国际化和落实“一带一路”国家战略奠定了坚实基础，发挥了重要推动作用。

回顾从三峡输变电工程到特高压工程大规模建设、柔性直流输电运用和关键设备制造的创新发展历史，过去的这20年中国电网建设事业飞跃发展，我深刻感受到中国电网发展迸发出的磅礴气势，引领行业，走向未来。

2012年5月，我加入国家电网公司国际化方阵——重组后的中国电力技术装备有限公司（简称中电装备公司），以“三电一资”为重点，依托国家电网公司雄厚的科技、人才、装备、资金和品牌等综合优势，把握“一带一路”、全球能源互联网、国际产能合作等战略机遇，开展国际工程总承包（EPC）业务。近年来，中电装备公司在承接国家电网公司几个EPC项目的基础上，着眼全球布局，在20多个国家开展业务，成功开发实施了特高压直流、交直流输变电、柔性直流输电等多个类型项目，总承包建设的海外国家骨干网、城市轻轨配套供电工程等顺利投运，在国际工程总承包行业站稳了脚，叫响了“国家电网”品牌。

忆往昔峥嵘岁月，深感探索艰辛；向未来任重道远，充满必胜信心。回望参加三峡输变电工程建设、投身国际化事业以来收获的成就，我深感自豪、倍加珍视。守住一方情缘，做实事干成事，期望在国家电网公司国际化征途中，充分借鉴三峡输变电工程建设之宝贵经验，为服务国家电网公司工程建设经验和技术装备“走出去”、提高项目所在国电力基础设施水平做出力所能及的贡献。

郭日彩：原国家电力公司电网建设分公司计划部副主任，后曾任中国电力技术装备有限公司党委书记。

协调服务十余年　建功三峡输变电

（耿克祥）

三峡工程建在湖北，三峡输变电工程建设的主战场，毫无疑问也在湖北。以湖北宜昌三峡电站为起始地，三峡500kV输电线路向东越过大别山、幕阜山，连接安徽、江苏、上海、江西等华东区域电网；向西越过巫山、大巴山，连接重庆、四川等西南区域电网；向北越过鄂北岗地、桐柏山，连接河南、山西、河北、北京等华北区域电网；向南越过江汉平原、长江天堑、洞庭湖，连接湖南、广东、广西等南方区域电网。

在湖北境内，三峡输变电工程新建宜昌夷陵龙泉、宜都蔡家冲、荆州江陵三座500kV换流站；新建孝感、荆门、潜江、咸宁和襄阳五座500kV变电站；扩建钟祥双河、武汉凤凰山、汉阳三座500kV变电站。新建宜昌龙泉至江苏政平、三峡至上海、三峡至广东等±500kV直流输电线路和钟祥双河至南阳、咸宁至南昌、荆州至益阳等一大批500kV交流输电线路，交、直流500kV线路建设总长达5000多km。根据规划，湖北还配套新建220kV变电站31座、扩建变电站34座，新建线路1978km；新建110kV变电站305座、扩建变电站176座，新建线路1130km（为行文方便，以下文中所叙述的换流站、变电站、线路工程均为500kV电压等级，不再标示）。

三峡输变电工程于1997年开工建设，2011年完工，历时14年。作为湖北省三峡输变电建设协调办公室负责人，我亲历了工程建设土地征用、房屋拆迁、青苗补偿、林木采伐、水土流失防治、环保治理、文物保护、纠纷处理等协调工作的方方面面、沟沟坎坎。抚今追昔，感慨万千，我真切地感到十多年光阴未虚度，为三峡输变电工程实实在在做了一点事情，贡献了自己一份力量，从心底里感到自豪和荣光！

一、建立健全办事机构，确保工程建设协调服务组织落实

1996年11月8日，国务院三峡工程建委向湖北、湖南、上海等10省市政府发出《关于请支持做好三峡输变电工程建设工作的函》。要求各省市积极支持、协调和配合，做好三峡输变电工程建设征地拆迁等工作，为工程建设创造良好的外部环境，促进工程顺利进行。遵照国务院三峡工程建委文件要求，湖北省政府迅速发文，成立了以分管工业副省长为组长，包括省直各有关部门、各有关地市州主

要负责同志为领导成员的湖北省三峡输变电工程建设协调领导小组及其办公室。

一年后。1998 年 4 月 8 日上午，湖北省三峡工程建委副主任、三峡办主任陈水文带队赴京专题向中国电网建设公司汇报一年多来湖北省在支持三峡输变电建设方面所做的各项工作。中国电网建设公司周小谦、霍继安等领导听取了汇报，深入研究了电网建设公司与湖北省相关职能部门密切配合，进一步做好三峡输变电建设方方面面的事项。如此一来，湖北省三峡办公室与中国电网建设公司（后为国家电网公司电网建设部）就形成了惯例，一年之中两个单位起码有一次或者多次，领导和相关部门的负责人坐下来交流沟通，研究工程建设中出现的新情况和新问题，探讨制订解决问题的新办法和新措施。

为将支持三峡输变电建设各项工作落到实处，湖北省委、省政府再动员部署，再次要求全省各地各部门，从讲政治、讲纪律、讲奉献的高度，承担困难，强化服务，主动为三峡输变电工程建设添砖加瓦做实事。湖北省政府再次发文，对三峡输变电工程协调领导小组进行调整，扩充、增强领导小组成员，决定由周坚卫副省长任组长（2003 年 2 月由任世茂副省长接任），省政府分管副秘书长、省三峡办、机械厅、电力公司主要负责领导任副组长。

领导小组成员单位由原来的 12 个扩充到 28 个，大大增强了协调工作能力和应变处置能力。成员单位主要有省三峡办、国土资源厅、公安厅、财政厅、机械厅、建设厅、水利厅、交通厅、文化厅（包括所属文物局）、林业局、环保局、地震局、电力局、武汉市、宜昌市、荆州市、荆门市、襄阳市、孝感市、黄石市、黄冈市、咸宁市、潜江市、恩施州、中南电力设计院、国网建设公司武汉和宜昌分公司等。从省三峡办、机械厅、电力局抽调精干人员，组建领导小组办公室，负责全省三峡输变电工程建设日常协调工作。

十多年来，协调领导小组及其办公室的全体同志将责任扛在肩上，以协调好、服务好三峡输变电工程建设为己任，像革命战争年代支持前线作战，国家重大项目建设时期支持武钢、二汽、三三〇等国家重点工程那样，始终保持着全力以赴、忘我工作的精神，确保了三峡输变电建设各项工程的顺利进行。每当突发事件发生，不论是夜半三更，还是春节、国庆假期，我带领大家都能在第一时间迅速赶到现场，或者是在第一时间与地方政府和省有关部门的负责人协商，及时予以处理。协调办公室这种能吃苦、能战斗的精神，多次受到国务院三峡工程建委、国家电网公司和省委、省政府领导的表扬。

二、统一政令，制定三峡输变电征用土地、拆迁补偿规范性文件

三峡输变电工程投资规模之大、建设跨度时间之长、年度单项工程开工数量之多、建设工期之紧、涉及地域之广、来自各省市区参建施工单位之多、协调工作量之大，应该说都是前所未有的。工程建设涉及湖北省 12 个市州、49 个县市区及国营农场，征地面积达 8000 多亩。由于点多、线长、面广，许多基层同志形象地比喻三峡输变电是“征地不多，路径长；补偿不高，政策强；拆迁不多，要求高；塔基不大，个数多”。建设征地、补偿安置涉及城市乡村、高山平原、千村万组、千家万户。

为克服各地在征地拆迁、补偿安置等方面可能出现的标准不一、各行其是的问题，协调办公室会同省国土资源、林业、水利等部门和国网建设公司武汉、宜昌分公司，起草了《关于三峡输变电工程征地工作的通知》上报湖北省政府。1998 年 8 月，湖北省政府以鄂政发〔1998〕73 号文向各市州县人民政府、省政府各部门和参建施工单位正式发布。

2001 年 9 月，经过三年工程建设的实践，协调办公室在多次召开座谈会，认真听取省内外 20 多支参建单位现场施工人员和乡镇村基层干部的意见、建议的基础上，会同国土资源、林业、水利、环保、交通等部门，对 73 号文件进行了逐条逐款的认真讨论和修改，上报省政府。省政府再次行文，以鄂政发〔2001〕57 号文对三峡输变电建设征地拆迁、林地使用、水利及水土保持等六个大类十九项具体问题进行了政策规定。

关于为工程建设营造良好的外部环境。文件规定，各级政府、各部门要特事特办、急事急办，切实减少行政审批。按照审批权限与责任挂钩的原则，建立行政审批责任追究制度。凡是没有法律、法规依据的收费项目，坚决予以废止。对在建的三峡输变电工程，任何单位和个人均不得随意下达停工令。对可能出现的推诿扯皮、聚众闹事等问题，要及时处理，迅速解决。

关于征地管理。三峡输变电工程在湖北境内建设用地，一律实行“统征包干”。由省国土资源厅代表省政府组织有关各市州县共同承办，实行统一征地、费用包干。征地包干费用包括土地补偿费、劳力安置补助费、耕地占用税、青苗补偿费、地面附着物补偿费、征地管理费、统一征地不可预见费、耕地开垦费、新征拨用地勘丈费等。房屋拆迁及地面附着物补偿由业主、国土资源部门和地方政府共同核实数量，按现行标准补偿并签订协议。三峡输变电工程免征菜地开发基金。

关于林地使用管理。工程建设中的林地使用和林木采伐由省林业厅统一办理审核手续，统一征收森林植被恢复费。线廊下的安全通道及伐除林木减半缴纳森林植被恢复费。文件还具体规定：城郊、自然保护区、森林公园、森林旅游区、国有林场、林木种子园、林业科研和教学实验区的林地，一律按每平方米 3 元计征等。

关于水利及水土保持。工程建设需改移或拆迁水源、排灌渠道、防汛道路、水电和防汛通信线路、水文测报设施等水利工程设施的，由业主按原规模、等级、标准作价予以补偿，或由业主负责兴建与原工程设施效益相当的替代工程。三峡输变电工程免征水利建设基金。

关于城建、交通、公安、环保、文物保护。在湖北境内参与工程建设的外省市施工企业，持施工执照、资质证书等，到省建设厅办理登记手续，一次办理，全省通用。交通部门要全力保障大件运输的畅通。公安部门要确保工程建设及周边环境安全。环保部门应积极支持工程建设。文物部门要及时做好工程建设中的文物发掘和保护。

关于经费的调拨及管理。文件严格要求各地土地管理、林业等部门要加强征地包干经费、森林植被恢复费等各项经费支付使用的管理，建立财务专账，接受同级的财政、物价和上级管理部门的监督检查。

文件强调，工程建设业主，设计、监理、施工队伍要切实采取有效措施，坚决杜绝违章施工，预防人身伤亡事故和其他重大安全事故的发生。

在三峡输变电工程建设伊始，湖北省政府两次专文先后颁布 73、57 号文件，严格要求各地各部门统一政令、依法行政，从某种意义上讲犹如“定海神针”，及时防范和有效制止了可能出现的乱收费、乱罚款、乱摊派及各种违法、违规、违纪的乱象，确保了三峡输变电工程的顺利实施。

三、勤奋工作，努力化解各种突发事件，确保工程顺利建设和竣工投产

三峡输变电工程投资巨大，单项工程开工时间集中，年度在建项目多，各种矛盾和纠纷易发、多发、比较尖锐突出，协调难度的确很大。此文谨录两项协调工作实例。

第一例　三峡左岸电站出线走廊的土地征用、移民二次迁建及补偿安置

三峡左岸电站八回出线走廊工程，原规划线路是从枢纽内跨过永久船闸第四闸室，出三峡大坝红线区，进入许家冲工业小区，再连接至龙泉换流站。但是，1992 年冬由于三峡工程前期工程开工在即，导致坝区移民搬迁在即，致使三峡左岸电站出线走廊建设方案两次变动。1999 年初，三峡输变电工程这一控制性关键工程尚不能开工建设。

为妥善解决重新规划确定的出线走廊下的土地征用，以及移民二次搬迁安置这一非常棘手的问题，我带领协调办公室的同志，会同省国土资源厅等相关部门负责人，4 次深入到现场实地考察，挨家逐户了解实情。由于此次征地属于二次搬迁，迁建企业负责人和移民的负面情绪比较大，建设业主和移民双方各自提出的补偿标准分歧也比较大，矛盾较尖锐。在两个月的时间内，协调办公室先后 9 次召开会议进行协调，并安排专业会计事务所，对现规划确定的走廊下征地及各类收费项目进行审计。对 8 家大单位、14 宗土地逐一核账、取证和造册登记，在宜昌《三峡晚报》等发行量较大的报纸上进行公示。在此期间，我们多次及时地向国务院三峡工程建委办公室、省政府和国网建设公司领导汇报，并提出工作建议，得到了上级领导的支持和指导。

2002 年 9 月 25 日，协调办公室会同国网建设公司宜昌工程建设部在宜昌龙泉宾馆，召开了省国土资源厅、宜昌市、夷陵区和太平溪镇政府及相关部门、施工和监理单位负责人参加的协调会。对三峡左岸电站八回出线走廊工程涉及的移民企业搬迁和二次移民的土地征用、房屋拆迁，及其左岸电站—龙泉换流站线路工程线廊下的采石场停止开采及补偿等共32个问题，进行一揽子研究，逐一审核落实具体补偿数额。

协调会上，大家畅所欲言，充分发表意见，经过激烈讨论，思想认识终于统一在国务院三峡工程建委《关于请支持做好三峡输变电工程建设工作的函》和省政府57号文件确定的政策规定上。大家取得了共识，化解了矛盾，解决了几年前的遗留问题，从而确保了三峡左岸电站八回出线这一控制性关键工程的顺利建设和如期竣工。

第二例　孝感—汉阳2回线路工程设计选线

2004年上半年，为尽快发挥三峡电站效率，建成三峡至武汉、鄂东地区500kV双环网工程，促进湖北和武汉经济、社会的快速发展，国务院三峡工程建委、国家电网公司决定，在荆门—孝感—汉阳1回输电线路已于2004年春节前竣工的基础上，兴建荆门—孝感—汉阳2回工程。湖北省电力勘测设计院专家经过实地踏勘和多方案比选，提出经东西湖区、沿孝汉1回工程走线方案，建设孝汉2回工程。该方案安全、经济，便于运行和管理，并经过了中国电力工程顾问集团公司专家的论证、审查和推荐。

但是，东西湖区有关部门提出该线路方案将会影响本地经济发展，提出了两个“优化方案”：一是经汉川纵穿府河分洪区走线方案，这一方案线路长、投资大，易受洪水威胁，不便运行维护和管理；二是拆除刚建成的孝汉1回线路，与孝汉2回同一线路走廊重新建设架设的方案。国家电网公司组织专家对东西湖区提出的两个“优化方案”，进行了反复慎重的研究，认为从保障三峡输变电工程安全和经济效益上考虑，东西湖区提出的两个方案均不宜实施。

孝感—汉阳2回线路工程，位于三峡至武汉、鄂东地区500kV双环网瓶颈、咽喉的要冲位置，属于卡脖子控制性工程。为妥善处理这一问题，尽量减少和避免因工程通过东西湖区所引起的经济损失，我和国家电网公司建设部的吴巾克处长多次召开专题协调会，并组织湖北电力勘测设计院专家和东西湖区相关部门共同踏勘，力图找出一条建设业主与地方政府都比较满意的新线廊方案。但我们遇到的阻力重重，选线困难，工程面临停缓建。

面对如此胶着状况，我心急如焚。7月1日凌晨二时，我伏案起草了向省政府请示汇报的紧急报告。早上8时许，经办公室迅速打印成文后，我和吴巾克处长立即赴湖北省政府，向周坚卫、任世茂副省长分别做了汇报。两位领导听完汇报后立即批示，要求武汉市政府主要领导“亲自过问，并责成东西湖区服从大局，全力配合支持这项工程建设”。当天下午，武汉市政府主要领导接到两位省领导批示件后，立刻指示东西湖主要负责人和市政府相关部门领导要“亲自协调，坚决落实两位省领导批示，不折不扣的将事情妥善处理好”。

遵照省、市领导的指示，我立即会同国网公司武汉工程建设部柳愉文经理召开了包括省、市相关部门和东西湖区政府主要负责同志参加的紧急会议。大家认真学习国务院三峡工程建委《关于请支持做好三峡输变电工程建设工作的函》、省政府57号文件和领导同志的批示，统一思想，一致表示要全力以赴支持三峡输变电工程及其孝感—汉阳2回工程建设。会后，市、区政府及相关部门积极配合湖北电力勘测设计院的专家，冒着高温酷暑再次踏勘现场，经过多方案反复比选，确定孝感—汉阳2回线路与1回线路平行走线施工。8月4日上午，在协调办公室的主持下，东西湖区政府负责人在设计选线图纸上签字盖章，予以最后确认。

孝感—汉阳2回线路工程设计选线协调工作，历时五个多月。协调办公室先后召开协调会6次，组织专家和设计人员赴现场实地考察、踏勘多达20余次。工作多次出现反复，困难重重，在省市领导的直接指导下，最终得到妥善解决。国务院三峡工程建委、国家电网公司领导对协调办公室的工作予以充分肯定和鼓励。

十多年来，三峡输变电工程建设曾发生过许多次因征地拆迁、补偿安置等引起的纠纷和矛盾，但是却没有出现过一起因损害群众利益或者因协调处理群众的申诉不及时、不公正而引起的群体上访或冲击上级党政机关的事件，也没有发生一起大规模群体斗殴、群体堵塞交通要道、给社会造成不稳定的恶性事件，切实维护了社会稳定发展的大局，也切实保证了三峡输变电工程顺利建设和按期竣工运营。

四、积极组织湖北企业参与工程建设，拉动全省经济快速发展

多年来，协调办公室将积极组织和支持湖北省大中型企业参与三峡输变电工程建设作为重要职责和使命。我们一手抓协调服务，一手抓企业竞标，加大信息收集力度，及时发布工程建设、物质采购信息，指导、支持省内重点企业参与工程竞标。做到以服务促竞标、以竞标促发展，实现了湖北省委、省政府提出的多中标、中大标、拉动全省经济快速发展的战略目标。

譬如 2005 年，在三峡输变电工程竞标中，湖北省电建重点企业就屡创佳绩。湖北输变电工程公司全年捷报频传，连中三峡—上海直流工程线路和长江大跨越工程、咸宁变电站、荆门—孝感 2 回、荆州—潜江 2 回线路工程等。

湖北省建筑总公司力克群雄，承建咸宁变电站、潜江变电站扩建工程。

中南电力设计院、湖北电力勘测设计院实行强强联合，承接了宜都换流站和三峡—上海直流工程线路、荆门—孝感 2 回、孝感—汉阳 2 回、凤凰山—咸宁等交流工程线路的设计、勘测任务，以及三峡地下电站线路工程的前期设计工作。

武汉电缆厂、宜昌红旗电缆厂、钟祥翠宇电缆公司面对强手如林的竞争压力，发挥自身技术、质量、地理优势，敢于拼搏，善于拼搏，在三峡右岸电站七回出线、三峡—上海直流线路等 16 项工程，以及三峡输变电配套建设工程竞标中屡中大标。

黄冈铝业集团开发的管母线品质好、信誉高，全年中标三峡输变电工程 22 项。

武汉铁塔厂加强技术改造，以过硬的质量和良好的信誉，全年中标 20 项，铁塔总重达 1.2 万 t。

国网襄樊绝缘子厂开发的合成绝缘子技术含量高，在竞标中一举夺魁，为三峡—上海直流工程提供合成绝缘子 1.5 万支。该厂还积极参与国际竞争，将产品推向英国、意大利、荷兰、伊朗等国市场。

鄂电监理公司认真细致的工作，赢得了业主和施工单位的好评，承接了凤凰山—咸宁 2 回、潜江—咸宁 1、2 回、咸宁变电站等 9 项监理任务。

三峡工程功在当代，利及千秋。回想起在 20 世纪 90 年代初，我首次踏上宜昌三斗坪中堡岛三峡工程坝址，面对的是一小片、一小片的农家菜地和荒芜的杂草。而如今，高峡出平湖，三峡大坝巍峨矗立。三峡输变电工程架设的一座座铁塔、一条条银线，将强大的三峡电能送往四面八方，完成了西电东送和全国大区域联网的战略任务，有力地促进了我国经济的快速发展和现代化建设的进程。我作为三峡输变电工程建设的普通一兵，在平凡的工作岗位上，贡献了自己的一份光和热。2003 年 12 月，在三峡工程按期实现蓄水至 135m、永久船闸试通航、首批机组并网发电三大目标的重要历史性时刻，我被国务院三峡工程建设委员会授予三峡工程建设先进工作者荣誉称号，并光荣地出席了在北京人民大会堂举行的颁奖典礼。

耿克祥：原湖北省三峡输变电建设协调办公室副主任。

第三节　科　技　引　领

三峡直流控制保护技术引进

（李文毅）

三峡输变电工程之前，我国的直流工程前期咨询研究、直流系统研究及换流站成套设计，以及换流站主设备只能全部由国外公司负责完成，这使得我国的直流工程建设处于依赖他人的被动局面。为此，国家决心实施直流输电技术国产化的重大产业政策，以三峡输变电工程为依托，引进、吸收国外直流输电技术。在三常直流工程中，完成了直流工程的咨询研究和功能规范书的编制，引进了一次主设备的制造技术；而在三广直流工程中，进一步将引进吸收直流系统研究和成套设计技术、直流控制保护设计、制造技术作为重点。作为亲历者，现将直流控制保护技术的吸收引进过程和一些细节回忆如下。

国家电网建设公司关于三广直流工程与 ABB 公司的合同于 2001 年 9 月签订。实际上在 2001 年 4 月国家电网建设公司与 ABB 公司就已完成所有内容的谈判，当时合同中并没有控制保护核心技术引进的内容，一是由于外方不情愿，二是因为其技术特别复杂，我国在这方面没有任何经验，对能否干成一些人还持怀疑态度。

从最早的葛沪直流工程，以及南方电网的一些直流工程开始，我国许多老一代的技术人员都参与了工程建设，但控制保护技术从设计到制造一直都为 ABB、西门子公司等国外企业垄断，而直流控制保护技术又是直流输电技术中最核心的部分之一，直接影响工程的后续建设和运行。为此，国务院三峡办、国家发改委、国家电力公司等有关领导非常关心此事，郭树言、张国宝、陆延昌、周小谦等领导多次询问、了解有关情况，听取专家们的建议。

我当时作为国家电网建设公司的副总经理，兼任三广直流工程的项目经理，也多次与三峡办技术装备司的许可达司长和李秦同志讨论该问题。直流控制保护技术非常复杂。在此之前，我参与过多项交流工程的建设，对交流继电保护技术比较了解。直流和交流的继电保护技术不一样，可以说是一个新领域和挑战。经过多次不同范围的讨论，三峡办同志告诉我他们的初步想法：依托三峡工程，以市场换技术增加引进控制保护核心技术的内容。还要开一次高层会议最终决定。我向电网建设公司的总经理王禹民进行了汇报。王禹民总经理又向陆延昌副部长进行了汇报。陆部长表示，只要国家决定了，我们一定努力完成该项任务。

大概是在 2001 年的 6 月，在国家电力公司总部西单办公大楼召开了一次比较重要的会议，三峡办主任郭树言，发改委副主任、分管三峡工程建设的领导张国宝，以及三峡办装备司许可达司长和李秦等同志，国家电力公司陆延昌副总经理、电网建设公司总经理王禹民、国家电力公司科技司司长张晓鲁和我，以及其他有关同志参加了会议。会议的主题就是关于直流控制保护核心技术的引进问题。会议探讨了三峡 700MW 水轮机技术、直流换流变压器等技术国外合作的引进经验，研究直流核心技术，其中包括直流控制保护技术的引进方案。会议决定如下：由国家电力公司总负责，依托三广直流工程引进 ABB 公司的控制保护技术，具体承担单位为国电南瑞；由南方电网公司负责，通过贵广直流工程引进西门子公司的控制保护技术，具体承担单位为许继，费用都由三广直流工程支付。我当时还提出三广直流工程支付 ABB 公司技术引进费用没问题，但贵广直流工程是南网公司承担建设，我们支付西门子技术引进费用似不合适。后三峡办领导说，他们与国家发改委领导研究了这个问题，大意是因为三广直流工程费用来自三峡基金，是国家的钱，既可统一支付，也便于项目管理。三广直流工程用于支付 ABB 公司用于直流控制保护技术引进的费用为上千万元人民币，引进西门子公司技术的费用也基本相当。会上，陆部长表态，要调动国家电力公司的全部资源，一定完成国家下达的任务。实际上，当时 ABB、西门子公司对于转让技术并不十分情愿，但是，我们采取“以市场换技术”的方式，最终获得了外方的技术转让。

我作为三广直流工程的项目经理，所以此事在执行上由我主要负责。陆延昌副部长就如何确保引进任务的完成，组织王禹民总经理、张晓鲁司长和我一起商量具体事宜，主要是要明确具体责任人，立军令状。我从对交流工程继电保护技术的了解，以及对南瑞集团内各单位技术特长的了解，建议南瑞集团方面由沈国荣院士具体牵头承担此项工作，陆部长和王禹民老总也认可该建议。最后，采取以由国家电力公司下达重大科技项目的方式，由国家电力公司科技司司长张晓鲁和建设部（当时国家电网建设公司和国家电力公司建设部是两块牌子、一班人马作为三广直流工程项目执行单位），一起去南瑞集团下达该项任务。2002 年 9 月，国家电力公司与南自院、南瑞继保签订了国家电力公司科学技术项目“超高压直流输电控制和保护系统开发研究”的合同，国家电力公司科技司司长张晓鲁代表国家电力公司签字，承担单位由南瑞继保、南自院共同签订，责任人为沈国荣院士。具体的技术引进合同谈判由我总负责，由网联直流咨询公司牵头，分别组织南瑞继保、许继与ABB、西门子公司进行转让的内容和价格谈判。转让的内容是由网联直流咨询公司、南瑞集团、许继集团，以及四方公司的控制保护方面的专家反复讨论确定的；在技术转让价格上，外方很不情愿让步，我多次协调，很费功夫才谈定。在具体的技术引进过程中，由于方方面面的问题和情况，我们也碰到了一些障碍。在ABB公司控制保护研发中心——瑞典的路德维卡，南瑞集团毛世涛博士率领的中方团队与外方斗智斗勇，我也多次去协调。在引进过程中，南瑞继保采取了以我为主的方式，较快地了解和掌握了技术的实质和核心，边学习、边试验、边消化、边创新。引进中融合了南瑞继保的技术和经验，以此为基础研制出整套的±500kV直流控制保护系统PCS-9500，在葛沪改造工程、灵宝工程、宜华直流工程中成功应用。之后，南瑞继保又开发了具有自主知识产权的新的控制保护平台，并成功在青藏直流工程中投运，取得了很好的运行效果。许继引进西门子直流控制保护技术，同样也取得了很好的效果，其产品成功应用在我国的直流工程上。从现在来看，±500kV直流控制保护技术的成功引进对我国±800kV直流输电技术的发展也具有重要意义。

三峡直流输电工程的建设，是我国直流输电技术实现国产化的重大里程碑，为我国直流输电技术和电网建设的发展做出了重大的贡献。

李文毅：原国网建设有限公司总经理，后曾任国家电网公司副总工程师。

科研基地建设

（梁旭明）

三峡输变电涉及供电范围广、建设持续时间长，不仅是一项系统性的宏伟工程，更是一项开创性的工程，当时世界上没有现成的系统、经验、模式可以借鉴，因此工程的成功必须依靠科技创新，为满足三峡输变电工程建设以及电力快速发展对科研与技术开发的要求，国家电网公司组织建设、改造了电力系统仿真中心实验基地、分裂导线力学性能试验室、杆塔试验站等一批重点实验室/基地，在电力系统规划、设计以及输变电设备等方面进行了广泛系统的研究，改变了以往单个工程逐项研究的模式，开创了输变电工程技术系统性研究的先河。我曾连续参与三峡输变电工程建设十余年，自2003年初担任电网建设公司副总经理至2009年离开电网建设管理者岗位，作为亲历者，现将4个试验基地的建设历程回忆如下。

一、电力系统仿真中心建设

为解决三峡直流输电工程的关键技术问题，从1995年初开始，我有幸参与电力系统仿真中心的建设。仿真中心依托三峡工程建设，从加拿大引进了数模混合式电力系统实时仿真装置，可以完成交、直流系统中由电磁暂态到机电暂态全过程的仿真研究。1998年7月，由国家电力公司组织并通过了对仿真中心建设的鉴定验收。1997年11月仿真中心建成以来，利用数模混合式电力系统实时仿真装置，对三峡电力系统、西电东送和全国大区电网互联的关键技术进行了深入的试验研究，并且为葛洲坝—上海、三峡—常州、三峡—广东直流输电系统的生产运行提供了大量的技术服务和支持工作，对我国电网的发展和安全稳定运行起到了重要作用。

二、电力系统电磁兼容实验室建设

1995年底，为了提升我国电磁兼容实验能力，满足三峡输变电工程实验需要，电网建设公司组织武汉高压研究所等研究单位成立电磁兼容实验研究项目组，先后考察了国内电子、机械、铁道和舰船行业的重点电磁兼容实验室，并与之建立广泛的联系；还考察了法国EDF、德国西门子、荷兰KEMA、意大利 CESI 及日本三基公司的电磁兼容实验室。通过对这些实验室的参观、考察和学习，并结合我国电力系统的特点和电磁兼容技术的发展情况，于 1998 年 3 月提交了《建设电磁兼容实验室的方案》。该方案由原国家电力公司科技司组织专家进行审定并同意立项。此后正式下达“电力系统电磁兼容测试技术和实验室建设”任务。电磁兼容室在建设的同时，开展了 ISO 9001 认证工作，为了提高实验室的管理水平及工作质量，通过了导则 25 认证，成为国家认可实验室和中国质量认证中心（CQC）中国电磁兼容认证中心（CEMC）的签约实验室，也是美国联邦通信委员会（FCC）注册的实验室。2000 年原国家质量技术监督局批准成立了全国电磁兼容标准化技术委员会，秘书处就挂靠在该实验室。实验室建成后展了三峡工程 500kV 跨越船闸、500kV 变电站保护下放等一系列研究的工作，形成了 GB/T 7349—2002《高压架空送电线、变电站无线电干扰测量方法》等几十项国家和行业标准，研究成果有力地支撑了工程建设。

三、分裂导线力学性能实验室建设

三峡工程前，对大于 400mm^2 的大截面、多分裂导线，我国尚无配套的试验设施和试验手段。三峡送出工程出现了大容量大截面分裂导线，由于输电距离增长和联网的要求，还将出现多分裂导线的结构系统。由于它们的力学性能特殊，尤其是动态力学性能变得愈加复杂，原有试验设施已不能适应试验研究的需要。例如三峡直流输电工程龙泉—政平±500kV 直流输电线路拟采用大截面导线（ACSR—720/50），必须借助于试验手段进行验证。我向时任电网建设公司的总经理周小谦进行了汇报。此后，经过多次专题报告、专家评审，报请原国家电力工业部审查批准，决定在我国唯一的输电线路机械力学试验基地——电力建设研究所建设新的分裂导线力学性能实验室，并列为国家电力公司重点项目，该项目没有现成的成套设备可以选用，全部为自主研制。项目开始于 1998 年 1 月，结束于 1999 年 12 月；完善项目开始于 2001 年 5 月，结束于 2002 年 12 月。在实验室先后开展了国家“九五”科技攻关项目子项目“大截面四分裂导线防振试验研究”“大截面导线配套金具研制”；国家电力公司项目“输电线路大截面多分裂导线防振技术研究”；三峡工程大截面导线以及其他线路导线的疲劳性能和蠕变性能试验研究多项，500kV 江阴长江大跨越和±500kV 芜湖长江大跨越等十几个大跨越工程的防振设计研究。后来还开展了超高压线路和特高压输电线路导线金具力学性能的研究，取得了良好的经济效益和社会效益。该实验室于 2001 年 10 月被命名为第一批国家电力公司重点实验室（国电科〔2001〕595 号），现为国家电网公司重点实验室，2001 年 12 月通过了中国国家实验室认可委员会（CNACL）的认可。

四、杆塔试验站技术改造

我国于 20 世纪 50 年代后期开始筹划建设杆塔试验基地，20 世纪 60 年代初已有一定规模，并分别在 1978 年、1981 年和 1990 年又进行了三次技术改造，考虑到三峡输电工程的特点，当时杆塔试验站的能力已很难适应输电技术发展的需要，难以为解决三峡工程铁塔设计、优化方面的技术难题提供支撑，作为科研工作的主要负责人，我感觉到急需对相关设施进行改造升级。通过与系统内外交流讨论，经建设公司讨论确定，报请国家电力公司同意后，向电力建设研究所下达了重点科技项目——杆塔试验站的技术改造，以提高和完善电力建设研究所杆塔试验站的试验能力和检测技术手段，以满足三峡送出工程和超/特高压输电线路铁塔试验的需要。项目开始于 1998 年 1 月，结束于 1999 年 12 月；完善项目开始于 2001 年 5 月，结束于 2002 年 12 月。改造后的杆塔试验站通过了专家委员会的验收。专家一致认为，改造后的杆塔试验站大幅度提高了我国杆塔试验能力、试验精度和技术水平，使我国杆塔试验达到了国际先进水平。改造后的杆塔试验站于 2001 年 10 月被命名为第一批国家电力公司重点实验室，现为国家电网公司重点实验室，2001 年 12 月通过了中国国家实验室认可委员会（CNACL）的认可。

上述重点实验室的建立，为三峡输变电工程的顺利建设提供了有力的技术支撑，也为我国的输变电工程建设和科研攻关奠定了坚实的基础。依托这些实验室研究取得了一系列国际、国内领先的科技成果，获国家级科技进步奖 2 项，获省部级科技进步奖 15 项。

梁旭明：原国家电网公司工程建设部副主任、电网建设分公司副总经理，现任全球能源互联网集团有限公司副总经理（总师级）。

关于三常直流输电咨询研究及招投标纪事

（周小谦）

现将三峡第一条直流从立项到咨询研究设备招投标的过程，根据工作记录和追忆整理如下，以作三峡输变电工程史料之补充。

一、关于三峡送电华东采用直流方案的确定

1．1986 年三峡电站工程论证阶段

论证报告中向华东的送电方案是送电 600 万～900 万 kW，采用 2 回±500kV 直流（包括已建的葛沪直流）加 3 回 500kV 交流，落点在安庆地区，目的是为了解决枯水期三峡出力只有 499 万 kW，华中电网发电不足，需华东送电华中的问题。但这一方案存在系统结构复杂，短路电流可能超过 50kA，以及电网的稳定运行等问题，该方案尚需进一步论证，留待系统初步设计阶段确定。

2．1992 年 4 月至 1994 年系统设计阶段

1993 年，电力部组织中南、华东、西南电力设计院开展三峡电力系统设计，以华东电力设计院为主研究送华东的输电方案，并提出三峡送华东电网采用纯直流方案，电压等级通过技术经济比较推荐±600kV。

1994 年 5 月，电力部以纯直流±600kV 两回 300 万 kW 方案（电规〔1994〕303 号）报国务院三峡建委办公室。

1994 年 9 月，国务院三峡建委办公室组织 25 位专家对电力部提出的三峡电力系统设计进行审查。审查会明确了三峡送电华东纯直流方案，送电容量 720 万 kW，除已有葛沪 120 万 kW 直流外，新建 2 回 300 万 kW 送电华东。对电压采用±500kV 还是±600kV 及相应导线截面由电力部再研究决定。

1994 年 9 月设计审查会后尚遗留四个问题：一是直流输电的电压等级；二是三峡电站出线回路数问题，15 回出线能否进一步减少及确定导线截面；三是首端换流站站址位置问题；四是概算问题，需电力部再研究后报国务院三峡建委审定。

据此，1994 年 10 月-1995 年 6 月电力部设计部门用了半年多时间，进行了大量的系统研究和技术经济分析工作及现场调查，并会同机械制造部门商议，统一了认识，于 1995 年 6 月就初步设计审查遗留的几个问题提出了补充报告。报告对直流电压等级统一为±500kV，导线截面积为 $4\times720mm^2$，换流站选址于宜昌市附近，概算要继续工作，并于 7 月 21 日在邹家华副总理主持的国务院三峡建委会上进行汇报。最后会议明确了以纯直流送电华东，直流电压为±500kV，送电容量为 720 万 kW，2 回 300 万 kW 直流再加 1 回已建的葛沪直流 120 万 kW。三峡电站出线 15 回。总投资按 1994 年 9 月专家组初审的 248.22 亿元（1993 年 5 月价格）控制，由电力部在初设中详加测算再最后确定。

1995 年 8 月 21-26 日，电网建设公司筹备组组织 17 位专家专程到现场考察踏勘，对站址从电力系统结构、布局及技术经济方面进行比选，提出了换流站放在宜昌附近的龙泉镇，该站址位于西电东送的咽喉地带，地势开阔，位置适中，接入系统方便灵活，有利于全国联网与西电东送，且距葛洲坝换流站近，便于集中管理。因此，推荐其作为三峡送华东第一回直流送端换流站的站址。

1995 年 11 月 10 日，李鹏总理到三峡现场，同意电力部推荐的方案，至此三峡左岸直流送出方案问题已全部确定。

1995 年 12 月 14 日，国务院三峡建委批复了三峡电站输变电系统的初步设计。

二、直流预初步设计

预初步设计是为直流工程进行咨询研究和功能规范书编制，提供系统等基本参数及相关设计边界条件的准备阶段，是根据当时我国的具体情况而特设的一个阶段。

1．工作内容及分工

1996 年 1 月 31 日，电网建设公司与电力规划设计总院、中南电力设计院、华东电力设计院等研究、确定且安排了这一项工作，明确其主要工作：

（1）送端换流站选址，中南电力设计院已开始工程选址；受端换流站站址由华东电力设计院负责，正进行系统选址，初步方案设在常州。

（2）输电线路路径。

（3）功能规范书咨询工作采用中外合作方式，要做好咨询公司招标准备工作。

（4）预初步设计的开展。

2．预初步设计内容

（1）电力系统研究动模试验，包括交流系统的等值，继电保护、系统调度自动化通信、运行方式等。

（2）直流系统的额定值。

（3）无功补偿（换流站对无功要求）。

（4）交流侧谐波及滤波器的性能计算。

（5）直流侧滤波计算和平波电抗器选择。

（6）过电压与绝缘配合，避雷器的选择。

（7）换流站主接线与布置。

（8）主要设备参数。

（9）控制与保护。

（10）辅助系统、交/直流站用电系统。

（11）土建、水工、水处理。

（12）接地极。

（13）施工组织、大件运输。

（14）设备国产化。

（15）供货范围。

3．由电科院承担的工作

（1）交流系统等值研究。

（2）主设备参数选择。

4．华中侧送端换流站站址审查会

1996 年 5 月 29–31 日，国家电网公司在宜昌召开三常直流工程首端换流站站址的审查会（包括合建的宜昌 500kV 变电站）。审查同意设计推荐宜昌县龙泉镇狮子洞站址方案，并征得地方政府同意，随后电网建设公司以电网工字〔1996〕9 号文印发了审查纪要。

5．华东侧受端换流站规划选址论证会

1996 年 3 月 6 日，召开华东侧受端换流站规划选址论证会，研究并同意华东电力设计院推荐的常州地区。

1996 年 7 月 25–26 日，召开常州政平受端换流站址审查会，电网公司以电网工〔1996〕32 号文印发了站址审查会纪要。

三、直流咨询研究和功能规范书编制的组织与分工

1．咨询公司的筹备

（1）1996 年 3 月 20 日，电网建设公司与电规院周仲仁、汤蕴琳、邹一之、周逢锡、李宝金等一起，研究有关编制功能规范书的组织和编制原则：一是中外合作，但要以中方为主，主要工作由中方

自己完成；二是外方要对规范书的质量把关、审查，即外方负责；三是中方要把力量组织起来，成立一个专门从事功能规范书研究编制的咨询公司。

（2）1996 年 4 月 3 日，电网建设公司与电科院何万龄、郑健超院长，及陈期副总工、陶瑜所长等商谈电科院参与三峡电力系统和直流工程建设，以及合作成立中国交直流输电研究中心等问题，讨论后一致同意当前工作重点一是建设仿真中心，二是组建直流咨询公司。电科院表示同意，并愿意参加直流咨询公司建设，赞成直流咨询研究采取中外合作、外方负责、中方多做工作的方针。

（3）1996 年 4 月 25 日，电网建设公司召开会议成立直流咨询公司筹备小组，筹备小组议定先成立一个包括电规院、电科院、中南设计院、华东设计院、武高所等单位人员组成的工作小组，公司派李文毅作为小组牵头人，并请赵畹君做顾问，工作小组可先与加拿大泰西蒙公司、美国 GE 公司电力系统工程部（PSED）、美国 BIACK&VEATCH（由四家公司组成的国际公司）以及魁北克水电局国际公司（HQI）等国外咨询公司广泛接触；并起草与外方合作的合同文本讨论稿。

（4）1996 年 5 月 17 日，再次与电规总院陈汉章院长、电科院何万龄院长等商定成立直流咨询公司有关事项，包括公司性质为有限责任股份公司，股份设计为电网建设公司占 51%，总资本为 200 万元，电科院、电规院和中南设计院、华东设计院及武高所均为股东之一。

2. 咨询公司的成立

（1）1996 年 6 月 7 日，直流咨询公司筹备组在电网建设公司乔建里召开公司第一次股东协调会。参会的各方代表有周小谦、芦元荣、朱熙樵、汤蕴琳、顾龙兴、解春林、何万龄，会议讨论了公司章程，确定了各股东单位出资比例，电网建设公司股份 51%（102 万元），电科院 19%（38 万元），中国电力建设工程咨询公司 9%（18 万元），中南公司 8%（16 万元），华东公司 8%（16 万元），武高所 5%（10 万元）。会议商定并建议董事会的组成：国家电网建设公司 2 名董事，其余单位各 1 名，分别为国家电网建设公司章龙才、李文毅，电科院徐显华，中国电力建设工程咨询公司周逢锡，中国电力建设工程咨询中南公司朱熙樵，中国电力建设工程咨询华东公司顾龙兴，武汉高压研究所杨迎建。

会议同时商定咨询公司的监事由武高所张文亮担任，公司总经理由章龙才担任，副总经理由陶瑜、丁顺安担任。

公司总经理、副总经理 6 月 11 日到位，12 日展开工作，6 月 20 日前其他工作人员到位。

（2）1996 年 7 月 17 日，北京网联直流输电工程咨询有限公司完成了注册登记手续，同时开展了三常直流工程咨询工作。

（3）三常直流工程咨询工作的组织及分工分为四组：一组系统组，人员包括刘泽洪、高斌、刘良军；二组控制保护组，人员包括陶瑜、高理迎、韩伟；三组设备组，人员包括马为民、沈顺民、代英筠；四组线路接地组，人员包括刘先进、吴庆华。

四、直流咨询研究与功能规范书编制

1. 咨询公司的选定

1996 年 6 月 17 日之后，各单位的专家陆续来到咨询公司，国内咨询工作也随之开展，起草了三常直流工程咨询工作大纲，并开展咨询国际招标的准备工作。

1996 年 6 月 20 日–7 月 3 日，分别与国外咨询公司谈判，初步确定加拿大泰西蒙和美国 GE-PSED 两家之间选一家。这两家各有特点，泰西蒙与中国合作较多，经验丰富，但其咨询任务比较多，担心其力量不足会影响工作，而 GE-PESED 实力较强，对于设备情况比较熟悉，但没有与中国合作过，最后经比较推荐泰西蒙公司。

2. 三常直流工程的预初步设计审查

于 1996 年 8 月 12 日前完成预初步设计。1996 年 8 月 12–14 日召开了预初步设计的审查会，通过专家的审查。

3. 三常直流工程的咨询研究课题及功能规范书编制内容的确定

1996 年 9 月 6 日，电网建设公司和电规总院召开了直流功能规范书编制原则与内容的专家讨论会。

1996年10月8-10日，确定了咨询研究课题，并在咨询公司进行了分工，落实了研究任务。明确咨询研究项目经理为章龙才，副经理陶瑜、丁顺安，参加单位负责人分别是中南电力设计院谢国恩、华东院赵可铮、电科院陈期、武高所朱家镏，顾问为赵畹君、杨秋其。研究项目专业领导小组分别为：AC/DC系统研究组负责人为刘泽洪、高斌，成员包括刘良军、常浩、朱云生、印永华、朱家镏；换流站及设备研究组负责人为沈顺民、代英筠，成员包括丁顺安、吴德仁、王小凤、王乃庆；控制保护通信研究组负责人为高理迎，成员包括陶瑜、文卫兵、冯匡一、曾南超、杨沛德；线路接地极研究组负责人为刘先进，成员包括章龙才、曾连生、龚大卫、李同生、胡毅。

四个专业小组研究的课题共40个，分别是：①基础数据的整理和标准；②确定设计原则；③直流系统运行方式；④换流站主接线和建设步骤；⑤直流系统主回路电气参数；⑥交直流系统潮流计算方式；⑦交直流系统稳定计算方式；⑧换流站交流母线短路水平；⑨交流系统等值；⑩无功补偿和无功平衡；⑪背景谐波的测量和分析；⑫交流侧谐波和交流滤波器；⑬直流滤波和直流滤波器；⑭过电压保护和配合；⑮外绝缘研究；⑯直流系统动态性能和控制保护；⑰运行人员控制和SCADA系统；⑱换流站交流保护；⑲通信系统；⑳可靠性和可用率；㉑直流系统损耗；㉒直流线路和换流站环境影响；㉓直流系统对通信的干扰；㉔次同步谐振可能性；㉕谐波对继电保护的影响；㉖接地极电源对地下金属构件的影响；㉗同廊道交直流线路相互影响；㉘两大网通过三回直流联网问题；㉙主接线；㉚换流阀；㉛换流变压器；㉜平波电抗器；㉝交/直流滤波器；㉞换流站交流侧设备；㉟换流站直流侧设备；㊱换流站布置；㊲换流站防火系统；㊳维修工具和备品备件；㊴直流线路的设计研究；㊵接地极的设计研究。

其中④⑰㉖㉙㊳㊵6个课题泰西蒙公司也同步研究。

直流咨询公司的研究工作从1996年10月开始至1997年9月完成。

4. 开展调查研究

（1）对国内直流运行情况进行调查，了解葛沪直流、天广直流咨询研究功能规范书编制中的经验与教训。

（2）对国外，特别是欧洲三大直流开发制造公司进行调查考察，收集大量工程建设与运行的资料和数据。1997年4月21日-5月13日，电网建设公司组团7人（包括三建委办公室2人）对ABB、GEC-ALSTHOM和西门子三家公司直流设备制造设计、工程运行、新技术研究开发等进行了全面调研（11个工厂、5个换流站、4个研究试验室），同时也探讨了技术转让合作生产等国产化问题、融资方式等问题，及其商业模式问题。

1997年6月13日-7月16日，直流咨询公司组织9人考察ABB、GEC-ALSTHOM和西门子三家公司并开展合作研究。考察为期三周，分为四个小组，三个公司各派一组，一组2人，结合国内进行咨询研究与功能规范书编制中的问题，分别与三个公司就系统研究的主接线、过负荷能力、降压运行、功率反送、无功补偿和无功平衡、常规设备、新型设备等开展联合研究，另一组对商务与融资问题进行研究。

1997年9月，电网建设公司组织访问荷兰KEMA公司，就直流设备的主要设备制造的监造与质量保证体系，以及通信、二次系统的技术咨询，架空线路的杆塔优化，双回路塔型设计，导线复冰与舞动等开展合作研究进行商议。

（3）组织对国内生产厂家与研究单位的调查，1997年7月8-22日，由电网建设公司/直流咨询公司组织国内直流研究、设计、制造、运行等共24位专家，对西安高压研究所、西安电力电子研究所、西安整流器厂和许昌继电器厂，以及保定、西安、沈阳变压器厂，西高所、西开、西安和桂林电容器厂等16个一次设备生产厂家进行调研，了解国内直流成套设备生产、研制情况及其对引进技术条件、现状与意愿进行、调查，实现国产化的计划安排。

（4）1997年7月8-9日，电网建设公司主持召开设备制造厂的专家研讨会，参加单位有西电公司、西高、西瓷、西安电力电子研究所、沈变、沈高、锦容等。

5. 咨询公司与泰西蒙公司完成了研究咨询工作

（1）1997 年 9 月 8-12 日，与泰西蒙公司举行第二次联络会，就研究工作情况进行会商，对下一步工作做出安排。

（2）1997 年 9 月，三常直流工程的 40 个咨询研究课题已全部完成，并提出了中、英文研究初步报告。参加研究单位有直流咨询公司、中南电力设计院、华东电力设计院、中科院、武特高所以及长委设计院。

（3）1997 年 10 月 20 日，直流咨询公司组织专家讨论会，听取专家对咨询研究报告的意见，讨论会为期 4 天，对咨询公司提出的研究报告予以充分肯定，也提了若干补充修改意见。

（4）1997 年 11 月 16 日，直流咨询公司专家赴加拿大与泰西蒙公司联合工作。

1997 年底完成了全部研究，形成了中、英文的三常直流工程的咨询研究报告及功能规范书送审稿。咨询研究提供了 2000 多页，76 万字的咨询初审报告，为编制功能规范书打下了基础。直接参加咨询工作的国内专家有 103 人，外国专家 15 人，不同程度参与咨询工作的专家有 300 人之多。

五、直流咨询报告与功能规范书的审查

（1）1998 年 1 月 2-9 日，电网建设公司组团前往加拿大曼尼托巴初审咨询报告，此次去的专家共有 20 位，包括国务院三峡建委办公室的孙如瑛，机械工业部李冶，国家电力公司张运洲、苏力、张玉新、金文龙、尹其云，电科院陈期，电规院周仲仁、李宝金，华中网局韩启业，华东网局叶肇基，中南设计院谢国恩，华东电力设计院赵可铮，长办设计院舒廉浦，电网建设公司周小谦、芦元荣、丁功扬、李文毅、张旭波。

1 月 2 日到达加拿大温尼伯市，1 月 3 日看资料，1 月 4-5 日中方与加方介绍报告，1 月 6-7 日审查并提问、析疑、提建议、形成初审报告。

根据审查意见整理修改咨询报告和规范书，到 2 月 20 日形成正式的中、英文报告，并向电力部领导汇报。于 1998 年 2 月 28 日以国函 33 号文件明确了直流引进的进出口信贷，国家开发银行为委贷行。至此，三常直流工程的咨询研究和功能规范书的报告已全面完成，并于 1997 年 3 月 15 日正式上报国务院三峡建委办公室和电力部。

（2）1998 年 3 月 16-19 日，电力部和国务院三峡建委办公室联合审查功能规范书，在京苑宾馆由三建委办公室张德楠副主任主持，国家计委、经贸委、机械局、国家开发银行、三峡总公司、长委设计院、华东网局、华中网局、华东设计院、超高压公司，并请了 22 名专家对招投标文件进行审查，19 日形成纪要，陆延昌、李世忠、孙昌基副部长和郭树言主任讲了话，晚上电网建设公司又专门向郭树言主任汇报国产化的安排。

（3）1998 年 4 月 8 日，电力部正式向三建委办公室报告招标文件，招标文件的技术部分是经三峡办和电力部共同组织专家审查修改的，而商务部分是经电力部审核后提交的。

标书编制的原则：①符合国际惯例和国家有关规定的原则；②安全、可靠第一的原则——关键设备要经过运行考验，供应商必须要有两个以上工程的业绩；③经济性原则——工程投资要省，长期运行稳定；④鼓励和支持国产化——要求尽可能利用国产设备，要实行技术转让和合作生产；⑤技术上要有先进性和跨越性。

经审查，编制的标书符合上述五条原则。

（4）1998 年 4 月 23、24 日，国务院三建委办公室主持召开三常直流工程换流站设备招标文件的审查会。

1998 年 4 月 24 日向郭树言主任汇报如下五方面情况：①进度安排，计划 5 月中旬发标，1998 年末定标，1999 年 2 月中旬合同生效，2002 年 6 月Ⅰ极投产，2003 年 4 月Ⅱ极投产；②招标方式，经过国家机电设备进出口办公室、电力部、外经贸部等商定同意，采取“邀请招标、议标上报决策”方式；③分标原则，根据 ABB、西门子、ALSTOM 三家公司的技术特点分为四个标；④国产化与引进技术及重点引进内容；⑤融资及其额度。

听完汇报后，郭树言主任重点讲了两个问题：一是如何带动促进民族工业问题，用户和制造部门双方都要做好技术引进工作，直流是三峡工程第二大引进项目，应做好引进带动民族工业，直流工程已建的第一项葛沪工程，第二项天广工程，都已失去引进机会，这次不能再错过，这次把引进技术合同单签，又与总合同捆在一起，这样做不错；二是融资问题，国外融资保费要 1.5%，金额很大，要用国内资金就可省了这笔费用，这要向朱镕基总理汇报。

同日，国务院三峡办以国三峡办发装字〔1998〕049 号向朱镕基总理上报了关于《三峡—常州±500kV 直流输电工程换流站设备招标文件》的审核情况报告。

（5）1998 年 4 月 30 日，朱镕基总理国务院主持三建委会议，审查了标书，会议明确：①直流设备国际招标、技贸结合、合作生产、利用出口信贷；②招标工作采用邀请招标、议标上报决策，邀请 ABB、ALSTOM、西门子三家公司；③由业主直接负责，会同中电投、中投公司进行，不采用委托办法，并由外经贸部办理招标资格证书。

同时，对引进技术的目标，经国务院三峡建委办公室和机械局等研究商定，放在三峡输变电工程第二条直流输电工程，为全面国产化做好技术储备，而第一条直流输电工程重点做好部分设备的分包合作生产。

1998 年 5 月 13 日，朱镕基总理在国务院三峡建委上报文件上批示“请邦国同志批示，并请培炎、华仁、广生同志阅”。

1998 年 5 月 15 日吴邦国副总理批示：“同意在保证质量和进度前提下，尽可能增加国内分包份额，并落实技术引进，为第二条线做好技术储备”。

至此发标前的准备工作和上级领导部门批件都已具备。

据此，1998 年 5 月 15 日下午中国电网建设有限公司总经理即签发了邀请 ABB、ALSTOM、西门子三家公司参加三峡—常州±500kV 直流换流站设备国际招标的投标邀请函。

六、发标与评标工作

1. 发标

1998 年 5 月 18 日上午，中国电网建设有限公司向 ABB、ALSTOM、西门子三家公司分送了招标文件的中英文版及电子版本。

2. 成立评标组织机构

1998 年 9 月 8 日，国家电力公司陆延昌副总经理主持研究了三常直流工程评标组织机构、评标导则、细则编制原则等，陆延昌副总经理同意电网建设公司汇报的意见，明确评议标小组成员为周小谦、谭艾辛、霍继安、孙家骏、陈玉芬、朱熙樵、王革凡、周仲仁、陈栋才、张忠华 10 人，并确定各专业工作组组长为陶瑜、刘泽洪、舒悌荣、陈文寿等。

3. 投标

1998 年 9 月 14 日，电网建设公司再次向三家公司代表就直流技术转让和合作生产方面问题，重申国务院、国务院三峡建委、电力部的要求，希望在标书中充分表达各家公司响应情况，原投标书如未能清楚表达的希望抓紧补上，或另加附件，明确能转让的内容范围、深度、费用等，特别是对换流变压器、换流阀、晶闸管元件及平波电抗器等。

经过四个月的工作，三家公司于 1998 年 9 月 16 日按时递交了投标书。

关于设计技术转让除了招标文件中已明确提出的系统控制保护及其设计技术转让外，其他可在议标阶段进一步确定。

4. 议标、评标

1998 年 9 月 16 日，ABB、ALSTOM、西门子三家公司按规定时间正式递交了投标文件，电网建设公司专门召开了投标商递交投标文件的仪式，标志着招标工作正式进入评议标阶段。

为了使招投标工作真正做到整个过程都是“公开、公正、平等”的，公司特地详细向投标商介绍了这次评议标的原则、指导思想、方式方法与组织形式，让参加者能平等获得与评议标有关的各种信息，会议介绍了本次评议标采用“集中、封闭、议标与澄清相结合，定量比较与定性分析相结合”的方法。

评议标工作的时间计划是三个半月，即要求年内完成评议标工作。整个评标过程分七个阶段：

（1）第一阶段为初评阶段，对重大偏差进行第一次澄清。

（2）第二阶段为议标阶段，按初评结果确定议标次序。

1998 年 9 月 22 日，召开评标动员大会。

1998 年 9 月 28 日，国家电力公司与中国电网建设公司收到外经〔1998〕43 号同意成立三峡—常州直流输电工程换流站设备招标评标领导小组的批文，组长周小谦，副组长谭艾辛、霍继安，成员包括周仲仁、陈玉芬、朱熙樵、孙家骏、陈栋才、张忠华等。

1998 年 10 月 7 日，召开三常直流工程设备进口技术转让议评标的开幕式。

1998 年 10 月 8 日，三家投标商抽签决定参加澄清的顺序。

议标分为五大组 14 个小组进行，即：

1）商务工程组，下分为商务组和工程组。

2）融资组。

3）技术一组，下分为 4 个小组：①系统组；②设备一组，包括换流变压器、平波电抗器等一次主设备；③设备二组，包括阀、避雷器及测量装备等设备；④辅助设备组，包括水处理系统、防火系统。

4）技术二组，下分为 4 个小组：①直流控制保护组；②运行控制及调度自动化组；③通信设备组；④交流保护组。

5）技术转让组，由业主牵头，单独组织制造厂进行谈判，也分为三个小组：①换流变压器；②换流阀；③晶闸管元件。

关于换流站系统设计和控制保护设计研究的技术转让由技术一组和技术二组谈判。

根据上述安排，相关公司提出参加谈判人员由业主单位统一平衡组织。

（3）第三阶段为修正报价阶段。根据议标情况，投标商可对投标书做相应修正和重新报价。

（4）第四阶段，根据修正投标书再进行评标。

（5）第五阶段，上报决定授标。

（6）第六阶段，合同谈判。

（7）第七阶段，合同生效。

这次评议标要求将技术引进和合作生产与采购合同招标同步进行，同时签订合同。这将技术引进和合作生产放到了总的评议标中非常重要的位置。

经过 5 天的准备于 1998 年 9 月 21 日正式集中封闭开展评议标，参加评议标的人员与外界切断任何联系。

5. 关于技术引进和合作生产

（1）关于设计和控制技术的引进。1998 年 7 月 24 日，电网建设公司提出《关于高压直流换流站设计技术和换流站控制技术引进的报告》。这是独立承担国内换流站建设的基础，没有这一基础，即使设备都实现了国产化，也只能作为外国人的分包商，这是自主化建设、参与国际竞争的重要条件。

由电力部门引进的技术，三常直流工程重点在换流站系统设计技术和控制保护研究设计技术，除了本工程中应有规程、规范、标准、数据、模型、研究结果报告等外，同时还要求引进系统方面的主参数、谐波、噪声和地震配合设计程序，以及控制保护系统研究、软件开发等。

（2）关于技术引进和合作生产评议标。1998 年 10 月 7 日中国电网建设公司与西电公司、西安电力电子研究所、沈阳变压器厂等在技术引进和合作生产评议标上统一了认识。

1）关于本次评议标的目标是：①引进的设备、系统的技术要安全可靠，确保电力输送的高可靠性、高可用率；②技术先进，并具有跨越性与前瞻性；③价格合理；④技术转让全面；⑤合作生产落实到实处，与厂家生产工艺质量交货期同时；⑥融资条件优越；⑦确保工期；⑧售后服务周到。

2）对于技术引进的内容按国务院三峡建委协调的，重点为三个方面：①阀元件，晶闸管生产技术由西安电力电子研究所作为受让方；②换流阀技术，受让方为西电公司整流器厂；③换流变压器和油浸式平波电抗器，受让方为西变和沈变；④其他避雷器和电容器等，根据合同谈判情况而定。

3）关于合作生产，经国务院三峡建委确定的内容为：①阀的晶闸管元件为一极元件的冗余量（48～72 个）；②换流阀组装 2 个四重阀对应的组件数（24 个）；③换流变压器 4 台（两个厂商各 2 台）；④油浸式平波电抗器 1 台。

（3）关于技术转让费用。纳入引进设备费用，由业主统一支付。

6. 评标工作方案评审会纪要

1998 年 11 月 13 日，形成三常直流换流站设备评标工作方案评审会纪要（即初评报告）。

七、确定中标方

1998 年 11 月 22 日-12 月 7 日，直流评标进入终评阶段，于 1998 年 12 月 7 日结束。

1998 年 12 月 15 日，向电力部党组汇报评标情况，原则同意评标组推荐意见向国务院三峡建委汇报。

1998 年 12 月 17 日，向国务院三峡建委办公室郭树言主任汇报评标情况，参会人员有三峡总公司李世忠、张德楠、孙如瑛、李秦，国家电力公司陆延昌、周小谦、孙家骏。国务院三峡建委办公室同意将此汇报材料向国务院上报。

1998 年 12 月 31 日上午，由郭树言、陆延昌、孙昌基和周小谦向吴邦国副总理汇报，吴邦国副总理同意推荐意见。

报告已事先送吴邦国副总理，我们做了简要汇报后，吴邦国副总理同意报告的意见，郭树言主任、孙昌基局长均表示同意；吴邦国副总理说："报告很清楚，评议标工作很细，我都看懂了，难得各方面的意见都基本一致。"

汇报时我们提出能于 1999 年 1 月 10 日就开始中标单位的合同谈判，争取 2 月底合同生效，为此要求能于 1 月 5 日前确定中标合同谈判单位，时间很紧。对此，吴邦国副总理表示，今日报告送来，直报他和朱镕基总理，元旦期间批下去。

1998 年 12 月 31 日下午下班之前，国家电力公司即以国电外〔1998〕732 号报送吴邦国副总理办公室，当日吴邦国副总理做了同意的批示。

1999 年 1 月 1 日，朱镕基总理做了同意邦国意见的批示。

1999 年 1 月 8 日，国务院三峡建委办公室以〔1999〕1 号下发《关于对三峡—常州±500kV 直流输电工程换流站设备国际招标评标报告批示的通知》文件。

八、合同谈判授标

1999 年 1 月 6 日，中国电网建设公司向 ABB 公司发出第Ⅰ、Ⅱ、Ⅲ标中标通知，向西门子公司发出第Ⅳ标中标通知。

1999 年 1 月 10 日，合同谈判开始，经 25 天合同谈判结束。

1999 年 3 月 23 日，国家电力公司以〔1999〕146 号文件向国务院三峡建委报告《关于三峡—常州±500kV 直流输电工程换流站设备国际招标授标的请示》。

ABB 公司获得第Ⅰ、Ⅱ、Ⅲ三个分标，合同价为 3.4 亿美元（含技术转让费用 1162 万美元及其他费用 1630 万美元）。西门子公司获得第Ⅳ分标，合同价为 7791 万美元（含技术转让费为 365 万美元及其他费用 476.5 万美元）。合同总价为 4.228 98 亿美元。

1999 年 3 月 26 日，国务院三峡建委以发办字〔1999〕11 号文件批复了国家电力公司的请示，同意国家电力公司发出授标通知书。

1999 年 4 月 12 日下午，在北京新世纪饭店举行合同签订仪式，郭树言、陆延昌、李世忠及瑞典、瑞士大使、德国参赞出席，签订合同后举行晚宴。

1999年5月12日政府批复合同生效。

九、三常直流工程及相关直流工程大事记

（一）三常直流工程建设前的中国直流输电情况

（1）中国对于高压直流输电的研究始于20世纪60年代与GEC-ACSTOM联合进行直流输电研究。

（2）我国直流建设始于1977年，在上海建成我国第一条从杨树浦电厂至九龙路变电所的工业性试验直流输电线路，长8.6km，电压±31kV，电流150A，输电功率4650kW，于1977年5月26日并网试验成功，1978年12月验收。

（3）1987年，我国第一条自主设计、施工、研制设备的工业性试验工程直流输电线路——浙江舟山到宁波大契，长54km（其中海缆12km、架电线路42km），送电到舟山本岛定海县头浦，电压为－100kV，输送功率5万kW，换流站为晶闸管ϕ56mm/500A/2000V，经2年试运行，1989年正式并网运行。

（4）1985年10月，葛洲坝—上海南桥±500kV直流工程动工，输电功率120万kW，输电距离1045km，导线截面积为4×300mm^2，1989年极1投产，1990年双极投运。直流技术总承包为BBC公司，由西门子等公司分包。

（5）1997年开始建设广西天生桥二级—广州直流输电线路（天广直流工程），长960km，输电容量90万kW，2001年6月投产，由西门子公司总承包。另外，在规划中曾考虑的直流输电工程有龙羊峡—北京、宝鸡—成都等工程。

2002-2003年，三峡直流工程建设期间，我国自主建设了上海芦潮港送电嵊泗岛的直流输电工程，±50kV/600A/60MW，线路长度为66 km（含59.7 km海缆），除海缆为丹麦进口外，其余均为国内自主建设。

（二）三常直流建设时期，世界直流工程概况及主要占市场份额

在我国三常直流工程准备建设过程中，截至1997年全世界共计投运57项直流工程。其中，ABB公司于1954年在瑞典建成世界第一条直流工程，到1997年已独立建成20项直流工程，与西门子公司合作6项，与日本合作1项；西门子公司独立完成5项，与ABB公司合作完成6项；GEC-ALSTOM公司独立完成7项。三家合作完成了39项。

按工程量分，ABB公司占全世界直流工程量的55.5%，西门子公司占13.3%；GEC-ALSTOM公司占18.4%；美国GE公司占6.7%。苏联、日本等国也建设了直流输电工程。

（三）三峡第一条直流输电工程——三常（龙政）直流工程的主要节点

1994年4月3日，七届人大五次会议批准兴建三峡工程，包括三峡电力系统输变电工程。

1995年12月14日，国务院三峡建委批复了三峡电力系统输变电工程设计，其中包括三峡—常州直流工程，输送功率300万kW，±500kV，3000A，约1000km，导线截面积为4×720mm^2。

1996年7月，中南电力设计院、华东电力设计院开展三常直流工程咨询研究前的预初步设计。

1996年7月，完成直流咨询公司注册登记。

1996年8月，启动直流功能规范书的咨询研究工作。

1997年2月17日，直流咨询公司与加拿大泰西蒙正式签订了三常直流工程的咨询合同。

1997年9月，完成直流咨询研究和功能规范书编制中的40个研究课题，并完成了设备规范书的中、英文文件。

1997年，直流咨询公司分组赴ABB、GEC-ALSTOM和西门子三大公司考察合作研究功能规范书编制的问题。

1997年11月，直流咨询公司赴加拿大与泰西蒙公司共同工作两个月。

1998年2月，完成了三常直流工程功能规范书和招标文件商务部分的送审稿。

1998年3月16-19日，由国务院三峡建委办公室和电力部联合主持审查了功能规范书。

1998年4月28日，国务院三峡建委办公室以国三峡办发装字〔1998〕049号文件向朱镕基总理呈

报《关于三峡—常州±500kW 直流输电工程换流站设备投标文件》审核会情况的报告。

1998 年 5 月 13 日，朱镕基总理批示：“请邦国同志批示，并请培炎、华仁、广生同志阅”。

1998 年 5 月 15 日，吴邦国副总理批示：“同意，在保证质量与进度前提下，尽可能增加国内分包份额，并落实技术引进，为第二条线做好技术储备”。

1998 年 5 月 18 日，电网建设公司向 ABB、ALSTOM、西门子三家公司发出了设备国际招标的投标邀请函。

1998 年 5-12 月，换流站“四通一平”建设。

1998 年 9 月 16 日，ABB、ALSTOM、西门子公司向中国电网建设公司递交标书。

1998 年 10 月 7 日，在北京军区政治部服务楼开始封闭式评标。

1998 年 12 月 6 日，评标专家组提出评标报告上报国家电力公司。

1998 年 12 月 31 日，国家电力公司以国电外〔1998〕732 号文向朱镕基总理和吴邦国副总理呈报了招标评标报告。

1998 年 12 月 31 日和 1999 年 1 月 1 日，吴邦国副总理和朱镕基总理先后批示同意。

1999 年 1 月 10 日和 1 月 18 日，电网建设公司分别开始与 ABB、ALSTOM、西门子公司进行合同谈判。

1999 年 3 月 23 日，合同谈判结束，并将结果报国务院三峡建委办公室。

1999 年 3 月 26 日，国务院三峡建委批复同意电网建设公司谈判结果，本工程合同总价为 422 898 190 美元，含技术转让费 15 275 390 美元。

1999 年 5 月 12 日，合同生效。

1999 年 5-10 月，中外双方开展联合设计。

1999 年 12 月 26 日，三常直流工程初步设计审查。

2000 年 5 月 10 日，将直流合同的买方由中国电网建设有限公司变更为国家电力公司。

2000 年 5 月 21 日，三峡直流换流站第一批试运行货物抵达上海港口。

2000 年 7 月 27 日，直流换流站主体工程开工，龙泉换流站举行开工典礼。

2000 年 7 月 31 日，政平换流站举行开工典礼。

2000 年 12 月，龙泉—政平直流线路工程开工。

2000 年 12 月 28 日，政平换流站安装工程开工。

2001 年 3 月 18 日，龙泉换流站安装工程开工。

2002 年 4 月，开始安装换流阀。

2002 年 7-8 月，龙泉、政平换流站安装结束。

2002 年 7 月 24 日，三常直流工程第一次启动委员会召开。

2002 年 8 月，龙泉—政平直流线路完成架通。

2002 年 9 月 15 日，政平换流站进入站调式。

2002 年 10 月 27 日，龙泉换流站进入站调试。

2002 年 11 月 19 日，完成直流线路参数测试。

2002 年 11 月 22 日，换流站极 I 开始带电调试。

2002 年 12 月 20 日，单极投产。

2003 年 6 月 4 日，双极完成 30 天调试运行。

2003 年 6 月 12 日，双极正式投产。

2003 年 7 月 6-12 日，通过国家验收，国务院验收组长马凯参加。

（四）其他

（1）李鹏总理 2003 年 5 月 1 日为三常直流工程投产题词“三峡常州直流输电投产有力促进全国电网形成”，并为政平换流站和龙泉换流站题写站名。

（2）三峡其他直流工期：①2001 年 10 月-2004 年 6 月，三广直流工程（300 万 kW）开工至双极投产；②2003 年 4 月-2005 年 8 月，灵宝背靠背（36 万 kW）直流联网工程开工至投产；③2004 年 12 月-2006 年 12 月，三沪直流工程开工至投产；④2008 年 12 月-2011 年 4 月，葛沪综合改造直流工程开工至双极投产。

周小谦：原国家电网建设有限公司总经理，后曾任国家电力公司党组成员、总经理助理。

关于三峡输变电工作点滴回忆
——直流输电工程换流站设备招标文件审查

（王信茂）

一、国务院三峡办和电力部初审《换流站功能规范书》

（一）电网建设公司编制完成《换流站功能规范书》

众所周知，三峡工程是由全国人大批准、国务院组织实施的举世瞩目、规模浩大的跨世纪特大型工程，具有显著的经济效益和社会效益，而三峡输变电工程是三峡工程的重要组成部分。经国务院三建委批准，三峡向华东送电采用三回直流方案。其中，三峡至常州±500kV 直流输电工程要配合三峡首批机组投产发电同步投入运行，是首批机组电力外送不可替代的通道，是实现资源优化配置、充分发挥三峡发电效益的必要条件，也是实现工程资金回收的重要环节，如在汛期发生停运，势必造成三峡电站大量弃水。此外，这条直流的输送容量大、技术水平要求高，对三峡电力系统安全稳定运行至关重要。

考虑到三峡直流工程的重要性和复杂性，既要把三峡直流工程建成一流工程，又要能为我国培养出自己的直流技术专家，在国务院三峡办、电力部的支持下，电网建设公司于 1996 年 7 月正式组建了国内直流咨询公司，并开展了卓有成效的工作。按照中外合作、中方多做工作、外方负责的方式，通过竞争选定加拿大泰西蒙公司作为本次直流咨询的外国咨询商。在电网建设公司的精心组织下，采取中外合作方式编制完成了《三峡至常州±500kV 直流输电工程换流站功能规范书》（简称《换流站功能规范书》），这是编制三峡至常州±500kV 直流输电工程换流站设备国际招标标书（简称《标书》）的基础和技术部分的依据。国内电力科研、设计部门为编制《换流站功能规范书》发扬了团结协作、严谨求实的光荣传统，专家们为此付出了辛勤的努力和心血，发挥了集体的智慧。1998 年 3 月上旬，电网建设公司将《换流站功能规范书》上报电力部待审。

（二）国务院三峡办和电力部领导商定联合审查

《标书》计划在 1998 年 5 月发售，时间非常紧迫。为了开好《换流站功能规范书》的审查会议，陆延昌部长明确由电力部三峡办具体负责这次会议的组织筹备工作，并向国务院三峡办汇报。经我们多次沟通、汇报，国务院三峡办和电力部领导最终商定：

（1）考虑到三峡至常州±500kV 直流输电工程工期紧迫，在保证前期工作质量的前提下，争取时间上的主动权，有效缩短审查时间，避免重复审查，商定采取联合方式对《换流站功能规范书》进行审查。

（2）为开好审查会议，成立会议领导小组。组成领导小组的单位是国务院三峡办、电力部、国家计委、国家经贸委、机械部、国家开发银行、电网建设公司，具体由郭树言、张德楠、李世忠、陆延昌、孙长基、周小谦、冉莹等领导同志组成。

（3）按审查意见修改《换流站功能规范书》后，再与经过审查修改确定的商务条款一并作为完整的标书文件，由国务院三峡办和电力部报请国务院三建委审批。

（4）会议特邀21位资深专家。

（5）会议体现“少说多做”的精神，不邀请新闻单位，不进行新闻报道，一切从简。

（6）会议组织工作由国务院三峡办孙如瑛司长担任秘书长，我和史玉波副司长、周仲仁副院长担任副秘书长。史玉波副司长分管会务组，周仲仁副院长分管秘书组并兼该组组长。

（三）审查会议简况

3月15日晚上，孙如瑛司长和我共同主持召开了审查会议的预备会，向全体会议代表和专家介绍会议的背景、议程和要求。

3月16日上午，在北京苏源锦江饭店，国务院三峡办、电力部共同主持召开了三峡至常州±500kV直流输电工程换流站功能规范书审查（初审）会议。国务院三峡办张德楠副主任主持了开幕式，国务院三峡办郭树言主任、电力部陆延昌副部长出席会议并在大会上做了讲话。参加会议的有国家计委、国家经贸委、机械工业部、国家开发银行、长江水利委员会、长江三峡总公司等有关部门、单位等的领导和代表，包括国内高压直流输电技术领域招标、设计、制造、施工、调试、系统研究和运行管理各方面有着丰富经验和较深造诣的专家参加，共20个单位130多人。

审查会上，按专业分系统组、设备组和二次组进行审查。专家和代表本着对国家、对业主负责的态度，畅所欲言，充分发表意见，包括跨组发表意见，发扬民主，严格把关。

与会专家和代表充分认识到，直流输电工程从工期上看是十分紧迫的，初步安排1999年初开工建设、2002年建成单极具备送电150万kW的能力、2003年全部建成具备送电300万kW的能力。因此，对直流输电工程的建设和设备要求有高的可用率和可靠性，关键设备必须是经过实践考验的成熟的设备，投产后即能确保安全、可靠运行；工程各环节不允许有任何的延误和脱节，用于调试的时间也是有限的，为此要求时间进度上环环相扣、平稳衔接，要把每一步工作做深做细做扎实。本次审查会充分体现了重大项目决策过程中的民主化和科学化，使我们的审查经得起历史和实践的检验。

《换流站功能规范书》编制单位充分听取了专家意见，认真仔细地回答和解释了专家提出的问题和质询，为使专家们做出准确的评价和判断创造了条件。

3月19日下午，由国务院三峡办孙如瑛司长主持了会议的闭幕式，国家电力公司冉莹总工程师宣读了会议审查意见。大会通过审查意见后，孙昌基副部长、陆延昌副总经理、郭树言主任做了讲话。

《换流站功能规范书》通过审查，将为我国今后的直流输电工程提供咨询依据和规范，这说明中国目前有能力进行超高压直流输电技术的咨询和设计，改变了超高压直流输电工程完全依赖外国人的状况，标志着我国直流输电技术进入了一个新的历史时期。

二、形成《标书》商务部分的原则意见

1998年3月30日，我参加了陆延昌副总经理主持召开的会议，听取电网建设公司关于直流设备《标书》商务部分编制情况的汇报。会议经研究就招标方式、资金来源、转贷银行、分标意见、委托代理方式、国产化与技术引进、工作安排等问题形成了国家电力公司的原则意见。据此，电网建设公司于4月上旬提出并上报了《三峡—常州±500千伏直流输电工程换流站设备招标文件》（简称《招标文件》）。

三、国务院三峡办审核《招标文件》

4月22-24日，国务院三峡办在北京主持召开《招标文件》的审核会。参加会议的有国家计委、国家经贸委、国家开发银行、国家机械局、国家机电产品进出口办公室、国家电力公司和电网建设公司等10个单位代表及特邀专家共40多人。国务院三峡建委副主任、国务院三峡办主任郭树言，国务院三峡办副主任李世忠、张德楠出席了会议。李世忠、郭树言同志分别在开幕式、闭幕式上做了讲话，电网建设公司总经理周小谦、副总经理霍继安做了《招标文件》编制情况和内容的说明。参加审核会的代表及专家本着对国家、对三峡工程、对三峡电力系统高度负责的精神，按照保证三峡输电安全可靠、技术先进、节省投资和有利于国产化的原则，对《招标文件》进行了审核。会议对电网建设公司在《换流站功能规范书》审查后的一个月中完成了整套《招标文件》的编制予以充分肯定，会议认为《招标文件》基本符合国际惯例和邀请招标的有关规定，审核通过了电网建设公司提出的《招标文件》。对于会议代表、专家提出的建议和意见，电网建设公司表示要认真修改、完善《招标文件》，保证内容质量。会议认为按照上述协调意见修改标书相应条款后，标书符合国家有关方针、政策和原则。

王信茂：原国家电力公司计划投资部主任兼三峡工程办公室主任。

国家电网建设公司1997年赴欧考察直流输电的经过回忆

（芦元荣）

三峡左岸电站的外送决定采用直流输电到华东，计划2003年首批机组建成投产，因此三峡输变电工程中最关键的是要首先建设三峡至常州直流输电工程，这个工程已决定通过国际招标采购国外设备，并考虑同时引进技术，利用出口信贷，因此选择的国外承包商非常重要。1997年4月21日–5月13日，经电力部批准，国家电网建设公司应GEC-ALSTOM、西门子和ABB三家公司的邀请出访欧洲对这三家欧洲也是世界著名的直流设备制造商进行考察，并顺访英国电网公司、瑞典电网公司、法国电网公司等单位。

国家电网建设有限公司总经理周小谦为考察团团长，成员有国务院三峡办张定明、李秦，电力部国际司王月，国家电网建设公司芦元荣、刘泽洪、张旭波。

一、出访考察的主要内容

（1）考察直流设备的制造生产情况、技术水平和技术特点，对一些主要技术问题交换看法，了解设备的运行情况，以便将来直流设备招标时编写设备功能规范书时借鉴。

（2）与三大公司就有关技术专题交换意见，为各公司将来招标竞争有所考虑。

（3）了解出口信贷融资方面的情况。

（4）一般了解欧洲电网和管理的情况。

考察团考察了三个公司所在的英国、法国、瑞典、德国4个国家，11个主要设备制造厂，3个技术发展研究中心，2个仿真中心，英国、瑞典两国的电网公司，法国电力公司及其电网调度中心，伦敦西商银行，参观了4个运行中的换流站。

二、访问考察的主要行程

从北京至伦敦，听GEC-ALSTOM公司介绍公司情况，参观GEC-ALSTOM公司的电力电子系统公司和换流阀工厂、工程研究中心；从伦敦去林肯（Lincoln）参观考察位于林肯的半导体制造厂；返回伦敦在英国贸工部官员陪同下与英国西商银行了解融资情况，在英国参观Sellindge NGC换流站，参观制造GIS的BHT工厂和制造高压断路器的AHT工厂。之后坐火车去巴黎，参观GEC-ALSTOM在巴黎的TSO变压器制造厂，在巴黎访问法国电力公司。从巴黎去德国纽伦堡访问西门子公司，西门子公司总裁Von Pierer博士与考察团会见共进午餐听取西门子公司介绍，参观其换流阀等工厂和仿真中心并进行讨论。从纽伦堡乘火车到慕尼黑，转维也纳、柏林到达丹麦哥本哈根，赴瑞典南部的马尔默参观波罗的海换流站，离开马尔默去瑞典斯德哥尔摩，参观Fenno-Skan换流站，从斯德哥尔摩乘车到达ABB电力系统公司所在地卢特威卡（Lndvika），听取ABB电力系统公司的介绍并座谈，参观其电力电容器厂、变压器厂、开关厂，参观ABB换流阀设计部门及仿真设备，访问瑞典国家电网公司，之后从斯德哥尔摩返回北京。

考察团出发前做了充分准备，对国内葛沪直流工程在运行中出现的问题和天广直流工程的一些问题，以及三峡直流工程的要求，并对以前进口的交流设备运行中出现的问题，与外方进行交流。

三、考察后的评价

1. GEC-ALSTOM 公司换流阀

GEC-ALSTOM 公司是世界上最早从事高压直流输电技术的公司之一，制造了当时世界上最大的汞弧阀，安装在加拿大纳尔逊河工程，当时全世界已有 6 个直流工程使用了 GEC-ALSTOM 公司的设备，包括加拿大、韩国、印度的直流工程，容量从 150MW 到 1000MW，约占全球直流市场的 21.8%。

GEC-ALSTHOM 公司的换流阀采用非模块式结构，采用玻璃钢带捆扎的紧固结构，可控硅元件更换方便。阀组采用瓷柱支持自立式结构，与悬挂式比较，电气净距较少，对阀厅结构的强度要求较小。GEC-ALSTHOM 公司推荐使用ϕ100mm 可控硅元件，额定电流 3000A，额定电压为 5000～5500V，由于参数较低，每个换流阀的可控硅元件数量较多，用于英法海峡直流输电工程的可用率、可靠性指标均很高，参观 Sellindge NGC 换流站时满负荷运行。

2. 西门子公司

西门子公司 1987-1997 年在全世界承接过 5 个直流输电工程，按容量占全世界直流市场份额的百分之二十多，换流阀采用模块化结构，采用悬挂安装方式，每个 4 重阀只需 6 层，层间距离较大，利于维护。我们参观了在维也纳的东西欧联网的背靠背换流站，在柏林的高压开关厂，在纽伦堡的 TU 变压器厂。BBC 公司与 ASEA 公司合并成 ABB 公司后，许多直流技术人员进入了西门子公司，使其技术力量雄厚。1987-1997 年承接的 5 个直流工程包括奥地利、德国的工程，美国太平洋联络线工程和中国天广直流工程，容量从 275MW 到 1800MW（天广直流工程）。

西门子公司推荐采用ϕ125mm 可控硅元件，额定电流 3000A，额定电压 8000V，可以减少可控硅元件数量。换流阀选用阻燃绝缘材料和无油电容器，防火设计有独到之处。

3. ABB 公司换流阀

ABB 公司总部设在瑞士苏黎世，到 1997 年在全世界承接了 8 个直流工程，包括瑞典至芬兰的海底电缆直流工程，以及新西兰、挪威到丹麦、瑞典到德国、丹麦至德国、印度、菲律宾、马来西亚的直流工程，容量从 440MW 至 2130MW，按容量约占全世界直流市场份额的 50%。

ABB 公司可控硅阀采用玻璃钢带加碟形弹簧的压紧结构，整个换流阀采用悬挂安装方式，冷却采用串联方式（前两家用并联方式）。

ABB 公司推荐采用ϕ125mm 可控硅元件，额定电流 3000A，额定电压 6700V，推荐采用直流有源滤波器和用光纤式电流传感器。阀的触发方式推荐用光电转换电触发方式。

4. 关于用出口信贷利用外资问题

访问的三家公司对此都表现积极，且有丰富的经验和实力，也表明各自政府会积极支持，通过考虑我们认为要力争出口信贷覆盖面大，融资成本低，尽可能降低保费。

5. 关于欧洲电网的互联情况

东西欧电网在 1983-1993 年建设了三个直流背靠背工程联网工程，正准备改为交流联网，改完后将关闭背靠背联网方式。西欧大陆与英国和北欧仍采用直流联网方式。

6. 关于电网管理体制

英国和瑞典两国的电网公司都是从国家电力公司分出来的，从事电力的规划、建设、管理、维护、调度，不直接进行电力电量经营，电力电量日常的买卖由电力交易市场进行（Powerpool）。英国的电力交易市场归国家电网公司管理，瑞典的电力交易市场与挪威合办，完全脱离电网公司。

四、考察报告和建议

考察结束后，国家电网建设公司写了考察报告，向国务院三峡办和电力部领导做了汇报，报告重点提出如下建议：

（1）三家公司直流输电技术都是成熟的，都有投标资格。

（2）换流阀方面三家都有成熟产品，都能达到 3000A 水平。对换流阀触发方式，西门子公司推荐光直接触发，其余两家推荐用光电触发。换流阀的安装方式，GEC-ALSTHOM 推荐采用直立式，其余两家推荐采用悬挂式。

（3）换流变压器水平，三家相差不大。

（4）建议三峡直流工程的招标设备和技术都要把安全、可靠放在第一位。

（5）直流换流站的设备，在重视关键设备的同时，也要重视辅助设备，外国直流工程和我国葛沪直流工程运行中辅助设备都出过问题，教训是很多的。

（6）建议对一些未决的关键技术组织研究决策，如换流阀的触发方式，换流阀组的安装方式，是否采用有源滤波器，是否采用光纤传感器等。

（7）充分利用三峡直流工程的机遇，引进技术、分包制造、合作生产，为直流设备国产化做出贡献，迅速提高我国直流输电工程的设计、建设、设备制造的技术队伍和技术水平。

（8）尽早确定利用外资方式。

芦元荣：原国家电网建设公司顾问。

我对于三峡—常州直流工程的点滴回忆

（孙家骏）

我是 1998 年从湖北调入中国电网建设有限公司，一调来任工程部主任，此时三峡输变电工程的第一回 500kV 交流工程长万线已开工。我随即跟随当时的三峡办主任郭树言同志去了工地，第一次接触了三峡输变电工程，最深的感受是所有参与的单位均以能参加三峡工程为荣，作为自己单位的响亮业绩招牌，我也以自豪的心情进入了三峡建设一员的角色。

之后不久，公司组建了直流工程部，我受命兼任直流部主任，当时的总经理周小谦叮嘱我要以 90%的精力管直流、10%的精力管交流。我领会领导的意图是，三常直流工程难度大、重要性大，绝对马虎不得。因为三峡电站首台机组发电送出的唯一通道就是这回直流，而当时三常直流工程无论在技术上还是工程难度上，不仅在国内属于首创，而且对于世界三大直流顶尖企业 ABB、西门子、ALSTOM 公司来说都是从未做过的首次。其 300 万 MVA 的换流变压器、4 英寸的换流阀以及 4 分裂的 720mm^2 大截面输电导线都属世界首例。其中一旦有一个环节失误，导致窝了首台机组的发电外送，那可不是简单的经济账问题，而是有国际影响的政治问题。

初组建的直流工程部成员，除我一个老工程人员以外，大多是来自电科院的直流专家，如一次专业的刘泽洪，二次专业的陶瑜、余乐和来自宋家坝换流站的袁清云，以及一些刚出校门的高才生，如高理迎、马为民等。他们几个在技术上、学历上个个比我强，唯一缺乏的是现场工程经验，而我的工程管理经验与他们在直流技术上的长足之处，正好达到了互补的优势，由此组成了一个团结高效的直流建设团队。时隔近 15 年，看到他们个个都成为国家直流技术和直流工程建设的台柱，我由衷地为他们感到骄傲和自豪。

在接手三常直流工程的时候，我曾经认真地分析了一下工程的特点尤其是难点所在。一是三常直流工程表面上是由 ABB 公司负责总包，但实际上它只能在技术上当龙头，在工程实施上是无法胜任总包领导责任的，工程的总包责任必须由我们业主担过来，我也是以此精神管起了这个工程。在这段时间内，虽然我是电网建设公司的副总经理，实际上我更应该被称为三常工程名副其实的项目经理。我每隔两周去工地一次，就地协调、处理工程中存在的问题。我坚持工程协调必须在现场解决，就事论事地解决矛盾，绝不能采取机关化的、打捆到北京来总处理的方式，绝对要误事。二是换流站设备制造怎么通过型式试验和按工程进度交货的问题。其中尤其以国产化消化引进部分为重点，应该说通过技贸结合引进技术，我们过去不是没有做过，但做得都不理想，尤其是依样画葫芦的多，而通过自身消化真正变成自己的技术少，为了不走老路，我们试行了一个现在看来还是有成果的办法，就是我必须见到中国制造厂商认可已拿到技术引进成果后的签字，才签付对外商的拨款，这样迫使了ABB和西门子公司不敢“偷工减料”。

线路的难点有两个。一是当时 4 分裂的 720mm^2 导线为国产第一次试做，必须严把产品质量关。二是施放 4 分裂导线时，当时的国内输变电施工企业几乎没有一家有此大拖拉力的张力车，必须分两次以 2 分裂导线的方式施放。除非各施工企业为此花大本钱进口大功率张力车才行。这对通过招投标方式中标的施工企业来说几乎是办不到的。关于施工方案是“一拖四”还是“一拖二”，在几位线路施工专家间是争论不休、各抒已见，在认真听取了他们的意见后，我和当时的线路处处长郑怀清还是实事求是地支持了一拖二的方式，既保证了施工质量又解决了施工企业的实际问题。

三常直流工程另一个首创是在国内第一次用上了地线复合光缆，此工程在可研阶段是采用载波的方案，但当进入初步设计阶段时，国外几乎全用上了光缆技术，很明显载波已不适应全国联网新形势，但当时国内无地线复合光缆制造厂商，用地线复合光缆必须进口，进口价格大约是每千米 1.5 万～2 万美元，但为了发展我们用了，现在看来此决策是正确的。

值得提一下的是以下几个例子：

第一，2000 年遇到了四川二滩水电大发而窝电的局面。为了使这批宝贵的电量不就地窝发，国家电力公司提出了借正在紧张施工的龙泉换流站作为通道，将川电东送。这是个大局，但必将影响三常直流工程按期投产的进度，要实施此方案我感到为难，现场的监理、施工方都反对借龙泉换流站这个通道，而我感到川电东送这个大局必须保，而三常直流保三峡电站首台机组按时外送也不能耽误。于是赶到现场开会，经过讨论，我提出了一个单装独立的川电东送二次系统的方案。不借用原龙泉换流站设计的永久保护的方案，这样大约要多花 1200 万元，但好处是两边都不耽误，最后也按此执行了，虽然建设成本多花了近 1200 万元，但仅此一年通过龙泉换流站转出的二滩电量收益却远远大于此数。

第二，政平换流站的冷却水问题。那时已经到了政平换流站即将要试运行了，突然发现原设计的政平换流站的冷却水是用当地的一条小河，但 2000 年前后正值江苏乡村企业大发展阶段，原设计的小河已被污染成了一条臭水沟，根本无法取用。此事不能简单地责怪设计院的设计人员，只能咬牙修改设计，再补上抢建一套净水设备，大约需要 150 万元。但是当钱花了设备也陆续到货时，却又发现了一个问题，净水装置完全赶不上水的污染速度和发展，一旦此净水设备装完，很可能水的污染程度又迫使要再增加新的净水装置，这样下去对政平换流站的运行将是个严重威胁。我真是焦急万分，但天无绝人之路，我突然发现政平镇上正在建自来水厂，而自来水厂又在政平换流站附近通过，我当即请常州建设部的王建中去了解，协调能否把自来水引入换流站。王建中同志是原武进供电局的局长，当地关系很熟，他通过做工作，得来的信息是有可能引进换流站。于是我下决心停建净水装置，抢接自来水管，当时我也是经过一番思想斗争的，因为此举严重违反了基建程序，是我一个人说了算，既否了设计又否了审批，但如再层层报批，根本赶不上时间要求，权衡利弊，我下决心废停了正在建设的净水装置，并请王建中要保证在政平换流站试运行开始前接进自来水。果然王建中同志不负所望，按期完成了任务，从而确保政平换流站有了一个可靠的冷却水源。当然，以后的屡次审计都会问起这一违反基建程序的个例，但经核实还是认为此举不是浪费是正确的决定，我也感到了欣慰。

第三，芜湖大跨越，大跨越从来都是线路施工中的难点，而芜湖大跨越是当时最高最重的塔。设计人员为了减轻塔重，用了高强度螺栓，这本是无可非议的，谁知由于第一次生产、第一次使用，高强度螺栓在塔上紧好后就自动断裂，一个个地掉下来，这就严重威胁到大跨越塔的安全。我不敢把这当作小事，为此带上当时的主管朱艳君，亲自赴上海螺栓生产厂家，找厂长晓之以理，说明此螺栓的重要性，希望他们限期按时解决，好在皇天不负苦心人，该厂后来在蘸火技术上解决了技术难题，生产出了合格的高强度螺栓。

2002 年 7 月 16 日，芜湖大跨越组塔工地

第四，在枢纽区内的几基出口交流塔（俗称“外八”），这几基大塔是三常直流工程的咽喉，由长办设计院设计，由于它们通过三峡枢纽的繁忙施工作业面，许多塔基一直被枢纽内的大型施工机具、建筑物占着，又是高厚层的填土区，如不及时协调、见缝插针，很可能会形成“嘴和胃肠都好了，而咽喉卡着吐不出”的局面。为此我一面紧密依靠三峡办的领导协调三峡枢纽早腾位置，一面又要求我们的施工队伍不计成本，有一点施工条件就干一点，以蚂蚁啃骨头的办法把它建成。

此工程建设中稍有遗憾不足的是对 ABB 公司执行合同中的财务拨款问题。按合同规定是货单到达的 5 天内必须拨付款项，在刚签合同时期的中国电网建设有限公司的体制下是很容易做到的，但到后来由于中国电网建设建设公司转制成为国家电力公司电网建设分公司，5 天内做到拨款就完全力不从心了，因此在最终决算时虽然因为 ABB 公司由于到货拖延我们可罚他 1000 多万美元，但他也可通过财务上拨款拖延倒罚我们不少，最终两家抵消几乎是各不互罚了。这个教训可值得今后涉外合同签约时反思。

上述这些仅是我在三常直流工程执行中的一点小故事，谨此感谢当时和我一起工作的同志们。

孙家骏：原国家电力公司建设部副主任、电网建设分公司副总经理。

三峡直流输电工程的工作回顾和总结

（梁旭明，2009 年 3 月 18 日）

2004 年底，国家电网公司总部机构设置做出重大调整，新设立建设运行部（简称建运部），我调建运部任副主任。在建运部期间，我协助部门主任分管总部直接投资工程项目的建设管理和输变电资产的运行维护管理。下面就四年多来的工作做一回顾和总结。

一、促进直流设备竞争，着眼公司长远利益

建运部作为国家电网公司总部内唯一的事业部，承担着国家电网公司直接投资的常规电压等级的输变电工程的建设及各电压等级的输变电设施的运行维护和经营管理。三峡输变电工程、跨大区工程、跨国联网工程、大电源直送工程的建设管理是建运部重点的工作领域。

1. 直流输电工程建设和设备制造

我国直流输电工程的建设、直流输电设备的制造，伴随着三峡输变电工程的建设有了长足的发展。三条±500kV、300 万 kW 输送容量的三峡—常州、三峡—广东和三峡—上海直流输电工程相继于 2003

年 6 月、2004 年 6 月和 2006 年 12 月投产。再加上过去已投运的葛洲坝—南桥（500kV、120 万 kW）、天生桥—广州（500kV、180 万 kW）以及南方电网公司近年来投运的贵州—广东Ⅰ回、Ⅱ回（各为 500kV、300 万 kW），我国已跻身于直流输电大国的行列。2005 年 6 月投产的灵宝直流背靠背国产化验证工程（36 万 kW），标志着我国已初步具备了直流输电工程的系统研究、设备功能规范书编制、设备研发与制造、系统功能调试等能力。三常、三广、三沪和灵宝工程的运行可靠性指标达到世界同类工程的中等先进水平，发挥了巨大的经济效益。三个大型直流工程国产化比例从 30%、50%到 70%梯次提高，国内制造厂依托工程建设，引进消化国外技术，逐渐具备了直流设备的独立研发和制造能力。

但在其后，直流输电设备采购的市场环境不容乐观，潜在供货能力不足，供货市场缺乏竞争，对国家电网公司大规模建设直流输电工程构成制约，对公司长远利益存在潜在影响。三峡三大直流工程的主要直流设备供应商是 ABB 公司及引进 ABB 公司技术的西安电力机械制造集团公司（西电），西电旗下的西安变压器厂（西变）主要生产换流变压器和油浸式平波电抗器，西安整流器厂（西整）制造直流换流阀。此外，陕西省国资委管理的西安电力电子研究所（PERI）制造换流阀的核心部件——晶闸管，它分别从 ABB 公司和西门子公司引进了电触发晶闸管（ETT）和光触发晶闸管（LTT）的制造技术，可以批量制造两种技术的晶闸管。沈阳变压器厂（沈变，现归入特变电工旗下）从西门子公司引进了换流变压器和油浸式平波电抗器技术，仅为三常直流工程政平换流站提供了 2 台换流变压器和 1 台平波电抗器。南瑞继保公司引进了 ABB 公司直流控制保护系统 MARK Ⅱ的制造技术，曾独立承接了葛沪直流工程控制保护系统的技术改造工作，并在三沪直流工程中与 ABB 公司联合提供直流控制保护系统。许继电气集团（许继）引进了西门子 Symadyn-D 直流控制保护技术和 LTT 换流阀制造技术，并为南方电网公司的贵广Ⅱ回工程提供上述装备。灵宝工程中，西变和沈变的换流变压器、PERI 和西整两种技术（ETT、LTT）的晶闸管及其组成的换流阀、南瑞继保和许继的直流控制保护等技术装备得到了验证。保定天威集团（保变）从南方电网公司贵广Ⅱ回工程中获得 2 台换流变压器的制造合同。

2. 努力推进换流站直流设备场设备国产化

远距离直流输电系统，在换流站直流线路出口侧均布置直流滤波器组。直流滤波器组的主要目的是滤除直流电流中的高次谐波，避免其对直流线路沿线的通信设施造成干扰。对于 12 脉动换流器来说，直流滤波器需主要处理的是 12、24 次和 36 次谐波。对于直流背靠背换流站，因为没有直流线路，故一般不需要布置直流滤波器组。通常指的直流设备场一般包括直流滤波器组、直流回路转换开关、直流 TA 和 TV、直流线路隔离开关、阻波器等，一般不包括平波电抗器和换流阀厅内的设备。

在依托三峡直流输电工程引进国外制造技术时，仅引进了换流阀、换流变压器、平波电抗器和直流控制保护系统，并未引进直流场设备的制造和分系统成套技术。当时普遍认为，直流场设备不多，总的价值量不大，不如其他技术引进的性价比好。三常、三广、三沪直流工程中，直流场设备均由 ABB 公司成套供货，其中部件几乎全部为国外生产，由于 ABB 公司对整个工程负责，因此我们无法清楚了解其中的技术细节和分项价格。

三峡直流工程以后，先后建设了高岭、黑河、灵宝扩建直流背靠背工程。因背靠背工程中不需要布置直流场，所以当时的主要精力放在了换流阀、换流变压器、平波电抗器和直流控制保护系统的国产化上。

±800kV 向家坝—上海特高压直流输电工程于 2007 年签订了设备采购合同，其中直流场设备采购合同价达到 1.1 亿欧元，折合人民币约 11 亿元。事实告诉我们，直流场设备虽然数量不多，但价值不能算低。当直流输电系统其他主要设备的国产化日趋成熟、设备价格日趋透明后，直流场设备则成为国产化工作的盲区，也成为直流系统成本的最后一个“黑匣子”，国外公司在“黑匣子”中赚取的很可能是超额利润。

2008 年 6-7 月，我们开展了呼辽、宝德两个±500kV、300 万 kW 远距离直流送电项目的直流场设备招标工作。为了推动国产化工作，彻底打开“黑匣子”，我们采取国内公开招标的方式，实际上仅面对国内的三个成套供应商进行招标采购，即西电集团、许继电气和中国电科院，排除了国外厂商直接投标的可能性。这样做的目的就是迫使国外厂商打开“黑匣子”，并促使国外一些部件供货商与国内成套供应商建立商务联系。招标的结果证明，我们的策略取得初步成功，直流场设备采购价格也控制在合理范围内。每个工程的直流场设备标包价格为 2 亿元出头，同口径与±800kV 向上直流工程相比，约为后者的 1/4。

作为直流设备的主流供货商，ABB、西门子公司在丧失了直流主要设备制造的垄断地位后，长时间以来一直把直流场设备作为其获取垄断利润的最后自留地。我们在呼辽、宝德工程中面向国内成套供货商采购直流场设备的方式，对这些国外强势公司触动很大。他们倍感压力，但也不情愿轻易放弃最后的自留地。在±660kV 设备采购期间，他们用了很大精力试图影响我们的采购策略，由他们来主导直流场设备的成套供货。我们不为所动，并将在计划不久后进行的±660kV 宁东—山东、±500kV 三沪Ⅱ回直流工程的直流场设备招标采购中，继续按照呼辽、宝德工程的方式，面向国内成套供货商公开招标采购。我们对持有的立场抱有坚定的信心，将彻底打破国外强势公司最后的幻想，同时也强化了国内成套供货商与相关部件国外供应商的联系，为最终打破“黑匣子”、降低工程造价奠定了更坚实的基础，也为设备更全面地国产化开创了有利局面。

二、对外谈判据理力争，维护公司应有利益

在三常、三广、三沪直流工程中，ABB、西门子公司在技术转让、设备制造、系统调试方面起着主导作用，在执行商务合同中，我们要处理与外商合作中的各种问题，其中包括解决合同纠纷，确保工程按期、顺利地投运。

1. 三广直流工程中的现场合同执行

在三广直流工程建设中，我们面临的最大挑战是建设工期问题。此前三常直流工程的建设工期是 44 个月（从设备采购合同生效到双极投运），而三广直流工程的计划工期是 32 个月（从设备采购合同生效的 2001 年 10 月到 2004 年 6 月）。

2003 年底到 2004 年初，工程建设进入到关键时期。我们了解到，ABB 公司有 3 台换流变压器滞留广州黄埔港。按 ABB 公司与国内运输分包商 CEIFA 的运输协议，这 3 台换流变压器要经东江内河转运至惠州，上岸后采用拖车运输至工地。而当时，广东已进入枯水期，水位大幅下降。我们对这三台换流变压器能否按时抵运倍感担心。按照我们与 ABB 公司的合同约定，进口换流变压器的国内外运输均由 ABB 公司负责。如果因运输原因导致设备晚到现场，进而影响工程按期投运，我们有权向 ABB 公司提出索赔。但我们内心也深知，延期投产将影响三峡向广东送电，不能按期兑现中央政府向广东省政府做出的增加输电容量的承诺，极大地影响国家电网公司的形象和地位。

但当时 ABB 公司对国内航道运输的潜在风险浑然不觉，他们过分相信 CEIFA 的承诺。当我们建议其将东江水运改为铁路转运时，ABB 公司半信半疑，不置可否。随着时间的推移，形势日趋紧迫，东江水位未有任何上涨的迹象。我们为了说服 ABB 公司，直接到东江卸货码头及沿岸调查，拍摄了大量照片，取得了第一手资料。情况表明东江当时平均水深只有 0.9m，个别地段已露出河床形成江心洲。这对 500t 级的驳船来说，安全运输根本不可能。此外由于枯水，码头基面与水面的高差已达 1.7m 以上，卸船难度也大大增加。ABB 公司获得我们提供的一手资料后，不得不认真考虑采用铁路转运的方案。但 CEIFA 由于经济、商务等原因不愿转为铁路，并向 ABB 公司保证说，他们将通过私人关系渠道努力疏通东江上游水库管理部门放水数天，使水位上升至 1.5m 以上。但我们知道，东江是香港的重要供水渠道，其水量的均衡调节、稳定供应是由政府严格管理的。我们认为，CEIFA 解决问题方式的可行性、可靠性非常值得怀疑。

ABB 公司无法说服 CEIFA 改铁路转运，而如果由他自己来进行铁路转运，ABB 公司将单独承担由此多发生的 400 万元铁路运费。鉴此，我们也告诫 ABB 公司，要全面权衡风险利弊，是现在多付 400 万元运费还是将来面临我方上千万美元的索赔，ABB 公司经过反复权衡最终选择了前者。2004

年春节前，3 台换流变压器通过铁路转运到达工地，这对后来的设备安装、调试和按期投运起到了决定性的作用。后来的情况也证明，我们对 ABB 公司的工作极为必要，东江水位直到换流变压器现场安装完成后也未涨到运输所需的高度。

2. 三常直流工程中的质保金结算

三常直流工程是我国第一个 300 万 kW 输送容量的大型直流工程，投运后整体情况良好，但也存在个别问题。其中龙泉换流站极 I 的 Yy 型 A 相换流变压器自投运后就存在乙炔气体超标的问题。这台换流变压器是西变引进 ABB 技术制造的首批换流变压器 2 台中的 1 台，技术和商务责任全部由 ABB 公司承担。直流控制保护系统采用 MARK Ⅱ技术，其技术特点是应用 A、B 两套可实时自动切换运行的冗余系统，当一套发生问题时可实时切换到另一套，一般不会导致停运事故。但其出现计算机较频繁的死机问题，一直未能得到妥善解决，使大家对其可靠性感到担忧。2005 年 11 月 20 日，政平换流站的站用电控制保护 A 系统发生故障，在切换到冗余备用的 B 系统时又发生问题。导致站用电全部断电，直流双极闭锁。事故发生后，我们多次与 ABB 公司召开联席会议，共同研究解决方案。最后决定对各路站用电建立相对独立的控制保护系统，使之不因单一事故而影响整个站用电系统。此方案相继在政平、龙泉、江陵各换流站实施，三沪直流工程在建设期间宜都、华新两换流站也同步实施了类似的改进方案。

2006 年 6 月，三常直流工程 3 年质保期到期，我们与 ABB 公司开始最后 5%质保金（尾款）支付问题的谈判。正常情况下，如无大问题我方应全额支付这 5%尾款。由于存在如前所述的龙泉换流站换流变压器和控制保护系统计算机死机问题，我们提出对部分设备延长质保期并相应延期支付质保金的要求。最初 ABB 公司不接受我们的要求，认为龙泉换流站换流变压器的问题来自西变，是由于中国的国产化政策引发的，应由中方负责；而计算机死机是不可避免的，且由于有冗余系统，一般不会导致事故，不能算质量问题。但我们也明确指出，按照合同，无论是 ABB 公司的问题，还是 ABB 公司在中国的合作伙伴的问题，都应由 ABB 公司负责；另外控制保护系统的问题曾造成政平换流站“11 • 20”双极闭锁事故，技术改进后的可靠性仍需要一段时间的验证，死机问题也应予以彻底解决。谈判之后对于龙泉换流站换流变压器延长质保期的问题，ABB 公司只同意对换流变压器产气超标的相关因素延长质保期，不同意对整台换流变压器延长质保期。我们认为应以合同为依据，以最小设备单元来界定质保期问题，而换流变压器是具有独立功能的最小设备单元。由于我们的据理力争，最终 ABB 公司同意对龙泉换流站极 I 的 Yy 型 A 相换流变压器整体及整个直流控制保护系统延长 3 年质保期。这对后续其他直流工程的结算问题提供了可参照的先例。但同时 ABB 公司反对我方相应延期支付部分质保金的建议，而提出由我方全额支付尾款后，再由 ABB 公司向我方出具由银行开出的 ABB 公司履行延长部分设备质保期责任的履约保函。ABB 公司为了减少其资金占用量，提高资金使用效率，提出这一要求不无道理。但从我公司角度来说，相当于提前支付了本可扣留（延期支付）的资金，增加了公司未来 3 年的财务费用。按照我们的测算，我们仍可扣留 0.5%的尾款，合 100 余万美元，3 年利息达 10 万美元以上。更为重要的是，质保金在我方手中，我方就掌握主动，在未来的 3 年中当处理双方分歧时将占有主动地位。在我方的坚定意志下，最终 ABB 公司同意我方的提案，按照存有遗留问题的设备占总设备的比例相应延期支付 3 年质保金。我们成功地保留了合同总金额 0.5%的尾款。

三常直流工程尾款的结算形成了一个有利于我公司的结算案例。在三广直流工程中，江陵（荆州）换流站极Ⅱ的 Yd 型 C 相换流变压器由于乙炔气体超标，现场修理了 3 次仍未最终解决，后返回西变安排彻底检修。其控制保护系统也存在类似三常直流工程的问题。2007 年 6 月，我们与 ABB 公司开始就三广直流工程的 5%尾款支付进行磋商，我公司仍有望扣留 0.5%尾款，对在未来 3 年解决遗留问题保持对 ABB 形成一定的压力。

3. 三沪直流工程的控制保护系统问题

为了督促 ABB 公司全力解决直流工程控制保护系统的死机问题，在三沪直流工程的商务合同中，规定了专门针对死机问题的罚款条款。“在设备质保期内，如发生 3～4 次死机/年，每次罚扣控制保护系统合同价格的 0.5%；发生 5～9 次死机/年，每次罚扣合同价格的 1%；出现第 10 次，则更换控制保护系统主机直至问题解决。任何一次死机如导致单极跳闸，每跳一次，罚扣 3%；导致双极跳闸，每跳一次，罚扣 5%。”此商务条款使 ABB 公司不得不投入巨大的人力物力解决死机问题。

三沪直流工程于 2006 年 12 月移交生产投入商业运行，按照三常、三广直流工程的惯例，ABB 公司将向中方申请签发设备预接收证书（Premium Acceptance Certificate，PAC）。PAC 的签发时间即 3 年质保期的起始时间，关系到 ABB 公司何时能够收回最后质保金的问题。过去 ABB 公司都希望我方尽早签发。但是由于三沪直流工程有了针对死机的罚款条款，对 ABB 公司构成巨大压力。三沪直流工程的宜都、华新两换流站在 2006 年的最后一个月分别发生死机 8 次和 5 次。如果签发 PAC 将进入质保期，并将对死机次数正式开始统计考核。

2007 年初的几个月内，尽管 ABB 公司付出了巨大努力，计算机软件版本多次升级，从 1.1 版升级到 1.2、1.3、1.31、1.3101 版乃至 1.32 版，但死机问题仍未有效解决。ABB 公司为了尽早开始计算质保期，同时又想避免被扣高额罚款，曾试图建议将控制保护系统和其他没有问题的设备分开签发 PAC。但我们分析后认为，如接受 ABB 公司建议，将减轻 ABB 公司对解决控制保护系统死机的压力，不利于死机问题的早日解决。我们明确拒绝了 ABB 公司的动议，使其更努力地去解决死机问题。

2007 年 4 月，经过长期追踪、测试，ABB 公司终于捕捉到一次死机原因来自 Windows NT 系统。这次发现使 ABB 公司下决心摒弃在软件执行层的 Windows NT 系统，而采用 Windows XT 引导的 RTX（Real Time Extension）作为执行层软件平台，并开发出 1.5 版的新软件。该软件于 2007 年 6 月安装在三沪直流工程控制系统中，经过数月的运行验证效果良好。三常直流工程分别在 2008 年 4 月和 10 月，三广直流工程在 2008 年 12 月更换了上述版本的软件和相配套的硬件。困扰多年的直流控制保护系统频繁死机问题终于得到解决。

几年来，我们在与 ABB、西门子等公司的交往中，坚持以公司利益为核心，以合同的正确、有效执行为目标，有利、有理、有节、有效地进行谈判，确保公司利益不受损害，在工作中积累了丰富的经验，严谨、求实的工作作风也赢得了对手的尊重。

三、分析线路建设风险，主动寻求应对措施

近年来我国电网建设高速发展，但大家也都普遍感到，输电线路建设的难度越来越大，成本也越来越高。其中，架空线路通道清理遇到的问题是非常重要的因素，通道清理费用包括塔基征地、青苗赔偿、林木砍伐和构筑物拆迁等费用，占总体造价的比例从 10%左右提高到 20%～50%，个别的甚至超过 50%，通道清理所花费的精力、占用的时间也越来越多。这对输电线路的建设形成巨大潜在风险。

在西方发达国家，其架空输电线路的建设成本是我国的 3～10 倍，建设周期是我国的 2～3 倍。扣除其中原材料、劳动力成本差别因素后，通道清理费用的差异是决定性的影响因素。由此也可以推测，随着社会经济的发展，今后我们在控制输电线路造价和建设周期上将面临巨大挑战。《中华人民共和国物权法》颁布实施后，这一挑战将更加尖锐和紧迫。

线路通道内的林木砍伐是困扰设计、施工、生产运维单位矛盾最为集中的领域。设计院在线路设计时，基于控制本体造价的原则，一般不会主动考虑采用高塔跨越非成片林木。对于苗圃林，也不会按其成林后的生长高度设计线路对树梢净空（500kV 输电线路最低弧垂点距树梢应不小于 7m）。而根据《中华人民共和国林业法》及有关实施细则，对于尚未植树的宜林地，不能限制其植树的可能性。另外，按照国家退耕还林的环保政策，一些耕地将变成林地。这些都增大了设计的难度和不确定性。在对通道上有些树木树苗的处理上往往存在争议。有时施工单位认为是设计单位漏勘、误勘，有时设计院认为是施工单位在建设期间保护通道不力。生产维护单位也往往希望不存在任何可能影响安全运行的潜在因素，对于一些树木的最终生长高度，与设计院存在较大分歧。有时对那些不影响安全运行的线下林木也要求施工单位予以砍伐，这种做法也许能减轻运行维护单位对安全运行的担忧和修剪林木枝叶的劳动负担，但也可能无谓地增加建设成本，破坏林木植被。

建设运行部作为一体化承担建设、运行管理的部门，有责任整体协调各个环节，应对复杂的挑战，确保公司利益最大化。以呼伦贝尔—辽宁鞍山直流输电线路为例，我们在设计勘测阶段，就要求设计院进行认真调查，确定不同树种在不同地区的平均生长高度和最高生长高度，并将这些数据提交给将来的运行维护单位征求其意见。如有不同意见即组织联合勘查组到现场实地核实。如在现场仍不能达成一致，则征求当地林业部门意见再行定夺。我们的目标是，对绝大部分树木尽可能采取高塔跨越方式，保护林木，确保今后线路安全运行；对于零星林木，则采取砍伐后置换低矮树种的方式，尽量控制线路本体造价。这样，有利于减少建设中的冲突、纠纷，为今后线路的安全运行创造良好的外部条件。

四、积极拓宽专业视野，研究技术经济课题

1. 输电线路的合成化

架空输电线路的安全很大程度上受到周边自然环境的影响，主要有覆冰、风偏、雷击、污闪、山火等。其中污闪引起的线路跳闸数约占总数的1/3，是影响线路安全的重要因素之一。

线路绝缘子积污在通常情况下，通过雨、雪、风的作用可实现自洁。但由于工业化进程加速，环境污染加剧，绝缘子已不能完全自洁。玻璃、瓷质绝缘子往往需要人工擦洗才能保持其正常功能。近十年来，人工合成硅橡胶伞裙/环氧树脂玻璃纤维引拔棒悬垂绝缘子（复合绝缘子或合成绝缘子）得到了越来越广泛的应用，其最大的特点是有很好的耐污性，不需要人工擦洗。但由于传统使用习惯等因素，瓷质、玻璃绝缘子仍占有很大的使用份额。

为了避免因污闪导致输电线路跳闸，对于已投入运行的输电线路污闪过于频繁的情况，通常的应对措施就是调增爬距（调爬）。调爬大致可分为两类：一类是增加盘式绝缘子的片数；另一类是合成化，即更换成合成绝缘子或在已有盘式绝缘子上刷涂耐污涂料（RTV）。

近年来生产运行维护单位投入大量人力、物力安排调爬工作，以应对污闪的频繁发生。其中采用较多的调爬方式就是合成化。以直流线路为例，葛沪直流工程原设计无合成绝缘子，现在合成化比例达82.4%，三常直流工程原合成化率为26.8%，技术改造后合成化率为84.4%。

过去设计部门和使用部门对于大比例、大范围采用合成绝缘子心存疑虑，主要担心的问题有：绝缘子掉串；伞裙材质老化；大批量突发性的憎水性丧失。这些疑虑对于前些年的情况确有其道理。过去合成绝缘子芯棒与端部金具连接方式、端部密封工艺落后，曾发生过数起掉串事故。合成绝缘子的材质性能也缺乏长时间、大批量的考验。

近几年来，合成绝缘子的研发、制造和使用有了长足的进步。各主要制造厂都采用了耐酸芯棒替代普通芯棒，用端部压接结构替代内、外楔结构，用多层密封替代单层密封，伞裙材质的抗老化性、憎水稳定性也有了较大的提高。随着经验的积累、研究的深入，对合成绝缘子已得出以下结论：紫外线对合成绝缘子的劣化作用基本可以忽略，其表面的轻微粉化不会深入其内部，且轻微粉化反而提高了表面憎水性；低温高寒对合成绝缘子基本无负面影响，在−60℃以上范围，随着温度降低，芯棒的机械强度还会略有提高；憎水性暂时丧失的现象与目前主要厂商采用的合成硅橡胶的配方关联度不大，而与局部的恶劣使用环境有一定关系，如重化工地区、某些矿窑附近。根据统计，十多年来我国合成绝缘子的累积损坏率为十万分之五，且发生问题的多为早年未经技术改进的产品。上述结论从理论和实践上奠定了我们大规模使用合成绝缘子的信心。

合成绝缘子在经济上有较强的竞争优势。特别是对于直流输电线路，即使采用双串并联的合成绝缘子，其价格也比单串等机械负荷瓷质、玻璃绝缘子便宜。这主要是因为，在直流电场作用下，瓷、玻璃内部的金属离子（主要是钙、镁离子）会产生迁移，随着时间延续其材质特性会发生变化，对安全使用有不利影响。为抑制金属离子迁移，瓷、玻璃直流线路绝缘子需要采用特殊配方，成本也相对较高。对于合成绝缘子，离子迁移的问题比较容易解决，代价也比较小，因此其在直流线路上价格优势更明显。

葛沪、三常直流线路改造后的合成化率均已达到80%以上，三沪直流线路设计的合成化率也已达到62.5%。合成化的线段几乎没有再因污闪产生过跳闸。综合分析这些情况，我们认为直流线路全线合成化的时机已经成熟，我们拟在下一回直流——呼辽直流工程上实施。对所有直线悬垂串、耐张塔跳线串采用合成绝缘子；为稳妥起见，对耐张塔的耐张串采用预刷 RTV 的瓷质或玻璃绝缘子。这样，即便在线路投产后环境污秽有较大恶化时，也不必再安排停电调爬而耗费大量人力物力，也免除了人工擦洗绝缘子的工作负担，大幅度提高运行可靠性指标和资产的综合经济效益。对于交流输电线路，我们也从资产全寿命管理的角度出发，积极探索在交流输电线路实施全线合成化，并在府谷电厂送出线路工程中实施。今后我们还要进一步探索变电站外绝缘合成化的技术问题。

2. 输电线路的空中作业

数年前，国外就已采用直升机为载体用高压去离子水对带电运行线路的绝缘子实施冲洗，取得了成功的经验。从 2005 年起，我们开始积极探索在国内开展直升机冲洗带电绝缘子的工作。我们积极鼓励北京超高压公司与北京首都通用航空公司合作努力探索引进技术。在多方的共同努力下，2005 年底在三峡工程龙泉—斗笠Ⅱ回 500kV 交流线路上，实施了首次直升机冲洗带电绝缘子验证性作业，填补了国内空白。2006 年秋冬季在三广直流输电线路上首次进行了数百千米范围的商业化作业，避免了停电安排人工擦洗瓷质绝缘子，同时保证了线路耐污闪的性能，提高了线路运行的可靠性指标。

但是，直升机冲洗绝缘子也存在一些问题：一是对于积污时间较长、污秽较重的绝缘子，冲洗后的部分部位不及人工擦洗得彻底、干净；二是其费用较高，单位作业小时需支付 2.5 万元左右。因此，这种作业方式不宜作为一种常规维护手段，而更适合作为在特殊条件下的应急、后备手段。

直升机作业还有其他一些用途。直升机用于输电线路的巡线具有特殊优势。装载陀螺定位跟踪功能的红外线、可见光录像装备的直升机，其巡线效率高、视野宽，可以弥补运维人员徒步难以到达位置、人员肉眼难以分辨目标的不足。在 2008 年初的冰雪灾害中，我们乘用直升机勘查线路受损情况，指挥抢险作业，取得非常好的效果。在实践中，我们借助直升机巡线发现了多次线路缺陷并及时安排抢修，保证了线路的安全稳定运行。如高岭—姜家营线路导线遭开山炸石损伤、三峡—万县Ⅰ回线路金具严重缺陷等。直升机用于输电线路的零星抢修作业，如更换导线间隔棒、安装护线绞丝等，这些在国外已是成熟技术，其高效、快速、灵活的特点对于抢修作业来说极为突出，目前我国也正在积极研究相关技术和装备。

直升机冲洗带电绝缘子、修复带电线路缺陷、巡视线路等新的空中作业方式，开阔了我们的视野，为我们快速、高效地维护线路提供了更多的选择，从而更有利于提高输电线路的安全可靠性。

3. 研究更大截面导线在直流输电线路中的应用

在交流输电线路中，由于系统安全稳定方面的限制，通常导线的截面积并不是制约其输电能力的主要方面，增大导线截面积所带来的减少线损的好处也不是很明显。但是，对于直流输电线路情况则完全不同。当交流系统规模足够大时，直流系统的输电能力一般不受交流系统安全稳定的限制，而取决于换流容量。直流远距离输电由于输送容量大、利用小时数高，直流输电线路电阻产生的损耗率往往就比较高。三峡送出工程三大直流工程的线损一般在 7%左右。

为了降低线损，主要采取两种途径：一种是提高输电电压，降低输电电流，这也是我们采用±800kV 直流输电技术的主要目的；另一种就是增大导线截面积。一个直流输电工程采用何种电压等级、使用多大总截面积的导线与其输送容量、输送距离、利用小时、电价水平密切相关。即便是同样的电压等级，不同的工程可能也会选择不同截面积的导线。过去我们对这些问题研究不深，一般采用传统、经验的办法，首先确定导线电流密度，然后再选择导线总截面积和分裂数。

通过对±660kV 宁东—山东直流输电工程的深入技术经济比较，我们发现该工程由于输送距离长、利用小时数多、电价水平相对较高，应该采用较低的导线电流密度，即用总截面积更大的导线。而当总截面积一定时，分裂根数越少投资越省。这是因为分裂数减少后，导线的迎风面积（与导线总直径有关）越小，因而杆塔的投资就会有很大降低。但由于需要兼顾线路的电晕和电磁环境特性，线路分裂数根据电压不同会有一个最小限度。经过大量的综合计算分析，最后的结果表明，采用 $4\times1000mm^2$

的导线比原方案 $6\times630mm^2$ 的导线，每千米可节约造价 5 万元，而且由于总截面积增大运行的电阻损耗还有所降低。

现在，宁东—山东工程已正式确定采用 $4\times1000mm^2$ 的导线，相关的工程专项科研工作正在紧张进行。在此之前，国内输电线路中采用的最大导线为 $720mm^2$ 导线。$1000mm^2$ 导线研制和工程应用将使我国输电行业的技术水平再上一个新台阶。

几年来，建设运行部作为国家电网公司总部一个特殊的事业部，直接面对着基建、生产和资产经营一线的问题，面对来自不同领域、不同层次的管理、技术上的挑战，我们勇于探索、锐意进取，时刻不忘维护公司应有利益，着眼公司长远利益，在工作中取得了一些成绩，个人的政治、业务素质也有了一定提高。今后还要进一步注重能力的全面锻炼和提高，为公司的发展做出更大的贡献。

梁旭明：原国家电网公司工程建设部副主任、电网建设分公司副总经理，现任全球能源互联网集团有限公司副总经理（总师级）。

三峡直流工程是坚强国家电网的原点

（高理迎）

我是 1996 年 5 月博士毕业后正式到国家电网建设公司从事直流工程建设工作的。当时的周小谦总经理亲自面试，也就是 10 多分钟，就给了我这样一个非常难得的机会，让我可以一辈子和直流输电结缘。此前，我在清华大学主要承担国家“七五”攻关项目，进行直流控制保护系统的研发工作，该项成果后来被应用到嵊泗直流改造工程中。

我参加工作后的第一项工作是负责三峡第一回直流工程——三峡—常州直流工程的控制保护系统的咨询研究、技术谈判、联合设计等，后来随着工程的进展再兼顾换流站工程的全过程管理。

三峡直流工程前，我国建立了第一个商业运行的直流工程——葛洲坝—上海±500kV 直流输电工程（简称葛沪工程），这个工程在投运后问题较多，多种设备都出现过问题，工程没有取得预期的示范效应，以至于后来有一些属于典型的直流输电应用场合，也采用了交流输电方式，比如阳城送出工程等。

在三峡直流工程启动的论证和咨询阶段，除了总结葛沪工程的经验，我们更多将眼光投向了国外先进的直流工程，如巴西伊泰普直流输电工程等，了解这些工程的方案、特点，将各项经验和指标与之进行比对。当然，赶超世界先进水平，也是三峡直流工程建设既定的目标。通过各个单位和参建者的共同努力，克服重重困难，三峡—常州直流工程按期建成，达到甚至超过了预定目标。

紧接着又建设了三峡—广东直流工程、三峡—上海直流工程、呼伦贝尔—辽宁直流工程、德阳—宝鸡直流工程、灵宝背靠背工程、高岭背靠背工程。所有这些工程都取得了极大的成功，投资越来越省，性能越来越好，可靠性越来越高。

三峡直流工程在当时的历史条件下，体现出一系列显著的特点：

（1）三峡直流工程是创新型工程。三峡—常州直流工程采用了当时世界上容量最大的换流器（1500MW），具有世界最大的通流能力（3kA），在世界上首次采用 5in 晶闸管，具有最高的正反向闭锁电压。该工程投运 1 年内可靠性指标完全满足规范要求，单极闭锁次数 11 次，小于规范要求的 12 次，并且随着运行经验的积累，运行的可靠性和可用率指标大大提升。可以说三峡直流工程的成功实践，为中国的直流输电大发展奠定了基础，特别是高性能、大参数设备的应用，为后续直流输电在中国的创造性发展提供了良好的技术基础和决策信心。

（2）三峡直流工程是中外合作的典范工程。三峡—常州直流工程是中国和 ABB 公司合作的第一个直流工程。在合作过程中，随处可见文化和习惯上的冲突，技术思路上的矛盾，利益上的纷争。比如在管理理念上，中方更强调工程质量和工期的刚性要求；外方虽然也非常重视质量，但是更多的是要求保证专家员工的法定休息时间，对工期则并不十分在意。如何让外方专家在现场多出勤、多出力是中方管理团队最为操心的问题。在现场关系的处理上，ABB 公司认为应该是类似于交钥匙工程，由他们来管理现场所有的活动；中方则认为他们仅仅是设备供应商，按惯例处于现场管理层级的最末端，更谈不上可以指挥施工单位。当然，ABB 公司的观点可以说是比较先进的，到现在为止限于体制的原因，我们尚不能推广。尽管困难重重，各种冲突不断，但是最终双方都能以大局为重，加大投入，消弭争端。我本人曾被领导派往工地常驻超过一年，主要任务是协调中外关系，在工程现场我能公平处理各种利益关系，大家是信服的，最终也成为中外双方的朋友。三峡—常州直流工程是世界上第一个严格按照合同工期完工的大型直流输电工程。此前的巴西伊泰普直流工程、加拿大的 5 端直流工程、非洲的莫桑比克—南非直流工程均因为金融危机、劳工问题或战争原因等延期投产。

（3）三峡直流工程是中国电工装备成长的跳板工程。直流输电技术融合了传统输变电技术、电力电子技术、计算机分布控制技术等，具有极大的挑战性。在三峡工程建设前，我国常规的 500kV 交流装备技术尚不能完全自主，直流输电技术自主化的基础并不牢固。面对广阔的应用前景，中国做出战略上的决定，必须拥有直流输电技术；采用市场换技术战术，国产化率随着三峡输变电工程渐进提升。这是一种非常精妙的安排。如果外方断然拒绝，则损失了整个中国市场，比如阿尔斯通公司。如果选择合作，技术在短时间内仅仅转移一点点，对他们并不能形成威胁。印度和巴西伴随着工程建设也有这样的技术转让安排，但是都没有取得成功。有鉴于此，ABB 和西门子公司选择了合作。中国电工制造业抓住契机，尽管困难很多、底子很薄、体制机制不灵活，但是还是坚持前进。晶闸管从三常直流工程封装 72 片开始，逐渐发展到可以自主制造，从一家发展到两家；换流阀从组装开始，逐渐发展到自主研发，逐渐将关键元部件纳入本土生产；直流控制保护系统从引进成套设计技术开始，逐渐获得了硬件和软件技术，最终国内多家单位完全掌握了现代直流控制保护技术，并且在此基础上推陈出新，形成具有自主知识产权的系统产品；换流变压器从绕制线圈开始，逐渐发展到可以自己设计、制造、试验，并且把变压器绝缘油、铁芯取向硅钢、绝缘成型材料等配件的产业链固化在中国，使电工装备国产化走上了一条不可逆转的道路。只有装备制造业取得了发展，才能促进工程应用，才能追求更高更远的目标。

（4）三峡直流工程是技术思辨否定再否定的前进工程。三常直流工程由 ABB 公司提供主要设备，也是 ABB 公司和中国首次在直流输电领域的合作。在技术成长上，中外双方互相激励寻求优化解决方案。中国工程技术人员深受葛沪工程技术路线的影响，所以在合同谈判、联合设计、工厂试验、现场调试等过程中常常出现技术上的争论，对技术的走向产生了重大影响。比如 ABB 公司的直流保护系统设计建议采用“2 取 2”（类似于投票机制，“2 取 2”为 2 人投票，2 人赞同则执行；“3 取 2”为 3 人投票、2 人赞同则执行；以此类推）结构，中方坚持认为应该采用更加可靠的“3 取 2”结构，最后 ABB 公司改成了准“4 取 2”结构，基本上满足了中方的要求。但是在中国开始论证特高压直流输电技术方案的时候，ABB 公司坚决建议采用“3 取 2”方案。在平波电抗器的选型上，葛沪工程采用干式电抗器，但是考虑到三峡直流电流大，可能产生的热量和噪声也大，中方坚持选择了油浸式电抗器，这也是很不多见的选择，并且成为电流为 3kA 直流工程的不二选择。但是，这样的技术路线在直流电压大大提升的特高压直流输电工程中，显然是不合适的。但是在特高压直流技术方案论证过程中，是采用干式电抗器还是油浸式电抗器还是经历了多场论战，最终理性选择了干式电抗器。以上两点是技术演进过程中的浪花，也在推动技术进步。

三峡直流工程建设在各个方面都取得了极大的成功，可靠性稳步提高，投资逐渐下降，工期越来越短，国产化率越来越高。在三峡工程建设接近尾声的时候，中国决策者和建设者将目光投向了更远的西部，那里能源富集。中国经济要再上新台阶，需要开发新的动力源泉。金沙江流域可以新建更多的巨型梯级电站，但是需要更加高效、更加可靠的输电技术来承载电力输送的任务。有三峡直流工程作为基础，直流输电成为不二的选择，提升电压也是必然选择。从此中国进入了特高压输电的新时代，并且形成了以特高压为骨干网架的坚强国家电网。如果追溯原点，我们第一眼可以看到三峡直流工程。

高理迎：原国家电力公司电网建设分公司直流一处副处长，后曾任国家电网公司直流建设部副主任。

三峡电力系统模拟试验研究工作回顾

（印永华）

从20世纪80年代中期至20世纪90年代中期，原国家科学技术委员会先后下达了国家“七五”重点科技攻关项目（1986–1990年）、《三峡工程电力系统规划的关键技术研究》（75-16-05）和国家“八五”重点科技攻关项目（1991–1995年）、《三峡工程电力系统科研项目》（85-16-05），国内电力科研院所、规划设计部门、高校和相关电力运行单位共同承担了国家科技攻关任务。经过十多年的攻关研究，在三峡电力系统的规划研究工作中取得了丰硕科研成果，为三峡电力系统设计方案的拟定提供了技术依据。1994年6月，经电力部核定后三峡输电系统设计方案正式上报国务院三峡工程建设委员会审批。1994年9月，国务院三峡办组织专家组进行了初步审查，随后原电力部组织有关设计、科研和运行等单位开展了补充研究工作，上报了三峡输电系统设计方案的补充论证报告。1995年12月，国务院三峡工程建设委员会正式下达了《关于三峡工程输变电系统设计的批复意见》（国三峡委发办字〔1995〕35号），对三峡输电系统的若干重要问题做出了决策。

当时为了深入验证三峡输电系统的安全可靠性，电力部决定在前一阶段规划论证的基础上，抓紧开展三峡电力系统的模拟试验研究工作，确定的技术路线为：一方面建立国内的仿真模拟手段，采用全数字计算和数模混合模拟试验相结合的方法，开展三峡电力系统的国内模拟试验研究工作；另一方面，拟与俄罗斯直流输电研究院（NIIPT）合作，利用俄方拥有的世界规模最大的动态物理模拟设备和试验技术，开展三峡电力系统的动模试验研究。

通过三峡电力系统模拟试验研究，一方面可以进一步检验三峡输电系统设计方案，提出提高三峡电力系统安全可靠性的技术措施，促进对电网结构方案的优化；另一方面，通过与俄方的合作，推进我国电网仿真模拟技术的发展，提高电力系统规划、设计和科研水平。

电力部对开展三峡电力系统模拟试验研究工作十分重视，电力部三峡办在1995年8月2日和9月6日先后两次召开会议，讨论拟定了工作大纲。1995年9月8日，陆延昌副部长就三峡电力系统模拟试验研究工作提出明确要求：一是要做好充分准备，务求实效，起到指导系统优化的作用；二是利用此机会，了解和学习俄动模试验装置在软硬件、试验组织和结果分析方面先进的东西。1995年9月25–29日，电力部召开了三峡电力系统规划工作会议，全面布置了工作任务。1995年10月18日，电力部决定在部三峡办和国家电网建设总公司（筹）的领导下，正式组建三峡电力系统模拟试验研究工作组，组长单位为电力规划设计总院，副组长单位为电力部电力科学研究院（现中国电力科学研究院）；组员单位有中南、华东和西南电力设计院，华中和华东电管局，四川省电力局等单位；电力部计划司、科技司、安生司和国调中心等部门承担指导和配合工作。

1995年12月28日，电力部陆延昌副部长和周小谦总工程师专门召开有关网省局、规划设计和科研单位的主要负责同志会议，研究三峡输电系统模拟试验基础资料编制等有关问题，进一步强调了开展此项工作的必要性和重要性，并对模拟试验研究工作进行了具体部署。整项工作分为以下三个阶段：

一、1995年10月–1996年10月国内仿真计算阶段

按照电力部1995年9月三峡电力系统规划工作会议的要求，工作组各成员单位从1995年10月开始即进行了大量的调查研究和计算分析工作，并多次召开研讨会，经过反复核实和补充完善，在1995

年 12 月基本完成了《三峡电力系统基础资料汇编》，为深入开展三峡电力系统模拟试验研究工作提供了数据基础和依据。

1995 年 12 月-1996 年 6 月，工作组主要成员在北京实际集中工作达 4 个多月。在此期间，1995 年 12 月-1996 年 4 月，工作组开展了三峡电力系统的潮流计算分析工作，编制了《三峡电力系统潮流计算分析》专题报告初稿；1996 年 4-6 月，在潮流计算工作的基础上，按照《电力系统安全稳定导则》的要求，全面开展三峡电力系统的稳定计算分析工作，编制了《三峡电力系统稳定计算分析》专题报告初稿。

1995 年 6 月 24、25 日，工作组成员单位的主管负责人听取了工作组的汇报，讨论了本阶段的工作成果，并布置了进一步的补充完善工作。1996 年 10 月 22-24 日，电力部在北京召开了三峡电力系统模拟试验国内计算成果汇报讨论会，陆延昌副部长出席会议，并做了重要讲话，充分肯定了本阶段取得的数字模拟研究成果，指出本阶段的成果给下一步进行动态物理模拟试验提供了一个好的条件，打下了一个基础，使得动模试验的实用性和可信度能够有所保证。会后工作组对研究报告进行了补充修改，各参加单位组织力量对研究报告进行了全面校审，并正式印刷，报告共计有四卷，分别是《第一卷　总论》《第二卷　三峡电力系统基础资料汇编》《第三卷　三峡电力系统潮流计算分析》《第四卷　三峡电力系统稳定计算分析》。

二、1997 年 6 月-1998 年 10 月俄罗斯动模试验阶段

为了落实三峡电力系统俄罗斯动模试验工作，从 1996 年初开始，电力部三峡办负责与俄罗斯在北京的代表就动模试验工作的具体事宜进行了多次的商讨和洽谈，初步达成了共识。1996 年 11 月 21 日，由电力部三峡办班自勋主任率领的代表团到俄罗斯直流输电研究院（NIIPT，位于圣彼得堡）进行实地考察和动模试验合同的技术谈判。俄罗斯直流输电研究院是苏联时期的国家级研究院，曾经承担了苏联的大型交、直流输电工程的研究工作，拥有世界规模最大的动模实验室，该院对三峡电力系统动模试验工作十分重视，院长亲自出面接待并参加讨论会，主管技术的副院长主抓该项工作，自始至终陪同代表团进行考察和技术研讨，双方就合同的技术内容达成了一致意见。之后代表团又在莫斯科与合同牵头单位进行了商务谈判，经过深入细致的交流和讨论，双方对动模试验合同的商务内容也达成了一致的意见。

1997 年 6 月，三峡电力系统俄罗斯动模试验合同正式开始执行，中方技术人员根据试验工作的进展情况，分批抵达圣彼得堡；俄方派出以电力系统老专家为主的技术团队承担试验工作，他们在电力系统动态物理模拟方面经验丰富。

整个动模试验工作历时一年零四个月，1997 年 6-9 月，主要进行三峡电力系统动态等值方案研究，建立了包括三峡电力系统主要发电机组、华中和华东电网主干网架，以及三峡到华东全部三回直流输电工程的等值系统，为三峡电力系统动模试验的建模提供了合适的系统数据。1997 年 10 月-1998 年 10 月，主要开展三峡电力系统 2005 水平年和 2010 水平年的动模试验系统建立和试验研究工作，其中 2005 水平年和 2010 水平年分别使用模拟发电机组 58 台和 62 台，华中、华东和川渝电网的 500kV 主网架予以保留，华中至华东的直流输电线路予以保留，山西阳城至江苏和四川二滩至川渝的输电通道予以保留。这一动模试验系统规模在俄罗斯动模实验室的建模史上是空前的，基本上已达到俄罗斯动模实验室所能实现的最大建模规模，能够较好地反映三峡电力系统的动态特性。

在动模试验过程中，中方工作组与俄方工作组严格按照合同要求联合开展工作，包括进行三峡电力系统动态等值方案研究，对建模工程中的元件模型和参数进行校核和检查，共同商量和确定试验方案，对动模试验结果进行分析讨论，共同编写技术报告等。在每一段工作完成后，均有三峡电力系统模拟试验领导小组及工作组成员单位专家组成的代表团在北京或圣彼得堡进行阶段性审查验收，就动模试验技术报告中的一些重要问题与俄方进行深入讨论，提出进一步修改和补充意见，并就下一段的试验工作计划进行审查和确认，从而使动模试验工作按合同要求顺利进行。三峡电力系统动模试验完成的研究报告包括《技术报告之一三峡电力系统动模试验研究总报告》《技术报告之二三峡电力系统动模试验用等值方案研究》《技术报告之三三峡电力系统动模试验用建模方案》《技术报告之四三峡电力系统 2005 年动模试验研究》《技术报告之五三峡电力系统 2010 年动模试验研究》。

1998 年 10 月 28 日，国家电力公司三峡电力系统模拟试验领导小组听取了中方工作组的总结汇报，陆延昌副总经理、冉莹总工程师和领导小组各成员单位出席了会议。1998 年 11 月 4–5 日，俄方工作组抵达北京，中俄双方工作组分别向国家电力公司有关部局、科研单位、规划设计部门和网省局做三峡电力系统动模试验的总结汇报。与会代表围绕俄罗斯动模试验研究的思路、方法以及俄罗斯在电网安全稳定措施方面所采用的原则和经验，评价了中俄合作开展三峡电力系统动模试验所取得的成果和作用，认为经中俄双方技术人员的共同努力，圆满地完成了动模试验任务，验证了国内三峡电力系统研究结果的正确性；同时，也使我们对三峡电力系统的技术性能、存在的薄弱断面有了进一步的认识。会议还结合三峡电力系统的发展和工程进度，提出了进一步开展三峡电力系统规划滚动研究的工作建议。随后，国家电力公司以办计〔1999〕2 号文下发了三峡电力系统模拟试验动模试验总结汇报会的会议纪要。

三、1999 年 1–12 月国内数模混合仿真试验阶段

为深入研究三峡电力系统的关键技术问题，国家电网建设有限公司与电力部电力科学研究院合作，在葛洲坝—上海直流输电工程模拟实验室的基础上建设数模混合式“三峡电力系统仿真中心”。建设工作从 1997 年 1 月开始着手进行，通过广泛调研，确定与加拿大魁北克水电局研究院合作开展工作，包括研制交流电网和直流输电系统的数模混合模拟装置。魁北克水电局研究院实验室当时已实现了魁北克交直流混合电网的数模混合模拟，并开展了 750kV 输电工程和多端直流输电系统等试验研究工作，在数模混合试验方面积累了丰富的经验。在实验室建设过程中，魁北克水电局研究院与中方建立了良好的合作关系，三峡电力系统仿真中心建设工作进展顺利。

三峡电力系统仿真中心建成后的实验室设备规模是 20 世纪 90 年代亚洲最大的，达到了能较详细地实时模拟两个大区电网联网系统的目标。从 1999 年初开始，采用实验室边建设边开展试验的技术路线，首先开展了与俄罗斯动模的比对试验研究，以进一步论证三峡电力系统规划方案的安全可靠性。

与俄罗斯动模的比对试验研究历时约一年，提出了对三峡输电网络结构的改进方案和安全稳定措施，改善了电网中的薄弱环节和断面，增强了系统的阻尼特性，提高了三峡电力系统的安全稳定性，所得到的试验结果与俄罗斯动模试验结果总体上是一致的。

上述三个阶段历时四年多，分别采用全数字模拟、动态物理模拟和数模混合模拟三种仿真手段对三峡电力系统规划方案开展模拟试验研究工作，研究结果证实了三峡输电系统设计方案的正确性，同时也验证了三峡电站向华东地区输电采用纯直流输电方案在技术上是可行的。

印永华：原中国电力科学研究院总工程师。

圆　　梦

（陶瑜）

我从事直流输电技术研究和工程建设已达 40 余年，亲历了我国直流输电技术的发展过程，感慨颇深。

20 世纪 70 年代初，我跟随赵畹君老师走入直流输电技术领域，但苦于没有大型的实际工程，我们只从建立动模实验室起步，主要进行基础研究。80 年代，我国终于开始建设了第一个大容量的直流输电工程，即葛沪直流输电工程。借助这个工程，电科院引进了一套数模混合的仿真系统，我们算是首次接触了大容量、远距离的实际直流工程，并成为“老师”，为运行人员进行培训，当时全国从事直流输电工作的人员屈指可数。直流输电研究基地在电科院；运行基地主要是葛沪直流工程两端换流站；

理论基地就是浙江大学的直流输电研究室以及华北电力大学直流研究室。葛沪直流工程是我亲历的第一个大型直流输电工程，我们所有人员都很努力，但是国内没有话语权，一切由外方做主。

有些老直流技术工作者一辈子只参与、甚至只看到了 2～3 个直流工程的建设，可是三峡工程建设不到十年，就建设了三大直流工程，三峡直流工程的建设给我们从事直流输电的技术人员带来了希望和光明。再看今天，我国引领的特高压直流工程建成、在建和研究的就多达近十回；我们从事直流输电技术研究、工程设计、建设和运行的队伍已遍布全国各地，我国直流输电技术的发展已居世界首位，当年的小伙子、小姑娘，现在都成为我国直流输电技术的领军人物，真是不可同日而语。

三峡直流工程建设初期，以国家电网建设公司总经理周小谦为首的领导班子，做出了一个具有远见卓识的决策，那就是成立北京网联直流咨询公司，希望它成为中国的“泰西蒙”。公司的宗旨就是紧紧抓住直流工程功能规范书的编制，直至工程建设的起步和关键环节——直流系统研究和换流站成套设计，实现其国产化。这也是实现直流工程全面国产化的标志和基础。

北京网联直流咨询公司组建时，是一支老中青结合的队伍，既有章龙才、丁顺安这样的老专家、老领导，又有由各股东单位推荐的技术骨干，包括高斌、郑劲、杨金根、殷为扬、石岩、聂定珍、韩伟、沈顺民、张湛、刘先进、苏伟等人；更有年轻的博士/硕士，包括马为民、白光亚、李亚男、郑斌、刘宝宏等，他们从毕业至今绝大多数仍工作在直流工程建设的第一线，并成为不同岗位的领导。当时，很多人的人事关系还在原单位，尽管网联公司走过的路并不平坦，但是公司人员没有过多考虑个人的前途和安排，始终没有怠懈自己的职责，那就是使网联公司成为我国直流工程建设国产化和直流技术发展的一个臂膀。从三常直流工程开始，从工程功能规范书、换流站设备采购招标和合同谈判，直至联合设计、设备监造、系统调试，以及成套设计和控制保护系统的技术转让等各个阶段，网联公司都是其核心力量，并成为工程建设中科研、设计、设备制造，以及中外技术交流的结合点。也正是由于网联公司的建立，使得国家电力公司直至国家电网公司具备了一支专门从事直流输电工程建设的基本技术队伍，成为人才培养的重要基地之一。

我作为网联公司的一员，参加了三峡直流工程的建设，也因此圆了我从事直流输电技术研究和工程建设的愿望和梦想，也为此感受到我也为祖国的直流输电事业尽了一份力量。

陶瑜：原国家电力公司电网建设分公司北京网联直流工程技术有限公司总经理。

关于抑制直流偏磁的现场试验研究回顾

（印永华）

2002 年 11 月 22 日，三峡—常州±500kV 直流输电工程（简称三常直流工程）系统调试正式开始，标志着三峡外送华东和广东的直流输电工程将陆续进入调试投运阶段。负责系统调试工作的中国电力科学研究院与工程设计、设备制造、施工安装、工程监理和调度运行等各单位密切配合，精心编制系统调试方案，按照工程启动验收委员会的部署，认真执行现场调试项目，对一次和二次设备进行全面检验，保证工程安全可靠地投入运行。

2003 年 5 月，三常直流工程系统调试圆满完成并投入运行后，调试队伍转战到三峡—广东直流输电工程（简称三广直流工程）现场。2003 年 12 月 2 日三广直流工程系统调试正式开始，在调试过程中遇到的一个重要技术问题是如何抑制直流偏磁，这关系到系统调试工作能否按计划顺利开展，必须予以妥善解决。

产生直流偏磁的原因是：高压直流输电单极大地回线或双极不平衡运行方式下，会有一小部分入地直流电流经接地变压器中性点流入变压器，其大小与接地极址的土壤电阻率和直流输送功率有关，土壤电阻率越高，直流输送功率越大，注入电流也越大，影响范围也就越广。从理论分析和系统运行情况可知，这种运行方式在中性点接地变压器上产生的直流分量，会引起变压器发生直流偏磁；随着直流输送功率的增加，会造成某些流过较大直流分量的变压器发生磁饱和，导致电流波形畸变，产生高次谐波，危害变压器和电力系统的安全运行，还会对周边的其他设施产生一定影响。因此，需要开展入地直流电流分布预测和监测、直流偏磁预防和治理方面的分析研究。

在三常直流工程系统调试时，对直流偏磁问题已引起关注，由于三常直流工程受端位于长三角平原地区，接地极址的土壤电阻率较低，直流偏磁的影响较小，尚未影响到系统调试的进展和工程的投运。但三广直流工程受端位于多山地区，接地极址的土壤电阻率较高，直流偏磁的影响较大。2003 年 12 月，三广直流工程系统调试开始后，在单极大地运行情况下，岭澳和大亚湾核电站监测到了主变压器受影响的情况，岭澳主变压器中性点直流分量随着三广直流工程输送功率的不同而变化，噪声和振动也随中性点直流分量增加而相应增大。2004 年 3 月 3 日，还出现了一次天生桥—广东直流系统（简称天广直流）与三广东直流系统同极性单极大地运行的情况，岭澳主变压器中性点监测到的最大直流电流达到 43A，已严重超标。因此，该问题受到各有关方面关注。

2004 年 3 月，调试指挥部（刘泽洪、印永华和余军等）专程到大亚湾和岭澳核电站进行调研，并与大亚湾核电运营管理有限责任公司、广东中试所商定在单极大地回线输送大功率试验过程中，对岭澳、大亚湾核电站和广东网内接地极附近地区一些变电站主变压器的中性点直流电流进行严密监测，以深入了解天广和三广直流输电系统不平衡运行工况下接地极入地电流对变压器运行状态的影响及程度；在此基础上，进一步完善系统调试方案，以确保设备和系统的安全。

通过现场调研，调试指挥部掌握了第一手资料，决定在三广直流单极大地回线输送大功率试验中，利用天广直流双极不平衡运行方式来产生反向接地极入地电流，抵消一部分三广直流单极大地运行方式接地极入地电流，减小对岭澳核电等主变压器运行的影响。在调试指挥部的统一组织下，通过对相关测试资料的深入计算分析，精心制定了调试方案，圆满地完成了极 1 大地回线下的大功率试验，包括直流输送功率 1500MW 水平下的大地/金属回线转换试验。

上述方法利用另外一直流工程双极不平衡运行方式产生反向接地极入地电流，来补偿本直流单极大地运行方式接地极入地电流对交流系统运行的影响，能够抑制系统调试时的直流偏磁，在直流输电工程接地极对交流系统影响这一复杂技术问题的试验研究方面具有独创性；系统调试中得到的测试数据可作为编制电网调度运行方式的重要依据。

为了确保岭澳和大亚湾核电站主变压器能够在三广、天广等直流输电系统各种运行方式下安全、正常地运行，2004 年 4 月广东核电合营有限公司委托中国电力科学研究院对抑制流过岭澳和大亚湾主变压器中性点直流电流的措施进行了深入研究，并研制了变压器中性点直流分量抑制装置。该装置利用电容器能隔断直流的特点，通过在变压器中性点上装设电容器来抑制并消除流过变压器的直流电流。采用该装置后，有效地阻断了直流单极大地运行方式下变压器中性点的直流分量。此后，根据实际运行情况，对该装置又做了进一步的改进和完善，并在哈密—郑州和溪洛渡—金华等直流输电工程中得到了推广应用。

印永华：原中国电力科学研究院总工程师。

三峡直流建设回忆录

（马为民）

我毕业于武汉水利电力大学电力工程系高电压技术及设备专业，获博士学位。1996 年完成清华大学电机系博士后流动站的科研任务后来到北京网联直流咨询公司工作，有幸成为举世闻名的三峡工程建设队伍中的一员，亲身参与了三峡至常州（三常）、三峡至广东（三广）、三峡至上海（三沪）等三峡电站外送全部直流工程的建设，见证了我国的直流输电技术从起步到世界先进水平的发展历程。

根据三峡工程的分电方案，部分电力要输往华东地区，经过反复论证需采用直流输电，输电距离约 890km。因此国家决定建设三峡至常州±500kV、3000MW 直流输电工程，这是当时世界上直流电流最大的 500kV 直流工程。葛沪直流输电系统是我国第一个大型直流输电系统，基本是全部依靠国外技术建成的，1989 年投运后就再没有建设其他直流工程，这使我国当时的直流输电技术力量几乎为零。新的直流工程建设对电力部门甚至对国家来说都是一件大事，为此 1996 年国家电网建设总公司专门成立了北京网联直流咨询公司（简称网联公司），负责三常直流工程的技术咨询。网联公司是我国当时唯一专门从事直流输电技术咨询的机构，虽然要承担极为重要的直流工程咨询工作，但这里仅有少数同志有过直流输电的工作经历，大部分技术人员都是长期从事交流输电研究和设计，有些甚至是初出茅庐的小将，我们几乎是白手起家，通过“中外合作，中方多做工作”的方式，与加拿大泰西蒙咨询公司合作，承担起三常直流工程的技术咨询，并于 1999 年成功编制了该工程的功能规范书，完成了直流输电技术从无到有的转变。

与交流输电相比，直流换流站功能要求特殊，技术环节众多，设备造价高、难度大，是一个复杂的系统工程，不同的工程往往需要开展专门的系统研究和成套设计。为了能独立自主地承担直流工程的建设，仅仅编制功能规范书是不够的，于是网联公司依托三广直流工程进行了直流系统成套设计的技术转让。2001 年 10 月，一支由多名博士、硕士组成的技术队伍来到了瑞典卢得维卡，ABB 电力系统公司所在地，承接直流系统成套设计技术转让。瑞典的冬天可以用“暗无天日”来形容，太阳懒得每天只肯露两三个小时的面，室外气温动辄零下 30 多度，无休无止的飞雪仿佛要把整座小镇掩埋。我们这支队伍中的大部分人来自中国南方，每天要在漫漫黑夜里步行近一个小时上下班，感觉脑浆都快冻成冰坨。尽管户外是寒冷漆黑的，屋里却总是灯光长明，大家心里更是燃烧着一团火，这既有对新知识的渴望和对新领域的探求，更有要开创我国直流输电技术新篇章的使命。郑斌，西安交通大学博士，有博士后的工作经历，新婚燕尔就随队伍来到瑞典；聂定珍，具有丰富工作经验的过电压专家，多年从事电力系统过电压研究，尽管体弱多病，但还是和大家一道起早贪黑地战斗；陶瑜，德高望重的专家型领导，是经历葛沪直流工程建设的老专家，年近六旬仍然亲临一线指挥……大家把所有的困难都抛在了脑后，怀揣着梦想，就这样从十月走进了圣诞，又从圣诞走过了春节。

宝剑锋自磨砺出，梅花香自苦寒来。像 ABB、西门子这样有经验的大公司，完成一个直流工程的成套设计通常要半年多的时间，而我们经过四个多月的艰苦努力，不仅掌握了直流系统成套设计的全部技术，而且还自主完成了我国第一个全自主化的直流工程——西北与华中联网工程，即灵宝背靠背直流工程的成套设计。《主回路参数》《过电压和绝缘配合》《无功补偿及控制》《交流滤波器设计》《直流控制和保护》……一份份沉甸甸的研究和设计报告，打破了国外公司对直流输电技术的垄断，令国外的同行刮目相看。灵宝工程开启了我国直流输电工程自主设计、自主制造、自主建设的全新模式，从此我国的直流输电事业日新月异，高海拔直流技术、分层接入技术、特高压直流输电技术不断被攻克，一个个 500、660、800kV 直流工程相继建成投运，未来还将建设 1100kV 直流工程，我国成为世界上首屈一指的直流输电大国、强国。

我国直流输电技术发展一开始就制定了最终实现完全国产化的战略目标。直流输电技术非常复杂，原始创新需要相当长的时间，为了适应工程建设的需要，我们首先是以市场换技术，通过合作生产和技术转让实现快速起步，然后消化吸收并自主创新。直流输电工程建设的龙头成套设计是这样，各种装备技术的提升也是这样，像晶闸管换流阀、换流变压器、直流控制保护等直流输电核心设备的从无到有都经历了相同的过程。经过十多年的努力，直流输电国产化的战略目标已经实现，世界上最大的直流输电试验基地在中国，世界上规模最大的直流输电系统在中国，世界上最先进的直流输电技术在中国，中国的直流输电技术取得了世界的话语权。这是中国电力人的骄傲，是中国的骄傲！

马为民：原国家电网公司直流建设分公司总工程师，现任国网北京经济技术研究院副院长。

第四节 工 程 创 优

2000年9月再次考察三峡

（黄毅诚，2000年10月）

两年多没有去三峡了。两年来，三峡工程变化很大，完全达到了预计的建设进度。1998年秋来三峡时，刚刚完成了上下游围堰，正在清理大坝基础。现在发电的大坝段已建到相当的高度，发电的导流管、水轮机的涡壳已开始安装，从坝上看，发电机厂房已见雏形。

1984年年初和1990年，我参加了两次国家组织的三峡工程可行性论证会议，第一次是由国家计委和国家科委受国务院委托联合进行的，第二次是由国务院直接组织的。在会上听了赞成上三峡和反对上三峡两方面的意见后，促使我形成了赞成上三峡的观点。三峡工程对国民经济的发展将产生重要影响，它建成后效益是多方面的，防洪、发电、航运、灌溉、引水……其中，最重要的是防洪，但防洪不易算出直接的经济效益，也无法用防洪效益来归还银行贷款。经过深入的对比和研究后，1991年9月，我写了《从发电效益看三峡工程》一文，文章主要结论是单纯从发电效益来看，建设三峡工程也是划得来的，经济效益也是好的，并在文中提出，以三峡发电厂为中心，促使全国电网相互联结起来，成为全国统一的特大电网，那将产生出更大的经济效益。

三峡工程是世界瞩目的特大型水利工程，不论是赞成还是反对上三峡的人，都十分关注工程的两大问题：一是工程质量；二是到底要花多少钱投资。

工程的质量包括设计质量和建设质量。三峡工程的全部设计是由长江水利委员会办公室（简称长办）负责的。几十年来，长办已经设计了许多大型水利水电工程，如丹江口、隔河岩等，都是成功的，他是一个有经验的设计部门。对三峡工程他们已进行了多年科研准备工作，而且和世界许多著名的水利设计部门进行过交流，在国内也进行过多次反复的审查。可以相信，三峡工程在设计上不会出现大问题。我个人多年的观察认为，长办的设计是“万无一失”的。建设中的施工质量，从原材料进场的检验到施工操作，都受到严格的管理和控制。三峡公司的几位领导，都亲自领导过大型水利工程的建设，特别是主要领导，亲自领导过刘家峡、龙羊峡等大型水利工程的建设。他们在建设中绝对不会乱来，不会为抢进度或为节约而忽视质量，开工几年来的实际工作也证明了这一点。但由于施工队伍的素质，再加上有时监督不到位，可能出现一点局部的小问题。应当要求进一步提高施工队伍的素质，并要加强施工现场24小时的监督工作。

对三峡工程担心的第二个大问题，就是投资能否得到控制，怕的是“工程马拉松，投资无底洞”。国外也有报道说，三峡工程的总投资要达到甚至超过1000亿美元，合8000多亿人民币。从正式开工的几年看，不论是导流、截流、大坝建设等工程，基本上都是按预定的工期进行。预计2003年第一批机组运行发电，是可以做到的。工程能做到按预计进度，就创造了投资不突破概算的好条件。

1993年三峡工程的投资总概算是900.9亿元，其中移民费用400亿元，工程费用500.9亿元。当时预测，在施工的17年中因物价上涨需要增加投资749亿元，建设期的利息为389亿元，三项相加共计2039亿元。从这7年多执行的实际情况来看，由于国内物价指数大幅度下降，因物价上涨要增加的这一块费用也大幅度下降，可能在400亿元左右。贷款的利息也下降了不少，因利息增加的费用也可能下降到300亿元左右。所以说三峡工程的动态总投资很有可能控制在1600亿元之内（约200亿美元）。我个人认为这是上限。当然，在今后的施工中，还要严格控制投资，特别是移民费用。三峡工程是新中国成立以来人均移民费用最高的水利水电工程，开了一个移民费用高的先例。已同各地区签订的移民合同，绝对不应再突破。

1991 年 9 月，我所写的《从发电效益看三峡工程》一文，肯定了三峡工程发电后，经济效益是好的。经济效益好当然不是从卖高价电中得到，那算什么本事。所以，我十分关注三峡工程发电后的合理上网电价，上网电价要保证能还贷付息，但一定要大大低于燃煤发电的电价。做到这一点，才能说三峡工程的经济效益是好的。

关于这个想法我曾多次同三峡公司的领导同志们谈过。1998 年秋我又去三峡进行调查时，不巧当时三峡公司的领导都被国务院叫到北京开会，出面接待我的是三峡公司的总经济师和办公室负责人。在交谈时，他们说预测发电后，上网电价每千瓦时要达到 0.4 元以上，超过了当时湖北省新投产的燃煤电厂的电价（襄樊电厂 1999 年 12 月全部建成投产后，国家批准的上网电价为每千瓦时 0.35 元）。我回答说，若上网电价真的达到每千瓦时 0.4 元，三峡工程从发电看效益并不好，可能不算是成功的工程。这次和三峡公司几位领导一起讨论三峡工程建成后的上网电价时，我们基本上取得了共识——每千瓦时 0.25 元左右。将来发电厂的发电成本，不含归还贷款，也不算折旧（因为新建水电厂的折旧 95%以上也是用来还贷），大约在 0.03 元/kWh。这样每发 1 千瓦时电就有 0.2 元以上用来归还贷款，三峡工程预计平均一年可发电量 860 亿 kWh，就可以筹集约 200 亿元用来归还贷款和付利息。

真正需要归还的贷款不超过 600 亿元，其中由国家开发银行贷的款是 300 亿元，用出口信贷购买国外设备不足 14 亿美元，约折合 110 多亿元，另外就是三峡公司自己发行的债券。而整个三峡工程的资本金超过 900 亿元，其中包括全国支援三峡工程在用电上每千瓦时电费加征的几厘钱、葛洲坝电厂的收入和从 2003 年起三峡电厂发电的收入。资本金应是只付利息，而不还本，将来可以考虑向社会上转让一部分，使三峡工程股份化，增加的收入用来建设新的水电厂。三峡工程在 2003 年发电后，收入逐年增加，除用于建设外，应千方百计筹集资金归还国家开发银行的高息贷款。

如上所述，投产后的上网电价定在每千瓦时 0.25 元左右是可行的，并可在投产后的 10 年内还完全部的贷款，这样就可以说从发电效益看三峡工程的经济效益是好的。上网电价比同地区的燃煤电价低 0.10 元，不论是社会上还是用户都是可以接受的。

1995 年 3 月，我又写了《建设三峡工程应狠抓节约和效益》一文，当时有人说抓节约和效益，讲多少年都没有错。在我的文章里不只是讲空洞的原则，而是提出了很多具体的要求。如文中讲到，三峡工程的发电机组，我国完全可以自己制造。论据很清楚，水力发电设备在制造上的难度，不是根据它的发电功率大小，而是根据水轮机转轮直径的大小，相同功率的机组，水头越高，其转轮直径越小。在 20 世纪 70 年代完全由我国自己制造的葛洲坝水电厂的发电设备，其中单机容量 17 万 kW 的水轮机转轮直径为 11m，12.5 万 kW 的也接近 10m，而三峡工程的水轮机转轮直径不足 10m。这次我特意又去葛洲坝水电厂进行调查，安装的 21 台国产大型机组已运行了 20 年，设备运行的情况都很好。2000 年来水不大也不小，正好保证所有的 17 万 kW 机组都能满发，而 12.5 万 kW 机组都在超发。在我和三峡公司领导们讨论这个问题时，这次他们也承认三峡工程的发电设备国内都能制造。但一种说法是我们设计的机组效率不如国外，还不会使用三元流的设计原理。流体动力学的三元流设计原理用在火电厂汽轮机设计上，已有 10 多年的时间。用它来改造已运行的 20 万 kW 汽轮机，可以提高 5%的效率，我国已完成了几十台的改造。用在水轮机设计方面的情况，我说不清。还有一种说法是，国内生产的水轮发电机组，质量没有保证，葛洲坝、龙羊峡等水电厂开始都出过问题，在三峡安装使用很不放心。这个提法，看起来不是没有道理的。国内生产的大型设备，若能认真制造，严格质量管理，是可以做好的，否则会出现问题。过去水轮机出过的几次大问题，就是在安装好后一发电就烧推力轴承。现在哈尔滨和东方制造厂都建了推力为 1:1 的推力轴承试验台，所有的推力轴承在出厂前都做试验，不合格就不能出厂，这样，今后可能就不会再产生烧推力轴承的问题了。

我在《建设三峡工程应狠抓节约和效益》一文中提出的另一个事例，就是应将和三峡水电厂配套的 15 条 500kV 的输电线路减少到 8 条，这样可以减少 100 多亿的投资。在国外，一条 500kV 的输电线路可以输送 300 万～360 万 kW 的电力，而在我国只送 80 万～100 万 kW，这是一个很大的浪费。这种情况是我亲身在日本看到的，以后有人在国外考察也有报告得到证明。1995 年我提出这个建议后，没有听到一个人出来反驳。但也没有听到要改变 15 条线路设计的动静。若怕我们自己没有设计经验，可以请国外专家来设计或咨询。

1991 年我去瑞士考察过，他们把现有的水电厂都进行了技术改造，改造的核心是提高水轮机、发电机及系统的效率。改造之后，由于效率提高而增加了发电出力，一般可以增加 15%左右。我国也应将 70 年代完全用自己的技术设计和建设的葛洲坝水电厂的机组用现代最先进的技术进行改造，改造可以结合大修分批进行，改造以提高机组综合效率为核心。把 21 台机组全部改造后，可以增加近 40 万 kW 的容量，相对于一个中等规模的水电厂，并大大提高电厂的自动化水平和安全水平。改造用的投资约只有新建电厂的十分之一，做到少投入多产出，将有很好的经济效益。

我的报告没有同别人讨论过，是根据自己对事物的了解和认识而写的，所用数字可能没有那么准确，只是算了一个大账，提出来供大家讨论和参考。若有不对之处请指正，特别是三峡公司的各位同志。

黄毅诚：原能源部部长。

三峡输变电工程（华东段）建设情况回顾

（周道和　王建中）

1998 年 8 月，因三峡输变工程建设的需要，当时的中国电网建设有限公司在华东地区组建成立了常州分公司，作为中国电网建设有限公司的派出机构，其主要职责是负责三峡输变电工程在华东地区建设项目的现场管理工作。此后几经电力体制变革，机构更名，现为国家电网公司直流建设分公司常州工程建设部。

根据当年国家对三峡输变电工程建设规模的批准规划，由常州工程建设部负责现场管理的三峡输变电工程有：新建±500kV 三常、三沪直流输电工程政平、华新、枫泾换流站 3 座，换流容量 900 万 kW，直流线路 1082.012km、接地极线路 110.699km；新建阜阳—洛河、武南—瓶窑、武南—繁昌、政平—宜兴、苏州南—车坊、湖州—王店等 8 条 500kV 交流线路，新建 500kV 安徽阜阳、巢湖、宣城，江苏宜兴、苏州南，浙江湖州 6 座变电站，扩建杭东、宜兴Ⅱ期、苏州南Ⅱ期、湖州Ⅱ期、杨高 5 座变电站，共新增变电容量 850 万 kVA。

作为建设三峡输变电工程的亲历者，在长达十余年从事三峡输变电工程建设管理的过程中，我们的做法和体会是：

一是积极争取各级政府支持，为工程建设创造有利条件。三峡输变电工程规划由国务院三峡建设委员会一次核准，国家电力（电网）公司采取分部实施的举措，确保了各项工程都能列入国家重点工程项目计划，从而大大缩短了工程建设前期时间，减少了行政审批环节，提高了办事效率。在具体项目实施过程中，我们积极依靠沿线地方政府，在线路通道保护、换流站征用土地、房屋拆迁以及青苗赔偿等政策处理工作方面争取政府支持，联合制定各项赔偿政策，为工程建设创造有利条件。

二是充分调动员工积极性是顺利完成三峡工程建设的基本保证。常州工程建设部人员大多是来自于供电局、送变电公司和葛洲坝换流站的骨干。他们有的远离家乡，放弃优越的工作生活条件，有的放弃优厚的薪酬，从五湖四海来到常州，义无反顾地参加三峡输变电工程建设，来常州后也面临如住房安置、子女入学、家属就业等种种困难。为此，我们千方百计协调常州市政府相关部门，在市中心为大家解决房源、在市重点学校解决子女就读，并为部分家属安排了就业，彻底解决外来员工的后顾之忧，使他们能够全身心投入三峡工程建设。真诚和温暖极大地激发了员工的积极性，使得我们这支来自五湖四海的员工队伍极具凝聚力。虽然我们固定员工不超过十人，聘用员工也不过二十余人，但就是靠这支年均三十岁的队伍，顺利建成了以3座±500kV换流站为主体的大小36项三峡输变电工程，书写了输变电工程建设史的新篇章，同时为国家电网公司后续特高压工程建设培养了一批优秀的技术、建设管理人才。

三是结合实际，不断提升现场管理水平是三峡输变电工程建设的重要手段。三峡工程是“千年大计、国运所系”。在三峡输变电工程建设现场管理过程中，我们始终坚持“安全第一、质量第一”方针，大力推行安全文明总体策划和创优策划。督促施工单位严格执行三级质量自检，认真组织中间验收和竣工预验收，积极配合国家级竣工验收。通过积极有效的协调沟通，促进各参建单位围绕各项工程的进度、安全、质量目标措施的实施，从而使项目安全、质量均处于“可控、能控、在控”状态，达标投产率达到了100%。其中三常、三沪直流工程和宣城变电站获国家优质工程银奖。苏州南、巢湖变电站等工程获国家电网公司、电力行业优质工程称号，工程创优率超过了50%。

在三峡输变电工程建设现场管理的实践中，我们还不断通过加强对监理的监督、检查，推行“小业主、大监理”的管理模式。在保证安全、质量的前提下，充分调动各参建单位的积极性。科学组织、合理安排，确保了在华东地区三峡各项输变电工程建设任务的完成，保证了三峡电力电量的送得出、落得下、用得上。

四是通过加强自主创新，采用先进的技术工艺，成功进行了政平换流站噪声治理，得到了换流站周围居民和政府环保部门的一致好评，也为后续换流站噪声治理提供了宝贵的经验。±500kV三沪直流工程被国家命名为环境友好型工程。

五是坚持工程建设和廉政建设一起抓，是三峡输变电工程建设的重要特点。在十余年的三峡输变电工程建设过程中，我们始终坚持工程建设和廉政建设一起抓。一方面，我们积极参加“三讲”“党的先进性教育”和科学发展观教育等活动，通过教育使全体员工在思想上树立起牢固的反腐防线，行动上自觉抑制各种腐败的诱惑，清清白白做人，踏踏实实做事；另一方面，我们积极接受国务院三峡办历年来持续不断、全方位的工程稽查，虚心听取稽查组的意见和建议，及时整改在建设过程中存在的问题，不断持续改进和提升建设管理水平，自觉增强反腐倡廉的自觉性，不但顺利地完成了各项工程建设任务，而且未发生任何违法、违反廉政规定的事件，不但确保了工程项目的安全、质量无事故，而且也保障了员工队伍的安全无事故。

周道和：原中国电网建设有限公司常州分公司经理。

王建中：原国网建设有限公司常州工程建设部经理。

电网建设的新篇章

——亲历三峡输变电首项工程长万线建设

（姜绍俊）

1994年全世界瞩目的三峡工程开工，三峡工程是规模浩大、具有多重功能、综合效益良好、功在当代利惠千秋的超大工程。三峡电站装机26台70万kW机组，容量1820万kW，多年平均发电量847亿kWh。后来电站地下厂房按规划增装了6台70万kW机组，总容量达到2240万kW。1994年全国电力总装机规模18 291万kW，发电量8364亿kWh，可以看出，三峡电站地上部分的装机和发电量都占全国的十分之一还多。时任国务院领导敏锐地注意到，三峡输变电工程建设将为全国电力联网创造契机，三峡电站所发电力将通过电网输送至华东、华中、川渝甚至华北等电网，从而推进全国联网。

为此，国务院果断地做出了两项重大决策：一是以三峡电站送出工程为基础形成三峡电网，并以三峡电网为中心实施全国联网；二是为实施上述决策，决定设立国家电网建设总公司承担三峡输变电工程建设和推进全国联网的职责。

1995年电力部决定抽调部总工程师周小谦，华中电管局副局长霍继安，部基建司副司长、电力建设技术经济中心主任芦元荣和我（时任部办公厅主任）四位同志组成筹备小组开展工作。1996年6月18日，国家电网建设总公司在北京宣告成立，在钓鱼台国宾馆举办了盛大的成立仪式。主管三峡工程的国务院副总理邹家华做了重要讲话，他指出，国家电网建设总公司是国务院专门为三峡工程和全国联网设立的公司，要发挥其作为国家公司的统筹、协调作用，搞好电网建设。他还为公司题字："统筹"，寓意十分明显。为此公司高配干部，国务院任命原国务院副秘书长、国务院三峡办副主任李世忠担任公司董事长，电力部总工程师周小谦担任总经理，副总经理由电力部遴选正局级干部担任，我和霍继安就任，芦元荣、丁功扬任顾问。

国家电网建设总公司成立之后本着边组建边工作的原则，立即开始考虑三峡首项输变电工程。我们充分意识到公司进行的三峡首项输变电工程有重要的示范意义，为各地方政府、相关中央企业和全国电力设计、施工企业所关注，为此公司确定首项工程的选取和工程建设要具有创新性，示范意义要充分显示，要为广大的电力建设企业树立信心，要做改革的带头人。

我们遇到的第一个问题是选什么工程作为首项工程。1994年三峡工程虽已开工，但主要的任务是大江截流、坝体浇筑等水工建设，三峡首台机组要到2002-2003年才能投产，显然提前建设三峡送出线路既无必要，也积压资金，在基本建设程序上是犯大忌的事，为此我们决定把眼光放远些。当时位于长江上游重要支流雅砻江上的二滩电站正在建设，这是当时我国正在建设的最大水电站，装机330万kW，多年平均发电量170亿kWh。1994年四川省（当时重庆尚未直辖）年发电量525亿kWh，二滩的发电量为四川省全省发电量的三分之一，在四川省消纳是很困难的。而且从1996年开始全国用电量增速开始回落，1996年四川省发电装机较上一年增长11.67%，而发电量仅增长7.3%，1997-2000年用电增长持续回落，"九五"期间，四川省（即重庆直辖后川渝电网合计）用电量平均增长3.5%，呈现需求不畅的态势。二滩电站面临陆续投产，急需落实送电方向和送电规模等问题。由于从1997年开始，重庆市升格为直辖市，四川电力系统旋即变为川渝电力系统，重庆市也组建了省级电力企业——重庆市电力局。四川向重庆送电成为两个省之间的事，需要为之统筹协调。国家电网建设公司充分发挥了统筹作用，决定以开展相关协调沟通工作尽快确定首项工程。我们首先拜访了二滩电站的最大投资者——国家能源投资公司，该公司总经理王文泽热情接待了我们，在介绍了二滩电站的建设情况之后，王总提议尽早建设重庆长寿至万县的500kV线路，打通重庆到库区的输电通道。当时重庆市已经决定在其辖区建设川东化工厂，作为库区建设的重大项目。为此我们又拜会了重庆市人民政府，李德水副市长接待了我们，完全支持建设长万线，以便为库区输入强大的电力资源。在此基础上，我们又与四川电力局石万俭局长、主管基建的何荣钦副局长，以及重庆电力局的负责同志充分协商沟通，敲定了长万线工程开工建设的细节，随后向三峡工程建设委员会办公室（简称三峡办）汇报了首项工程选取长万线工程的各项工作，得到了三峡办的支持，纳入了建设计划。

1997年2月，国家电网建设有限公司在万县主持召开三峡输变电工程四川协调会议，会议就长万线工程建设有关问题进行协调，达成一致意见。

长万线于1997年3月开工，在万县举行了开工典礼，典礼十分隆重，国务院三峡建委、国家计委、电力部、重庆市及国务院有关部门领导出席，53个单位200余名代表参加典礼。国务院副总理邹家华发来贺信，国务院三峡建委副主任、国务院三峡办主任郭树言发表讲话，邹副总理和郭主任要求国家电网建设公司和各参建单位要全面贯彻执行国务院三峡建委提出的项目法人责任制、资本金制、招投标制、工程监理制和经济合同制（简称"五制"）要求，优化设计，加强管理，精心组织施工，确保工程质量，建设一流工程。为此国家电网建设公司确立了严格遵循"五制"要求，做践行"五制"的模范，将长万线工程作为投产达标的世界一流试点工程的目标，结合长万线建设，我们在以下四个方面做了大胆的创新。

第一，创新招投标方式，合理中标，使工程施工者、工程管理者、政府机构各得其所，构建一个新型、和谐的项目法人与投标单位间的关系。

招投标的形式很多，过程中也有很多环节，但最关键的是标价。对于发标者而言，有两种不同的选择，一是最低价中标，另外一个是合理价中标；对于投标者而言，因为是与其他投标者和发标者博弈，因而有投标策略的选择。国家电网建设公司对此的考虑是，综合考虑投标者的实力和合理的标价选择中标者。我们认为，一方面三峡输变电工程是千秋万代的伟业，一定要交出让全国人民满意的工程，最关键的是质量一流，经得起历史的考验，所以要选取性价比合理的投标者；另一方面，投标者怀着对参与三峡工程这一伟业崇敬的心情，因而要让他们在应对三峡工程风险的同时，获得他们应有的权益，所以我们摒弃了最低价中标的原则，而采用合理价中标。那么，怎样确定合理的标价呢？我们认为应该排除“自由裁量权”，使得合理的标价的确定纳入一个计算程序，让各种数据说话。首先，工程设计单位提供的设计文件中给出了较为精准的工程量和汇总的总投资，成为设计概算，公司另行组织专家依据经验测算出认为中肯的标价，公司决策机构再依据这两个结果，确定公司认定的“合理标价”；其次是对所有投标者的标书进行审查，计算出投标者申报的标价的平均值，然后将此平均值与公司的底价再平均，得出的数值称为“靶心”，投标者的标价与之相差较小，在允许差值范围内的中标，差值超过允差的则不中标。此种程序使得中标底价在开标之后很短时间内就能确定，这保证了评标过程的“绝对公平”，增强了评标过程的期盼感，广受投标者的欢迎，认为公司此举是招投标的重要创新。

第二，采用多种方式激发全国送变电施工企业、土建施工企业对三峡工程的参与度。

我国省级送变电施工企业30余家，基本上每省都有一支装备精良、技术优秀、经验丰富的送变电施工队伍，我们认为让这些公司广泛地参与到三峡输变电工程建设中来，一方面能保障工程建设质量、工期和经济效益；另一方面，对施工队伍来讲也是一个锻炼，对于增加其大型送变电工程施工的业绩大有裨益。为此公司采取了一系列措施：一是充分利用建设首项工程的机会邀请更多的送变电公司广泛参与投标，在宣布中标单位的时候公司举办了盛大的招待会，除投标单位外，还邀请了参加投标的部分施工企业、设计单位、监理单位参加。会上国家电网建设公司领导介绍了三峡工程的重大意义，各施工企业参与三峡输变电工程的机遇，公司公正公平对待建设过程各环节的态度，令参会企业代表十分感动；二是广泛参与送变电施工企业的行业性活动，1996 年 10 月中国电建企协送变电施工企业专委会第七次年会在福州召开，我代表公司参加了此项活动，重点介绍了三峡输变电工程概况和公司有关工程建设的政策规定，成了这届年会的热门话题，扩大了宣传范围，得到了施工企业的热烈响应；三是对一个单位工程而言，尽量吸收更多的企业参与建设。长万线工程线路约 160km，变电工程在万县建设一座 500kV、75 万 kVA 变电站，在长寿变电站有一个 500kV 出线间隔。将 160km 线路分成四个标段，每个标段约 40km，虽然每个标段工程量并不大，但可吸收四个公司参与，最终东北送变电公司、青海送变电公司、湖北湖南送变电公司等公司分别中线路标，500kV 万县变电站工程由安徽送变电公司承担建设。在实际工作中不同的施工单位形成互相竞赛的局面，各个单位表现都十分优异。参加整个三峡输变电工程的设计、施工、调试、科研单位，为这些单位创建业绩、技术升级、管理优化起到了巨大的作用。

第三，开展“建线路，创文明”活动，使企民关系融洽，受到地方政府好评，营造了一种和谐建设的机制。

送变电工程地处野外，特别是线路工程，或涉及农地、农舍、园区、林场、军事营地等，需经常与老乡或者单位打交道，搞好相关的经济关系、人文关系，这对于保障工程顺利进行至关重要。公司清醒地意识到了送变电工程的这一特点，在长万线施工过程中公司在各施工企业的支持下，组织实施了“建线路，创文明”活动，即建设输电线路，共建精神文明。所谓共建指的是施工企业与当地乡镇政府、村镇居民共同创建工地周边文明和谐的施工环境，其内容是：在工程费用合理的情况下，优先使用本地的人力、运输力量和地材，让当地居民从工程中通过自己的劳动获益；针对当地经济处于后发状态、县级财政较为困难的情况，施工企业发动个人捐助和企业捐助相结合的捐助活动，捐助的对象包括当地的小学学校、特别贫困的孤寡老人；发挥送变电施工企业的技术专长，组织工人和技术人员义务劳动，帮助村镇老乡修理电气线路、设备，修理家用电器和工器具等；遇重要节日共同举办庆祝活动。通过上述活动，施工企业驻地周边形成了良好的社会风气，为工程顺利施工创造了良好条件。施工企业青年人多，常年在外，容易滋长酗酒、斗殴、风纪不良甚至偷鸡摸狗之类行为，通过共建精神文明，活跃业余生活，施工班组的风气蔚然一新，始终保持良好态势。

1997 年 8 月 16-20 日，我率队走访沿线所在的万县市、垫江县、忠县、长寿县政府和教育主管部门并举行座谈会，代表国家电网建设公司分别向万县市天成区和宝龙区、垫江县、长寿县转交由公司全体员工集资捐助的希望工程款 4000 元，向忠县转交公司全体员工集资捐助的希望工程款 4854 元，在这些地方的县委宣传部、县教育局听到他们高度评价我们电网公司和进驻该地区施工的企业，称他们送来了光明，不只是长万线向这些地区送来了电力，而且也与当地共建了精神文明。

第四，加强工程设计概算预算管理和工程管理。

按照国务院三峡建委关于三峡工程实施静态控制、动态管理的要求，围绕合理制定有效控制工程造价这个中心开展相应工作，编制了《三峡工程输变电系统设计概算》《差价计算办法》及一流工程标准、考核评定办法，在长万线工程建设中通过实践加以完善。

长万线工程于 1998 年 6 月 15 日一次启动带电成功并顺利移交生产。这年 9 月公司在北京召开长万线工程建设总结表彰会。三峡输变电工程一流建设标准满分 1450 分，长万线考核得分 1395.5 分，工程质量和工艺居国内领先水平，共评出 8 个立功单位、6 个文明施工监理项目部、10 个文明施工队、2 名优秀项目经理、1 名优秀监理工程师、27 名一等功臣、51 名二等功臣。

三峡—万县 II 回组立铁塔

以长万线建设为契机，我国拉开了三峡输变电工程建设的序幕，国家电网建设公司（后来改名为中国电网建设公司）较好地履行了国务院赋予的职能，从 1996 年到 2009 年历时 14 年，圆满完成了三峡电网建设任务，写就了电网建设的新篇章。

姜绍俊：原国家电网建设有限公司董事、副总经理，后曾任国家电力公司战略研究与规划部主任。

三峡工程从发电效益上看——应该上、应该早上

（丁功扬，1989 年 4 月）

三峡工程作为一个防洪、发电、航运为主兼有大流域经济开发综合效益的工程，防洪作用是首要

的，它的发电效益是巨大的。电力系统专家组论证认为三峡工程应该上，应该早上，从发电经济效益看，是不可替代的。

一、开发三峡工程是国民经济发展的需要，是能源平衡的实际需要

（一）国民经济的发展要求解决缺电问题，要求电力能够保证国民经济必要的发展速度和人民生活水平的改善

自新中国成立以来直到1987年末，我国电力工业总的来说发展较快。发电量年平均增长13%，发电设备装机容量年平均增长11%。但自1970年后，发电设备新装容量增速下降，致使18年来，全国长期缺电。1980年全国500kW及以上电厂拥有发电设备容量为6050万kW，缺电1000万kW。1985年全国拥有发电设备容量约为8080万kW，缺电1200万kW；1986年缺电约1500万kW，700亿kWh；1987年、1988年缺电继续加剧。长期电力不足给国民经济和人民生活带来严重的影响。

党的十二大决定，到2000年全国工农业总产值要比1980年翻两番，即为1980年的4倍。电力发展至少应保持同样的速度，到2000年应达到2.4亿kW（4×6000万kW），年平均增长速度7.1%。但事实上，“六五”计划的工农业总产值指标和发电量指标均已提前一年完成。1986年发电量增长9.47%，1987年发电量增长10.3%，1988年发电量增长9.13%，“七五”计划也必将提前完成。但由于十年来电力工业的增长速度低于国民经济增长速度，致使电力供需矛盾日趋严重。如果解决缺电问题，据具体测算，从1986年到2000年全国发电设备至少需增加2.1亿kW，达2.9亿kW，相当于年平均增长8.9%。

2015年以后，按国民经济十五年翻一番考虑，到2015年全国发电设备容量应在2.4亿～2.9亿kW的基础上再翻一番，年平均增长4.73%，这是一个必须达到的较低速度。美国1967年达到2.88亿kW，1977年达到5.76亿kW，用了十年的时间完成了这个阶段的增长。苏联1983年达到2.93亿kW以后减慢了电力增长速度，致使1970年以来长期缺电，1985年以前每年74%的时间处于低周波状态。1985年3月戈尔巴乔夫宣布能源拖住了国民经济的后腿，撤换了主管石油和电力部门的部长，并指出过去国民经济发展速度过低是错误的。苏共二十七大通过新的发展国民经济的远景计划，要求1986-2000年的十五年间国民经济要翻一番，年均增长4.73%。如果我们考虑的速度比这个速度还低，将犯苏联同样的错误。

华中、华东是我国国民经济最发达的地区，在我国国民经济中具有重要地位，1987年发电量达到1712亿kWh，占全国年发电量的34.4%，发电装机容量为3611万kW。到2000年所需发电量4100亿～4800亿kWh，为1985年所需发电量的3倍；发电装机容量为8000万～10 000万kW，平均每年增加365万～530万kW。至2015年，华中、华东所需发电量将达8000亿～10 000亿kWh，发电装机容量达到1.6亿～2.0亿kW，平均每年新增装机容量530万～670万kW。为了适应如此巨大的能源需求，必须水电、火电、核电一起上，在华中、华东要兴建一批大型水电站、火电厂、核电站。三峡工程的开发势在必行。

（二）开发三峡工程是能源平衡的实际需要

新中国成立以来，我国能源工业取得了巨大的成绩。据1988年初步统计，我国一次能源总产量为9.4亿t标准煤，其中原煤产量为9.57亿t，原油产量1.37亿t，发电量约5375亿kWh（其中水电1055亿kWh），天然气138.76亿m^3。能源是国民经济的基础，应该超前发展，并与整个国民经济发展相协调，但多年来我国能源生产的增长明显赶不上经济的发展。“六五”期间工农业总产值增长68%，一次能源只增长34%，发电量增长37%，弹性系数分别为0.50和0.67。

“七五”前两年工农业总产值年平均增长14%以上，而一次能源增长3%左右，只有“六五”的一半，发电量增长10%，弹性系数仍小于1。全国到处缺煤、缺电，许多工厂停三开四，城乡频繁拉闸限电。全国发电厂库存电煤由600万t以上下降到400万t以下，且继续下降，不少发电厂因缺煤停机。据不完全统计，仅华东电网因缺煤停机1988年12月就有200万kW，1989年1月最高达132万kW。许多厂长、局长、市长、省长出来跑煤，使得全国上下不得安宁。预计1989年一季度发电量比1988年同期减发8%左右，电力供应将更加紧张。我国能源长期短缺已经严重制约着国民经济的发展，并严

重影响着城乡人民的正常生活。

总之，当前的能源形势是严峻的，从长远看也不容乐观。因为虽然我国能源资源比较丰富，但人均占有量少且分布不均，开发利用难度大，特别是以煤炭为主的能源结构（煤炭在一次能源中的比重目前为 73%，2000 年前将略有下降，但不会有根本的变化），受到开采、运输和环保的制约，这就决定了我国能源问题的长期性和艰巨性。到 20 世纪末经济发展的战略目标能否实现，在很大程度上取决于能源问题解决的好坏。

据多方测算，2000 年全国所需一次能源约 15 亿 t 标准煤，2015 年约需 22 亿 t 标准煤。

2000 年我国生产一次能源 14 亿 t 标准煤，其中石油 2 亿 t、煤炭 14 亿 t、天然气 300 亿 m^3、水电 2400 亿 kWh、核电 300 亿 kWh，与需要相比尚有 1 亿 t 标准煤的缺口。

2001-2015 年，预测石油增长到年产 3 亿 t。煤炭的增长，即使尽力而为，2001-2015 年每年增加 5000 万 t，到 2015 年达到 21.5 亿 t，油煤合计相当于 19.6 亿 t 标准煤，尚缺 2.4 亿 t 标准煤。为了解决国民经济发展中的能源问题，必须大力发展水电和核电。这是因为大力发展煤电有煤炭数量和煤炭的运输两个瓶颈问题（即开采和运输问题）。

根据 2000 年全国煤炭计划产量为 14 亿 t，比 1988 年的 9.57 亿 t 净增 4.43 亿 t，平均每年增加 3700 万 t，如果一半（1850 万 t）拿来发电，可转换发电量 380 亿 kWh，每年可新增煤电容量 700 万～800 万 kW，基本徘徊在目前火电装机容量增长的水平上。此时全国发电用煤约为 5 亿 t，占全国煤炭的 35.7%，而且只能适应 1991-2000 年工农业总产值年平均增长 6%的速度。2015 年，每年增加 5000 万 t，如果仍按一半（2500 万 t）拿来发电，可转换发电量约 510 亿 kWh，每年可新增煤电装机 900 万～1000 万 kW。此时，发电用煤约为 8.5 亿 t 左右，占全国煤炭产量的 40.7%。2000 年也好，2015 年也好，增加发电用煤是非常困难的。

大力发展煤电，还有个运输问题。众所周知，我国的煤炭资源是丰富的，但分布是极不均衡的。煤炭主要集中在山西、陕西、内蒙古西部、宁夏地区这些能源基地。2000 年全国计划煤炭产量为 14 亿 t，其中基地产煤将达 7 亿 t，需要外调商品煤约 4.5 亿 t，全国 20 个缺煤省（直辖市、自治区）缺煤量的 90%将由煤炭基地供应。目前基地实际外运煤能力只有大约 2 亿 t，2000 年加上大秦线、候月线基地外运煤量可达 3.5 亿 t，远不能满足要求，急需新建神一朔一石铁路等一系列相应铁路。2015 年，全国如产煤 21.5 亿 t，其中基地需产 11 亿～12 亿 t，要求外调商品煤约 8 亿 t 以上，而铁路由于山口有限，最大只能运出 5 亿～5.5 亿 t，将有 3 亿 t 运不出去。沿海各省（市）包括出口煤，2000 年要求海运煤 1.5 亿～2.0 亿 t，而目前秦皇岛、青岛、石臼所和连云港四个港口海运装船能力只有 7000 万 t 左右，到 1990 年只能达到 1.1 亿 t，最终也只能达到 1.9 亿 t。因此《电力三十年发展纲要》中考虑建设坑口电站向外输送能源，变输煤为输电，但限于基地水源不足，最多只能建 2400 万 kW 火电站，相当于 7200 万 t 原煤。随着时日发展，运输问题将越来越难解决。

从以上分析可以看出，2000 年前后进一步大力发展煤电，增加煤炭数量和外运煤能力，都是非常困难的。

核电，对我国来说刚刚起步，大力发展既有技术问题，也有资金问题。目前在建工程规模只有 210 万 kW，到 2000 年争取发展到 500 万～600 万 kW，再增加是困难的。因此，为了有效地缓解我国一次能源供需矛盾，解决国民经济发展中的能源问题，必须积极开发水电，充分开发水电，并将优先发展水电提到战略高度。水电是可再生能源，早一年开发便早一年受益，特别是在煤炭资源缺乏、运输困难而又有水能资源的地区。三峡工程地处我国腹地，是在我国经济最发达而能源资源短缺的华中、华东地区。装机容量 1768 万 kW，年发电量 840 亿 kWh，相当于 6.5 个葛洲坝水电站的发电能力，或相当于在负荷中心开发了一个年产 4000 万～5000 万 t 煤炭的矿区和 7 个石洞口火力发电厂(每个 240 万 kW)，并节省大量的运输能力。三峡工程的开发，对改善我国能源结构和布局具有重大战略意义。

二、三峡工程是电源开发中最经济合理的方案，从发电经济效益看是不可替代的

关于三峡工程的经济合理性，存在着种种不同的看法，有的认为“三峡工程不是好，而是差。”有的同志提出20个水电站替代方案，认为这些电站“建设周期短、投资少、见效快，有利于解决当前能源紧缺”。有的还提出了种种不同的替代方案，三峡工程发电效益究竟是好，还是差？我们电力系统专家组在广泛收集可能的替代方案的基础上，召开了几次扩大会议，并邀请持有各种意见的专家参加。在分析替代电站可能性、现实性的基础上，在三峡工程供电范围内或邻近地区，选择了一批有一定勘测基础的水、火电站建设项目，其中水电项目有水布垭、高坝洲、潘口、江垭、洪江、凌津滩、石堤，乌江上的构皮滩、思林、沙沱，金沙江上的溪落渡和向家坝等。经过不同的组合，先后提出了六个可能的方案，作为三峡工程不上或晚上的替代方案，从发电效益出发，论证开发三峡工程的经济性。

通过论证，在不考虑防洪、航运效益分摊投资的情况下，其结论为：

（1）三峡工程2000年左右发电方案，在规划期内总费用支出原值和现值为最小，是电源开发方案中的最优方案。从发电来说，三峡工程具有容量大、电量多、地近负荷地区三大优越性。总装机容量1768万kW，年发电量840亿kWh。在第一台机组开始投产之后，可连续六年分批投产，每年投产4×68万kW机组，相当于每年投产一个葛洲坝水电厂。在一次能源越来越紧张和运煤困难的条件下，开发三峡工程有重大意义，从发电经济效益和能源平衡看，三峡工程是不可替代的，应该上，应该早上。

（2）三峡工程如果晚上5年，其经济效益又如何呢？总费用原值要增加173亿元，总费用现值按折现率10%折算到1989年增加16.1亿元，折算到2005年增加73.8亿元，多燃用标准煤1.35亿t，增加燃煤费148.5亿元，经济效益差。如果考虑移民费的增加，推迟三峡工程的建设，经济效益更差，同时加重了燃料供应和运输的压力。因此，我们认为三峡工程的开发宜早不宜迟，推迟三峡工程建设是不可取的方案。

上述结论在电力系统专题论证专家组第五次（扩大）会上通过，31位顾问和专家中的28位签了字。三峡工程论证领导小组的第八次（扩大）会议审议了电力系统专家组的报告，接受了《长江三峡工程电力系统专题论证报告》。

根据三峡工程论证领导小组第八次（扩大）会议上少数同意的意见，结合金沙江踏勘，于1988年8月又提出了两个补充方案，即金沙江向家坝、溪洛渡方案和溪洛渡、构皮滩、彭水、石堤、水布亚、潘口方案。电力系统专家组和综合经济评价专家组经过认真论证，其结论是这两个替代方案仍不如开发三峡方案经济。三峡工程虽然总投资较大，约361亿元，但前十二年实际需要贷款资金为169亿元。第十二年第一台机组发电后即可开始发挥经济效益，再三年产出将大于投入，可以开始归还贷款。同时，由于三峡工程后劲大，对实现长远经济战略目标有利，建比不建好，早建比晚建好。

但在论证领导小组第九次（扩大）会议上又有同志提出一个补充、修正替代方案，可以说是经过四次筛选选出的较优替代方案，即溪洛渡、向家坝、构皮滩替代方案，总装机容量1708万kW，年发电量905亿kWh，保证出力591万kW，总投资361.2亿元，大体与三峡工程175m水位方案相当，要求再比一比优劣。比较结果见表1。

表1　　溪洛渡、向家坝、构皮滩替代方案经济分析表　　单位：亿元

费用项目	静态值（原值）	动态值	
		1989年	2005年
1989-2020年总费用	591.74	171.82	788.7
其中：A、投资	381.9	126.54	580.9
其中：水电	222.2	64.91	297.9
火电	21.0	32.60	140.6
输电	138.7	29.03	133.2
B、经营成本	209.84	45.78	207.8

续表

费用项目	静态值（原值）	动态值	
		1989 年	2005 年
其中：水电	32.31	3.59	16.5
火电	47.87	10.2	46.8
输电	14.21	4.25	19.5
燃煤	115.45	27.24	125

注　按最早可能溪洛渡 1995 年开工，构皮滩 1992 年开工，向家坝 1994 年开工。

向家坝、溪洛渡、构皮滩替代方案，1989-2020 年规划期内总费用支出原值（不计利息）为 591.7 亿元，其中投资为 381.9 亿元（含水电投资 222.2 亿元、火电投资 21 亿元、输电投资 138.7 亿元）、经营成本 209.84 亿元，其中包括燃煤费 115.5 亿元。比三峡工程 2000 年开始发电方案多 172.3 亿元，该方案按社会折现率 10%（相当于 10%复利）折算到 1989 年现值为 171.82 亿元，或折算到 2005 年现值为 788.7 亿元（含利息），比三峡方案多 19.6 亿元或 90.1 亿元，少发水电电量 3200 亿 kWh，多燃标煤 1.05 亿 t，经济效益仍然较差，与向家坝、溪洛渡替代方案相比，没有质的区别，还是不如三峡方案经济。

三峡工程的发电效益，为什么在不考虑防洪、航运效益总投资分摊的条件下，三峡工程仍具有强大的生命力，主要是地点、条件和时间决定了三峡工程的不可替代作用。

第一，三峡工程地处我国腹地，接近负荷中心地区，基本是自发自用、就地消耗。电站枢纽投资 187.67 亿元、移民 110.6 亿元、输电 62.81 亿元，投资共计 361.08 亿元。单位千瓦投资为 2042 元，每千瓦时电能投资为 0.43 元。不可否认，其他地区有些水电站就电站本身而言，技术经济指标优于三峡工程，如向家坝、溪洛渡、构皮滩替代方案，电站枢纽投资合计为 222.2 亿元，平均单位千瓦投资为 1301 元（三峡工程枢纽加移民投资为 298.27 亿元，单位千瓦投资为 1687 元），平均每千瓦时电能投资为 0.25 元（三峡工程为 0.355 元），这些电站如果只在四川、贵州开发应用，应该说是非常难得的电源开发项目。但如果把这些电力电量通过 1300km（送至武汉）到 2000km（送至上海）的超高压交、直流输电送到华中、华东地区，加上昂贵的输变电工程投资约 139 亿元（平均每千瓦加 814 元），再扣除 5%～8%的输电损失（相对三峡工程增加的电力电量损失），使每千瓦投资由 1301 元上升到 2258 元，比三峡工程每千瓦高 216 元，约 10.6%，每千瓦时电能投资由 0.25 元上升到 0.42 元，也接近三峡工程的 0.43 元，失去了经济优势，这是电力系统的特点决定的，是不可改变的。

第二，三峡工程有巨大的能量，装机容量 1768 万 kW，年发电量 840 亿 kWh，平均每万千瓦年发电量 4750 万 kWh，可以有效地缓和华中、华东地区能源短缺的情况。目前华中地区待开发的大中型水电站（包括部分水电站扩机）约 20 座，装机容量约 1000 万 kW，年发电量 250 亿 kWh，平均每个电站 50 万 kW，年发电量 12.5 亿 kWh，每万千瓦年发电量 2500 万 kWh，为三峡电站每万千瓦提供发电量的 52.6%。由于华中电网缺乏大量的电量和能源，因此在其他水电建设的同时，每万千瓦的水电装机还必须补充 0.4 万 kW 的火电机组，以补偿电量的不足。因此虽然工期较短，但总的经济性不及三峡工程好。如 20 个水电站替代方案，虽然总装机容量有 1301 万 kW，与三峡 150m 水位方案相当，容量大、数量多，且多为本地区电站，但能量不大，比 150m 水位方案少约 300 亿 kWh，每万千瓦发电装机容量年发电量为 2844 万 kWh，为三峡方案的 54.7%（三峡 150m 水位方案每万千瓦年发电量为 5208 万 kWh）。因此，在这些水电站建设的同时，还必须补充建设一批火电机组，总容量为 600 万 kW，20 年规划期内总耗煤量比三峡 150m 水位方案多 1.24 亿 t 标准煤（折合原煤 1.73 亿 t），增加耗煤费约 150 亿元，成为经济效益最差的方案。

第三，具有近期开发的条件，可以获得时间效益。从 20 世纪 50 年代初开始，我国为治理长江，在大江上下开展了大规模的地质勘探、水文测量、科学试验、经济调查、流域规划和枢纽设计工作，对三峡工程所涉及的重大技术问题安排了专门研究。国务院也曾多次组织专家讨论，并原则上批准过三峡工程可行性研究报告。根据1986年6月党中央、国务院通知，又进行了两年半的补充论证工作，其结论为技术上可行、经济上合理，具备近期开发的条件，早一年开发，早一年受益。这是三峡工程获得最大经济效益所在。三峡工程与本地区其他大中型水电站相比，不仅具有较大能量，且与向家坝、溪落渡、构皮滩替代方案相比，三峡工程具有近期开发的条件。根据勘测设计安排，向家坝水电站最早的工期可能1989年进行选坝，1991年提出可行性研究报告，1993年提出初步设计报告，最早1994年开工，2004年第一台机组发电，2007年建成；溪洛渡水电站预计1990年进行选坝，1992年提出可行性研究报告，1995年提出初步设计，预计最早1996年开工，2008年第一台机组发电，2012年建成。金沙江溪洛渡、向家坝、构皮滩替代方案，在经济上仍不及三峡工程2000年发电方案好，在32年的规划期中，总费用支出原值比三峡方案多172.3亿元，按社会折现率10%折算到1989年现值比三峡方案多19.6亿元，少发电3200亿kWh，多燃标准煤9600万t，煤费多115.5亿元，经济效益较差。这个效益主要是由于电站投产时间不同引起的。当溪洛渡电站2012年全部建成时，三峡2000年发电方案已多获得水电3370亿kWh，节约标准煤1.1亿t。金沙江替代方案与三峡2000年发电方案等效时间差6.5年，即三峡工程推迟到2007年发电，或金沙江替代方案平均工期提前6.54年，则两方案可以获得相同的经济效果。但这种人为的提前或推迟既不符合客观实际，也忽略了三峡工程防洪的紧迫感，还没有考虑防洪、航运效益的投资分摊。

三、开发三峡工程对国家承受能力的压力最小

三峡工程是我国具有战略意义的特大型骨干工程，国民经济评价和财务评价都是可行的。但当前国力能否承受？有些同志持不同意见，认为承受不了，三峡工程不能上。我们认为谈到能否承受时，不能单纯地就三峡论三峡，更不应只从概念出发。生产要发展，人民要就业，生活要改善，解决国民经济发展中的电力供应问题，不是能否承受的问题，而是如果需要就得承受。问题是不同的方案，经济效益和对国家的人、财、物的压力是不同的。我们的任务就是对具体的方案作具体的分析，从而选出对国家压力小、能够承受的方案。

三峡工程2000年发电方案和向家坝、溪洛渡、构皮滩替代方案，对国家经济承受能力的压力，哪个大，哪个小，哪个可以承受，不妨从以下三个方面加以分析：

（1）从1989-2020年整个规划期的总支出看，三峡方案在32年的规划期中，总费用支出原值为419.4亿元，其中投资361.08亿元（包括水电投资298.27亿元、输电投资62.8亿元），经营成本58.31亿元。平均每年支出费用原值13.1亿元，折算到1989年现值为152.2亿元。而向家坝、溪洛渡、构皮滩替代方案，32年规划期中总费用支出原值为591.74亿元，比三峡方案多172.3亿元，平均年支出费用原值为18.5亿元，比三峡方案多5.4亿元，折算到1989年现值为171.82亿元，比三峡方案多19.6亿元。事实上三峡方案对国家的压力更小。

（2）从1989-2000年的施工期总支出看，有的同志提出，三峡工程建设方案投资大、工期长，2000年前只有投入，没有产出，影响2000年前国民经济产值翻两番的目标实现，所以三峡工程不能上。那么实际情况又是如何呢？

三峡工程如果2000年发电，1989-2000年需要国家基建投资169亿元，平均每年投入14.08亿元，投资强度最大为27.2亿元。而溪洛渡、向家坝、构皮滩替代方案1989-2000年需要国家基建投资（如果不考虑相关投资）为187.3亿元，比三峡方案多18.12亿元，平均每年投入15.61亿元，投资强度最大为50.9亿～53.4亿元。如果考虑火电厂相关投资（煤矿和铁路），还要增加投资53.8亿元，该方案共需基建投资241.1亿元，比三峡方案多71.9亿元。使一个电源开发项目变为多个基建项目，即三个水电、火电、煤矿及铁路项目，要求国家的承受能力比三峡工程大得多，在目前参与比较的方案中三峡工程对国家的压力最小，是国家必须承受而且能够承受的。

（3）从三峡工程的施工期看，有人提出："三峡工程工期特长，12年只有投入，没有产出，对这样的工程是不值得研究的”。水电工程工期较长，这是水电工程的共性，不是三峡工程的特性。三峡工程施工期（总工期）为 18 年，第一台机组发电为 12 年，对一个 1768 万 kW 的巨型电站来说，工期并不长。替代方案中的溪洛渡电站装机 1008 万 kW，总工期为 17 年，第一台机组发电工期为 13～14 年；向家坝水电站装机 500 万 kW，总工期为 15 年，第一台机组发电为 11 年；构皮滩水电站总装机 200 万 kW，总工期为 10 年，第一台机组发电为 8 年；待建的四川二滩水电站装机 330 万 kW，总工期为 12 年，第一台机组发电为 10.54 年；天生桥一级水电站装机容量 120 万 kW，总工期为 10 年；潘口水电站装机 51 万 kW，总工期也得 7 年，等等。综合看，替代方案并不具备工期短的优势。

四、三峡工程投资大，但发电产出更大

三峡工程全部基建投资为 361.10 亿元（1986 年价格），其中包括枢纽投资 187.70 亿元、移民投资 110.60 亿元，输电投资 62.80 亿元。根据乔培新同志提出的计算办法，我们也做了分析计算，但结论不同，情况如下。

假定 1989 年开工，2000 年第一台机组发电，2006 年建成，2008 年达到正常蓄水位，共计 20 年，按现行基本建设投资 9.36%年利率，三峡工程贷款本利和 793.6 亿元（基本上与乔培新同志计算的 787.1 亿元一致），其中 432.5 亿元为贷款利息。但由于三峡工程从第 12 年第一台机组发电起，工程本身已有发电收益，即可以将其盈利用于后期建设。根据三峡工程建设安排，2000-2008 年（即工程建设第 12 年到第 20 年）共可发电 4380 亿 kWh，扣除厂用电和 500kV 线路网损，外售电量为 4218 亿 kWh，按每千瓦时 0.1 元计算，售电收入为 421.8 亿元，扣除经营成本后，纯收入为 373.2 亿元。这部分发电收益，一部分可以用于工程后期建设（约 172.8 亿元），另一部分用于归还贷款及其利息（约 200.4 亿元）。三峡工程实际向国家贷款只有 188.3 亿元。这个贷款额度主要用于 1989-2002 年的工程建设，该期间共需要基建投资贷款 238.6 亿元。而 2000-2002 年售电纯收入为 50.3 亿元，所以只需要向国家贷款 1.88.37 亿元，其中主要是 1989-2000 年贷款 169.2 亿元。2002 年以后，纯收入大于基建投资支出，到 2008 年只欠国家贷款本息 337.7 亿元，2014 年可以全部还清，从工程开工到贷款还清共计 26 年（注乔培新同志提出的贷款期为 25 年）。2014 年以后，每年为国家提供资金 72 亿元。因此，我们认为三峡工程发电效益是巨大的，这样巨大的世界一流的工程，只需要国家贷款 188.3 亿元，国家是可以承受的。结论与乔培新同志的不同，分析其原因是乔培新同志只强调投入，而没有具体分析其产出，致使结论与我们分析的结论相反。分析见表 2。

表 2　　三峡工程 2000 年发电方案经济分析表　　单位：亿元

费用项目	静态值（原值）	动态值	
		1989 年	2005 年
1989-2020 年总费用	419.4	152.2	698.6
其中：A、投资	361.08	143.66	659.4
其中：水电	298.27	125.13	574.4
火电	—	—	—
输电	62.81	18.53	85.0
B、经营成本	58.31	8.5	39.2
其中：水电	37.03	5.52	25.3
火电	—	—	—
输电	21.28	3.01	13.9
燃煤	—	—	—

丁功扬：原国家电网建设有限公司顾问。

三峡工程是电源开发中最经济合理的方案
从发电经济效益看是不可替代的

（丁功扬）

开发三峡工程是国民经济发展的需要，是能源平衡的需要。三峡工程地处我国腹地，位于我国经济最发达而能源资源短缺的华中、华东地区，装机容量 1768 万 kW，年发电量 840 亿 kWh，相当于 6.5 个葛洲坝水电站的发电能力，也相当于在负荷中心开发了一个年产 4000 万～5000 万 t 煤炭的矿区和 7 个石洞口火力发电厂（7×240 万 kW），可以节约大量的运输能力。三峡工程的开发，对改善我国能源结构和电源布局有重大的战略意义。

但在三峡工程论证的过程中，对三峡工程的经济合理性，存在种种不同的看法，特别是水电专家，认为“三峡工程不能与火电比，而应与水电替代方案比”；与水电工程相比，“三峡工程不是好，而是差。”水电部前任主管水电的领导李锐同志，就提出 20 个水电站替代方案，认为这些电站“建设周期短，投资少，见效快，有利于解决当前能源紧缺”，取得了大部分水电专家和部分电力系统专家的认同。我们认为提出 20 个水电站替代方案的同志，既是领导又是专家，不能掉以轻心，必须实事求是地进行科学分析论证，立即邀请多位专家赴广东，利用广东省科委开发的德国马克能源模型对三峡工程及替代方案进行仿真计算，其结果出乎所有专家的预料，经济效益不是好，而是最差。但马克模型是能源模型，只能进行宏观的分析，不能进行解剖性的分析，需要找出经济差的原因。我们立即转向西安交通大学，利用西安交通大学开发的电源优化软件对影响方案经济效益的因素逐项剖析，探讨 20 个水电站替代方案经济最差的因素，经剖析初步认为：

（1）20 个水电站替代方案，虽然装机容量大，达到 1300 万 kW，但年发电量只有约 360 亿 kWh，只相当于三峡工程 150m 水位方案年发电量 677 亿 kWh 的 52.3%，年发电量相差 317 亿 kWh。三峡工程发电小时数为 5208h，而 20 个水电站发电小时数仅为 2770h。

（2）由于 20 个水电站替代方案年发电量不足（20 年规划期共少 3172 亿 kWh），因此在水电站建设的同时，为补偿电量的不足，还必须建设一批燃煤机组约 600 万 kW，20 年规划期耗煤量替代方案比三峡工程（150m 水位）多 1.21 亿 t 标煤（折合原煤 1.72 亿 t），折合燃煤费约 150 亿元人民币。

（3）三峡工程工程量大，工期虽长，但后期压力不大。第一台机组发电后连续六年每年 4 台 700 万 kW 机组发电，2000-2001 年两年发电量即可达到 350 亿 kWh，已经接近 20 个替代水电站的年发电量，虽然 20 个水电站可以提前发电，但电量不大，在经济中不起主导作用。

（4）有人提出三峡工程季节性强，电能大，但不好利用。论证表明，华中、华东地处亚热带，季节炎热，随着生产环境和人民生活的改善，由于降温负荷的增加，汛期（7-9 月）三峡工程的季节性电能可以得到充分利用，不会出现弃水情况。

上述的分析和结论取得了水电专家和电力系统专家们的共识。三峡工程与燃煤电厂比，与 20 个水电站替代电站比，三峡工程是经济合理的。

在三峡工程正常水位确定为 175m 之后，为了进一步论证三峡工程的经济合理性，要求再与替代方案比一比谁优谁劣。基本方案有三个：

（1）纯火电方案。

（2）华中优选 7 个水电站加火电方案，7 个水电站为水布垭、高坝洲、潘口、江亚、洪江、凌申滩、石堤。

（3）由水电专家提出，建设向家坝、溪洛渡、构皮滩 3 座电站，装机容量为 1708 万 kW，年发电量 905 亿 kWh，基本与三峡工程相当。

一、三峡工程 2000 年发电与纯火电替代方案经济分析

从表 1 可以清楚看出，纯火电替代方案 1989-2015 年总投资原值为 745 亿元，比三峡 175m 方案多 364 亿元（三峡工程总投资原值为 381 亿元，其中燃煤费高达 361 亿元，占 364 亿元的 99%，纯火电方案费用现值比三峡工程要多 23.41 亿元），从经济方面看，纯火电替代方案经济性最差，部分水电（7 个水电站）加火电替代方案，略比纯火电方案好，总费用现值由 745 亿元降到 703 亿元，其中燃煤费用由 361 亿元降到 326 亿元，没有本质的差别，不改变三峡工程的经济性。

表 1　　三峡工程 2000 年发电与纯火电替代方案经济分析表　　单位：亿元

项目	三峡工程 2000 年发电方案	纯火电替代方案	* 华中优选水电加火电方案	备注
一、1989-2015 年总费用现值	140.8	164.4	159.9	此处现值均折现到 1989 年，若折算到 2000 年可以乘以系数 2.85； 总费用原值是各年费用相加，未考虑折现
其中：投资	133.7	88.2	93.1	
燃煤费	0	57.2	51.7	
运管费	7.1	19.0	15.1	
二、1989-2015 年总经费原值	380.9	745.1	703	
其中：投资原值	340.6	274.9	284.3	
其中：水电	277.8	0	64.9	
火电	0	241.3	188.4	
输电	62.8	33.6	33.0	
煤费原值	0	360.8	325.9	
运量费原值	40.3	109.4	90.8	
三、2000-2015 年总耗煤量（亿 t）	0	3.28	2.96	

* 在华中优选了 7 个水电站（水布垭、高坝洲、潘口、江亚、洪江、凌津滩和石堤）。

二、溪洛渡、向家坝、构皮滩替代方案的经济性分析

由于替代方案前期工作深度（规划阶段）不够，不能与三峡工程同步开工，故将规划期推迟 5 年，即规划期为 1989-2020 年。

从经济分析表（见表 2、表 3）可以看出，溪洛渡、向家坝、构皮滩替代方案从电站本身而言，技术经济指标优越的是 3 座电站总造价为 222.2 亿元（初步估算），单位千瓦造价为 1301 元，每千瓦时电能投资为 0.2455 元，优于三峡工程，后者单位千瓦造价和每千瓦电能投资分别为 1687 元和 0.355 元。如果只在四川本地开发利用，应该说是非常难得的电源开发项目，但如果把这些电量通过 1300（送到武汉）～2000km（送到上海）的超高压交、直流输电线路送到华中、华东地区，加上昂贵的输变电工程投资（约 139 亿元），平均每千瓦投资增加 814 元，再加上开工、投资不同步因素的影响，替代方案 1989-2020 年总费用原值为 591.74 亿元，而三峡工程为 419.4 亿元，替代方案高出 172.3 亿元。从表 2、表 3 清楚看出，这主要由两个因素造成：一是替代方案输电费用比三峡工程多 75.2 亿元；二是替代方案开工和投运滞后，增加燃煤 115.45 亿元。总的折现费用（1989 年），替代方案为 171.82 亿元，而三峡工程为 152.2 亿元，现价相差 19.6 亿元，所以从经济分析结果看，三峡 175m 水位方案在经济上仍占绝对优势。

大家可能要问，三峡工程的发电经济效益为什么在不考虑防洪、航运效益、投资分摊的条件下，仍具有强大的经济优势，论证分析结果认为，主要是地点、条件和时间因素决定了三峡工程不可替代的作用。

表 2　　三峡工程 2000 年发电方案经济分析表　　单位：亿元

费用项目	静态值（原值）	动态值	
		1989 年	2005 年
1989-2020 年总费用	419.4	152.2	698.6
其中：A、投资	361.08	143.66	659.4
其中：水电	298.27	125.13	574.4
火电	—	—	—
输电	62.81	18.53	85.0
B、经营成本	58.31	8.5	39.2
其中：水电	37.03	5.52	25.3
火电	—	—	—
输电	21.28	3.01	13.0

表 3　　溪洛渡 、向家坝、构皮滩替代方案经济分析表　　单位：亿元

费用项目	静态值（原值）	动态值	
		1989 年	2005 年
1989-2020 年总费用	591.74	171.82	788.7
其中：A、投资	381.9	126.54	580.9
其中：水电	222.2	64.91	297.9
火电	21.0	32.60	140.6
输电	138.7	29.03	133.2
B、经营成本	209.84	45.28	207.8
其中：水电	32.31	3.59	16.5
火电	47.87	10.2	46.8
输电	14.21	4.25	19.5
燃煤	115.45	27.24	125

注　按最早可能溪洛渡 1995 年开工，构皮滩 1992 年开工，向家坝 1994 年开工。

第一，三峡工程年发电量 840 亿 kWh，相当于在我国的用电负荷中心开发了一个 4000 万～5000 万 t 的矿区，仅在规划期就节省 3.28 亿 t 原煤，约 361 亿元人民币，规划期三峡工程费用原值比纯火电低 346.3 亿元，经济效益最好。

第二，溪洛渡、向家坝、构皮滩替代方案，电站本身具有较好的技术经济指标，但有两个重大问题：一是不具备近期开发的条件，前期工作深度不够，目前还处于规划阶段，即便是加紧前期工作，开工年份也在 1990 年以后，比三峡工程开工（1989 年）晚 3～5 年，期间需要火电来替代，增加燃煤量 9320 万 t，价值 115.45 亿元；二是与三峡工程相比，替代方案要将电力通过交、直流输变电工程送到华中和华东，送电距离约 1500～2000km，输变电投资增加 752 亿元。综上所述，在规划期（1989-2020 年）替代方案总费用现值为 171.82 亿元，原值为 591.74 亿元，比三峡工程分别高出 19.62 亿元和 172.34 亿元，所以经济效益远不及三峡工程好。

第三，开发三峡工程是能源平衡的需要，20 个水电站替代方案装机容量虽然有 1300 万 kW，但电量仅为 360 亿 kWh，为三峡 150m 水位方案 677 亿 kWh 的 53.2%，三峡 175m 水位方案在 2000-2008 年建设期，已发电量累计 4380 亿 kWh，相当于 20 个水电站 12 年的发电量，节约原煤约 1.96 亿 t。

第四，优化华中水电加火电替代方案，经济效益略好于纯火电替代方案，但仍不及三峡工程的经济性好。

第五，三峡工程如果晚上五年，其经济效益又如何呢？总费用原值要增加 135 亿元，总费用现值（1989 年）增加 15.9 亿元，多燃用原煤 1.484 亿 t，推迟三峡工程是不利的。

总之，开发三峡工程是国民经济发展和能源平衡的需要。电力系统专家组认为，从经济效益出发，三峡工程不可替代的，应该上，应该早上。

丁功扬：原国家电网建设有限公司顾问。

三峡输变电工程建设亲历记

（韩先才）

“更立西江石壁，截断巫山云雨，高峡出平湖。神女应无恙，当惊世界殊。”幼时熟读毛主席诗词，作为湖北人，这首《水调歌头·游泳》自然是倒背如流，只是领会不了伟人胸中的宏图大略。几十年过去，没有想到的是，自己作为电网建设的普通一兵，居然有机会亲身参与三峡输变电工程建设，感到十分幸运和自豪。

1995 年 12 月，国务院三建委批准三峡输变电工程系统方案，正式拉开了三峡输变电工程建设的实施大幕。1996 年 7 月，我调到中国超高压输变电建设公司工作。当时，国家电网建设有限公司已经组建，正在组织开展三峡输变电工程建设实施工作，其第一个单项工程——长寿—万县Ⅰ回输变电工程（简称长万工程）正紧锣密鼓准备开工。

长万工程包括新建万县 220kV 开关站和 166km 500kV 线路两部分，工程由西南电力设计院设计，万县开关站施工单位是安徽送变电公司，线路分为四个标段，施工单位依次是青海、湖南、东电、湖北送变电公司。中超公司四川项目部驻地在万县市，我是变电工程负责人。长万工程 1997 年 3 月 26 日举行开工仪式，1998 年 6 月建成投产。作为起步工程，在建设管理规范化、科学化、现代化等方面进行了有益探索，提出并实施了“创一流”考评，成功示范了“投产达标”，为后续工程的全面展开和顺利推进打下了重要基础。

其后，三峡输变电工程后续单项工程陆续开展。我先后参与了±500kV 三常直流输电工程，以及 500kV 长沙变电站、益阳变电站、岗长线、郑新线工程监理的部分工作。2000 年 4 月调到国家电力公司电网建设分公司武汉工程建设部，负责湖北境内项目，2001 年 11 月开始负责部门管理范围内的全部变电工程项目。

武汉工程建设部前身为中国电网建设有限公司武汉分公司，1997 年 7 月组建，负责三峡送出第一个 500kV 交流变电站（含变电站）、三峡送出第一个换流站（不含换流站）以东的湖北、湖南、江西、河南境内的 500kV 交流输变电工程及三广直流输电工程现场建设管理。十年来累计完成了建设项目 60 项，总投资 1 362 346 万元，其中 500kV 交流线路单项工程 24 项、全长 3017km，500kV 交流变电单项工程 31 项（新建 14 项、扩建工程 17 项）；±500kV 直流线路单项工程 3 项、全长 1813km，±500kV 直流换流站 2 座（荆州、惠州换流站）。全部项目均如期建成移交生产，实现了达标投产、“创一流”的目标，其中三广直流输电工程等七个工程荣获国家优质工程奖。

回看射雕处，千里暮云平。历时十一年的三峡输变电工程，就是一幅波澜壮阔的电力建设画卷，留下的不仅是全国互联电网，更重要的是电力工业发展进步的累累成果。规范管理方面，践行依法建设，贯彻“五制”要求，示范项目法人责任制，推行完善招标投标制，探索“小业主，大监理”现场管理模式，建立了一套高效的组织、协调、监管体系机制和完整的工程管理制度体系；技术进步方面，工程设计和施工队伍核心技术和能力素质大幅升级，高压电气设备和控制保护产业实现跨越式发展，直流输电技术、大电网运行控制技术走到了世界前列——从三峡输变电工程开始，中国电力技术和装备水平从长期跟随世界先进水平，发展到一步一步地追赶和超越，直到今天的特高压输电技术领先世界，凝聚着一代又一代电力人的心血和智慧。

有人说，三峡工程就是“三个三”：其一是三大功能，防洪、通航和发电；其二是三个组成部分，枢纽、移民和输变电工程；其三是三峡工程 17 年（1993-2009 年）分为三个阶段，分别以大江截流、首批机组发电和永久船闸通航、枢纽工程全部建成为标志。作为这个伟大工程的一个组成部分，三峡输变电工程促进了全国互联电网形成，推动了电力技术和装备制造的创新发展，大幅提升了我国电网建设运行的水平和能力，积蓄了宝贵的经验和人才资源，当之无愧是中国电力工业发展史上浓墨重彩的一笔，永远值得我们自豪和铭记。

韩先才：原国家电力公司电网建设分公司武汉工程建设部副经理，后曾任国家电网公司特高压建设部副主任。

三峡输变电工程建设的简要回顾

（肖安全）

时逢国务院三峡办编纂三峡工程史料，应三峡工程输电工程史料编纂组的要求，特将自己所经历的有关事项做个片面回忆。

我于 1998 年 9 月调入中国电网建设有限公司宜昌分公司任党政主要负责人。作为中国电网建设公司在全国的三个分公司之一的宜昌分公司，当时主要负责葛沪直流宜昌葛洲坝换流站及接地极线路的运行管理（1999 年 10 月生产交发输电部，宜昌分公司改名为宜昌工程建设部），以三峡出口为中心，湖北荆州、荆门以西至重庆陈家桥，南至湖南益阳，共近 40 个三峡电力外送交直流工程项目的建设管理，以及电网建设公司宜昌基地的建设与管理。

回首那段岁月，时光虽挥手而去，往事却历历在目。繁重的建设管理任务，高标准的建设目标要求，火热的建设施工场景，从各级领导到各级政府，从参与建设的各项目部到每一位参建者，那种齐心协力、不畏艰难、乐于奉献、一丝不苟、勇于创新、敢打硬仗的作风与精神深深地印在我的脑海里，至今难以忘怀。曾记得周小谦总经理冒着大雨查看三峡左岸电厂跨越船闸及出口线路内八、外八通道，解决出口线路设计难题，考察外送线路的整体规划；建设公司后各任主要领导亲临现场，督导工程建设的安全、质量、进度管理，协调建设过程中的各种关系，研究指导重大的技术方案和管理措施的实施。难以忘怀宜华直流宜昌侧换流站的重新选址，各线路及大件运输码头和运输道路建设投资的反复优化，川电东送临时通道建设方案的实施，宜昌基地的建成启用，环保水保、林木砍伐、征地、村民搬迁、民众上访等问题的处理。更使我记忆深刻的是，从八十几家参建单位、近 1000km 长的施工战线，高峰期近 2 万人的建设场面，到国家电网公司首个自主建设的龙泉换流站的技术引进、消化、创新，国产换流阀、换流变压器等直流设备的首次投运以及建设过程追求管理提升和换流站调试期间那难忘的日日夜夜。从 720mm^2 导线的第一次应用，大功率交流 500kV 无人值守串补站的建成，NGK 大吨位绝缘子、OPGW 光缆的大规模使用等新技术、新材料的工程实践，工程设计、施工工艺工法以及建设和施工管理上的许多创新与亮点。到单程行走 3 个多小时的山顶塔基施工、赴现场 6 个多小时的水上快艇交通确保工期的关键时刻，晚上 9 点半以后才召开的施工现场管理协调会、男女老少 50 多人 10 多个小时因线路电磁环境因素的上访接待。跨越长江导线展放的壮观、烈日下建设者们挥汗如雨的豪放、安全管理的严格、精品工程的追求、确保工期的拼搏……整个工程在国家电网公司的领导组织下，从建设公司的领导、各管理部门到全体参建者都表现出了实现“四个一流”工程建设目标的意志与风貌，展示出了国家电网公司员工的智慧与精神。在各方的共同努力下，各项目都实现了预定的安全、质量、进度、投资、人文环保等工程建设管理目标。经过七次三峡稽察和三次专项审计，都给予了较好的评价。回首往事，感慨不已。下面仅从一个侧面就几个具体事项做一个简要的回顾。

一、工程建设协调任务艰难

从重庆陈家桥到湖南益阳复兴变电站近 1000km 的距离，空间跨度大，项目开工点多，项目管理任务重。宜昌建设部整体 21 名（其中 8 名正式员工）员工承担着项目现场的管理工作。除日常项目的安全、质量管理压力大外，另一个较为突出的是工程开工及建设过程中的地方关系协调和房屋拆迁、青苗、林木、土地、文物、压矿补偿及线路通道的清理与防护。在这个过程中，难题很多，体会很多，故事很多，感慨也很多。比较有代表性的是三峡左岸电厂电力外送线路出口的通道清理与建设。

三峡左岸电厂出口线路过大江船闸后是一长约 1.8km，宽只有 800m 左右的狭长地带。由于三峡枢纽建设启动较早，对三峡电厂出口线路的通道虽有初步规划，但没有明确具体的保护措施，通道内的部分土地属于二次征用。经过近十年的枢纽建设，有关方在通道内用建临时建筑物的方式，意欲等待线路建设时获取高额补偿。所以，在通道内除几家农户外，还有村集体与个人临时办的养猪场、水泥预制厂、机修厂、娱乐城等企业以及农民个人的农田、果林及村里的土地、林木等。而且被拆迁对象与当地村镇有关人员的利益渗透在一起，拆迁对象对土地征用、拆迁要求条件很多，要求补偿的价格也很高，各方面的因素搅和在一起，给线路通道的清理和线路按计划开工建设带来了很大的困扰。

面对如此复杂的现状，为了按工程进度的计划要求，尽早实施左岸电厂出口线路的建设，我们围绕坚持合理补偿、按预期时间进场开工的目标，组织力量，明确任务，充分运用各种社会资源，采取重点突破、以点带面等综合措施，始终坚持依靠各级政府，坚持合理的补偿标准，坚持蹲守现场做好协调说服工作。关于三上直流工程，武汉向省政府有关部门，甚至直接向常务副省长汇报，多次到宜昌市及以下各级政府协商，请求出面协调支持，召开了大小十一次协调会，我们的员工进到每个企业、农户当面沟通，晓之以理，进行耐心细致的宣讲疏导工作。虽然几次因补偿标准和补偿范围存在较大的分歧与激烈的争执，几次协调会的气氛也很不好，要求补偿的对象情绪很是激动，但我们还是秉持耐心与原则，认真细致地反复解释沟通。经过艰苦的努力，在各级政府的协调和支持下，前后用了大半年的时间解决了该通道建设的外部环境问题。最后确定部分土地由国土部门收回，部分构筑物由其所有人自行处置，不予补偿。总体的补偿费由当初提出的 800 多万元确定为 300 余万元，由当地政府包干并负责搬迁和通道清理。使我们在处理复杂的线路出口通道问题和补偿费用、开工时间上实现了预定的目标，并给后续的施工创造了较好的环境条件。

左岸电厂电力外送线路过大江船闸后的出口处为冲击沉淀堆积地质结构。记得共有 8 个基础深度在 43m 左右，且地下水丰富。由于基础施工按设计采取的是人工掏挖成孔浇筑的施工方式，这样的掏挖深度，给施工带来的安全管理上的挑战可想而知。我们和负责施工的葛洲坝基础公司与中超监理公司一起，针对施工特点，把安全风险防范放在首位，把质量管控作为重点，结合施工环境和地质状况，制定了针对性的系统管控措施。从防坍塌、防坠落、防水、送风、施工机具的应用、旁站双重监管、施工人员的作业时间间隔、作业报警、“活物试探”、质量过程验证等各个方面做了详细的规定。在整个施工过程中，按照预定的管理要求与措施，严格过程控制，严格措施落实，严格责任到位。安全、高质量地完成了该基础的施工任务。

二、茅家冲换流站的建设

茅家冲换流站（宜华直流）是宜昌工程建设部继建设龙泉换流站之后的第二个直流工程项目。设备国产化率达到了 70%。

1. 关于换流站的重新选址

宜华直流宜昌侧的送端换流站（茅家冲换流站）原初步选址在宜昌市江南，靠近湖北宜昌市长阳县的李家湾村。站址在一座砖瓦场旁的水稻田上，距运行管理处三十几千米。从长江边到该站址大件运输路径复杂，需维修码头，加固维修桥梁 3 座，其中一座桥梁跨度 30 多 m，路面较窄，且公路转弯半径多处较小，改建工程量大。大件运输道路改造加固初步估计费用需 3400 多万。考虑到建设期间路桥加固维修投资大，并从今后运行管理的角度，我们向公司提出了换流站重新选址的建议，建议顺着直流线路设计走向的方向，在靠近长江边的宜都红花镇境内选址。公司经过慎重研究，采纳了我们的建议。组织相关单位人员查看现场，分别于2000年初和2001年6月重新召开了两次站址评估会，否定了李家湾站址，最后选址于今天的站址。新站址在一坡地上，不占用基本农田，农户搬迁量小。大件运输借用清江隔河岩水电厂大件运输专用码头，离新站址只有 2.3km，道路不需要另行加固维修。且紧邻宜都市红花镇，离宜昌城区较近，高速公路可直达。与龙泉、葛洲坝两个换流站在地理位置上形成三角布局。新站址的选定节省了工程投资，方便了运行管理。

2. 工程建设管理

在总结龙泉换流站建设管理的经验基础上，从2003年底场坪开始，宜昌工程建设部对茅家冲换流站的工程建设管理花费了大量的心血。在建设中，以创新为主导，以创优为目标，以制定完善、规范的管理流程为基础，对该站的建设管理进行了系统的管理策划和精细化的管理，包括工艺质量标准及相关规范的探讨、工艺管控流程的确立，工程创优亮点的策划，安全管控要素的制定，设备及构筑物的外在观感、降噪措施的研究和实施、质量关键环节的控制措施，对12家参建单位进行团队行为方式管理等。使该站的项目管理上了一个新台阶，形成了多个直流项目的企业规范与标准，以及项目的质量、工艺、安全文明施工、综合管理等亮点，为后续直流工程建设的规范管理进行了有益的实践。

在质量管理上，始终坚持创新，用“细心、细化、细节”要素的把握来提升换流站建设的整体品质。针对施工现场出台了多项激励措施，自主钻研、设计优选、技术革新、工艺优化、流程再造成为各参建单位的自觉行为。例如在换流变压器防火墙的施工中，土建施工单位针对模板拼接、支撑放置、轴线标高控制等 9 项具体质量控制要素进行动态调整，使防火墙平整度、光洁度等观感优良。对操作机构箱采用 CF 封堵模块，既可以防水、防火，又可以防止电磁干扰，提高了设备运行的可靠性。在全站电缆敷设过程中，采用 CAM 管理技术使全站节约电缆近 10 000m。对站内窨井、雨水井、观测井盖板由铸铁改为彩色工程塑料盖板，这种新型材料不仅轻便、美观，而且强度满足设计要求。建设中，全站共采用新材料 8 项、新技术 12 项、新工艺 27 项、优化项目 168 项。

建立完善的安全管理组织机构和制度措施。组织编写制定了安全文明施工管理策划为主体以及具有该站特色的《输变电建设施工现场安全文明奖惩办法》等系统的安全文明施工管理措施。将制度规范化，将措施责任化，使安全文明施工保持常态。根据研究成果制定并实施了噪声污染综合治理方案，得到了国务院三峡办几位领导的充分肯定。ABB 公司现场经理对我们施工人员在施工细节上一丝不苟的精神和在更换八十几根 GIS 绝缘拉杆等问题的处理上所表现出来的速度和协同精神给予了由衷的称赞。同时还开展了爱心救助，与当地政府协同治安管理，与村级联动互持等优化建设环境，树立企业形象活动。国家电网公司 2006 年 3 月基建会组织参会人员到该站进行了参观指导。参加会议的 100 多位国家电网公司系统的领导和专家对宜都换流站的工程质量、施工工艺水平、现场的建设管理给予了较高评价。认为该站在建设管理上是一个具有代表性的换流站，代表了国家电网公司工程项目建设的高水平。该站获 2007 年亚洲优秀项目奖、国家优质工程银奖。

3. 拉筋挡土墙

在该站的建设管理上，特别要提到的是该站的拉筋挡土墙。由于该站的地理环境特殊，该站的东北及西北面采用了拉筋挡土墙施工工艺。据了解，当时此工艺在国家电网公司的大工程中是第一次使用，尤其是西北面的挡土墙高 30 多 m，长 200 多 m，两级台阶构造。如何控制好质量，把握施工工艺是当时建设该站的一个质量管理重点。在建设中，我们因现场施工工艺不到位进行过停工整顿。我们组织监理和施工单位就把握施工过程的工艺管控要点进行专题研讨，初步整理出五点专控措施等，使挡土墙的施工质量始终处于有效的控制之中。挡土墙建成后，在连续几年的三峡稽查中是必须查看的地方。

三、宜昌基地的建设启用

宜昌基地建设的规划是 1995 年初国家电网建设有限公司成立后立足于未来公司的发展而提出的

设想。在 1996 年确立并实施。它占地约 53 亩，分为办公楼、前方培训楼、备品备件库、接待中心、员工生活设施等几个功能区域。初步规划投资约 1.43 亿元。具体的建设及管理由宜昌工程建设部负责。从 1997 年初开始到 2001 年 3 月基地建设任务基本完成。办公楼、备品备件库等设施相继投入使用，有力地支撑了三峡电力外送工程项目的建设管理。在基地的整个建设管理过程中，始终坚持了招投标、质量控制、投资控制等规范化管理。在保持投资概算不突破的前提下，不断优化设计，努力完善和提升单位投资的效能。工程的建设管理经过多次的审计和国务院三峡办的稽查均给予了积极、肯定性的评价。没有发生违法违规等重大问题。

这里特别值得一提的是接待中心的投入使用。接待中心的建设当时主要是考虑在直流项目建设中，根据直流项目的合作方 ABB 和西门子公司的要求与约定，为大批外国专家及其家属提供较长时间的住宿等生活服务，同时，为项目的管理提供相应的后勤管理支持。该接待中心约 15 000m^2，投资 8000 多万，于 2000 年 10 月装修完工验收后一直处于闲置的状态。2002 年 3 月底，刚到任不久的郑宝森总经理询问了中心的基本情况后要求接待中心在五一之前营业。一是尽快解决资产闲置的问题，二是对外营业争取保值增值，三是为不久对大量国外专家的接待与后勤服务做好准备，打下基础。并指示李文毅副总经理负责组织领导。接受任务后，经请示公司同意，我们在最短的时间内选择了代为运营管理的专业管理方——葛洲坝集团旅游总公司。在启动办理各种营业手续与证照，招聘人员，进行其他基础管理工作的同时，在葛洲坝集团旅游总公司的协助下，组成招标小组，连续两天三个通宵，秉承公开透明的原则，采取公开投标、现场报价、现场比质比价、现场综合评定的方式，现场决定供货单位。4 月 10-12 日确定了 9100 多种物资设备及相关材料的采购。在那段日子里，建设部的同志们白天晚上连续加班，没有休息一天，没有任何怨言。大家心往一处想，劲往一处使。经过大家的艰苦努力，于 2002 年五一按时开门试营业。

接待中心（半岛酒店）营业以来，宜昌工程建设部始终认真落实公司依法经营管理、为工程建设管理服好务、为国外工程技术人员服好务、确保国有资产保值的工作要求，一是为龙泉和荆州换流站的外国工程技术人员及家属提供了优良的生活后勤服务；二是为国家电网公司内部的工程建设及相应的运行管理提供了后勤管理支持。截至 2008 年每年贡献的利润均在 200 万元左右。营业期间，没有发生重大设备设施损坏事故和治安事件，为三峡电力外送输变电项目建设发挥了积极的作用，提供了有力的后勤支撑。

肖安全：原国网直流工程建设有限公司副总经理，后曾任国网湖南省电力有限公司党委书记。

追忆葛南线大负荷试验

（姜绍俊）

按照国务院关于组建国家电网建设总公司（简称电网公司）的决定，葛洲坝电站至上海南桥的葛沪直流输电工程划归由电网公司管理。1996 年电网公司成立后，在电力部财务司的协调下，经与华中、华东电管局充分协商，葛沪直流于 1997 年正式划归电网公司管理，公司专门设立了生产技术部主抓生产管理，公司领导分工由我主管生产管理。葛沪直流成为公司经营性资产，国家核定了输电费价格，执行 0.19 元/kWh，同时确定了输电收入计划。

葛沪线（为一致起见，以下称其调度名称葛南线）划归电网公司管理有两层含义：第一，葛南线收入作为电网公司从事三峡电网建设的资本金来源之一，因此电网公司成为该线路的经营主体；第二，在三峡电网建设方案中，三峡所发电力有 720 万 kW 要输送到华东，除了新建两条容量为 300 万 kW 的直流输电工程外，其余的 120 万 kW 就靠葛南线输送。

葛南线是我国技术引进的第一条直流输电工程，电压±500kV，全长 1045km，双极额定输送容量 120 万 kW，工程于 1985 年 10 月开工，1989 年 9 月单极投产，1990 年 8 月双极投产，至 1997 年末极 1 累计运行时间 45 015 小时，极 2 累计运行时间 35 985 小时，至 1995 年底累计向华东送电 72.35 亿 kWh，华东反送 10.36 亿 kWh，平均每年向华东送电 14 亿 kWh。其中 1994、1997 年两年的送电情况见表 1。

表 1　　1994、1997 年两年葛南线的送电情况　　单位：亿 kWh

运行方式	1994 年	1997 年
华中送华东	12.61	13.40
华东送华中	2.61	3.14
交换电量	15.22	16.54
华中净送华东	10.00	10.12

从表 1 数据可以看出，葛南线实际输送功率与设计目标差距较大，葛南线能量利用率在 10%～20% 间，这对设备健康十分不利。

工程投运后，停运次数较多，1991 年停运 47 次，经过整治 1992 年有大幅下降，1994 年葛南线运行情况统计见表 2。

表 2　　1994 年葛南线运行情况统计

统计指标	运行小时（h）	计划停运次数	非计划停运次数	非计划停运时间（h）
极 1	5672.5	7	20	1476
极 2	6471.5	5	22	803

葛南线如此状况，承担三峡 120 万 kW 送电的任务堪忧。鉴于葛南线的实际情况，电网公司决定对设备进行完善化改造，得到国务院三峡建委和电力部的批准。1998 年财政部和国家电力公司分别核准了完善化改造费用，1998 年投资 10 500 万元，完成技改项目 50 项。此次改造涉及的主要项目有极 2 阀系统、交直流滤波器、站控系统、避雷设施、阀厅烟火报警系统、换流变压器、电抗器改造。

为了考核葛南输电系统在额定负荷下长时间稳定运行的能力，以及整个电力系统在葛南线送电 120 万 kW 时的适应能力，暴露设备和运行管理上的问题，国家电力公司决定对葛南线进行一次长时间的额定负荷运行试验，俗称大负荷试验。试验任务由电网公司为主组织进行，调度系统密切配合。为此组成指挥部，在葛洲坝换流站设立现场指挥部，整个试验的总指挥由我担任，现场总指挥由湖北省电力试验研究所所长张炳惠担任。顺便说一下，葛南线划归电网公司管理后，聘请了湖北省电力试验研究所作为我们的技术后盾，按合同提供技术服务。

试验定于 9 月中旬进行，试验前对换流站主要设备进行检修，以迎接大负荷试验，我提前至换流站和站内检修班组一起投入设备检修中。换流站的检修工人大都没经过这么大的阵势，积极热情有余，技法经验稍缺，检修进度迟缓，老班长也很着急。我在鞍山电业局从变电工区的技术员做起，在现场摸爬滚打了 14 年，熟谙检修技术，到现场一看这个情况，就顾不得休息，直接换上工装和工人们投入到检修工作中。主要的环节卡在主变压器滤油，由于天气潮湿，工人对真空滤油工艺尚不熟练，进度较慢，经过一个星期的努力，终于具备了试验条件。

试验于 1998 年 9 月 15 日 10 时 14 分开始，9 月 26 日 21 时结束，历时 12 天。本次考核试验共进行了极 1 金属回线方式额定容量、极 2 金属回线方式额定容量、极 1 大地回线方式额定容量、极 2 大地回线方式额定容量、双极额定容量和接地极的全部设备长时间输送额定容量的考核。本次试验考核了各种工况下设备的运行状况，收集记录了大量珍贵数据。考核中设备运行基本正常，但也发生平波电抗器局部发热、交直流滤波器端子发热、交流滤波器电容器损坏、直流滤波器 TA 损坏、部分导电回路端子发热等现象。试验结果表明，葛南直流系统经过完善化改造，设备运行状况较改造前有了较大的改善，运行正常，可以承担 120 万 kW 的电力输送任务。这次试验还为之后大规模考核积累了经验。

大负荷试验期间我和张炳惠所长坚持在葛洲坝换流站主控制室设立的指挥台值班，华中、华东网调给予了极大支持，国调中心黄万永、华中总调赵尊廉以及国家电力公司派往华中电网挂职的舒印彪也在百忙中亲临现场，令我们十分感动。

大负荷试验期间值班现场

试验取得了圆满成功，试验结束后公司在宜昌三峡接待中心招待参与试验的各单位人员，我以大碗白酒拜谢参试单位的领导、技术人员和工人，以及国调和华中网局的有关领导，大家都沉浸在喜悦中。

姜绍俊：原国家电网建设有限公司董事、副总经理，后曾任国家电力公司战略研究与规划部主任。

两项重要决策

（曹友治）

1998 年前后，三峡输变电工程已经开始相关工程项目的方案论证。当时，我国电力系统专用通信已经形成以数字微波为主、辅以卫星通信等其他通信方式的全国性网络，与其他（如铁路）专用通信系统相比，电力系统通信选择什么样的技术方向和技术路线，就成为首先需要解决的问题。

当时，我在国电通信中心主持工作。中心的技术人员一致主张应当抓住机遇，将电力系统光纤通信发展起来。但规划设计单位的有些同志强烈反对，其主要理由是没有这么大的业务需求。双方僵持了相当长一段时间。为了不影响后续工作的进度，我们只能把不同意见向国家电力公司副总经理陆延昌（1998 年 7 月前任电力工业部副部长兼国家电力公司副总经理，1998 年 7 月电力部撤销）如实汇报。陆总当即决定，听取一次三峡配套输变电工程中相关通信专业的全面汇报。

一周以后（具体是 1999 年春夏之交，还是夏秋之交我已记不清了），在府右街西楼会议室召开了这次会议。国家电力公司相关部门和单位也都参加了会议，但主要的分歧意见集中在我们两家。在有关部门、单位分别汇报后，陆延昌副总经理做出结论，他严肃批评规划设计单位目光短浅、固步自封，明确指出要抓住三峡工程的机遇，加快电力系统信息化建设的步伐，要按照技术允许的最大容量敷设复合光缆地线（即 OPGW）。现在回想起来，这是多么英明的决策！

在通信技术的方向和路线问题解决以后，很快工程组织实施的问题又摆在我们面前。输电工程都是由输电线路和变电站（或换流站）组成的，其中线路和变电站（一端或两端）就是一个子项目，分别由不同的业主负责。而电力通信要实现全程全网、互联互通，就需要从设备选型开始尽可能地统一技术要求。这个矛盾如何解决，对我们来说又是个全新的课题。在苏源锦江召开的一次会议期间，我和李新祥、郑福生等同志专题向陆延昌副总经理汇报。陆总听完后当即表示，这个问题非常重要，要从设备招标起把好关，可以采取把一条或几条线路的设备打捆、多个业主联合招标的方式，让我们尽快和电网建设公司霍继安同志（时任该公司总经理，该公司代表国家电力公司，是三峡输变电工程的总业主）联系，商量一个切实可行的方案。我们到电网建设公司后，霍继安同志告诉我们，陆部长专门给他打了很长时间的电话交代这件事，他们会全力支持我们。2000 年 11 月，我奉调去西北工作，到 2005 年 9 月退出一线返回北京。此时三峡输变电工程的实质性工作已基本完成，据有关同志介绍，联合打捆招标方式被公认为是一种创新的工作方式，一直在电力系统全程全网的项目中运用。

三峡输变电工程对我国电力系统通信的技术进步起到了决定性的作用。因为这些项目的实施，我们才实现了从以微波通信为主向以光纤通信为主的转变，基本上适应了国家电网信息化建设的需要。我作为电力系统的老兵，对这一成绩感到欣慰和自豪，同时也十分感念陆延昌副总经理做出的两项重要决策。

曹友治：原国电通信中心副主任（主持工作），后曾任国网甘肃省电力公司总经理。

关于三峡通信工程自述

（张志厚）

我是 2001 年到国电通信中心工作。2001 年以后，三峡输变电配套通信工程进入建设高峰期，三峡输变电项目的分步投产，以及三峡工程的各类稽查、验收，迫使我们转变思想，高度重视三峡通信工程的质量和进度。回想起来，往事历历在目。下面记录感受较深的有几件事情。

1. 利用工程资金结余，合理解决了“两条微波”遗留问题

来到电通中心工作伊始，听到同志们反映“两条微波”问题多多。“两条微波”是指京沪 SDH 数字微波和宜宁（宜昌至南京）SDH 微波改造工程。这两条微波是之前电力部与中国联通合作的项目，按照双方的协议，电力部投资改造微波机房、铁塔等辅助设施，中国联通公司投资改造 SDH 微波通信主设备，工程建设规模是 2×155M 容量，项目建成后双方各拥有一半电路使用权。在协议执行过程中，中国联通中止合作，带来的问题是外方提供的主设备缺乏备件和必备的仪器仪表，板件故障也得不到修理。此时我已经来到电通中心工作，当即感到事情重大，处理不当会变成我们的投资损失，特别是京沪微波改造费用还列入了三峡工程投资。在与同志们研究了解决方案后，我们分别向规划总院和公司计投部、财务部进行了汇报，最后，我带队向公司张贵行总工做了汇报。在公司的支持下，我们利用其他通信工程概算结余，做了合理项目变更，解决了微波项目备件和仪表缺乏等问题，同时挖掘人才到下属公司，保证了设备运行的人才储备。这些问题的逐一落实，保证了“两条微波”建成后的正常运行。

2. 建章立制，健全完善了工程档案管理

工程档案管理现在看起来已经很正规了。但在工程建设初期，大家对工程档案不重视，也没有完整的概念。到底归档哪些东西，何时归集，怎么归集，对于我们这些同志来说，还是一片空白。记得是三峡输变电工程第一次来稽查，说要检查档案，可是我们的工程档案一张纸都没有归集，档案还散落在各处。为了做好迎检工作，我们虚心向兄弟单位学习，同志们加班加点，突出整理，把已经具备的材料都归集到一起，第一次检查算是应付过去了。我们从中认真总结、吸取教训，此后建立了工程档案管理制度，腾出地方建立档案室，还配备了专职档案管理人员。通信工程档案管理步入了正轨。

3. 克服困难，按时开通通信通道，保障电网工程投产

多年以来，我们单位从来没有做过基建配套的通信项目，因此对工程工期要求不严。过去搞微波工程，一年两年投产无所谓，也没有人催。可是电网配套项目就不一样了，工程投产前必须提前开通通信功能，三峡近区电网工程第一批项目投产正好赶上北京非典疫情发生，那时候外地的人反感接待北京来的同志，外地的同志也不愿意到北京来出差。为了保证通信工程按时投产，我们的同志到现场工作一干就是个把月不回来，克服了许多困难。工程建成后，又要及时归集工程档案，外地同志送材料，我们就到进京高速收费口去接材料。疫情虽然严重，但工作不能耽搁，真是辛苦了我们的同志们。

张志厚：原国电通信中心主任。

科 学 决 策

（宋璇坤）

我从 1982 年至 2009 年一直在电力规划设计总院工作，应该说见证了整个三峡输变电工程从方案论证、建设实施到投产运营的全过程，特别是系统二次的建设全过程，那更是亲身经历，方案的决策过程给我留下了深刻的印象。

三峡二次系统的方案论证工作是从 1996 年开始正式启动的，根据电力部 1996 年 12 月 29 日召开的有关三峡电力系统调度工作会议的精神和部署，电规总院牵头会同国调中心、国电通信中心组织设计院进行三峡输电系统二次系统设计。所谓系统设计，用现在的时髦说法就是顶层设计。

三峡工程历时时间长、涉及范围广，要实现统一调度，各级调度必须上下互动互通，通信网络也必须实现全程全网。陆延昌副总经理指出：二次系统设计就是要解决方案的完整性、统一设计、分工程实施问题。

经过历时一年半的收资、调研及反复讨论，1998 年 6 月 3-5 日，三峡输电系统二次系统设计评审会在北京召开，会议很隆重，记得有陆延昌、孙茹英等七位部级领导参加，参加单位包括二建委、三峡办、机械部等，三峡二次系统方案圆满通过评审。

设计方案论证阶段主要研究了以下问题：

（1）随着三峡工程的建设，全国联合电网格局形成。因此需要对统一调度的职责进行划分，对电站本体调到分厂还是调到机组，要不要设国调的备用调度系统，以及备调设在哪里、本地还是异地、备调的功能设置等问题进行研究。

（2）为满足国调的调度要求，在国调共设置了八大系统，包括 EMS 系统、水调自动化系统、备调系统、调度员培训仿真系统、电量计费系统、雷电定位系统、电力市场交易系统、保护管理系统。

（3）通信网络的设计争论就更大了，我们设计了整个的拓扑结构，对于北京—上海—武汉—北京，北京地区光环网及三峡左一、左二、右一、右二光纤环网等几条主干通道采用什么技术问题，考虑到当时正是光纤通信刚刚兴起的阶段，价格也比较贵，所以开始的方案是以 OPGW 为主，同时利用了京汉、宜宁微波电路。

在实施的过程中，光纤通信设备的价格降了下来，因此 2002 年左右利用通信工程的概算结余，对整个三峡工程通信网络进行了补充完善。

（4）光纤芯数也曾经是争论的焦点，经过反复磋商，采用与省公司合建的方式，一家负责 12 芯，充分利用光缆，同时降低造价。

回头想想，是高度的历史责任感和满足全国统一的联合电网要求的决心支撑我们完成了二次系统设计。整体系统具有高度的可靠性、合理的运行灵活性，采用了同期先进技术，促进了国产化，同时

控制了工程造价。

宋璇坤：原电力规划设计总院副总工程师，后曾任国网北京经济技术研究院总工程师。

北京—上海光通信工程山东段光缆故障处理回顾
——三峡通信工程建设中的难忘岁月

（李建德）

三峡水电站是世界上规模最大的水电站，三峡工程是中国有史以来建设的最大型水利工程项目。三峡输变电工程是三峡工程的重要组成部分，承担着三峡水电送出的重要任务。三峡输变电工程的建成投产，对于促进全国电网互联、优化国家能源布局、推动西部水电大开发、促进资源优化配置、减轻煤炭供应和运输压力、减少二氧化硫和碳排放具有非常重要的作用。国家电网公司作为输变电工程的项目法人，全面负责三峡输变电工程建设以及跨区联网工程管理。

三峡输变电工程的重要通信工程——北京—上海光通信工程是三峡输变电工程二次系统通信单项工程，是国家电网公司系统通信“三纵四横”干线电路的一部分，光缆线路自北京经河北、天津、山东、江苏至上海。在总建设单位——国电通信中心及沿线各单位的共同艰苦努力下，经过近三年的时间，2005 年 7 月，这项重要通信工程终于竣工验收。该工程建设过程的点点滴滴至今让人难忘。

接报光缆故障。该工程项目建设过程历经坎坷。2004 年发生了天津段线路杆塔受鱼塘浸泡及大港地区光缆受台风破坏、山东段平墩—郯城线路多次被盗、江苏段泗阳—朱桥的方案变更、山东段济南变—泰安变及邹县—沂蒙段光缆故障等问题，真可谓是“好事多磨”。

大家印象最深的还是山东段光缆故障问题的处理。

2004 年 12 月 26 日，我接到山东英大科技有限公司工程部经理张雷的电话，他们在进行山东段光缆阶段性验收测试过程中发现山东段济南变—泰安变及邹县电厂—沂蒙段光缆存在衰减陡增故障现象。我立即第一时间向工程建设单位国电通信中心主管工程建设的郑福生副主任进行了汇报。郑主任对此问题非常重视，指示我立即赶赴现场组织相关单位对故障光缆进行处理。

北京—上海光通信工程途经济南、泰安、邹县、沂蒙等地，光缆总长约 238km，其供货生产厂家为韩国 LS 电缆株式会社。按照郑主任的指示，我及时赶赴济南，并于 2004 年 12 月 29 日组织山东英大科技有限公司、山东电力工程咨询院、山东送变电工程公司、韩国 LG 电线株式会社、青岛高科通信股份有限公司等相关参建单位在济南召开光缆故障问题协调会。记得当时参加会议的我方人员有国电通信中心工程部副主任李建德、中国电科院通信所所长孙德栋、国电电力建设研究所光缆实验室主任王旭峰、山东英大科技有限公司工程部经理张雷等负责同志。大家共同商讨解决方案。

按照解决方案，2005 年 1、2 月，组织有关单位进行光缆故障定位测试，确定故障点，并及时于 2 月下旬组织完成了故障光缆更换工作，同时对故障光缆进行回收、检测分析。

故障光缆检测分析。为全面分析光缆故障原因，2005 年 2 月 22-25 日，国电通信中心组织有关单位，在国电电力建设研究所光缆实验室对回收的光缆进行检测和故障原因分析，参加的主要人员包括国电通信中心工程部副主任李建德、国电通信中心科技部主任曾京文、国电电力建设研究所光缆实验室主任王旭峰、山东英大科技有限公司工程部经理张雷等负责人。

检测刚开始时不是很顺利，记得 2 月 23 日是农历正月十五（元宵节），由于检测没有什么进展，大家都很郁闷，因此，大家一致商定，吃过晚饭后一起去放爆竹，大家开玩笑地比喻“去去晦气”，也是机缘巧合，转天检测工作就有了进展，发现了故障原因。

为深入查找分析光缆故障原因，以便为索赔工作做好深入的基础准备工作，国电通信中心委托北京钢铁研究总院对故障光缆进行了材料成分分析试验。

钢铁研究总院创建于 1952 年，直属原冶金工业部，1999 年 7 月转制为中央直属大型科技型企业，2000 年 3 月 27 日在国家工商行政管理总局注册。其研究领域包括以新材料为主的材料科学与工程，全部的钢铁生产流程工艺技术，以及相关的分析检测和质量控制等，是我国冶金行业最大的综合性研究开发机构。钢铁研究总院材料科学研究领域覆盖了功能材料、结构材料、高温合金、粉末冶金、焊接材料、非晶微晶合金等，并拥有先进钢铁材料技术国家工程研究中心、国家非晶微晶合金工程技术研究中心、先进钢铁流程及材料国家重点实验室、国家冶金自动化工程技术研究中心等 14 个国家级中心和实验室。该院的专业实力决定了由其出具的材料成分分析试验报告具有绝对权威。

通过光缆故障现象、故障光缆检测及材料分析，得出韩国 LS 电缆株式会社所供光缆存在生产工艺质量问题，判定被检测光缆为不合格产品。

艰难的索赔谈判。2005 年 4、5 月，国电通信中心郑福生副主任组织与韩国 LS 电缆株式会社进行了多次艰苦的技术谈判及商务索赔谈判。在谈判过程中，我方反复说明保证该工程质量安全的重要性，用充分的检测数据阐述我方观点，强调更换全线光缆的必要性。

同时，我们也按照三建委有关部门及国家电网公司有关部门领导的指导意见开展积极有效的攻坚工作，经过艰苦努力，韩国 LS 电缆株式会社最后不得不同意对山东济南变—泰安变及邹县—沂蒙段 240km 光缆进行全部更换、赔付已更换光缆施工费的索赔要求，同时承诺将质量保证期延长至 2 年。至此，山东段光缆故障索赔谈判工作得到全面妥善解决。

相关故障反措工作启示。一是坚持光缆现场检验，通过此次光缆质量问题，充分说明在光通信工程建设管理过程中增加到货光缆现场检验工作的必要性；二是深化光缆生产监造，吸取此次光缆故障处理教训，采取必要手段加强对光缆制造企业在光缆生产过程中的质量控制，以便最大程度地消除光缆生产质量隐患；三是完善出厂检验，在实施光缆监造工作的基础上，完善规程规范，加强光缆出厂检验非常必要。

根据三峡输变电通信工程的建设经验，由国电通信中心组织编写的电力行业标准《电力光纤通信工程验收规范》已于 2007 年颁布实施，该规范在到货检验、开盘测试、系统调测、阶段性验收、竣工验收等各个验收环节都有明确规定。严格按照《电力光纤通信工程验收规范》做好各项验收检测工作，是从根本上杜绝光通信工程质量问题的关键，是避免再次出现本工程类似问题的重要举措。

根据检测情况，建设单位与上述三个厂家进行了索赔谈判，达成协议。

李建德：原国电通信中心工程中心主任。

我国电力调度技术发展的里程碑
——忆三峡输变电二次系统工程

（辛耀中）

我有幸全程参与了三峡输变电工程二次系统的建设和运行，亲身经历了我国电力调度技术的发展，切实感受了三峡工程对电力系统的历史贡献。回顾二十多年的历程，桩桩件件历历在目，心绪澎湃感触良多，几点体会总结如下。

一是三峡工程促成了全国电网联网。从 20 世纪 70、80 年代的省级电网，到 20 世纪 80、90 年代的大区电网，直到三峡输变电工程的建设，才将华中、华东、南方电网通过直流互联，促进了后续华北、东北、西北电网互联，以及海南和西藏电网并入主网，逐步形成了全国联网的格局，实现了电力系统几代人的梦想！也为后来的西电东送、大规模新能源并网、坚强智能电网、全球互联电网的发展奠定了基础。

二是三峡工程促进了可再生能源快速发展。截至 2015 年 12 月底三峡电厂上网电量累计完成 8896.49 亿 kWh，三峡工程全部建成运行以来，平均每天将约 3 亿 kWh 的清洁水电送到负荷中心，为我国节能减排做出了巨大贡献。为了实现三峡电力“送得出、落得下、用得上”的目标，三峡输变电工程同步建设了十几回交流线路和数回直流线路，这种巨型电源与电网协调发展的模式，为后来的十个千万千瓦级“风电三峡”的规划、建设、运行，树立了典范标杆。

三是三峡工程促进了电网调度自动化技术升级。20 世纪 80 年代依托华北、华东、华中、东北四大电网调度自动化系统工程，引进了国外基于通用小型计算机的调度自动化技术；20 世纪 90 年代抓住精简指令计算机（RISC）和开放式操作系统（UNIX）技术革命的重大机遇，我国自主研发了开放式调度自动化系统，如当时中国电科院的 CC2000 和南京自动化研究院的 OPEN3000 等。三峡输变电二次系统积极带头采用国产系统，国调自动化系统采用了 CC2000，重庆调度自动化系统采用了 OPEN3000，全部 19 个调度二次系统均采用国产系统，促进了我国调度自动化技术的快速发展，达到了国际先进水平，为后来自主开发国际领先的下一代的全部基于国产计算机和操作系统的智能电网调度控制系统（D5000）奠定了技术基础。

四是三峡工程促进了电力通信技术换代。在 20 世纪 90 年代末，我国电力通信网络仍以微波为主，微波通信电路长约 34 370km，光纤通信电路仅 1950km，三峡输变电二次系统通信工程建成光缆线路 9294km，改造微波通信电路 2600km，超过了“九五”期间光纤通信网络总和，促进了全国电力光纤通信网的形成，推动了“十五”通信规划的落实和“三纵四横”目标的实现，为继电保护、安全自动装置、调度自动化等关键业务提供了安全可靠的通信支撑。

五是三峡工程建设了全球领先的调度数据网络。为实现调度控制中心与发电厂及变电站之间的实时数据通信，传统多为点对点专线加调制解调器的模拟通信模式，速率较低（9600bit/s 或以下），可靠性较差；当时全球大部分国家（包括欧美发达国家）的电网仍然采用传统通信模式。我国经过多年研究论证和工程实验，结合电力控制系统的特点和三峡输变电工程，在 21 世纪初选择了 IP over SDH 技术（没有选用当时最热门而后来被淘汰的 ATM 技术），率先建成了覆盖全国省级及以上调度控制中心、重要发电厂和变电站的电力调度数据网络，全部采用国产路由器和交换机，设立了 MPLS-VPN 虚拟专网，实现了从模拟通信模式到数据网络模式的升级换代，有力支撑了电力生产控制系统的安全可靠高效数据通信。到 2015 年底，国家电网电力调度数据网络规模已达 4.8 万个路由节点，欧美电网才开始讨论如何从传统模拟通信模式转变为 IP 网络通信模式。

六是三峡工程建设了全球领先的动态预警系统。2003 年 8 月 14 日，北美发生大面积停电事故，两个小时内相继发生 5 回 345kV 线路跳闸，最后导致电网瓦解，在事故分析报告中提出需要建立能够跟踪分析相继故障的在线预警系统。认真汲取“8 • 14”事故教训，结合三峡输变电工程，建设了电网动态广域同步相量测量系统（WAMS/PMU），到 2015 年，我国相量测量装置 PMU 已达 2880 套，超过全球其他国家 PMU 的总和。2005 年又利用结余资金，建设了跨区电网动态稳定监测预警系统，采用大规模并行计算机群，实现了全网 220kV 及以上电网模型和运行工况的实时共享，在国际上首次成功实现了特大电网的在线安全稳定预警、实时调度辅助决策、在线稳定裕度评估，将传统的每年两次（冬夏）电网稳定分析提升为每 15 分钟一次周期在线分析，以及出现跳闸事件后即刻进行的实时安全稳定分析，可以跟踪分钟级间隔的多重相继故障，大幅提升了电网调度处置多重相继故障的能力。

总之，三峡输变电工程二次系统项目的实施，促进了我国电网调度系统的数据采集从稳态到动态、数据通信从模拟到网络、稳定分析从离线到在线、优化调度从局部到全局、运行控制从独立到协同的重大技术进步，有效保障了全球最大的中国电网的安全稳定经济运行。三峡工程具有里程碑意义，功在当代，利在千秋！

辛耀中：原国家电力调度控制中心副主任。

记“光缆监造”

（金志华）

2004 年 5 月，有关单位编制了《OPGW 光缆监造实施细则（试行）》。这是国内首次制定 OPGW 光缆监造实施细则，该细则明确了建设单位、光缆制造企业、监造单位之间的关系、权利、业务，规范了 OPGW 光缆监造工作的程序和标准，同时也促进光缆制造企业在原材料采购、生产工艺、半成品检测、成品检验等方面进一步加强质量管理。将 OPGW 光缆质量控制延伸至原材料及半成品检验，有效地提高光缆质量；促进了 OPGW 光缆制造企业质量控制水平、生产工艺和技术装备水平的提高。

在未实行光缆监造前，对 OPGW 光缆生产制造质量的检测只能通过出厂验收、现场测试、抽样检查等方式进行。出厂验收时间有限，一般光缆已经成盘包装，只能做纤芯测试和光缆外观检查；现场测试缺乏仪器仪表，一般只能进行纤芯衰减指标测试；抽样检查覆盖面小，对一盘长 5km 的光缆只能从一端取 1～20m，不能反映整盘光缆的情况，且取样、运输困难，检测周期较长。

2004 年下半年，公司决定开始对电力系统重点通信工程及三峡输变电工程建设 OPGW 光缆生产制造实行全过程监造。

建设单位委托 OPGW 光缆专业实验室，对江苏通光、中天日立、苏州古河、四川汇源、深圳特发 5 个国内中标厂家分别进行了监造。根据《OPGW 光缆监造实施细则》，监造单位对光纤、外层铝包钢单丝、铝合金单丝、光纤填充油膏、光缆填充油膏等原材料在开始生产之前核对厂家检测记录并进行抽测；对光单元焊接工艺及半成品进行生产过程监造，发现问题及时要求厂家整改；对 OPGW 光缆成缆工艺、纤膏和缆膏的填充压力工艺等进行生产过程监造。

光缆监造实施后，促进了 OPGW 光缆制造企业质量控制水平、生产工艺和技术装备水平的大幅提高，使 OPGW 光缆的生产质量大幅提高。自 2005 年以来，在三峡输变电工程等国家电网公司重点通信工程中，未发生 OPGW 光缆重大质量缺陷。

金志华：原国家电网公司信息通信分公司工程中心处长。

三峡—常州直流输电工程换流站
首台国外生产换流变压器、平波电抗器监造工作

（鲍瑞）

三峡至常州±500kV 直流输电工程（简称三常直流工程）是三峡输变电工程的首条直流工程，是我国继建成葛洲坝至上海、天生桥至广州直流输电工程，时隔近十年后的又一高电压、大容量直流输电工程，是三峡电力送出的标志性工程。它的建设对于实现西电东送战略、满足华东地区电力需求、加强华中与华东电网的连接、优化我国能源结构、提高电网运行质量和经济效益都有着十分重要的意义和作用。

三常直流工程的送端湖北宜昌换流站的换流变压器、平波电抗器由瑞典 ABB 公司设计与供货，受端常州政平换流站的上述设备由德国西门子公司负责。为了更多地了解、学习和掌握主设备的设计和生产情况，保证设备的生产质量和进度，在荷兰 KEMA 公司监造国外生产设备的基础上，中国电网建设有限公司（简称公司）牵头组成了由相关电力设计院、电科院、高压研究院、网联公司等单位专家及技术人员参加的 18 人监造团，于 2000 年 3 月 17 日至 4 月 28 日，分两批赴 ABB、西门子公司，对其生产的首台 Yy 型和 Yd 型换流变压器及平波电抗器执行监造（试验见证）任务。我受

公司委派，有幸担任监造团副团长，直接组织策划并参加了全部的监造工作。

一、充分准备

为使监造团的成员尽快熟悉监造工作，我们于 2000 年 1 月 16 日召开了第一次工作会议，会议明确了监造的目的、任务、要求和工作方式。根据监造工作开展的实际需求，分别成立了负责 ABB、西门子公司生产设备的两个监造小组，明确了监造团的技术负责人、小组组长及其他人员的相应分工，明确了监造团与 KEMA、ABB、西门子公司之间的关系及相应的工作原则，初步确定了在 ABB、西门子公司工作的日程表，对技术负责人牵头编写的换流变压器及平波电抗器的监造大纲内容进行了认真的讨论和修改。

会后指定专人收集了有关的技术资料（合同、相关标准、联络会资料、来往函件等）并进行了整理，召开了若干次专题会议，对 ABB、西门子公司生产换流变压器、平波电抗器的试验项目、采用的标准、试验方法等提出了修改意见，并在出国前的第二次工作会议上得到了确认。

根据工作的需要，安排了两位小组长，前往有关单位了解熟悉换流变压器及平波电抗器的试验设备、接线方式和试验过程，掌握上述设备试验的有关情况。

收集、整理了近期 ABB、西门子公司生产的相同类型换流变压器的试验结果及在国内运行的有关情况。

上述工作的开展，为在国外圆满完成监造工作提供了必要条件。

二、现场监造

监造团第一批 10 人于 3 月 17 日赴瑞典 ABB 公司，到达后首先与 KEMA 公司进行了会谈，对 ABB、西门子公司在试验项目中存在的问题与 KEMA 公司的专家进行了讨论，并最终得到了 KEMA 公司的理解和赞同。随后我们与 KEMA 公司一道分别与 ABB、西门子公司的设计及试验人员就其生产的第一台换流变压器试验的项目、标准及试验方法中存在的问题进行了讨论，由于双方的观点不同，均未能达成任何协议。

3 月 23 日，除留下 3 位同志继续在 ABB 公司整理相应试验资料、执行监造任务外，其余 7 位同志前往西门子公司，与 KEMA 公司一道就西门子公司生产的首台换流变压器及平波电抗器的试验问题继续进行会谈。在历经 4 轮艰苦谈判后，西门子公司最终接受了我们的意见，对其试验项目、标准、方法等进行了修改，签署了相关文件。

试验在 3 月 27 日中午如期开始。

为了全面、完整地了解试验过程，我们请西门子公司提供了详细的试验时间表。根据试验的安排，将监造人员分成两个或三个小组轮流值班，并要求西门子公司在做试验前要做一个介绍，包括试验原理、计算方法、接线及可能出现的问题，在大家没有异议的情况下开始试验。我们对参加试验的人员进行了分工，并要求在每个试验结束后写出试验报告（包括试验的过程、出现的问题、结论及处理意见等），同时对重要的具体问题安排专人写出专题报告，并对格式及内容做出了具体要求。

在监造的过程中，我们与 KEMA 公司开展了技术交流，请他们介绍前一段监造的情况、试验见证的要点及应注意的问题，同时也请了西门子公司的技术人员对换流变压器的设计情况进行了介绍，为监造工作取得预期的效果并最终完成任务积累经验，掌握第一手资料。

3 月 31 日，第二批人员到达西门子公司参加监造工作

在西门子公司的工作安排好以后，我们部分人员于 4 月 6 日返回了 ABB 公司，7 日与 KEMA 公司的人员一道，与 ABB 公司就其生产的第一台换流变压器的试验问题继续进行会谈，会议一直进行到晚上 9 点钟，仍有部分问题未能达成一致，只得在第二天上午继续开会讨论。为了不耽误试验的时间，在我们适当地做出让步以后，ABB 公司基本接受了我们的意见，同样对试验的项目、标准和方法进行了修改，签署了文件。随后立即开始了试验。

在 ABB 公司，我们除与 KEMA 公司在监造、试验见证方面交换意见外，还就重点问题与 ABB 公司的技术人员进行了七次技术交流，取得了很好的效果，对于其中的部分课题，也同样安排专人写出

了专题报告。

在开展监造工作的同时，我们还就一般及大型设备的运输、保险问题与ABB、西门子公司进行了会谈。在国外工作期间，一共签署了九份文件（包括会议纪要）。

值得欣慰的是，三常直流工程宜昌和常州换流站首台进口主设备的监造（试验见证）工作在领导的关心支持、在全体团员的共同努力下，在国外历经42天圆满完成了各项任务，取得了丰硕的成果。这些成果的取得，得益于我们充分调动各方面的积极因素，精心准备，合理安排，以及为事业拼搏的奉献精神。

首台换流变压器、平波电抗器监造工作的完成，为确保三常直流工程换流站主设备的质量起到了积极的作用，为三峡电力送出标志性工程的建设贡献了力量。

三、收获体会

（1）监造工作是确保设备生产质量、了解生产工艺、保证设备使用性能的有效手段。监造人员从主设备设计审查开始介入，了解设备特点，使在设备生产、试验时开展的监造工作能够做到情况熟悉、目标明确、有的放矢。

（2）对国外厂商生产的主设备开展监造工作是必要的。首台主设备监造（试验见证）工作的完成，明确了符合质量体系和通行标准的换流变压器、平波电抗器的各类试验项目的标准和方法，为工程后续相同设备的试验提供了依据。

（3）换流变压器在试验中出现问题，如果无法查明原因（如油中产气问题），则在随后的谈判中应提出要求，延长质保期。根据运行的条件确定相应的标准，一旦出现问题供货商要负责修理并赔偿损失。

（4）在引进设备时，从开始招标一直到最后现场安装、调试完毕，应有熟悉全过程的人员参与每次重大的工作，以免脱节。

（5）换流变压器、平波电抗器在运输前要派员监装，确保运输安全。

（6）此次进口主设备监造工作的模式，为公司以后设备监造工作的开展奠定了坚实基础，提供了可借鉴的经验和方式。

鲍瑞：原国家电网有限公司直流建设分公司副总经济师。

三峡输变电工程物资管理的几点体会

（郄志斌）

我当时负责三峡输变电工程招投标管理工作。当时的物资部下设工程物资处、综合处、财务处，负责三峡输变电工程的物资设备招投标，以及合同履约、资金支付、现场接货验收、现场服务等物资供应管理工作。

开创了输变电工程物资招标工作的先河。1996年国家电网建设有限公司成立，公司首先确立了三峡输变电工程建设实行设计、施工、监理、物资采购通过招投标方式确定承包单位的管理方针。物资部在《中华人民共和国招标投标法》尚未颁布、国内没有任何经验可借鉴的情况下，克服种种困难，最终是参照国际招标法、日本协力基金招标的惯例，编写了《三峡输变电工程物资招标投标文件》以及评标办法，率先在电力系统开启了物资招标工作的先河。1997年上半年三峡输变电首个开工建设的长寿一万县500kV输变电工程，我们在线路物资（包括铁塔、导地线、绝缘子）和变电物资（包括变压器、断路器、隔离开关、电流电压互感器）等设备实施了招标采购。我们编制招标书、评标细则、打分办法等一系列招标文件，邀请电力系统各专业的专家组成专家组进行评标工作，开始了规范的招投标物资采购工作，得到了良好质量的物资设备，获得了巨大的经济效益。

为了保证三峡输变电工程建设的质量，建设一流工程，我们坚持以国产设备为主与引进国际先进技术线结合的方针。在物资招标过程中，我们积极引进国际先进技术，通过引进技术及合作生产提高了我国输变电设备制造水平，直流设备从无到有，换流变压器、平波电抗器、整流阀等从引进到合作生产，最后掌握核心技术自己制造。国内涌现出能够制造换流变压器、平波电抗器的特变电工变压器制造有限公司、西电集团西安变压器制造有限公司、天威保便变压器制造有限公司等一批企业。整流阀制造业培养出西电集团整流器制造有限公司、许继集团等企业。交流变压器、开关，无论核心技术，还是外观密封都达到了世界领先水平。联合科研院所研制国产合成绝缘子，推动了输电铁塔加工制造工艺水平的提高，例如，襄樊合成绝缘子厂就是我们扶持最早研发生产出压铸式合成绝缘子的厂家之一，打破了完全依赖进口合成绝缘子的局面，填补了国内合成绝缘制造技术的空白，提升了钢管塔加工工艺、热浸镀锌工艺、渗铝钢工艺，使整个铁塔制造业居于世界领先水平。还有四平线路器材厂、南京线路器材厂线路金具间隔棒由马口铁改压铸钢工艺，提升了输变电线路工程工艺水平。总而言之，通过招标选用了质量可靠、价格合理的物资，同时也将建设一流的三峡输变电工程的理念贯穿于过程中。

为了确保三峡输变电工程建设的工期和控制工程造价，我们依靠当时由电力部物资局供应钢材的优势，采取批量订货的方式，分别供应铁塔中标厂商，解决钢材市场供应量、品种、价格等波动，影响加工工期的问题，避免合同违约，保证了工期和控制了工程造价。采取这一方式为三峡输变电工程铁塔加工提供了各种角钢约 20 万 t。

在三峡输变电工程中，我们依托当时的电力部机械局率先开展了输电线路工程的物资监造工作。通过对铁塔、导线厂商加工过程中的原材料进厂、加工工艺等人、机、料、环的全过程监控，对现场服务等全方面进行评价，对供应商的全过程评价做出大胆尝试。我们组织一些资深专家组成驻厂监造代表进驻铁塔、导线制造厂，跟班抽查监督质量，及时发现质量问题，出现问题时有权发出停工整顿指令，对工厂制造环节的质量控制起到了督促的作用。工程物资供应完毕，监造单位编写监造报告，以供工程物资质量追溯、工程后评价使用。这一工作目前得到广泛应用。

郄志斌：原国家电力公司电网建设分公司变电物资处处长。

关于三峡输变电工程物资供应工作的回顾

（赵宏伟）

本人有幸参与了三峡输变电工程这一举世瞩目的工程建设。在物资供应方面，我负责物资部内部各项规章制度的建立，参与组织了输电工程物资供应工作，包括物资采购计划、招标、技术和商务合同谈判、合同执行、合同结算、现场服务等。

一、高效物资供应管理模式的建立

三峡输变电工程的物资供应时间范围为 1996-2006 年，我参与的物资供应管理工作主要在 1997-2003 年这一阶段。当时电网建设有限公司设物资部，同时设置国网电力物资公司，实行一套人马两块牌子的运行管理方式，负责三峡输变电工程物资供应的全过程管理。从物资招标工作开始，负责合同签订、履约、物资监造、现场交货验收、物资财务核算核销等。管理范围包括交流工程、直流工程的线路部分、直流进口设备的国内报关接货转运及大型设备的运输工作。

三峡输变电工程项目点多面广，物资供应品种繁多，几乎每年满足工程建设需要的物资、材料采购资金均达十数亿元。三峡输变电工程确定了由物资部负责招标采购，物资公司负责签订合同、合同执行、物资款核算的物资供应体系。由于物资部（物资公司）管理人员编制有限，仅十余人，如何保证点多面广的工程物资供应成了非常关键的问题，我们在物资部主任的领导下，经过充分研究、调研，利用物资公司作为独立公司的优势，以劳务外包形式与中超物资公司等长期从事物资经营的企业进行合作，在武汉、宜昌、常州成立物资代表处负责物资的催交催运、现场接货验收，在上海、广州成立口岸办负责进口直流物资设备的码头接驳、报关、转运。物资代表处由物资公司统一调度、指挥，向各个工程建设现场派驻物资代表，直接面对施工单位、设计单位、监理单位及物资供应商，解决合同执行中出现的问题，审定承包商自采物资，组织完成各现场物资交接签证，联系厂家技术支持及现场服务等工作。

通过这一高效、规范的物资管控模式的建立，形成了统一指挥调度、各司其职、有效衔接的三峡输变电工程物资供应体系。尽管当时物资部（物资公司）仅有十余人，但每个工地现场均有常驻物资人员，加强了沟通力度，使得信息反馈在供应商和业主之间双向流动及时，将诸多在物资供应中施工单位和厂家出现的矛盾、甚至摩擦处理在初始阶段，达到了100%满足现场施工需求。在三峡输变电工程建设中，未出现一起由于物资供应问题影响工程投运的事故。

二、物资管理规章制度的建立

三峡输变电工程的物资供应，开创了业主开展设备物资全面招标采购的先河。在《中华人民共和国招投标法》颁布实施的2000年以前，物资供应已经由邀请招标的方式逐步向开展物资采购转变，2000年以后，严格按照《中华人民共和国招投标法》组织全面开展了工程物资公开招标采购工作。

为确保三峡输变电工程物资的供应顺利进行，规范招标采购、供应管理、设备物资监造等相关工作，我在没有任何借鉴的前提下，结合三峡输变电工程物资管理特点，详细制定了《物资供应管理办法》《物资招标采购管理办法》《物资管理实施细则》《物资财务结算管理办法》《物资监造管理办法》《物资信息管理办法》《物资统计管理办法》《进口设备国内转运工作管理办法》等规章制度，上述管理制度经过落地执行，实际检验运行效果良好，为规范有效地开展三峡输变电工程物资供应管理奠定了坚实的基础。

三、物资供应工作的创新

（1）创建了合格供货商和合同执行评价制度。为提高物资供应水平，增强厂家服务意识，年初在招标网上公开发布公告，列明年度内拟采购的工程项目、采购的品种、估计数量以及入围厂家的资质条件。由物资管理部门组织，会同负责技经、财务、监察、法律的专家，对有意向投标的企业进行资格审查。审查内容包括主体资格审查、供货业绩、加工能力、加工工艺、财务状况、以往合同执行情况（交货期、质量、售后服务）。由公司招标领导小组最终确定年度入围厂家和级别，并以文件形式通知入围厂家，做到公平、公正、公开。物资供应合同执行完毕后，由物资管理部门负责搜集监造单位、施工单位、监理单位、现场物资代表意见，物资管理部门会同工程管理部门、运行单位共同对合同执行情况（交货期、质量、售后服务）做出评价，报分管领导审查，作为年度评审合格供货商的依据。

（2）开创性地实施了网上投标、开标。为减轻厂家负担，提高工作效率，根据互联网发展新形势，组织开发了国网物资（当时的国网电力物资有限公司）招投标网，经过从无到有的初步开发，以网络平台为中心，基本形成了招标公告发布、招标文件的下载、远程网络开标实况转播等核心功能。招投标网在北京受到“非典”影响非常严重的时期发挥了巨大作用，由于当时正常的招评标工作不能进行，为保证东北、华北加强联网等工程的建设，并满足工程物资公开招标的需要，我们及时调整了招标的组织工作，在国家规定的媒体上发布公告，网上发售标书，网上直播开标的全过程，使投标厂商不用到北京就可以完成投标、开标，保证了招投标工作按期“公开、公平、公正”地进行。

（3）探索了集中向厂家供应钢材、铝锭模式。国家电网建设有限公司成立之初，国内经济尚属计划与市场转轨之际，中国水利电力物资总公司（原电力工业部物资局）是电力工业部时期电力系统计划物资归口管理和供应单位，长期从事钢材、铝锭等原材料供应工作，有着丰富的市场经验，以及和钢厂铝厂的谈判能力及资金实力。由于1996-2000年期间国内原材料市场供应紧张，并且要求现款现货，当时国内铁塔、导线厂家普遍弱小，流动资金不足，对钢厂、铝厂谈判能力很弱。为控制原材料质量，抑制原材料市场波动，保证物资供应，我们和中国水利电力物资总公司合作，由其进行钢材、铝锭的供应，取得了很好的效果，深受厂家欢迎。我记得当时针对角钢的麻面问题，中国水利电力物资总公司到钢厂协商实施了轧钢的质量管控措施；针对工程需要的特殊规格的角钢，他们可以到工厂批量进行定制等，这在当时铁塔厂家是根本做不到的。

赵宏伟：原国网直流工程建设有限公司副总经理，现任国家电网有限公司特高压建设分公司副总经理。

第二章 工 作 讲 话

在第四次三峡输变电工程工作会议上的讲话

（陆延昌，1996 年 6 月 18 日）

今天我们在这里召开第四次三峡输变电工程工作会议。这次会议是一次十分重要的会议。在国务院三峡工程建设委员会的领导下，在国务院三峡办的支持和具体指导下，经过各有关单位的共同努力，三峡输变电工程设计阶段的工作已经取得了重大成果；三峡输变电工程将进入实施阶段。这次会议的任务是认真总结前一阶段的工作，部署单项工程设计和建设阶段的工作任务，特别是 1996 年的具体工作任务，包括工程设计、科研任务的安排，动员部属各单位，全面完成三峡输变电工程的各项工作。

下面我先讲几点意见，供大家讨论。

一、

自 1992 年以来，能源部、电力部为三峡输变电工程的规划、设计工作，一共开过三次较大的会议。会议研究制订了《长江三峡工程输变电工程设计工作纲要》，并具体安排布置了三峡输变电工程系统设计任务，动员和组织部内有关司局，直属院所，华东、华中、四川三个地区的电力主管部门，设计院的广大干部和工程技术人员，在三峡开发总公司和长委设计院等单位的支持下，共同来完成这一伟大而光荣的任务。经过大家长达两年半时间的努力，胜利地完成了长达十卷的《三峡输变电系统设计报告》，并由电力部于 1994 年 5 月正式上报国务院三峡工程建设委员会。国务院三峡办于同年 9 月组织了 25 位专家进行预审查，对报告中所提出的三峡电站的供电范围、向华东送电方式等主要原则问题都予以了肯定，同时也提出了要对三峡出线回路数、三峡送华东直流输电电压等级和三峡首端换流站站址位置等重大问题，进一步进行深入研究的意见。针对这些问题我部又组织了包括三峡开发总公司、长委设计院在内的设计、科研、施工、运行等各方面的专家，经过半年多的调查研究、分析论证，于 1995 年 6 月正式向国务院三峡建设委员会上报了《三峡输变电系统若干问题补充报告》。7 月 24 日，邹家华副总理主持办公会议，听取各方面的意见，在这次会议上家华副总理对三峡输变电系统设计中的主要问题做出了明确的决定，如三峡的出线 15 回，并在设计位置上留有备用 2 回的余地；送电华东的直流电压等级确定为±500kV；设计送电华中 1200 万 kW、送电华东 720 万 kW、送电四川 200 万 kW，同时也明确了输变电工程总量为线路 9100km（包括直流 2200km），变电容量 2475 万 kVA 和两端换流变压器容量 1200 万 kW 等。对于首端直流换流站明确了要与枢纽分开建设的原则，并要求国家电网公司筹备组进一步组织有关设计院进行站址的优选论证。会后，国家电网公司筹备组根据家华副总理的指示，立即组织电力系统内外 17 位专家进行现场踏勘，并对设计院的选址报告进行评估，及时上报了选址意见。11 月，在李鹏总理主持的三峡建设委员会第五次全体会议上，电力部做了详细的汇报，李鹏总理反复听取了各方面的意见，并到现场考察后，主持现场办公，十分慎重地决定把首端换流站站址放在三峡坝区以外宜昌市附近，并指出左、右岸换流站和葛洲坝换流站放在同一地区相距不远，有利于统一管理。至此三峡输变电系统设计中专家所提出的几个问题，都已得到了圆满的解决。因此，国务院三峡建设委员会于 1995 年 12 月以三峡委发办字〔1995〕315 号文正式批复了电力部上报的《三峡输变电系统设计报告》，三峡输变电系统的初步设计工作圆满完成。

三峡输变电系统设计，与过去已进行的大型水电站接入电网的设计有很大的不同，它涉及范围广、时间跨度大、技术起点高，有特殊的复杂性和艰巨性。在国务院领导的关怀下，在国务院三峡办的具体指导下，电规总院、电科院，有关网、省局、设计院，部有关司局，国家电网建设公司筹备组以及三峡开发总公司、长委设计院等单位长期为此付出了巨大的努力，做了大量的艰苦细致的工作，取得了较圆满的阶段性的成果。参与此项工作的，还有如苏哲文、沈根才、游吉寿等一大批老领导、老专家、老同志，他们为三峡输变电系统设计付出了极大的心血，提出了许多好意见、好建议，做出了很大的贡献。

二、

三峡工程经过中国几代人的努力，特别是20世纪80年代以来的深入论证，终于在第七届全国人民代表大会第五次会议上，通过了《关于兴建长江三峡工程决议》，并于1994年12月24日正式开工。这是一项跨世纪的巨型工程，它的兴建，有着巨大的防洪、发电和航运效益，对加快我国现代化建设进程、解决下世纪初我国能源平衡、提高综合国力、促进社会进步，具有重要意义。三峡输变电工程是三峡工程的重要组成部分，它的建设还将推动和促进全国联合电网的形成和发展，对我国电网建设来说其意义尤其深远。我们这一代人能有幸直接参与这项工程的建设，对每一位同志来说是一个难得的机会。因此，我们在工作上一定要高度负责、精心设计、精心施工、密切配合、同心协力，切切实实把三峡电网规划好、设计好、建设好。下一步首先要把单项工程设计阶段的各项工作搞好。与此同时，还必须按照建立现代企业制度的要求，明确责任，实行全过程的建设管理。

今天上午刚开过国家电网建设有限公司成立大会，下午就召开三峡输变电工程工作会议，这说明三峡输变电工程与国家电网建设有限公司成立之间有着十分密切的关系。国务院在批准成立国家电网建设有限公司时指出，国家电网建设有限公司为国有独资企业，由电力部行使股东权，由电力部管理。国家电网建设有限公司作为国家电网建设的业主，按照批准的公司章程开展工作，电网建设公司的主要任务有四个方面：首要任务是负责三峡输变电工程的投资、建设和管理，以保证三峡输变电工程与三峡电站同步建设，保证全部电力的可靠送出；第二是负责协调有关电网、省电力公司筹集资金，进行跨大区电网、跨独立省网的联网工程的规划、建设和管理；第三是负责关系到全国联网的大型电厂送出工程的规划、建设和管理；第四是参与全国联网及跨省区送变电工程直接相关的大型电厂和主要为保障联网运行所需要的调峰电厂的投资、建设和管理，其他还兼营有关电网建设的工程咨询、监理及设备物资供应等多种经营业务。这四个主要任务中，第一位的任务、起步的工程是三峡输变电工程的投资、建设和管理。国家电网建设有限公司的成立，是我国电力工业改革和发展到一定阶段的结果，同时也是我国电力体制深化改革的需要。自改革开放以来，我国电力工业发展十分迅速，截至1995年底，全国装机总容量已达2.17亿kW，发电量达到10 000亿kWh。电网也有了很大的发展，华东电网和新形成的广东、广西、贵州、云南南方四省区互联电网规模都已接近4000万kW，5个大区电网和南方互联电网已覆盖全国80%以上的装机容量。已建设起来的大电网在我国国民经济中发挥了巨大的作用。随着国民经济发展和人民生活质量的提高，对电力的需求不断增长，对电力供应可靠性的要求不断提高。在电力工业自身的发展上，为了解决地域上能源资源分布的不平衡和电能生产与消费不协调问题，为了提高电力工业自身的效益和取得联网的巨大的社会经济效益，同时也为了减轻日益突出的环境保护的压力，实现电网互联，并逐步形成全国联网，将是我国电力发展的必然途径，这也是世界电力工业发展的共同规律。

自改革开放以来，特别是80年代后期以来，我国电源建设已形成投资多元化的局面，这种新局面对于促进电源建设的发展卓有成效。具有独立法人资格的发电企业在《电力法》中有了法律地位，依法受到保护，电力工业是公用性基础产业，关系到国计民生，是国家宏观调控的重要产业之一。因此，在建立与发展社会主义的市场经济的过程中，必须将电网置于国家掌握之下，国务院领导多次强调指出，电厂大家办，电网国家管，也就是说鼓励和引导国内外的经济组织充分发挥积极性，以多种形式依法建设电源，而电网要实行统一规划、统一建设、统一调度、统一管理。国家电网建设有限公司的成立也是这方面深化改革的重要步骤之一。

三峡输变电工程的建设，对促进以三峡电网为中心的全国联网的形成，将起到极为重要的作用，同时三峡输变电工程的建设也是国家电网建设有限公司成立的重要契机。下面我将电网建设公司组建的过程向大家简要地做一介绍。1994 年 10 月国务院总理办公会议上专门研究了成立电网建设公司的问题，并在第 44 次总理办公会会议纪要上明确“三峡输变电系统和电站建设应分开，电网应全国统一建设，统一管理”，并提出要“成立全国电网建设总公司，以协调有关网省局、筹集资金进行建设”。电力部根据总理办公会议精神，在 1994 年 12 月 30 日正式向国务院提出了《关于成立国家电网建设总公司的请示》。据此，电力部党组研究决定并于 1995 年 3 月 24 日正式发文成立国家电网建设总公司筹备小组，负责电网建设公司的筹备工作和开展有关三峡输变电工程的系统设计及工程科研、前期论证、准备工作。1995 年 5 月，电力部又向国务院提出关于国家电网建设有限公司的性质、任务、职责、经营范围、资本金、人事、组织机构等问题的补充请示。1995 年 11 月 5 日国务院正式批准成立国家电网建设总公司，在进行公司注册时，根据《公司法》的规定，公司的法定名称确定为国家电网建设有限公司。从上述过程中我们可以看出，国家电网建设有限公司的成立，既是我国电力工业发展到一定规模、一定阶段的产物，也是更好地完成三峡输变电工程建设任务的需要和保证。

三、

关于三峡输变电工程下一阶段的主要任务，根据国务院三峡办和国家计委意见，在 1995 年 12 月 14 日国务院三峡工程建设委员会批准了《三峡工程输变电系统设计》报告后，就标志着三峡输变电工程已由工程系统设计阶段转到了单项工程设计和开工建设阶段。从此，三峡输变电工程已进入了一个新阶段。这次会议，就是前一阶段全面工作的总结，新阶段工作开始的动员会。由于这是一个重大的变化和发展，所以这次会议在三峡输变电工程建设过程中是具有重要意义的一次会议。实际上，从 1995 年 9 月开始，电网建设公司筹备组就与部三峡办及有关司局和华中、华东、四川网省局，有关科研设计单位对下阶段的科研、设计、选址选线、直流咨询、动模计算，以及万县一长寿线路等设计、建设准备工作，进行了协商研究，并做了安排部署。为这次会议的召开做了大量的准备工作，并使两个阶段的工作很好地衔接起来。下一阶段的具体工作内容将在周小谦同志的工作报告中说明，我在这里主要讲一讲对三峡输变电工程的要求及今后如何搞好分工协作、协同作战，把三峡输变电工程搞得更好。

（一）关于对三峡输变电工程的要求

对三峡输变电工程的要求主要是三条：

一是要求三峡送出工程如期建成，确保三峡电力全部可靠送出，保证初期发电的效益。

二是要求依靠科技进步，采用先进成熟的技术，安全优质，节省投资，节约占地，控制造价，把三峡输变电工程建设成一个有一流的设计、一流的施工、一流的质量和一流的科学管理的一流工程。

三是要求把三峡电力系统建成一个安全、稳定、灵活、高效益、高水平的电网。

希望这次三峡输变电工程工作会议能围绕这三方面要求研究安排我们 1996 年和今后的工作。

三峡工程自 1994 年 12 月 14 日开工以来，枢纽工程和移民工作进展顺利，三峡开发总公司表示，1997 年实现截流计划是有保证的，原定 2003 年投产第一批机组的目标，预计很有可能提前实现。因此，三峡输变电工程建设的工作任务十分紧迫，一点不能放松，当前除抓紧为库区供电的万县至长寿的送变电线路前期工作外，还要继续抓紧为 2003 年前要求建成的送变电工程的选线选点及科研等工作，特别要抓好第一条直流工程的前期准备，确保在三峡第一批机组投产时，送电到华东电网。

三峡输变电工程涉及的技术领域十分广泛，包括超高压交流、直流工程，近 2 亿千瓦大电力系统的运行、管理和调度，特别是稳定问题，大型水电、火电机组与电力系统的配合以及三峡电网与其他交流电网的联网方式等一系列问题，因此必须紧紧依靠科技进步，立足于主要依靠国内的科研实力，开展必要的国际合作，搞好各项研究工作，应用于工程设计、建设和运行。目前，要进一步落实好研究课题的安排，围绕着提高电网运行的安全、稳定和效益，做好三峡系统的动模试验和仿真研究，以及导线力学特性，覆冰试验、微气象试验和电磁兼容试验等科研工作。为了做好这项工作，我们已经和正在计划投入大量的人力、物力、财力建立仿真中心、铁塔试验基地和安排一系列的科学研究题目，这表明我们对三峡电网建设工作的严肃、科学、求实的态度。另外，还要围绕着节约线路走廊、降低造价、提高质量进行同杆双回研究、施工机械研究、器材设备研究，以及单项工程的设计方案、施工方案的优化工作。总之，要在认真贯彻科教兴国战略、实施两个根本性转变当中，真正把立足点转移到依靠科技进步、依靠科学管理上来，通过扎扎实实的工作将三峡输变电工程建设成一流的工程。

（二）分工合作，协同作战，搞好三峡输变电工程建设

三峡输变电工程建设已由电力系统设计阶段转到了三峡工程单项工程设计和建设阶段，即进入实质性的设计、施工实施阶段；同时对工程管理来讲也进入了一个新的阶段。三峡输变电系统设计工作，以前一直是在电力部的领导下，由部三峡办牵头，各司局配合，组织各设计、科研单位和网省局来完成的，其中部三峡办做了大量的组织协调工作，取得了巨大的进展和可喜的成绩；而从现在开始，三峡输变电工程的建设责任将主要落到工程的业主单位，即国家电网建设有限公司头上，今后将在国务院三峡建设委员会和电力部的领导下，在各有关部门、有关单位的支持下，主要由电网建设公司来组织协调和负责三峡输变电工程建设的有关工作。当然，有关涉及研究枢纽工程、移民工程等方面的工作问题仍以部三峡办为主牵头组织协调，如三峡水电机组问题、调度问题等。

面对这一形势，作为电网建设公司要认识到自己责任的重大，要按照公司章程履行好自己的职责，完成好建设三峡输变电工程的伟大任务。为此，要充分依靠和主动取得部三峡办、部内各司局及各网、省局的支持和合作，部三峡办和各有关司局应当一如既往地关心、支持和积极推进三峡电网工程的建设，要发挥好政府部门的规划协调、服务、监督的职能，为三峡电网工程的顺利建设争取政策，协调处理好与其他部门的关系，综合汇总有关电力部与三峡工程有关的各方面信息，及时向国务院三峡工程建设委员会汇报，以取得综合部门的支持、帮助和为电网建设公司的顺利工作创造条件。对于各网省局，应当看到三峡输变电工程在我国电力建设事业中影响电力全局、关系全国联网的一件特大工程，与各网省局电网的发展和企业的运营是密切相关的，华东、华中、四川电网尤其事关重大，各局必须把三峡工程放到自己工作的议事日程上，当作自己的工程来抓，同时各网省局也应该看到，国家电网建设有限公司的建立，为我国电网发展增加了一支生力军。电网建设公司发展了，对各大区电网、独立省网的发展是一个很大的支持和促进，这种支持和促进表现在对各大区电网、独立省网的网架建设上；表现在为各个电网取得巨大的联网效益或电力输送上。同时对全国联合电网的形成和发展，对合理利用能源资源、逐步形成健康有序的电力市场，都将起到推动作用。因此，各网、省局要大力支持电网公司。这种支持体现在有关建设项目的协调合作上；协助国家电网建设有限公司协调好地方关系、帮助解决在工程建设中遇到的一些困难和问题，也体现在项目投入运行后，支持国家电网建设有限公司及时、有效地偿还债务以用于电网建设的再投入上。电网建设公司与各网、省局之间应当建立一个互惠互利的经济关系，这种经济关系与全局的利益、与国家整体利益是一致的。各设计、科研单位在三峡输变电工程建设中不能有任何的放松，而是要加倍的努力，投入加倍的力量，出色地完成科研设计任务。总之一句话，我们各部门、各单位、各企业，要从一个大目标出发，即为把三峡输变电工程建设成一流的工程和推进全国联合电网的建设而互相支持，密切合作并做出各自的新贡献。

（三）以三峡电网为中心进一步推进全国联网的发展

李鹏总理在给国家电网建设有限公司成立的题词中要求我们“加强电网建设，促进电力发展”，史大桢部长的题词中指出“以建好三峡输变电工程为基础，实现全国联网目标”。李鹏总理和史大桢部长的题词，揭示了电网建设和电力发展、三峡电网和全国联网的关系，电力发展的历史说明，加强电网的建设，可以促进电力事业的发展。而搞好三峡电网的建设，将为全国联网的实现打下坚实的基础。所以对电网和电源的建设要综合起来，统筹考虑，同步发展。对于电网与电网之间也要联合起来统筹安排，家华副总理为电网建设公司成立题词“统筹”含义深刻，我们要不断加深理解，渗透到工作中去。所以，我们在加强三峡电网规划建设的同时，就要着手研究有关扩大联网和开发西部水电以及实

现西电东送等问题。李鹏总理要求我们要不失时机地抓好三峡输变电系统与华北联网，以及与华南联网的研究工作。与华北联网工作，电网建设公司已做了安排，需要继续抓紧，尽快提出方案，这个联网方案随着三峡6台地下厂房机组的建设而实施，不仅关系到发挥两大电网水火调剂的作用，取得该网效益，并为实现跨流域调节创造条件，更好地发挥三峡电站的效益，而且也将关系到华中地区电网建设的格局。另外，还要考虑研究三峡与华南的联网问题，以实现两网之间的跨流域调节，其效益将是显著的。

除了上述联网工程外，还要尽快开始组织金沙江下游的向家坝与溪洛渡两大水电站送出的电力系统规划研究和接入系统设计问题。对向家坝和溪洛渡的前期工作，在1995年三建委第五次会议上，国务院已做了安排，要求2000年内完成可研，并在2000年后第一个十年内安排其中一个电站上马，而且明确这两个电站的业主也是三峡开发总公司，实现滚动开发。根据三峡工程中电源和电网分开建设这一原则，对金沙江下游的这两个电站送出的电力系统规划和工程建设工作，要求国家电网公司在电力部的统一领导下，根据电力部确定的总体规划目标，及与部已开展的更高一级电压等级研究工作相衔接，尽快地提出开展前期规划研究所需资金的筹集方案，并组织有关的设计、科研力量，会同关网省局开始规划设计研究工作，使之与这两个工程的前期工作进度一致。

（四）管好葛上直流工程，充分发挥工程效益

国务院决定将葛上直流输电工程全部资产移交给国家电网建设有限公司，其中国有资本作为公司的注册资本，并且明确由电网建设公司直接管理。现在葛洲坝换流站的管理已由葛洲坝水电厂移交给国家电网建设有限公司。

葛上直流输电工程自投入商业运营以来，在直流技术储备和向华东电网输送葛洲坝电量，实现华中、华东两大网之间在丰枯期电力电量交换，以及吸收部分弃水电量，两网相互备用等方面，都发挥了一定的作用，但离设计要求还有很大距离，还有很大的潜力需要我们去挖掘、发挥。李鹏总理对这个问题十分关心，最近还指示，要求我们研究如何充分发挥葛上直流输电工程的作用及在三峡电站发电初期的作用问题。因此，电网建设公司要在国调中心、部安生司的协调下，与两网局一起，对如何进一步发挥葛上直流输电工程作用进行深入的调查研究。有关的科研、设计单位也要充分重视。希望大家以积极的态度研究可行的措施，力争尽快取得成效。

同志们，三峡工程是举世瞩目的工程，三峡输变电工程也是为国内外所关注，为所有电力工作者高度重视，并引以自豪的工程，它不仅是一个大型或特大型的工程，而且关系到我国电力工业的全局与发展。为了搞好这项工程，推进全国联网，需要集中全电力系统的智慧和经验。根据史大桢部长指示，经国家电网建设有限公司筹备组的推荐和部批准，在成立国家电网建设有限公司同时成立国家电网建设有限公司的专家委员会，现在已聘请了第一批68名专家担任专家委员会委员，并请我们老部长苏哲文同志出任国家电网建设有限公司专家委员会名誉主任，请潘家铮院士、沈根才同志、郑健超院士、吴敬儒同志为顾问，请周孝信院士为专家委员会主任，这个专家委员会的委员都是长期从事电力系统研究、规划、设计、施工、运行、管理等各方面的专家，每个人都有着丰富的学识、深厚的理论基础和长期的实践经验，是我国电网建设非常宝贵的人才。

希望专家同志们能更好地为三峡输变电工程建设、为我国的电网建设发挥更大的作用。

同志们，我们这次工作会议是在一个非常有利的形势下召开的，第一，三峡枢纽工程开工以来进展顺利，移民工作取得可喜的成果；第二，三峡输变电工程可行性研究报告已经国务院三峡工程建设委员会正式批准；第三，三峡输变电工程的业主——国家电网建设有限公司在各有关方面的积极支持下正式成立开始运营；第四，一幅以三峡电网为核心的全国联网的蓝图正在形成。这标志着三峡输变电工程进入了一个新的建设阶段。这是社会主义现代化建设给我们提供的一个难得的历史机遇。让我们发扬团结协作的精神，把中华民族自立于世界民族之林的勇气和科学严谨的作风结合起来，艰苦奋斗，大胆创新，敢于争先，为出色地完成三峡输变电工程的建设，为把三峡电网，把中国电网建成一个安全、稳定、经济，在建设、运营和管理方面能与世界先进国家的电网并驾齐驱的现代化电网而奋斗。

陆延昌：原电力部副部长、国家电力公司副总经理、中国电机工程学会理事长。

在第四次三峡输变电工程工作会议上的总结报告

（李世忠，1996 年 6 月 19 日）

同志们：

电力工业部第四次三峡输变电工作会议今天就要闭幕了。参加会议的有国务院秘书二局，国务院三峡办，国家开发银行，国家开发投资公司，中国长江三峡开发总公司，各电管局，部分省电力局，南电联，华东、中南、西南电力设计院，长委设计院，葛洲坝集团公司，华北电力大学，武汉水电大学，武高所，南自院，中国超高压公司，以及部内有关司局、部系统在京各有关单位和在京的国家电网公司专家委员会专家，共 53 个单位近 200 人。这次会议是历次电力部三峡输变电工作会议中参加单位最广泛的一次。从这点可以看出，电力部对三峡输变电工程的建设是非常重视的。这次会议虽然时间比较短，只召开一天半的时间，但会议安排比较紧凑，内容比较丰富。18 日下午，陆延昌副部长代表电力部发表了重要讲话，周小谦同志为大会做了工作报告，宣布了国家电网建设有限公司专家委员会的成立，并为 68 位专家颁发了聘书。特别应该指出的是，我们参加会议的同志在 18 日上午直接听取了邹家华副总理的重要讲话。他在讲话中，不但对国家电网建设有限公司提出了明确的要求，而且对今后电网的建设和经营管理做了重要指示，对如何搞好三峡输变电工程提出了要求。同时，我们还听取了史大桢部长的讲话，他对三峡输变电工程建设也提出了明确的要求。这对我们开好这次会议是十分重要的。今天上午大会进行了分组讨论，大家结合邹家华副总理、史大桢部长的讲话精神，对陆部长的讲话和周小谦同志的工作报告进行了认真而热烈的讨论。刚才华东、华中电管局，电规院，电科院，部三峡办，国务院三峡办的负责同志又做了大会发言，大家都表达了一个共同的心愿，要竭尽全力、团结协作、肩负起历史赋予我们的重任，把三峡输变电工程的各项工作做好。由于全体与会人员的共同努力，这次会议开得很成功，达到了预期的目的。

一、会议的主要收获

这次会议对 1992 年以来电力部开展的三峡输变电工程前期工作进行了简要的回顾和总结。三峡工程举世瞩目，全国人民关注，我们电力系统广大职工更是十分关心，并以能参与三峡工程包括三峡送出工程为荣，因此各有关部门都积极参与了三峡输变电工程前期工作。在讨论中，与会代表对中南、华东、西南电力设计院在电规院、电科院等单位的协调配合下完成的《三峡工程输变电系统设计》报告及其补充报告给予了充分肯定。会议结合领会邹家华副总理、史大桢部长、陆延昌副部长的讲话精神，重点讨论了今后三峡输变电工程的建设任务，特别对 1996 年设计、科研及工程安排等工作进行了认真的讨论，在许多方面都有了一致的认识。

比如，大家都认识到三峡输变电工程建设工作到了一个新的阶段。这个新阶段的主要标志，一是由前四年主要从事三峡输变电工程的系统设计与科研转入单项工程设计和实施建设的阶段；二是电力部决定今后有关三峡输变电工程建设的事宜，主要由国家电网建设有限公司来组织、协调和负责具体实施。这一点，陆部长的讲话中已明确地向电网建设公司交待了这个任务，今后电网建设公司工作的重点、中心就是要把这个任务完成好。所以，对三峡输变电工程建设来说，这次会议是一次“承前启后，继往开来”的会议。大家认为，这次会议给三峡输变电工程建设进入新的阶段开了个好头，我们一定要共同努力，将三峡工程建好。

又比如，大家认为通过这次会议为三峡输变电工程建设明确了今后的奋斗目标。一是就整个三峡送出工程来说，目标更明确了，邹家华同志、史大桢同志、陆延昌同志都提出了目标要求，大家在讨论中也有的强调几点，有的突出几点（有从指导思想上谈，有从具体工作上谈）。概括起来是三个方面：一是如期建成，可靠送出；二是依靠科技，控制造价，建设一流工程；三是使三峡电力系统成为一个安全、稳定、灵活、高效的电网。如果稍加解释的话，就是如期建成要注意可能提前；一流工程是要一流的设计、一流的施工建设、一流的质量加一流的管理才能取得的；三峡输变电系统能建成好的系统是要内外诸多因素配合才能实现的。在讨论中大家都纷纷表示要为三峡输变电工程的建设出谋献策，为把三峡输变电工程建设成为一流工程做出自己应有的贡献。

就目前来说，经过讨论明确了1996年三峡输变电的工作任务。陆延昌同志的讲话指出了工作重点，周小谦同志的工作报告中讲了六条任务，大家认为任务提得比较明确具体，有的还提出了具体实施建议。总的来讲，1996年的工作任务要以2003年前投产的输变电项目为中心来开展。一是要努力创造条件，力争四川长万线工程年内开工建设。长万线工程主要是为四川万县地区库区移民发展生产的项目——川东大化工厂供电，按500kV建设，初期降压220kV运行，在三峡电站投产以前，先由四川自己供电。这是支持库区移民搬迁工作、支持库区经济发展的一项工程，也是我们电网建设公司成立后最先组织的一个工程，所以一定要把它按期优质地建成。二是第一回直流工程的前期工作，根据葛沪直流和天广直流工程的施工周期和建设经验，三峡送电华东的第一回直流工程的工期已很紧迫，1996年必须抓紧直流工程的前期科研和功能规范书的编制、咨询工作；三是要全面开展2003年前投产项目的选线、选站、选址工作，为下一步开展单项设计创造条件；四是配合三峡输变电单项工程设计与建设，建立“三峡电力系统仿真中心”以及电磁兼容等实验室，改造杆塔试验基地，开展同杆并架双回线、大截面导线、紧凑型线路以及施工技术与装备等项目研究。

总之，这次会议的主要收获是，统一了认识，明确了目标，商定了1996年的工作任务。这就为全面完成1996年三峡输变电工程的各项任务奠定了良好的基础。

这里我只是讲了几个主要的方面，而且为此还要做好许多配合工作。虽然其中有些工作需要进一步落实，但讨论中大家都认为这些工作安排都是需要的。

当然达成共识、认识一致的方面还有很多。比如，大家一致认为，国家决定成立电网建设公司的决策是完全正确的，给电网建设公司的任务是明确的，而且，一致表示要支持电网建设公司的工作，还给电网建设公司提出了很好的意见与建议，并主动要求多做工作。对大家的这种积极热情的态度，鼓励与鞭策，我在此表示衷心的感谢，并承诺一定组织好，发挥多方面积极性，共同完成三峡输变电工程。

二、对下一步工作的几点意见

一要认真学习、贯彻、落实家华同志的重要讲话，把史大桢部长的讲话精神贯彻到实际工作中去。陆部长的讲话不但对三峡输变电工程的有关工作做了全面部署，对国家电网建设有限公司的主要任务、工作目标和要求都做出了具体指示，而且对国家电网建设有限公司与部内各司局以及有关网、省局的关系，对各设计、科研、教学等单位和专家委员会都提出了明确要求，我们电网建设公司和与会各单位要在今后工作中认真贯彻落实，按要求完成各自的工作任务。希望各单位能够把各位领导的讲话作为研究三峡输变电工程的指导，作为动员广大职工参加三峡输变电工程的武器，以做好有关的工作。国家电网建设有限公司是一个新成立的单位，许多工作还待开展，许多方面要向大家学习，在今后的实际工作过程中，更离不开在座各单位的关心和支持。今后国家电网建设有限公司将与大家保持密切联系，希望电力系统内外的各有关单位能够继续关心和支持国家电网建设有限公司的工作。

二要认真组织落实全面完成1996年的各项任务。这次会议对三峡输变电工程1996年的科研、设计、工程施工准备等各项任务已经基本确定，关键的问题在于落实。对于这些工作任务，有一部分国家电网建设有限公司已与部有关司和电规院协商，下达到有关单位的正在执行，还有部分项目有待落实承担单位。会后，国家电网建设有限公司将与有关项目承担单位具体协商，并签订工作合同，明确双方的工作责任与义务。对已开展工作的项目，国家电网建设有限公司也将与有关承担任务的单位协商，补签合同，并根据合同拨付经费。

说到合同，我想强调一下，三峡建设委员会对三峡工程的管理提出了建立“四制”的要求，即实行项目法人责任制、招标投标制、施工监理制和合同管理制，这既是建立现代企业制度的必需，也是这次会上领导对我们提出的要求。因此，国家电网建设有限公司今后在工作中，无论是科研、设计还是土建施工、设备安装等，都将严格按照“四制”的要求运作，以便使各项工作做到科学化、规范化。为了完成上述任务，电网建设公司要精心组织实施，希望有工作任务的单位指定一名主管领导专抓三峡输变电工程工作，把1996年的任务落实到人，并定出分阶段的执行目标，以便定期检查、督促，确保1996年的各项任务的完成。

同志们，三峡工程是一项世界级的工程，举世瞩目，国内外都非常关心。三峡工程的建设成功不仅可以提高我国的综合国力，而且可以大大提高我国的政治威望。因此，三峡工程不单有其巨大的经济社会效益，而且有其重大的政治意义。现在三峡输变电王程建设的舞台已经搭好，序幕已经拉开。让我们在以江泽民同志为核心的党中央领导下，以邓小平同志建设有中国特色社会主义理论为指导，在实现党的十四届五中全会提出的“两个根本转变”目标的过程中，不断探索，勇于创新，把三峡输变电工程建成世界一流工程，为我国现代化大电网的建设做出我们应有的贡献！

李世忠：原国务院副秘书长、国务院三峡工程建设委员会办公室副主任、国家电网建设有限公司董事长。

在三峡输变电工程建设工作会议上的总结

（周小谦，2000年6月30日）

同志们：

经过一天半的大会和分组讨论，国家电力公司三峡输变电工程建设工作会议就要结束了。会上大家认真听取了陆总、李世忠同志等讲话和各部门、各单位的发言，紧紧围绕三峡输变电工程建设，为确保三峡电力的安全稳定送出，力争成为一流工程而畅所欲言，积极献计献策，提出了许多宝贵的意见。会议进行得紧张而富有成效，达到了预期的目的。现在我做一个简要初步的总结。

一、会议达到了预期的目的

本次会议大家紧紧围绕着三建委第九次会议精神和陆总的报告，以及李世忠同志的讲话进行认真地讨论，对电网部、计划部、发输电部等提出的2000年计划安排等也进行了认真地讨论落实。通过这次会议，进一步提高了大家对搞好三峡输变电工程建设重大意义的认识，进一步加强了工程建设的质量意识，进一步落实了三峡输变电建设任务，进一步明确了三峡输变电工程建设管理的标准和要求，会议达到了预期的目的。

1. 通过本次会议的学习讨论，使大家进一步统一和提高了对三峡输变电工程建设重要性、紧迫性和质量意识的认识

通过这次会议，使大家对三峡工程建设的重大政治、经济、社会、历史意义有了进一步的认识。三峡工程确是千年大计、国运所系的工程，是中华民族的千秋伟业，是举世无双的壮举。三峡输变电工程作为三峡工程的重要组成部分，关系到三峡电站经济效益的发挥，还关系到“西电东送”和全国联网战略的实施，搞好三峡输变电工程建设和管理，意义同样十分重大。从而大大激发了全体参加三峡输变电工程建设的设计、施工、监理、调试、运行等各单位和各方面人员的积极性，大大提高了一定要把工程搞好的决心和信心。大家表示，我们必须要按照朱总理在三建委会议上的要求，本着对国家、对人民、对子孙后代高度负责的精神，把工程质量放在首位，确保三峡工程质量经得起历史的考验。大家认为，我们不仅要把三峡输变电工程本身搞好，而且要把相应配套的500kV和220kV工程搞好，真正确保三峡电力送得出、落得下、用得上，真正把三峡电力系统建设成为安全、可靠、稳定、高效、灵活、开放的电力系统，以不辜负党、国家和人民对我们的殷切期望。

2. 进一步明确和落实了三峡输变电工程2000年和2003年前的建设任务

为了确保2003年三峡电站首批机组发电时三峡电力的送出和实施“西电东送”战略，2000年和

2001、2002 年三峡输变电工程的建设任务是十分繁重的。对工程任务的艰巨性，我们必须要有充分的认识、充分的准备，不可有任何的松懈和疏忽。通过这次会议大家也进一步明确了下面的具体建设任务。

（1）2000 年的任务。一是要投运“3 线 1 变”，即凤下、双南、南郑线路，以及南昌变电站，以上共计 590km/75 万 kVA；二是续建“4 线 4 变 1 直流”，即岗市—长沙—云田、郑西—新乡 2 回、汉阳—孝感、左岸出线线路，孝感、长沙、新乡、宜昌（与左岸换流站合建）变电站，以上共计 733km/300 万 kVA，以及三峡—常州直流线路 890km/换流站 600 万 kW；三是要新开工“3 线 4 变 1 站”，即常州—瓶窑、常州—繁昌、左一—万县Ⅰ回线路，益阳、荆州、宜兴、阜阳变电站和荆门开关站，以上共计 735km/300 万 kVA；四是预备开工“3 线 3 变”，即长寿—万县、长寿—陈家桥、郑州—开封线路，长寿变扩建、杭东变扩建、开封变新建，以上共计 345km/250 万 kVA。

（2）为配合三峡电站 2003 年首批机组投产发电，三峡输变电工程需要建成投产的项目有“33 线 14 变”，共计 4201km/1000 万 kVA，直流线路 890km/换流容量 600 万 kW。

而到 2000 年末，我们只能完成 763km，仅占 2003 年需要建成的线路总长度 5091km 的 15%；变电容量只投产 75 万 kVA，仅占总的变电、换流容量 1600 万 kVA（kW）的 4.7%。而 2001 年、2002 年尚需开工建设的规模为“21 线 4 变”，共计 1970km/325 万 kVA。2001 年、2002 年和 2003 年，只有 2 年半时间，这样相当于平均每年建成 1734km 线路（含直流线路），609 万 kVA（kW）（含直流换流站），可见其任务是十分繁重的，工期是十分紧张的。尤其是前期准备，包括二次系统设计配合等工作量很大，必须予以更充分的注意，必须要尽快布置与安排设计，以避免出现由于设计前期跟不上而影响整个工程的招投标及施工工作的全面展开。

（3）2003 年前需要分别由华中、华东、湖南、河南、安徽、重庆电力公司负责投资建设管理的配套项目有与双南线、南郑线、郑新线、郑开线、岗长云线、阜洛线、常瓶线、常繁线、常政线、陈长线配套的 500kV 出线间隔和高压电抗器。这一任务同样十分繁重，而且复杂，会议要求尽快完成上述出线间隔和高压电抗器的可研报批工作，并要求有关方面必须相应密切配合，确保与三峡输变电工程的线路本体同步建成投产。

（4）2003 年前需要各网省公司配套建设的 220kV 输变电工程建设项目共计 1407km，213 万 kVA，分别是：配合南昌变电站的变电容量 42 万 kVA、线路 106km；配合长沙变电站的线路 158km；配合益阳变电站的线路 114km；配合孝感变电站的变电容量 24 万 kVA、线路 219km；配合荆州变电站的变电容量 30 万 kVA、线路 121km；配合新乡变电站的变电容量 33 万 kVA、线路 192km；配合开封变电站的变电容量 12 万 kVA、线路 135km；配合长寿变电站和万县变电站的变电容量 60 万 kVA、线路 130km；配合宜兴变电站的线路 97km；配合阜阳变电站的变电容量 12 万 kVA、线路 135km。

这一任务同样十分繁重，会议要求各网省公司要予以高度重视，进一步落实上述 220kV 输变电项目的建设进度，及时按基本建设程序报批项目和完成建设任务，确保三峡电力送得出、用得上。

3. 重新明确了三峡输变电工程建设理目标

（1）要在三峡输变电工程建设中推进基本建设制度改革，全面提高管理水平。即要认真贯彻执行项目法人制、资本金制、招标投标制、工程监理制、合同管理制，并要在全面、准确、规范上下功夫，要在确保安全、提高质量、降低造价、缩短工期、提高投资效益上见成效。与此同时要进一步做好工程的“四控制两管理一协调”，并应用现代信息技术，全面提高输变电工程建设的管理水平，及时修改完善管理制度、办法、细则，努力实现工程管理的规范化、科学化。

（2）要把三峡输变电工程建成一流工程。

1）工程质量要做到合格率 100%，各单项工程全优。

2）从基础工作抓起，要向国际一流看齐，并制定严格的质量验评标准。

3）严格工程监理制度，也就是要招标选择具有高水平、高素质的监理队伍，水平包括技术水平和思想水平，要敢于为国家利益而坚持高标准，不怕得罪人；要有为国家利益高度负责，不怕苦不怕累的精神；再一点就是业主要支持监理工作。

4）要一流的设计、一流的设备、一流的工艺、一流的管理；要设备可靠高效，自动化水平高，少占地，少维护。

5）合理工期，合理造价，达到国内领先，争取国际一流。

（3）要确保三峡输变电工程建设的安全可靠。要坚持工程建设全过程、全方位的安全作业，严格安全责任制，切实把整个建设过程的安全置于受控状态中；在施工、调试、生产运行过程中，要坚决“杜绝重大人身伤亡事故、重大机械事故、重大设备事故、重大火灾事故”，特别是要加强外包工和分包工程的安全管理。

（4）要在三峡输变电工程中坚持科技创新，促进技术进步。①要使三峡输变电工程成为带动和促进全国输变电工程建设技术进步的先进工程，并要带动和促进我国民族工业的发展，促进我国输变电制造技术水平的提高；②要树立先进的设计理念，采用先进设计手段，提高工程的科技含量；③要积极大胆采用和引进国外先进技术、先进设备，并大力推进国产化；④要不断提高施工机械化程度，采用先进施工技术，大力提高施工工艺水平和劳动生产力。争取在线路和变电站的技术经济指标、占用土地、环境保护等方面都要达到先进的水平。

（5）要加强投资控制，严格资金管理。要确保三峡输变电工程在保质保量按期全面建成的同时，投资不超概算，力争有所节余；要严格三峡基金的管理与使用，要加强自我审计，确保资金使用得合法、合理、合乎程序，要努力节约，提高资金的使用效率。

二、关于会上提出的几个问题的说明

1. 关于工程职责分工问题

三峡输变电工程是国家的重点建设项目，也是我们国家电力公司输变电工程建设的重中之重，全公司及公司各部门、各单位都要全力以赴，紧密配合，团结一致，确保任务的全面和高质量地完成。协作是前提，必要的分工也是需要的，应当说原有的分工也是明确的，通过这次会议，进一步明确的职责分工如下。

电网建设部全面负责三峡输变电单项工程的建设与管理，具体负责单项工程的安全、质量、进度、造价控制。

计投部负责编制三峡输变电工程年度投资计划及总体投资控制，并落实建设资金；负责500kV配套间隔和高压电抗器的可研报批工作；负责220kV配套输变电工程的可研批复与计划协调安排电力电量消纳工作。

（1）财务部负责三峡输变电工程资金的管理与拨付；配合进行电力电量消纳工作。

（2）战略规划部负责三峡输变电工程与全国联网及各网省公司长远规划的衔接。

（3）发输电部负责三峡输变电工程的生产准备和运营管理工作。

国调中心负责三峡二次系统中调度自动化系统、电能计费与交易系统、安全稳定装置的建设（国三峡委发办字〔1999〕22号文中明确的部分），以及相应负责二次系统投资造价的控制；负责三峡电站及其输电系统的调度管理工作。

电通中心负责三峡通信工程（国三峡委发办字〔1999〕22号文中明确的部分）的建设及相应的投资控制。

电规总院负责三峡二次系统的总体设计与技术审查。

各网省公司负责配套建设500kV间隔和高压电抗器；负责配套建设220kV输变电工程，以及与三峡输变电工程相衔接的500kV工程；做好与电网公司负责建设的单项工程的二次系统协调，以及单项工程系统调试的配合工作；这些工作仍然要按照现有的电网分工管理体制由原来的网、省公司负责到底。

国电公司三峡办则重点协调解决三峡输变电工程实施过程中的有关问题；归口向国务院三峡办汇报及一些统一对外的联系和协调工作。

2. 关于质量和进度问题

对一个工程来说，质量是第一位的，在质量和进度有矛盾时，进度必须服从于质量，这是毫无疑义的，是必须遵守的一个原则。

为此必须进一步增强质量意识，提高建设队伍的素质，建立严格的质量责任制、质量追溯制度，制定严格的质量验收标准，实施严格的质量监督制度。与此同时，确保工程进度，并且在工程进度安排中适当留有余地，也是工程质量保证的条件和基础。当然，工程进度本身也是工程效益的重要体现，是实现整体投资效益的重要基础。没有质量就没有进度，反过来也可以说，没有进度，很难谈得上质量。尤其是对三峡输变电工程建设来说，确保三峡电力按期送出这一点是十分重要的，在我们的整个工程进度安排中，绝不能允许出现三峡大坝建好、机组发电时，由于输变电工程没有完成而不能向外送电情况的出现。为此，必须要保证工程质量，但也要保证工程进度，而且必须要有适当提前的进度或充裕的时间来保证质量。这对三峡直流工程尤其如此，该工程的技术要求高，指标先进，难度大，在设备制造和调试过程中都会碰到各种问题。现在直流设备制造中，换流变压器、平波电抗器、换流阀等都出现了一些问题，需要进行处理，这就要耽误时间，可能影响进度；而在工程建成后的调试过程中，难免还会出现一些问题。这就要求我们在工程进度安排中充分考虑这些情况，留有适当的裕度，这也是确保质量的一个重要措施。与直流工程类似的其他工程也是如此，只有辩证地处理好质量和进度的关系，并严格加以管理，才能真正做到确保质量、确保工期、确保三峡电力的送出。

3. 关于招投标问题

《招标投标法》已于2000年1月1日起正式实施，它标志着我国在建设领域市场机制的进一步确立，意味着其管理步入规范化、法制化的轨道，这对控制工程造价、确保工程质量及提高管理水平必将起到极为重要的作用。总的来说，三峡输变电工程是在全国输变电程中较早实行招投标的，并且相应建立了一些招投标制度和办法，不仅在工程、物资采购方面，而且在设计、监理等方面都开始进行。但是大家认为，在实际招标工作中仍存在以下几方面的差距：一是市场壁垒仍然存在，存在着地方保护主义色彩；二是完全公开招标尚存在技术上的问题，没有全面展开；三是招投标办法尚不很规范，组织机构尚不健全，也存在一些不适当的人为干预的情况；四是在工程建设各阶段，执行招投标制度的状况还很不平衡，在勘测、设计、监理阶段，招投标制的实施还比较缓慢；五是对招投标的各项准备工作由于设计进度配合等原因，有些工程工作不细、深度不够。

这些情况都需要我们在今后的工作中逐步加以解决，以加快提高招投标的水平。大家认为，首先要在思想上对招投标工作高度重视，要从维护国家法律、法纪的高度来认识，必须要严肃对待，并提出严格的要求。二要严格招投标的规章制度和组织，要不断地完善招投标管理办法，完善招投标及评标的规定和组织，以克服主观随意性和不适当的人为干预，确保招标的公正性和执法的严肃性。三要做好招标前的工程前期设计等准备工作，包括工程量的测算、设备标准的确定、招标原则的制订等，使招标工作步入正轨，确保招投标的公正、公平和准确，以通过招标工作，真正做到提高质量、提高管理水平、降低工程造价的目的。四要鉴于目前全面实行公开招标有客观上的困难，而邀请招标也是允许的，但要努力创造条件，尽可能扩大公开招标的范围，努力使三峡输变电工程的招标工作成为全国输变电工程的模范，成为执行国家招投标法的模范。这是三峡输变电工程对我们提出的要求，也是历史赋予我们的光荣使命。

4. 关于加强两个文明建设问题

由于三峡输变电工程点多、线长、面广、关系复杂，因此在工程刚开始建设的时候，国务院三建委和电力部、电力公司领导就非常重视精神文明建设，强调两个文明建设一起抓，强调这是搞好工程建设的有力保证。因此，在长万线工程建设中就提出并开展了“建线路、送光明、献爱心”，捐资助学等活动，密切了工程建设与地方政府、沿线老百姓的关系，有力地推动了长万工程的顺利建设。

大家认为这种做法不但要坚持下去，而且要不断有所发展有所提高，这不仅对三峡输变电工程建设将起到重要作用，而且对建成之后输变电设施的维护、安全保障，以及防盗防破坏工作都会产生积极的作用。当前在全国已建输变电工程中，先后发生过多起铁塔和导线被盗或破坏事件，对此，应该引起有关工程管理、施工、监理、当地政府的高度重视。我们既要依靠法律，但也要做好思想政治工作和精神文明建设工作，再加上落实责任制和采取一些技术措施。

这方面对于三峡输变电工程建设尤其重要，因为三峡开始发电的时间是2003年，而输变电工程不可能都等到2003年才建成，肯定是提前一段时间就要建成，因此如何确保建成线路不被破坏这一点必须引起我们的高度重视。我们必须事先做好工作，其中重点是加强精神文明建设和辅以技术保护措施。必须明确施工单位要负起责任来，沿线的电力局、供电局也要负起责任来。

三、关于会后的工作

这次会议即将结束了，大家回去之后要认真落实本次会议精神，做好各自的工作，下面是几点具体要求。

1. 要认真领会本次会议精神，做好会议传达工作

这次会议的时间虽然短，但是内容非常丰富。大家回去之后，要认真学习陆总、李世忠委员的重要讲话，将三建委九次会议精神认真地传达下去，让参加三峡输变电工程建设的全体员工进一步统一和提高对三峡输变电工程建设重要性、紧迫性的认识，提高三峡输变电工程建设对西部开发和“西电东送”，以及对全国联网推动和促进作用的认识，树立高度的质量意识和主人翁责任心。

2. 要完成好2000年建设任务，落实好2003年前的计划安排

要进一步做好三峡输变电工程2000年计划和2003年前建设计划的落实工作，各网省公司要做好500kV和220kV配套工程建设，以及有关二次系统建设的落实工作。各部门、各单位都要进一步明确自己的任务，并提出具体的落实措施。公司三峡办要及时了解落实情况，做到互相通报、互相促进。

3. 要抓紧做好生产准备工作

国家电力公司发输电运营部要及时部署和督促并落实生产准备工作，及时参加工程竣工验收。另外，要进一步加强葛南直流的运行管理，提高设备健康水平，努力增加葛南直流交换电量，并为满负荷送电华东做好准备。

4. 要做好调度准备工作，确保三峡系统的安全稳定

国调中心要与各网、省公司的调度部门一起，并联系三峡总公司，为三峡电站的调度及确保三峡电站并网后的电网安全稳定运行做好充分准备，并合理配置系统安全自动装置和解列装置；进行各种事故预想，做好反事故演习，并开展必要的专题研究。

5. 要做好有关系统专题等研究

三峡电力系统的系统设计和无功规划问题，包括三峡电力系统的调频、调压问题，以及各电网在三峡电站2003年发电及以后各过渡年份不同水平年、不同运行方式下的稳定分析计算，将由电力公司三峡办公室专门组织规划、计划、调度、设计等单位进行专题研究。同时，对会上提出的各方面问题也请电网部进行整理；请交三峡办公室进行专门的研究和处理。

6. 要做好三峡电力电量分配、消纳及协调工作

三峡电力电量的合理消纳，关系到三峡电站经济效益的发挥和国家投资的回收。国家电力公司和三峡供电区的各网省公司，要从讲政治、讲大局的高度来认识这个问题，积极研究和落实分配、消纳三峡电力电量的问题。在国家计委的统一部署下，把国家确定的分电方案的电力电量纳入各有关网、省公司“十五”“十一五”电力规划，结合我国电力体制的改革，合理控制新开工电源项目和按时关停小火电机组，积极安排改善电网结构、有利于系统安全稳定的电网项目，保证三峡电能有充分的消纳空间和三峡电力系统的安全稳定运行。

7. 要进一步抓好与三峡电力电量消纳及西电东送相关的几项工程的准备工作

主要有三万线的2000年开工建设工作、华中与华北联网工程、华中与西北的联网工程及华中与广东的联网工程。

同志们，这次会议即将结束了。我代表国家电力公司，对一直领导、关心、支持我们进行三峡输

变电工程建设的国务院三建委办公室，对国家各部门、各省地方政府、各新闻单位表示衷心的感谢；对参加三峡输变电工程建设的各管理、设计、施工、监理、设备制造单位，为三峡输变电工程建设所做出的重大贡献致以崇高的敬意；另外，也对各位代表为本次会议的成功举行所付出的辛勤努力表示感谢!对湖北省政府、湖北省三峡办对我们工作和这次会议的支持表示衷心感谢。

最后，让我们以热烈的掌声再次对华中电力集团公司为我们会议提供的良好服务，创造的优越工作环境表示衷心的感谢。

周小谦：原国家电网建设有限公司总经理，后曾任国家电力公司党组成员、总经理助理。

在历次电网建设专家委员会全体会议上的发言

（1996年6月-2003年12月）

（周小谦，2015年9月整理）

国家电网建设总公司专家委员会从1996年到2003年一共开过8次全体专家大会，专家委员会充分发挥专家的作用，它是把三峡工程输变电系统及全国电网建成安全可靠、先进高效、灵活开放的电网的重要保证。

1994年9月30日国务院总理办公会议决定“三峡输变电系统和枢纽电站建设分开，电网应全国统一建设、统一管理”。1995年11月以国务院〔1995〕107号文批准成立国家电网建设总公司，于1996年6月18日召开了隆重的成立大会。

在公司成立之初，按照史大桢部长的指示，在筹备公司的同时就着手筹备组建电网建设公司的专家委员会，并从电网科研、教育、设计、施工、运行等单位聘请了具有坚实理论基础和长期实践经验的68位专家，组成专家委员会。1996年6月18日，在国家电网建设总公司成立的同时宣布成立。

从1996年到2003年这八年中，面对世界范围经济结构调整、科技进步的突飞猛进，跨国公司的影响日益增大，我国加大改革力度，进行市场化改革，实行了由计划经济向市场经济的转变，由粗放型向集约型经营的两个转变，以及实施了西部大开发战略，和调整结构实施可持续发展战略，电网建设也以三峡建设为重点，并加大西电东送的建设，开展跨国送电的研究，并着力提高我国的科技创新能力建设和科技水平的提高，以及现代电网管理制度的建设。在这些方面，专家委员会都发挥了重要作用。八年来，基本上确立了我国电网规划原则和发展方向，提出了提高电网建设水平和科研方向与课题，为我国直流输电及其他新型输电设备技术指出了方向，并为三峡输电工程、全国联网工程、跨国输电工程做了大量工作。

八年来国家电网专家委员会具体研究些什么，对中国电网建设做出了哪些贡献，这也是三峡电力系统输变电工程史料的重要内容之一，希望本发言摘要能成为史料的有关补充，并附第一批专家委员会的名单（68人）。

国家电网建设总公司专家委员会成员名单

名誉主任　苏哲文

顾　　问　潘家铮　沈根才　吴敬儒　郑健超

主　　任　周孝信

副 主 任　陈汉章

秘 书 长　芦元荣

副秘书长　丁功扬

委　　员（按姓氏笔画为序）

王平洋　王诗豪　王继孝　王梅义　王锡凡　邓国柱　卢　强　刘振峨　刘肇旭

许有方　朱天游　朱家骝　孙树良　沈录逊　汪存刚　李立涅　李布声　李国兴
李健生　李博之　李儒魁　杜星堂　苏诗慧　杨奇逊　杨秋其　何大愚　陈寿孙
陈寿铨　陈哲民　陈鼎瑞　陈德裕　张育英　张惠勤　郑美特　周立生　胡兆意
赵可铮　赵畹君　俞　震　贺辉亚　高家芬　班自勋　钱家骧　徐博文　曾庆禹
曾荣黄　万　永　黄志明　黄英炬　韩英铎　韩桢祥　蒋平海　蒋建民　解广润
谭显弟　谭慧修　蔡洋潘　天　达　薛禹胜

一、第一次会议发言（1996年12月23日于北京）

为了吸取国内外先进的技术，充分发挥老专家的作用，将中国电网建设成为世界一流的电网，遵照史部长的指示，在国家电网建设总公司筹建的同时，也开始筹备组建专家委员会，在各单位和专家们的热情支持下，于1996年6月在电网建设公司宣布正式成立的同时，也宣布了国家电网建设总公司专家委员会的成立。到目前为止，我们已聘请了三批专家，共68人。首先让我代表电网建设公司对各位专家的到来表示热烈欢迎和衷心感谢！

今天召开第一次专家委员会会议。这次会议的议程有两个：第一，请专家介绍有关仿真中心等试验研究基地的建设情况和有关电网建设、管理上的新技术，以及有关美国西部电网最近发生的事故情况。第二，听取专家们对全国联网以及如何将我国电网建设成为世界一流电网的意见和建议。

下面我首先向各位领导和专家汇报一下电网建设公司的组建情况，公司拟定的有关工作思路、工作目标和当前开展的主要工作，以及对发展全国联网有关问题的想法等，请领导和专家们批评指正。

（一）关于国家电网建设总公司组建情况及工作思路

国家电网建设总公司的成立，首先这是我国电力工业发展的需要，是我国电力工业已进入大电网、大机组、高参数时代的产物；其次也是电力体制进一步深化改革的需要；第三，加强电网的统一建设和管理，积极发展电网，也是电力工业实现两个根本转变的重要行动步骤，是三峡电力系统按期高质量高效益的建设的重要组织保证。因此，国务院在1994年10月研究三峡工程时就确定了要成立国家电网建设总公司，并于1995年11月5日正式批准成立，1996年6月18日正式挂牌。

电网建设公司成立后，首先研究公司的发展战略和思路，经过广泛的讨论研究，提出了如下的发展战略与思路："转变观念、立足三峡、服务全国、走向世界"。

"转变观念"——按照党的十四届五中全会提出的"两个根本性转变"的要求，公司要努力做好由计划经济向市场经济的转变，为建立全国统一的公平竞争的电力市场而努力，要实现粗放型经营向集约型经营的转变，要突出效率和效益，努力追求全国联网效益的最大化。

"立足三峡"——从公司当前的任务来看，搞好三峡输变电工程建设，保证与三峡电站同步建成，确保三峡电力及时、高效、全部外送，是首要的、第一位的任务：从全国联网的发展来看，以三峡电力系统为中心，逐渐向四周扩大、延伸，很可能是基本的发展进程，因此，立足于三峡，把三峡电网搞好，才能为全国联网的发展打下坚实的基础。

"服务全国"——为了促进全国联网，公司应该为全国及各省公司电网建设做好服务工作。凡是有利于电网发展，凡是有利于促进全国联网，凡是有利于提高电网建设技术和管理水平的，我们都将积极地主动地配合各网、省公司做好各方面的服务工作，做好公司自身应做的工作。

"走向世界"——一方面在吸取国外先进技术的同时，电网建设公司也要在我国电网建设的研究、规划、设计、施工力量进入国际市场起促进作用；另一方面，就是要适应全球经济一体化和跨国电网不断发展的趋势，要积极地发展我国同周边国家之间电网互联，取得联网效益。当前正在探讨的有俄罗斯向中国华北或东北送电等工作。

我们公司的奋斗目标是："建好三峡输变电工程，确保三峡电力外送，推进全国电网互联，争创一流工程，实现一流效益，培养一流人才，建设一流电网。"

为实现以上的发展战略和奋斗目标，我们将采取以下的措施：

一是依靠改革。要适应社会主义市场经济的要求，全面实行项目法人责任制、资本金制、招标投标制、施工监理制和合同管理制。以改革促发展，出效益。

二是依靠科技。要加大科技投入的力度，提高科技含量，重点建设好电力系统仿真中心，杆塔试验、导线力学试验和电磁兼容试验等四个研究基地，并开展施工、器材方面的研究，依靠科技的力量搞好公司的各项工作。

三是依靠人才。公司的发展要“以人为本”，不仅公司要吸引人才，培养人才，充分发挥和依靠公司自身各方面人才的积极性和创造性，更重要的是要依靠和发挥国内各网、省局及学校、科研、设计、施工等方面专家作用，共同建设好中国电网。

四是依靠管理。管理出效益，我们要吸取和利用国内外现代管理技术，努力提高管理水平，提高工作效率，通过科学的管理，创造出更好的经济效益和社会效益。

（二）关于全国电网发展的研究

1. 从现在起到21世纪初的20年是中国电网建设的关键时期

我国电网在20世纪50年代主要是结合电厂的建设发展城市电网，60年代扩大为省网，70～80年代逐步形成了跨省市的大区电网，并且这些电网正在向全国互联电网发展。而从现在起到21世纪初的20年，是我国电网发展的一个关键时期。在这期间我们认为以下一些问题或课题需要研究、实施：

（1）关于电网结构，如何促进全国电网互联以及互联电网的结构、格局、方式问题与全国电网格局密切相关的是几个水电基地、煤电基地外送的方式问题。

另外，与上述问题相关的还有我国几大负荷中心，如长江三角洲、珠江三角洲及沿渤海湾地区的受端电网网架结构和电压等级问题，同样需要及早研究。

在电网结构问题上还有关于我国农村电网问题，在发展新能源发电的分散电源、分散负荷情况下，其电网结构、布局应当怎样才是最经济合理的？与此问题相类似的是在所谓信息社会里配电网结构应当是怎么样才是经济、合理的。

总之，从全国高一级电网结构到区域电网，到配电网结构问题都需根据我国能源资源分布、负荷特点及21世纪经济技术发展特点开展研究，有些需要尽快地落实下来。

（2）高一级电压等级问题。我国第一条500kV平武输变电工程自1982年投产以来，已经有14个年头。要不要出高一级电压，高一级电压与现代新技术发展，如电力电子控制技术、计算机技术以及输电新材料（超导）和新结构等发展之间的关系如何？这些问题同样也已紧迫地提到议事日程上来，如金沙江溪洛渡、向家坝以什么方式外送？以什么电压等级外送？都需要在2000年之前确定下来。

（3）关于电力市场，如何形成社会主义电力市场体系，以适应“电厂大家办、电网国家管”的总政策，促进电力的发展，在电力市场形成过程中对电网、电力市场和统一调度三者关系中的经济性、安全性、稳定性如何进行统一考虑。

2. 关于我国电网的发展重点

实现全国电网互联是我们电网建设公司的重要任务。我国电网互联的发展进展中要考虑：

（1）以三峡电网为中心，顺序推进。

（2）加快能源基地建设，实现送电与联网的结合，促进大区电网的互联。

（3）按利益均沾、互惠互利的原则，通过平等协商，实现周边联网。

我们当前的首要任务是抓好三峡电网的建设，同时研究与推进三峡电网向北与华北的联网，向南与华南的联网，向西是金沙江向家坝、溪洛渡的外送，在周边电网之间研究华中与西北和华中与华北关系，山东电网与华北电网的关系，以及周边国家俄罗斯向中国送电与中国华北、东北联网的关系，云南景洪电站与泰国电网、东南亚电网关系及新疆与吉尔吉斯斯坦等送电的关系等。

3. 俄罗斯向中国送电的研究及其他

根据中俄第三次能源工作组会议纪要，中方成立了以国家电网建设公司为组长的送电研究领导小组。

（三）为建设一流电网而奋斗

为了建设一流的电网，首先要求建设的输变电工程是一流的工程，并获得一流的效益。这要靠一流的人才去实现，并且通过建设一流电网去培养一批一流的人才。总之，一流的工程、一流的效益、一流的人才、一流的电网是我们的奋斗目标。在公司的起步阶段，主要是紧紧围绕着为创一流电网去做好各方面的工作。

第一，技术准备。为了把三峡输变电工程建成一流工程，继而把中国电网建设成为世界一流电网，我们要以科技为先导，依靠科技进步。电网建设公司成立后，我们与三峡办和有关设计、科研单位对三峡输变电系统进行了动模计算，与电科院合作，建立电力系统仿真中心，将为今后电力系统规划、设计、建设以及工程调试运行管理等提供先进的科学研究工具和手段。

对直流工程的建设，拟在葛沪直流和天广直流建设经验的基础上，加强直流工程前期科研工作，在功能规范书编制和咨询工作中，我们采用“中外合作、外方负责、中方多做工作”的方针，组建直流咨询公司，使我国从事直流工程的科研、设计、建设的技术力量组织起来，并与国外咨询公司的力量相结合，主要依靠自己的力量，把三峡直流工程建设成世界一流的工程。

另外，针对我们目前建设中的问题，正在准备设立杆塔试验室、导线力学试验室、电磁兼容试验室，建设方案及组织方式正在进一步的落实过程中。

此外，我们还安排了一批施工技术方面的研究。总之，为建一流电网正在做各方面的技术准备，并将增加其投资力度。

第二，人才准备。一流的电网要靠人去建设、去实现，同时，一流的工程要培养出一流的人才。一流的人才一方面来自公司自身，但主要将来自整个电力系统，来自各部门、各研究、建设单位和学校。与相关科研单位和设计、院校建立协作关系，加强人才培养，提高公司整体技术水平。

第三，充分发挥专家委员会的作用。我们公司聘请的各位专家，都有广泛的学识和丰富的经验，是我国电网建设的重要力量，如何更好地发挥专家委员会的作用，是关系到我们能否建设一流电网的重要问题。今天召开的这次专家委员会会议，其中重要的内容之一就是研究如何更有效地发挥专家的作用，例如对我们上述的思路、目标、措施、研究的问题进行讨论评议，并请各位专家提出建议和意见。让我们大家一起为建设一流的电网出谋献策，为把中国电网建设成为世界一流电网而共同奋斗。

二、第二次全体会议（1997年11月24日）于北京

下面就电网建设公司一年来的主要情况、近期工作安排和问题向各位专家报告如下。

（一）公司一年来的工作

一年来，我们紧紧围绕三峡输变电工程开展相应的前期、资金筹措、项目开工等工作，以及抓紧了葛南直流资产划转、设备状况调查及理顺运行管理关系等工作。此外，还组织进行了跨大区联网、跨国送电的可行性研究和长江上游的溪洛渡、向家坝巨型水电站开发外送规划工作。上述各项工作都按计划在进行，并取得了初步成果。

1. 关于前期规划设计和资金筹措工作

我们前后经过一年工作，三峡输变电系统设计概算，已于1997年2月经国务院三建委的正式批准，按1993年5月价格，三峡输变电工程总投资为275.32亿元。另外我们也研究提出了三峡输变电建设资金筹措方案的测算报告，经电力部审查之后报国务院三建委，也已于1997年3月经国务院批准，并从1997年3月25日起开始实行。

2. 关于长万输变电工程建设

从长寿到万县的500kV线路和万县变电站，是三峡输变电工程的第一个开工项目，已于1997年3月正式开工，这标志着三峡输变电工程已进入了具体实施阶段，拉开了三峡输变电工程建设的序幕。在工程建设中，我们着重抓了以下几个方面工作：

（1）按市场机制的原则组织建设。在整个工程建设过程中，我们认真贯彻了各项改革措施，严格实行项目法人责任制、招投标制、合同制和工程监理制。对施工队伍、材料和设备选购等都进行了招投标，并事先制定了招标、评标办法。

（2）严格执行合同，确保工程按计划进行。

（3）加强管理，确保安全，确保质量，力争一流。为此，我们还制定了工程的现场计划、安全、质量、资金、物资等一系列管理办法。

3. 关于葛南直流的设备整治与运行管理情况

1997 年 4 月我们在武汉召开了葛南直流 1998 年大负荷试验准备会议，商定了技术改造方案，11 月初我们又在北京召开专家会，再次研究落实大负荷试验前需做的完善化项目，对备品配件的国产化问题也提出了建议。

4. 关于三峡左岸第一条直流工程咨询研究和功能规范书的编制

三峡直流咨询和功能规范书编制工作采用“中外合作，中方为主多做工作，外方负责”的方针。在国内，我们与电科院、电规总院、中南、华东电力设计院、武高所共同组成北京网联直流输电咨询公司，负责直流工程咨询研究和功能规范书的编制工作。对国外直流咨询公司，选定了加拿大泰西蒙（TESHMONT）公司作为我们合作咨询的公司。前后近一年，约有 60 多位专家参加咨询研究工作，100 多位专家参加调研和讨论。到目前，原定的 40 个咨询专题研究都已完成，调研、测试工作也已完成，提出了报告，并请专家进行了评审，功能规范书的初稿也已编制出来。整个规范书基本上由我国专家们自行编制完成。

5. 进行了跨大区联网、跨国送电的前期及规划研究

一年来我们组织专家开展相应的研究工作，对于我国的电网发展格局也做出了预测，即我国全国的联网工作将是在现有六大跨省市电网为基础，全国依次将形成中部、南部、北部三大强互联电网，然后是这三大强互联电网之间逐步实现弱互联及送电联网，并最后形成全国联网的基本格局。同时认为互联电网之间除了跨网送电的大电源点的电力电量分配调度需由国家调度实施统一的调度外，其余联合电网的实时调度可在国家调度的统一指导下，由各网的调度联合实施，对此，大家认为也需进一步研究，并予明确起来。

6. 关于科研工作

从四大科研基地为重点，1997 年按计划顺利进行。其中的三峡系统仿真中心已选定加拿大泰克西姆（TEQSIM）公司的仿真装置，并与电科院原有的 HVDC 实验室、暂态网络分析仪（TNA）两个实验室的设备有机地联系为一个整体。投资 2500 万元，到 1997 年 11 月份全部完工。

（二）关于今后工作重点及主要问题

（1）确保长万线工程 1998 年上半年投入。

（2）抓好葛南直流工程完善化及大负荷试验工作。

（3）要把三峡电站左岸第一条直流工程作为重中之重来抓。对于三峡第一条直流输电工程，我们提出了三条建设原则：第一要有足够的安全性和可靠性。即要求工程投产初期就要有高的可用率，确保三峡电力及时全部外送，要避免出现如巴西伊泰普工程和葛南直流工程一样投产初期问题多、调试时间长、初期可用率低的状态；二是要有高的技术经济性能指标。本工程是一个跨世纪的工程，在保证可靠的前提下，还要求在技术的先进性上达到世界一流的水平；三是要节省投资，要尽可能地降低造价。

（4）关于进一步抓好三峡电力系统的滚动研究问题。为了充分利用水力资源，更好地发挥三峡电站的作用，根据三峡电站建设进度和电力系统发展情况，对三峡电力系统不断进行滚动研究。

另外，与三峡输变电工程相配套的各网省电力系统的研究工作也要深入开展起来，要避免相互脱节，影响三峡电力有效送出，影响三峡电力系统的安全稳定运行。

关于三峡电力系统二次系统的设计配合问题。三峡输变电工程从 1996 年开始已经进入实施阶段。

（5）继续抓好溪洛渡、向家坝外送方案的研究，适时开展三峡与南方电网互联的研究，重视开展跨国联网的研究。

（6）在输变电工程技术上，我们拟重点抓好合成绝缘子，特别是直流合成绝缘子的推广使用，以及同杆双回和同杆多回的研究使用，在变电站设计上推广采用综合自动化技术。

在建设管理上，为给文明施工创造条件，我们拟提前安排设计，并尽可能采用标准化设计，为提前提供地下沟管道和道路图纸创造条件，也即为现场文明施工创造条件。

（7）关于电网建设投资的回收及其保值增值，上网电价、过网费的计算方法以及计算过程中应考虑的原则、相关因素等等，在电力体制改革日益明确为电源、电网、用电三块分离，各自独立进入市场，形成竞争；在一个开放、竞争、有序的电力市场下，合理、公平地计算上网费、过网费，就显得尤为迫切和重要。我们要借鉴国外经验，结合我国实际，及早制定和建立相关制度、规约和计算方法，对于促进电力市场的尽早确立，将会起重要的作用，这也将是我们研究的重要课题。

上述工作任务的安排、问题的提法、目标的确定，是否合适，请各位专家能予以批评、指正和补充修改。

三、第三次全体会议（1998年11月26日）于北京

今天我们召开中国电网建设公司专家委员会第三次全体会议和葛上直流额定负荷试验的总结大会。我首先就电网公司一年来的主要工作情况，近期工作安排汇报如下。

（一）公司一年来的工作情况

1998年重点开展了三峡输变电单项工程设计准备和工程建设管理经验的探索，开展了葛南直流设备改造和额定负荷试验，以及继续进行跨大区联网的研究和各项科研工作等。

自1995年电网建设公司筹建至今，三峡输变电工程已完成了初步设计方案、工程概算和资金筹措方案的报批，出台了三峡电网建设基金等，已为三峡输变电工程的开工建设准备好了条件。与此同时，我们还开工建设了长寿至万县的输变电工程，制定了单项工程建设、组织、管理等一系列规章制度和办法。另外我们还完成了三峡第一条直流工程的咨询和功能规范书编制，开展了招标、评标等工作；部分交流工程的设计前期准备工作也陆续展开。总之，从1995年开始到1998年，准备工作已经基本结束。从1999年开始，即将进入大规模的三峡输变电工程建设阶段。

（1）关于长万输变电工程的建设及总结。该工程于1997年3月开工，1998年6月15日一次启动带电成功，7月3日投入带负荷运行。建成后，经国内专家考核评议，认为工程质量及工艺水平都为国内领先，按一流工程评分办法计算，长万工程获得了1395.5分（满分为1450分），并进行了总结：

1）在长万工程中我们已全面推行了项目法人责任制、招投标制、合同制、监理制，并取得了可喜的成绩。

2）公司结合三峡输变电工程特点制定的有关线路、土建、电气、计划、安全、质量、投资管理等13个制度，以及施工、监理、设计等单位制定的一系列管理制度、办法、细则等，在长万工程建设质量、造价、工期控制等方面起到了重要的作用。

3）必须坚持高标准，严要求。一是要从思想上重视；二是要有可作衡量的标准，组织专家专门制订了一流标准的具体要求；三是要定期检查，除了要有自觉性、高标准之外，还要组织专家进行严格的检验。

4）正确处理业主与设计、施工队伍的关系，要克服雇佣观点，树立社会主义市场经济下新型的业主与施工单位的关系。

5）两个文明建设一起抓，这是搞好工程建设的有力保证。

6）争取地方政府和各电力部门的支持配合，并要有组织机构去保证。

（2）1998年新开工项目的建设。按计划，1998年开工建设的是“两线一变”，即双南线、凤下线和南昌变电站，以及三峡至常州直流工程的招标准备工作。

（3）关于三峡左岸第一条直流工程的招投标及工程准备。1998年重点进行了咨询研究、规范书编制及审查、发标和评议标工作，同时开展了换流站、线路等工程前期准备工作。整个工作到目前为止都按计划在正点进行。

关于直流工程咨询和功能规范书的编制，从1997年2月正式开始到1998年3、4月，已经过国家电力公司和国务院三建委办公室的审查。经过国家审查，标志着中国在大容量直流工程建设咨询和功能规范书的编制上，结束了完全依赖外国专家的历史，在直流建设史上具有重要意义。

另外，直流线路的预选线工作已经完成，龙泉换流站的选站和总体规划已经审定，基地综合楼已开始建设。预计到年底，将完成两个换流站的征地，争取开始“四通一平”，为 1999 年换流站正式开工创造条件。

关于生产人员的准备工作，宜昌、常州都已分别组建了分公司，负责生产准备有关工作。

（二）关于葛南直流工程的额定容量考核试验

在设备完善化改造工作基本完成后，1998 年 9 月 15 日正式开始了葛南直流额定容量输电考核试验工作。

（三）关于促进全国联网的规划研究工作

搞好三峡输变电工程建设，确保三峡电力外送和促进全国电网互联，是我们公司的两个基本任务。为此，在进行三峡输变电工程建设的同时，开展了以三峡电力系统为中心的联网研究，以及俄罗斯向中国送电的研究。

关于全国联网的基本思路，经过前两次专家委员会的讨论，我们认为全国联网的基本思路已趋一致，即一是全国联网应以三峡电力系统为中心逐步推进：二是为实现全国能源资源的优化配置，要加强能源基地电力的外送，并促进大区之间的送电型电网互联：三是在加强各地区电网结构建设的基础上，按照利益均沾、平等协商、互惠互利的原则实现周边地区的效益型电网互联；四是适时地实施跨国联网、实现跨国能源资源的优化配置。由此确立的我公司开展联网研究的重点：一是三峡电网与华北电网互联，以及华北与东北电网互联；二是三峡电网通过金沙江溪洛渡、向家坝水电开发及其外送，进一步加强我国中部电网结构；三是三峡电网与南方电网互联；四是三峡电网与西北电网互联；五是俄罗斯向中国华北、东北的跨国送电联网。

（四）关于科研工作

四大科研基地建设，现在三峡电力系统仿真中心已验收，其他项目也已签订合同并正在建设之中。此外，“直流合成绝缘子研究”“500kV 变电站综合自动化”以及“大功率放线张力机”等科研项目也都在逐个实施之中。

四、第四次全体会议（1999 年 12 月于北京）

（一）我国电网建设取得的成绩和存在的问题

中华人民共和国成立 50 年来，特别是改革开放以来，我国电力工业取得了举世瞩目的成就。到 1998 年底全国装机容量已达到 2.77 亿 kW，年发电量达到 11 670 亿 kWh，装机容量和年发电量均跃居世界第二位。

同时，我国已形成了东北、华北、华东、华中、西北、南方和川渝等 7 个跨省电网和福建、山东、新疆、海南、西藏等 5 个独立省网，并且华东、华中两大电网实现了直流联网。

三峡输变电工程已完成了各项准备工作，工程建设已全面展开，到 1999 年 10 月已累计完成投资近 15 亿元，2000 年一年将安排近 20 亿元建设投资，将迎来第一个施工高峰年。天广直流、东北辽长吉哈佳大马路、北京环网、二滩送出、阳城送出，以及江苏 500kV 网架的建设都取得了很大的成绩。西北 330kV 线路加快了建设步伐，仅 1998 年一年就投产了 778km。全国联网工程之一的东北华北联网工程，1999 年已经开工，预计 2000 年可以投运；鄂赣联网和南昌 500kV 变电站建设进展顺利，预计 2000 年也可投产。以上这些目标的实现，将标志着我国电网已开始实现 500kV 交直流跨大区联网，我国电网以这样的成绩进入 21 世纪和迎来新的千年之喜，这是一个巨大的成绩，是我国几代电网建设工程师、专家、工人上百年不懈努力、长期奋斗的结果。

我们取得的成绩是巨大的，但不能不看到我国电网建设还存在不少问题和薄弱环节。

第一是我国 500kV 电网建设起步较晚，发展也很缓慢。平顶山、武汉 500kV 线路直到 1981 年才投运，而当时全国装机容量已达 6900 万 kW。经过了 18 年，河南电网中投入运行的还是这么一条线路，一个小刘变电站。尽管大多数省份有 500kV 输变电工程，但相当多的省网甚至大区电网还未能形成 500kV 网架，例如东北电网 500kV 也未形成真正的网架，只能说是一些电源送出线；华中电网中的江西省至今仍没有 500kV 输变电工程投入运行，因此也很难说华中已在全区形成了 500kV 电网。而南非 1997 年全国装机不足 4000 万 kW，但 750kV 交流、533kV 直流和 400kV 交流线路已达 1.4 万 km，几乎与我国 1997 年全国 500kV 线路长度相当。可见，从装机容量密度（电网装机容量与国土面积比）和线路承载度（电网装机容量与 220kV 及以上线路长度比）来评价，我国的电网，特别是 500kV 电网结构，比起发达国家还是有较大差距，还是较弱的，与我国的装机规模是不相称的，与加强跨区联网、实现资源优化配置这一目标相去甚远。

第二是输变电工程建设技术差距大。这主要表现在 500kV 线路工程技术经济指标落后，特别在线路设计上，在线路选择、减少线路走廊、减少环境影响方面都存在较大差距；同塔双回、多回几乎没有，或者说是刚起步；紧凑型铁塔刚有一个试验段。500kV 直流自 1989 年葛沪线投运后，十多年没有新增一条；750kV 或更高电压等级仅在议论之中，没有进行实质性的工作；在变电站方面，基本上是 20 世纪 60–70 年代的敞开式老设备，GIS 等组合电气设备应用很少，保护下放、综合自动化也刚刚起步。总之在设计、设备、施工等方面，都与国际先进水平相比差距很大。

第三是在电网规划方法上、规划手段上也存在不少差距，特别是在电网的负荷预测方法上存在很大的差距。

对现代规划方法的研究及开发运用还很不够，对负荷预测分析的人力、测量装置投入不足、重视不够、分析方法陈旧等，无不影响规划的准确性与水平的提高。

第四是城乡电网落后、结构薄弱、有电用不上、安全可靠性差、线路损耗大等问题相当普遍。

（二）我国电网建设的规划前景与主要任务

关于我国电网建设的目标，是否可以做这样的概述，即要把我国电网建设成一个“统一调度、分级管理、安全稳定、先进高效、灵活开放”的全国统一的联合电网。电网的具体规划目标就是，在 2000 年全国形成 7 个跨省区大电网和 5 个独立省网，以及华东与华中、东北与华北初步形成跨大区互联电网的基础上，用 10 年左右的时间，即在 2010 年前后，初步形成全国统一的联合电网格局，也即形成以三峡电网为中心的联结华中、华东、川渝的中部电网：由华北、东北、西北等联合形成的北部电网；和由南方四省区组成的南方联合电网。同时，北、中、南三大电网之间实现局部的互联。然后再过 10 年左右，即在 2020 年前后，随着金沙江的溪洛渡、向家坝水电站，黄河上游拉西瓦水电站，澜沧江、红水河上大型水电站的开发，以及在蒙西、山西、陕西、豫西地区若干大型火电厂和沿海一些大型核电站的开发，西电东送力度将进一步加大，全国联合电网的结构将进一步加强，真正形成一个“统一调度、分级管理、安全稳定、先进高效、灵活开放”的全国联合电网。这一全国统一的联合电网将充分实现水电的“西电东送”和火电的“北电南送”的能源合理流动格局，并获得黄河、长江、澜沧江、红水河等跨流域补偿调节的效益。此外，我国电网在南部将与东南亚、泰国，在北部将与俄罗斯等国家实施跨国联网，以实现国与国之间的资源优化配置，并取得跨国联网的效益。

实现这样一个电网建设的远景目标，当前我们的主要任务是：

（1）要把三峡电网建设好，这是全国联网的核心。

第一阶段的目标是配合三峡电站首批机组发电，在 2003 年要建好 4711km 500kV 线路、1000 万 kVA 的 500kV 变电容量及一条 300 万 kW 的 500kV 直流工程。

第二阶段是在 2007 年建成右岸的容量为 300 万 kW 的 500kV 三峡第二条直流，要求双极投产，以及建设相应的 500kV 交流工程，以保证右岸机组投产时的电力送出。

第三阶段即在 2008 年三峡输变电工程 500kV 9100km 线路、2475 万 kVA 变电容量，以及 2 条 300 万 kW 的直流工程全部投产，并在各网省内建设相应的 220kV 配套输变电工程，以保证三峡电力送得出、落得下、用得上。

对三峡输变电工程不但是要完成建设任务，保证三峡电力的外送，而且要求其质量标准是达到世界一流的水平，三峡的交、直流输变电，特别是 300 万 kW 的直流工程，要求无论在输变电工程建设规模上，还是在技术水准上，都要成为世界电网技术的制高点。

（2）跨大区电网互联工程。国家电力公司成立后，加大和加快了全国互联电网研究及工程建设的力度。按照国家电力公司的战略部署，要求2010年前基本实现全国电网互联。经过反复研究，明确当前大区联网工程重点抓好如下6项工程。

1）东北与华北联网工程。工程从东北电网的绥中电厂（2×80万kW）至华北电网的迁西变。

2）福建与华东联网工程。联网方案为新建一回 500kV 交流线路，自水口经福州北至浙江金华变电站。

3）华中与西北联网工程。华中与西北电网互联问题，早在1985年已着手实施，并建成了330kV联网线路。由于体制的变化，15年来该线路未能充分发挥作用，330kV联网线路一直是开断后降压为110kV 运行。为促进直流设备国产化和三峡送电华东第二条直流工程的直流设备制造提供中间试验项目，经研究决定利用这一条330kV联络线，采用直流背靠背方式实现华中与西北电网的周边联网，其规模按36万kW考虑。

4）华中与华北联网工程。可行性研究报告提出，送电规模按60万～120万kW考虑，经电力系统分析计算，初期采用交流联网方案。从河南新乡新建一条500kV交流线路至河北南网的邯东开关站，线路全长约 150km。但考虑到大区电网互联安全稳定性，并留有充分的灵活适应性，建议远期（大约2010年前后）采用直流背靠背方式，也就是说华中与华北联网方案采用的是先交流后直流的方案。

5）山东与华北联网工程。该联网工程是通过山西王曲电厂向山东送电实施的，是一项"送电型"联网工程，与王曲电厂建设同步。

6）川渝与西北联网工程。该联网的目的是既为实现黄河和长江、四川水电的跨流域调节，又可考虑从西北向川渝电网送火电，以使川渝电网的火电结构更为合理，现正在进行可行性研究工作，拟采用直流方式。除上述跨大区联网工程之外，准备进行前期研究的还有海南岛与广东的联网问题等。

（3）实施西部大开发战略，加强电网建设。实施西部大开发战略，对于电力行业来说，当前的重点是规划好"两火三水"的电源开发及相应的西电东送的三个通道建设问题。"两火三水"中的"两火"，即为蒙西、山西、陕西、豫西和宁夏火电基地建设及外送问题；"三水"即为金沙江的溪络渡、向家坝及四川水电的开发及外送，红水河龙滩、澜沧江小湾和乌江等水电站的开发及外送，以及黄河上游公伯峡、拉西瓦水电开发及外送。

（4）加强城乡电网建设与改造。不断加强城乡电网建设与改造，提高城乡电网供电可靠性，扩大城乡电力市场，这也是电网建设工作的重要内容。我国农村地域广大、人口众多，是拓展电力市场的主要方向。在实施城市化战略中，要同时做好城市电网规划。要通过改造和建设，彻底解决目前城乡电网存在的网架结构薄弱、设备陈旧、容载比偏低、线损率偏高、无功补偿不足、缺乏调节及调度管理手段等问题，以确保安全、可靠供电，降低损耗，提高供电质量，降低电价，不断扩大电力市场。

（三）依靠科技进步，提高电网工程建设科技水平

为了克服我国电网建设在技术上的落后状况，尽快缩小与先进国家的差距，并努力抢占电网建设的技术制高点，就必须在思想上进一步树立和重视依靠科技进步的观点，在行动上进一步加强对科技在人力和资金上的投入力度，在工程建设中要大胆采用新的设计概念、高新技术设备和装备。

近几年来，我们在三峡输变电工程建设中，已经投资5000多万元用于电力系统仿真中心、杆塔试验站、导线力学实验室，以及电磁兼容实验室等的建设。希望这些科研投入能在今后的电网建设科技水平提高上做出贡献。

与此同时，我们还要在以下几个方面应用新的观念、方法、技术和装备，把我国电网规划和建设水平提高到新的台阶。

1. 关于电网规划思路和方法问题

电网规划工作是电网建设的基础环节，它在很大程度上决定了电网建设的科学性、经济性、合理

性，对电网企业降低经营成本、提高经济效益起着至关重要的作用。因此要在深入开展负荷预测、调查研究的基础上，要做好电力电量平衡、网络规划及相应的电力系统计算，包括潮流、稳定计算等。必要时运用电力系统仿真中心，开展工程规划及设计的基础研究，包括暂态及动态性能研究、无功补偿、谐波特性试验，以及系统过电压、绝缘配合、低频振荡等研究。

除了传统的规划方法和思路外，在最近几届的国际大电网会议上强调，要进一步重视对电网规划重要性的认识，并建议现代电网规划人员采用新的电网规划方法。即在传统规划中考虑的潮流、稳定技术分析中，加进遗传算法、专家系统和神经元网络等新理论、新技术，以及对方案（项目）本身绝对经济效益进行详细分析，并对可靠性价值即可靠性成本和可靠性效益进行综合分析。

在传统规划方法中，强调“集中优化”，即在一群规划方案中排出先后优劣次序，而现代规划方法则强调“分散优化”，即强调个体规划方案的经济效益，要保证电网建设业主获得一定的投资回报率。传统方法中可靠性准则是人们事先给定的确定性的准则（如“*N*–1”或“*N*–2”等），而现代方法中可靠性水平是需要优化的变量，即最佳可靠性水平是经过概率性可靠性成本和效益分析之后，按照规划周期内的投资费用、运行费用和停电损失费用之和最小来确定的，这样就可以避免传统方法中由于可靠性水平偏高或偏低所造成的总体上不是最优方案的问题。同时认为，用传统方法规划出来的网络，其网上潮流像是“不可控的、自然的物理流”；而现代方法规划出来的网络，其网上潮流像是“可控的、商业性的经济流”。

类似这些规划方法，有些已在我们的规划工作中研究采用，但要使这些方法能与中国电网的实际情况更紧密地结合，并在规划思路与规划方法上有所创新，对规划准则、安全性和可靠性标准进行深入研究，做出调整，以提高规划的科学性、准确性和适应性，尚需做大量的深入研究工作。

另外，在规划工作中，我们还要特别重视对近几十年来发生大面积停电恶性事故进行深入的分析研究，吸取教训，完善规划思路，要高度重视电网结构性问题，当然还包括变电站，特别是一些枢纽变电站的接线方式问题。合理的电网结构是安全稳定运行的基础，如果结构不合理，即使用改进运行方式或采用各种控制措施来解决，也难以根本解决问题，而结构问题往往是在规划阶段就确定下来，所以电网规划工作十分重要，必须予以高度重视，需要组织力量进行深入研究。

2. 关于高压直流输电技术发展及其应用

在全国联网建设和大型水火电基地建设远距离大容量外送工程中，采用直流技术将具有许多优越性，即使在低压网络，在风力、太阳能等不稳定电源与主网互联时，高压轻型直流也将具有很多特殊的优势。对此，我们必须做好技术上的跟踪和工程应用的开发研究，以及推进设计自主化和设备国产化工作。

当前直流输电技术的发展很快，例如采用电容器换向换流器，减少换向失败：采用连续可调交流滤波器，降低能量损耗和提高滤波效果；采用有源交流和直流滤波器，减少损耗和降低造价；采用光直接触发可控硅，提高触发性能；采用高性能的控制保护技术；采用户外阀，便于换流站布置和运行维护，减少占地和缩短供货期：采用直流光纤电流互感器，减少电磁干扰和降低造价；采用深埋接地极，减少功率损耗和干扰；采用大功率半导体器件（如高参数晶闸管、IGBT 元件等），减少阀的串联级数，以减少阀损耗和降低成本。

还有高压轻型直流输电和多端直流系统等，为改善系统结构和提高电网的稳定性提供新的手段。对于这些新技术、新装置，我们都需要组织力量，采用中外合作方式引进技术，开展应用、消化、吸收、开发等工作，并逐步实现国产化，使我国在直流技术的研究设计、设备制造等方面赶上世界先进水平，力争在直流建设规模上，在直流设计和产品开发上，都能在世界直流技术中占据重要地位。

3. 关于超（特）高压输变电技术的跟踪与研究问题

关于超（特）高压输变电技术问题，在我国争论不少，收集的资料也不少，但实际做的工作不多、进展不大。虽然我们已经在武汉高压研究所进行了百万伏真型塔的绝缘配合测试等工作，但至今还难以得出结论。但这一问题越来越迫切地摆到日程上来，尤其是西北电网，在 330kV 以上的高一级电压等级，必须尽快确定，否则黄河上游拉西瓦（372万kW）的开发就成了问题。经过专家们讨论，初步认为750kV对西北比较合适，这样，当前我们需要很快确定建设一个试验段，从变电站设备到线路杆塔、金具等都要开展设计、试验研究或着手试制，用到我们的试验工程中去。留给我们的时间不是很多，确实需要立即抓紧开展相关的工作。同时也要抓紧500kV高一电压等级1000kV的研究。

4. 关于变电工程设计优化及新技术的采用

20世纪末，国外基于可持续发展的观念，提出了新型变电站的设计概念，其要点是提前规划、先进设计、布置紧凑、设备革新、可用可靠、维修极少、建设期短、符合改革、适应市场。到20世纪末，我国330～500kV超高压变电站投产将近百座，还有一大批在建和正在设计中的变电站。尽管在改革开放20多年来，我国的变电站建设中积累了一些经验，但与国外相比仍还有相当的差距，应主要在以下几个方面要赶上去。

（1）在设备选型上需尽可能采用气体绝缘组合开关（GIS）、插接式组合开关（PASS）等先进设备，以简化布置、节约用地，提高安全可靠性与减少维护工作量。

（2）对变电站的主接线形式要认真研究，比如一个半断路器接线和双母线双分段接线的对比分析，要从系统和变电站的可靠性和运行维护的灵活性方面，对变电站和系统的安全性经济性等方面进行深入研究。

（3）关于变电站的综合自动化，从现代控制、以人为本、人机工程心理学原理出发，研究变电站控制室的新设计。

（4）建设适应电力市场需要的电力市场技术支持系统，如电能量计量系统、管理系统、报价系统、结算系统、实时信息系统、数据网络系统等。

5. 关于输变电工程建设与环境的协调问题

随着日益严重的环境问题，输变电工程建设也经常受到环保问题的挑战与制约，解决的办法还得依靠科技进步，要采取有力的技术措施去接受这一挑战。

（1）要尽可能提高输电线路的输送容量，减少输电线路的建设，减少对线路走廊环境的影响。可以考虑的措施有：一是加强现有输变电工程的技术改造，用新技术去改造旧的输变电设施，提高输电线路容量，例如用直流输电去代替原有的交流输电，以提高输送容量，采用铝合金耐热导线增加输送容量；二是用灵活交流输电（FACTS）技术，应用各种潮流控制设备、改变系统接线方式等措施来提高输电系统的输电能力和提高系统运行的安全稳定性；三是对新建线路要尽可能采用紧凑型线路，或同杆双或多回线路以节约走廊。

（2）在线路选线设计时，采用全数字化摄影测量以及其他信息技术，尽可能缩短线路长度，减少拆迁和树木砍伐，减少对自然环境的破坏，以及采用高跨林区的技术，减少对森林的砍伐，这些都需要结合国内具体状况，相应修改设计规程和安全运行导则。

（3）在线路、变电站设计建设过程中，要高度重视建筑物、铁塔等与周围环境的协调与和谐，要高度重视变电站的建筑艺术及环境绿化等工作。

（4）充分利用输电线路自身的资源，利用输电线路走廊建设通信通道，利用高压线路的地线挂设区间低压线路技术，以提高线路走廊的利用率，相对减轻对环境的影响。

（四）关于需要研究讨论的若干问题

随着大区联网任务的不断增大和电网的不断扩大，对电网建设和运行效益的追求日益增强。因此也相应地产生了一系列电网建设、管理和运营方面的问题，需要我们认真研究，提出处理的意见。

1. 关于大区间联网方式问题

大区间或大区与独立省之间联网，可供选择的有直流、交流、交直流混合方式。直流当然还可分为纯直流、背靠背、多端直流等。总的来说，采用何种方式联网应根据不同电网特性、不同功能而做具体分析。对远距离、大功率输电联网，一般用直流，对北、中、南三大电网的区内联网可以用交流，也可用直流或交直流混合。总之对于这些联网方式，还有必要进行深入研究，并分不同情况选取不同联网方式。

2. 关于电网结构及其强弱问题

合理的电网结构是电网安全稳定运行的基础，因此有关电网结构的形式及强弱问题，需要我们结合电网发展过程，总结经验，找出规律。电网的发展是一个过程，不同的电网发展阶段具有不同的特点、不同的主要矛盾。例如在20世纪70、80年代，当时的湖北电网是一个“头重脚轻”的结构，是一种不稳定的结构，为此提出要加强受端电网，建设以武汉地区为核心的区域性电网。因此关于加强受端电网建设，一直是我们在电网建设中予以高度重视的问题，并取得了良好的效果。但这次在研究东北与华北电网联网时发现，黑龙江向吉辽送电的稳定性与东北、华北是否实现联网关系很大。也就是说，华北与东北联网加大受端电网之后，反而降低了黑龙江送出的稳定性。这就说明受端系统大到一定程度后，送出问题又上升为主要矛盾。这就有一个电网结构的“均衡性”问题。首先如何描述一个电网的强与弱，需要用一些量与质的指标来表征，同时还要研究两个电网之间相差多少，不均衡的程度达到什么指标才算强弱不均，需要调整电网结构。

3. 关于电网互联后联网效益计算及评价问题

这是当前在每一个联网工程中都会碰到的问题，因为只有联网之后有效益，投下去的资金能够回收，才能增值，才能投资于联网工程。这也是在国外规划中强调“分散规划”、强调个体规划方案的经济性的原因。我们不能为联网而联网，不讲效益的联网是不行的。但对一个项目来说，如何进行联网的经济评价、财务评价？如何对投资费用、运行费用和停电损失费用进行计算并进行评价？理论计算的联网效益又如何实现、如何取得？这是困扰目前每一个联网工程的问题，现在往往只能采取不很科学的简化和假定前提的做法，而且也不太规范。因此对于联网效益分析、计算、评价的工作尚需深入研究，并逐步规范化、程序化。当然这里面与调度体制、调度方式有关，情况是十分复杂的，但问题又是非研究不可的，不能回避的。

上面谈了一些对形势，对加强电网建设、加强全国联网的一些看法，介绍了一些情况，也讲了几个方面的问题，很不全面，也不一定准确，主要是为了提供给大家讨论，不当之处，请大家批评指正。

五、第五次全体会议（2000年12月23日于广州）

自中国电网建设公司成立以来，一年一次的电网建设专家委员会会议，2000年是第五次会议，也是20世纪的最后一次。在前几次的专家会议上，大家都围绕着三峡电力系统和三峡输变电工程，以及全国联网的规划、设计、施工、科研、管理等，提出了许多很好的意见，为三峡输变电工程的顺利建设和推进全国联网做出了贡献。例如2000年已投入使用的电科院的电力系统仿真装置，武高所的电磁兼容试验室，电力建设研究所的铁塔试验基地和导线力学试验基地等四个试验装置与基地就是根据和综合了专家的意见后决定建设的，现已建成投入使用，对于提高我国电网建设水平将会起极大的作用。

在即将进入21世纪的第一个五年计划时期，电力建设中的电网建设将处于一个非常重要的地位。在2000年10月召开的十五届五中全会上通过的《中共中央关于制定国民经济和社会发展第十个五年计划的建议》，是指导21世纪前五年我国国民经济和社会发展的纲领性文件，对于全面推进我国社会主义现代化建设，推进电力工业的改革和发展具有重大的现实意义和深远的历史意义。《建议》确定了在“十五”期间，要以发展为主题、以结构调整为主线、以改革开放和科技进步为动力、以提高人民生活水平为根本出发点，全面推进经济发展和社会进步。对于电力工业来说，在《建议》中提出了五条，其中第一条就是要调整结构、加强电网建设、推进全国联网。由此也足见电网建设对于电力工业的发展和改革及对全国经济发展的重要性。

加快电网建设是电力结构调整的重要方面，也是首要的一条；加快电网建设是落实西部大开发战略、实现“西电东送”的重要方面；加快电网建设是深化电力体制改革、建立电力市场的物质基础和物质保证；加快电网建设是实现资源优化配置、实现可持续发展战略的重要体现；加强电网建设，特别是城网、农网等配电网的建设和改造，是直接关系到电力市场的扩大、扩大内需促进发展的重要手段，是提高人民物质文化水平的重要条件，是将提高人民生活水平作为根本出发点的具体体现。有这6点，也就充分说明加快电网建设的重要性，因此，在“十五”期间，初步安排建设330/500kV交流线路2.5万km、变电容量9000万kVA，直流线路3000km、换流容量900万kW，还有几个直流背靠背工作，共计投资约3000亿元，占电力总投资的40%左右。由此可见“十五”期间电网建设的任务是十分巨大的、光荣的。

“十五”期间的电网建设，要以“西电东送”通道建设为重点，以全国联网为目标，同时加强受端电网的建设和配电网的建设，努力形成一个结构坚强、通道清晰、层次分明、调度灵活，送得出、受得了、用得上，安全、高效、灵活、开放的中国电网。由于这次专家会的重点和中心议题是西电东送和全国联网，因此，下面重点介绍一下关于“西电东送”的电网建设规划及相关一些问题，以请教于各位专家，并供各位专家讨论参考。

（一）“西电东送”是党中央国务院关于西部大开发战略的一个重要组成部分

加快西部电力开发，实现“西电东送”，具有重大政治经济意义和深远历史意义。对于电力工业，特别是电网建设来说是一个千载难逢的历史性机遇。我们要把思想和行动统一到党中央的战略决策上来，进一步解放思想，更新观念，运用新思路，探索新办法，建立新机制，紧紧抓住机遇，加快西部电力发展，发挥电力作为基础产业在加快西部经济发展中的先行作用，不失时机地推进“西电东送”，促进全国联网。

（二）我国“西电东送”的现状

我国已初步形成的上述南、中、北三个“西电东送”输电通道，对缓解广东缺电及南方电网的稳定运行，解决京津塘地区电力供应紧张，减轻环境保护的压力，以及缓解华东高峰电力紧张起到了关键作用，同时也起到了直流输电及大区联网的技术储备作用。通过“西电东送”的逐步实现，扩大了电网，也扩大了资源优化配置的范围。

（三）“西电东送”的总体思路

党中央、国务院提出实施西部大开发和“西电东送”战略以来，国家计委、国家电力公司都十分重视。4月份，国家计委和国家电力公司组织召开了“西电东送”发展战略研讨会，会上基本明确和统一了“西电东送”的规划思路，即实施“西电东送”要放在西部大开发战略的大局下统筹规划，要坚持最大范围资源优化配置和实现可持续发展的原则；要把推进“西电东送”与加快西部电力开度，特别是电源的开发结合起来，与加强区域电网建设和推进全国联网结合起来，与加强电力结构调整和推动产业技术升级结合起来，与建立全国统一电力市场结合起来；实施“西电东送”要以市场为导向，要符合市场规律；要以科技进度为动力，要按科学规律办事；要将加强法制化建设纳入法制化管理的轨道。总的规划原则是总体规划、分步实施、突出重点、加强协调全面推进、防止重复建设。具体有以下几点：

（1）要坚持统一规划的原则。

（2）要以市场为导向，以经济效益为中心，以法律为依据，纳入法制化管理的轨道。

（3）要优化、调整电源结构，提高“西电东送”中西部能源资源的开发，提高在电价上的竞争力。

（4）要依靠科技进步，促进产业升级。

（5）坚持保护生态环境的原则，实施可持续发展战略。

（四）关于“西电东送”的电网规划情况及近期的几项工作

在国家电力公司的统一组织下，各网省公司和设计院经过半年多的工作，基本上明确了我国“西电东送”电网建设和全国联网的基本格局，并明确了当前的重点工作。

1. 关于“西电东送”基本格局及其规划

我国“西电东送”的基本格局就是在现有南、中、北三个“西电东送”通道的基础上，继续发展和扩大。

（1）关于南部通道。南部通道包括由云南、贵州的电力东送广东及广西的输电通道，也适当包括部分四川电力送到广东的通道。最近，国务院决定，对于广东在“十五”期间的电力不足约 1000 万 kW 的问题，主要由“西电东送”来解决，而不在广东省内新建常规火电厂。

另外，2005 年前有三峡送电广东 300 万 kW，相应建设一回由华中到广东惠州地区的容量为 300 万 kW 的直流输电工程，也要求 2004 年确保投产送电。

（2）关于中部通道。中部通道包括川渝、华中、华东福建等 11 个省市，其“西电东送”主要通道为现在建设的三峡电网，2008 年建成，使“西电东送”华东能力达到 720 万 kW，送华中 1200 万 kW。

在“十五”期间提前建设三峡到万县的 500kV 线路，争取在 2002 年临时跨过三峡电站接到龙泉 500kV 交流站中，将四川的丰水期电力外送到华中、华东，其送电容量按 100 万 kW 考虑，并在龙泉 500kV 交流站安装 15 万 kvar 的电抗器。

在 2010 年后，适时开发金沙江溪洛渡、向家坝电站，以直流±600kV 送电华东、华中及广东，为继续“西电东送”更多电力做好准备。与此同时，四川省还要适时开发瀑布沟（330 万 kW）等大型水电站，以满足四川电力增长的需要。

（3）关于北部通道。北部通道包括现有的山西、蒙西送电京津唐的 3 回 500kV 线路，再加上现在建设的丰镇—万泉—顺义第二回 500kV 线路，使内蒙古东送能力达到 150 万 kW，连同山西大同外送能力达到 270 万 kW。在“十五”期间，同时建设由托克托电厂到北京安定 2 回 500kV 线路、神头二厂经徐水到天津的 1 回 500kV 线路，这样，山西、蒙西东送通道共形成 7 回 500kV 线路。另外，还有山西向河北南网送电及山西王曲电厂向山东送电的 500kV 线路，也成为山西、蒙西“西电东送”的通道。

与此同时，规划研究西北地区的陕西、宁夏建设矿口电厂和开发黄河上游拉西瓦和黑山峡向华北送电。

2. 关于继续推进全国联网建设的规划思路

“西电东送”与全国联网都是我国资源分布与电力负荷之间布局不均衡的客观实际提出的资源优化配置的基本思路，“西电东送”三大通道建设本身就是全国联网的一部分，两者之间要统一规划，紧密衔接，只是“西电东送”需要重点考虑在我国东、西之间的资源优化配置问题，而全国联网相对于“西电东送”而言，则侧重于南、北之间各电网的互联及跨国联网等问题，以及实现水火调剂、跨流域调剂、跨网的错峰互为备用等资源优化配置的联网效益。计划在“十五”或“十一五”期间要实施的主要联网工程有：

（1）东北—华北联网工程。

（2）福建—华东联网工程。

（3）华北—华中联网工程。规模为 60 万～120 万 kW，在“十五”期间内先交流投入，后改为直流背靠背互联。

（4）华中—西北联网工程。规模为直流背靠背 36 万 kW，争取“十五”期间内投入，并要求在直流设备国产化上做出贡献。

（5）川渝—西北联网。

（6）华北（山西王曲）—山东联网工程。

（7）还要研究适时建设广东—海南联网工程。

（8）跨国联网，“十五”期间内重点研究由云南景洪电站经老挝向泰国直流送电工程，“十一五”期间开始实施。

（五）关于在“西电东送”和全国联网中应考虑的几项技术与管理问题

为了提高“西电东送”与全国联网的电网建设水平和技术装备水平，努力降低造价，提高经济效益，就要依靠科技创新，努力采用新技术，尽可能理顺管理体制，不断提高建设、运营、调度的管理水平，以确保系统安全稳定运行，确保“西电东送”和联网效益的充分发挥。具体地说，有以下几个问题需要研究。

1. 关于电网规划方面问题

（1）加强受端电网结构。

（2）在“西电东送”与全国联网的电网结构中，要尽量避免相互交叉或形成电磁环网而降低稳定水平，关注电网结构和层次清晰等方面的问题。

（3）规划中要尽可能加强受端电网与送端电网结构，形成网与网之间的托送，以减少点对点之间的直送，从而提高电网的输送能力和运行稳定性。

2. 关于电网建设技术方面问题

（1）关于加快更高一级电压输变电技术的研究和示范工程的建设问题。西北高一级电压等级问题，经过专家论证，对于西北采用750kV电压等级基本达成共识，并建议结合公伯峡水电站的开发外送工程，建设试验线段，争取在“十五”期间建设，“十一五”期间投运。

（2）关于要积极采用柔性交流输电技术（FACTS），努力改善交流输电性能问题。

（3）关于积极推动直流设备国产化和采用直流输电新技术问题。今后我国“西电东送”和联网工程中，采用直流输电技术将不会少，因此，直流设备国产化问题迫在眉睫，必须要以科学态度对待国产化，要引进技术，要通过三峡工程消化吸收，尽快掌握高压直流制造技术。同时还要积极跟踪和采用新一代的直流输电技术，例如采用新型换流技术、户外换流阀、连续调节交流滤波器、有源滤波器、深层接地极等技术，以便能够达到进一步改善系统性能、大幅度简化设备、减少换流站的占地、降低工程造价的目的。

（4）变电站要推广采用GIS的简化组合电器设备。

（5）积极而大胆地推广采用同杆多回和紧凑型输电技术，以提高输电容量，减少占用走廊，减少对环境的影响。

（6）研究将轻型直流输电技术用于风电等电源接入系统，建立示范的分布式供电系统，或采用新能源分散发电系统，这是21世纪电力发展的方向，是实现可持续发展、实现能源环境协调发展所提出的要求，预计在2020年前后将会在我国得到更大的发展，因此必须从现在开始，就要对电力系统的适应性及其相应的装备进行研究。

3. 关于输电电价及联网效益问题

关于电网输电价格的确定及计算原则问题，是关系到电网建设及其能否健康发展的一个大问题（按目前方式，电网单独计算是严重亏损的）。这个问题不确定、不明确，电网就难以得到顺利发展。电网的主要属性为“公共财政”，但也有个经济效益、经济核算问题，这就要确定价格并保证电网能够保值增值，具有自我发展的能力。这方面也涉及联网效益的发挥、效益的计算、效益的取得、效益的分配等一系列问题，需要继续深入研究解决。

在规划、技术、管理等方面，还会有许多问题需要我们去研究创新、实践，上面我只举了些例子，提出了几个方面的问题，只是抛砖引玉，请各位专家能多提这些方面的问题、建议和意见，以期共同努力，在21世纪里把我国“西电东送”的伟大战略任务完成得更好，把全国联网和我国电网的建设和管理提高到一个新的水平。

六、第六次全体会议（2001年12月23日于西安）

今天我们大家很高兴聚会古城西安，召开国家电力公司电网建设专家委员会第六次会议。我代表国家电力公司对第六次会议的召开表示祝贺，对于专家委员会和各位专家长期以来对中国电网建设的高度关心、高度责任心和大力支持表示衷心感谢。今天，我们专家会议应西北电力公司的邀请，到西安来召开国电公司电网建设专家委员会第六次全体会议，希望能通过这次会议，在推动全国电网建设，特别是在推进“西电东送”北通道的建设、推动西北电力的外送和西北750kV电网建设等有所贡献。

（一）关于电网建设专家委员会成立五年的简要回顾

自1996年12月23日召开的国家电网建设有限公司专家委员会第一次会议至今整整5年了。国家电网建设有限公司专家委员会在1999年召开第四次全体会议时，随着机构的调整和改革，改名为国家电力公司电网建设专家委员会。5 年来，不管名字如何改，电力公司对专家委员会一直非常重视并坚持电网建设专家委员会每年开一次全体会议，专家委员会也一直把“建好三峡电网，推进全国联网，提高电网建设水平”这三件事作为重点。围绕这三个重点，专家们参与了一系列的调查研究、试验、设计，做方案、搞建设，在电力部、国家电力公司的统一部署领导下，为我国电网建设理清思路、明确建设方案、落实建设项目、推进工程建设项目的顺利实施做出了贡献。

1. 关于三峡输变电工程的建设

预计到三峡第一批机组投运时，可建成 3665km 线路，925 万 kVA 变电容量，三峡第一回龙泉至政平的直流线路 890km、300 万 kW 换流站也可按期投入运行。这些工程按期、高质量地建成投产，可以确保第一批三峡机组投产之后全部电力送得出、落得下，从而圆满完成国家交给我们的三峡输变电工程建设的第二期任务。

2. 关于推进全国联网

自 1993 年电力部成立以来，一直把推进和加速全国联网作为电力建设的重要任务。电网建设公司自成立以来一直将确保三峡电网如期高质量的建成、推进全国联网的加速实施作为两项基本任务。

因此在历次专家会上都将全国联网作为讨论和研究的重点。

3. 关于提高三峡电网与全国电网建设水平方面

关于依靠科技进步，提高电网建设水平，将三峡电网建设成国际一流电网，也是历次电网建设专家委员会所必议的题目，并对一些方向性问题，对需要实施的项目等提出了建议。对此也做简要的回顾，归纳起来大概有以下几方面：

（1）1996 年 12 月第一次专家上，就提出了电网建设公司要建立电力系统仿真中心、电磁兼容试验研究中心、铁塔试验基地、导线试验基地四个研究中心和试验基地，以提高电网规划研究水平和设计、施工水平。试验研究中心和试验基地到2000年都已全部投入，在全面提高电网建设水平上发挥了积极的作用。2001 年 10 月，国家电力公司命名的第一批国家电力公司 4 个重点实验室中，电网建设方面的就占了三个，即上述的电力系统仿真中心、导线力学实验室和电磁兼容试验室。

（2）从 1996 年开始，根据专家们的意见，开始组建北京网联直流咨询公司，该公司在三常、三广、贵广直流的咨询研究、功能规范书编制、直流设备国产化上已经发挥了重要作用。

（3）1997 年专家会上对直流合成绝缘子进行了研究，电网建设公司据此向制造厂进行投资，并组织力量开发合成绝缘子的制造、检验技术，并编制了我国第一部直流合成绝缘子的使用标准。另外，还研究制定一流的输变电工程的标准等。

（4）在变电站的设计施工方面，历次专家会上对变电站的综合自动化技术，对变电站的简化接线，选择简化的先进设备（PASS）等关系到提高变电站整体设计水平、减少占地、减轻对环境影响等一些问题进行了研究，提出了具体实施的建议。

另外也对 20 世纪末国外基于可持续发展概念提出的关于“提前规划、设计先进、布置紧凑、设备革新、高效可靠、维修极少、缩短建设周期、符合改革、适应市场”等新的规划设计概念进行研讨。

（5）在输电线路的设计施工方面，分别对铁塔优化、定型化、铁塔基础，同杆双回和同杆多回紧凑型，铁塔、导线排列方式，大截面导线标准及耐热导线，大截面导线放线，无障碍跨江放线，线路高跨林区等的研究，以及关于海拉瓦全数字化摄影测量系统应用于线路路径优化，路径气象条件、特殊地区的微气象、重复冰区、特殊地质，以及线路铁塔与环境的协调设计等进行了研究。

（6）1999 年的专家会议上重点研究了以下几方面：一是关于电网规划和设计新思路、新方法方面，要对现代规划方法进行研究，如对于电力网络上的潮流规划等；二是关于高压直流输电技术，包括背靠背技术的国产化和跟踪直流发展新技术，以及高压轻型直流技术的引进和应用；三是对于高于 500kV 等级的电压，采用 800kV 还是 1000kV 的研究，并提出西北电网高一级电压采用 750kV 是合适的建议。

（7）2000年专家会上，重点对提高输电网的输电能力、节约线路走廊问题进行了研究，包括更高一级电压输电技术的研究，积极采用柔性交流输电技术（FACTS）及可控串补（TCSC）和新型静止无功补偿（ASVC）装置的示范工程建设与推广应用，以及积极大胆地推广采用同杆多回和紧凑型输电线路等。

（二）关于2001年的电网建设工作和对今后工作的建议

1. 关于三峡电力系统设计方案的调整工作

三峡输电系统设计方案是1995年12月经国务院三峡建设委员会批准实施的，在这6年中，由于经济发展的变化，使系统内负荷增长的速度，以及电源建设、电网结构等都有了较大的变化，随之而来三峡送电方向也有了大的变动，即要向广东送电300万kW，而不向川渝电网送电。这些情况的变化，就要求对三峡电力系统做相应的调整，这一工作经电力规划设计总院组织有关设计院进行了一年左右的工作，基本已结束，并经三建委办公室和电力公司的审查，原则同意。

根据调整后的三峡电力系统设计方案，将对2003年后的项目进度做重新安排，对于概算也要调整，对于过网电价也要做适当调整，我们的目标是要求调整后的三峡电力系统，在可比的范围内做到在投资规模、建设规模（包括线路和变电容量）及三峡输变电的过网费水平上，都不超过原来的审批数额，但对三峡电力送出和电网发展适应性来说则更强。以上工作在年内可以全部完成。

2. 关于中部电网和川电外送问题

通过三峡输变电系统调整，作为中部电网乃至是全国联网核心的华中电网的结构，得到进一步明确与加强。到2005年，华中电网将分别实现与华东网2回直流，与南方网1回直流，与华北网2回500kV交流，与川渝网2回500kV交流，与西北网1个背靠背互联的全国联网的格局。与此同时，独立省网山东将与华北网互联，福建将与华东互联。届时，除了海南电网外，全国基本上实现了联网。

随着川电东送的增加、电网的加强，使川渝电网与华中电网之间成为一个强交流互联的统一电网，所以在考虑溪洛渡、向家坝外送华中的方案中，对于采用特高压交流输电方案也予以了重视。现在提出的初步方案中有直流和交流两类方案，尚需结合500kV以上高一级电压等级的电气装备制造水平和供应情况，进一步深入研究确定。

关于川渝电网与西北联网问题。已完成可研工作，适时联网可以实现水火调剂、跨流域调节等效益。

3. 关于南方电网

关于2005年送电广东1000万kW的电网项目和电源项目已经基本落实，现在主要是具体的实施建设。

根据南通道的规划思路，南方电网将是包括广东、广西、贵州、云南及海南、香港、澳门的一个交、直流混合结构的统一电网。所以在南方电网及南方各省区电网建设中，对以下几个问题需要重视。一是广东受端电网结构适应性问题，以及从确保电网稳定运行，特别是电压稳定等方面，论证广东受端电网需要建设的电源规模，要论证向广东送电的方式，进行交流、直流送电的电压和落点研究；二是南方电网网架结构与广西电网之间关系问题；三是云南电网送端电网结构及跨越云贵高原，横断山脉的路径、地质等问题以及高海拔的问题等；四是与海南电网的关系，要明确互联的目的在于取得联网的互为备用、错峰，提高电网运行安全可靠性等联网效益，并应以此来确定联络线的合理输电容量，对此也要有一个统一的认识；五是香港、澳门之间在现在互联的基础上，随着“西电东送”的增大，其相互间联系将进一步地增加，结构将进一步加强；六是鲤鱼江电厂与南方电网之间只是送电关系，不考虑通过鲤鱼江与中部电网互联；另外，与福建电网也不考虑通过后石电厂互联。

4. 关于北通道的“西电东送”问题

北通道的电力外送包括两部分：一是蒙西、山西电力送电京津唐；二是西北送电华北问题。北通道“西电东送”是2001年研究的重点，特别是西北电力外送更是当前研究的重点，要尽快使之成为实施的重点。

（1）关于蒙西、山西送电京津唐，除目前已有4回500kV送电约220万kW，预计到2010年由蒙西和山西送电到华北的京津唐地区约有10回以上的500kV线路，共计1000万kW。

（2）关于西北送电华北和山东，经过专门组织的专家论证，预计2010年后2015年前也可送到1000万kW左右。包括：

1）陕北煤炭基地火电厂采用3回500kV交流直接送到河北南网。

2）宁夏或陕北再建火电厂300万kW左右，可考虑用直流直接送电到山东电网。

3）抓紧黄河上游梯级电站开发，特别是黑山峡、拉西瓦等大型水电开发，再尽快建设西北750kV的骨干网架，把西北电网的水火电打捆，采用直流方式送电华北。这样能使西北水电空闲容量转化为华北电网的调峰容量，其送电规模也在300万kW左右。

上述三组项目，抓紧在2015年前建成，实现西北送电华北1000万kW左右。这样北部通道（包括内蒙古、山西）至2010年送电1500万kW，至2015年送电2000万kW是完全可以做到的。其送电方式是交直混合。

（3）西北电力实现“西电东送”必须加强送端自身电网建设，关键是750kV电压等级电网建设要尽快起动。西北自1972年出现330kV至今已有30年，因此尽快出现高一级电压等级是必要的。但尚需向国家计委做全面的汇报，以取得支持，尽快立项，并开展项目建设准备工作。与此同时，需要抓紧开展设计、施工、铁塔、金具等研制工作，目标还是应该在“十五”期间启动，以公伯峡电力外送为目标如期建成。同时要进一步论证西北750kV电网结构和750kV电网建设的顺序等问题。

关于西北采用750kV电压等级，与全国其他地区电压等级的关系，以及关于西北与其他地区联网，也即西北电网与全国统一电网的关系，有如下问题值得考虑：①从西北地域特点及西北动力资源特点考虑，以及西北电网发展历史来分析，即使全国高一级电压等级不取750kV，只有西北单独采用750kV，也是可以的；②西北地区的能源资源决定了其主要是向外送电，而且到华北、华东的距离都超过1000km，因此用直流送电是合理的，也即西北电网可以用直流与全国其他地区电网分隔开；③即使采用交流方式向周边地区送电，如拟建的神木电厂（靠近华北）直接用交流外送，该电厂可与西北联网，也可以不联，如果需要与西北电网保持联系，则用背靠背联也是可行的；④再从世界各国超高压电网发展历史看，不同电压系列的电网之间同步联网也不存在重大的技术问题，例如美国AEP电力公司与周边29个美国和加拿大的电力公司之间就使用包括不同系列的电压在149个并列点上联网运行；⑤从西北地区本身包括新疆来说，用750kV电压等级实现西北电网内部的水火电补偿调节，经初步论证也是可行的。

（4）关于西北网与川渝电网互联问题。可取得跨流域和水火调节效益。

（5）北部“西电东送”通道的建设及华北与东北的联网，以及山东电网接入华北电网等，这样将成为一个统一的交直流混合的北部电网。其中华北与东北将成为一个强联的交流电网，与西北之间是直流互联。

而北部电网与中部电网之间在河南、河北之间互联仍维持先交流后直流的建设思路，至于是否要改或何时改为背靠背，则可在总结交流互联运行情况之后再做决定。同样，对于山东与江苏互联也需进一步研究后确定联网方式与联网时间。

5. 关于“西电东送”与联网工程中的经济性问题

今后这可能会随着“西电东送”、全国联网的发展而会越来越突出，也越来越紧迫，而这一问题的解决也将是“西电东送”、全国联网健康发展的重要保证。

全国联网，特别是“西电东送”开始总是需要政府来推动的，例如，要求东部在规划中留出足够的市场给西部等，并且制定一些优惠政策，但归根结底要按经济规律办事，要走上法制化管理的轨道。所以，合理的电价形成机制，发、输、受电三方之间要有一个具有法律效力的协议或合同，将供受电的电量及其供电和负荷特性、电价等用协议、合同方式确定下来，大家共同遵守执行，任何一方违反合同都要按规定处罚。合同可分为短期合同和长期合同。

至于这种进入电力市场交易的短期、长期的合同和协议的内容包括哪些方面，形式是怎样的，如何订立及生效的程序如何等，需要有一个范本并逐步规范化，这应当是一件非常紧迫的任务，需尽快开展这方面的调研工作。

当然由此而产生的问题将涉及调度体制，例如，对于国家调度、大区分公司调度和省公司的调度界面和职责要划分清楚，再有相应的电力电量的控制、测量、计量、结算等技术支持系统，及相应的二次系统都要与一次电网同步建设，以确保电网投入系统后顺利有效地运行。

6. 关于提高输变电能力和节约走廊问题

在输变电工程建设中，今后输电走廊必将成为一个突出的问题，将成为“西电东送”中的关键。为此，我们必须予以高度重视，要努力在提高线路的输电能力、节约用地、小占走廊、保护环境、多送电、少损耗、降低造价等方面下功夫，对此，在前几次专家会上大家都提出不少建议，有的已经开始实施。如在天广和贵广交流线路上，已决定要加装可控串补和常规串补，以提高输电容量，在宜兴到政平的 500kV 线路上决定采用紧凑型的同杆双回，这两件事都关系到我国输变电建设水平的大问题，希望各位专家和各部门给予充分关注，努力促成这两项工程早日上马建设，并尽快地予以推广、应用。

以上我仅就这几年电网建设专家会上提出研讨的有关三峡电网建设、全国联网、“西电东送”等方面的规划思路、电网结构、建设步骤，以及提高电网建设技术水平等做了简要回顾，以便大家讨论和进一步总结参考。

七、第七次全体会议（2002 年 12 月 27 日）

今天是电网建设专家委员会的第七次全体会议，主要议题为三峡首批机组发电与输变电工程的建设验收问题、西电东送的规划及实施问题，以及提高电网建设水平等问题，我主要讲“西电东送”及其实施（包括三峡电网建设）问题。

（一）“西电东送”历史的回顾

我国从第五个五年计划即 20 世纪 70 年代后期开始，在电力发展的政策中就已明确提出发展大电站、建设大型水电和火电基地，发展电网、实施大型水电和坑口电厂向外送电的原则，这个向外实际上就是“西电东送”。到了 80 年代初，根据我国东、中、西区域经济和长江、黄河、珠江三个经济带，沿渤海、长江三角洲和珠江三角洲沿海经济区的理论，在电力方面开始规划十个水电基地 1.8 亿多 kW 和十个火电基地 1.5 亿 kW 左右，如陕北 2000 万 kW、六盘山地区 1000 万 kW、蒙西 1500 万 kW 等。

与此同时，在电网建设上，20 世纪 80 年代初，即部署规划开发长江葛洲坝水电向华中、华东送电，开发红水河向广东送电，开发黄河上游水电和陕西、蒙西、山西火电向华中、华北以及东北送电等工作。

到了 20 世纪 80 年代末、90 年代初，我国已初步形成“西电东送”的局面。1982 年国务院做出的加快开发红水河的指示，是解决华南等地区能源需求的一项战略性举措。到 1988 年，能源部、国家能源投资公司、广东省，分别与云南、广西、贵州三省区协商，本着“合作办电，中央支持，远近结合，水火并举，互利互惠，共同发展”的原则，签订了曲靖、安顺、盘县和天生桥水电开发四个协议和龙滩水电的建设意向书，从而拉开了南方四省区协作办电，以及“西电东送”的序幕。随着天生桥电站的投产，天广 500kV 交流和 220kV 鲁布格—天生桥线路的建成，于 1993 年 8 月实现了南方四省区联合运行，实现了南部通道的“西电东送”。

同期，位于我国中部地区的葛洲坝水电站于 1970 年批准开工，于 20 世纪 80 年代初开始研究向华东送电问题。1986 年±500kV 葛上直流输电工程开工建设，于 1989 年建成，1990 年投运，实现了我国中部通道的“西电东送”。

我国北部地区的“西电东送”，则始于 1982 年全国计划会议和 1983 年全国电力建设会议后，决定建设西北秦岭到河南三门峡 330kV 线路向华中送电，实现西北—华中联网，该线路于 1984 年建成；同时也于 1984 年开始，在华北，配合山西的大同、神头电厂投产，先后建设大同至房山的两回 500kV

线路，实现“西电东送”。1989 年，北京开始与内蒙古联合办电，由内蒙古丰镇电厂等向京津唐电网送电，初步形成了北部通道的“西电东送”格局。

另外在东北电网，随着赤峰元宝山电厂的建设，1984 年开始建设元锦辽海国产 500kV 输变电工程，以及 20 世纪 90 年代建设伊敏电厂送电大庆、哈尔滨等，成为北部通道东北地区的“西电东送”。

总之，到了 20 世纪 80 年代末、90 年代初，我国“西电东送”的北、中、南三个通道已经初具雏形。到 1999 年底，南部通道累计送广东约 175 亿 kWh，最大负荷 128 万 kW；送广西 130 亿 kWh；中部通道通过葛洲坝至上海的直流线路，累计送电 108 亿 kWh，最大负荷为 46 万 kW；北部通道蒙西送京津唐累计电量达 390 亿 kWh，最大负荷为 93.8 万 kW，山西大同等送电 150 万 kW，年送电量达 100 亿 kWh 左右；东北的蒙东元宝山 150 万 kW 和伊敏 100 万 kW，也都向东送电至东北主网，1999 年净送电 80 亿 kWh。“西电东送”也初步显示出优越性，在较大范围内实现了资源优化配置，扩大和优化了电网结构，缓解了东部地区如广东、京津唐等地电力紧张局面，减轻了东部地区环境压力等。同时水火电站的开发建设也促进了西部地区的电力和经济的发展。

（二）“西电东送”战略的确定与“西电东送”的规划的安排

1999 年 9 月，中央十五届四中全会上明确提出“西电东送”的战略，这是全面贯彻落实中央的“西部大开发战略”的重要组成部分，同时也是加快落实西部大开发战略的重要措施。国家电力公司十分重视，迅速组织力量进行研究，开展前期规划工作，抓紧了“西电东送”相关工程的实施建设。

在组织上专门成立了“西电东送”领导小组及办公室。到 2000 年 7 月，国家电力公司已初步形成了我国“西电东送”的规划纲要，进一步明确了“西电东送”三个通道基本格局，明确和统一了“西电东送”规划的基本原则。

关于“西电东送”规划的总体原则，是按照全国资源优化配置原则和市场经济的基本规律确定的，具体的有以下几条：

（1）对电源和电网，东部和西部的电力要进行统一规划。

（2）“西电东送”规划中要做到“两个优先、一个同时”，即优先建设电网，使电网适度超前；优先开发水电，加大水电开发力度；同时对有条件的煤电基地要加快开发，实现“西电东送”。

（3）“西电东送”要把国家调控与市场调节相结合。

（4）要将“西电东送”的骨干电网规划与全国联网规划及各省区的电网规划结合起来，切实加强送端电网与受端电网规划。要把一次输电网系统规划和二次系统通信等规划结合起来，将输电网规划和配电网规划结合起来，确保整个电网安全稳定，确保电力送得出、落得下、用得上。

（5）积极推进科技进步，实现输变电技术升级，努力提高输电能力。

（6）高度重视输变电工程建设及电源开发中的环境保护。节约用地，节约输电走廊，减少砍伐，减少对生态环境的影响。

总之，要通过“西电东送”战略的实施，促进西部水力资源与大型煤电基地的开发，从而促进西部地区的经济发展，实现全国电力的可持续发展；推进全国联网，将我国电网建设成“安全、可靠、高效、开放”的电网、“结构坚强、潮流合理、技术先进、调度灵活、留有裕度”的电网。

2000 年 8 月，在国务院朱镕基总理主持的办公会上，明确提出了“十五”期间“西电东送”向广东送电 1000 万 kW 的任务。

2001 年初，国家电力公司战略规划部组织专家组开展了对“西电东送”市场的深入研究，并布置了到 2015 年、2020 年的“西电东送”规划的调研，同时也对有关设计院下达了在 2010 年目标网架基础上开展 2015 年目标网架规划的任务，以及进行溪洛渡、向家坝、小湾、龙滩、公伯峡等大型水电的接入系统规划研究。这些规划研究工作到 2002 年三季度都陆续完成，并组织专家分别对上述调研报告和网架规划进行了评审。

（三）“西电东送”规划的实施

“西电东送”的规划总体上来说已经明确，到 2020 年“西电东送”的总规模约为 1 亿 kW。分别为北部通道、中部通道各4000万kW左右，南部通道3000万kW左右。“西电东送”的大政方针已经确定，“西电东送”的总体规划已经明确，今后的重点是如何实施。这也是我们这次专家会上的重点议题之一。

从三峡输变电工程实施情况来看，自1997年3月长万线开工以来，已经5年多了，总体来看进展是顺利的，到2002年底预计可建成500kV交流输电线2599km，变电站775万kWA；第一条龙政直流也进展顺利并基本上做到一次调试成功，于21日实现单极送电投产。原定的全部三峡输变电工程2008年建成，确保三峡电力外送的目标是可以实现的。

从三峡输变电工程实践来看，为确保今后“西电东送”的顺利实施，我个人认为要重视如下一些问题。

（1）加强组织建设，确保有一个强有力的组织保证。

具体的建议是在今后国家电网公司中要维持现有的电网建设分公司组织形式，并予以加强，电网建设分公司是三峡输变电工程和“西电东送”跨区工程及全国联网工程建设任务的直接组织者与承担者；同时还建议设立电网建设部，其职责是负责安排、组织、督促各网省公司实施“西电东送”相关区内、省内工程的建设，以及输变电建设的行业管理工作。

另外，还要进一步健全电网建设专家委员会的组织和直流咨询公司组织，以作为电网规划、建设方面的技术支撑的组织保证。

（2）抓好滚动规划和可研、设计的进一步落实。

（3）进一步抓好三峡输变电工程，确保三峡电力“送得出，落得下，用得上”，努力使三峡输变电工程成为世界一流的工程。

（4）要抓好“西电东送”电网规划中几个重要技术方案的落实工作。

1）西北750kV公伯峡—兰州示范输变电工程的落实，要千方百计确保2005年投运。

2）关于提高单个通道的送电容量、节约通道走廊的研究与落实工作。

3）直流工程设备国产化问题。要通过灵宝背靠背工程及三峡右岸直流工程的建设，尽快实现直流工程的建设从咨询研究，到系统研究和成套设计、设备供应，到工程设计、建设、调试和投运全面的国产化。

（5）对中部通道“西电东送”中关于溪落渡、向家坝电站外送到华中电网的800万kW电力是直流还是交流方案进行比较研究。

（6）受端电网的电压稳定问题。

（7）关于电力市场交易模式的研究。

（8）关于“西电东送”效益的评价问题。

要建立一套全面评价“西电东送”效益的办法，既要考虑电力开发项目本身的效益评价，对发电、输电进行效益评价，以及对联网效益的分析；另外还要考虑“西电东送”社会效益的评价，包括对水、火电基地开发地区和对受电地区的经济、社会发展的作用，以及对于西部地区直接扶贫效益，对于扩大就业以及对当地文教水平提高的贡献；再有关于对“西电东送”环境效益的评价，分别就发电、输电及受电地区对环境效益进行评价等。

八、第八次全体会议（2003年12月29日）

电网建设专家委员会，由1996年的国家电网建设有限公司专家委员会到现在的国家电网公司电网建设专家委员会，历经8年，中间经过电力部、国家电力公司、国家电网公司等三次大的机构变动，专家委员会名称也有所变动，但专家委员会作为中国电网建设的智囊机构、技术支持系统之一，对中国电网的建设起参谋、咨询、顾问的作用这样一个基本性质、基本任务一直没有变。

在这八年中，我们一直按照史部长在1996年12月23日第一次专家委员会全体会议上所提出的：“为了建设世界一流的中国电网，国网公司要更多、更广、更好地发挥专家委员会的作用”的指示精神去做的，而广大专家也按照史部长在同一讲话中所要求的，“要更多地关心我国电网的建设与发展，为创建世界一流的中国电网做出贡献”。

8年来，专家委员会的各位专家，为“建好三峡输变电工程，确保三峡电力外送、推进全国电网互联，争创一流工程，实现一流效益，培养一流人才，建设一流电网”这一目标献计献策，贡献出自己的智慧与经验，提出过许多很好的建设性意见，除了积极参加一年一次的专家委员会全体会议外，还积极参与了工程建设实践，参加科研题目选题，参加工程建设方案审定，以及参加管理制度的制定，质量的把关，参加大量的专题调查研究工作，在八年电网建设中处处都留下专家活动的足迹，为电网建设做出了极大贡献。

8年来，在我国电网建设上所取得的成绩和巨大成就，在舒印彪主任的讲话中进行了全面阐述，归纳起来有如下六个方面：

（1）三峡工程二期输变电建设按期全面建成，发挥重大作用，国务院验收委员会予以高度评价。将三峡第一批投产6台机组的电力及时、全部地送出，对缓解华东、华中、川渝电力供应紧张局面起到了重要作用。

（2）三峡至常州直流工程建设进展顺利，按计划全面达到合同要求，建设运行指标达到国际先进水平，为我国直流工程国产化奠定了重要基础。

（3）三峡工程建设促进了我国输变电建设管理水平的提高，使我国电网建设技术水平上了一个新的台阶。

（4）极大地推进了全国联网，以三峡输变电工程建设投资支持为起步，促进了华北—东北联网工程上马，随后相继建成福建—华东、川渝—华中、华北—华中联网，使跨区、跨独立省送电由20世纪90年代的仅10余亿kWh，增长为2000年的31.6亿kWh，2001年的90亿kWh，2002年的209亿kWh，2003年将达到380亿kWh以上，为更大范围的资源优化配置做了贡献。

（5）国家电网建设分公司2003年还荣获了国家的五一劳动奖，这是对公司在电网建设方面所取得的成绩和其管理水平的肯定和褒奖。

（6）其他还有在科研、设计、施工、工程管理组织上所取得的新成果，以及在三常直流工程所采用的30多项的新技术、新设备、新装置、新方法、新组织，都很成功，很有效。

所有这些成绩的取得，应当说都有广大专家们的一份努力和一份贡献；所有这些成绩与进步都浸透着专家们的心血，都闪耀着专家们智慧的光芒。同时，我们也相信每个专家也都分享着这一胜利的喜悦。

当然，也存在着一些不足。主要是指专家们曾经提出，电网建设公司也曾做过的不少工作，但由于各种原因未能落实或没能取得较好的结果，主要有：

（1）变电站的技术升级方面，没能将简易GIS等技术装备推广开来。

（2）在电网建设走向世界方面没有取得成果。1996年电网建设公司成立之初，提出的口号是“立足三峡、服务全国，走向世界”，并在1996年开始组织研究俄罗斯向中国送电和云南景洪向泰国的送电方案问题。由于种种原因中途停下至今。

（3）直流咨询公司：为了推进直流国产化，在三常直流工程前期研究阶段即已组建起股份制的直流咨询公司，为第一条、第二条直流咨询研究与灵宝背靠背工程的系统设计等做了大量工作，但由于体制变动等原因，未能如专家们所希望的很快壮大发展，成为直流国产化强有力的技术支持单位，发展的情况不太理想。

（4）同杆双回技术的推广状况也不太理想。

总之过去电网建设和实践，无论经验和教训，无论成绩与不足，都将成为我国电网建设的宝贵财富，并为今后完成更大规模、更为艰巨、要求更高的电网建设奠定基础。

中国今后的电网建设是令人鼓舞和振奋的。21世纪前20年是我国全面建设小康社会的重要时期，也是我国电网建设的重要时期。今后20-30年中国电网建设其规模之大、任务之艰巨、要求之高，可以说将是前无古人，不敢说后无来者，但也不多。

为了完成巨大的电网建设任务，为了将中国电网建设成一个“安全、可靠、高效、开放、灵活”的电网，我们需要动员一切力量，调动一切积极性，举全国之力把电网建设搞好，当然也更需要充分发挥电网建设专家委员会和各位专家会的作用。

在本次会上讨论过程中及论文集中，专家们都有很多很好的意见和建议，我相信对完成我们这伟大的电网建设任务将是会起到重要作用的。

下面我也说几点想法：

（一）关于电网的统一规划问题

在厂网分开的新体制下，如何做到、做好电力统一规划，这是一个十分重要的问题。要确保电网安全可靠、高效灵活，首要的一条是必须做好电力统一规划工作，只有统一规划电源和电网、输电网和配电网、一次和二次、有功和无功，才能有合理的电源布局，有坚强的电网结构，反之，不考虑电源布局就不可能有正确的电网规划，不考虑电网结构也不可能有合理的电源布局；二者之间紧密相关，不可分割，不能各自为政，各行其是。所以电力统一规划及其有效的实施是保证电网安全稳定可靠运行的先决条件和前提，是第一位的。

为此，必须要明确电力规划组织模式、明确职责、明确审批程序、明确决策方式。例如电源点的前期工作可以多方面来做，但其项目建设的决策必须统一规划，并且应在统一规划指导下，通过招标方式，以市场竞争来确定建设单位业主。既要统一规划，统一确定竞争的模式，包括标书条件和内容，又要发挥市场竞争机制在电源资源建设中的基础性作用，要将统一规划与市场竞争结合起来。

统一规划方案的可行性如何，关键在于负荷预测的准确性，因此负荷预测的组织、人力安排、预测方法、预警预报系统的建立、市场信息的及时披露等就非常必要。

总之，在新的电力体制下，为了真正做出电力的统一规划，就得要有一套组织、规定、办法去保证，需要尽快建立并健全运作制度。

（二）关于要高度重视近两年的电网建设工程的安排问题

我国电网建设一直没有做到“适度超前”，本来电力发展要适当超前社会经济的发展，而电网发展要适度超前电源的建设；在我国则是相反，因此出现长期缺电、电网送电卡脖子现象。

而近两三年内，由于“九五”末、“十五”初电力建设延误，国民经济发展迅速攀升，造成当前电力紧缺局面。作为对不正确决策的反应或对违反规律的报复，从 2002 年开始，特别是 2003 年又有大批电厂纷纷上马，有些经过了国家审批，不少的没有经过审批手续。对这些电厂是怎样接入系统的，相应的送变电建设是如何安排的，这要予以更高的重视。要早些摸清清理，早采取措施，避免造成新一轮电网到处卡脖子，到处拥堵，最后危及电网的安全稳定。

（三）关于直流工程和直流国产化问题

直流国产化是我们的目标。没有自主研究开发设计能力的加工和本地化，是不能称之为国产化的。因此直流的国产化确定为 5 个目标。这 5 个方面目标为：①自主直流咨询研究；②自主直流的系统设计和成套设计，对技术总体负责；③直流设备的自主设计制造（包括设备研究设计、制造工艺组织、质保体系、材料物资供应体系四个方面的自主化）；④直流工程的自主建设、调试；⑤自主运行维护管理设备的备件供应。在这五个目标中，目前第一、第四及第五应当说问题不大，关键在于第二和第三，目前完全以我为主尚有困难，尤其三峡右岸直流送出，时间紧、工期短，更是难以做到。我们既要国产化的“目标明确、坚定不移”，但也要“分步实施，步步为营，扎实前进”。

要做到以我为主，技术上我们要自己全面负责，除了设备能自主设计制造外，关键在于要加强直流咨询公司的组织，培养起一支高水平的技术队伍。

现在的北京网联直流咨询公司由国网建设公司、电规院、电科院、中南院、华东院及武高所等联合组成，是一种股份制方式，当然还不很规范，但这个咨询公司已将我国电力系统从事直流建设有经验的研究、设计、施工单位的技术人员都组织了起来，并且不断地充实了力量。这公司的基础是好的，原有的力量是强的，技术水平、工作能力、外语水平是强的，在第一条直流的咨询研究和三广直流的招投标设计等工作做出了极大的贡献，并全面地接受了ABB、西门子公司的技术转让，进行了灵宝背靠背直流示范工程的系统成本设计的实践。他们的工作成果曾受到各方面的重视与高度评价。

当前的问题是要对直流咨询公司进行重新组合，强化其组织。具体包括：

（1）要"正名"。即北京网联直流咨询公司是一个公司，是一个具有法人地位的公司，并非一个临时性的组织。

（2）要"定位"。即明确其任务、发展目标，是中国直流工程和输变电工程电力电子技术应用的咨询顾问设计成套公司，是技术服务公司。

（3）要规范化。即要按现代企业制度重组公司（股份制）。

（4）要"开放式的"。搞五湖四海，充实加强力量，除了原有的6个单位外，对于愿意参加的制造部门等，都欢迎以股份制形式参加，进一步增强经济实力，加大技术人才队伍，以资本为纽带组成股份公司，是独立的公司。

（5）要按市场规律办事，要通过公司自己的努力去占领中国直流市场、电力电子市场和国际市场。

（6）要加强领导和各方面协调，各股东方协同支持。

我想把这些原则明确、目标明确、定位明确、组织加强，就一定能充分发挥和调动直流咨询公司，加强各方面积极性，把直流咨询公司搞好，完成中国直流建设国产化、自主化的历史使命。

（四）关于要关注轻型直流的技术引进与国产化问题

这项技术对于分散电源和间歇电源的接入系统，以及在大电网边缘小容量互联的系统将会发挥作用。

（五）关于跨国联网问题

实施跨国联网，实现在更大范围内的资源优化配置和取得广域联网的效益，这是20世纪90年代以来在电网发展方面的一个明显趋势。而处于这个趋势前面的当为北美联合电网和欧洲联合电网（包括西欧、中欧、北欧波罗的海沿岸及东欧）、南欧及沿地中海环网，此外南美10国联网（巴西、阿根廷、巴拉圭、玻利维亚、智利、乌拉圭哥伦比亚、厄瓜多尔等），中美洲6国联网一体化（洪都拉斯、尼加拉瓜、哥斯达黎加、巴拿马、萨尔瓦多、危地马拉），中东5国（埃及、约旦、叙利亚、土耳其、伊拉克），北非5国（摩洛哥、阿尔及利亚、突尼斯、利比亚、埃及），以及东南亚的泰国、老挝、缅甸、马来西亚、新加坡、印尼、菲律宾等的跨国联网及规划工作，都发展很快。

2001年去中东看了5国联网，基本上跨国之间都以400kV互联起来，2003年我们又去了西班牙、摩洛哥与埃及等，了解了北非与欧洲、中东的联网情况，出人意料，其跨国联网的进展很快，西班牙与摩洛哥于1998年5月实现400kV交流电缆联网，送电70万kW（最高可达90万kW），正规划建第二回，计划于2005-2006年投入，加强欧非大陆联网。同时在北非摩洛哥与阿尔及利亚已有2回220kV互联，正在计划建2回400kV互联；阿尔及利亚与突尼斯之间已有1回220kV互联，在突尼斯与利比亚之间计划3回220kV互联，并于2004年实现；在利比亚与埃及之间已有1回225kV互联，这样北非5国之间将于2004年全面实现跨国互联；而埃及与约旦之间，埃及以500kV于1997年11月与约旦400kV变电站互联，实现亚非大陆电网互联，这样环地中海电网也基本形成。跨国联网的发展确实很快，而且各以合同方式调度，互惠互利，并拟建调度的协调中心处理各国调度之间的问题。

相比世界各国跨国联网发展，感到我们是有差距的。中央提出的对外开放、走出去方针，对于电网来说，一是寻求与周边国家联网，取得广域联网效应；二是为走出去到别国去收购电网、去经营电网。

对于我国来说，与周边国家联网，应当是北进、南出。北部在俄、中、朝、日等国形成东北亚电网，实现5国之间资源的优化配置，在这电网规划及其发展过程中，中国应当发挥一些地主的作用，不仅要参与其事，而且应当掌握其主动权，发挥主体作用。现在有报道说俄要向朝、韩送电，而且加拿大马尼托巴研究所早就参与研究，加拿大 ABB 也积极参与其事。我国也曾于 1996 年就开始研究，但到 1999 年就停止工作，泥牛入海。从实现我国电网走出去的战略来看，从我国能源资源平衡来看，以及从联网效益来看，俄向中国送电问题都应当予以重视，应当把这项工作重新启动，应当掌握其主动权。看俄、日、中输油管道方案的种种消息，作为电力工作者，应当学点什么东西。

上面谈的只是一些想法，不一定对，请大家批评指正。

周小谦：原国家电网建设有限公司总经理，后曾任国家电力公司党组成员、总经理助理。

附录A 大　事　记

1992 年

4 月 3 日，七届全国人大第五次会议通过《关于兴建长江三峡工程的决议》，同时也批准了三峡输变电系统的可行性研究。

7 月 11 日，国家物价局以〔1992〕价工函字 353 号文下发《关于 1992 年煤运加价用电加价及筹集三峡工程建设基金等问题意见的函》，明确当年燃运加价用电加价标准为全国每千瓦时提高 1 分 5 厘，其中 3 厘作为三峡工程建设基金。

10 月，能源部组织召开了三峡输变电工程设计工作会，讨论修改了关于《长江三峡工程输变电工程设计纲要》，对三峡输变电系统论证工作及其主要内容进行了总体部署。

12 月 20 日，财政部、国家计委、能源部、国家物价局以〔1992〕财工字 576 号文下发《关于筹集三峡工程建设基金的紧急通知》。通知规定三峡工程建设基金专项用于三峡工程建设，在财政上列收列支、专款专用，并随之下发了《三峡工程建设基金收支使用管理的补充规定》，进一步明确了三峡工程建设基金的内容，指出"三峡基金"目前包括两部分：葛洲坝电厂上交中央财政的利润和按全国用电量每千瓦时征收的 3 厘钱。

1993 年

1 月 3 日，国务院国发〔1993〕1 号文件决定成立国务院三峡工程建设委员会，李鹏任主任委员，邹家华、陈俊生、郭树言、贾志杰、肖秧、李伯宁任副主任委员，钱正英任顾问，国务院有关部委负责同志任委员。委员会下设办公室和移民开发局，同时决定成立中国长江三峡工程开发总公司，调能源部副部长陆佑楣任总经理。

3 月 2 日，能源部根据人大七届五次会议《关于兴建长江三峡工程的决大事记议》的精神，下发《关于印发长江三峡工程输变电工程设计工作纲要的通知》（能源计〔1993〕192 号），启动输变电系统设计工作；明确了编制依据、设计任务、设计阶段、组织分工，并安排了重大科研课题。

4 月 2 日，国务院三峡工程建设委员会第一次全体会议在北京召开。中共中央政治局常委、国务院总理、国务院三峡工程建设委员会主任李鹏主持会议并做重要讲话，会议听取有关部门关于三峡工程建设有关问题的汇报，对下一步的工作做出部署。中共中央政治局委员、国务院副总理、国务院三峡工程建设委员会副主任邹家华出席会议。

7 月 26 日，国务院三峡工程建设委员会第二次全体会议在北京召开。中共中央政治局常委、国务院副总理、国务院三峡工程建设委员会副主任邹家华副总理主持会议，会议审查《长江三峡水利枢纽初步设计报告（枢纽工程）》，对下一步的工作做出部署。

12 月 25 日，国务院三峡工程建设委员会第三次全体会议在北京召开。中共中央政治局常委、国务院总理、国务院三峡工程建设委员会主任李鹏主持会议并做重要讲话，会议研究三峡工程移民问题，对下一步的工作做出部署。中共中央政治局委员、国务院副总理、国务院三峡工程建设委员会副主任邹家华出席会议。

1994 年

1 月 22 日，国家计委、电力工业部联合发出《关于提高电力价格的通知》，决定三峡工程建设基金征收标准由现行每千瓦时 3 厘提高至 4 厘（该基金主要用于三峡水利枢纽及移民工程建设）。通知同时明确：全年电价平均水平在 1993 年电价基础上，平均每千瓦时提高 1.5 分，实行统一销售的电网 1994

年目录电价从1月15日起执行，1993年国家计委，电力工业部印发的各网目录电价表同时废止。

1月26-28日，为做好1994年三峡工程建设基金的征收管理工作，财政部、电力工业部、中国长江三峡工程开发总公司在武汉联合召开了全国三峡基金征收管理工作会议。会议要求全国各地务必认真贯彻执行“国务院关于自1994年开始，三峡基金从每千瓦时征收3厘钱调整为4厘钱的决定”。国务院有关部委、有关省（市、自治区）财政厅（局）、电力企业的43家单位共62位代表参加了会议。

5月16日，电力工业部以电电规〔1994〕301号文向国务院三峡工程建设委员会报送了《关于送审三峡输变电系统设计文件》的请示，同时提交了《三峡输变电系统设计》报告共十卷，以及与三峡电力系统设计有关的六个科研课题报告。

9月，国务院总理办公会议决定，三峡输变电系统和电站分开建设，电网应统一建设、统一管理，并决定由电力工业部负责组建国家电网建设总公司，协调有关网局并筹集资金进行建设。

9月15日，国务院三峡工程建设委员会办公室在北京组织25名专家对电力工业部提出的《三峡输电系统设计》进行初审，邹家华副总理参加了会议，充分肯定了前一阶段工作，并明确要继续补充论证内容，同时他指出：三峡工程发电后，涉及的不是一个电网而是几个电网的关系问题，必将促进全国电网的形成。

9月18日，专家组提出了《三峡工程输电系统设计初审意见》。

10月24日，国务院第44次总理办公会议纪要明确了“三峡输变电系统和电站分开建设，电网应统一建设，统一管理”；同时，该文首次明文提出国家征收三峡电网建设基金：“三峡工程输变电系统所需的248亿元资金，按照‘谁受益、谁承担’的原则，可在直接受电地区加征电网建设基金（华中、华东地区从1999-2008年每度电征收在1分钱之内），并通过出口信贷和电网收入来筹集”。

11月17日，国务院三峡工程建设委员会第四次全体会议在北京召开。中共中央政治局常委、国务院总理、国务院三峡工程建设委员会主任李鹏主持会议并做重要讲话，会议研究三峡工程正式开工问题，对下一步的工作做出部署。中共中央政治局委员、国务院副总理、国务院三峡工程建设委员会副主任邹家华出席会议。

12月，国务院总理办公会议就三峡输变电工程的资金筹措来源形成了以下决定：一是征收三峡电网建设基金；二是国家开发银行提供贷款；三是利用外资；四是电网收益。

12月3日，电力工业部向国务院提出关于成立国家电网建设总公司的请示报告，12月31日，邹家华副总理批示同意。

12月14日，长江三峡水利枢纽工程正式动工。三峡枢纽工程的总工期为17年，工程分三期进行。工程准备和一期工程为1993-1997年共5年，实现大江截流；二期工程为1998-2003年共6年，实现首批机组发电；三期工程为2004-2009年共6年，到2009年26台机组全部建成发电。

1995年

4月4日，国务院三峡工程建设委员会以国三峡办装字〔1995〕016号《关于准备三峡工程输变电系统设计若干问题报告的通知》，要求对直流输电电压等级、首端换流站位置、出线回路数、工程投资四个问题提出补充论证报告。

6月5日，电力工业部根据国三峡办发装字〔1995〕016号文的要求，组织编写了《三峡输变电系统设计若干问题补充论证的报告》，并以电办〔1995〕331号向国务院三峡工程建设委员会申报。

7月24日，邹家华副总理主持讨论三峡电力系统设计方案。

7月24日，国务院三峡工程建设委员会明确了三峡输变电系统总投资按248.22亿元人民币（含外资9.6亿美元，均按1993年5月末价格水平）控制，并要求电力工业部尽快编制三峡输变电系统设计概算，报国务院三峡工程建设委员会审批。

10月6日，国家电网建设总公司筹备组召开会议，邀请电力规划设计总院、中国电力科学研究院、电力工业部有关司局参加、讨论启动三峡—常州±500kV 直流输电工程功能规范研究的事项。会议决定，三峡—常州±500kV 直流输电工程的功能规范研究工作由中国工程技术人员自主编制，鉴于三峡工程意义重大，仍要求寻求国外方面的技术支持。

11 月 1-12 日，国务院三峡工程建设委员会第五次全体会议在北京召开。中共中央政治局常委、国务院总理、国务院三峡工程建设委员会主任李鹏主持会议并做重要讲话，会议研究通过三峡电力系统设计方案，对下一步的工作做出部署。中共中央政治局委员、国务院副总理、国务院三峡工程建设委员会副主任邹家华出席会议。

11 月 5 日，国务院下发国函〔1995〕107 号文《国务院关于同意成立国家电网建设总公司的批复》，明确公司职责、组织和任务。批复中明确：①同意成立国家电网建设总公司。②国家电网公司为国有独资公司，由电力部行使股东权，同时由电力部管理。③国家电网公司作为电网建设的业主，负责三峡输变电工程的投资、建设和管理；负责协调有关电网、省电力公司筹集资金，进行大区电网，跨独立省网的联网工程和关系到全国联网的大型电厂送出工程的规划、建设和管理，以及参与全国联网及跨省送电工程直接相关的大型电厂和主要为保障联网运行所需要的调峰电厂的投资、建设和管理；同时从事有关电网建设的工程咨询、监理及设备物资等多种经营项目。④国家电网建设公司设立董事会，董事长、总经理由国务院任免。

12 月 14 日，国务院三峡工程建设委员会以三峡委发办字〔1995〕35 号文下达了《关于三峡工程输变电系统设计的批复意见》。意见中明确：①三峡水电站供电范围为华中、华东和四川（当时重庆尚未划为直辖市），设计送电能力为 2120 万 kW，分别为华中 1200 万 kW，华东 720 万 kW，四川 200 万 kW。②三峡输变电系统共建 500kV 线路 9100km。其中，直流输电线路总长 2200km，交流变电容量 2475 万 kVA，直流换流站容量 1200 万 kW（两个送端、两个受端）。③三峡工程送电华东采用纯直流方案，直流电压等级定为±500kV。首端换流站的站址在坝区外选择。④三峡电站 500kV 出线回路数按 15 回出线设计，设计中需留有发展余地。

12 月，在国务院三峡工程建设委员会正式批复了三峡输变电系统设计之后，国家电网建设总公司筹备组会同电力工业部三峡工程办公室，启动了三峡电力系统计算验证工作。由电力工业部三峡工程办公室和国家电网建设总公司筹备组负责组织电力规划设计总院、中国电力科学研究院、中南电力设计院、华东电力设计院、西南电力设计院等设计院和华中、华东、四川网、省电力局等单位完成分析计算，对 2003 年、2005 年、2010 年等 40 多个方案的潮流和稳定进行分析计算，摸清了系统的基本情况，暴露三峡电网发展过程中存在的薄弱环节，揭示了系统运行中可能出现的主要问题，在此基础上，与俄罗斯 NIPT 合作进行了动模验算，验证了国内计算分析结果的正确性，认定了三峡输变电系统设计可行。

1996 年

年初，经电力工业部同意，国家电网建设总公司筹建组决定利用三峡输变电工程中的科研基金投资，建设电力系统仿真实验室、杆塔实验站、导线力学实验室、电磁兼容实验室，作为我国电网规划建设、运行分析的科研基地。

4 月，国家电网建设总公司筹备组组织编制完成了三峡工程输变电系统设计概算（1993 年 5 月末价格水平），报国务院三峡工程建设委员会审批。国务院三峡工程建设委员会在批复中对投资控制数进行了调整：将美元兑换人民币汇率从 1:5.7 调整为 1:8.1；预备费率调整为 10%；取消流动资金贷款利息；增列电网调度大楼投资。调整后三峡总投资为 275.32 亿元（1993 年 5 月末价格水平），作为控制静态投资的依据，并明确按“静态控制、动态管理”办法进行投资管理。

4 月 8 日，国务院批复国家电网建设有限公司章程。

6 月 18 日上午，国家电网建设有限公司在北京钓鱼台国宾馆举行成立大会。中共中央政治局委员、国务院副总理、国务院三峡工程建设委员会副主任邹家华出席并讲话。

6 月 18 日下午，电力工业部在北京京西宾馆召开三峡输变电工作会议。会上宣布了国家电网建设有限公司专家委员会成立，并为 68 位专家颁发了聘书。会议标志着三峡输变电系统设计阶段的工作基本结束而转入工程实施阶段。

6 月 25 日，电力工业部以电计〔1996〕397 号文转发国务院三峡工程建设委员会《关于三峡工程输变电系统设计批复意见的通知》，至此，三峡输变电工程的国家立项已经完成。根据批复意见，后续每个单项工程直接列入各年度投资（资金）计划，无须再对逐个单项工程进行可行性研究批复或项目核准程序。

9 月 6 日，国家电网建设有限公司审查通过三峡第一条直流工程咨询规范书的系统原则。

10 月 27 日，三峡输变电首个单项工程长寿至万县 500kV 交流输电工程正式发布施工公开招标标书，来自全国各地 12 家输变电工程公司应邀参加投标。至此，三峡输变电工程由前期准备阶段进入实施阶段。

12 月 7 日，国务院以国发〔1996〕48 号下发《关于组建国家电力公司的通知》，明确了将国家电网建设有限公司改为中国电网建设有限公司，作为国家电力公司全资子公司。

12 月 26 日，邹家华副总理主持召开的国务院三峡工程建设委员会第 23 次办公会议，批准了三峡输变电工程总概算，按 1993 年 5 月价格计算为 275.32 亿元人民币，其中包括外资 9.6 亿美元（汇率按 1:8.1 折算）。

1997 年

2 月 17 日，中国电网建设有限公司与加拿大 TESHMONT 咨询公司签订的直流工程咨询合同正式生效。

2 月 27 日，国务院三峡工程建设委员会以国三峡委发办字〔1997〕07 号文正式下发《关于三峡工程输变电系统设计概算的批复》，对国三峡委发办字〔1995〕35 号文批复的投资控制数进行调整。

3 月，电力工业部向国务院三峡工程建设委员会上报了《关于三峡输变电工程筹资方案的请示》，提出三峡输变电工程建成时的动态总投资是 615 亿元，其中价差预备费 257 亿元，建设期利息 79 亿元（含计入财务费用的内外资建设期贷款利息 57 亿元）。

3 月，经国务院批准，国家计委和电力工业部下达提高八省市三峡工程建设基金标准和葛洲坝上网电价的通知，即从 1997 年 3 月 25 日起开始实行，在三峡受益地区的华中、华东八省、市每千瓦时加征 6 厘或 8 厘作为三峡输变电工程建设基金，连同原已征收的四川省每千瓦时 3 厘的三峡建设基金一起用于三峡输变电工程的建设。三峡电网建设基金视为国家资本金投入。

3 月 16-19 日，国务院三峡工程建设委员会办公室和电力工业部在北京共同主持召开会议，审查并通过了由中国电网建设有限公司组织编写的《三峡—常州±500kV 直流输电工程换流站设备功能规范书》，并以国三峡办发装字〔1996〕016 号文下发，为该直流输电工程技术和商务合同谈判及换流站设计提供了依据。

3 月 26 日，长寿—万县输变电工程的 500kV 线路和万县变电站（本期建设 220kV 配电装置）开工建设，标志着整个三峡输变电工程正式开工建设。

6 月 3 日，电力工业部、国家电力公司批复中国电网建设有限公司章程，明确中国电网建设有限公司是国有独资有限责任公司，是国家电力公司的全资子公司，仍然作为三峡输变电工程的项目法人。

10 月 13 日，国务院三峡工程建设委员会第六次全体会议在北京召开。中共中央政治局常委、国务院总理、国务院三峡工程建设委员会主任李鹏主持会议并做重要讲话，会议审议批准《长江三峡工程大江截流前验收报告》，对下一步的工作做出部署。中共中央政治局委员、国务院副总理、国务院三峡工程建设委员会副主任邹家华出席会议。

11 月 8 日，三峡工程大江截流成功。

12 月 25 日，邹家华副总理主持召开国务院三峡工程建设委员会办公会议，专门就三峡输变电工程筹资方案和有关问题进行了研究，经李鹏总理批准，形成国阅〔1998〕31 号会议纪要，批准了三峡输变电工程资金需求测算和筹资方案。据此，国务院三峡工程建设委员会向国家电力公司下达了《关于三峡输变电工程资金需求测算和筹措方案的批复》，批准三峡输变电工程动态资金需求为 589.42 亿元，包括：静态投资 275.32 亿元（1993 年 5 月末价格水平）；建设期间的物价与汇率变化导致的价差 237.34 亿元；贷款利息 76.76 亿元。筹资方案安排为：三峡基金 286.14 亿元，电网收益再投入 72.52 亿元，开发银行贷款 91.78 亿元，利用外资 138.98 亿元。这次批准的资金需求测算和筹资方案成为考核三峡输变电工程投资控制、指导筹资工作的依据。

1998 年

1 月 12 日，国务院三峡工程建设委员会第七次全体会议在北京召开。中共中央政治局常委、国务院总理、国务院三峡工程建设委员会主任李鹏主持会议并做重要讲话，会议听取有关部门关于三峡工程建设情况和有关问题的汇报，对下一步的工作做出部署。中共中央政治局常委、国务院副总理、国务院三峡工程建设委员会副主任朱镕基出席会议。

1 月 17-28 日，李鹏总理、邹家华副总理批准国务院三峡工程建设委员会办公室提交的《关于三峡工程内部调剂使用三峡基金问题的请示》，即从 1998 年开始，按有偿使用原则，先将 1997-1999 年用于三峡输变电工程建设的基金调剂给三峡枢纽工程和移民迁建工程使用，2000、2001 年再返还给中国电网建设有限公司用于三峡输变电工程建设。

1 月，中国电网建设有限公司组织参与三峡—常州±500kV 直流输电工程功能规范研究的人员赴加拿大 TESHMONT 公司开展工程咨询的中外联合工作，共同完成功能规范书的编制工作。

2 月 17 日，三峡第一条直流的功能规范书编制完成。

3 月 14 日，中国电网建设有限公司与中国电力技术进出口公司、中国技术进出口公司签订三峡直流设备招标采购合作协议。

4 月 22-24 日，国务院三峡工程建设委员会办公室在北京主持召开“三峡—常州±500kV 直流输电工程换流站设备招标文件审查会”，审查通过了由中国电网建设有限公司于 4 月 10 日提交的换流站设备招标有关文件。

4 月 30 日，国务院三峡工程建设委员会第八次全体会议在北京召开。中共中央政治局常委、国务院总理、国务院三峡工程建设委员会主任朱镕基主持会议并做重要讲话，会议听取有关部门关于三峡工程建设情况和有关问题的汇报，对下一步的工作做出部署。中共中央政治局委员、国务院副总理、国务院三峡工程建设委员会副主任吴邦国、温家宝出席会议。

5 月 15 日，国务院批准了三峡—常州±500kV 直流输电工程的换流站设备招标书。

5 月 18 日，中国电网建设有限公司向 ABB、西门子、GEC-ALSTOM 三家公司发送三峡—常州±500kV 直流输电工程换流站设备招标标书，正式启动换流站主设备采购及技术合作国际招标。

7 月 22 日，中国电网建设有限公司在江西省南昌市与有关各方签订 500kV 南昌变电站施工、监理合同，标志着继长寿—万县输变电工程以后，三峡送出的第一项 500kV 输变电单项工程进入实施阶段。

9 月 5 日，国务院总理朱镕基在国务院三峡工程建设委员会办公室《关于三峡输变电设备招标采购问题的请示》上批示：“希进一步提高设备国内制造份额，加强对国内设备制造厂的监督。”

9 月，国家电力公司组织了对三峡输电系统二次系统设计的审查，以国电计〔1998〕455 号下发了《关于印发三峡输电系统二次系统系统设计审查意见的通知》，明确了二次系统设计方案。

12 月 2 日，国家电力公司以国电人劳〔1998〕653 号文下发《国家电力公司关于撤销中国电网建设有限公司的决定》，将中国电网建设有限公司更名为国家电力公司电网建设分公司，与国家电力公司电网建设部合署办公，国家电力公司成为三峡输变电工程建设的项目法人。

12 月 26 日，三峡—常州±500kV 直流输电工程初步设计审查通过。

12 月 31 日，国家电力公司向朱镕基总理、吴邦国副总理呈报《三峡—常州 500kV 直流输电工程换流站国际招标评标报告》。

1999年

1月6日，《三峡—常州±500kV直流输电工程换流站设备国际招标评标报告》经国务院三峡工程建设委员会主任朱镕基、副主任吴邦国同意，国务院三峡工程建设委员会以国三峡委发办字〔1999〕1号文批复，同意报告中的定标推荐意见。

1月10日，开始与ABB、西门子公司进行合同谈判。

3月12日，国家发展计划委员会批复三峡—常州±500kV直流输电工程外汇额度（计外资〔1999〕251号）。该批复同意三峡—常州±500kV直流输电工程借用国外贷款5.73亿美元，其中0.5亿美元为北欧投资银行贷款，其余部分为国外出口信贷和商业银行贷款。所借国外贷款专项用于三峡—常州段输变电工程所需主设备和换流设备备品、备件等进口费用的对外支付，国外贷款本息由国家电力公司负责偿还。

3月26日，国务院三峡工程建设委员会批准直流合同谈判结果。

4月12日，国家电力公司电网建设分公司受国家电力公司的委托在北京分别与瑞士ABB电力系统公司和西门子公司签署三峡—常州±500kV直流输电工程换流站设备采购合同，中国电网建设有限公司董事长李世忠代表中方在合同上签字。同时签署的还有直流技术转让协议、合作生产合同、贷款协议等。合同、协议资金总额5.06亿美元。5月6日，经贸部批复了上述合同，5月12日，合同正式生效。上述合同、协议的签订，标志着历时三年的三峡—常州±500kV直流输电工程换流站设备采购国际招标工作的顺利结束，按期转入建设阶段。

7月，国务院三峡工程建设委员会以国三建委发办字〔1999〕22号下发《关于三峡输变电工程二次系统项目投资计划安排有关问题的批复》，批准了国家电力公司提出的建设内容与分年计划安排。

8月，龙泉换流站和政平换流站四通一平施工开始，三峡—常州±500kV直流输电工程破土开工。

9月17-19日，三峡输变电工程的标志性工程三峡—常州±500kV直流输电工程线路技术设计（初步设计）在北京通过审查。该工程是三峡输变电工程中第一条新建超高压直流输电单项工程，线路全长890km。

12月24-26日，国家电力公司在北京召开三峡—常州±500kV直流输电工程换流站技术设计审查会，审查并通过受电网公司委托，由中南电力设计院、华北电力设计院共同承担的这条直流输电工程两端换流站—龙泉、政平换流站的技术设计。与会138名专家和各方代表最后审定：工程额定输送功率300万kW，双极，每极150万kW；额定直流电压±500kV。同时确定主接线方式和主要技术参数、站内布置、系统通信方式、调度方式、监控和保护形式、技术经济指标及概算等。

2000年

6月16日，国务院三峡工程建设委员会第九次全体会议在北京召开。中共中央政治局常委、国务院总理、国务院三峡工程建设委员会主任朱镕基主持会议并作重要讲话，会议听取有关部门关于三峡工程建设情况和有关问题的汇报，对下一步的工作做出部署。中共中央政治局委员、国务院副总理、国务院三峡工程建设委员会副主任吴邦国出席会议。

6月29、30日，国家电力公司在武汉召开三峡输变电工程建设工作会议，布置2003年三峡首批机组发电前的工程建设任务，重新明确三峡输变电工程建设管理的目标，进一步明确电网建设部（电网建设分公司）、综合计划与投融资部、财务部、战略规划部、发输电部、国家电力调度通信中心、国电通信中心、电力规划设计总院、相关区域电网公司及省级电力公司等部门、单位的职责分工。

7月7日，国家电力公司三峡工程办公室召开第四次工作会议，明确三峡输变电调度自动化问题由国家电力调度通信中心负责；由国家电力调度通信中心委托国家电力规划设计总院对列入三峡二次7.83亿元的通信项目做出总体设计；发输电部进出三峡电能计量系统关口计量点的总体规划和配置方案，凡赶上基建工程的随单项工程一并实施，费用按每站55万元在单项工程概算中计列；二次系统总体设计经费在三峡输变电工程前期费用中列支。

7月20日，国务院三峡工程建设委员会批复三峡—常州±500kV直流输电工程龙泉、政平换流站技术设计审查意见，批复换流站总概算为35.6932亿元（1993年5月价格水平），其中，外资折合人民币27.1096亿元，内资8.5836亿元。

7月27、31日，龙泉、政平换流站工程的开工仪式分别在宜昌和常州举行。

10月29日16时18分，三峡输变电工程中第一个采用国产综合自动化设备的500kV变电站—南昌变电站主变压器带负荷一次启动成功。

11月18日，国务院三峡工程建设委员会颁发《三峡输变电工程投资静态控制、动态管理办法》。该办法规定了管理原则、职责、控制目标、考核和调整价差依据、价差计算方法、结算、跟踪预测、编制统计报表、竣工决算、监督和奖惩等方面内容共计28条。

12月6日，三峡输变电武南—繁昌、繁昌—瓶窑500kV交流输电线路工程施工和监理合同签订，同时召开工程建设启动仪式，标志三峡输变电在华东地区的交流配套送出工程开始建设。

12月，为落实国务院关于"西电东送"和"十五"期间向广东送电1000万kW的重大决策，国家电力公司以国电计〔2000〕817号文向国家计委提交了《关于三峡（华中）—广东直流输电工程可行性研究报告的请示》。

12月16、17日，三峡—广东±500kV直流工程可行性研究审查会在广州召开。会议确定送端换流站在荆州与交流变电站合建，受端换流站在广东惠州响水镇。

2001年

3月，国家计委以计基础〔2001〕248号下发《国家计委关于三峡（华中）至广东直流输电工程可行性研究报告的批复》，批准建设三峡—广东±500kV直流输电工程，该项目利用三峡水电和华中、川渝地区季节性电能，向广东送电300万kW，实现区域间的资源优化配置。

5月31日，国务院三峡工程建设委员会第十次全体会议在北京召开。中共中央政治局常委、国务院总理、国务院三峡工程建设委员会主任朱镕基主持会议并做重要讲话，会议听取有关部门关于三峡工程建设情况和有关问题的汇报，对下一步的工作做出部署。中共中央政治局委员、国务院副总理、国务院三峡工程建设委员会副主任吴邦国出席会议。

10月24、25日，三峡二期枢纽工程、三峡输变电一期工程验收工作大纲审查会在北京召开。全国政协副主席钱正英，水电专家张光斗，两院院士潘家铮，中国工程院院士梁维燕、朱英浩，以及国家计委、经贸委、水利部、建设部、交通部、国土资源部、国家电力公司、中国长江三峡工程开发总公司、长江水利委员会和湖北省、重庆市、江苏省等42个部委、省（直辖市）、大型企业、设计院所的80多位有关方面的专家、负责同志出席会议。

11月，国务院三峡工程建设委员会办公室和国家电力公司联合主持了《三峡输变电系统设计补充研究》审查会议，会议同意：华东电网原安排交流500kV线路长度和变电容量基本不变；华中电网交流500kV线路调整为4596km，变电容量1200万kVA，鄂赣之间由3回线改为2回线，减少江西变电容量75万kVA；鄂湘由4回线改为3回线，减少湖南变电容量75万kVA；川渝线路规模不变，调减涪陵变±50万kVA。直流输电线路长度共2965km，换流站换流容量共1800万kW（含三峡—广东±500kV直流输电工程）。

11月25日，三峡—广东±500kV直流输电工程的荆州换流站和线路工程同时开工。

2002年

2月4日，国家计委转发国务院对三峡水电站电能消纳方案的批复文件。

2月27日，经国务院批准，国务院长江三峡二期工程验收委员会成立。主任委员：吴邦国，副主任委员：郭树言、曾培炎、汪恕诚、蒲海清、包叙定、陆佑楣。顾问：钱正英、张光斗。

3 月 18 日，国务院三峡工程建设委员会办公室、国家电力公司在北京主持召开三峡—广东±500kV 直流输电工程换流站初步设计审查会；3 月 20 日，设计通过审查，主体工程随即进入实施阶段。

4 月，三峡—广东±500kV 直流工程送、受端换流站主体工程全面开工。

6 月，国务院三峡工程建设委员会三峡输变电工程稽察专家组正式进驻国家电力公司，首次对三峡输变电工程开展实地稽察，稽察范围包括工程进度、质量、安全管理，投资控制，财务管理。2002-2007 年，上述例行稽察每年进行一次。

7 月，国务院三峡工程建设委员会以国三建委发办字〔2002〕13 号、29 号分别下发《关于对三峡输变电工程及二次系统调整方案的批复》和《关于三峡—广东直流输电工程纳入三峡输变电工程管理有关问题的批复》，批准了国家电力公司的调整方案，对原批复输变电建设规模和二次系统建设项目进行调整，将三峡—广东±500kV 直流输电工程纳入三峡输变电工程统一管理。同时明确了三峡输变电工程建设规模为：500kV 交流变电总容量为 2275 万 kVA，500kV 交流输电线路 6519km，±500kV 直流输电线路 2965km；直流换流站容量 1800 万 kW。三峡送出共有 91 个输变电单项工程。三峡输变电工程计划在 2009 年全部建成投产。

10 月 29 日，国务院三峡工程建设委员会第十一次全体会议在北京召开。中共中央政治局常委、国务院总理、国务院三峡工程建设委员会主任朱镕基主持会议并做重要讲话，会议听取有关部门关于三峡工程建设情况和有关问题的汇报，对下一步的工作做出部署。中共中央政治局委员、国务院副总理、国务院三峡工程建设委员会副主任吴邦国出席会议。

12 月 8 日，负责三峡工程首批机组发电外送任务的宜昌三峡—上海±500kV 直流输电线路满负荷送电试验成功。

12 月 21 日，国家电力公司在国家电力调度通信中心举行三峡—常州±500kV 直流输电工程极 I 系统送电仪式，工程一次启动成功，并投入试运行考核。国家计委、国家电力监管委员会、国务院三峡工程建设委员会办公室及瑞士 ABB 公司、西门子公司负责人出席仪式。

12 月 29 日，根据国务院电力体制改革方案国家电力公司撤销，国家电网公司成立。自此，国家电网公司成为三峡输变电工程的项目法人。国家电力公司电网建设分公司改为国家电网公司电网建设分公司。

2003 年

2 月 18 日，西北—华中联网灵宝直流背靠背工程正式开工，建设规模为输送容量 36 万 kW，交流电压等级为 330kV/220kV。该工程是我国第一个背靠背直流工程，同时又是一个直流设备国产化示范工程。

3 月 19 日，国家电网公司等单位与中国长江电力股份公司在三峡坝区启动三峡工程购售电与输电合同谈判。

5 月 5 日，上午 7 时三峡—常州±500kV 直流输电系统开始双极试运行。

5 月 29 日，国务院三峡工程建设委员会第十二次全体会议在北京召开。中共中央政治局常委、国务院总理、国务院三峡工程建设委员会主任温家宝主持会议并做重要讲话，会议听取有关部门关于三峡工程建设情况和有关问题的汇报，对下一步的工作做出部署。中共中央政治局委员、国务院副总理、国务院三峡工程建设委员会副主任曾培炎，国务委员兼国务院秘书长华建敏出席会议。

6 月 16 日，三峡—常州±500kV 直流输电工程双极投入商业运行。

6 月 24 日，三峡工程首台机组—2 号机组开始与华中电网并网调试并取得成功。

6 月 27 日，受国务院三峡工程建设委员会委托，国家电力公司在北京主持召开三峡二期工程 500kV 交流输变电工程及其二次系统工程验收会。

7 月 10 日，三峡工程首批 2 号、5 号发电机组正式并网发电，比原计划提前 20 天。

7 月 12 日，三峡二期输变电工程三峡—常州±500kV 直流输电工程通过国务院长江三峡二期工程输变电工程验收组的最终验收。

8 月 17 日，《2003 年度三峡水电站购售电及输电合同》签字仪式在北京举行。受中国长江三峡工程开发总公司委托，中国长江电力股份有限公司作为三峡工程电力销售代理方，与输电方国家电网公司、国家电网公司华东公司、国家电网公司华中公司和购电方上海、江苏、浙江、河南、湖北、湖南、重庆等 5 省 2 市电力公司签订售购输电合同。

9 月 5 日，国务院三峡工程建设委员会第十三次全体会议在北京召开。中共中央政治局常委、国务院总理、国务院三峡工程建设委员会主任温家宝主持会议并做重要讲话。中共中央政治局委员、国务院副总理、国务院三峡工程建设委员会副主任曾培炎出席会议。会议总结了十年来三峡工程建设成果，审议批准了国务院长江三峡二期工程验收委员会关于首批机组启动和二期输变电工程的验收报告，部署了三峡三期工程建设任务和重点工作，并原则同意三峡工程围堰挡水汛期后将水位提高到 139m 运行。

11 月 27、28 日，国务院三峡工程建设委员会办公室和国家电网公司在北京联合主持召开三峡—上海±500kV 直流输电工程功能规范书（技术部分）评审会。该直流输电工程功能规范书（技术部分）由北京网联直流咨询有限公司编制，由中国电力建设工程咨询公司负责技术评审。

2004 年

2 月 8 日凌晨 2 时，三峡电站通过三峡—广东±500kV 直流输电工程正式向广东送电。

4 月 17 日，三峡—广东±500kV 直流输电工程双极直流系统试运行。

4 月 26 日，我国第一条 500kV 同塔双回紧凑型交流输电线路——政平—宜兴 500kV 同塔双回紧凑型输电线路工程建成投运。

6 月 2 日，三峡—广东±500kV 直流工程正式进入商业运行。

6 月 6 日，三峡—广东±500kV 直流输电工程投产仪式在北京举行。中共中央政治局委员、国务院副总理曾培炎，国务院副秘书长汪洋，国务院国有资产监督管理委员会主任李荣融，国务院三峡工程建设委员会办公室主任蒲海清和中国长江三峡工程开发总公司副总经理毕亚雄等出席投产仪式。三峡—广东±500kV 直流输电工程，输送额定容量 300 万 kW，直流输电线路约 975km，在湖北荆州和广东惠州建换流站。荆州换流站与 500kV 荆州变电站合建，同时建设了相应的交流输变电工程。

12 月 19 日，三峡—广东±500kV 直流工程通过国家发展和改革委员会主任马凯同志带队的国务院验收组在广东惠州组织的工程验收。

12 月 24 日，国务院三峡工程建设委员会第十四次全体会议在北京召开。中共中央政治局常委、国务院总理、国务院三峡工程建设委员会主任温家宝主持会议并做重要讲话。会议总结 2004 年三峡工程建设成就和运行工作，听取有关部门关于三峡工程建设情况和有关问题的汇报，对下一步的工作做出部署。中共中央政治局委员、国务院副总理、国务院三峡工程建设委员会副主任曾培炎，国务委员兼国务院秘书长华建敏出席会议。

12 月 24 日，国家电网公司电网建设分公司改组为国网建设有限公司，受托负责三峡输变电工程、特高压输电工程及其他跨区联网工程的建设管理。

12 月 28 日，三峡—上海±500kV 直流输电工程在湖北省宜都市开工。该工程西起湖北宜都，经过湖北、安徽、江苏、浙江四省，跨越长江和汉江，东至上海青浦区的华新，线路全长 1075km。由宜都换流站（送端）、华新换流站（受端）、宜都至华新直流输电线路、二次系统及通信工程四部分组成。额定输送容量单极 150 万 kW、双极 300 万 kW，直流额定电压 500kV，直流额定电流 3000A。工程总投资 69.8 亿元。

2005 年

5 月，根据国务院三峡工程建设委员会的要求，国家电网公司委托电力规划设计总院和中咨公司分别开展三峡—常州、三峡—广东±500kV 直流输电工程的后评价工作。

5 月 12 日，国务院三峡工程建设委员会第十五次全体会议在北京召开。中共中央政治局常委、国务院总理、国务院三峡工程建设委员会主任温家宝主持会议并做重要讲话，会议听取有关部门关于三峡工程建设情况和有关问题的汇报，对下一步的工作做出部署。中共中央政治局委员、国务院副总理、国务院三峡工程建设委员会副主任曾培炎，国务委员兼国务院秘书长华建敏出席会议。

6 月 18 日，西北—华中联网灵宝直流背靠背工程建设完工，开始试运行。

8 月，国家电网公司、国网建设有限公司组织建立了安全监督专家库。

9 月，国家电网公司在北京主持召开了《三峡地下电站输电方案研究》报告中间评审会议。综合考虑各方面因素，会议决定将三峡地下电站接入电网工程与特高压交流试验示范工程相结合，贯彻远近结合的思路，采用 3 回 500kV 交流输电线路将三峡地下电站接入荆门特高压变电站的方案。

10 月，国家电网公司成立国家电网公司三峡三期输变电工程验收领导小组，以加强工程验收的领导、组织和协调工作，并做好与国务院三峡三期输变电工程验收组织的配合工作。

11 月 18 日，国家电网公司召开国家电网公司三峡输变电工程三期验收领导小组第一次会议，会议审查通过了验收大纲，同时召开三峡输变电工程总结第一次编委会，对三峡输变电工程总结工作进行了布置。

11 月 27 日，国务院三峡工程建设委员会召开灵宝直流输电工程验收会议，会议讨论同意西北—华中联网灵宝直流背靠背工程通过国家验收。

12 月 16 日，国务院三峡工程建设委员会办公室在北京召开三峡—常州、三峡—广东±500kV 直流输电工程后评价报告评审验收会议。

2006 年

5 月 20 日，三峡大坝全线建成，达到海拔 185m 设计高程。

10 月 27 日，三峡水库蓄水水位达海拔 156m。

11 月 11 日，三峡—上海±500kV 直流输电工程开始双极直流试运行。

11 月 25 日，三峡—上海±500kV 直流输电工程双极直流系统投入商业运行。

12 月 9 日，三峡—上海±500kV 直流输电工程竣工投产大会在上海召开。三峡—上海±500kV 直流输电工程，工程全长约 1100km，直流额定电压±500kV，额定电流 3000A，额定功率 300 万 kW。

12 月 18 日，三峡—上海±500kV 直流工程双极投入商业运行。

2007 年

1 月 5 日，国网建设有限公司拆分为国网交流工程建设有限公司和国网直流工程建设有限公司。

6 月 11 日，三峡右岸的第一台机组（22 号机）并网。

9 月 5 日，在泰国曼谷举行的“2007 年度亚洲电力优秀工程”评选颁奖仪式上，由国家电网公司与 ABB 公司联合申报的三峡—上海±500kV 直流输电工程，在多个国家推荐的 40 多个项目中脱颖而出，获得了“2007 年度亚洲输变电工程年度奖”，向世界成功地展示了中国电力工程的建设水平。

9 月，三峡右岸电站到荆州换流站的双回 500kV 交流输电线路建成投运，标志着我国三峡电力外送输变电网络的全部建成。

12 月 14-20 日，国务院长江三峡三期输变电工程验收组及专家组完成了对三峡三期输变电工程交流、二次系统工程的验收总体考核和三峡—上海±500kV 直流输电工程的终验，对工程建设成果给予了高度评价。

12 月底，按照国务院三峡工程建设委员会批复的建设规模，三峡输变电工程全面竣工，历经 11 年建设期，比原计划总工期提前了 1 年。

2008 年

1 月 15-16 日，对葛沪直流综合改造工程进行了初步设计评审。

4 月 25 日，召开了葛沪直流综合改造工程补充初步设计审查会。

5 月，中国电力工程顾问集团公司对三峡地下电站送出工程进行补充初步设计审查。

12 月，中国电力工程顾问集团公司对宜都至江陵改接至兴隆 500kV 输变电工程进行初步设计审查。

12 月 8 日，国家发展和改革委员会核准建设葛沪直流综合改造工程。

12 月 9 日，国务院三峡办和国家电网公司共同对葛沪直流综合改造工程进行了审查。

12 月 30 日，国家电网公司分别在上海枫泾、湖北荆门同时举行葛沪直流综合改造工程开工仪式。

2009 年

1 月 7 日，在北京通过国务院三峡办组织的葛沪直流综合改造工程第一次初步设计收口。

1 月，完成三峡地下电站送出工程施工招标，确定施工单位。

3 月 6 日，国网交流公司组织各参建施工、监理、设计单位召开了三峡地下电站送出工程的启动会。

3 月 17 日，在上海浦东召开葛沪直流综合改造工程开工启动会暨施工、监理合同签订仪式。

3 月 18 日，在北京召开葛沪直流综合改造工程第二次初步设计收口修改概算审查会。

4 月，完成宜都至江陵改接至兴隆 500kV 输变电工程施工招标，确定施工单位。

5 月 27 日，召开宜都至江陵改接至兴隆 500kV 输变电工程启动会及第一次安委会。

7 月 24 日，在北京通过国务院三峡办组织的葛沪直流综合改造工程第三次初步设计收口。

9 月下旬在北京通过国务院三峡办组织的葛沪直流综合改造工程最终初步设计收口。

2010 年

3 月，完成宜都至江陵改接至兴隆 500kV 输变电工程线路竣工验收。

3 月 2 日，国家电网公司在北京组织召开葛沪直流综合改造工程预验收会议。

3 月 9、10 日，国家电网公司在武汉组织召开葛沪直流综合改造工程全线竣工验收会。

3 月 24 日，国家电网公司组织召开葛沪直流综合改造（三沪Ⅱ回直流）工程投运前协调会。

3 月 29 日，宜都至江陵改接至兴隆 500kV 输变电工程投入正式运行。

4 月 1 日，国家电网公司组织召开葛沪直流综合改造（三沪Ⅱ回直流）工程启委会第一次会议。

4 月 20 日，葛沪直流综合改造（三沪Ⅱ回直流）工程完成启动调试和试运行。

4 月 28 日，葛沪直流综合改造（三沪Ⅱ回直流）工程正式投运。

2011 年

2 月 16 日，完成了三峡地下电站送出工程线路参数测试工作。

3 月 6-11 日，由国家电网公司三峡地下电站送出工程启动验收委员会组织，对三峡地下电站送出工程进行了竣工验收。

3 月 14 日，葛沪直流综合改造（三沪Ⅱ回直流）工程枫泾换流站通过消防验收。

4 月 18-22 日，完成三峡地下电站升压站及配套送出线路启动调试。

10 月 20 日，宜都至江陵改接至兴隆 500kV 线路工程通过水土保持设施验收。

2012 年

3 月 2 日，三峡地下电站送出工程通过水土保持设施验收。

5 月 18 日，葛沪直流综合改造（三沪Ⅱ回直流）工程通过水土保持设施验收。

5 月，三峡地下电站全部机组启动调试工作圆满完成。

12 月 31 日，葛沪直流综合改造（三沪Ⅱ回直流）工程通过工程竣工环境保护验收。

12 月 31 日，三峡地下电站送出工程通过工程竣工环境保护验收。

2013 年

4 月 17 日，葛沪直流综合改造（三沪Ⅱ回直流）工程通过国家档案局专项验收。

8 月 28 日，国务院三峡工程建设委员会第十八次全体会议在北京召开。中共中央政治局常委、国务院副总理、国务院三峡工程建设委员会主任张高丽主持会议。

9 月 13 日，国务院三峡建设委员会发出《国务院三峡建设委员会关于筹建国务院长江三峡整体竣工枢纽、输变电和移民工程验收组并编制相应验收大纲的通知》（国三峡委发办字〔2013〕5 号）。

11 月 22 日，国务院三峡办在北京组织召开了三峡工程整体竣工验收工作会议，由雷鸣山副主任主持。水利部代表枢纽验收组，发改委（能源局）代表输变电验收组，三峡办代表移民验收组分别介绍了工程整体竣工验收前期工作开展情况。湖北省、重庆市、国家电网公司、中国长江三峡集团公司分别介绍了三峡工程整体竣工验收前期工作开展情况。公安部、国土部、环保部、交通部、安全监管总局、工程院、国家文物局、国家档案局、三峡办等主管部门分别介绍了专项验收前期工作、第三方独立评价准备工作等情况。最后雷鸣山副主任提了五点建议，要求高质量、高水平、高标准完成三峡工程整体竣工验收工作。

12 月 9 日，国家电网公司郑宝森副总经理主持召开三峡输变电工程整体竣工验收准备工作碰头会，安排部署了国家电网公司三峡输变电工程整体竣工验收有关准备工作。

12 月 10 日，国家电网公司邀请有关专家讨论和评审了三峡输变电工程整体竣工验收工作大纲和收尾项目阶段验收工作大纲。

2014 年

1 月 28 日，宜都至江陵改接至兴隆 500kV 线路工程通过工程竣工环境保护验收。

3 月 5 日，国家发展和改革委员会向国务院三峡办报送三峡输变电工程验收组组建方案和验收大纲（发改办能源〔2014〕481 号）。

3 月 14 日，三峡地下电站送出工程、宜都至江陵改接至兴隆 500kV 输电工程通过国家档案局档案验收。

4 月 3 日，国家电网公司发文成立三峡输变电工程收尾项目及整体竣工验收工作组织机构。

6 月 12-21 日，国家电网公司组织国务院长江三峡工程整体竣工验收委员会输变电工程验收专家组部分成员到现场对江陵、团林、龙泉、宜都、枫泾、华新换流站及附近线路工程，三峡地下电站送出工程部分线路，葛沪直流综合改造线路工程，三峡左右岸枢纽内线路工程等部分重点单项工程进行了抽查，详细了解工程投产后的运行情况及输电线路完善化项目实施效果，现场抽阅了相关的运行记录，听取了运行单位和属地省公司的汇报，并与中国长江三峡集团公司、国家电力调度控制中心和国家电网公司信通分公司座谈，了解电力送出情况和二次系统运行情况，还在国家电网公司档案室抽查了相关的档案资料。

7 月 29 日，在国务院长江三峡工程整体竣工验收委员会输变电工程验收专家组和验收工作办公室充分讨论的基础上，经国家电网公司验收自查会议审议，最终形成了竣工验收自查意见。

11 月 24 日，国家发展改革委办公厅发出《国家发展改革委办公厅关于印发长江三峡工程整体竣工验收委员会输变电工程验收组组成人员名单和验收大纲的通知》（发改办能源〔2014〕2826 号）。

12 月 12-13 日，国务院长江三峡工程整体竣工验收委员会输变电工程验收专家组听取了三峡地下电站送出等工程建设、运行情况的汇报，与国家电力调度中心、国网信通分公司进行了座谈，审阅了国家电网公司的验收报告，查阅了单项工程的竣工验收鉴定书，抽查了工程档案。

12 月 14-19 日，国务院长江三峡工程整体竣工验收委员会输变电工程验收专家组分别在荆州、荆门、宜昌对三峡地下电站至荆门变电站至荆门特高压变电站三回输电线路、宜都至江陵改接至兴隆500kV 线路工程、三峡输电线路优化完善工程进行了现场检查，并与建设管理、运行维护人员座谈，了解工程建设和运行情况。经充分讨论，形成了《三峡地下电站送出等工程总体考核检查报告》。

12 月 20 日，国务院长江三峡工程整体竣工验收委员会输变电工程验收组召开验收会议，同意三峡地下电站送出等工程及葛沪直流综合改造（三沪Ⅱ回直流）工程通过总体考核和终验。

2015 年

2 月 12 日，国家电网公司向国务院长江三峡工程整体竣工验收委员会报送《国家电网公司关于申请开展三峡输变电工程整体竣工验收的请示》（国家电网直流〔2015〕149 号）。

4 月 1 日，国务院长江三峡工程整体竣工验收委员会批复同意开展三峡输变电工程竣工验收终验工作（国三峡竣验委发〔2015〕14 号），终验工作由国务院长江三峡工程整体竣工验收委员会输变电工程验收组具体组织实施。

4 月 15 日，国务院长江三峡工程整体竣工验收委员会输变电工程验收组办公室发出《关于开展三峡输变电工程专家组技术预验收工作的通知》（三峡竣验输办函〔2015〕3 号）。

4 月 17 日，国家电网公司组织召开三峡输变电工程整体竣工验收迎检协调会议碰头会，安排部署了国家电网公司三峡输变电工程专家组技术预验收及后续验收组终验有关准备工作。

5 月 12-14 日，国务院长江三峡工程整体竣工验收委员会输变电工程验收专家组听取了工程建设、运行情况的汇报，与国家电力调度中心、国网信通分公司进行了座谈，审阅了国家电网公司的自验报告，查阅了单项工程的竣工验收鉴定书，抽查了工程档案。

5 月 14-24 日，国务院长江三峡工程整体竣工验收委员会输变电工程验收专家组分别在广东、湖南、湖北、上海、江苏等地对部分变电站、换流站和线路单项工程进行了现场检查，并与运行单位、属地省市电力公司、中国长江三峡集团公司和南方电网公司座谈，了解工程建设和运行情况，经专家组充分研究讨论，形成了《长江三峡工程整体竣工验收输变电工程验收技术预验收报告》。

7 月 14 日，国务院长江三峡工程整体竣工验收委员会输变电工程验收组赴三峡输变电工程开展现场调研（宜昌宜都换流站及相关线路）。7 月 15 日，国务院长江三峡工程整体竣工验收委员会输变电工程验收组在宜昌组织召开验收大会，受国家发改委徐绍史主任委托，会议由国家能源局刘琦副局长主持，验收组成员（代表）参加了会议。舒印彪总经理出席会议并做了讲话，验收大会讨论并通过了《长江三峡工程整体竣工验收输变电工程验收报告》。

12 月 30 日，国家电网公司配合完成《长江三峡工程整体竣工验收报告（征求意见稿）》的修改，正式复函国务院长江三峡工程整体竣工验收委员会办公室。

2016 年

1 月 29 日，国务院长江三峡工程整体竣工验收委员会组织召开长江三峡工程整体竣工工作会议，通报了三峡工程整体竣工验收工作进展，安排部署了下步工作。

附录B 参建单位名单

国家管理单位：国务院三峡工程建设委员会。

项目法人：国家电网公司。

建设单位：国家电网公司电网建设分公司（国家电网建设有限公司）、国网直流工程建设有限公司、国网交流工程建设有限公司。

评审单位：中国电力工程顾问集团公司。

设计单位：中南电力设计院、西南电力设计院、华东电力设计院、西北电力设计院、瑞典ABB公司、东北电力设计院、湖北电力设计院、河南电力设计院、湖南电力设计院、浙江电力设计院、安徽电力设计院、华北电力设计院、江西电力设计院、江苏电力设计院、长江水利委员会长江勘测规划设计研究院。

监理单位：中国超高压输变电建设公司、湖南电力建设监理公司、山东诚信监理公司、江西诚达监理公司、河南立新监理公司、江苏宏源监理公司、北京中达联监理公司、西北电力监理公司、北京德胜监理公司、黑龙江电力监理公司、湖北鄂电监理公司、湖北中南监理公司、青海智鑫监理公司、安徽电力监理公司、长春国电监理公司、浙江电力监理公司、北京华联监理公司、广东天安监理公司、燕东监理公司、贵州监理公司、上海电力建设监理公司。

施工单位：湖北输变电公司、湖南送变电公司、江苏送变电公司、黑龙江送变电公司、河南送变电公司、上海送变电公司、青海送变电公司、东北电业管理局送变电公司、北京送变电公司、山东送变电公司、宁夏送变电公司、华东送变电公司、江西送变电公司、江西水电工程局、内蒙古送变电公司、浙江送变电公司、陕西送变电公司、安徽送变电公司、华东送变电公司、贵州送变电公司、广西送变电公司、甘肃送变电公司、湖南电力安装工程公司、云南送变电公司、四川送变电公司、山西送变电公司、山西供电承装公司、吉林送变电公司、福建省第二电力建设公司、葛洲坝集团电力有限责任公司、河北送变电公司、广东输变电公司、新疆送变电公司、重庆电力建设总公司、湖南超高压输变电公司、湖北超高压公司、上海电力高压实业有限公司、浙江省二建建设有限公司、上海电力建筑工程公司、常州第一建筑工程公司、广东电力工业局第一工程局、荆建集团公司。

调试单位：中国电力科学研究院、湖北省电力试验研究院、华东电力试验研究院、四川电力试验研究院、湖南电力试验研究院、河南电力试验研究院、安徽电力试验研究院、江苏电力试验研究院、江西电力试验研究院、浙江电力试验研究院、杭州意能电力技术公司。

设备厂家：ABB公司、西门子公司、西安电力机械制造公司销售公司、西安西电变压器有限责任公司、西安西电整流器有限公司、西安西电电容器有限责任公司、特变电工沈阳变压器集团有限公司、特变电工沈阳高压开关厂、新东北电气锦州电力电容器有限公司、西安ABB电力电容器有限公司、上海ABB变压器有限公司、上海电力建筑工程公司、广东华宇钢结构工程有限公司、南京南瑞继保工程技术有限公司、许继集团通用电气销售有限公司、北京四方继保自动化股份有限公司、国电南京自动化股份有限公司、深圳南瑞科技有限公司、日新电机（无锡）有限公司、上海MWB互感器有限公司、保定天威顺达变压器有限公司。

线路航飞（海拉瓦技术）单位：北京洛斯达电力工程有限公司。

生产运行单位：国网运行有限公司、浙江省电力公司、江苏省电力公司、安徽省电力公司、江西省电力公司、河南省电力公司、湖北省电力公司、湖南省电力公司、四川省电力公司、重庆市电力公司

附录C　三峡输变电工程主要总结性研究成果

1　中国三峡输变电工程　综合卷
系统规划与工程设计卷
工程建设与环境保护卷
科技创新卷
交流工程与设备国产化卷
直流工程与设备国产化卷
工程调试卷
调度通信自动化与生产运行卷

2　中国三峡输变电工程　专题总结
造价控制
总决算
稽察
国家验收
制度汇编

3　三峡—常州±500kV 直流输电工程　换流站
线路
技术专题

4　三峡—上海±500kV 直流输电工程　换流站
线路
技术专题

5　三峡—广东±500kV 直流输电工程　换流站
线路

6　西北—华中联网灵宝直流背靠背工程总结

7　长江三峡三期输变电工程 500kW 交流、二次系统工程验收及三峡—上海±500kV 直流输电工程初验工作报告

8　三峡输变电工程总结性研究论文集

9　三峡输变电工程新闻纪实片

10　三峡输变电工程摄影集（含光盘）

11　龙脉贯中华——三峡输变电工程纪实（图片集）

12　辉煌前行——中国直流输电发展之路

编　后　语

三峡输变电工程是举世瞩目的三峡工程的重要组成部分，是三峡枢纽电力送出及其效益实现的根本保证。2015 年 7 月三峡输变电工程通过了国务院长江三峡工程整体竣工验收委员会输变电工程验收组的验收，标志着三峡输变电工程建设完美落幕。三峡输变电工程顺利建设运营远远超出了三峡电力外送配套工程的本意，不仅确保了三峡电力“送得出、落得下、用得上”，而且通过三峡电网建设，促进了全国电网互联格局的形成，使我国输变电工程建设水平和电网运营水平得到了前所未有的提升。

三峡输变电工程是一项跨世纪的伟大系统工程，在规划、设计、建设运营、设备国产化、技术创新、环境保护等方面取得了显著成绩，积累了宝贵经验。在工程建设运营的 20 多年里，包括国家电网公司在内的全国各地设计、施工、监理等单位参建人员为我国电力事业的发展奉献了青春、智慧甚至生命。为了更加全面、客观、系统地记录三峡输变电工程实施历程和主要成果，收集、留存工程建设过程中的珍贵史料，为今后大型输变电工程项目建设提供有益参考。2014 年 12 月开始，国家电网公司组织数十名亲身参与三峡输变电工程建设的决策者、管理者、建设者以及广大科研设计、设备制造人员，编纂完成了《三峡输变电工程史料选编》。

三峡输变电工程的建设成功，归因于党中央、国务院的坚强领导，得益于社会各界的大力支持，凝聚着广大电力科技工作者和电网员工的心血与汗水。回顾 20 多年的艰辛探索，我心里充满感动和感谢。如今书稿完成，即将付梓，希望本书对中国电网的建设和发展、对读者有所裨益。

在本卷编纂过程中，三峡输变电工程各参建单位和工程亲历者提供了丰富的资料，国家电网公司的有关同志在资料收集和整理方面做了大量的工作，许多专家付出了大量心血和精力，并提出了很多宝贵的建议和意见，在此，表示诚挚的谢意！

作　者
2022 年 6 月